Prionen und Prionkrankheiten

herausgegeben von
Hörnlimann/Riesner/Kretzschmar

Prionen und Prionkrankheiten

herausgegeben von

Beat Hörnlimann

gemeinsam mit

Detlev Riesner und Hans Kretzschmar

Walter de Gruyter
Berlin · New York 2001

Dr. Beat Hörnlimann, MPH
Scientific Consulting & Historical Research
on Prion Diseases, BSE 71-92 Ltd.
P.O. Box 106
CH-6301 Zug, Switzerland
Fax: +41 (0)41 788 08 27
e-mail: consulting@bse71-92.com
Homepage: www.bse71-92.com

Professor
Dr. Hans Kretzschmar
Universität München
Institut für Neuropathologie
Marchioninistr. 17
D-81377 München
e-mail: hans.kretzschmar@inp.med.uni-muenchen.de

Professor
Dr. Detlev Riesner
Heinrich-Heine-Universität
Institut für Physikalische Biologie
Universitätsstr. 1
D-40225 Düsseldorf
e-mail: riesner@biophys.uni-duesseldorf.de

Das Werk enthält 154, teils mehrfarbige Abbildungen und 79 Tabellen.

Die Herstellung des Werkes wurde unterstützt von:

Bundesamt für Gesundheit, Postfach, 3000 Bern, Switzerland
Bundesministerium für Verbraucherschutz, Ernährung und Landwirtschaft (BMVEL), Rochusstr. 1, 53123 Bonn, Germany
Centeon, L.L.C. 1020 First Avenue, King of Prussia, PA, 19406-1310, USA
Diavet Labor AG, Schlyffistraße 10, 8806 Bäch, Switzerland
Dr. Bommelli AG, Stationsstraße 12, 3097 Liebefeld-Bern, Switzerland
Fachstelle für Prionen und Prionkrankheiten BSE 71-92, Postfach 106, 6301 Zug, Switzerland
Fürstentum Liechtenstein, Städtle 49, 9490 Vaduz, Liechtenstein
Henkel KGaH, Düsseldorf, Germany
Kanton Luzern, Gesundheits- und Sozialdepartement, Postfach, 6002 Luzern, Switzerland
Kanton Schwyz, Regierungsrat, Postfach, 6430 Schwyz, Switzerland
Kanton Zug, Regierungsrat, Postfach, 6301 Zug, Switzerland
Migros-Kulturproduzent, Switzerland
Novartis Pharma AG, Policy and External Affairs, 4070 Basel, Switzerland
Prionics AG, Universität Zürich, Winterthurerstraße 190, 8057 Zürich, Switzerland
Schweizerische Akademie der Naturwissenschaften, Bärenplatz 2, 3011 Bern, Switzerland
Suter Print AG, Güterstraße 5, 3072 Ostermundigen, Switzerland

Die Deutsche Bibliothek – CIP-Einheitsaufnahme

Prionen und Prionkrankheiten / hrsg. von Beat Hörnlimann .... – Berlin ; New York : de Gruyter, 2001
ISBN 3-11-016361-6

⊚ Gedruckt auf säurefreiem Papier, das die US-ANSI-Norm über Haltbarkeit erfüllt.

Printed in Germany.
Satz und Druck: Tutte Druckerei GmbH, Salzweg.
Bindung: Lüderitz & Bauer GmbH, Berlin.
Einbandgestaltung: Hansbernd Lindemann, Berlin.

Meiner Frau Eva, die bei der Entstehung dieses Buches eine tragende Säule bildete, und unseren lieben Kindern Fabian-Beat und Nadine-Eva für die aufmunternde Unterstützung und die unzähligen Stunden des Verzichts, sowie meinen Eltern und Freunden

Beat Hörnlimann, leitender Herausgeber

William J. Hadlow für seinen bedeutenden Beitrag zur interdisziplinären Zusammenarbeit bei der Erforschung von Prionkrankheiten

Die Herausgeber

Weisheit

Was hinter uns liegt und was vor uns liegt
sind Kleinigkeiten im Vergleich zu dem,
was in uns liegt.

Wenn wir das, was in uns liegt
nach außen in die Welt tragen,
geschehen Wunder.

Henri David Thoreau

Zur Entstehung dieses Buches und persönliche Danksagung

Gut Ding will Weile haben. Die Idee zu diesem Werk wurde am 1. September 1994 in Paris am Rande einer TSE-Konferenz geboren. Zwei Jahre später begann die Umsetzung. Dabei hat mich folgende Stelle in Goethes *Faust* inspiriert:

Glücklich, wer noch hoffen kann,
aus diesem Meer des Irrtums aufzutauchen!
Was man nicht weiß, das eben brauchte man,
und was man weiß, kann man nicht brauchen.

Die wissenschaftliche Faszination, die das Thema „Prionen und Prionkrankheiten" ausstrahlt, diente mir als Triebfeder, dieses Werk herauszugeben. Konzeptionell wollte ich die Idee umsetzen, naturwissenschaftliche, medizinische und tierärztliche Seiten der Thematik in ihren aktuell und historisch eng verknüpften Dimensionen interdisziplinär darzustellen. Ich bin stolz darauf, daß dieses durch die Schaffung einer soliden wissenschaftlichen Informationsquelle in Buchform gelungen ist.

Es sollte ein einheitliches Ganzes und nicht einfach eine Sammlung von einzelnen Exposés werden. Nachdem der erste Teil in die geschichtlichen, medizinischen und naturwissenschaftlichen Grundlagen führt, stellt die zweite Hälfte des Buches praktisch relevante Aspekte ins Zentrum. Das Buch soll mit Tiefgang, aber in Sprache und Aufbau klar verständlich die komplexen Zusammenhänge zwischen den vielen Facetten der Thematik vermitteln und ein hilfreiches Arbeitsmittel sein. Der breitgefächerte Informationsgehalt wird durch zahlreiche aufwendig gestaltete Illustrationen und Tabellen aufgelockert.

Allen Unterstützenden bringe ich hiermit meine tiefe Wertschätzung für das Mitwirken zum Ausdruck, da ich mich stets von einem durch Engagement geprägten Geiste getragen fühlte.

Es ist mir erfreulicherweise gelungen, für dieses Projekt zwei hervorragende Mitherausgeber zu gewinnen. Weitere 58 international anerkannte Mitautoren, denen mein aufrichtiger Dank gilt, ließen sich zum Verfassen von Beiträgen motivieren. Wissenschaftlich unterstützt haben mich zudem externe Fachspezialisten, indem sie sämtliche Kapitel auf inhaltlich-fachliche Qualität überprüften. Indem alle ihr Wissen einbrachten, insbesondere auch bei aufwendigen Übersetzungen aus dem Englischen, ist das Produkt ein Gemeinschaftswerk geworden.

Freunden, die mich unterstützt haben und Kollegen sowie Institutionen, die bei der Entstehung dieses Werkes ebenfalls auf die eine oder andere Weise mitgewirkt haben, sei gedankt. Ein spezieller Dank geht an die beiden Verfasser der Geleitworte, Herrn Seehofer und Professor Arber sowie an den Verlag Walter de Gruyter, in dem wir einen kompetenten Verleger gefunden haben.

Der enorme Aufwand für das, was nun in Ihren Händen liegt, hat sich gelohnt. Es war eine privilegierte Aufgabe, bei der Realisierung dieses Werkes die konzeptionelle und fachliche Federführung wie auch die herausgeberische Hauptverantwortung wahrnehmen zu dürfen. Dies ist aber nur durch tatkräftige Unterstützung meiner Familie möglich gewesen. Dafür, daß sie mir aufmunternd über die Jahre der Projektrealisierung beigestanden haben, danke ich meiner lieben Frau Eva sowie unseren Kindern Fabian und Nadine aus tiefstem Herzen.

Beat Hörnlimann
Leitender Herausgeber

Weiter haben die im folgenden erwähnten Personen namhaft zur Buchentstehung beigetragen:

Allgemeine Unterstützung

Baron, Henry, Centeon S.A., Prion Research, Montrouge, Frankreich
Burri, Peter, Oberrüti, Schweiz
Ernsting, Christine, Institut für Neuropathologie Georg-August-Universität, Göttingen, Deutschland
Feldman, Fred, Centeon, King of Prussia, PA, USA
Fuhge, Peter, Centeon, King of Prussia, PA, USA
Griot, Christian, Institut für Viruskrankheiten und Immunprophylaxe, Mittelhäusern, Schweiz
Gruber, Heidi, Institut für Physikalische Biologie, Heinrich-Heine-Universität, Düsseldorf, Deutschland
Hartmann, Diethelm, Bundesamt für Gesundheit, Bern, Schweiz
Hörnlimann, Eva, Oberrüti, Schweiz
Käppel, Reinhard, International Quality Assurance, Oak Brook, IL, USA
Kihm, Ulrich, Bundesamt für Veterinärwesen, Bern, Schweiz
Kürsteiner, G. & D., Goldach, Schweiz
Lichtenberg, Florian, Lonza Group, Basel, Schweiz
Matthews, Danny, MAFF, Tolworth, Surbiton, Surrey, Großbritannien
Sasso, F. & K., Vourey, Grenoble, Frankreich
Schletti, Jürg, Proviande, Bern, Schweiz
Shoaib, Ibrahim, Faculty of Medicine, Tanta University, Tanta, Ägypten
Strub, Charlotte, Master of Public Health, Basel, Schweiz
Zeltner, Thomas, Bundesamt für Gesundheit, Bern, Schweiz

Beratung und EDV

Augsburger, Peter, Rümligen, Schweiz
Christen, Thomas, Burgdorf, Schweiz
Holl, Walter, Informatiker u. Organisationsberater, Ebikon, Schweiz
Merk, Gerry, Oberrüti, Schweiz
Seeber, Kurt, Bösingen, Schweiz
Zenger, Christoph, Bern, Schweiz

Graphik und Satz

Andersohn, Georg, Suter Print AG, Bern, Schweiz
Hügli, Marianne, Suter Print AG, Bern, Schweiz
Kampos, Michael, Suter Print AG, Bern, Schweiz
Steffen, Bruno, Suter Print AG, Bern, Schweiz
Tutte Druckerei GmbH, Salzweg, Deutschland

Literatur

Kiszio, Blanche, Bundesamt für Gesundheit, Bern, Schweiz
Müller, Isabelle, Basisbibliothek Unitobler, Bern, Schweiz

Lektorat und Verlagsarbeit

Bach, Martina, Verlag Walter de Gruyter GmbH & Co.KG, Berlin, Deutschland
Borer, Markus, Chemiker, Derendingen, Schweiz
Bowinkelmann, Christiane, Verlag Walter de Gruyter GmbH & Co.KG, Berlin, Deutschland
Bretscher, Corinne, Bundesamt für Gesundheit, Bern, Schweiz
Dobler, Marie-Rose, Verlag Walter de Gruyter GmbH & Co.KG, Berlin, Deutschland
Edelmann, Christoph, Tierärztliche Praxis, Laupen, Schweiz
Ehrensperger, Felix, Institut für Tierpathologie, Universität Zürich, Schweiz
Kleine, Josef, Verlag Walter de Gruyter GmbH & Co.KG, Berlin, Deutschland
Leutwiler, Albert, Chemiker, Riederberg, Bösingen, Schweiz
Noyer-Weidner, Mario, Verlag Walter de Gruyter GmbH & Co.KG, Berlin, Deutschland
Schmid, Hans, Bundesamt für Gesundheit, Bern, Schweiz
Soltermann, Heinz, Betriebsleiter GZM, Lyss, Schweiz

Wissenschaftliche Reviews

Aebli, Niklaus, University of Otago, Dunedin, Neuseeland
Beckmann, Jürgen, Robert Koch Institut, Berlin, Deutschland
Bessen, Richard, School of Medicine, Creighton University, Omaha, Nebraska, USA
Gajdusek, Carleton, Institute of Human Virology, University of Maryland, Baltimore, USA
Kreuzer, Michael, Institut für Nutztierwissenschaften und Tierernährung, ETH, Zürich, Schweiz
Miller, Michael, Colorado Division of Wildlife, Fort Collins, Colorado, USA
Somaini, Bertino, Institut für Sozial- und Präventivmedizin, Universität Zürich, Schweiz
Weber, Thomas, Neurologische Klinik, Marien-Krankenhaus, Hamburg, Deutschland

Vorwort der Herausgeber

Viele sind beeindruckt vom Einfluß, den das neue Gebiet „Prionen und Prionkrankheiten" auf Medizin, Landwirtschaft, Politik, Ökonomie bis hin zum Verhalten des Verbrauchers hat. Andere wiederum sind von der wissenschaftlichen Seite des Phänomens „Prion" fasziniert. Die vielen betroffenen Bereiche zeigen bereits, daß man sich Problemen wie „BSE", in den Medien oft „Rinderwahnsinn" genannt, oder „neue Variante der Creutzfeldt-Jakob-Krankheit", adäquat nur in einem multidisziplinären Ansatz stellen kann.

So vielfältig Betrachtungsweisen und Methoden bei der Erforschung von Prionen und Prionkrankheiten sind, so breitgefächert ist der Leserkreis, an den sich Herausgeber und Autoren mit diesem Buch richten: dazu gehören die Interessierten aus der Medizin und Veterinärmedizin, den biologischen Disziplinen wie Molekularbiologie oder Biophysik, der Agronomie und Epidemiologie – unabhängig davon, ob sie nun in der Praxis, im Studium oder in der Forschung und Lehre tätig sind. Zudem werden Fachleute aus vielen weiteren Bereichen wie Public Health, staatliche Überwachungsorgane oder die Lebens-, Futter- und Heilmittelindustrie angesprochen.

Es war uns eine besondere Freude, daß die Autoren dieses Buches sich alle für unser Buchprojekt begeistern ließen. Sie arbeiten bereits seit Jahren an diesem Thema und sind international anerkannt. Dieser Erfahrungshintergrund sollte Garant sein für die wissenschaftliche Solidität der Darstellung. Das vorliegende Buch soll den Stand des Wissens inhaltlich systematisch und vollständig repräsentieren, der bis zum Beginn des 21. Jahrhunderts über Prionen und Prionkrankheiten erworben wurde.

Wir strebten beim Editieren in erster Linie an, in einer möglichst einfachen Sprache komplexe Zusammenhänge aufzuzeigen. Wiederholungen wurden auf Stellen beschränkt, an denen neue Zusammenhänge oder Details vertieft deutlich gemacht werden. Die Literatur wird als Ganzes und nicht kapitelweise dargestellt, um alle zur Erarbeitung des Werkes benutzten Quellen auf einen Blick widerzuspiegeln. Zudem wurde Wert darauf gelegt, daß wo immer es möglich war, klare Aussagen im Mittelpunkt stehen. Das Werk soll auch über bestehende Wissenslücken orientieren und dort, wo Hypothesen oder Vermutungen aufgeführt werden, sind sie als solche gekennzeichnet.

Bleibt uns die Hoffnung, daß die Lektüre dieses Buches anregend wirkt. Sie soll Anstoß zur interdisziplinären Zusammenarbeit, zu neuen Forschungsideen und zu wirkungsvoller Prävention bieten.

April 2001

Beat Hörnlimann | Detlev Riesner | Hans Kretzschmar

Geleitwort von Horst Seehofer

BSE und Creutzfeldt-Jakob-Krankheit – diese auch heute noch stets tödlich verlaufenden schwammartigen Gehirnkrankheiten – verlangen weiterhin unsere volle Aufmerksamkeit. Denn spätestens seit 1996 hat die wissenschaftliche, politische und öffentliche Diskussion darüber, ob die Rinderkrankheit BSE auch auf den Menschen übertragen werden kann, neuen Auftrieb erhalten.

Seitdem kennen wir aus dem Vereinigten Königreich, dem Land, das die größte Ausbreitung der Rinderkrankheit BSE erlebte, eine neue Variante der Creutzfeldt-Jakob-Krankheit. Damit haben humane Prionkrankheiten eine neue Dimension erhalten. Es gibt also genug Gründe, über ihre Entwicklung, ihre Formen und Folgen umfassend zu informieren – allgemein verständlich und dennoch so präzise wie möglich, um nicht zuletzt auch der Politik eine Entscheidungshilfe für Präventionsmaßnahmen zu liefern.

Ich bin deshalb den Herausgebern und Autoren dieses Buches, die über viele Jahre Prionkrankheiten erforschten und die Grundlagen zur Verbesserung der Überwachungsmöglichkeiten geschaffen haben, sehr dankbar dafür, daß sie sich dieser Aufgabe gestellt haben.

Mit dieser Publikation liegt zum ersten Mal in deutscher Sprache ein Nachschlagewerk zum Thema „Prionen und Prionkrankheiten" vor. Es verdient eine weite Verbreitung und ich hoffe, daß es zwei Ziele erreicht: Zum einen kann es zur Versachlichung der öffentlichen Diskussion beitragen. Zum anderen ist zu hoffen, daß es der Forschung als Ansporn zu weiteren Anstrengungen dient. Denn auch heute gibt es noch nicht genügend gesicherte Erkenntnisse über die Biologie der Prionen und ihre Übertragungswege. Und noch gibt es auch keine praktikable und sichere in-vivo-Diagnostik und Therapie. Es lohnt also in jedem Fall, sich über die Hintergründe von Prionkrankheiten und noch offene Fragen in diesem Buch zu informieren.

Horst Seehofer
Bundesminister für Gesundheit a.D. (1992 bis 1998)

Geleitwort von Werner Arber

Die Erforschung von Prionen und der von ihnen ausgelösten Krankheiten in den vergangenen 20 Jahren ist wesentlich von neuen Erkenntnissen aus der Molekulargenetik und aus dem Studium von Proteinfunktionen mit geprägt worden. Andererseits verschaffen die Ergebnisse der Prionforschung als höchst interessantes Fallbeispiel vertieften Einblick in die Komplexität der Genwirkung und der Wechselwirkungen zwischen biologisch aktiven Makromolekülen. Dieser naturgegebenen Komplexität wurde in der Vergangenheit häufig aus mangelndem Verständnis gerade aus Kreisen der Wissenschaften nicht die nötige Aufmerksamkeit geschenkt. Das führte auf dem Niveau der Erbinformationen zu einer falschen Wissenschaftsgläubigkeit, daß nämlich Gene die Lebensprozesse in einer sehr strikten Art und Weise „programmieren“ bzw. die Lebensabläufe genau „determinieren“ würden. Diese Auffassung ist wissenschaftlich in dieser extremen Formulierung nicht korrekt und bedarf sowohl innerhalb der Wissenschaften als auch im wichtigen Dialog mit der Öffentlichkeit einer Richtigstellung.

Zum Teil hängt die Begrenztheit der genetischen Vorausbestimmung mit der naturgegebenen strukturellen Flexibilität von biologisch aktiven Makromolekülen zusammen. Dazu gehören die Proteine, welche als Genprodukte in mannigfaltiger Weise Lebensprozesse beeinflussen. Klarerweise hängt dieser Einfluß von der strukturellen Konformation der Proteine ab. Im allgemeinen können Proteine aufgrund ihrer spezifischen Primärstruktur (Sequenz der Aminosäuren) mehrere verschiedene Tertiärstrukturen annehmen, jede mit einer bestimmten, zum Teil sehr hohen Stabilität. Die Wahrscheinlichkeiten, diese verschiedenen Strukturen einzunehmen, können aber noch durch äußere Faktoren beeinflußt werden, insbesondere auch durch Wirkung anderer Proteinmoleküle, die man dann Chaperone oder Helferproteine nennt. Das Beispiel der Prionen zeigt, daß prinzipiell gleichartige Proteine sich effizient in ihrer Struktur gegenseitig beeinflußen können und es belegt in eindrucksvoller Weise, daß die von Proteinen bewirkten Lebensfunktionen stark von der Proteinkonformation abhängen. Es ist ein wichtiges Anliegen der Wissenschaft, die Wissenschaftler selber und die interessierten Laien vermehrt darauf aufmerksam zu machen, daß Lebensprozesse von Wahrscheinlichkeiten und Unsicherheiten geprägt sind.

Das vorliegende Buch möge als wichtiger Beitrag zum Verständnis dieser Konzepte dienen und gleichzeitig den interessierten Lesern den heutigen Stand der Prionforschung vermitteln.

Werner Arber
Emeritierter Professor für Molekulare Mikrobiologie am Biozentrum, Universität Basel, Schweiz.
1978 Nobelpreis für Medizin und Physiologie, für die Entdeckung von Restriktionsenzymen und deren Anwendungen auf Probleme der molekularen Genetik.

Inhaltsverzeichnis

Themenbereich III: Portraits der Prionkrankheiten

Themenbereich IV: Pathologie

Themenbereich V: Erfassung, Klinik und Diagnostik

Themenbereich VI: Epidemiologie

Themenbereich VII: Übertragbarkeit

Themenbereich VIII: Erreger-Inaktivierung

Themenbereich IX: Prävention

Themenbereich X: Risikoeinschätzung und Bekämpfung

Themenbereich I: Geschichte

„Dies sind die mythologischen Geschichten von wahren Wissenschaftlern, die wirklich Ihren eigenen Weg für so viele Jahre durch Episoden der Beschimpfung gegangen sind, bis schließlich entdeckt wurde, daß sie recht hatten".

David Baltimore

1 Historische Einführung: Prionen und Prionkrankheiten

Beat Hörnlimann

1.1 Einleitung

Das Volk der steinzeitlich lebenden Fore, die im Hochland von Papua Neuguinea zu Hause sind, verzehrte bis vor wenigen Jahrzehnten die Gehirne von verstorbenen Stammesangehörigen. Auch deren anderen Organe und Körperteile bereitete man bei rituellen Begräbnissen zu einer Mahlzeit [804]. Dies wurde aus Respekt zu den Verstorbenen getan, verbunden mit der Hoffnung, ihr Geist möge den Hinterbliebenen erhalten bleiben [471]. Dabei infizierten sie sich mit dem im Gehirn mancher Angehörigen vorhandenen Kuru-Erreger, Prionen genannt. Den Kannibalismus hatte man auf Papua Neuguinea Mitte der 50er Jahre zwar nicht wegen der Prionkrankheit „Kuru" verboten, jedoch bewirkte der Erlaß eine Unterbrechung der Kuru-Übertragungswege.

Heute ist wegen bestimmter Parallelen zu inzwischen aufgetretenen Prionkrankheiten ein breites Interesse an Kuru erwacht. Beinahe jedem sind die neue Variante der Creutzfeldt-Jakob-Krankheit des Menschen (nvCJD) und der „Rinderwahnsinn" mit der wissenschaftlichen Bezeichnung Bovine Spongiforme Enzephalopathie (BSE) bekannt. Einige andere Prionkrankheiten sind seit längerem festgestellt worden, aber erst im Laufe der letzten Jahre aus ihrem Schattendasein getreten. Abgesehen von der Traberkrankheit (Scrapie)[1] oder dem Gerstmann-Sträussler-Scheinker Syndrom (GSS)[2] sind jedoch alle Prionkrankheiten erst im 20. Jahrhundert entdeckt worden bzw. zum ersten Mal aufgetreten. In jüngerer Zeit sind intensive Anstrengungen zur Erforschung dieser Krankheiten unternommen und dabei bahnbrechende Erkenntnisse gewonnen worden. Diese erlauben uns, die einzelnen Prionkrankheiten bei Mensch und Tier in einem ganz neuen Zusammenhang zu sehen, dessen Vermittlung das Hauptziel des vorliegenden Werkes ist.

Das erste Kapitel bildet den Rahmen des heutigen Bildes, das uns die Wissenschaft von den Prionen und Prionkrankheiten vermittelt. Es führt den Leser, zusammen mit den folgenden beiden Kapiteln, in eine faszinierende Thematik ein.

1.2 Zur Ursache der Prionkrankheiten

Obwohl wir sie zu den Infektionskrankheiten zählen, sind nicht alle Prionkrankheiten ansteckend oder natürlich (im Ggs. zu experimentell) übertragbar. Manche können als Folge von Mutationen familiär-genetisch bedingt sein (familiäre Formen), oder sogar spontan entstehen. Die in vielen Kapiteln dieses Buches angesprochene ätiologische Vielfalt von Prionkrankheiten ist durch die außergewöhnliche Natur der Prionen bedingt. Dabei handelt es sich um Erreger, die von Viren, Bakterien, Protozoen oder Pilzen abzugrenzen sind, da sie keine oder keine nachweisbare Nukleinsäure aufweisen. Wilson folgerte schon in den 50er Jahren, daß Scrapie durch einen sehr außergewöhnlichen Erreger verursacht wird [1026,1366]. Seit damals, vor allem aber seit der Formulierung des Prion-Modells im Jahre 1982 [1056], ist es gelungen, der Natur des Erregers immer näher auf die Spur zu kommen.

Aufgrund der Übertragbarkeit (Transmissibilität) und den Folgen – eine schwammartige Hirndegeneration (Spongiforme Enzephalopa-

---

[1] Scrapie des Schafes kommt gemäß Dokumenten seit Anfang des 18. Jh. vor.

[2] Das Gerstmann-Sträussler-Scheinker-Syndrom (GSS) des Menschen kommt seit dem späten 18. Jh. vor [585].

Nützliche
und auf die Erfahrung gegründete
Einleitung
zu der
Landwirthschaft.
Fünf Theile.

Mit Kupfer und Baurissen.

Durch
Johann George Leopoldt,
Hochreichsgräflich-Promnitzischen Wirthschafts-Amtmann
der Herrschaft Sorau.

Berlin und Glogau,
bey Christian Friedrich Günthern.
1759.

Der Trab ist auch eine Krankheit der Schaafe, und ist ansteckend.

Es bekommen auch manche Schaafe den Trab, welches eine Krankheit ist, die daran zu erkennen, wenn sich das Stück, das solchen bekommt, niederlegt, und beißt mit dem Maule an den Füßen und um die Beine, und reibet sich mit dem Kreuze an denen Stangen, verlieret das Gedeihen, frißt auch nicht recht, und verlahmet endlich; sie schleppen sich lange, verzehren sich nach und nach, und zuletzt müssen sie sterben. Welches Vieh diese Staupe bekommt, wird nicht besser. Daher denn das allerbeste ist, daß ein Schäfer, welcher ein Stück von dem Trabe befallen, gewahr wird, es bald wegschafft, und vors herrschaftliche Gesinde schlachtet. Es muß ein Schäfer ein solches Stück Vieh also gleich von dem gesunden Vieh absondern, denn es steckt an, und kann vielen Schaden unter der Heerde verursachen.

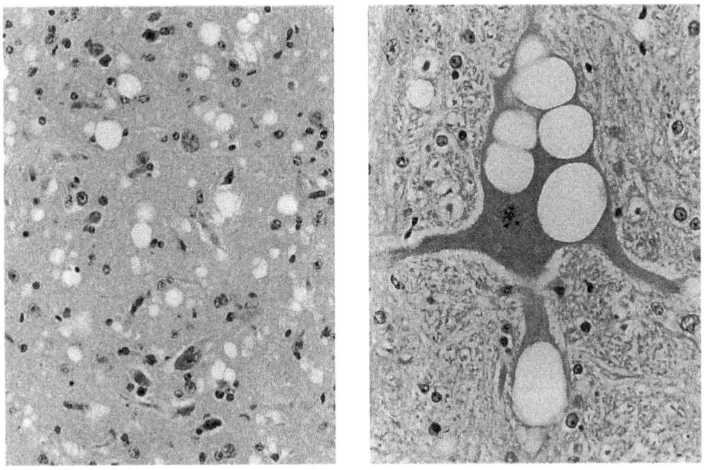

(a) (b)

Abb. 1.2: Spongiforme Veränderungen im Gehirn, das pathologische Hauptmerkmal aller Prionkrankheiten. Lichtmikroskopisch entsteht der Eindruck einer schwammartigen oder spongiformen Durchlöcherung (Vakuolisierung). (a) Viele extrazellulär, im Neuropil gelegene Vakuolen. (b) Einzelne Nervenzellen können multiple intrazelluläre Vakuolen enthalten. Die Hirndegeneration führt zu entsprechenden funktionellen Störungen, die sich in den für Prionkrankheiten teilweise typischen Symptomen manifestiert. (Abb. von G. Wells & S. Hawkins, [1193])

thie) – entstand die deskriptiv auf diese Elemente hinweisende Bezeichnung *Transmissible Spongiforme Enzephalopathien (**TSE**)*, während die Bezeichnung *Prionkrankheiten* auf den verursachenden Erreger hinweist. In Analogie zu diesen synonym verwendbaren Bezeichnungen werden zwei gleichwertige Bezeichnungen für den Erreger, nämlich *Prionen* oder *TSE-Erreger* verwendet. Scrapie ist die am längsten bekannte und am besten erforschte Prionkrankheit (Abb. 1.1). Sie hat die gesamte einschlägige Forschung und Nomenklatur stark beeinflußt.

1.3 Scrapie: Archetyp der Prionkrankheiten

1.3.1 Zur Vor- und Frühgeschichte der Scrapie

Die Scrapie oder Traberkrankheit bei Schafen ist seit 1732 bekannt [303,470,921,922]. Parry und Oppenheimer rollten deren Vorgeschichte in akribischer Weise auf und publizierten ihre Erkenntnisse [1022]. Die seit mindestens 1853 [1229] gebräuchliche Bezeichnung „Scrapie" und deren Synonyme sind von den wichtigsten Symptomen (s. Kap. 34) abgeleitet: von *to scrape* (engl.; sich kratzen), Traberkrankheit von *Traben* und Tremblante (franz.) von *Muskelzittern.* In der englischen Fachliteratur nannte man das Leiden früher „Goggles" (engl.: to goggle = starren, Augen rollen) oder „Rubbers" [1194] (engl.: to rub = sich reiben, scheuern). Aufgrund der wirtschaftlichen Bürde [551], die die Krankheit schon Mitte des 18. Jahrhunderts für britische Farmer bedeutete, reichten diese 1754 auf höchster politischer Ebene eine erste Petition zur Scrapie-Bekämpfung ein [1022]. In Deutschland wurde bereits 1759 publiziert [719], daß es sich um eine kontagiöse (Abb. 1.1), d.h. *ansteckende* Krankheit handelt. Anno 1848 entstanden vorübergehend seltsam anmutende Hypothesen zur Ursache der Scrapie, wie sexuelle Überaktivität der Schafböcke, Blitzschläge und dergleichen [1121]. Im Jahre 1898 wurden dann erstmals pathologische Veränderungen im Gehirn scrapiekranker Schafe beschrieben [135,256]. Aber erst im 20. Jahrhundert realisierte man, daß Scrapie – wie alle TSE – stets geprägt ist von einer langsamen degenerativen Hirnzerstörung, die sich neuromorphologisch durch eine schwammartig aussehende Vakuolisierung manifestiert (Abb. 1.2). Es gelang 1936, experimentell zu beweisen, daß Scrapie übertragbar (transmissibel) und somit eine „Infektionskrankheit" ist [320, 321].

◀ **Abb. 1.1:** Buchumschlag eines Werkes aus 1759 [719]. Unten: Wiedergabe einer Passage über Scrapie, welche u.a. die Begriffe „ansteckend" (↗) und „steckt an" enthält. Erklärungen zu ausgewählten Worten: Trab = Traberkrankheit (Scrapie); Stück = das (betroffene) Tier; Staupe = Infektionskrankheit, Gesinde = Mägde und Knechte.

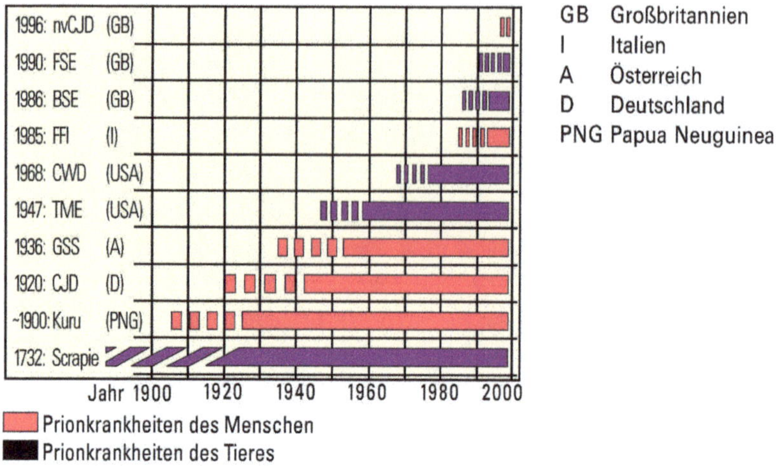

Abb. 1.3: Prionkrankheiten entstanden v.a. im 20. Jahrhundert oder wurden in dieser Zeit erstmals entdeckt. Scrapie beim Tier und die GSS beim Menschen sind die einzigen lange vor dem 20. Jh. aufgetretenen Formen. Scrapie stammt ursprünglich vermutlich aus Spanien. Historische GSS-Fälle lassen sich heute anhand konservierter Gewebeproben bis in das späte 18. Jh. zurückverfolgen (s. Abb. 16.1) [585]. Die unterbrochenen linken Seiten der Balken kennzeichnen, mit Ausnahme der Scrapie, die Dauer von der ersten gesicherten Diagnose bis zur Erstbeschreibung (Tab. 1.1) in der Literatur. Die international gebräuchlichen Abkürzungen hinter den Jahresangaben (erste Diagnose) sind in Tabelle 1.1 erklärt. Zusätzlich ist das Land, in denen die Prionkrankheit erstmals diagnostiziert wurde, angegeben. (Originalabb. von B. Hörnlimann)

1.3.2 Zur Herkunft der Scrapie

Das Leiden kommt außer bei der Ziege und dem Schaf auch beim Moufflon, dem europäischen Wildschaf, vor [1377]. Ob es von dieser Spezies ausging, weiß man nicht. Nach Angaben etlicher Autoren [470,1022,1229] stammte die Scrapie vermutlich aus Spanien, dem Ursprungsland einer auf feine Wolle gezüchteten Schafrasse, den Merinos. Diese Rasse wurde im Mittelalter aus Spanien in zahlreiche Länder exportiert, u.a. nach Großbritannien [1022].

Ob mit den Merinos nur die Scrapie verbreitet wurde oder auch eine spezielle Konstellation des für die Krankheits-Empfänglichkeit wichtigen Prion-Protein-Gens, läßt sich heute nicht mehr eruieren, ist aber zu vermuten. Hinweise auf die besondere Scrapie-Empfänglichkeit von Merinos sind vielen älteren Quellen zu entnehmen [329,470,1225,1229]. In Zusammenhang mit der komplexen ätiologischen Natur der TSE ist es interessant, daß die Traberkrankheit bereits 1828 als „epizootisches[3] Erbübel" bezeichnet wurde [35], und daß schon 1886 von einem „Erbfehler" als (Co)-Faktor der Traberkrankheit die Rede war [328,329]. Mit diesen Erklärungen kam man – teilweise – den heute bekannten Fakten (s. Kap. 56) beachtenswert nahe.

1.4 Creutzfeldt-Jakob-Krankheit und andere Prionkrankheiten des Menschen

Erstmals wurde 1920 von Hans Creutzfeldt und 1921 von Alfons Jakob – unabhängig voneinander – über ein seltenes Syndrom, die *Spastische Pseudosklerose*, berichtet [314,708]. Die Krankheit wurde später nach ihren Erstbeschreibern benannt, jedoch ist es heute aus Gründen der Einheitlichkeit auch in der deutschen Fachliteratur üblich, die internationale Abkürzung **CJD** (für **C**reutzfeldt-**J**akob **D**isease; engl.) zu verwenden, nicht CJK (Tab. 1.1). Heute kennt man vier verschiedene CJD-Formen oder -Varianten, nämlich die **i**atrogene

[3] Epizootie / epizootisch = alter Begriff für eine Epidemie bei Tieren bzw. für eine epidemisch verlaufende Tierkrankheit.

Tabelle 1.1: Überblick und Nomenklatur aller Formen von Transmissiblen Spongiformen Enzephalopathien (TSE), kurz *Prionkrankheiten* genannt. Oft – so auch in diesem Buch – werden heute in der deutschen Fachliteratur die internationalen Bezeichnungen bzw. Kurzbezeichnungen verwendet.

Vorkommen bei	Krankheitsformen	Internationale Bezeichnung	Kurzbezeichnung oder Abkürzung	Jahr und Quellen der Erstbeschreibung[1)]
Mensch	Creutzfeldt-Jakob-Krankheit; davon gibt es vier Varianten oder Formen (Tab. 1.2)	**C**reutzfeldt-**J**akob **D**isease	**CJD** (**sCJD**) (**iCJD**) (**fCJD**) (**nvCJD**)	1920 [314], 1921 [707, 708], 1996 [1352]
	Gerstmann-Sträussler-Scheinker Syndrom	**G**erstmann-**S**träussler-**S**cheinker Syndrom	**GSS**	1936[2)] [499], 1928 [498], 1913 [364]
	Kuru	Kuru[3)]	**Kuru**	1957 [1400]
	Tödliche (oder letale) familiäre Schlaflosigkeit	**F**atal **F**amiliar **I**nsomnia	**FFI**	1986 [862]
Tier	Traberkrankheit der Schafe und Ziegen	Scrapie	**Scrapie**	1732 nach [922]
	Übertragbare Hirndegeneration der Nerze (in Pelzfarmen)	**T**ransmissible **M**ink **E**ncephalopathy	**TME**	1965 [230,602]
	Chronisch zehrende Krankheit der Hirsche	**C**hronic **W**asting **D**isease	**CWD**	1980 [1359]
	Schwammartige Hirndegeneration der Rinder- und rinderartigen Wiederkäuer[4)] (im Zoo)	**B**ovine **S**pongiform **E**ncephalopathy	**BSE**	1987 [1317] 1988 [714]
	Schwammartige Hirndegeneration der Katzen	**F**eline **S**pongiform **E**ncephalopathy	**FSE**	1990 [1382].

[1)] Das Jahr der Erstbeschreibung der einzelnen Krankheitsformen in der Literatur ist nicht identisch mit dem Jahr der ersten eindeutigen diagnostischen Zuordnung, wie aus dem Vergleich dieser Tabelle mit der Abbildung 1.3 hervorgeht.
[2)] Historische GSS-Fälle lassen sich heute bis in das späte 18. Jh. zurückverfolgen (Abb. 16.1).
[3)] In der Eingeborenensprache der Fore People (Papua Neuguinea).
[4)] Familie *Bovidae* (Hornträger), z. B. Antilopen.

(**i**CJD), **s**poradische (**s**CJD) und **f**amiliäre (**f**CJD) Form sowie die **neue V**ariante der CJD (**nv**CJD), die in der Tabelle 1.2 kurz und in mehreren Kapiteln ausführlich erklärt werden.

Die (experimentelle) Übertragbarkeit der CJD blieb bis Ende der 60er Jahre ungeklärt [511]. Kurze Zeit darauf wurde erstmals von einer CJD-Form berichtet, die als Folge von medizinischen Unfällen (akzidentell) übertragen wurde (iCJD). Die seltenen (Tab. 14.1) iatrogenen CJD-Fälle gehen auf Faktoren zurück wie Augenhornhaut- und Hirnhauttransplantationen oder verabreichte kontaminierte Hormone der Hirnanhangdrüse [305]. Wie heute spezifische Gruppen von Patienten, Geweben und medizinischen Eingriffen, von denen ein unterschiedliches (Übertragungs)-Risiko ausgeht, genau zu definieren sind und welche entsprechenden Präventionsvorkehrungen wirksam sind, wird im Kapitel 47 aufgezeigt.

Die Ursache der sCJD (Synonyme: sporadische, spontane, idiopathische oder klassische CJD) kennt man heute noch nicht. Man hat Gründe zur Annahme, daß sie spontan entsteht. Wie man sich die spontane Entstehungsweise vorstellen kann, wird im Kapitel 3 beschrieben.

Tabelle 1.2: Die vier verschiedenen CJD-Formen. Nur die Kuru, die nvCJD und die iCJD sind erworben, das heißt beruhen auf einer Infektion. Dennoch sind im Tierexperiment oder iatrogen – wie alle Prionkrankheiten – auch die sCJD und die fCJD übertragbar (transmissibel).

Formen	Ursachen
Neue Variante der CJD (nvCJD)	Erworben. Diese seit 1996 bekannte Form steht höchstwahrscheinlich mit der BSE-Krankheit der Rinder in Zusammenhang.
Iatrogene CJD (iCJD)	Erworben. Diese Form wird durch ärztliches Handeln im Sinne eines „medizinischen Unfalls“ (akzidentell) übertragen.
Sporadische CJD (sCJD)	Idiopathisch. Die Ursache dieser Form ist ungesichert. Wie eine *spontane* Umwandlung des zellulären Prion-Proteins (PrP^C) zum krankmachenden Prion-Protein (PrP^{Sc}) zu dieser Form führen könnte, wird im Kapitel 3 beschrieben. Aufgrund ihres *seltenen,* aber weltweit weitgehend *gleichmäßig* verteilten Auftretens wird diese Form *sporadisch* genannt.
Familiäre CJD (fCJD)	Hereditär. Diese Form ist auf Vererbung zurückzuführen.

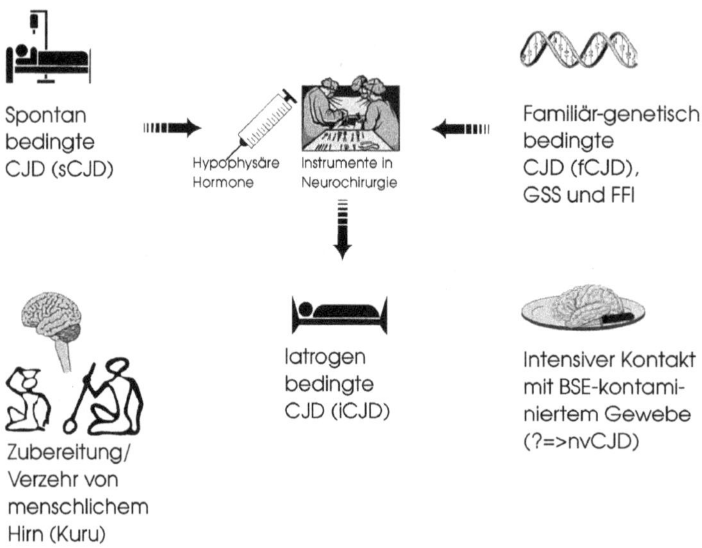

Abb. 1.4: Prionkrankheiten beim Menschen. Die sporadische Creutzfeldt-Jakob-Krankheit (sCJD) entsteht vermutlich spontan. Sie kann aber, z.B. durch Verabreichung von Hormonen der Hirnanhangdrüse aus sCJD-Infizierten oder über kontaminiertes Operationsbesteck, iatrogen übertragen werden (iCJD). Familiäre Prionkrankheiten wie die letale familiäre Schlaflosigkeit (FFI), das GSS-Syndrom oder die familiäre Form der CJD (fCJD) gehen auf Mutationen im Prion-Protein-Gen zurück. Aber auch diese Formen sind übertragbar. Kuru wurde durch den Verzehr von Menschenhirn übertragen, zusätzlich haben sich – vor allem Kinder – durch Verschmieren kontaminierter Gewebe auf der Haut oder in die Schleimhäute der Augen parenteral infiziert; der erste Kuru-Fall könnte aus einer sCJD entstanden sein (?). Die neue Variante der Creutzfeld-Jakob-Krankheit geht höchstwahrscheinlich (?⇒nvCJD) auf intensiven Kontakt mit BSE-infektiösem ZNS-Gewebe, z.B. Rinderhirn, zurück. (Originalabb. von B. Hörnlimann)

Die familiäre CJD ist ausschließlich hereditär (erblich) bedingt. Dennoch ist sie im Tierversuch transmissibel. Dieses Phänomen ist darauf zurückzuführen, daß sich im Gehirn betroffener Familienmitglieder (familiär) aufgrund einer erblichen Veranlagung das harmlose Prion-Protein in das schädliche Prion-Protein umfaltet, wodurch *de novo* Infektiosität entsteht. Einmal

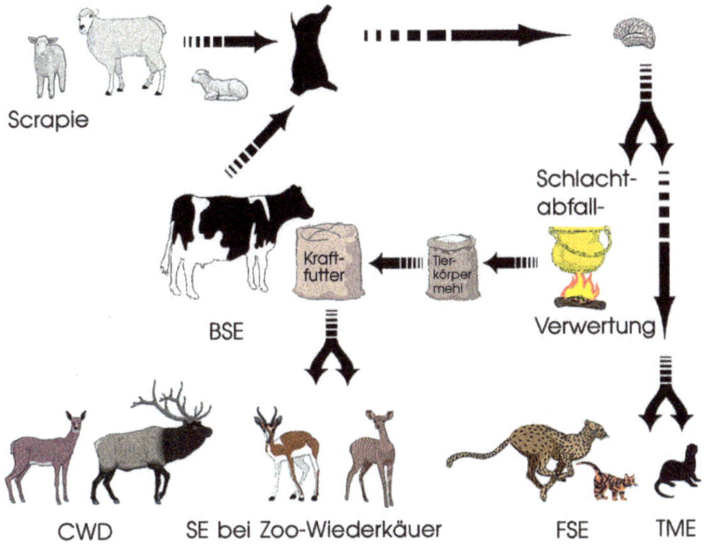

Abb. 1.5: Prionkrankheiten beim Tier. Scrapie der Schafe (und Ziegen) kann auf andere Tiere in der Herde und von der Mutter auf das un- oder neugeborene Jungtier übertragen werden. Prion-kontaminierte Schlachtnebenprodukte (v.a. Gehirn) von Schafen und später von Rindern, die in Form von mangelhaft erhitztem Tierkörpermehl aufgenommen wurden, führten zur BSE (plausibelste Hypothese). Auch rinderartige Wiederkäuer im Zoo wurden mit BSE infiziert. Ein „Erreger-Sprung" auf phylogenetisch weiter vom Hausrind entfernte Spezies scheint unter natürlichen Bedingungen selten vorzukommen: Katzen (FSE) bzw. Nerze (TME) scheinen sich durch den Verzehr von rohem Hirn- oder Rückenmarksgewebe vom Rind bzw. Schaf infiziert zu haben. Möglicherweise handelt es sich bei der CWD seit jeher um ein eigenständiges Geschehen. (Quelle: [655]) (Originalabb. von B. Hörnlimann)

entstanden, wird somit die Erbkrankheit zur experimentell übertragbaren Infektionskrankheit.

Die Ursache der **nv**CJD wird weiter unten sowie in den Kapiteln 15 und 50 beschrieben.

Im Jahr 1936 (Abb. 1.3) beschrieben Gerstmann, Sträussler und Scheinker ausführlich eine andere Prionkrankheit des Menschen. Es handelt sich um das **Gerstmann-Sträussler-Scheinker-Syndrom (GSS)**, das schon 1928 bzw. 1913 in der Literatur erwähnt wurde [364,498] (s. Kap. 16). In der Tat lassen sich historische Fälle der sog. österreichischen „GSS-Originalfamilie" sogar bis ins späte 18. Jahrhundert zurückverfolgen (Abb. 16.1), was aber erst 1995 anhand der Nachuntersuchung konservierter Gewebeproben aufgedeckt worden ist [585]. Auch das GSS ist ausschließlich familiär bedingt (Synonyme: hereditär, erblich, familiär-genetisch, genetisch) [499]. Dennoch ist GSS im Tierversuch übertragbar, wie man seit 1981 weiß. Damals gelang es Gajdusek und seinen Kollegen erstmals, GSS auf Affen zu übertragen [912] bzw. zu beweisen, daß diese familiäre Prionkrankheit auch infektiös ist.

Die „**F**atal **F**amilial **I**nsomnia" (**FFI**) ist ebenfalls eine familiäre Prionkrankheit des Menschen (Abb. 1.4), wobei es sich allerdings um einen anderen genetischen Defekt (Mutation) als bei der GSS oder der fCJD handelt. Diese Krankheit wurde erstmals Mitte der 80er Jahre in Italien diagnostiziert [862,863]. Wie bei GSS und fCJD läßt sich durch Rückverfolgung des Stammbaums einer betroffenen Familie [12] zeigen, daß es dieses Leiden schon Jahrzehnte früher gab (s. Kap. 17). Die Bezeichnung FFI deutet auf Schlafstörungen der betroffenen Patienten hin, die sich fatal auswirken, d.h. immer letal (engl.: fatal) enden. Die experimentelle Übertragung der FFI gelang erstmals 1995 [1246].

1.5 Die Scrapie-Kuru-Connection

Nachdem der Veterinärpathologe und Scrapie-Spezialist Hadlow 1959 die pathologische Ähnlichkeit zwischen Scrapie (Abb. 1.5) und Kuru als erster erkannte [573], empfahl er, Kuru-Übertragungsversuche an Schimpansen durchzuführen [482,569]. Aus medizinhistorischer Sicht ist die bei Papuas durch Kannibalismus übertragene Kuru-Krankheit (kurz: Kuru), die erstmals 1957 detailliert beschrieben wurde, besonders wichtig. Die Kuru-Epidemie, deren Entstehungszeitpunkt etwa auf Anfang des 20. Jahrhunderts datiert wird (Abb. 38.1), blieb immer auf Papua Neuguinea (PNG) beschränkt. Selbst dort wurde sie nur beim Eingeborenenstamm der Fore und vereinzelt bei dessen Nachbarstämmen festgestellt (Abb. 2.2).

Der große Pionier der Kuru-Forschung, Gajdusek, der 1976 mit dem Nobelpreis geehrt wurde, hat zusammen mit seinen Kollegen die außergewöhnlichen Übertragungswege von Kuru aufgeklärt [471,486]. Wegen des sehr ungewöhnlichen Umfelds, in dem die Kuru-Epidemie aufgetreten ist, und ihrer außerordentlichen Bedeutung zur Initiierung der Erforschung von Prionkrankheiten, ist diesem Thema in den Kapiteln 2, 13 und 38 gebührende Beachtung gewidmet.

Erst im Jahre 1966 gelang es Gajdusek und Gibbs die Kuru-Übertragbarkeit und damit erstmals die infektiöse Ursache einer Prionkrankheit des Menschen zu beweisen [486]. Kuru ist durch eine sehr lange Inkubationszeit gekennzeichnet, was sich früher [320,321] oder später [486,511] für beinahe[4] alle anderen TSE von Mensch und Tier zeigen ließ. Sie dauert z. B. bei Kuru unter Feldbedingungen bis zu 30 Jahren (Abb. 38.3) und mehr [23,804,1069]. Nachdem Beweise für die Transmissibilität der Spongiformen Enzephalopathien vorlagen, betrachtete man lange Zeit *Slow Virus* [1208, 1273], also Viren mit einer langen Inkubationszeit, als deren Ursache [370,968].

[4] Bei den familiären Formen wie fCJD, GSS und FFI sowie bei der sCJD gibt es keine eigentliche Inkubationszeit (außer im Tierexperiment), da der „Erreger“ endogen – zu einem unbekannten Zeitpunkt – *de novo* (neu) entsteht.

1.6 Die ätiologische Vielfalt der Prionkrankheiten

Auf die Dauer erschien es manchen Fachleuten jedoch zweifelhaft, ob Kuru- und andere TSE-Erreger mit der Bezeichnung *Slow Virus* zutreffend beschrieben waren. Während der durch Kuru stark angeregten, seit den 60er Jahren bis heute andauernden Odyssee der Erregerforschung, sind viele Hypothesen vorgeschlagen worden und größtenteils wieder verschwunden. Dazu seien neben dem *Slow Virus* [144] Begriffe wie *Virino* [360], *unkonventionelles Virus* [175, 368–370,471,777], *Prion* [50,1056] und *infektiöses Amyloid*[5] [192,484,1293] genannt. Die Bezeichnung *infektiöse Amyloidose* steht mit der lichtmikroskopischen Beobachtung von Plaques (Ablagerungen) [375] in Zusammenhang, die aus β-Amyloid [1237a] bestehen und bei manchen TSE im Gehirn gefunden werden können.

Die **S**crapie-**a**ssoziierten **F**ibrillen (**SAF**) oder verwandte Strukturen (Prion-Rods; Abb. 8.1) sind das ultrastrukturelle Äquivalent der Amyloid-Ablagerungen [1357a]. SAF oder Prion Rods können durch Präparationschritte im Labor dargestellt werden; solche Gebilde wurden erstmals 1981 von Merz entdeckt [935]. Der nach Verdauung durch Proteinase verbleibende infektiöse Rest des Prion-Proteins, das sog. *PrP 27–30* (Definitionen siehe im Anhang des Buches unter „Abkürzungen“) bildet durch Zusammenhaften vieler einzelner PrP 27–30-Moleküle diese sehr regelmäßige amyloide Stäbchen in den SAF-Aggregaten oder Prion-Rods. In diesem „geschützten Verband“ widerstehen sie dem weiteren Abbau durch das Enzym *PK* über Stunden (wobei es in der Empfindlichkeit jedoch tierartliche Unterschiede gibt [924]).

Im Verlaufe der Zeit hielt und festigte sich der Begriff *Prion*, der erstmals 1982 in der Literatur genannt wurde [50]. Einige Wissenschaftler gehen aber noch heute davon aus, daß es sich beim Erreger um ein *Virus* [368], ein *Vi-*

[5] Rudolf Virchow erwähnte im Zusammenhang mit anderen Krankheiten die Begriffe Corpora amylacea und Amyloidkörper, heute *Amyloid*, schon 1851 [1292] und 1854 [1293].

rino [360] oder etwas anderes handeln könnte (s. Kap. 4.5). Würde es jemandem gelingen, erregerspezifische Nukleinsäure zu finden, müsste das Prion-Modell als falsch bezeichnet werden.

Mehrere Hinweise aus den 60er Jahren deuteten darauf hin, daß es sich beim Erreger der Prionkrankheiten nicht um ein Virus handelt: Tikvah Alper hatte 1966 erstmals beschrieben, daß man selbst mit massiver DNA- und RNA-schädigender Bestrahlung den Scrapie-Erreger nicht inaktivieren kann (Abb. 4.2) [15,17]. Daraus zog sie den Schluß, daß er offensichtlich keine eigene Erbinformation besitzt (s. Kap. 4.5). Das Postulat eines Erregers ohne Nukleinsäure hat von Anfang an Kontroversen ausgelöst [50].

Erstmals schlugen Gibbons und Hunter 1967 ein sich vermehrendes Zellmembranprotein als Erreger vor [15,504]. Im selben Jahr stellte Griffith die Hypothese auf, daß ein bloßes Protein im Sinne einer Autokatalyse „vermehrt" (repliziert) wird und für die Übertragung von Scrapie verantwortlich sein könnte [554]. Diese Hypothesen kamen dem heute bekannten, experimentell belegten und in diesem Buch umfassend zusammengetragenen Wissen über den Erreger schon näher, waren indessen damals rein theoretische Konstrukte. Prusiner hat die Frage nach der wahren Natur des Scrapie-Erregers in den 70er Jahren aufgegriffen und in jahrelanger systematischer biochemischer Forschung Erkenntnisse gewonnen, die das Modell eines proteinartigen Erregers ohne Nukleinsäure begründen (s. Kap. 3). Indem er und andere Wissenschaftler seine Hypothese experimentell Schritt für Schritt akribisch erhärteten, wurde immer deutlicher, daß es sich beim Erreger kaum um ein Virus handeln kann. Wie diese Schlußfolgerung sich im Einzelnen begründet, wird im Themenbereich II: Molekularbiologie und -genetik aufgezeigt. Die Grundlagen, die zum Prion-Modell geführt haben, werden im Kapitel 3 von Prusiner beschrieben. Er wurde 1997 mit dem Nobelpreis für Medizin ausgezeichnet [1064].

Nach dem von Prusiner entwickelten Modell ist die Hauptkomponente des Scrapie-Erregers ein proteinartiges infektiöses Agens, Prion genannt. Man ist heute noch unsicher, ob man damit den ganzen Erreger kennt. Hingegen ist die Hauptkomponente des Prions, das sog. **Pr**ion-**P**rotein (**PrP**), weitgehend charakterisiert. Dieses Protein ist experimentell belegt, und es ist ***ausnahmslos von allen Forschern*** anerkannt, daß es bei Prionkrankheiten die zentrale Rolle spielt [208,633a]. PrP^{Sc} ist die konstante Komponente von Prioninfektionen und der einzig bekannte krankheitsspezifische Marker, der z. B. durch Immunhistochemie im Gehirn betroffener Menschen (Abb. 15.1d) und Tiere nachgewiesen werden kann [550,636,939, 1201,1240]. Es wird durch das sog. ***PRNP*** (beim Menschen) oder ***Prnp*** (beim Tier), abgekürzte Schreibweisen für das ***Pr**io**n**-**P**rotein-Gen*, codiert.

Im Jahre 1985 gelang Bruno Oesch die Sequenzierung des *Prnp* [989]. In den späten 80er und in den 90er Jahren sind äußerst wichtige Erkenntnisse anderer Forscher um Weissmann und um Prusiner hinzu gekommen, die die Bedeutung des Prion-Modells stark untermauerten. Allerdings gibt es noch Lücken, die einer Klärung bedürfen (s. Kap. 8). Dennoch: Das inzwischen erworbene Wissen spricht klar dafür, daß rein proteinartige Partikel bei Mensch und Tier, die v.a. in Hirnzellen repliziert werden (Abb. 1.6), infektiöse, familiäre und spontan entstehende Leiden wie Kuru, Scrapie, CJD, BSE und alle anderen Prionkrankheiten verursachen.

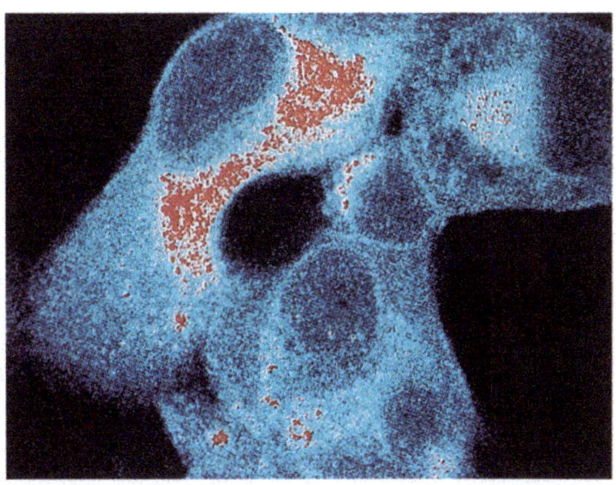

Abb. 1.6: In einer Nervenzelle akkumulierte Prionen (rote Punkte): die Prion-Protein-Aggregate (PrP^{Sc}) wurden mit einem Computerprogramm graphisch kenntlich gemacht. (Quelle: [1243])

1.7 Eine neue Ära der Infektiologie

Mit dem Prion-Modell ist eine neue Ära der Infektiologie angebrochen. Man muß umdenken, um vermeintlich bekannte biologische Phänomene wie Replikation[6], Amplifikation und Stammspezifität in einer erweiterten Sichtweise zu verstehen. Das herkömmliche Verständnis dieser Phänomene beruht auf einer Nukleinsäure als Informationsträger. Dies ist aber noch keine hinreichende Erklärung, wie man aufgrund neuester Erkenntnisse aus der Prionforschung weiß (s. Geleitwort v. Prof. W. Arber). In dieser Hinsicht ist man inzwischen sehr weit vorangeschritten, wie im Themenbereich II: Molekularbiologie und -genetik ausgeführt wird.

Es konnte gezeigt werden, daß bei Prionkrankheiten der primäre Schritt im Infektionsprozeß durch eine Strukturumwandlung des Prion-Proteins PrP vollzogen wird. Dessen normale und damit harmlose Form wird vom gesunden Organismus als sog. zelluläre Form (**PrP**^{C}) hergestellt (C für cellular, engl.). Die normale Funktion von PrP^{C} wird im Kapitel 7 diskutiert [1376a]. Bei Eindringen des Scrapie-Erregers im Zuge einer Infektion wird die zelluläre PrP-Form in die krankmachende **Scra**pie-Form des **Prion-Proteins, PrP**^{Sc} genannt, umgefaltet, so daß diese im betroffenen Wirt repliziert wird (Abb. 1.7). Damit ist die Grundlage für die *infektiöse* Komponente der Prion-Hypothese grob umrissen. Es wird in mehreren Kapiteln ausgeführt, welche Einzelheiten dieses Infektionsprozesses man heute kennt und wo noch Wissenslücken bestehen (s. Kap. 8).

Wie erwähnt, entstehen Prionkrankheiten nicht nur infektiös, sondern können auch rein

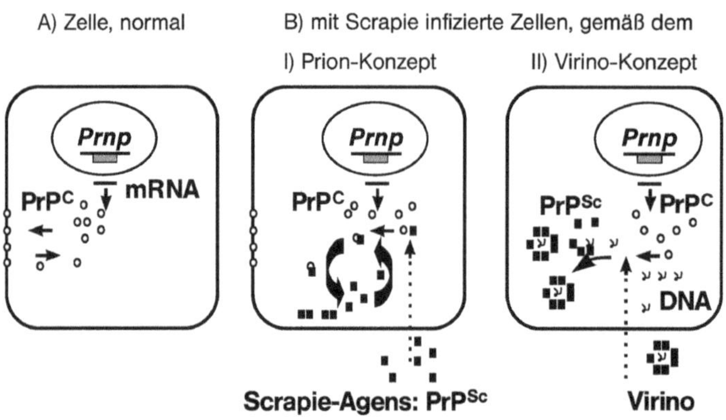

Abb. 1.7: Zwei Modelle der „Vermehrung" (Replikation) des Scrapie-Erregers. (A) In der normalen Zelle wird PrP^{C} von *Prnp* (Prion-Protein-Gen) codiert, synthetisiert, an die Zelloberfläche transportiert und gelangt gelegentlich, z.B. auf dem Endozytoseweg, wieder in das Zellinnere. (B, I) Das Prion-Konzept bzw. die Protein only-Hypothese geht davon aus, daß das Prion mit dem PrP^{Sc} identisch ist; exogene Scrapie-Erreger verursachen die Konversion der normalen PrP^{C}-Form in die PrP^{Sc}-Form. (B, II) Das Virino-Konzept geht hingegen davon aus, daß der Erreger aus einer Scrapie-spezifischen Nukleinsäure besteht, die mit PrP^{Sc} assoziiert oder darin verpackt ist; die – bisher im Erreger nie nachgewiesene – DNA oder RNA würde in der Zelle repliziert und sich mit PrP^{C} verbinden, wodurch sich nach dieser Hypothese PrP^{C} in PrP^{Sc} konvertieren würde. (Abb. modifiziert, nach [1306])

familiär-genetisch bedingt sein und vermutlich können sie sogar spontan entstehen (s. Kap. 8.4.4, 8.4.5), vor allem die sCJD. Lange Zeit war man nicht in der Lage, eine derart komplexe ätiologische Situation zu verstehen. Heute jedoch versteht man diese Komplexität: Einer-

[6] „Erreger-Replikation" oder „Prion-Replikation" sind gegenüber dem Begriff „Erreger-Vermehrung" vorzuziehen, da sich die Erreger der TSE (Prionen) nicht im herkömmlichen Sinn des Wortes vermehren (im Gegensatz z.B. zu den Bakterien).

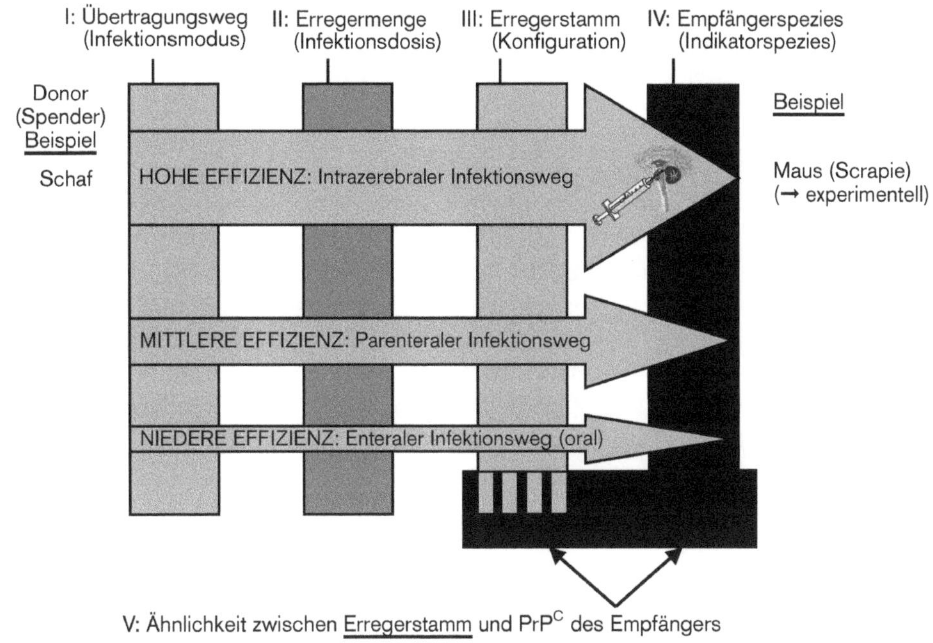

Abb. 1.8: Darstellung der fünf Faktoren, die die Effizienz der Übertragbarkeit determinieren: (I) der Übertragungsweg, (II) die Infektionsdosis (Titer; s. Abb. 1.10), (III) die Aminosäuresequenz und dreidimensionale Struktur des Prionstammes, (IV) das Prion-Protein-Gen der Empfängerspezies und (V) die indirekt aus (III) und (IV) resultierende Wechselwirkung zwischen dem eindringenden PrP^{Sc} und dem PrP^{C} der infizierten Spezies. Die Dicke der waagrechten Pfeile symbolisiert die Effizienz, mit der eine Übertragung bei gleichbleibenden Faktoren II-V, aber unterschiedlichem Inokulationsweg (Übertragungsweg; I) erfolgt. Wenn die Effizienz zu schwach, d.h. die (theoretische) Inkubationszeit länger als die Lebenserwartung einer Spezies ist, dann ist eine Übertragung innerhalb derselben Spezies oder ggf. eine Überwindung der Speziesbarriere nicht möglich. Die artspezifische Aminosäuresequenz des Empfänger-PrP und dessen Homologiegrad mit dem übertragenen PrP bestimmen die „Höhe" der Speziesbarriere (s. Kap. 9). (Originalabb. von B. Hörnlimann)

seits, indem eine *PRNP*-Mutation die Umwandlung des zellulären Prion-Proteins in die krankmachende Form im Laufe eines Lebens begünstigt. Damit ist die *molekularbiologische* Grundlage für die familiäre Komponente der Prion-Hypothese grob skizziert. Andererseits ist, basierend auf grundsätzlichen thermodynamischen Eigenschaften, die Umfaltung eines jeden Proteins, ausgelöst durch Kontakt mit anderen Molekülen, mit geringer Wahrscheinlichkeit auch spontan möglich (s. Geleitwort von Prof. W. Arber). Darin ist die *biophysikalische* Grundlage für die spontane Komponente der Prion-Hypothese begründet, die bei der sporadischen Form der CJD (sCJD) eine zentrale Rolle zu spielen scheint.

Mit dem hier vereinfacht zusammengefassten Prion-Modell lassen sich die verschiedenen Entstehungsmöglichkeiten derselben Krankheit einheitlich beschreiben. Neben den prinzipiell mechanistischen Erwägungen wird bei der Lektüre dieses Werkes im weiteren erkennbar, wie tragfähig das Prion-Modell auch für andere krankheitskorrelierte Phänomene ist: Für lange Zeit waren z. B. die diversen klinischen Verlaufsformen und neuropathologischen Merkmale der Prionkrankheiten lediglich deskriptiv erfassbar, während das große klinisch-pathologische Spektrum gegenüber einer einzigen PrP^{Sc}-Form ohne eigenes Genom ein unüberbrückbarer Gegensatz zu sein schien. Heute ist es aber dank (1) zunehmenden Erkenntnissen über die

Vielzahl an dreidimensionalen Formen (Konformationen), die das Prion-Protein einnehmen kann (s. Kap. 12) und (2) der immer besser verstandenen TSE-Genetik (s. Kap. 26), möglich, diese Diskrepanz aufzulösen. Dies darf allerdings nicht darüber hinwegtäuschen, daß molekulare [1014a], klinische und pathologische Aspekte dennoch mit größeren Verständnislücken behaftet sind, die es in Zukunft zu erforschen gilt. Wie die dahingehend zentralen Fragen lauten, zeigt dieses Buch auf.

Ein anderes Phänomen ist die unsichtbare Schranke zwischen verschiedenen Spezies, die von Prionen einer bestimmten Ausgangsspezies oft nicht überschritten werden kann. Von dieser sog. Speziesbarriere weiß man heute, daß deren Effizienz bzw. „Höhe" mindestens von zwei Faktoren determiniert wird (Abb. 1.8): Für lange Zeit hat man die Bedeutung der präzisen Wechselwirkung zwischen dem übertragenen PrP^{Sc} und dem PrP^{C} der Empfängerspezies bzw. die Bedeutung des *Prnp*-Sequenzhomologiegrades involvierter Arten nicht richtig verstanden. Wie in diesem Buch erläutert wird, bilden diese Faktoren eine ausschlaggebende Grundlage zur Erklärung, wie neue Prionkrankheiten entstehen konnten.

1.8 „Neue" Prionkrankheiten

1.8.1 nvCJD: BSE beim Menschen?

Im Frühjahr 1996 wurde das erstmalige Auftreten einer **n**euen **V**ariante der **C**reutzfeldt-**J**akob-**D**isease (**nvCJD**) beim Menschen beschrieben. Zum damaligen Zeitpunkt waren zehn britische Patienten betroffen [1352]. Seither sind bis Anfang 2001 insgesamt 86 nvCJD-Fälle, davon nur vier Fälle außerhalb Großbritanniens aufgetreten [874]. Es fällt auf, daß es sich bei den Betroffenen meistens um junge Menschen mit einem Durchschnittsalter von ca. 30 Jahren handelt. Im zeitlichen und geographischen Kontext mit BSE, vor allem aber wegen der deutlichen experimentellen Evidenz (s. Kap. 50), gehen inzwischen die meisten Forscher davon aus, daß BSE und nvCJD von ein und demselben Erregerstamm verursacht werden [32a]. Da aber weder die mittlere Inkubationszeit bekannt ist, noch Parameter, welche die Inkubationszeit mit beeinflußen (wie „Erregermenge" und „Eintrittspforte in den Organismus") kann derzeit keine Abschätzung der künftigen Entwicklung gegeben werden. Es kommt hinzu, daß man nicht weiß, seit welchem Jahr genau der Verbraucher oder Konsument dem BSE-Erreger – namentlich in GB – ausgesetzt war. Dieser Zeitpunkt hat einen sehr erheblichen Einfluß auf das Ergebnis entsprechender Modellberechnungen und der daraus ableitbaren Prognosen [287,382,499a,1232a]. Schätzungen gehen von 65 bis 135000 potentiellen Opfern aus!

1.8.2 BSE beim Hausrind

Im November 1986 stellte Wells in Großbritannien an histologischen Hirngewebsschnitten eines Rindes eine für diese Tierart außergewöhnliche, schwammige „Durchlöcherung" fest (Abb. 1.2) [1317]. Dieser Befund wurde **Bo**vine **S**pongiforme **E**nzephalopathie (**BSE**) – schwammartige degenerative Hirnerkrankung des Rindes – genannt. Weltweit sind über 180000 Tiere an dieser neuen Rinderkrankheit erkrankt.

Die ursprüngliche Quelle der BSE-Epidemie lag höchstwahrscheinlich in der Schaf-Scrapie [1345], die in Großbritannien seit Jahrhunderten endemisch ist (Abb. 1.3, 58.3) [959,1022]. Die Überwindung der Artenschranke vom Schaf zum Rind erfolgte indirekt über Kraftfutter (Abb. 1.5), welches ungenügend erhitztes, teilweise vom Schaf stammendes Tierkörpermehl (kurz: **Tiermehl**[7], **TM**) enthielt [1343]. Nach vielschichtigen technischen Änderungen in der britischen TM-Herstellung (s. Kap. 19) wurde seit den 70er Jahren in vielen Anlagen mit einer neuen Fettextraktionsmethode und nur noch mit Temperaturen von $< 100\,°C$ produziert. Die nun fehlende Inaktivierung von

[7] In diesem Buch versteht man „Tiermehl" (TM) als Sammelbegriff für proteinreiche, rezyklierte Nebenprodukte oder tierische „Abfälle" der Schlachtindustrie, die heute in vielen Ländern wegen BSE nicht mehr verfüttert werden dürfen: Fleisch-Knochen-Mehl (FKM), Fleischmehl (FM), Griebenmehl und alle ähnlichen Komponenten [51].

Scrapie-Erregern (s. Kap. 45) führte zu einem markanten Anstieg des Scrapie-Infektionsdrucks für Rinder. Aufgrund der enormen Auswirkungen der BSE wird in vielen Kapiteln ausführlich auf diese Thematik eingegangen (s. Kap. 19, 33, 39–41, 52–54, 58).

Bei exotischen mit Hausrindern, -schafen und -ziegen verwandten Wiederkäuerarten der Familie Hornträger (*Bovidae*) (Tab. 1.3) sind im Laufe der 80er und 90er Jahre ebenfalls BSE-Fälle aufgetreten, namentlich bei Antilopen in britischen Tiergärten (s. Kap. 20). In manchen Zoos wurden auch Fälle von **F**eliner **S**pongiformer **E**nzephalopathie (**FSE**) bei exotischen Großkatzen wie Gepard, Puma, Ozelot u.a. festgestellt. Wie im Kapitel 50 beschrieben, ist unterdessen experimentell klar geworden, daß auch diese Carnivoren die TSE durch den Verzehr von hochinfektiösen Geweben (zum Beispiel Rückenmark) erwarben, die von britischen Rinderkadavern stammten [206].

Seit 1990 wird die letztgenannte Prionkrankheit, FSE, zudem bei Hauskatzen diagnostiziert [465,849] (Abb. 1.3, 1.5). Seither kam es zu einer tiefen Verunsicherung sowohl in der Bevölkerung als auch in Fachkreisen. Man stellte sich fortan die Frage, ob der BSE-Erreger weitere biologische Artenschranken überwinden und so letztlich auch den Menschen bedrohen könne; gemäß den Ausführungen in Kapitel 50 dürfte dieses Szenario in der Zwischenzeit leider Realität geworden sein. Moira Bruce ist als Erste der Nachweis gelungen, daß die FSE und die Prionkrankheiten bei exotischen Wildwiederkäuern durch den BSE-Erreger*stamm* verursacht werden (Abb. 11.5, 50.1) (Tab. 1.3). Neben den experimentellen Indizien spricht auch der zeitliche und geographische Kontext der britischen TSE-Fälle bei Zootieren und Hauskatzen für eine Verbindung mit der BSE-Epidemie.

1.8.3 TME bei Nerzen

Eine erstmals im Jahre 1947 in den USA beobachtete Krankheit bei Nerzen, die zur Pelzgewinnung gehalten wurden, ordnete man schließlich auch den Prionkrankheiten zu [230,602]. Diese sog. **T**ransmissible **M**ink **E**ncephalopathy (**TME**) ist – neben der FSE bei Katzen – die einzige bei Carnivoren diagnostizierte Prionkrankheit (s. Kap. 22). Prionen dürften von Farmnerzen durch den Verzehr roher infektiöser Schlachtabfälle aufgenommen worden sein. Zusätzlich dürfte bei dieser TSE-Form auch eine parenterale herdeninterne Übertragung (Abb. 1.9) im Spiel gewesen sein, denn zwi-

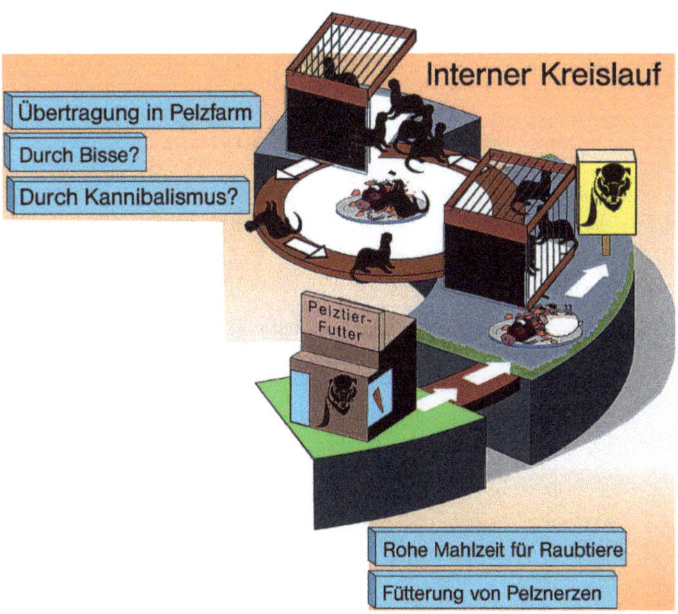

Abb. 1.9: Vereinfachte Darstellung einer von TME betroffenen Pelztier-Farm. Nerz-Futter besteht u.a. aus Teilen von Rinder- und Schafkadavern. Ein Nerz-Käfig ist schematisch in zwei Hälften „aufgeschnitten“, um die herdeninterne TME-Übertragungswege bzw. den möglichen internen Kreislauf der TME durch Bißwunden oder Verfütterung von Nerzkadavern darzustellen (Erläuterung siehe Text). (Originalabb. von B. Hörnlimann)

schen den in engen Käfigen (Abb. 22.1 unten) gehaltenen Pelztieren sind Beißereien recht häufig. Insbesondere TME-kranke Tiere im klinischen Frühstadium sind sehr aggressiv (s. Kap. 22). Dabei ist es womöglich über Bisswunden zur „Erregerinokulation“ gekommen, da Zähne [581] möglicherweise mit TSE-infektiösen Kadaverresten z.B. von Scrapie-kranken Schafen kontaminiert waren. Man stellt sich weiter vor, daß moribunde TME-kranke Muttertiere, die im klinischen Spätstadium an extremer Somnolenz litten, teilweise von jüngeren Nerzen im selben Käfig an- und nach dem Tod aufgefressen wurden. Ein herdeninterner Übertragungskreislauf könnte durch diese Art von „Kannibalismus“ [230] zu der für Prionkrankheiten außergewöhnlich hohen Inzidenz bis zu 100% (Tab. 22.1) in betroffenen Nerzfarmen geführt haben.

Ein anderer, eigentlich herdeninterner Übertragungskreislauf könnte entstanden sein, falls Nerzkadaver infizierter Tiere innerhalb der eigenen Farm den anderen Tieren verfüttert wurden (Abb. 1.9).

1.8.4 Prionkrankheiten bei Hirschen

Gegen Ende der 60er Jahre wurde erstmals die **C**hronic **W**asting **D**isease (**CWD**), eine Prionkrankheit bestimmter Hirscharten (*Cervidae*), beobachtet (Abb. 1.3, 1.5) und in den frühen 80er Jahren den TSE zugeordnet (Tab. 1.1). Es handelt sich um eine Scrapie-ähnliche, chronisch zehrende (engl.: wasting) Krankheit, die ausschließlich in Nordamerika, z.B. beim Wapiti, bei Wedelhirschen und deren Kreuzungsarten, auftritt. Die CWD wird bei Tieren in Gefangenschaft (Gehege, Zoo) wie auch in der freien Wildbahn, wo die Krankheit in bestimmten Regionen der USA endemisch ist, festgestellt. Aufgrund von Erregerstammtypisierungen dürfte die CWD seit jeher eine eigene Entität darstellen. Seit dem Jahr 2001 tritt CWD auch in Kanda vermehrt auf.

1.9 Ansteckungsfähigkeit (Kontagiosität) versus Übertragbarkeit (Transmissibilität)

Es ist beruhigend, zu wissen, daß beinahe alle Prionkrankheiten von Mensch und Tier in der Natur nicht oder kaum ansteckend sind. Unter fehlender Ansteckung ist zu verstehen, daß *natürliche* Kontakte zwischen Gesunden und Betroffenen (subklinisch Infizierte und Erkrankte) kein Ansteckungsrisiko darstellen [310,1284, 1331,1350,1354]. Beispielsweise stellt die Pflege von CJD-betroffenen Patienten oder der normale Kontakt zu lebenden BSE-betroffenen Rindern kein oder kein signifikantes (Berufs)-Risiko dar (s. Kap. 47, 50). Hingegen kann bei unnatürlichem, sehr engem Kontakt (beispielsweise zum Gehirn und Rückenmark beim Autopsieren durch den Pathologen) ein gewisses Risiko bestehen. Im vorliegenden Buch wird dabei aber nicht von Ansteckung bzw. „natürlichen“ Ansteckungsrisiken, sondern von Übertragung bzw. Übertragungsrisiken gesprochen, um die „unnatürliche“, die iatrogene oder die experimentelle Übertragbarkeit aller TSE semantisch klar von der fehlenden natürlichen Ansteckungsfähigkeit der meisten Prionkrankheiten zu trennen.

Zu den Ausnahmen: Eine Ansteckungsfähigkeit unter natürlichen Feldbedingungen, die zu einer endemischen Situation führen kann, besteht offensichtlich bei der Scrapie innerhalb der natürlich betroffenen Arten[8] Schaf und Ziege; sowie bei der CWD der Hirsche [1210] (s. Kap. 42), nicht jedoch von Hirschen auf andere Arten, oder nur schwerlich [1994a].

Nachdem schon seit 1759 erste Vermutungen (Abb. 1.1) [719] und später Hinweise [327] auf die natürliche Ansteckungsfähigkeit oder Kontagiosität der Schaf-Scrapie vorlagen, postulierte Sir Stewart Stockman im Jahre 1913, daß eine Scrapie-Ansteckung der Jungtiere vor der Geburt oder zwischen Geburt und Trennung der Jungschafe von der Mutter aus vertikal erfolgen

[8] Diese Feststellung spricht nicht dagegen, daß die BSE aus Scrapie entstanden ist, da es sich bei Verfütterung von Scrapie-kontaminiertem Tiermehl aus Schafkadavern an Pflanzenfresser nicht um eine (*natürliche*) *Ansteckung*, sondern um eine (eher *unnatürliche*) *Übertragung* handelt.

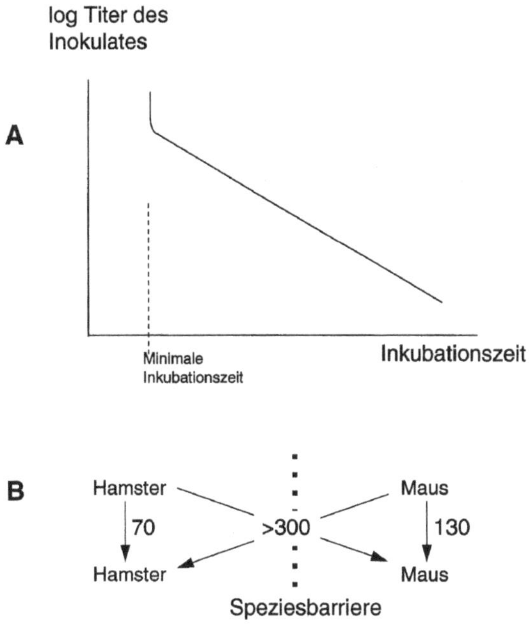

Abb. 1.10: (A) Der Titer eines Inokulats ist umgekehrt proportional zur resultierenden Inkubationszeit. In einem Standardassay kann daher aus der Inkubationszeit auf die Erregermenge (Infektionsdosis) zurückgeschlossen werden. Es gilt jedoch zu beachten, daß eine minimale Inkubationszeit nicht unterschritten werden kann; diese ist von der Spezies wie auch vom Inokulations- oder Übertragungsweg (Infektionsmodus) abhängig. (B) Vereinfachte Darstellung der Speziesbarriere anhand des Beispiels Hamster-Maus (eine Darstellung der Faktoren, die die Speziesbarriere beeinflussen, findet sich in Abb. 1.8). Während die Übertragung innerhalb derselben Spezies relativ effizient ist, führt der Infektionsversuch über die Artenschranke hinweg zu längeren Inkubationszeiten, die somit ein indirekter Indikator der „Höhe" der Speziesbarriere darstellt. Die Inkubationszeit innerhalb des Hamsters beträgt 70 Tage, innerhalb der Maus 130 Tage. Zwischen den beiden Spezies beträgt sie infolge der Speziesbarriere über 300 Tage. (Abb. von B. Oesch, Quelle: [985])

kann [1229]. In der zweiten Hälfte des 20. Jahrhunderts wurde dies dann mehrfach bewiesen (s. Kap. 42.2.2.1) [1028,1029]. Dabei wurde zusätzlich gezeigt, daß Scrapie auch horizontal andere Schafe und Ziegen anstecken kann, durch natürlichen Kontakt mit ausgeschiedenen prionhaltigen Nachgeburtsteilen. Aufgrund der enormen Resistenz von Prionen bleiben diese in der „Umwelt" oder an Gegenständen jahrelang kontagiös [186] (Abb. 58.3).

Das Geheimnis der hohen Tenazität der Prionen, d.h. ihrer Widerstandskraft gegen chemische oder physikalische Einflüsse in der „Außenwelt" liegt vor allem im starken auf Hydrophobie beruhenden Zusammenhalt vieler einzelner infektiöser PrP 27–30-Partikel, die in **Scrapie-assoziierten Fibrillen** (SAF) aggregieren.

Die Tatsache, daß das Scrapie-Ansteckungsrisiko derart komplex ist, macht die Bekämpfung und Prävention dieser Krankheit zu einer der größten Herausforderungen im Bereich Prionkrankheiten. In diesem Buch wird dargelegt, wie man ihr – allerdings nur unter größten Anstrengungen und sehr guter Koordination zwischen den betroffenen oder gefährdeten Ländern (s. Kap. 55–58) – erfolgreich begegnen kann.

1.10 Zusammenfassung: Gemeinsamkeiten von Prionkrankheiten bei Mensch und Tier

1. Die Krankheit hat immer einen tödlichen Ausgang. Es gibt derzeit weder Schutzimpfung noch Therapiemöglichkeiten [34b].
2. Die Krankheit betrifft beide Geschlechter, i.d.R. mit gleicher Häufigkeit. Ausnahmen, bei denen weibliche Individuen viel häufiger betroffen waren, stellte man bei Kuru und BSE fest. Diese waren jedoch nicht durch die Krankheit per se bedingt. Bei Kuru war dies auf unterschiedliche Tätigkeiten und Eßgewohnheiten zwischen Frauen und Männern und bei der BSE auf die geschlechtsspezifische Populationsstruktur der Rinder (es gibt viel mehr Kühe als Stiere) zurückzuführen.
3. Im Verlauf der Krankheit kommt es zu einer langsamen degenerativen Hirnzerstörung, die von Verhaltensveränderungen [1349a] und Bewegungsstörungen begleitet ist. Beim Menschen zerfallen zusätzlich die geistigen Fähigkeiten (Demenz) und beim Tier kom-

Tabelle 1.3: Spezies, bei denen Prionkrankheiten bekannt sind (die SE-Form beim Strauss ist keine gesicherte TSE); ohne die experimentell verursachten Formen bzw. experimentell infizierten Arten.

Gruppe	Familie	Unterfam./Gatt.	Art		TSE-Form
Pflanzenfresser (Herbivoren)	Hornträger	Rinder	• Hausrind	• *Bos taurus*	BSE
			• Amerikanischer Bison	• *Bison bison*	BSE
			• Ankole-Kuh		BSE
		Exotische Wiederkäuer (diverse Antilopenartige)	• Nyala	• *Tragelaphus angasi*	BSE
			• Südafrikanischer Spießbock	• *Oryx gazella*	BSE
			• Elanantilope	• *Taurotragus oryx*	BSE
			• Großer Kudu	• *Tragelaphus strepsiceros*	BSE
			• Arabischer Spießbock	• *Oryx leucoryx*	BSE
			• Säbelantilope	• *Oryx dammah*	BSE
		Schafe und Ziegen	• Schaf	• *Ovis ammon* f. aries	Scrapie
			• Moufflon	• *Ovis musimon*	Scrapie
			• Ziege	• *Capra aegagrus* f. hircus	Scrapie
	Geweihträger	Edelhirsche	• Wapiti	• *Cervus elaphus nelsoni*	CWD
		Großohrhirsche	• Weißwedelhirsch	• *Odocoileus virginianus*	
		Wedelhirsche	• Maultierhirsch	• *Odocoileus hemionus hemionus*	CWD CWD
			• Schwarzwedelhirsch	• *Odocoileus hemionus columbianus*	CWD
Fleischfresser (Carnivoren)	Marderartige	Nerze		• *Mustela vison*	TME
	Katzenartige	Hauskatze		• *Felis domesticus*	FSE
		Wildkatzen	• Puma	• *Felis concolor*	FSE
			• Ozelot	• *Felis pardalis*	FSE
			• Gepard	• *Acinonyx jubatus*	FSE
			• Tiger	• *Panthera tigris*	FSE
Allesfresser (Omnivoren)	Primaten	Humane Primaten	• Mensch	• *Homo sapiens sapiens*	CJD*, GSS, FFI, Kuru
		Nichthumane Primaten	• Rhesusaffe (1 TSE-Fall)	• *Macaca mulatta*	TSE
	Vögel		• Strauß	• *Struthio camelus*	TSE?

* Vier CJD-Varianten oder -Formen: sCJD, iCJD, fCJD und nvCJD (Tab. 1.2).

men meist schwerwiegende Sensibilitätsstörungen hinzu (bei humanen Prionkrankheiten manchmal auch, z. B. bei etwa zwei Drittel [869a] aller nvCJD-Fälle).

4. Die Diagnose kann vorläufig erst nach dem Tode gesichert werden, es sei denn, daß eine – beim Menschen risikoreiche und daher in seltenen Fällen entnommene – Hirnbiopsie eine prämortal gesicherte Diagnose ergibt. Neuropathologisch stellt man eine Degeneration fest, die in aller Regel mit Vakuolisierung im Gehirn einhergeht (spongiforme Enzephalopathie).
5. Während der Inkubationsphase sowie während der Phase der klinisch manifesten Erkrankung ist weder eine entzündliche noch eine immunologische Reaktion zu beobachten. Da der gesunde Organismus zelluläre

Prion-Proteine herstellt, erkennt das Abwehrsystem umgeformte krankmachende Prion-Proteine nicht als körperfremde Antigene. Daher produzieren Betroffene keine Antikörper gegen den „Erreger". Aufgrund fehlender Immunantwort konnte bisher kein Blut-Test zur Diagnose von Prionkrankheiten in irgendeinem Inkubationsstadium entwickelt werden. Hingegen gibt es zur Erkennung klinisch kranker Individuen oder solcher, die in einem sehr weit fortgeschrittenen Inkubationsstadium sind, neuerdings spezielle Tests, die in den Kapiteln 31 und 35 detailliert beschrieben werden.

6. Prionkrankheiten sind stets – unabhängig davon, ob sie infektiös, familiär oder ev. spontan entstehen – mit dem Vorhandensein von Prionen bzw. PrP^{Sc} in bestimmten Organen assoziiert. Daher sind auch die familiären und ggf. spontan entstehenden Formen experimentell mit geeigneten Organhomogenaten übertragbar (transmissibel). Sie weisen dabei immer eine vergleichsweise lange Inkubationszeit (Abb. 1.10) von Monaten bis Jahre auf.
7. Bei allen Erkrankten oder Individuen, die in einem sehr weit fortgeschrittenen Inkubationsstadium sind, findet sich die höchste Organ-Infektiosität im Gehirn und Rückenmark (ZNS: Infektiositätskategorie I). Daher können diese Organe bei unnatürlich intensivem Kontakt für Gesunde ein erhebliches Infektionsrisiko darstellen. In bestimmten Geweben findet sich ein niedrigerer Infektiositätstiter, z.B. nach Erregeraufnahme über den Darm in den lymphoiden Zellen der Peyerschen Platten (Infektiositätskategorie II). In vielen Geweben und Körperflüssigkeiten, z.B. in der Milch [411], ist keine Infektiosität nachweisbar (Infektiositätskategorie IV) (Tab. 46.2; vgl. auch Tab. 53.2).
8. Fünf Faktoren beeinflußen die *Effizienz der Übertragbarkeit* und teilweise, innerhalb bestimmter Grenzen, die Inkubationszeit (Abb. 1.10): (1) der Übertragungsweg, (2) die Infektionsdosis (Titer), (3) die Aminosäurensequenz und dreidimensionale Struktur des Prionstammes, (4) das Prion-Protein-Gen der Empfängerspezies und (5) die „Höhe" der Speziesbarriere, d.h. die indirekt aus (3) und (4) resultierende Wechselwirkung zwischen dem eindringenden PrP^{Sc} und dem PrP^{C} der infizierten Spezies. Diese Aspekte sind graphisch in Abbildung 1.8 dargestellt. Der intrazerebrale Übertragungsweg ist bei allen Prionkrankheiten der weitaus effizienteste (s. Kap. 28.4, 43.3.1).

1.11 Synopsis historischer Ereignisse, Entdeckungen und Erkenntnisse von 1732–2000

Jahr	Ereignisse und Entdeckungen
1732	Scrapie wurde bei Schafen erstmalig beschrieben.
1759	Erste deutsche Quelle, in der geschrieben wird, daß der „Trab" (= Schaf-Scrapie) „ansteckend" ist.
1854	Beschreibung einer amyloiden Substanz im Gehirn von Verstorbenen durch Virchow [1212a,1292,1293].
1920	Erstmalige Beschreibung der CJD, eine Prionkrankheit des Menschen.
1936	Experimentelle Übertragung von Scrapie auf gesunde Schafe und Ziegen durch Inokulation von infektiösem Schafhirn-Homogenat.
1947	Auftreten der Transmissiblen Mink Encephalopathy (TME) in amerikanischen Nerzfarmen.
1954	Einführung des Begriffs „Slow Virus Infection" zur Bezeichnung von Infektionen, die sich durch außergewöhnlich lange Inkubationszeiten auszeichnen.
1957	Erstmalige Beschreibung von Kuru-Fällen in der medizinischen Literatur.
1966	Experimentelle Übertragung von Kuru auf Schimpansen; eine wegweisende Entdeckung für das Verständnis der Kuru-Epidemie und der anderen Prionkrankheiten des Menschen.
1966	Erstmalige Veröffentlichung der experimentell begründeten Hypothese, daß Scrapie-Erreger keine Nukleinsäure besitzen.
1967	Erstmalige Veröffentlichung der Ideen, daß ein Zellmembraneiweiß bzw. ein bloßes Protein die Scrapie-Krankheit über-

tragen könnte. Diese Hypothesen basierten auf theoretischen Überlegungen.

1968 Nach einem neurochirurgischen Eingriff bei einem CJD-infizierten Patienten ereignet sich aufgrund der Wiederverwendung der nicht adäquat dekontaminierten Instrumenten die erste dokumentierte, iatrogen bedingte CJD-Übertragung (iCJD) auf einen anderen Menschen (bei dem ein Eingriff am Gehirn mit den wieder verwendeten chirurgischen Instrumenten vorgenommen wurde). Ähnlich gelagerte medizinische „Unfälle" ereigneten sich später im Zusammenhang mit therapeutischen Hormonverabreichungen und Transplantationen.

1981 Entdeckung der Übertragbarkeit und Nachweis der Vererbbarkeit des GSS.

1982 Veröffentlichung der Prion-Hypothese, die nach jahrelanger experimenteller Arbeit auf fundierten Erkenntnissen beruht.

1984 Darstellung der Zusammenhänge zwischen (endo)-kannibalistischen Mahlzeiten und Kuru-Fällen.

1985 Das PrP-Gen wird erstmals vom Schweizer Forscher Bruno Oesch nachgewiesen (in Hamsterzellen).

1986 Beginn der BSE-Epidemie in Großbritannien, wobei einzelne BSE-Fälle von praktizierenden Tierärzten schon 1985 oder früher beobachtet wurden, ohne daß man sie im Labor bestätigen konnte.

1988 Veröffentlichung der Hypothese, daß die Verfütterung von scrapie-kontaminiertem Tiermehl die Ursache von BSE ist. Darauf folgte das sofortige Verbot in GB, von Wiederkäuern stammendes Tiermehl an Wiederkäuer zu verfüttern, welches 1990 durch das generelle Verfütterungsverbot von Tiermehl an Wiederkäuer (TM-Verbot) ersetzt worden ist.

1988 Auftreten von BSE in der Republik Irland, das erste betroffene Land außerhalb Großbritanniens.

1989 Einführung des Verbots, BSE-spezifizierte bovine Organe (SBO) in die menschliche Nahrung gelangen zu lassen.

1990 In Großbritannien wird erstmals eine Prionkrankheit bei Katzen (FSE) diagnostiziert. Erstmaliges Auftreten von BSE auf dem europäischen Kontinent.

1993 Die britische BSE-Epidemie hat ihren Höhepunkt hinter sich; die Wirksamkeit des TM-Verbots wird sichtbar.

1993 Erhärtung der Prion-Hypothese mit Versuchen an gentechnisch veränderten Mäusen.

1994 Experimentelle Evidenz, daß die FSE bei Katzen und neu auftretende Prionkrankheiten bei Zootieren (Wildkatzen und exotische Wiederkäuer) auf den BSE-Erregerstamm zurückgehen.

1995 Experimenteller Hinweis, daß BSE oral auf Schafe (rück)-übertragbar ist.

1996 Erstmalige Veröffentlichung von zehn Fällen der neuen Variante der CJD (nvCJD) in GB. Ihr örtliches und zeitliches Auftreten spricht für einen Zusammenhang mit der BSE-Epidemie.

1997 Diverse experimentelle Hinweise sprechen für einen *engen* Zusammenhang zwischen nvCJD und BSE.

2000 Die ersten Tests, die Monate vor Krankheitsbeginn BSE diagnostizieren können, werden praxisreif für Routineuntersuchungen. Die Schweiz nimmt eine internationale Vorreiterrolle hinsichtlich der aktiven und gezielten BSE-Überwachung ein. Deutschland und die EU folgen nach; Entdeckung des ersten originären BSE-Falles in Deutschland. Erste Anzeichen des exponentiellen, epidemieartigen Anstiegs der nvCJD in GB [32a].

2 Die Geschichte der Kuru-Forschung[9]

Beat Hörnlimann

2.1 Einleitung

Die 1957 von Daniel Carleton Gajdusek initiierten Bemühungen zur systematischen Erforschung der Kuru-Krankheit (Kuru) bildeten den Auftakt einer Odyssee von epidemiologischen und medizinischen Forschungsprojekten in Feld und Labor unter Beteiligung vieler Wissenschaftler.

Das vorliegende Kapitel und die umfangreiche zugrunde liegende anthropologische, ethnologische und medizinische Originalliteratur der 50er und 60er Jahre [520] haben die von Kuru betroffenen Stämme auf Papua Neuguinea (PNG) im Fokus. Hauptziel dieses Kapitels ist es darzustellen, unter welchen außergewöhnlich schwierigen Umständen die Kuruforscher arbeiteten, wie im Laufe der Zeit die unterschiedlichsten Hypothesen zu den Ursachen der Kuru entstanden und warum. Während die Eingeborenen fest davon überzeugt waren, daß Kuru eine durch Zauberkräfte heraufbeschworene Krankheit ist, konnten Gajdusek und sein Team im Jahre 1966 beweisen, daß es sich um eine übertragbare Infektionskrankheit handelt. Epidemiologische Details und der kausale Zusammenhang mit einer speziellen Form der früher im östlichen Hochland von Papua Neu Guinea (PNG) praktizierten Menschenfresserei, dem sog. Endokannibalismus, sowie andere Aspekte der Kuru werden ergänzend in den Kapiteln 13 und 38 dargestellt.

2.2 Von der Steinzeit in die Neuzeit: Die Fore People

Noch heute wird PNG (Abb. 2.1) von mehr als 700 verschiedenen Stämmen bewohnt, es werden 717 unterschiedliche Sprachen (nicht Dialekte) gesprochen, das sind 45% aller Sprachen der Welt [1304]. 1995 lebten auf PNG schätzungsweise drei Millionen Menschen, Papuas genannt, und davon etwa ein Drittel in den Provinzen des Hochlandes. Dort befindet sich auch die Heimat der Fore People (Fore), bei denen die Kuru-Epidemie aufgetreten ist; eine Epidemie, die sich zeitlich über das gesamte 20. Jahrhundert erstreckt hat (Abb. 1.3, 38.1).

Die Insel PNG wurde bereits vor ca. 30000 Jahren von den Ahnen der urtümlichsten Papuas, den pygmäenartig kleinen, streithaften Kukukuku (Anga) besiedelt (Abb. 2.2).

Obwohl PNG gegen Ende des Mittelalters 1512 von portugiesischen Seefahrern entdeckt wurde, lebten die Ureinwohner bis ins 20. Jahrhundert als Jäger, Sammler und Fischer. Bis in die 30er Jahre benutzten die Inselbewohner als Werkzeug noch die Steinaxt und als Waffen verwendeten sie Speer, Pfeil und Bogen sowie Dolche aus Knochen [1399]. Metall war ihnen ebenso wenig bekannt wie die Erfindung des Rads. Eine Schrift gab es nicht, die Kontinuität ihrer Steinzeitkultur beruhte auf mündlicher Überlieferung [126].

Es wird berichtet, daß eine erste traumatische Berührung mit moderner Kultur und Technik in den 30er Jahren erfolgte, als ein Propellerflugzeug das Gebiet der Fore überflog. Jene außergewöhnliche Erscheinung und der durchdringende, von ihr ausgehende Lärm soll den Fore tiefe Furcht eingeflößt haben [127]. Dieses Ereignis markierte gleichsam die Dämmerung zu einer neuen Epoche für jene steinzeitlich lebenden Menschen.

Ein Goldsucher namens Ted Ubank ist in den 30er Jahren als einer der ersten Weißen in das Moke-Pintogori-Gebiet der Fore, im östlichen Hochland von Neuguinea, eingedrungen. Kurz

[9] Reviewed by D.C. Gajdusek.

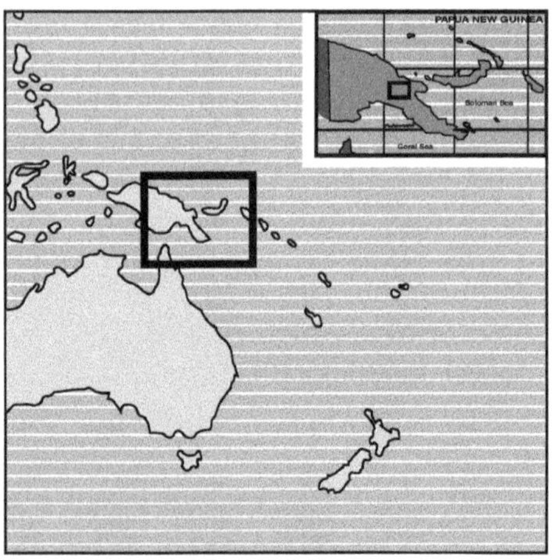

Abb. 2.1: Papua Neuguinea (PNG). Die Kuru trat ausschließlich im östlichen Hochland, in der sog. Kuru-Region (schraffiert) auf. (Mit freundlicher Genehmigung von D.C. Gajdusek [220])

vor ihm sollen die australischen Goldsucher Michael Leahy und Michael Dwyer die Region wenig nördlich vom Stammesgebiet der Fore erkundet haben [480].

2.3 Die Entdeckung der Kuru

Anfang der 50er Jahre bemerkte Ronald Berndt bei anthropologischen Feldstudien das Vorkommen einer seltsamen Erkrankung im Stamm der Kamano[10] nördlich der Fore [127]. Er berichtete, daß Betroffene von starkem Schütteln und Muskelzittern befallen waren; es handelte sich dabei um den sog. „Kamano Tremor" (Gajdusek, pers. Mitt.). Berndt soll damals auch von einem weiter südlich bei den Fore vorkommenden Syndrom namens Kuru gehört

[10] Später gab es auch bei den Kamano Kuru-Fälle.

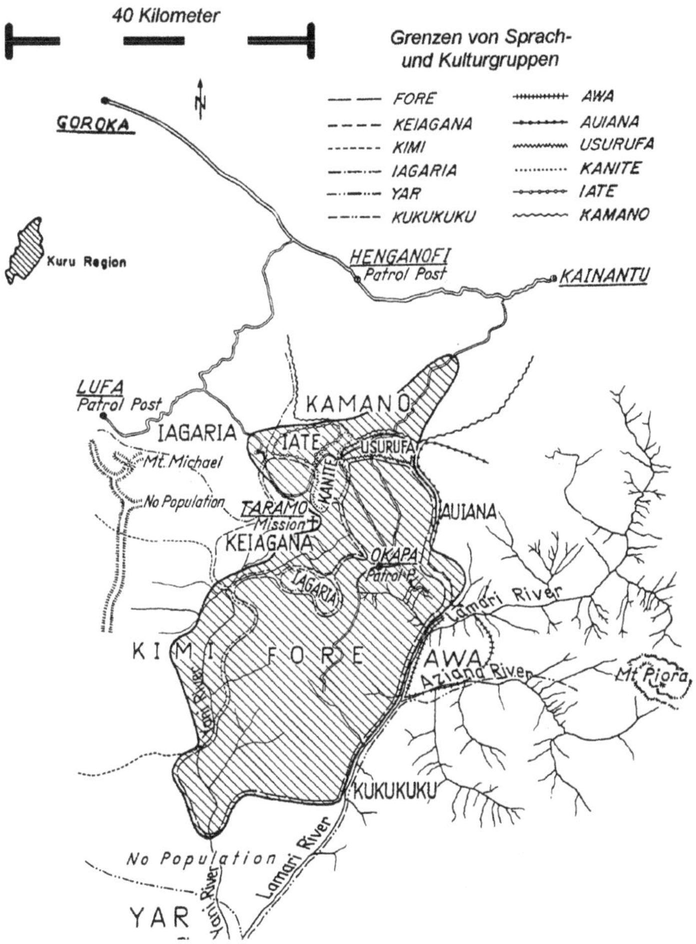

Abb. 2.2: Kuru-Region (schraffiert) im östlichen Hochland von PNG. Dargestellt sind die Grenzen der von Kuru betroffenen Sprach- und Kulturgruppen (Stammesgebiete). (Mit freundlicher Genehmigung von D.C. Gajdusek [220])

haben und dachte aufgrund der Ähnlichkeit in den Schilderungen der klinischen Symptomatik, daß es sich um dieselbe Krankheit handelte, was jedoch nicht zutraf. Die Tatsache, daß infolge der vielen Stammessprachen der Informationsaustausch bzw. die Kommunikation schwierig war [126], erklärt leicht, daß eine solche Verwechslung passieren konnte.

Beide Krankheiten sollen gemäß dem Glauben der Einheimischen durch ganz verschiedene Formen von Zauberei verursacht worden sein. Zauberei, Magie und Totenverehrung (Abb. 2.3 unten rechts) waren wichtige Bestandteile des religiösen Brauchtums der Eingeborenen. Ihr Leben war geprägt vom Glauben an viele übernatürliche Kräfte und von einer permanenten Beziehung zu den Geistern ihrer Vorfahren (s. Kap. 2.11) [128,130]. Im Einklang mit dieser Weltsicht wurde die immer häufiger vorkommende Kuru-Krankheit (Abb. 38.1) von den betroffenen Stämmen als Folge der böswilligen Kuru-Zauberei betrachtet [132].

2.4 Das Ritual „Tukabu“

Aus Rache für ein wirkliches oder vermeintliches Unrecht, z.B. einer erfolglosen Liebeswerbung, glaubte man, Kuru auf andere herabbeschwören zu können. Der Kuru-Zauberer mußte dabei nicht unbedingt derjenige sein, dem das „Unrecht“ widerfahren war. Es konnte auch ein anderes Mitglied seiner Sippe beauftragt werden. Er brauchte zur Ausübung des Zaubers irgend etwas, das von seinem Opfer, dem vermeintlichen oder tatsächlichen Verursacher des „Unrechts“ stammte, z.B. Haare, ein

Stück des Baumrindenrocks oder Exkremente, meistens Faeces (Stuhl, Kot). Das Objekt wurde in Blätter verpackt, mit Rebenranken verbunden und in einem Sumpf deponiert. Es mußte täglich vom Zauberer geschüttelt werden, indem er an sein Opfer dachte und Beschwörungen der folgenden Art aussprach: „Ich bringe dich zum Zittern, bis du stirbst...“ [728] (Kuru heißt übersetzt „schüttelfrostartiges Zittern“).

War ein Mitglied einer Sippe Opfer der Kuru geworden, wurden Vergeltungsmaßnahmen gegen eine der Kuru-Zauberei verdächtigte Person oder gegen irgendein Mitglied der Sippe, zu welcher der vermeintliche Zauberer gehörte, in die Wege geleitet. Gemäß Charles Julius, dem damaligen staatlichen Anthropologen von PNG, verliefen solche Vergeltungsaktionen streng nach der „Tukabu“, einer rituell vorgegebenen Tötungsart, so etwa bei den Fore-Sippen im südlichen Stammesgebiet (South Fore), wo die Krankheit am häufigsten auftrat [23] (s. Kap. 38). Das Tötungsritual bestand im Einbohren von langen Dornen oder Bambussplitter in Gelenke, Hals und andere Körperteile [728]. Mit wenigen Ausnahmen führte diese Folter zum Tod, meistens durch Ersticken oder Verbluten. Manchmal wurden die Täter, also Sippenangehörige der an Kuru Erkrankten, in ihrem Tun durch das Auftauchen von Stammesbrüdern des „Kuru-Zauberers“ unterbrochen. Solche Racheakte haben zu eigentlichen Sippenfehden geführt. Da die Kuru-Zauberei eine spezifisch bei den Fore praktizierte Magie war, machten die benachbarten, von Kuru allerdings weit weniger betroffenen Stämme die Fore für die Krankheit und die vielen qualvoll zu Tode gefolterten Tukabu-Opfer verantwortlich [488] (Gajdusek, pers. Mitt.).

◀ **Abb. 2.3:** Das Überqueren von Hängebrücken (oben) machte den Kuru-Forschern besonders zu schaffen. Die mündlich überlieferte Kultur der Papuas war geprägt von vielen zeremoniellen Veranstaltungen (unten links) und ihr Denken und Handeln war geprägt von der Beziehung zu den Geistern ihrer Ahnen. Auf dem Bild unten rechts sieht man einen Eingeborenen von PNG, der einen menschlichen Schädel in den Händen hält; das Gehirn von verstorbenen Verwandten wurde i.d.R. von Frauen aus dem Schädel heraus „präpariert“ und verzehrt. (Abb. oben von K. Joseph)

2.5 Der Anfang der Kuru-Forschung

Im Jahre 1947 entstand im Gebiet der Nord-Fore (North Fore) die erste Patrol-Post, ein Verwaltungsbüro der australischen Mandatsregierung [127]. 1949 beschloß Australien, das bisher Papua und Neuguinea als zwei verschiedene Einheiten verwaltet hatte, diese zum einheitlichen „Territorium von Papua und Neuguinea“ (Papua Neuguinea) zusammenzulegen. Zwei Jahre später erhielt ganz PNG eine einheitliche Legislative. In Verbindung hiermit wurde die erste umfassende, sich bis in die entlegensten Täler erstreckende Volkszählung eingeleitet, wozu man auch in Moke, heute Okapa (Abb. 2.1), ein kleines Verwaltungsbüro einrichtete. Die Volkszählung ergab, daß in der sog. „Kuru-Region“, welche auf der Karte der Abbildung 2.2 wiedergegeben ist, 30000–40000 Eingeborene lebten, davon ca. 11000 Fore [488]. Fore-Siedlungen wiesen eine Bevölkerung von einigen Dutzend, seltener ein paar Hundert Einwohnern auf. Kleinere Fore-Sippen waren damals auch an hochgelegenen, im Wald verborgenen, kaum zugänglichen Orten anzutreffen.

Berichte der Zählpatrouillen verdeutlichten, daß es sich bei Kuru um das medizinische Hauptproblem der gesamten Region handelte, worauf der Verwaltungsbeamte der Okapa Patrol-Post das Vorkommen dieser Krankheit erstmals in einem offiziellen Bericht erwähnte [488]. Weitere große Probleme [477,487,1100] der Region waren die vielen Kämpfe zwischen den Siedlungen und die rituellen Tötungen (z. B. Tukabu, s.o.) als Folge von Aberglauben und Zauberei sowie die Menschenfresserei (Synonyme: Endokannibalismus, Kannibalismus, Anthropophagie) [804].

1956 ist Vincent Zigas auf Kuru aufmerksam geworden. Zigas, der in Kainantu (Abb. 2.2) stationierte leitende Spitalarzt, bemühte sich intensiv um die genauere Untersuchung dieser Krankheit und ihrer Ursachen. Am 26. Dezember 1956 hielt er in einem Rapport an John Gunther, den damaligen Direktor des Public Health

Office von PNG in Port Moresby, seine ersten Beobachtungen fest. Er ersuchte Gunther um Unterstützung, um sich wissenschaftlich noch verstärkt der Kuru, von der auch Kinder betroffen waren, widmen zu können [1398].

2.6 Ein Kuru-Spital in Okapa

Bald darauf stieß der Virologe D.C. Gajdusek, ein damals 34jähriger, ambitionierter Wissenschaftler und Schüler von drei Nobelpreisträgern, auf Zigas. Am 10. März 1957 trafen sich die beiden erstmals in Kainantu und fuhren bereits am Tag danach im Jeep nach Okapa. Schon am 13. März 1957 schrieb Gajdusek den ersten Brief mit detaillierten Schilderungen über Kuru an seinen früheren Arbeitskollegen Joe Smadel [473] am National Institute of Health (NIH), Bethesda, USA. Gajdusek war entschlossen, die Kuru systematisch zu erforschen [1400]. Mit seinem Tatendrang löste er eine ganze Kaskade von TSE-relevanten Entdeckungen in diversen Disziplinen aus, z. B. in der Medizin, Epidemiologie, Neuropathologie, Anthropologie, Ethnologie, Genetik und Molekularbiologie. Zudem machte er auch wichtige Entdeckungen im Bereich der echten Slow Virus Diseases (s. Kap. 1.5), z. B. zum Verständnis der Slow Measles Encephalities.

Das Leben der Kuru-Forscher war außergewöhnlich hart, da es mit weitgehender Isolation verbunden war. Neben den Eingeborenen lebten nur Gajdusek und der Leiter des Okapa-Verwaltungsbüros, Jack Baker, im damals sehr unwirtlichen Gebiet. Außerdem halfen – jeweils vorübergehend – Vincet Zigas, Lucy Hamilton und noch andere Forscher beim Kuruprojekt mit [425]. Wenige Jahre später folgte Michael Alpers (s. Kap. 38).

Zunächst mußten die vielen Patienten in ihren Siedlungen besucht werden. Es galt primär, klinische Erfahrungen zu sammeln (Abb. 2.5), Daten zu erheben, Krankengeschichten aufzuzeichnen sowie Blut- und andere Proben zu entnehmen. Gajdusek und seine Helfershelfer, einheimische Pfadfinder, Übersetzer und Träger legten bereits in den ersten paar Monaten über 2000 Kilometer auf unwirtlichen Wegen im feuchten Regenwald zurück. Das hügelige und zerklüftete Gebiet liegt auf einer Höhe von etwa 1000 bis über 3600 m.ü.M. Besonders zu schaffen machte ihnen das Überqueren von Hängebrücken (Abb. 2.3 oben), das Besteigen steiler Hänge und die durch das scharfe Kunai-Gras verursachten Verletzungen.

Die Tatsache, daß es in PNG außer in der Hauptstadt Port Moresby kaum medizinische Laboratorien gab, stellte ein anderes Hindernis dar. Mit Hilfe von Trägern und ab Okapa mit Jeeps wurden Untersuchungsmaterialien, Gewebeproben und Organe von Verstorbenen zum Flugplatz in Kainantu und von dort in die Labors von Port Moresby sowie nach Australien und USA verbracht. Gajduseks vielseitiges Kuru-Forschungsprojekt wurde mit Mitteln aus dem Forschungsetat des von Vincent Zigas geleiteten Spitals in Kainantu und später mit Unterstützung der Australier finanziert, nachdem seine persönlichen Ressourcen dafür aufgebraucht waren. Mit Hilfe einheimischer Männer wurde ein einfaches Spital in Okapa (Abb. 13.1a) aufgebaut und unter der Leitung von Gajdusek in Betrieb genommen. Die Kuru-kranken Patienten mußten auf einfachsten Holzbarren von jeweils mindestens zwei bis vier Trägern über weite Distanzen mühsam hierher verbracht werden. Hier untersuchte man schon während der ersten zehn Monate mehr als 1000 Kurupatienten (Abb. 2.5, 13.1). Allgemeine Unbeholfenheit in den Bewegungen, Stolpern und danach die Unfähigkeit, selbständig aufrecht zu stehen und zu gehen (Abb. 13.1a) sowie groteskes Lachen geprägt von euphorischen Episoden (Abb. 13.1b) gehörten zu den Hauptsymptomen der Krankheit (*der lachende Tod* ist eine weitere, aber freie Übersetzung des Begriffs *Kuru* [1399]). Mit den Kurupatienten konnten die Angehörigen, Betreuer, Ärzte oder Forscher im initialen Krankheitsstadium gut über ihre Krankheit sprechen, denn ein Zerfall der geistigen Fähigkeiten (Demenz) stellte sich sehr selten, und wenn, dann erst in der terminalen Phase der Krankheit ein. Weitere klinische Details werden in den Kapiteln 13.4 und 30.7 geschildert. Kuru weist sehr eindeutige Symptome (Abb. 13.1) und einen konstanten Krankheitsverlauf auf, so daß Angehörige betroffener Stämme sie nicht mit anderen Krankheiten verwechselten [474, 488,521].

2.7 Die Ausbreitung der Kuru

Die Forscher fanden durch Befragungen der Eingeborenen bei den meisten von Kuru betroffenen Stämmen (Abb. 2.2) Hinweise auf zeitlich sehr weit zurückliegende Fälle [489]. Der Entstehungszeitpunkt der Kuru-Epidemie kann vermutlich auf den Anfang des 20. Jahrhunderts datiert werden (Abb. 38.1). Zuverlässigen Überlieferungen [488] zufolge trat der erste Fall in Kami bei Kemano auf (Gajdusek, pers. Mitt.). Etwa ab 1910 wurden in Awande erste Fälle festgestellt [521,916,917]. Der Anthropologe Robert Glasse datierte später einen konkreten Fall etwa auf das Jahr 1922. Bei den Wana verzeichnete man ab Mitte der 30er Jahre vereinzelt Kuru-Fälle. Ab den 40er Jahren erst dürfte Kuru, vor allem bei den Fore, epidemische Ausmaße angenommen haben [477]. Viele Fallberichte der ersten Hälfte der 50er Jahre konnten später den dörflichen Zählbüchern aus der Volkszählung (s.o.) entnommen werden.

2.8 Das pathologische Bild

Gajdusek erkannte schon früh, daß Kuru eine sehr ungewöhnliche Hirnkrankheit war [425], bei der keine Zeichen eines extrazerebralen Organbefalls feststellbar waren. Neben der Versorgung der Patienten ging es ihm vorerst darum, möglichst viele Kuru-Fälle klinisch (Abb. 2.5) und pathologisch genau zu beschreiben. Sein Ziel war, die wahre Ursache aufzudecken, um die Krankheit erfolgreich bekämpfen zu können. Die Möglichkeit, daß es sich bei Kuru um eine Infektionskrankheit handelte, wurde bald bezweifelt, da klinisch kein Fieber und pathologisch keine entzündlichen Erscheinungen festzustellen waren. Eine bakterielle Ursache schloß man zudem aus, da Antibiotikatherapien keine Besserung brachten. Auch experimentelle Übertragungsversuche mit Hirngewebe von Betroffenen im Tierversuch mit Ratten und Mäusen verliefen negativ.

Vorerst wiesen die Krankheitsmerkmale insgesamt auf eine nichtinfektiöse, degenerative Hirnerkrankung hin. Gajdusek entnahm einigen an Kuru Verstorbenen neben anderen Organen auch das Gehirn [477], um es im Labor untersuchen zu lassen. Autopsien führte er vorzugsweise nicht in den primitiven Hütten der abgelegenen Dörfer, sondern in „seinem" Spital durch, wo viele Patienten die letzte Phase der Krankheit verbracht hatten, bevor sie verstarben. Ein spezielles Problem lag darin, daß die Eingeborenen zwar nichts Grundsätzliches gegen die Sektion eines Körpers einzuwenden hatten, jedoch in einen heftigen Konflikt gerieten, wenn ihre von Kuru betroffenen Angehörigen nicht zu Hause sterben durften.

Vorerst wurden zehn fomalinfixierte Gehirne von Kuruopfern an australischen Pathologielaboratorien untersucht. Am 5. August 1957 schrieb Thomas Rivers in einem Brief an Gajdusek, er soll nach Faktoren suchen, die für die Fores spezifisch sein könnten; z.B. *etwas Spezielles in ihrer Diät oder etwas, das bei zeremoniellen Riten aufgenommen wird* [1115]. Am 6. August 1957 sandte man die Gehirne weiterer an Kuru verstorbener Frauen und Kinder zur Untersuchung nach Bethesda, Maryland, USA [477]. Von einer Frau namens Yabaiotu stammte das erste durch den Pathologen Igor Klatzo im NIH untersuchte Kuru-Hirn: Am 15. August 1957 bestätigte er seinem Chef, Joe Smadel [795], daß bei dieser Krankheit keinerlei entzündliche Prozesse feststellbar sind und es insofern tatsächlich keine Hinweise auf eine Infektion gäbe. Gemäß seinen Beobachtungen sei am ehesten ein *ernährungsbedingt* auftretendes, toxisches Stoffwechselprodukt die Ursache von Kuru. Am 13. September 1957, genau ein halbes Jahr nach Gajduseks erstem Brief über Kuru, schrieb Igor Klatzo: „Es scheint definitiv ein neues Krankheitsbild vorzuliegen; etwas das in der bisherigen medizinischen Literatur nicht beschrieben ist. Dasjenige Krankheitsbild, welchem Kuru noch am ähnlichsten ist, wurde von Creutzfeldt und Jakob beschrieben (CJD) (s. Kap. 1). Es sind aber weltweit nur etwa 20 Fälle publiziert" [795]. Unter anderem fand Klatzo mikroskopisch kleine Löcher (Vakuolen) und sog. Kuru-Plaques im Hirngewebe (Abb. 26.1, 26.2), die den amyloiden Ablagerungen [1293] im Gehirn von Alzheimer-Patienten ähnelten [140,172,730,797,950]. Im Gegensatz zum Gehirn von Alzheimer-Patienten wies jedoch nicht jedes „Kuru-Hirn" solche amyloide Plaques auf. Daher wurde dieser Beobachtung vorerst weder von Klatzo noch Gajdusek eine allzu große Beachtung geschenkt. Später dann hat Gajdusek diesem Phänomen immer mehr Bedeutung beigemessen und schließlich prägte er sogar den damit in Zusammenhang stehenden Begriff *Infektiöse Amyloidose* [192,481,484,561, 1139–1142,1293]. Im übrigen sei vorweggenommen, daß sowohl Rivers als auch Klatzos Beobachtungen und Interpretationen einigen essentiellen Punkten frappierend nahe gekommen waren (s. Kap. 13), was aber zu jener Zeit noch für lange im Verborgenen bleiben sollte.

2.9 Die Nahrung der Fore

Wie üblich beim Aufkommen einer neuen Krankheit, zog man zunächst auch bei Kuru viele mögliche kausale Zusammenhänge mit der Ernährung in Betracht, sei es im Sinne einer möglichen Ansteckungsquelle, einer Vergiftung oder einer Mangelerscheinung. Die Nahrung der Eingeborenen bestand hauptsächlich aus Süßkartoffeln, Gemüse, Bananen, Zuckerrohr, Salz, Teilen der Sago-Palme, Blättern, Pilzen, Wurzeln, vielen Vogelarten, Schlangen und sogar Insekten und Spinnen. Männer jagten zudem verschiedene Tiere des Waldes oder schlachteten die als Haustiere gehaltenen Schweine. Frauen und Kinder erhielten hiervon üblicherweise nur die Innereien, denn der Genuß von Muskelfleisch war ein Privileg der Männer (s. Kap. 38.5). Neben dem Schwein gehörten Geflügel und Hunde zu den wenigen Haustieren. Jedoch gab es keine Hinweise darauf [128,130,131,154,425], daß Kuru eine auf den Menschen übertragene Zoonose war (s. Kap. 58).

Die Fore haben regelmäßig auch Menschenfleisch gegessen [127,131]. Auch hier, wie beim Schweinefleisch und Wild, haben die Männer das Muskelfleisch vorgezogen und den Frauen und Kindern die Innereien mitsamt Gehirn der Verstorbenen überlassen (s. Kap. 38.5). An dieser Praxis gibt es keine[12] Zweifel [804], Gajdusek wurde mehrmals Zeuge bei kannibalistischen Anlässen (Gajdusek, pers. Mitt.). Dokumentarisch wird darauf hingewiesen, daß vor ihm ein gewisser R.I. Skinner Augenzeugenberichte über Menschenfresserei in der Region vorgelegt hat [127,131,804]. Zudem sind viele Regierungsbeamte Zeugen solcher Riten gewesen.

Im östlichen Hochland lagen aber dem Kannibalismus keine feindseligen Motive zugrunde – anders als in manchen Regionen von PNG, etwa der nordöstlichen Küstenregion (früher Kaiser-Wilhelm-Land[11]), wo die ansässigen Sepik-Papuas [154] Kannibalismus im Rahmen von Kopfjägerei betrieben oder den Stämmen im Süden und Westen von PNG [127–129,131].

Bei den Stämmen im östlichen Hochland von PNG – und in einigen anderen Regionen der Welt[12] – praktizierte man eine ritualkultische Form von Kannibalismus, den sog. Endokannibalismus, also den Verzehr von verstorbenen Verwandten [127]. Man hoffte, dadurch den Geist der Verstorbenen sozusagen zu inkorperieren, damit er „im Dorf" blieb und Glück bringe. Damit erwiesen diese Stämme ihren Ahnen auch „die letzte Ehre", sie waren stolz auf diesen Brauch und redeten offen darüber (Gajdusek, pers. Mitt.).

Vor diesem Hintergrund wurde schon in den 50er Jahren unter medizinischen Laien in PNG gemunkelt [1100], Kuru würde durch die Menschenfresserei übertragen, eine Möglichkeit, die auch Gajduseks Forscher-Team seit 1957 immer wieder in Betracht zog (Gajdusek, pers. Mitt.). Es fehlte jedoch das schlüssige Element zur Erklärung eines Zusammenhangs zwischen Menschenfresserei und der Kuru-Krankheit (s. Kap. 2.14, 38). Sie fanden zum einen in den untersuchten Geweben von Verstorbenen weder Infektionserreger noch andere pathogene Agenzien, und zum anderen verliefen Übertragungsversuche auf Zellkulturen negativ. Gajdusek ließ zusätzlich, durch seinen Kollegen Gibbs, Übertragungsversuche auf Hühner, Mäuse, Ratten, Meerschweinchen und Kaninchen durchführen. Die Versuche wurden nach jeweils etwa drei Monaten „erfolglos" beendet [485]. Angesichts dieser Tatsachen gab es bis auf wei-

[11] Von 1884–1920 war dies deutsches Kolonialgebiet.

[12] Auch bei den Aborigines Australiens [133] und im Inneren Kongobecken (Afrika) [612] praktizierte man z. T. ritualkultischen Endokannibalismus (s. Kap. 13.9).

teres keine plausible, wissenschaftlich haltbare Übertragungshypothese, die in Richtung Menschenfresserei wies.

Am 18. September 1957 schrieb Gajdusek an Smadel: „Oft erkranken in betroffenen Sippen Essens-Zubereiterinnen an Kuru ..." [477]. Man konnte damals die ausschlaggebende Bedeutung dieser Beobachtung noch nicht erkennen [796] (s. Kap. 2.14). Eine auf Ernährung spezialisierte Anthropologin, Lucy Hamilton, wurde nun mit der Untersuchung der Fore-Nahrung beauftragt. Sie konnte jedoch unter den vielen erhobenen Lebensmittelproben (inkl. Menschenfleisch) nichts ausfindig machen, was nicht auch von Stämmen verzehrt wurde, die von Kuru verschont blieben. Bis Oktober 1957 wurden über 500 Lebensmittelproben aus dem Umfeld der von Kuru betroffenen Stämme gesammelt, untersucht und mit parallel erhobenen Proben aus Kontrollstämmen, wie den Kukukuku, verglichen [590]: Man suchte nach Toxinen (Gifte) und infektiösen Agenzien (Erreger) in Pflanzen, Blättern, Pilzen, Wurzeln, Kasuaren, Kakadus, Hornschnäbeln, Schlangen, Spinnen, Insekten, Oppossums und anderen Tieren. Zusätzlich untersuchte man auch Gegenstände wie etwa Bambusrohre, welches die Süd-Fore als Kochgeschirr u.a. für die Zubereitung von Gehirn benutzten (s. Kap. 2.14).

Zusammen mit Salz-, Boden-, Rauch- und Aschenproben sowie Farbmaterialien und Schmalz (Fett), womit die Eingeborenen aus vielen Gründen Körper und Gesicht (Abb. 2.6) einrieben, wurde alles zur Analyse in die weit entfernten Labors eingeschickt. Die Proben wurden von A. Price in der Hauptstadt Port Moresby oder von Gajduseks Kollegen in Bethesda, USA, auf toxische Substanzen hin, z.B. Alkaloide, Schwermetalle oder Mangan, analysiert [479]. Doch keine der vielen Untersuchungen brachte eine Erklärung für Kuru zu Tage. Auch Mangelkrankheiten, beispielsweise Vitamin-E Mangel, konnten praktisch ausgeschlossen werden [478,700]. Daneben zog man viele Parasiten, v.a. Spirochäten oder Protozoen, die chronische Infestationen des ZNS verursachen, in Betracht und untersuchte entsprechende Proben [477,488]. Blut- und andere Proben wurden zudem zur bakteriologischen Untersuchung an Michael Wilson in Melbourne versandt [479]. Nichts wies darauf hin, daß Kuru z.B. über menschliche Sekrete oder Ausscheidungen übertragen wurde, oder daß andere in der Umwelt liegende Faktoren direkt oder indirekt die Krankheit übertragen oder verursachen könnten. Alle diese Bemühungen blieben ergebnislos, und eine Antwort auf die Frage nach der möglichen Ursache der Kuru blieb vorläufig aus. Es blieb somit nichts anderes übrig, als die Abklärungen fortzusetzen. Über einen längeren Zeitraum hinweg wurden wiederholt alle denkbaren Gegenstände, Lebensmittel und Gewebe auf toxische, mikrobielle, virale und parasitäre Hinweise untersucht und alle möglichen Hypothesen wurden immer wieder neu überprüft und antizipiert [477]. Die Gewißheit, daß es sich bei Kuru um eine außergewöhnliche Hirnkrankheit handelt, verstärkte sich, aber der entscheidenden Frage nach der Ursache dieses Leidens ist man mit diesen Untersuchungen nicht auf die Spur gekommen.

2.10 Die geographische Ausbreitung der Epidemie und die verwandtschaftliche Beziehung der Kuru-Opfer

Gajdusek vermutete nach Analyse aller bis dahin vorliegenden und im Folgenden erläuterten Informationen, daß es sich bei Kuru um eine genetisch bedingte Krankheit handelt. Nur wenig sprach dagegen und vieles dafür: man fand mit der Zeit heraus, daß praktisch in allen von Kuru betroffenen Stämmen oder Sippen Heirats-Verbindungen mit den Fore bestanden. Wie erwähnt, war das Auftreten von Kuru im wesentlichen auf das Fore-Gebiet beschränkt (Abb. 2.2) [474,475]. Innerhalb des Fore-Gebietes war im Laufe der Zeit beinahe jedes Dorf und jeder Weiler von Kuru betroffen. Es waren aber auch – mit bedeutend niedrigerer Inzidenz – etliche Nachbarstämme betroffen [476]. Nur im Südosten, bei den einheimischen Kukukuku und im Süden, bei den Yar, kam Kuru nie vor (Gajdusek, pers. Mitt.) (Abb. 2.2), während die Krankheit z.B. bei den Iagaria im Nordwesten und bei Kamano im Norden vereinzelt auftrat. Die ursprüngliche Heimat der Iagaria lag auf der Westseite des Mount Michaels und war somit vom Gebiet der Fore getrennt. Sie waren aber vor mehreren Generationen auf die Ostseite des Berges ausgewandert und hatten sich seither stark durch Heirat mit den Fore vermischt.

Auch bei den Wana, die seit langer Zeit durch Heirat eng mit den Fore und anderen Stämmen verbunden waren, kamen Kuru-Fälle vor [120]. Gegen Ende der 30er Jahre wurden die Wana aus ihrer Heimat vertrieben – zu jener Zeit hatten sie bereits die ersten Kuru-Fälle zu verzeichnen. Sie suchten Zuflucht im Gebiet der Kigupa. Bei diesem Stamm war Kuru nie aufgetreten. Die Kigupa nahmen die Wana nicht auf, sondern verhielten sich fortan feindlich gegen sie, weshalb es zu keiner heiratsbedingten genetischen Durchmischung dieser zwei Stämme kam. Über 15 Jahre lang bewohnten die Wana Kigupa-Gebiet und verzeichneten etliche Kuru-Fälle, während bei den Kigupa kein einziger Fall auftrat. 1956 kehrte die Wana-Sippe in ihre Ursprungsregion Ke'Efu zurück, da die Feindseligkeiten von früher begraben waren. Die Kigupa ihrerseits bewohnten nun auch wieder jene Gebiete, welche die Wana „besetzt" gehalten hatten. Auch hier entwickelte sich bei den Kigupa in der Folge kein Kuru-Fall, was u.a. ein wichtiges Argument gegen eine Umweltkontamination mit einem damals zwar unbekannten aber denkbaren Kuru-Agens darstellte. Unter den etwa 200 Wana-Angehörigen erkrankten hingegen auch im „Ke'Efu-Gebiet" weitere Opfer an Kuru [120].

Diese Beobachtungen sprachen vorläufig für einen erblichen Hintergrund oder Risikofaktor [120]. Gajdusek folgerte v.a. aus der geographischen Begrenzung der Kuruausbreitung, die durch Heirats-Verbindungen bestimmt zu sein schien, daß es sich vermutlich um ein genetisch bedingtes Syndrom handelt. Da er nach den ersten Monaten der Kuru-Forschung keinen weiteren Faktor fand (s.o.), der die Kuruausbreitung irgendwie zu beeinflußen schien, reichte er diese Hypothese zur Veröffentlichung ein [477]. Am 20. August 1957 schrieb jedoch Leonard T. Kurland, ein Epidemiologe aus Bethesda, der den eingereichten Publikationsentwurf von Gajdusek beurteilte, skeptisch: „Eine genetisch bedingte Krankheit kann wohl kaum so plötzlich eine so hohe Inzidenz erreichen, wie es bei der Kuru der Fall ist. Zudem wäre es sehr ungewöhnlich, eine Erbkrankheit zu finden, die sich in derselben Form bei Kindern, Adoleszenten und Erwachsenen manifestiert" (s. Kap. 38). Seiner Meinung nach gab es ebensoviel oder mehr Evidenz gegen ein genetisch bedingtes Geschehen wie dafür [828].

2.11 Der Ahnenkult

Auch Gajdusek selbst war in der Folge auf sich widersprechende Hinweise gestoßen, die teilweise gegen eine genetische Hypothese sprachen. Im gesamten Hochland zogen Frauen anläßlich der Heirat immer zum Stamm des Mannes. Einerseits erkrankten in den durch Heirat genetisch verbundenen Stämmen eingeheiratete Fore-Frauen, während andererseits auch Frauen dieser Krankheit erlagen, die aus zunächst Kuru-freien Stämmen kamen und die zwecks Heirat zu den Fore bzw. zu anderen – den Endokannibalismus praktizierenden – Stämmen des östlichen Hochlands zogen. Der erste so gelagerte Fall wurde bei einer jungen Frau festgestellt, die als Mädchen aus dem zunächst kurufreien, östlich der Kuru-Region gelegenen Stammesgebiet der Kimi (Gimi) kam (Abb. 2.2), um einen Fore-Mann zu heiraten. Dieser Fall ließ die Plausibilität der genetisch bedingten Ätiologie erstmals ins Wanken geraten [477]. Später wurden weitere ähnlich gelagerte Fälle bekannt (s. Kap. 38.3).

Zur fundierten Nachüberprüfung der genetischen Hypothese integrierten sich von 1961 bis 1963 zwei Anthropologen in das Stammesleben der Fore, Robert Glasse und Shirley Lindenbaum [522]. Sie untersuchten akribisch alle verwandtschaftlichen Beziehungen von Kuru-Opfern. Ihre Aufzeichnungen bestätigten, daß Kuru offensichtlich nicht genetisch bedingt war. Im Jahre 1964 publizierten zudem Gail Williams, Leonard Kurland und ihre Mitautoren [1363] eine ganze Liste von stichhaltigen Argumenten, welche die genetische Hypothese als höchstwahrscheinlich unhaltbar darstellten.

Shirley Lindenbaum gelang es, sich nahe an die Belange der Fore-Frauen herantasten zu können. Dabei erzählten ihr die alten Ureinwohnerinnen aus früheren Zeiten, von der Anfangzeit der Kuru-Epidemie, den sozialen Auswirkungen dieser rätselhaften Krankheit und vom Endokannibalismus. Wenn jemand an Kuru verstorben war, erhoben seine nächsten Verwandten – i.d.R. mütterlicherseits – Anspruch auf ihr Recht am Körper des Verstorbenen [131,477,488]. Interessanterweise wurde hingegen – anders als bei Kuru-Opfern – jeder Kontakt mit bestimmten Verstorbenen gemieden, die z.B. an Dysenterie[13] erkrankt waren. In diesen Fällen schien es den Eingeborenen, wohl aufgrund der limitierten Dauer zwischen Infektion und Erkrankungsbeginn (Inkubationszeit) naheliegend, daß die Krankheiten übertragbar sind. Vermeintlichen Opfern des Kuru-Zaubers aber zollten die Familienangehörigen den für Verstorbene üblichen Respekt, indem sie deren Leichnam im Rahmen eines rituellen Ahnenkults (Abb. 2.3 unten rechts) gänzlich verzehrten [804]. Den engsten Familienangehörigen standen beim Leichenmahl spezifische Körperteile zu [131,804].

Durch die australische Mandatsregierung wurde der Kannibalismus auf PNG ab 1954 massiv unterdrückt, auch mit Hilfe der seit Anfang der 50er Jahre hier etablierten christlichen Missionen Tabaro und Okasa [480] (Gajdusek, pers. Mitt.). Es soll nicht unerwähnt bleiben, daß auch zweifelhafte Gefängnisstrafen zur Unterdrückung dieser Praxis eingesetzt wurden [1399]. Der Kannibalismus wurde – innerhalb relativ kurzer Zeit – aufgegeben, jedoch nicht freiwillig und auch nicht, weil man wußte, daß damit der Kuru Einhalt geboten werden kann [23]. Man geht davon aus, daß bis 1959 weiterhin einzelne endokannibalistische Riten veranstaltet wurden [477]. Aus anderen Gebieten von PNG, wo dem Kannibalismus feindselige Motive zugrunde lagen, wurde etwa berichtet, daß noch 1960 eine Gruppe von Kannibalen vor Gericht stand, da sie im Januar 1959 drei Eingeborene getötet und aufgegessen hatten.

[13] Dysenterie wurde 1943 von Soldaten des 2. Weltkrieges nach PNG eingeschleppt.

2.12 Zu den sozialen Auswirkungen

Kuru erzeugte vielschichtige und gravierende soziale Probleme [477]. Bereits ausführlich erwähnt wurden die durch Kuru ausgelösten, auf Aberglauben beruhenden Tukabu-Rituale mit tödlichen Folgen und die daraus erwachsenen Sippenfehden (s. Kap. 2.4). Zur Zeit des Epidemiehöhepunkts hatte die Krankheit eine derartige Häufigkeit oder Inzidenz erreicht, daß ihr über die Hälfte der Frauen erlagen. Der Grund, warum Frauen, Mädchen und Knaben viel häufiger an Kuru erkrankten als erwachsene Männer wird im Kapitel 38 ausführlich erklärt. In manchen Dörfern sank das Verhältnis von überlebenden Frauen zu Männern drastisch. Im extremsten Fall betrug es nur noch 1 : 3,4. Männer hatten plötzlich Arbeiten wie Kochen, Kinderpflege oder Gartenarbeit zu verrichten, die bisher Frauen vorbehalten waren [480]. Es gab Männer, die infolge der Kuru praktisch alle weiblichen Angehörigen verloren. Beispielsweise verlor ein Eingeborener namens Anatu auf diese Weise seine Mutter, vier Ehefrauen (die Fore lebten polygamisch), eine Schwester, eine Tochter und einen Sohn. Um das Überleben ihres Stammes zu sichern, mußten infolge der Umstände stets jüngere Mädchen Männer mit einem steigenden Durchschnittsalter heiraten und schon kurz nach ihrer Pubertät Kinder gebären [472]. Weil Säuglinge i.d.R. mindestens zwei Jahre lang gestillt wurden, kam es auch vor, daß Kleinkinder nach dem Tod ihrer an Kuru erkrankten Mütter an Unterernährung starben [477].

Wurde ein Familienmitglied Opfer der Krankheit, bedeutete das für Angehörige der ganzen Sippe eine enorme Belastung, denn i.d.R. unterstützten die Angehörigen ihre Patienten in bemerkenswerter Weise und begleiteten sie schicksalsergeben. Die Familienmitglieder lebten in unmittelbarer Berührung und ohne Angst vor Übertragung mit den Kranken (Abb. 2.4) (wobei zu erwähnen ist, daß Kuru – obwohl es eine Infektionskrankheit ist, wie man später herausfand – bei natürlichen menschlichen Kontakten nicht ansteckend ist (s. Kap. 1.9)). Die Angehörigen unterstützten ihre erkrankten Familienmitglieder bis zum Eintritt des Todes [488].

Abb. 2.4: Familie in einem weit abgelegenen Dorf, die sich besorgt um eine Kuru-kranke Angehörige kümmert. (Mit freundlicher Genehmigung von D.C. Gajdusek)

Im Verlaufe der 60er Jahre begann die Häufigkeit der Fälle endlich sichtbar zurückzugehen (Abb. 38.1–2), was später [803,804] auf das Verbot des Kannibalismus zurückgeführt werden konnte. Je weniger Fälle es gab, desto eher brach in den Dörfern beim Auftreten eines neuen Falles Panik aus [23]. Die Menschen hatten Angst, daß die Kuru-Zauberei, an die sie nach wie vor glaubten, sowie deren Folgen, wieder so schlimm wie früher werden könnten. Man muß sich dabei vergegenwärtigen, daß die wahren Zusammenhänge (s. Kap. 13) weiterhin noch völlig im Dunkeln lagen.

2.13 Die Entdeckung der Übertragbarkeit

Licht ins Dunkel kam in der Folge einer Kuru-Ausstellung im Wellcome Medical Museum in London, die Gajdusek aufgrund der Aktualität dieser Krankheit im Jahre 1959 organisieren ließ. Dort wurden u. a. Igor Klatzos mikroskopische Aufnahmen von Gewebeschnitten aus dem Gehirn von Kurupatienten gezeigt [574,797]. Die ausgestellten Bilder machten einen Besucher namens William J. Hadlow (Autor v. Kap. 22), der damals in Compton, GB, zusammen mit W. Gordon an Scrapie-Projekten arbeitete, auf die neuropathologische Ähnlichkeit zwischen Scrapie und Kuru aufmerksam. In einem berühmt gewordenen Brief, veröffentlicht in der wissenschaftlichen Zeitschrift *The Lancet*, wies Hadlow auf diese eindrucksvolle Ähnlichkeit hin [569]. Er verband diesen Hinweis mit der Empfehlung, experimentelle Übertragungsversuche von Kuru auf Menschenaffen durchzuführen, um in der zentralen Frage der Ursache von Kuru weiterzukommen. Dabei war ihm die lange Inkubationszeit der seit 1936 bekannterweise übertragbaren Scrapie bewußt. Hingegen war den Kuru-Forschern, mit Ausnahme von Joe Smadel, der keinen dahingehenden Zusammenhang zu ahnen

Abb. 2.5: Carleton Gajdusek (links des Patienten) und Vincent Zigas (rechts), die beiden Erstbeschreiber der Kuru, untersuchen im Jahre 1957 ein an Kuru erkranktes Kind aus dem Stamm der Süd-Fore. (Mit freundlicher Genehmigung von D.C. Gajdusek; Archivnummer: 57–369B)

schien, vor Hadlows *Letter to The Lancet* nichts über Scrapie bekannt (Gajdusek, pers. Mitt.). 1963 wurde mit den Übertragungsversuchen auf Schimpansen begonnen (s. Kap. 43). In der Tat erkrankte die erste infizierte Schimpansin, Georgette[14], nach langer Inkubationszeit Ende 1965 an Kuru-ähnlichen Symptomen. Die Pathologin Elisabeth Beck fand in den Hirnschnitten dieselben mikroskopisch kleinen Löcher (Vakuolen, spongiforme Enzephalopathie) und amyloiden Ablagerungen oder Plaques wie bei Kurupatienten [106,107]. Darauf publizierten Gajdusek und Gibbs im Februar 1966, es sei erstmals gelungen, Kuru auf Schimpansen zu übertragen [486]. Hiermit war die Übertragbarkeit oder Transmissibilität der Spongiformen Enzephalopathien **(TSE) des Menschen** erstmals bewiesen – drei Jahrzehnte nach entsprechendem Erstbeleg der Übertragbarkeit einer **TSE beim Tier**, Scrapie [320,321,653] (s. Kap. 1.3).

Während man aber erst in den 70er Jahren schlüssige Beweise für die Scrapie-Übertragungswege von Tier zu Tier in der Natur fand [1028,1029], konnte die genaue Rolle der Anthropophagie (Verzehr von Menschenfleisch) und der damit verbundenen Handlungen als ausschlaggebender Kuru-Risikofaktor erst 1984 durch den Arzt Robert Klitzman [803,804] aufgezeigt werden. Seine Erkenntnisse und andere detaillierte Zusammenhänge zwischen Kuru und den endokannibalistischen Mahlzeiten werden im Kapitel 38 dargestellt.

Gajdusek wurde für den experimentellen Beweis, daß Kuru übertragbar ist und für die Aufdeckung der Übertragbarkeit der CJD sowie für seine anderen großen Leistungen zugunsten der TSE-Forschung [481,484,561,1139–1142] und für viele weitere relevante Entdeckungen im Bereich „Slow Virus Diseases“ 1976 mit dem Medizin/Physiologie-Nobelpreis ausgezeichnet. Hiermit wurden auch seine übrigen Anstrengungen im Kampf gegen Kuru honoriert, denn Gajdusek hatte die Papuas ins Herz geschlossen und sich der Aufgabe verschrieben, für sie etwas zu tun, was über die Grenzen eines durchschnittlichen Wissenschaftlers hinausgeht [425]. Er und seine Kollegen hatten unter höchst unwirtlichen und bisweilen äußerst abenteuerlichen Bedingungen in einer Umgebung, welche die Weltöffentlichkeit nicht zu beachten schien, wertvolle Daten und unzählige Proben zusammengetragen und daraus hervorragende wissenschaftliche Erkenntnisse gewonnen. Schon am 6. August 1957 ahnte Gajdusek in visionärer Weise, daß die medizinischen Wissenschaften von Kuru noch viel lernen könnten [477]. Wie recht er hatte, zeigen die in diesem Buch zusammengetragenen Fakten. Die Zeitschrift *Médeci-*

[14] Da heute von Wissenschaftern [614] eine hochstehende Ethik im Bereich „Tierversuche mit Menschenaffen“ inklusive Respekt vor dem Einzeltier gefordert wird, schien es gebührend, hier ein Versuchstier beim Rufnamen zu nennen (*der Autor*).

ne et Hygiène betonte 1989 [1096], daß die Förderung der Forschung auf diesem Gebiet der Hartnäckigkeit und dem außerordentlichen Beitrag des bemerkenswerten Kuru-Forschers Carleton D. Gajdusek zu verdanken ist [484]. Medizinhistorisch und epidemiologisch (→ Anzahl Fälle) gesehen ist Kuru (bisher) die wichtigste Prionkrankheit des Menschen.

2.14 Des Rätsels Lösung

Im Frühjahr 1960 schlossen die Anthropologen J. und A. Fischer aus Tulane, USA, in einem Review-Artikel über die damaligen Kenntnisse der Kuru-Krankheit: „Die Gewohnheit, die Körper Verstorbener zu verzehren, suggeriert, daß dabei ein virales oder toxisches Agens übertragen werden könnte" [433].

1965 publizierte ein Forscher namens J. Mathews weitere Argumente, die in dieselbe Richtung wiesen [916] und 1968 erschien von ihm, zusammen mit Robert Glasse und Shirley Lindenbaum eine weitere Publikation, in der dargelegt wurde, daß ein Zusammenhang mit dem Kannibalismus die plausibelste Erklärung für die Kuru war [917].

Das Praktizieren von Menschenfresserei erklärte jedoch als alleiniger Risikofaktor das ausschließliche Vorkommen von Kuru in der kleinen Region des östlichen Hochlandes nicht: Obwohl seit 1957 dieser Risikofaktor in Gajduseks Gruppe immer wieder in Betracht gezogen wurde, blieb es lange eine randständige Hypothese, da auch andere Stämme Papua-Neuguineas und auch viele andere Völker der Welt Kannibalismus praktizierten, bei denen Kuru nicht auftrat (s. Kap. 13.9).

Die Forscher um Gajdusek schenkten zudem dieser Hypothese anfänglich wenig Beachtung (s.o.), da zwischen der Exposition (Mahlzeit) und der Erkrankung eine Zeitdauer von Jahren lag. Man konnte sich zunächst kaum vorstellen, daß es sich um eine Infektionskrankheit mit derart langer Inkubation handelte. Als dann 1966 Gajdusek und Gibbs die Übertragbarkeit der Kuru bewiesen [486], trat die Hypothese, daß Kuru anläßlich endokannibalistischer Praktiken übertragen wird, in den Vordergrund und im Jahre 1984 wurde sie praktisch belegt [804]: Der epidemiologische „Indizien-Beweis" (vgl. Kap. 50.4) für die Bedeutung des Endokannibalismus in Form von schlüssig zusammenhängenden Elementen erbrachten R. Klitzman und seine Kollegen [803,804] (s. Kap. 13, 38).

Gemäß schwierig auf Objektivität zu überprüfenden Berichten und Überlieferungen brachte man in Erfahrung, wie die Fore zwecks Verehrung der Verstorbenen (Abb. 2.3 unten rechts) deren Körper zerlegten, das Gehirn aus der Schädelkalotte entfernten und wie sie Menschfleisch und Innereien vor dem Verzehr zubereiteten [522]: So wurde bei den Süd-Fore das rohe Gehirn in Bambusrohre gepreßt. Dies

Abb. 2.6: Viele Eingeborene von PNG rieben sich den Körper mit diversen Substanzen ein. Zum Schutz vor Kälte und Insekten benutzten sie z.B. eine Mischung aus Asche, Schweineschmalz und anderem Fett (Hirnmasse?). Bei solchen Praktiken könnte bei den Fore Kuru über Kuru-kontaminierte Hände parenteral in die Konjunktiven oder über Mikrowunden in den Körper verbracht worden sein. Dieser Übertragungsweg ist viel effizienter als der enterale (orale) Infektionsweg. Zur Beachtung: Hier ist eine Frau aus einem nicht von Kuru betroffenen Stamm abgebildet. (Abb. von J. du Boisberranger)

war eine manuelle Tätigkeit, bei der es plausiblerweise zu einem sehr intensiven Kontakt – mit potentiell hoch infektiösem Gewebe – kam. Die Nord-Fore hingegen sollen gemäß Überlieferungen den ganzen in Bananenblätter eingewickelten Leichnam stundenlang auf heißen Steinen gegart[15] und ihn erst nachher eröffnet haben. Interessanterweise war die Kuru-Inzidenz bei den Nord-Fore bedeutend niedriger als bei den Süd-Fore (s. Kap. 13, 38). Später fand man dann heraus, daß v.a. durch „Verschmieren" von infektiösen Hirngewebeteilchen über die Schleimhäute z.B. der Augen (vgl. Abb. 2.6, kleiner Bildausschnitt) Kuru-Prionen übertragen werden konnten [483,804]. Die Relevanz des letzteren Übertragungsweges wurde experimentell auch mit Maus-Scrapie belegt [1183].

Erst nach den umwälzenden Laborresultaten von 1966 [486], den anthropologischen Erkenntnissen von 1968 [917] und den epidemiologisch aufschlußreichen Abklärungen Klitzman's von 1984 [804] stand außer Zweifel, daß von allen antizipierten Hypothesen der Endokannibalismus des Rätsels Lösung war. Weitere Details dazu sind in den Kapiteln 13 und 38 beschrieben.

[15] Behandlung mit Koch- bzw. Siedetemperatur genügt nicht zur Inaktivierung von Prionen, dafür sind 133°C und entsprechender Dampfdruck nötig (s. Kap. 45)

3 Die Geschichte der Erforschung von Prionen[16]

Stanley B. Prusiner[17]

3.1 Einleitung

Im Jahre 1982 veröffentlichte ich die Hypothese, die Erreger bestimmter degenerativer Erkrankungen des Zentralnervensystems (ZNS) bei Tieren, und seltener auch bei Menschen, bestünden womöglich aus nichts anderem als Protein. Diese infektiösen Proteinpartikel nannte ich Prionen [1056]. Ziel dieses Kapitels ist es, die Entwicklung des Prion-Modells aus eigener Erfahrung zu beschreiben.

Ketzerisch, wie die Hypothese war, wurde sie in der Fachwelt mit großer Skepsis aufgenommen. Kein Erreger konnte sich der damaligen Lehrmeinung entsprechend ohne eigenes Erbmaterial (DNA oder RNA) im befallenen Wirtsorganismus vermehren und schließlich eine Infektionskrankheit hervorrufen. Selbst Viren enthalten Nukleinsäuren; sie brauchen diese, um die zu ihrer Vermehrung notwendigen Proteine durch die befallene Wirtszelle herstellen zu lassen. Und die einfachsten unter den bis 1982 bekannten Krankheitserregern, die pflanzenpathogenen Viroide, bestehen sogar ausschließlich aus Nukleinsäure [1112].

Nicht weniger Zweifel erweckten meine Kollegen und ich mit dem später geäußerten Verdacht, Prionen könnten außer übertragbaren auch bestimmten familiär (hereditär) bedingten Krankheiten zugrunde liegen. Eine solche zweigleisige Wirkung eines Agens kannte die Medizin nicht.

Ein drittes Mal schließlich konsternierten wir die Fachwelt mit dem unglaublich anmutenden Vermehrungsmechanismus von Prionen: Wir postulierten, Prionen brächten normale Proteine dazu, ihre Form durch Umfaltung so zu verändern, daß sie krankmachend (pathogen) würden.

Mittlerweile sprechen jedoch eine Fülle von Versuchsergebnissen und klinischen Befunden für die Richtigkeit aller drei Punkte [1059]. Prionen verursachen tatsächlich infektiös wie auch hereditär bedingte Krankheiten. Sie können zudem Leiden hervorrufen, die offenbar spontan entstehen, die also ursächlich weder infektiös noch hereditär bedingt sind.

Die bisher bekannten Prionkrankheiten sind alle tödlich. Sie befallen v.a. das Gehirn, bleiben zunächst aber über Jahre, beim Menschen (siehe Tab. 3.1) auch über Jahrzehnte, symptomlos. Manchmal werden sie auch als übertragbare schwammartige Hirndegenerationen (Transmissible Spongiforme Enzephalopathien) bezeichnet, da das Hirngewebe degeneriert und am Ende oft von zahlreichen „Löchern“ durchsetzt ist (Abb. 1.2).

Es gibt inzwischen auch Anzeichen dafür, daß andere Proteine durch Umfaltung ursächlich zu bestimmten neurodegenerativen Leiden des Menschen beitragen, die recht häufig sind; sie können selbst bei Erkrankungen mitspielen, die den Muskelapparat schädigen.

---

16 Mit freundlicher Genehmigung von *Scientific American* (Prusiner, S.B.: The prion diseases. Scientific American. January 1995: 48–57) & *Spektrum der Wissenschaft* (Prusiner, S.B.: Prionen-Erkrankungen. März 1995: 44–52).

17 Stanley B. Prusiner ist Professor für Neurologie, Biochemie und Biophysik an der Medizinischen Fakultät der University of California in San Francisco. Für seine Forschungsleistungen über Prionen erhielt er 1997 den Nobelpreis für Medizin und weitere wissenschaftlich hochrangige Auszeichnungen, z.B. 1992 den Max-Planck-Forschungspreis für internationale Zusammenarbeit in der Wissenschaft, zusammen mit Detlev Riesner, 1995 den Paul-Ehrlich-Preis und den Ludwig-Darmstädter-Preis und 1997 den K.J.-Zülch-Preis der Gertrud-Reemtsma-Stiftung.

3.2 Tier und Mensch betroffen

Die häufigste unter den spongiformen Enzephalopathien beim Tier ist die Scrapie der Schafe und Ziegen [1022]. Betroffene Tiere können ihre Bewegungen nicht mehr koordinieren. Weil ihr Gang schwankend und trabend wird, spricht man auch von Traberkrankheit. Sie werden außerdem schreckhaft und leiden oft an einem intensiven Juckreiz, so daß sie sich durch dauerndes Scheuern schwere Fellschäden zuziehen. Schließlich können sie nicht mehr aufstehen und verenden, sofern sie nicht vorher getötet werden. Weitere Prionkrankheiten von Tieren umfassen die übertragbare Enzephalopathie der Zuchtnerze, die chronisch zehrende Krankheit von nordamerikanischen Hirscharten, die spongiforme Enzephalopathie der Katzen und schließlich die bovine spongiforme Enzephalopathie der Rinder, geläufiger unter der Bezeichnung BSE oder Rinderwahnsinn bekannt (s. Kap. 39–41). Diese neue Rinderkrankheit

Tabelle 3.1: Prionkrankheiten des Menschen. Fortschreitender Verfall der geistigen und motorischen Funktionen sind allen menschlichen Prionkrankheiten gemeinsam – daher ist die klinische Abgrenzung zwischen den Formen manchmal unsicher. Inzwischen hat man für die familiär-genetischen Formen (fCJD, GSS und FFI) Mutationen gefunden, auf deren Grundlage sie sich heute identifizieren lassen.

Krankheitsform	Typische Symptome	Quelle/Ursache	Geographische Verbreitung
Kuru	Verlust der Bewegungskoordination steht im Vordergrund	Infektion: bei rituellem – bis etwa 1958/1959 praktizierten – Endokannibalismus übertragen	Nur im östlichen Hochland von Papua Neuguinea; seit 1957 wurden über 2600 Fälle bekannt
Creutzfeldt-Jakob-Krankheit (CJD)	Geistesschwäche (Demenz) und später Verlust der Bewegungskoordination, gelegentlich in umgekehrter Reihenfolge	Idiopathische Form: Quelle unbekannt, vermutlich spontan entstehend	sCJD: weltweit 1/1 Mill. Menschen pro Jahr. Sporadisch
		Erbliche Form: durch vererbte Mutation im Prion-Protein-Gen entstehend	fCJD: weltweit über 100 betroffene Verwandtschaftskreise bekannt. 10–15% aller CJD-Fälle
		Iatrogene Form: Infektion infolge ärztlicher Behandlung mit bestimmten Hormonen oder Transplantaten; medizinischer „Unfall“	iCJD: weltweit etwa 170 Fälle bekannt (bis 1999). Selten
		Neue CJD-Variante: höchstwahrscheinlich Infektion mit dem BSE-Erreger	nvCJD: 86 Fälle (bis Anfang 2001), davon 82 in Grossbritannien, 3 in Frankreich, 1 in Irland
Gerstmann-Sträussler-Scheinker-Syndrom (GSS)	Verlust der Bewegungskoordination, oft gefolgt von Geistesschwäche	Ererbte Mutation im Prion-Protein-Gen	Weltweit etwa vier Dutzend betroffene Verwandtschaftskreise bekannt
Fatal Familial Insomnia (FFI)	Schlafschwierigkeiten und Störungen des vegetativen Nervensystems, gefolgt von Schlaflosigkeit und Demenz	Ererbte Mutation im Prion-Protein-Gen	Weltweit etwa zwei Dutzend betroffene Verwandtschaftskreise bekannt

brach erstmals in Großbritannien aus: 1986 wurde sie von Gerald Wells und seinen Kollegen vom CVL in Weybridge bei London als eigenes Krankheitsbild erkannt und 1987 erstmals beschrieben [1317]. Die befallenen Tiere verlieren die Kontrolle über ihre Bewegungen, bekommen einen starren Blick und werden außergewöhnlich schreckhaft (s. Kap. 33).

Der britische Epidemiologe John Wilesmith kam bald auf eine plausible Ursprungshypothese: Scrapie-kontaminiertes Tiermehl in Form von Fleisch-Knochenmehl (FKM) oder Fleischmehl (FM) aus Schafskadavern, das dem Rindermischfutter beigemengt worden war [1344,1345]. Die FKM- und FM-Aufbereitung wurde in den siebziger Jahren vereinfacht und darauf wurden Scrapie-Erreger offensichtlich nicht mehr wie zuvor inaktiviert [1343]. Die britische Regierung verbot 1988 aufgrund dieser Hypothese solche Komponenten für Wiederkäuermischfutter.

Inzwischen hat die Epidemie ihren Höhepunkt längst überschritten, was diejenigen Konsumenten allerdings kaum beruhigt, die potentiell BSE-infizierte Rinderinnereien gegessen hatten und jetzt in Sorge leben, sie könnten infiziert sein (s. Kap. 15, 50).

Die Prionkrankheiten des Menschen gehen teilweise auf sehr eigentümliche Umstände zurück. Eine davon ist nur beim Stamm der Fore und seinen Nachbarstämmen im Hochland von Papua Neuguinea aufgetreten: Kuru, wie die Eingeborenen sie nennen, geht v.a. mit schwankenden, inkoordinierten Bewegungen (Ataxie) einher. Erstmals beschrieben wurde sie 1957 von Vincent Zigas, der im Auftrag des öffentlichen Gesundheitsdienstes Australiens dort arbeitete, zusammen mit Daniel Carleton Gajdusek vom NIH Bethesda, Maryland, USA (s. Kap. 2). Die Betroffenen hatten sich die Krankheit offenbar durch eine bestimmte Form von rituellem Kannibalismus zugezogen. Die Fore sollen dabei unter anderem das Gehirn ihrer Verstorbenen als Zeichen der Totenverehrung gegessen haben [804]. Seit Ende der 50er Jahre ist der Brauch erloschen [1069].

Die Creutzfeldt-Jakob-Krankheit (CJD) tritt dagegen weltweit und meist vereinzelt auf. Beschrieben wurde sie erstmals Anfang der zwanziger Jahre des letzten Jahrhunderts von zwei deutschen Neurologen, Hans Creutzfeldt (1885–1964) [314] und Alfons Jakob (1884–1931) [707,708]. Sie trifft nur rund jeden millionsten Menschen, typischerweise im Alter von etwa 60 Jahren, und äußert sich primär als Zerfall der geistigen Fähigkeiten (Demenz) gefolgt von Ataxie. Etwa 10–15 % der Fälle sind erblich bedingt und werden als hereditäre oder meist familiäre CJD bezeichnet (fCJD). Ein kleiner Anteil entsteht infolge „medizinischer Unfälle" bei der Diagnose oder Behandlung anderer Erkrankungen. Solche iatrogene Erregerübertragungen erfolgten bei Transplantationen der Augenhornhaut oder der harten Hirnhaut, bei Verwendung kontaminierter chirurgischer Instrumente und Hirnelektroden sowie nach Injektionen von Wachstumshormon, das aus humanen Hirnanhangsdrüsen gewonnen wurde.

Daneben kennt man das Gerstmann-Sträussler-Scheinker-Syndrom (GSS), primär mit Ataxie und anderen Anzeichen von Kleinhirnschädigung verbunden. Das GSS wurde erstmals 1936 von dem in Wien und später New York tätigen Nervenarzt Joseph Gerstmann zusammen mit seinen Mitarbeitern Sträussler und Scheinker als „eine eigenartige erblich-familiäre Erkrankung des Zentralnervensystems" beschrieben [499]. Eine weitere dazugehörige Krankheit ist die Fatal Familial Insomnia (FFI), für die zunächst schwere Schlafstörungen und anschließende Demenz kennzeichnend sind. Die FFI wurde erstmals 1986 von Elio Lugaresi und Rosella Medori von der Universität Bologna sowie von Pierluigi Gambetti von der Case Western Reserve University in Cleveland, Ohio, beschrieben [862]. Wie die erblich-familiäre Form der CJD (fCJD) sind beide Krankheiten, GSS und FFI, vererbbar [1018].

3.3 Auf der Suche nach der Ursache

Mein Interesse an diesen Erkrankungen erwachte 1972 während meiner Zeit als Arzt an der Medizinischen Fakultät der University of California in San Francisco. Damals starb einer meiner Patienten an CJD. Aus der Fachliteratur erfuhr ich, daß diese und verwandte Krankheiten wie Scrapie [321] und Kuru [486] übertragbar sind: Wenn man einen Extrakt aus dem Gehirn eines erkrankten Individuums einem geeigneten Versuchstier injiziert, erkrankt es (s. Kap. 43). Als Erreger wurden damals langsam wirkende Viren (slow virus) vermutet, aber niemand hatte sie bis dahin isolieren können.

Bei der Literatursuche stieß ich auch auf einen Bericht von Tikvah Alper und ihren Kollegen vom Hammersmith Hospital in London: Sie hatten 1966 Scrapie-Hirnextrakte mit UV-Licht sowie mit kurzwelliger ionisierender Strahlung behandelt, was Nukleinsäuren gewöhnlich schädigt oder zerstört. Die Scrapie-Extrakte waren erstaunlicherweise infektiös geblieben (Abb. 4.2) [16,17]. Sollten dem Erreger, wie die Gruppe mutmaßte, vielleicht Nukleinsäuren fehlen? Wenn dem so wäre, könnte er weder ein Virus noch sonst irgendein konventionelles infektiöses Agens sein.

Worum aber handelt es sich dann? Fachleute unterbreiteten damals zwar zahlreiche Vorschläge, hatten aber keine definitive Antwort [504,554].

Mit jugendlichem Optimismus nahm ich mir darauf vor, das Geheimnis zu lüften und etablierte 1974 ein entsprechendes Forschungslabor an der University of California in San Francisco. Als erstes mußte das Agens aus scrapie-infektiösen Gehirnen so gereinigt werden, daß sich seine Zusammensetzung bestimmen ließ. Die Tatsache, daß schon viele Forscher sich daran erfolglos versucht hatten, vermochte mich nicht abzuschrecken.

Erst nach acht Jahren Forschungsarbeit konnten meine Kollegen und ich gute Fortschritte verzeichnen. Wir hatten aus dem Gehirn experimentell infizierter Hamster einen Extrakt isoliert, der fast ausschließlich aus infektiösem Material bestand, und ihn dann einer Reihe von Tests zur Abklärung der Zusammensetzung unterworfen.

3.4 Unglaubliche Entdeckung

Alle Ergebnisse wiesen für uns in dieselbe Richtung, nämlich daß die Erreger dieser Krankheit/en keine Nukleinsäuren enthalten, sondern hauptsächlich, wenn nicht sogar ausschließlich, aus Protein bestehen: Mit diversen nukleinsäureschädigenden Verfahren ließ sich die Infektiosität gereinigter Extrakte nicht verringern, wohl aber mit Substanzen, die Proteine abbauen oder deren natürliche Faltung auflösen (denaturieren) [1056, 1057]. Somit mußten Proteine ein essentieller Bestandteil des Agens sein. Um diese Erregerklasse von den bisher bekannten Mikroorganismen wie Viren, Bakterien, Pilzen und Protozoen (Einzellern) abzugrenzen, prägte ich den Begriff **Prion** als Abkürzung von „**Pro**teinaceous **in**fectious particle“; wobei die genaue Abkürzung **Proin** zugunsten der leichteren Sprechweise in **Prion** geändert wurde. Scrapie-Prionen – so fanden wir wenig später heraus – enthalten konstant ein Protein, das wir kurz **PrP** für „**Pr**ion-**P**rotein“ nannten [148,1065]. Die zentrale Frage war nun, wo sich die Bauanweisung für dieses Protein befand. Auf einem Stück DNA, das sich im PrP unerkannt verbarg? Oder vielleicht auf einem Gen im Erbgut der befallenen Wirtszellen?

Zusammen mit dem Team von Leroy Hood am California Institute of Technology in Pasadena konnten wir 1984 die Sequenz von gut einem Dutzend Aminosäuren an einem Ende des isolierten Proteins bestimmen [1073]. Dies ermöglichte uns und anderen Forschern, anhand des genetischen Codes molekulare Sonden zu konstruieren, mit denen sich das PrP-Gen aufspüren ließ, sofern es in den Wirtszellen vorkommen sollte. Mit Sonden aus Hoods Labor zeigte Bruno Oesch aus der Forschergruppe von Charles Weissmann von der Universität Zürich, daß Hamsterzellen tatsächlich ein Gen enthalten, welches dieses Protein codiert [989]. Kurz danach wies Bruce Cheseboro des INH Rocky Mountain Laboratory in Hamilton, Montana, mit eigenen Sonden das Gen in Mäusezellen nach [276].

Auf diesen Ergebnissen aufbauend konnte das Gen isoliert und cloniert werden. Es residiert, wie sich zeigte, nicht in Prionen, sondern auf Chromosomen, und zwar bei Hamstern, Mäusen, Menschen und allen anderen untersuchten Arten. Mehr noch: Es zeigte sich, daß das PrP-Gen die meiste Zeit aktiv ist – was bedeutet, daß im Normalfall jeder tierische und menschliche Organismus PrP-mRNA und Prion-Protein herstellt, ohne zu erkranken [103,

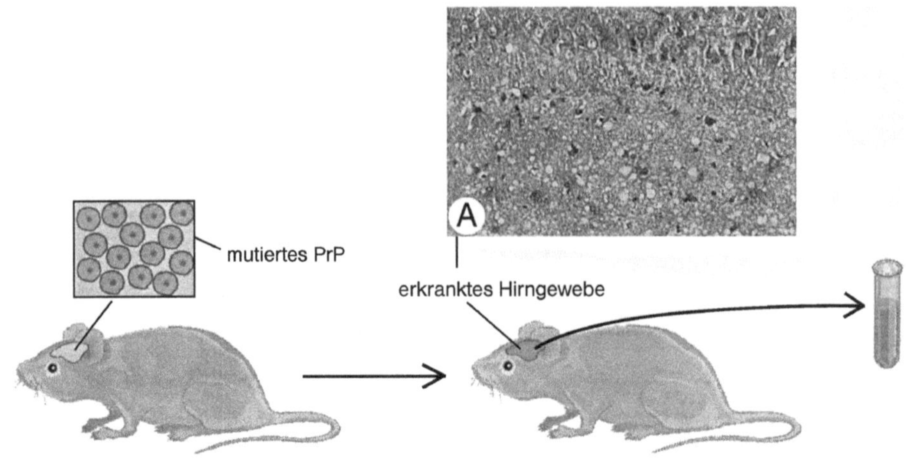

Abb. 3.1: Prionen können – im Sinne einer Infektion – von Tier zu Tier übertragen werden. Bei einem unserer Experimente erzeugten wir gentechnisch Mäuse, die viele Kopien eines mutierten PrP-Gens trugen und entsprechend große Mengen des PrP in ihren Zellen herstellten (oben links). Offenbar nahmen einige dieser Moleküle die Scrapie-Konformation an und irgendwann zeigten alle diese Mäuse Symptome und starben schließlich an einer spongiformen Enzephalopathie (A); ihr Hirnhomogenat wies einen relativ geringen Infektiositätstiter auf. (B): Wir injizierten nun Hirngewebe aus den erkrankten Mäusen (A) einer Gruppe gesunder, gentechnisch veränderter Tiere, die dasselbe mutierte PrP-Gen trugen (wie A), allerdings nur wenige Kopien davon. Nach längerer Inkubationszeit erkrankten rund 40% dieser Gruppe (B). Eine andere Gruppe von Mäusen mit demselben genetischen Hintergrund (wie B) wurde nicht inokuliert; sie blieben alle gesund. Dies zeigte, daß das mutierte PrP – in sehr geringen Mengen produziert – während der natürlichen Lebensspanne der Mäuse nie eine Prionkrankheit aus-

989]. Eine mögliche Schlußfolgerung daraus war, daß wir einen Fehler gemacht hatten und PrP gar nicht das Agens von Prionkrankheiten ist. Aber es gab noch eine andere Möglichkeit: PrP könnte in zwei Formen auftreten – einer normalen, harmlosen, und einer veränderten, krankmachenden (pathogenen) Form.

Auf die Idee, wie sich diese beiden möglichen Formen unterscheiden ließen, brachte mich eine Besonderheit von PrP aus scrapie-infizierten Gehirnen: Es ist sehr resistent gegenüber Protein-abbauenden Enzymen (Proteinasen), während die meisten Proteine einer Zelle relativ leicht von solchen Proteinasen gespalten (verdaut, abgebaut) werden. Sofern eine normale harmlose Form von PrP existierte, war sie vielleicht empfindlich gegen Proteinasen. Mein Mitarbeiter Ronald Barry fand dann auch tatsächlich diese postulierte Proteinase-sensitive Form [100]. Daraus leiteten wir ab, daß möglicherweise das Scrapie-verursachende PrP eine Abart eines normalen Proteins der Zelle ist. Entsprechend nannten wir nun das eine **Scrapie-PrP** (**PrP^{Sc}**, **Sc** für **Scrapie**) und das harmlose **zelluläres PrP** (**PrP^{C}**, **C** für cellular = **zellulär**). Das PrP^{C} wird in den Zellen gebildet und normalerweise an die Zellmembran transportiert (Abb. 4.1, 5.4). Bei einer Infektion akkumuliert PrP^{Sc} in den Zellen. PrP^{Sc} ist inzwischen zu einer Sammelbezeichnung für Prion-Proteine aller Scrapie-ähnlichen Krankheiten bei Mensch und Tier geworden. Dies bedeutet, daß man i.d.R. nicht PrP^{CJD} schreibt, wenn es sich um die Creutzfeldt-Jakob-Krankheit handelt und nicht PrP^{BSE}, wenn es um BSE geht, usw. [299], sondern stets PrP^{Sc}.

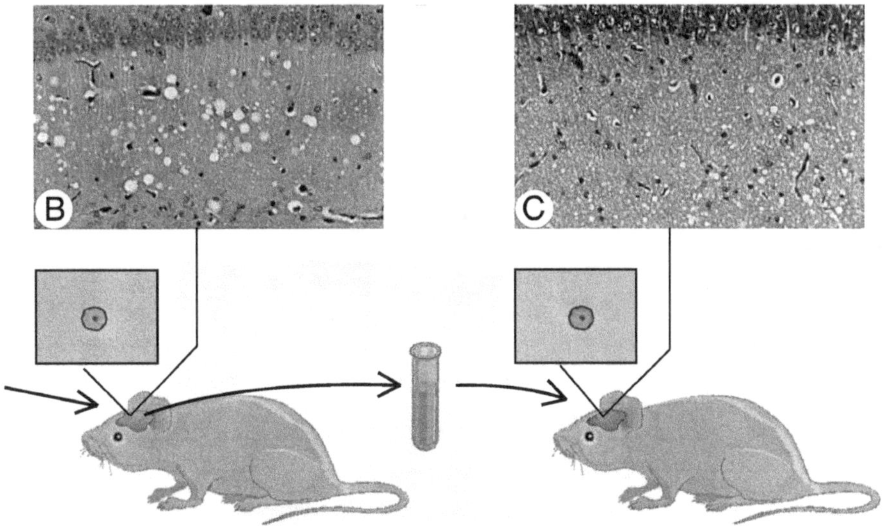

B Maus mit niedrigem Gehalt an mutiertem PrP erkrankt erst nach Überimpfung

C gleichartige Maus erkrankt nach weiterer Überimpfung

lösen konnte. (C): Hirngewebe der inokulierten und erkrankten Gruppe aus B erwies sich wiederum als infektiös, wenn es gesunden Mäusen mit einem anderen genetischen Hintergrund (als Mäuse der Gruppen A oder B), die jedoch auch geringe Mengen mutiertes PrP produzierten, inokuliert wurde. Auch in dieser Gruppe (C) erkrankte nur ein bestimmter Anteil, während wieder alle entsprechenden nichtinokulierten Kontrolltiere gesund blieben. Zu den histopathologischen Hirnausschnitten A-C: weiß sichtbare, mikroskopisch kleine „Löcher“ (Vakuolen) treten unabhängig davon auf, ob eine Prionkrankheit gentechnisch oder genetisch bedingt, spontan bedingt oder bedingt durch eine Übertragung entsteht. Sie geben dem Gehirn eine schwammartige Struktur, weshalb Prionkrankheiten auch als schwammartige Hirndegenerationen oder in der Fachsprache als (transmissible) spongiforme Enzephalopathien bezeichnet werden. (Originalabb. von S. Prusiner)

3.5 Bestimmte Prionkrankheiten können vererbt werden

Schon früh hatten wir gehofft, mit Hilfe des PrP-Gens reines PrP^{Sc} gentechnisch herstellen zu können. Würde das reine, garantiert virusfreie[18] Produkt nach Injektion in gesunde Tiere Scrapie erzeugen, hätte man endlich den Beweis, daß dieses Protein ohne die Hilfe begleitender Nukleinsäuren als Krankheitsüberträger fungieren kann. Um 1986 mußten wir jedoch einsehen, daß dieser Plan nicht realisierbar war. Zum einen bereitete es ausgesprochene Schwierigkeiten, ausreichende Mengen vom pathogenen Scrapie-PrP (PrP^{Sc}) durch Reinigung aus infizierten Gehirnen zu erhalten, zum anderen bestand das gentechnisch erzeugte Produkt ausschließlich aus dem harmlosen PrP^{C}.

Auf einem anderen Wege kamen wir dennoch weiter. Nicht alle Scrapie-ähnlichen Erkrankungen des Menschen schienen auf eine Infektion zurückzugehen. In manchen Fällen ließ sich vielmehr eine genetische Veranlagung dafür vermuten, da sie familiär gehäuft auftraten. In betroffenen Familien erkrankten etwa die Hälfte aller Angehörigen. Sollten Prionen außer für übertragbare auch für hereditäre Krankheiten verantwortlich sein? Dann wären sie noch außergewöhnlicher, als wir ursprünglich gedacht hatten. Im Jahre 1988 fanden meine Mitarbeiterin Karen Hsiao und ich einen deutlichen Hinweis darauf [673]. Wir hatten das PrP-Gen eines Mannes entschlüsselt, in dessen Familie

[18] Wir wußten noch nicht sicher, ob, z.B. neben dem PrP, kein Virus mit im Spiel war.

das GSS gehäuft auftrat und der infolge dieses Leidens im Sterben lag. Beim Vergleich mit dem entsprechenden Gen nicht verwandter gesunder Menschen entdeckten wir eine winzige Abweichung, eine sog. Punktmutation: Ein einziges Basenpaar des PrP-Gens war gegen ein anderes ausgetauscht.

Die Basen sind gewissermaßen die Buchstaben des genetischen Alphabets. Ihre Abfolge (Sequenz) innerhalb des DNA-Moleküls legt in verschlüsselter Form die Aminosäurensequenz für das zu produzierende Protein fest, wobei je drei Basen ein Codewort – ein Codon – für eine bestimmte Aminosäure bilden. In der doppelsträngigen DNA steht einer Base eine jeweils passende komplementäre Base gegenüber, so daß bei einer etablierten Punktmutation auch die Partnerbase entsprechend ausgetauscht ist. Bei unserem sterbenden Patienten hatte eine solche Mutation die Information von Codon 102 verändert: Statt der Aminosäure Leucin wurde an dieser Stelle im PrP nun Prolin eingebaut.

Unterstützt von den Teams um Tim Crow vom Northwick Park Hospital in London und Jürg Ott von der Columbia University in New York entdeckten wir dieselbe Mutation dann auch im Erbgut einer größeren Anzahl weiterer GSS-Patienten [673]. Sie kam mit einer solchen Häufigkeit in den betroffenen Familien vor, daß sie statistisch gesehen kein Zufall sein konnte. Diese Korrelation sprach stark dafür, daß der genetische Defekt die Ursache der Erkrankung war. Allein von 1989–1994 sind 18 verschiedene Mutationen in Familien mit gehäuft auftretenden Prionkrankheiten gefunden worden (Tab. 26.5). Schon Anfang 1995 waren fünf dieser Mutationen bei einer so großen Zahl von Erkrankungsfällen nachgewiesen worden, daß eine genetische Verbindung statistisch belegt werden konnte [373,467,672,673,1018,1041, 1052,1060].

Durch die Entdeckung der Mutationen bot sich auch ein Ansatz, auszuschließen, daß eine die Prionen eventuell begleitende Nukleinsäure die Vervielfältigung des Scrapie-Proteins steuert. In Abbildung 3.1 ist das Prinzip solcher Experimente dargestellt. Wir hatten in der Zwischenzeit herausgefunden, wie man ein mutiertes PrP-Gen in Mäuse-Embryonen einschleusen kann. Wenn solche gentechnisch veränderten Tiere, sog. ***t***rans***g***ene (***Tg***-Tiere) in der Folge an Scrapie erkranken und ihr Hirngewebe bei Empfängertieren ebenfalls Scrapie erzeugt, sind dies handfeste Indizien dafür, daß das vom mutierten Gen codierte Protein *allein* für die Übertragbarkeit des Leidens verantwortlich ist. Und wirklich ließ sich Scrapie auf diese Weise neu (*de novo*) erzeugen und danach übertragen, wie Untersuchungen zusammen mit Stephen DeArmond zeigten, der an unserer Hochschule ein anderes Labor leitet.

Spender des Hirngewebes waren von uns erzeugte Tg174-Mäuse (in Abb. 3.1 als A bezeichnet). Sie prägten das mutierte PrP-Gen stark aus (hoher Gehalt an verändertem PrP) und erkrankten im Verlaufe der Zeit an Scrapie – ohne daß man ihnen infektiöses Gewebe einspritzen mußte (Abb. 3.1). Deren Hirnhomogenat wurde nun auf Empfängertiere (in Abb. 3.1 als B bezeichnet), ebenfalls transgene Tiere mit *demselben* PrP-Gen, übertragen (solche Mäuse wurden deshalb als Empfänger gewählt, weil das Scrapie-PrP bevorzugt auf PrP-Moleküle *gleicher* Zusammensetzung einwirkt); die Empfänger prägten aber das mutierte PrP-Gen nur schwach aus (niedriger Gehalt an verändertem PrP). Nach Inokulation einer „normalen" Dosis an infektiösem Hirngewebe erkrankten die Empfänger zwar noch nicht an Scrapie, häufig jedoch nach einer Verabreichung einer „Überdosis" (Überimpfung) [674,675]. Das Fazit dieser Versuche kann folgendermaßen zusammengefaßt werden: Hätte das jeweils inokulierte Hirnhomogenat keine infektiösen Prion-Proteine (PrP^{Sc}) enthalten, wären alle Versuchstiere der Gruppen B (und C, Erklärung s. Abb.text 3.1) gesund geblieben und der gesamte Übertragsversuch wäre erfolglos geblieben. Die serielle Übertragbarkeit auf weitere Empfängertiere spricht für die – rein genetisch bedingte – Neubildung (*de novo*-Formation) von Scrapie-PrP in der ursprünglichen Ausgangsgruppe A.

Schon als es 1981 Carleton Gajdusek, Colin Masters und Clarence Gibbs erstmals gelang, GSS auf Affen zu übertragen, freilich ohne damals mit transgenen Tieren gearbeitet zu haben, zogen sie die Schlußfolgerung, daß diese genetisch bedingte Krankheit im Experiment auch infektiös ist [190,912]. Im Jahr 1995 konnten Jun Tateishi und Tetsuyuki Kitamoto von der Kyushu-Universität in Fukuoka, Japan, auch die familiäre Form der CJD auf Mäuse übertragen [1247] und im selben Jahr schließlich gelang dies auch für die FFI [1246].

Insgesamt sprechen diese Untersuchungen zur Übertragbarkeit von Prionkrankheiten überzeugend dafür, daß Prionen ausschließlich aus einem abgewandelten Protein bestehen und damit eine neu zu definierende Klasse infektiöser Agenzien darstellen. Dies um so mehr, als die Suche nach einer scrapiespezifischen, prionassoziierten Nukleinsäure, die insbesondere Detlev Riesner mit großer Sorgfalt betrieben hat, keine Anzeichen für eine solche Nukleinsäure ergeben hat bzw. sie mit größter Wahrscheinlichkeit ausschließen konnte (s. Kap. 4, 8) [746,938,1111].

Wissenschaftler, die weiterhin die Virus-Theorie vertreten [368], werden freilich einwenden, wir hätten unsere Hypothese noch immer nicht bewiesen. So wird von ihnen z.B. angenommen, das Proteinprodukt des mutierten PrP-Gens würde einem bislang unbekannten, aber ubiquitären Virus die Infektion erleichtern, z.B. als Rezeptor. Individuen, die diese Mutation tragen und erkranken, litten dann in Wirklichkeit an einem viralen Infekt des Gehirns; und deshalb würde mit ihren Hirnextrakten die Erkrankung übertragen. Solange aber Belege für die Anwesenheit eines Virus fehlen, scheint diese Hypothese [368] kaum haltbar.

3.6 Ein Protein – zwei Gesichter

Wie aber kann sich das Scrapie-PrP ohne die Mitwirkung von Nukleinsäuren in Zellen „vermehren"? Einzelheiten dazu sind zwar noch zu ergründen, doch scheint inzwischen vieles klar geworden zu sein: Der wesentliche Unterschied zwischen dem normalen PrP und dem Scrapie-PrP liegt in ihrer Form, also in der Art ihrer räumlichen Faltung (Konformation; s. Kap. 6, 12). Offenbar kann das Scrapie-PrP, wenn es mit normalen PrP in Kontakt kommt, diese veranlassen, sich aus der gewöhnlichen in die Scrapie-Konformation umzufalten. Die umgefalteten PrP bringen dann ihrerseits weitere normale PrP dazu, ihre Form zu ändern, wodurch sich die Scrapie-Konformation repliziert (Abb. 3.2) [1059].

Auf die Idee, der Unterschied müsse in der Konformation liegen, waren wir gekommen, als sich andere Möglichkeiten immer unwahrscheinlicher darstellten: (1) Seit längerem war bekannt, daß infektiöse PrP (Scrapie-Form) und normale PrP innerhalb einer Spezies dieselbe Aminosäuresequenz aufweisen, und daher ein genetischer Defekt (Mutation; s.o.) zur Ausprägung der infektiösen Form nicht unbedingt erforderlich ist. (2) Ebenso war allgemein bekannt, daß identische Proteinmoleküle nach der Biosynthese biochemisch so abgewandelt werden können, daß sich ihre Aktivität ändert. Trotz eingehender Suche vermochten aber Neil Stahl und Michael Baldwin in meinem Labor keine Abweichungen in dieser Richtung zu finden [1220].

Doch Keh-Ming Pan, ebenfalls aus meiner Gruppe, entdeckte schließlich, worin der relevante Unterschied zu liegen scheint: In einem normalen PrP ist die Aminosäurekette zu einem großen Teil zu α-Helices schraubig aufgewunden, während sie in der Scrapie-Form mehr zu β-Faltblättern gestreckte Bereiche enthält [1014]. Zwei sog. β-Stränge bilden, wenn sie sich antiparallel aneinanderlagern, eine sog. β-Faltblattstruktur (Abb. 3.3 B). Die räumliche Struktur des normalen PrP versuchte mein Kollege Fred E. Cohen anhand der Aminosäuresequenz am Computer zu modellieren [288,678]. Nach seinen 1994 publizierten Modell-Berechnungen würde sich das normale Protein zu einem kompakten Gebilde mit vier α-Helices (Abb. 3.3 A) im Kern falten. Die wahre Struktur des normalen PrP wurde 1996/1997 von einer anderen Arbeitsgruppe aufgezeigt (Abb. 6.2) [1108,1109].

Deutliche Indizien dafür, daß ein PrP^{Sc}-Molekül ein PrP^{C}-Molekül veranlassen kann, in eine PrP^{Sc}-Struktur umzuklappen, boten folgende Erkenntnisse, die zwischen 1992 und 1995 gewonnen wurden: Marja Gasset vermochte in unserem Labor aus kurzen synthetischen Peptiden, die drei der vermuteten vier α-Helix-Regionen entsprachen, β-Faltblätter zu erzeugen [496]. Danach berichteten Byron Caughey vom

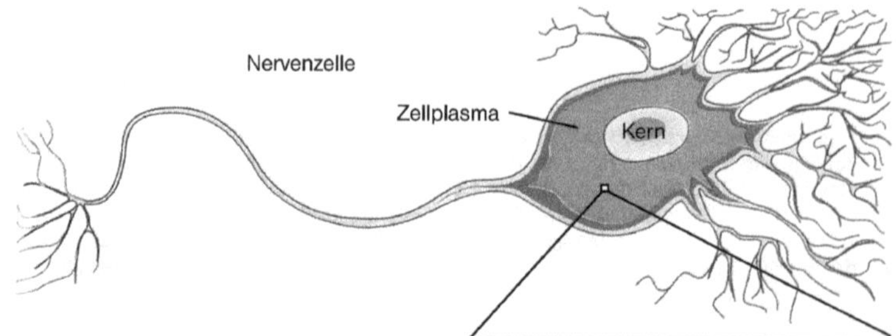

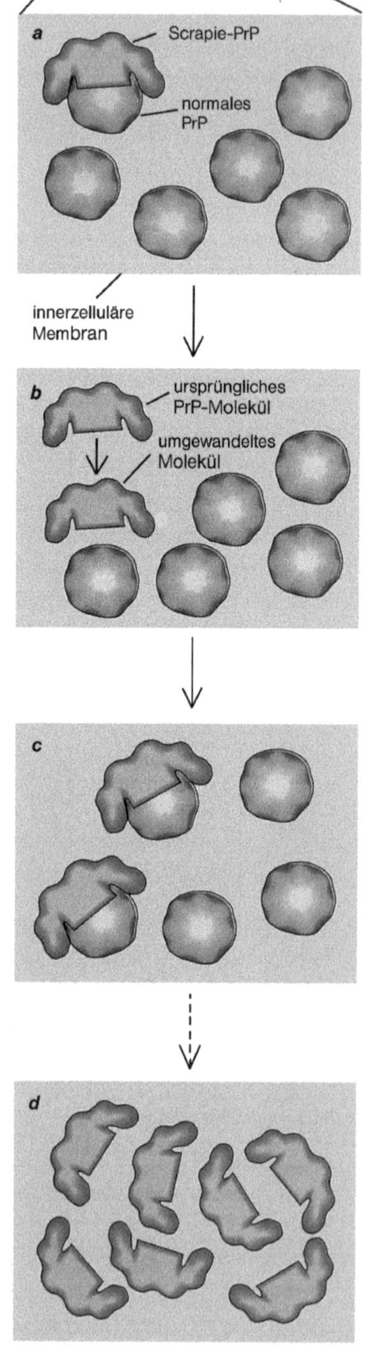

Abb. 3.2: Das Scrapie-PrP (PrP^{Sc}) – mit seiner spezifischen Form (Konformation) – „vermehrt" sich im Zellplasma von Nervenzellen, offenbar durch eine Art Schneeballeffekt: Der Vorgang wird vermutlich an einer intrazellulären Membran in Gang gesetzt, wenn (a) ein Scrapie-PrP-Molekül mit einem normalen PrP-Molekül (rundlich dargestellt) in Kontakt tritt und dieses dabei auf unbekannte Weise dazu bringt, sich ebenfalls in die Scrapie-PrP-Form umzufalten (b). Danach peilen beide Scrapie-PrP-Moleküle, das ursprüngliche und das umgewandelte, zwei andere normale PrP-Moleküle an (c), um auch ihnen die Scrapie-PrP-Form aufzuzwingen und so fort (durchbrochener Pfeil). Wenn die Akkumulation an Scrapie-PrP-Molekülen ein für die Nervenzellen kritisches, d.h. zytopathogenes Ausmaß erreicht (d), kommt es zu funktionellen Störungen respektive zu einer Prionkrankheit. (Abb. von S. Prusiner, Quelle: [1061,1062])

Rocky Mountain Laboratory und Peter Lansbury vom Institute of Technology (MIT) in Cambridge, Massachusetts, daß PrP^{C} im Reagenzglas nach Vermischen mit PrP^{Sc} in die entsprechende Konformation übergehen kann [807]. Und schließlich wies Jack Nguyen aus meiner Gruppe nach, daß β-Faltblätter aus den kurzen Peptiden, die Marja Gasset synthetisierte, ihre Struktur den α-helikalen PrP-Peptiden gleichsam aufzwingen können [972].

Welchen Einfluß haben nun die im ***Pr**io**n**-**P**rotein-**Gen*** (***PRNP***) entdeckten Mutationen auf diesen Konformations-Wechsel? Ein von einem mutierten *PRNP* codiertes PrP wird wohl kaum schon bei seiner Entstehung die PrP^{Sc}-Konformation annehmen, sonst würden die Träger der Mutationen bereits in früher Kindheit erkranken. Wir vermuten, daß sich solche PrP zwar leichter von der apathogenen in eine pathogene Struktur umfalten lassen, daß aber einige Zeit vergeht, bis dies erstmalig geschieht. Danach dürfte es nochmals längere Zeit dauern, bis sich – entsprechend der in Abbildung 3.2 dargestellten Vermehrung (Replikation) – genügend PrP^{Sc}-Moleküle angereichert haben, um das Gehirn so zu schädigen, daß Krankheitssymptome manifest werden.

Fred Cohen und ich versuchten einerseits, noch genauer zu erklären, warum die verschiedenen bekannten *PRNP*-Mutationen beim Menschen das erforderliche Umklappen von PrP^{C} in die PrP^{Sc}-Konformation erleichtern können: Viele davon könnten eine der α-helikalen Regionen oder deren Grenzen betreffen, wobei hier – als Folge eines mutierten Codons – eine Aminosäure gegen eine andere ausgetauscht ist. Eine „falsche" Aminosäure könnte eine α-Helix destabilisieren und auf diese Weise die Wahrscheinlichkeit erhöhen, daß sie und ihre Nachbarn in eine β-Faltblattstruktur übergehen. Andererseits zeigte einer unserer ehemaligen Mitarbeiter, H. Schätzl, daß manche evolutionsbedingte Unterschiede zwischen normalem PrP von Menschen, Menschenaffen und Affen außerhalb der α-helikalen Bereiche liegen (s. Kap. 9). Dort können PrP^{Sc} die Stabilität des PrP^{C} vermutlich nicht wesentlich beeinträchtigen.

Niemand weiß bisher genau, wie die Hirnzellen durch die PrP^{Sc}-Replikation geschädigt werden (s. Kap. 26). In kultivierten Nervenzellen (Neuronen) reichert sich PrP^{Sc}, nachdem die Umwandlung der normalen zellulären Form in Gang gekommen ist, in Lysosomen an (Abb. 5.4) [927]. Die physiologische Aufgabe dieser enzymgefüllten Bläschen ist der Abbau von „Abfallgewebe" aus dem Zellumbau. Es ist denkbar, daß (mit PrP^{Sc}) überfüllte Lysosomen Nervenzellen enzymatisch schädigen könnten. Deren „Absterben" ließe im Gehirn mikroskopisch kleine Löcher (Vakuolen; Abb. 1.2) zurück. Schließlich kommt es zum Zelltod und die freiwerdenden Prionen könnten von anderen Zellen aufgenommen werden, wodurch im Zuge einer Infektion eine kaskadenartige Erregerreplikation und -ausbreitung im Organismus stattfinden könnte.

Mit Sicherheit weiß man, daß PrP^{Sc}-Moleküle eine starke Neigung zur Aggregation haben und sich im Gehirn mancher Patienten als sog. Plaques ablagern (Abb. 26.2) [935,1235]. Sie stellen das morphologische Korrelat von β-Amyloid-Ablagerungen dar und ähneln im Aussehen den Alzheimer-Plaques, die aber aus einem anderen Amyloid bestehen. Während sie bei der Diagnose einer Prionkrankheit von gewisser Bedeutung sind (s. Kap. 26), sind sie anscheinend nicht die Hauptursache für die mit der Erkrankung verbundenen Beeinträchtigungen (s. Kap. 30). Bei vielen Menschen und Tieren mit Prionkrankheiten findet man lichtmikroskopisch keine solche Plaques.

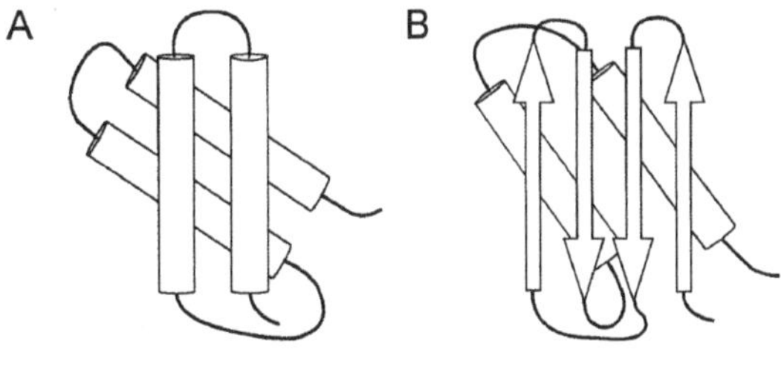

Abb. 3.3: (A) Das zelluläre Prion-Protein ist harmlos und weist eine bestimmte – hier schematisch dargestellte – Form (Konformation, Gestalt) auf. In dieser Form (A) hätte – gemäß der historisch-hypothetischen Modellskizze – eine gefaltete Aminosäurekette vier sog. α-Helices (Zylinder) aufgewiesen. (B) Die infektiöse Scrapie-Form des Prion-Proteins (Prion) dürfte entstehen, wenn sich ein großer Teil des Moleküls zu β-Strängen streckt, die antiparallel aneinandergelagert sogenannte β-Faltblätter bilden (gegenläufige Pfeile). Diese heute historischen Strukturvorschläge von Fred E. Cohen entstanden aufgrund von theoretischen Überlegungen bzw. basierend auf den bis 1994 vorhandenen Daten. (Die im Kap. 6 beschriebene Bestimmung der dreidimensionalen Struktur vom zellulären PrP(121–231) der Maus ergab 1996, daß die C-terminale Domäne in der Tat aus drei α-Helices (H1–H3) und einem zweisträngigen β-Faltblatt (S1, S2) besteht). (Originalabb. von Fred E. Cohen)

3.7 Das Geheimnis der Erregerstämme

Für eine weitere, seit langem offene Frage, nämlich wie ein- und dasselbe Protein ganz verschiedene Krankheitssymptome hervorrufen kann, zeichnet sich ansatzweise eine Erklärung ab. Bereits vor Jahrzehnten isolierte I. Pattison vom britischen landwirtschaftlichen Forschungsrat in Compton aus zwei Ziegenpopulationen zwei verschiedene Stämme des Scrapie-Erregers (Abb. 11.4). Der eine machte damit inokulierte Versuchsziegen schläfrig, der andere dagegen hyperaktiv. Ferner wurde ersichtlich, daß der eine schon nach relativ kurzer und der andere erst nach längerer Inkubationszeit die Krankheit hervorrief und auch, daß je nach Scrapie-Stamm und Wirtstier-(Linie) die Hirnläsionen in bestimmten Hirnbereichen ungleich deutlich ausfallen (Abb. 11.1, 11.2) [1026].

Alan Dickinson, Hugh Fraser und Moira Bruce vom Institute for Animal Health in Edinburgh haben die unterschiedlichen Auswirkungen diverser Isolate bei Mäusen untersucht und schlossen aus ihren Beobachtungen auf das Vorkommen mehrerer Erregerstämme [211,214, 357]. Da man eigentliche Erregerstämme (nach herkömmlichem Verständnis; vgl. Kap. 1.7) nur bei Krankheitserregern *mit* Nukleinsäuren kennt, widerlege – so argumentieren sie und einige andere Wissenschaftler – die Existenz unterschiedlicher TSE-Stämme die Prion-Hypothese. Somit müßten nach ihnen Viren für Scrapie und damit verwandte Krankheiten verantwortlich sein. Da indes die Suche nach viralen Nukleinsäuren bislang ergebnislos verlaufen ist, muß aus meiner Sicht die Erklärung für die Unterschiede anderswo liegen.

Beispielsweise könnte man sich – wie oben erwähnt – vorstellen, daß Scrapie-Prionen in mehreren Formen oder Konformationstypen vorliegen können (s. Kap. 12). Falls dies zutreffen würde, wäre es denkbar, daß der eine Scrapie-Konformationstyp harmloses PrP^C äußerst wirksam in die Scrapie-Konformation überführt. Die Zeit bis zum Ausbruch der Krankheit wäre in diesem Fall relativ kurz. Einem anderen Scrapie-Konformationstyp gelänge dies vielleicht weniger effizient und die Inkubationszeit wäre länger. Ähnlich könnten verschiedene Konformationstypen bzw. Prionstämme bevorzugt jeweils andere Hirnbereiche befallen, wodurch sich die unterschiedlichen Läsionsprofile und Symptome erklären ließen (s. Kap. 11). Da wir schon zwei Konformationen – die normale und die Scrapie-Konformation – kennen, wäre es keine Überraschung, wenn sich PrP^{Sc} seinerseits in mehrere Konformationstypen (Erregerstämme) falten könnte.

3.8 Überwindung der Artenschranke (Speziesbarriere)

Seit Mitte der 80er Jahre versuchten wir des weiteren, die Frage zu beantworten, warum ein Prion bei der einen Art nicht oder nur unter Schwierigkeiten, bei anderen Arten jedoch relativ leicht eine Krankheit auszulösen vermag. Auch für konventionelle Krankheitserreger sind i.d.R. nur bestimmte Arten empfänglich – als wäre bei anderen, nicht empfänglichen Wirtsarten eine unsichtbare Artenschranke vorhanden (Speziesbarriere). Die o.g. Frage ist angesichts der BSE-Epidemie von erheblichem Interesse (s. Kap. 9, 15 und 50).

Die Existenz der Speziesbarriere wurde von I. Pattison in den 60er Jahren entdeckt. Mit modernen Methoden wollten auch mein Kollege Michael Scott und ich seit den 80er Jahren die Ursache für die erschwerte zwischenartliche Übertragbarkeit ergründen. Wir erzeugten transgene Mäuse, die das PrP-Gen des Syrischen Goldhamsters ausprägten; die beiden Spezies unterscheiden sich darin in 16 von 254 Codons [1185]. Bei normalen Mäusen ließ sich mit Hamster-Scrapie nur selten Maus-Scrapie auslösen. Transgene Mäuse dagegen, die ausschließlich das normale Hamster-PrP^C herstellten, erkrankten schon innerhalb von etwa zwei Monaten nach der intrakranialen Inokulation des infektiösen Hamster-Gewebes. Andere Forscher aus der Gruppe von Charles Weissmann konnten 1994 ähnliche Ergebnisse publizieren [1308].

Wir hatten, so unsere Schlußfolgerung, durch das Einbringen des Hamster-Gens in die Maus die Artenschranke überwunden. Aus unseren und anderen Versuchsergebnissen läßt sich schließen, daß die Artenschranke zu einem großen Teil[19] in der Aminosäuresequenz des PrP

[19] Zum Verständnis beachte man die in den Abbildungen 1.8 und 1.10 dargestellten Zusammenhänge, sowie Kapitel 9.

und somit im PrP-Gen verankert ist. Mit anderen Worten ist die erfolgreiche Übertragbarkeit hauptsächlich eine Frage des Grades der PrP-Aminosäurensequenzhomologie zwischen Spender- und Empfängerart: Je mehr sich die Aminosäuresequenz des übertragenen, infektiösen PrP^{Sc} der Spenderart und des zellulären PrP^{C} der inokulierten Empfängerart gleichen, desto niedriger ist die Artenschranke und desto wahrscheinlicher bricht die Krankheit aus (Abb. 1.8).

Wenn beispielsweise transgene Mäuse, die außer ihr eigenes PrP^{C} auch noch fremdes Hamster-PrP^{C} herstellen (die also über Hamster- und Maus-*Prnp* verfügen), mit Maus-PrP^{Sc} infiziert werden, erzeugen sie weitere Maus-PrP^{Sc}. Werden in dieselben Mäuse hingegen Hamster-PrP^{Sc} injiziert, erzeugen sie weitere Hamster-PrP^{Sc}. Offenbar interagieren speziesspezifische PrP^{Sc} bevorzugt mit (möglichst) homologen, also in der Aminosäurensequenz (möglichst) gleichartigen PrP^{C} [1080] (s. Kap. 9, 10).

Da sich beispielsweise die PrP der beiden Spezies Rind und Schaf in nur sechs Positionen unterscheiden, besteht zwischen den beiden Arten eine hohe PrP-Aminosäurensequenzhomologie. Auch vor dem Hintergrund der Tendenz zur bevorzugten Interaktion von PrP^{Sc} mit *möglichst wenig heterologem* PrP^{C} ist die Hypothese von J. Wilesmith [1343,1345], daß als Ursache der BSE die Artenschranke zwischen (Scrapie-infizierten) Schafen und (gesunden) Rindern überwunden wurde, eine plausible Erklärung. Vor allem, wenn man den seit den 70er Jahren zunehmenden Scrapie-Infektionsdruck, der infolge einer veränderten Tiermehlproduktion stattgefunden hat, mit berücksichtigt (s. Kap. 19); denn die Effizienz der Übertragbarkeit ist auch eine Frage der Infektionsdosis, die mit dem Infektionsdruck ansteigt.

Ein undifferenzierter Vergleich der PrP-Aminosäuresequenz zwischen zwei Arten ist allerdings nicht zulässig; vielmehr scheint die Topologie entscheidend zu sein [813]. Bestimmte Bereiche[20] innerhalb der PrP-Aminosäurenkette scheinen für die Effizienz (oder Ineffizienz) der Artenschranke bedeutsamer zu sein als andere [1159]. Dieser Verdacht wurde ursprünglich durch ein unerwartetes Versuchsergebnis geweckt. Mein Kollege Glenn Telling hatte ein hybrides Mäuse-Mensch-PrP-Gen in Mäuse eingebracht, das im Zentrum anstatt eigener menschliche PrP-Gensequenzen enthielt [1269]. Einer Vergleichsgruppe wurde ein rein menschliches PrP-Gen eingepflanzt. Die Tiere der ersten Gruppe, die ein Zwitterprotein erzeugten, erkrankten nach Übertragung von Hirngewebe aus CJD- oder GSS-Patienten seltsamerweise sehr viel häufiger und nach kürzerer Inkubationszeit als Artgenossen aus der Vergleichsgruppe, die ein vollständiges, rein menschliches Gen trugen. Das menschliche Gen weicht vom Mäuse-Gen in 28 Codons ab. Demnach ist der Mittelteil des Gens möglicherweise entscheidender für die Artenschranke als die Flanken. Für die Interaktion mit den mauseigenen Faktoren, die die „Vermehrung" der PrP^{Sc} determinieren, scheinen dagegen die Flanken entscheidender zu sein.

Das Versuchsergebnis stützt auch Hinweise, wonach noch andere Proteine des Wirtes auf das Verhalten des PrP^{Sc} nach dessen Inokulation bzw. Eintritt in die PrP-produzierenden Wirtszellen Einfluß nehmen könnten, beispielsweise sog. Chaperons (Helferproteine, Protein X, Abb. 12.2). Wir nehmen an, daß ein Mäuse-Chaperon – sozusagen als Faltungshelfer – eine der beiden mäusespezifischen Flanken des Zwitter-PrP^{C} erkennt. In der Gegenwart von PrP^{Sc} könnte es sich nach den Modellvorstellungen an den Flanken des Zwitter-PrP^{C} anbinden und mithelfen, dieses in die PrP^{Sc}-Konformation umzufalten. In denjenigen Mäusen hingegen, die rein menschliches PrP^{C} herstellen, hätte das postulierte Protein X vermutlich mangels entsprechender Bindungsstellen keine oder schlechtere Gelegenheit dazu [1270]. Nach den Untersuchungen von Glenn Telling aus den Jahren 1994–1995 bindet der postulierte Faktor X offenbar am C-Terminus [1269,1270]. Für diesen Faktor wurde eine genauere Bindungsstelle kartiert, die von den Aminosäuren 168, 172, 215 und 219 gebildet werden könnte [736]. Das NMR-Modell zeigt, daß diese vier Aminosäu-

[20] Bereiche von besonderer Wichtigkeit werden im Kapitel 9.3 geschildert.

ren eng benachbart sind und sozusagen *ein* Epitop ausbilden [1188].

3.9 Prion-Krankheiten können womöglich spontan entstehen

Ein unerwarteter Aspekt trat bei Studien mit Mäusen zutage, die ungewöhnlich hohe Mengen an zellulärem PrP produzieren. David Westaway aus unserer Gruppe und Stephen DeArmond sowie George Carlson vom McLaughlin Laboratory in Great Falls, Montana, stellten bei einigen älteren Tieren verblüfft eine Krankheit fest, die mit reduziertem Putzverhalten sowie Ataxie einher ging. Eine Überproduktion von PrP^{C} zieht, wie wir dann realisierten, gelegentlich einen Abbau von Hirnneuronen nach sich, aber überraschenderweise auch von peripheren Nerven und Muskeln. Diese Beobachtung gibt Anlaß dazu, Erkrankungen des Muskelapparates und des peripheren Nervensystems beim Menschen auf eventuelle prion-bedingte Ursachen hin zu analysieren [152]; möglicherweise erweitert sich das Spektrum der Prionkrankheiten (s. Kap. 3.11, 26.6.2).

Diese Studien lieferten aber v.a. auch Hinweise, wie die sporadische Creutzfeldt-Jakob-Krankheit (sCJD) *spontan* entstehen könnte. Ich war lange Zeit der Ansicht, dazu müsse wohl irgendwann im Laufe des Lebens das PrP-Gen in mindestens einer Zelle des Organismus zufällig oder durch schädigende äußere Einflüsse mutieren. Einige der in ihrer Aminosäuresequenz veränderten PrP^{C} würden sich anschließend in die Scrapie-Form umfalten, sich allmählich nach oben geschildertem Prinzip replizieren und die Neuronen schädigen, bis sich schließlich der Schaden in Form einer Prionkrankheit manifestiert. Die Befunde an den PrP^{C}-überproduzierenden Mäusen lassen aber auch eine neue Vermutung zu. Durch die PrP^{C}-Überproduktion könnte sich möglicherweise das Risiko erhöhen, daß sich zu irgendeiner Zeit eines Lebens normales PrP^{C} *spontan* in die Scrapie-Konformation umfaltet (s. Kap. 8.4.4, 8.4.5). Man könnte sich vorstellen, daß der Organismus von Menschen, die der sCJD anheimfallen, „zuviel“ PrP^{C} produziert. Jährlich stirbt weltweit etwa jeder millionste Mensch an sCJD.

3.10 Fehlende Therapie

Somit haben wir mit diesen Versuchen möglicherweise – wenn auch unbeabsichtigt – ein gutes Tiermodell für sCJD geschaffen; während bestimmte transgene Mäuse, in die mutierte PrP-Gene eingeschleust werden, ein gutes Modell für die vererbbaren Prionkrankheiten fCJD, GSS und FFI sind (Tab. 3.1). Normale Mäuse hingegen, bei denen inokulierte Hirnextrakte aus infizierten Individuen zu einer „Vermehrung“ des PrP^{Sc} führen, stellen ein gutes Tiermodell für die infektiösen Formen wie iCJD, Kuru und die Prionkrankheiten beim Tier dar (Tab. 1.3).

Alle diese experimentellen Pendants von Prionkrankheiten erweitern nicht nur unser Grundverständnis dafür, wie Prionen degenerierend auf das Gehirn wirken können. Sie sollten auch geeignet sein, mögliche Therapieverfahren zu testen. Trotz der begrenzten Erkenntnisse sehen wir theoretische Möglichkeiten zur Entwicklung von Therapien. Eventuell ließe sich eine Substanz synthetisieren, welche die leicht umklappbaren PrP^{C}-Abschnitte stabilisiert, um eine Umwandlung zur PrP^{Sc}-Konformation zu erschweren oder zu verhindern.

H. Büeler und seine Kollegen an der Universität Zürich hatten bei Mäusen mit gentechnischen Methoden das PrP-Gen inaktiviert ($PrP^{0/0}$-Mäuse) [234]. Es ging darum, zu überprüfen, ob $PrP^{0/0}$-Mäuse (PrP-Knock-out Mäuse), welche kein PrP^{C} mehr produzieren, trotz experimentell eingebrachten PrP^{Sc} keine Maus-Scrapie entwickeln können. Wie erwartet, entwickelten die Tiere nach Inokulation von Infektiosität bzw. Scrapie-infektiösem Hirnhomogenat keine Scrapie und es ließen sich keine Anzeichen für eine „Vermehrung“ von Prionen erkennen [233]. Da sich keine PrP^{C} zur Umwandlung anboten, konnte offenbar keine „Vermehrung“ der PrP^{Sc} stattfinden. Diese Experimente der Gruppe von Charles Weissmann waren somit sehr geeignet, die Prion-Hypothese zu überprüfen bzw. zu festigen. Offensichtlich haben sich die $PrP^{0/0}$-Mäuse normal entwickelt und sind gesund geblieben (s. Kap. 10). Sollte sich PrP wirklich als entbehrlich erweisen, könnte man erwägen, mittels Antisense-DNA, die von entsprechenden „Anti-Genen" codiert wird, die Produktion von PrP im Gehirn von bestimmten Patienten, die einen prädisponierenden Risikofaktor für eine Prionkrankheit des Menschen aufweisen, molekulargenetisch (gentechnisch) gezielt zu unterbinden [290]. Damit wäre dem PrP^{Sc} – ähnlich wie bei $PrP^{0/0}$-Mäusen, jedoch mit anderem Mechanismus – a priori die Grundsubstanz entzogen, aus der es sich „vermehrt" oder besser gesagt repliziert.

3.11 Verblüffende Ähnlichkeiten

Insgesamt sprechen die beschriebenen Untersuchungen überzeugend dafür, daß Prionen eine eigenständige Klasse von Infektionserregern darstellen, deren Wirkung auf Abweichungen von einer normalen Proteinkonformation beruht. Ob derartige Abweichungen auch für weiter verbreitete neurodegenerative Krankheiten verantwortlich sind, ist bisher nicht bekannt, sollte aber als Möglichkeit im Auge behalten werden. Zu solchen, weit häufigeren neurodegenerativen Krankheiten des Menschen als z.B. die CJD, bei denen Konformationsänderungen anderer Proteine ursächlich beteiligt sein könnten, gehören die Alzheimer-Krankheit, die Parkinson-Krankheit und die Amyotrophe Lateralsklerose (ALS), eine Erkrankung des Rückenmarks [1129,1202], bei der motorische Nervenzellen degenerieren, weshalb sie auch Motor Neurone Disease oder MND genannt wird [1254].

Wie bestimmte Prionkrankheiten treten auch diese neurodegenerativen Krankheiten teilweise sporadisch oder familiär gehäuft auf. Auch sie manifestieren sich i.d.R. im mittleren bis späten Lebensabschnitt und ihre Pathologie weist bestimmte Ähnlichkeiten mit den hier beschriebenen Prionkrankheiten auf: Nervenzellen degenerieren, es bilden sich Proteinablagerungen in Form von Amyloid-Plaques und eine Gliose stellt die Reaktion auf die degenerative Schädigung der Nervenzellen dar. Weder bei diesen Leiden noch bei Prionkrankheiten – und das ist besonders auffällig – treten entzündliche Erscheinungen auf. Wäre bei ihnen ein Virus im Spiel [368], würde man in befallenen Organen oder Geweben entsprechende Abwehrzellen bzw. eine Entzündungsreaktion erwarten.

Themenbereich II: Molekularbiologie und -genetik

Einige Leute sehen die Dinge wie sie sind und
fragen sich: „Warum?“
Ich sehe Dinge, die nie waren und sage:
„Warum nicht?“

Georg Bernhard Shaw

4 Die verschiedenen Erreger-Hypothesen

Detlev Riesner

4.1 Einleitung

Obwohl heute weitgehend das Prion-Modell akzeptiert wird, werden in diesem Kapitel auch die Virus- und Virino-Hypothese kurz dargestellt, und zwar aus zwei Gründen. Erstens wurde die Virusnatur [368] des Erregers fast als selbstverständlich angenommen, bis das Prion-Modell entwickelt wurde, und zweitens ist auch heute für einige Wissenschaftler die Entscheidung zwischen Prion- und Virus-Hypothese noch nicht gefallen. Die Bedeutung des Prion-Modells läßt sich ohne eine kurze Darstellung der Virus-Modelle nicht richtig ermessen. Da aber die Entwicklung hier nicht historisch nachgezeichnet werden soll, wird das Prion-Modell vorangestellt und danach zum Vergleich das Virus- und Virino-Modell in den derzeitig diskutierten Formen beschrieben.

4.2 Das Prion-Modell und seine Nomenklatur

Die Entwicklung des Prion-Modells hat Prusiner im Kapitel 3 aus seiner Sicht bzw. aus seiner persönlichen Erfahrung beschrieben. Modelle zum molekularen Mechanismus der Umwandlung vom PrP^{C} in PrP^{Sc} werden im Kapitel 8.4 detailliert geschildert. Hier wird zunächst in die Nomenklatur eingeführt. Die ursprüngliche Prion-Hypothese besagte, daß das infektiöse Agens proteinartigen Charakter hätte, d.h. man postulierte ein oder mehrere Proteine als Hauptkomponente des Erregers. Nukleinsäuren konnte man nicht vollständig ausschließen, aber man konnte sie damals – und bis heute – nicht nachweisen. Eine vereinfachte Form der Prion-Hypothese, die den Vorzug größerer Klarheit besitzt, ist die sog. **protein-only-hypothesis (Nur-Eiweiß-Hypothese)**, besser gesagt die **Prion-Protein-only-Hypothese**. Gemäß dieser Hypothese stellt das Prion-Protein in seiner Scrapie-Form den alleinigen Bestandteil des infektiösen Agens dar.

Das Prion ist das infektiöse Agens, während man mit dem Begriff Prion-Protein (PrP) die einzig nachgewiesene biochemische Komponente bezeichnet. Da das Prion-Protein als ein Genprodukt des Wirtes identifiziert wurde und es auch im nicht infizierten Organismus gefunden wurde, mußte zwischen Produkt im gesunden Organismus, dem normalen oder zellulären PrP, als $\mathbf{PrP^{C}}$ bezeichnet, und dem Bestandteil des (Scrapie)-Erregers, als $\mathbf{PrP^{Sc}}$ bezeichnet, unterschieden werden. Der biologische Unterschied konnte durch den biochemischen Unterschied bestätigt werden, daß PrP^{C} leicht durch Proteinase K (PK) abgebaut wird, während PrP^{Sc} über Stunden stabil bleibt. Da die Resistenz gegen PK-Verdauung (PK-Proteolyse) die erste biochemische Eigenschaft war, die sich als charakteristisch für infektiöses Material nachweisen ließ, wurden PrP^{Sc} und Proteinase-Resistenz oft gleichgesetzt. Dies erscheint heute aber nicht mehr angebracht, da die Gleichsetzung nicht durchgängig gilt (s. Kap. 8.4.3). Es gilt gemäß heutiger Nomenklatur, daß PrP^{Sc} immer Bestandteil der Infektiosität ist, während PK-Resistenz, durch die Bezeichnung **PrPres** angezeigt, auch ohne Infektiosität gefunden wird.

Die saubere Trennung beider Begriffe ist schwierig. Experimentell ist für das Hamstersystem belegt, daß alle PrP-Moleküle PrPres sind. Sind sie alle identisch und damit auch PrP^{Sc}? Dann wäre die Effektivität jedes einzelnen PrP^{Sc} so gering, daß insgesamt $10^5 - 10^6$ PrP^{Sc} für eine infektiöse Einheit benötigt werden. Oder verbergen sich hinter den $10^5 - 10^6$ PrPres-Molekülen viel weniger wahrhaft infektiöse Moleküle, die von manchen Autoren auch als **PrP*** bezeichnet werden[21]? Diese Fragen zu beantworten, ist ein schwieriges Problem der Proteinanalytik. Leider sind keine proteinchemischen Methoden vorhanden, die in 10^5 PrPres Molekülen wenige PrP* Moleküle nachweisen könnten; theoretisch wäre ein einziges PrP* in 100000 PrPres für die Infektion ausreichend.

Genau genommen sind nur die C-terminalen 141 Aminosäuren von PrP^{Sc} gegen PK-Proteolyse stabil, während ein N-terminales Peptid von etwa 68 Aminosäuren abgespalten wird. Trotz der Abspaltung des N-Terminus bleibt die Infektiosität voll erhalten. Entsprechend der Reduktion des Molekulargewichts von ursprünglich 33–35000 Da auf 27–30000 Da, wobei die Variation auf die heterogene Glykosylierung zurückzuführen ist, spricht man vom **PrP 27–30**. PrP 27–30 ist damit ein Folgeprodukt von PrP^{Sc}. Bei Einwirkung von PK und Detergenzien bildet PrP 27–30 amyloide Strukturen aus, die sog. **Prion-Rods** (Abb. 8.1) [926]. Die gleichen Strukturen wurden schon 1981, unabhängig vom Prion-Modell, elektronenmikroskopisch nach Aufarbeitung von Hirnmaterial infizierter Individuen gefunden und mit dem Ausdruck **Scrapie-assoziierte Fibrillen (SAF)** bezeichnet [935].

In Abbildung 4.1 ist das Prion-Modell in der einfachen Form der protein-only-Hypothese zusammengefaßt. Danach wird PrP^C von einem nukleären Wirtsgen exprimiert. Die normale Funktion dieses im Körper weit verbreiteten Proteins ist nur teilweise bekannt [171,302, 1231,1291] (s. Kap. 7). Kommt PrP^C mit PrP^{Sc} in Kontakt, so wird PrP^C in PrP^{Sc} im Sinne einer Konformationsänderung umgewandelt. Es wird ein katalytischer Zyklus in Gang gesetzt, indem das umgewandelte, d.h. neu entstandene PrP^{Sc} gleichzeitig als Umwandlung induzierendes PrP^{Sc} wirkt. Das Modell besagt a priori nicht, ob die Umwandlung durch direkten oder indirekten Kontakt von PrP^C und PrP^{Sc} induziert wird und ob die Umwandlung innerhalb, außerhalb oder auf der Oberfläche der Zelle abläuft.

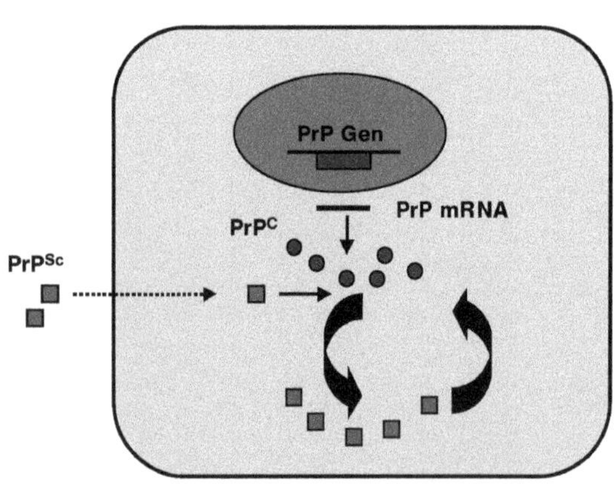

Abb. 4.1: Das Prionmodell in der einfachen Form der „protein-only-hypothesis“. (Abb. nach S. Prusiner, modifiziert)

4.3 Die Virus-Hypothese

Björn Sigurdsson klassifizierte in den 50er Jahren Scrapie als Slow Virus Disease [1208] und später ordnete Carleton Gajdusek die Kuru-Krankheit ebenfalls dieser Gruppe zu [487]. Ein anderer als ein viraler Erreger war nach dem damaligen Kenntnisstand kaum vorstellbar, und die Bezeichnung „slow“ wies auf die lange Inkubationszeit hin. Die Virushypothese ist im Laufe der Jahre in unterschiedlicher Weise formuliert worden. Hier sollen einige allgemeine Punkte dazu wiedergegeben werden, die aktuell im wesentlichen von H. Diringer und L. Manuelidis vertreten werden [368,890].

Die Virus-Hypothese nimmt als Erreger ein bisher nicht identifiziertes Virus-ähnliches Partikel an, welches auch „unkonventionelles Virus“ genannt wird, womit alle bisher für Viren unüblichen Eigenschaften zusammengefaßt werden [368]. Es wird entsprechend eine scrapiespezifische Nukleinsäure angenommen, deren außergewöhnliche Resistenz gegen physikalische und chemische Einwirkung einer besonders effektiven, d.h. nicht durchdringbaren Verpackung zugeschrieben wird. Alle Versuche, eine Nukleinsäure zu identifizieren oder gar zu isolieren, sind bisher ergebnislos verlaufen. Der grundlegenden Frage nach der Existenz einer scrapiespezifischen Nukleinsäure wird im Kapitel 4.5 auf den Grund gegangen. Gemäß der Virus-Hypothese ist ein Erbinformation-tragen-

[21] PrP* wird von einigen anderen Autoren zur Bezeichnung eines aktivierten Zustandes verwendet.

des Molekül unentbehrlich, insbesondere um individuelle Eigenschaften von TSE-Erregerstämmen zu erklären. Somit kommt nur DNA oder RNA in Frage.

Die Prion-Rods oder SAF (Abb. 8.1) werden als Sekundärprodukt des befallenen Wirtes interpretiert. Wenn man annimmt, daß das Prion-Protein die Funktion eines für den Infektionsprozeß essentiellen Rezeptors hat, wären auch die Ergebnisse mit den Knock-out-Mäusen ($PrP^{0/0}$-Mäusen) im Sinne der Virus-Hypothese zu erklären, da bei Fehlen des Rezeptors ja auch die Infektion gestoppt sein müßte.

Scrapie, Creutzfeldt-Jakob-Krankheit (CJD) und andere den Prionen zugeschriebene Krankheiten (Gruppe 1) werden zu den Amyloidosen gezählt, wozu u.a. auch die Alzheimer-Krankheit und vielleicht auch Chorea Huntington (Gruppe 2) gehören. Der Unterschied zwischen beiden Gruppen wäre nach der Virus-Hypothese [368], daß es sich im ersten Fall um Virus-induzierte Amyloidosen [1138] und im zweiten Fall um Amyloidosen handelt, die durch nicht virale Noxen verursacht werden.

H. Diringer betont auch die Ähnlichkeit des Scrapie-Erregers mit neurotropen Viren in Bezug auf die Ausbreitung der Infektion. Wenn der Erreger mit der Nahrung aufgenommen wird, wird er zunächst außerhalb des ZNS repliziert, ohne während dieser Phase schon Symptome hervorzurufen. Erst danach breitet er sich über die peripheren Nerven bis ins ZNS aus, wo er dann am stärksten repliziert wird und zur letalen Krankheit führt [90].

Die Virus-Hypothese ist ein theoretisches Gebäude, welches die biologischen Phänomene weitgehend widerspruchsfrei zu interpretieren erlaubt. Sie leitet unkonventionelle Eigenschaften des Erregers aus den phänotypischen Eigenschaften der durch ihn verursachten Krankheiten ab, ohne dafür bis zum heutigen Zeitpunkt, trotz intensiver Suche, das biochemische Korrelat geliefert zu haben. Letzten Endes wird die Virus-Hypothese von den derzeit noch bestehenden Mängeln des Prion-Modells genährt (s. Kap. 8, 11). Wenn eine scrapiespezifische Nukleinsäure existieren würde, wären die Stammeigenschaften des Erregers wie die von bekannten Viren zu erklären. Das für die Prionen charakteristische Modell der stammspezifischen Konformationen und deren Übertragbarkeit ist nicht einfach zu akzeptieren, obwohl erhebliche Fortschritte in der biochemischen Charakterisierung der stammspezifischen Eigenschaften des Prion-Proteins erreicht wurden (s. Kap. 8). Sollte es allerdings möglich sein, reines PrP^{C} im Reagenzglas in infektiöses PrP^{Sc} umzuwandeln – was bisher niemandem gelungen ist – so wäre der Virus-Hypothese vollends der Boden entzogen. Würde dagegen eine *erregerspezifische Nukleinsäure* gefunden, müßte das Prion-Modell als falsch bezeichnet werden.

4.4 Die Virino-Hypothese

Die Virino-Hypothese ist eine Sonderform der Virus-Hypothese, die allerdings in den letzten Jahren kaum weiter verfolgt wurde [360]. Sie nimmt eine sehr kleine Nukleinsäure als scrapiespezifisches Genom an, wobei wohl die Viroide mit ihren mindestens 246 Nukleotiden modellmäßig geholfen haben. Im Gegensatz zu Viroiden soll die Virino-Nukleinsäure aber virusähnlich verpackt sein. Ihrer Entdeckung hätte sich die Virino-Nukleinsäure also durch ihre geringe Größe und feste Verpackung, z.B. im aggregierten Prion-Protein (Abb. 8.1), entzogen. Primär die Stammspezifität soll auf der Virino-Nukleinsäure codiert sein; ähnlich den Viroiden könnten die meisten anderen Funktionen wirtscodiert sein. Ein experimenteller Nachweis der Virino-Nukleinsäure konnte bisher nicht geliefert werden.

4.5 Das Nukleinsäureproblem

Vor mehr als 30 Jahren äußerte Tikvah Alper ihre Zweifel, ob der Erreger der Scrapie-Krankheit Träger einer Erbinformation in Form von DNA oder RNA ist.

4.5.1 Physikalische und chemische Inaktivierung

Bei T. Alpers Inaktivierungsstudien mit ionisierender und UV-Bestrahlung zeigten sich gravierende Unterschiede zwischen dem Scrapie-Erreger einerseits und Phagen, Bakterien und gene-

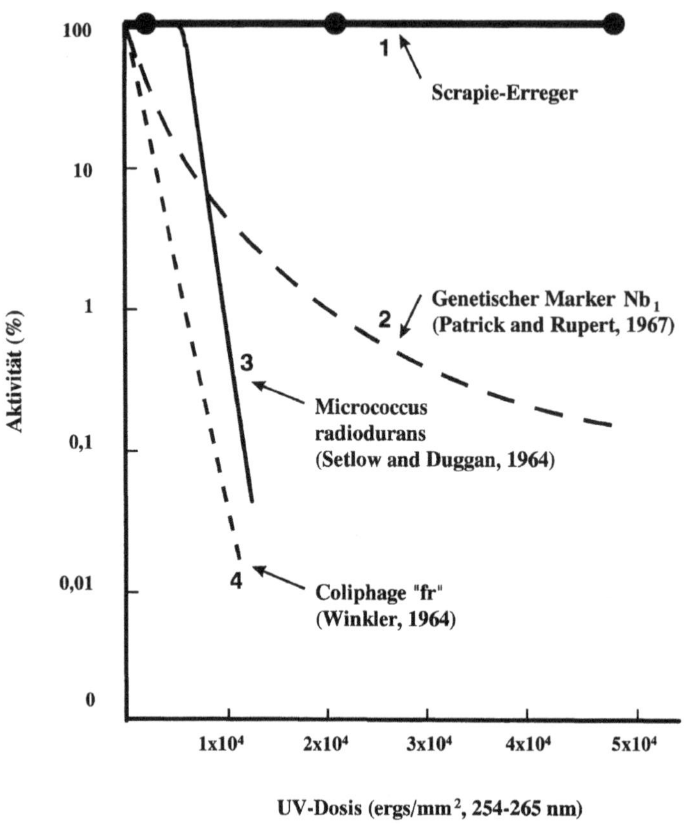

Abb. 4.2: Inaktivierung von biologischen Systemen durch UV-Bestrahlung im Bereich von 254–265 nm. (1) Fehlende Inaktivierung des Scrapie-Erregers [16]. (2) Abnehmende Transformationsaktivität der DNA des genetischen Markers Nb$_1$ für Resistenz gegen Novobiocin in H. influenza [1023]. (3) Inaktivierungskurve von M. radiodurans, ein Organismus mit einem wirksamen intrazellulären Reparaturmechanismus [1203]. (4) Inaktivierungskurve des einzelsträngigen RNA-Coliphagen ‚fr' [1372]. (Abb. modifiziert nach [16])

tischen Markern in eukaryotischen Zellen anderseits, wie aus einer historischen Dosis-Wirkungskurve (Abb. 4.2) zu sehen ist [16]. Aus der „Treffertheorie" konnte man eine Genomgröße von maximal 100–150 kDa abschätzen. Eine außergewöhnlich geringe Größe für einen Erreger wurde an infektiösem Material von Kuru und CJD bestätigt [512]. Zweifel an einer Nukleinsäure als Erregerkomponente weckte nicht nur die Kleinheit des gesuchten Genoms, sondern auch das Wirkungsspektrum der UV-Bestrahlung. Es wurde nämlich kein ausgeprägtes Optimum der Wirkung bei 254 nm, wie für Nukleinsäure-Inaktivierung charakteristisch, gefunden. Auch der verstärkende Einfluß von Sauerstoff auf die Inaktivierung widersprach der bekannten Schutzwirkung von Sauerstoff vor Strahlenschäden [18].

Inaktivierungsstudien sind indirekte Studien; Größenabschätzungen für einen unbekannten Erreger können damit nur unter der Prämisse der Vergleichbarkeit mit bekannten Erregern vorgenommen werden. Entsprechend schwierig ist der Einfluß der exprimentellen Bedingungen wie Grad der Aufreinigung, Heterogenität usw. abzuschätzen. Eine lange anhaltende Kontroverse mit R. Rohwer um die quantitative Auswertung der Bestrahlungsdaten hat kaum zur Klärung beigetragen [14,1126,1127]. Als hochgereinigtes Scrapie-infektiöses Material zur Verfügung stand, haben Prusiner und seine Kollegen die Frage erneut aufgegriffen, im wesentlichen Alper's Daten bestätigt und zusätzlich auch eine Auswertung für die vorgeschlagene Proteinnatur des Erregers vorgenommen (s. Kap. 3). Sie ermittelten einen Trefferbereich von 55 kDa, ein Wert, der im Rahmen der Fehlergrenzen sowohl mit einem als auch mit zwei PrP-Molekülen im Einklang wäre [116,117].

Scrapie-infektiöses Material wurde einer weiten Palette chemischer und enzymatischer Einwirkungen unterworfen. Am überzeugendsten sind Untersuchungen an hochgereinigten und infektiösen Proben, da unter diesen Bedingun-

Tabelle 4.1: Stabilitäten des Scrapie-Erregers und von Viroiden nach chemischer und enzymatischer Behandlung (reproduziert in modifizierter Form, nach [363]).

A	Chemische Behandlung	Konzentration	Viroid (PSTVd)	Scrapie-Erreger (Prion)
	Et_2PC	10–20 mM	(–)	+
	NH_2OH	0,1–0,5 M	+	–
	Psoralen (AMT)	10–500 $\mu g\ ml^{-1}$	+	–
	Phenol	gesättigt	–	+
	SDS	1–10 %	–	+
	Zn^{2+}	2 mM	+	–
	Harnstoff	3–8 M	–	+
	Alkali	pH 10	(–)	+
	KSCN	1 M	–	+
B	**Enzymatische Behandlung**	**Konzentration**	**Viroid (PSTVd)**	**Scrapie-Erreger (Prion)**
	RNaseA	0,1–100 $\mu g\ ml^{-1}$	+	–
	DNase	100 $\mu g\ ml^{-1}$	–	–
	Proteinase K	100 $\mu g\ ml^{-1}$	–	+
	Trypsin	100 $\mu g\ ml^{-1}$	–	+

+ Inaktivierung; – kein Einfluß; (–) geringer Einfluß; Et_2PC: Diethylenpyrocarbonat; PSTVd: photo spindle tuber viroid.

gen Schutzwirkungen sekundärer Komponenten wie von Lipiden und Zuckern (Polysacchariden) wegfallen sollten. Daher werden hier die Eigenschaften, die aus Untersuchungen an gereinigten Scrapie-Proben abgeleitet wurden, mit denen von gereinigten Viroiden – Erregern, die bekanntlich nur aus einer kleinen Nukleinsäure bestehen [1112] – verglichen. Die wesentlichen Daten faßt Tabelle 4.1 zusammen. Sehr überzeugend sind die komplementären Eigenschaften des Scrapie-Erregers und der Viroide gegenüber verschiedenen Agenzien. Die Empfindlichkeit des ersteren geht mit der Resistenz des letzteren und vice versa einher. Die Tabelle 4.1 hat zudem auch wissenschaftshistorischen Wert, da sie die ursprünglichen Ergebnisse zusammenfaßt, die Prusiner zur Formulierung der Prion-Hypothese veranlaßt haben: Der Scrapie-Erreger widersteht Behandlungen, die Nukleinsäuren hydrolysieren, modifizieren oder mechanisch zerstören, wird aber durch einige Behandlungen, die Proteine denaturieren oder modifizieren, inaktiviert (s. Kap. 44.5 und Tab. 44.2).

Die Ergebnisse sind vielfach bestätigt worden, und das in sehr unterschiedlichen Umgebungen des potentiellen Erregers wie Rohhomogenaten, Prion-Rods, Liposomen-Dispersionen oder infizierten Zellkulturen.

4.5.2 Unterschiede im Nukleinsäuremuster

Wie schon erwähnt, hat man den Inaktivierungsstudien entgegengehalten, daß sie durch nicht identifizierte Komponenten wie Lipide, Polysaccharide, andere Proteine als das PrP usw. beeinflußt sein könnten. Hierdurch könnten unkonventionelle Eigenschaften des Erregers vorgetäuscht und damit eine scrapiespezifische Nukleinsäure auf z. Zt. unbekannte Weise verborgen werden. Daher wurde ein erheblicher Aufwand betrieben, die potentiellen Nukleinsäuren in direkter Weise sichtbar zu machen.

Da jede Infektion eine exogene Nukleinsäure einbringen müßte, sollten die Nukleinsäureprofile von infiziertem und nicht infiziertem Gewebe unterscheidbar sein. Solche Experimente wurden wiederholt und mit großem Aufwand durchgeführt. Die Nukleinsäuren wurden entweder 3′-endmarkiert und in zweidimensionaler Gelelektrophorese verglichen [497] oder man hat cDNA-Banken angelegt und mit differentiellem Screening nach DNA-Sequenzen gesucht, die nur in infiziertem Gewebe zu finden sind [392,393]. Mit beiden Verfahren wurden in der Tat sog. Scrapie-assoziierte Nukleinsäuren identifiziert, die sich allerdings – abhängig vom Verfahren – unterschieden. Die genaue Analyse zeigte jedoch, daß es sich immer um wirtseigene

Sequenzen handelte. Somit hatte man Scrapie-induzierte *Nukleinsäuren des Wirtes* identifiziert, die aber nicht die Ursache der Infektion waren, sondern deren verstärkte Expression eine Folge der Infektion war.

4.5.3 Nukleinsäureanalyse in gereinigten Proben

Gereinigtes infektiöses Material wurde mit milden Detergentien behandelt und in verschiedenen Zentrifugationen fraktioniert. Manuelidis und ihre Mitarbeiter fanden in solchen Experimenten langkettige RNAs (1–4 kb), die vornehmlich in den infektiösen Fraktionen sedimentierten. Nach PCR-Amplifikation mit retroviralen Primern schloß man auf retrovirale Nukleinsäuren, die für die Infektion verantwortlich sein könnten [10,966]. Es konnte allerdings nicht überzeugend gezeigt werden, daß die gefundenen Nukleinsäuren nur in Scrapie- bzw. CJD-infiziertem Material vorhanden sind und daß nach Degradation dieser Nukleinsäuren auch die Infektiosität vernichtet worden wäre.

Versuche, eine scrapiespezifische Nukleinsäure durch Klonierungsmethoden zu identifizieren, sind ebenfalls erfolglos geblieben. Charles Weissmann und seine Mitarbeiter hatten zu hochgereinigten Scrapiepräparaten einen Überschuß einer bekannten RNA (Globin mRNA) als Träger hinzugegeben, daraus 10^6 Klone hergestellt und davon 30000 auf das Vorhandensein von Globin- oder fremden Sequenzen gescreent. Die Hoffnung war, mit hoher Frequenz eine neue Sequenz, eben spezifisch für Scrapie, unter den Klonen zu finden. Es wurden jedoch neben den Globin-Sequenzen nur einige Sequenzen, die von Wirtsverunreinigungen stammten, gefunden [987].

Alle bisher beschriebenen Analysen waren darauf ausgerichtet, eine scrapiespezifische Nukleinsäure zu finden, falls sie existiert. Der negative Ausgang der Experimente ließ aber den Schluß nicht zu, daß eine derartige Nukleinsäure nicht existiert. Es wurden auch Nukleinsäureanalysen durchgeführt, die darauf ausgelegt waren, eine Nukleinsäure auszuschließen.

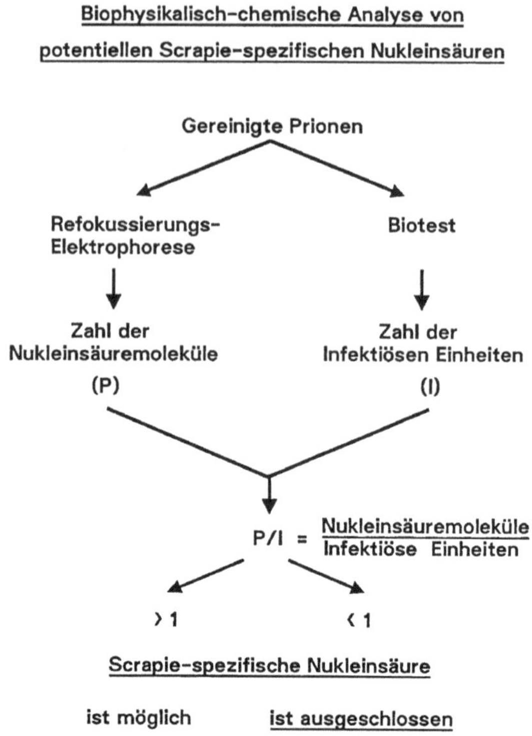

Abb. 4.3: Biophysikalisch-chemische Analyse von potentiellen Scrapie-spezifischen Nukleinsäuren. (Abb. von D. Riesner)

Das Prinzip des Experimentes, wie in Abbildung 4.3 dargestellt, war einfach [938]: An hochgereinigtem infektiösem Material wurden zwei Analysen durchgeführt. Die Zahl der Nukleinsäuremoleküle und die Zahl der infektiösen Einheiten wurden ermittelt. Beide Analysen wurden durchgeführt, nachdem möglichst alle Nukleinsäuren des Wirtes, die sich noch in der Präparation befanden, durch enzymatische Einwirkung zerstört waren. Dann bildete man das Verhältnis von Nukleinsäuremolekülen und infektiösen Einheiten (P/I) (Abb. 4.5). Man mußte natürlich die Methoden so wählen, daß man jedes mögliche Nukleinsäuremolekül erfaßte, da a priori der Typ der Nukleinsäure vollkommen unbekannt war. Nicht nur RNA und DNA als solche, sondern auch unterschiedliche Formen wie doppelsträngige und einzelsträngige, lineare und zirkuläre sowie chemisch modifizierte und sogar unterschiedlich lange Nukleinsäuren mußten in ihrer Menge meßbar sein.

Um alle verschiedenen Nukleinsäuretypen sicher nachweisen zu können, erwies sich die Gel-

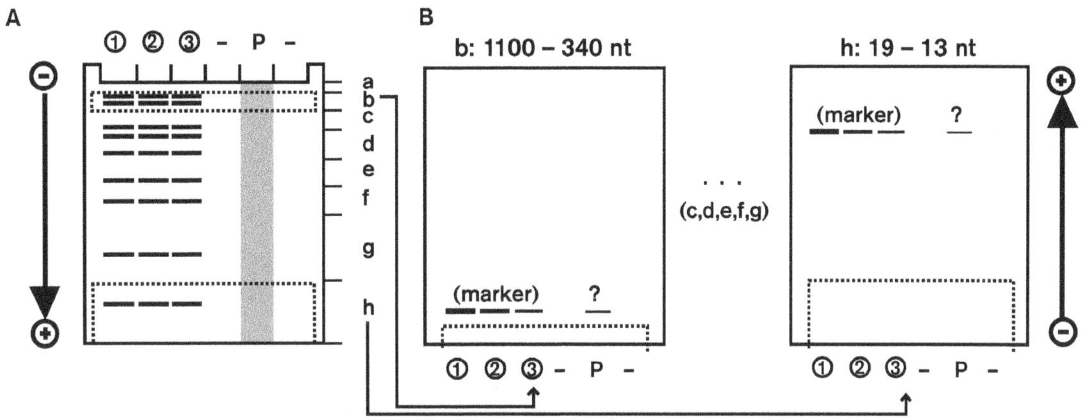

Abb. 4.4: Prinzip der Umkehr-Refokussierungsgelelektrophorese. Nach herkömmlicher Polyacrylamidgelelektrophorese sind heterogene Nukleinsäuren über die ganze Länge der Bahn (P in A) verschmiert. Die Bahn wird in die Segmente a-h geschnitten, von denen jedes einem definierten Molekulargewichtsbereich entspricht. Die Gelstücke werden in den Boden einer neuen Gelmatrix einpolymerisiert, und eine zweite Elektrophorese wird in umgekehrter Richtung durchgeführt. Da alle Nukleinsäuren in einem Gelstück von der gleichen Position in A gestartet sind, treffen sie sich wieder nach Richtungsumkehr (B) zu einer wohl definierten Zeit. Durch SDS-Zusatz in B bleibt der Fokussierungseffekt für Nukleinsäuren erhalten, während andere Biopolymere wie Proteine und Polysaccharide defokussiert werden, weshalb spezifisch Nukleinsäuren nachgewiesen werden. Die unbekannte Nukleinsäuremenge (? in B) der Prion-Präparation wird durch Vergleich mit Markern bekannter Menge anhand der Intensität der Silberfärbung bestimmt. Nur die Analysen von den Gelsegmenten b und h sind exemplarisch in B gezeigt. (Abb. modifiziert nach [746])

elektrophorese mit anschließender Silberfärbung, einer dem photographischen Prozeß nachempfundenen Färbemethode, als günstig. Die Nukleinsäuren uneinheitlicher Länge machten aber besondere Schwierigkeiten, da sie nur einen diffusen „Schmier“ und keine scharfen Banden bildeten. Eine spezielle Refokussierungselektrophorese wurde entwickelt, die den „Schmier“ wieder in einer Bande fokussierte; dadurch konnten auch die Mengen von Nukleinsäuren heterogener Längen quantitativ bestimmt werden. Wie sich zeigte, konnten die Analysen nur mit diesem neuen Verfahren (Abb. 4.4) durchgeführt werden [746,938].

Welches Ergebnis konnte man erwarten? Findet man für bestimmte Nukleinsäuren ein Verhältnis P/I größer als eins, dann ist für jede infektiöse Einheit mindestens ein Nukleinsäuremolekül vorhanden, welches somit durchaus eine biologische Bedeutung haben könnte. Ist aber das Verhältnis P/I kleiner eins, dann gibt es eben infektiöse Einheiten, die genau dieses Nukleinsäuremolekül nicht besitzen, und damit wäre diese Nukleinsäure als essentielle Komponente des Erregers ausgeschlossen.

Tatsächlich fand man im Gel keinerlei Anzeichen für eine Bande, die auf eine einheitliche Nukleinsäure hingedeutet hätte. Vielmehr wurden Nukleinsäuren unterschiedlicher Größe gefunden, kurze Nukleinsäuren mit $P/I > 1$ und längere mit $P/I < 1$. In Abbildung 4.5 sind die experimentell gefundenen Werte von P/I in Abhängigkeit von der Größe der Nukleinsäure dargestellt. Dabei wurde in Übereinstimmung mit der Gelfärbung angenommen, daß sich die Nukleinsäuren in etwa gleichmäßig auf die verschiedenen Längen verteilten und daß sich eine scrapiespezifische Nukleinsäure im verteilten Hintergrund verunreinigender Nukleinsäuren verbergen könnte. Für diese „verborgene“ Nukleinsäure ist P/I in Abbildung 4.5 dargestellt.

Wenn nun die Nukleinsäuren essentielle Bestandteile des Erregers wären, könnte ihre Größe maximal 50–100 Nukleotide betragen, da

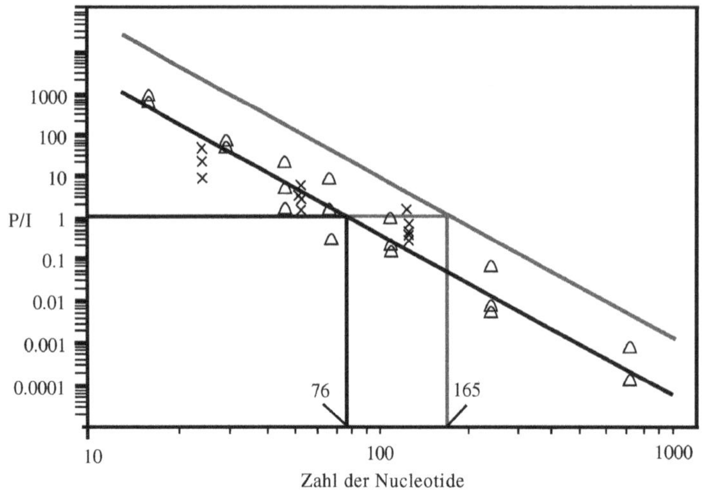

Abb. 4.5: Verhältnis der Zahl der Nukleinsäuremoleküle (P) zur Anzahl der infektiösen Einheiten (I) in Abhängigkeit von der Kettenlänge der nachgewiesenen Nukleinsäuren. Nukleinsäuremolekülen mit $P/I < 1$ kann keine biologische Relevanz zukommen. Die obere Gerade gibt eine konservative Fehlerabschätzung wieder. (Abb. nach [745] und [746])

nur für diese Größe $P/I > 1$ gefunden wurde; sie wären damit etwa 100 mal kleiner als die Nukleinsäure der bekannten Viren. Für größere Nukleinsäuren sinkt das Verhältnis P/I sehr schnell um Größenordnungen unter 1, so daß diese Nukleinsäuren als scrapiespezifisch ausgeschlossen werden können. Theoretisch besteht auch die Möglichkeit, daß die potentielle scrapiespezifische Nukleinsäure heterogener Natur ist, d.h. ein bestimmtes Erreger-Partikel hätte eine genomische Nukleinsäure mit 100 Nukleotiden, ein anderes aber mit 101, ein drittes mit 102 Nukleotiden usw., und all diese unterschiedlichen Nukleinsäuren könnten jeweils als scrapiespezifisches Genom wirken. Auch diese theoretische Möglichkeit wurde quantitativ ausgewertet. Man fand, daß die Scrapie-Erreger zwar lange Nukleinsäuren enthalten könnten, daß aber einige mit weniger als 200 Nukleotiden – experimentelle Fehler schon eingerechnet – biologisch voll aktiv sein müßten.

Als Interpretation der gelelektrophoretischen Analysen bleiben drei Möglichkeiten:

1. Die scrapiespezifische Nukleinsäure ist molekular homogen und kleiner als 50–100 Nukleotide.
2. Die scrapiespezifische Nukleinsäure kann heterogen sein, einige infektiöse Erregerpartikel besitzen aber eine Nukleinsäure kleiner als 200 Nukleotide.
3. Die scrapiespezifische Nukleinsäure existiert nicht, und die gefundenen kleinen Nukleinsäuren sind einzig und allein Verunreinigungen.

Es konnten also auch mit diesen Analysen scrapiespezifische Nukleinsäuren nicht restlos ausgeschlossen werden, aber es wurden äußerst restriktive Einschränkungen für mögliche Nukleinsäuren ermittelt. Die Einschränkungen wären noch enger, wenn nicht die Annahme gemacht worden wäre, daß überhaupt nur ein einziges Nukleinsäuremolekül für die Infektiosität ausreichend wäre. Viren, auch die kleinsten, haben aber immer Nukleinsäuren mit einer Kettenlänge von 3000 Nukleotid-Bausteinen und mehr. Damit wurde eine Virusnatur des Scrapie-Erregers durch die beschriebenen Experimente in sehr direkter Weise ausgeschlossen. Auch Viroide mit einer einheitlichen Kettenlänge von mindestens 246 Nukleotiden sind weitgehend ausgeschlossen. Zusätzlich ist auf die absolut komplementären Resistenzeigenschaften von Viroiden und Prionen zu verweisen (Tab. 4.1) [363].

5 Die biophysikalische Charakterisierung des zellulären Prion-Proteins PrP^C

Rudi Glockshuber

5.1 Einleitung

In diesem Kapitel werden Faltung, Stabilität und Konformationsänderungen des rekombinanten PrP^C der Maus beschrieben. Desweiteren wird berichtet, wie es erstmals gelang, die rekombinante Form des zellulären Proteins in löslicher Form und in für biophysikalische Messungen ausreichenden Mengen zu erhalten.

Die Nur-Eiweiß-Hypothese (protein-only-hypothesis) besagt, daß das Prion-Protein (PrP) in seiner Scrapie-Form (PrP^{Sc}) den alleinigen Bestandteil des infektiösen Agens von Prionkrankheiten wie CJD beim Menschen oder BSE des Rindes darstellt. Gemäß der Prion-Hypothese weist das PrP^{Sc} eine abnormale, oligomere Form des körpereigenen, zellulären Prion-Proteins (PrP^C) auf [16,554,1056]. Die grundlegende Annahme dieser Hypothese besteht darin, daß PrP^C und PrP^{Sc} in ihrer kovalenten Struktur (Konstitution) identisch sind, sich ausschließlich in ihrer dreidimensionalen Struktur (Konformation) unterscheiden, und daß PrP^{Sc} repliziert wird, indem es dem monomeren PrP^C *in vivo* seine eigene Struktur aufzwingt (Abb 3.2). Das heute von den meisten Forschern favorisierte Modell der DNA-freien Replikation des Prions wird durch analytische (s. Kap. 4, 8) und zahlreiche genetische Daten gestützt [645,1063, 1309]. Sie steht jedoch im apparenten Widerspruch zu einem zentralen Dogma der Proteinforschung, wonach jedes Protein nur eine einzigartige Raumstruktur einnimmt [33] (vgl. Geleitwort von Prof. W. Arber). In der Tat ist aus spektroskopischen Messungen seit 1993 bekannt, daß PrP^C hauptsächlich α-Helices als Sekundärstrukturelemente enthält, während PrP^{Sc} einen hohen Anteil von β-Faltblattstrukturen aufweist [260,1014]. Es folgt unmittelbar, daß der Kenntnis der dreidimensionalen Strukturen von PrP^C und PrP^{Sc} eine entscheidende Bedeutung für das Verständnis der molekularen Vorgänge bei der „Vermehrung" (Replikation) des Erregers von Prionkrankheiten zukommt. Ferner könnten Untersuchungen zur Faltung und zu alternativen Konformationen von PrP^C Aufschluß geben über die ersten Schritte bei der vermuteten Entstehungsweise des Erregers aus dem zellulären Prion-Protein.

Grundvoraussetzung für die Bestimmung der dreidimensionalen Struktur biologischer Makromoleküle ist deren Verfügbarkeit in homogener und wasserlöslicher Form. Da das oligomere PrP^{Sc} unlösliche Aggregate bildet und sich somit den derzeit verfügbaren Strukturbestimmungsmethoden entzieht, rückt die Strukturermittlung des monomeren und löslichen PrP^C-Moleküls in den Mittelpunkt des Interesses. Das gleiche gilt für Untersuchungen an PrP^C in Lösung mit spektroskopischen Methoden, die Hinweise auf Konformationsänderungen in PrP^C und die ersten Teilschritte bei der Erregerreplikation geben könnten.

Die mangelnde Verfügbarkeit von für biophysikalische Untersuchungen ausreichenden Mengen an löslichem PrP^C war der wesentliche Grund, warum lange Zeit keine Daten zu Faltung und Konformationsänderungen von PrP^C vorlagen und seine dreidimensionale Struktur erst in den Jahren 1996 und 1997 aufgeklärt werden konnte. Die Herstellung von rekombinantem PrP^C, die spektroskopische Charakterisierung der strukturierten und unstrukturierten Bereiche von PrP^C und die ersten Studien zu Faltung und alternativen Konformationen des zellulären Prion-Proteins sind Gegenstand dieses Kapitels, das mit Kapitel 6 eine Einheit bildet. Inhalt von Kapitel 6 ist die Bestimmung der dreidimensionalen Struktur des rekombinanten PrP^C mittels Kernresonanz-Spektroskopie sowie die Interpretation der Struktur im Hinblick auf das Verständnis erblicher Prionkrankheiten beim Menschen und der Speziesbarriere bei der Übertragung des Erregers.

5.2 Die Herstellung des rekombinanten PrP^C und die Identifizierung seiner gefalteten C-terminalen Domäne, PrP(121–231)

Die Prion-Proteine der Säugetiere sind außerordentlich stark konserviert (s. Kap. 9). Wenn man ihre Aminosäuresequenzen paarweise vergleicht, sind sie i.d.R. zu mehr als 90% identisch [1159]. Da allgemein bereits ab 25% Sequenzidentität von identischen globulären Proteinstrukturen ausgegangen wird, bedeutet dies, daß alle Prion-Proteine der Säugetiere praktisch dieselbe dreidimensionale Struktur haben und sehr ähnliche physikalische Eigenschaften aufweisen. Die im Folgenden dargestellten Untersuchungen am Prion-Protein der Maus sind deshalb als repräsentativ für alle Prion-Proteine aus Säugetieren anzusehen.

Als entscheidend für die Gewinnung großer Mengen des löslichen, zellulären Prion-Proteins erwies sich die Produktion des Proteins durch das Bakterium *Escherichia coli*. In diesem Zusammenhang waren die biochemischen Eigenschaften von PrP^C von Bedeutung. Das zelluläre Prion-Protein der Maus besteht aus 208 Aminosäuren (Reste 23–231) und ist ein Zelloberflächenprotein (Aminosäurennumerierung gemäß dem menschlichen Prion-Protein [1159]). Es ist an Asn181 und Asn197 glykosyliert, trägt am C-terminalen Ser231 eine Glykosyl-Phosphatidylinositol (GPI) Einheit, die es in der Zellmembran verankert, und enthält eine Disulfidbrücke zwischen Cys179 und Cys214 [1223] (Abb. 6.1). Das Vorhandensein dieser Disulfidbrücke ist für die Stabilität der dreidimensionalen Struktur von PrP^C essentiell [931].

Da die Bildung einer Disulfidbrücke ein Oxidationsprozess ist, der unter den reduzierenden Bedingungen im Cytoplasma nicht stattfinden kann, wurde das gesamte Prion-Protein bei der Produktion im Cytoplasma von *E. coli* in ungefalteter und unlöslicher Form, sog. Inclusion Bodies, erhalten und mußte *in vitro* rekonstituiert werden [642]. Nach Solubilisierung des ungefalteten Prion-Proteins in konzentrierten Lösungen des Denaturierungsmittels Harnstoff konnte rekombinantes PrP^C durch Oxidation unter Ausbildung der Disulfidbrücke, Renaturierung durch Entfernung des Harnstoffs und konventionelle Chromatographietechniken in reiner und löslicher Form gewonnen werden [642].

Bevor die Herstellung des gesamten rekombinanten PrP^C-Moleküls nach obigem Verfahren gelang, wurde versucht, das Prion-Protein mittels einer bakteriellen Signalsequenz in den periplasmatischen Raum von *E. coli* zu transportieren. Bei diesem Verfahren war zu erwarten, daß sich unter den oxidierenden Bedingungen des Periplasmas spontan die Disulfidbrücke ausbildet und bereits *in vivo* lösliches und korrekt gefaltetes Protein anfällt. Jedoch konnte auf diese Weise kein rekombinantes Prion-Protein erhalten werden [642]. Alternativ wurde versucht, das aus den Aminosäuren 107–231 bestehende Segment des Prion-Proteins im Periplasma von *E. coli* zu produzieren. Für diesen Teil des Prion-Proteins war die Struktur eines Vier-Helix-Bündels vorhergesagt worden [678] (Abb. 3.3). Die proteinchemische Analyse des aus dem Periplasma isolierten Proteins ergab jedoch, daß das Fragment 107–231 *in vivo* N-terminal durch Proteinasen abgebaut wurde [640]. Die identifizierten Spaltstellen nach den Resten 112, 118 und 120 (Abb. 5.1) lagen exakt innerhalb der von Fred E. Cohen 1994 vorhergesagten ersten α-Helix (Abb. 3.3). Dies war überraschend, da Proteolyse i.d.R. an Domänengrenzen und in Loop-Regionen und nicht in regulären Sekundärstrukturelementen auftritt [1055]. In der Tat war dies der erste biochemische Hinweis, daß die Struktur von PrP^C nicht der vorhergesagten Vier-Helix-Bündel-Struktur entspricht (s. Kap. 6) und daß statt dessen das Segment 121–231, das die C-terminalen 111 Aminosäuren des Prion-Proteins umfaßt, eine abgeschlossene Faltungseinheit bildet. Dies wurde in einem zweiten Schritt durch die periplasmatische Produktion des isolierten Seg-

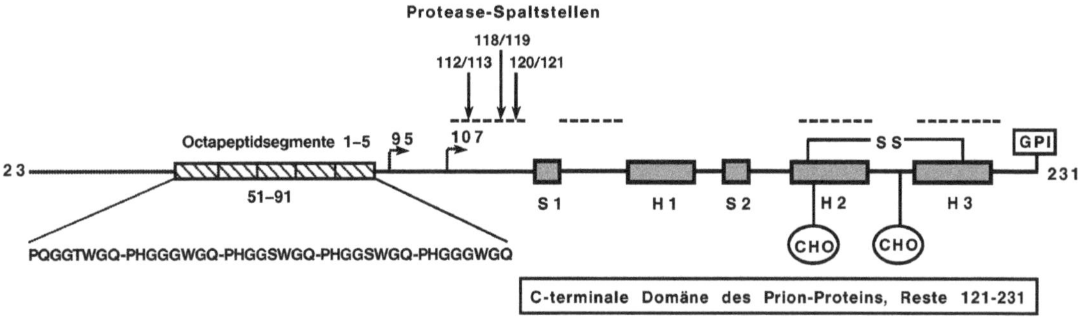

Abb. 5.1: Schematische Darstellung der posttranslationalen Modifikationen im zellulären Prion-Protein der Maus (Aminosäuren 23–231) und der Identifizierung der gefalteten C-terminalen Domäne PrP(121–231) von PrP^C. Aufgrund der Vorhersage (Abb. 3.3), daß PrP^C ein Vier-Helix-Bündel-Protein sei (die Positionen der vermuteten vier Helices sind durch gestrichelte Linien gekennzeichnet), wurde zunächst versucht, die Fragmente 95–231 und 107–231 (Pfeile) im Periplasma von *E. coli* zu exprimieren. Die Sequenzierung der N-Termini ergab, daß rekombinante Proteine nach den Aminosäuren 112, 118 und 120 proteolytisch gespalten wurden. Das Segment 121–231 war stets resistent gegen weitere Proteolyse, was zur Identifizierung des gefalteten Teils PrP(121–231) des Prion-Proteins führte. Die im Kapitel 6 beschriebene Bestimmung der dreidimensionalen Struktur von PrP(121–231) ergab, daß die C-terminale Domäne aus einem zweisträngigen β-Faltblatt (S1, S2) und drei α-Helices (H1–H3) besteht. Die fünf sich wiederholenden Oktapeptidsequenzen innerhalb des Segments 51–91 sind durch schraffierte Rechtecke angezeigt. Die posttranslationalen Modifikationen im natürlichen PrP^C bestehen aus den beiden Glykosylierungen (CHO) an Asn181 und Asn197, der Bildung einer Disulfidbrücke (SS) zwischen den einzigen Cysteinresten des Prion-Proteins, Cys179 und Cys214, und des Glykosyl-Phosphatidylinositol (GPI) Anker am C-terminalen Ser231. (Abb. von R. Glockshuber)

ments 121–231 bestätigt, welches mit hoher Ausbeute als lösliches Protein erhalten wurde und keine Heterogenität am N-Terminus aufwies. Somit repräsentieren die Reste 121–231 die C-terminale Domäne des zellulären Prion-Proteins, die mit PrP(121–231) bezeichnet wurde [640].

5.3 Vergleichende spektroskopische Charakterisierung des gesamten rekombinanten PrP^C und seiner C-terminalen Domäne, PrP(121–231)

Für eine erste strukturelle Charakterisierung des gesamten rekombinanten Prion-Proteins der Maus, PrP(23–231), und seiner isolierten C-terminalen Domäne, PrP(121–231), wurden Circulardichroismus (CD) und Fluoreszenzspektren aufgenommen [640,642]. Beide Proteine zeigen sehr ähnliche CD-Spektren im für Sekundärstrukturelemente diagnostischen Bereich zwischen 180 und 250 nm. Sie weisen die für α-Helices charakteristischen Minima bei 222 und 208 nm auf [1164] (Abb. 5.2A). Jedoch ist das auf die Kettenlänge des Proteins normierte α-helikale Signal für PrP(23–231) deutlich schwächer als für die C-terminale Domäne PrP(121–231), was darauf hindeutet, daß das N-terminale Segment 23–120 nur sehr geringfügig strukturiert sein kann (Abb. 5.2A). Der analoge Befund wurde bei den Nah-UV CD-Spektren zwischen 250 und 310 nm erhalten. Diese Spektren repräsentieren eine Art „Fingerabdruck“ der Tertiärstruktur eines Proteins. Auch hier zeigte das vollständige Prion-Protein ein deutlich geringeres spektroskopisches Signal als die C-terminale Domäne, bei nahezu identischer Gestalt des Spektrums (Abb. 5.2B).

Die Fluoreszenzspektren in Abbildung 5.2C geben im wesentlichen die Umgebung der Tryptophanreste in beiden Proteinen an. Das vollständige Prion-Protein zeigt aufgrund der sieben zusätzlichen Tryptophanreste im Segment 23–120 ein deutlich stärkeres Signal als

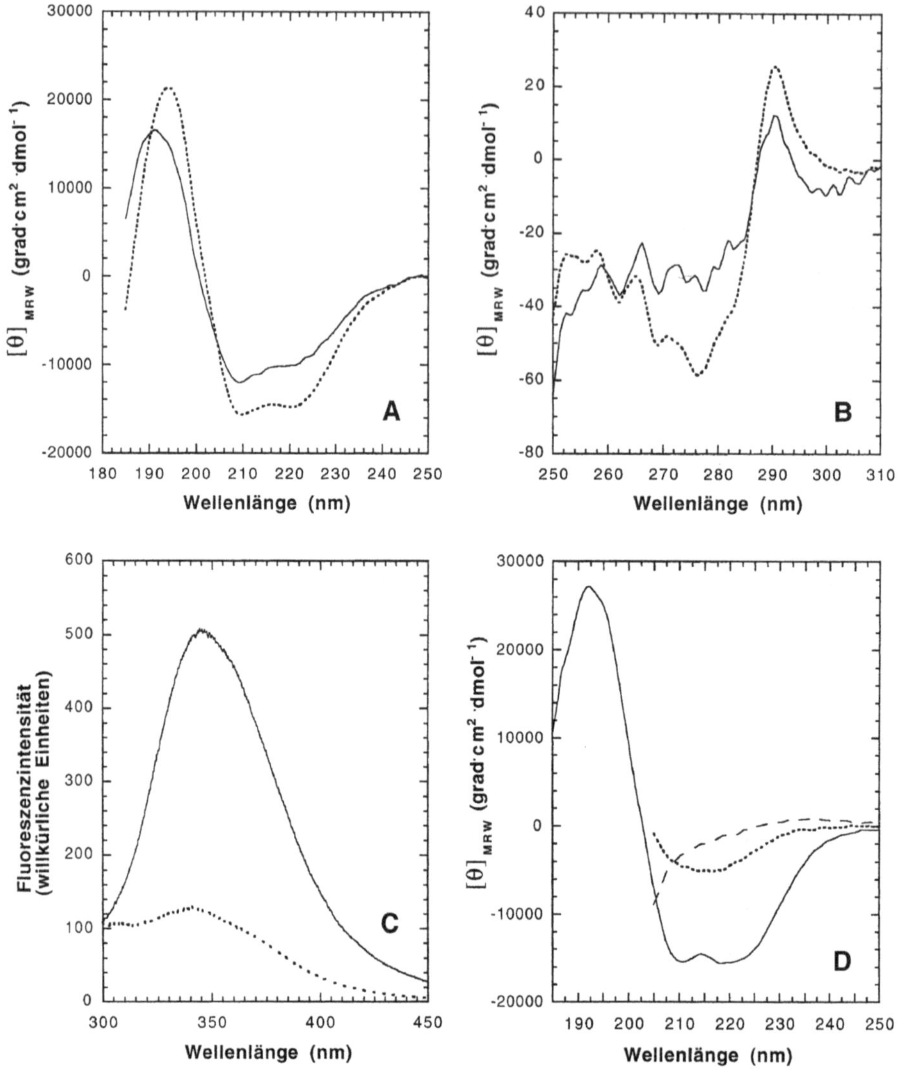

Abb. 5.2: Vergleich der spektroskopischen Eigenschaften des gesamten rekombinanten Prion-Proteins der Maus, PrP(23–231), und seiner C-terminalen Domäne PrP(121–231). Die (A) Fern-UV- und (B) Nah-UV-Circulardichroismus-Spektren und die Fluoreszenzspektren (C) des ganzen Prion-Proteins (—) und der C-terminalen Domäne (·····) bei pH 7,0 und 22 °C sind dargestellt. Für das Fluoreszenzspektrum wurden identische Proteinkonzentrationen von 0,75 μM verwendet (Anregungswellenlänge: 280 nm). (D) Spektroskopische Charakterisierung des bei pH 4,0 induzierbaren Gleichgewichts-Entfaltungsintermediats von PrP(121–231) (s. Abb. 5.3 und Text). Gezeigt sind das Fern-UV-Circulardichroismus-Spektrum von nativem PrP(121–231) bei pH 4,0 und 0 M Harnstoff (—), das Spektrum des Entfaltungsintermediats von PrP(121–231) bei pH 4,0 und 3,5 M Harnstoff (·····) und das Spektrum von denaturiertem PrP(121–231) bei pH 2,0 und 3,5 M Harnstoff (----). (Abb. von R. Glockshuber)

PrP(121–231), welches nur ein Tryptophan enthält. Die Fluoreszenzspektren sind ebenfalls konsistent mit einem unstrukturierten und lösungsmittelexponierten N-terminalen Segment 23–120. Das Emissionsmaximum von PrP(23–231) bei 345 nm liegt nahe am Wert für freies Tryptophan in Lösung (348 nm), während für Tryptophane in hydrophober Umgebung Werte von 320–335 nm beobachtet werden [1164]. Zusammenfassend sind die spektroskopischen

Eigenschaften der rekombinanten Proteine PrP(23–231) und PrP(121–231) [642] völlig im Einklang mit den beschriebenen Eigenschaften des aus seiner natürlichen Quelle isolierten PrP^{C} [1014], mit einem überwiegenden Anteil von α-helikalen Sekundärstrukturelementen. Somit weisen die rekombinanten Proteine trotz der fehlenden Glykosylierung an Asn181 und Asn197 und trotz des fehlenden GPI-Ankers an Ser231 mit großer Sicherheit dieselbe dreidimensionale Polypeptidfaltung auf wie das natürliche, zelluläre Prion-Protein. Gelfiltrationsstudien an PrP(121–231) zeigten ferner den monomeren Zustand der C-terminalen Domäne in Lösung [523]. Alle in Abbildung 5.2 (A-C) verwendeten spektroskopischen Methoden deuten darauf hin, daß im gesamten zellulären Prion-Protein die C-terminale Domäne PrP(121–231) eine definierte dreidimensionale Struktur einnimmt, während das N-terminale Segment 23–120 nahezu unstrukturiert erscheint. Dies wurde bei der Ermittlung der dreidimensionalen Strukturen von PrP(121–231) und PrP(23–231) in Lösung vollkommen bestätigt [1108,1109] (Abb. 6.2). Das Fehlen einer definierten Struktur im Segment 23–120 von PrP^{C} ist nicht völlig unerwartet, u.a. weil im Bereich der Reste 51–91 die für die Primärstruktur von Prion-Proteinen charakteristischen Oktapeptid-Wiederholungen liegen (Abb. 5.1). Dieses Segment weist einen sehr hohen Anteil von Glycinresten auf, weshalb auch Vorhersagen zur Sekundärstruktur diesen Teil des Proteins als flexibel prognostizierten [678].

5.4 Die reversible Faltung der C-terminalen Domäne des PrP^{C} und die Identifizierung eines durch niedrige pH-Werte induzierten Gleichgewichts-Entfaltungsintermediats von PrP(121–231)

Der wichtigste biochemische Nachweis, daß PrP(121–231) eine sich selbständig faltende Domäne des Prion-Proteins darstellt, konnte durch Messung des Denaturierungsmittel-induzierten Entfaltungs-/Rückfaltungsgleichgewichtes erbracht werden. Die durch Guanidinium-Chlorid (GndCl) oder Harnstoff bewirkte Entfaltung von PrP(121–231) bei pH 7,0, die durch Abnahme des α-helikalen CD-Signals bei 222 nm verfolgt wurde, erwies sich als kooperativ und vollkommen reversibel [640,641] (Abb. 5.3A). Die Kooperativität kommt durch die S-förmige Gestalt der Übergangskurve zum Ausdruck (Abb. 5.3A) und ist diagnostisch für in sich abgeschlossene Tertiärstrukturen. Unter der Annahme des Zweizustandsmodells der Proteinfaltung, bei dem vorausgesetzt wird, daß unter allen experimentellen Bedingungen ein Gemisch aus nativen und denaturierten Molekülen vorhanden ist [1011], konnte für PrP(121–231) aus der Harnstoff-Denaturierungskurve eine freie Enthalpie der Faltung von –28,6 kJ/mol ermittelt werden (Abb. 5.5) [641].

Im Rahmen der protein-only-hypothesis hat die Reversibilität der Faltung von PrP(121–231) eine wichtige Konsequenz, wenn man annimmt, daß sich das vollständige, natürliche PrP^{C}-Molekül mit seinen zusätzlichen posttranslationalen Modifikationen ebenfalls reversibel faltet. Wenn PrP^{C} und PrP^{Sc} wirklich identische kovalente Strukturen besitzen, werden beide Formen des Prion-Proteins nach Denaturierung mit Harnstoff oder Guanidinium-Chlorid (GndCl) identische, entfaltete Zustände einnehmen. Folglich entstünde nach Renaturierung *in vitro* in jedem Fall PrP^{C}, unabhängig davon, ob das Ausgangsmaterial PrP^{C} oder PrP^{Sc} wäre. Dies würde unmittelbar erklären, warum alle Versuche gescheitert sind, nach Solublilisierung von PrP^{Sc} mit hohen Konzentrationen an Harnstoff oder GndCl die Infektiosität zurückzugewinnen [1072].

Weitere Denaturierungsexperimente in Gegenwart von Harnstoff ergaben, daß die Faltung und Stabilität von PrP(121–231) pH-abhängig ist [641]. Die Abbildung 5.3A zeigt, daß die Stabilität der C-terminalen Domäne bei sauren pH-Werten abnimmt, da sich die Übergänge zu niedrigeren Harnstoffkonzentrationen verschieben. Zudem sind die Übergangskurven bei pH 4,0 und 4,5 durch das Auftreten eines Plateaus charakterisiert, welches bei neutralem pH nicht beobachtet wird (Abb. 5.3A). Dieses Plateau weist auf das Auftreten eines Gleichgewichts-Entfaltungsintermediats (I) hin und zeigt, daß bei pH 4,0 und 4,5 das Zweizustandsmodell nicht mehr gültig ist. Statt dessen müs-

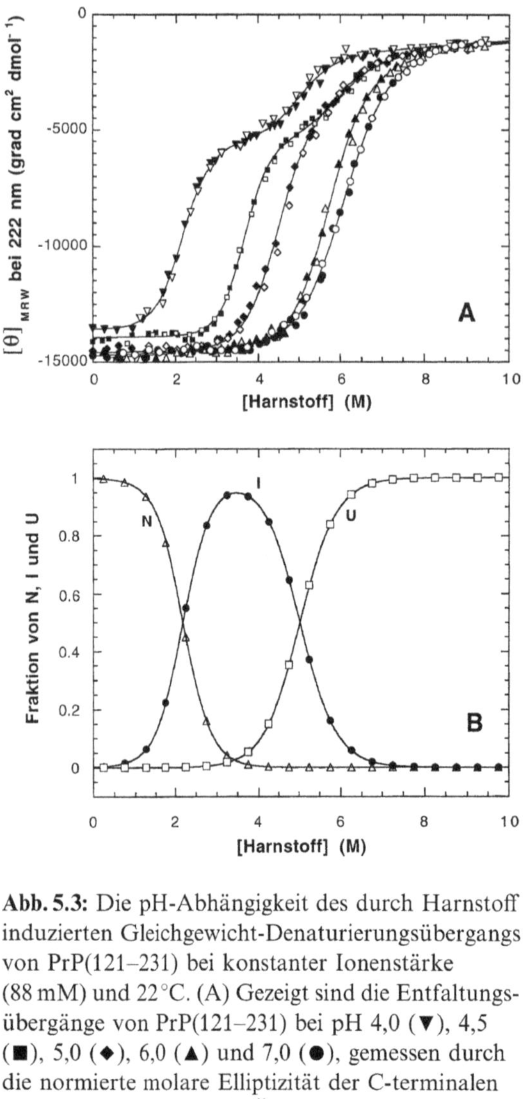

Abb. 5.3: Die pH-Abhängigkeit des durch Harnstoff induzierten Gleichgewicht-Denaturierungsübergangs von PrP(121–231) bei konstanter Ionenstärke (88 mM) und 22 °C. (A) Gezeigt sind die Entfaltungsübergänge von PrP(121–231) bei pH 4,0 (▼), 4,5 (■), 5,0 (◆), 6,0 (▲) und 7,0 (●), gemessen durch die normierte molare Elliptizität der C-terminalen Domäne bei 222 nm. Alle Übergänge sind vollständig reversibel, da die entsprechenden Rückfaltungs-übergänge identisch verlaufen (offene Symbole mit entsprechenden Formen). Die Daten bei pH 5,0, pH 6,0 und pH 7,0 wurden nach der Theorie des Zweizustandsmodells der Proteinfaltung ausgewertet, die Übergänge bei pH 4,0 und pH 4,5 nach dem Dreizustandsmodell (durchgezogene Linien). (B) Dreizustandsanalyse der Harnstoff-abhängigen Gleichgewichtspopulation von nativem (N) (Δ) und entfaltetem (U) (□) PrP(121–231) und des Entfaltungsintermediats (I) (●) bei pH 4,0. (Abb. von R. Glockshuber)

sen mindestens drei Spezies im Gleichgewicht postuliert werden, nämlich das Intermediat I, der native (N) und der entfaltete (U) Zustand von PrP(121–231). Die Abbildung 5.3B zeigt die relativen Anteile von N, I und U im Gleichgewicht bei pH 4,0 in Abhängigkeit von der Harnstoffkonzentration, welche aus den Messdaten nach dem Dreizustandsmodell berechnet wurden. Danach ist das Intermediat bei pH 4,0 auch in Abwesenheit von Harnstoff im Gleichgewicht zu 0,2% vorhanden und bei pH 4,0 und 3,5 M Harnstoff zu 95% angereichert (Abb. 5.3B) [641]. Letztere Tatsache erlaubte die Charakterisierung des Intermediats mittels CD-Spektroskopie. Die C-terminale Domäne des Prion-Proteins zeigt bei pH 4,0 in Abwesenheit von Harnstoff dieselben α-helikalen Spektren wie bei pH 7,0 mit Minima bei 208 und 222 nm und einer Extinktion (Signal) von –13600 grad cm^2 $dmol^{-1}$ bei 222 nm (Abb. 5.2D). Dagegen zeigt das Spektrum des Intermediats nur ein einziges Minimum bei 215 nm bei deutlich geringerem Signal von –7000 grad cm^2 $dmol^{-1}$, was auf einen hohen Anteil von β-Faltblattstruktur und einen stark verringerten α-Helixgehalt im Intermediat hindeutet.

Welche Bedeutung könnte im Rahmen der protein-only-hypothesis diese bei sauren pH-Werten induzierbare, alternative Konformation von PrP(121–231) für die Entstehung des Erregers haben? Das zelluläre Prion-Protein scheint sich *in vivo* an der Zelloberfläche in Cholesterinreichen Membraneinbuchtungen zu konzentrieren, die als Caveolae bezeichnet werden [1288]. Caveolae können sich von der Zellmembran abschnüren und in einem Clathrin-unabhängigen Endozytoseweg mit Endosomen fusionieren (Abb. 5.4).

Nun ist gerade das endosomale Lumen dasjenige Kompartiment, in dem bei infizierten Zellen das unlösliche PrP^{Sc}-Oligomer akkumuliert wird [81]. Interessanterweise herrschen dort saure pH-Werte von 4,0–6,0 [848]. Dies könnte bedeuten, daß die Umwandlung von PrP^C in PrP^{Sc} während der Endozytose bei sauren pH-Werten stattfindet. Da das Gleichgewichts-Entfaltungsintermediat von PrP(121–231) einer monomeren, β-Faltblatt-haltigen Vorstufe des PrP^{Sc}-Oligomers ähnelt, könnte die Replikation

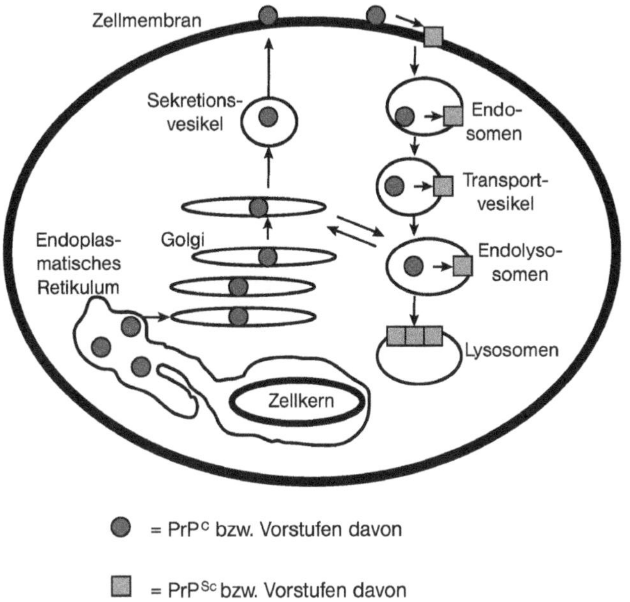

Abb. 5.4: Das zelluläre Prion-Protein (PrP^{C}) scheint sich *in vivo* an der Zelloberfläche in Membraneinbuchtungen (Caveolae) zu konzentrieren. Caveolae können sich von der Zellmembran abschnüren und über den Endozytoseweg mit Endosomen fusionieren. (Abb. von B. Hörnlimann nach [258], modifiziert)

des PrP^{Sc} dadurch erfolgen, daß bei saurem pH vorhandene Intermediatmoleküle durch irreversiblen Einbau in ein bestehendes PrP^{Sc}-Oligomer aus dem Gleichgewicht entfernt werden und daher aus PrP^{C} nachgebildet werden müssen (Abb. 5.5).

Ein derartiges „Ziehen am Gleichgewicht" wäre im Einklang mit dem von Lansbury for-

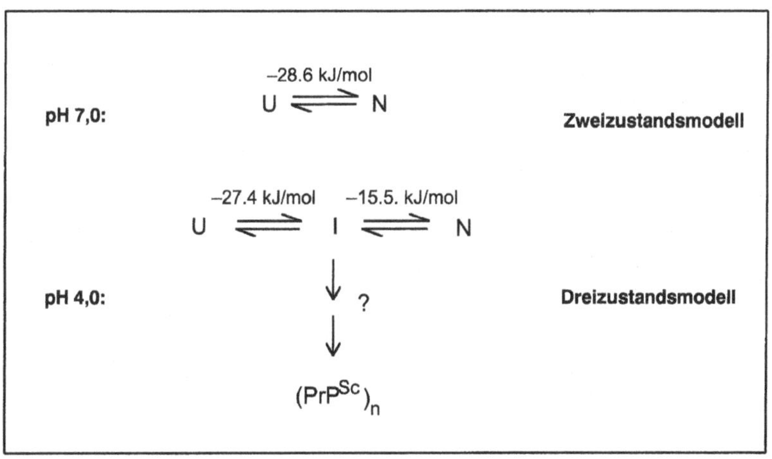

Abb. 5.5: Ein möglicher Mechanismus für die Bildung von PrP^{Sc} aus PrP^{C} unter sauren Bedingungen, wie sie z.B. im Inneren von Endosomen herrschen: Bei saurem pH in geringen Konzentrationen im Gleichgewicht vorhandene Intermediatmoleküle könnten durch irreversiblen Einbau in ein bestehendes PrP^{Sc}-Oligomer aus dem Gleichgewicht entfernt werden und müßten aus PrP^{C} nachgebildet werden. Ein derartiges „Ziehen am Gleichgewicht" wäre im Einklang mit dem von Lansbury formulierten Nukleations/Polymerisations-Modell der Vermehrung von PrP^{Sc} [710], das ein schnelles Gleichgewicht zwischen PrP^{C} und PrP^{Sc}-Monomeren und als geschwindigkeitsbestimmenden Schritt die Bildung eines Keims des PrP^{Sc}-Oligomers von kritischer Größe postuliert, bevor weitere Untereinheiten in das PrP^{Sc}-Oligomer eingebaut werden (vgl. Kap. 8). (Abb. von R. Glockshuber)

mulierten Nukleations/Polymerisations-Modell der Vermehrung von PrP^{Sc} [710]. Es postuliert ein schnelles Gleichgewicht zwischen PrP^{C} und PrP^{Sc}-Monomeren und als geschwindigkeitsbestimmenden Schritt die Bildung eines Keims des PrP^{Sc}-Oligomers von kritischer Größe, bevor weitere Untereinheiten in das PrP^{Sc}-Oligomer eingebaut werden (s. Kap. 8). Für PrP(121–231) ist das Gleichgewicht zwischen N und I in der Tat sehr schnell, da die Gleichgewichtseinstellung im Zeitraum von manuellen Mischexperimenten nicht mehr beobachtbar ist [641]. Interessanterweise begünstigt saurer pH auch die Bildung von Amyloidfibrillen eines anderen amyloidogenen Proteins. Es handelt sich dabei um Transthyretin, welches die β-Faltblatt-haltigen Amyloid-Ablagerungen der menschlichen Erbkrankheit Familial Amyloidotic Polyneuropathy (FAP) repräsentiert [834].

Die Frage, welche Bedeutung dem β-Faltblatt-ähnlichen Entfaltungsintermediat von PrP(121–231) für die Bildung von PrP^{Sc} *in vivo* zukommt, ist offen. Da das längere Segment PrP(90–231) ebenfalls die Ausbildung eines β-Faltblatt-ähnlichen Intermediats bei saurem pH zeigt [1234,1397], ist die Bildung des Intermediats eine intrinsische Eigenschaft der C-terminalen Domäne PrP(121–231) und unabhängig vom Segment 90–120. In jedem Fall zeigen die Experimente an PrP(121–231), daß die Konformationsunterschiede zwischen PrP^{C}- und PrP^{Sc}-Monomeren nicht notwendigerweise auf das in PrP^{C} flexible Segment 90–120 beschränkt sein müssen. Dieses Segment ist in PrP^{Sc} vor Proteinasen geschützt [1309] und offensichtlich strukturiert. Eine weitere Konformationsumwandlung beim Übergang von PrP^{C} zu PrP^{Sc} im Bereich der Reste 121–231 wäre auch konsistent mit der Tatsache, daß der einzige derzeit verfügbare Antikörper, der spezifisch an PrP^{Sc} bindet, ausschließlich Bereiche aus der C-terminalen Domäne des Prion-Proteins erkennt [811] (Abb. 35.3).

6 Die Bestimmung der dreidimensionalen Struktur des zellulären Prion-Proteins PrP^C

Kurt Wüthrich

6.1 Einleitung

Im vorangehenden Kapitel, mit dem das vorliegende eine Einheit bildet, wurden die physikalisch-chemische Charakterisierung des zellulären Prion-Proteins, die Herstellung des rekombinanten Proteins und das Verhalten der Proteinpräparate in Lösung beschrieben. In diesem Kapitel soll nun speziell auf Fragen eingegangen werden, die sich im Zusammenhang mit der Ermittlung der dreidimensionalen Struktur des Prion-Proteins stellten. Die dreidimensionale Struktur des Prion-Proteins der Maus in der zellulären Form (PrP^C) wurde sowohl für das gesamte rekombinante PrP^C-Molekül als auch für die C-terminale Domäne PrP(121–231) aufgeklärt [142,1108,1109,1110].

Für die dreidimensionale Strukturaufklärung des Prion-Proteins boten sich grundsätzlich zwei verschiedene Methoden an, einerseits die Röntgendiffraktion mit Proteinkristallen und andererseits die magnetische Kernresonanz-Spektroskopie (NMR = nuclear magnetic resonance) in Lösung. Mit diesen Methoden wurden allein von 1993 bis 1997 etwa 2000 neue Strukturen von Proteinen und Nukleinsäuren aufgeklärt. Angesichts der Tatsache, daß die erste Klonierung des Prion-Proteins schon 1986 erfolgte [103], ist es erstaunlich, daß zehn Jahre lang keine Strukturermittlung durchgeführt werden konnte. Dies hängt damit zusammen, daß für eine Strukturermittlung sehr hohe Anforderungen an die Qualität der Proteinpräparation gestellt werden. Für röntgenkristallographische Untersuchungen schließt dies auch ein, daß geeignete Einkristalle zur Verfügung stehen müssen. Bis 1995 konnten weder für das intakte zelluläre Prion-Protein (PrP^C) noch für Teilfragmente von PrP^C Einkristalle erhalten werden, die sich für kristallographische Studien eignen. Dies erklärt, warum bisher keine röntgenkristallographischen Untersuchungen von PrP^C beschrieben wurden.

Als Voraussetzung für eine NMR-Strukturermittlung [1379] muß eine konzentrierte Lösung des Proteins hergestellt werden können mit einer Konzentration von 1mM. Weiter ist es für eine NMR-Strukturermittlung an einem Protein der Größe und Komplexizität von PrP^C nötig, daß mit ^{15}N- und ^{13}C-Isotopen angereicherte Proteinpräparate zur Verfügung stehen. Da die Datenaufnahme für eine NMR-Strukturermittlung mehrere Wochen dauert, muß das Protein auch eine entsprechende Langzeitstabilität in Lösung aufweisen. Die Erfüllung der für die NMR-Strukturermittlung erforderlichen Qualitätsbedingungen hängt oft mit Details des Designs des rekombinanten Proteins zusammen. Alle bis 1995 beschriebenen Konstrukte erfüllten weder hinsichtlich der Löslichkeit noch hinsichtlich der Langzeitstabilität die Voraussetzungen für eine NMR-Untersuchung [931]. Durch die im Kapitel 5 beschriebene Vorgehensweise konnte das Problem erstmals gelöst werden, NMR-taugliche Präparate der intakten Polypeptidkette und von Teilsequenzen eines PrP^C herzustellen [640,642] (s. Kap. 5.2). Da jedoch die begrenzte Langzeitstabilität der PrP^C-Präparate nach wie vor Schwierigkeiten bereitete, wurden für die Gewinnung von NMR-tauglichen Präparaten der Prion-Proteine des Menschen und des Rindes neue Herstellungs- und Reinigungsverfahren herangezogen [1388].

Ein wichtiger Faktor bei der Strukturermittlung ist die Festlegung der Lösungsbedingungen. Die von Glockshuber beschriebenen Untersuchungen bildeten dafür die Grundlage (s. Kap. 5.3). Aufgrund von Überlegungen über das physiologische Milieu, in dem der Übergang von PrP^C in die infektiöse Scrapie-Form des Proteins (PrP^{Sc}) stattfindet, wurde entschieden, die Strukturermittlung bei pH 4,5 durchzuführen. Obschon eine höhere Temperatur aus technischen Überlegungen günstiger gewesen wäre, wurde im Hinblick auf die erwünschte Langzeitstabilität des Proteins eine Temperatur von 20 °C gewählt.

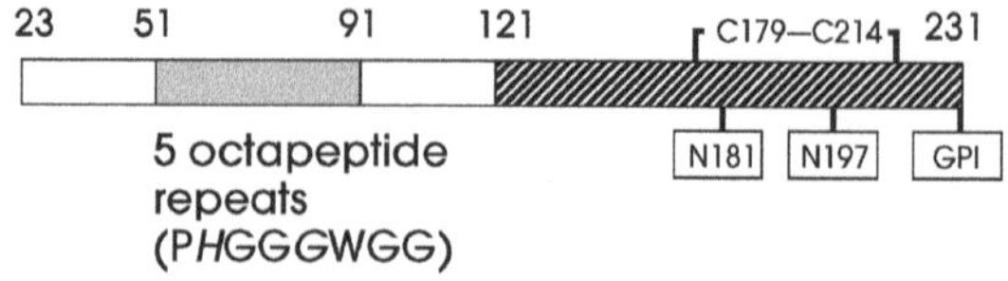

Abb. 6.1: Schematische Darstellung der kovalenten Struktur des Prion-Proteins der Maus. Der schraffierte Teil entspricht der C-terminalen Domäne MoPrP(121–231), die für die erste Strukturaufklärung [1108] verwendet wurde. Dieser Teil der Polypeptidkette ist in der Abbildung 6.2 farbig dargestellt. Die posttranslationalen Modifikationen in diesem Teil der Polypeptidkette sind in der Abbildung 5.1 erwähnt. (Abb. von R. Glockshuber)

6.2 NMR-Strukturermittlung des rekombinanten PrP^C der Maus ($MoPrP^C$)

Die $MoPrP^C$-Struktur wurde mit der an der ETH Zürich von 1978–1985 entwickelten NMR-Methode für Proteinstrukturermittlung [1297,1364,1380] gezeigt, wobei für die einzelnen Schritte moderne Techniken zum Einsatz kamen, die seitdem neu entwickelt wurden: Zusätzlich zum Protein mit natürlicher Isotopenverteilung wurden Präparate des Prion-Proteins der Maus (**Mo**PrP^C) (engl.: **Mo** für **Mo**use) in der zellulären Form hergestellt, die entweder mit ^{15}N, mit ^{13}C und ^{15}N, oder mit ^{15}N und im Ausmaß von 10% mit ^{13}C markiert waren. Für die sequenzspezifische Resonanzzuordnung wurden sowohl Dreifachresonanzexperimente mit dem einheitlich mit ^{13}C- und ^{15}N-markierten Protein [104] als auch Messungen von Kern-Overhauser-Effekten (NOE = nuclear Overhauser effects) [1297,1379] eingesetzt. Die Messung der für die Strukturberechnung benötigten intramolekularen Proton–Proton-Distanzen [1379,1380] erfolgte mit zweidimensionaler [34] und heteronuklear-aufgelöster dreidimensionaler NOE-Spektroskopie (NOESY) [430]. Die biosynthetisch gesteuerte 10%ige ^{13}C-Markierung von $MoPrP^C$ wurde mit dazu geeigneten NMR-Experimenten zur Ermittlung der stereospezifischen Zuordnung der diastereotopen Methylgruppen von Valin und Leucin [970,1200] eingesetzt, was einen wesentlichen Beitrag zur hohen Präzision der Strukturermittlung lieferte. Die Berechnung der dreidimensionalen Struktur aus den NMR-Daten wurde in der ersten Phase des Projekts mit dem Programm DIANA [567] durchgeführt; in der Folge wurde DIANA durch das Torsionswinkelmoleküldynamikverfahren DYANA [568] ersetzt. Die molekularen Strukturen wurden dann durch Energieminimierung mit dem Programm OPAL [864] verfeinert.

Die für die Strukturermittlung befolgte Strategie wurde bei Projektbeginn durch die oben beschriebenen Beobachtungen über die Stabilität verschieden langer Teilsequenzen von $MoPrP^C$ diktiert (s. Kap. 5.2). So wurde zuerst die NMR-Struktur des Polypeptidsegments 121–231 ermittelt, das eine selbstfaltende globuläre Domäne bildet [1108]. In einem zweiten Schritt wurde dann die Struktur der kompletten $MoPrP^C$-Polypeptidkette 23–231 (Abb. 6.1, 6.2) ermittelt [1109]. Rückblickend läßt sich sagen, daß diese Strategie zu einem optimalen Verlauf des Projekts führte, denn die NMR-Analyse für das Polypeptidsegment 23–120 im intakten Protein konnte durch Differenzbildung zwischen den Spektren von MoPrP(23–231) und MoPrP(121–231) effizient durchgeführt werden.

Die Architektur des $MoPrP^C$-Moleküls weist zwei Domänen auf, die aus den zusammenhängenden Polypeptidsegmenten 23–125 und 126–231 bestehen und sehr unterschiedliche räumliche Strukturen aufweisen (Abb. 6.2). Die Struktur des Segments 126–231 wurde sowohl in MoPrP(121–231) als auch in der intakten Polypeptidkette MoPrP(23–231) ermittelt, und in beiden wurde eine praktisch identische globuläre Domäne beobachtet. Diese enthält drei gut

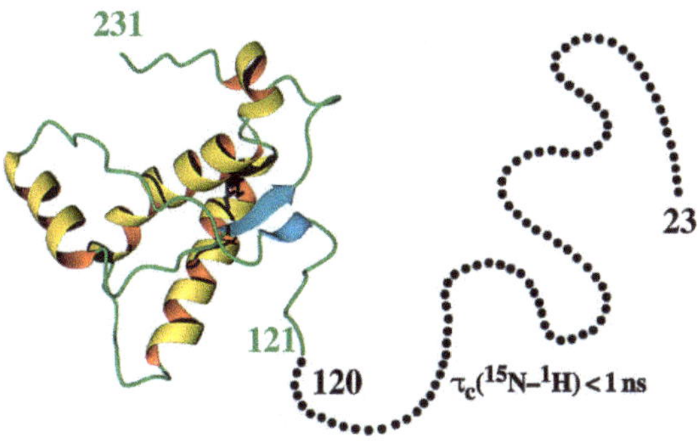

Abb. 6.2: Dreidimensionale Struktur von MoPrP^C. In der farbig dargestellten C-terminalen Domäne sind α-Helices mit gelb-roter Farbe, ein antiparalleles β-Faltblatt mit blauer Farbe, die Disulfidbrücke Cys179–Cys214 mit grauer Farbe und die Bereiche mit nicht-regelmäßiger Sekundärstruktur in grüner Farbe angegeben. Für diese Domäne wurde im Polypeptid MoPrP(121–231) und in der intakten Polypeptidkette MoPrP(23–231) dieselbe Architektur beobachtet. Das N-terminale Polypeptidsegment 23–125, welches hier durch eine Momentaufnahme der gezeichneten virtuellen Verbindungen aufeinanderfolgender α-Kohlenstoffatome dargestellt ist, weist keine gut definierte Struktur auf. Es faltet sich weder auf die C-terminale Domäne noch auf sich selbst zurück. Mit speziellen NMR-Messungen konnte nachgewiesen werden, daß dieser ganze Bereich der Polypeptidkette hoch beweglich ist, wobei sich die Bewegungen auf einer Zeitskala abwickeln, die kürzer ist als eine Nanosekunde (10^{-9} s) [1109]. Diese und die zwei Abbildungen 6.3 und 6.4 wurden mit dem Programm MOLMOL [809] hergestellt. (Abb. von K. Wüthrich)

ausgebildete α-Helices mit den Aminosäureresten 144–154, 175–193 und 200–219, ein antiparalleles β-Faltblatt mit den Resten 128–131 und 161–164 sowie eine helixähnliche Sekundärstruktur mit den Resten 222–226. In der Abbildung 6.2 können die α-Helices als gelb-rote wendeltreppenartige Strukturelemente leicht erkannt werden; das β-Faltblatt ist durch zwei blaue Pfeile erkenntlich gemacht. Unmittelbar über dem β-Faltblatt ist eine Disulfidbrücke in grauer Farbe eingezeichnet, die die α-Helices 2 und 3 verbindet. Die Aminosäureseitenketten der α-Helices 2 und 3 bilden zusammen mit denjenigen des β-Faltblatts einen stabilen *hydrophoben* Kern des Proteins [1108,1110]. Die Polypeptidsegmente 121–125, 166–171 und 220–231 sind in der NMR-Struktur nur schlecht definiert, was darauf hinweist, daß diese Molekülbereiche ungeordnet sind. Von besonderem Interesse ist die Beobachtung erhöhter struktureller Unordnung im Polypeptidsegment zwischen dem β-Faltblatt und der α-Helix 2 (im farbigen Teil der Abb. 6.2, rechts oben), da dieser Proteinbereich für die Speziesbarriere eine wichtige Rolle zu spielen scheint [142,736] (s. Kap. 9).

Die N-terminale Hälfte der Polypeptidkette bildet einen ausgestreckten hochbeweglichen „Schwanz“. Die NMR-Messungen ermöglichen für jeden der Aminosäurereste 23–120 eine Angabe der Zeitskala, mit der die intramolekularen Bewegungen ablaufen. Insbesondere konnte für die Oktapeptidwiederholungssegmente (octapeptide repeats) (Abb 6.1) gezeigt werden, daß die Tryptophanseitenketten ebenso beweglich sind wie das Polypeptidrückgrat. Für alle Bewegungen in diesem Molekülteil ist die charakteristische Zeitskala kürzer als eine Nanosekunde (10^{-9} s), während die entsprechende Zeitskala für die Bewegungen der gefalteten Domäne länger ist als ca. 10 Nanosekunden. Die Beschreibung des dynamischen Verhaltens des N-terminalen Schwanzes ist Information, die nur mit NMR-Messungen in Lösung erhalten werden kann [1379].

Unterdessen sind NMR-Strukturen von zwei PrP^C-Fragmenten des **S**yrischen **Ha**msters, **SHa**PrP(90–231) [709] und SHaPrP(29–231) [380], durch Prusiners Gruppe und kooperierende Forschungsgruppen beschrieben worden. Soweit aus den Publikationen ersichtlich ist, beruhen die Strukturermittlungen auf weniger vollständigen Daten als beim MoPrP^C, sie bestätigen aber die in Abbildung 6.2 vorgestellte Molekülarchitektur. Insbesondere besteht SHaPrP(29–231) ebenfalls aus einer globulären C-terminalen Domäne mit drei α-Helices und einem β-Faltblatt (Abb. 6.2) sowie einem flexiblen Schwanz mit den Resten 29–125. Ein lokaler Strukturunterschied besteht darin, daß in SHaPrP(90–231) die α-Helix 3 als annähernd gerade α-Helix mit den Resten 200–226 beschrieben wird [709]. Da dieser Unterschied in beiden Molekülen den strukturell am schlechtesten definierten Bereich betrifft, kann aufgrund der vorliegenden Daten nicht entschieden werden, ob dieser lokale Unterschied signifikant ist.

6.3 Erste Folgerungen aus der Kenntnis der dreidimensionalen MoPrP^C-Struktur

Bevor die NMR-Struktur von MoPrP(121–231) ermittelt wurde [1108], beruhten Überlegungen zu Struktur-Funktionsbeziehungen beim Prion-Protein auf Modellvorschlägen der Arbeitsgruppe von Prusiner und Cohen [678,679]. Für das Polypeptidsegment 108–231 von PrP^C wurde z. B. vorgeschlagen, daß es vier α-Helices, jedoch keine β-Faltblatt-Struktur enthält [678] (s. Kap. 3.6). Mit der Kenntnis der NMR-Struktur ergab sich erstmals eine rationale Diskussionsbasis für mögliche Übergangsmechanismen von der PrP^C-Form in die infektiöse PrP^Sc-Form. Gerade das in MoPrP^C beobachtete β-Faltblatt (Abb. 6.2) könnte von großer Bedeutung für den Übergang der zellulären in die infektiöse Form sein, da PrP^Sc aufgrund von spektroskopischen Untersuchungen einen hohen Gehalt an β-Faltblattstruktur aufweist. Es sollen hier nur kurze Hinweise auf mögliche Beziehungen zwischen der Pathogenität des PrP^Sc und der Molekülstruktur von MoPrP^C aufgezeigt werden:

1. Ein Modell, nach dem die globuläre Domäne der Reste 126–231 unverändert von PrP^C in PrP^Sc übernommen wird und die in PrP^Sc beobachtete β-Struktur auf Faltungsübergänge von Bereichen des beweglichen Schwanzes (Abb. 6.2, 6.3) zurückzuführen ist, wäre aus grundlegenden Überlegungen sehr attraktiv [1109].
2. Die bei vererbbaren Prionkrankheiten des Menschen identifizierten Aminosäuresubstitutionen, die offenbar mit einer erhöhten Empfänglichkeit für die verschiedenen familiären Formen (fCJD, GSS, FFI) verbunden sind, können nun in der dreidimensionalen Proteinstruktur lokalisiert werden (Abb. 6.3) [1110]. Die insgesamt vorliegenden Daten weisen darauf hin, daß genetisch bedingte Prionkrankheiten nicht einfach auf Destabilisierung der PrP^C-Struktur zurückgeführt werden können [678], sondern auf eine Vielfalt unterschiedlicher Faktoren [1110] (s. Kap. 26).

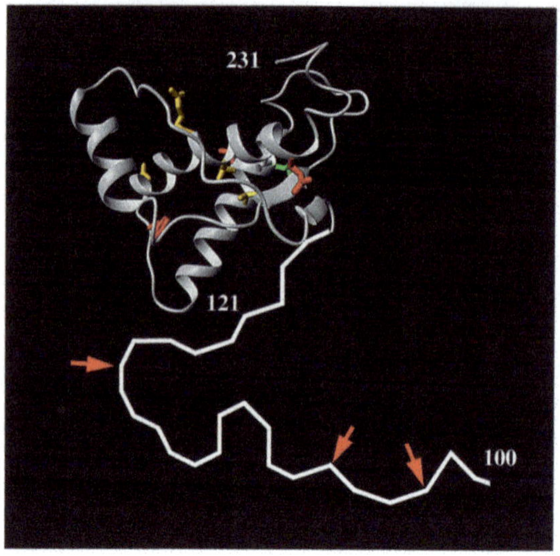

Abb. 6.3: Lokalisierung der mit vererbbaren Prionkrankheiten beim Menschen in Verbindung gebrachten Aminosäurereste in der dreidimensionalen Struktur von MoPrP^C. Der Ersatz (Substitution) dieser Aminosäurereste, die im Bereich des Polypeptidsegments 102–217 zu finden sind, durch andere Aminosäuretypen im menschlichen PrP, wird mit erblich bedingter erhöhter Empfänglichkeit für Prionkrankheiten in Verbindung gebracht. Das Polypeptidsegment 100–231 aus der Struktur von Abbildung 6.2 ist abgebildet. Das Polypeptid-Rückgrat ist weiß gezeichnet. Die mit verschiedenen Phänotypen menschlicher Prionkrankheiten verbundenen Aminosäuren sind mit den folgenden Farbcodes dargestellt: rot, einschließlich rote Pfeile für GSS; orange für fCJD; grün für fCJD oder FFI, je nachdem, ob die polymorphe Position 129 durch Valin oder Methionin besetzt ist (Erklärung der Abkürzungen s. Abk.liste im Anhang). (Abb. von K. Wüthrich)

3. Die Aminosäuren, die gemäß genetischen Studien wesentlich sind für die Barriere zwischen verschiedenen Spezies (Artenschranke, s. Kap. 9), können ebenso in der dreidimensionalen Molekülstruktur lokalisiert werden (Abb. 6.4). Systematische Studien ergaben bereits Hinweise, daß die Bindungsstelle für das Protein X (Abb. 12.2), einem für die Bildung von PrP^Sc *in vivo* als essentiell postulierten Faktor [736], im Bereich mit erhöhter struktureller Unordnung nahe dem Ende der α-Helix 3 liegen dürfte (blau ein-

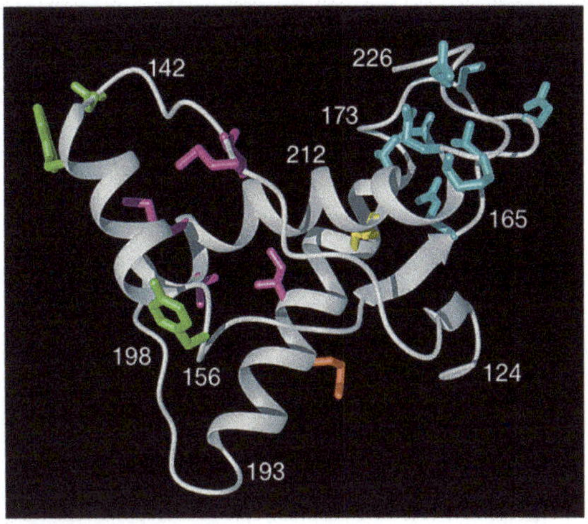

Abb. 6.4: Verteilung der im Bereich des Polypeptidsegments 124–226 zwischen verschiedenen Säugetieren evolutionsbedingt unterschiedlicher Aminosäurereste in der räumlichen Struktur der C-terminalen Domäne des Prion-Proteins. Das Polypeptid-Rückgrat mit den Aminosäureresten 124–226 ist weiß gezeichnet und die Disulfidbrücke ist gelb eingefärbt. Die variablen Aminosäureseitenketten sind aufgrund ihres Auftretens in bestimmten Molekülregionen blau, magenta, grün oder orange eingefärbt. Die zu einer Farbgruppe gehörenden Aminosäurereste sind in der Aminosäuresequenz des Proteins oft weit voneinander entfernt (Abb. von K. Wüthrich; aus Quelle [142])

gefärbte Aminosäurereste in der Abb. 6.4) [142].

4. Immunologische Studien zeigen, daß ein PrP^{Sc}-spezifischer monoklonaler Antikörper v.a. durch Epitop-Fragmente in den Bereichen der ungeordneten Polypeptidsegmente 166–172 und 220–228 bindet [811] (Abb. 35.3). Dies sind dieselben Bereiche, die als wahrscheinliche Bindungsstellen für das postulierte Protein X (Abb. 12.2) vorgeschlagen werden [142,736].

7 Die Funktion des zellulären Prion-Proteins PrP^C als kupferbindendes Protein an der Synapse

Jochen W. Herms und Hans Kretzschmar

7.1 Einleitung

Das Prion-Modell ist seit 1982 bekannt und die pathogenetische Bedeutung des Prion-Proteins für die Transmissiblen Spongiformen Enzephalopathien ist gut dokumentiert. Die physiologische Funktion des zellulären Prion-Proteins PrP^C war jedoch für lange Zeit unbekannt. Unterschiedliche Befunde deuten seit 1997 darauf hin, daß die kupferbindende Eigenschaft von PrP^C [171,1231,1291] von zentraler funktioneller Bedeutung ist, wie in diesem Kapitel dargestellt.

7.2 Bindungspartner von PrP^C

Zur Untersuchung der Funktion des Prion-Proteins sind unterschiedliche methodische Ansätze verfolgt worden. So wurden mit biochemischen Methoden Bindungspartner des auf der Zelloberfläche mit einem GPI-Anker verankerten [1222] Prion-Proteins gesucht. Zuerst wurde GFAP als möglicher Bindungspartner von PrP^C beschrieben [988], später folgten bcl-2 [830,831], molekulare Chaperone [399], das dem Amyloid-Precursor ähnliche *Protein 1* (APLP1) [1386], der 37 kDa Laminin-Rezeptor [1107] und ein nicht näher charakterisiertes 66 kDa Membranprotein [911]. Jedoch konnte bisher für keines dieser sowohl intrazellulär als auch auf der Zellmembran lokalisierten Proteine gezeigt werden, daß die Interaktion mit PrP^C von biologischer Bedeutung ist.

7.3 Funktionsverluste bzw. -veränderungen in *Prnp*$^{0/0}$-Mäusen

Harris und seine Kollegen stellten 1991 aufgrund von biochemischen Analysen der PrP^C-Expression beim Huhn die Hypothese auf, daß PrP^C eine Funktion bei der Regulierung der Expression cholinerger Rezeptoren an der neuromuskulären Endplatte habe [601]. Biochemische, morphologische und elektrophysiologische Untersuchungen der ersten von Büeler (1992) generierten Prion-Protein-Knock-out-Maus (*Prnp*$^{0/0}$-Maus) zeigten jedoch eine regelhafte Acetylcholinrezeptorexpression [165]. Darüber hinaus zeigte die *Prnp*$^{0/0}$-Maus bis auf einen veränderten Schlaf-Wach-Rhythmus [1276,1277] keine Auffälligkeiten in ihrer Entwicklung oder ihrem Verhalten [234]. Diese Befunde wurden 1994 bei der Untersuchung einer weiteren durch Manson generierten *Prnp*$^{0/0}$-Linie bestätigt [878]. Eine dritte durch Sakaguchi (1996) generierte *Prnp*$^{0/0}$-Linie zeigte allerdings im höheren Alter (>70 Wochen) eine progrediente Ataxie und einen Verlust von Purkinjezellen [1147]. Als mögliche Ursache wurde 1996 die zusätzliche Deletion von Intronsequenzen des PrP-Gens bei dieser Knock-out-Linie diskutiert [1307].

7.4 Lokalisation von PrP^C

Auch wenn sich somit die Hypothese einer Interaktion von PrP^C mit cholinergen Rezeptoren nicht bestätigte, so deutet doch die Arbeit von Harris aus dem Jahr 1991 darauf hin, daß PrP^C in der neuromuskulären Endplatte, d.h. an synaptischen Endigungen, angereichert ist [601]. Immunelektronenmikroskopische Untersuchungen [450,1149] sowie immunhistochemische Untersuchungen an PrP^C-überexprimierenden transgenen Tieren [279,619] haben weitere Hinweise für eine bevorzugt synaptische Lokalisation von PrP^C im ZNS ergeben. Wegen

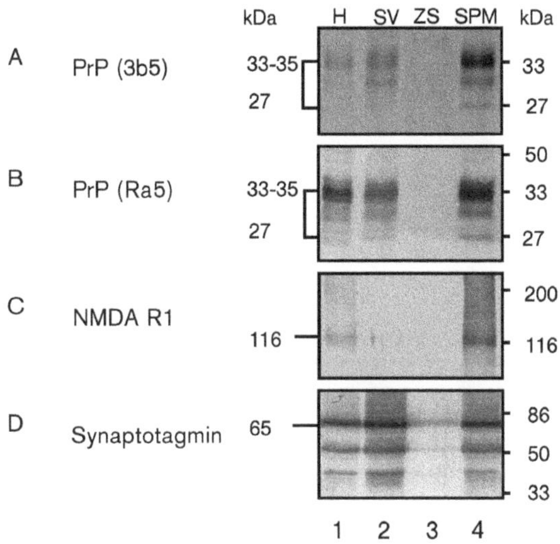

Abb. 7.1: Anreicherung von PrP^C in der synaptischen Plasmamembranfraktion. Präparation der synaptischen Plasmamembranfraktion (SPM), der synaptischen Vesikelfraktion (SV) und der zytosolischen synaptischen Fraktion (ZS) aus Synaptosomen nach Huttner et al. (1983) [697]. Gleiche Mengen (100 µg/Spur) an Hirnhomogenat (H) und unterschiedlichen subzellulären Fraktionen von 20 Wildtyp-Mäusen wurden im Western blot untersucht. Zum Nachweis von PrP^C wurden der monoklonale Antikörper 3B5 [814] (A) und das polyklonale Antiserum Ra5 [557] (B) verwandt. Der Nachweis der NMDA-Rezeptoruntereinheit R1 (C) und des synaptischen Vesikelproteins Synaptotagmin (D) erfolgte mit einem monoklonalen [168] bzw. einem polyklonalen Antikörper [169]. Die Befunde sind repräsentativ für drei weitere subzelluläre Fraktionierungen. Deutlich ist eine Anreicherung von PrP^C (A, B) in der synaptischen Plasmamembranfraktion (SPM) zu beobachten analog zu dem in der SPM angereicherten Untereinheit R1 des NMDA-Rezeptors (C). Im Gegensatz zu dem vor allem auf der Membran von synaptischen Vesikeln lokalisierten Protein Synaptotagmin (D) ist PrP^C in der synaptischen Vesikelfraktion (SV) nicht angereichert, wenngleich es dort in geringeren Mengen vorhanden sein mag. (Abb. von J. Herms)

der Schwierigkeiten beim Nachweis von PrP^C am Gewebeschnitt mußten für einen elektronenmikroskopischen Nachweis jedoch Methoden eingesetzt werden, die mit einem sehr schlechten Gewebeerhalt einhergehen und die Zellmembran zerstören, so daß die elektronenmikroskopischen Befunde nicht eindeutig sind. So ist insbesondere die 1995 von Fournier [450] beschriebene bevorzugte Lokalisation von PrP^C an synaptischen Vesikeln umstritten. Mit biochemischen Methoden konnte gezeigt werden, daß PrP^C v.a. in der synaptischen Plasmamembran angereichert ist [619], weniger in der synaptischen Vesikelfraktion. Die Abbildung 7.1 zeigt eine *Western blot-Analyse* der PrP^C-Expression in unterschiedlichen synaptischen Fraktionen. Die Anreicherung von PrP^C in der synaptischen Plasmamembranfraktion ist deutlich zu erkennen.

7.5 Elektrophysiologische Untersuchungen an *Prnp$^{0/0}$*-Mäusen

Zur Untersuchung der Funktion des Prion-Proteins in Neuronen wurden des weiteren elektrophysiologische Untersuchungen an der *Prnp$^{0/0}$*-Maus durchgeführt. Collinge beschrieb 1994 erstmals eine Veränderung der sog. Langzeitpotenzierung [302], einer Veränderung der synaptischen Übertragung nach repetitiver Stimulation (engl.: *long-term potentiation*, LTP), bei der von Büeler generierten *Prnp$^{0/0}$*-Maus. Dieser Befund wurde an der zweiten von Manson generierten *Prnp$^{0/0}$*-Linie reproduziert [880]. Andere Autoren konnten dagegen LTP-Veränderungen an der von Büeler generierten *Prnp$^{0/0}$*-Linie nicht beobachten [858].

Außerdem wurde 1994 eine veränderte Kinetik der inhibitorischen postsynaptischen Ströme (engl.: *inhibitory postsynaptic currents*, IPSC) in Form einer Verlängerung der Aktivierungszeit $GABA_A$-Rezeptor-vermittelter IPSC an hippocampalen Neuronen der *Prnp$^{0/0}$*-Maus beschrieben [302]. Als Ursache hierfür wird eine Alteration des $GABA_A$-Rezeptors auf der postsynaptischen Membran diskutiert, da außerdem eine Verminderung der Amplitude stimulierter inhibitorisch-postsynaptischer Ströme und eine Verschiebung des Umkehrpotentials $GABA_A$-Rezeptor-vermittelter Chloridströme beobachtet wurden [302,1326]. Auch dieser Befund konnte an hippocampalen Neuronen derselben Knock-out Linie nicht bestätigt werden [858].

Die Untersuchung der Kinetik spontaner inhibitorischer postsynaptischer Ströme (sIPSC)

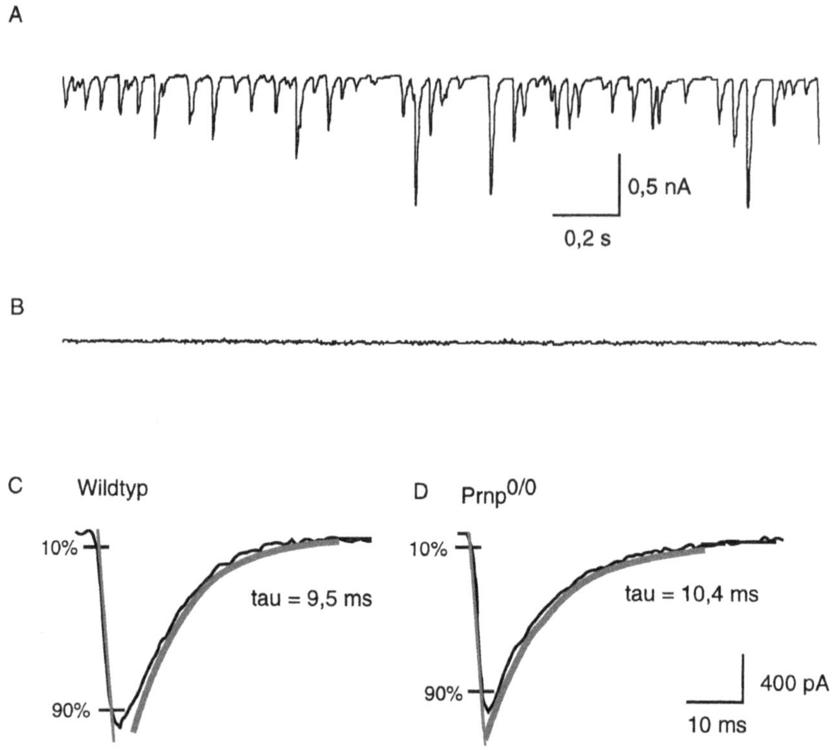

Abb. 7.2: Präsynaptische PrP^C-Expression moduliert die Kinetik inhibitorisch-postsynaptischer Ströme (IPSC). (A) Ableitungen spontaner IPSC von einer Purkinjezelle einer zehn Tage alten Wildtyp-Maus mit Hilfe der Patch-Clamp Technik wie beschrieben [616]. (B) zeigt anhand des Effektes von 10 µM Bicucullin, einem GABA$_A$-Rezeptor-Blocker, daß es sich bei den synaptischen Strömen um inhibitorische, GABA$_A$-Rezeptor vermittelte Leitfähigkeiten handelt. (C und D) Darstellung der Ermittlung der Aktivierungszeit (10–90%) und Abklingzeit ($t_{1/2}$ (tau)) ermittelt durch Anpassung einer einfachen Exponentialfunktion (grau) an einer Wildtyp- (C) und *Prnp*$^{0/0}$-Maus (D). (E) Aktivierungszeiten bei Wildtyp, *Prnp*$^{0/0}$, Tg20 und Tg35 von jeweils 10 Purkinjezellen 10–12 Tage alter Tiere. Jeder Punkt

an einem anderen Neuron der *Prnp*$^{0/0}$-Maus (Abb. 7.2A-D) erbrachte zunächst ebenfalls keine signifikanten Unterschiede zwischen der Aktivierungszeit von Purkinjezellen der Wildtyp- und *Prnp*$^{0/0}$-Maus [616]. Weiterführende Untersuchungen an Purkinjezellen jüngerer Tiere, bei welchen aufgrund der geringeren Komplexität des Dendritenbaums eine bessere Spannungsklemme und damit eine exaktere Bestimmung der Aktivierungszeit möglich ist [857], ergaben jedoch analog zu den Befunden von Collinge aus dem Jahre 1994 eine signifikante Verlängerung der Aktivierungszeit von 1,9 ms bei der Wildtyp-Maus auf 2,81 ms bei der *Prnp*$^{0/0}$-Maus (Abb. 7.2E; $p=0{,}001$) [302]. Wie auch in der Untersuchung von Collinge wurden dagegen bei der Abklingzeit keine Unterschiede beobachtet (Abb. 7.2F). Durch die Untersuchung der Aktivierungszeit bei *Prnp*$^{0/0}$-Mäusen, in die PrP^C wieder eingebracht worden war (Abb. 7.2E; Tg35) [435], konnte belegt werden, daß der Befund der verlängerten Aktivierungszeit tatsächlich auf den Verlust von PrP^C zurückzuführen ist. Die IPSC-Aktivierungszeit von Purkinjezellen dieser Tiere ergibt einen Wert, der demjenigen von Wildtyp-Mäusen entspricht. Zur Klärung der Frage, ob die Aktivierungszeitverlängerung bei der *Prnp*$^{0/0}$-Maus durch den Verlust der PrP^C-Expression auf der prä- oder postsynaptischen Seite der Synapse bedingt ist, wurde außerdem eine transgene Linie untersucht, welche PrP^C nur auf präsynapti-

E

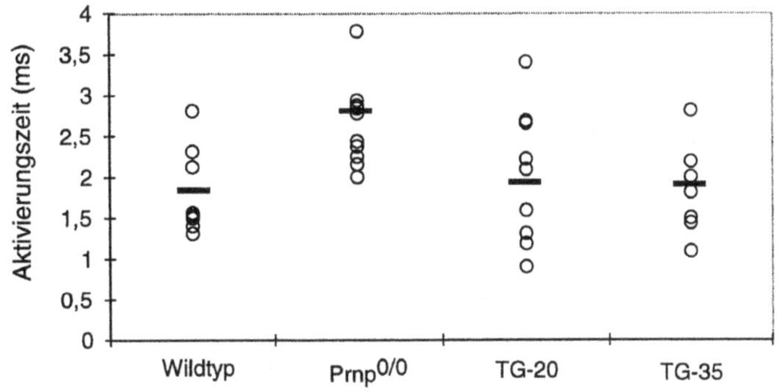

F

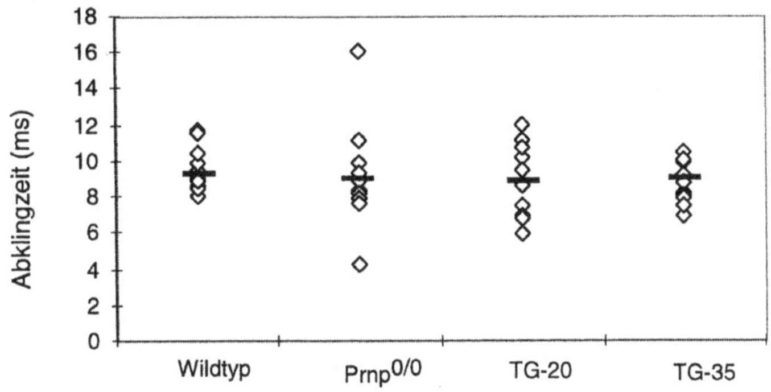

entspricht dem Mittelwert der Aktivierungszeiten von je 20 aufeinanderfolgenden IPSC, 5 min. nach Etablierung der Ableitung einer Purkinjezelle. Der schwarze Balken zeigt den Mittelwert aller Meßwerte. Die IPSC-Aktivierungszeit ist bei der *Prnp*$^{0/0}$-Maus gegenüber dem Wildtyp signifikant verlängert ($p = 0{,}001$, t-Test nach Welch). Keine signifikanten Unterschiede bestehen zwischen den Aktivierungszeiten der Wildtyp-, Tg20- und Tg35-Zellen. (F) Mittelwerte der Abklingzeiten der IPSC bei Wildtyp, *Prnp*$^{0/0}$, Tg20 und Tg35. Hier finden sich keine Unterschiede zwischen den unterschiedlichen Mauslinien. (Abb. von J. Herms)

scher Seite exprimiert (Tg20) [435]. Auch bei dieser Linie wurde eine Aktivierungszeit gemessen, die dem Wildtyp entspricht (Abb. 7.2E). Es ist somit die präsynaptische PrP^{C}-Expression an der inhibitorischen Synapse, die für die Aktivierungszeit inhibitorisch-postsynaptischer Ströme von Bedeutung ist, und nicht die postsynaptische Expression.

7.6 Kalziumaktivierte Kaliumströme in *Prnp*$^{0/0}$-Mäusen

Unabhängig von den Befunden an den inhibitorischen Synapsen wurde 1996 von S.B. Colling ein weiterer elektrophysiologischer Phänotyp bei der *Prnp*$^{0/0}$-Maus beschrieben [293], eine Störung des späten Nachhyperpolarisationstroms (AHP). Dieser Strom ist für die Kinetik der Wiederherstellung des Ruhemembranpotentials nach einem Aktionspotential von großer Bedeutung und hat damit entscheidenden Einfluß auf die Aktionspotential-Häufigkeit. Als Ursache des gestörten AHP bei der *Prnp*$^{0/0}$-Maus wurde eine verminderte Leitfähigkeit kalziumaktivierter Kaliumkanäle angenommen [293], welche möglicherweise durch eine gestörte intrazelluläre Kalziumhomöostase bedingt ist. Diese Vorstellung stützt sich auf Befunde von Whatley aus dem Jahr 1995, der einen Effekt von rekombinant hergestelltem PrP^{C} auf die intrazelluläre Kalziumkonzentration von Synaptosomen beschrieben hatte [1325]. Tatsächlich zeigt die Untersuchung kalziumaktivierter Kaliumströme in Purkinjezellen der *Prnp*$^{0/0}$-Maus eine reduzierte Amplitude dieser Ströme [618]. Weitere Untersuchungen von transgenen Tieren, denen PrP^C auf dem Hintergrund der *Prnp*$^{0/0}$-Maus wieder eingebracht worden war (Tg35, Tg20), zeigen, daß tatsächlich der Verlust der PrP^C-Expression auf der Zellmembran der Purkinjezellen dafür verantwortlich ist [1274]. So konnte bei der transgenen Linie, die PrP^C in allen Neuronen überexprimiert (Tg35), eine Wiederherstellung der Amplitude der kalziumaktivierten Kaliumleitfähigkeiten beobachtet werden, während die transgene Linie, welche in allen Neuronen mit Ausnahme der Purkinjezelle PrP^C überexprimiert (Tg20), keine Wiederherstellung der Amplituden zeigte. Die daraufhin vorgenommenen mikrofluorometrischen Untersuchungen der intrazellulären Kalziumhomöostase bei der *Prnp*$^{0/0}$-Maus belegen, daß die Reduktion der kalziumaktivierten Kaliumströme am ehesten durch eine verminderte Kalziumfreisetzung aus intrazellulären kalziumsensitiven Kalziumspeichern zu erklären ist [615,1274].

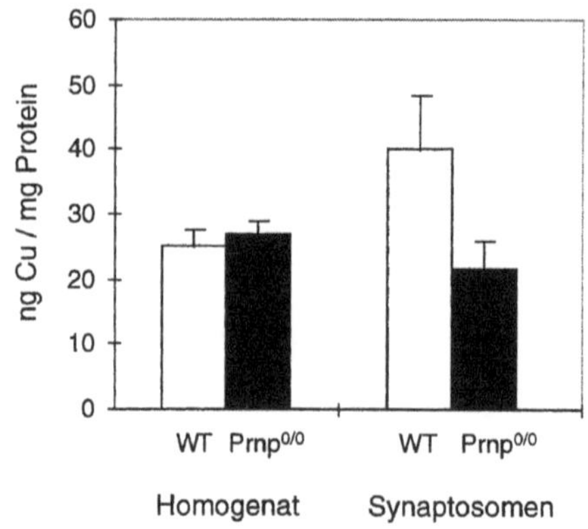

Abb. 7.3: Der Kupfergehalt in Synaptosomen ist abhängig von der PrP^C-Expression. Atomabsorbtionsspektroskopische Messungen des Kupfergehaltes im Hirnhomogenat und der Synaptosomen-Fraktion von Wildtyp-Mäusen (WT) und *Prnp*$^{0/0}$-Mäusen. Aufgetragen sind der Mittelwert und die Standardfehler des arithmetischen Mittels von 6–7 Präparationen von jeweils fünf Gehirnen gleichalter (2,0 $\pm$ 0,4 Monate) weiblicher Tiere der unterschiedlichen Linien. Während der Kupfergehalt – bezogen auf die Proteinmenge in den Hirnhomogenaten – keine wesentlichen Unterschiede zwischen Wildtyp und *Prnp*$^{0/0}$ aufweist, stellt sich bei den Synaptosomen-Fraktionen eine signifikante Reduktion der Kupferkonzentration bei der *Prnp*$^{0/0}$-Maus gegenüber der Kontrolle dar ($p = 0{,}03$; t-Test). (Abb. von J. Herms)

7.7 PrP^C als kupferbindendes Protein

Wie Brown 1997 erstmals postulierte, stehen die elektrophysiologischen Auffälligkeiten bei der *Prnp*$^{0/0}$-Maus möglicherweise in Zusammenhang mit der beobachteten verminderten Kupferkonzentration in synaptischen Membranfraktionen der *Prnp*$^{0/0}$-Maus [171, 619]. Der N-Terminus des Prion-Proteins (Abb. 5.1) weist eine hoch konservierte Oktapeptid-Repeatsequenz (PHGGGWGQ)x4 auf [1159], der 1995 erstmals von Hornshaw [643,644], 1996 von Miura [949] und 1997 von Brown [172] eine kupferbindende Eigenschaft zugeschrieben wurde. Tatsächlich zeigt der rekombinant hergestellte PrP^C-N-Terminus mit der Aminosäuresequenz 23–98 (PrP(23–98)) eine kooperative Bindung von fünf bis sechs Kupferionen. Dabei liegt die halb-maximale kooperative Cu^{2+}-Bindung des PrP(23–98)-Fragmentes im mikromolaren Bereich (5,9 µM) [171]. Untersuchungen an einem größeren rekombinanten PrP^C-Fragment (Aminosäuresequenz 29–231) [1231] sowie an einem rekombinant hergestellten N-terminalen Fragment [1291] bestätigen den Befund der kooperativen Kupferbindung durch PrP^C.

Die beobachtete signifikante Verminderung der synaptosomalen Kupferkonzentration bei der *Prnp*$^{0/0}$-Maus (Abb. 7.3) ist vermutlich durch eine verminderte Wiederaufnahme des bei der synaptischen Vesikelfreisetzung in den synaptischen Spalt gelangenden Kupfers bedingt. Denn der Unterschied in der synaptosomalen Kupferkonzentration zwischen *Prnp*$^{0/0}$- und Wildtyp-Maus ist zu groß um ihn allein mit dem Verlust des an das Prion-Protein gebundenen Kupfers zu erklären. Darüber hinaus wären dann auch Unterschiede in der Kupferkonzentration des Homogenates (Abb. 7.3) zu erwarten. Eine Kupferfehlverteilung im Gehirn der *Prnp*$^{0/0}$-Maus durch den Verlust des Prion-Proteins ist damit die wahrscheinlichste Erklärung der Befunde.

Über den Befund der verminderten synaptosomalen Kupferkonzentration hinaus wurden bei der *Prnp*$^{0/0}$-Maus weitere Veränderungen beobachtet, welche auf die biologische Bedeutung der Kupferbindung durch PrP^{C} hinweisen. So wurde bei der *Prnp*$^{0/0}$-Maus eine verminderte Aktivität eines kupferabhängigen Enzyms der Superoxiddismutase (SOD) beobachtet [174]. Darüber hinaus ergaben sich bei Untersuchung der funktionellen Bedeutung der Kupferbindung durch das Prion-Protein für die inhibitorisch-synaptische Übertragung deutliche Unterschiede zwischen *Prnp*$^{0/0}$- und Wildtyp-Maus (Abb. 7.4). Die Applikation von Kupfer führte schon bei einer Konzentration von 2 µM bei Purkinjezellen im Hirnschnittpräparat der *Prnp*$^{0/0}$-Maus zu einer signifikanten Reduktion der mittleren Amplitude spontaner inhibitorisch-postsynaptischer GABA$_A$-Rezeptor-vermittelter Ströme (Abb. 7.4A), während diese Konzentration keinen Effekt auf die IPSC der Wildtyp-Maus hat (Abb. 7.4B). Da bekannt ist, daß der GABA$_A$-Rezeptor schon durch freie Kupferkonzentrationen im Bereich von 1 µM beeinträchtigt ist [1204], legt dieser Befund den Schluß nahe, daß diese Unterschiede zwischen *Prnp*$^{0/0}$- und Wildtyp-Maus durch die fehlende Pufferung von Kupfer durch das Prion-Protein am synaptischen Spalt bedingt sind. Zu klären bleibt, ob die Pufferung des bei der synaptischen Vesikelfreisetzung freiwerdenden Kupfers, die eine unspezifische Bindung von Kupfer an andere Proteine vermindert, die primäre Funktion von PrP^{C} ist (Abb. 7.5). Alternativ könnte die Bindung von Kupfer durch PrP^{C} primär der Wiederaufnahme von Kupfer in die Präsynapse über eine Endozytose von PrP^{C} dienen [1035,1207] oder aber nur von struktureller Bedeutung für den N-Terminus von PrP^{C} sein, wie 1999 von Marcotte und Eisenberg vermutet [895].

7.8 Zusammenhang von Kupferbindung und elektrophysiologischen Eigenschaften

Die Hypothese, daß die neuronale Funktion von PrP^{C} in der Bindung und Wiederaufnahme von Kupfer am synaptischen Spalt besteht (Abb. 7.5), ist geeignet, die zunächst paradoxen elektrophysiologischen Befunde, die bei der

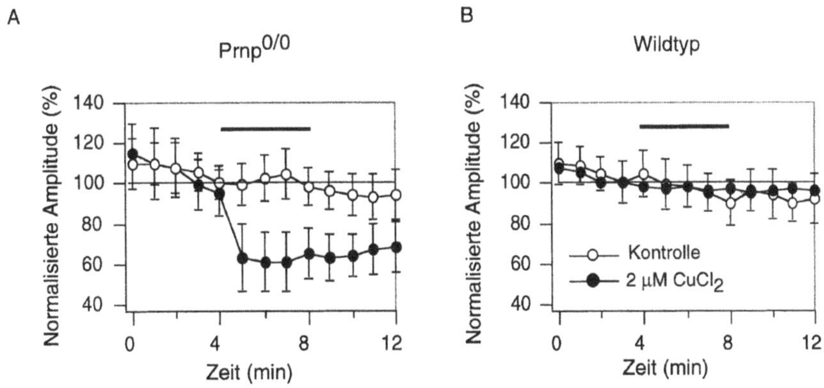

Abb. 7.4: Geringe Mengen an extrazellulär appliziertem Kupfer reduzieren sIPSC-Amplituden in *Prnp*$^{0/0}$-Maus-Purkinjezellen, jedoch nicht in Wildtyp-Maus-Purkinjezellen. sIPSC-Durchschnittsamplitude ohne $CuCl_2$ (offene Kreise) und unter Applikation von 2 µM $CuCl_2$ (gefüllte Kreise) bei der *Prnp*$^{0/0}$- (A) und Wildtyp-Maus (B). Die Dauer der $CuCl_2$-Applikation ist durch einen Querbalken markiert. Darstellung der auf 100% normierten Mittelwerte und der Standardfehler des arithmetischen Mittels von jeweils fünf untersuchten Purkinjezellen. Während die Durchschnittsamplituden der IPSC bei den Wildtyp-Zellen durch die Applikation von 2 µM $CuCl_2$ nicht reduziert werden, kommt es bei den *Prnp*$^{0/0}$-Zellen zu einem deutlichen Abfall auf ca. 50% gegenüber den unbehandelten Zellen. Die Mittelwerte der Durchschnittsamplituden der IPSC der Purkinjezellen der *Prnp*$^{0/0}$-Maus mit und ohne Kupferapplikation weichen während der Applikation signifikant voneinander ab ($p = 0{,}02$; Wilcoxon-Mann-Whitney-Test). (Abb. von J. Herms)

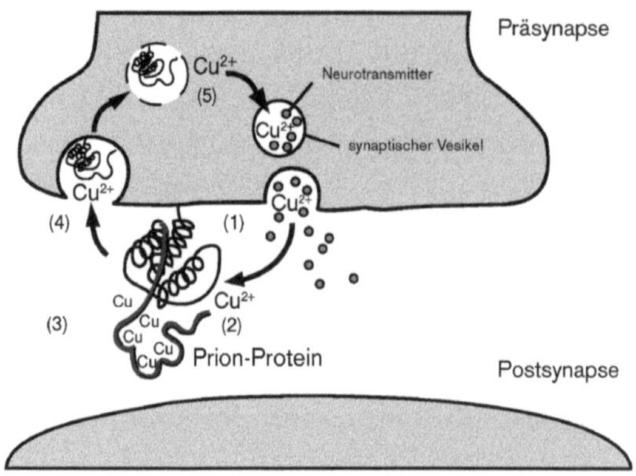

Abb. 7.5: Hypothetisches Modell zur Funktion der Kupferbindung durch das zelluläre Prion-Protein an der synaptischen Plasmamembran. Das Prion-Protein ist über einen GPI-Anker [1222] an der präsynaptischen Plasmamembran verankert (1) [619], wo es mit seinem N-terminalen Anteil (2) [1291,1300] freies, bei der synaptischen Vesikelverschmelzung in den synaptischen Spalt gelangendes Kupfer (3) [603, 738] bindet. Durch eine endozytotische Aufnahme des Prion-Proteins [1035,1207] gelangt PrP^C wieder in die Präsynapse (4). Hier erfolgt die Abspaltung des an PrP^C gebundenen Kupfers möglicherweise durch eine Veränderung des pH-Wertes in Endosomen (5) [1291]. So gewährleistet das Prion-Protein, daß trotz des Verlustes von Kupfer bei der Freisetzung synaptischer Vesikel in den synaptischen Spalt die Kupferkonzentration im präsynaptischen Zytosol der Synapse und die Konzentration an freiem Kupfer im synaptischen Spalt konstant bleiben. (Abb. von J. Herms)

Prnp$^{0/0}$-Maus erhoben worden sind, zu erklären. Eine leichte Erhöhung der extrazellulären Kupferkonzentration durch eine fehlende Kupferpufferung im synaptischen Spalt bei der *Prnp*$^{0/0}$-Maus könnte eine verminderte Leitfähigkeit spannungsaktivierter Kalziumkanäle sowie eine Veränderung der Kinetik des $GABA_A$-Rezeptors zur Folge haben. So wird die Leitfähigkeit des $GABA_A$-Rezeptors und auch der spannungsaktivierten Kalziumkanäle, die entscheidend die intrazelluläre Kalziumhomöostase modulieren, bereits durch Kupferkonzentrationen von 1–10 µM deutlich beeinträchtigt [967,1204]. Dies könnte die beobachtete Alteration der intrazellulären Kalziumhomöostase bei der *Prnp*$^{0/0}$-Maus, die Veränderungen der Leitfähigkeit kalziumabhängiger Ionenströme sowie die beobachteten Veränderungen der $GABA_A$-Rezeptor-vermittelten inhibitorisch-postsynaptischen Ströme erklären.

Auch die gestörte LTP bei der *Prnp*$^{0/0}$-Maus könnte mit dieser Hypothese eine Erklärung finden. So wird nach Untersuchungen aus dem Jahre 1997 LTP bereits durch 1 µM freies Cu^{2+} blockiert [387]. Die beschriebene Veränderung des Schlaf-Wach-Rhythmus bei der *Prnp*$^{0/0}$-Maus [1276,1277] wiederum könnte durch eine gestörte Kupferaufnahme und eine verminderte Aktivität kupferabhängiger Enzyme bedingt sein, analog zu der beobachteten verminderten Aktivität der SOD [1010]. So steht die Synthese des für den Schlafrhythmus wichtigen Hormons Melatonin [919] in Abhängigkeit eines kupferabhängigen Enzyms der Monaminoxidase [1010].

Es kann somit gezeigt werden, daß 1. Kupfer mit hoher Affinität und kooperativ an PrP^C bindet, 2. diese Kupferbindung die synaptische Übertragung beeinflußt und 3. möglicherweise eine Reihe der Veränderungen, die bei *Prnp*$^{0/0}$-Mäusen beobachtet werden, durch eine mangelnde Kupferbindung oder eine Kupferfehlverteilung zu erklären sind.

8 Die Scrapie-Isoform des Prion-Proteins PrP^{Sc} im Vergleich zur zellulären Isoform PrP^{C}

Detlev Riesner

8.1 Einleitung

Die Eigenschaften der Scrapie-Isoform des Prion-Proteins PrP^{Sc} sind das Herzstück des Prion-Modells. Im vorliegenden Kapitel werden grundlegende Eigenschaften von PrP^{Sc} als dem Träger der Infektiosität beschrieben, d.h. die Diskussionen werden im Rahmen des Prion-Modells geführt.

8.2 Biologische und immunologische Eigenschaften von PrP^{Sc}

8.2.1 Vorkommen im Organismus

Mit Oligonukleotidsonden, die spezifisch für das PrP-codierende Gen sind, konnte nachgewiesen werden, daß das PrP-Gen (*Prnp*) nicht im hochgereinigten infektiösen Material, hingegen im Genom des Wirtes vorkommt. Dessen natürliches apathogenes Produkt PrP^{C} wird in vielen Organen wie Hirn, Rückenmark, Lunge, Milz oder auch Muskulatur gesunder Individuen synthetisiert [103,119,989].

Dagegen wird die Scrapie-Isoform PrP^{Sc} im zentralen Nervensystem (ZNS), hauptsächlich im Hirngewebe und in bestimmten lymphoretikulären Geweben akkumuliert – bei oraler Aufnahme des Organismus zunächst in den Payer Plaques des Gastrointestinaltraktes (enteraler Übertragungsweg) [936]. Geringere PrP-Mengen sind zudem, je nach Spezies, auch in einigen anderen Geweben und Körperflüssigkeiten zu finden, z. B. bei der Scrapie von Schaf und Ziege im Amnion [1028,1029], in der Amnionsflüssigkeit und der Plazenta. In Muskelfleisch, Milch und vielen anderen Körperflüssigkeiten, Geweben und Organen kann man indessen bis heute keine Infektiosität nachweisen (Tab. 43.1, 46.2; vgl. auch Tab. 53.2).

8.2.2 Fehlende immunogene Eigenschaften

Während der Inkubationsphase und während der Phase der klinisch manifesten Erkrankung ist bei Prionkrankheiten weder eine entzündliche noch eine immunologische Reaktion zu beobachten. Dies ist eigentlich nicht überraschend, da beide PrP-Formen, PrP^{C} und PrP^{Sc}, die gleiche, vom PrP-Gen des Wirtes codierte Aminosäurenzusammensetzung aufweisen [103]. Darin dürfte vermutlich der Grund liegen, weshalb der Erreger nicht immunogen wirkt; er scheint vom Immunsystem als „körpereigen" angesehen zu werden. Somit besteht, trotz pathogener Wirkung des PrP^{Sc} und trotz intakter Immunabwehr des infizierten Organismus, eine Art von Immuntoleranz gegen den Erreger von Prionkrankheiten. Das Fehlen von Abwehrreaktionen umfaßt:

1. keine Immunreaktion
2. keine Entzündungen
3. keine Interferonproduktion
4. kein cytotoxischer Effekt auf *in vitro*-infizierte Zellen
5. keine qualitative oder quantitative Änderung des Lymphozyten T- und B-Spiegels.

Nur bei experimenteller Inokulation bestimmter Fremdspezies, z.B. des Kaninchens, induziert der Organismus eine Antikörperproduktion (s. Kap. 35).

8.3 Chemische, biochemische und physikalische Eigenschaften von PrP^{C} und PrP^{Sc}

Wie bereits erwähnt, konnten keine Unterschiede in der chemischen Zusammensetzung von PrP^{C} und PrP^{Sc} gefunden werden [1220]. Das heißt, daß die Aminosäuresequenz, die Glykosylierung und der Lipidanker bei beiden For-

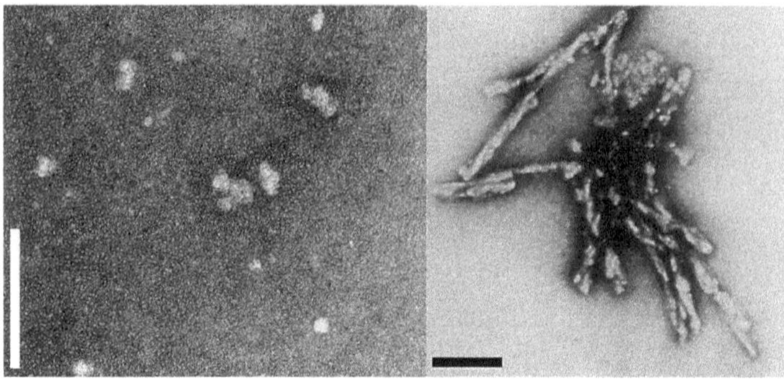

Abb. 8.1: Elektronenmikroskopische Darstellung amyloider Strukturen des PrP 27–30, sog. Prion-Rods (rechts) [925] und sphärischer Partikel aus 4–6 PrP 27–30-Molekülen (Tetra- bis Hexamere) nach Solubilisierung (links) [1113]. Die Balken entsprechen 100 nm (Abb. von D. Riesner)

men identisch sind; wobei diese Aussage mit zwei Einschränkungen zu versehen ist. Erstens ist die Glykosylierung an Asn181 und Asn197 per se heterogen, und zwei heterogene Verteilungen sind nur ungenau zu vergleichen. Zweitens erfaßt die proteinchemische Analyse nur Heterogenitäten, die im Bereich einiger Prozent liegen. Wie bereits im Kapitel 4 erwähnt, sind 10^5-10^6 PrP-Moleküle für eine infektiöse Einheit notwendig, von denen theoretisch viel weniger Moleküle wahrhaft infektiöse PrP* sein müssen. Letztere sind aber mit den z.Z. verfügbaren proteinchemischen Methoden nicht selektiv erfaßbar.

Zweifellos gibt es Unterschiede zwischen PrP^{C} und PrP^{Sc}, namentlich in der Struktur und in den physikalisch-chemischen Eigenschaften. PrP^{C} ist – mit bestimmten Einschränkungen – wasserlöslich, während PrP^{Sc} bisher allen Versuchen hartnäckig widerstanden hat, unter Beibehaltung der Infektiosität in Lösung gebracht zu werden. Ganz im Gegenteil, PrP^{Sc} bildet große Aggregate, die man entweder als *Amyloid-Plaques* unterschiedlicher Ausformung (Abb. 26.2) im Gehirn oder als regelmäßige amyloide Strukturen nach der Aufreinigung findet [935,1078], im letzteren Fall in Form von PrP 27–30-Molekülen, die aggregieren (Abb. 8.1).

Wieviele PrP^{Sc}-Moleküle auch immer zu einer infektiösen Einheit gehören mögen, die starke Tendenz zur Aggregation führt zu einem gegenseitigen Schutz. Der Schutz umfaßt die Resistenz gegen Hitzedenaturierung (s. Kap. 45) und Abbau durch Proteinasen, selbst durch die besonders aggressive Proteinase K (PK).

Durch die Einwirkung von PK wird ein etwa 68 Aminosäuren umfassendes N-terminales Segment von PrP^{Sc} abgespalten. Die exakte Position des Schnittes bei der Abspaltung des N-terminalen Peptids kann je nach Stamm zwischen Aminosäure 87 und 91 variieren. Die Position 91 entspricht dem um 68 Aminosäuren verkürzten PrP, während das sogenannte Volllängen-PrP nach Abspaltung eines Signalpeptides mit Aminosäure 23 beginnt. Der verbleibende Rest, das sogenannte PrP 27–30 bildet sehr regelmäßige amyloide Stäbchen (Prion-Rods) bzw. Scrapie-assoziierte Fibrillen (SAF) und widersteht weiterer PK-Verdauung über Stunden. Dies gilt v.a. für Hamster-PrP^{Sc}, während z.B. Rinder-PrP^{Sc} wesentlich Proteinase-empfindlicher ist. PrP^{C} hingegen wird von PK innerhalb kurzer Zeit zu Oligopeptiden verdaut [924]. Die gelelektrophoretischen Bandenmuster vor und nach PK-Verdauung sind in Abbildung 8.2 zu sehen.

Die N-terminal verkürzte Form, PrP 27–30, hat aufschlußreiche Eigenschaften: selbst Tiere, die nach transgenetischer Veränderung nur noch PrP 27–30 exprimieren können, können infiziert werden, zeigen Symptome, und die Krankheit kann von diesen Tieren weiter übertragen werden [435]. Daher muß man annehmen, daß die volle Länge des Proteins zu keiner Zeit im Replikationszyklus von PrP^{Sc} benötigt wird. Allerdings scheint der N-Terminus bestimmte familiäre Formen von Prionkrankheiten (GSS; Abb. 6.3) mit zu determinieren (s. Kap. 9.3.6).

Entsprechend scheint PrP 27–30 das einfachere aber voll infektiöse Molekül darzustellen, welches somit für *in vitro*-Untersuchungen besser geeignet ist als das ganze Protein PrP^{Sc}.

In der Gelelektrophorese sind drei Banden (Abb. 8.2) zu sehen: die schnell wandernde un-

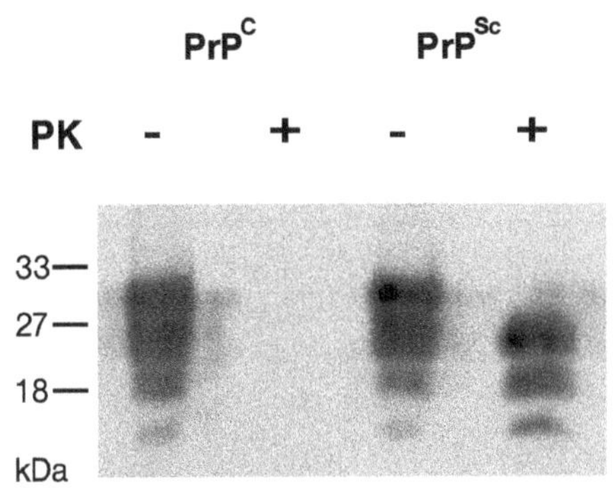

Abb. 8.2: Resistenz von PrP^{Sc} gegen Abbau mit Proteinase K (PK). Präparationen von PrP^{C} und PrP^{Sc} wurden mit PK behandelt, danach gelelektrophoretisch getrennt und mit Hilfe eines anti-PrP-Antikörpers gefärbt. In den linken Spuren ist die vollständige Verdauung von PrP^{C} zu sehen. In den rechten Spuren erkennt man, daß von PrP^{Sc} (30–33 kDa) ein Fragment ($\approx$ 68 Aminosäuren) abgespalten wird und das verbleibende PrP 27–30 gegen PK stabil bleibt. Die untere Bande entspricht der nicht glykosylierten, die mittlere der einfach und die obere der doppelt glykosylierten Form von PrP.

glykosylierte Form von PrP 27–30, die mittlere mit einer Glykosylgruppe und die am langsamsten wandernde Form, die doppelt glykosyliert ist. Zwar ist die genaue Funktion der Glykosylgruppen nicht bekannt, das Bandenmuster kann jedoch in einigen Fällen zur biochemischen Charakterisierung der Prion-Stämme benutzt werden (s. Kap. 11). Parchi konnte bei den verschiedenen CJD-Typen insgesamt vier Bandenmuster unterscheiden [1016] (s. Kap. 26). Prusiner und seine Kollegen konnten sogar zeigen, daß das Bandenmuster zusammen mit den histopathologischen Läsionsprofilen (s. Kap. 50) im Gehirn sogar von CJD- bzw. FFI-Patienten auf transgene Mäuse übertragen werden kann [1268]. Collinge und seine Mitarbeiter fanden ein sehr ähnliches Bandenmuster in BSE-infizierten Rindern und in Patienten mit der neuen Variante von CJD (nvCJD), was als Hinweis auf eine Übertragung gewertet wurde [301].

Die dreidimensionale PrP-Struktur konnte bisher nur an rekombinantem PrP ermittelt werden. Obwohl dieses keine Glykosylgruppen und keinen Glykolipidanker trägt und obwohl Strukturbestimmungen nur in Wasser und nicht in der natürlichen Umgebung der Membranoberfläche vorgenommen werden konnten, gilt die ermittelte Struktur allgemein als Modell der zellulären Form PrP^{C}. Dieses Strukturmodell wurde an anderer Stelle ausführlich diskutiert (s. Kap. 6).

Auf der Basis der Strukturen bzw. Strukturmodelle hat man auch erste Modelle für die Replikation und damit den Infektionsprozeß entworfen. An dieser Stelle soll dazu nur das Prinzipielle gesagt werden, während mechanistische Details weiter unten vorgestellt werden. Im gesunden Organismus wird PrP^{C} in Konzentrationen synthetisiert, die von Gewebe zu Gewebe sehr variieren. Die höchsten Konzentrationen wurden in Neuronen und Gliazellen festgestellt [961]. PrP^{C} ist auf der äußeren Zellmembran mit seinem Glykolipidanker fixiert. Im Fluoreszenzmikroskop ist es über die ganze Zelloberfläche verteilt zu sehen und wird relativ schnell abgebaut bzw. umgesetzt [1243]. Man kann annehmen, daß beim Infektionsprozeß das eindringende PrP^{Sc} in engen Kontakt mit PrP^{C} kommt und diesem seine pathogene Konformation aufzwingt [1080] (Abb. 3.2). PrP^{Sc} würde damit als Umfaltungshilfe für PrP^{C} dienen. Proteine als Faltungshilfen sind von den Chaperonen her bekannt (s. Geleitwort von Prof. W. Arber), nur würde hier PrP als sein eigenes Chaperon agieren.

Man stellt sich vor, daß die Umwandlung von PrP^{C} in PrP^{Sc} ein autokatalytischer Prozeß ist, der so lange läuft, wie neues PrP^{C} synthetisiert wird.

Die detaillierten Modelle von Prusiner, Lansbury und Eigen (s.u.) unterscheiden sich u.a. in der Frage, wieviel Moleküle am elementaren Umfaltungsprozeß beteiligt sind. Das neu entstandene PrP^{Sc} bildet selbst neue Aggregate oder wird in bereits vorhandene eingebaut, und dadurch gegen Abbau durch Proteinasen geschützt. Wie groß die Aggregate in der Zelle werden, ob kleinere Aggregate zur Ausbreitung der Infektion weiter transportiert werden oder ob große wieder „abbröckeln“, ist nicht bekannt.

8.4 Modelle für die Umwandlung von PrP^{C} in PrP^{Sc}

An vielen Proteinen sind Strukturumwandlungen untersucht worden. Noch nie aber war man in der Situation, anhand einer Strukturumwandlung das Herzstück eines Infektionsprozesses zu untersuchen. Daher kommt den Untersuchungen zur Strukturumwandlung des Prion-Proteins ganz besondere Bedeutung zu. Das gilt sowohl für die experimentellen Untersuchungen als auch für die theoretischen Modelle, auf die später eingegangen wird.

Experimente an PrP-Fragmenten und am rekombinanten PrP sind zwar einfacher, aber solange bei solchen keine Infektiosität erzeugt wird, sind die „eigentlichen" Experimente an natürlichem Material, d.h. PrP^{C}, PrP^{Sc} und PrP 27–30 durchzuführen. Nur bei diesen Molekülen finden sich die charakteristischen Glykosylierungen und der Glykolipidanker, und nur mit ihnen ist der Vergleich von infektiösem und nicht infektiösem Material möglich. Physikalisch-chemische Untersuchungen waren immer erheblich eingeschränkt aufgrund der Tatsache, daß PrP^{Sc} und PrP 27–30 wasserunlöslich sind oder, besser gesagt, unter allen Bedingungen unlöslich sind, unter denen die Infektiosität erhalten bleibt. Einige spektroskopische Verfahren können allerdings unter bestimmten Bedingungen angewendet werden, so z.B. Infrarot-Spektroskopie als Mikrostrahlspektroskopie an einzelnen großen Aggregaten von PrP-Molekülen [1014] oder Circulardichroismus (CD) an dispergierten Aggregaten oder an dünnen Schichten von unlöslichem PrP^{Sc} [1143].

8.4.1 Solubilisierung von PrP 27–30

Versuche, PrP 27–30 in Lösung zu bringen (Solubilisierung), haben einen breiten Raum eingenommen, wobei viele Detergenzien eingesetzt wurden. Systematische Studien wurden überwiegend mit Guanidinium-Hydrochlorid (GndHCl) [807,1072], Sarkosyl und Natrium-Dodecylsulfat (SDS) durchgeführt [1113], wobei GndHCl häufiger für biochemische Tests und SDS eher für biophysikalische Tests verwendet wurde. Ultrabeschallung in mittleren Konzentrationen von SDS (0,2%) bricht Prion-Rods teilweise auf. Dabei entstehen neben kleineren Prion-Stäbchen, die aber sonst ihre charakteristischen Eigenschaften behalten, lösliche Oligomere von ein bis sechs PrP-Molekülen [1113]. In Abbildung 8.1 sind zum Vergleich unlösliche Stäbchen (Fibrillen, Fäserchen) (rechts) und lösliche Oligomere aus je 4–6 PrP-Molekülen mit ca. 10 nm Durchmesser und 100–120 kDa (links) gezeigt. Zusätzlich zur löslichen und unlöslichen Fraktion entsteht während der Ultrabeschallung in 0,2% SDS noch eine dritte Fraktion variabler Ausbeute, die in einem Saccharosedichtegradienten im Meniskus flotiert. Die geringe Dichte wird teilweise *Lipid*molekülen der Wirtszelle, *die dem PrP anhaften*, zugeschrieben. Eine kürzlich mit MALDI-Massenspektroskopie durchgeführte Analyse ergab, daß Prion-Rods nicht wahllos Lipide aus der Wirtszelle mitreißen, sondern spezifisch zwei, nämlich Sphingomyelin und Galactose (-OH-Cerebrosid) inkorporieren [801]. Diese beiden Lipide kommen hauptsächlich in Einschnürungen der äußeren Zellmembran, den sogenannten Caveolae, vor und weisen damit möglicherweise auf den Entstehungsort von Prionen hin; Caveolae können sich von der Zellmembran abschnüren und auf dem Endozytoseweg mit Endosomen [1242] fusionieren (Abb. 5.4). Während die Infektiosität der ungelösten Stäbchen und der lipidhaltigen Meniskusfraktion kaum geringer ist als diejenige des Ausgangsmaterials, wurde in den löslichen, PK-sensitiven PrP-Partikeln (Abb. 8.1 links) nur noch Infektiosität gefunden, die der gegenseitigen Verunreinigung der Fraktionen zugeschrieben werden kann. Man hätte einwenden können, daß es also doch möglich sei, das PrP von der Infektiosität zu trennen; diesem Einwand kann aber durch die im folgenden beschriebenen Strukturuntersuchungen begegnet werden.

8.4.2 Sekundärstruktur und Aggregationszustand

Präparationen von PrP, im löslichen oder im unlöslichen dispergierten Zustand, wurden mit spektroskopischen Methoden wie Circulardichroismus (CD) und Infrarotspektroskopie (IR) analysiert. Die Spektren wurden in Bezug auf Sekundärstrukturanteile wie α-Helix- und β-Faltblatt-Gehalt ausgewertet. Daraus ergab sich, daß bei PrP^{Sc} und unlöslichem PrP 27–30 α-Helix- und β-Faltblatt-Gehalt in etwa ausgewogen sind. In Tabelle 8.1 sind einige Daten aus der Literatur zusammengefaßt [1014,1113, 1143]. Man sollte die Genauigkeit der Prozentangaben für die Sekundärstrukturelemente nicht überschätzen, da sie mit den Methoden der Präparation, Messung und Auswertung variieren; Fehler müssen in Betracht gezogen werden. Bemerkenswert ist die Tatsache, daß in SDS solubilisierte Prion-Stäbchen, die dann aus PrP-Monomeren oder -Oligomeren bestehen, einen ähnlich hohen α-Helix-Gehalt wie PrP^{C} haben. Die oben erwähnte Tatsache, daß man im Saccharosegradienten aus Prion-Rods solubilisiertes PrP 27–30 von der Infektiosität trennen kann, widerspricht also keinesfalls dem Prion-Modell. Sie hat vielmehr zusammen mit der Sekundärstrukturbestimmung gezeigt, daß Infektiosität ausschließlich an PrP mit der charakteristischen Struktur, d.h. mit erheblichem β-Faltblatt-Gehalt gebunden ist.

Die PrP-Struktur kann durch ganz verschiedene Detergentien beeinflußt werden. Wie von anderen Proteinen bekannt, denaturieren hohe Konzentrationen (2–4M) von GndHCl und Harnstoff die Sekundärstruktur, Hexafluoroisopropanol und SDS erhöhen den α-Helix-Gehalt- und Acetonitril den β-Faltblatt-Anteil. Es war nicht schwierig, die β-Faltblatt-reichere Struktur von PrP^{Sc} oder PrP 27–30 in die PrP^{C}-typische Struktur mit hohem α-Helix-Anteil zu überführen. Dabei gingen auch die Resistenz gegen die PK-Verdauung und die Infektiosität verloren. Es war aber bisher nicht möglich, obwohl oft versucht, PrP^{C} in PrP^{Sc} zu transformieren mit Wieder- oder Neuerlangung von Infektiosität. Warum die sogenannte *in vitro*-Konversion bisher nicht erreicht werden konnte, obwohl dies auf ganz unterschiedliche Arten versucht wurde, wird im Folgenden erläutert.

Tabelle 8.1: Sekundärstruktur von PrP in verschiedenen Formen. $(PrP\ 27\text{–}30)_{4-6}$ sind in 0,2 % SDS gelöste Tetra- bis Hexamere des PrP 27–30; nach [1113].

	α-Helix (%)	β-Faltblatt (%)
PrP^{Sc}	20	34
PrP 27–30	29	31
$(PrP\ 27\text{–}30)_{4-6}$	61	5

8.4.3 *In vitro*-Konversion

Caughey und seine Kollegen haben versucht, den Infektionsprozeß im Reagenzglas nachzustellen, indem sie radioaktiv markiertes PrP^{C} aus Zellkulturen zusammen mit PrP^{Sc} inkubierten [807]. Um die Aktivierungsbarriere für PrP^{C} zu erniedrigen, wurden teildenaturierende Bedingungen gewählt. Tatsächlich konnten sie zeigen, daß das radioaktiv markierte PrP^{C} während der Inkubation typische Eigenschaften von PrP^{Sc} wie etwa PK-Resistenz erwarb (PrPres). Allerdings konnte keine neu erzeugte Infektiosität nachgewiesen werden, da zur Umwandlung ein mehrfacher Überschuß an PrP^{Sc} zugegeben werden mußte und damit viel Infektiosität von vorneherein vorhanden war. Das Experiment wurde inzwischen mehrfach ausgebaut. So konnte etwa für die diskutierte Art der Umwandlung auch eine gewisse Stamm- und Speziesspezifität *in vitro* nachvollzogen werden [136,1095]. In bestimmten Experimenten strebte man an, zwischen vorgelegter und neu erzeugter Infektiosität unterscheiden zu können, indem zwar hamsterspezifische Infektiosität vorgelegt wurde, aber mausspezifische Infektiosität hätte erzeugt werden müssen. Tatsächlich wurde PK-Resistenz erzeugt, nicht jedoch mausspezifische Infektiosität [622].

In Prusiners Forschungsgruppe konnten ebenfalls Proteinase K-Resistenz und Unlöslichkeit in PrP^{C} erzeugt werden, allein durch Inkubation in Gegenwart eines Überschusses von PrP-Peptiden (PrP(90–145)) [733,735]. Es scheinen also nur bestimmte Bereiche des Moleküls nötig zu sein, um intermolekulare Wechselwirkungen bis zu unlöslichen Aggregaten zu induzieren. Infektiosität wurde in den genannten Experimenten ebenfalls nicht erzeugt.

Man kann auch von PrP 27–30, welches in 0,2% SDS gelöst (solubilisiert) ist, ausgehen und entweder durch Zugabe von 25% Acetonitril oder noch einfacher durch Herausverdünnen des SDS auf 0,01% Aggregatbildung mit partieller PK-Resistenz induzieren [1051,1113]. Diese Bildung von Aggregaten ist mit einer Abnahme von α-Helix- und einer Zunahme von β-Faltblatt-Gehalt verbunden, so wie für den Übergang von PrP^{C} in PrP^{Sc} postuliert. Im letztgenannten Typ des Experiments wurde also versucht, spontan eine PrP^{Sc}-ähnliche Struktur zu erzeugen. Das Ergebnis belegt, daß im wäßrigen Medium bei neutralem pH die PrP^{Sc}-ähnliche Konformation die thermodynamisch stabile Struktur ist. Allerdings konnte auch im letztgenannten Experiment keine Infektiosität neu generiert werden.

Die Kinetik der PrP-Multimerisierung nach dem Übergang von 0,2% SDS in rein wäßriges Medium konnte kürzlich mit einer neuen Technik, der sogenannten konfokalen Fluoreszenzkorrelationsspektroskopie (FCS), detailliert verfolgt werden [1051]. Bei dieser Technik werden aus der Fluktuation der Fluoreszenzintensität in einem Volumen von ca. 1nL, das durch einen fokussierten Laserstrahl erzeugt wird, die Konzentrationsschwankungen der fluoreszenzmarkierten Moleküle ausgewertet [402]. Sind diese Schwankungen sehr schnell, so bewegen sich relativ kleine Moleküle durch das konfokale Volumen, große Moleküle führen entsprechend ihrer längeren Diffussionszeit zu längeren Schwankungen. Aus der Diffusionszeit kann das Molekulargewicht, das bei sphärischen Molekülen mit der dritten Wurzel von der Diffusionszeit abhängt, abgeleitet werden. Da die Messung nur wenige Sekunden in Anspruch nimmt, kann so die Kinetik von Aggregationsprozessen sehr gut untersucht werden.

Durch eine Kombination von CD- und FCS-Messungen konnte nachgewiesen werden, daß die Umwandlung von α-Helix-reicher in β-Faltblatt-reiche Struktur sehr schnell abläuft, d.h. innerhalb 1 Minute und damit schneller als mit CD meßbar. Im FCS konnte dann der Anstieg der Diffussionszeiten und damit des Molekulargewichts zeitlich aufgelöst werden. Aus Abbildung 8.3 gehen deutlich drei getrennte Zeitbereiche für die Multimerisierungskinetik hervor. In der kürzest meßbaren Zeit von 1 Minute (Abb. 8.3 oben) erhöhte sich die Diffusionszeit bereits von 235 auf 275 ms, was in etwa einer Verdoppelung des Molekulargewichts entspricht. Die Bildung von β-Faltblatt-Struktur in der CD-Messung und die Dimerisierung in FCS können damit zeitlich nicht getrennt werden. Im Zeitbereich von ca. 20 Minuten (Abb. 8.3 oben) bildeten sich dann 10–20mere, die sich über Stunden bis Tage (Abb. 8.3 unten) zu großen Aggregaten von mehr als 1 MDa zusammenlagerten. Die 10–20mere waren in elektronenmikroskopischen Aufnahmen der großen Aggregate noch als Unterstrukturen zu erkennen [1051]. *Erst die großen Aggregate bildeten eine deutliche PK-Resistenz aus, die aber geringer als die der Prion-Rods war.*

Mit der FCS-Methode kann auch die Umwandlung von PrP in Gegenwart von Prion-Keimen untersucht werden. Wenn z.B. fluoreszenzmarkiertes solubilisiertes PrP in 0,2% SDS zu einer Lösung mit Prion-Partikeln gegeben und dabei SDS herausverdünnt wird, lagert sich das monomere PrP sehr schnell, d.h. schneller als das Gerät zeitlich auflösen könnte, an die vorhandenen Prion-Partikel an. Im Laserstrahl können intensive langanhaltende Fluoreszenz-Peaks beobachtet werden, die durch die lange Diffusionszeit der Prion-Partikel mit den angelagerten fluoreszierenden PrP-Molekülen zustande kommen. Dieser Prozeß könnte u.U. zum Nachweis von Prion-Partikeln und damit zur Diagnose ausgenutzt werden. Ein ähnliches Verfahren zum Nachweis von β-Amyloid-Aggregaten in Liquor-Flüssigkeit von Patienten mit der Alzheimer-Krankheit wurde bereits erfolgreich getestet [1043].

Folgende Zusammenfassung läßt sich aus *in vitro*-Konversionsexperimenten ziehen, zu denen noch weitere, hier aber nicht diskutierte Arbeiten mit ähnlichem Ergebnis gehören: Die scheinbar strenge Korrelation zwischen PK-Resistenz (PrPres) und Infektiosität, die im übrigen einen rein empirischen Hintergrund hat, kann nicht aufrecht erhalten werden. *In vitro* erzeugte PrP-Aggregate sind zwar PK-resistent, nicht aber infektiös. Umgekehrt zeigen die oben erwähnten lipidhaltigen PrP-Fraktionen aus dem Saccharose-Gradienten trotz hoher Infektiosität nur geringe PK-Resistenz. Auch induzierte β-Faltblatt-Struktur, die im CD-Spektrum nicht von infektiösen Prionen zu unter-

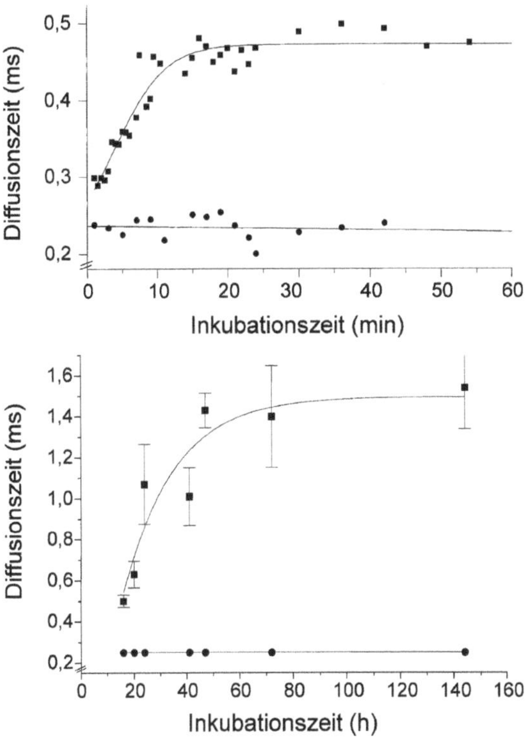

Abb. 8.3: Kinetik der Multimerisierung von PrP 27–30. Die Multimerisierung verläuft spontan, nachdem die 0,2%ige Konzentration von Natriumdodecylsulfat (SDS), die nötig ist, um PrP in Lösung zu bringen (Solubilisierung), durch Verdünnung auf 0,01% abgesenkt wurde. In der Fluoreszenzkorrelationsspektroskopie (FCS) wird die Diffusionszeit der PrP-Multimere durch den Querschnitt des Laserstrahls gemessen, die mit der dritten Wurzel des Molekulargewichtes ansteigt. Die Inkubation in 0,2% SDS (●) ergibt ein zeitlich konstantes Molekulargewicht von Monomeren, während die Verdünnung des SDS auf 0,01% (■) zur Multimerisierung führt. (oben): Kurzzeitkinetik, (unten): Langzeitkinetik. (Abb. modifiziert nach [1051])

scheiden ist, reicht nicht als Kriterium von Infektiosität aus. Man kann zur Zeit nicht sagen, ob für die *in vitro*-Erzeugung von Infektiosität nur noch nicht die richtigen Bedingungen gefunden wurden, ob etwa eine zweite bisher nicht identifizierte Komponente den *in vitro* erzeugten PrPres fehlt (um infektiös zu sein), oder ob man etwas Prinzipielles noch nicht verstanden hat.

8.4.4 Mechanismen der Prion-Replikation

Die meistdiskutierten Modelle für die Replikation von Prionen stammen von Prusiner und von Lansbury. Beide Modelle beruhen auf einer Konformationsumwandlung des PrP als primärem Ereignis, beide gehen von der protein-only-hypothesis aus und beide betrachten nur Zustände frei in Lösung. Dies mögen starke, vielleicht zu starke Vereinfachungen sein. M. Eigen hat als erster die bekannten, strengen Gesetze chemischer Kinetik auf die Modelle angewendet und hat daraus ein drittes Modell abgeleitet, das Elemente von beiden vorherigen enthält [401]. Hier soll kurz eine vereinfachte Beschreibung der Eigenschen Rechnungen wiedergegeben werden.

Das Modell in Abbildung 8.4 stellt Prusiners sogenanntes *Heterodimer-Modell* dar [1059]. Der kritische Schritt ist hier die Bildung eines Heterodimers aus PrP^C und PrP^{Sc}, wodurch dann ähnlich wie in einer enzymatischen Katalyse PrP^C in PrP^{Sc} umgewandelt wird. Der direkte Kontakt zwischen PrP^C und PrP^{Sc} wurde aus Untersuchungen mit transgenen Mäusen abgeleitet, die zusätzlich zum PrP (Maus) noch PrP (Hamster) exprimierten [1080]. Bei Infektion mit Maus-Prionen wird neues PrP^{Sc} (Maus), bei Infektion mit Hamster-Prionen jedoch PrP^{Sc} (Hamster) gebildet. Das eindringende PrP^{Sc} und das zellulär synthetisierte PrP^C scheinen sich also maus- bzw. hamsterspezifisch im direkten Kontakt zu erkennen. (Das Modell wurde insoweit noch ausgebaut, als ein zellulärer Faktor X (Protein X, Abb. 12.2) als Element der Komplexbildung postuliert wurde, was jedoch für die hier auszuführenden Überlegungen keine Rolle spielt [1270]). Das Reaktionsschema in Abbildung 8.4 (rechts) ist in der Tat eine lineare Autokatalyse, die zu einer exponentiell ansteigenden Bildung von PrP^{Sc} (= B) führt. Das Gleichgewicht zwischen PrP^C (= A) und PrP^{Sc} (= B), ob es sich einstellt oder nicht, muß auf der Seite von PrP^{Sc} liegen, da sonst keine treibende Kraft für den katalytischen Umsatz vorhanden wäre, der im Gleichgewicht reversibel ist. Die Rechnungen haben nun ergeben, daß die spontane Umwandlung (= k_{AB}) extrem langsam sein muß, d.h. $k_{AB} \cong 10^{-22}\ s^{-1}$. Im anderen

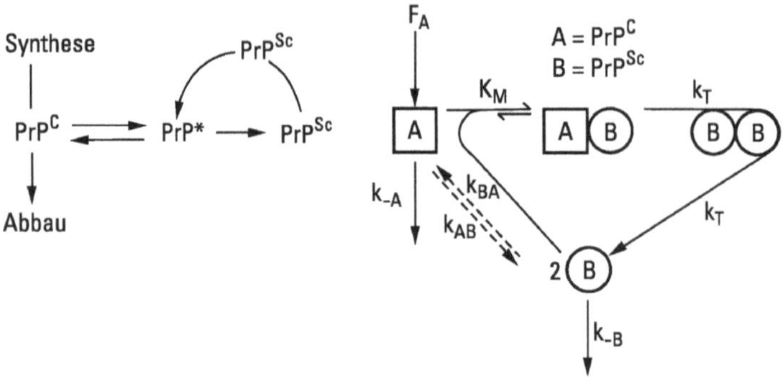

Abb. 8.4: Heterodimermodell nach S. Prusiner [1080]. (links: Darstellung modifiziert nach [1080]; rechts: Darstellung modifiziert nach [401])

Fall würde nämlich B, da exponentiell, spontan ansteigen – sogar ohne Infektion. Damit aber unter solchen Umständen eine Infektion innerhalb der Lebensdauer von Tier oder Mensch zur Krankheit führt, müßte man eine enzymatisch katalytische Beschleunigung von 10^{15}mal annehmen. Eine solche Beschleunigung ist unter den vielen bekannten enzymatischen Reaktionen nicht bekannt. Mit anderen Worten, entweder würde nie einer krank oder jeder würde krank – definitiv nicht das, was man beobachtet.

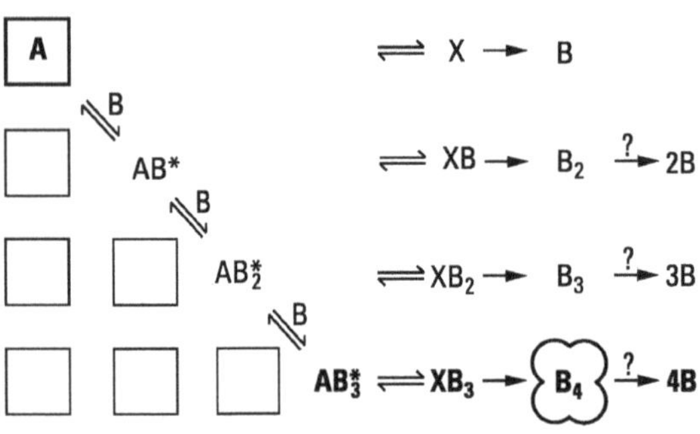

Abb. 8.5: Allosterisches oder „Kooperatives Prusiner-Modell“ nach M. Eigen [401]. (Darstellung modifiziert nach [401])

Die Schwächen des Modells in Abbildung 8.4 können im sog. *Kooperativen Prusiner-Modell* überwunden werden (Abb. 8.5), indem nämlich mehrere Moleküle B (=PrP^{Sc}) kooperativ zusammenwirken müssen, um ein Molekül A (=PrP^{C}) umzuwandeln [401]. Damit ist der katalytische Effekt eines einzelnen PrP^{Sc}-Moleküls geringer als im einfachen Heterodimermodell. Die Darstellung in Abbildung 8.5 lehnt sich an den bekannten allosterischen Ligandenbindungsmechanismus mit drei Bindeplätzen an. Das Gleichgewicht zwischen A und B liegt wieder auf der Seite von B, aber die nicht-katalytische Bildung von B ist so langsam, daß B immer schneller abgebaut als spontan gebildet wird, so daß sich keine einer Infektionsdosis entsprechenden Konzentration von B aufbauen kann. Damit wäre eine wesentliche Schwierigkeit des einfachen Heterodimer-Modells behoben. Während nämlich die lineare Autokatalyse bei beliebig niedrigen Konzentrationen angestoßen wird, ist bei der Katalyse höherer Ordnung, wie im Modell der Abbildung 8.5, eine bestimmte Schwellenwertkonzentration vom Zustand B nötig, um das System in einen neuen stationären Zustand von B übergehen zu lassen. Die Schwellenwertkonzentration könnte einer Infektionsdosis entsprechen, da es bei höheren Konzentrationen zu einer katalytischen Amplifikation von B und damit zu einem „Anwachsen der Infektion“ kommt.

Lansbury hat sein Modell von der Fibrillenbildung, wie von Actin, β-Amyloid, usw. bekannt, abgeleitet [257,304]. Er nimmt an, daß die sogenannte „Lineare Kristallisation“ und die Bildung von Infektiosität eng zusammenhängen. Im Gegensatz zu den beiden ersten Modellen ist der Zustand A günstiger als B, wie

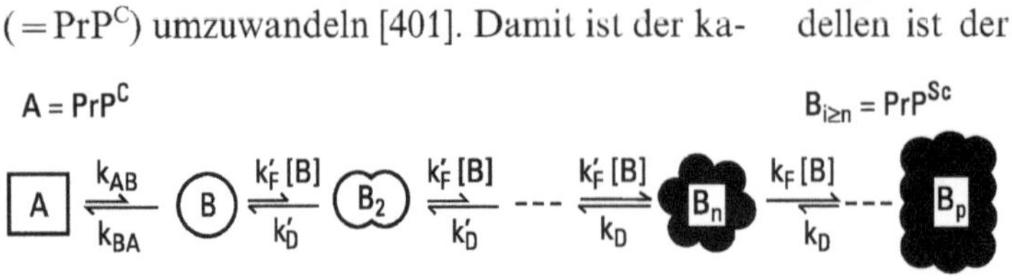

Abb. 8.6: Modell der „Linearen Kristallisation“ nach P.T. Lansbury, J.H. Come und P.E. Fraser [304]. (Darstellung modifiziert nach [401])

aus Abbildung 8.6 zu ersehen ist. Das Gleiche gilt für die folgenden Gleichgewichte, so daß sich Dimere, Trimere und Oligomere nur mit abnehmender Konzentration bilden, bis hin zum Nukleus B_n. Der Nukleus ist der erste stabile Zwischenzustand, und von dort an überwiegt das Wachstum den Zerfall, so daß sich beliebig große Aggregate bilden können, was in der Tat beobachtet wird. Wohlgemerkt, im Gegensatz zu den früheren Modellen stellt nach Lansbury erst der Nukleus ein infektiöses Partikel dar und nicht schon das einzelne PrP^{Sc}-Molekül. Ebenso wie für das *kooperative Prusiner-Modell* können für das *Lansbury-Modell* realistische, thermodynamische und kinetische Parameter angenommen werden, die eine spontane Infektion beliebig unwahrscheinlich machen, nach Zugabe infektiöser Partikel B_n die Replikation jedoch anstoßen. Eine Schwierigkeit des Lansbury-Modells liegt in der Dissoziation von sehr großen Aggregaten, die ablaufen muß, damit sich die Infektion ausbreiten kann.

M. Eigen hat in seinem Originalartikel sehr detailliert die weiteren Vor- und Nachteile der drei o. g. Modelle diskutiert [401], wobei hier nur das Prinzipielle wiedergegeben wird. Die bisher beschriebenen Modelle berücksichtigen nur Umwandlungen in Lösung. Das mag eine sinnvolle Einschränkung der allgemeinen Möglichkeiten sein, um überhaupt Rechnungen durchführen zu können. Zweifellos werden dadurch aber die zellulären Bedingungen nicht annähernd widergespiegelt. Wie bereits weiter oben ausgeführt, ist PrP^C ein Membranprotein, das über den Glykolipidanker auf der Membranoberfläche gebunden und in etwa gleichmäßig auf der Oberfläche verteilt ist. PrP^{Sc} wird in Form von Aggregaten im Extrazellulärraum vielleicht „vorbeigeschwemmt" oder in Form irgendwelcher Kompartimente angeliefert. Es ist nicht klar, ob die Umwandlung bzw. der erste Kontakt von PrP^C und PrP^{Sc} auf der Membranoberfläche oder im davorliegenden wäßrigen Medium stattfindet. Es gibt eine Reihe von Hinweisen, daß der Kontakt oder die Umwandlung in den sogenannten Caveolae stattfinden, Einschnürungen der Zellmembran, die einen nach außen offenen Hohlraum in der Zelloberfläche bilden [733,801,1242] (vgl. Abb. 5.4).

Die kurze Betrachtung der zellulären Verhältnisse zeigt, daß einerseits Art und Ort des ersten Kontaktes keineswegs vorauszusagen sind. Andererseits wurde in diesem Kapitel dargestellt, daß PrP von der PrP^C-ähnlichen Struktur spontan in eine β-Faltblatt-reiche Struktur übergeht, wenn man bei neutralem pH, wie für Caveolae bekannt, einen Übergang von der Membranoberfläche ins wäßrige Medium annimmt. Diese Situation wurde durch Entfernung des SDS aus Lösungen simuliert, eines Detergenz, das durchaus membranöse Umgebung simulieren kann. In Abbildung 8.7 ist diese Situation dargestellt, wobei PrP^C membrangebunden im unteren Teil dieser Abbildung erscheint, während darüber die verschiedenen Formen in der wäßrigen Phase dargestellt sind. Wenn es – mit sehr geringer Wahrscheinlichkeit – zur Ablösung von PrP^C von der Membran kommt, kann die Umwandlung über die in rot dargestellten Zwischenzustände bis zum aggregierten PrP^{Sc}-ähnlichen Zustand spontan ablaufen. Bis auf die intermediären Zustände sind alle Zustände experimentell nachgewiesen. Der geschwindigkeitsbestimmende Schritt ist die Bildung der Dimere. Bis dahin laufen die Reaktionen mit viel größerer Wahrscheinlichkeit zum membrangebundenen PrP^C-Zustand zurück als zum aggregierten Zustand hin. Da die freie Konzentration von PrP^C in Lösung sehr gering ist, ist die bimolekulare Reaktion zu Dimeren um so langsamer. Zusätzlich sind alle Zustände inklusiv der Oligomere Proteinase-sensitiv, was die Konzentration weiter verringert. Das bedeutet, daß das Schema zwar prinzipiell eine spontane PrP^{Sc}-Bildung erklären kann, gleichzeitig aber auch eine äußerst geringe Wahrscheinlichkeit unter zellulären Bedingungen voraussagt.

Die Situation könnte sich aber zugunsten der PrP^{Sc}-Bildung ändern, wenn ein Prion-Partikel im Zuge einer Infektion in den wäßrigen Raum eindringt. Die Anlagerung von PrP, welches sich in einem der intermediären Zustände (s. Kap. 5.4) befindet, an Prion-Partikel verläuft schnell, wie mit FCS gemessen werden konnte. Damit kommt es sehr wahrscheinlich zur Stabilisierung neu umgewandelter PrP-Moleküle an der Oberfläche der eingedrungenen Prion-Partikel, womit die Neubildung infektiöser Partikel beschleunigt wäre.

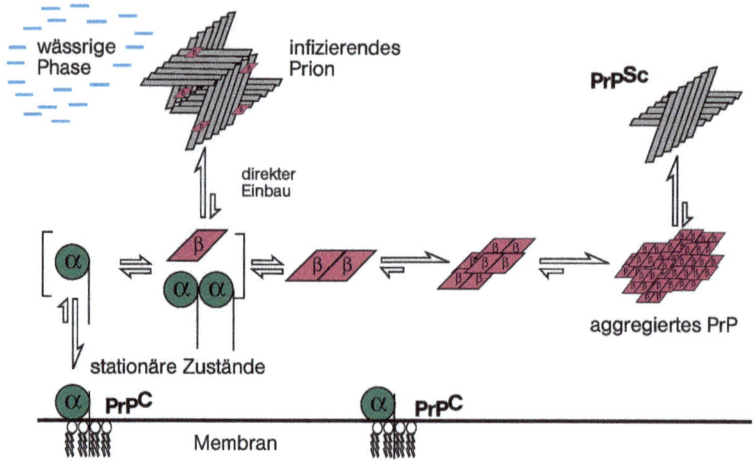

Abb. 8.7: Zwei-Phasen-Modell. Im Gegensatz zu den Modellen in Abb. 8.4 bis 8.6 berücksichtigt das Zwei-Phasen-Modell eine Verteilung von PrP zwischen der Membran- und der Wasser-Phase. (Originalabb. von K. Post, M. Pitschke und D. Riesner).

Das Modell in Abbildung 8.7 vereinigt Elemente der vorher beschriebenen Modelle, indem es kooperative Schritte mit Dimerbildung bis zum geschwindigkeitsbestimmenden Schritt annimmt und die infizierenden Prion-Partikel als Keime zur Stabilisierung der PrP^{Sc}-Konformation ansieht. Ein Heterodimer PrP^{C} · PrP^{Sc} kommt nicht explizit vor. Wohl aber könnten die stationären Zustände durch den von Prusiner postulierten Faktor X (Protein X, Abb. 12.2) stabilisiert werden, während ohne einen Faktor X die Konzentrationen zu niedrig wären, um überhaupt physiologisch wirksam zu werden.

Solange die theoretischen Modelle nicht experimentell getestet werden können, bleiben sie intelligente Gedankenspiele. Alle Modelle sagen voraus, daß der infektiöse Zustand *in vitro* erzeugt werden kann, was aber noch niemandem gelungen ist. Ob die Umwandlung physikalisch, chemisch, enzymatisch oder sonst irgendwie eingeleitet wird, spielt keine Rolle; wichtig wäre nur, daß Infektiosität erzeugt werden kann. Man weiß, daß in der Zelle PrP^{C} nur membranassoziiert vorkommt. Könnte es sein, daß man bei allen Versuchen, PrP^{C} in PrP^{Sc} umzuwandeln, von vornherein vom falschen PrP^{C} ausgegangen ist, nämlich von dem im Wasser?

8.4.5 Infektiös, spontan, familiär

Sollte die Strukturumwandlung von PrP^{C} in PrP^{Sc} der primäre Vorgang der Infektion und der nachfolgenden Krankheitsentstehung sein, lassen sich daraus sogar Schlußfolgerungen über andere Entstehungsformen von Prion-Krankheiten ziehen, die inzwischen in frappierender Weise nachgewiesen wurden. Historisch betrachtet, sind die anderen Entstehungsformen nicht vorausgesagt, sondern empirisch gefunden und nachher interpretiert worden, aber sie hätten in folgender Weise aufgrund des Prion-Amplifikationsmodells auch vorausgesagt werden können.

Erstens sollte ein Konformationsübergang, der durch den Kontakt mit einem anderen Prion-Molekül katalysiert wird, nach thermodynamischen Prinzipien auch spontan ablaufen können, wenn auch mit wesentlich geringerer Wahrscheinlichkeit und viel langsamer. Nur wenige umgeformte PrP-Moleküle könnten den autokatalytischen Zyklus starten, und die Umwandlung würde sich dann wie eine Infektion durch den ganzen Körper ausbreiten. Diese Situation wurde in den Eigenschen Rechnungen [401] schon eingehend diskutiert. Sie entspräche der *spontanen* Form einer Prion-Krankheit, wie sie für 80–90% aller CJD-Fälle zuzutreffen scheint (s. Kap. 3.9). Wegen ihres äußerst seltenen aber weltweit ziemlich regelmäßig verteilten Vorkommens wird sie *sporadische* CJD-Form (sCJD) genannt.

Zweitens sollten Mutationen Strukturumwandlungen, z.B. die von PrP^C nach PrP^{Sc}, in einem Protein begünstigen können. Im Fall einer Keimbahn-Mutation, wäre es die Grundlage einer erblich bedingten (familiären) Prion-Krankheit. Damit wären diese begünstigte, spontane Formen und dementsprechend müßte es alle möglichen Zwischenformen von leichtgradig erhöhter Prädisposition mit schwacher Penetranz bis zu 100%iger Penetranz geben. In der Tat sind solche familiär bedingte Prionkrankheiten in breiter Variation gefunden worden, wie im Kaptitel 26 eingehend beschrieben.

So wie man aus der Hypothese über die spontane Entstehung der sCJD die Entstehung der familiären Formen von Prionkrankheiten ableiten kann, so sollte der Schluß auch umkehrbar sein. Man müßte nämlich nur eine in einer Körperzelle auftretende (somatische[22]), pathogene Mutation annehmen. Wäre dort der Ursprung einer infektiösen Ausbreitung in die übrigen Teile des Körper, könnte man damit die spontane Entstehung erklären. Sowohl die spontane wie auch die familiäre Form sind nach ihrer klinischen Manifestation infektiös, wie vom Prion-Modell postuliert und im Tierexperiment in der Tat nachgewiesen wurde.

Die Manifestation identischer oder sehr ähnlicher Prionkrankheiten als *infektiös*, *spontan* und *familiär* stellt eine überzeugende Stütze des Prion-Modells dar. Andersherum betrachtet ist es ein großes Verdienst des Prion-Modells, zum ersten Mal eine molekulare Erklärung für die verschiedenen Entstehungsmöglichkeiten prinzipiell gleicher Krankheiten geliefert zu haben (s. Kap. 1.7).

[22] Im Gegensatz zu einer Mutation in einer Keimzelle.

9 Die Phylogenetik des PrP

Hermann M. Schätzl

9.1 Einleitung

Schon bei der Entstehung der früheren Struktur-Modelle hat sich die vergleichende Analyse der Prion-Protein-Gene (PrP-Gene, *Prnp*) verschiedener Spezies als sehr aufschlußreich erwiesen. Aber auch heute noch werden strukturelle und funktionelle Aspekte des Prion-Proteins aufgrund von Sequenzvergleichen diskutiert. Bisher sind die PrP-Gene von über 70 Säugerarten analysiert worden, hauptsächlich innerhalb der Primaten und Huftiere. Außerhalb der Säugetiere sind nur die PrP-Gene einiger Beuteltiere und Vogelarten bekannt. Wenn es gelingt, phylogenetisch weiter entfernte Arten zu analysieren, würde der entwicklungsgeschichtliche Vergleich der Prion-Proteine weitere Rückschlüsse auf potentiell funktionelle und strukturelle Eigenschaften erlauben. Besonders hilfreich ist die vergleichende Analyse der Prion-Proteine in bezug auf die Speziesbarriere, deren hauptsächliche Determinante die Ähnlichkeit der Prion-Proteine zwischen zwei Spezies ist. Gerade angesichts von BSE und nvCJD wäre es wünschenswert, die möglichen Empfänglichkeiten für eine Prion-Infektion zwischen den Spezies interpretieren zu können.

9.2 Die Organisation des PrP-Gens

Allen bekannten PrP-Genen ist gemeinsam, daß sie am 5'-Ende ein oder zwei sehr kurze Exons besitzen, die durch ein langes Intron (ca. 10 Kilobasen, kb) vom 3'-seitigen Exon getrennt werden. Das letztere Exon enthält den kompletten Leserahmen (ORF) des PrP, der für ca. 250 Aminosäuren (AS) codiert. Alternatives Spleißen der mRNA kann deshalb keinen direkten Einfluß auf das PrP ausüben. Genaue Daten für die Exon-Intron Organisation liegen für die PrP-Gene des Syrischen Hamsters [103], der Maus [989,1319], des Schafes [1323] und des Menschen vor [1082]. Der Promotor enthält keine TATA-Box und zeigt Ähnlichkeiten mit sog. „Housekeeping-Genen“. Potentielle Bindungsstellen für die Transkriptionsfaktoren SP1 und AP1 liegen vor; eine detaillierte Analyse der Regulierung steht noch aus.

Das murine PrP-Gen existiert in zwei Allelen (Maus PrP-A- und -B-Gen). PrP-A und -B der Maus unterscheiden sich an zwei Aminosäurenpositionen und sind für unterschiedliche Inkubationszeiten verantwortlich [1321]. Die murinen Allele sind auch in der Exon-Intron-Organisation unterschiedlich. So enthält das PrP-B-Gen eine 7 kb große Insertion im langen Intron [1319]. Das PrP-Gen des Menschen liegt auf Chromosom 20, das der Maus auf Chromosom 2. Die vom PrP-Gen transkribierte mRNA ist 2,1–2,5 kb groß. Die höchste mRNA-Expression findet sich in Neuronen mit ~ 50 Kopien/Zelle [823]. Auch Astrozyten und z. B. Lymphozyten exprimieren PrP, nicht jedoch Granulozyten [254,961]. Auf dem Gegenstrang der PrP-Gene befindet sich ein langer Antisense-Leserahmen, der sogar zwischen den Spezies konserviert ist [1135]. Lediglich das PrP-Gen einiger Nager, des Nerzes [821] und der meisten Vögel weist auf diesem Strang Stop-Codons auf. Vom Antisense-ORF wurde allerdings keine mRNA gefunden.

Das primäre Translationsprodukt des PrP-Gens trägt am N- und am C-Terminus kurze Signalpeptide, die bei der Maturierung entfernt werden. Das reife PrP der Säugetiere enthält in der N-terminalen Hälfte die fünffache Wiederholung von acht Aminosäuren (v.a. Prolin und Glycin; Octarepeat-Struktur), in der C-terminalen Hälfte zwei kurze β-Faltblatt- und drei α-Helix-Abschnitte [380,1108]. Weiter sind zwei Asparagin-Glykosylierungsstellen zu nennen sowie eine Disulfid-Brücke (Abb. 6.2) und eine Glycosyl-Phosphatidylinositol-Einheit (GPI) am C-Terminus für die Verankerung an der Zellmembran.

9.3 Die vergleichende Analyse von PrP-Genen und Prion-Proteinen

Die vergleichende Analyse der PrP-Gene verschiedener Spezies hat sich bei der Untersuchung der Speziesbarriere und bei der Strukturvorhersage als hilfreich erwiesen [678,679,1159]. So basierte die Strukturvorhersage für PrP von F. E. Cohen und seinen Kollegen im Wesentlichen auf dem Vergleich der primären Aminosäure-Strukturen von den damals bekannten Säuger-PrP und vom PrP des Huhns [678]. Auch funktionelle Aspekte von einzelnen Aminosäurepositionen und von ganzen Aminosäurebereichen, die man auch Protein-Domänen nennt, lassen sich mittels Sequenzvergleich erschließen. Es ist davon auszugehen, daß der Grad der Konservierung an einer Position oder einem ganzen Bereich mit der biologischen Bedeutung korreliert. Die Entwicklungsgeschichte bewahrt v.a. das Wesentliche hinsichtlich Struktur und Funktion eines Proteins. Andere Abschnitte eines Proteins sind dagegen stärker der Veränderung unterworfen, was sich z.B. als Variation zwischen den Arten widerspiegelt. Hinzu kommt, daß bestimmten Aminosäuren bzw. Aminosäurebereichen definierte Aufgaben zukommen wie die Anlagerung von Zuckerketten oder die Funktion als Erkennungssequenz. Manchmal erlaubt der Vergleich von konservierten Proteinbereichen, den sog. Konsensus-Sequenzen, mit Proteinen, deren Funktion bereits bekannt ist, auch wesentliche Rückschlüsse auf die tatsächliche Funktion des Proteins. Beim Prion-Protein interessiert insbesondere, welche Bereiche für die Determinierung der Speziesbarriere wichtig sind [1159].

Zunächst müssen an dieser Stelle die Begriffe *Variation, Mutation* und *Polymorphismus* definiert werden. Eine Aminosäure-*Variation* bezeichnet einen Austausch von Aminosäuren an einer gegebenen Position (Codon) im Vergleich zweier Spezies. Der Begriff *Mutation* dagegen ist reserviert für diejenigen Aminosäure-Veränderungen innerhalb einer Spezies, z.B. im menschlichen PrP, die kausal mit den genetisch bedingten Prionkrankheiten (s. Kap. 26) assoziiert sind. Als *Polymorphismus* wird eine Aminosäure-Position bezeichnet, an der unterschiedliche Aminosäuren innerhalb einer Spezies auftreten können, meist deren zwei. Dieser ist per se nicht krankmachend, kann aber manchmal modulierend hinsichtlich der Empfänglichkeit für die Prionkrankheit sein. Beispiele hierzu gibt es bei Mensch, Schaf und Maus (s. Kap. 11.3.2, 26, 56).

Wie vergleicht man nun am besten PrP? Am aussagekräftigsten ist meist der Vergleich von Aminosäuren zweier PrP, und zwar vom reifen PrP, z.B. AS 23–231 bei der Maus. Ein derartiger Vergleich berücksichtigt nur Nukleinsäureänderungen, die auch einen Austausch von Aminosäuren beim fertigen PrP bewirken, also ohne Signalpeptide am N- und C-Terminus. Bei phylogenetischen Fragestellungen kann natürlich die Analyse der Nukleinsäure-Austausche über den gesamten ORF relevant sein. Im folgenden wird immer auf Austausche von Aminosäuren im reifen PrP Bezug genommen.

9.3.1 Die Variationen zwischen den Spezies in Bezug auf strukturelle Elemente

Die tertiäre Struktur von PrP^{Sc} ist noch spekulativ, da es bisher infolge seiner ungünstigen biophysikalischen Eigenschaften wie Aggregation und Unlöslichkeit nicht mit Röntgenstruktur-Analyse bzw. NMR-Technik untersucht werden konnte (s. Kap. 6, 8). Bekannt dagegen ist z.B. die Tertiär-Struktur von Maus-PrP^C (Abb. 6.2) und die Sekundär-Struktur von PrP^{Sc}. Welche Bereiche von PrP^C sind nun wichtig bei der konformationellen Umwandlung von PrP^C in PrP^{Sc} (s. Kap. 12)?

Auch hierbei kann der Vergleich der Variationen zwischen den Arten (Spezies) in bezug auf die *strukturierten Elemente* von PrP^C, also β-Faltblatt- und α-Helix-Abschnitte, hilfreich sein (Abb. 9.1, 9.2, 9.3). Dazu wurden die PrP-Gene von 52 Säuger-Spezies und von neun Vögeln

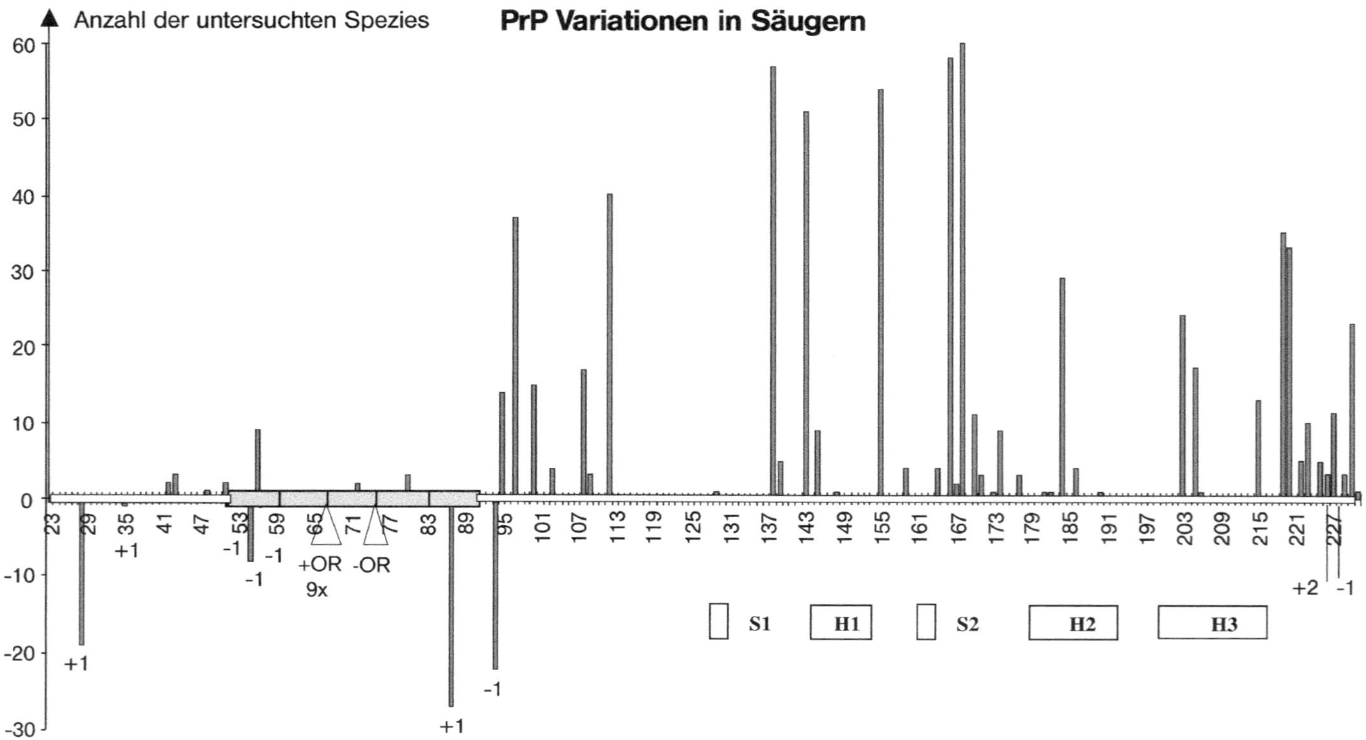

Abb. 9.1: Interspezies-Variationen (PrP der Säuger). Matrix der Anzahl an Variationen in Säugern bezogen auf das maturierte humane PrP (AS 23–231; 71 Säugetier-Arten in die Analyse einbezogen). Die Balken oben bezeichnen Aminosäure-Austausche (Substitutionen) (positive Ordinate, Anzahl der Tierarten mit Austauschen); die Balken unten bezeichnen Insertionen und Deletionen (negative Ordinate). Dreiecke bezeichnen Okta-repeat-Insertionen (+OR) bzw. Deletionen (−OR) (nicht maßstabsgetreu gezeigt). Strukturelle Aspekte sind unten eingezeichnet (β-Faltblätter S1 und S2 und α-Helices H1, H2 und H3 aus dem NMR-Modell). Auffallend ist, daß im N-terminalen Teil (AA 23–90), d.h. Proteinase-K-sensitiven Teil hauptsächlich Insertionen und Deletionen vorkommen, im PK-resistenten Teil (AS 90–231) dagegen fast ausschließlich Substitutionen. (Abb. von H. Schätzl)

analysiert [1378]. Insgesamt standen bis 1998 über 70 Sequenzen zur Verfügung. Betrachtet man die AS-Homologien für das reife PrP, ohne dabei Polymorphismen zu berücksichtigen, findet man:

1. innerhalb der Primaten 92,9–99,6% AS-Identität,
2. bei den Huftieren 84,7–94,8% AS-Identität im Vergleich zum Menschen und 86,6–99,5% AS-Identität im Vergleich zum Rind,
3. bei den Wiederkäuern 92–93% AS-Identität im Vergleich zum Menschen [536,537],
4. beim PrP von Nagetieren 85–92% AS-Identität im Vergleich zum humanen PrP [989,1319],
5. beim PrP von Katze und Hund etwa 85% AS-Identität im Vergleich zum humanen PrP,
6. innerhalb der untersuchten Säugetiere insgesamt AS-Homologien von 84,7–99,6%.

Vielfach stellt sich die Frage, in wievielen Aminosäuren sich zwei PrP verschiedener Spezies unterscheiden. Bezieht man sich wieder auf das reife PrP, und zwar ohne die Berücksichtigung von Polymorphismen, finden sich z.B.

1. zwischen Schaf-PrP und Rinder-PrP sechs AS-Unterschiede,
2. zwischen Rind und Mensch 13 AS-Unterschiede,
3. zwischen Schaf und Mensch 14 AS-Unterschiede.

Innerhalb der sequenzierten Vogel-Arten liegt die AS-Homologie bei ca. 90% (Abb. 9.3). Vergleicht man Vögel mit Säugern, findet man dagegen nur ca. 30% AS-Identität [469,601].

Wie schon bei den Primaten [1159] zeigte auch eine erweiterte Studie, daß die strukturierten PrP^{C}-Regionen innerhalb der Säuger gut konserviert sind (Abb. 9.1). Allerdings fällt auf, daß die Bereiche von AS 187–202 und AS 113–137, die teilweise außerhalb der strukturierten Regionen liegen, sogar ohne Veränderungen (Substitutionen) in allen untersuchten Säuger-PrP sind (Abb. 9.1) (nur die Position 129 beim Wapiti-Hirsch stellt eine Ausnahme dar [1160]). Die Region ist sogar zwischen Säugern und Vögeln konserviert. Ein Indiz für deren biologische Bedeutung (Liganden-Bindung) wurde 1998 von D. Shmerling aus der Forschergruppe von Charles Weissmann präsentiert. Bemerkenswerterweise treten an jenen Positionen, die beim Menschen von krankheitsauslösenden Mutationen sowie bei Mensch, Schaf und Maus von

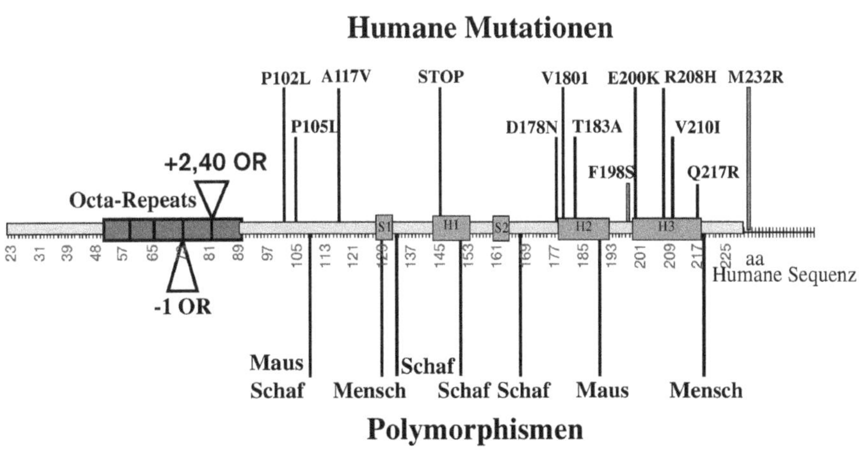

Abb. 9.2: Mutationen und Polymorphismen im PrP-Gen. Die krankmachenden Mutationen beim Menschen sind oben in topologischem Bezug zu den Struktur-Elementen von PrP^{C} gezeigt (Oktarepeats, β-Faltblätter und α-Helices aus NMR-Modell). Unten sind die Polymorphismen bei Mensch, Schaf und Maus eingezeichnet, die zum Teil modulierend auf die Prionerkrankung wirken können. Im Vergleich zu den Variationen in Abbildung 9.1 besteht keine topologische Übereinstimmung zwischen Interspezies-Variationen und Mutationen bzw. Polymorphismen. Weiterhin fällt auf, daß die Variationen die Struktur-Elemente weitgehend ausschließen, während Mutationen und Polymorphismen in engem Bezug zu diesen stehen. (Abb. von H. Schätzl)

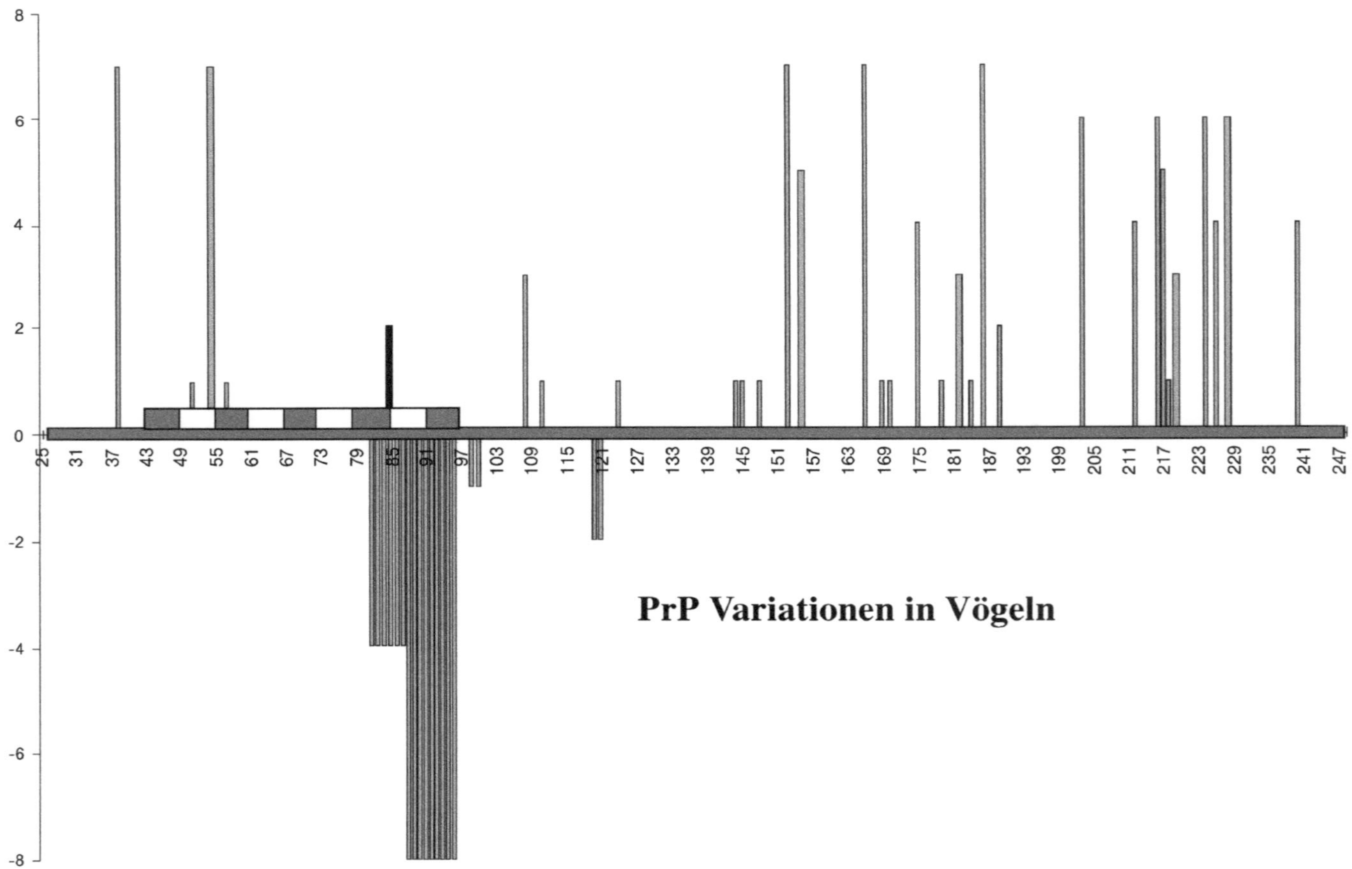

Abb. 9.3: Interspezies-Variationen (PrP der Vögel). Abbildungsaufbau wie Abb. 9.1; Anzahl und Topologie der Variationen in aviären PrP im Vergleich zum Huhn (AS 26–245; 8 Vogel-Spezies analysiert). Auch hier finden sich in der N-terminalen Hälfte vor allem Insertionen und Deletionen (negative Ordinate), in der C-terminalen hingegen Substitutionen (positive Ordinate). (Abb. von H. Schätzl)

Polymorphismen betroffen sind, keine Interspezies-Variationen auf (Abb. 9.1, 9.2). Gleiches gilt für funktionelle Positionen wie die Glykosylierungs-Stellen, die Disulfid-Brücke und das Serin 230/231, welches als GPI-Anker fungiert. Zusammengenommen läßt sich sagen, daß die Interspezies-Variationen gut zu den Struktur-Modellen des PrP^{C} passen und daß potentiell strukturierte Regionen innerhalb der Säuger konserviert sind.

Außerhalb der Säugetiere war zunächst nur das PrP-Gen des Huhns analysiert worden [469,601]. An der Universität München wurde untersucht, ob die Verwandtschafts-Verhältnisse bzw. der Grad der Konservierung der aviären PrP denen der Säuger entsprechen. Eine weitere Fragestellung war, ob es möglich ist, aufgrund der Daten von Säugern eine Vorhersage auf die Architektur und Struktur der aviären PrP zu machen. Es wurden Sequenzdaten von neun Vogel-Spezies gewonnen. Bei den Vögeln ist einerseits aus dem Bereich AS 113–137 die Region zwischen AS 113–128 vollständig konserviert. Andererseits ist die bei den Säugern konservierte Region AS 187–202 innerhalb der Vögel sehr variabel.

Das erste β-Faltblatt der Säuger, das aus den Aminosäuren Tyrosin, Methionin, Leucin, Glycin (Sequenz YMLG) besteht, könnte der Sequenz YAMG (Tyrosin, Alanin, Methionin, Glycin) bei den Vögeln entsprechen. Diese Region ist innerhalb der Vögel allerdings schlecht konserviert. Dagegen ist das zweite β-Faltblatt (VYYR) bei beiden Unterstämmen wieder vollständig konserviert. Es ist allerdings nicht möglich, die 3 α-Helix-Domänen, die aus den NMR-Untersuchungen von Maus-PrP^{C} abgeleitet worden sind (s. Kap. 6), durch Sequenzvergleich auf korrespondierende Bereiche bei den Vögeln zu übertragen. Um trotzdem die „Architektur" von PrP zwischen Vögeln und Säugern zu vergleichen, wurde das von der Gruppe um T. Werner, GSF, München-Neuherberg, erarbeitete CONRAD-Programm benutzt, das in der Lage ist, konservierte und variable Blöcke zu vergleichen [620]. Wie erwartet, befinden sich die strukturierten Elemente (β-Faltblätter und α-Helices) in konservierten Blöcken. Die Anordnung und Abfolge dieser konservierten und variablen Bereiche ist zwischen Säugern und Vögeln ähnlich.

Auf die sehr variable Region von AS 90–100 folgt die am besten konservierte Region, die schon öfter mit spezifischen Funktionen wie Konvertierungs-Prozeß [1063] oder Speziesbarriere [1159] in Verbindung gebracht wurde.

9.3.2 Die Primärstruktur von PrP und die Speziesbarriere

Ohne Zweifel ist die Aminosäure-Ähnlichkeit der Prion-Proteine (PrP-Aminosäuresequenz-Homologie) von Donor- und Empfänger-Arten die Hauptdeterminante bei der Codierung der Speziesbarriere [1063,1159,1185,1186]. Als grobe Richtlinie gilt, daß die Speziesbarriere klein ist, wenn die PrP zweier Arten sehr ähnlich sind wie z. B. von Schaf und Rind. Sind die PrP sehr unterschiedlich wie z. B. vom Syrischen Hamster und von der Maus, ist die Speziesbarriere groß. Dies wurde elegant mit chimären PrP in transgenen Mäusen gezeigt [1185,1186,1269, 1270]. Leider geht nicht zweifelsfrei aus diesen Studien hervor, welche PrP-Bereiche für die Speziesbarriere hauptsächlich verantwortlich sind; der numerische Vergleich zweier PrP alleine genügt nicht, vielmehr ist die Topologie entscheidend [813]. Aufgrund der Analysen bei Nagetieren und Primaten schien es, daß die Region um AS 112 wichtig ist [1159]. Die Studien mit transgenen Tieren deuteten auf den C-Terminus hin. Von Bedeutung könnte zudem der – offenbar auch am C-Terminus bindende – postulierte Faktor X sein (Protein X; Abb. 12.2) [1269, 1270]. Kürzlich wurde eine Bindungsstelle für diesen Faktor kartiert, die von den AS 168, 172, 215 und 219 gebildet werden könnte [736]. Das NMR-Modell zeigt, daß diese vier Aminosäuren eng benachbart sind und sozusagen ein Epitop ausbilden [1188]. Weitere wichtige Positionen scheinen die AS 184, 186, 203 und 205 zu sein [1188]. PrP des Menschen und der Nagetiere sind an diesen vier Aminosäuren identisch. Der Austausch an der Position 186 (Gln-Glu) existiert nur bei Rindern und könnte intermolekulare PrP-PrP-Wechselwirkungen beeinflussen [142].

Es wäre sehr wünschenswert, die Empfänglichkeit für eine Prion-Infektion zwischen verschiedenen Spezies aufgrund der Aminosäuren-Vergleiche voraussagen zu können. Insbesondere Tierarten bzw. deren Produkte, die zu Lebensmitteln verarbeitet werden, sind hier von Interesse, zumal es nun deutliche Evidenzen dafür gibt, daß nvCJD durch den BSE-Erreger verursacht wird (s. Kap. 50). In dieser Hinsicht interessieren Rinder, Schafe, Ziegen und Hirsche, aber z.B. auch Pferde, Fische, Schweine und Hühner. Einerseits sind Schweine und Hühner beispielsweise auf dem oralen Weg nicht mit BSE-Prionen des Rindes infizierbar [291] (s. Kap. 41). Die Prion-Proteine von Hirsch und Pferd (Abb. 9.5) sind andererseits weiter vom Rind entfernt als z.B. das PrP des Schweins [909] (Abb. 9.5). Daraus könnte man schließen, daß auch die orale Übertragung von BSE-Prionen des Rindes auf Hirsch und Pferd erschwert oder unmöglich sein sollte. Direkte Versuche dazu stehen allerdings aus, insbesondere für Pferde; für Hirsche sei auf das Kapitel 21 verwiesen. An dieser Stelle ist auch auf englische Zoos zu verweisen, in denen Huftiere, v.a. Antilopenarten und Raubkatzen mit BSE-kontaminiertem Futter in Kontakt gekommen und infiziert worden sind [779] (s. Kap. 20). Der detaillierte Vergleich der betroffenen Antilopenarten mit Rind und Schaf zeigt, daß deren PrP sehr ähnlich sind, was wiederum eine kleine Speziesbarriere bedeutet (s. Kap. 20).

9.3.3 Wieso sind Katzen empfänglich für BSE, Hunde dagegen nicht?

Für Haus- und Wild-Katzen ist die Feline Spongiforme Enzephalopathie (FSE) wiederholt dokumentiert worden (s. Kap. 23). Hunde dagegen scheinen nicht betroffen zu sein, obwohl sie mit ähnlichem oder identischem Futter gefüttert wurden bzw. werden [779]. Läßt man die Möglichkeit außer acht, daß Hunde zwar erkrankt, aber nicht richtig diagnostiziert worden sind, könnte der Vergleich von caninem und felinem PrP besonders aufschlußreich für das molekulare Verständnis der Speziesbarriere sein. In München wurden die PrP-Gene von Haushund, Wildhund und Wolf analysiert (AS 39–251) (Abb. 9.4). Die Forschergruppe von B. Flanagan in Liverpool, hat 124 Aminosäuren der Katze analysiert (Genbank-Nr.: Y13698). Das gemeinsame Stück von 124 Aminosäuren zeigt eine AS-Identität von 98,4%, mit nur zwei AS-Austauschen zwischen Hund und Katze (AS 187 und 229). Diese beiden Austausche könnten nun tatsächlich informativ bezüglich der Speziesbarriere sein. Der Austausch an Position 187 (His-Arg) scheint spezifisch für die Katze zu sein, da er nicht bei anderen Spezies gefunden wird. Dieser liegt direkt neben dem rinderspezifischen Austausch an der Position 186 (Gln-Glu). Dieser Austausch wird als wichtig für PrP-PrP-Interaktionen und somit für die Speziesbarriere erachtet [142]. Auch das PrP von Nerz (s. Kap. 22) und Frettchen unterscheiden sich in nur zwei Aminosäuren (AS 175, Phe-Lys und AS 220, Arg-Gln). Trotzdem weisen diese Arten große Unterschiede in der Empfänglichkeit für PrP^{Sc} auf [102]. In diesem Fall könnten ebenso minimale Aminosäuren-Unterschiede einen großen Effekt auf die Krankheitsentwicklung haben. Die Unterschiede zwischen Hund und Katze betreffen Substitutionen an Codon 187 und 229 (von Histidin bzw. Glycin zu Arginin); zusammen mit dem His-Arg-Austausch am Codon 177, der nur bei Katzen und Hunden vorkommt, würden die genannten Unterschiede die positive Oberflächenladung des Moleküls verändern. Dies könnte die postulierten intermolekularen PrP-PrP-Interaktionen beeinflußen, die kritisch für die Übertragung von Prionen zwischen den Arten sind. Die genannten molekularen Unterschiede im PrP könnten somit tatsächlich den Unterschied zwischen Hunden und Katzen hinsichtlich der BSE-Empfänglichkeit erklären (vgl. auch Abb. 9.5).

9.3.4. Die fundamentalen Auswirkungen des Polymorphismus an Position 129 beim Menschen

Beim Menschen existiert an der Position 129 ein Polymorphismus, der grundlegende Auswirkungen auf die Empfänglichkeit für Prionkrankheiten hat (s. Kap. 26). Bei Europäern findet sich in $\approx$ 51% Met/Val, in $\approx$ 37% Met/Met und in $\approx$ 12% Val/Val. Homozygotie ist ein Risikofaktor für sporadische und infektiös-erworbene CJD [297,1013]. Dies gilt auch für die bis-

```
           1             15            30            45            60                    75
Mensch     MANL--GCWMLVLFVATWSDLGLCKKRPKP-GGWNTGGSRYPGQGSPGGNRYPPQGGGGWGQPHGGGWGQ-------PHGGGWGQPHGGGWG   82
Rind       .VKSHI.S.I......M...V.........G.......................................PHGGGWGQ..............   92
Schaf      .VKSHI.S.I......M...V.........G.......................................-------...............   85
Nerz       .VKSHI.S.L..........I.F.......G.......................................-------...............   84
Frettchen  .VKSHI.S.L..........I.F.......G.......................................-------...............   84
Hund                                                ......................................-------...............
Dingo                                               ......................................-------...............
Wolf                                                ......................................-------...............
Katze

                  90          105           120           135           150           165
Mensch     QPHGG-GWGQGGGTHSQWNKPSKPKTNMKHMAGAAAAGAVVGGLGGYMLGSAMSRPIIHFGSDYEDRYYRENMHRYPNQVYYRPMDEYSNQNN  174
Rind       .....G......-..G..............V.........................L...........................V.Q......  185
Schaf      .....G......-S................V.........................L....N............Y.........V.R......  177
Nerz       .....G.......S.G..G...........V.........................L....N............Y.......K.V.Q......  177
Frettchen  .....G.......S.G..G...........V.........................L....N............Y.......K.V.Q......  177
Hund       .....G.......S.G..G..N........V.........................L....N............Y..D......V.Q......
Dingo      .....G.......S.G..G...........V.........................L....N............Y..D......V.Q......
Wolf       .....G.......S....G..N........V.........................L....N............Y..D......V.Q......
Katze                                ...V.........................L....N............Y..D......V.Q......
NMR-MoPrP                                                ββββ            ααααααααααα       ββββ

               180          195          210           225           240       250
Mensch     FVHDCVNITIKQHTVTTTTKGENFTETDVKMMERVVEQMCITQYERESQAYYQRGSSMVLFSSPPVILLISFLIFLIVG      253
Rind       .........V.E................I...............Q..........A.VI....................      264
Schaf      .........V..................I.I.............Q..........A.VI....................      256
Nerz       .........V..................M.I.........V...Q...E......A.AI...P........L..L....      256
Frettchen  L........V..................M.I.........V...QQ..E......A.AI...P........L..L....      256
Hund       ..R......V..................M.I.........V...QK..E......A.AI...P........L..L..
Dingo      ..R......V..................M.I.........V...QK..E......A.AI...P........L..L.
Wolf       ..R......V..................M.I.........V...QK..E......A.A
Katze      ..R......V..R...............M.I.........V...QK..E.....RA.A
NMR-MoPrP      αααααααααααααααα     ααααααααααααααααααα
```

Abb. 9.4: Aminosäuren-Vergleich der Prion-Proteine von Mensch, Huftieren und Carnivoren. Die abgeleiteten AS-Sequenzen von Fleischfressern wurden mit den PrP von Mensch, Rind und Schaf verglichen. Punkte bedeuten identische Aminosäuren. Die Position 97 ist im Hund polymorph (Ser-Gly). Die Lokalisation der mit NMR ermittelten α-Helix- und β-Faltblatt-Regionen des PrP der Maus (MoPrP) sind eingezeichnet. (Abb. von H. Schätzl) herigen Fälle von nvCJD (s. Kap. 15, 50). In Kombination mit der Mutation am Codon 178 diktiert der Polymorphismus sogar, ob die familiäre CJD-Form (fCJD) oder FFI entsteht (s. Kap. 17). Die fundamentale Bedeutung der Position 129 scheint in der Stabilisierung der Konformation von PrP^{C} begründet zu sein [1063]. Eine Analyse von über 150 Proben aus >50 Spezies erbrachte, daß sich auf dem Codon 129 immer Met/Met befand [1160]; die einzige Ausnahme war eine Rothirsch-Art (*Cervus elaphus canadensis*; Wapiti), bei der das *Prnp* an dieser Position auf beiden Allelen Leucin codiert [1160]. Ob dies in Zusammenhang damit steht, daß Hirsche in den USA Chronic Wasting Disease (CWD) entwickeln können, z. B. die Art *Cervus elaphus nelsoni*, bedarf weiterer Analysen (s. Kap. 21). Weitere bekannte Polymorphismen, die die Empfänglichkeit für eine Prion-Infektion wesentlich modulieren, existieren an Codon 136 und 171 des Schafes [1323] und an Codon 108 und 189 der Maus [1321] (Abb. 9.2). Letztere definieren die PrP-A- und PrP-B-Genotypen der Maus.

9.3.5 Entspricht die Phylogenetik der PrP-Gene der Erwartung?

Phylogenetische Stammbäume von Proteinen kann man zur Untersuchung der evolutionären Verwandtschaftsverhältnisse von Arten benützen. Phylogenetische Stammbäume, die an PrP ermittelt wurden, unterscheiden sich zum Teil von denen anderer Proteine; z. B. *innerhalb der Primaten* [1159]: So ist das Gibbon-PrP klar näher am PrP des Menschen als das PrP des Orang Utan, obwohl der Orang Utan allgemein näher mit dem Menschen verwandt ist. Die PrP der Neuweltaffen sind etwa gleich weit entfernt vom PrP des Menschen wie die PrP der Altweltaffen. Phylogenetisch stehen die Altweltaffen im allgemeinen aber dem Menschen deutlich näher. So-

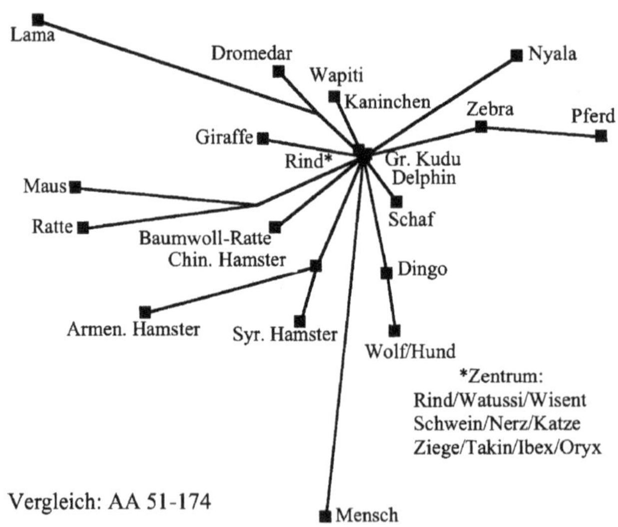

Abb. 9.5: Phylogenetische Analyse von PrP in Form der „split tree"-Untersuchung. Aminosäuren-Vergleich (AS 51–174) der PrP von 37 Säuger-Spezies und Darstellung der phylogenetischen Verwandtschaftsverhältnisse als „split tree". Im Zentrum des Baumes befinden sich die am stärksten homologen PrP, in der Peripherie stärker divergierende PrP. Da der Hauptanteil der untersuchten Spezies aus Huftieren der Familie Hornträger (*Bovidae*) besteht, bilden diese das Zentrum der Abbildung (z. B. Hausrind, Watussi, Wisent, Banteng, Takin, Addax-Antilope, Oryx-Antilope, Zobel-Antilope, Kropfgazelle, Moschus-Ochse). Bei dieser Art der Analyse (AS 51–174) sind das Schwein, die Ziege, aber auch der Nerz und die Katze (Teilsequenz) im Zentrum angesiedelt. Vertreter von Nagetier-, Carnivoren- und Huftier-PrP sind als Cluster zu erkennen. Beispiele für enge Verwandtschaftsverhältnisse sind syrischer, chinesischer und armenischer Hamster, Maus und Ratte, Lama und Dromedar, Zebra und Pferd, Wildhund, Wolf und Hund. Der Mensch ist signifikant weiter entfernt. Auf die Darstellung der nicht humanen Primaten wurde aus Gründen der Übersichtlichkeit verzichtet (Abb. von H. Schätzl, Quelle: [378])

mit sind die erwarteten phylogenetischen PrP-Analogien nicht stets auffindbar.

Zusätzliche phylogenetische PrP-Untersuchungen *innerhalb der Säuger* offenbarten keine weiteren Besonderheiten [1378]. Die Abbildung 9.5 zeigt beispielhaft eine sog. split tree-Analyse von Säuger-PrP.

Lediglich die split tree-Analyse *innerhalb der Vögel* zeigt Besonderheiten, die z. B. mit einer konvergenten Evolution zu erklären wären. Für eine definitive Aussage ist aber die Untersuchung weiterer Vogel-Arten notwendig.

Insbesondere die Kenntnis von PrP-Genregionen, die entwicklungsgeschichtlich stark konserviert sind, könnte Information zu funktionellen und strukturellen Aspekten von PrP liefern. Man geht heute davon aus, daß weiter von Säugern entfernte Spezies wie Fische und Reptilien ein PrP-Gen enthalten, welches wenig Ähnlichkeiten (Homologien) zu den PrP-Genen der Säuger aufweist. Der Bericht eines zellulären Prion-Proteins (PrP^C) im Gehirn vom Lachs ist deshalb bemerkenswert. Allerdings beruhen diese Daten auf Immuno blot-Versuchen unter Verwendung des artenspezifischen monoklonalen Antikörpers 3F4 [507]. Dieser Antikörper erkennt das PrP von Mensch und Syrischem Hamster, nicht jedoch von Maus und Rind. Deshalb ist dieser Befund kritisch zu betrachten, zumal Nukleinsäure-Daten fehlen. Der ältere Bericht der Existenz eines PrP-Gens in der Fruchtfliege *Drosophila* [1322] beruhte auf DNA-Hybridisierungs-Daten unter niedriger Stringenz und stellte sich später als falsch positiv heraus. Das am weitesten vom Menschen entfernte, bekannte PrP-Gen ist somit aviären Ursprungs (Vögel) [601,1378] (vgl. auch Kap. 25).

9.3.6 Der N-terminale Bereich des Prion-Proteins: entbehrlich und wichtig zugleich

Der N-terminale Teil von PrP, bestehend aus den Aminosäuren 23–90, scheint ein Paradoxon darzustellen. Dieser Abschnitt ist für die Infektiosität von Prionen entbehrlich. Bei der präparativen Anreicherung von PrP^{Sc} aus infizierten Gehirnen wird dieser Teil durch die PK-Verdauung entfernt, ohne daß dabei die Infektiosität zerstört wird. Einige familiäre CJD-Formen hingegen beruhen auf der Insertion von zwei und mehr Oktarepeats gerade in diesem N-terminalen Teil [1009]. Obwohl also einerseits bei manchen Formen von Prionkrankheiten dieser Bereich hinsichtlich der Prion-Infektiosität entbehrlich ist, scheinen andererseits die Insertionen in diesem Teil familiäre Formen von Prionkrankheiten zu verursachen oder zu determinieren und somit Infektiosität zu generieren (vgl. Kap. 8.3).

Tatsächlich konnten NMR-Untersuchungen keine Tertiär-Struktur im N-terminalen Teil definieren (s. Kap. 6). Vielleicht spielt gerade diese fehlende Strukturiertheit, die eine gewisse Flexibilität bedeuten könnte, eine wichtige Rolle bei der pathologischen Konvertierung der PrP-Isoformen [1063]. Es wurde *in vitro* und *in vivo* gezeigt, daß Kupfer-Ionen an die Repeat-Struktur von PrP^C binden (s. Kap. 7) [172,643]. Diese Bindung scheint die Struktur des N-terminalen PrP zum Teil zu stabilisieren [949].

Beim Sequenzvergleich fällt auf, daß Mutationen und Variationen, die den N-Terminus betreffen, hauptsächlich Insertionen und Deletionen umfassen; während Mutationen und Variationen des C-terminalen Teils fast ausschließlich auf Substitutionen zurückgehen. Dies gilt für Säuger-PrP und aviäre PrP. Ein hervorstechender Teil des N-Terminus ist die sog. Repeat-Region (AS 51–91). Obwohl diese Region innerhalb der Säuger bzw. innerhalb der Beuteltiere und innerhalb der Vögel gut konserviert ist, bestehen auffällige Unterschiede zwischen den Wirbeltier-Unterstämmen. Bei Säugern finden sich hier normalerweise fünf Wiederholungen von Blöcken zu je acht Aminosäuren, v.a. Glycin und Prolin (Tab. 9.1). Säuger weisen lediglich eine diskrete Varianz in dieser Region auf (Tab. 9.2). Im Gegensatz dazu haben Beuteltiere [1369] und Vögel einen deutlich unterschiedlichen Aufbau dieser Repeat-Struktur (Tab. 9.1);

Tabelle 9.1: Repeat-Elemente im N-Terminus von PrP. (AS = Aminosäuren).

	Anzahl der Repeats	Länge in AS
Säuger	5 (4–6)	8
Beuteltiere	4	9–10
Vögel	6½–9	6

Tabelle 9.2: Variationen in der Oktarepeat-Struktur des PrP-Gens von Säugern.

Spezies	Allele	Typ	krank-machend
Mensch	1	Deletion	nein
Mensch	2	Insertion (2–9)	ja
Orang Utan	1	Deletion	nicht bekannt
Grüne Meerkatze	2	Deletion	nicht bekannt
Saimiri-Affe	2	Insertion	nicht bekannt
Ateles-Affe	2	Deletion	nicht bekannt
Rind[1)]	½	Insertion	unwahrscheinlich
Watussi	2	Insertion	nicht bekannt
Wisent	2	Insertion	nicht bekannt
Gazella *sp.*	2	Insertion	nicht bekannt
Giraffe	2	Insertion	nicht bekannt
Lama	2	Insertion	nicht bekannt

[1)] Polymorphismus, in der Regel 6 Oktarepeats. Daten aus folgenden Literaturquellen: [1012, 1068, 1159, 1378].

sowohl die Länge der Aminosäuren-Blöcke als auch die Zahl der Wiederholungen variieren hier. Innerhalb der Vögel ist am C-terminalen Ende der Repeat-Struktur eine starke Variabilität hinsichtlich der Zahl der Wiederholungen anzutreffen. Diese Unterschiede deuten darauf hin, daß ein gemeinsames entwicklungsgeschichtliches Vorgänger-PrP-Gen existierte, noch ohne Verdopplungen, welches sich unterschiedlich in den Wirbeltieren entwickelte. Tatsächlich scheinen Teilbereiche der Repeats zwischen Vögeln und Säugern konserviert zu sein, z. B. die Abfolge von Prolin-Histidin. So wurde zunächst sowohl für Säuger- als auch Vogel-Peptide aus der Repeat-Struktur die Bindung von Kupfer *in vitro* gezeigt [643] (s. Kap. 7). Auch in der CONRAD-Analyse findet man eine diskrete Konservierung zwischen Vögeln und Säugern in der Abfolge der variablen und konservierten Bereiche im N-terminalen Bereich von PrP.

Zusammengenommen deutet die hohe entwicklungsgeschichtliche Konservierung von PrP, die sowohl innerhalb als auch teilweise zwischen Säugern und Vögeln besteht, darauf hin, daß auch dem N-terminalen Teil von PrP eine *biologische Funktion* zukommt. Die Bindung von Kupfer wurde bereits erwähnt [171,1231, 1291]. Es könnte sich auch um eine Funktion handeln, die nicht auf der Protein-Ebene verankert ist. So wurden Sekundär-Strukturen der mRNA für diesen Bereich des ORF vorausgesagt [865]. Für das gesamte, durch einen hohen phylogenetischen Konservierungsgrad gekennzeichnete Prion-Protein bleibt somit u. a. die spannende Frage im Raum, ob ihm weitere biologische Funktionen zugeschrieben werden können.

10 Modifizierte Mäuse in der Prionforschung

Charles Weissmann, Eckhard Flechsig, Alex J. Raeber, Antonio Cozzio und Adriano Aguzzi

10.1 Einleitung

Eine Verbindung zwischen dem infektiösen Scrapie-Agens und dem sog. Prion-Protein, oder PrP, wurde erstmals auf biochemischer Ebene nachgewiesen und in der Folge durch genetische Befunde untermauert [466,673,1056, 1058,1185,1305]. Dies ließ erwarten, daß Tiere, die kein PrP exprimieren, gegen Prionkrankheiten resistent sein würden und unfähig, den Erreger zu „vermehren". Diese Voraussage wurde experimentell bestätigt, was die sog. protein-only-hypothesis (Nur-Eiweiß-Hypothese) weiter stützte. Die Verfügbarkeit von PrP-losen und anderen transgenen Mäusen erlaubte ferner den Zugang zu neuen Untersuchungsstrategien.

Der bemerkenswerte Befund, daß PrP-lose Mäuse sich normal entwickeln und verhalten, hat den Zugang zu vielen wichtigen Untersuchungen eröffnet. So konnte gezeigt werden, daß in der Abwesenheit von PrP Mäuse resistent gegen Scrapie sind und den Erreger nicht „vermehren". Ferner wurde es möglich, den Zusammenhang zwischen der Struktur von PrP und dessen Fähigkeit, die Scrapie-Empfänglichkeit zu verleihen, zu untersuchen. Die Speziesbarriere wird stärker vermindert, wenn PrP-Gene des Priondonors in eine PrP-lose Maus statt in eine Wildtyp-Maus eingeführt werden. Die ektope Expression von PrP in sonst PrP-losen Mäusen erlaubte den Nachweis, daß die PrP-Expression nicht in allen Fällen genügt, um die Prionreplikation zu ermöglichen. Schließlich können PrP-lose Mäuse, die ein PrP-haltiges Hirntransplantat enthalten, benutzt werden, um den Transport von Prionen aus der Peripherie in das Zentralnervensystem zu untersuchen.

Aus diesem Kapitel dürfte klar hervorgehen, daß die Aufklärung der Pathogenese der Prionkrankheiten ohne die Verwendung von transgenen und Gen-deletierten Mäusen nicht realisierbar wäre.

10.2 Erzeugung und Eigenschaften von PrP-losen Mäusen

10.2.1 Erzeugung von PrP-losen Mäusen

PrP-lose Mäuse wurden durch Inaktivierung des PrP-Gens (*Prnp*) mittels homologer Rekombination in embryonalen Stammzellen erzeugt [243].

Drei PrP-lose Mauslinien sind beschrieben worden, die sich in bezug auf die Inaktivierungsstrategie des PrP-Gens unterscheiden. Büeler et al. ersetzten 1992 im PrP-Gen die Codons 4–187 (von insgesamt 254 Codons), die für ca. 80% des reifen Proteins codieren, durch eine sog. neo-Kassette, d.h. durch ein Neomycinresistenzgen unter der Kontrolle eines eukaryontischen Promotors [234]. Mäuse, die für das zerstörte Gen auf einem gemischten C57BL/6-129 CV genetischen Hintergrund homozygot waren (in diesem Kapitel als $Prnp^{0/0}$[Zürich] bezeichnet), exprimierten eine verkürzte PrP-mRNA, aber erwartungsgemäß kein PrP. Sie entwickelten sich normal und zeigten bis ins hohe Alter keine abnormen Veränderungen. Die Arbeitsgruppe von J. Manson erzeugte eine zweite PrP-lose Mauslinie ($Prnp^{-/-}$[Edinburgh]), deren PrP-Gene durch die Insertion einer neo-Kassette in die einzige KpnI-Stelle (nach Codon 93) der PrP-codierenden Sequenz inaktiviert worden waren [878]. Diese Mäuse, die auf einem reinen 129/Ola-genetischen Hintergrund für das zerstörte Allel homozygot waren, zeigten weder PrP-mRNA noch PrP im Gehirn und entwickelten sich ebenfalls normal.

In einer dritten PrP-losen Mauslinie, *Prnp*$^{-/-}$ [Nagasaki], wurde ein Genfragment, das ca. 0,9 kb des zweiten Introns, die gesamte Codierungssequenz und 452 bp der 3' nicht-codierenden Sequenz umfaßte, durch eine neo-Kassette ersetzt [1148]. Mäuse, die wie die erste PrP-lose Mauslinie auf einem gemischten C57BL/6–129/SV genetischen Hintergrund für das deletierte Allel homozygot waren, entwickelten sich zwar normal aber zeigten im höheren Alter Ataxie, wie unten beschrieben.

10.2.2 Der Phänotyp PrP-loser Mäuse

Die normale Funktion von PrP ist weitgehend unbekannt (s. Kap. 7). Das PrP-Gen bzw. PrP ist in allen untersuchten Vertebraten, einschließlich des Huhns [469] und des Lachses (mit dem 3F4-Antikörper, s. Kap. 9.3.5) [507] gefunden worden. Schon während der Embryonalentwicklung der Maus wird das PrP-Gen im zentralen und peripheren Nervensystem sowie in nicht-neuronalen Geweben exprimiert [877]. PrP-mRNA wird am stärksten in Neuronen des Gehirns erwachsener Individuen, aber auch in Astrozyten und Oligodendrozyten [961] sowie in Herz, Lunge und Milz [989] exprimiert. PrP^C selber wurde vor allem im Gehirn [91], aber auch in Herz und Skelettmuskel, kaum aber in der Leber nachgewiesen [119].

Die Hoffnung, daß die Erzeugung von PrP-losen Mäusen Einblick in die normale Funktion von PrP bieten würde, wurde nicht erfüllt. Die Nachkommenschaft heterozygoter Mäuse mit nur einem *Prnp*^{0}-Allel war zu etwa einem Viertel homozygot für das *Prnp*^{0}-Allel, woraus hervorging, daß die Embryonalentwicklung dieser Mäuse nicht beeinträchtigt war. PrP-lose Mäuse entwickelten und vermehrten sich normal [878]. Sie zeigten in Verhaltensstudien keine Unterschiede zu den Wildtyp-Kontrollen [234].

Die Expression von Acetylcholinrezeptoren in Muskeln von Wildtyp-Mäusen und PrP-losen Mäusen war nicht unterscheidbar [165]. Elektrophysiologische Studien an *Prnp*$^{0/0}$[Zürich]-Mäusen ergaben, daß im Hippocampus die Rezeptor-vermittelte schnelle Hemmung geschwächt, die langfristige Potenzierung (LTP) vermindert [302,1326] und die Ca^{2+}-aktivierten K^+-Ströme (vgl. Kap. 7) unterbrochen waren [293]. Die Einführung von humanen PrP-Transgenen in diese PrP-lose Mauslinie führte zur Wiederherstellung der LTP-Reaktion auf Wildtyp-Niveau [1326]. Hingegen konnten andere Forschergruppen keine elektrophysiologischen Abweichungen im Hippocampus [858] oder im Kleinhirn [617] von Zürcher PrP-losen Mäusen finden.

Immerhin scheinen PrP-lose Mäuse Veränderungen im zirkadianen Aktivitätsrhythmus und im Schlafmuster aufzuweisen. Diese werden auf die Abwesenheit von PrP und nicht auf ein zufälliges Ereignis zurückgeführt, weil zwei unabhängige PrP-lose Linien denselben Phänotyp aufwiesen, und dieser durch das Einführen von PrP-Transgenen normalisiert wurde [1277].

Ausschließlich die *Prnp*$^{-/-}$[Nagasaki]-Mäuse entwickeln spätestens 70 Wochen nach der Geburt progressive Ataxie und ausgedehnten Verlust von Purkinjezellen [1147]. Weil solche zerebellären Symptome bei den beiden anderen PrP-losen Linien nicht vorkommen, sind sie wahrscheinlich nicht auf den Verlust von PrP bzw. auf die Deletion der PrP-codierenden Sequenz, sondern auf die partielle Deletion des zweiten Introns oder eines Teils der 3'-nicht-codierenden Region zurückzuführen. Das sind Regionen, die einen Purkinjezell-spezifischen Enhancer enthalten könnten, der auf PrP [435], aber auch auf andere Gene einwirken könnte. Falls diese Hypothese zutrifft, könnte der Phänotyp der Nagasaki-Mäuse durch Einführung des Zürcher *Prnp*^{0}-Allels rückgängig gemacht werden, weil dieses Allel das vollständige zweite Intron und die 3' nicht-codierende Region enthält.

Zusammenfassend kann zum bisher gesagten folgendes erwähnt werden: Der Verlust von PrP hat weder auffällige Auswirkungen auf die Entwicklung der Maus noch auf deren Lernfähigkeit, scheint aber zu diskreten Veränderungen des zirkadianen Rhythmus und des Schlafmusters zu führen. Die Allgemeingültigkeit und die Bedeutung der elektrophysiologischen Veränderungen sowie die Ursache des Purkinjezellverlustes (vgl. [1211a]) in alternden *Prnp*$^{-/-}$[Nagasaki]-Mäusen sind noch abzuklären. Die Funktion von PrP auf molekularer Ebene bleibt weitgehend unbekannt (vgl. Kap. 7). Wenn PrP funktionell redundant wäre, so dürften andere Proteine keine ausgeprägte Homologie zu PrP aufweisen. Das Durchsuchen von Protein-Datenbanken bzw. Hybridisierungsversuche haben bisher keine Hinweise auf strukturell ähnliche Proteine ergeben.

10.2.3 PrP-lose Mäuse sind resistent gegen Scrapie

Prnp$^{0/0}$[Zürich]-Mäuse, deren Wildtyp-Wurfgeschwister (alle mit genetisch gemischtem 129/SV–C57BL/6-Hintergrund) sowie Swiss CD1-Kontrollmäuse wurden mit ca. 10^7 LD_{50}-Einheiten Maus-adaptierten Prionen (RML Chandler Stamm) inokuliert [264]. CD-1 Mäuse wiesen typische neurologische Symptome nach 140 ± 6 Tagen auf (Abb. 10.1) und starben nach 153 ± 7 Tagen. Alle 31 *Prnp*$^{+/+}$-Mäuse mit dem C57BL/6–129/SV-Hintergrund zeigten Symptome nach 158 ± 1 Tagen und starben nach 171 ± 11 Tagen. Im Gegensatz dazu blieben 23 von 25 *Prnp*$^{0/0}$-Mäusen während mindestens zwei Jahren symptomlos (Abb. 10.1); zwei Mäuse starben an mit Scrapie nicht verwandten Ursachen. Scrapie-inokulierte PrP-lose Mäuse

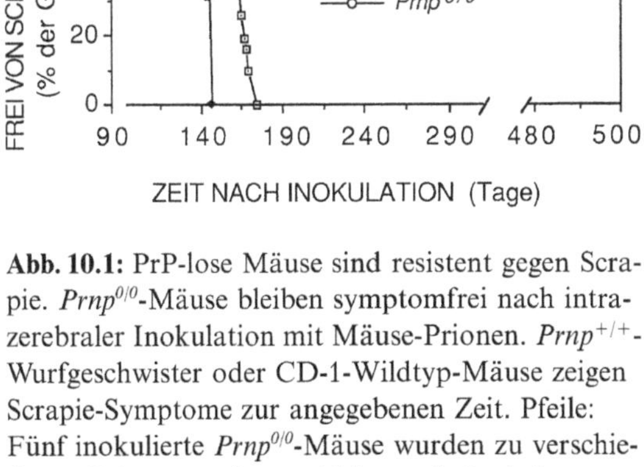

Abb. 10.1: PrP-lose Mäuse sind resistent gegen Scrapie. *Prnp*$^{0/0}$-Mäuse bleiben symptomfrei nach intrazerebraler Inokulation mit Mäuse-Prionen. *Prnp*$^{+/+}$-Wurfgeschwister oder CD-1-Wildtyp-Mäuse zeigen Scrapie-Symptome zur angegebenen Zeit. Pfeile: Fünf inokulierte *Prnp*$^{0/0}$-Mäuse wurden zu verschiedenen Zeiten geopfert und histopathologisch untersucht: keine Maus zeigte Scrapie-verdächtige Veränderungen. (Abb. modifiziert nach Büeler et al. [233])

zeigten selbst nach 57 Wochen keine histopathologischen Veränderungen im Hirn, während *Prnp*$^{+/+}$-Mäuse 23–25 Wochen nach Inokulation, vor allem im Cortex, Thalamus und Hippocampus, starke Astrogliose und Vakuolisierung aufwiesen. Ähnliche Resultate wurden mit den in San Francisco gezüchteten *Prnp*$^{0/0}$[Zürich]-Mäusen nach Inokulation mit dem RML-Scrapie-Stamm [1071], mit *Prnp*$^{-/-}$[Edinburgh]-Mäusen [879] nach Inokulation mit ME7-Scrapie, wie auch mit *Prnp*$^{-/-}$[Nagasaki]-Mäusen nach Inokulation mit dem CJD-abgeleiteten Fukuoka-1-Stamm gewonnen [1148].

Um die „Vermehrung" des Erregers zu verfolgen, wurden Organhomogenate mit jeweils vier gepoolten Hirnen oder Milzen zu verschiedenen Zeitpunkten nach Inokulation einer Endpunkttitration unterworfen. Serielle Verdünnungen der Proben wurden entweder 20 Minuten bei 80 °C erhitzt, um allfällige konventionelle Erreger zu zerstören, oder unbehandelt in das Gehirn von Indikatormäusen gespritzt. Vier bzw. 14 Tage nach Inokulation mit RML-Scrapie konnte im Gehirn von Wildtyp-Tieren noch keine Infektiosität nachgewiesen werden, während nach 8 Wochen ein Titer von 5,4 log LD_{50} Einheiten/ml im 10%-Homogenat gemessen wurde, der nach 20 Wochen auf 8,6 log anstieg. Es bestanden keine signifikanten Unterschiede zwischen erhitzten und nicht erhitzten Proben. In PrP-losen Mäusen zeigten die erhitzten Hirn- und Milz-Proben zu keinem Zeitpunkt Infektiosität, ausgenommen nach vier Tagen, wo Spuren von Erregern nachgewiesen wurden, wahrscheinlich Rückstände des Inokulums. Alle nach 8, 12, 25, 33 und 48 Wochen entnommenen Hirnproben waren ebenfalls negativ, bis auf die 20-Wochen-Probe, die einen Titer von 3,2 log LD_{50} Einheiten/ml im 10%-Homogenat ergab [233]. Der gesamte Versuch wurde wiederholt und die Infektiosität in je vier Mäusen 16, 18, 20 und 22 Wochen nach Inokulation bestimmt. Nur die nach 20 Wochen entnommene Probe erzeugte Scrapie in einer einzigen von acht Indikatormäusen; alle übrigen Proben ergaben keine Infektion in insgesamt 56 Indikatormäusen [1146].

S. Prusiner und seine Kollegen führten 1993 ein ähnliches Experiment aus und fanden 120 bzw. 315 Tage nach Inokulation keine Infektiosität in den Gehirnen von acht PrP-losen Mäusen. Hingegen wurden in vier von fünf Mäusen zwischen 5 und 60 Tagen nach Inokulation ein geringer Titer festgestellt [1071].

Sakaguchi und seine Kollegen inokulierten *Prnp*$^{-/-}$[Nagasaki]-Mäusen ein Maus-adaptiertes CJD-Erregerhomogenat und führten hernach Titrationen durch. Sie fanden in sechs von sieben Hirnproben geringe, aber reproduzierbare Titer, welche selbst nach 29 Wochen noch nachweisbar waren. Die sieben Hirnproben bestanden jeweils aus einem Pool von fünf Gehirnen und wurden nach verschiedenen Zeiten gewonnen [1148]. Die Infektiosität fiel tiefer aus oder verschwand, wenn die Proben zuerst auf 80 °C erhitzt wurden.

Aus diesen Befunden schließen wir, daß der Scrapie-Erreger in PrP-losen Mäusen nicht repliziert wird, denn in keinem Fall wurden mehr Erreger gefunden, als injiziert worden waren. Vermutlich ist der gelegentliche, geringe Gehalt an Scrapie-Erregern nach intrazerebraler Injektion auf persistierendes Inokulum zurückzuführen. Es ist aber auch spekuliert worden, daß ein Nukleinsäure-haltiger, normalerweise von PrP^{Sc} geschützter Scrapie-Erreger, in Abwesenheit von PrP, in einer temperaturempfindlichen oder sonst labilen Form repliziert werden könnte [275,1148].

Im Jahre 1998 wurde berichtet, daß selbst zwei Jahre nach intrazerebraler Injektion von Hamster-adaptierten Scrapie-Erregern in Wildtyp-Mäuse geringe Titer von hamsterspezifischen Erregern noch nachweisbar sind. Dieser Befund wurde auf Persistenz des Erregers zurückgeführt [1086]. In PrP-losen Mäusen war eine solche Persistenz nicht nachweisbar, vielleicht weil eine Immunreaktion gegen PrP und somit auch gegen den Erreger ausgelöst wird [9].

10.2.4 Eigenschaften von *Prnp*^{0}-hemizygoten Mäusen

Wie die oben ausgeführten Ergebnisse erwarten lassen, weisen Mäuse, die nur ein einziges *Prnp*-Allel besitzen (*Prnp*$^{0/+}$-Mäuse), keinen abnormen Phänotyp auf [234,878]. Hingegen sind sie insofern weniger empfänglich für Scrapie, als das Auftreten und der Verlauf der Krankheit stark verzögert sind [235]. Während Wildtyp-Mäuse Inkubationszeiten von 130–158 Tagen aufwiesen, erkrankten die in Zürich gezüchteten *Prnp*$^{0/+}$[Zürich]-Mäuse erst nach 290 Tagen, die „Nagasaki"-Hemizygoten nach 259 Tagen und die in San Francisco gezüchteten und untersuchten *Prnp*$^{0/+}$[Zürich]-Mäuse nach 400–465 Tagen [1071]. Der Grund für die Unterschiede zwischen den Ergebnissen in Zürich und San Francisco, die beide mit dem RML-Stamm erzielt wurden, ist nicht klar; möglicherweise wurden ungleiche Kriterien für die Frühdiagnose der Erkrankung verwendet. Während in Wildtyp-Mäusen der Anstieg des Erregertiters und des PrP^{Sc}-Gehaltes binnen Wochen von Scrapie-Symptomen und Tod gefolgt wird, blieben *Prnp*$^{0/+}$[Zürich]-Mäuse während vieler Monate symptomfrei, obwohl ihr Gehalt an Scrapie-Erregern bzw. PrP^{Sc} während dieser Zeit ebenso hoch war, wie derjenige terminal kranker Wildtyp-Mäuse (Abb. 10.2a-b). Diese Befunde deuten daraufhin, daß klinische Symptome nicht notwendigerweise mit der Akkumulation von PrP^{Sc} korreliert sind. Es gibt in der Tat einige Berichte, wonach Prionkrankheiten zum Tod führen, ohne nachweisbare Akkumulation von PrP^{Sc} [298,674,843,892,1267]. Es ist ferner beachtenswert, daß klinisch gesunde Versuchstiere über längere Zeit hohe PrP^{Sc}-Titer aufweisen können. **Daraus kann der Schluß gezogen werden, daß eventuell auch scheinbar gesunde Rinder oder Menschen hohe PrP^{Sc}-Titer enthalten könnten**. Dies sollte vor allem dann beachtet werden, wenn humane oder tierische Extrakte zur Herstellung pharmazeutischer oder kosmetischer Produkte (s. Kap. 46) verwendet oder wenn sie oder Teile davon transplantiert werden (s. Kap. 51).

10.2.5 Wiederherstellung der Scrapie-Empfänglichkeit PrP-loser Mäuse und deren Fähigkeit, Prionen zu vermehren

Wenn ein bestimmter Phänotyp in der Folge einer Gen-Ablation auftritt – im hier relevanten Fall „Resistenz gegen Scrapie" – so ist es wichtig nachzuweisen, daß dies in der Tat die Konsequenz der gezielten genetischen Intervention

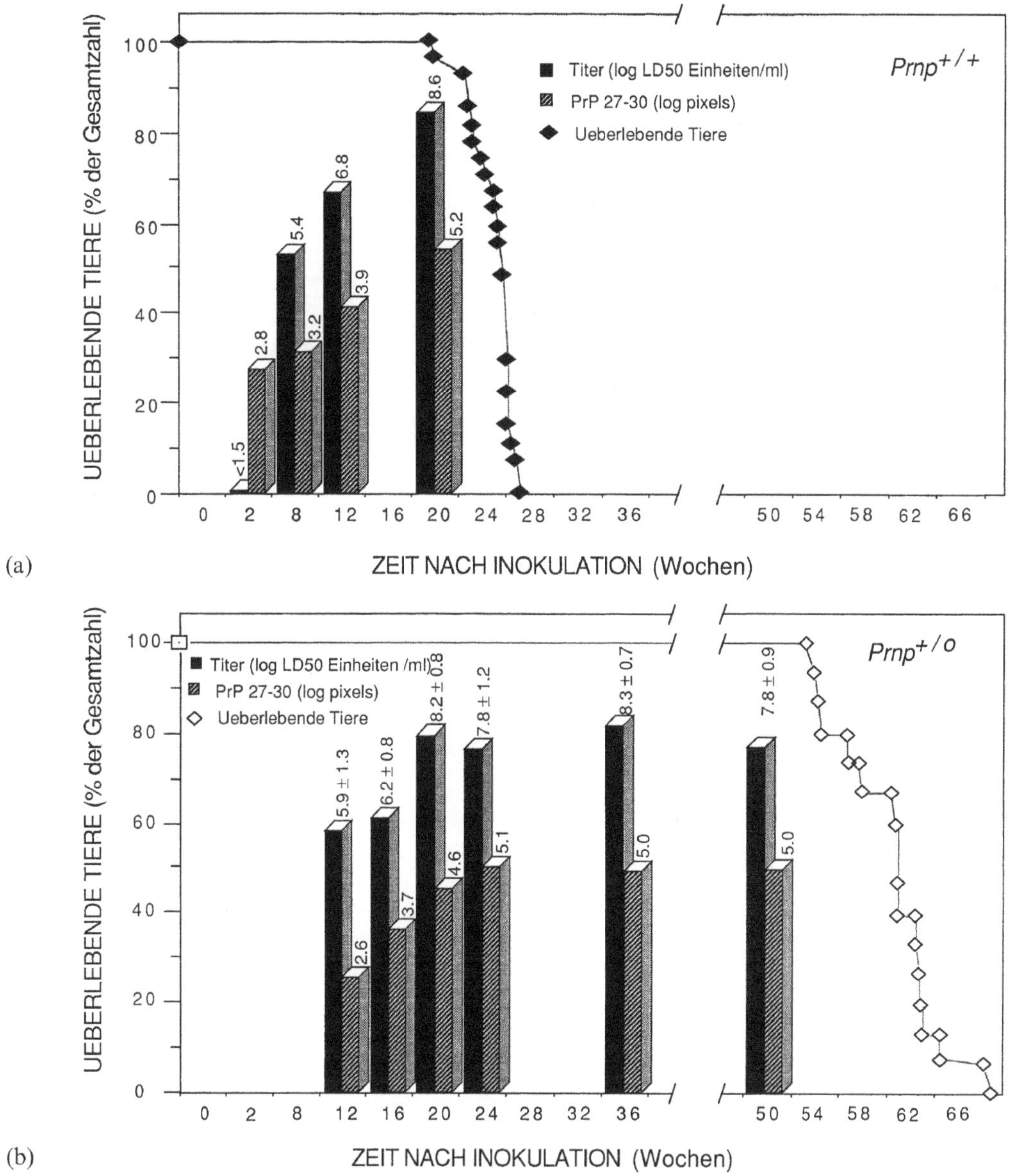

Abb. 10.2: Überlebenszeit, Prion-Titer und PrP^{Sc} im Gehirn von Scrapie-inokulierten Wildtyp-Mäusen und hemizygoten *Prnp*$^{0/+}$-Mäusen. (a) Wildtyp-Mäuse und (b) *Prnp*$^{0/+}$-Mäuse wurden mit Mausprionen intrazerebral inokuliert und nach verschiedenen Zeitabständen untersucht. (Abb. modifiziert nach Büeler et al. [235])

ist. Dies, da es auch die Folge eines unbeabsichtigten Ereignisses, wie beispielsweise die Inaktivierung eines Enhancers, der ein anderes Gen reguliert, oder die Zerstörung eines nicht-identifizierten Leserasters sein könnte. Das beste Vorgehen, um einen Phänotyp eindeutig der Ablation eines bestimmten Proteins zuzuordnen, besteht darin, daß man eine cDNA, die für das betreffende Protein codiert, als Transgen in die betreffende Maus einführt. Zweckmäßigerweise setzt man die einschlägig codierende Sequenz unter die Kontrolle des natürlichen Promotors, um das normale Expressionsmuster wiederherzustellen.

Es ist früher gezeigt worden, daß Wildtyp-Mäuse, die für ein murines PrP-codierendes Cosmid transgen waren, PrP überexprimieren [1320]. Weil das murine PrP-Gen zwei Introns enthält, von denen eines 10kb lang ist, verglichen wir die Wirksamkeit von Konstrukten, aus denen das große Intron („halb-genomisches *Prnp*") oder beide Introns entfernt worden waren, mit der des vollständigen, oben erwähnten *Prnp*-Cosmids. Wie im Falle anderer Intron-loser Expressionskonstrukte [167] ergab das cDNA-Expressionskonstrukt keine signifikante PrP-Expression, selbst wenn mehrere Genkopien ins Genom integriert worden waren. Hingegen wurde sowohl mit dem Cosmid, wie mit dem halb-genomischen *Prnp*-Konstrukt, eine effiziente Überexpression erzielt.

Obwohl vorerst das Expressionsmuster beider transgener Mauslinien dasselbe zu sein schien, erwies eine spätere, eingehendere Untersuchung, daß die Purkinjezellen im Kleinhirn von Mäusen, die für das halb-genomische PrP-Konstrukt transgen waren, weder PrP-mRNA noch PrP in nachweisbaren Mengen enthielten. Dies stand im Gegensatz zu Wildtyp-Mäusen oder zu Mäusen, die das *Prnp*-Cosmid enthielten. Somit scheint dem halbgenomischen Konstrukt ein in Purkinjezellen aktiver Enhancer zu fehlen, der wahrscheinlich im grossen Intron liegt, weil, wie oben erwähnt, diese Region im halb-genomischen Konstrukt fehlt [434].

Während starke Überexpression des Cosmid-Transgens in alternden Mäusen zu nekrotisierender Myopathie des Skelettmuskels, demyelinisierender Polyneuropathie und fokaler Vakuolisierung des Zentralnervensystems führte [1320], wurden keine krankhaften Erscheinungen in Mäusen mit dem halbgenomischen Transgen festgestellt. Dies, obwohl die PrP-Expression gleich stark war wie in den Cosmid-haltigen Mäusen, nämlich etwa siebenmal höher als in Wildtyp-Mäusen. Es ist möglich, daß verschiedene Expressionsmuster der beiden Konstrukte für die unterschiedlichen Phänotypen verantwortlich sind.

Zwei Mauslinien, die halb-genomische *Prnp*-Transgene enthielten und PrP etwa 3–4 bzw. 6–7 mal stärker als Wildtyp-Mäuse exprimierten, wurden mit Scrapie-Erreger inokuliert. Wie in Abbildung 10.3a dargestellt, erlagen sie der Scrapie sogar schneller als CD-1 Wildtyp-Mäuse, in Bestätigung der Beobachtung, daß Inkubationszeiten in umgekehrtem Verhältnis zum Ausmaß der PrP-Expression stehen (Abb. 1.10) [1185]. Die höher exprimierende Mauslinie tga20 wurde für das Transgen-Ensemble homozygot gemacht und wegen ihrer sehr kurzen ca. 60-tägigen Inkubationszeit als Indikatormaus für die Bestimmung von Scrapie-Erreger verwendet [159,435].

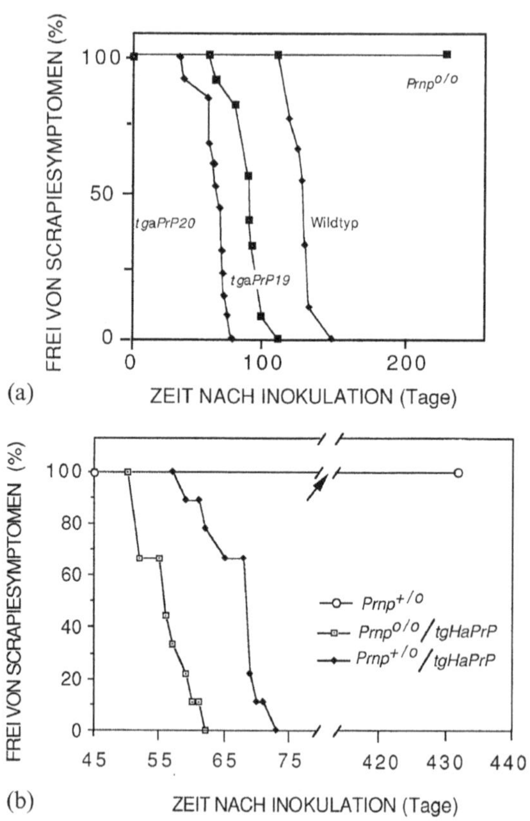

Abb. 10.3: Scrapie-Anfälligkeit von *Prnp*$^{0/0}$-, mit PrP-Transgenen rekonstituierte Mäuse. (a) *Prnp*$^{0/0}$-Mäuse wurden mit murinen PrP-Transgenen versehen. *tga19*/+Mäuse hatten 3–4 mal, *tga20*/+Mäuse 6–7 mal den normalen PrP^{C}-Gehalt im Gehirn (aus Fischer et al. [435]). Maus-Prionen wurden intrazerebral inokuliert. (b) mit Hamster-PrP-Transgenen rekonstituierte *Prnp*$^{0/0}$- und *Prnp*$^{0/+}$-Mäuse wurden mit dem Sc237-Isolat von Hamster-Prionen inokuliert. Von jedem Genotyp wurden 9–11 Mäuse eingesetzt. Pfeil: Zwei Tiere starben an mit Scrapie nicht verwandten Ursachen. (Abb. modifiziert nach Büeler et al. [233])

Zusammengefaßt zeigen die hier beschriebenen Versuche, daß die Entfernung des *Prnp* tatsächlich für die Resistenz gegen Scrapie-Erreger verantwortlich ist, und daß die Wiedereinführung von PrP-codierenden Genen die Empfänglichkeit für die Krankheit wiederherstellt (vgl. auch [435a]).

10.3 Reverse Genetik: Struktur-Funktions-Studien an PrP

10.3.1 Rekonstitution von PrP-losen Mäusen mit modifizierten PrP-Transgenen

Der Befund, daß die Scrapie-Empfänglichkeit von PrP-losen Mäusen durch die Einführung von PrP-Transgenen wiederhergestellt werden konnte, öffnete den Weg zur Struktur-Funktionsanalyse von PrP.

Wie vor Jahren gezeigt, werden durch Behandlung von Scrapie-Erreger-Präparaten mit Proteinase K etwa 60 N-terminale Aminosäuren von PrP^{Sc} abgespaltet [924], d.h. das reife Protein PrP 27–30 beginnt bei Aminosäure 90 [635], ohne daß die Infektiosität des Präparates vermindert würde [924]. Im Rahmen der protein-only-hypothesis, und unter der Annahme, daß PrP^{Sc} das infektiöse Protein ist, bedeutet dieser Befund, daß das verkürzte PrP^{Sc} noch befähigt ist, die Umfaltung von PrP^{C} in PrP^{Sc} auszulösen. Um festzustellen, ob N-terminal verkürztes PrP^{C} als Substrat für die Umfaltung dient und die Empfänglichkeit der *Prnp*$^{0/0}$-Maus für Scrapie wiederherstellen kann, wurde eine Serie modifizierter Transgene erzeugt, die für PrP-Moleküle mit erhaltener Signalsequenz, aber mit Deletionen von Position 32 bis zu Positionen 80, 93, 106, 121 oder 134 codierten (Abb. 10.4). PrP-lose Mäuse, die PrP mit Deletionen bis Position 80 [434] bzw. 93 [1206] exprimierten, waren normal. Nach Inokulation mit Scrapie-Erregern erkrankten sie an Scrapie,

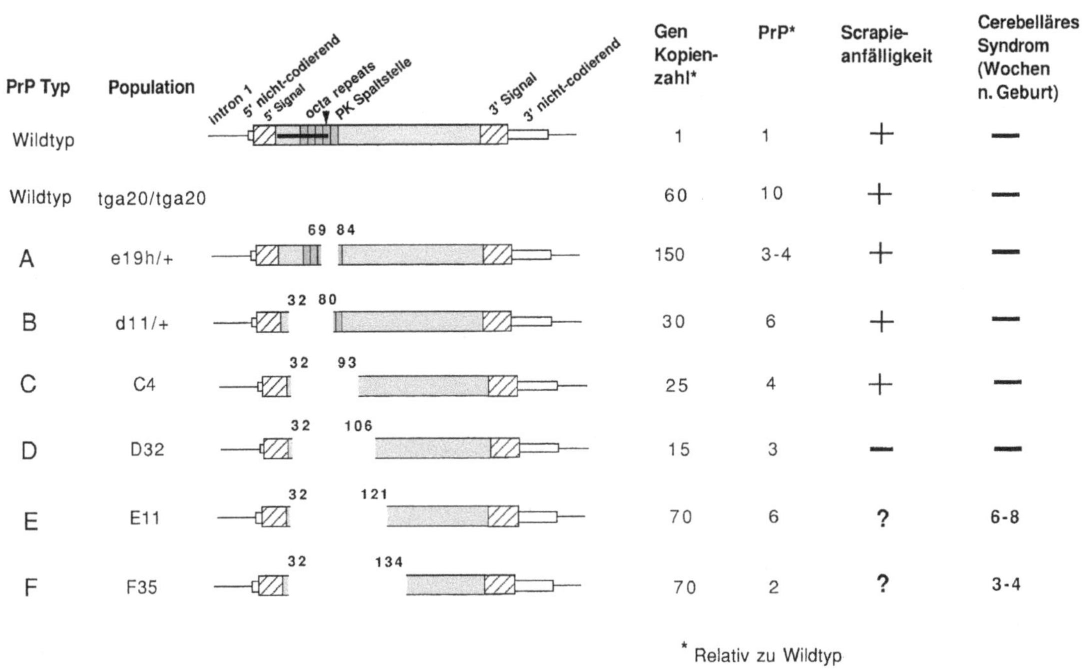

Abb. 10.4: Struktur-Funktionsanalyse des PrP-Gens. PrP-Transgene mit den angegebenen Deletionen (die Numerierung beginnt mit dem ersten Codon) wurden in *Prnp*$^{0/0}$-Mäuse eingeführt. Die resultierenden Prion-Proteine trugen immer die Signalsequenz und neun anschließende Aminosäuren, um korrektes Prozessieren zu gewährleisten. Mäuse von Linien, die mindestens gleich viel mutiertes PrP exprimierten wie Wildtyp-Mäuse, wurden intrazerebral inokuliert und auf Prion-Empfänglichkeit untersucht. (Abb. modifiziert nach Shmerling et al. [1206])

„vermehrten“ Prionen und akkumulierten proteinase-resistentes, verkürztes PrP, allerdings in geringerem Ausmaß, mit größerer Verzögerung und in anderer Verteilung als in Wildtyp-Mäusen. Somit sind mindestens 60 Aminosäuren des N-terminalen Endes von PrP, die sowohl den im PrP^{Sc} Proteinase-empfindlich verbleibenden Abschnitt, wie auch die gesamte „octa-repeat-Region“ enthalten, für die Pathogenese und Prion-„Vermehrung“ entbehrlich. Dies ist bemerkenswert, weil gewisse familiäre Formen von CJD und GSS mit einer Zunahme der Anzahl dieser Einheiten (die jede acht Aminosäuren umfaßt) von normalerweise fünf auf 9, 10, 11, 12 oder 13 [526] einhergehen. Riek und seine Kollegen wiesen anhand NMR-spektroskopischer Untersuchungen nach, daß die ersten 98 Aminosäuren des reifen murinen PrP^{C} einen flexiblen Schwanz bilden, und schlugen vor, daß dieser Abschnitt im PrP^{Sc} β-Faltblattstruktur annehmen würde [1109]. Wenn dem so ist, so bedeuten unsere Ergebnisse, daß höchstens 38 dieser Aminosäuren für die Konversion essentiell sind. Ein die Aminosäuren 106–126 umfassendes Peptid kann β-Faltblattstruktur annehmen [972,1237] und ist anscheinend toxisch für kultivierte Neuronen [441], sofern sie PrP exprimieren [173].

Überraschenderweise entwickelten $Prnp^{0/0}$-Mäuse, die von Transgenen codiertes PrP mit Deletionen bis Position 121 bzw. 134 exprimierten, spontan Ataxie innerhalb weniger Wochen nach der Geburt. In der Mauslinie F11, die PrP trotz der 32–134-Deletion etwa im selben Ausmaß exprimierten wie Wildtyp-Mäuse PrP exprimierten, ist die granuläre Zellschicht des Kleinhirns, die 4 Wochen (4 wks) postnatal noch normal erschien, nach 5 Wochen (5 wks) praktisch verschwunden (Abb. 10.5). Hingegen zeigten die angrenzenden Purkinjezellen und das Großhirn keine signifikanten Veränderungen. Durch Einkreuzen eines einzigen Wildtyp-PrP-Allels in transgene $Prnp^{0/0}$-Mäuse, die das schädliche, verkürzte PrP exprimierten, wurde der pathologische Phänotyp vollständig aufgehoben. Die Kreuzung dieser $Prnp^{+}$-Hemizygoten mit $Prnp^{0/0}$-Mäusen ergab $Prnp^{0/0}$-Nachkommen, die das verkürzte PrP-Transgen enthielten und wieder den pathologischen Phänotyp aufwiesen.

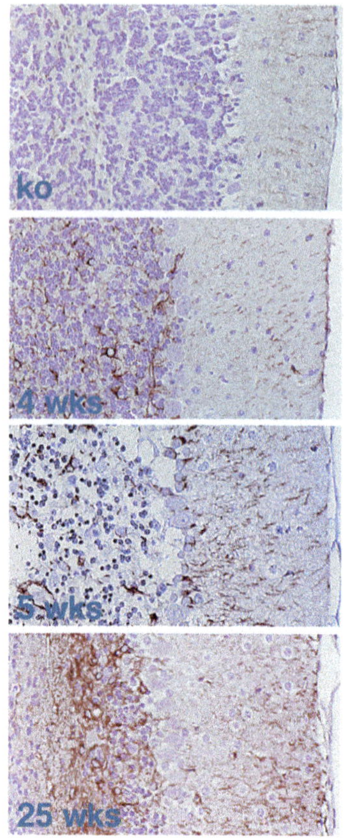

Abb. 10.5: Histopathologie des Zerebellums (Kleinhirn) von Mäusen verschiedenen Alters, die PrP mit der Deletion ~ 32–134 exprimierten und an Ataxie erkrankten. Die Entwicklung des Zerebellums verläuft normal bis ins frühe postnatale Leben; Molekularschicht, Purkinjezellschicht und granuläre Zellschicht (von rechts nach links) sind normal ausgebildet und sind nicht unterscheidbar von nicht-transgenen PrP-losen Mäusen. Vier Wochen nach der Geburt ist geringgradig erhöhte Astrogliose ersichtlich. Nach fünf Wochen findet eine massive apoptotische Degeneration der granulären Zellschicht statt. In der Endphase der Erkrankung leiden die Mäuse an einem schweren zerebellären Syndrom und die Breite der granulären Zellschicht ist stark reduziert. (ko = Kontrolle, wks = Wochen). (Abb. von A. Aguzzi)

Diese Versuche weisen darauf hin, daß der pathologische Phänotyp nicht auf einem direkten toxischen Effekt beruht, weil die hemizygoten $Prnp^{+/0}$-Mäuse das verkürzte PrP in gleichem Ausmaß exprimierten wie die $Prnp^{0/0}$-

Mäuse. Der pathologische Effekt ist spezifisch für Deletionen, die über Positionen 121 und 134 hinweggehen, weil Mäuse, die Wildtyp-PrP oder PrP mit den Deletionen D32–80, D32–93 und D32–106 exprimierten, keine Störungen aufwiesen [1206].

S. Prusiner und seine Kollegen haben über mehrere interne PrP-Deletionen berichtet. Sie bemerkten, daß Mäuse, die PrP exprimierten, dem entweder die letzte (dritte) oder die vorletzte (zweite) α-Helix fehlte, cytoplasmatische PrP-haltige Einschlüsse aufwiesen und zwischen 90 und 227 Tagen nach der Geburt fatale Erkrankungen des ZNS entwickelten, die neuronalen Speicherkrankheiten glichen [964]. Dieser Phänotyp ist also in mehreren Hinsichten verschieden von demjenigen, der oben beschrieben wurde.

Wie können Transgene solche pathologische Auswirkungen auslösen? Starke Überexpression von Wildtyp-PrP-mutantem PrP oder irgendeines Proteins könnte zu dessen Akkumulation führen und damit zu Interferenz mit der Synthese, dem Stoffwechsel oder der Funktion anderer Zellkomponenten führen. Solche Effekte könnten zell- oder gewebespezifisch sein. Ungewöhnlich ist aber, daß der pathologische Phänotyp, der von den verkürzten PrP D32–121 und D32–134 ausgelöst wird, durch Co-Expression von einem einzelnen Wildtyp-PrP-Allel aufgehoben wird. Eine mögliche Erklärung ist, daß das verkürzte PrP sowohl mit PrP wie auch mit einem (hypothetischen) Protein, das funktionell dem PrP homolog ist, für einen (noch unbekannten) gemeinsamen Liganden kompetiert, ohne jedoch die physiologische Wirkung auszulösen. Dies würde erklären, weshalb die Abwesenheit von PrP keine, die Anwesenheit von verkürztem PrP jedoch substantielle Folgen zeitigt und weshalb Wildtyp-PrP, sofern es eine höhere Affinität für den Liganden aufweist als das postulierte PrP-Homolog, den pathologischen Phänotyp verhindert.

10.3.2 Transgene und Speziesbarriere

Die Einführung von PrP-Transgenen einer fremden Spezies in Wildtyp-Mäuse reduziert die sog. Speziesbarriere für Prionen, die in jener Spezies repliziert wurden, oder hebt sie auf [1080,1185]. Dieser Effekt ist sogar stärker ausgeprägt, wenn der Maus das eigene PrP fehlt, wie aus dem Vergleich der Inkubationszeiten von mit Hamster-Prionen inokulierten *Prnp*$^{0/+}$- und *Prnp*$^{0/0}$-Mäusen hervorgeht (Abb. 10.3b) [233]: beide, *Prnp*$^{0/+}$ und *Prnp*$^{0/0}$, enthalten dieselbe Hamster-PrP-Transgengruppe. Ferner wurde gezeigt, daß PrP-lose Mäuse, die humane PrP-Transgene exprimieren, kürzere Inkubationszeiten für menschliche Prionen aufweisen als Wildtyp-Mäuse mit denselben menschlichen Transgenen [1270]. Auch Mäuse, die bovine PrP-Gene auf einem PrP-losen Hintergrund besaßen, zeigten eine kürzere Inkubationszeit für den BSE-Erreger, als Mäuse, die die bovinen Gene in Gegenwart von endogenem PrP exprimierten [1188]. Die Sequenz von PrP ist jedoch anscheinend nicht die einzige Determinante, die für die Speziesbarriere maßgebend ist: eine Komponente, die als „Protein X" (s. Kap. 12) bezeichnet wurde, soll angeblich dieses Phänomen ebenfalls mitbestimmen [736,1269,1270].

10.3.3 Einführung gezielter Mutationen in endogene PrP-Gene durch homologe Rekombination

Die Einführung von Transgenen durch das übliche Verfahren der Vorkerninjektion führt zur Integration einer unkontrollierbaren Anzahl meistens unmittelbar benachbarter Genkopien an einer zufälligen Stelle des Genoms. Diese und andere Faktoren führten zu Expressionsraten, die zwischen verschiedenen transgenen Mauslinien stark variieren können. Ferner kann die Gewebsspezifität der Transgenexpression maßgeblich von den benachbarten DNA-Sequenzen beeinflusst werden.

Diese Probleme konnten durch direkte Einführung der Mutation in das endogene Ziel-Gen umgangen werden. Im ersten Schritt des sogenannten Doppelrekombinationsverfahren wurde in einer HPRT-defizienten embryonalen Stammzelle (ES-Zelle) die gesamte PrP-codierende Sequenz eines Allels mittels homologer Rekombination durch eine Kassette ersetzt. Die Kassette enthielt ein HPRT-Minigen (welches eine Selektion im HAT-Medium erlaubte) und ein HSV-TK-Gen (Herpes simplex Virus-Thymidinkinase-Gen). Im zweiten Schritt wurde, wiederum durch homologe Rekombination, die Kassette durch die mutierte PrP-Sequenz ersetzt. Rekombinante ES-Zellen wurden anhand des Verlustes des TK-Gens selektioniert, wodurch sie die Empfindlichkeit auf 6-Thioguanin verloren und zur Erzeugung von Mäusen durch Blastocysteninjektion verwendet werden konnten [958].

Das *Sinc*/*Prni*-Gen ist das wichtigste Gen für die Kontrolle der Inkubations- und Überlebenszeit von Scrapie-infizierten Tieren (s. Kap. 11.3.2) [246,358]. Das $Sinc^{s7}/Prni^{N}$-Allel ist für bestimmte Prionstämme, beispielsweise ME7, mit kurzen Inkubationszeiten verbunden, während $Sinc^{p7}/Prni^{I}$ mit langen Inkubationszeiten einhergeht [244–246,693]. Andere Prionstämme können das umgekehrte Verhältnis ergeben. Das $Sinc^{s7}/Prni^{N}$-Allel ist mit dem $Prnp^{a}$-Allel gekoppelt, das durch die Aminosäuren 108Leu und 189Thr charakterisiert ist, während $Sinc^{p7}/Prni^{I}$ mit dem $Prnp^{b}$-Allel, das für die Aminosäuren 108Phe und 189Val ($Prnp^{b}$) codiert, einhergeht.

Die Frage, ob *Sinc*/*Prni* und *Prnp* kongruent sind, konnte mit Hilfe klassischer Genetik jedoch nicht beantwortet werden [244,686]. Hingegen wurden unter Verwendung des Doppelrekombinationsverfahrens [958] die PrP-Codons für 108Leu und 189Thr in murinen ES-Zellen einer $Sinc^{s7/s7}/Prni^{N/N}$-Maus zu 108Phe and 189Val abgeändert. Mäuse, die für das modifizierte $Sinc^{s7}/Prni^{N}$-Allel homozygot waren, erwarben die Inkubationszeit-Eigenschaften von $Sinc^{p7/p7}/Prni^{I/I}$-Mäusen, womit die Kongruenz von *Sinc*/*Prni* und *Prnp* bewiesen werden konnte [957].

10.3.4 PrP-Mutationen und spontane, übertragbare neurodegenerative Krankheiten

Eine Mutation im Codon 102, die zu einem Ersatz von Prolin durch Leucin führt, ist mit dem Auftreten des Gerstmann-Sträussler-Scheinker Syndroms (GSS) beim Menschen gekoppelt [673]. Durch standardmäßige, gentechnische Methodik wurden Transgene in Wildtyp-Mäuse eingeführt, die zur Überexpression von chimärem Hamster-Maus-PrP mit einer Mutation in Position 101 (entspricht 102 im Menschen) führten. Der hamsterspezifische Abschnitt wurde eingeführt, um das mutierte PrP immunologisch erkennbar zu machen. Diese transgenen Mäuse entwickelten im fortgeschrittenen Alter spontane Neurodegeneration sowie spongiforme Veränderungen im Gehirn und Astrogliose [675]. Die intrazerebrale Injektion von Hirnextrakt dieser spontan erkrankten Mäuse verursachte in Hamstern in wenigen Prozent aller Fälle eine Neurodegeneration, jedoch nicht in Wildtyp-Mäusen. Hingegen ergab die Inokulation von Hirnextrakt in eine Mäuse-Linie, die PrP mit derselben Mutation 101 in geringerem Ausmaß exprimierte und nicht spontan erkrankte, in ca. 40% der Fälle eine Scrapie-ähnliche Neurodegeneration [674]. In einer späteren Arbeit wurde gezeigt, daß die hohe Expression der mutierten PrP-Transgene in PrP-losen Mäusen zu einem besser reproduzierbaren und früher auftretenden Krankheitsbild führte als in den vorangehenden Versuchen. Trotzdem gelang eine Übertragung auf Wildtyp-Mäuse nicht, wohl aber mit guter Effizienz in die oben erwähnten Mäuse, die das mutierte PrP in geringem Ausmaß exprimierten [1267].

Die für diese Befunde vorgeschlagene Erklärung besteht darin, daß die Pro101Leu-Mutation die Umwandlung von PrP^{C} in die pathogene Form (PrP* oder PrP^{Sc}) begünstigt. Hierbei ist allerdings zu bemerken, daß im Gehirn der spontan erkrankten Mäuse kein Proteinase-resistentes PrP nachgewiesen werden konnte. Ferner wurde die Hypothese vorgeschlagen, daß das mutierte PrP* für Wildtyp-Mäuse nicht pathogen ist, weil die Punktmutation eine Art „Speziesbarriere“ darstellt. Merkwürdig ist jedoch, daß diese Barriere einseitig ist: Mäuse, die nur das mutierte PrP exprimieren, sind auf normale Maus-Prionen empfindlich. Ferner können Wildtyp-Mäuse sehr wohl mit Hirnextrakten von GSS-Patienten mit der P102L-Mutation infiziert werden [1249].

10.3.5 Ektope Expression von PrP

In den meisten murinen Scrapie-Modellen läßt sich bereits wenige Tage nach intrazerebraler Inokulation Infektiosität in der Milz nachweisen. Diese steigt über die nächsten Wochen weiter an und bleibt danach mehr oder weniger konstant. Im Gegensatz dazu ist ein Anstieg der Infektiosität im Gehirn erst nach einigen Wochen festzustellen, die Titer erreichen aber 10–100 mal höhere Werte als in der Milz [233,403]. Die Kinetik dieser Vorgänge hängt sowohl vom Prionstamm wie vom Genotyp der Maus ab.

Im Gehirn wird PrP sowohl in Neuronen [823] wie in Astrozyten [961] produziert, aber es ist nicht offensichtlich, in welchen Zellen das infektiöse Agens gebildet wird. In der Milz findet man PrP an der Oberfläche von B- und T-Zellen, wenn auch in nur geringem Ausmaß [254]. Nach der Infektion wurde PrP^{Sc} vorwiegend, wenn nicht ausschließlich, in follikulär-dendritischen Zellen (FDC) gefunden [789]. Es blieb ungeklärt, ob der Erreger in der Milz repliziert wird oder nur Reste des Inokulums in der Milz „eingesammelt" werden. Wenn Inokulum in der Milz aufgenommen und gespeichert wird, so muß dieser Vorgang PrP-abhängig sein, weil zwei Wochen nach intrazerebraler Inokulation in der Milz von PrP-losen Mäusen keine Infektiosität mehr nachweisbar ist, während in der Milz von Wildtyp-Mäusen ein Titer von über 6 log LD_{50} Einheiten/ml vorgefunden wird [233].

In diesem Zusammenhang stellt sich die wichtige Frage, ob die Anwesenheit von PrP in einer Zelle ausreicht, um die „Vermehrung" des Erregers zu gewährleisten. Um dieser Frage nachzugehen, wurde die PrP-codierende Sequenz unter die Kontrolle verschiedener gewebespezifischer Promotoren gebracht und als Transgen in PrP-lose Mäuse eingeführt. Erwarteterweise waren Mäuse, die Hamster-PrP unter der Kontrolle des als neuronenspezifisch eingestuften Promotors NSE exprimierten, anfällig für Hamster-Prionen [1089]. In Verbindung mit dem Befund, daß eine von Neuronen abgeleitete Zellinie, N2A, mit Prionen infiziert werden kann [151,232,1088], liegt der Schluß nahe, daß Neuronen Prionen „vermehren" können. Die Expression von Hamster-PrP unter der Kontrolle des astrozytenspezifischen GFAP-Promotors bewirkte, daß PrP-lose Mäuse für Hamster-Prionen anfällig wurden, erkrankten und den Erreger „vermehrten". Weil keine Expression von PrP in Neuronen nachgewiesen werden konnte, muß geschlossen werden, daß auch Astrozyten befähigt sind, Prionen zu „vermehren". Interessanterweise war das neuropathologische Erscheinungsbild dieser inokulierten, transgenen Mäuse praktisch nicht unterscheidbar von demjenigen Scrapie-infizierter Wildtyp-Mäuse [1091].

PrP-lose Mäuse, die PrP unter der Kontrolle eines Em-Enhancers/IRF-1-Promotors [1384] in der Milz überexprimierten, wiesen PrP sowohl in B- wie in T-Zellen auf. In geringem Ausmaß wurde PrP auch im Gehirn und in Lunge, Darm, Leber sowie Niere vorgefunden, mindestens zum Teil wegen des Vorkommens lymphoider Zellen in diesen Geweben. Nach Inokulation mit Maus-Prionen war nach zwei Wochen der Gehalt an Prionen in der Milz der transgenen Tiere ähnlich wie der von Wildtyp-Mäusen, aber selbst nach sechs Monaten war keine Infektiosität im Gehirn der transgenen Tiere nachzuweisen. Die Fraktionierung der Milzzellen zeigte, daß sowohl B- wie auch T-Zellen Infektiosität enthielten, aber merkwürdigerweise wiesen zirkulierende Lymphozyten derselben Mäuse kaum meßbare Infektiosität auf, d.h. weniger als ein Tausendstel der in den Milzzellen vorkommenden Infektiosität [1092] oder gar keine. Keine Aussage konnte über die follikulär-dendritischen Zellen der Milz (FCD) gemacht werden, weil einschlägige Reinigungsversuche erfolglos blieben.

Die Überexpression von PrP unter der Kontrolle des T-Zellspezifischen Promotors Ick [263] in *Prnp*$^{0/0}$-Mäusen ergab einen hohen PrP-Gehalt in T-Zellen, sowohl des Thymus wie der Milz. Die intraperitoneale Inokulation mit Prionen ergab innerhalb eines Jahres keine Erkrankung und keine „Erreger-Vermehrung" in Milz, Thymus oder im Gehirn. Weil die T-Zellen in diesen Mäusen mindestens zehnmal mehr PrP exprimierten als diejenigen in den Mäusen, die PrP unter der Kontrolle des Em-Enhancers/IRF-1-Promotors produzierten, muß gefolgert werden, daß die bloße Überexpression von PrP in T-Zellen nicht genügt, um die „Vermehrung" von Prionen zu ermöglichen. Ob für die „Vermehrung" des Erregers PrP in spezifischen Plasmamembran-Domänen lokalisiert sein muß [734,1242,1288] oder ob zusätzliche Komponenten erforderlich sind, wie vielleicht das hypothetische Protein X (s. Kap. 12) [736,1270] oder ein Rezeptor für das Protein, ist vorläufig ungewiß.

10.4 Hirntransplantate zur Untersuchung der Scrapie-Pathogenese und des Priontransports

10.4.1 Fehlende Scrapieanfälligkeit des PrP-losen Hirngewebes

Neuroektodermales Gewebe aus 12,5 Tage alten Embryonen, das in das Gehirn von neugeborenen Mäusen transplantiert wird, entwickelt sich zu normal aussehendem Hirngewebe [331]. Man wollte feststellen, ob ein stetiger Fluß von Prionen bzw. PrP^{Sc} einen pathogenen oder toxischen Einfluß auf PrP-loses Hirngewebe ausübt. Dazu wurde PrP-produzierendes neuroektodermales Gewebe, das entweder von Wildtyp-Embryonen oder von PrP-überproduzierenden transgenen tga20-Embryonen stammte, in das Gehirn PrP-loser Mäuse transplantiert. Diese Mäuse wurden darauf intrazerebral mit Scrapie-Erregern inokuliert. Alle Mäuse blieben während der Beobachtungsperiode von über 70 Wochen gesund. Hingegen entwickelten die *Prnp*^{tga20}- und Wildtyp-Transplantate die für Scrapie charakteristischen histopathologischen Veränderungen wie Spongiose, Gliose und verminderte Synaptophysin-Immunoreaktivität, und zwar 70 bzw. 160 Tage post inoculationem (p.i.). Dieser Zeitrahmen widerspiegelt die Inkubationszeit für Scrapie in den entsprechenden Donoren [233,434]. Zu einem späteren Zeitpunkt, 285 Tage p.i. – ein Alter, das inokulierte tga20-Mäuse nie erreichen, wiesen besonders *Prnp*^{tga20}-Transplantate extreme Spongiose bis zum Status spongiosus und starke Neuronenverluste auf, wobei im wesentlichen nur Astrozyten übrig blieben (Abb. 10.6). *Prnp*^{tga20}-Trans-

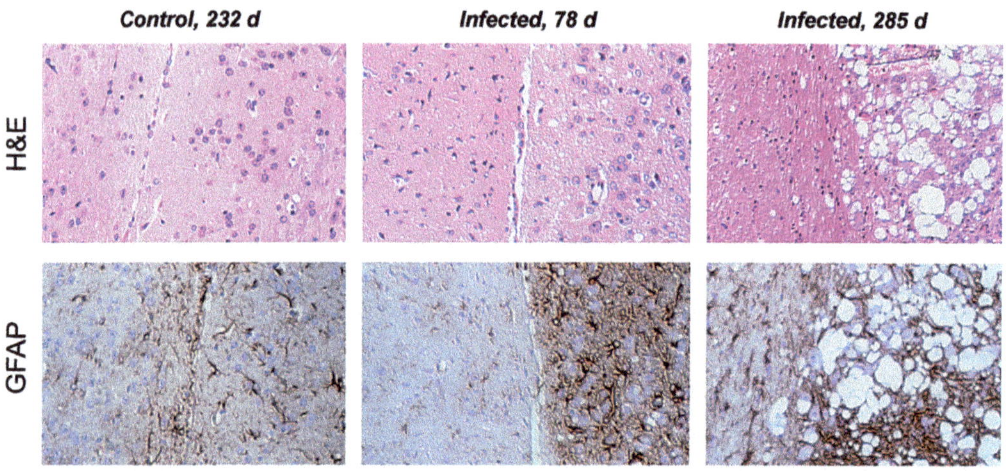

Abb. 10.6: PrP-exprimierende neuroektodermale Transplantate im Gehirn PrP-loser Mäuse mit oder ohne Scrapie-Infektion. Neuroektodermale Zellen aus PrP-exprimierenden *tga20*-Embryonen wurden stereotaktisch in das Gehirn (Caudoputamen) von *Prnp*$^{0/0}$-Mäusen injiziert. Nach 25 Tagen wurden 107 LD_{50}-Einheiten RML-Scrapie-Prionen intrazerebral injiziert. Zu den angegebenen Zeiten wurden Tiere geopfert und Hirnschnitte mit HE oder mit Anti-GFAP-Antikörper (GFAP) angefärbt. Links in jeder Figur ist jeweils das wirtseigene, PrP-lose Gewebe, rechts das PrP-exprimierende Implantat. Im nicht injizierten Kontrollhirn ist nur eine leichte Astrozytose zu vermerken. Achtundsiebzig Tage nach der Infektion (p.i.) ist im Implantat eine mäßige Vakuolisierung und starke Astrozytose vorhanden. Nach 285 Tagen p.i. ist eine extreme Vakuolisierung und Astrozytose im Transplantat zu sehen (Status spongiosus), während das Wirtsgewebe unverändert bleibt. Experimentelle Einzelheiten sind in der Literaturquelle [159] beschrieben. (Control = Kontrolle, Infected = Infizierte, d = Anzahl Tage nach der Infektion, H&E = Hämatoxylin-Eosin-Färbung). (Abb. von A. Aguzzi)

plantate in Mäusen, die nicht oder nur mit Puffer intrazerebral inokuliert wurden, zeigten gelegentlich leichte Gliose, nie aber Spongiose oder Neurodegeneration. Hingegen wiesen Strukturen des PrP-losen Empfängerhirns, selbst wenn sie in engem Kontakt zum infizierten Transplantat standen, auch in späten Stadien keine pathologischen Veränderungen auf.

Unerwarteterweise „wanderte" vom infizierten Transplantat stammendes PrP in so hohen Mengen in das Gehirn des Empfängers, daß auch dort Plaque-ähnliche Ablagerungen entstanden. Selbst 16 Monate nach intrazerebraler Inokulation konnten keine pathologischen Veränderungen in der Nachbarschaft solcher Ablagerungen gefunden werden [159]. Es scheint also, daß PrP^{Sc} an und für sich nicht toxisch wirkt, zumindest nicht auf PrP-lose Zellen.

10.4.2 Priontransport von der Peripherie in das ZNS

Bei einigen Prionkrankheiten stellt die periphere Infektion einen natürlichen Infektionsmodus dar. So werden die BSE bei Rindern und die TME bei Nerzen hauptsächlich oral übertragen und auch die Verbreitung der Kuru beruhte auf dem Verzehr von oder dem Schleimhaut-Kontakt (v.a. Augenkonjunktiva) mit infizierten Leichenteilen im Rahmen eines rituellen Kannibalismus (s. Kap. 2, 13, 38). Des weiteren wurden manche Fälle der Creutzfeldt-Jakob-Krankheit (CJD) durch intramuskuläre Injektion von Prion-kontaminierten Hormonpräparaten übertragen (s. Kap. 36).

Um den Mechanismus der Prion-Ausbreitung von der Peripherie in das ZNS zu untersuchen, wurde neuroektodermales Embryonalgewebe, das PrP überexprimierte, in das Caudoputamen von $Prnp^{0/0}$-Empfängermäusen transplantiert. Nach intrazerebraler Inokulation mit Maus-Prionen entwickelten die Transplantate, wie oben geschildert, eine ausgeprägte Spongiforme Enzephalopathie. Im Gegensatz dazu konnten bei intraokulär, intraperitoneal oder subkutan inokulierten Mäusen in den Transplantaten weder histopathologische Veränderungen, noch die Produktion von Proteinase-resistentem PrP^{Sc} oder „Vermehrung" von Infektiosität festgestellt werden. Weil $Prnp^{0/0}$-Mäuse, im Gegensatz zu Wildtyp-Tieren, Antikörper gegen PrP entwickeln können, wurden dieselben Versuche an $Prnp^{0/0}$-Mäusen, die PrP-Transgene in der Leber exprimierten und deshalb immunotolerant waren, wiederholt. Sie führten zu demselben Ergebnis. Diese Resultate zeigen, daß die Ausbreitung von Prionen von der Peripherie zum ZNS von PrP-haltigem Gewebe abhängig ist [160].

Gewisse immunodefiziente $Prnp^{+/+}$-Mäuse, wie SCID-Mäuse, weisen nach peripherer Inokulation keinen oder einen sehr verzögerten Transport von Prionen in das ZNS auf [789,798,841,981,1263]. Weitergehende Analysen führten zum Schluß, daß die mit dem Ausfall reifer B-Zellen einhergehende Immunodefizienz, beispielsweise in RAG1-, RAG2- oder mMT-Mäusen, zu einem Transportdefekt führt [798]. Dabei muß berücksichtigt werden, daß der Ausfall reifer B-Zellen auch von einem Mangel an funktionellen follikulär-dendritischen Zellen begleitet ist [737]. Hingegen wird der Priontransport durch den Ausfall reifer CD4+ oder CD8+ T-Zellen nicht beeinträchtigt [798].

In Anbetracht dieser Ergebnisse wurde untersucht, ob ein PrP^{C}-exprimierendes lymphoretikuläres System (LRS) ausreicht, den Transport von Prionen von der Peripherie zum ZNS in $Prnp^{0/0}$-Mäusen wiederherzustellen. Nach subletaler Bestrahlung wurde das LRS von PrP-defizienten Mäusen durch adoptiven Transfer von PrP-exprimierenden, hämatopoetischen Vorläuferzellen ersetzt. Die Mäuse erhielten ein PrP-exprimierendes Indikator-Transplantat ins Caudoputamen und wurden intraperitoneal mit RML-Prionen inokuliert. Wie zu erwarten war, fanden sich in der Milz, die als Teil des LRS mit PrP-positiven Zellen rekonstituiert war, hohe Infektiositätstiter. Die Transplantate im Gehirn blieben hingegen überraschenderweise gesund [145]. Daraus kann geschlossen werden, daß es für den Transport von Prionen vom LRS in das ZNS eines dazwischen geschalteten, PrP-exprimierenden Gewebes bedarf. Es bestehen indirekte Hinweise, daß es sich dabei um das periphere Nervensystem handeln könnte [111, 112,765] (s. Kap. 28). Um dies direkt nachzuweisen, sollen *Prnp*$^{0/0}$-Mäuse erzeugt werden, die PrP in einzelnen Geweben oder Zellarten exprimieren. Die Kombination der so zu ermittelnden Beobachtungen kann aufzeigen, wie und über welchen Weg der Transport von Prionen von der Peripherie in das ZNS vonstatten geht.

11 Die TSE-Erregerstämme

Martin H. Groschup und Thorsten Kuczius

11.1 Einleitung

Nach dem heutigen Stand der Forschung steht außer Zweifel, daß das Prion-Protein eine zentrale Rolle bei der Übertragung und der Pathogenese der Transmissiblen Spongiformen Enzephalopathien (TSE) einnimmt. Eine Reihe wissenschaftlicher Daten spricht sogar dafür, daß das pathologische Prion-Protein (PrP^{Sc}) selbst das infektiöse Agens darstellt. Das Prion-Modell proklamiert eine gänzlich neu definierte Klasse von Infektionserregern, die sich von Viren, Bakterien usw. abgrenzt. Für die Richtigkeit dieses Modells fehlt bisher allerdings der letzte Beweis. Als wichtigstes Argument dagegen wird immer wieder die Existenz unterschiedlicher Erregerstämme bei Scrapie und anderen übertragbaren spongiformen Enzephalopathien ins Feld geführt. Wie im Laufe der letzten drei Jahrzehnte festgestellt wurde, weisen Erregerstämme phänotypische Stamm-Eigenschaften auf.

Erregerstämme unterscheiden sich in ihrem Wirtsspektrum, in den durch sie verursachten Symptomen und im Krankheitsverlauf, in der Inkubationszeit und den neuropathologischen Veränderungen, in den biochemischen Eigenschaften des gebildeten PrP^{Sc} und in ihrer Resistenz gegenüber physikalischen und chemischen Desinfektionsverfahren (s. Kap. 44, 45) [211,212,250,356,357,451,775]. Erregerstämme können ihre determinierenden Eigenschaften – insbesondere beim Wechsel der Wirtstierspezies – ändern [214]. Um einen vertieften Einblick in die Besonderheit der TSE-Erregerstämme (Erregerstämme) zu ermöglichen, werden sie, ihre Eigenschaften und deren Erforschung in diesem Kapitel detailliert dargestellt.

11.2 Definition des Begriffs „Erregerstämme"

Die Definition der Erregerstämme hat sich im Laufe der Jahre entwickelt, jeweils abhängig von den Techniken, die zur Bestimmung der Stamm-Eigenschaften zur Verfügung standen. Erste klinische Hinweise darauf, daß Scrapie bei kleinen Wiederkäuern mit deutlich unterschiedlichen Erkrankungsformen einhergehen kann, stellten bereits Pattison und Millson 1961 fest [1031]. In den folgenden Jahren wurden vergleichende Übertragungsversuche auf andere Wirtstierspezies zur Erregerdifferenzierung herangezogen.

Darüber hinaus gelang es, Scrapiestämme anhand ihrer unterschiedlichen Inkubationszeiten innerhalb derselben Nagetierlinie zu unterscheiden. Eine detaillierte Beschreibung der neuropathologischen Befunde (Läsionsprofil) mit verschiedenen Scrapiestämmen gelang schließlich Fraser und Dickinson gegen Ende der sechziger Jahre [459]. Die damals definierten Kriterien zur Erstellung der Läsionsprofile haben bis heute Gültigkeit behalten. Inkubationszeit und Läsionsprofil stellen die wesentlichsten Unterscheidungskriterien von Stämmen dar [206, 209]. Später wurden auch von zahlreichen Arbeitsgruppen Unterschiede in der klinischen Symptomatik beschrieben [215, 357, 759, 762, 774, 794, 960].

In den 80er und 90er Jahren erlaubte schließlich die Entwicklung verbesserter immunchemischer Nachweisverfahren die eingehende Analyse des krankheitsassoziierten Prion-Proteins (PrP^{Sc}) und die Entdeckung, daß dieses bei den verschiedenen Stämmen in unterschiedlichem Ausmaß glykosyliert ist [740].

Es gibt bisher keine eindeutige Erklärung dafür, wie ein einzelnes Protein allein eine solche Vielzahl von Stammeigenschaften codieren könnte. Da in ein und derselben Wirtstierspezies verschiedene Erregerstämme repliziert werden können, müssen diese Eigenschaften erreger- und nicht wirtsspezifisch sein. Mit anderen Worten, Scrapiestämme müssen eine eigene Information zur Entfaltung ihrer spezifischen Eigenschaften tragen. Deshalb vermutet eine Reihe von Wissenschaftlern nach wie vor, daß die Erreger der TSE zusätzlich zum PrP^{Sc} eine bislang unentdeckte Erbsubstanz in Form einer kurzen Nukleinsäure besitzen (vgl. Kap. 4.5.3). Andere Wissenschaftler gehen davon aus, daß die Information stammspezifischer Eigenschaften in verschiedenen Konformationstypen des PrP^{Sc} vorliegen kann (s. Kap. 3, 12).

11.3 Eigenschaften von TSE-Erregerstämmen

TSE-Erregerstämme lassen sich anhand von sieben Kriterien unterscheiden. Die Erregerstämme können, aber müssen nicht in all diesen Kriterien unterschiedlich sein:

1. Klinische Symptomatik
2. Inkubationszeit
3. Übertragbarkeit
4. Histopathologische Läsionsprofile
5. Inaktivierungsverhalten
6. PK-Resistenz des PrP^{Sc}
7. PrP^{Sc}-Glykosylierung

11.3.1 Klinische Symptomatik

Das Phänomen, daß Scrapie bei kleinen Wiederkäuern mit unterschiedlichen klinischen Krankheitsbildern einhergehen kann, wurde erstmals 1961 beschrieben. Pattison und Millson infizierten Ziegen experimentell mit Scrapie, indem sie ihnen Homogenate aus dem Gehirn eines an Scrapie erkrankten Schafes i.c. injizierten [1031]. Nach einer Inkubationszeit von 43 Monaten zeigten sieben von zehn Tieren klinische Symptome. Erstaunlicherweise zeigten sie dabei allerdings zwei klinisch eindeutig voneinander unterscheidbare Krankheitsbilder, das drowsy-Syndrom (schläfrig-Syndrom) und das scratching-Syndrom (kratzen-Syndrom). Pattison und Millson entnahmen Hirnproben Scrapie-kranker Tiere und inokulierten damit weitere Ziegen. Überraschenderweise zeigte sich die unterschiedliche Symptomatik auch bei den neu infizierten Tieren, abhängig davon, ob sie mit dem Gewebe der scratching- oder drowsy-Ziegen infiziert worden waren. Nachdem diese Eigenschaften selbst nach zehn Passagen in Ziegen erhalten blieben, schloß man, daß es sich um zwei unterschiedliche Erregerstämme handeln müsse.

Auch bei der Passage der inzwischen etablierten Scrapiestämme in Mäusen und Hamstern sieht man charakteristische klinische Symptome. Eine Scrapie-Infektion mit dem Stamm ME7 äußert sich bei Mäusen in Form einer deutlichen Gewichtszunahme (Adipositas), während andere Erreger wie 139A oder 22L keinen Effekt auf das Körpergewicht haben [250,752,753,1006]. Auch die Glukosetoleranz bei Mäusen kann gestört sein, wie nach Übertragung der Stämme ME7 oder 22L beobachtet. Hamster, die mit den Stämmen 139H und 22CH infiziert wurden, zeigen Gewichtszunahme, Hyperglykämie, Hyperinsulinämie [251] sowie eine Vergrößerung von Leber, Nieren und endokrinen Organen. Dagegen bleiben diese Parameter nach Infektion mit dem Stamm 263K unverändert.

Ein deutlich unterscheidbares klinisches Bild verursachen auch die aus Nerzen isolierten zwei TME-Stämme *nach Übertragung auf Hamster* [137,139]. Während der Stamm Hyper (HY) zu einer Übererregung und zerebellären Ataxie führt, weshalb die Tiere beim Laufen taumeln oder schwanken, zeichnet sich der Stamm Drowsy (DY) durch Lethargie und Ataxie aus und zeigt keine Hyperästhesie [138].

11.3.2 Inkubationszeit

In den 40er und 50er Jahren des 20. Jahrhunderts führten englische Wissenschaftler umfangreiche Scrapie-Infektionsversuche mit Schafen durch. Nahezu alle Versuche wurden mit Subpassagen eines Hirnpools Scrapie-erkrankter Tiere durchgeführt (**S**crapie **S**heep **B**rain **P**ool, **SSBP**/1). Nicht immer waren diese Experimente so erfolgreich und reproduzierbar wie gewünscht. Sehr häufig erkrankte nur ein kleiner Teil (30%) der inokulierten Schafe [1025]. Auch lange Inkubationszeiten von mehreren Jahren erschwerten die Versuchsauswertungen. Eine erste Verbesserung wurde erzielt, als man Ziegen anstelle von Schafen als Versuchstiere wählte. Bei dieser Spezies lag immerhin der Infektionserfolg bei nahezu 100%, aber die Inkubationszeiten waren mit drei bis fünf Jahren noch immer sehr lang. Ein wesentlicher Durchbruch gelang 1961 dem britischen Wissenschaftler R. Chandler, als er die bis dato in Schafen und Ziegen verwendeten Isolate (Stämme) auf Mäuse übertrug [264]. In dieser Spezies verkürzte sich die Inkubationszeit im Verlauf der ersten drei Passagen deutlich und stabilisierte sich auf Zeiten von teilweise unter einem Jahr. Erstaunlicherweise ergab sich aber keine einheitliche Inkubationszeit. Vielmehr konnten aus SSBP/1 und dessen Subpassagen in Schafen, Ziegen und Mäusen neun verschiedene Scrapie-Isolate erhalten werden, die sich in ihrer jeweiligen Inkubationszeit in den verschiedenen Mauslinien VM95, C57BL, RIII und CD1-white Swiss unterscheiden (Tab. 11.1).

Die Inkubationszeit von Erregerstämmen wird nach seriellen Passagen in unterschiedlichen Mauslinien bestimmt und ist definiert als das Zeitintervall zwischen der Infektion und dem Beginn der klinischen Erkrankung. Die exakte Bestimmung der Inkubationszeit in einer neuen Tierart kann wegen der Speziesbarriere erst nach zwei oder drei Passagen vorgenommen werden. Sofern es sich nicht um einen sehr variablen Erregerstamm handelt, bleibt die Inkubationszeit in einer Spezies außerordentlich konstant und reproduzierbar (s. Kap. 50), zumindest solange, wie die Bedingungen für die Übertragung und die Wirtstierspezies gleichbleiben. Eine Verlängerung der Inkubationszeit kann bereits bei der Erstübertragung eines Stammes von einer auf eine andere Mauslinie vorkommen. Für sehr viele Maus-Scrapie-Modelle können auf diese Art und Weise definierte Inkubationszeiten angegeben werden. Bei diesen liegt der Standardfehler der gemittelten Inkubationszeiten zumeist unter 2% [214]. Die Inkubationszeit gilt daher als einfaches und maßgebliches Kriterium, einen Erregerstamm zu charakterisieren.

Um die Inkubationszeit einzelner Erregerstämme in Mäusen miteinander vergleichen zu

Tabelle 11.1: Inkubationszeiten verschiedener TSE-Stämme in C57BL- und VM-Mäusen sowie in Hamstern (nach [214,215,463a]).

TSE-Stämme	Inkubationszeiten (Tage)	
	C57BL-Mäuse	VM-Mäuse. Erstisolierung in C57BL-Mäusen ($Sinc^{s7}$)
ME7	168	346
D	360	620
→ 7D	180	360
22C	170	447
22L	157	210
79A	161	309
139A	166	208
301C	198	345
		Erstisolierung in VM-Mäusen ($Sinc^{p7}$)
87V	>700	290
22A	474	199
→22F*	295	–
22H	191	327
79V	ca. 240	ca. 280
111A	>600	>750
201V	203	308
301V	274	116

→ mutierte Varianten
* Stamm 22F entwickelte sich aus 22A nach Passage in C57BL-Mäusen.

In Hamster passagierte TSE-Stämme

TSE-Stämme beim Hamster	Inkubationszeiten (Tage) nach Adaptation
263K*⁾	65
79AH	175
79VH	64
139H*⁾	122
22LH	128
22AH	151
22CH	140
ME7H	251
TME Hyper*⁾	65
TME Drowsy*⁾	168

*⁾ Die bisher bekannten TME-Stämme sowie der Scrapie-Stamm 263K lassen sich nur im Hamster, jedoch nicht in der Maus replizieren. Ein weiterer Hamster-adaptierter Scrapie-Stamm ist 139H (von 139A).

können, müssen diese nach einem einheitlichen Protokoll infiziert werden. Unterschiedliche Infektionsrouten und Inokulationsdosen führen zu abweichenden Ergebnissen. Bei den Untersuchungen zur Feststellung der Inkubationszeit von Scrapieerregerstämmen werden deshalb 30 µl eines 1%igen Hirnhomogenats eines an Scrapie erkrankten Tieres in eine Maus derselben Art i.c. inokuliert[23]. Dabei wird in Kauf genommen, daß Scrapiestämme, die sich im Gehirn der Spendermaus besonders gut repliziert haben, d.h. dort in hohen Erregerkonzentrationen vorliegen, zu einer kürzeren Inkubationszeit führen, weil die Infektionsdosis besonders hoch ist. Dagegen weisen Stämme, die nur zu geringen Erregertitern im Gehirn führen, unabhängig von ihren spezifischen Stammeigenschaften, längere Inkubationszeiten auf (Abb. 1.10). Diesem Effekt könnte nur dadurch Rechnung getragen werden, daß die Zahl der inokulierten Erreger bei allen Versuchen gleich hoch ist. Leider ist aber die Erregerkonzentration im Gehirn erkrankter Mäuse nur bei wenigen Scrapiestämmen bekannt.

Die Inkubationszeiten von TSE-Erregern sind allerdings nicht nur stamm-, sondern auch speziesspezifisch, d.h. von wirtseigenen, genetisch determinierten Faktoren der Empfängerart abhängig. Erste Hinweise dafür stammten aus den Nagetiermodellen für Scrapie. Hier besaßen definierte Stämme unterschiedliche Inkubationszeiten je nachdem, welche Mauslinie verwendet wurde. Aufgrund dieser Beobachtung vermutete man, daß es bei den Mauslinien ein sog. ***S**crapie **inc**ubation period-Gen (**Sinc**-Gen) gibt [356–358]. So besitzt der Stamm ME7 in homozygoten s7s7 (s für short; 7für ME7) Mauslinien wie RIII oder C57BL eine kurze Inkubationszeit und in homozygoten p7p7 (p für prolonged) Mauslinien wie VM95 eine lange Inkubationszeit. Bei anderen Erregerstämmen, z.B. 22A, können diese Verhältnisse jedoch umgekehrt sein (s. Kap. 10.3.2). Stamm 22A besitzt kurze Inkubationszeiten in p7p7-Mäusen und lange Inkubationszeiten in s7s7-Mäusen. Nach aktuellem Kenntnisstand entspricht das *Sinc*-Gen dem Prion-Protein-Gen (PrP-Gen). Folglich ist PrP bei s7s7- und p7p7-Mauslinien unterschiedlich aufgebaut: es unterscheidet sich in zwei der insgesamt 254 Aminosäuren [246,693, 1321]. Bei p7-Mäusen befindet sich statt des Phenylalanins ein Leucin an der Aminosäureposition 108 und ein Valin statt eines Threonins an der Position 189. Analog zum *Sinc*-Gen bei der Maus wurde auch die Existenz eines sog. ***S**crapie **i**ncubation **p**eriod-Genes (**Sip**-Gen) beim Schaf proklamiert [684]. Auch hier wissen wir heute, daß *Sip*-Gene unterschiedliche PrP-Aminosäure-Sequenzen codieren. An mehr als sieben Positionen im Prion-Protein des Schafes können unterschiedliche Aminosäuren vorliegen. Man spricht von einem Aminosäure-Polymorphismus (s. Kap. 9.3) an diesen Stellen. Interessanterweise gehen die Austausche an den Positionen 136 (Valin (V) zu Alanin (A)), 154 (Arginin (R) zu Histidin (H)) und 171 (Glutamin (Q) zu H oder R) mit einer Verminderung der Scrapie-Empfänglichkeit und damit einer Verlängerung der Inkubationszeit bzw. einer erhöhten Scrapieresistenz einher (s. Kap. 18, 56).

11.3.3 Übertragbarkeit

TSE-Erreger aus Feldisolaten lassen sich zwar experimentell immer (s. Kap. 43) auf bestimmte Spezies übertragen, unterscheiden sich dabei aber in ihrem Wirtsspektrum (Tab. 11.2). Drei Beispiele sollen hier genannt werden:

1. Vom Nerz stammende TME-Isolate lassen sich (direkt) auf Hamster, nicht aber auf Mäuse übertragen [899].
2. Vom Schaf stammende Scrapie-Isolate lassen sich (direkt) auf Mäuse, nicht aber auf Hamster übertragen [762].
3. Vom Rind stammende BSE-Isolate lassen sich (direkt) auf Mäuse, nicht aber auf Hamster übertragen.

Dennoch lassen sich Scrapie- als auch BSE-Isolate nach mehrfachen seriellen Passagen in Mäusen – indirekt also – auf Hamster übertragen [339]. Jedoch gibt es auch hier Unterschiede in der Übertragbarkeit der Erregerstämme: beispielsweise ließ sich der Maus-adaptierte Scrapiestamm 139A von der Maus auf den Hamster und wieder auf die Maus (rück)-übertragen.

[23] Auch zur Bestimmung der LD_{50} wird mit diesen Vorgaben inokuliert.

Tabelle 11.2: Zusammenfassung der Scrapie-Übertragungsversuche auf verschiedene Mauslinien und andere Spezies [463a].

		Passagen in	TSE-Stamm
A	Stamm Erstmals isoliert in Sinc^{s7}-Maus		
	22C (unkloniert)	Sinc^{p7}	22H
	22C (kloniert)	Sinc^{p7}	22C
	ME7 (kloniert)	Sinc^{p7}	ME7
	139A (unkloniert)	Sinc^{p7}	139A
	87A	Sinc^{s7}	87A + ME7
B	Stamm Erstmals isoliert in Sinc^{p7}-Maus		
	22A	Sinc^{s7}	22F
C	Stamm Klonierter Stamm nach Maus-Passage		
	ME7	Hamster → Maus	ME7
	22A	Hamster → Maus	22A
	22C	Hamster → Maus	22C-H/M (nicht 22C)
	139A	Hamster → Maus	139A-H/M (nicht 139A)
	139A	Ratte → Maus	139A

Dagegen ist der Scrapiestamm 263K nach mehreren Passagen in Hamstern für Mäuse nicht mehr virulent [762].

11.3.4 Histopathologische Läsionsprofile

In den 60er und 70er Jahren wurden die anhand der Inkubationszeiten unterschiedenen Scrapiestämme systematisch auf Versuchstiere übertragen, um Beurteilungskriterien zur Bewertung der histopathologischen Veränderungen im Gehirn der erkrankten Mäuse zu entwickeln [459]. Die Erregerstämme unterschieden sich hinsichtlich der Lokalisation, dem Grad der Ausprägung und der Art der spongiformen Veränderungen (Abb. 11.1) sowie der Art, Menge und Verteilung von Plaques im Gehirn. Die histopathologischen Läsionen waren dabei unabhängig von der Infektionsroute und -dosis [252].

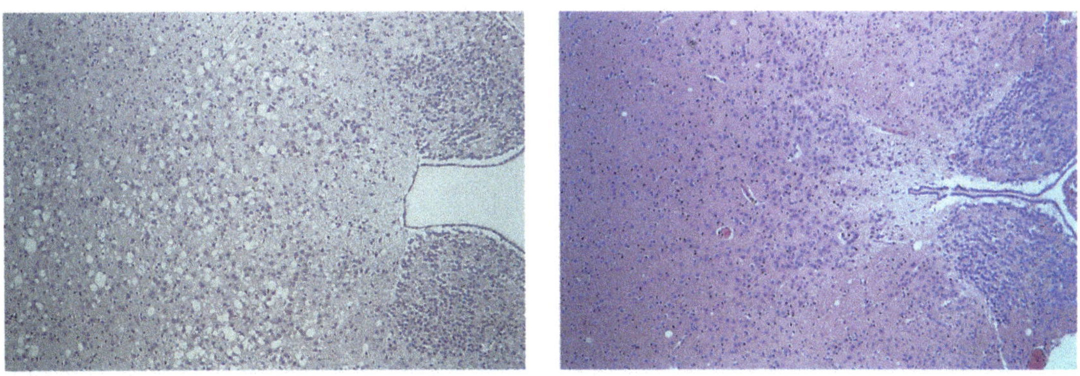

Abb. 11.1: Stammspezifische spongiforme Veränderungen im Thalamus Scrapie-erkrankter Mäuse. Zur Erregerinokulation wurde jeweils ein 1%iges Hirnhomogenat intrazerebral verabreicht. Die Mäuse wurden jeweils im finalen Stadium der Erkrankung euthanasiert. Links: Starke Vakuolisierung bei einer mit Scrapie-Stamm S142 infizierten VM95-Maus. Rechts: Keine bzw. schwache Vakuolisierung bei einer mit Scrapie-Stamm 111A infizierten C57BL/6-Maus (HE-Färbungen, × 10 (Originalvergrößerung)). (Abb. von M. Groschup)

Die im folgenden genannten Kriterien bilden die Basis einer semiquantitativen Bestimmungsmethode zur Unterscheidung der einzelnen Erregerstämme. Dabei wird histologisch die Intensität, Qualität und Lokalisation spongiformer Läsionen in neun definierten Regionen der grauen und in drei definierten Regionen der weißen Hirnsubstanz untersucht und bewertet [459]. Der Grad der Vakuolisierung in der grauen Substanz wird anhand einer Skala von 0–9 bewertet, derjenige der weißen Substanz von 0–3 (Abb. 11.2 oben). Die ermittelten Grade lassen sich graphisch in Form von *Läsionsprofilen* darstellen, anhand derer sich Erregerstämme eindeutig und reproduzierbar voneinander differenzieren lassen (Abb. 11.2 unten) [215]. Zusätzlich zu diesen Läsionsprofilen werden auch andere Kriterien wie Vorkommen und Verteilung amyloid-artiger Plaques [212], Degeneration der Neuronen im Hippocampus [1184]

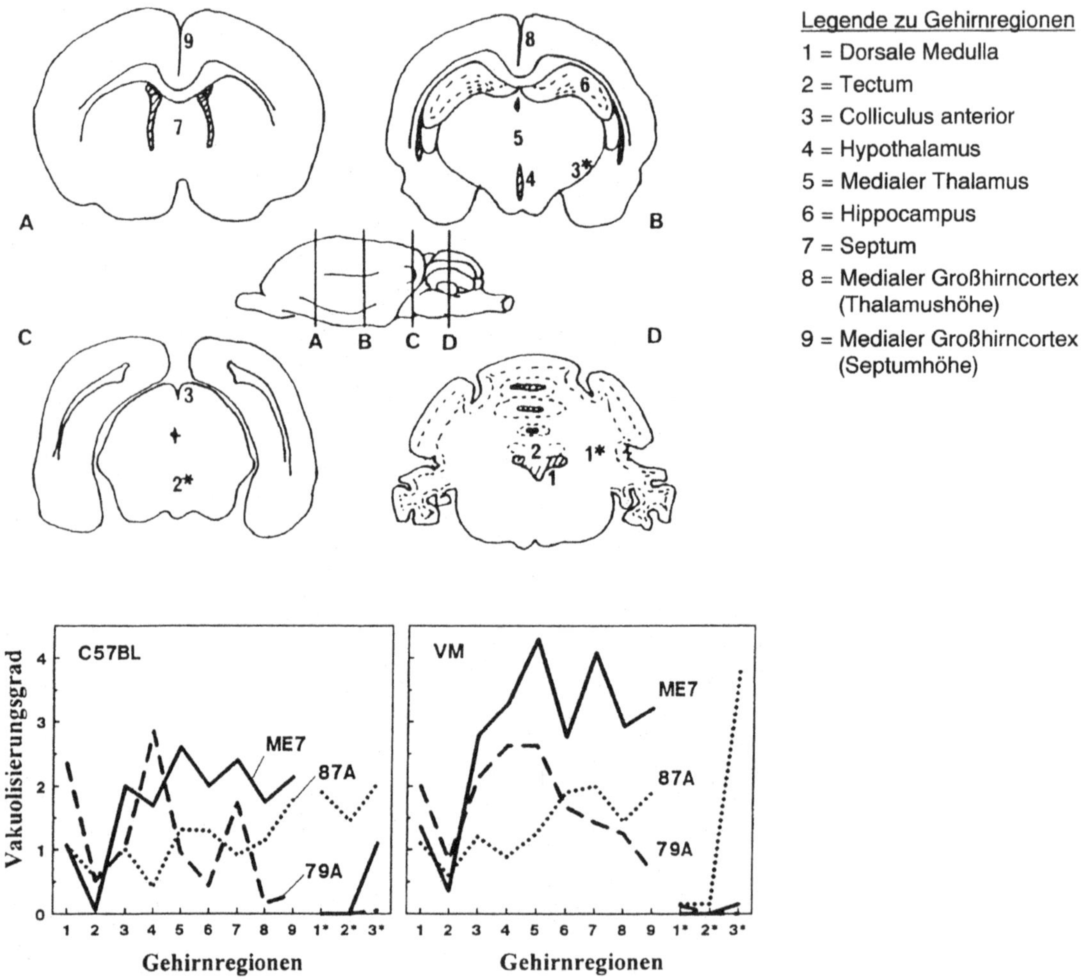

Abb. 11.2: (oben) Schematische Darstellung der Schnittebenen der einzelnen Hirnregionen, in denen der Vakuolisierungsgrad der grauen Substanz (1–9) und der weißen Substanz (1*–3*) zur Erstellung der Läsionsprofile bestimmt wird. (unten): Läsionsprofile von drei Scrapie-Stämmen (ME7, 87V und 79A) nach Passage in C57BL- und VM-Mäusen [214]. Der Serapie-Stamm 22A im p7p7-Genotyp (VM95-Mauslinie) unterscheidet sich im Läsionsprofil in den Regionen 5 bis 9 deutlich von demjenigen im s7s7-Genotyp (C57BL-Mauslinie). Unterschiede in den Läsionsprofilen in verschiedenen Mauslinien lassen sich auch für die Scrapie-Stämme ME7, 22L, 22C, 139A und 79A nachweisen [215]. (Abb. von M. Groschup)

und Verlust retinaler Photorezeptorzellen [445] zur Definition der Scrapieerregerstämme herangezogen. Auch die genaue Lokalisation der Vakuolisierung – intrazellulär (in Nervenzellen; siehe Abb. 1.2) oder extrazellulär (im Neuropil) – wird dabei berücksichtigt.

Zwar wird die Verteilung der spongiformen Degeneration im Gehirn in erster Linie durch den Erregerstamm beeinflußt, doch beeinflußt auch hier wieder die verwendete Mauslinie bzw. das jeweils vorliegende *Sinc*-Gen das spezifische Läsionsprofil [215,461]. Beispielsweise unterscheidet sich das Läsionsprofil des Stammes 22A in p7p7-Mäusen (VM95-Mauslinie) in den Regionen 5–9 deutlich von dem in s7s7-Mäusen (C57BL-Mauslinie). Unterschiede in den Läsionsprofilen in verschiedenen Mauslinien lassen sich auch für die Scrapiestämme ME7, 22L, 22C, 139A und 79A nachweisen [215]. Exemplarisch sind die Läsionsprofile für ME7, 87V und 79A nach Passage in C57BL- und VM-Mäusen in Abbildung 11.2 dargestellt.

Um die Frage zu klären, ob sich die BSE von Scrapie ursächlich ableiten läßt, wurde u.a. die Vakuolenbildung nach Übertragung von infektiösem Rinderhirn auf die RIII-Maus und andere Maus-Inzuchtlinien analysiert (s. Kap. 11.5.3). Histologische Untersuchungen zeigten degenerative Veränderungen des Hirnstamms usw., die sich vom Läsionsprofil der bislang untersuchten Scrapiestämme unterscheiden (Abb. 11.6) [206,207], womit anhand dieses Ansatzes die oben gestellte Frage nicht beantwortbar ist.

11.3.5 Inaktivierungsverhalten

TSE-Erregerstämme unterscheiden sich teilweise deutlich in ihrer Resistenz gegenüber chemischen und physikalischen Inaktivierungsverfahren. So besitzt beispielsweise der Scrapiestamm 22A im Vergleich zu den anderen Stämmen eine deutlich höhere Resistenz gegenüber Hitzeeinwirkung (Porous load autoclaving) (s. Kap. 45) [775]. David Taylor und seine Kollegen fanden 1994, daß die Stämme 263K und ME7 eine höhere Empfindlichkeit gegenüber der Einwirkung von Natronlauge (s. Kap. 44.5.1) besitzen als der BSE-Erreger [1260].

11.3.6 PK-Resistenz des PrP^{Sc}

TSE-Erregerstämme wurden ursprünglich anhand biologischer und histopathologischer Parameter charakterisiert und definiert. Seit den 80er Jahren wurde die zentrale Rolle des Prion-Proteins bei der Pathogenese erkannt [924,933, 1059,1065,1078]. Die Umwandlung des zellulären Prion-Proteins (PrP^C) in seine pathologische Isoform (PrP^{Sc}) wird mithin als Schlüsselereignis (s. Kap. 8) bei der Erreger-Replikation vermutet. Die veränderte Konformation des PrP^{Sc} macht sich v.a. in einer gegenüber PrP^C stark erhöhten Tendenz zur Aggregation [934,935] und einer partiellen Resistenz gegenüber Proteinase K-Verdauung (PK-Verdauung) bemerkbar [148,371,924]. Während PrP^C durch dieses Enzym rasch und vollständig verdaut wird, wird bei PrP^{Sc} unter denselben Bedingungen nur ein Teil der Aminosäurekette am N-terminalen Ende abgebaut.

PrP^{Sc} als auch PrP^C zeichnen sich nach *Western blot*-Analysen durch drei charakteristische Proteinbanden aus [634,635,740,893,989]. Diese drei Banden resultieren aus dem unterschiedlichen Besetzungsgrad der Glykosylierungsstellen, d. h., es können zwei, eine oder keine Glykosylierungsstellen besetzt sein (s. Kap. 11.3.7). Das nicht glykosylierte PrP^{Sc}-Fragment besitzt nach PK-Proteolyse nicht bei allen Scrapiestämmen das exakt gleiche Molekulargewicht von ca. 20 kDa [739,1136]; das Fragment des Stamms 87V hat ein um ca. 1 kDa niedrigeres Molekulargewicht. Neben dem Molekulargewicht des PK-behandelten PrP^{Sc}-Fragments scheint auch die Morphologie (Konformation; s. Kap. 12) und die generelle PK-Resistenz bei den verschiedenen Stämmen unterschiedlich zu sein [739,741,933]. Das PrP^{Sc} des Scrapiestamms 139A z. B. erwies sich gegenüber Proteinasen als weitaus sensitiver als das PrP^{Sc} der Scrapiestämme 87V und ME7.

11.3.7 PrP^{Sc}-Glykosylierung

Bei TSE-Erregerstämmen finden sich, wie erwähnt, auch charakteristische Unterschiede in der Glykosylierung von PrP^{Sc}. Dies drückt sich in einer unterschiedlichen Bandenstärke der nicht-, einfach- und zweifach-glykosylierten

Banden aus [301,739,741,826,1215]. Zur Bezeichnung dieser Unterschiede hat sich der Begriff *Glykosylierungsmuster* eingebürgert.

Die drei PK-resistenten Prion-Protein-Banden können in sehr unterschiedlichen Intensitätsverteilungen vorliegen (Abb. 11.3) [826,

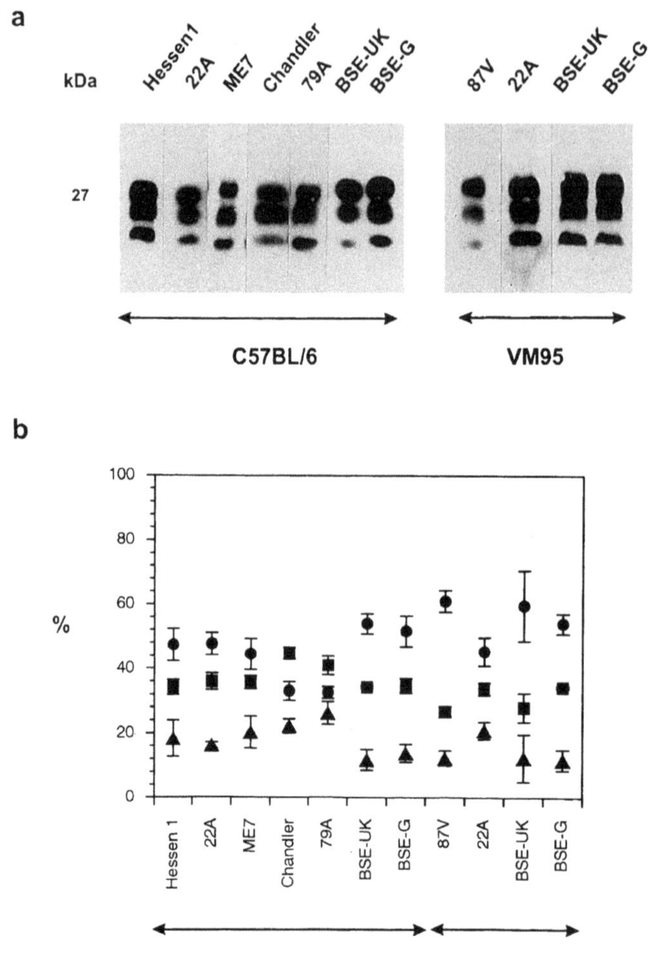

Abb. 11.3: (a) Western blot-Analyse von PrP^{Sc} verschiedener Maus-adaptierter Scrapie-Stämme und Maus-passagierter BSE- und Scrapie-Isolate. Die Prion-Proteine wurden nach PK-Verdauung von 10%igen Hirnhomogenaten in SDS-Polyacrylamidgelen (16%) elektrophoretisch aufgetrennt und mittels eines polyklonalen Antikörpers gegen Maus-PrP bzw. eines monoklonalen Antikörpers gegen Hamster-PrP detektiert. Jedes Prion-Protein ist gekennzeichnet durch eine zweifach-, einfach- und nichtglykosylierte Proteinbande. Dargestellt sind die Prion-Proteine von Scrapie-Isolat Hessen1, von den Maus-adaptierten Stämmen 22A, ME7, Chandler und 79A sowie zwei Maus-passagierten BSE-Isolaten (BSE-UK und BSE-G) nach Passage in C57BL-Mäusen (Genotyp s7s7) und die PrP-Proteinprofile der Scrapie-Stämme 87V, 22A sowie der zwei Maus-passagierten BSE-Isolate (BSE-UK und BSE-G) nach Passage in VM95-Mäusen (p7p7). (b) Graphisches Diagramm der Intensitätsverteilungen der drei Glykoformen der stammspezifischen PrP. Die prozentualen Verhältnisse und die Standardabweichungen der zweifach- (●), einfach- (■) und nichtglykosylierten (▲) Banden wurden aus mehreren Gelläufen von mehreren Hirnhomogenaten bestimmt. Das Gesamtsignal aller drei Banden ergibt 100%. Zur Charakterisierung wurden pro Stamm mindestens vier Mäuse und bis zu 30 Gelläufe in die Bewertung einbezogen. (Abb. von M. Groschup)

1215]. Beispielsweise nimmt bei den Stämmen ME7, 87V und 236K die zweifach-glykosylierte Bande den Hauptanteil an der Gesamtintensität ein, während beim Scrapiestamm Chandler und 79A die einfach-glykosylierte Bande maximale Intensität aufweist (Abb. 11.3). Der Genotyp des Empfängerwirtes scheint für die Glykosylierungsmuster der Erregerstämme von untergeordneter Bedeutung zu sein [1268], da auch nach Passagen in unterschiedlichen Mauslinien identische Glykosylierungsmuster gesehen werden [740,826]. Maus-passagierte BSE-Isolate und Isolate der neuen Variante der CJD (nvCJD) induzierten in erkrankten Versuchstieren ein gleiches, charakteristisches Glykosylierungsmuster des PrP^{Sc}. Unter anderem aufgrund dieser Ähnlichkeit schloß man, daß BSE und die nvCJD vom selben Erreger verursacht werden [301] (s. Kap. 50).

Eine Diversität von Erregerstämmen kann sich überraschenderweise auch nach Mauspassage eines einzigen Feldisolates nachweisen lassen (s. Kap. 11.4). Die Stämme ME7 und 87V z.B. stammten aus demselben an Scrapie erkrankten Schaf [209], und sie unterschieden sich hinsichtlich ihrer Glykosylierungsmuster sehr deutlich.

Die (nicht aus Feldisolaten stammenden) BSE-Stämme 301C und 301V, die nach Passagen in genotypisch unterschiedlichen Mauslinien selektiert wurden und sich in den Inkubationszeiten deutlich voneinander unterscheiden (s. Kap. 11.5.3), aber auch Maus-passagierte Feldisolate aus BSE-erkrankten Rindern lassen sich aufgrund ihrer Glykosylierungsmuster von den bisher analysierten Scrapiestämmen unterscheiden. Beim BSE-Erregerstamm aus dem Feld (s. Kap. 11.5.3) zeigte die zweifach-glykosylierte Bande immer maximale Intensität und die nicht-glykosylierte Bande war nur schwach ausgeprägt [826,1215].

11.4 Adaptation und Selektion

Scrapiestämme können ihre biologischen Eigenschaften sowohl nach Passagen im eigentlichen Wirt als auch nach der Übertragung auf andere Spezies (z. B. Maus) ändern. Auch Übertragungen von experimentellen Maus-Scrapiestämmen auf andere Spezies kann, muß aber nicht zu einer Veränderung der Stammeigenschaften führen. Die dabei beteiligten Mechanismen sind aufgrund der komplexen indirekten Wechselwirkungen (Abb. 1.8) zwischen Genotyp der Empfängerart und den stammbestimmenden Eigenschaften des Erregers bisher nicht bekannt. Folgende zwei Erklärungsversuche seien erwähnt:

Adaptation: Es wird davon ausgegangen, daß die Stammeigenschaften von TSE-Erregern in einer bisher nicht bekannten Art und Weise molekular determiniert sind. Eine auf Anpassungsfähigkeit (Adaptation) beruhende sprungartige oder kontinuierliche Änderung dieser molekularen Eigenschaften könnte zur Entstehung neuer Stämme führen (vgl. Kap. 12 und 19.8).

Selektion: Häufig wurden aus Feldisolaten Scrapie-kranker Tiere bei der Wahl verschiedener Empfänger-Mauslinien zwei unterscheidbare Scrapiestämme isoliert. Eine Erklärung dafür könnte sein, daß die Donoren-Tiere tatsächlich mit einem Gemisch von Erregerstämmen infiziert waren, aus dem durch die Wahl der entsprechenden Bedingungen (Genotyp) der eine oder andere Stamm selektiert wurde.

Vielleicht spielen die Phänomene *Adaptation* und *Selektion* durch ein Zusammenspiel beider Mechanismen eine Rolle: Bei bestimmten Stämmen kommen Änderungen häufig vor; möglicherweise erlangen sie infolge Adaptation einen Selektionsvorteil, sofern sie auf eine für sie geeignete Empfängerspezies (Genotyp) übertragen werden (Abb. 1.8).

11.4.1 Drei Klassen von Stämmen bei der Maus-Scrapie

In der Maus können Scrapiestämme im Hinblick auf die Stabilität ihrer biologischen Eigenschaften in drei unterschiedliche Klassen eingeteilt werden. Klasse I-Stämme verhalten sich vollkommen stabil, selbst bei Passagen in Mauslinien unterschiedlicher Genotypen. Klasse II-Stämme sind stabil in demjenigen Maus-Genotyp, in dem sie isoliert wurden, verändern aber langsam ihre Eigenschaften bei sukzessiven Passagen in anderen Genotypen. Demgegenüber verhalten sich Klasse III-Stämme selbst in demjenigen Maus-Genotyp, in dem sie isoliert wurden, instabil und verändern mitunter innerhalb einer Mauspassage ihre biologischen Eigenschaften.

Der Stamm ME7 ist der Prototyp eines Klasse I-Stammes [209,214,774]. ME7 behält seine biologischen Eigenschaften selbst bei der Passage in unterschiedlichen Maus-Genotypen oder in anderen Spezies wie Schaf und Hamster. Bei Rückübertragung in die Ausgangsspezies stabilisiert sich die Inkubationszeit wieder auf die des Ausgangserregers. Der so zurückübertragene ME7-Stamm erzeugt auch wieder das gleiche histopathologische Läsionsprofil wie der Ausgangsstamm.

Als typischer Klasse II-Stamm sei der Scrapiestamm 22A genannt. 22A zeigt stabile biologische Eigenschaften, solange er in VM95-Mäusen passagiert wird, der Mauslinie, die bei seiner Isolierung verwendet wurde. Wird 22A jedoch z.B. in C57BL-Mäusen passagiert, können sich allmählich die Inkubationszeiten und Läsionsprofile verändern. Nach vier bis fünf Passagen stabilisiert sich der Stamm wieder und er wird dann als 22F bezeichnet [209]. 22F besitzt nahezu die gleichen Eigenschaften wie Stamm 22C, der wie 22A auch aus SSBP/1 isoliert wurde, jedoch unter Verwendung von C57BL-Mäusen. Diese allmähliche Wandlung von 22A zu 22F / 22C könnte durch das Zusammenwirken von Adaptation und Selektion verursacht sein.

Der Stamm 87A wird als Prototyp eines Klasse III-Stammes angesehen. Isolate mit den Eigenschaften von 87A wurden aus sechs verschiedenen Schafen aus vier verschiedenen Rassen isoliert. Wird 87A in einer niedrig gewählten Konzentration in C57BL-Mäusen passagiert, zeigt er stabile Eigenschaften. Wird jedoch die Konzentration des Erregerstammes zur Inokulation im gleichen Mausgenotyp erhöht, kann es zu einer plötzlichen Verkürzung der Inkubationszeit kommen, die dann stabil bleibt. Dieser neu entwickelte Stamm wird als 7D bezeichnet (Tab. 11.1); er erzeugt ein anderes histopathologisches Profil als 87A. Hingegen scheint 7D immer identisch mit dem Scrapiestamm ME7 zu sein [211]. Somit liegt die Vermutung nahe, daß ME7 als veränderter Stamm aus 87A hervorging.

Es stellte sich die Frage, ob Scrapieerregerstämme, die vielfach in Nagetieren passagiert und selektiert wurden, ihre Infektiosität für Schafe behalten haben. Foster und Dickinson fanden 1988, daß zumindest die Stämme 79A, 22A, 22C und ME7 auch nach solchen Passagen noch hoch-infektiös für Schafe sind [443].

11.5 Bekannte TSE-Erregerstämme bei verschiedenen Spezies

Um die Bedeutung der Erregerstämme bewerten zu können, sollte ihre jeweilige Isolationsbzw. Entstehungsgeschichte berücksichtigt werden. Tatsächlich gehen die meisten Stämme auf nur wenige Quellen zurück. Allerdings läßt sich die Herkunft bestimmter Stämme heute nur noch ungenau ermitteln.

11.5.1 TSE-Erregerstämme des Menschen

Die Übertragung humaner TSE-Erreger auf die Maus gelang lange Zeit nur mit wenigen Isolaten. Erst die Verwendung verbesserter Inokulationsprotokolle und transgener Mausmodelle (s. Kap. 10) brachte Anfang der neunziger Jahre den Durchbruch. Aufgrund dieser Schwierigkeiten liegen derzeit noch keine kompletten Charakterisierungen humaner Isolate vor. Untersuchungen zum Molekulargewicht, zur Proteinase-Resistenz und Glykosylierung des humanen PrP^{Sc} deuten jedoch klar auf das Vorhandensein von mehreren Stämmen hin [217,301]. Bei diversen CJD-Isolaten ließen sich drei verschiedene Laufverhalten der durch Proteinase K verdauten PrP^{Sc}-Fragmente finden (vgl. Kap. 11.3.6–11.3.7) [301].

11.5.2 Scrapiestämme aus kleinen Wiederkäuern

Die Erforschung der Scrapie fand von den 40er bis 70er Jahren vor allem in Großbritannien statt. Über dreißig Jahre lang verwendeten britische Forscher fast ausschließlich Material aus dem Scrapie-subpassaged Brain Pool, sog. SSBP/1-Material, und dessen Subpassagen zur Infektion von Schafen und Ziegen [354]. SSBP/1 stellte einen Pool aus Hirnhomogenaten von drei verschiedenen an Scrapie erkrankten Schafen dar: von einem Cheviot-Schaf sowie zwei Cheviot X Border-Leicester-Kreuzungstieren. Insofern handelte es sich bereits hier um relativ undefiniertes Ausgangsmaterial, in dem theoretisch mindestens drei verschiedene Scrapieerregerstämme vorhanden sein konnten. SSBP/1 wurde in dieser Zeit bis zu zwanzig Mal in Schafen und Ziegen passagiert. Nur wenig ist heute

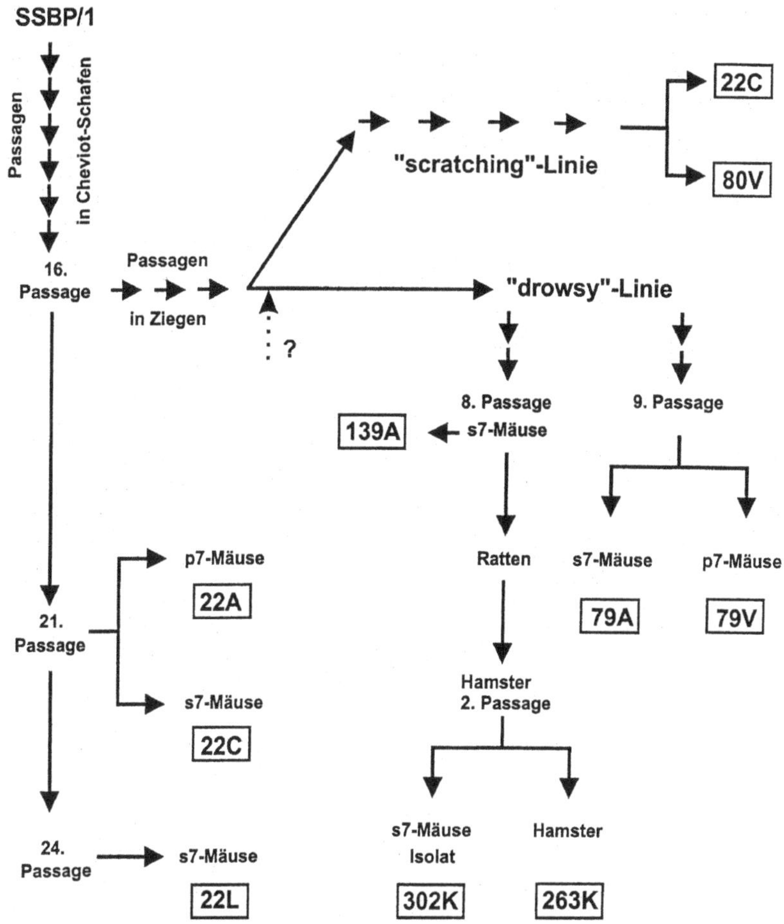

Abb. 11.4: Historischer Überblick über die zahlreichen Passagen des Scrapie-Pools SSBP/1 (Scrapie Sheep Brain Pool) aus mehreren Schaf-Hirnhomogenaten in unterschiedlichen Tierlinien. Aus Passagen in Cheviot-Schafen entstanden die Maus-adaptierten Scrapie-Stämme 22A, 22C und 22L. Nach Passagen in Ziegen entwickelten sich zwei Linien: die „scratching"-Linie, aus der die Stämme 22C und 80V stammen, und die „drowsy"-Linie mit den Maus-Scrapie-Stämmen 139A, 79A und 79V sowie der Hamsterpassagierte Hamster-Scrapie-Stamm 263K und der Maus-Scrapie-Stamm 302K.
Die Maus-adaptierten Scrapie-Stämme 139A, 79A und 79V weisen im Gegensatz zur „scratching"-Linie große Vakuolisierungen in der weißen Substanz in C57BL-Mäusen auf. Es gibt drei Hypothesen, warum die „drowsy"-Linie in erheblichem Maße von der „scratching"-Linie abweicht [63,1394]:

1. Bei den „drowsy"-Stämmen handelt es sich um eine Feldkontamination, die auf die Verwendung einer bereits Scrapie-inkubierenden Ziege zurückzuführen ist.
2. Die Erreger-Stämme 79A und 139A waren zwar im SSBP/1-Homogenat vorhanden, jedoch, im Gegensatz zu 22A oder 22C nur in geringeren Dosen. Diese Vermutung hätte zur Folge, daß die eindeutige Vakuolenbildung in der weißen Substanz in den ersten C57BL-Maus-Passagen unterdrückt wurde.
3. Die Erreger veränderten sich aufgrund einer Adaptation an bestimmte Ziegen zu der drowsy-Linie.

(Abb. von M. Groschup)

und war vermutlich auch damals über den genauen Scrapie-Status dieser Tiere bekannt. Häufig wurden Tiere aus fremden Herden zugekauft. Angesichts der weiten Verbreitung der Scrapie in GB – die geschätzte Prävalenz betrug 1990 >30% [959] – ist deshalb nicht auszuschließen, daß dabei auch subklinisch Scrapie-infizierte Tiere in den Versuchen Verwendung fanden, die dann aufgrund der schon im Feld erfolgten Infektion erkrankten und nicht infolge der experimentellen Infektion. So kann das Erregerstamm-Reservoir von SSBP/1 im Laufe der Zeit mehrmals zunächst unbemerkt erweitert worden sein. Sehr wahrscheinlich geht die Entstehung der sog. „drowsy"-Ziegen-Stämme auf eine solche Kontamination mit Feldisolaten zurück [354].

Deshalb ist es nicht verwunderlich, daß bisher acht verschiedene Maus-Scrapiestämme aus mit SSBP/1 oder dessen Subpassagen infizierten Schafen und Ziegen isoliert wurden: 22C, 22A, 22M, 22L, 80V, 79A, 79V und 139A. Der Stamm 139A wird heute auch synonym mit der Bezeichnung **Chandler** (benannt nach seinem Entdekker) verwendet oder als RML bezeichnet (**RML** = Sub-Passage, die von R. Marsh am **R**ocky **M**ountain **L**aboratory, Montana, „vermehrt" und dann an S. Prusiner weitergegeben wurde). Aufgrund der wahrscheinlichen Kontamination unterteilt man diese Isolate heute in die SSBP/1-Familie (22C, 22A, 22M, 22L) (in Schafen), die Hamster-passagierten Isolate 302K und 263K, sowie – in Ziegen – die „scratching"-Linie (22C, 80V) und die „drowsy"-Linie (79A, 79V, 139A) (Abb. 11.4). Es gibt drei Hypothesen, warum die „drowsy"-Linie in erheblichem Maße von der „scratching"-Linie abweicht [354]:

1. Bei den „drowsy"-Stämmen handelt es sich um eine Kontamination mit Feldisolaten, die auf die Verwendung einer bereits Scrapie-inkubierenden Ziege zurückzuführen ist.
2. Die Erreger-Stämme 79A und 139A waren zwar im SSBP/1-Homogenat vorhanden, jedoch im Gegensatz zu 22A oder 22C nur in geringeren Dosen. Falls diese Vermutung zutraf, hätte es zur Folge gehabt, daß es nicht zu einer eindeutigen Vakuolenbildung in der weißen Substanz in den ersten C57BL-Maus-Passagen kam.
3. Die Erreger veränderten sich aufgrund einer Adaption an bestimmte Ziegen zu der „drowsy"-Linie.

Einige der Scrapiestämme wurden bereits bei den ersten Scrapie-Übertragungen von Schaf und Ziege auf die Maus entdeckt. Dazu gehörten die Stämme 79A und 79V, die aus demselben Ausgangsmaterial durch Inokulation in s7s7-Mäusen (C57BL) oder p7p7-Mäusen (VM95) isoliert wurden und nach der siebten Passage stabile Eigenschaften aufwiesen. I.d.R. sind aber die heute verwendeten Erregerstämme durch vielfache Passagen in der Maus weiterentwickelt worden. So wurde der Stamm mit der Bezeichnung 139A (Chandler, RML) mindestens 30 Mal in der Maus passagiert, Scrapiestamm 79A mindestens neun Mal und die Stämme 22A, 22C, 22L, 22H und 22F mindestens 25 Mal (Abb. 11.4). Im Rahmen dieser Subpassagen wurden die Stämme häufig und wiederholt cloniert, d.h. es wurden sukzessive Maus-Infektionsversuche mit Erregerkonzentrationen durchgeführt, in denen nur noch eine infektiöse Einheit vorhanden war, z.B. im Rahmen einer Endpunkttitration.

Des weiteren wurden auch Übertragungen und sukzessive Passagen von SSBP/1- oder „drowsy"-Ziegen-Isolaten auf andere Tierarten als die Maus durchgeführt. Aufgrund von Adaptationen und/oder Selektionen erhielt man weitere definierte Stämme wie beispielsweise die Maus-adaptierten Stämme 302K und 431K nach 17 Subpassagen in Ratten und zwei bzw. fünf Passagen in Hamster. Auch der heute in vielen Labors verwendete Hamster-Stamm 263K geht auf diese Übertragungsversuche zurück. Analog zu Stamm 139A bei der Maus wird der Stamm 263K häufig in der älteren Literatur als *Chandler scrapie in hamsters* bezeichnet (Tab. 11.3).

Seit den 70er Jahren wurden schließlich neue Isolate aus Scrapie-erkrankten Schafen gewonnen, in verschiedenen Mauslinien passagiert und in Maustypisierungs-Experimenten charakterisiert. In der Mehrzahl dieser Versuche erhielt man aus britischen Scrapie-Tieren Erreger mit den phänotypischen Eigenschaften des Stammes ME7 (der seinerseits vermutlich als neuer Stamm aus 87A hervorging; s. Kap.

Tabelle 11.3: Scrapie-Stämme, die aus erkrankten Schafen und Ziegen isoliert wurden.

		Scrapie-Herkunft (Schaf-Rasse/Art)	Anzahl
A	Isolierte Stämme		
	87A, 87V, ME7	Dorset Down	1
		Suffolk	5
		Border Leicester X Cheviot	1
		Blackface*)	2
		Southdown	1
		Welsh Mountain	1
		Cheviot**)	1
	22A, 177A	Isländisches Schaf	3
	111A, ME7	Colbred X Suffolk	1
	124A	Ziegen**)	1
B	Untypisierte Isolate	Cheviot	1
		Border Leicester	1
C	Keine Erstpassagen in Mäusen	Swaledale	1
		Blackface*)	1
		Dorset Horn	1
		Cheviot	2
		Isländisches Schaf	2
		Finnische Landrasse	1

*) Tiere waren in Kontakt mit erkrankten Suffolk-Schafen. **) Vorläufige Stamm-Identität.

11.3.7). Als Beispiel seien die Isolate 58A und 201C genannt [207]. Somit scheint zumindest für Scrapie in GB zu gelten, daß die Infektionen mit dem Stamm ME7 den Großteil des endemischen Scrapie-Geschehens ausmachen. Daneben wurden aber auch Erregerstämme gefunden, die von ME7 und den SSBP/1- bzw. drowsy goat-Isolaten völlig abweichen. Dazu zählen die beiden phänotypisch voneinander abgrenzbaren Stämme 87A und 87V, die unter Verwendung der Mauslinien VM95 und C57BL aus dem Gehirn eines Scrapie-erkrankten Cheviot X Border-Leicester-Kreuzungstieres isoliert wurden (aus letzterem wurde übrigens auch der Stamm 7D isoliert; s. Kap. 11.5.2) [211]. Andere in der Literatur erwähnte Feld-Isolate mit den Bezeichnungen 31A, 51C, 125A, 138A und 153A entsprechen in ihren Eigenschaften dem Erregerstamm 87A [209]. Das Isolat 124A aus der Ziege ist bisher noch nicht genauer charakterisiert, scheint aber ebenfalls dem Stamm 87A sehr ähnlich zu sein.

Weitere bekannte Scrapieerreger aus GB sind die Stämme 201V und 111A aus dem Schaf. Neben britischen wurden auch zwei isländische Scrapie-Isolate charakterisiert. Während das eine dem Stamm 22A entsprach, besaß das zweite, 177A genannt, einen dem Stamm 111A ähnlichen Phänotyp.

Daneben untersuchten Carp und Callahan 1991 amerikanische Scrapie-Isolate aus fünf erkrankten Suffolk-Schafen, indem sie jeweils VM95- und C57BL-Mäuse inokulierten [248]. Sie erhielten zehn Isolate, die mit C600 und C601, C602 und C603, C604 und C605, C606 und C607 sowie C608 und C609 bezeichnet werden. Sie unterschieden sich teilweise in der klinischen Symptomatik und/oder der Inkubationszeit.

11.5.3 Der BSE-Erregerstamm

Seit Mitte der achtziger Jahre in GB die BSE entdeckt wurde, stellt sich immer wieder die zentrale Frage, ob diese ursprünglich durch die Übertragung eines Scrapie-Erregers auf das Rind verursacht wurde, oder ob BSE auf einen eigenständigen Erreger zurückgeht (s. Kap. 19.8). Aufgrund des komplexen indirekten Wechselspiels zwischen Erregerstamm und PrP-Genotyp des Empfängers dürfte die Frage kaum je definitiv zu beantworten sein. Im Rah-

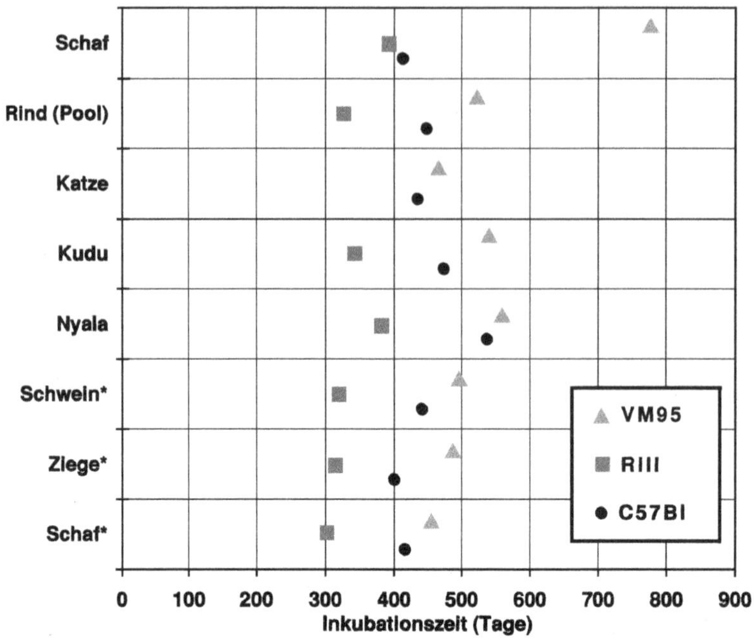

Abb. 11.5: Inkubationszeiten von C57BL- (●), RIII- (■) und VM95-Mäusen (▲) nach intrazerebraler Injektion eines 1%igen Hirnhomogenats von einem Scrapie-kranken Schaf, BSE-kranken Rindern (Mittelwerte aus einem Pool von sieben Rindern), einer FSE-kranken Katze, einem BSE-kranken Kudu und Nyala und einem nvCJD-kranken Menschen. *BSE-Hirnhomogenat wurde zudem Schweinen, Ziegen und Schafen inokuliert und anschließend in Mäusen passagiert. (Abb. von M. Groschup).

men von Versuchen, die der Klärung dieser Frage dienen sollten, wurden von M. Bruce und ihren Kollegen Übertragungen mit BSE-Material auf verschiedene Mauslinien (RIII, C57BL, VM95, usw.) durchgeführt (Abb. 11.5). Die dabei erhaltenen Resultate [207] beschreibt die Autorin im Kapitel 50 selbst im Detail. Kurz zusammengefaßt ergab sich Folgendes: Überraschenderweise waren die Inkubationszeiten aller BSE-Isolate aus dem Feld in den jeweiligen Mauslinien sehr einheitlich (Abb. 11.5). Auch die Histopathologie aller vom Rind stammenden BSE-Feldisolate ist weitgehend uniform und zeigt ein charakteristisches Läsionsprofil (Abb. 11.6 unten), das sich von allen bisher beschriebenen Scrapieerregerstämmen unterscheidet (Abb. 11.6 oben). Auch BSE-infizierte exotische Wiederkäuer wie Kudu, sowie Katzen, die an einer FSE erkrankt waren, wurden analysiert; und auch hier wurden dieselben Beobachtungen gemacht (s. Kap. 20). Neuropathologie und Läsionsprofile gleichen sich auch noch in verschiedenen Mauslinien nach der ersten Passage. Alle diese Beobachtungen sprechen klar dafür, daß bisher im Feld nur ein einziger BSE-Erregerstamm zirkuliert. Bei weiteren Passagen in genotypisch unterschiedlichen Mauslinien kam es jedoch zu einer Selektion von zwei voneinander differenzierbaren Erregerstämmen. In s7s7-Mauspassagen (C57BL) entwickelte sich der sog. *Stamm 301C* und in p7p7-Mauspassagen (VM95) der *Stamm 301V*. Im Vergleich zum Stamm 301C weist der Stamm 301V deutlich kürzere Inkubationszeiten in p7p7-Mäusen und geringfügig längere Inkubationszeiten in s7s7-Mäusen auf. Dennoch ergaben diese zwei Stämme bzw. Laborisolate sowohl im histopathologischen Läsionsprofil als auch im Glykosylierungsmuster ein einheitliches Bild.

11.5.4 TSE-Erregerstämme anderer Tiere

Aus TME-infizierten Nerzen wurden – nach Passagen auf syrische Hamster [137,139] – zwei

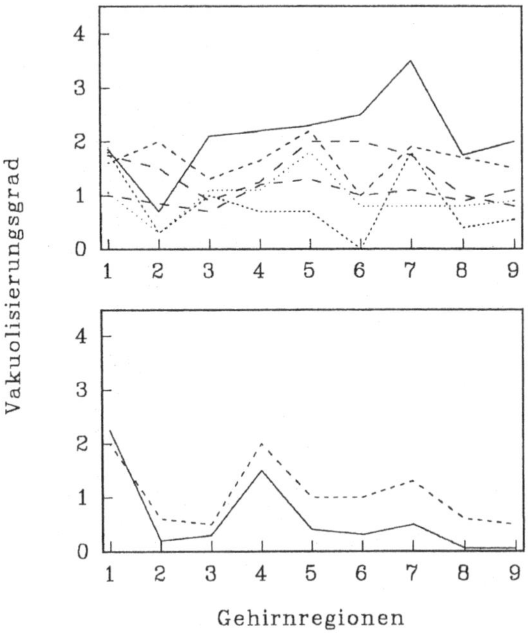

Abb. 11.6: Vergleich der Läsionsprofile in RIII-Mäusen nach intrazerebraler Injektion. (oben) Darstellung sechs unterschiedlicher Schaf-Scrapie-Isolate. (unten) Darstellung britischer BSE-Feldisolate als Pool (—) und eines Schweizer BSE-Feldisolates (---). (Abb. von M. Groschup).

voneinander abgrenzbare Erregerstämme isoliert, die als „Hyper" (HY) und „Drowsy" (DY) bezeichnet werden (s. Kap. 12.2) [138]. Sie unterschieden sich im Laufverhalten des PK-resistenten, nicht glykosylierten Proteinfragments: der Stamm HY hatte ein Molekulargewicht von ca. 21 kDa, während der Stamm DY als Bande bei 19 kDa lief [137]. Im Feld ist nur 1 TME-Form festgestellt worden (s. Kap. 22.2).

Aus Hirschen, die an der Chronic Wasting Disease (CWD) erkrankten, konnte bisher nur ein einziger Erregerstamm mit einem definierten histopathologischen Bild isoliert werden [217, 1359,1360].

11.6 Erklärungsansätze zur Entstehung und Existenz von TSE-Stämmen

Anhand der aufgeführten Unterscheidungskriterien konnten bislang über zwei Dutzend verschiedene TSE-Erregerstämme identifiziert und voneinander abgegrenzt werden. Diese Vielfalt wird als Einwand gegen die protein-only-hypothesis (s. Kap. 4) erhoben. Die Existenz von TSE-Erregerstämmen mit sehr unterschiedlichen phänotypischen Eigenschaften könnte bedeuten, daß der Erreger aus einer weiteren stammspezifischen Komponente als nur dem Prion-Protein besteht.

Da die Aminosäuresequenz des PrP im Genom der Wirtsart festgelegt ist, ist nur schwer vorstellbar, wie gemäß dem Prion-Modell Stammeigenschaften codiert sein könnten. Folgende Hypothesen werden diskutiert, wobei die Reihenfolge ohne Bedeutung ist, denn für keine dieser Hypothesen gibt es derzeit schlüssige Beweise:

1. Eine regulatorische Erreger-DNA bzw. virale Nukleinsäure könnte für die unterschiedlichen Eigenschaften verantwortlich sein (s. Kap. 4.5.3).
2. Die Bindung eines sonstigen regulatorischen Faktors, z. B. ein Protein X, könnte zur Ausprägung von Stammeigenschaften führen (vgl. Kap. 12.4).
3. PrP^{Sc} könnte stammspezifisch unterschiedlich glykosyliert sein, indem unterschiedliche Hirnzellen (Neuronen) bei dessen Bildung beteiligt sind (Target Cell Theorie).
4. PrP^{Sc} könnte stammspezifisch unterschiedlich gefaltet sein (stammspezifische Konformation) (s. Kap. 12).

Da die Suche nach viralen Nukleinsäuren bislang ergebnislos verlaufen ist, könnte aus der Sicht von S. Prusiner und anderer Forscher die Erklärung für die unterschiedlichen Stämme beispielsweise darin liegen, daß PrP^{Sc} in mehreren Konformations-Subtypen vorliegen kann. Falls dies zutrifft, wäre es denkbar, daß der eine Konformations-Subtyp PrP^{C} äußerst wirksam in eine PrP^{Sc}-Form überführen könnte und die Inkubationszeit bis zum Ausbruch der Krankheit entsprechend kurz wäre. Einem anderen Konformations-Subtyp des PrP^{Sc} gelänge dies vielleicht weniger effizient und die Inkubationszeit wäre entsprechend länger. Ähnlich könnten verschiedene Konformations-Subtypen des PrP^{Sc} bevorzugt jeweils andere Hirnbereiche befallen, wodurch sich die unterschiedlichen Symptome erklären ließen. Auf diese hypothetische Erklärung wird im folgenden Kapitel näher eingegangen.

12 Die Konformation des Prion-Proteins codiert für quantitative Charakteristika von Prionstämmen

Jiri G. Safar, Fred Cohen und Stanley B. Prusiner

12.1 Einleitung

Prionvarianten, die unterschiedliche Krankheitsphänotypen hervorrufen, werden oft als Stämme (strains) bezeichnet. Stämme replizieren mit einem hohen Grad an Genauigkeit. Dieses Phänomen verlangt nach einem besonderen Mechanismus. Wie man sich diesen vorstellt, wird im vorliegenden Kapitel erläutert. Desweiteren wird das hypothetische Helferprotein (Faktor X) und seine mögliche Rolle beschrieben sowie ein neu entwickelter konformationsabhängiger Immunoassay, der zur Stammtypisierung und zu weiteren praktischen Anwendungen eingesetzt werden könnte.

Prionstämme unterscheiden sich durch qualitative Charakteristika, wie klinische Symptome, Histopathologie, Topologie der PrP^{Sc}-Akkumulation und die Form des glykosylierten und deglykosylierten PrP^{Sc} im Western blot. Da keine dieser qualitativen Charakteristika die quantitativen Stammeigenschaften, wie Inkubationszeit oder Dosiswirkung direkt erklären kann, mußten konformationelle Parameter von PrP^{Sc} und die Akkumulationsrate bei verschiedenen Prionstämmen analysiert werden. Unter Verwendung des konformationsabhängigen Immunoassays (CDI) konnten PrP^{Sc}-Moleküle von acht unterschiedlichen Prionstämmen, die im syrischen Hamster propagiert wurden, unterschieden werden. CDI quantifiziert PrP-Isoformen, indem es simultan die Antikörperbindung sowohl an die denaturierte als auch an die native Form eines Proteins verfolgt. Wenn man das Verhältnis der Bindung an denaturiertes zur Bindung an natives PrP gegen die Konzentration von PrP^{Sc} aufträgt, nimmt jeder Stamm eine einmalige Position ein. Dies weist darauf hin, daß jeder Stamm unterschiedliche Konzentrationen spezieller PrP^{Sc}-Konformere akkumuliert hat. Diese Schlußfolgerung wurde durch ein charakteristisches Muster des Faltungsgleichgewichtes von PrP^{Sc}, das bei jedem Stamm gefunden wurde, unterstützt. Im Vergleich der PrP^{Sc}-Konzentration vor und nach limitierter Verdauung mit Proteinase K (PK) wurde gefunden, daß jeder Stamm einen erheblichen Anteil proteinasesensitives PrP^{Sc} produziert. Es ergab sich die Frage, ob diese PrP^{Sc}-Fraktion aus denjenigen PrP^{Sc}-Molekülen besteht, die am leichtesten durch zelluläre Proteinasen entfernt werden. Bei der graphischen Darstellung der proteinasesensitiven PrP^{Sc}-Fraktion als Funktion der Inkubationszeit stellte sich ein lineares Verhältnis mit einem ausgezeichneten Korrelationskoeffizienten ($r = 0{,}94$) dar.

Zusammen mit den Ergebnissen zum zeitlichen Verlauf der Prioninfektion in Tg(MHu2M)- und Tg(SHaPrP)-Mäusen, stellen diese Resultate ein Argument dafür dar, daß unterschiedliche Inkubationszeiten verschiedener Prionstämme überwiegend durch ganz bestimmte Entfernungsraten (clearance) entstehen und nicht durch unterschiedliche Geschwindigkeiten der PrP^{Sc}-Bildung.

12.2 Priondiversität

Besondere und einmalige Charakteristika von Prionisolaten, die unterschiedliche Krankheitsphänotypen hervorrufen, werden oft mit der Bezeichnung „Stämme" belegt. Prionstämme wurden ursprünglich aufgrund unterschiedlicher klinischer Symptome bei Ziegen mit Scrapie isoliert [1031]; in der Folge wurden Stämme bei

Nagetieren aufgrund unterschiedlicher Inkubationszeiten und neuropathologischer Profile (Läsionsprofile) isoliert [356,461]. Neue Stämme wurden nach Passage von einer Spezies zu einer anderen [760] oder Passage von nicht transgenen Mäusen zu Mäusen, die ein fremdes oder artifizielles PrP-Transgen exprimierten [1187], generiert.

Über mehrere Jahrzehnte wurde die Existenz von multiplen Prionstämmen als ein Argument für die Existenz einer scrapiespezifischen Nukleinsäure dargestellt [211,360]. Trotz zahlreicher Versuche, eine solche Nukleinsäure durch diverse Ansätze zu finden (s. Kap. 4.5.3) und trotz der sich häufenden Hinweise gegen die Existenz einer Nukleinsäure [746,748,938] (s. Kap. 3.5) blieb die Erklärung für Prionstämme ein großes Rätsel [1064]. Die Parameter, die bestimmte Prionisolate unterscheiden, ließen sich in qualitative und quantitative Kategorien einteilen.

A. Qualitative Eigenschaften
1. Klinische Symptome [1031]
2. Anatomische Verteilung und Charakteristika der Hirnläsionen [356,461]
3. Topologie der PrP^{Sc}-Akkumulation auf Histo blots [1240]
4. M_r des un- oder deglykosylierten PrP 27–30 auf Western blots [139,1016]
5. Verteilung der verschiedenen Glykoformen des PrP 27–30 im Western blot [301]
6. Konformationelle Charakteristika von PrP^{Sc} im CDI [1145]

B. Quantitative Eigenschaften
1. Inkubationszeit [1031]
2. Dosis-Wirkungs-Kurve bei der Endpunkt-Titration [763]
3. Empfindlichkeit des PrP^{Sc} gegen Proteasen (clearance) [1145]

Trotz der Tatsache, daß qualitative Charakteristika von Prionisolaten bereits sehr lange bekannt sind, versteht man noch heute die dafür verantwortlichen Mechanismen kaum. Einige der Eigenschaften, wie klinische Symptome, Pathologie und Verteilung des konvertierten PrP^{Sc} im ZNS könnten ein Hinweis auf differentielles Prion-Targeting darstellen [343]. Einige Autoren, die sich mit den Western blot-Mustern von PrP 27–30 beschäftigten, haben vorgeschlagen, daß die beobachteten Unterschiede verschiedene Glykosylierungsmuster reflektieren, und daß asparagingebundene Kohlehydrate Prionstämme spezifizieren. Es gibt allerdings noch keine direkten Daten zur Amino-Zucker-Analyse oder Kohlehydratkettensequenzierung, die diesen Vorschlag unterstützen würden. Dieser Vorschlag ist auch schwer mit dem Ergebnis zu verbinden, daß mannosereiche Oligosaccharide an Asparagin in Konsensuspositionen auf PrP im endoplasmatischen Retikulum angehängt und nachfolgend die Kohlehydratketten im Golgi-Apparat umgebaut werden [406]. Die Modifikation der mit PrP verbundenen komplexen Kohlehydrate ist sicherlich vor dem PrP^{C}-Transport an die Zelloberfläche abgeschlossen [151,259], was ein Hinweis darauf ist, daß Asparagin-verbundene Kohlehydrate auf PrP^{Sc} nicht das Anhängen von solchen komplexen Kohlehydraten an PrP^{C} steuern.

Die Mutagenese der Glykosylierungsstellen für komplexe Zucker schien die PrP^{Sc}-Bildung bei Zellkulturen zu steigern [1241]. Dies führte jedoch zu verlängerten Inkubationszeiten bei transgenen Mäusen und Unterschieden im Muster der PrP^{C}-Verteilung und PrP^{Sc}-Ablagerung bei Mäusen, die mutantes PrP exprimieren [343]. Zusammengefaßt legen all diese Untersuchungen den Schluß nahe, daß die Asparagin-Glykosylierung die Stabilität von PrP und insbesondere PrP^{Sc} ändern könnte, was zu unterschiedlichen Ablagerungmustern von PrP^{Sc} führt.

Obwohl die Hypothese aufgestellt wurde, daß unterschiedliche Konformere von PrP^{Sc} für bestimmte Prionstämme verantwortlich sein könnten [1059], gab es für eine solche Behauptung keinen Beweis, bis zwei Isolate, DY und HY von nordamerikanischen Nerzen (Mink) in syrischen Hamstern passagiert und analysiert worden waren [137,139]. Der HY-Stamm konnte nämlich von den Stämmen Sc237, SHa(Me7) und MT-C5 im Hinblick auf Inkubationszeit und Größe der PrP 27–30-Fragmente in der SDS-PAGE nicht unterschieden werden. Hingegen korrelierte die verminderte Resistenz von DY gegenüber limitierter PK-Verdauung nicht mit anderen Isolaten [1187], die ansonsten ähnliche Inkubationszeiten hervorriefen, wie 139H und SHa(RML). Diese Untersuchungen waren zwar von großem Interesse, aber der unklare Ursprung von HY und DY im Nerz und der Mangel an Korrelation mit den Eigenschaften anderer biologisch ähnlicher Stämme waren schwer in Einklang zu bringen. Erst als Prionstämme, die *de novo* im Menschen mit erblichen Prionkrankheiten generiert worden waren (vgl. Kap. 3.5), in Tg(MHu2M)-Mäusen passagiert wurden, fand man *starke Argumente für eine Verschlüsselung der biologischen Eigenschaften von Prionstämmen in der Konformation von PrP^{Sc}* [1063,1268]. Man hatte Glück bei diesen Untersuchungen; in dem Sinne, daß fCJD (E200K) und FFI nach limitierter PK-Verdauung unterschiedliche Größen der PrP 27–30-Fragmente ergaben. Die limitierte Verdauung durch PK, die entweder in Banden von 19 oder 21 kDa nach Deglykosylierung von PrP 27–30 resultierte, konnte jedoch die in Bioassays beobachtete Stammdiversität nicht erklären.

12.3 Neue Hilfsmittel für das Studium von Prionisolaten

Der wichtigste methodische Fortschritt, der für ein rasche Entwicklung der Prionforschung in den letzten 20 Jahren verantwortlich war, war die Entwicklung des Inkubationszeitassays für Prionen [1067] (s. Kap. 11, 50). Diese einfache, ursprünglich wenig beachtete Methode war für eine sehr markante Beschleunigung der Prionforschung verantwortlich und wurde eine treibende Kraft hinter der Weiterentwicklung des Prion-Modells. In jüngerer Zeit hat es ähnlich bedeutende, methodisch bedingte Fortschritte infolge der schnellen Entwicklung der Molekularbiologie (s. Kap. 10), Strukturchemie (s. Kap. 5, 6) und Immunologie (s. Kap. 35) gegeben. Diese haben auch neue Wege für praktische Methoden des Prionnachweises mit wichtigen Auswirkungen selbst für den Public Health-Bereich eröffnet (s. Kap. 35, 53). Prionen können zwar *in vivo* durch Bioassays (Tierversuch) in empfänglichen Labortieren nachgewiesen werden, jedoch ist der praktische Nutzen dieser Methode durch die Speziesbarriere und die sehr lange Inkubationszeit für die meisten Prionisolat-Wirts-Kombinationen beschränkt. Transgene Mäuse mit hoher Expression humaner, boviner oder chimärer PrP-Gene zeigen dagegen eine Aufhebung der Speziesbarriere und signifikant kürzere Inkubationszeiten – im Vergleich zu nicht transgenen Wirten (Wildtypen) [1188, 1270]. Dadurch bieten hochempfängliche transgene Mäuse ein wesentliches Instrumentarium für den Vergleich biologischer Charakteristika von Prionisolaten in biologisch definierten Wirten [1187,1271]. Zusätzlich wird es erst dadurch möglich, Prionen im Gehirn und anderen Organen von CJD-Patienten, Rindern mit BSE usw. praktisch zu quantifizieren.

Eine andere Möglichkeit des Prionnachweises besteht in *in vitro*-Methoden, bei denen die Gegenwart von PrP^{Sc} im Gewebe von Mensch und Tier eine Prioninfektion anzeigt. PrP^{Sc} ist die konstante Komponente von Prioninfektionen und ist der einzige bekannte krankheitsspezifische diagnostische Marker, der durch Immunhistochemie im Gehirn von betroffenen Tieren und Menschen nachgewiesen werden kann [550,636,939,1201,1240] (Abb. 15.1d). Leider sind PrP^{Sc}-Assays nur positiv, wenn der Priontiter relativ hoch ist, während der Nachweis niedriger PrP^{Sc}-Niveaus problematisch ist. Es hat sich als schwierig erwiesen, niedrige PrP^{Sc}-Niveaus in der Gegenwart hoher PrP^{C}-Werte zu messen. Als Antwort auf dieses Problem wurde eine im folgenden beschriebene schnelle, spezifische und hochsensitive Methode für den PrP^{Sc}-Nachweis entwickelt, die sich auf einen konformationsspezifischen Immunoassay (CDI) stützt [1145].

Nach Kalibrierung des Assays mit rekombinanten, in verschiedenen Konformationen rückgefalteten SHaPrP, konnte zwischen α-helikalen Konformationen, β-Faltblatt und Randomcoil-Konformationen von PrP (entweder isoliert oder in Mischung) unterschieden werden. So hat der Assay es ermöglicht, die Menge an PrP^{Sc} in Hirnhomogenaten ohne vorhergehende PK-Verdauung zur Eliminierung von PrP^{C} zu messen. Der Assay ist konformationsspezifisch und kann relativ niedrige Konzentrationen von PrP^{Sc} in Hirnhomogenaten erkennen, in denen PrP^{C} in einem 100-fachen Überschuß vorhanden ist. Durch selektive Präzipitation von PrP^{Sc}

vor der Anwendung des differentiellen Immunoassays kann PrP^{Sc} sogar in der Gegenwart eines 3000-fachen Überschusses von PrP^{C} noch gemessen werden. Gegenwärtig kann der Assay weniger als 1 ng/ml PrP^{Sc} im Hirnhomogenat mit einem dynamischen Bereich von fünf Größenordnungen quantifizieren [1145]. Der Priontiter im Hirnhomogenat von klinisch erkrankten CJD-Patienten beträgt 10^6 ID_{50} Einheiten/ml oder weniger; der differentielle Immunoassay kann Priontiter von 1 ID_{50} Einheit/ml erkennen.

12.4 Erkennung zahlreicher PrP^{Sc}-Konformationen mit dem konformationsspezifischen Immunoassay (CDI) *in situ*

Wie 1998 publiziert [1145], erlaubt der CDI zwischen acht untersuchten Stämmen zu unterscheiden, wenn das Verhältnis von denaturiertem zu nativem PrP als Funktion der PrP^{Sc}-Konzentration vor und nach limitierter PK-Verdauung aufgetragen wird (Abb. 12.1). Nur der Me7-H-Stamm zeigt eine besondere Inkubationszeit (> 300 Tage), während die übrigen sieben Stämme sich in zwei Gruppen (von < 100 bzw. < 200 Tagen Inkubationszeit) anhäufen (Abb. 12.3). Im Gegensatz zu den hier gezeigten Daten konnte früher nur der DY-Stamm (s. Kap. 12.2) von den anderen sieben Stämmen durch Western blotting nach limitierter Proteolyse unterschieden werden. Zudem konnte die relativ starke Proteinasesensitivität des DY-Stammes zu einer Konzentrations-Unterschätzung durch Immuno blotting führen [1187].

Nach den Daten dieser Studie müssen die acht unterschiedlichen Stämme mindestens acht unterschiedliche Konformationen besitzen. *So ist jeder Stamm aus einem ganzen Spektrum von Konformationen zusammengesetzt*, wie aus der limitierten PK-Verdauung und den GdnHCl-Denaturierungsstudien abgeleitet werden konnte [1145].

Der CDI stellt ein schnelles Hilfsmittel dar, das bei PrP^{Sc}-Molekülen Sekundär- und Tertiär-Strukturen von großer Vielfalt in unbehandelten Hirnhomogenaten diskriminieren kann. Die Konformationsunterschiede von PrP^{Sc}, die sich durch CDI in verschiedenen Prionstämmen *in situ* nachweisen lassen, könnten darauf hinweisen, daß die Konformationen nach zwei unterschiedlichen Mechanismen für die Propagation von verschiedenen Prioncharakteristika verantwortlich sind. Im ersten möglichen Mechanismus würde jeder Stamm durch die PrP^{Sc}-Moleküle in einer definierten Anzahl von Konformationen codiert werden und deren spezifisches relatives Verhältnis würde sich in der nächsten Passage selbst replizieren. Der zweite mögliche Mechanismus bestünde darin, daß jedes Stammcharakteristikum durch ein besonderes, einmaliges Konformer von PrP^{Sc} codiert wird,

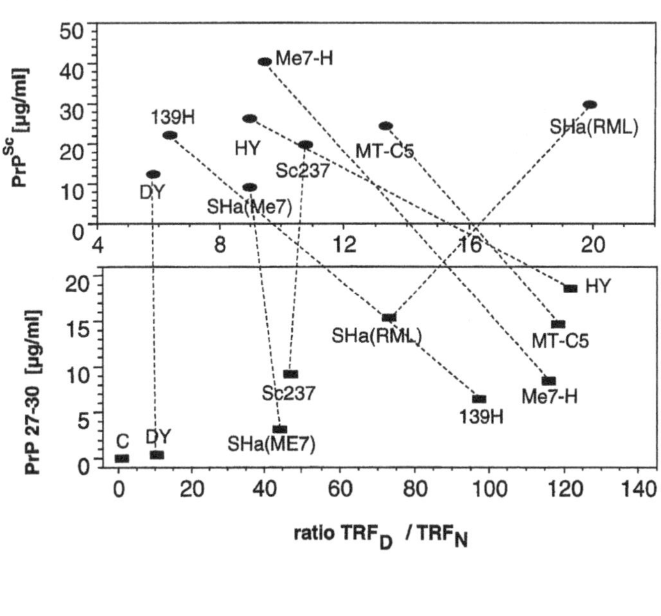

Abb. 12.1: Der konformationsabhängige Immunoassay (conformation-dependent immunoassay, CDI) unterscheidet bis zu acht an syrische Hamster adaptierte Scrapiestämme. Durch Auftragung des Verhältnisses von denaturiertem zu nativem PrP als Funktion der PrP^{Sc}-Konzentration vor und nach begrenzter Proteinase-K-Verdauung nimmt jeder Stamm charakteristische Koordinaten an. Man beachte, daß sich die Stammbeziehungen durch Proteinase-K-Behandlung veränderten. (Abb. von J. Safar)

welches dann mit einem hohen Grad an Genauigkeit repliziert und so die Stammcharakteristika reproduziert. Beide Möglichkeiten können jetzt direkt in Hirnhomogenaten durch CDI getestet werden.

Zusätzlich zu einer PrP^{Sc}-Struktur, die sich deutlich von der PrP^{C}-Struktur unterscheidet, deuten diese Daten zu den Prionstämmen an, daß es multiple, annähernd isoenergetische PrP^{Sc}-Konformere gibt. Diese Erkenntnis weicht offensichtlich erheblich von früheren Untersuchungsresultaten ab, wonach für die meisten Proteine eine einzige Faltungsstruktur existiert, die durch die Sequenz eindeutig codiert ist [33]. Es stellt sich die wichtige Frage, was die strukturelle Basis dieser alternativen PrP^{Sc}-Konformere ist? Arbeiten über das Diphterietoxin haben distinkte Kristallformen identifiziert, die unterschiedliche Tertiär- und Quaternär-Strukturen für eine einzige Polypeptidsequenz zeigen [122]. Für eine Interpretation dieser Beobachtung wurde die Vorstellung des Domänenaustauschs (domain swapping) eingeführt, wodurch eine Domäne des einen Monomers die entsprechende Domäne eines anderen Monomers verdrängt, um ein verknüpfendes, molekulares „Händeschütteln" zu kreieren [289]. Dieses Phänomen wird jetzt in einer Vielzahl anderer Proteinstrukturen mit Austauschelementen, die von einer isolierten α-Helix oder einem isolierten β-Strand bis zur Größe einer ganzen Faltungsdomäne reichen, beobachtet. Wir vermuten, daß ein ähnliches Phänomen für die Prionstämme verantwortlich sein könnte.

Die Daten weisen auch daraufhin, daß PrP^{Sc} als eine Matrize (template) bei der Replikation von entstehenden PrP^{Sc}-Molekülen wirken muß. Es scheint wahrscheinlich, daß die Bindung von PrP^{C} oder eines metastabilen Intermediates PrP* [1144] an ein Protein X der initiale Schritt in der PrP^{Sc}-Bildung ist, und daß dies auch der geschwindigkeitslimitierende Schritt in der Prionreplikation ist [289,736,1081]. PrP^{Sc} interagiert mit PrP^{C}, nicht aber mit dem Protein X im PrP^{C}/Protein-X-Komplex (Abb. 12.2). Wenn PrP^{C} oder PrP* in neu entstehende PrP^{Sc}-Moleküle konvertiert wird, wird Protein X frei. Vermutlich funktioniert das Protein X bei der Bildung von PrP^{Sc} als ein molekulares Helferprotein, Chaperon genannt (s. Geleitwort von Prof. W. Arber).

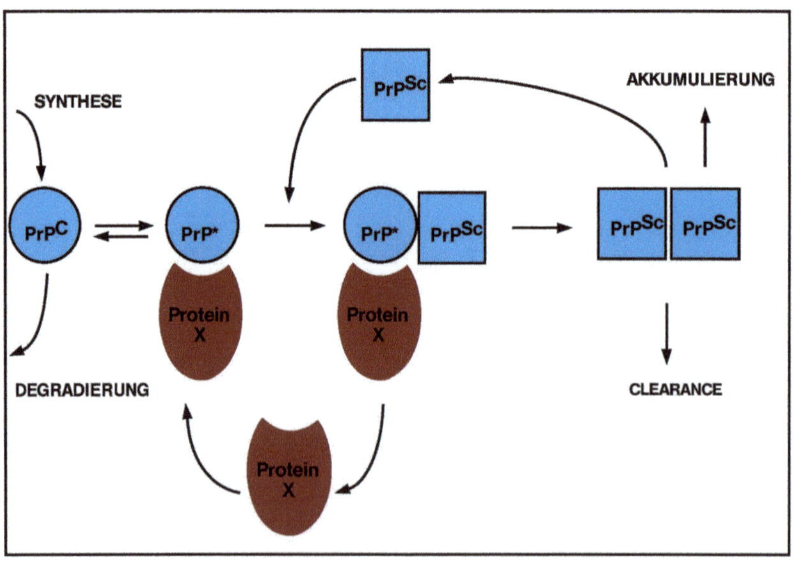

Abb. 12.2: PrP^{Sc}-Bildung und -Akkumulation. Unterschiedliche Konversions- und Clearance-Raten (Umfaltungs- und Entfernungs-„Geschwindigkeiten") von PrP^{Sc} bestimmen die Geschwindigkeit der Akkumulation und somit die Inkubationszeit bei einzelnen Prion-Isolaten bzw. -Stämmen. (Abb. von J. Safar)

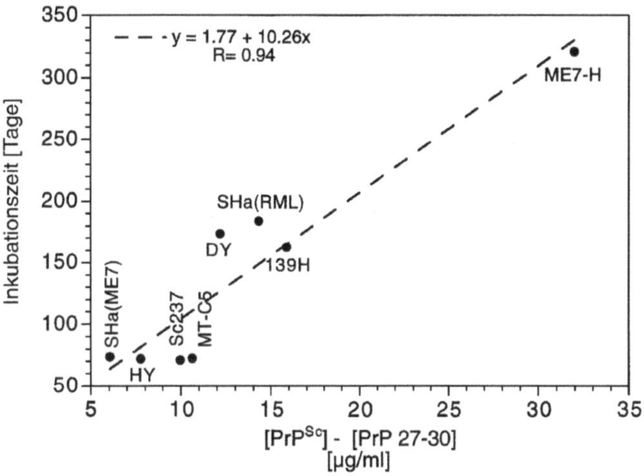

Abb. 12.3: Darstellung der Inkubationszeit, aufgetragen als Funktion der Konzentration der Proteinase K-sensitiven Fraktion von PrP^Sc ([PrP^Sc] – [PrP 27–30]). Die Konzentrationen von PrP^Sc und PrP 27–30 wurden aus dem konformationsabhängigen Immunoassay (CDI) berechnet. Hirnhomogenate syrischer Hamster (LVG/LAK), die mit unterschiedlichen Scrapiestämmen inokuliert waren, sowie von nicht inokulierten Kontrolltieren, wurden mit 50 mg/µl Proteinase K zwei Stunden lang bei 37 °C vor der Durchführung des CDI verdaut. (Abb. von J. Safar)

In diesem Konzept der Prionreplikation sind die kritischen Konstanten im PrP^C-PrP^Sc-Übergang die Konversionsrate und Degradierung des konvertierten PrP^Sc. Unter der Annahme, daß sich Konzentration und Aktivität des Proteins X bei Infektionen mit unterschiedlichen Stämmen nicht verändern, sollten sich die verschiedenen Inkubationszeiten verschiedener Prionstämme vorwiegend aus unterschiedlichen PrP^Sc-Clearance-Raten ergeben und nicht primär aus unterschiedlichen Geschwindigkeiten der PrP^Sc-Bildung [1081]. So bewirken Prionstämme, die leicht bzw. schnell abgebaut werden (hohe Clearance-Rate), verlängerte Inkubationszeiten, während solche, die sehr langsam abgebaut werden (niedere Clearance-Rate), verkürzte Inkubationszeiten bewirken. Diese Hypothese wurde untersucht, indem der Unterschied der PrP^Sc-Konzentration im Gehirn vor und nach der Behandlung mit PK als ein Surrogat für die *in vivo*-Clearance jedes einzelnen Prionstamms angesehen wurde (Abb. 12.3). Bei der Darstellung der Clearance, angenähert durch [PrP^Sc]–[PrP 27–30] als Funktion der Inkubationszeit von acht Stämmen, stellte sich ein linearer Zusammenhang heraus (Abb. 12.4). Man sollte zur Kenntnis nehmen, daß die PK-Sensitivität ein nicht perfektes Modell für *in vivo*-Clearance darstellt, und daß nur ein Stamm (ME7-H) mit einer langen Inkubationszeit, d.h. von über 300 Tagen, untersucht wurde.

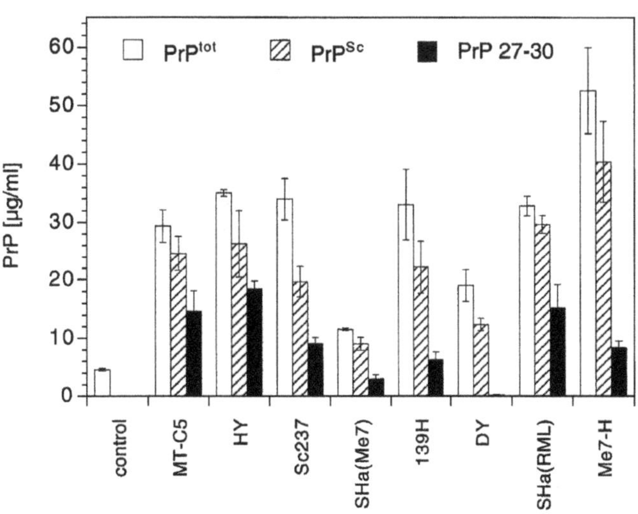

Abb. 12.4: Konzentration von Gesamt-PrP, PrP^Sc und PrP 27–30 bei acht Prion-Stämmen (x-Achse) und bei nicht inokulierten Kontrollen (control), die sich durch den konformationsabhängigen Immunoassay (CDI) unterscheiden lassen. Die Balken stellen Mittelwerte (± Standardabweichungen, SEM) dar, wie sie aus drei unterschiedlichen Gehirnen von syrischen Hamstern, infiziert mit unterschiedlichen Prion-Stämmen und gemessen in drei unabhängigen Experimenten, erhalten wurden. Die Konzentrationen von PrP^Sc und PrP 27–30 wurden aus dem CDI berechnet. (Abb. von J. Safar)

12.5 Mögliche Weiterentwicklung

Wenn die Sensibilität des konformationsabhängigen Immunoassays ausreicht, weniger als eine ID_{50} zu messen, dann mag es künftig möglich werden, *mit dem Assay die Sterilität (bezüglich Prionen) von Produkten tierischer oder humaner (s. Kap. 51.2) Herkunft zu testen.* Da es erhebliche Bedenken gibt, daß bovine Prionen auf Menschen, die an der neuen Variante der CJD erkrankt sind, übertragen worden sind [1352] (s. Kap. 50), wäre eine solche Nutzbarmachung wertvoll. Es sollte möglich sein, den beschriebenen Immunoassay an ein System mit hohem Durchsatz anzupassen, um festzustellen, ob von Rindern stammende Produkte wie Innereien, Gelatine, Kollagen, usw. und Erzeugnisse mit bovinen Komponenten (s. Kap. 46), frei von Prionen sind. Der Immunoassay sollte auch adaptiert werden können, um damit sicher feststellen zu können, ob Spenderblut oder humanes Blutplasma (s. Kap. 51) frei von Prionen sind [178].

Der konformationsabhängige Immunoassay für PrP^{Sc} unterscheidet nicht nur zwischen vielen Prionstämmen, sondern kann auch sehr niedrige PrP^{Sc}-Niveaus messen. Dieser Immunoassay stellt desweiteren wichtige Information über die Tertiär- und Sekundär-Struktur von PrP^{Sc}, die stammabhängig ist, zur Verfügung. Es wird von Interesse sein, für eine Reihe von Prionstämmen die Resultate dieses konformationsabhängigen Immunoassays mit denen spektroskopischer Techniken wie FTIR und CD zu vergleichen. Die Möglichkeit, Charakteristika der Tertiär- und Sekundär-Struktur von PrP^{Sc} in ungereinigten Homogenaten zu untersuchen, eröffnet mehrere neue Forschungswege, einschließlich der Bestimmung der Struktur von PrP^{Sc} in verschiedenen Geweben und in verschiedenen Regionen des ZNS.

Themenbereich III: Portraits der Prionkrankheiten

„Es gibt mehr Dinge
zwischen Himmel und Erden
als Du in Deiner Philosophie
je fähig gewesen bist
Dir vorzustellen".

Shakespeare

Alle Kapitel im Themenbereich *Portraits der Prionkrankheiten* sind nach einheitlicher Struktur unterteilt in:

1. Geschichte
2. Formen oder Varianten
3. Inkubationszeit, Übertragbarkeit und Empfänglichkeit
4. Symptome und Verlauf der Krankheit
5. Differentialdiagnosen
6. Epidemiologie
7. Pathologie
8. Ist es eine neue Krankheit?
9. Risikofaktoren
10. Maßnahmen zur Überwachung, Prävention und Bekämpfung

Das Ziel jedes Kapitels dieses Themenbereiches ist, Lesenden, die sich in kurzer Zeit orientieren wollen, einen systematischen Überblick zu verschaffen.

Es wird empfohlen, in Ergänzung zu den jeweiligen Ausführungen unter Punkt 10. sowie in allen übrigen Kapiteln, in denen Maßnahmen gegen Prionkrankheiten dargestellt werden, v.a. auch die aktuellen Gesetzgebungen der EU, der einzelnen Länder und die einschlägigen Empfehlungen internationaler Organisationen wie WHO (Public Health) oder OIE (Animal Health) zu beachten!

13 Portrait der Kuru

Beat Hörnlimann

13.1 Geschichte

Kuru trat im Volksstamm der Fore und bei seinen Nachbarstämmen im östlichen Hochland von Papua Neuguinea (PNG) auf [20,486] (Abb. 2.1). Von den Eingeborenen wurde das unheilbare Syndrom außer *Kuru* auch *Uruna* [476] oder *Guzigli* [132] genannt. Von ihnen wurde die Krankheit mit Auswirkungen einer neuen Art von Zauberei in Verbindung gebracht.

Die westliche Medizin wußte bis 1956, als V. Zigas den ersten Fall schriftlich festhielt [1399], nichts von der Existenz dieser Krankheit. Es steht heute außer Zweifel, daß die Krankheit auf Endokannibalismus und den damit in Zusammenhang stehenden Handlungen zur Zubereitung von rituellen Mahlzeiten zurückzuführen ist [22,803,1399]. Aufgrund von verläßlichen Aussagen älterer Stammesmitglieder, die sich an frühe Kuru-Fälle erinnerten, konnte man den Beginn der Epidemie retrospektiv auf etwa den Anfang des 20. Jh. datieren (M. Alpers, pers. Mitt.). Die Epidemie dürfte sich somit zeitlich über das gesamte 20. Jh. erstreckt haben (Abb. 38.1). Infolge der nachhaltigen Aktualität des Themas, bedingt durch das Auftreten neuer Prionkrankheiten, ist der *Geschichte der Kuru-Forschung* im Kapitel 2 und der *Epidemiologie der Kuru* im Kapitel 38 gebührender Platz eingeräumt worden.

13.2 Formen oder Varianten

Es gab – mit Ausnahmen – nur *eine* klinische Form von Kuru. Sie war geprägt von einem erstaunlich homogenen Bild und Verlauf. Ob nur ein Erregerstamm in die Kuruepidemie involviert war, weiß man nicht und kann retrospektiv wohl kaum mehr eruiert werden.

13.3 Inkubationszeit, Übertragbarkeit und Empfänglichkeit

Die Inkubationszeit unter Feldbedingungen dauerte von nur zwei Jahren bis Jahrzehnte (Abb. 38.3) [804,1069]. Man konnte retrospektiv schließen, daß die Verteilung der Inkubationszeit von einer Bimodalität geprägt ist, die darauf zurückgeht, daß die Krankheit auf zwei Arten übertragen wurde.

Die Übertragung fand entweder enteral als Folge des Verzehrs von infektiösem Gehirn verstorbener Angehöriger (Endokannibalismus) statt, oder parenteral durch manuellen und manchmal indirekt mukösen Kontakt während der Entfernung des Gehirns aus dem Schädel. Der parenterale Übertragungsmodus ist erheblich effizienter als der enterale, was sich in einer kürzeren Inkubationszeit äußert (s. Abb. 38.3).

Eine Ansteckung im Sinne einer natürlichen direkt-horizontalen Übertragung von Mensch zu Mensch wurde nie beschrieben. Wie üblich für Prionkrankheiten – außer für Scrapie und eventuell CWD – scheiden auch Kuru-Infizierte oder -Patienten keine Prionen aus (s. Kap. 42), auch nicht über die Muttermilch [22,411,1329]. Aufgrund der epidemiologischen Evidenz ist Kuru nie vertikal übertragen worden [23]: Keines der seit 1957 geborenen Kinder, welche von ihren Müttern gestillt wurden, die während der Stillzeit oder schon während der Schwangerschaft und Geburt klinische Kuru-Symptome aufwiesen, erkrankte je an dieser Krankheit [22].

Die Inkubationszeit beim ersten nach experimenteller Übertragung an Kuru erkrankten Menschenaffen dauerte nach i.c. Inokulation knapp zwei Jahre [486]. (Die experimentellen Inkubationszeiten für Kuru waren konstant länger als z.B. für die Creutzfeldt-Jakob-

Krankheit (CJD), wie man später herausfand [511] (s. Kap. 43).)

13.4 Symptome und Verlauf der Krankheit

Die Kuru wies ein erstaunlich homogenes Bild bezüglich klinischen Befunden und Verlauf der Krankheit auf. Sie dauerte bis zum stets tödlichen Ausgang durchschnittlich 12 Monate bei Erwachsenen und etwas weniger lange bei Kindern [20] (Tab. 30.1).

Während beispielsweise bei der sporadischen Creutzfeldt-Jakob-Krankheit (sCJD) in ca. 66% aller Fälle die klinische Dauer kürzer als sechs Monate ist [182], galt dies bei Kuru nur in 6% aller Fälle. Als charakteristische Merkmale traten in der Anfangsphase des klinischen Verlaufs Kopf-, Gelenk- und Gliederschmerzen auf.

Allgemein standen Bewegungsstörungen im Vordergrund, schon nach wenigen Wochen war immer eine Gang- und Standunsicherheit feststellbar (lokomotorische Ataxie aufgrund von zerebellären Läsionen) (Abb. 13.1a). Mit zunehmendem Verlauf kam es, v.a. beim Stehen, zu grobem rhythmischem Zittern des ganzen Körpers, auch Kuru-Tremor genannt (Abb. 13.1a). Dies führte zur Bezeichnung Kuru in der Fore-Sprache, was „schüttelfrostartiges Zittern" bedeutet [425].

Ein groteskes Gelächter der Patienten, begleitet von echter Euphorie (Abb. 13.1b) ab dem mittleren Krankheitsstadium, gehörte ebenfalls zu den Hauptsymptomen und stellte den Grund dafür dar, weshalb Kuru bisweilen mit „der lachende Tod" (engl.: „the laughing Death"; [1399]) übersetzt wurde, was inkorrekt ist. Manche Patienten zeigten ab dem mittleren Krankheitsstadium intermittierenden Strabismus (Abb. 13.1c). Einige Wochen nach Erkrankungsbeginn kamen Symptome wie Dysmetrie, Dysarthrie, Hypotonie usw. hinzu und im späteren Stadium gehörten sehr schwere Koordinationsstörungen (Abb. 13.1d) zum Krankheitsbild (s. Kap. 30.7).

Typischerweise fehlten Sensibilitätsstörungen und im Gegensatz zur CJD wurden auch keine Myoklonien festgestellt. Elektromyographische Untersuchungen sowie das EEG fallen bei Kuru normal aus [1192]. Eine Demenz, d.h. ein Zerfall der geistigen Fähigkeiten, war vergleichsweise selten und wenn es zu einer solchen kam, dann meistens erst im Terminalstadium (während Demenz z.B. bei der sCJD ein frühes Leitsymptom ist); es gab nur äußerst selten Kuru-Fälle mit primären Demenzerscheinungen.

Abb. 13.1: Klinische Merkmale der Kuru-Krankheit. ► (Alle Abb. mit Genehmigung von C. Gajdusek und dem Elsevier-Verlag [483])
(a) Sechs junge Kuru-Opfer, zwei Mädchen und vier Jungen, vor dem Kuru-Spital in Okapa. Der kleinste Junge im Bild (Mitte) ist 5jährig und befindet sich in einem klinisch frühen Kuru-Stadium mit Symptombeginn vor einem halben Jahr. Er kann selbständig nur noch „breitbeinig" gehen, und manifestiert einen Tremor sowie eine Stand- und Gangataxie. Der erwachsene Mann (links), der ein an Kuru erkranktes Mädchen stützt und ein größerer Junge in der Mitte, der ein anderes Kuru-Opfer aufrecht hält, sind die einzigen zwei nicht von der Krankheit Betroffenen im Bild. Der größere Junge rechts im Bild, der ein Kuru-krankes Mädchen vor dem Niederstürzen bewahrt, behauptet von sich aus, auch an beginnender Kuru zu leiden – was bei der klinischen Untersuchung nicht bestätigt werden konnte. In der Tat verstarb er jedoch innerhalb eines Jahres an Kuru. Ein weiterer junger Kuru-Patient steht im Hintergrund neben dem Fenster des Gebäudes (rechts im Bild).
(b) Ein Mädchen im fortgeschrittenen klinischen Kuru-Stadium. Sie kann nur noch mit Hilfe Dritter aufrecht stehen. Ein seit dem frühen Stadium des Krankheitsverlaufs bestehendes „Lächeln" hat sich zu echt euphorischen Episoden gesteigert, verbunden mit einem Hang zu Gekicher und Gelächter; Symptome, die zur freien Übersetzung des Begriffs „Kuru" in „der lachende Tod" geführt haben.
(c) Ausgeprägter, fluktuierender Nystagmus bei einem kleinen Jungen im mittleren Stadium des klinischen Kuru-Verlauf.
(d) Der Junge namens Haida'abo aus dem Stamm der Gimi (Kimi; s. Abb. 2.2) befindet sich im fortgeschrittenen klinischen Kuru-Stadium. Er muß von seinem Vater gestützt werden, ansonsten könnte er nicht mehr aufrecht stehen. Der Versuch, den Finger-zu-Finger-Test auszuführen, mißlingt ihm aufgrund von schweren Koordinationsstörungen bzw. Kuru-bedingten zerebellären Läsionen.

(a)

(b)

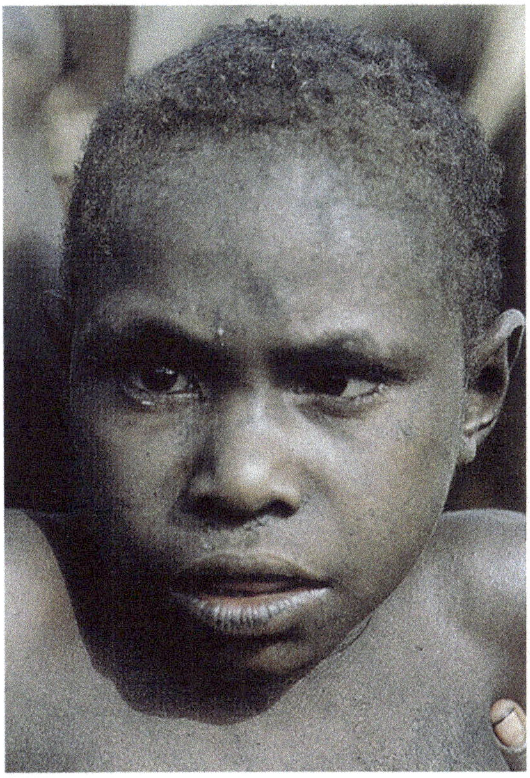

(c)

(d)

13.5 Differentialdiagnosen

Welche Differenzialdiagnosen bei Prionkrankheiten des Menschen generell in Frage kommen, ist in Tabelle 30.2 zusammengefaßt. Das Spektrum war in der Anfangsphase der Kuru-Forschung (s. Kap. 2) äußerst breit; bis die Kuru-Forscher realisiert haben, daß das Leiden übertragbar ist. Angehörige betroffener Stämme verwechselten Kuru nicht mit anderen Krankheiten [474,488,521]. Ob dieser Tatsache war es möglich, zeitlich lange zurückliegende Fälle in Erfahrung zu bringen (s. Kap. 2, 38).

13.6 Epidemiologie

Die Epidemiologie dieser Krankheit wird im Kapitel 38 ausführlich dargestellt und intensiv diskutiert. Zusammenfassend seien hier nur einige epidemiologische Grunddaten erwähnt:

Im östlichen Hochland von PNG lebten etwa 30000–40000 Eingeborene, davon ca. 11000 Fore [488]. Insgesamt wurden seit 1957, als die systematische Kuru-Forschung begann, etwa 2670 Patienten von Kuru betroffen (Abb. 38.1).

Die Epidemie begann schätzungsweise Anfang des 20. Jahrhunderts. Der Höhepunkt der Epidemie wurde zwischen 1957 und 1960 erreicht, als über 200 Individuen pro Jahr an Kuru erkrankten [23]. 1960 war erstmals ein Rückgang auf unter 200 Fälle pro Jahr feststellbar [23], nachdem man Mitte der 50er Jahre weitestgehend[24] aufgehört hatte, den Endokannibalismus zu praktizieren (s. Kap. 2).

Die dadurch bewirkte Unterbrechung der Infektionen ist erst retrospektiv in Form des Rückgangs der altersspezifischen Inzidenz erkennbar geworden (Abb. 38.2): von der jüngsten betroffenen Altersgruppe, den 4jährigen (Geburtskohorte 1954) verzeichnete man ab 1958 keinen Kuru Fall mehr (Tab. 38.1). Darin ist zwar heute sichtbar, daß das 1954 eingeleitete Ende der endokannibalistischen Praktiken eine „baldige" Wirkung zeigte. Man konnte jedoch den statistisch belegbaren Zusammenhang des Rückgangs der Fälle mit dem Aufgeben des Kannibalismus erst 1984 [804], nach fundierter Befragung vieler betroffener Angehörigen und vor dem Hintergrund der Erkenntnisse von 1966 [486], aufzeigen. Seit 1967 betraf kein Fall mehr ein Kind, welches unter zehn Jahre alt war (vgl. Tab. 38.1; Abb. 38.2) [23].

Sehr außergewöhnlich war die Geschlechtsverteilung (Tab. 38.2) und die ausgeprägt breite Altersstreuung bei Eintritt des Todes mit einem Spektrum von vier bis etwa 60 Jahren (Tab. 38.2). Diesem Phänomen lagen diverse Faktoren zugrunde, nämlich 1. der sehr variable Zeitpunkt der Exposition, 2. variable Erregermengen und 3. eine Bimodalität der Inkubationszeit (Abb. 38.3), die ihrerseits auf die sehr unterschiedliche Effizienz zwischen zwei möglichen Erregereintrittspforten, bzw. zwischen dem enteralen und parenteralen Infektionsweg, zurückging. Die Parameter 1.–3. sind im Kapitel 38 ausführlich diskutiert; es sei lediglich vorweggenommen, daß u.a. die Beobachtung soziokultureller Unterschiede zwischen der Lebensweise von Frauen und Mädchen gegenüber Männern und Jungen die Kuru-Forscher auf die entscheidende Spur brachte, um Zusammenhänge zwischen den endokannibalistischen Riten und Kuru zu erkennen und die epidemiologischen Kuru-Daten zu durchschauen.

13.7 Pathologie

In Hirnschnitten von Kurupatienten findet man die für Prionkrankheiten typischen mikroskopisch kleinen Löcher (Vakuolen, spongiforme Enzephalopathien) und Kuru-Plaques (Abb. 26.2c), Ablagerungen, die durch Doppelbrechung im polarisierenden Licht (Abb. 13.2b) gekennzeichnet sind. Bei Kuru stehen pathologische Veränderungen des Kleinhirns im Vordergrund, was sich in der betont zerebellären Symptomatik manifestiert (v.a. Koordinationsstörungen). Für vertiefte Informationen zur Kurupathologie sei auf Kapitel 26 und die spezifische Fachliteratur verwiesen [6, 106, 797, 825, 836, 1192].

---

[24] Im Versteckten dürften noch wenige kannibalistische Mahlzeiten bis Anfang 1959 eingenommen worden sein (s. Kap. 2).

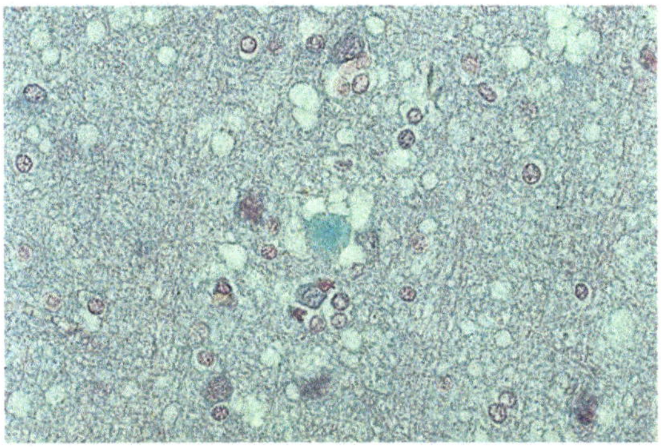

(a)

Abb. 13.2a: Das zentral gelegene amyloide Plaque (blau) ist umgeben von Vakuolen, Färbung: Alcianblau und Kernechtrot. × 125 (Originalvergrößerung). (Präparat von H. Budka)

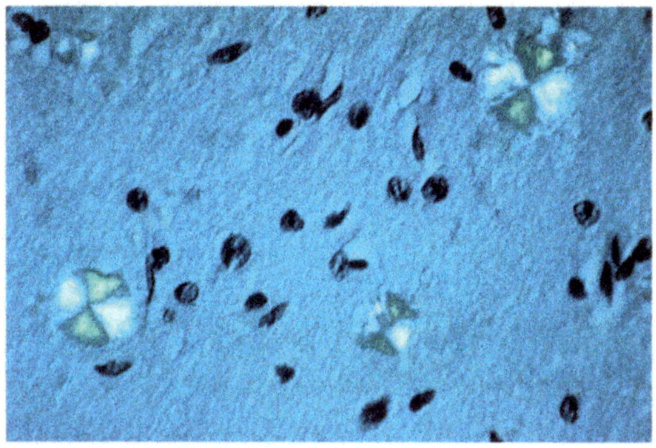

(b)

Abb. 13.2b: Amyloide Plaques, wie sie bei den meisten Prionkrankheiten darstellbar sind; allerdings in unterschiedlicher Quantität – je nach Spezies. Doppelbrechung im polarisierenden Licht.

13.8 Ist Kuru eine neue Krankheit?

Nein, im Gegenteil: Kuru dürfte demnächst der Vergangenheit angehören. Aus diversen an anderen Stellen des Buches genannten Gründen bleibt die Thematik aber aktuell (s. Kap. 2, 38).

13.9 Risikofaktoren

Die Übertragung von Kuru-infektiösem Hirn- oder Rückenmarksgewebe ist der übergeordnete Risikofaktor. Nicht nur der Verzehr solcher infektiöser Gewebe, sondern auch der intensive *manuelle* Kontakt damit, z.B. über *Hautläsionen* oder *Augenschleimhäute*, stellen Übertragungsrisiken dar. Die letzteren sog. parenteralen Übertragungswege sind für alle Prionkrankheiten viel effizienter, als der enterale Übertragungsweg durch Aufnahme infektiöser oder (kreuz)-kontaminierter Gewebeteile über die Nahrung [1066] (Abb. 1.8).

Möglicherweise stellte die „Gewinnungs- und Zubereitungstechnik" von (infektiösem) Hirngewebe (s. Kap. 2.14) infolge der *höheren Effizienz des hier involvierten parenteralen*[25] Übertragungsmodus den für Kuru wichtigeren Risikofaktor dar (vgl. Abb. 38.3) als der enterale Übertragungsmodus.

[25] Äußert sich in einer kürzeren Inkubationszeit.

Kannibalismus per se hätte als alleiniger Risikofaktor Kuru nicht auslösen können. Jedenfalls wurde früher in vielen anderen Ethnien der Welt Kannibalismus praktiziert[26], ohne daß es dabei jemals – gem. heutigem Wissen – zu Kuru oder einer verwandten Krankheit kam (Karibik/Antillen [941,942], Mexiko [942], Peru [942], Australien (hier tw. auch Endokannibalismus) [133, 942], Neuseeland [942], Fidschi-Inseln [942], Afrika [612,942] (im Inneren Kongobekken tw. auch Endokannibalismus [612]), Sumatra [942], im Orient [942] (1200–1201 n. Chr. in Ägypten infolge Hungersnot) sowie in Europa [942] mit Einzelfällen bis in das 2. Jahrtausend n. Chr.).

Das zunächst sehr langsame Ansteigen der Inzidenz bzw. Epidemiekurve (Abb. 38.1) und die enge geographische Beschränkung (Abb. 2.1, 2.2) der Epidemie sprechen grundsätzlich dafür, daß alle Kuru-Fälle auf einen einzigen Fall zurückgingen. Über den wahren Ursprung der Kuru kann allerdings nur spekuliert werden: Beim ersten Fall – vor etwa 100 Jahren (Abb. 1.3) – könnte es sich um eine sog. sporadische Prionkrankheit gehandelt haben, die vielleicht spontan entstand, wie man es sich für die sCJD

[26] Bisweilen wird die Anthropophagie (Kannibalismus) ohne vernünftigen Grund geleugnet oder kolportiert [79] (s. Buch v. C. Spiel. Menschen essen Menschen, Bertelsmann Verlag, 1972).

vorstellt (s. Kap. 3, 8.4.4–8.4.5; Tab. 1.2) [23, 185,639]. Es ist denkbar, daß das Gehirn eines Erkrankten oder subklinisch Infizierten im Rahmen des Kannibalismus oder durch intensiven Kontakt beim Zubereiten von endokannibalistischen Mahlzeiten als sog. *Indexfall* die Kuru-Epidemie ausgelöst hat [23]. Es ist aus naheliegenden Gründen nicht mehr eruierbar, ob dem so gewesen war und ob es sich bei der ersten Infektionsquelle um einen Einheimischen (Papua) oder z.B. um einen Weißen mit sCJD gehandelt hatte. Auch bei den Papuas kommt sCJD mit einer etwa gleich niedrigen Inzidenz wie im Rest der Welt vor (1 Fall/1 Million Einwohner/Jahr) (Tab. 58.1).

13.10 Maßnahmen zur Überwachung, Prävention und Bekämpfung

Die Überwachung sollte auch heute, nach Abklingen der Epidemie, aufrecht erhalten werden: Dies um einerseits theoretisch nicht ausschließbare sporadische (eventuell spontan entstehende) Kuru-Fälle zu entdecken, andererseits um möglicherweise noch weitere infektiös erworbene Fälle, die aufgrund extrem langer Inkubationszeiten erst in der Zukunft klinisch manifest werden, nicht zu verpassen.

Die wichtigsten Präventions- und Bekämpfungsmaßnahmen gegen Kuru liegen im Unterlassen des (Endo)-Kannibalismus und im Schutz vor einer parenteralen Übertragung von infektiösem Hirn- oder Rückenmarksmaterial (z.B. beim Manipulieren solchen Materials mit bloßen Händen; insbesondere auch im Diagnostik- und Forschungslabor (s. Kap. 48–49)).

In der Mitte der 50er Jahre, noch vor Beginn der systematischen Kuru-Forschung (s. Kap. 2) und somit lange bevor die relevanten Zusammenhänge zwischen Kannibalismus und dieser Krankheit (Kap. 38) bekannt waren [804], hatte man den Kannibalismus auf Papua Neuguinea aufgegeben: dies war eine Folge der Unterdrükkung dieser Praxis durch die australische Mandatsregierung. Die Tatsache, daß kaum Kuru-Fälle bei nach 1956 geborenen Individuen auftraten [23,804], und daß seit 1958 ein Rückgang der Fälle zu verzeichnen war (vgl. Tab. 38.1) demonstrieren retrospektiv die effektive Wirkung jener „Maßnahme".

14 Portrait der Creutzfeldt-Jakob-Krankheit (CJD)

Herbert Budka

14.1 Geschichte

Die Creutzfeldt-Jakob-Krankheit (CJD) wurde erstmals in den 20er Jahren von Hans G. Creutzfeldt [314] und von Alfons M. Jakob [708] beschrieben (Abb. 1.3). Sie war zunächst unter dem Namen Spastische Pseudosklerose bekannt, bis W. Spielmeyer vorschlug, sie nach den Erstbeschreibern zu benennen.

Schon bei einer der ersten Beschreibungen der CJD handelte es sich um einen familiären Fall (fCJD): 1995 konnte anhand einer 72 Jahre lang fixierten Hirnprobe eine D178N-Mutation des Prion-Protein-Gens (*PRNP*) nachgewiesen werden [822].

In den folgenden Jahrzehnten wurden aus zahlreichen Ländern Fallberichte publiziert, die das weltweite Vorkommen der CJD belegen (Tab. 36.1). Der Ausbreitungsmodus und der Mechanismus der Neuentstehung der sporadischen CJD (sCJD) sind nicht bekannt (idiopathisch) oder hypothetisch (s. Kap. 8.4.4–8.4.5). Die medizinhistorisch unter verschiedenen Namen beschriebenen Varianten der CJD (s. Kap. 30) sind Teile eines klinisch-pathologischen Spektrums [852,1101], das man erst jetzt biochemisch und molekulargenetisch (s. Kap. 26) zu verstehen beginnt. In den 60er Jahren wurde CJD erstmals experimentell übertragen [486]. Seither wurden zudem weltweit rund 180 iatrogen bedingte CJD-Fälle (iCJD) als Folge „medizinischer Unfälle" publiziert. Seit 1996 kennt man schließlich eine neue Variante der CJD (nvCJD), die auf eine Übertragung der BSE vom Rind auf den Menschen zurückgeführt wird (s. Kap. 50).

14.2 Formen oder Varianten

Es werden idiopathische (sporadische, ev. spontan entstehende), hereditäre (familiäre) und infektiös-erworbene Formen beobachtet. Experimentell sind auch die idiopathischen und hereditären Formen übertragbar.

1. *Idiopathische, sporadisch auftretende Creutzfeldt-Jakob-Krankheit (sCJD)*

Sporadische Fälle stellen 80–90% aller CJD-Fälle dar. Eine Infektionsquelle läßt sich nicht identifizieren. Als Ursache der Krankheit werden eine somatische Mutation des *PRNP* oder eine spontane Konfigurationsänderung des PrP diskutiert, die in einer Art Kettenreaktion (Abb. 3.2) zu einer Umformung des normalen PrP^{C} zur infektiösen Form PrP^{Sc} führen soll.

2. *Familiäre Creutzfeldt-Jakob-Krankheit (fCJD)*

Die fCJD wird im allgemeinen autosomal-dominant vererbt. Eine Reihe unterschiedlicher *PRNP*-Punktmutationen und Insertionsmutationen (Abb. 26.3) wurden in betroffenen Familien identifiziert. Lokale CJD-Häufungen, wie sie beispielsweise in der Slowakei oder bei libyschen Einwanderern in Israel beobachtet werden, ließen sich auf eine hereditäre E200K-Mutation zurückführen.

3. *Iatrogen erworbene Creutzfeldt-Jakob-Krankheit (iCJD)*

Diese infektiöse CJD-Form umfaßt die seltenen iCJD-Fälle, die durch medizinische Unfälle (akzidentell) verursacht werden (Tab. 14.1). Am häufigsten wurde die iCJD durch parenterale Verabreichung von kontaminierten Präparaten mit Wachstumshormon, das aus Leichenhypophysen extrahiert wurde, verbreitet. Weitere Details zu diesem Thema sind im Kapitel 36 beschrieben.

Tabelle 14.1: Iatrogene Creutzfeldt-Jakob-Krankheit: Risikofaktoren, Häufigkeiten, Übertragungsmodus (Eintrittspforte) und Inkubationszeit (nach [1102, 1155]).

Übertragungsmodus	Anzahl Fälle (bis 1999)	Eintrittspforte	Mittlere Inkubationszeit (Bereich)
Instrumentation			
• Neurochirurgischer Eingriff	4	intrazerebral	20 Monate (15–28)
• Stereotaktisches EEG	2	intrazerebral	18 Monate (16–20)
Gewebstransfer			
• Augenhornhaut-Transplantat (Cornea-)	2 (ev. 3)	Nervus opticus	–[1)]
• Hirnhaut-Implantat (Dura mater-)	> 65[2)]	Hirnoberfläche	5,5 Jahre (1,3–16,1)
Gewebsextrakte, injiziert			
• Wachstumshormon	> 100[3)]	hämatogen	12 Jahre (4,5–30)
• Geschlechtshormon (Gonadotrophin, FSH)	5	hämatogen	13 Jahre (12–16)

[1)] Ein gesicherter Fall aus den USA mit 18 Monaten Inkubationszeit [391]. Von 30 Jahren [610] Inkubationszeit wird bei einem deutschen Fall berichtet (s. Kap. 51). Der dritte aus Japan stammende Fall ist nicht gesichert auf einen Spender mit CJD zurückzuführen [1281]; die Inkubationszeit wäre hier 15 Monate gewesen.

[2)] Davon > 45 Fälle in Japan.

[3)] Davon > 60 Fälle in Frankreich.

4. *Neue Variante der CJD (nvCJD)*
Diese offenbar durch BSE verursachte infektiös-erworbene CJD-Form ist im Kapitel 15 detailliert beschrieben.

14.3 Inkubationszeit, Übertragbarkeit und Empfänglichkeit

Angaben zur Inkubationszeit der CJD liegen naturgemäß nur bei den zwei infektiös-erworbenen Formen vor:

Bei der iCJD beträgt sie nach direkter intrazerebraler (i.c.) Inokulation 15–28 Monate, nach Dura-Mater-Transplantation 1,3–16,1 Jahre und nach peripherer Inokulation durch Hormoninjektionen 4,5–30 Jahre.

Bei der nvCJD wird gemäß Ausführungen im Kapitel 15 eine *minimale* Inkubationszeit von 4,5 Jahren angenommen. Ihre *durchschnittliche* Inkubationszeit beträgt grob geschätzt ≥ 10 Jahre; sie kann aber vorläufig nicht berechnet werden (Begründung s. Kap. 1.8.1).

Übertragbarkeit und Empfänglichkeit sind in den Kapiteln 26 und 42 beschrieben.

14.4 Symptome und Verlauf der Krankheit

Typisch für die CJD ist eine rasch fortschreitende Demenz vergesellschaftet mit einer Reihe neurologischer Symptome (Tab. 30.1). Unter diesen sind besonders Myoklonien, eine pyramidale bzw. extrapyramidale Symptomatik wie Spastik und Hyperreflexie bzw. Tremor und Rigor, Kleinhirnsymptome (Ataxie), visuelle Symptomatik oder ein akinetischer Mutismus häufig. In der Mehrheit der Fälle finden sich hinweisende Veränderungen im EEG (PSWC) (Abb. 30.2) und im Liquor (14-3-3-Protein; Abb. 31.4).

Die klinische Diagnostik basiert auf diesen häufigen und für die CJD typischen Veränderungen (internationale Falldefinitionen, s. Tab. 29.1). Daneben finden sich in unterschiedlicher Häufigkeit zahlreiche andere klinische Veränderungen (Abb. 30.1). Abgesehen vom Bioassay ist die sichere Diagnose derzeit nur durch den immunhistochemischen (Abb. 26.1e–f) PrP-Nachweis oder die morphologische (Abb. 26.1a–d) Hirnuntersuchung möglich, ggf. kombiniert mit molekulargenetischen Untersuchungen bei Verdacht auf einen fCJD-Fall.

14.5 Differentialdiagnosen

Wie aus der Tabelle 30.2 ersichtlich ist, muß eine lange Liste an möglichen Differentialdiagnosen in Betracht gezogen werden. Die wichtigsten Differentialdiagnosen umfassen andere dementielle Prozesse, insbesondere die Alzheimer-Krankheit [589]. An mehreren Zentren konnten

Fälle identifiziert werden, bei denen zwar die klinischen Kriterien der Falldefinition „wahrscheinliche CJD“ (Definition in Tab. 29.1) vorlagen, einschließlich typischer EEG-Veränderungen und des 14-3-3-Protein-Nachweises im Liquor, aber schließlich wurde autoptisch eine Alzheimer-Krankheit diagnostiziert. Bei iCJD-Formen steht häufig eine Kleinhirnsymptomatik im Vordergrund, weshalb auch an spino-cerebelläre Krankheitsbilder zu denken ist, z. B. die Friedreich-Krankheit.

14.6 Epidemiologie

1. **sCJD:** 80–90% aller CJD-Fälle sind idiopathisch und treten sporadisch auf. Diverse Studien in mehreren Ländern ergaben Inzidenzen von 0,3–1,3 Fälle/1 Million Einwohner pro Jahr (definitive und wahrscheinliche sCJD-Fälle) [19,346,913]. Die sCJD tritt weltweit annähernd gleichförmig mit dieser Jahresinzidenz auf.
2. **fCJD:** Rund 10% aller CJD-Fälle gehören zu dieser Form. Eine Reihe unterschiedlicher Punktmutationen und Insertionsmutationen des *PRNP* sind mit der fCJD vergesellschaftet. Besonders bekannt geworden sind einzelne betroffene Großfamilien z. B. in der Slowakei [105], in Chile [187,491] oder in Israel [271,468,971,974]).
3. **iCJD:** Weltweit sind bisher ca. 180 iatrogene Fälle bekannt geworden [223,306] (Tab. 14.1). Der Großteil ist auf therapeutische Verabreichung erregerhaltiger Hormonpräparate, die aus Leichenhypophysen stammten, sowie auf Transplantation erregerhaltiger Präparate der harten Hirnhaut zurückzuführen.
4. **nvCJD:** Bis Anfang 2001 sind aus Großbritannien 82 Fälle, aus Frankreich drei Fälle und aus Irland ein Fall der nvCJD gemeldet worden [874].

14.7 Pathologie

Makroskopisch kann das Gehirn bei der Autopsie unauffällig erscheinen, häufig jedoch besteht eine generalisierte, gelegentlich auch eine fokale Atrophie. Die wesentlichen feingeweblichen Veränderungen bestehen in der klassischen Trias von spongiformer Veränderung (Abb. 15.1a), Nervenzellverlust und Gliose. Immunhistochemisch (IHC) lassen sich PrP^{Sc}-Ablagerungen in unterschiedlicher Form im Hirngewebe nachweisen (Abb. 26.1–2). Art und Lokalisation der Ablagerung werden durch das *PRNP*, den Prionstamm (s. Kap. 11) und die molekularen Eigenschaften des Prion-Proteins determiniert (PrP^{Sc}-Typ 1 und 2) (Tab. 26.3–5).

14.8 Ist CJD eine neue Krankheit?

Nein, denn die sporadische und die familiäre Form sind seit den 20er Jahren des 20. Jh. bekannt [314,708]. Hingegen sind die iCJD und die nvCJD neuere CJD-Formen, die in Zusammenhang mit den in entsprechenden Epochen neu auftretenden Risikofaktoren gebracht werden (s. Kap. 15, 19, 36, 50).

14.9 Risikofaktoren

1. **sCJD**: Bestimmte genetische Faktoren beeinflußen die Wahrscheinlichkeit, eine sCJD (wie auch eine iCJD [297]) eher zu entwickeln (s. Kap. 26). So sind ca. 72 % der sCJD-Patienten homozygot für die Aminosäure Methionin (MM) am Codon 129 des *PRNP*, während dies nur für ca. 37 % der Normalbevölkerung zutrifft [1013]. Nur ca. 11 % der sCJD-Patienten sind heterozygot für die Aminosäuren Methionin und Valin (MV) am Codon 129; dagegen sind ca. 51 % der Normalbevölkerung heterozygot. Der Rest schließlich ist VV homozygot, d.h. ca. 17 % der sCJD-Patienten bzw. ca. 12 % der Normalbevölkerung.
   Im übrigen fanden sich bislang bei ausgedehnten Fallkontrollstudien keine statistisch signifikante plausible Risikofaktoren [1284], weshalb man die sCJD bisweilen auch als idiopathische Form bezeichnet.
2. **fCJD:** Die fCJD tritt in Familien mit unterschiedlichen Mutationen des *PRNP* auf. Sie wird autosomal-dominant vererbt (s. Kap. 26).
3. **iCJD:** Der Hauptrisikofaktor bei den meisten bekannt gewordenen Fällen war eine

Therapie mit aus Leichenhypophysen stammenden Hormonen (Wachstumshormon und FSH) [176] (Tab. 14.1). Dura mater-Transplantate waren die zweitwichtigste Ursache der iCJD. Daneben sind ca. ein halbes Dutzend Fälle beschrieben worden, die auf Augenhornhauttransplantationen (s. Kap. 51) oder die Verwendung kontaminierter neurochirurgischer Instrumente zurückgingen [391,494].
4. **nvCJD:** Epidemiologische und v.a. experimentelle Befunde (s. Kap. 50) sprechen dafür, daß die nvCJD auf eine Übertragung der BSE vom Rind auf den Menschen zurückzuführen ist [624]. Die genauen Umstände der Übertragung, die mittlere Inkubationszeit und vieles mehr ist (noch) unbekannt, so daß eine Prognose über die weitere Entwicklung schwierig ist. Der homozygote Genotyp MM am Codon 129 ist vorherrschend.

Zur Frage, ob Blut ein CJD-Risikofaktor ist, kann zusammenfassend folgendes gesagt werden: Es gibt keine experimentellen oder epidemiologischen Hinweise dafür, daß die CJD durch Bluttransfusionen oder die Verwendung von Blutprodukten übertragen wird. CJD-Fälle wurden bei spezifischen Bevölkerungsgruppen mit hoher Exposition an Blutprodukte, z. B. bei Hämophilen, nicht beobachtet.

Ein potentielles Problem stellt sich jedoch durch das Auftreten der nvCJD: es bestehen Hinweise, daß die Verteilung der Infektiosität im Körper hier ausgedehnter als bei den anderen CJD-Formen ist. So ist bei nvCJD in lymphatischen Geweben wie Tonsillen und Appendix PrP^{Sc} nachweisbar [625], nicht aber bei sCJD oder fCJD [743]. Man kann deshalb (noch) nicht sicher ausschließen, ob der Erreger bei der nvCJD auch im Blut vorhanden ist (s. Kap. 51).

14.10 Maßnahmen zur Überwachung, Prävention und Bekämpfung

Grundsätzlich sind Gewebe und Körperflüssigkeiten von Verdachts-/Patienten, die an einer Prionkrankheit leiden könnten, von irgendwelcher Verwertung auszuschließen.

Allgemein müssen prophylaktische Maßnahmen auf verschiedensten Ebenen getroffen werden. Namentlich soll vor drei Kategorien von Risiken geschützt werden, nämlich

1. Schutz des *Patienten* vor Übertragung durch medizinische Eingriffe.
2. Schutz der *Angestellten* im medizinischen Bereich, im Pathologie- [225] oder Forschungslabor vor Übertragung beim Umgang mit infektiösem Gewebe.
3. Schutz des *Konsumenten* von bestimmten bovinen Produkten oder bestimmten Geweben oder Körperflüssigkeiten boviner Herkunft vor Übertragung durch Verbrauch in Form von Lebens- oder Arzneimittel und Kosmetika.

Zum Schutz des Patienten

Eine iatrogene Krankheitsübertragung wird am besten vorbeugend durch Vernichtung des neurochirurgischen Instrumentariums, (speziell) nach Eingriffen am ZNS inklusive Auge oder (generell) nach irgend welchen Eingriffen an Patienten mit Verdacht auf eine TSE vermieden. Wenn ökonomische Überlegungen (teure Instrumente) unumgänglich sind, muß das Instrumentarium nach dem Eingriff gemäß den in den Kapiteln 44 und 48 vorgegebenen Auflagen behandelt werden.

Hypophysenhormone können heute gentechnologisch hergestellt werden. Daher hat sich die WHO für die ausschließliche Verwendung von solchen Hormonen ausgesprochen. Soweit praktikabel, soll gemäß WHO auch die weitere Verwendung von Dura mater-Transplantaten (s. Kap. 51) aus Leichen vermieden werden [1329].

Die Blutspenderauswahl (s. Kap. 51) soll gemäß WHO-Richtlinien folgende Ausschlußkriterien berücksichtigen:

1. Personen mit CJD, GSS, FFI oder Demenz.
2. Spender mit einer Familienanamnese von CJD, GSS oder FFI.
3. Spender, die mit Hormonextrakten aus Leichenhypophysen (Wachstumshormon und FSH) behandelt wurden.
4. Spender, die ein humanes Dura mater-Transplantat erhalten haben.

Diese Kriterien sollten auch für Organspender gelten [1329]. In manchen Ländern ist auch ein langer Aufenthalt in GB während den 80er und

90er Jahren ein Ausschlußkriterium für Blutspender.

Zum Schutz der Angestellten im medizinischen Bereich, in der Neuropathologie oder in der Forschung

Hinsichtlich der Vorsichtsmaßnahmen beim Umgang mit potentiell erregerhaltigem Material sind folgende Punkte von Bedeutung [224, 225]:

1. Dekontamination von Oberflächen mit 2 M NaOH.
2. Einhaltung spezieller Maßnahmen zur chemischen Dekontamination (s. Kap. 44) aller Instrumente (Säge, Sezierbesteck usw.) und/oder Dampfautoklavierung bei 134 °C für 20 Minuten.
3. Bei der Durchführung von Autopsien (Obduktionen) sind die im Kapitel 48 beschriebenen Maßnahmen zu beachten.
4. Vermeidung von penetrierenden Verletzungen. Die beschränkten Möglichkeiten der postexpositionellen Prophylaxe werden im Kapitel 49 beschrieben [8]. Verletzungen anläßlich entsprechender Tätigkeiten und bekannte parenterale Kontakte zu (potentiell) TSE-kontaminiertem Material sollten meldepflichtig gemacht werden [3].

Zum Schutz des Verbrauchers vor BSE-kontaminierten Lebens- oder Arzneimitteln und Kosmetika

Der Ausschluß von bestimmten Rindergeweben vom Verzehr durch den Menschen oder von parenteralen Kontaktmöglichkeiten steht zur nvCJD-Prophylaxe im Vordergrund. Der vorbeugende Schutz des Verbrauchers oder Konsumenten wird im Kapitel 53 detailliert beschrieben. Vorsichtsmaßnahmen bei der Auswahl und der dekontaminierenden Behandlung von bovinen Rohgeweben, Körperflüssigkeiten und Organen zur Arzneimittel- und Kosmetikaproduktion sind ebenso wichtig; welche Auflagen hier prophylaktisch erfüllt sein müssen, wird im Kapitel 46 detailliert beschrieben.

15 Portrait der neuen Variante der Creutzfeldt-Jakob-Krankheit (nvCJD)

Robert G. Will

15.1 Geschichte

Nach dem Auftreten der Bovinen Spongiformen Enzephalopathie (BSE) wurde in Großbritannien 1990 die epidemiologische Überwachung der Creutzfeldt-Jakob-Krankheit (CJD) verstärkt. Das vorrangige Ziel war die Identifizierung von etwaigen Veränderungen in der Epidemiologie oder anderen Charakteristika der CJD. 1993 wurde in Zusammenarbeit ein internationales CJD-Überwachungsprogramm in sechs europäischen Ländern, nämlich GB, Frankreich, Deutschland, Italien, Niederlande und der Slowakei etabliert. Anfang der 90er Jahre fand sich in GB ein Anstieg der CJD-Inzidenz, der jedoch zu einer ähnlichen Veränderung in der Inzidenz anderer Länder, in denen keine oder kaum BSE beschrieben worden war, parallel lief [19]. Man führt diese Beobachtung auf erhöhte Wachsamkeit und verbesserte Meldedisziplin zurück. Ende 1995 und Anfang 1996 wurden in GB wenige CJD-Fälle bei Patienten mit bemerkenswert niederem Sterbealter identifiziert. Die weitere Untersuchung ergab, daß diese Fälle einen ungewöhnlichen klinischen [1349a] Phänotyp mit frühen psychiatrischen Symptomen und im Vergleich zur sporadischen CJD einen verlängerten klinischen Verlauf hatten. Entscheidend war, daß die Neuropathologie dieser Fälle von der vorhergehenden Erfahrung mit CJD abwich. Bis März 1996 waren zehn Fälle einer Krankheit, die man für eine neue Variante der CJD hielt, bestätigt worden. Von Bedeutung ist, daß in anderen Ländern mit dem europäischen Überwachungssystem zum damaligen Zeitpunkt kein ähnlicher Fall beobachtet worden war. Es schien daher möglich, daß die neue Variante der CJD (nvCJD) kausal mit der BSE verbunden sein könnte [1352].

15.2 Formen oder Varianten

Bis Anfang 2001 sind 82 nvCJD-Fälle in GB, drei Fälle in Frankreich und ein Fall in Irland identifiziert worden [874]. Es besteht eine bemerkenswerte Übereinstimmung in den klinischen und pathologischen Charakteristika bei all diesen Fällen; überdies handelte es sich bisher bei den Patienten um Methionin-homozygote am Codon 129 des Prion-Protein-Gens (Tab. 26.3). Nach unseren derzeitigen Erkenntnissen gibt es nur eine nvCJD-Form. Gleichwohl ist es möglich, daß Valin-homozygote oder Valin-Methionin-heterozygote Individuen einen anderen klinisch-pathologischen Phänotyp zeigen könnten. Bislang sind solche Fälle noch nicht identifiziert worden.

15.3 Inkubationszeit, Übertragbarkeit und Empfänglichkeit

Die gegenwärtige Hypothese besagt, daß nvCJD durch den Verzehr von hochtitrig erregerhaltigem bovinem Gewebe, das in GB während der 80er Jahre in Lebensmittel gelangte, verursacht wurde. Während jener Zeit könnte bovines Rückenmarksgewebe mechanisch entferntes Fleisch (Separatorenfleisch) kontaminiert haben und es mag eine ziemlich weit verbreitete Exposition gegenüber dem BSE-Agens gegeben haben [31] (s. Kap. 39). Gesetzliche Maßnahmen, insbesondere der 1989 in GB eingeführte SBO-Bann, haben eine solche Exposition entscheidend reduziert.

Die Inkubationszeit der sporadischen CJD ist nicht bekannt. Bei der iatrogen übertragenen CJD mit einem peripheren Infektionsweg ist die minimale Inkubationszeit ungefähr 4,5 Jahre. Analog scheint es wahrscheinlich, daß die Infektion des Menschen mit dem BSE-Agens eine *minimale* Inkubationszeit von 4,5 Jahren und wahrscheinlich länger hat, da die Inkubationszeit üblicherweise bei Infektion über die Speziesgrenzen hinweg verlängert ist (vgl. Abb. 1.8). Die durchschnittliche Inkubationszeit bei Fällen, die in Zusammenhang mit therapeutischen Verabreichungen humaner Wachstumshormone stehen, liegt bei ungefähr 12 Jahren (Tab. 14.1). Die *durchschnittliche* Inkubationszeit der nvCJD ist jedoch unbekannt und könnte sehr viel länger sein.

Studien mit Mäusen aus Inzuchtstämmen haben gezeigt, daß das BSE-Agens bemerkenswert konstante Übertragungscharakteristika aufweist, die unabhängig von der Quelle des BSE-Agens sind [207]. Die Inkubationszeit (Abb. 50.1) und das pathologische Läsionsprofil (Abb. 50.2) nach Übertragung der nvCJD auf Mäuse ähneln den Veränderungen nach Inokulation von BSE oder anderen Krankheiten, die vermutlich mit der BSE zusammenhängen, wie die Feline Spongiforme Enzephalopathie (FSE) und BSE von exotischen Klauentieren in britischen Zoos (s. Kap. 20). Die Übertragungscharakteristika von nvCJD in denselben ingezüchteten Mäusestämmen sind also von BSE-Transmissionen nicht zu unterscheiden; ein starker Hinweis dafür, daß das Agens, das nvCJD verursacht, dasselbe ist, wie das BSE-Agens (s. Kap. 50) [216,217,301].

15.4 Symptome und Verlauf der Krankheit

Die nvCJD [1349a] ist charakterisiert durch eine – gegenüber der sCJD – verlängerte, von psychiatrischen Symptomen dominierte Prodromalphase und eine Terminalphase, die der sporadischen CJD (sCJD) ähnelt [1389,1390]. In ungefähr der Hälfte der Fälle kommen schmerzhafte sensorische Symptome vor. Unwillkürliche Bewegungen sind ein konstantes Charakteristikum, Chorea und Dystonie ebenso wie Myoklonien kommen vor. Alle Patienten entwickeln eine Ataxie, gefolgt von einer progressiven Demenz, die in einem Zustand der Hilflosigkeit, mitunter mit akinetischem Mutismus, endet. Die mittlere Überlebenszeit beträgt, gerechnet ab den ersten Symptomen, ungefähr 14 Monate. Dies steht im Gegensatz zur sCJD, bei der die mittlere Überlebenszeit im Durchschnitt vier Monate beträgt. Das Elektroenzephalogramm (EEG) zeigt üblicherweise eine langsame Aktivität, kann aber auch normal sein, selbst nachdem sich neurologische Symptome entwickelt haben. Im Liquor finden sich keine Zellen, der Proteingehalt ist normal oder gering erhöht und der 14-3-3-Immunoassay ist in etwa der Hälfte der Fälle positiv (s. Kap. 31).

Die Magnetresonanzuntersuchung (MRI) des Gehirns hat sich als sehr hilfreich erwiesen, da die Mehrheit der nvCJD-Fälle ein symmetrisches hohes Signal im hinteren Thalamus zeigt, das wohl relativ spezifisch für diese Krankheit ist (Abb. 31.3). Eine definitive Diagnose der nvCJD kann nur durch die histologische Untersuchung von Hirnmaterial gestellt werden. Hirnbiopsien sind bei mehreren Patienten durchgeführt worden, obwohl diese Operation Risiken in sich birgt.

15.5 Differentialdiagnosen

Seit März 1996 wurden wesentlich mehr nvCJD-Verdachtsfälle als tatsächlich bestätigte Fälle zugewiesen. Bei der Mehrheit dieser Patienten wurde eine enzephalopathische Krankheit mit nachfolgender Gesundung beobachtet. Bei verstorbenen Patienten war die wichtigste Differentialdiagnose sCJD; insbesondere sCJD assoziiert mit Valin-Homozygotie oder Methionin/Valin-Heterozygotie am Codon 129 des PrP-Gens (Tab. 26.3). Andere alternative Diagnosen waren SSPE, Herpes simplex-Enzephalitis, Wilson'sche Krankheit und hypoxische Enzephalopathie.

15.6 Epidemiologie

nvCJD wurde erstmals 1995 in GB diagnostiziert [274]. 82 nvCJD-Fälle wurden bis Anfang 2001 in GB und außerhalb davon nur vier Fälle [874] beobachtet. In der Abbildung 15.3 ist die zeitliche Verteilung des Auftretens der ersten 48 britischen Fälle dargestellt. Innerhalb von GB sind nvCJD-Fälle geographisch weit verteilt. Im Jahr 2000 konnte *erstmals* ein statistisch signifikanter Anstieg festgestellt werden.

Das mittlere Sterbealter liegt bei der nvCJD ungefähr bei 30 Jahren gegenüber 66 Jahren bei der sCJD. Der Grund für das relativ junge Sterbealter bei nvCJD ist unbekannt, könnte aber mit unterschiedlicher alimentärer Exposition in verschiedenen Altersgruppen im Zusammenhang stehen. Der jüngste Patient war 14, der älteste 74 Jahre alt.

15.7 Pathologie

Zusätzlich zu den charakteristischen Veränderungen der CJD (Abb. 15.1a), wie spongiforme Veränderungen, astrozytäre Gliose und Nervenzellverlust ist die nvCJD neuropathologisch charakterisiert durch weit verbreitete Ablagerungen von floriden Plaques (Abb. 15.1b) [703].

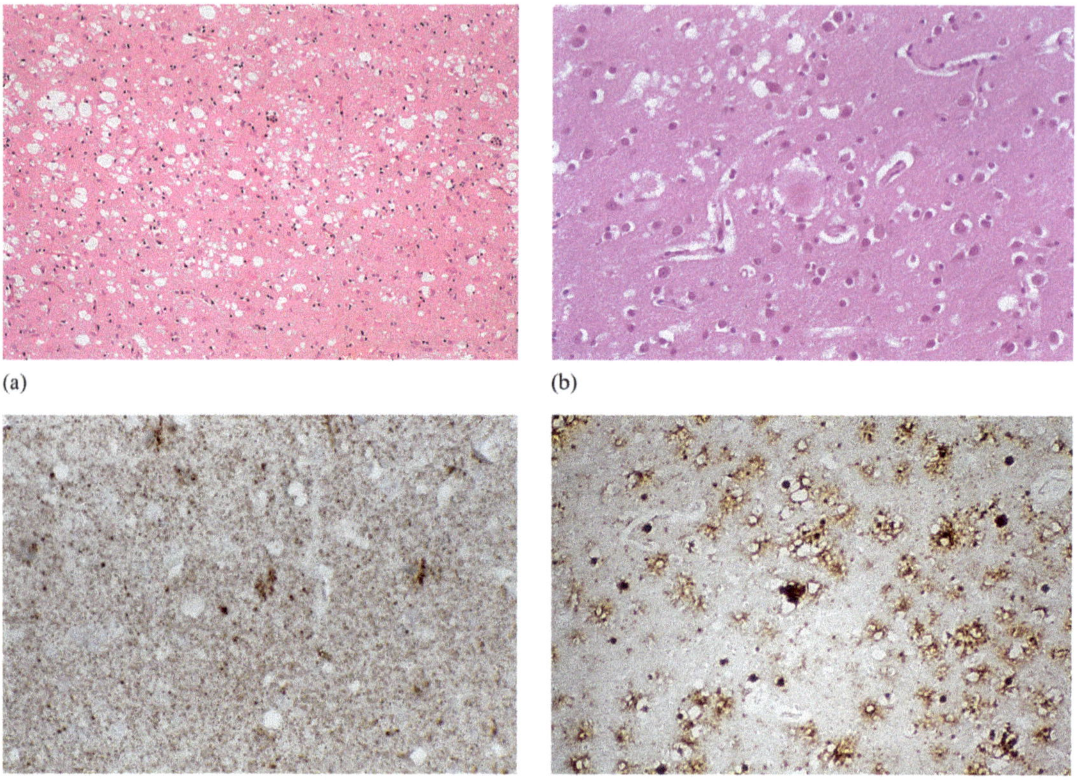

(a) (b) (c) (d)

Abb. 15.1: Neuropathologische Merkmale der nvCJD im Vergleich zur sCJD. (Präparate von Dr. J. Ironside, CJD Surveillance Unit, Edinburgh, Schottland).
(a) Frontaler Kortex einer 67jährigen Frau mit sporadischer Creutzfeldt-Jakob-Krankheit (sCJD), der charakteristische spongiforme Veränderungen in der grauen Substanz zeigt. Es finden sich keine Plaques. Die Patientin war am Codon 129 des PrP-Gens homozygot für Methionin (MM). Färbung: HE, × 100 (Originalvergrößerung).
(b) Frontaler Kortex einer 27jährigen Frau mit der neuen Variante der Creutzfeldt-Jakob-Krankheit (nvCJD), der die typischen floriden Plaques (im Zentrum) mit umgebender spongiformer Veränderung in der grauen Substanz zeigt. Die Patientin war am Codon 129 des PrP-Gens homozygot für Methionin (MM). Färbung: HE, × 200 (Originalvergrößerung).
(c) Immunhistochemische Darstellung von PrP (braunes Färbesubstrat). Präparat vom gleichen sCJD-Fall wie in Abbildung 15.1a. Weitverbreitetes synaptisches Ablagerungsmuster mit deutlicher Färbung um Regionen konfluierender spongiformer Veränderungen. Es finden sich keine Plaques. x 100 (Originalvergrößerung).
(d) Immunhistochemische Darstellung von PrP (braunes Färbesubstrat). Präparat vom gleichen nvCJD-Fall wie in Abbildung 15.1b. Intensive positive Färbung von Plaques mit einer stark verbreiteten PrP-Ablagerung um Neuronen und Blutgefäße. × 100 (Originalvergrößerung).

Diese Veränderungen können mit normalen Färbemethoden beobachtet werden, treten jedoch durch immunhistochemische Färbung des Prion-Proteins (PrP) wesentlich deutlicher hervor (Abb. 15.1c-d). Die Veränderungen sind in der gesamten Groß- und Kleinhirnrinde weit verbreitet, treten aber im Vergleich zur sCJD im Thalamus und in der Molekularschicht des Kleinhirns dichter auf.

15.8 Ist nvCJD eine neue Krankheit?

Zunächst wurde wegen des jungen Sterbealters vermutet, daß nvCJD eine neue Krankheit sein könnte. Patienten mit sCJD, die in jungem Alter verstarben, waren schon vorher in anderen Ländern beschrieben worden, aber diese Berichte waren die Ausnahme: nur vier solcher Fälle bei Teenagern waren bis Mitte der 90er Jahre in der Fachliteratur bekannt. Im März 1996 waren zehn CJD-Fälle mit einem durchschnittlichen Sterbealter von 29 Jahren identifiziert worden.

Der klinische Phänotyp der nvCJD grenzt sich wie erwähnt relativ gut von der sCJD ab (s. Tab. 30.3). Psychiatrische Charakteristika, sensorische Schmerzsymptomatik, verlängerter Krankheitsverlauf und atypisches EEG wurden zwar auch bei manchen Fällen der sCJD beobachtet. Dennoch zeigen die nvCJD-Fälle als eine Gruppe bemerkenswert konstante klinische Charakteristika, die sich von denen unterscheiden, die üblicherweise bei der sCJD beobachtet werden.

Bei der ersten Beschreibung der nvCJD waren die neuropathologischen Charakteristika, einschließlich der Bildung von floriden Plaques (Abb. 15.1b), entscheidend für die Hypothese, daß es sich um eine neue Krankheit handelte. Seit der Publikation der spezifischen neuropathologischen Charakteristika wurde neues und archiviertes Material in anderen Ländern untersucht. Bis jetzt konnten außerhalb von GB aber nur vier Fälle mit diesen pathologischen Veränderungen beobachtet werden [874].

Die Hypothese, daß BSE und nvCJD kausal verbunden sind, basierte zunächst z.T. auf ihrer Co-Lokalisation in GB, wobei die BSE dort vermutlich einen neuen Risikofaktor darstellte [1349]. Das fortgesetzt fast ausschließlich in GB festzustellende Auftreten der nvCJD unterstützt die Hypothese einer kausalen Verknüpfung mit BSE und legt auch die Vermutung nahe, daß nvCJD nicht nur als das Resultat einer verbesserten Fallbestätigung identifiziert wurde. Weit wichtiger sind indessen die in Kapitel 50 zusammengefaßten experimentellen Hinweise; sie untermauern diese Hypothese stark. Die Abwägung aller Hinweise führt insgesamt klar zur Einschätzung, daß nvCJD eine neue Krankheit ist (s. Kap. 50).

15.9 Risikofaktoren

Bis jetzt haben Opfer der nvCJD am Codon 129 des PrP-Gens einen homozygoten Genotyp für Methionin (Tab. 26.3). Dieser genetische Faktor, zusammen mit dem Wohnsitz in GB, scheint der hauptsächliche Risikofaktor für die Entwicklung der Krankheit zu sein. Der Genotyp am Codon 129 könnte die Inkubationszeit beeinflußen und möglicherweise werden Fälle mit anderen Genotypen an diesem Locus erst in der Zukunft identifiziert.

Für die Identifizierung von Risikofaktoren der Krankheit wurde eine Fallkontrollstudie mit Krankenhauspatienten unternommen. Unter den hypothetischen Risikofaktoren, die untersucht wurden, finden sich vorausgehende medizinische Behandlung, Beruf, Kontakt mit Tieren und Eßgewohnheiten. Bis jetzt haben sich keine statistisch signifikanten Befunde ergeben. Dieses negative Ergebnis sollte mit Vorsicht interpretiert werden, da die Studie wegen der kleinen Anzahl von Fällen und der Verwendung von indirekten Zeugenaussagen (Angehörige) zu den Risikofaktoren wenig aussagekräftig ist. Weiterhin erscheint die Identifizierung von spezifischen Risikofaktoren in Lebensmitteln tierischer Herkunft sehr schwierig, wenn die relevante Exposition vor vielen Jahren stattfand [287]; und wenn damals Produkte mit bovinem Gewebe *intermittierend* mit hohen Erregertitern kontaminiert waren.

15.10 Maßnahmen zur Überwachung, Prävention und Bekämpfung

Falls die nvCJD durch das BSE-Agens verursacht wird, was höchstwahrscheinlich der Fall ist, dann mögen die jetzt beobachteten Fälle eine BSE-Exposition in der zweiten Hälfte der 80er Jahre reflektieren oder sogar in der Zeit bevor BSE überhaupt erkannt wurde [31]. Eine Reihe unterschiedlicher Maßnahmen wurde in GB gegen Ende der 80er Jahre eingeführt, die das Ziel haben, die Exposition des Menschen gegenüber dem BSE-Agens, z. B. durch die Nahrungskette, zu minimieren. In der Folge wurden in GB und vielen anderen Ländern weitere Maßnahmen im Lichte wissenschaftlicher Erkenntnisse eingeführt. Es ist wichtig, daß die Maßnahmen adäquat eingeführt und durchgesetzt werden. Es ist, bei Annahme einer sehr langen Inkubationszeit der nvCJD, möglich, daß es noch viele solche Fälle in GB und vielleicht auch in anderen Ländern geben wird, sogar wenn die Exposition des Menschen gegenüber dem BSE-Agens vor vielen Jahren minimiert wurde.

Das Auftreten der iatrogenen CJD zeigt, daß es für Transmissible Spongiforme Enzephalopathien ein Potential für Fall-zu-Fall-Übertragung durch medizinische Behandlung gibt, obwohl es sich bei allen solchen Fällen bis jetzt um eine Infektion oder Kontamination mit hochtitrigem ZNS-Gewebe oder Material des Auges gehandelt hat (Tab. 14.1).

Das Risiko der Weiterübertragung von nvCJD mag größer sein als bei der sCJD, weil nvCJD durch ein für Menschen neuartiges infektiöses Agens verursacht wird und es vorläufige Hinweise dafür gibt, daß die periphere Pathogenese bei nvCJD anders verläuft als bei der sCJD, die eventuell spontan entsteht (s. Kap. 3).

Die epidemiologische Datenlage ergibt keinen Hinweis für eine iatrogene Übertragung der sCJD durch Blut oder Blutprodukte. Dies könnte für die nvCJD aber nicht relevant sein [1353]. Eine Reihe von Maßnahmen, einschließlich Leukodepletion aller Blutspenden und externe Plasmaeinfuhr für die Produktion von Blutprodukten, wurden in GB eingeführt, um das Risiko der Weiterübertragung der nvCJD zu minimieren (s. Kap. 51).

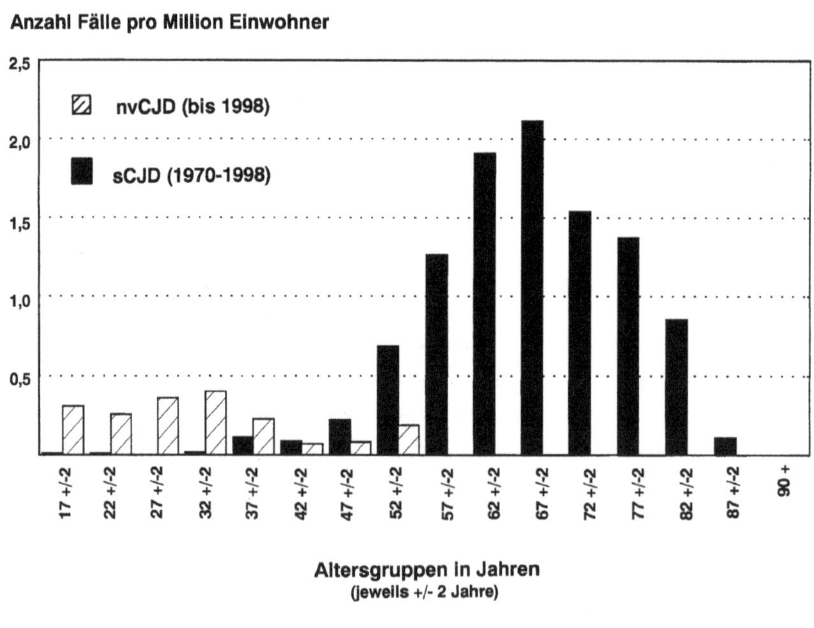

Abb 15.2: Vergleich der Altersverteilung von sCJD-Fällen mit derjenigen von nvCJD-Fällen.

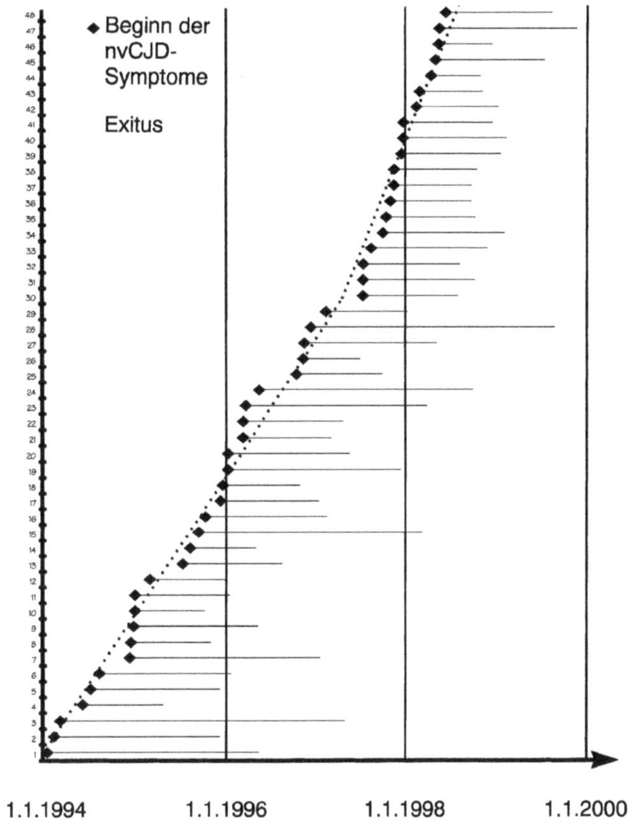

Abb. 15.3: Erkrankungsbeginn und Sterbealter der ersten 48 britischen nvCJD-Fälle (zeitliche Verteilung). (Erste Anzeichen einer zunehmenden Steigung der Kurve – Beginn der nvCJD-Symptome – zeichnen sich aus dieser Graphik seit etwa 1998 ab, wie die gestrichelte Linie es andeutet (*der Herausgeber*).)

16 Portrait des Gerstmann-Sträussler-Scheinker-Syndroms (GSS)

Herbert Budka

16.1 Geschichte

Im Jahre 1936 beschrieben Josef Gerstmann, Erwin Sträussler und Isaak Scheinker[27], die damals alle in Österreich tätig waren, „eine eigenartige hereditär-familiäre Erkrankung des Zentralnervensystems" bei einer jungen Frau [499]. Gerstmann gab schon 1928 eine vorläufige Beschreibung des klinischen Erscheinungsbildes [498]. Die betroffene Familie war in den ersten Jahrzehnten des 20. Jh. bei Wiener Nervenärzten wohl bekannt; Dimitz hatte bereits 1912 das klinische Krankheitsbild bei einem jungen Mann in einer Sitzung des Wiener Vereins für Neurologie und Psychiatrie demonstriert [364]. In der Folge verstarben vier weitere erkrankte Familienmitglieder; ihr neuropathologisches Krankheitsbild wurde durch von Braunmühl [1295] und Seitelberger beschrieben. Seitelberger erkannte 1962 als erster die großen klinischen und neuropathologischen Ähnlichkeiten mit Kuru (s. Kap. 2) [1197]. Seit seinem Bericht von 1962 ging der Kontakt mit der Familie verloren, unter anderem auch deshalb, weil manche praktische Ärzte bei erkrankten Familienmitgliedern immer wieder „Tabes dorsalis" aufgrund der vorwiegend spinalen Symptomatik diagnostizierten, aber den Kranken natürlich nicht helfen konnten. Als „Luetikerfamilie" im ländlichen Raum, aus dem die Familie stammt, bezeichnet zu werden, hat das Vertrauen in die Ärzteschaft weiter sinken lassen. Vor einigen Jahren wurde die betroffene österreichische „GSS-Originalfamilie" anläßlich eines CJD-artigen Krankheitsfalles und der entsprechenden Familienanamnese „wiederentdeckt" [819]: mit modernen molekularbiologischen Methoden konnten 221 Familienmitglieder aus neun Generationen (seit dem späten 18. Jh.) erfaßt und nachuntersucht werden. Dabei konnte objektiviert werden, daß 20/221 an GSS erkrankten (Abb. 16.1) [585]. Weitere Familien mit gleichen klinischen und neuropathologischen Merkmalen wurden beschrieben [912,1180].

Erst nach erfolgreicher experimenteller Übertragung konnte man GSS zu den Transmissiblen Spongiformen Enzephalopathien (TSE oder „Prionkrankheiten") zählen [912]. Die GSS verursachende *PRNP*-Mutation P102L war die erste bei einer humanen TSE entdeckte genetische Aberration; darauf basierend kann GSS als familiäre „Prionkrankheit" klassiert werden [376,673].

16.2 Formen oder Varianten

Es treten zwei klinische Formen auf: ein klassisch-ataktischer und ein dementieller Phänotyp [672].

16.3 Inkubationszeit, Übertragbarkeit und Empfänglichkeit

GSS konnte auf Ratten, Mäuse [1251] und Affen [87,912] übertragen werden. Allerdings kann der Erfolg der Übertragung schwanken, sogar innerhalb einer Familie [87,912]. GSS mit der *PRNP*-Mutation 102 konnte von Kitamoto und Tateishi nur in fünf von neun Fällen auf Nager übertragen werden; ein Fall der österreichischen GSS-Originalfamilie war nicht über-

[27] Die Autoren wurden 1938, nach dem Anschluß Österreichs an das Dritte Reich, aus „rassischen Gründen" Opfer des nationalsozialistischen Regimes. Gerstmann verlor seine Universitätsanstellung sowie seine akademischen Titel und mußte, wie auch Scheinker, emigrieren (beide gingen in die USA).

tragbar [585]. Die Inkubationszeit bei experimenteller Übertragung auf nicht humane Primaten betrug 20–32 Wochen.

„Empfänglich" ist, wer Träger einer prädisponierenden Mutation ist.

16.4 Symptome und Verlauf der Krankheit

Die GSS tritt durchschnittlich bei 45jährigen Patienten auf, wobei sehr große Schwankungen bekannt sind (Tab. 30.1).

Das klinische Bild [672] des klassisch-ataktischen Phänotyps beginnt mit einer sehr langsam progredienten spinal-ataktischen Symptomatik. Höhere Hirnleistungen sind erst spät betroffen und manifestieren sich in Form von Vergeßlichkeit, herabgesetzten intellektuellen Leistungen bis hin zur schwersten Demenz.

Der dementielle Phänotyp verläuft meist deutlich rascher, ähnlich wie CJD.

Die klinische Heterogenität ist nicht oder nicht nur abhängig vom *PRNP*-Genotyp, was kürzlich bei einer italienischen Familie bestätigt wurde [93].

Im MRI (vgl. Abb. 31.3) wurde das Fortschreiten einer Hirnatrophie bei GSS dokumentiert [1367]. Erstmals wurden 1995 CJD-typische EEG-Veränderungen (Abb. 30.2) bei einem Fall aus der österreichischen GSS-Originalfamilie mit der P102L-Mutation dokumentiert [585].

Eine detaillierte Beschreibung der GSS-Klinik befindet sich in Kapitel 30.5.

16.5 Differentialdiagnosen

Die Verlaufsform der klassisch-ataktischen GSS, bei der Kleinhirn und Rückenmark pathologisch betroffen sind, muß von anderen spinozerebellären Degenerationen abgegrenzt werden. Dabei kann die Familienanamnese hilfreich sein, insbesondere aber sollte bei Verdachtsfällen eine entsprechende molekulargenetische *PRNP*-Untersuchung in die Wege geleitet werden (s. Kap. 29).

Der dementielle Phänotyp, bei dem v.a. das Großhirn pathologisch betroffen ist, kann klinisch kaum von einer CJD abgegrenzt werden. Auch hier kann nur die *PRNP*-Untersuchung diagnostisch weiterhelfen.

16.6 Epidemiologie

Genaue epidemiologische Daten liegen über GSS aufgrund der Seltenheit nicht vor; Häufigkeiten sind in der Tabelle 3.1 dargestellt.

In der österreichischen GSS-Originalfamilie (dementielle Variante) schwankte das Alter bei Erkrankungsbeginn von 25–59 Jahren, mit einem Mittel von 44,3 und einem Median von 45 Jahren. Das Sterbealter schwankte von 31–62 Jahren, mit einem Mittel von 52,8 und einem Median von 54,5 Jahren. Die Krankheitsdauer schwankte von 2–17 Jahren, mit einem Mittel von 6,6 und einem Median von 6,5 Jahren (Tab. 30.1). Andere Familien weisen ähnliche Krankheitsdaten für die ataktische Variante auf.

16.7 Pathologie

Die Unterscheidung der GSS von der familiären Form der CJD (fCJD) ist umstritten und möglicherweise in der Zukunft nicht mehr aufrechtzuerhalten. Es wurde vorgeschlagen, fCJD mit vielen PrP-Plaques (Abb. 16.2) als GSS zu klassifizieren [377], weil diese Plaques bei der fCJD meist selten sind oder fehlen [672]. Allerdings finden sich in Einzelfällen auch sehr zahlreiche PrP-Plaques bei sporadischer CJD ohne *PRNP*-Mutation. In Übereinstimmung mit den charakteristischen Merkmalen zahlreicher Beobachtungen sollte GSS derzeit nur in Familien mit progressiver Ataxie und/oder Demenz, zahlreichen PrP-Plaques vom multizentrischen Typ (Abb. 26.2) im Hirngewebe sowie einer mit GSS-assoziierten *PRNP*-Mutation (Tab. 26.5) diagnostiziert werden [422].

Entsprechend dem klinischen Phänotyp (klassisch-ataktische oder dementielle Variante) [672] sind, wie erwähnt, vorzugsweise die Kleinhirn- bzw. Großhirnrinde besonders betroffen.

Die spongiformen Gewebsveränderungen schwanken in ihrem Schweregrad von Fall zu Fall und von Familie zu Familie. Markante Ablagerungen von Amyloid in großen, häufig *multizentrischen Plaques* sind das diagnostische gemeinsame Merkmal (Abb. 26.2D) [177,1077]; allerdings besteht auch dabei eine hohe Variabilität [500]. Plaques sind meist in der Molekularschicht des Kleinhirns am eindrucksvollsten (Abb. 16.2); allerdings finden sich bei GSS mit der *PRNP*-Mutation P105L die Ablagerungen im Großhirn, kaum im Kleinhirn [787]. Um die Plaques können Alzheimer-ähnliche dystrophe Neuritenschwellungen auftreten [855]. Eine Besonderheit der aus dem amerikanischen Bundesstaat Indiana stammenden Sippe (Indiana-Kindred) mit der *PRNP*-Mutation F198S (s. Tab. 26.5) sind markante Alzheimer-artige Neurofibrillenveränderungen [502, 503], die auch bei einem betroffenen Mitglied einer französischen GSS-Familie auftraten [1279] sowie zusätzlich b/A4-(Alzheimer-Amyloid)-Ablagerungen [227]. PrP ist im Western blot v.a. in den Stammganglien und im Kleinhirn (Abb. 16.2) nachweisbar [193] (s. Kap. 26).

16.8 Ist GSS eine neue Krankheit?

Nein. Schon vor den ersten Publikationen von Gerstmann [498], war die österreichische GSS-Originalfamilie bei Wiener Nervenärzten bekannt. Der Stammbaum dieser Familie läßt sich heute zur Eruierung sog. historischer GSS-Fälle sogar bis in das späte 18. Jh. zurückverfolgen (Abb. 16.1) [585].

16.9 Risikofaktoren

GSS ist der Prototyp einer autosomal-dominant vererbten familiären TSE und häufig mit einer Mutation im *PRNP*-Codon 102 vergesellschaftet [585,819]. Andere GSS-assoziierte Mutationen betreffen die Codons 105, 117, 145, 198 und 217. Die Mutation im *PRNP*-Codon 102 wurde ursprünglich mit der klassisch-ataktischen GSS-Form assoziiert [376,673]. Jedoch konnte in der österreichischen GSS-Originalfamilie bei einem vor jüngerer Zeit beobachteten Fall eine klinische primär dementielle Form festgestellt werden. Trotzdem wies der Patient einen identischen *PRNP*-Genotyp auf, wie ein historischer, klassisch-ataktischer Krankheitsfall die-

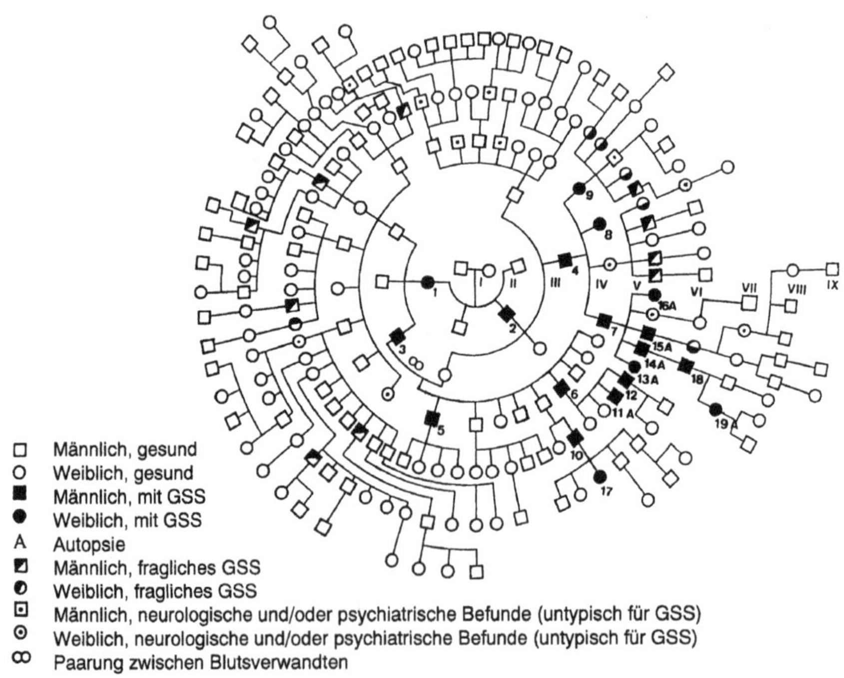

Abb. 16.1: Stammbaum der österreichischen „GSS-Original-Familie". Erfaßt wurden aus neun Generationen 221 Familienmitglieder, von denen 16 eine mögliche und 20 eine definitive oder gesicherte GSS hatten. Zwei untersuchte Patienten waren homozygot für Methionin (MM) (am Codon 129 des PrP-Gens). J. Gerstmann und seine Mitarbeiter beschrieben im Jahre 1936 [499] die Patientin 16A. (Abb. von H. Budka, Quelle: [585])

ser Familie [585]; nämlich eine Punktmutation von Prolin zu Leucin im Codon 102 und eine Homozygotie für Methionin im Codon 129 (also P102L M129M). Familien mit einem dementiellen GSS-Phänotyp haben sonst i.d.R. andere *PRNP*-Mutationen [500,669,672] (Tab. 26.5). Außer den genetischen sind keine weiteren Risikofaktoren bekannt.

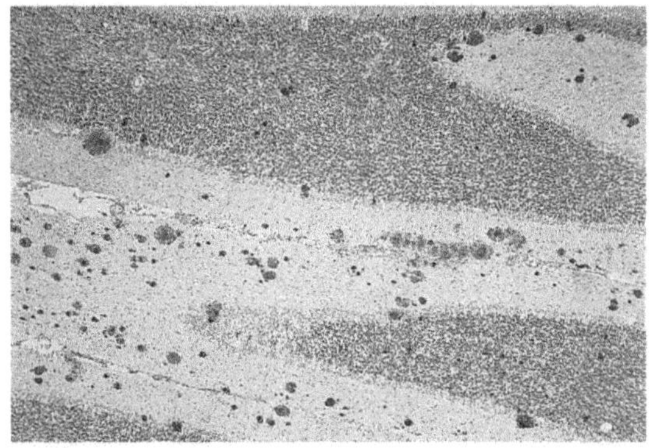

Abb. 16.2: Kleinhirnrinde bei GSS; von einem Fall der österreichischen „GSS-Original-Familie". Zahlreiche und markante, braun markierte PrP-Plaques finden sich in der Molekularschicht. Immunhistochemie mit einem Anti-PrP-Antikörper (braunes Färbesubstrat). Gegenfärbung mit Hämatoxylin. (Präparat von H. Budka)

16.10 Maßnahmen zur Überwachung, Prävention und Bekämpfung

Vor dem Hintergrund der genetischen Prädisposition sind keine Präventionsmaßnahmen bekannt. Die Identifizierung von prädisponierenden Genotypen hat die schwere Aufgabe der Information von Angehörigen durch den Genetiker oder Neurologen zur Konsequenz (s. Kap. 29.3.3.3)

17 Portrait der letalen familiären Schlaflosigkeit (FFI)

Herbert Budka

17.1 Geschichte

Die sehr seltene Fatal Familial Insomnia (FFI), zu deutsch *letale familiäre Insomnie*, wurde erstmals 1986 in Italien beschrieben. Es handelt sich um eine autosomal-dominant vererbbare neurodegenerative Krankheit, charakterisiert durch progrediente, unbeeinflußbare Schlaflosigkeit, Dysautonomie und motorische Ausfälle [862]. Aufgrund einer spezifischen *PRNP*-Mutation gehört die FFI zu den hereditären „Prionkrankheiten" [533, 930]; dabei liegt gleichzeitig mindestens ein Methionin (Met) im polymorphen Codon 129 des mutierten Allels vor. Erst seit erfolgreicher experimenteller Übertragung im Jahre 1995 konnte man FFI zu den Transmissiblen Spongiformen Enzephalopathien (TSE) zählen [1246].

Obwohl erst vor kurzem erkannt und obwohl die FFI äußerst selten auftritt, stellt diese Krankheit ein sehr interessantes Modell zur Erforschung der Zusammenhänge zwischen Genotyp, klinischem bzw. neuropathologischem Phänotyp, Pathogenese der Hirngewebsschädigung und Übertragbarkeit von TSE dar [221]. Damit spielt die FFI eine Schlüsselrolle in der Erforschung der noch in vielen Belangen rätselhaften TSE [221].

17.2 Formen oder Varianten

Klinisch ist die Verlaufsform bzw. Krankheitsdauer davon abhängig, ob neben der Mutation auf Codon 178 auf dem Codon 129 eine Met/Met-Homozygotie oder eine Met/Val-Heterozygotie vorliegt. Molekulargenetisch gesehen gibt es nur eine FFI-Form. Es mehren sich aber Hinweise, daß der FFI-Phänotyp auch ohne *PRNP*-Mutation, also sporadisch auftreten kann, wobei dann eine Abgrenzung zur einer früher beschriebenen *thalamischen CJD-Variante* schwierig ist [221] (s. Kap. 26.5.1.1).

17.3 Inkubationszeit, Übertragbarkeit und Empfänglichkeit

Lange Zeit verliefen Übertragungsversuche der FFI auf Affen und Mäuse negativ; erst 1995 wurde die erste erfolgreiche Übertragung im Experiment publiziert [1246]. Eine eigentliche Inkubationszeit gibt es nicht. „Empfänglich" ist, wer Träger einer prädisponierenden Mutation ist.

17.4 Symptome und Verlauf der Krankheit

Manifestationsalter, Krankheitsdauer sowie klinische und neuropathologische Ausprägung sind durchaus heterogen. Wie der Krankheitsname aussagt, besteht indes klinisch meist eine charakteristische Störung im Schlaf-Wach-Rhythmus (Insomnie) neben anderen progredienten neurologischen Defiziten. Sollte die Insomnie klinisch nicht manifest sein, dann kann eine Schlafstörung u.U. mittels Polysomnographie erfaßt werden [956]. PET-Untersuchungen dokumentierten im Thalamus einen schweren und im Kortex einen geringen Hypometabolismus [956].

Eine Analyse von 14 Fällen aus fünf verschiedenen Familien zeigte, daß die Patienten entweder einen kurzen (9,1 Monate) oder langen (30,8 Monate) Krankheitsverlauf zeigten (Tab. 30.1), je nachdem, ob sie im *PRNP*-Codon 129 Met/Met-homozygot (schneller Verlauf) oder Met/Val-heterozygot (langsamer Verlauf) waren [956]. Darüber hinaus zeigten Homozygote zu Beginn deutlicher traumähnliche (oneiroide) Episoden, Schlaflosigkeit und Dysautonomie, während Heterozygote zu Beginn Ataxie und

Dysarthrie, früher Sphinkterdysfunktion und Grand-Mal-Anfälle sowie neuropathologisch ausgeprägtere Rindenschäden aufwiesen [956]. Allerdings gab es auch dabei Ausnahmen [928, 1134].

In der kürzlich detailliert beschriebenen österreichischen FFI-Familie [12] lag bei fünf Patienten, bei denen genaue Daten vorlagen, das klinische Manifestationsalter zwischen 20 und 60 Jahren. Die Krankheit dauerte 8–20 Monate. Der Krankheitsverlauf war dabei relativ einförmig, wobei folgende Befunde erhoben wurden: früh auftretender, sehr markanter Gewichtsverlust, Dysarthrie, Schlafstörungen, Gedächtnisstörungen, periorale Myoklonien, Diplopie, Gangataxie, vegetative Störungen und herabgesetzte Vigilanz (bei 4/5 Patienten), Apathie und auffallende Ermüdbarkeit (bei 2/5 Patienten), Tremor, Schwindel, Verwirrtheit und Halluzinationen bei jeweils 1/5 Patienten. Eine detaillierte Beschreibung der FFI-Klinik befindet sich in Kapitel 30.6.

17.5 Differentialdiagnosen

Obwohl das klinische Bild häufig charakteristisch ist, können andere neurodegenerative Krankheiten mit vorwiegendem Befall von Thalamus und Hypothalamus, z. B. eine primäre Thalamusdegeneration oder die früher beschriebene thalamische CJD-Variante [221], schwierig abzugrenzen sein. Die sichere Diagnose kann nur molekulargenetisch erfolgen: FFI sollte nur in Familien mit der D178N-Mutation (Aspartat zu Asparagin in Codon 178) [930] in Verbindung mit einem Methionin-codierenden Triplet im polymorphen Codon 129 [533,955] des mutierten Allels diagnostiziert werden. Interessant ist, daß bei derselben *PRNP*-Mutation im Codon 178 keine FFI, sondern eine familiäre Creutzfeldt-Jakob-Krankheit (fCJD) auftritt, wenn am mutierten Allel des Codons 129 Valin statt – wie bei FFI – Methionin vorhanden ist (s. Kap. 26.6.1).

17.6 Epidemiologie

Aufgrund ihrer Seltenheit liegen für FFI keine genauen epidemiologischen Daten vor, weshalb auch keine exakten statistischen Parameter berechnet werden können. In einer jüngsten Übersicht über das weltweite Vorkommen von FFI [222] wurden in Frankreich drei, in Deutschland sieben [818], in Großbritannien zwei, in Italien vier, in den USA drei, in Australien zwei und in Japan eine Familie mit FFI erfaßt.

Kürzlich wurde zudem in Österreich eine FFI-Familie mit fünf an der Krankheit verstorbenen Mitgliedern identifiziert (s.o.). Unter 50 erfaßten Familienmitgliedern, die insgesamt aus fünf Generationen stammen, wurde – gemäß den Krankengeschichten und basierend auf den neuropathologischen und molekulargenetischen Befunden – bei 13 Angehörigen eine wahrscheinliche oder gesicherte FFI diagnostiziert [12].

17.7 Pathologie

Histopathologisch finden sich, v.a. im Thalamus und im Olivenkern der Medulla oblongata Nervenzellverlust und Gliose; gelegentlich zeigt die Großhirnrinde milde spongiforme Veränderungen [492]. Rätselhaft ist, daß bei FFI trotz markanter lokaler Hirnschädigung nur wenig oder kein PrP^{Sc} nachweisbar ist [226]. Dies ist diagnostisch sehr bedeutsam, da somit ein negatives immunhistochemisches PrP-Färbeergebnis eine FFI nicht ausschließt. Darüber hinaus spricht diese Dissoziation zwischen lokaler Gewebsschädigung und Nachweisbarkeit von PrP^{Sc} eher für ein pathogenetisches *loss of function-Modell* als für eine Neurotoxizität von PrP^{Sc} als Ursache der Gewebsschädigung [12]. Eine relativ häufig in den bevorzugt geschädigten Hirnregionen vorkommende Apoptose von Nervenzellen scheint ein wichtiger Mechanismus für das Zustandekommen des Nervenzellverlustes darzustellen, korreliert aber nicht mit der lokalen Ablagerung von PrP^{Sc} [386].

In der kürzlich detailliert beschriebenen österreichischen FFI-Familie [12] war die Hirnschädigung bei vier von fünf Patienten, bei denen eine Autopsie mit neuropathologischer Untersuchung vorgenommen wurde, relativ gleichförmig. Neben der bisher bekannten Degeneration von Thalamus und Olivenkernen wurde eine diffuse kortikale Astrozytose, markante

Degeneration von Kernen und Bahnen im Hirnstamm sowie eine Pseudohypertrophie des Olivenkerns der Medulla oblongata mit charakteristischer transsynaptischer Degeneration nach Läsion der zentralen Haubenbahn beobachtet. In der Molekularschicht der Kleinhirnrinde eines Falles traten charakteristische lineare PrP-Ablagerungen auf, die wir auch bei Einzelfällen anderer familiärer TSE gesehen haben.

17.8 Ist FFI eine neue Krankheit?

Nein, obwohl FFI erst in den 80er Jahren beschrieben wurde. Wie bei anderen familiären TSE läßt sich durch Rückverfolgung des Stammbaums von FFI-Familien zeigen, daß es schon Jahrzehnte früher Betroffene gab.

17.9 Risikofaktoren

Bei dieser durch eine *PRNP*-Mutation bedingten Krankheit sind außer der D178N-Mutation, kombiniert mit einem Methionin (Met) im polymorphen Codon 129 des mutierten Allels, keine weiteren Risikofaktoren bekannt.

17.10 Maßnahmen zur Überwachung, Prävention und Bekämpfung

Es ist keine Prävention bekannt. Die Identifizierung von prädisponierenden Genotypen hat die schwere Aufgabe der Information von Angehörigen durch den Genetiker oder Neurologen zur Konsequenz (s. Kap. 29.3.3.3).

18 Portrait der Traberkrankheit bei Schaf und Ziege (Scrapie)

Linda Detwiler

18.1 Geschichte

Von wenigen Ausnahmen abgesehen sind weltweit alle Schaf-produzierenden Länder von Scrapie betroffen. Erstmals erwähnt wurde die Krankheit in diversen Literaturquellen des 18. Jh. in England, Wales und Deutschland [719, 1022]. Die erste gut dokumentierte Fallbeschreibung von Scrapie in GB stammt aus dem Jahr 1732 [922]. Weitere Berichte zu einer Scrapieähnlichen Krankheit in englischen Rassen wie Dorset Horn, Wiltshire Horn und Norfolk Horn stammen aus dem Zeitraum 1750 bis Anfang 1800. Manche historische Berichte über eine Scrapie-ähnliche Schafkrankheit in Europa führen Scrapie auf eine Einschleppung mit Merino-Schafen aus Spanien in jenem Zeitraum zurück [552,1022]. Es ist aber nicht auszuschließen, daß Scrapie schon vor der Einfuhr der spanischen Merino-Schafe in England endemisch war. Gemäß Angaben aus Spanien ist Scrapie derzeit auf die Region Aragon im nordwestlichen Landesteil nahe der französischen Grenze beschränkt (Badiola, pers. Mitt.) [495,1040].

Zwischen 1920 und 1950 entwickelte sich Scrapie in englischen Suffolk-Schafen zu einem großen Problem und war für einige Bestände mit erheblichen finanziellen Verlusten verbunden. Der internationale Handel mit Suffolk-Schafen aus England scheint damals für die Einschleppung von Scrapie in etliche andere Länder verantwortlich gewesen zu sein [646]. Die Besorgnis über die Ausmaße der Krankheit führte seit den 30er Jahren zu einer Intensivierung der Scrapie-Forschung, insbesondere in England und Frankreich [1022].

Seit 1950 hat es weltweit immer wieder Berichte gegeben, wonach in verschiedenen Schafrassen ein verstärktes Scrapie-Auftreten festzustellen ist (vgl. Tab. 58.1). Dies dürfte auf den nach dem Zweiten Weltkrieg stark angestiegenen Schafhandel zurückzuführen sein. In GB sind heutzutage beinahe alle und weltweit viele Schafrassen von Scrapie betroffen. Das Auftreten der Bovinen Spongiformen Enzephalopathie (BSE) und der neuen Variante der Creutzfeldt-Jakob-Krankheit (nvCJD) hat der Scrapie-Forschung und -überwachung (s. Kap. 58) [550a,874] weltweit neue Impulse gegeben. In GB wurde die Meldepflicht für Scrapie 1993 eingeführt.

18.2 Formen oder Varianten

Mit spezifischen Klassifizierungsmethoden ist es gelungen, bisher mehr als 15 verschiedene Varianten (Scrapie-Erregerstämme, kurz: Scrapiestämme) zu unterscheiden [215]; sie werden im Kapitel 11.5.2 im Detail beschrieben. Die Unterscheidung erfolgt über Parameter wie Inkubationszeit, Verteilungsmuster der pathologischen Veränderungen im Gehirn (Läsionsprofil), Empfindlichkeit des Agens gegenüber Proteinase K (PK) und weitere Kriterien (s. Kap. 12) [213,215,217,247,357,360,741]. Biochemische Methoden zur Unterscheidung von Scrapiestämmen befinden sich noch in Entwicklung, wobei bisher zwei Methoden praktikabel erscheinen: 1) der Einsatz von Western blot-Verfahren (vgl. Kapitel 35 und [301]) und 2) die limitierte PK-Verdauung kombiniert mit Proteindenaturierung durch GndHCl [1145], eine Technik, die auf der Erkennung stammspezifischer Konformationsunterschiede des PrP^{Sc} basiert (CDI) (s. Kap. 12.4).

Am besten erforscht sind die unterschiedlichen Scrapiestämme in englischen Schafen (s. Kap. 11.5.2), während sehr wenig über das Vorkommen von verschiedenen Stämmen aus anderen Ländern bekannt ist. Bemerkenswert ist, daß in einigen natürlicherweise infizierten Schafen auch mehrere Scrapiestämme gleichzeitig vorkommen können [453].

18.3 Inkubationszeit, Übertragbarkeit und Empfänglichkeit

Scrapie tritt klinisch am häufigsten bei Schafen im Alter von 2–5 Jahren auf, wobei männliche wie weibliche Tiere gleichermaßen betroffen sind [354,1209]. Für epidemiologische Modellzwecke wird üblicherweise ein durchschnittliches Erkrankungsalter von 3,5 Jahren verwendet [1022,1371]. Da sich die meisten Tiere vermutlich während oder unmittelbar nach der Geburt anstecken dürften (s. Kap. 42), sind das Alter beim Einsetzen der ersten Symptome und die Inkubationszeit oft mehr oder weniger identisch.

Die Ätiologie von Scrapie hat über lange Jahre hinweg zu kontroversen Diskussionen geführt. Anfänglich kreisten diese Diskussionen um die Frage einer genetisch bedingten oder infektiösen Krankheitsursache. H. Parry stellte die Hypothese auf, daß Scrapie eine autosomal rezessiv vererbte Krankheit ist, räumte aber gleichzeitig ein, daß betroffene Tiere ein pathogenes Agens beherbergen, das experimentell auf andere, empfängliche Tiere übertragbar ist [1021]. Hinweise für eine natürliche Übertragung fand er keine[28]. Heute wird allgemein akzeptiert, daß Scrapie eine übertragbare Krankheit mit ausgeprägter genetischer Komponente (s. Kap. 56) ist. Die Rolle, welche die genetischen Komponenten spielen, ist noch nicht vollständig erforscht. Bekannt ist, daß die Inkubationszeit vom *Sip*-Gen (*s*crapie *i*ncubation *p*eriod gen) des Schafes bzw. *Sinc*-Gen (*s*crapie *in**c*ubation gen) der Maus beeinflußt wird; nach neuerer Erkenntnis sind diese Bezeichnungen mit dem PrP-Gen (*Prnp*) identisch (s. Kap. 10.3.3) [957].

Das *Sinc*-Gen besteht aus zwei Allelen, s7 und p7, welche sich in der PrP-Aminosäuresequenz, die von den Codons 108 und 189 codiert werden, unterscheiden [1321]. Experimentelle Infektionen, z.B. mit dem ME7-Scrapiestamm, haben bei s7-homozygoten Mäusen eine kurze, bei p7-homozygoten Mäusen eine lange und bei heterozygoten Mäusen (s7p7) eine mittlere Inkubationszeit zur Folge. Auch die verschiedenen Maus-Scrapiestämme weisen nach Inokulation von Mäuselinien mit den entsprechenden *Sinc*-Genotypen (s7s7, p7p7, s7p7) charakteristische und reproduzierbare Inkubationszeiten auf. Die Inkubationszeit für Scrapie ist u.a. vom Wirtsgenom und vom Agens bzw. Scrapiestamm abhängig (Abb. 1.8, 1.10).

In einer Versuchstierherde von Cheviot-Schafen wurden zwei Genotypen des *Sip*-Gens, welche – wie oben erwähnt – mit dem *Prnp* übereinstimmen, entdeckt. Die Genotypen sA (short incubation allele) und pA (prolonged incubation allele) gehen einher mit Aminosäuresequenz-Änderungen im Codon 136 des *Prnp* [688]. In diesen Scrapie-empfänglichen Cheviot-Schafen wird die – primär durch diese zwei Genotypen determinierte – Inkubationszeit zusätzlich durch Sequenzunterschiede in den Codons 154 und 171 beeinflußt. Weitere *Prnp*-Variationen sind bekannt, scheinen aber im Vergleich zu den Polymorphismen in den Codons 136, 154 und 171 bei natürlichen Scrapie-Infektionen keine oder eine untergeordnete Rolle zu spielen [689] (s. Kap. 56).

Experimentelle Scrapie-Übertragungen gelangen erstmals 1936/1938, als Cuillé und Chelle den infektiösen Charakter von Scrapie beweisen konnten [320,321]. Anfang der 60er Jahre wurden erstmals Nagetiere von Chandler experimentell mit Scrapie infiziert [264–267]. Interessant ist, daß in einigen im Feld auftretenden Scrapie-Ausbrüchen bei Schafen eine experimentelle Übertragung auf empfängliche Mäuse nicht möglich zu sein scheint [453]. Eine iatrogene Scrapie-Übertragung erfolgte in GB in den 30er Jahren (s. Kap. 42) [541,542,553,1256], und u.U. in Italien in den 90er Jahren (M. Pocchiari, pers. Mitt.).

In den 70er Jahren wurde von Pattison und anderen Forschern nachgewiesen, daß Scrapie durch natürliche Übertragung verursacht wird [170,361,646]. Die maternale Übertragung des Erregers von infizierten Muttertieren auf die

[28] Im Ggs. zu dahingehenden Beobachtungen und Hypothesen aus dem 18. und 19 Jh. (s. Kap.1.3.1).

Nachkommen, entweder intrauterin oder extrauterin (infolge engem Kontakt während oder nach der Geburt) spielt nach Pattisons Studien eine Hauptrolle in der Scrapie-Ausbreitung. Die Erregerausscheidung erfolgt meist anläßlich der Geburt über Amnion [1028,1029], Amnionflüssigkeit (Fruchtwasser) oder über die Plazenta (Nachgeburt). Das infektiöse Agens wird dabei auf Nachkommen und andere anwesende Lämmer sowie ältere Tiere übertragen [170,361,646] bzw. von diesen aufgenommen. Die Erregeraufnahme erfolgt über den Verdauungstrakt [577, 1028,1029,1032], die Bindehäute (Konjunktiven) [595] oder Hautläsionen [1224,1263]. Auch eine indirekte Übertragung über Heumilben ist nicht auszuschließen [1374]. Alle bekannten Details zur Übertragbarkeit der Scrapie und anderer Prionkrankheiten werden ausführlich im Kapitel 42 beschrieben.

Wird der Scrapieerreger von einem empfänglichen Tier aufgenommen, so wird er zunächst hauptsächlich im lymphoretikulären System (LRS) repliziert. In infizierten aber noch nicht klinisch erkrankten Schafen oder Ziegen kann die Infektiosität beispielsweise in verschiedenen Lymphknoten, in den Tonsillen (Mandeln), den lymphatischen Zellen des Darmes, der Milz usw. nachgewiesen werden. Im späteren Verlauf der Inkubation ist das Zentralnervensystem (ZNS), namentlich Gehirn und Rückenmark, besonders betroffen [558, 572,577,578,1087].

Nach Beginn der klinischen Phase findet eine Ausbreitung der Infektiosität in diverse Organe und Gewebe statt (Tab. 46.2; vgl. auch Tab. 53.2). Infektiosität kann beispielsweise in der Hirnanhangsdrüse (Hypophyse), dem Knochenmark, der Bauchspeicheldrüse, der Schilddrüse, der Leber und in peripheren Nerven nachgewiesen werden. Vor allem aber breitet sich die Infektiosität bei Muttertieren auch auf Plazenta, Amnion [1028,1029] und Amnionflüssigkeit aus, wodurch die oben erwähnte Ausscheidungsquelle erneut entsteht. Neben der direkten Infektion von Tieren in der Herde kann es durch diese Art der Ausscheidung zur Kontamination der Umgebung mit dem Scrapieerreger kommen. Somit sind Neuansteckungen auch indirekt durch den oralen [577,1028,1029, 1032], konjunktivalen [595] oder sonstigen [1224,1263] Kontakt mit der kontaminierten Umgebung möglich (Abb. 58.3).

Die natürlichen Scrapie-Übertragungsmöglichkeiten sind auch heute noch nicht restlos geklärt, da sie sehr komplex sind. Wichtige unbeantwortete Fragen dazu sind beispielsweise:

- Wie hoch ist die nötige infektiöse Minimaldosis für Schafe und Ziegen?
- Ab welchem Zeitpunkt im Verlauf einer natürlichen Infektion scheiden betroffene Muttertiere Erreger aus?
- Erfolgt die Erregerausscheidung kontinuierlich oder mit Unterbrechungen[29]?
- Gibt es Trägertiere, welche den Erreger beherbergen, ohne selbst klinisch zu erkranken (Trägertum) [1086]? Falls es stille Träger von Scrapie gibt, scheiden diese Tiere im Verlauf ihres Lebens den Erreger aus und stellen damit ein Risiko für andere empfängliche Schafe dar [1086]?

18.4 Symptome und Verlauf der Krankheit

Die Symptomatik der Scrapie ist sehr vielfältig. Rassespezifische Unterschiede in der Ausprägung der Symptome kommen vor. Die Symptome können – v.a. in der anfänglichen klinischen Phase – stark variieren. Da die Kenntnis des klinischen Erscheinungsbildes für die Überwachung sehr bedeutend ist (s. Kap. 32), wird das Thema im Kapitel 34 separat abgehandelt. Dennoch sei hier das Wichtigste zusammengefaßt.

Durch Schädigung des zentralen Nervensystems (ZNS) kommt es bei den betroffenen Tieren zu Verhaltensänderungen, Juckreiz (⇒ Scheuern ⇒ Wollschäden ⇒ ökonomische Verluste) (Abb. 34.1), zunehmenden Bewegungsstörungen bis zum Festliegen, Zittern und schließlich zum Exitus. Die klinische Phase dauert zwei Wochen bis sechs Monate [153, 355,1090], sehr selten länger [1022]. Erste klinische Anzeichen von Scrapie sind meist nur geringgradige Verhaltensänderungen wie Absonderung von der Herde; sie bleiben häufig unerkannt. Im weiteren Verlauf werden die betroffenen Tiere nervös und aggressiv. Einige Tiere

[29] Ausscheidung über Nachgeburtsteile plausiblerweise nur mit Unterbrechungen (*Bemerkung des Herausgebers*).

zeigen Fehlverhalten wie „Sterngucken" (Abb. 34.1e) oder das Pressen des Kopfes oder des ganzen Körpers (Abb. 34.1b) an Einrichtungen. Scrapie-erkrankte Schafe leiden zudem – trotz anhaltendem Appetit – häufig an Gewichtsverlust (Abb. 34.1f).

Der Name *Scrapie* beruht auf dem englischen Verb *to scrape* und bedeutet *sich kratzen* (sich scheuern). Scrapie-kranke Tiere scheuern sich infolge geringgradig bis hochgradigem Juckreiz. Dies führt zu mehr oder weniger starken Wollschäden bis großflächigen Wollverlusten (Abb. 34.1d) oder gar zu Scheuerwunden. Einzelne Tiere benagen sich sogar (Gliedmaßen) oder reissen sich die Wolle mit den Zähnen aus. Gelegentlich kann eine typische Gnubberbewegung des Maules (Abb. 34.1c) beobachtet werden, insbesondere wenn sich die Tiere scheuern oder wenn sie mit der Hand oder einem Gegenstand vom Untersucher auf der Kruppe gekratzt werden.

Überempfindlichkeit und -erregbarkeit sind weitere typische Scrapie-Symptome. In Ruhe mag ein erkranktes Tier normal erscheinen. Wird es jedoch durch plötzliche Geräusche, Bewegungen oder Licht erschreckt oder durch Fixierungen oder Behandlungen gestresst, so kann es zu starkem Muskelzittern – bis hin zum krampfartigen Festliegen – kommen.

Häufig beobachtete Bewegungsstörungen sind der traberartige Gang der Vordergliedmaßen und ein mehr sprunghaft hoppelnder Gang der Hintergliedmaßen. Diese Bewegungen treten verstärkt auf, wenn das Tier zum „Rennen" animiert wird. Bei fortschreitendem Krankheitsverlauf tritt oft eine schwere Ataxie auf; die Tiere stehen unsicher auf den Beinen, schwanken in der Hinterhand, lehnen sich gegen Zäune oder Wände und haben Schwierigkeiten, aufzustehen. Manche Tiere haben zwar Juckreiz, aber keine Bewegungsstörungen, und bei Tieren mit Bewegungsstörungen muß es nicht zu Juckreiz kommen. Das letztere Symptom fehlt aber nur in wenigen Fällen.

18.5 Differentialdiagnosen

Bei Verdacht auf Scrapie muß man differentialdiagnostisch ein breites Spektrum an Krankheiten, die insbesondere vom Frühstadium der Scrapie kaum unterscheidbar sind, in Betracht ziehen. Beispiele dafür sind Ektoparasiten-Befall, Tollwut, Aujeszkysche Krankheit, Listeriose, Ketosen, Vergiftungen und andere in Tabelle 34.1 aufgelistete Krankheiten.

Im späteren Verlauf der klinischen Phase, sofern ein Tier lange genug beobachtet (d.h. nicht vorher geschlachtet) wird, sind einige der für Scrapie typischen Krankheitsmerkmale in vielen Fällen gut ausgeprägt, und ein geschulter Untersucher kann relativ leicht eine klinische Verdachtsdiagnose stellen.

18.6 Epidemiologie

Scrapie ist praktisch weltweit in Ländern mit Schafhaltung verbreitet. Die Krankheit ist in vielen europäischen Ländern, Nordamerika, einigen asiatischen, afrikanischen und mindestens einem südamerikanischen Land festgestellt worden oder gar endemisch verbreitet [646] (Tab. 58.1). Auf die günstige Situation von Australien [78] und Neuseeland [868] wird weiter unten eingegangen.

Über die wahre Prävalenz von Scrapie liegen oft nur ungenaue Daten vor. Sie dürfte in vielen Ländern, Regionen und Herden höher sein als es die vorhandenen Daten vermuten lassen [355,959,1371]. Einige Länder haben versucht, die tatsächliche Prävalenz von Scrapie zu ermitteln. Solange ein präklinischer Scrapie-Diagnostiktest fehlt, sind die Untersuchungsresultate infolge einer Reihe von Verzerrungen (Bias) von eingeschränktem Wert. Da bisher noch kein international evaluiertes Testverfahren für die Diagnose am lebenden Tier existiert, ist man auf die Fähigkeit des Besitzers angewiesen, Scrapie-verdächtige klinische Krankheitssymptome zu erkennen, und auf seine Bereitschaft, diese dem Tierarzt zu melden. Nach Tötung oder Schlachtung des verdächtigen Tieres muß man sein Gehirn durch ein Untersuchungslabor untersuchen lassen (siehe Kap. 32, 34). Es ist insbesondere schwierig, die wahre Häufigkeit der Erkrankung in einer Herde oder einem Land zu ermitteln, wenn ökonomische Erwägungen der Tierhalter gegen die Meldung von Verdachtsfällen und die damit eventuell verbundenen Konsequenzen sprechen.

In GB, unbestritten ein Land mit hoher Scrapieprävalenz, wurden 1990 in einer Studie von K.L. Morgan mittels Fragebogen Daten von zwei voneinander unabhängigen Zielgruppen erhoben [959]. Die Schafbesitzer, die in die erste Zielgruppe aufgenommen wurden, waren Teilnehmer an einer nationalen Schafausstellung. Ihnen wurden die Fragebogen vor Ort verteilt. Der gleiche Fragebogen wurde den Mitgliedern des britischen Milchschafverbandes per Post zugestellt. Es wurden unter anderem Fragen zu dem Wissen über Scrapie gestellt. Weiter wollte man wissen, ob sie in den letzten Jahren Schafe mit Scrapie-ähnlichen Symptomen in ihrem Bestand beobachtet hätten. Die Prävalenz von Scrapie in den Betrieben, welche an der Ausstellung vertreten waren, betrug 34,5%; in den Milchschaf-Betrieben waren es 17%. Die Prävalenzberechnung, die ausschließlich auf dem von Besitzern geäußerten Verdacht beruht, stellt nur eine grobe Schätzung dar [910].

In einigen Ländern ist das Scrapie-Vorkommen auf bestimmte Regionen, Haltungsformen oder Rassen beschränkt. So kommen beispielsweise in den USA über 87% aller diagnostizierten Fälle in Suffolk[30]-Schafen vor [1371]. Ein anderes Beispiel ist Island, wo die Krankheit nach der Einschleppung 70 Jahre lang auf eine Region im Norden beschränkt blieb und sich erst Mitte des 20. Jh. auch auf andere Regionen ausbreitete [1209].

Die Ausfuhr von Scrapie-infizierten Schafen aus betroffenen Gebieten oder Ländern ist mit verantwortlich für das heutige Vorkommen der Krankheit in vielen Ländern[31] der Welt. Studien von Hourrigan und seinen Kollegen haben den Zusammenhang zwischen dem Neuauftreten von Scrapie in einer Region und dem vorausgegangenen Tierverkehr gut illustriert (vgl. Abb. 58.3) [646].

Australien und Neuseeland scheint es durch strenge Quarantänemaßnahmen [78,868] und – bei importbedingtem Auftreten eines Scrapie-Ausbruchs – durch Schlachten der betroffenen Tiere wie *auch aller Kontakttiere* gelungen zu sein, frei von Scrapie zu bleiben.

Verschiedentlich wurde in durchseuchten Beständen beobachtet, daß insgesamt das *durchschnittliche* Alter bei Erkrankungsbeginn 3,5 Jahre beträgt: nach der Neuinfektion einer Herde treten klinische Fälle meist im Alter von 4–5 Jahren auf, danach verringert es sich im Verlauf der Epidemie auf 1,5–2 Jahre [444,1209]. Folgende Erklärung könnte teilweise dafür verantwortlich sein: Wahrscheinlich steigt die Erregermenge bzw. der Infektionsdruck mit zunehmender Zeitdauer nach der erstmaligen Einschleppung in eine Herde langsam an – bedingt durch die Kontamination der „Umgebung“ anläßlich von gebärenden Scrapie-infizierten Mutterschafen [444]. Es ist bei allen Prionkrankheiten bekannt, daß – innerhalb bestimmter Grenzen – eine Erhöhung der Expositionsdosis zu einer Verkürzung der Inkubationszeit führt (Abb. 1.10).

Die Anzahl klinisch betroffener Tiere in einem Scrapiebestand ist sehr variabel, es wurde von Bestandsmortalitäten zwischen 3 und 20% berichtet [1024,1209,1387]. Während in den meisten betroffenen Beständen die jährliche Scrapie-Mortalität bei 3–5% liegt [1209], sind auch Berichte über Verluste von 10–20% keine Seltenheit [1024,1209,1387]. Auf *einem* Großbetrieb auf Island wurde eine jährliche Mortalität von 50% beobachtet [1209].

18.7 Pathologie

Die Neuropathologie der Scrapie wird im Kapitel 27 beschrieben.

18.8 Ist Scrapie eine neue Krankheit?

Nein (s. Kap. 18.1).

18.9 Risikofaktoren

Scrapie-Risikofaktoren bzw. -Übertragungsrisiken (Abb. 58.3) werden im Kapitel 42 und 56 ausführlich beschrieben, wobei mangels vollständigem Verständnis der Übertragungsmoda-

[30] Die Suffolk-Rasse ist aus genetischen Gründen für Scrapie hoch empfänglich (s. Kap. 56).

[31] Einige Länder haben jedoch in jüngerer Zeit Scrapie-Fälle entdeckt, ohne daß es – im Sinne des Ex-/Imports – nachweisbare epidemiologische Verbindungen zu anderen Ländern gegeben hat. Dies dürfte u.a. auf eine verbesserte Überwachung zurückzuführen sein.

litäten keine abschließende Abhandlung zu diesem Thema möglich ist. An dieser Stelle sind nur die wichtigsten bekannten Scrapie-Risikofaktoren zusammengefasst:

1. a) Kontakt zu Fruchtwasser und -hüllen sowie der Nachgeburt von infizierten Mutterschafen
   b) Kontakt zu Scrapie-kontaminierten Weiden, Ställen usw.
   c) Kontakt zu kontaminiertem Tiermehl (TM). Welche praktische Bedeutung dieser Risikofaktor unter Feldbedingungen für Scrapie hat oder – je nach Land (Tiermehlverbot) – hatte, ist unklar. Vor dem Hintergrund, daß BSE hauptsächlich über kontaminiertes TM auf empfängliche Rinder übertragen wurde, muß dies – wenigstens für einen kleineren britischen Anteil der Schafpopulation – auch für Scrapie in Betracht gezogen werden (s. Kap. 58.3).
2. Verschiedene genetische Prädispositionen stellen einen Risikofaktor für eine erhöhte Scrapie-Empfänglichkeit dar (s. Kap. 56). Von Ausnahmen abgesehen, gehören natürlicherweise an Scrapie erkrankte Schafe diverser Rassen in USA, England und dem europäischen Festland oft den Genotypen Valin/Valin (VV) und Valin/Alanin (V/A) auf Codon 136 oder Glutamin/Glutamin (QQ) auf Codon 171 an [118,283,690,692,698, 838,839,982,1311]. Die sehr Scrapie-empfängliche Suffolk-Rasse z. B. weist auf Codon 171 oft QQ auf (s. Kap. 56). Trotz dem schon vorhandenen Wissen sind aber noch manche Fragen zur Rolle der genetischen Variabilität in der Scrapie-Empfänglichkeit unbeantwortet, z. B.:
   a) Gibt es Schafe, welche auf Grund ihres Genotyps vollständig vor einer natürlichen Scrapie-Infektion geschützt sind, oder kommt es auch bei „resistenten“ Schafen zu einer Infektion ohne klinische Manifestation der Erkrankung (Trägertum) [1086] (s. Kap. 55)?
   b) Wenn eine Herde im Rahmen eines Zuchtprogrammes auf Scrapie-Resistenz – aber unbeabsichtigt nur gegen einen spezifischen gerade zirkulierenden Scrapiestamm – selektiert wird, besteht dann das Risiko, daß diese Herde gegenüber einem anderen Scrapiestamm stärker empfänglich wird, und daß somit nach Einschleppung eines neuen Scrapiestammes entsprechend mehr Tiere erkranken würden (s. Kap. 56)?

18.10 Maßnahmen zur Überwachung, Prävention und Bekämpfung

Allgemein hat man zur Prävention der Verbreitung irgendwelcher übertragbarer Infektionskrankheiten von Tieren folgende Instrumente zur Verfügung: Schutzimpfung, Keulung von serologisch positiven Tieren, Quarantänemaßnahmen, Identifikation der Tiere sowie Kontrolle bis Verbot des Verkehrs mit betroffenen Tieren oder bestimmten Produkten tierischen Ursprungs. Da Scrapie keine meßbare Immunantwort hervorruft, kommen weder präventive Schutzimpfungen noch herkömmliche blutserologische Testverfahren zur Erkennung einer Infektion in Frage. Praktikabel sind hingegen 1. strenge Import-Quarantänemaßnahmen wie sie v.a. in Australien [78] und Neuseeland [868] erfolgreich angewandt werden, 2. spezielle Identifikation der verdächtigen oder kranken Tiere und 3. Verbot des Verkehrs mit betroffenen Tieren oder bestimmten Produkten davon.

Derzeit ist das vollständige Verbot des Zukaufs von Schafen und Ziegen aus betroffenen oder endemischen Regionen sowie aus Regionen ohne bekannten Scrapie-Status der einzig sichere Weg, die Einschleppung der Krankheit (in eine Scrapie-freie Region) zu verhindern (s. Kap. 55, 57). Auch potentiell Scrapie-infektiöse Schaf- und Ziegen-Produkte, die aus solchen Regionen stammen, können eine bestimmte Einschleppungsgefahr bedeuten, z. B. Schafhirn, was in manchen Regionen der Welt als Delikatesse gilt.

Aus Mangel an international evaluierten präklinischen Diagnosetests (s.u.), welche am lebenden Tier, z. B. vor der Schlachtung, zur Scrapieerkennung eingesetzt werden können, hängt die Überwachung der Krankheit derzeit von 1. der Meldung von Tieren mit Scrapie-verdächtigen neurologischen Symptomen und 2. den post mortalen Untersuchungsergebnissen (Histopathologie und Immunhistochemie, IHC) ab. Gemäß der Tierseuchengesetzgebung vieler Länder ist die Meldung klinischer Scrapie-Verdachtsfälle heute obligatorisch, wobei in den meisten die Einführung der gesetzlich vorgeschriebenen Meldepflicht erst kürzlich durch das Auftreten von BSE stimuliert wurde – selbst in GB, wo erst seit 1993 Meldepflicht besteht [874]. Es ist aber praktisch unmöglich, nur durch passive Überwachungssysteme offiziell die Freiheit von Scrapie zu beweisen, da die effektive Meldung klinischer Verdachtsfälle unter anderem durch die Erfahrung der Tierhalter und praktizierenden Tierärzte im Erkennen von klinischer Scrapie beeinflußt wird. Es ist essentiell, daß diese Berufsgruppen über die klinischen Erscheinungsformen von Scrapie informiert werden (s. Kap. 32, 34), damit verdächtige Tiere erkannt und den zuständigen Veterinärbehörden gemeldet werden können.

Aktiv kann der Scrapie-Status von Schaf- und Ziegenpopulationen eines Landes stichprobenartig überwacht werden. Zufallstichproben werden dabei z. B. anläßlich der Schlachtung (vgl. Kap. 32.2.1) entnommen und untersucht, sei es im Zusammenhang mit einem Scrapie-Ausrottungsprogramm, mit der Erhebung der Scrapie-Inzidenz oder – für Scrapie-freie Länder – mit der offiziellen Bescheinigung der Freiheit von Scrapie. In Island werden beispielsweise seit 1978 jährlich 10000–15000 Hirnproben von klinisch gesunden Tieren aus Scrapie-infizierten Beständen und gesunden Schafen und Ziegen nach regulärer Schlachtung histologisch untersucht. Ziel ist die Identifikation infizierter Bestände im Rahmen eines Scrapie-Ausrottungsprogramms. Bei 10% der klinisch gesunden Schafe aus schwer von Scrapie betroffenen Beständen wurden im Gehirn neuronale Vakuolen gefunden, welche auf eine präklinische Scrapie-Infektion hinweisen. Zusätzlich wurden seit Beginn des Programmes 15 Betriebe mit Scrapie identifiziert, in denen bis zu dem Zeitpunkt noch keine klinischen Fälle aufgetreten waren und die daher noch unerkannt waren [1209]. Der große administrative, logistische und ökonomische Aufwand dieses Programms haben jedoch bisher andere Länder davon abgehalten entsprechend vorzugehen. Dennoch besteht die Aussicht, daß eines Tages mit präklinischen Tests landesweite Überwachungsstudien mit vertretbarem Aufwand durchgeführt werden können. Das Internationale Tierseuchenamt in Paris (OIE) etabliert dahingehend Richtlinien und technische Weisungen für eine international standardisierte Scrapie-Überwachung (s. Kap. 55). Voraussetzung ist jedoch, daß Lebendtests international evaluiert und nach erfolgreicher Validierung auch eingesetzt werden (s. Kap. 32.3.2).

Interessierte Käufer von Schafen und Ziegen können trotz des bisherigen Fehlens von präklinischen Testverfahren einige Vorkehrungen zur *Verringerung des Scrapie-Risikos auf Herdenebene* ergreifen. Die wichtigste Maßnahme besteht darin, den Bestand mit Tieren aus historisch Scrapie-freien Herden aufzubauen und dann so geschlossen wie möglich zu führen. Soweit züchterisch möglich ist insbesondere vom Zukauf weiblicher Tiere abzusehen. Für den Embryotransfer (ET) liegen derzeit noch widersprüchliche (s. Kap. 42) Resultate zum Scrapie-Übertragungsrisiko vor, weshalb diese Methode keine gesicherte Präventionsmaßnahme darstellt (dennoch scheint Neuseeland gute Erfahrung damit zu machen [868]).

Aus präventiver Sicht wäre es wünschenswert und bei angestrebter Scrapie-Ausrottung erforderlich, mit *in vivo*-Testverfahren inkubierende Tiere erkennen zu können, bevor diese den Erreger ausscheiden. Aber auch IHC- (Abb. 27.1a-b) und Immuno blot-Tests (vgl. Abb. 35.4) sowie andere diagnostische Verfahren, welche ein Erkennen infizierter Tiere vor dem Auftreten histologischer ZNS-Veränderungen und klinischer Symptome ermöglichen, sind geeignet, Überwachungsprogramme für Scrapie wenigstens zu verbessern. Derzeit befinden sich präklinische Tests für die Routine-Diagnose am lebenden Tier noch in Entwicklung. Fortschritte wurden in den letzten Jahren vor allem beim präklinischen PrP^{Sc}-Nachweis im lymphoretikulären Gewebe der Mandeln (Tonsillen) [1173] oder des dritten Augenlids gemacht [978a, 979]. Diese Tests werden derzeit auf Parameter wie Sensitivität und Spezifität evaluiert sowie darauf, ob sie Tests unter Praxisbedingungen im Rahmen von Massen-Screeningprogrammen eingesetzt werden können. Positive Validierungsergebnisse dieser Verfahren würden es mit peripheren Gewebsproben ermöglichen, präklinisch infizierte Tiere ab einem bestimmten Zeitpunkt in der Inkubation standardisiert zu erkennen, um sie zu eliminieren. Dort, wo verlässliche Identifikations- und Tierverkehrskontrollsysteme etabliert sind, könnte man bei bestätigter Diagnose zudem (potentiell infizierte) Herkunftsbestände eruieren und auch dort adäquate Maßnahmen treffen (s. Kap. 57).

19 Portrait der BSE beim Rind

Beat Hörnlimann

19.1 Geschichte

Gerald Wells stellte 1986 am zentralen britischen Veterinärlabor in Weybridge (CVL) an histologischen Hirngewebsschnitten eines Rindes eine außergewöhnliche, im Lichtmikroskop sichtbare „Durchlöcherung" fest. Der für diese Tierart erstmalige Befund wurde Bovine Spongiforme Enzephalopathie (BSE) – schwammartige degenerative Hirnerkrankung des Rindes – genannt [1317]. Gemäß retrospektiven Angaben von praktizierenden Tierärzten wurden schon im Mai 1985[32] klinisch manifeste BSE-Fälle gesehen (Abb. 40.1) [64]. Nachdem immer weitere Fälle bekannt wurden, griff die britische und später die internationale Tagespresse das Thema auf. Mit nachhaltiger Wirkung wurde die Krankheit v.a. von den Medien *Mad Cow Disease* (*Rinderwahnsinn*) genannt. In den darauffolgenden Jahren hat man sukzessive die hier beschriebenen Zusammenhänge erkannt, die offenbar[33] zur BSE geführt haben.

Seit Jahrhunderten bestand in GB eine hohe endemische Scrapie-Prävalenz (s. Kap. 18.1), womit a priori ein generell hoher Scrapie-Infektionsdruck vorherrschte. Aber erst seit den 70er Jahren diente kontaminiertes Tiermehl (TM), das u.a. von scrapie-infiziertem Schafhirngewebe stammte und als Mischfutterkomponente auch Kälbern, Kühen, Stieren usw. (Rindern) verfüttert wurde, als Übertragungsvektor des Scrapie- und später BSE-Erregers (Abb. 19.1).

Es gab in den 80er Jahren in GB ca. 16 Millionen Mutterschafe [551]. Falls, wie von Fachleuten geschätzt, ca. 35% [959] der Zuchtfarmen eine jährliche herdeninterne Scrapie-Inzidenz von ca. 1% [551] aufwiesen, betraf Scrapie jährlich 56000 Schafe [551]. Man ahnte den Zusammenhang zwischen einer solchen „Scrapie-Situation" und dem ansteigenden Risiko einer Prionkrankheit in der Rinderpopulation nicht [440]. Immerhin war vorher schon seit vielen Jahrzehnten TM dem Mischfutter für Wiederkäuer und Monogastrier beigemischt worden, ohne daß etwas passierte [324,802,1165, 1376]. (Nebenbei sei hier bemerkt, daß ein in Dalekarlien (Region Dalarne, Schweden) lebendes Volk im 19. Jahrhundert gar dem Brot Knochenmehl beigemischt hatte [940]).

Seit Ende des 19. Jh. verabreichte man TM an Schweine [1376], Schafe und andere Haustiere inklusive Rinder – nicht nur in GB, sondern auch in Deutschland oder den USA [324,802,1165,1376]. Seit mindestens 1896 wurde Knochenmehl zur Begünstigung der Knochenbildung bei jungen Tieren als Viehfutterzusatz eingesetzt [940]; später insbesondere auch zur Deckung des hohen Kalziumbedarfs der Milchkuh [324], da über die Milch große Kalziummengen ausgeschieden werden.

Für Rinder entstand aus der Scrapiekontamination des Tiermehls (TM) seitens infizierter Schafe und womöglich Ziegen erst ein Problem, als massive Veränderungen bei der britischen Tierkörperverwertungstechnologie vorgenommen wurden [440]. Dahinter stehende Gründe für diese Veränderungen in den 70er Jahren waren zahlreich und vielschichtig, wie die folgenden Ausführungen zeigen.

Seit den 60er Jahren waren aufgrund des zunehmenden Fleischkonsums und des rückläufigen Verzehrs von weniger bevorzugten Fleischteilen immer mehr tierische Abfälle angefallen, woraus man – immer günstiger – TM produzier-

[32] Es gibt Tierärzte inner- und außerhalb von GB, die sporadisch solche Krankheitsbilder schon Jahre zuvor gesehen haben.

[33] Die in diesem Abschnitt genannten Zusammenhänge gehen von der Richtigkeit der Hypothese aus, daß Scrapie ursprünglich die BSE verursacht hat. Andere Hypothesen werden im Abschnitt 19.8 vorgestellt.

te: Zwischen 1971 und 1984 stellten beinahe alle TM-Produzenten vom sog. *Batchverfahren* (Chargenbetrieb) auf das *Kontinuierliche Verfahren* um (Abb. 19.2). Mit dem neuen Verfahren wurde auf Lösungsmittel wie Perchlorethylen (PER) zur Fettextraktion verzichtet (u.a. aufgrund der Rückstandsproblematik). Damit einhergehend senkte man des weiteren erheblich die Erhitzungstemperatur und verkürzte die Verweilzeit im Produktionsprozeß. Während man früher mit ca. 120 °C oder mehr arbeitete, applizierte man jetzt nur noch 80–90 °C. Zudem mußte im früheren Verfahren in einem zweiten Erhitzungsprozeß das PER wieder verdampft werden, was nun gänzlich wegfiel. Alle diese Faktoren zusammen führten zur reduzierten oder fehlenden Inaktivierung von Scrapieerregern (Prionen) (s. Kap. 45) [1343]. Der resultierende erhöhte Scrapie-Infektionsdruck im Tiermehl erwies sich, speziell für die Risikosubpopulation *Milch- sowie Ammenkühe bzw. Aufzuchtkälber* als fatal. Zu jener Zeit mußte auch noch die zuchtbedingt gesteigerte Leistungsfähigkeit dieser Tiere durch gesteigerte Mischfutterrationen oder Proteinkonzentrate (engl.: feed concentrates) kompensiert werden, bevorzugt mit (billigem) Tiermehl. Aufgrund dieser Tatsache hat sich der schon gestiegene Infektionsdruck für die Rinder noch verstärkt. Vor diesen Hintergründen kann man das zeitliche Zusammentreffen ungünstiger Faktoren, wodurch die BSE-Epidemie ausgelöst wurde, retrospektiv als Großunfall der Landwirtschaft betrachten.

GB hat eine BSE-Epidemie mit unerwartet hohen Ausmaßen durchgemacht (Abb. 39.2) und auch einige andere Länder in Mitleidenschaft gezogen (Tab. 41.1). 1994 wurde gezeigt, daß die BSE v.a. durch TM-Exporte in andere Länder verschleppt werden konnte (s. Kap. 41) [440,665–667]. Die weltweit entstandenen wirtschaftlichen Unkosten sind wohl kaum je zu beziffern [61,65,66,649,664].

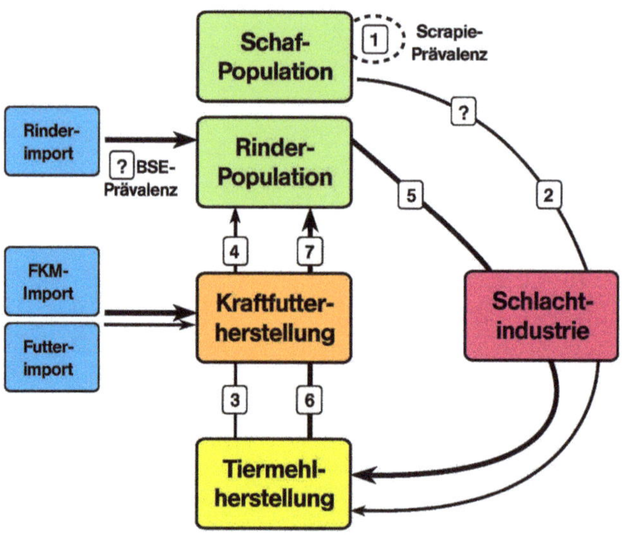

Abb. 19.1: Darstellung zum BSE-Ursprung. Die britische Schafpopulation mit historisch hoher Scrapie-Prävalenz (1) führte in Kombination mit anderen Risikofaktoren (s. Abb. 52.2) zu einem Speziessprung (?) Schaf→Rind. Dünne Linien (2–4): Primär durch die inadäquate Verwertung (s. Abb. 19.2) von Schlachttierabfällen Scrapie-kranker Schafe (2), welche in die Tiermehlherstellung und von dort über die Kraft- oder Mischfutterherstellung (3) in die Rinderfütterung flossen (4), entstand ein hoher Scrapie-Infektionsdruck für die Rinderpopulation. Dicke Linien (5–7): Sekundär bildete die Verfütterung von rezyklierten Schlachtabfällen infizierter Rinder (5) die Grundlage für den exponentiellen Anstieg der britischen BSE-Epidemiekurve (vgl. Abb. 41.6). In anderen Ländern konnten BSE-Fälle auf den Import von lebenden, bereits vor dem Export infizierten Rindern oder auf den Import von BSE-kontaminiertem Fleischknochenmehl (FKM) oder dgl. zurückgeführt werden [666]. (Originalabb. von B. Hörnlimann und A. Vicari)

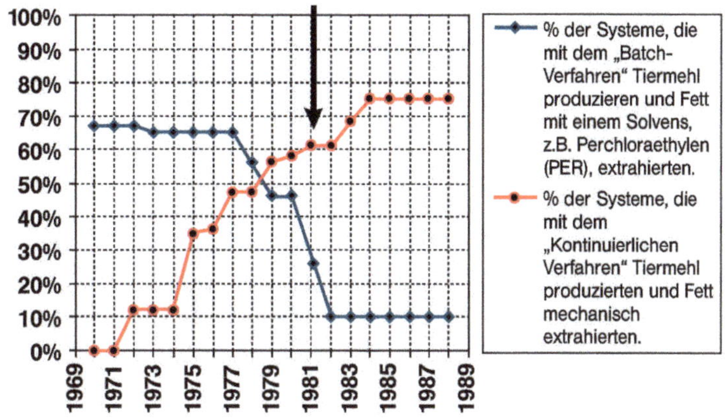

Abb. 19.2: Von 1971 bis 1984 führte ein immer größerer Anteil der damals rund 50 britischen Tiermehl-Produzenten das „Kontinuierliche Herstellungsverfahren“ ein. Infolge der technischen Umstellung wurde auf die Verwendung von PER zur Extraktion des Fettes sowie auf eine hohe und lange, zweiphasige Dampferhitzung der Schlachtabfälle und -nebenprodukte verzichtet. Die Anwendung des Batchverfahrens, dessen man sich während den Jahrzehnten zuvor bedient hatte, ging bis 1982 diametral zur Entwicklung des Kontinuierlichen Systems zurück. Der Pfeil beim Jahr 1981/82 weist auf den von J. Wilesmith rekonstruierten Zeitpunkt der ersten BSE-Infektionen hin [1343]; gem. Anderson et al. [31] dürfte dies schon früher, d.h. in den 70er Jahren erfolgt sein. (Quelle: *USDA:APHIS:VS* AHI1.01/91, Abb. modifiziert durch B. Hörnlimann)

Die ökonomischen Auswirkungen der BSE sind allein für GB astronomisch: Schon bis März 1996, der Ära vor der nvCJD, entstand dort ein Schaden von schätzungsweise 2,5 Milliarden £ [440]. Im Finanzjahr 1996/97 hatte die Bewältigung der BSE-Problematik die britische Wirtschaft ca. 1 Mrd. £ und den Steuerzahler zusätzlich rund 2,5 Mrd. £ gekostet, mit bedingt durch die Krise, welche durch das Auftreten der neuen Variante der CJD beim Menschen (nvCJD) ausgelöst wurde. 1998 wurde mit einer Zusatzbelastung alleine für den Steuerzahler von weiteren 3,5 Mrd. £ gerechnet [72]. Dies entspricht einer gerundeten Gesamtsumme für GB von knapp 10 Mrd. £, alleine bis Ende 1998.

Hinzu kommen immense Summen für Forschung [230a] und weitere Kosten außerhalb von GB[34].

Insbesondere bedeutete dies für die britischen Landwirte neben der großen, durch das Negativ-Thema BSE ausgelösten emotionalen Belastung, immense materielle Verluste. Auch die der Landwirtschaft vor- und nachgelagerten Industriezweige wie die Fleisch- und Futtermittelindustrie, die Wiederverwerter tierischer Nebenprodukte sowie der (Export)-Handel mit diesen Produkten wurden schwer getroffen.

Außerhalb von GB hat die verzögerte Einführung wichtigster Maßnahmen wie die Vermeidung von Rinderhirn und -Rückenmark in Wurstwaren etc. dazu geführt, daß sich infolge der langen Inkubationszeiten für nvCJD das wahre Ausmaß des Problems erst zeigen dürfte. Schließlich ist die Thematik auch Stoff für rechtliche Auseinandersetzungen geworden, die hohe Anforderungen an die Jurisdiktion stellt, beispielsweise im Zusammenhang mit dem britischen BSE-Inquiry [34a] oder mit Klagen in anderen Ländern [702,860]. Die BSE-Krise hat ein derartiges Ausmaß angenommen, daß die Hintergründe der Thematik selbst in Bestseller-Romane einfließen [318].

19.2 Formen oder Varianten

Gemäß heutigem Wissen gibt es unter Feldverhältnissen nur eine BSE-Form beim Hausrind (s. Kap. 11) sowie eine identische Form bei bestimmten exotischen Wiederkäuern in zoologischen Gärten (Tab. 1.3) (s. Kap. 20).

[34] Allein im Jahr 2001 verursacht BSE in der EU zwei Mrd. Mark Kosten und in Deutschland zusätzlich 2,1 Mrd. Mark (*Quelle: Die Welt, 22. Feb. 2001, S. 4–5*).

19.3 Inkubationszeit, Übertragbarkeit und Empfänglichkeit

Die Dauer zwischen dem Erlaß des britischen Verbots Mitte 1988, Wiederkäuerproteine an Wiederkäuer zu verfüttern, und dem sichtbaren Greifen dieser Maßnahme im Jahre 1993, als endlich der Höhepunkt der Epidemiekurve überwunden war (Abb. 39.2), weist auf eine durchschnittlich 4,5 Jahre lange Inkubationszeit hin. Bei statistischen Schätzungen kamen andere Autoren auf Durchschnittswerte von 5,0 bzw. 5,8 Jahren. Die unterschiedlichen Ergebnisse sind durch Zugrundelegung gänzlich unterschiedlicher Modelle zu Stande gekommen. Einige davon geben für die Inkubationszeit*verteilung* bei oralen Infektionen *unter Feldverhältnissen* ein Spektrum von rund zwei bis über zehn Jahren Inkubation an (Abb. 19.3) [382,384,429, 929]. Die aus einer Pathogenesestudie hervorgegangene, also experimentell festgestellte Inkubationszeit beträgt im Mittel 36 ± 2 Monate. Bei entsprechenden Versuchen wurde 1g, 10g, 100g oder 300g infektiöses Hirngewebe von BSE-Kühen oral an Kälber verabreicht (Abb. 19.4) [31,155,1310]. Man fand heraus, daß schon ein Gramm genügt, um Tiere auf diese Art und Weise zu infizieren. Im Tierexperiment mit Hamster*scrapie* reichen sogar 10 mg (s. Kap. 28.2).

Molekulargenetische *Prnp*-Untersuchungen ergaben bisher keine klaren Anhaltspunkte für eine genetisch determinierte erhöhte BSE-Empfänglichkeit [384,757,1332]. Es scheint keine Rassenprädisposition für BSE vorhanden zu sein.

19.4 Symptome und Verlauf der Krankheit

Klinische Symptome treten progressiv verstärkt auf. Der Verlauf der Krankheit erstreckt sich über mehrere Wochen bis Monate. Zu den Hauptsymptomen gehören Verhaltensänderungen wie Übererregbarkeit, Nervosität, Ängstlichkeit und selten Aggressivität, ein gestörtes Sensorium wie Überempfindlichkeit auf Lärm und Berührung sowie v.a. progressive Bewegungsstörungen wie Muskelzittern (Tremor) und Schwanken (Ataxie) usw. (Abb. 33.1, Tab. 33.1). Die normale Fresslust bleibt für lange Zeit weitgehend erhalten, während Leistung und Gewicht der Tiere rückläufig sind. Die genaue Kenntnis der Symptomatik ist für Tierärzte, Landwirte und Schlachthofmitarbeiter von eminenter Wichtigkeit, weshalb die „Klinik der BSE“ im Kapitel 33 ausführlich beschrieben wird.

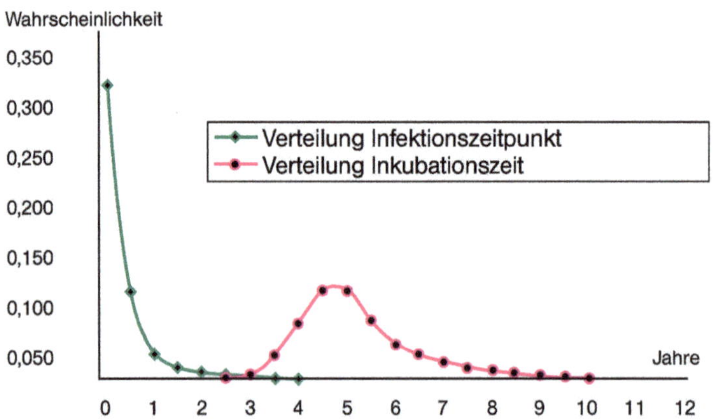

Abb. 19.3: Verteilung des Alters zum Zeitpunkt der Infektion von Kälbern und Rindern mit BSE sowie modellierte Verteilung der *natürlichen* BSE-Inkubationszeit. Darstellung als Wahrscheinlichkeit (y-Achse), mit der ein Kalb oder Rind im Alter „x“ infiziert wurde (linke Kurve) bzw. im Alter „x“ die Inkubationszeit durchlaufen hat (rechte Kurve). Die mittlere Inkubationszeit dauert nach diesem Modell rund 4,5 bis 5 Jahre. (Daten in Anlehnung an C. Donelly, *Appl.Statist.* 46: 333, 1997, Abb. modifiziert durch B. Hörnlimann)

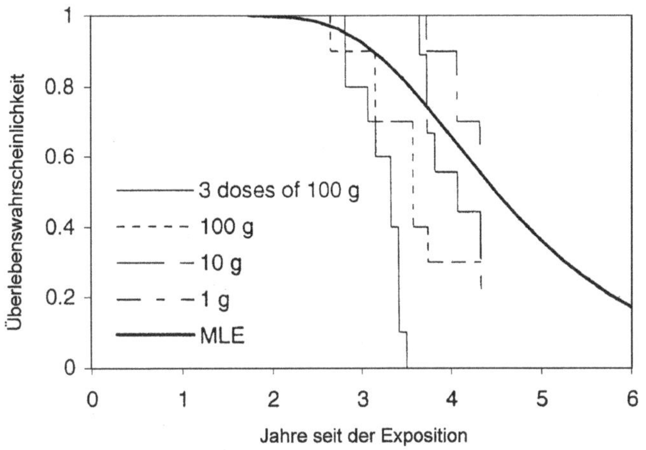

Abb. 19.4: Überlebenszeitkurven und modellierte Verteilung der *experimentellen* BSE-Inkubationszeit: Ergebnisse einer Attack-Rate-Studie mit vier BSE-Rinderhirnpools, die oral (1g, 10g, 100g oder je 100g an drei aufeinanderfolgenden Tagen) auf Kälber übertragen wurden. Selbst eine einmalige orale Dosis von einem Gramm infektiösem Hirnmaterial genügt, um die Krankheit auszulösen [31,155, 1310]. Die mittlere *experimentelle* Inkubationszeit dauert dabei rund drei Jahre. (Quelle: [383])

19.5 Differentialdiagnosen

Die differentialdiagnostisch wichtigsten Krankheiten sind Stoffwechselstörungen wie Hypomagnesämie, nervöse Azetonämie und hypokalzämische Gebärparese oder Infektionskrankheiten wie Listeriose, Tollwut, Aujeszkysche Krankheit, Vergiftungen (Blei, Botulinumtoxin) und Erkrankungen an Wirbelsäule und Rückenmark, die zu Rückenmarkskompressionen führen (s. Kap. 33).

19.6 Epidemiologie

Die epidemiologisch komplexen Zusammenhänge der BSE werden deskriptiv in Kapitel 39 und die analytische Epidemiologie, die zur Erhärtung der Mischfutter- bzw. Tiermehlhypothese führte, wird im Kapitel 40 detailliert abgehandelt. Hier seien nur einige Grunddaten wiedergegeben:

1. **Fallzahlen (Häufigkeit):** In GB wurden zwischen 1986 [1317,1337] und dem 1. Januar 2000 insgesamt 176069 klinisch manifeste BSE-Fälle festgestellt [874]. Dies entspricht 97,65% aller in der gesamten Welt bis dahin diagnostizierten Fälle. Nicht eingeschlossen sind darin die subklinisch infizierten Tiere, welche nach Schätzungen von R. Anderson ein Mehrfaches davon ausgemacht haben dürften [31] (s. Kap. 39.3.5). Die mittlere nationale Jahresinzidenz betrug in GB im Jahr des Epidemiehöhepunkts 1992 rund 1%, genauer gesagt wurden damals 917 Fälle pro 100000 erwachsene Zuchtrinder (Tab. 41.4) festgestellt.
2. **Geographische Verbreitung der BSE:** Außerhalb von GB tritt BSE erst seit 1988 (Nordirland [348]), nur in relativ wenigen Ländern und in viel geringerem Ausmaß auf (Tab. 41.1). Die Inzidenz in GB und z.B. in der Schweiz (Abb. 41.1, s. kleine Einlage) ging in der zweiten Hälfte der 90er Jahre stark zurück. Währenddessen dürfte die unerwartet spät beobachtete Inzidenzzunahme in einigen anderen Ländern wie beispielsweise in Deutschland und Frankreich [67] – allerdings bei um Zehnerpotenzen geringeren Fallzahlen als in GB – auf eine „interne" Rezyklierung des zunächst eingeschleppten (s.u.) BSE-Erregers (Abb. 41.6), die späte effektive Umsetzung des Tiermehlverbots und eine späte Optimierung der Überwachungsprogramme zurückzuführen sein.

Einige Länder haben BSE durch Import von BSE-kontaminiertem TM eingeschleppt [667]. Mit solchem TM wurde die einheimische Rinderpopulation über die Fütterung exponiert – teilweise bedingt durch Kreuzkontamination des Rindermischfutters (Abb. 41.7–9). Andere Länder wie Kanada, das Sultanat Oman, die Falkland Inseln usw. haben BSE ausschließlich bei Tieren diagnostiziert, die als Jungtiere in GB gehalten und danach in die entsprechenden Länder exportiert wurden.

Es gibt auch Länder, die BSE auf beide Weisen eingeschleppt haben, z.B. Portugal und Irland (Tab. 41.1).

3. **Herdeninterne Inzidenz:** Die herdeninterne Erkrankungsrate, über alle Jahre der britischen Epidemie gerechnet (Herdeninterne Inzidenzdichte), beträgt <4% [875]. Dies läßt es als unwahrscheinlich erscheinen, daß eine horizontale Rind-zu-Rind-Übertragung von epidemiologischer Relevanz war [1339] (s. Kap. 39–42).
4. **Alter der betroffenen Tiere bei der Infektion und bei Erkrankungsbeginn:** Gestützt auf die modellierte Inkubationszeitverteilung [31, 155,1310] und die beobachtete Variation des Alters bei Erkrankungsbeginn (Abb. 39.4) wird extrapoliert, daß die Übertragung der BSE v.a. bei Kälbern im ersten Lebensjahr (Abb. 19.3) erfolgte [156,1344], selten auch bei älteren Tieren [1334]. Das mittlere Alter liegt beim Auftreten der ersten BSE-Symptome (Erkrankungsbeginn) zwischen etwa 58 und 62 Monaten (Abb. 39.4). Das geringste Alter eines betroffenen Rindes, das jemals festgestellt wurde, betrug 20 Monate [158] und das maximale 18 Jahre [677].

19.7 Pathologie

Die Neuropathologie der BSE wird im Kapitel 27 beschrieben.

19.8 Ist BSE eine neue Krankheit?

Gemäß K. Taylor ist BSE seit 1985/1986 eine neue Rinderkrankheit [1266]. Mit Ausnahme des 1883 publizierten, spekulativen („Scrapie")-Falles[35] bei einem Ochsen in Frankreich [1154] gibt es keine historischen Hinweise auf eine früher vorkommende BSE oder eine ähnliche Krankheit beim Rind. Hinsichtlich der Kontroverse um diese Frage bzw. auch bezüglich diverser Hypothesen zum wahren Ursprung der BSE seien an dieser Stelle die wichtigsten Punkte zusammengefasst:

1. **Erste BSE-Ursprungshypothese**: Die erste Fall-Serie-Studie zur BSE in GB (s. Kap. 40) und die einleitend (Kap. 19.1) aufgezeigten Hintergründe führten zur Hypothese, daß der BSE-Ursprung in der Schaf-Scrapie zu suchen ist. Danach erfolgte die Übertragung nicht direkt von Schaf zu Rind, sondern indirekt über das tiermehlhaltige Mischfutter, welches u.a. rezykliertes Schafhirngewebe enthielt [1343,1345]. Der „Speziessprung" war offenbar verbunden mit einer Anpassung des Erregers an das Rind, da der BSE-Stamm mit keinem der (bekannten) Scrapiestämme identisch ist [206,456].
2. **Zweite BSE-Ursprungshypothese**: Diese besteht darin, daß ein Scrapie-Erregerstamm eine „Virulenzsteigerung", z.B. durch molekulare Änderung des Erregerstammes durchgemacht hat, wodurch die Speziesbarriere Schaf-Rind überwindbar wurde (Abb. 1.8) [1335]. Es ist theoretisch nicht ausschließbar, daß dies zufällig in den 70er Jahren, also unabhängig von den damaligen Veränderungen in der Tierkörperverwertungstechnologie, erfolgt war. Allerdings ist eine solche Zufälligkeit nicht sehr wahrscheinlich. Dennoch, die erste und zweite Ursprungshypothese könnten in Kombination eine Rolle gespielt haben. Gemäß den ersten beiden Hypothesen ist BSE eine neue Krankheit, während nach den folgenden zwei Ursprungshypothesen [272,398] BSE keine neue Krankheit ist.
3. **Dritte BSE-Ursprungshypothese**: Diese besagt, daß seit jeher oder schon sehr lange eine *symptomlose* BSE-Form vorgekommen ist. Die BSE-Epidemie hätte sich danach infolge einer „Virulenzsteigerung" des BSE-Erregersstammes und dessen Rezyklierung über Tiermehl im Futter etabliert.
4. **Vierte BSE-Ursprungshypothese**: Sie besagt, daß schon seit jeher eine sporadische Form von Prionkrankheit im Rind auftritt. Aufgrund mangelnder Überwachung ist die niedere Inzidenz vor der BSE-Epidemie nicht entdeckt worden. Bedingt durch die in den 70er Jahren erfolgten Veränderungen in der Tierkörperverwertungstechnologie in GB ist danach die BSE innerhalb der Rinderpopulation rasch rezykliert worden, was zur BSE-Epidemie führte.

[35] Der angebliche Fall aus 1883 ist nicht bestätigt.

Von Zeit zu Zeit werden andere Hypothesen heftig diskutiert, die aber stets wieder in Vergessenheit geraten, da sie sich nicht wissenschaftlich belegen lassen, beispielsweise die *Organophosphat*-Hypothese [1084,1085].

Die dritte und vierte Hypothese sind nicht a priori von der Hand zu weisen, da der BSE-Erregerstamm mit keinem der bisher bekannten Scrapiestämmen genau identisch ist [206,456], sondern eigene Charakteristika wie experimentelle Inkubationszeit, Läsionsprofil usw. aufweist (s. Kap. 11). Insbesondere aus diesem Grund ist einerseits nicht definitiv ausschließbar, ob der BSE-Erreger ursprünglich aus der Rinderpopulation selbst stammt. Andererseits läßt die Tatsache, daß sich der im Feld zirkulierende BSE-Erreger von den bislang untersuchten Scrapie-Stämmen unterscheidet [206], nicht den Schluß zu, daß BSE nicht aus Scrapie hervorging, da ein ggf. erfolgter „Artensprung" durch Adaptation (Konformationsänderung (vgl. Kap. 12)) an den neuen Wirt „Rind" zur Entstehung eines gänzlich neuen Prionstammes geführt haben könnte (vgl. Kap. 11.4).

Basierend auf den vorhandenen Datengrundlagen, dem örtlichen und zeitlichen Zusammentreffen der britischen Scrapie-Situation (s. Kap. 18, 19.1) und den anderen damals in GB relevanten BSE-Risikofaktoren, erscheint insgesamt die erstgenannte BSE-Ursprungshypothese (kurz: Scrapie-Hypothese) als Erklärung für den BSE-Ursprung aus unserer Sicht am überzeugendsten. Aus diesem Grund wird an anderen Stellen des Buches v.a. diese Hypothese genannt, ohne damit zu implizieren, daß die anderen drei widerlegt sind.

Wichtig ist, daß alle vier genannten BSE-Ursprungsszenarien oder -hypothesen mit den in den 70er Jahren erfolgten Veränderungen (Abb. 19.2) in der Tierkörperverwertungstechnologie als eigentlicher Auslöser der BSE-Epidemie kompatibel sind. Dieser Aspekt hat hinsichtlich der zu treffenden Bekämpfungsmaßnahmen (s. Kap. 53) eine große praktische Relevanz, während die Frage nach dem wahren Ursprung der BSE eher von theoretischem Interesse ist.

19.9 Risikofaktoren

Die vier urspünglichen BSE-Risikofaktoren in GB umfassten:

1. Risikofaktor: Sehr hohe Scrapie-Prävalenz [719].
2. Risikofaktor: Hohe Schafdichte im Verhältnis zur Rinderdichte [652].
3. Risikofaktor: Verfütterung von Tiermehl (TM) an Rinder (s. Kap. 40).
4. Risikofaktor: Veränderte TM-Herstellung mit Temperatursenkung auf $<90\,^{\circ}C$ usw. (s. Kap. 19.1, 45).

Adäquat produziertes TM wäre per se kein hinreichender BSE-Risikofaktor gewesen (s. Kap. 52), wurde es doch problemlos als Zusatzfütterung bereits seit etwa 100 Jahren an Tiere verfüttert (s. Kap. 19.1). Seit Beginn des 20. Jh. wurde empfohlen, zu verwertende Tierkadaver mehrere Stunden bei 132 °C [802] bis 140 °C [1165] zu erhitzen, um bestimmte Erreger[36] mit Sicherheit zu vernichten. In Deutschland beispielsweise wurde seit 1939 gesetzlich vorgeschrieben, solches Material bei 132 °C im gespannten Wasserdampf 30 Minuten zu erhitzen [1296].

Wichtige *Folgerisikofaktoren für nicht britische Länder* war der Import von BSE-kontaminiertem TM oder BSE-infizierten lebenden Rindern [666,667,1170,1174] (s. Kap. 41).

Ein wichtiger *Folgerisikofaktor*, der v.a. zur massiven Ausbreitung der BSE *innerhalb von GB* beigetragen hatte, war die Rezyklierung von *BSE*-kontaminiertem TM zwischen der Erstinfektion und 1988 (erstes Fütterungsverbot) innerhalb der Rinderpopulation (Abb. 19.1, 41.6, 53.2). Infolge der anhaltend inadäquaten Produktionsbedingungen in der TM-Herstellung [68,870,1328] und der jahrelang fortgesetzten Exportpraxis und nachfolgender Exposition an Rinder außerhalb von GB (s. Kap. 41) konnte nun BSE-infektiöses Material über Jahre im großen Ausmaß innerhalb derselben Tierart rezykliert werden (s. Kap. 52).

[36] Beispielsweise Erreger der Bradsot [1000], eine Krankheit der Schafe, oder Sporenbildner [1165], wie der Milzbranderreger. Den Scrapieerreger kannte man damals noch lange nicht.

Fütterungsbedingungen, wie sie bis vor den 90er Jahren oder länger in vielen Ländern üblich waren, könnten auch zu einer (Rück)-Übertragung der BSE-Erreger vom Rind auf das Schaf (und die Ziege) geführt haben. Auf diesen *hypothetischen Folgerisikofaktor*, der zur Etablierung einer BSE-Endemie führen könnte (s. Kap. 58), wurde (in der Schweiz) erstmals durch den Autor im Mai 1996 [58] hingewiesen.

19.10 Maßnahmen zur Überwachung, Prävention und Bekämpfung

Detaillierte Konzepte zur Überwachung, Bekämpfung und Prävention der BSE werden in den Kapiteln 32, 41 und 53 systematisch abgehandelt.

20 Portrait der Prionkrankheiten bei Zootieren

James K. Kirkwood

20.1 Geschichte

Im Jahr 1986 wurde bei einem Nyala (*Tragelaphus angasi*) post mortem erstmals die Diagnose TSE („Prionkrankheit") gesichert. Schon die klinischen Symptome hatten an Scrapie oder BSE erinnert [714]. Seither wurden TSE-Fälle bei weiteren Wildtierarten diagnostiziert. Alle betroffenen Tiere hatten in britischen Zoos gelebt oder waren von dort in Zoos anderer Länder exportiert worden [779,780,1358]. Es handelt sich um Vertreter der Familien *Bovidae* (Hornträger ⇒ BSE) und *Felidae* (Katzen ⇒ FSE), die den folgenden Arten angehören: Säbelantilope (*Oryx dammah*) [779,785], Elenantilope (*Taurotragus oryx*) [436,779,780], Großer Kudu (*Tragelaphus strepsiceros*) [779,783], Südafrikanischer Spießbock (*Oryx gazella*) [714], Arabischer Spießbock (*Oryx leucoryx*) [779,785], amerikanischer Bison (*Bison bison*) [1358], Gepard (*Acinonyx jubatus*) [779,782, 1038,1294], Puma (*Felis concolor*) [780,1365], Ozelot (*Felis pardalis*) [780] und Tiger (*Panthera tigris*) [780] (Stand 1998).

Dieses Kapitel faßt das bestehende Wissen zu TSE in Zootieren aus der Sicht eines Zoofachmannes zusammen; ausgenommen sind Einzelfälle der Chronic Wasting Disease (CWD), die in Maultierhirschen in einem kanadischen Zoo auftraten (s. Kap. 21). Hinzu kommen hier nicht beschriebene Fälle von TSE bei in Zoos gehaltenen domestizierten Rinderartigen wie BSE bei der Ankole (Tab. 1.3) und vermutliche Fälle von Scrapie bei Moufflons (*Ovis musimon*) [1377]. Eine Spongiforme Enzephalopathie mit ungesicherter Ätiologie und Transmissibilität, die bei Straußen (*Struthio camelus*) in deutschen Zoos beobachtet wurden [1168], wird ebenfalls separat behandelt (s. Kap. 25).

20.2 Formen oder Varianten

Fälle von Scrapie- oder BSE-ähnlichen TSE bei Zootieren sind – wissenschaftlich vertieft – in unterschiedlichem Ausmaß untersucht worden. Nur bei betroffenen Nyalas und Großen Kudus wurden Anstrengungen unternommen, den Erregerstamm durch Bioassay in einer Reihe von Mauslinien zu typisieren (s. Kap. 50). Dabei zeigten sich für diese zwei Arten bezüglich Inkubationszeit und histopathologischem Läsionsprofil im Gehirn der Versuchstiere große Ähnlichkeiten zur BSE [207,712]. Daraus und aus der Co-Lokalisation der BSE im Hausrind, u.a. in Großbritannien (GB), schließt man, daß es sich bei beiden Spezies immer um dieselbe Form bzw. um denselben BSE-Erregerstamm handelte (Abb. 11.5, 50.1).

20.3 Inkubationszeit, Übertragbarkeit und Empfänglichkeit

Die natürlichen Inkubationszeiten der Fälle bei Zootieren können nur geschätzt werden, da nicht bekannt ist, zu welchen Zeiten eine Exposition stattfand. Daten über das Todesalter, das beschränkte Hinweise auf die Inkubationszeit geben kann, wurden 1998 zusammengefaßt und publiziert [780]. Sie weisen darauf hin, daß die Inkubationszeiten bei Katzen (Feliden) länger sind als bei exotischen Hornträgern (Boviden). Bei den meisten in Zoos gehaltenen Feliden, die eine Prionkrankheit entwickelten, lag das Todesalter bei 60–80 Monaten, in einigen Fällen aber viel höher. Bei den Boviden lag das Todesalter dagegen meistens bei ca. 30 Monaten [780]. Die kürzeste beobachtete Inkubationszeit war 19 Monate bei einem Großen Kudu [783].

Aus Viehkadavern gewonnene Proteine in Form von TM wurden – während der 80er Jahre in größerem Ausmaß gegenüber früher – über Mischfutter an Wiederkäuer und manche andere Tierarten verfüttert. Auf diese Weise konnten viele Wiederkäuer in Zoos mit dem BSE-Erreger oral in Kontakt kommen (s. Kap. 19.1). Es wird angenommen, daß die Übertragung vieler, wenn nicht aller Fälle von Prionkrankheiten bei Rinderartigen in Zoos durch eine solche Exposition zustande kam. Einige Fälle, die v.a. den Großen Kudu betrafen, könnten auch dadurch erklärt werden, daß sich eine Übertragung zwischen den Tieren ereignet hatte, da einige Mischfutter erhielten, das mit nur geringer Wahrscheinlichkeit Wiederkäuer-Proteine enthielt [779,780].

Von den Katzenartigen in Zoos wird vermutet, daß sie dem BSE-Erreger durch den Verzehr roher, vom Rind stammender hochtitriger Gewebe ausgesetzt waren. Den meisten dieser Tiere wurden – gemäß ihrer natürlichen Ernährungsweise – problematische Teile von Rinderkadavern verfüttert. Dazu gehörte auch die *Rückenmark* enthaltende Wirbelsäule von nicht halbierten Tierkörpern bzw. Kadavern [779, 780] (Abb. 53.3). Es gibt keine Evidenz für die horizontale Übertragung der Krankheit zwischen Feliden in Zoos; zum gegenwärtigen Zeitpunkt erscheint eine dahingehend abschließende Beurteilung aber nicht möglich.

20.4 Symptome und Verlauf der Krankheit

Die klinischen Symptome zeigen einen progressiven Verlust der Funktionen des Zentralnervensystems (ZNS). Sowohl bei Boviden wie bei Feliden ist ein schleichender Beginn und eine langsame, über Wochen dauernde, Progression der Symptome typisch. Bei einigen Fällen setzen die klinischen Symptome plötzlicher ein und es wird ein Verlauf mit schnellerer Progression, d.h. innerhalb von Tagen, beobachtet [714,779]. Die klinischen Befunde umfassen Ataxie, abnorme Körper- und Kopfhaltung und abnorme Ohrstellung, leichtes Muskelzittern und Myoklonus (kurzes ruckartiges Zucken einzelner Muskeln), nicht der Tierart entsprechende zircadiane Aktivitätsmuster, Auszehrung, Ängstlichkeit und Überempfindlichkeit auf Berührung (Hyperästhesie) [779,780,1294]. Knabbern am Schwanzansatz wurde beim Nyala beobachtet [714] und Reiben des Kopfes an der Flanke beim Großen Kudu [781] (vgl. Juckreiz bei Scrapie, Abb. 34.1b,d). Bei einigen Tieren wurden intensive Lippenbewegungen (vgl. Gnubbern bei Scrapie; Abb. 34.1c), vermindertes Wiederkäuen und/oder Abmagerung festgestellt. Das klinische Bild ist aber variabel, so war z. B. Auszehrung (vgl. Abb. 34.1f) nicht ein durchgehend beobachteter Befund.

20.5 Differentialdiagnosen

Auf der Basis klinischer Symptome kann die Krankheit nicht von einigen anderen ZNS-Krankheiten unterschieden werden.

Bei Hornträgern sind dies metabolische Krankheiten (wie Ketose, Kupfermangel), zerebrokortikale Nekrose, Neoplasie des ZNS, kongenitale Dysplasien des ZNS, hepatische Enzephalopathie, Schädeltrauma und Infektionen des ZNS wie Tollwut, Listeriose und Toxoplasmose [713].

Auf die Diffentialdiagnosen bei Katzen wird im Kapitel 23.5 eingegangen (wobei es zwischen Wild- und Hauskatzen Unterschiede geben kann). Insbesondere sind bei Wildkatzen Infektionen mit dem *felinen Parvovirus* oder dem *felinen Herpes-Virus 1* differentialdiagnostisch auszuschließen [1294,1301].

20.6. Epidemiologie

In GB erreichte die jährliche Anzahl TSE-Fälle bei exotischen Hornträgern in Zoos 1991 mit vier Fällen ein Maximum und nahm danach ab (Abb. 20.1). 1991 wurde in GB erstmals in einem Zoo bei einer Wildkatze ein FSE-Fall diagnostiziert. Die durchschnittliche Anzahl der Fälle bei Wildkatzen lag bei zwei pro Jahr (Abb. 20.1).

Bisherige TSE-Fälle bei Zootieren sind, soweit bekannt, nur bei in GB aufgezogenen Tieren aufgetreten. Bei den wenigen in anderen Ländern diagnostizierten Fällen, z.B. bei Geparden in Australien und Frankreich [1038, 1294], hat es sich um Tiere gehandelt, die von britischen Zoos in diese Länder exportiert wurden. Da sie als Jungtiere vermutlich in GB in-

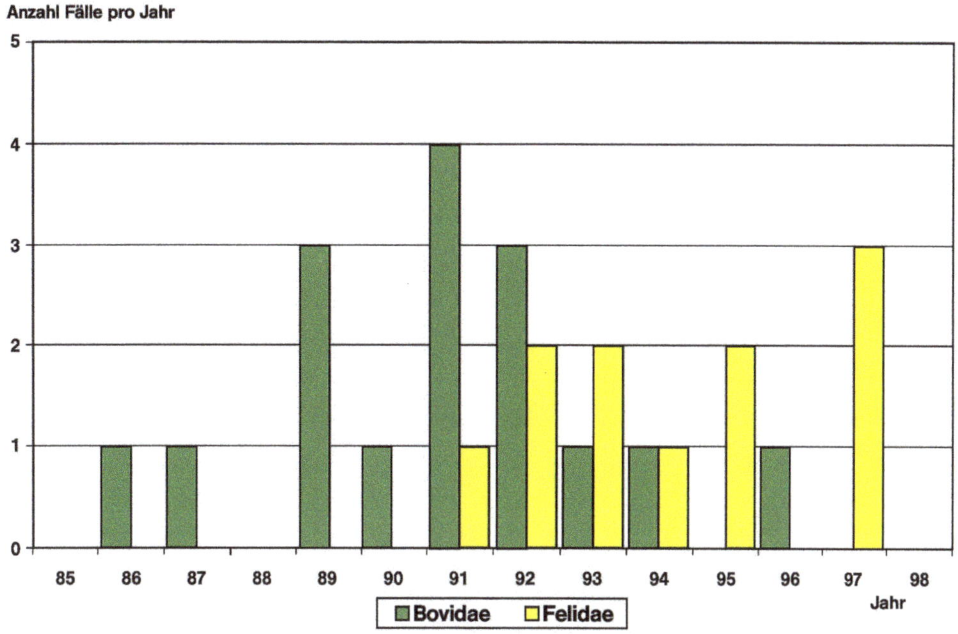

Abb. 20.1: Die jährlichen Fallzahlen von Transmissiblen Spongiformen Enzephalopathien bei exotischen Wiederkäuern (*Bovidae*) in britischen Zoos und bei Wildkatzen (*Felidae*) in oder von britischen Zoos (von 1985–1997). (Abb. von J. Kirkwood)

fiziert worden waren, gelten sie nicht als originäre Fälle der Bestimmungsländer. Abgesehen von Scrapie bei Schaf, Moufflon und Ziege scheint die Prävalenz von Prionkrankheiten bei Zootieren außerhalb Großbritanniens somit Null zu sein. Es ist jedoch möglich, daß eine sehr niedrige Inzidenz übersehen wird, z. B. bedingt durch sporadische Fälle (s. Kap. 20.8).

In GB wird ein sehr großes Spektrum an Wildtierarten gehalten. Indessen wurden bisher außer bei Boviden und Feliden keine Fälle von Prionkrankheiten festgestellt, obwohl wahrscheinlich auch Tiere anderer Familien, z. B. Carnivora (*Procyonidae, Ursidae, Mustelidae*[37], *Canidae*[38]), Artiodactyla (*Cervidae*[39], *Giraffidae*), usw. mit BSE-kontaminiertem Futter in Kontakt gekommen sind. Eine der interessantesten Fragen zum Thema „Prionkrankheiten bei Zootieren" ist daher, weshalb gerade Spezies aus bestimmten nicht nahe verwandten taxonomischen Gruppen erkrankten, insb. Katzen (s. Kap. 9). Innerhalb der betroffenen zoologischen Familien scheint die Verteilung der Fälle auf die verschiedenen Spezies ohne Regelmäßigkeit zu sein [779,780], d.h. es gibt keine annähernde Proportionalität zur Populationsgröße: Obwohl sich z. B. etwa zehnmal mehr Löwen (*Panthera leo*) als Pumas in GB befinden, wurden drei Fälle bei Pumas bekannt, denen kein einziger Fall bei Löwen gegenüber steht. Ebenso ist die Anzahl betroffener Großer Kudus im Verhältnis zu deren kleinen Populationsgröße in GB überraschend groß [779]. Diese artspezifisch erhöhten Morbiditätsraten lassen vermuten, daß zwischen den Arten genetisch determinierte Empfänglichkeits-Unterschiede bestehen (s. Kap. 9). Dieser Schluß muß aber mit Vorsicht gezogen werden, da über mögliche Unterschiede (1) in der Expositionsdosis zwischen betroffenen Einzeltieren innerhalb der Art und (2) bezüglich Übertragungswege bei betroffenen Arten wenig bekannt ist. Es ist außerdem möglich, daß bei einigen Arten Fälle mit sehr langer Inkubationszeit erst in Zukunft auftreten.

---
[37] Marderartige im Zoo wurden nie betroffen, im Gegensatz zu Farmnerzen (*Mustela vison*) in den USA (s. Kap. 22).
[38] Vergleiche dazu das Kapitel 9.3.3.
[39] Vergleiche dazu das Kapitel 21.

20.7 Pathologie

Die Neuropathologie der BSE bei Zootieren resp. der FSE wird im Kapitel 27 beschrieben.

20.8 Sind BSE und FSE bei Zootieren neue Krankheiten?

Die seit 1986 [714] festgestellten Clusters von Prionkrankheiten bei Zootieren scheinen durch die BSE-Verbreitung über Tierfutter verursacht worden zu sein. Soweit bekannt, sind vor dem Beginn der BSE-Epidemie (1986) keine Fälle bei irgendwelchen in Zoos gehaltenen Wiederkäuern diagnostiziert worden (Abb. 20.1) – mit Ausnahme der im Kapitel 21 erwähnten CWD-Fällen bei Maultierhirschen (die aber, wenn überhaupt, eher mit amerikanischen Scrapiestämmen denn mit dem BSE-Erregerstamm in Zusammenhang stehen (vgl. Abb. 1.5)).

Die von 1970 bis 1977 im Zoo von Bristol (GB) diagnostizierte Spongiforme Enzephalopathie (SE) bei weißen Tigern (*Panthera tigris*) [749] stand offenbar nicht im Zusammenhang mit den seit 1986 beobachteten Fällen, denn sie zeigte ein unterschiedliches histopathologisches Bild, und die Krankheit ließ sich nicht auf Labortiere übertragen [780] (vgl. Kap. 25).

Somit dürften – gemäß heutigem Wissen – die hier abgehandelten Fälle von TSE im Zoo etwa seit Mitte der 80er Jahre neu aufgetreten sein. Trotzdem kann nicht der Schluß gezogen werden, daß vor 1986 nie TSE-Fälle bei Zootieren vorgekommen sind, da möglicherweise Einzelfälle gar nicht erkannt oder falsch diagnostiziert worden sind (vgl. Kap. 21.1). Außerhalb von Zoos wurden immerhin schon lange vor 1980 Prionkrankheiten bei mehreren Spezies festgestellt (Schaf, Ziege, Hirschartige und Nerz) [779] (s. Kap. 1). Zudem muß in Betracht gezogen werden, daß bisher bei relativ wenig in Zoos gehaltenen Säugerarten Krankheiten des ZNS systematisch untersucht worden sind. Es wäre deshalb überraschend, wenn bei weiteren der ca. 4050 Säugetierarten keine Prionkrankheiten vorkommen könnten. Außerdem kann auch die Möglichkeit, daß Prionkrankheiten bei Vögeln (s. Kap. 25) oder anderen zoologischen Klassen auftreten, nicht ausgeschlossen werden (s. Kap. 9).

20.9 Risikofaktoren

Das oben an verschiedenen Stellen Aufgeführte kann bezüglich Risikofaktoren folgendermaßen zusammengefaßt werden. Das clusterartige Auftreten von Prionkrankheiten bei britischen Zootieren seit 1986 gibt Hinweise darauf, daß die Verfütterung bestimmter, von BSE-infizierten Rindern stammender, proteinhaltiger Gewebe bzw. Produkte an verschiedene Wildtierarten mit einem BSE-Risiko assoziiert ist. Bei der artspezifischen Inzidenz der Krankheit sind Unterschiede zwischen verschiedenen taxonomischen Gruppen zu erkennen, was auf unterschiedliche Empfänglichkeit je nach Art zurückgehen könnte.

BSE bei exotischen Hornträgern: Die beim Großen Kudu gemachten Beobachtungen legten den Schluß nahe, daß maternale oder horizontale Übertragungen stattgefunden haben könnten. Darüber besteht aber keine Gewißheit, da vermeintlich unproblematisches Futter gemäß den Abklärungen zur BAB-BSE-Problematik doch Spuren von TM enthalten haben könnte (s. Kap. 41). Auch Mischfutter, das den betroffenen Großen Kudus verabreicht wurde, könnte kreuzkontaminiert gewesen sein [779, 780]. Trotzdem müssen bei Zootieren maternale und auch horizontale Übertragungen als Risikofaktoren weiter in Betracht gezogen werden, insbesondere seit man davon ausgeht, daß eine maternale Übertragung von BSE bei Rindern vorkommen kann [31]. Bei Scrapie der domestizierten Kleinwiederkäuer (Schaf und Ziege) ist die horizontale Übertragung gewiß (s. Kap. 4.2.2) und höchstwahrscheinlich ist auch die chronisch zehrende Krankheit (CWD) bei Hirschen horizontal übertragbar (s. Kap. 21) [1358].

FSE bei Felidae (Katzen): Es ist wahrscheinlich, daß bestimmte Carnivoren (Fleischfresser) im Zoo sich durch den Verzehr von infektiösen oder kontaminierten Rindergeweben mit BSE infizierten. Da diese Tierarten schon seit lange vor BSE durch den Verzehr von Schaf- oder Ziegenkadavern dem Scrapieerreger ausgesetzt gewesen sind, aber bis 1986 keine derartigen Prionkrankheiten im Zoo bekannt geworden sind, neigt man zur Annahme, daß Scarpie unproblematisch für Zootiere ist. Dennoch darf der Schluß, daß in der Scrapie ein Nullrisiko für Zootiere besteht, nicht gezogen werden.

Es wird vermutet, daß die sporadische Creutzfeldt-Jakob-Krankheit (CJD) des Menschen mit sehr geringer Inzidenz (etwa 1 Fall/1 Million Einwohner pro Jahr) spontan entstehen kann (s. Kap. 8.4.4–5). Prionkrankheiten könnten möglicherweise auch bei anderen Spezies gelegentlich sporadisch auftreten. Bei gefangengehaltenen oder freilebenden Wildtieren sind solche Fälle zwar nicht beobachtet worden, aber ihre Entdeckung kann dem Überwachungsnetz möglicherweise entgehen.

20.10 Maßnahmen zur Überwachung, Prävention und Bekämpfung

Bei gefangen gehaltenen Wildtieren setzt die Entdeckung von (bisher sehr seltenen) TSE-Fällen eine außergewöhnliche Wachsamkeit bzw. eine qualitativ sehr hochstehende Überwachung in Zoos, Wildtierparks, Tiergärten und so weiter (kurz: Zoos) voraus.

Mit den hier empfohlenen Maßnahmen wird die Prävention einer weiteren Verbreitung innerhalb TSE-betroffener Tierarten in Zoos und, soweit möglich, die Ausbreitung auf bisher nicht betroffene Arten angestrebt: Genereller Verzicht auf die Verfütterung irgendwelcher Gewebe, die von einer Tierart stammen, die bekannterweise für irgend eine TSE-Form anfällig ist. Die Empfehlungen gelten für die Verfütterung von potentiell erregerhaltigem Material 1) in Rohform an empfängliche Fleischfresser wie Wildkatzen oder z.B. Nerze, und 2) in Form von tierischen Bestandteilen eines Mischfutters (z.B. zu Mehl oder Pellets verarbeitet) [26,1001] an empfängliche Pflanzenfresser wie Wiederkäuer und *evtl. empfängliche Allesfresser* (z.B. Strauße; s. Kap. 25). (Der Kurvenverlauf auftretender TSE-Fälle in Abbildung 20.1 läßt – vor dem Hintergrund der langen Inkubationszeit und des in GB im Juli 1988 erlassenen Verbots, dem Wiederkäuerfutter Proteine von Wiederkäuern beizumischen bzw. im Jahre 1990 erlassenen Verbots, spezifizierte BSE-Risiko*organe* (SBO von Tieren >6 Mte. alt; zwischenzeitlich generell SRM) an Tiere zu verfüttern [26] – folgenden Schluß zu: auch für die Prävention im Zoo waren diese Erlasse ein zentraler Aspekt zur Eindämmung von BSE bzw. FSE).

Des weiteren gilt es zu beachten, daß *intern in Zoos anfallende potentielle TSE-infektiöse Tierkadaver* (z.B. von verendeten oder getöteten Antilopen) in roher oder verarbeiteter/gekochter Form, die bis anhin ggf. an Wildkatzen oder andere TSE-empfängliche Fleischfresser (z.B. Nerze; s. Kap. 22) verfüttert wurden, dafür nicht weiter verwertet sondern unschädlich beseitigt (Verbrennung) werden sollten. Damit verhindert man ein potentielles Rezyklieren von TSE-Erregern innerhalb der Zoos (vgl. Abb. 1.9 und vgl. Kap. 1.8.3, 42.2.2.6). Es sollte vorsichtigerweise angenommen werden, daß neben dem ZNS vielleicht auch andere Gewebe als die in Tabelle 53.2 genannten infektiös sein könnten. Ansonsten ist nicht ausschließbar, ob durch Verzehr entsprechender Gewebe, z.B. gemäß Tabelle 46.2, bei Zootieren neue Prionkrankheiten verursacht werden könnten.

Zur Risikoreduktion einer TSE-Ausbreitung auf freilebende Wildtier-Populationen wurde in Zoo-Fachkreisen weiter empfohlen: weder potentiell TSE-exponierte Zootiere, noch deren (direkte) Nachkommen, noch Tiere, die mit solchen in Kontakt gekommen sind, sollten für Wiederansiedlungen verwendet werden. Außerdem sollten, im Hinblick auf die große Bedeutung einiger Zootierarten für Erhaltungsprogramme, Versetzungen solcher Tiere zwischen Zoos nur nach sorgfältiger Nutzen-Risiko-Abwägung unternommen werden [322,779]. Es wird generell empfohlen, ein hohes Präventionsniveau zu wahren, bis noch detailliertere Kenntnisse zur „natürlichen Übertragbarkeit der Prionkrankheiten (TSE)“ (vgl. Kap. 42) bei Zoo- bzw. Wildtieren vorliegen [780].

21 Portrait der chronisch zehrenden Krankheit der Hirschartigen (CWD)

Elizabeth S. Williams

21.1 Geschichte

Die chronisch zehrende Krankheit (Chronic Wasting Disease, CWD) bestimmter nordamerikanischer Hirscharten (*Odocoileus spp.* sowie eine *Cervus sp.*) wurde vorerst bei in Gefangenschaft gehaltenen Maultierhirschen (*Odocoileus hemionus hemionus*) (Abb. 21.1) beobachtet. Ende der 60er Jahre stellten Forscher anläßlich physiologischer und ernährungswissenschaftlicher Studien fest, daß etliche erwachsene Tiere einer Studiengruppe unter fortschreitendem Gewichtsverlust litten und schließlich verendeten. Auf Grund dieses klinischen Verlaufes zog man zunächst als hypothetische Ursachen Mangelernährung, Vergiftungen oder durch die Gefangenschaft bedingten Streß in Betracht. Erst 1978 wurde histologisch im Gehirn so verendeter Tiere eine Transmissible Spongiforme Enzephalopathie (TSE oder Prionkrankheit) festgestellt [1359].

Innerhalb von wenigen Jahren beobachtete man vergleichbare histologische Hirnveränderungen bei gemeinsam gehaltenen Rocky Mountain-Hirschen (*Cervus elaphus nelsoni;* deutsch: Wapiti; engl.: Elk, fälschlicherweise oft als Elch ins Deutsche übersetzt) [1360]. Während jener Zeit traten in einer Wildtier-Forschungsanstalt in Wyoming, USA, auch die ersten CWD-Fälle bei Schwarzwedelhirschen (*Odocoileus hemionus columbianus*), einer Unterart der Maultierhirsche, auf. Einen weiteren CWD-Ausbruch stellte man in einer aus Colorado importierten Maultierhirschgruppe in einem kanadischen Zoo bei Ontario, Kanada, fest. Ein anderer Einzelfall wurde 1996 bei einem aus South Dakota, USA, stammenden Wapiti in einer Hirschfarm in Saskatchewan, Kanada, beobachtet. Ende 1997 wurde die Diagnose „CWD" in mehreren Hirschfarmen in South Dakota und Anfang 1998 in einer Farm in Nebraska, USA, gestellt.

Erst im Jahre 1981 wurde dann erstmals ein CWD-Fall bei einem wildlebenden Hirsch gemeldet [1216]. Anfang der 90er Jahre wurde auf Grund von histologischen Befunden festgestellt, daß auch freilebende Weißwedelhirsche (*Odocoileus virginianus*) empfänglich für CWD sind. Bis Mitte der 90er Jahre traten jedoch nur wenige weitere Fälle bei wildlebenden Hirschen auf.

Seit dem Jahr 2000 hat das Thema in den USA und seit 2001 in Kanada stark an Aktualität gewonnen, da immer mehr Fälle festgestellt werden.

21.2 Formen oder Varianten

Bis heute ist nur eine Form der CWD bekannt.

21.3 Inkubationszeit, Übertragbarkeit und Empfänglichkeit

Die natürliche Inkubationszeit von CWD ist noch nicht genau bekannt. Erste Symptome konnten bereits bei ein- bis zweijährigen Hirschen festgestellt werden, was auf eine minimale Inkubationszeit von 1,5 Jahren schließen läßt. Diese Annahme wird durch Beobachtungen an experimentell infizierten Maultierhirschen unterstützt. Andererseits konnten bei einem Hirsch die Symptome erst im Alter von über 15 Jahren beobachtet werden; es ließ sich allerdings nicht eruieren, in welchem Alter sich das Tier infiziert hatte. Bei der experimentell infizierten Hausziege wurde nach i.c.-Inokulation eine Inkubationszeit von sechs Jahren beobachtet.

Der natürliche Übertragungsweg von CWD ist bisher nicht mit Sicherheit bekannt. Vorläufige Resultate von Modellrechnungen zur Erkrankungsdynamik in wildlebenden Hirschen (Cerviden) gaben Hinweise darauf, daß nur eine horizontale Übertragung zu der relativ hohen CWD-Inzidenz führen kann (M.W. Miller & C. McCarty, pers. Mitt.). Ergebnisse epidemiologischer Studien deuten auf eine horizontale Übertragung zwischen infizierten und empfänglichen Individuen hin [945,1210,1361]. Es ist nicht bekannt, ob die Krankheit auch maternal, d.h. von der Mutter auf das Jungtier übertragen wird.

Bisher gibt es keine Hinweise auf einen fütterungsbedingten oralen Übertragungsweg. Betroffene Hirsche in den Wildgehegen erhielten kein Wiederkäuer-Protein, z.B. in Form von Tiermehl (TM) über das Mischfutter, und wildlebende Hirsche hatten ebenfalls keinen Zugang zu dieser potentiell Scrapie-kontaminierten Proteinquelle (s. Kap. 19, 40).

Natürliche CWD-Infektionen wurden bisher nur in den beiden Hirschgattungen Edelhirsche (*Cervus*) und Wedelhirsche (*Odocoileus*) beobachtet, und zwar in den Arten Maultier-, Schwarzwedel- und Weißwedelhirsch, in Kreuzungen dieser Arten sowie beim Wapiti. Es liegen keine Berichte vor über das Auftreten von CWD in anderen wildlebenden Wiederkäuerarten, welche jahrelangen Kontakt zu betroffenen

Abb. 21.1: (oben) Weiblicher Maultierhirsch (*Odocoileus hemionus hemionus*) mit CWD. Fortgeschrittenes Stadium der klinischen Phase. Das Tier zeigte exzessives Speicheln, „Depression“ und Auszehrung bzw. Abmagerung (aus [1359]). (unten) Zum Vergleich eine Gruppe von gesunden Maultierhirschen. (Photos von E. Williams)

Hirschpopulationen hatten, wie Elche (*Alces alces*), Großhorn-Schafe (*Ovis canadensis*) oder Pronghorn-Antilopen (*Antilocapra americana*).

Experimentell kann CWD, wie per definitionem alle Prionkrankheiten, auf andere Spezies übertragen werden. Bei entsprechenden Versuchen mit i.c.-Inokulation wurde CWD nach der 1. Passage auf Farmnerze (*Mustela vison*) (s. Kap. 22), Wüstenfüchse (*Mustela putorius furo*), Totenkopfäffchen (*Saimiri sciureus*) (R. Marsh, pers. Mitt.) sowie auf Maultierhirsche und eine Hausziege erfolgreich übertragen. Derzeit sind Versuche im Gange, um die Empfänglichkeit von Nutztieren und bisher nicht betroffenen Hirscharten zu ermitteln, wobei i.c.-Inokulation, orale Erregerverabreichung sowie Kontaktexposition getestet werden. Es gibt keine Hinweise darauf, daß Nutztiere wie Rinder, Schafe und Ziegen natürlicherweise empfänglich für CWD sind [1094a].

21.4 Symptome und Verlauf der Krankheit

Die auffälligsten klinischen CWD-Symptome bei erwachsenen Tieren sind Verhaltensstörungen und Verschlechterung des Allgemeinzustands (Abb. 21.1 oben). Die Präsenz und Deutlichkeit der einzelnen Symptome, die häufig nur schwach ausgeprägt sind, variiert stark. Den Tierpflegern mit häufigem Kontakt zu den Tieren fallen geringgradige Verhaltensstörungen einzelner Individuen i.d.R. zuerst auf. Die ersten Anzeichen sind Stereotypie und Phasen der Apathie sowie gestörte Interaktion mit anderen Tieren in der Herde oder mit den Tierpflegern selbst. Erkrankte Tiere verlieren trotz scheinbar normaler Futteraufnahme an Gewicht und im Endstadium der klinischen Phase ist die starke Abmagerung (Auszehrung; Abb. 21.1 oben) ein Leitsymptom. Juckreiz wurde, im Gegensatz zu Scrapie, noch nie beobachtet. Weitere klinische Erscheinungen sind Polydipsie, Polyurämie sowie progressive Bewegungs- und Koordinationsstörungen (Tremor und Ataxie), Übererregbarkeit, Zähneknirschen, erweiterter Ösophagus, abnormale Zungenbewegungen, Speicheln und Schluckbeschwerden.

Der klinische Verlauf von CWD ist variabel und dauert zwischen einigen Wochen und einem Jahr. Diese Streuung hängt zumindest teilweise davon ab, ob ein Beobachter ausreichend geschult ist, schon die ersten, vorerst subtilen Symptome zu erkennen. In einigen betroffenen Weißwedelhirschen dauerte die klinische Phase nur wenige Tage und ein Tier verendete ohne eine für den Beobachter sichtbare klinische Erkrankungsphase (M. Miller & M. Wild, pers. Mitt.).

21.5 Differentialdiagnosen

Bei Verhaltensstörungen, zentralnervösen Erscheinungen, aber auch bei Gewichtsverlust kommen v.a. Parasitenbefall (*Parelaphostrongylus tenuis*), bakterielle oder virale Meningitis oder Meningoenzephalitis, Traumata, Vergiftungen usw. in Frage.

Die CWD ist nur eine von vielen Erkrankungen, welche bei Hirschen zu einer chronischen Abmagerung führt. Daher müssen alle Erkrankungen, welche zu Gewichtsverlust führen, differentialdiagnostisch abgeklärt werden. Dazu zählen Fehlernährungen, Futtermangel, Muskel- oder Skeletterkrankungen und Zahnabnutzungen, welche eine normale Futteraufnahme beeinträchtigen sowie Paratuberkulose und chronische Bronchopneumonie. Durch CWD verursachte *Schluckbeschwerden* führen häufig zu einer fatalen *Aspirationspneumonie*, weshalb in Nordamerika bei in Gefangenschaft gehaltenen Hirschen mit atypischen Pneumonien, insbesondere in Verbindung mit chronischer Abmagerung oder Verhaltensstörungen, differentialdiagnostisch immer eine CWD in Betracht gezogen werden soll.

21.6 Epidemiologie

CWD wurde von 1981–1998 in ca. 200 Fällen bei in Gefangenschaft gehaltenen Hirschen in oder aus Wyoming, Colorado, South Dakota und Nebraska sowie in Kanada, diagnostiziert. Nur in Wyoming und Colorado wurde die Krankheit auch in wildlebenden Hirschen registriert, von 1981–1998 etwa 100 Fälle.

Die Erkrankung kann zu jeder Jahreszeit auftreten. Bei wildlebenden Hirschen wurden die meisten Fälle jedoch in den Herbst- und Wintermonaten beobachtet (siehe Kap. 27.5). Dies dürfte eher auf die bessere Beobachtung der Tiere zu dieser Jahreszeit zurückzuführen sein (Jagdsaison), als auf echte Saisonalität der Inzidenz [1216].

Ein umfangreiches Forschungsprojekt zur Ermittlung der Prävalenz und geographischen Verteilung von CWD in wildlebenden Hirschen läuft derzeit in Colorado und Wyoming (s. Kap. 21.10). Die Prävalenz sub- bzw. präklinischer CWD-Fälle aus den Endemiegebieten in Colorado und Wyoming beträgt bei den betroffenen Wedelhirsch-Arten 1–6% und beim Rocky Mountain-Riesenhirsch unter 1% (M. Miller, pers. Mitt.). Der heute zunehmende Trend hinsichtlich der Inzidenz dürfte – mindestens teilweise – auf die intensivierte Überwachung der letzten Jahre zurückzuführen sein.

21.7 Pathologie

Die Neuropathologie der CWD wird im Kapitel 27 beschrieben.

21.8 Ist CWD eine neue Krankheit?

Als Ursprung der CWD stehen zwei Hypothesen im Vordergrund: Entweder handelt es sich um eine neue Hirschkrankheit (die begrenzte geographische Ausbreitung von CWD unterstützt diese Hypothese) oder aber um eine Form von Scrapie in den betroffenen Hirscharten. Die Ergebnisse epidemiologischer und experimenteller Untersuchungen haben die Scrapie-Hypothese bisher nicht bestätigt; dagegen sprechen folgende Punkte:

1. Die Schaf-Scrapie ist weltweit verbreitet und kommt in vielen Gebieten vor, in denen wildlebende Hirsche heimisch sind. Mit Ausnahme der Endemiegebiete in Nordamerika ist CWD nirgendwo in wildlebenden Hirschpopulationen festgestellt worden. Allerdings kommen in den USA teilweise andere Scrapie-Stämme vor als in anderen Ländern (s. Kap. 11.5.2).
2. Die sechsjährige Inkubationszeit einer experimentell mit CWD infizierten Ziege dauerte länger, als dies bei einer intracerebralen Infektion mit Scrapie zu erwarten wäre.
3. Erregerstammanalysen haben gezeigt, daß der CWD-Erregerstamm mit keinem der bisher untersuchten Scrapiestämme überein stimmt (H. Fraser & M. Bruce, pers. Mitt.)[40].

Die Erregerstamm-Typisierung hat ebenfalls gezeigt, daß der CWD-Stamm nicht identisch ist mit dem BSE-Stamm [217] (s. Kap. 11). Ein wichtigerer Hinweis darauf, daß CWD nicht „BSE" sein dürfte, ist die Tatsache, daß betroffene Hirschartige in den USA keinen Zugang zu rezykliertem Wiederkäuer-Protein (BSE-Hauptrisikofaktor; s. Kap. 40) im Mischfutter hatten. Andererseits ist bei in Gefangenschaft gehaltenen Hirschen in britischen Zoos und Wildtiergehegen, welche höchstwahrscheinlich Zugang zu kommerziellem BSE-kontaminiertem Mischfutter hatten, bisher CWD nie beobachtet worden. Dies steht im Gegensatz zu einigen anderen exotischen Ruminantenarten, die ebenfalls BSE-kontaminiertem Mischfutter exponiert waren und in der Folge an BSE erkrankt sind (s. Kap. 20).

21.9 Risikofaktoren

Ohne genaue Kenntnis der Herkunft der Krankheit und der natürlichen Empfänglichkeit betroffener Hirscharten ist die Ermittlung von Risikofaktoren schwierig.

Ein Risikofaktor für empfängliche Tiere ist vermutlich der direkte Kontakt zu erkrankten oder infizierten Tieren. Auf Grund der Möglichkeit einer Kontamination der Umgebung mit dem CWD-Erreger muß v.a. die Haltung CWD-empfänglicher Arten in Gehegen, Hirschfarmen oder Regionen mit wildlebenden Hirschen, in denen zuvor CDW vorgekommen ist, als Risikofaktor angesehen werden.

Noch ist wenig bekannt über die Beziehung zwischen der genetischen Konstitution von Hir-

[40] Allerdings ist dieses Argument nur sehr beschränkt ins Feld zu führen, da durch Adaption und Selektion (s. Kap. 11) in einem neuen Wirt ein Wechsel der Konformation zur Bildung eines neuen Stammes führen könnte. Dieses Phänomen dürfte zum Beispiel nach dem Erregersprung vom Schaf auf das Rind bei der Entstehung des BSE-Stammes ausschlaggebend gewesen sein (*Bemerkung des Herausgebers*).

schen und dem Auftreten der Krankheit [980]. Eine interessante Analyse von H. Schätzl erbrachte, daß der Wapiti (*Cervus elaphus canadensis*) als einzige Ausnahme auf dem Codon 129 auf beiden Allelen des PrP-Gens Leucin codiert [1160], alle anderen von > 50 untersuchten Spezies waren homozygot für Methionin. Zudem fiel auf, daß die Bereiche von den Aminosäuren 187–202 und 113–137, die teilweise außerhalb der strukturierten PrP-Regionen liegen, in allen untersuchten Säuger-PrP ohne Substitutionen sind (Abb. 9.1), nur die Position 129 beim Wapiti-Hirsch stellt wiederum eine Ausnahme dar [1160]. Die Relevanz dieser Ergebnisse wird in Kapitel 9 diskutiert.

21.10 Maßnahmen zur Überwachung, Prävention und Bekämpfung

Alle Todesfälle bei adulten Hirschen in Gefangenschaft, bei denen eine klare Differentialdiagnose fehlt, sollen auf CWD-typische Läsionen untersucht werden (vgl. Kap. 32.2.2), zumindest in Nordamerika. Das zunehmende Bewußtsein für die Krankheit in der amerikanischen Reh- und Hirschfarm-Industrie hat zur Einführung von spezifischen Überwachungs- und Zertifizierungsprogrammen geführt.

Querschnittsuntersuchungen bei wildlebenden Hirschpopulationen finden in vielen Bundesstaaten in den westlichen USA, einigen östlichen Bundesstaaten sowie in kanadischen Regionen statt, wobei zwei Methoden der Probenerhebung eingesetzt werden:

(1) In Colorado und Wyoming werden alle Hirsche mit klinisch auffälligen CWD-typischen Symptomen zur Sektion und Untersuchung der Erkrankungs- oder Todesursache an die staatlichen Veterinäruntersuchungsämter weitergeleitet. Bisher wurde jedoch mit dieser Methode aus wildlebenden Hirschpopulationen von Regionen außerhalb des geographisch begrenzten Endemie-Gebietes kein Fall von CWD diagnostiziert.

(2) Sämtliche Köpfe der Hirsche, welche zur Jagdsaison im Herbst geschossen werden, werden untersucht (s. Kap. 21.6). Diese Untersuchungen begannen 1983 in einem bescheidenen Rahmen, wurden jedoch insbesondere in Colorado in den 90er Jahren erheblich ausgedehnt (M.W. Miller, pers. Mitt.). Bei dieser Studie werden überwiegend Tiere in der präklinischen oder subklinischen Phase, d.h. in der Inkubation erkannt; nur bei einem der untersuchten Tiere wurden auch klinische Symptome festgestellt.

Die Hirschbestände einiger betroffener Wildfarmen wurden gekeult. Andere in Gefangenschaft gehaltene Herden, in denen CWD vorgekommen ist, sind aus Forschungsgründen unter Beobachtung bzw. in Quarantäne gestellt worden.

Die Bekämpfung durch Ausmerzung und Dekontamination wurde in betroffenen Wildtierforschungsanstalten in Colorado und Wyoming versucht, blieb jedoch ohne Erfolg [945,1361]. Gründe für das Versagen der Maßnahmen wurden nicht gefunden. Es blieb ungeklärt, ob das Wiederauftreten[41] von CWD in diesen Gehegen auf eine anhaltende Kontamination der Umwelt (Erreger-Reservoir) oder Neueinschleppung des Erregers über infizierte Tiere zurückzuführen war; das eine oder andere kann aber als zutreffend angenommen werden.

Die bisher erwähnten Erfahrungen zeigen, daß v.a. die Bekämpfung von CWD in wildlebenden Hirschpopulationen sehr schwierig ist. Prophylaktisch wichtig ist die Vorschrift, daß Tiere aus den endemischen Gebieten oder direkt benachbarten Wildpopulationen nicht in andere Regionen verbracht werden (vgl. Kap. 20.10). Auch ist es nicht erlaubt, Tiere aus gefangen gehaltenen CWD-Herden in bisher CWD-freie Populationen einzuführen.

Für Hirschfarmen oder Wildtier-Gehege, die frei von CWD sind, wird in CWD-Endemie-Gebieten ein doppelter Zaun empfohlen.

[41] Vergleiche dazu die Originalliteratur zu Bekämpfungsversuchen der Scrapie in Island und Norwegen (s. Kap. 57), wo ähnliche Erfahrungen gemacht wurden.

22 Portrait der übertragbaren spongiformen Hirndegeneration der Nerze (TME)

William J. Hadlow

22.1 Geschichte

Bei der transmissiblen Enzephalopathie der Nerze (Transmissible Mink Encephalopathy, TME) handelt es sich um eine seltene, nicht ansteckende, stets tödlich verlaufende zentralnervöse Krankheit der Farmnerze (*Mustela vison*). Sie wird durch ein aus dem Futter stammendes TSE-Agens hervorgerufen [902]. TME wurde erstmals 1947 in Wisconsin (USA) als eine neue Nerzkrankheit entdeckt [602]. Zum damaligen Zeitpunkt wurde angenommen, daß die in den Gehirnen der betroffenen Nerze beobachteten degenerativen Veränderungen durch die Exposition gegenüber einem unbekannten, in den Farmen vorhandenen Neurotoxin verursacht worden wären. Die Krankheit wurde nicht wieder bemerkt, bis sie im Jahre 1961 in fünf Farmen in Wisconsin auftrat [602]. Da alle Farmen Futter derselben Herkunft erhalten hatten, wurde angenommen, daß das Futter als Quelle einer schädlichen Substanz für die Krankheit verantwortlich zu machen ist. Zwei Jahre später, als die TME in einer Farm in Idaho auftrat, wurde ihre neurohistologische Ähnlichkeit mit Scrapie erkannt [571,896]. Dies führte zu Untersuchungen, die zeigten, daß die TME, ähnlich wie Scrapie, experimentell übertragen werden konnte [230,571]. In demselben Jahr trat die Krankheit in einer Farm in Ontario, Kanada, [576] sowie in zwei Farmen in Wisconsin auf, die alle Futter von demselben Lieferanten bezogen hatten [602]. Im Jahre 1985, 22 Jahre nach ihrem vorletztmals verzeichneten Auftreten in Nordamerika, wurde TME erneut in den USA, und zwar wiederum im Staat Wisconsin (Tab. 22.1) beobachtet [899]. Ansonsten trat die Krankheit im Jahre 1966 in Finnland [902] und im Jahre 1967 in der damaligen Deutschen Demokratischen Republik auf [605]. Zudem liegen Berichte über das erste Auftreten von TME in Rußland im Jahre 1979 vor [330], wo die Krankheit in den frühen 80er Jahren noch mehrmals beobachtet wurde [394,544,545].

22.2 Formen oder Varianten

Bei allen in Nordamerika aufgetretenen TME-Fällen wurden einheitliche klinische und weitgehend [394,720] einheitliche pathologische Befunde erhoben [230,571,576,602,899]. Die allgemein sehr hohe herdeninterne Inzidenz variierte von Bestand zu Bestand (Tab. 22.1). Dieses trifft auch für das Auftreten der Krankheit in anderen Regionen zu [394,720]. Die im Labor gemäß Kapitel 11.5.4 isolierten zwei TME-Stämme HY und DY gehen auf Passagen zurück, die unter Feldbedingungen vermutlich keine Bedeutung hatten (s. Kap. 22.10).

22.3 Inkubationszeit, Übertragbarkeit und Empfänglichkeit

Meht geht davon aus, daß die Infektion bereits bei drei Monate alten Jungtieren erfolgen kann. Die natürliche Inkubationszeit beträgt 7–12 Monate [602]. Ab dem Alter von einem Jahr $\pm$ 3 Monate oder später wird die TME klinisch manifest; die Krankheit tritt nicht bei juvenilen Tieren auf.

Experimentell läßt sich TME auf allen parenteralen Übertragungswegen – subkutan (s.c.), intramuskulär (i.m.), intraperitoneal (i.p.) und intrazerebral (i.c.) – ohne weiteres übertragen [230,394,571,604,605,901]. Die experimentelle

Inkubationszeit, die wesentlich von der Konzentration des Agens im Inokulum abhängt (Abb. 1.10), variiert von 4–12 Monaten, kann aber auch länger sein. Der effektivste Infektionsweg ist der intrazerebrale (i.c.), wobei die Inkubationszeit lediglich vier Monate betragen kann [901]. Nach oraler Exposition durch Verabreichung des Erregers mit dem Futter lag die Inkubationszeit jedoch bei 7–8 Monaten [230, 394,605,899,901]. In allen Fällen war die im Nerz experimentell hervorgerufene Erkrankung nicht von der natürlichen Krankheit zu unterscheiden.

Abgesehen vom Nerz gibt es ein breites Wirtsspektrum für die experimentelle TME, welches Frettchen, Stinktier, Baum- und Steinmarder, Waschbär, Syrische und Chinesische Hamster (s. Kap. 12.2), Eichhörnchen, Rhesusaffen, Bärenmakaken, Schafe, Ziegen und Rinder einschließt [395,397,582,604,759,900,1120]. Nach i.c.-Inokulation variierte die Inkubationszeit von fünf Monaten bei Stinktieren bis zu 65 oder mehr Monaten bei Schafen. Ebenso wurden bei diesen experimentellen Formen beträchtliche Unterschiede hinsichtlich der histopathologischen Veränderungen und deren topographischen Verteilung zwischen den jeweiligen Wirtsspezies festgestellt. Beim Stinktier und beim Waschbär zeigten die dahingehenden Veränderungen jedoch bemerkenswerte Ähnlichkeit mit dem Nerz [395]. Im Gegensatz zum Scrapie-Agens war das TME-Agens, weder in den USA noch in Rußland, für Versuchsmäuse pathogen [576,900,1130,1257].

22.4 Symptome und Verlauf der Krankheit

Das klinische Bild der TME ist charakteristisch [602,902]. Typischerweise entwickelt sich die Krankheit über Wochen hinweg schleichend und kontinuierlich. Die meisten Nerze verenden 2–7 Wochen nach Einsetzen der klinischen Symptome in einem verwahrlosten und entkräfteten Zustand. Bei wenigen Nerzen kommt es jedoch zu einem rasch progressiven Verlauf mit Tod innerhalb einer Woche, oder aber die Krankheit zieht sich über mehrere Monate hin.

Die Krankheit ist anfänglich gekennzeichnet durch plötzliches Auftreten von Verhaltensänderungen wie Übererregbarkeit, Hyperästhesie und gesteigerte Aggressivität. Erkrankte Nerze vollführen heftige Attacken gegenüber Objekten, die am Käfig vorbei bewegt werden. Sie reagieren übermäßig auf akustische und taktile Reize. Die Defäkation findet nicht mehr wie gewohnt an einem bestimmten Platz, sondern an zufällig gewählten Stellen im Käfig statt. Die Freßlust bleibt für eine Weile unverändert, obwohl die Tiere Schwierigkeiten bei der Futteraufnahme zeigen und mit den Pfoten auf dem Futter herumtrampeln. Innerhalb weniger Tage nach dem Einsetzen der Krankheit kommt es zur Schwäche der Hintergliedmaßen, die dazu führt, daß die Nerze auf die Seite fallen. Wenn die Übererregbarkeit abnimmt, sind erkrankte Tiere oft in einem schläfrigen Zustand anzutreffen, aus dem man sie nur für kurze Zeit aufwekken kann. Der Schwanz wird oft wie bei einem Eichhörnchen über den Rücken gekrümmt gehalten. Gelegentlich tritt generalisierter Tremor auf; Krämpfe sind selten. Manche Nerze zeigen kontinuierliche Kreisbewegungen. Oft kommt es zur ausgeprägten Beeinträchtigung des Sehvermögens.

Mit Fortschreiten der Erkrankung verschlimmert sich die Inkoordination der Hintergliedmaßen, wodurch Bewegungen in Vorwärtsrichtung nahezu unmöglich werden. Obwohl die Nerze in der Lage sind, die Hinterbeine zu bewegen, werden sie in gebeugter Haltung nahe dem Körper gehalten. Im fortgeschrittenen Krankheitsstadium tritt zwanghaftes Beißen (vgl. Abb. 1.9), auch in den eigenen Körper, sowie in Gegenstände in den Vordergrund der Verhaltensänderungen. Hierdurch kommt es zur starken Selbstverstümmelung. In der klinischen Endphase zeigen erkrankte Nerze zunehmende Teilnahmslosigkeit und verbringen die meiste Zeit in tiefer Somnolenz (Abb. 22.1 oben), aus der sie nur sehr schwer aufzuwecken sind (s. Kap. 1.8.3). Schließlich verfallen die Tiere in Stupor und werden verendet aufgefunden, wobei sie oft mit der Nase in eine Ecke des Käfigs gepreßt oder in den Draht des Käfigs verbissen daliegen. TME endet stets tödlich.

Abb. 22.1: (oben) Farmnerz (*Mustela vison*) mit TME. Typisches somnolentes (schläfriges) Verhalten bei einem pastellfarbenen Tier im fortgeschrittenen Stadium der klinischen Phase (Photo von W. Hadlow). (unten) Zum Vergleich ein aufmerksames gesundes Tier in Käfighaltung (Pelzproduktion).

22.5 Differentialdiagnosen

Die frühen Verhaltensänderungen bei TME-kranken Nerzen könnten mit der Wirkung eines Neurotoxins oder mit einer akuten Infektionskrankheit des Zentralnervensystems, wie Aujeszkyscher Krankheit, verwechselt werden [861]. Im weiteren Verlauf der Krankheit, d.h. nach ca. einer Woche nach Erkrankungsbeginn, ist die TME jedoch aufgrund ihrer charakteristischen klinischen Symptome, die sie von allen anderen bekannten natürlich auftretenden ZNS-Krankheiten der Farmnerze unterscheidet, verhältnismäßig leicht zu diagnostizieren. Darüber hinaus ist zu erwarten, daß sich bei einem typisch verlaufenden Ausbruch die betroffenen Nerze in verschiedenen Stadien der Krankheit befinden und insgesamt ein breites Spektrum an Symptomen zeigen, was zur Diagnosefindung beiträgt. Zur Bestätigung der Diagnose dient die mikroskopische Untersuchung des Gehirns.

22.6 Epidemiologie

Die Tatsache, daß die TME zur gleichen Zeit auf mehreren Nerzfarmen auftrat, die das gleiche Futter verfütterten, führte zur Schlußfolgerung, daß letzteres die Quelle des infektiösen Agens gewesen sei [602]. Die neuropathologische Übereinstimmung zwischen TME und Scrapie deutete bereits frühzeitig auf eine ätiologische Beziehung zwischen diesen Krankheiten hin. Verdächtiges Futter enthielt typischerweise eine feuchte Mischung aus Getreide und rohem Futter tierischer Herkunft, vermutlich Gewebe von Scrapie-infizierten Schafen. Der sichere Nachweis hierfür konnte bei den in Nordamerika aufgetretenen Krankheitsausbrüchen jedoch nie erbracht werden [905]. Dessen ungeachtet könnte das Scrapie-Agens in manchen Fällen die Ursache gewesen sein, da bestimmte amerikanische Scrapie-Feldstämme bei experimentell infizierten Nerzen eine von der TME nicht zu unterscheidende Enzephalopathie induzierten, die innerhalb von 12–14 Monaten nach intrazerebraler, jedoch nicht nach oraler Inokulation[42] auftrat [593,905,1130]. Darüber hinaus zeigten Schafe und Ziegen nach i.c.-Inokulation eines Hirnhomogenats von TME-kranken Nerzen eine mit Scrapie nahezu identische zentralnervöse Krankheit [582].

Es ist wahrscheinlich, daß ein Scrapie-Feldstamm existiert, der nach Verfütterung an Nerze innerhalb von 7–12 Monaten TME hervorruft [902]. Das Auftreten von TME in Rußland konnte angeblich auf die Verfütterung von Scrapie-infizierten Schafkadavern zurückgeführt werden [544,545]. Von manchen Autoren wird auch Gewebe von Rindern in den USA, hauptsächlich von festliegenden Milchkühen, sog. downer cows, die häufig zur Herstellung von Nerzfutter verwendet werden, als mögliche Quelle für das TME-Agens angenommen [899]. Gemäß ihrer Hypothese könnte es in den USA (subklinische) Rinder geben, die mit einem bis dahin nicht identifizierten, Enzephalopathie-induzierenden Agens infiziert sind, welches für das sporadische Auftreten von TME verantwortlich sein könnte [899,906]. Diese bislang unbewiesene Ansicht ist aufgrund folgender Befunde mindestens nicht ausschließbar: Hirnhomogenate von Nerzen, die aus drei verschiedenen TME-Ausbrüchen stammten, erwiesen sich nach i.c.-Inokulation als pathogen für Rinder [1120], was jedoch bei i.c.-Übertragung auf Schafe und Ziegen auch der Fall war [582]. Jedes Homogenat verursachte eine zentralnervöse Erkrankung, die bestimmte histologische Merkmale der Bovinen Spongiformen Enzephalopathie (BSE) zeigte. Des weiteren erwiesen sich Hirnhomogenate von an BSE erkrankten Kühen als pathogen für Nerze und riefen nach i.c.-Injektion oder oraler Verabreichung eine Enzephalopathie hervor, die klinisch und neuropathologisch bestimmte Ähnlichkeit mit TME zeigte [1119], was aber wiederum auch nach i.c.-Übertragung von amerikanischen Scrapie-Feldstämmen der Fall war (s.o.) [593,905,1130].

Ob und trotz dieser und anderer Befunde bleibt somit die Ungewißheit hinsichtlich Quelle und Identität des TME-Agens (vgl. Kap. 22.10, Fußnote 43a) bestehen. Sporadische TME trat in den USA insbesondere in Wisconsin auf, wo ein Drittel der Nerzfelle produziert werden [902]. Aus unbekannten Gründen ist TME in zwei anderen Staaten, die einen maßgeblichen Anteil an der Nerzproduktion haben, nämlich Utah und Minnesota, nicht aufgetreten. Der TME-Ausbruch in Idaho im Jahre 1963 war ein isoliertes Ereignis, welches mit den in demselben Jahr in Wisconsin stattfindenden Ausbrüchen in keinerlei Zusammenhang stand. Bezüglich der anderen Länder, in denen es große Populationen von Farmnerzen gibt, sind Krankheitsausbrüche lediglich in Kanada, Finnland[43], Rußland und 1967 in der Deutschen Demokratischen Republik verzeichnet worden [604,605, 720,861].

Kennzeichnenderweise erkranken nur adulte Nerze, wobei männliche wie weibliche Tiere gleichermaßen betroffen sind. In den USA traten bei allen Ausbrüchen hohe herdeninterne Inzidenzen auf, die in einigen Beständen 10–30% und in anderen 60–100% betrugen (Tab. 22.1) [602].

Eine teilweise Erklärung für diese Variabilität könnten Virulenzunterschiede zwischen den jeweils verursachenden Agenzien sein. Sollte die orale Aufnahme von TSE-kontaminiertem Futter den wichtigsten natürlichen Infektionsweg darstellen, so hat sie sich als erstaunlich wirksam erwiesen, wie aus der hohen Durchseuchung in manchen Beständen (herdeninterne Inzidenz) zu schließen ist. Dies ist besonders bemerkenswert im Vergleich zur BSE mit einer niederen herdeninternen Inzidenz von maximal <4% (s. Kap. 39).

Die Tatsache, daß bei jedem sporadischen TME-Ausbruch eine Vielzahl von Nerzen betroffen war, spricht eher gegen die Annahme, daß die Krankheit *de novo* durch eine Mutation des PrP-Gens entstanden sein könnte [1104].

[42] Vielleicht wurde ein anderer, für Nerze nicht pathogener Scrapie-Stamm oral verabreicht (vgl. die Stammvielfalt unter Kap. 11.5.2).

[43] Finnland ist beachtenswerterweise frei von Scrapie (Abb. 58.1; [868]), im Ggs. zu den anderen von TME betroffenen Ländern.

Tabelle 22.1: Beispiele von TME-Ausbrüchen mit epidemiologischen Grunddaten, insbesondere herdeninterne Inzidenz. In einer modernen Pelzfarm werden durchschnittlich 4400 Tiere gehalten. (Die Anzahl Pelzfarmen sank ab 1988 von rund 1000 auf 415 im Jahre 1996, insgesamt wurden 1996 in den USA 813800 Nerze gehalten).

Jahr	Ausbruchsort	Anzahl betroffene Farmen	Anzahl gehaltene Tiere	Anzahl betroffene Tiere (Herdeninterne Fallzahl)	Anteil an betroffenen Tieren (Herdeninterne Inzidenz in %)
1947	Wisconsin	1	1250	1250	100
1961	Wisconsin	5	ne	ne	10–30
1963	Wisconsin	1	1178	1178	100
1963	Wisconsin	1	ne	ne	ne
1963	Idaho	1	700	700	100
1963	Kanada	1	1700	ne	ne
1985	Wisconsin	1	4400	≈ 2600	≈ 60

ne = nicht erhältlich.

Es ist nichts bekannt über die Beziehung zwischen der genetischen Konstitution der Nerze und dem Auftreten der Krankheit. In einer Untersuchung über das *Prnp* des Nerzes wurden keinerlei Polymorphismen identifiziert, die die Empfänglichkeit sowie Inkubationszeit, den klinischen Verlauf und das neuropathologische Erscheinungsbild der Krankheit beeinflußen könnten [821]. Alle üblichen Farbmutanten (autosomal rezessives Merkmal) des Nerzes sind für TME empfänglich [901].

22.7 Pathologie

Die Neuropathologie der Scrapie wird im Kapitel 27 beschrieben.

22.8 Ist TME eine neue Krankheit?

Obwohl die Ursache und das Krankheitsbild der TME bei ihrem erstmaligen Auftreten im Jahre 1947 zunächst ein Mysterium war, wurde sie von Untersuchern, die über langjährige Erfahrungen mit Nerzen und deren Krankheiten verfügten, rasch als eine für Farmnerze neuartige Krankheit identifiziert [602]. Die Frage jedoch, ob es sich bei dem verursachenden Agens wirklich um ein neuartiges handelte, sei an dieser Stelle dahingestellt [759, 903,923]. Was auch immer die Quelle des TME-Agens sein mag, Schafe, Rinder oder andere Tierarten wie z. B. Ziegen, es ist mit größter Sicherheit kein natürlicherweise vom Nerz stammendes Agens. Der Nerz ist lediglich ein zufälliger, offensichtlich nur selten exponierter Wirt.

22.9 Risikofaktoren

In den USA, wo die TME trotz der großen Zahl an Farmnerzen (1996: > 800000 Tiere) sehr selten auftrat (innerhalb von ca. 50 Jahren fünf Ausbrüche in elf Farmen mit je 700–4400 Tieren, Tab. 22.1), gibt es nur begrenzte Anzeichen eines zunehmenden Risikos für das erneute Auftreten der Krankheit [166]. Dennoch bedarf es der intensiven Aufklärung ihrer Ursache. Die Haltungspraktiken und generellen Farmbedingungen, unter denen die Krankheit sporadisch auftritt, müssen aufgeklärt werden. In Gebieten, in denen Scrapie auftritt, könnten Schafe ein Risikofaktor sein [166]. Weiterhin dürfen die gemachten nachdrücklichen Hinweise auf festliegende Milchkühe oder downer cows als mögliche Quelle für das verantwortliche Agens nicht ignoriert werden, wie vage auch immer die diesbezüglichen Anhaltspunkte sein mögen [166, 1118]. Als weitere mögliche Quellen sind Wildtierreservate sowie Umweltkontaminationen (mit TSE-Erregern) genannt worden [166].

22.10 Maßnahmen zur Überwachung, Prävention und Bekämpfung

Falls das Scrapie-Agens oder eine Variante[43a] davon TME verursachen sollte, würde die Bekämpfung von Scrapie beim Schaf zur Vermeidung des Auftretens der Krankheit beim Nerz beitragen [902] (s. Kap. 55). Die Scrapie-Bekämpfung ist jedoch sehr schwierig, wie aus den Kapiteln 18 und 55 bis 57 hervorgeht.

Falls TME durch eine bislang unerkannte Infektion bei Rindern mit einem Scrapie- oder BSE-ähnlichen Agens verursacht werden sollte, wären die zu ergreifenden präventiven Maßnahmen noch schwieriger [1299]. Auf jeden Fall sollten Nerzfarmer auf das potentielle Risiko der Verfütterung von Schaf- und Rindergeweben aufmerksam gemacht werden [902].

[43a] Der HY-Stamm konnte im Labor von den Hamster-Scrapie-Stämmen Sc237, SHa (ME7) und MT-C5 im Hinblick auf Inkubationszeit und Molekulargewicht des PrP27–30 (in der SDS-PAGE) nicht unterschieden werden (s. Kap. 12.2).

23 Portrait der übertragbaren spongiformen Hirndegeneration der Katzen (FSE)

Marion Hewicker-Trautwein

23.1 Geschichte

Über das erstmalige Auftreten einer Felinen Spongiformen Enzephalopathie (FSE) bei einer britischen, fünf Jahre alten Siamkatze, wurde erstmals im Jahre 1990, vier Jahre nach dem ersten BSE-Fall berichtet [1382]. Zur Geschichte der FSE in Wildkatzen (im Zoo) finden sich weitere Informationen im Kapitel 20. Lange bevor eine Transmissible Spongiforme Enzephalopathie (TSE oder „Prionkrankheit") bei *Feliden* beschrieben wurde, war der in Pelzfarmen gehaltene Nerz die einzige *Carnivoren*-Spezies, bei der eine TSE beobachtet worden war [716] (s. Kap. 22).

23.2 Formen oder Varianten

Bisher ist nur eine Form der FSE bekannt.

23.3 Inkubationszeit, Übertragbarkeit und Empfänglichkeit

Übertragungsversuche zeigten, daß die Krankheit sowohl mit frischem, als auch mit formalinfixiertem, von FSE-Katzen stammendem Hirngewebe experimentell auf Mäuse übertragen werden kann [207,465]. Die mittlere Inkubationszeit bei den mit frischem Hirngewebe inokulierten Mäusen, die verschiedenen Inzuchtstämmen angehörten, variierte – je nach Mauslinie – von 304–573 Tagen und war jeweils derjenigen bei BSE sehr ähnlich (Abb. 11.5, 50.1).

23.4 Symptome und Verlauf der Krankheit

Das mittlere Alter der an FSE erkrankten Hauskatzen, die aus unterschiedlichen Regionen Grossbritanniens stammten, betrug sechs Jahre bei einer Altersspanne von 2–10 Jahren [559,1037,1381].

In allen Fällen war eine schleichende Entwicklung der klinischen Symptome zu beobachten, die sich über mehrere Wochen oder Monate erstreckte. Die klinischen Hauptsymptome und deren Häufigkeit sind 1) Verhaltensänderungen (Aggressivität, Ängstlichkeit), 2) Hypersensibilität auf akustische und taktile Reize, Polyphagie, vermindertes oder gesteigertes Fellpflegeverhalten, 3) Bewegungsstörungen wie Ataxie (häufigstes Symptom), Hypermetrie und kriechender Gang und 4) Hypersalivation und Polydipsie etc. [1037,1381].

In vielen Fällen waren Verhaltensänderungen die ersten Krankheitsanzeichen, die von den Tierbesitzern bemerkt worden waren. Ein Teil der Tiere zeigte, ohne provoziert worden zu sein, aggressives Verhalten gegenüber seinen Besitzern oder anderen Haustieren. Andere Tiere hingegen waren ängstlich, zeigten Furcht vor anderen Katzen, hatten die Neigung sich zu verstecken, vermieden den Kontakt zu Menschen oder fürchteten sich davor, das Haus zu verlassen und ins Freie zu gehen. In einigen Fällen starrten die Tiere „geistesabwesend" vor sich hin oder zeigten Kreisbewegungen innerhalb eines bestimmten Areales des Raumes.

Bei allen Katzen traten progressive Bewegungsstörungen auf. In den meisten Fällen hatten die Patientenbesitzer einen Tierarzt aufgesucht, weil sie bei den Tieren eine Ataxie der Hintergliedmaßen und/oder fehlerhaftes Einschätzen von Entfernungen bemerkt hatten. In fortgeschrittenen Fällen war eine sowohl die Vorder-, als auch die Hintergliedmaßen erfassende Ataxie zu beobachten, wobei die Tiere oft einen schnell, kriechenden Gang und Hypermetrie zeigten. Aufgrund der Koordinationsstörungen hatten einige Tiere Schwierigkeiten bei der Defäkation und beim Urinieren.

Ein weiteres wichtiges Symptom, welches bei fast allen Katzen beobachtet werden konnte, war das Auftreten von Hyperästhesie als Reaktion auf taktile Reize. Katzen mit Hyperästhesie auf Berührungsreize zeigten oft einen feinschlägigen Tremor insbesondere des Kopfes und der Ohren. Etliche Tiere zeigten Überreaktion auf akustische Reize. Bei sieben von elf Katzen traten Veränderungen des Fellpflegeverhaltens auf. Die Fellpflegetätigkeit der Tiere war vermindert oder verstärkt. Bei mehreren Tieren wurde Hypersalivation, Polydipsie und Polyphagie beobachtet. Des weiteren wird berichtet, daß bei einigen Katzen bereits von der ersten klinischen Untersuchung an eine Dilatation der Pupillen bei fehlender Pupillarreaktion vorlag [559,849].

Die 11 bzw. 24 an FSE erkrankten Katzen, deren Krankheitsgeschichten in Übersichtsarbeiten [559,1037,1381] zusammenfassend dargestellt sind, wurden aufgrund der ungünstigen Prognose, d.h. im wesentlichen aufgrund des progressiven Charakters des Krankheitsverlaufes und der erfolglosen Therapieversuche euthanasiert.

23.5 Differentialdiagnosen

Neurologische Symptome können bekanntlich bei einer Reihe von Katzenkrankheiten beobachtet werden [80]. Zu den differentialdiagnostisch hauptsächlich in Frage kommenden Krankheiten gehören Infektionen mit dem Felinen Leukosevirus, Felinen Immundefizienzvirus, Felinen Infektiösen Peritonitis-Virus und Tollwutvirus, Toxoplasmose, Neoplasien wie Lymphosarkom und Hirntumore, kongenitale Krankheiten wie Kleinhirnhypoplasie, Speicherkrankheiten und hepatische Enzephalopathie bei angeborenem portokavalem Shunt, Traumata, Thiaminmangel und Intoxikationen [1037,1381].

23.6 Epidemiologie

Von April 1990 bis 1. Januar 2000 sind in GB 87 Fälle von FSE bei Hauskatzen festgestellt worden und ein Fall in Nordirland. Aus dem europäischen Kontinent liegen bislang zwei Berichte über Fälle von FSE vor, einer aus 1995 bei einer norwegischen Hauskatze [162] und einer aus 1996 bei einem knapp neunjährigen kastrierten Kater aus dem Fürstentum Liechtenstein (Abb. 41.10) [874]. Weiter sind FSE-Fälle bei exotischen Wildkatzen in zoologischen Gärten Großbritanniens, Australiens und Frankreichs festgestellt worden, nämlich bei Geparden, Pumas, Ozelots und Tigern; alle stammten als Jungtiere aus britischen Zoos (s. Kap. 20) [99,779,782,874,1038,1365].

23.7 Pathologie

Die Neuropathologie der FSE wird im Kapitel 27 beschrieben.

23.8 Ist FSE eine neue Krankheit?

Eine an der Universität von Bristol durchgeführte retrospektive Untersuchung an einer Kasuistik von 169 Hauskatzen mit neurologischer Symptomatik zeigt, daß FSE eine neue Krankheit ist [559,1037,1381]. Die Untersuchung ergab, daß während des Zeitraumes von Januar 1975 bis März 1990 kein Fall mit vergleichbaren Befunden aufgetreten war. Wichtige Indizien dafür, daß es sich bei FSE um eine neue Krankheit der Katzen handelt, ergibt auch das Ergebnis von Moira Bruce hinsichtlich Erregerstammtypisierung, das darauf hinweist, daß es sich um eine Form der BSE in Katzen handelt. Auch das Läsionsprofil und die mittlere Inkubationszeit der FSE sind im Versuch sehr BSE-ähnlich (Abb. 50.1). Der Nachweis von Scrapie-assoziierten Fibrillen (SAF) und von Prion-Protein (PrP^{Sc}) wurde anhand der Gehirne von mehreren Katzen mit FSE erbracht [208,465, 1036].

23.9 Risikofaktoren

Angesichts der BSE-ähnlichen Parameter in den Experimenten (s. Kap. 50) und des Szenarios der seit 1985 in GB grassierenden BSE, drängt sich die Frage nach der möglichen Herkunft des FSE-Erregers auf. Diskutiert wird, daß sich die FSE-Katzen, ähnlich wie die an BSE erkrankten Rinder, durch die Aufnahme von BSE-Erreger-haltigem Material infiziert haben könnten [1037]. Wie aus den anamnestischen Angaben hervorgeht, hatten die bislang untersuchten FSE-Katzen vor dem Auftreten der Krankheit ganz unterschiedliches Futter erhalten, und zwar konfektioniertes Katzenfutter (Dosen- und Trockenfutter) und/oder Tischabfälle [849, 1381].

Alle exotischen Feliden, die aufgrund einer TSE verendeten bzw. euthanasiert wurden, waren in zoologischen Gärten Großbritanniens geboren worden. Den für Geparden und Pumas vorliegenden epidemiologischen Daten ist zu entnehmen, daß diese Tiere bereits als Jungtiere mit vermutlich BSE-Erreger-haltigem Material wie Teilstücken von Rinderwirbelsäulen einschließlich Rückenmarksfragmenten gefüttert worden waren [99,782] (Abb. 53.3).

Auf die Frage, ob FSE unter natürlichen Bedingungen horizontal, also von Katze zu Katze übertragbar ist, gibt es derzeit nach Kirkwood (s. Kap. 20) keine definitive Antwort. Eine TSE bei Nerzen, auch Fleischfresser, scheint hingegen horizontal, auf sehr spezielle parenterale Weise, von Nerz zu Nerz übertragbar zu sein (Abb. 1.9).

23.10 Maßnahmen zur Überwachung, Prävention und Bekämpfung

Vermeidung des Kontakts mit oder der Verfütterung von potentiell BSE-Erreger-haltigem Material, z.B. rohe Teilstücke von Rinderhirn und -Rückenmark (Abb. 53.3-4).

24 Portrait der experimentellen Prionkrankheit beim Schwein

Joachim Pohlenz

24.1 Geschichte

Eine natürliche Übertragbarkeit von Prionkrankheiten scheint bei Schweinen nicht vorzukommen. Der BSE-Erreger ließ sich jedoch experimentell durch Inokulation in das Gehirn (intrazerebral, i.c.) auf diese Spezies übertragen [337], allerdings nur bei sieben von zehn Versuchsschweinen (Ryder S., et al., J Comp Pathol 2000, *122*; 131–143)[44]. Den zehn Ferkeln aus drei Würfen einer kontrolliert gehaltenen Herde wurden je ca. 1 g eines homogenisierten Gehirngewebepools von vier an BSE-kranken Kühen gleichzeitig intrazerebral (i.c.), intravenös (i.v.) und intraperitoneal (i.p.) verabreicht [338].

24.2 Formen oder Varianten

Es sind derzeit keine Informationen dazu bekannt.

24.3 Inkubationszeit, Übertragbarkeit und Empfänglichkeit

Nach einer 483 Tage dauernden Inkubationszeit zeigte das erste betroffene Tier die ersten Symptome [337].

24.4 Symptome und Verlauf der Krankheit

Das erste betroffene Schwein [337] zeigte im Alter von etwa 1,5 Jahren vorerst aggressives Verhalten dem Betreuer gegenüber. Vorübergehend wurden Inappetenz und Depressionen beobachtet. Während der folgenden Woche wurde zielloses Beißen und bei der Bewegung des Tieres eine symmetrische Ataxie festgestellt. Im Verlauf der folgenden vier Wochen kamen Ataxie und Hinterhandschwäche hinzu; das Tier stürzte immer häufiger nieder. Schließlich konnte es nicht mehr aufstehen. Nach insgesamt fünf Wochen waren die Symptome soweit fortgeschritten, daß das Tier euthanasiert werden mußte.

24.5 Differentialdiagnosen

Bei erwachsenen 1,5 Jahre alten Schweinen wären nur wenige Differentialdiagnosen relevant: Tollwut, Aujeszkysche Krankheit, klassische Schweinepest, Japanische Enzephalitis und Teschen-Talfan Disease. Zudem können bakterielle ZNS-Infektionen zu Meningitis oder Abszessen bzw. granulomatösen Prozessen führen und ähnliche Symptome wie oben beschrieben auslösen. Weitere Differentialdiagnosen wären cerebrospinale Angiopathie, Thiaminmangel und Intoxikationen wie Kochsalz- oder Selenvergiftung. Alle diese Krankheiten sind nach neuropathologischer Untersuchung ohne Schwierigkeiten von degenerativen Prozessen zu unterscheiden.

24.6 Epidemiologie

Es gibt keine epidemiologischen Daten, da es im Feld keine Suide Spongiforme Enzephalopathie (SSE) gibt.

24.7 Pathologie

Die Neuropathologie der SSE wird im Kapitel 27 beschrieben.

---

[44] An dieser Stelle wird explizit auf eine zusäzliche wichtige Literaturquelle hingewiesen, da deren Inhalt hier nicht integriert wurde (*Der Herausgeber*).

24.8 Ist SSE eine (neue) Krankheit?

Es sei wiederholt, daß BSE gemäß heutigem Wissensstand keine natürliche Suide Spongiforme Encephalopathie erzeugt. Aus dem oben erwähnten Experiment ging jedoch die infolge der Speziesbarriere (Abb. 1.8) zwar sehr erschwerte, aber intrazerebral mögliche Übertragbarkeit des BSE-Erregers auf ein Schwein hervor. (Im Vergleich dazu verliefen 1979 Übertragungsversuche mit dem Kuru-Agens auf Schweine nach $4^1/_3$ bis $6^1/_3$ Jahren p.i. *negativ* [510], wobei hier eine andere Speziesbarriere im Spiel war.)

24.9 Risikofaktoren

In den meisten industrialisierten Ländern wurde bis Anfang 2001 dem Schweinemischfutter i.d.R. ein erheblicher Anteil tierischer Proteine in Form von Tiermehl (TM) beigemischt (s. Kap. 41). Trotzdem wurde bisher weltweit keine auf dem Fütterungsweg entstandene spongiforme Enzephalopathie beim Schwein beobachtet [157].

24.10 Maßnahmen zur Überwachung, Prävention und Bekämpfung

Wo tierische Bestandteile noch zur Herstellung von Tiermehl (TM), Griebenmehl usw. verwendet und in der Schweinefütterung eingesetzt werden, sind sie mit einer Kerntemperatur von mindestens 133 °C bei einem Wasserdampfdruck von ≥ 3000 hPa innerhalb 20 Minuten herzustellen bzw. zu behandeln (s. Kap. 53) (96/449/EG-Richtlinie [410]). Wiederkäuermaterial ist kategorisch vom Rohmaterial auszuschließen. Bis zur BSE-Ausrottung ist es noch besser, ganz auf TM in der Schweinefütterung zu verzichten (s. Kap. 53).

Molekulargenetische Untersuchungen des *Prnp* vom Schwein [909] (Abb. 9.5) können nützlich sein, die entscheidenden Faktoren, die die Speziesbarriere zwischen Rind und Schwein determinieren, herauszufinden.

25 Portrait der spongiformen Hirndegeneration ohne gesicherte Übertragbarkeit beim Strauß

Joachim Pohlenz

25.1 Geschichte

1986 wurde erstmals bei einem adulten männlichen Strauß aus einem Zoo Norddeutschlands ein Krankheitsbild mit Ataxie und progredienten ZNS-Störungen beschrieben, bei dem neuropathologisch spongiforme Hirnstammalterationen wie bei Prionkrankheiten festgestellt wurden (Abb. 27.1f) [1168]. Seither sind vier neue Fälle aus drei anderen Herkunftsorten mit einer ähnlichen Krankheit beobachtet worden [1167].

25.2 Formen oder Varianten

Es sind derzeit keine Informationen dazu bekannt.

25.3 Inkubationszeit, Übertragbarkeit und Empfänglichkeit

Es gibt keine Informationen dazu, da Übertragungsexperimente[45] und Versuche, aus Gehirnen betroffener Strauße aus dem Bestand C (Tab. 25.1) den PrP^{Sc}-Nachweis zu erbringen, erfolglos blieben (H. Diringer, pers. Mitt.).

25.4 Symptome und Verlauf der Krankheit

Während bei drei Tieren wenig Informationen zum Verlauf und zu den klinischen Befunden vorhanden sind, wurden die beiden 1993 identifizierten Fälle bei 2,5 Jahre alten Straußen näher beobachtet und ihr Krankheitsverlauf, der 6–8 Wochen dauerte, ausführlicher beschrieben. Die Leitsymptome für alle fünf Tiere waren eine protrahiert verlaufende Ataxie verbunden mit Gleichgewichtsstörungen und gestörter Futteraufnahme. Bei den beiden im Winter 1992/93 erkrankten Tieren wurde eine „abenteuerliche" Halsverrenkung und eine sich manifestierende Demutshaltung beschrieben [805]. Im Verlauf der zweimonatigen Beobachtungszeit, in der spontane Besserungen und Verschlechterungen des klinischen Bildes beschrieben wurden, konnten zudem folgende Verhaltensstörungen bemerkt werden: vorübergehende Futterverweigerung, Anlaufen der Tiere gegen die Wand, Unfähigkeit, den Kopf zu heben und dabei sich selbst auf oder gegen den Kopf zu treten, Verschlechterung des Allgemeinbefindens mit Festliegen in der Endphase. Alter und Geschlecht der Tiere sind aus der Tabelle 25.1 ersichtlich.

Tabelle 25.1: Grunddaten zu den beschriebenen Ausbrüchen von Spongiformer Enzephalopathie bei Straußen in Deutschland.

Tier/ Bestand	Alter	Geschlecht	Gewicht kg	Jahr[1)]
1/A	adult	weiblich	150	1986
2/B	adult	weiblich	80	1988
3/B	juvenil	männlich	60	1989
4/C	adult	weiblich	76	1992/93
5/C	adult	männlich	78	1992/93

1) Jahr der Erkrankung.

25.5 Differentialdiagnosen

Differentialdiagnostisch müßten theoretisch virale und bakterielle Infektionen, z. B. eine Newcastle Disease [1152] oder Listeriose (insbeson-

45 Die negativen Untersuchungsresultate wurden leider nicht veröffentlicht, es wäre z. B. von erheblichem Interesse zu wissen, welche Empfängerspezies in den Versuchen verwendet wurden.

dere bei Silagefütterung) [805], in Betracht gezogen werden. Des weiteren kämen Mangelkrankheiten, z. B. Vitamin E-Mangel, und Vergiftungen in Frage.

25.6 Epidemiologie

Die Tiere erkrankten in verschiedenen Zoologischen Gärten des norddeutschen Raumes. Die in den Betrieben A und B auftretenden Fälle bei Straußen wurden epidemiologisch nicht untersucht.

Die beiden Tiere aus Bestand C erkrankten im Winter 1992/93 im Abstand von drei Wochen nacheinander. Ein in derselben Gruppe gehaltenes drittes Tier blieb gesund. Diese an einer Aviären Spongiformen Enzephalopathie (ASE) erkrankten Strauße stammten aus Namibia und wurden als Küken nach Deutschland importiert. Sie wurden an einem dritten Ort aufgezogen, bis sie ungefähr neun Monate vor dem ersten Auftreten der Symptome vom Bestand C übernommen wurden. Außerhalb Deutschlands sind bisher weltweit keine ähnlich gelagerten Fälle bekannt geworden.

25.7 Pathologie

Die Diagnosen wurden deskriptiv aufgrund der neuropathologischen Veränderungen (siehe Abb. 27.1f) und der klinischen Befunde erstellt. Die Neuropathologie der ASE beim Strauß wird im Kapitel 27 beschrieben.

25.8 Ist ASE eine (neue) Krankheit?

In der Literatur wurden bisher keine Beschreibungen gefunden, die den hier beobachteten Degenerationserscheinungen im Gehirn von Vögeln entsprechen. Infolge fehlender Resultate zu den Übertragungsexperimenten kann nur mit Vorbehalt *vermutet* werden, daß es sich bei diesen Straußen um eine aviäre *transmissible* Spongiforme Enzephalopathie handelte. Da auch über den PrP^{Sc}-Nachweis nichts bekannt gegeben wurde, mag es vermessen erscheinen, diese Krankheit überhaupt in einem Buch über Prionkrankheiten zu beschreiben. Ob der Tatsache, daß die bekannten Charakteristika ausdrücklich den Prionkrankheiten gleichen, schien dies dennoch angebracht. Andererseits ist es nicht korrekt, die ASE beim heutigen Wissensstand als Prionkrankheit zu bezeichnen oder als TSE [427].

Chemische Untersuchungen zum Ausschluß toxischer Schädigungen wurden nicht durchgeführt. Die histologischen Befunde ließen sich keinem beschriebenen Ernährungsmangel zuordnen [83], auch nicht den Veränderungen eines Vitamin E-Mangels [277]. Entzündliche Prozesse im Gehirn konnten nicht festgestellt werden und in beiden Fällen aus dem Bestand C wurde eine bakterielle Infektion des ZNS auch mittels Liquoruntersuchung ausgeschlossen. Aus dem Gesagten läßt sich wenigstens feststellen, daß ASE eine neue Krankheit der Strauße ist.

25.9 Risikofaktoren

Die Grundnahrung der Tiere aus Bestand A und B bestand aus pflanzlichen Futtermitteln, ergänzt durch kommerzielles Geflügelmischfutter (womit ein best. Gehalt an Tiermehl nicht ausgeschlossen werden kann (s. Kap. 41)). Angeblich wurde die Nahrung der Strauße durch rohe Schlachtabfälle, welches zum Teil aus kleineren Notschlachtbetrieben der näheren Umgebung bezogen worden war ergänzt (Anonym, pers. Mitt.). Auch die Tiere aus dem Bestand C erhielten zugekaufte, als minderwertig beurteilte Schlachtabfälle zusammen mit Schwanz incl. der Knochen[46]. Außerdem sollen die Strauße Zugang zu Rentiermischfutter (Pellets), die aus Essex (GB), importiert waren, gehabt haben (Anonym, pers. Mitt.), welches prionhaltiges Tiermehl enthalten haben könnte.

25.10 Maßnahmen zur Überwachung, Prävention und Bekämpfung

Sollte sich in Zukunft zeigen, daß Strauße oder andere Vogelarten tatsächlich an einer TSE erkranken können, sei auf die Information im Kapitel 53 verwiesen.

[46] Teilchen der Wirbelsäule mit Rückenmarksfragmenten von Rindern?

Themenbereich IV: Pathologie

„Das Streben nach Erkenntnis läßt sich nicht aufhalten – es ist mit der menschlichen Gattung untrennbar verbunden“.

François Jacob

26 Die Pathologie und Genetik der Prionkrankheiten beim Menschen

Hans Kretzschmar

26.1 Einleitung

Spongiforme Enzephalopathien des Menschen wurden in den frühen 20er Jahren des 20. Jh. als seltene neurodegenerative Krankheiten von Hans Gerhard Creutzfeldt und Alfons Jakob beschrieben [314,708]. Bei einer der ersten Beschreibungen der Creutzfeldt-Jakob-Krankheit (CJD), die damals noch *spastische Pseudosklerose* genannt wurde, handelte es sich um einen familiären Fall, bei dem später die D178N-Mutation des Prion-Protein-Gens nachgewiesen werden konnte [801,822,1220]. Die spongiformen Enzephalopathien des Menschen (Tab. 26.1) galten von Anfang an und für eine lange Zeit als rein neurodegenerative und erbliche Leiden.

In den 30er Jahren des 20. Jh. konnten Cuillé und Chelle zeigen, daß Scrapie auf experimentellem Wege übertragbar ist [320]. Erst nachdem W. Hadlow 1959 [569] auf die Ähnlichkeiten zwischen Schaf-Scrapie und Kuru sowie auf die lange Inkubationszeit von Scrapie aufmerksam gemacht hatte, konnte man 1966 Kuru experimentell auf Affen übertragen [486]. Und erst zwei Jahre danach konnten Gajdusek, Gibbs, Alpers und weitere Kollegen zeigen, daß auch CJD, die in wesentlichen pathologischen Charakteristika der Kuru-Krankheit ähnelt, eine experimentell übertragbare Krankheit ist [511]. Eine erbliche spongiforme Enzephalopathie des Menschen, das Gerstmann-Sträussler-Scheinker Syndrom (GSS), wurde erstmals 1981 experimentell auf Affen übertragen [912].

Schon früh war also klar, daß die Genetik für die Prionkrankheiten eine entscheidende Rolle spielt. Heute ist bekannt, daß 1. Mutationen des humanen Prion-Protein-Gens (*PRNP*) erbliche Prionkrankheiten verursachen können (hereditäre oder familiäre Prionkrankheiten, Tab. 26.5), und 2. ein Polymorphismus des *PRNP* ganz wesentlich den klinischen und pathologischen Phänotyp der Erkrankung definiert und sogar die Empfänglichkeit eines Individuums für Prionkrankheiten bestimmt (Abb. 26.3, Kap. 26.4). Die Entstehung der häufigsten Prionkrankheit des Menschen (*idiopathische CJD, sCJD*) ist jedoch nicht verstanden; diese tritt sporadisch, ohne erkennbare Ursache auf. Nur bei einer Minderzahl von Prionkrankheiten kennt man die Ursache, nämlich bei den hereditären und erworbenen; bei den letzteren ist ein Übertragungsmodus bekannt (Tab. 14.1).

Tabelle 26.1: Die Prionkrankheiten des Menschen (CJD = Creutzfeldt-Jakob-Krankheit).

Ursprung	Form
Idiopathisch	• Sporadische CJD (sCJD)
Erworben	• Iatrogene CJD (iCJD) • Neue Variante der CJD (nvCJD) • Kuru
Hereditär	• Familiäre CJD (fCJD) • Gerstmann-Sträussler-Scheinker-Syndrom (GSS) • Fatal Familial Insomnia (FFI) = letale familiäre Insomnie

26.2 Allgemeines zur Neuropathologie der humanen Prionkrankheiten

Makroskopisch stellen sich die Gehirne von Patienten, die an Prionkrankheiten verstorben sind, unterschiedlich dar; teils sind keine oder nur sehr geringgradige Anzeichen einer Atrophie zu sehen, in anderen Fällen liegt eine deutlich ausgeprägte Hirnatrophie mit Erweiterung der Ventrikel und extremer Verschmälerung der Hirnrinde vor. Spezifische Veränderungen, die schon makroskopisch eine Verdachtsdiagnose nahelegen würden, gibt es nicht. Die spongiösen Veränderungen sind makroskopisch nicht erkennbar.

In lichtmikroskopischen Routinefärbungen (HE, PAS) ist CJD durch spongiöse Veränderungen, Nervenzellverlust, astrozytäre Gliose und in etwa 15% der Fälle durch sog. Kuru-Plaques gekennzeichnet. Außer einer mitunter ganz massiven Mikroglia- bzw. Makrophagenaktivierung sind üblicherweise keine zellulären immunologischen Reaktionen zu erkennen. Nervenzellverlust, astrozytäre Gliose und Mikrogliaaktivierung sind bei vielen Erkrankungen des Gehirns zu finden und spielen deshalb bei Verdacht auf CJD diagnostisch nur eine untergeordnete Rolle. Bestimmte Formen der spongiösen Veränderungen haben einen Anspruch auf Spezifität für Prionkrankheiten, Kuru-Plaques sind pathognomonisch.

Der Ausdruck *spongiöse Veränderungen* wird als Oberbegriff für verschiedene, lichtmikroskopisch unterscheidbare Hohlraumbildungen des Hirnparenchyms verwendet (Tab. 26.2, Abb. 26.1-2). Spongiforme Veränderungen (s. Abb. 26.1a) sind kleine, mitunter opak erscheinende blasenartige Gebilde im Neuropil, ca. 2–10 µm im Durchmesser, die im wesentlichen Hohlraumbildungen in Nervenzellfortsätzen entsprechen. Sie liegen vereinzelt oder in Gruppen im Neuropil und sind in unterschiedlicher Ausprägung bei allen Prionkrankheiten des Menschen anzutreffen. *Konfluierende Vakuolen* (s. Abb. 26.1c,e) sind traubenartig zusammenhängende Hohlräume mit Durchmessern von 10–50 µm und finden sich in erster Linie bei CJD-Patienten mit Homozygotie für Methionin am Codon 129 in Verbindung mit dem PrP^{Sc}-Typ 2 (s.u.). Die beschriebenen spongiformen Veränderungen und konfluierenden Vakuolen sind nur bei den Prionkrankheiten zu finden. Als *Status spongiosus* (Abb. 26.1d) bezeichnen wir ein Gewebsbild mit fast vollständigem Nervenzellverlust, ausgeprägter astrozytärer Gliose und Gewebsauflockerung mit großen perizellulären Spaltraumbildungen. Der Status spongiosus wird außer bei den Prionkrankheiten auch im Endstadium verschiedener neurodegenerativer und metabolischer Erkankungen beobachtet. Bei der *spongiösen Degeneration* der 1. und 2. Rindenschicht (Abb. 26.1b) handelt es sich um vakuoläre Schrumpfspaltenbildung, die häufig im Spätstadium neurodegenerativer Erkankungen mit starker kortikaler Atrophie wie dem Morbus Alzheimer, dem Morbus Pick, der dementiellen ALS [1129,1202], aber auch bei Prionkrankheiten zu finden ist.

Amyloid-Ablagerungen finden sich bei den Prionkrankheiten nur bei bestimmten Kombinationen genetischer und epigenetischer Determinanten (s.u.). Der Begriff *Amyloid* wird in jüngster Zeit von verschiedenen Arbeitsgruppen unterschiedlich gebraucht. Er steht ursprünglich für dichte, lichtmikroskopisch erkennbare Ablagerungen einer Reihe pathologischer Proteine verschiedener Herkunft, die einige biophysikalische Gemeinsamkeiten aufweisen: 1. Fibrilläre Ultrastruktur mit Fibrillendurchmessern von etwa 10 nm und unterschiedlicher Fibrillenlänge. 2. Überwiegende β-Faltblattstruktur. 3. Affinität zu Kongorot. Amyloide gehen mit diesem Farbstoff eine feste Bindung ein und erlangen dadurch anisotrope Eigenschaften. Im polarisierten Licht findet sich dann eine grüne Doppelbrechung (Abb. 13.2b). Der Begriff Amyloid wurde und wird in der Pathologie in der Tat nur für lichtmikroskopisch erkennbare Stoffablagerungen verwendet, die sich mit Kongorot anfärben. Nach dieser Definition sind bei den Prionkrankheiten nur Kuru-Plaques und multizentrische Plaques bei GSS als Amyloid zu bezeichnen. Den Prion-Rods (Abb. 8.1) oder Scrapie-assoziierten Fibrillen (SAF) verwandte Strukturen sind das ultrastrukturelle Äquivalent des Amyloids.

In neuerer Zeit werden aber auch nicht mit Kongorot anfärbbare Prion-Protein-Ablagerungen als Amyloide bezeichnet. Man fragt sich, was der Vorteil dieser Verwässerung des Begriffs Amyloid ist, da doch Amyloid als histologisch-lichtmikroskopisches Phänomen gut definiert ist; man sollte die ausschließlich immunhistochemisch darstellbaren PrP-Ablagerungen besser als solche beschreiben und nicht als Amyloid bezeichnen.

Kuru-Plaques sind schon in der HE- oder PAS-Färbung erkennbare, homogene, eosinophile PrP-Ablagerungen (Abb. 26.2c). Die lichtmikroskopische Erkennbarkeit in Routinefärbungen wie der HE-Färbung unterscheidet sie von den plaqueartigen Ablagerungen, die kleiner sind als Kuru-Plaques und die sich nur immunhistochemisch mit Antikörpern gegen PrP darstellen lassen. Kuru-Plaques sind pathognomonisch für Prionkrankheiten, finden sich jedoch nur in einer geringen Anzahl idiopathischer oder sporadischer Fälle, in denen sie nach unserer Erfahrung ausschließlich mit Methionin/Valin-Heterozygotie am Codon 129 des *PRNP* und dem PrP^{Sc}-Typ 2 vergesellschaftet sind [622]. Kuru-Plaques finden sich in erster Linie in der Körnerzellschicht des Kleinhirns. Im cerebralen Cortex sind sie mit Routinefärbungen meist nur schwer zu identifizieren.

Multizentrische Plaques finden sich regelmäßig bei GSS; sie bestehen zumeist aus einer zentralen größeren PrP^{Sc}-Ablagerung, die von kleineren „Satelliten“ umgeben ist und werden deshalb auch als *Kokardenplaques* bezeichnet (Abb. 26.2d). Bei manchen *PRNP*-Mutationen finden wir auch Anhäufungen kleinerer *„wolkenartiger“ Plaques*.

Floride Plaques bestehen aus einem zentralen Kern, der von einem Ring spongiformer Veränderungen umgeben ist (Abb. 26.2e). Die Ähnlichkeit mit einer *Blumenblüte* hat diesen Plaques den Namen *floride* Plaques eingebracht. Das Zentrum der Plaques stellt sich weniger homogen als bei den Kuru-Plaques dar und hat ein fädiges oder strähniges Aussehen. Floride Plaques sind typisch für die nvCJD.

Die bisher beschriebenen pathologischen Charakteristika sind in histologischen Routinefärbungen wie der Hämatoxylin-Eosin-Färbung zu erkennen. Mit Antikörpern gegen das Prion-Protein läßt sich unter Verwendung immunhistochemischer Methoden zeigen, *daß PrP^{Sc} in Kuru-Plaques, multizentrischen Plaques und auch in floriden Plaques vorhanden ist.* Darüber hinaus läßt sich PrP^{Sc} immunhistochemisch auch in Form weiterer Strukturen und Lokalisationen nachweisen, nämlich in plaqueartigen Ablagerungen (Abb. 26.2b), in synaptischer Ablagerungsform (Abb. 26.2a), perivakuolär und perineuronal. Die Technik der immunhistochemischen Detektion von PrP^{Sc} unterscheidet sich nicht von den sonst in der Pathologie und Neuropathologie üblichen Methoden zur Darstellung von Proteinen. Entschei-

Tabelle 26.2: Neuropathologie der spongiösen Veränderungen. Die Bezeichnungen sind mit geringen Abweichungen international gebräuchlich. Der Begriff „spongiöse Veränderung“ wird hier als Überbegriff für alle pathologischen Veränderungen verwendet, die mit mikroskopischer Hohlraumbildung im Hirnparenchym einhergehen. (CJD = Creutzfeldt-Jakob-Krankheit, ALS = Amyothrophe Lateralsklerose).

Spongiöse Veränderung	Morphologie	Vorkommen
Spongiforme Veränderung	Kleine (2–10μm) rund-ovale, überwiegend in neuronalen Fortsätzen gelegene Hohlräume	CJD (alle Subtypen)
Konfluierende Vakuolen	Große (10–50 μm), traubenartig zusammenhängende Hohlräume	CJD (insbesondere MM2 → Tab. 26.4)
Status spongiosus	Fast vollständiger Nervenzellverlust, ausgeprägte astrozytäre Gliose, Gewebsauflockerung, große perizelluläre Spalträume	CJD; Endstadium neurodegenerativer und metabolischer Erkankungen
Spongiöse Degeneration der 1. und 2. Rindenschicht	Vakuoläre Schrumpfspalten an der Grenze der 1. zur 2. kortikalen Rindenschicht	Häufig im Spätstadium neurodegenerativer Erkankungen mit starker kortikaler Atrophie (M. Alzheimer, Pick, ALS mit Demenz)
Andere spongiöse Veränderungen	Irreguläre Gewebsauflockerung, „Ödemblasen“	Enzephalitis, post-hypoxisch

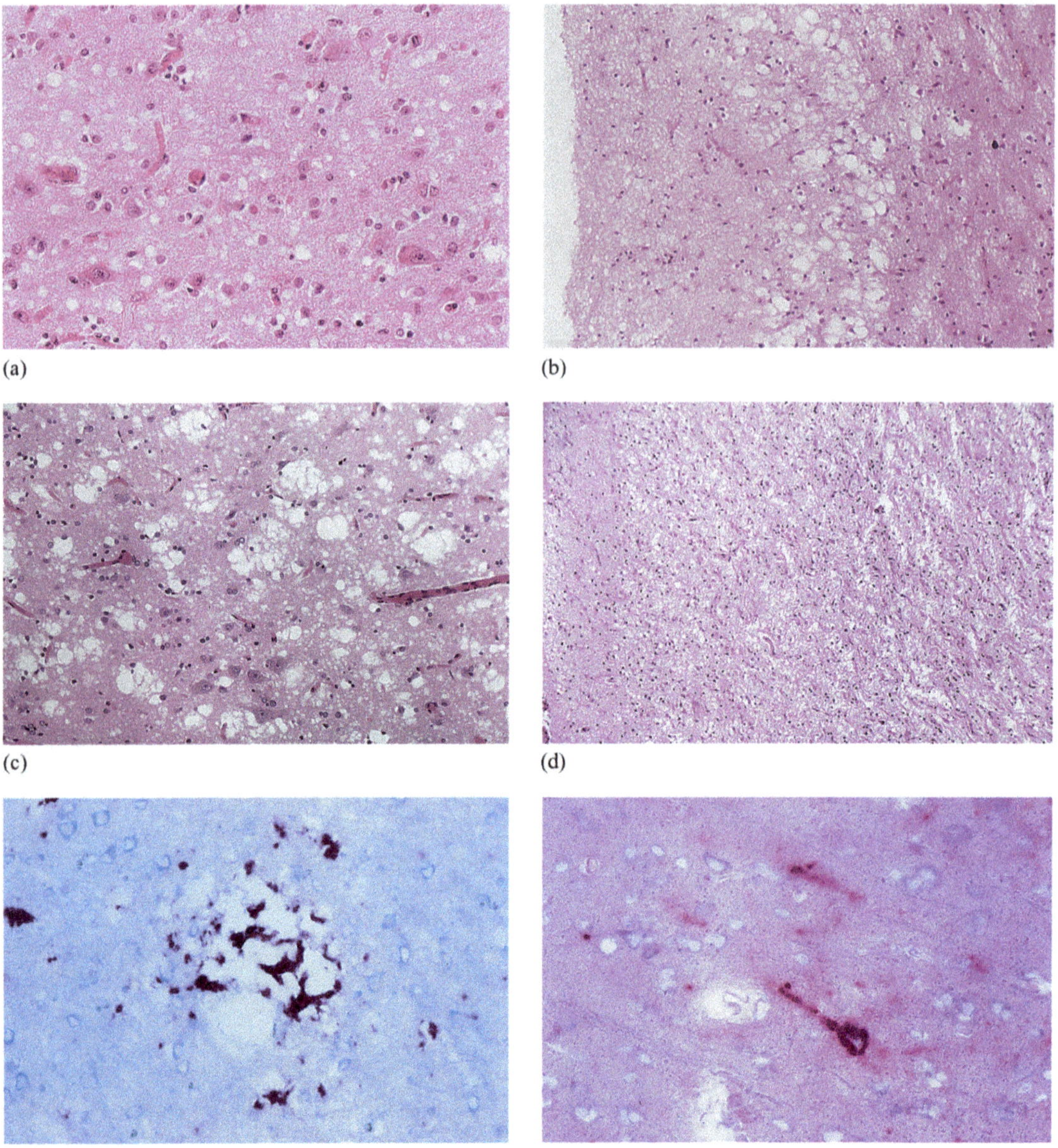

Abb. 26.1: Histologische Befunde bei Prionkrankheiten des Menschen und bei M. Alzheimer. (Abb. von H. Kretzschmar)
(a) Spongiforme Veränderungen im Cortex bei einem sCJD-Fall (MM1, s. Tab. 26.4). Es finden sich feine, teils opak erscheinende Vakuolen im Neuropil des Neocortex. Färbung: HE, × 40 (Originalvergrößerung).
(b) Spongiöse Degeneration der 1. und 2. Rindenschicht bei einem M. Alzheimer-Fall. Im Bild sind eine deutliche Verminderung der Nervenzelldichte sowie eine astrozytäre Gliose zu sehen. Diese vakuoligen Veränderungen in den beiden obersten Rindenschichten finden sich bei einer Reihe von Krankheiten, die mit ausgeprägtem Nervenzellverlust in der Hirnrinde einhergehen. Färbung: HE, × 20 (Originalvergrößerung).
(c) Konfluierende Vakuolen bei sCJD. Dieser Typ der konfluierenden Vakuolen stellt sich bei MM2-Fällen (s. Tab. 26.4) und einem Teil der MM1-Fälle dar. Die Vakuolen sind überwiegend in den oberen Rindenschichten lokalisiert. Färbung: HE, × 40 (Originalvergrößerung).
(d) Status spongiosus. In diesem Schnitt aus dem Cortex eines CJD-Patienten findet sich ein fast vollständiger Nervenzellverlust mit Gewebsauflockerung

und großen sekundären perizellulären Spalträumen sowie einer ausgeprägten astrozytären Gliose. Färbung: HE, × 20 (Originalvergrößerung).
(e) Konfluierende Vakuolen. Typisch für diese Vakuolen ist eine perivakuoläre, massive PrP-Ablagerung, wie in dieser Abbildung zu sehen. Immunhistochemische Darstellung von PrP^{Sc} (rot), × 40 (Originalvergrößerung).
(f) Perineuronale PrP-Ablagerung bei sCJD. Perineurale Färbung, bei der sich zum Teil auch intrazytoplasmatisches PrP anfärbt, ist für Valinhomozygotie am Codon 129 in Verbindung mit dem PrP^{Sc} Typ 2 (VV2, s. Tab. 26.4) typisch. Immunhistochemische Darstellung von PrP^{Sc} (rot), × 63 (Originalvergrößerung).

dend für die Sichtbarmachung von PrP^{Sc} ist jedoch eine denaturierende Vorbehandlung der Gewebeschnitte. Bewährt haben sich eine Präinkubation in Guanidinium-Hydrochlorid, Autoklavieren in H_2O und das sog. hydrolytische Autoklavieren in einer Lösung von 10 mmol/l HCl [378] und Kombinationen dieser Techniken. Von vielen Arbeitsgruppen werden die Gewebeschnitte mit Ameisensäure vorbehandelt (s. Kap. 44.7.2, 48.2). Dies führt einerseits zu einer Steigerung der immunhistochemischen Darstellbarkeit von PrP^{Sc} [790] und hat andererseits den zusätzlichen Effekt einer partiellen (s. Kap. 48.2) Inaktivierung des Erregers [201]. PrP^C ist nach routinemäßiger Aufarbeitung des Gewebes nicht darstellbar, so daß sich eine Behandlung der histologischen Schnitte mit Proteinase K (PK) zur Unterscheidung der beiden Prion-Protein-Formen erübrigt. PK-Behandlung führt häufig zu einer noch deutlicheren Darstellung von PrP^{Sc}.

Mit immunhistochemischen Methoden lassen sich folgende Formen der PrP^{Sc}-Ablagerungen im Gewebe darstellen:

Plaqueartige Ablagerungen bestehen aus kleineren Ansammlungen des Prion-Proteins, die in der HE-Färbung nicht zu erkennen, aber mit immunhistochemischer Detektion des Prion-Proteins gut darstellbar sind (Abb. 26.2b). Plaqueartige Ablagerungen finden sich bei VV2-Patienten (s.u.).

Synaptische PrP-Ablagerungen wurden zuerst von Kitamoto beschrieben [792]. Dabei handelt es sich um feine PrP^{Sc}-Ablagerungen, i.d.R. in der Körnerzellschicht des Kleinhirns erkennbar, die aber auch in der Molekularschicht des Kleinhirns und im Neocortex anzutreffen sind.

Perivakuoläre Ablagerungen stellen sich in etwa 1/3 der MM1- und MV1-Fälle und den MM2-Fällen (s.u.) der sCJD dar (Abb. 26.1e).

Perineuronale Ablagerungen finden sich im Neocortex als Charakteristikum bei der sCJD mit VV2-Konstellation (Abb. 26.1f).

Die immunhistochemische Darstellung von PrP^{Sc} ist in fast allen Fällen humaner Prionkrankheiten positiv. Sie ist derzeit der beste und sicherste Nachweis einer Prionkrankheit und hat sich in zahlreichen Zweifelsfällen, bei denen mit lichtmikroskopischen Routinefärbungen keine sichere Diagnose gestellt werden konnte, bewährt. Die immunhistochemische Darstellung von PrP^{Sc} ist damit zum Standard in der neuropathologischen Diagnostik humaner Prionkrankheiten geworden.

Mehrmonatige Gewebsfixation in Formalin stört den immunhistochemischen Nachweis von PrP^{Sc} empfindlich oder kann diesen vollends unterbinden. Weiterhin fällt auf, daß der PrP^{Sc}-Nachweis häufig nur in bestimmten Hirnregionen gelingt, während spongiforme Veränderungen häufig auch in immunhistochemisch negativen Arealen vorhanden sind und angenommen werden muß, daß PrP^{Sc} auch in diesen Regionen vorhanden sein sollte. Bei einzelnen Unterformen humaner Prionkrankheiten, wie der Familial Fatal Insomnia (FFI) und der VV1-Konstellation der sCJD (s.u.), ist mit den derzeit gängigen immunhistochemischen Methoden PrP^{Sc} kaum oder überhaupt nicht darstellbar.

Elektronenmikroskopische Untersuchungen humaner Prionkrankheiten leiden unter sehr schnell eintretenden postmortalen Gewebsveränderungen, die zu Erscheinungsbildern führen, die nicht immer von krankheitsbedingten Befunden unterschieden werden können. Qualitativ bessere Untersuchungen können an experimentell infizierten Nagetieren oder Affen durchgeführt werden [711]. In murinen Scrapiemodellen sind *ultrastrukturelle Vakuolen* in erster Linie in Neuriten anzutreffen. Sie treten in gerin-

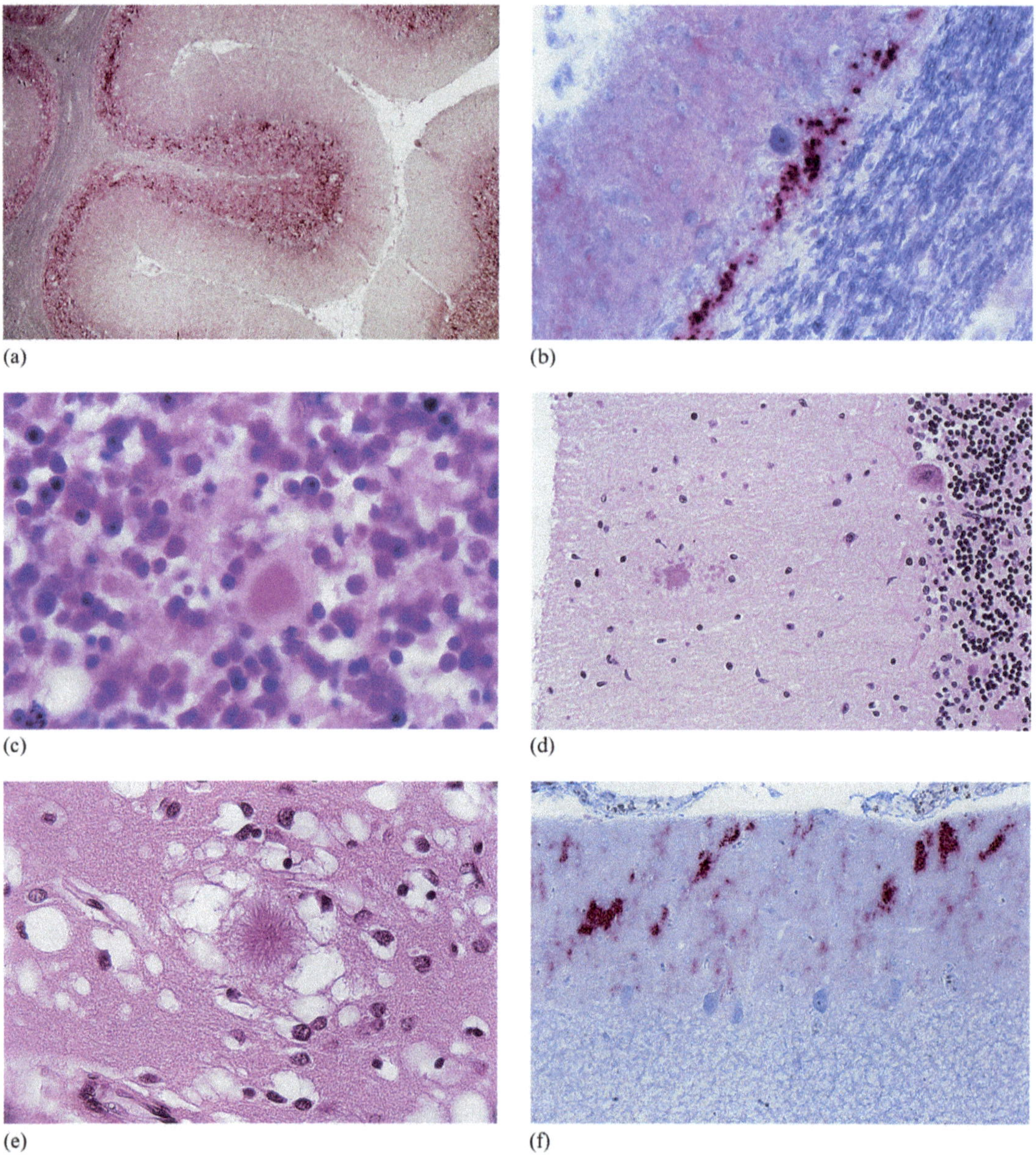

Abb. 26.2: Formen der PrP-Ablagerung bei Prionkrankheiten des Menschen.
(Abb. von H. Kretzschmar und J. Ironside)

(a) Synaptischer PrP-Ablagerungstyp. Man beachte die sehr feindisperse PrP^{Sc}-Ablagerung in der Körnerzellschicht und Molekularschicht des Kleinhirns. Immunhistochemische Darstellung von PrP^{Sc} (rot), × 10 (Originalvergrößerung).

(b) Plaqueartiger Ablagerungstyp im Kleinhirn bei einem CJD-Fall (VV2). Die immunhistochemisch als größere granuläre Strukturen erkennbaren PrP-Ablagerungen sind bei üblichen lichtmikroskopischen Färbungen (HE, PAS, Kongorot) nicht erkennbar. Immunhistochemische Darstellung von PrP^{Sc} (rot), × 20 (Originalvergrößerung).

(c) Kuru-Plaque in der Körnerzellschicht des Kleinhirns bei einem sporadischen CJD-Fall (MV2 s. Tab. 26.4); daneben eine Purkinjezelle. Färbung: HE, × 63 (Originalvergrößerung).

(d) Multizentrischer Plaque („Kokardenplaque") in der Molekularschicht der Kleinhirnrinde eines Patienten mit dem Gerstmann-Sträussler-Scheinker Syndrom (GSS). Diese Form der Prion-Proteinablagerung wird nur bei Individuen mit Mutationen des Prion-Protein-Gens beobachtet. Färbung: HE, × 20 (Originalvergrößerung).

(e) Ein „florider" Plaque umgeben von konfluierenden Vakuolen in einem CJD-Fall der neuen Variante (nvCJD) aus Großbritannien (Präparat von Dr. James Ironside, Creutzfeldt-Jakob Disease Surveillance Unit, Edinburgh, Schottland). Bei stärkerer Vergrößerung zeigen diese Plaques, deren Form an eine Blüte erinnern soll, häufig einen Kern, der aus feinen Fäden zusammengesetzt ist und von Vakuolen umgeben wird. Diese Form der Prion-Proteinablagerung wurde beim Menschen bislang nur bei der nvCJD beobachtet. Färbung: HE, × 63 (Originalvergrößerung).

(f) Schlierenartige PrP-Ablagerungen in der Molekularschicht des Kleinhirns bei einem Patienten mit einer Insertmutation als Beispiel für ungewöhnliche neuropathologische Phänotypen, die bei derartigen Fällen beobachtet werden können. Immunhistochemische Darstellung von PrP^{Sc} (rot), × 20 (Originalvergrößerung).

gerer Dichte auch in Axonen, Axonterminalen und im neuralen Perikaryon, ferner auch in Astrozyten, Oligodendrozyten und im Myelin auf. Diese Vakuolen können von einer Membran oder einer Doppelmembran umgeben sein oder auch ohne Membran vorkommen. Die Genese der Vakuolen ist nicht klar; sie könnten ihren Ursprung im glatten endoplasmatischen Retikulum [1113] oder anderen subzellulären Organellen wie den Mitochondrien haben. Die *pathogenetische Bedeutung der Vakuolen* ist letztlich nicht bekannt. Aus experimentellen Untersuchungen kann man schließen, daß 1. nichtvakuolisierte Hirnregionen infektiös sein können [95,751], daß 2. Prionreplikation und Infektiosität der Vakuolisierung vorausgehen (vgl. Abb. 35.4) [204] und daß 3. in bestimmten experimentellen Systemen Vakuolen praktisch nicht zu beobachten sind [908]. Vakuolen, die morphologisch nicht von den bei Prionkrankheiten beschriebenen Vakuolen zu unterscheiden sind, werden auch bei Mäusen mit vorzeitiger Alterung [1051] und bei der Tollwutinfektion von Stinktieren (Skunks) und Füchsen [229] beobachtet. Ähnliche Vakuolen sind auch bei retroviralen Infektionen der Maus zu finden [402].

Tubulovesikuläre Strukturen wurden bereits 1968 bei experimentell mit Scrapie infizierten Mäusen gesehen [1043] und später auch bei CJD beschrieben [853]. Es handelt sich um Partikel von 30–35 nm Größe, die in Axonpräterminalen und -terminalen aber auch in Dendriten zu finden sind. Nach den bisherigen Beschreibungen handelt es sich um krankheitsspezifische Partikel, deren Bedeutung jedoch unbekannt ist. *Immunhistochemisch läßt sich in diesen Strukturen PrP nicht nachweisen* [853,854].

26.3 Das humane Prion-Protein und das *PRNP*

Während für lange Zeit die verschiedenen klinischen Verlaufsformen und pathologischen Zustandsbilder der Transmissiblen Spongiformen Enzephalopathien (TSE) lediglich beschrieben werden konnten und der offensichtliche Gegensatz zwischen der Vielzahl klinisch-pathologischer Formen bei nur einer Form des infektiösen Agens ohne eigenes Genom ungelöst blieb, erscheint es heute mit zunehmenden Erkenntnissen über das Prion-Protein (s. Kap. 4–12) und seine Genetik möglich, diese Diskrepanz aufzulösen. Im Verständnis von den molekularen Veränderungen bis hin zu klinischen und pathologischen Bildern gibt es aber noch größere Lücken.

Das humane PrP^C ist ein Glykoprotein von 253 Aminosäuren Länge vor der zellulären Prozessierung (Abb. 26.3) [823]. Das *PRNP (Prion-Protein-Gen)* ist auf dem kurzen Arm des Chromosoms 20 lokalisiert. Es hat eine relativ einfache genomische Struktur und besteht aus zwei Exons mit einem Intron von 13 kb Länge. Der gesamte proteincodierende Teil des Gens (*Open Reading Frame, ORF*) ist auf dem Exon 2 lokalisiert [1082]. Alle bislang bei Säugetieren untersuchten PrP-Gene haben eine ähnliche genomische Struktur mit nur zwei oder drei Exons, wobei der proteincodierende Teil nie durch ein Intron unterbrochen wird [469,1319,1369]. Auf PrP-Aminosäurenebene findet sich eine ausgeprägte Homologie zwischen Mensch und anderen Säugerspezies (s. Kap. 9).

Die überwiegende Anzahl biochemischer Untersuchungen wurde bislang am PrP der Maus oder des Hamsters durchgeführt. Wegen der großen Übereinstimmung in der Aminosäuresequenz muß man annehmen, daß viele, wenngleich nicht alle Erkenntnisse über die Struktur und Funktion des PrP von der Maus auf den Menschen übertragbar sind. PrP^C ist ein Membranprotein, das vorwiegend auf der Oberfläche von Neuronen, aber auch von Astrozyten und einer Vielzahl anderer Zellen exprimiert wird [823,856,961]. Das humane PrP^C hat eine N-terminale Signalsequenz von 22 Aminosäuren. Der C-Terminus wird beim Anhängen eines Glycosyl-Phosphatidylinositols (GPI) am Serinrest 230 um 23 Aminosäuren verkürzt. Das reife PrP^C ist auf der Zelloberfläche über einen GPI-Anteil verankert [1222]. Es bestehen zwei N-Glykosylierungsstellen an den Aminosäureresten 181 und 197, die bei verschiedenen Varianten der humanen CJD bestimmte Unterschiede zu zeigen scheinen [301,1015]. Die N-terminale Hälfte enthält ein Octarepeat [(PHGGGWGQ)x4], das *in vitro* und *in vivo* Cu-Ionen-bindende Eigenschaften hat [171,643, 644] (s. Kap. 7). NMR-strukturelle Untersuchungen haben gezeigt, daß die C-terminale Hälfte eines rekombinant hergestellten Prion-Proteins drei α-Helices (H1, H2, H3) und zwei sehr kurze β-Faltblatt-Abschnitte (S1 und S2) besitzt (Abb. 6.2) [1108]. Der N-terminale Anteil mit den Aminosäureresten 23–120 ist in wäßriger Lösung ein flexibles *random-coil-ähnliches Polypeptid* ohne fest definierbare dreidimensionale Struktur [642] (s. Kap. 5–6).

26.4 Polymorphismen des *PRNP* (Prion-Protein-Gen)

Der Polymorphismus an der Aminosäureposition 129 des *PRNP* (Methionin (ATG), Valin (GTG)) hat Konsequenzen sowohl für das Auftreten der sporadischen Creutzfeldt-Jakob-Krankheit (sCJD) als auch für die klinischen und neuropathologischen Charakteristika der sporadischen und erblichen Varianten humaner Prionkrankheiten. Mehrere Studien haben eine deutliche Überrepräsentation von Homozygoten (in erster Linie Methionin) bei sCJD-Fällen im Vergleich zur normalen Population beschrieben [622,840,1013,1150,1368]. Auch der Phänotyp der sporadischen CJD wird vom Codon 129 beeinflußt. Bei sporadischer CJD werden plaqueartige Ablagerungen ausschließlich bei Fällen beobachtet, die zumindest auf einem Allel

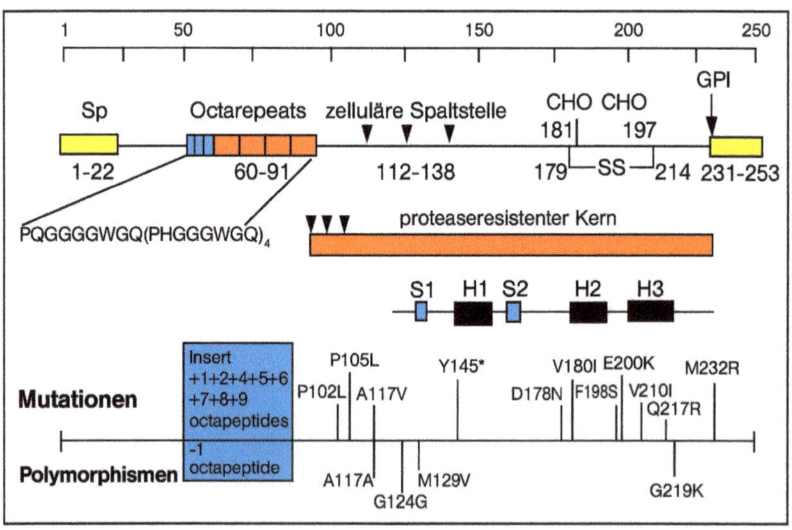

Abb. 26.3: Strukturelle Charakteristika des humanen Prion-Protein-Gens (*PRNP*). Dargestellt sind die zelluläre Isoform des Prion-Proteins (PrP^C), der Proteinase-resistente Kern von PrP^{Sc}, Charakteristika der sekundären Struktur des Proteins sowie Mutationen und Polymorphismen des *PRNP*. Die Zahlen beziehen sich auf Aminosäurereste. SP: Signalpeptid, GPI: Glykosylphosphatidylinositol, CHO: Glykosylierungsstellen, S1, S2: β-Faltblattanteile, H1, H2, H3: α-Helices [1108]. (Originalabb. von H. Kretzschmar, Quelle: [816])

an der Position 129 ein Valincodon haben [622] (Tab. 26.4). Das Codon 129 beeinflußt schließlich auch den klinischen Phänotyp bei einigen erblichen Prionkrankheiten:

1. Zusammen mit einer D178N-Mutation bestimmt dieses Codon, ob das klinische Erscheinungsbild einer fCJD oder FFI entspricht (s. Kap. 17).
2. In einer großen Sippe im Südosten Englands mit sechs Extrarepeats ließ sich zeigen, daß das Sterbealter der betroffenen Patienten vom Codon 129 beeinflußt wird.
3. In ähnlicher Weise hat dieses Codon einen Einfluß auf das Erkrankungsalter in einer großen Familie mit der F198S-Mutation [373,533,1052].

26.5 Spezielles zur Neuropathologie der einzelnen Formen des Menschen

26.5.1 Die Creutzfeldt-Jakob-Krankheit (CJD)

Die CJD tritt in den meisten Fällen *sporadisch* auf (80–90%; sCJD), ohne daß Infektionsquelle oder Modus der Krankheitsentstehung bekannt wären (idiopathisch). *Sporadisch* beschreibt hier die (geringe) Häufigkeit des epidemiologisch beobachtbaren Auftretens der Krankheit. Sporadisch wird häufig mit *spontan* verwechselt; letzteres bezieht sich auf die Hypothese, daß Prionkrankheiten *de novo* entstehen können (s. Kap. 8.4.4–5). Die CJD kann auch iatrogen übertragen werden (iCJD) oder als neue Variante auftreten (nvCJD), die mit größter Wahrscheinlichkeit auf die BSE zurückzuführen ist. Zu einem geringen Prozentsatz wird die CJD autosomal dominant vererbt (fCJD).

26.5.1.1 Die idiopathische oder sporadische CJD (sCJD)

Die sCJD betrifft i.d.R. Patienten im siebten Lebensjahrzehnt. Erste Auffälligkeiten sind im allgemeinen Demenz und verschiedene neurologische Symptome, häufig Ataxie und Myoklonien. Die klinischen Kriterien, die Masters und seine Kollegen [913] aufgestellt haben, wurden modifiziert und in einer großen europaweiten CJD-Studie akzeptiert (Concerted Action of the EU, 1994) (vgl. Tab. 29.1). Eine definitive Diagnose kann nur durch die neuropathologische oder biochemische Untersuchung des Gehirns gestellt werden. Klinische Diagnosekriterien umfassen eine dementielle Erkrankung mit einem Verlauf unter zwei Jahren, typische EEG-Veränderungen und mindestens zwei der folgenden Symptome: Myoklonien, akinetischer Mutismus, pyramidale/extrapyramidale Symptome, visuelle/zerebelläre Störungen. Wie im Folgenden beschrieben, sind diese Symptome bei verschiedenen *Subtypen der sCJD* in unterschiedlicher Form und Häufigkeit vertreten, so daß diese klinisch nicht mit gleicher Zuverlässigkeit diagnostiziert werden können (Tab. 26.4). Anders gesagt, bestimmte Subtypen müssen klinisch entsprechend den genannten Kriterien als *mögliche CJD* oder sogar als andere Erkrankung kategorisiert (Tab. 29.1) werden; Klärung bringt die neuropathologische Untersuchung des Gehirns.

Bei der sCJD können sich alle oben beschriebenen pathologischen Veränderungen finden, mit Ausnahme der multizentrischen Plaques, die nur bei der GSS beobachtet werden und der floriden Plaques, die nur bei der neuen Variante der CJD beschrieben werden. Besondere pathologisch-anatomische Verteilungsmuster (Läsionsprofile), die auch mit besonderen klinischen Bildern assoziiert sind, sind seit langem bekannt.

- Beispielsweise wurde von *Heidenhain* eine *Variante* beschrieben, bei der spongiforme Veränderungen, Nervenzellverlust und Gliose besonders im okzipitalen Cortex auffallen; klinisch steht eine kortikale Blindheit im Vordergrund und ist zumeist erstes und führendes Symptom.
- Eine weitere *Variante* wurde von *Brownell und Oppenheimer* beschrieben; sie ist klinisch durch Ataxie und pathologisch durch einen ausgeprägten Befall des Kleinhirns charakterisiert.
- Bei der *panenzephalopathischen Variante* der CJD wird eine ausgeprägte spongiforme Degeneration mit Ansammlung von Makrophagen in der weißen Substanz des Gehirns beschrieben [952].

Die Vielfalt der klinischen Erscheinungsbilder und pathologischen Veränderungen stand zunächst in einem gewissen Gegensatz zur ursprünglichen Prion-Hypothese, derzufolge das krankheitsauslösende Prion-Protein ja nur in einer Form vorkommen könnte (vgl. Kap. 3, 12). Bei experimentellen Scrapie-Systemen zeigte sich der Krankheitsphänotyp jedoch weitgehend vom Genotyp des Wirtsorganismus abhängig (s. Kap. 56). Pathologie und Klinik der sCJD werden in erster Linie durch den Methionin/Valin (MV)-Polymorphismus am Codon 129 bestimmt [869,951,984,1016]. Zusätzlich sind bestimmte pathologische Charakteristika, z. B. Topologie und Typ der Läsion oder Verteilung von PrP^{Sc} bei Scrapie, mit bestimmten Prionstämmen (s. Kap. 11) assoziiert. Die Diversität der Prionstämme wurde verschiedenen Konformationen von PrP^{Sc}, das durch nicht genetische Mechanismen repliziert werden kann, zugeschrieben (s. Kap. 12) [136]. Parchi und seinen Kollegen gelang es, zwei PK-resistente PrP-Isoformen bei sporadischen CJD-Fällen mit unterschiedlichen Wanderungsmustern (Größe) auf Western blots zu zeigen (PrP^{Sc}-Typ 1: 20,5 kDa und PrP^{Sc}-Typ 2: 18,7 kDa (Abb. 26.4)) [1016]. Die Ursache für die zwei unterschiedlichen Schnittstellen der PK, die ca. 2 kDa voneinander entfernt sind, also ungefähr bei den Aminosäurepositionen 90 und 107 des PrP^{Sc}-Moleküls, ist noch nicht untersucht; sie dürfte jedoch mit unterschiedlichen Konformationen in dieser Region des Moleküls zusammenhängen. Interessant ist, daß es Safar und seinen Kollegen unter Verwendung des Antikörpers 3F4, der eine Bindungsstelle im Bereich der Aminosäurepositionen 109–112 hat, gelungen ist, PrP^{Sc}-Moleküle mit unterschiedlicher Konformation zu identifizieren und diese unterschiedlichen Konformationen mit bestimmten „Scrapiestämmen" beim Hamster zu korrelieren [1145] (s. Kap. 12). Die Konformation des PrP vom Aminosäurerest 90–117 scheint deshalb beim Menschen und beim Hamster klinische und pathologische Eigenschaften der Krankheit zu bestimmen.

Bestimmte Eigenschaften des PrP^{Sc}-Typ 1 und -Typ 2 scheinen bei der experimentellen Übertragung erhalten zu bleiben oder sogar als „Schablone" für weitere PrP^{Sc}-Bildung zu funktionieren. Dies konnte anhand der Übertragung

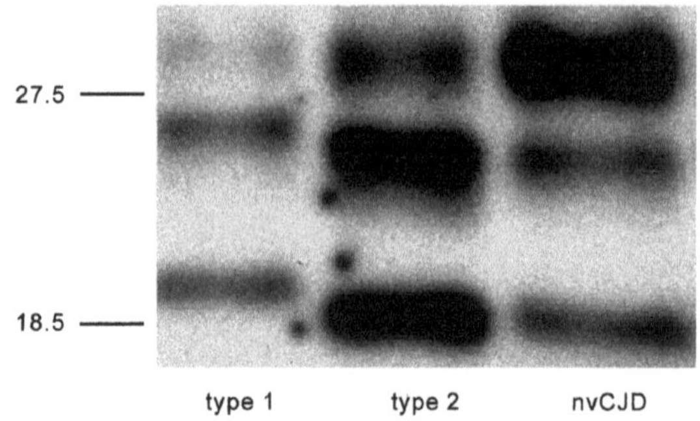

Abb. 26.4: PrP-Befunde im Western blot. Dargestellt sind die drei PrP^{Sc}-(PrPres)-Banden nach der PK-Verdauung im Western blot. Die untere Bande bei ca. 20,5 kDa (Typ 1) bzw. 18,5 kDa (Typ 2) stellt das nichtglykosylierte PrP^{Sc} dar. Es wird angenommen, daß die mittlere Bande das einfach glykosylierte PrP^{Sc} und die obere Bande das doppelt glykosylierte PrP^{Sc} repräsentieren. Die Zahlen am linken Rand bezeichnen das Molekulargewicht. (Abb. von H. Kretzschmar)

von FFI und fCJD (E200K), beide mit Typ-2-PrP^{Sc}, und von sCJD mit Typ-1-PrP^{Sc}, auf transgene Mäuse gezeigt werden. Hier entsprach das nach Übertragung isolierbare PrP^{Sc} in zwei Größenklassen jeweils dem Inokulum. Das Glykosylierungsmuster, wie im Western blot zu sehen, wurde jedoch nicht propagiert [1268].

Wie in einer großen Studie an über 250 Patienten mit sCJD gezeigt werden konnte, determinieren die beiden PrP^{Sc}-Isotypen 1 und 2 zusammen mit dem Genotyp am Codon 129 die klinischen und pathologischen Eigenschaften der Krankheit [622]. In dieser Untersuchung waren beinahe 90% aller sCJD-Patienten homozygot am Codon 129, mit deutlichem Überwiegen der Methioninhomozygoten (Tab. 26.3). Der PrP^{Sc}-Typ 1 ist ganz überwiegend bei Methioninhomozygoten zu finden, während der PrP^{Sc}-Typ 2 vorwiegend bei Valinhomozygoten anzutreffen ist.

Es lassen sich so sechs *Subtypen der sCJD* voneinander abgrenzen (Tab. 26.4):

- MM-Homozygotie mit PrP^{Sc}-Typ 1 (MM1), die häufigste der möglichen Kombinationen, ist in der genannten Untersuchung assoziiert mit einer typischen CJD-Erkrankung, d.h.

mit einem klinischen Verlauf unter sechs Monaten, kognitiver Verschlechterung im frühen Stadium, Myoklonien und periodischen scharfen Wellen im EEG. Die Histologie zeigte typische spongiforme Veränderungen und Gliose mit nur mäßigem Nervenzellverlust. Die Veränderungen sind häufig okzipital stärker ausgeprägt. Immunhistochemisch findet sich PrP^{Sc} feingranulär oder synaptisch abgelagert. Dieser Typ der sCJD entspricht der am besten bekannten Variante und kann klinisch am zuverlässigsten diagnostiziert werden.

- MV1-Fälle sind von MM1-Fällen klinisch und neuropathologisch praktisch nicht unterscheidbar.
- Bei MM2-Fällen finden sich weit verbreitet große konfluierende Vakuolen in weiten Anteilen des Cortex.
- Daneben kennen wir einen weiteren MM2-Typ, der in erster Linie durch *thalamische* Atrophie gekennzeichnet ist und pathologisch der FFI ähnelt (s. Kap. 17.2) (*thalamische CJD-Variante*).
- Atypische und seltene Formen der CJD sind assoziiert mit verschiedenen Genotypen am Codon 129 und dem Typ-2-PrP^{Sc}. Histologisch finden sich Kuru-Plaques nur bei Codon 129-Heterozygoten (MV) mit dem Protein-Typ 2. Plaqueähnliche Ablagerungen stellen sich immunhistochemisch nur bei MV2- und VV2-Patienten dar. Bemerkenswert ist, daß viele der selteneren Subtypen keine typischen EEG-Veränderungen (Abb. 30.2) haben. Das jüngste Erkrankungsalter findet sich bei den VV1-Fällen.

Die klassische *Heidenhain-Variante* findet sich bei MM1 und MV1-Patienten. Die *Brownell-Oppenheimer-Variante* entspricht den Typen VV2 und MV2. Die *panenzephalopathische Variante* der CJD, bei der eine ausgeprägte spongiforme Degeneration mit Ansammlung von Makrophagen in der weißen Substanz des Gehirns berichtet wird [952], scheint mit ungewöhnlich langen klinischen Verläufen bei einer Reihe von Subtypen (MM1, MV1, VV2, MV2) assoziiert zu sein und einem ausgeprägten Endstadium der Krankheit zu entsprechen. Weitere Details zu den sCJD-Subtypen sind der Tabelle 26.4 zu entnehmen.

26.5.1.2 Die iatrogen übertragene CJD (iCJD)

Erste Berichte über die Pathologie und Klinik der iCJD hatten Besonderheiten in der Genetik, Pathologie und Klinik in den Vordergrund gestellt. So wurde berichtet, daß zentral übertragene Fälle, also in erster Linie nach Dura mater-Implantation, der klassischen sporadischen CJD mit prominenten kortikalen Veränderungen ähnlich seien, während peripher inokulierte Fälle meist stärkere Beteiligung des Kleinhirns und der Basalganglien mit typischen Kuru-Plaques in Kleinhirn und Großhirn zeigten [43,143]. Es wurde auch berichtet, daß Homozygotie am Codon 129 mit einer höheren Empfänglichkeit gegenüber der iatrogen übertragenen CJD assoziiert sei [183,297,351].

Mit der jetzt [175a] verfügbaren Information über eine größere Anzahl von iatrogen übertragenen Fällen, insbesondere in Frankreich [349], und der genaueren Kenntnis über die Genetik, Klinik und Pathologie [622], läßt sich die zunächst vermutete besondere Stellung der iatrogen übertragenen Krankheitsfälle nicht mehr ohne weiteres halten. Deslys und seine Kollegen [349] haben 51 iCJD-Fälle (nach Therapie mit humanem Wachstumshormon) untersucht und folgende Verteilung gefunden: MM 63%, MV 12% und VV 25%. Man wird die weitere Entwicklung abwarten müssen. Dies könnte die genetischen Daten der iCJD noch mehr in die Nähe der sCJD rücken, die von Parchi und seinen

Tabelle 26.3: *PRNP*- und PrP^{Sc}-Typisierung anhand von 265 CJD-Fällen aus Europa und den USA (Datenquelle: [1017]) (sCJD = sporadische Creutzfeldt-Jakob-Krankheit, M = Methionin, V = Valin).

a) Verteilung der Genotypen am Codon 129 bei sCJD und einem Kontrollkollektiv (in %).

Codon 129	MM	MV	VV
Normalpopulation (N = 544)	37,0	51,0	12,0
sCJD (N = 265) (s. Tab. 26.3b)	72,1	10,9	17,0

b) Verteilung der PrP^{Sc}-Typen in Relation zu den Genotypen am Codon 129 (in %), bei sCJD-Fällen.

Codon 129	MM	MV	VV
PrP^{Sc}-Typ 1 (insgesamt 73,2 %)	95,3	27,6	4,5
PrP^{Sc}-Typ 2 (insgesamt 26,8 %)	4,7	72,4	95,5

Kollegen [622] mit MM 72%, MV 11% und VV 17% ermittelt wurden (Tab. 26.3a). *Deslys zeigte, daß MV-Fälle eine längere Inkubationszeit haben.* Dies könnte erklären, warum bei den ersten Untersuchungen vor mehreren Jahren zunächst die Homozygoten diagnostiziert wurden. Die besondere klinische Verlaufsform der VV2-Fälle (Tab. 26.4) würde erklären, warum Ataxie als charakteristisch für die iatrogene Übertragung galt. Es scheint, daß die einzige klinische Besonderheit, die bei der iCJD zu beobachten ist, das frühere Erkrankungsalter sein könnte.

26.5.1.3 Die neue Variante der Creutzfeldt-Jakob-Krankheit (nvCJD)

Die nvCJD wird bisher v.a. in GB beobachtet [1352]. Diese Krankheit hat mit großer Wahrscheinlichkeit ihren Ursprung in der BSE (s. Kap. 50) und zeigt eine ungewöhnliche Kombination von neuropathologischen und klinischen Veränderungen (s. Kap. 15). Die neuropathologischen Veränderungen sind außergewöhnlich und zeigen ausgedehnte Ablagerungen des Prion-Proteins in verschiedenen Arealen des Gehirns in einer Art und Weise, wie sie bisher nur bei hereditären Prionkrankheiten beschrieben worden sind. Zusätzlich finden sich *floride Plaques* mit einer zentralen PrP-Ablagerung, die von Vakuolen umgeben ist, wie sie bei humanen Prionkrankheiten bislang in dieser Form nicht beobachtet worden sind. Die Hypothese, daß diese neuen Fälle durch den Verzehr von BSE erregerhaltigen Geweben verursacht worden seien, wurde durch Experimente, bei denen die BSE auf Makaken übertragen wurde und dort ein pathologisches Bild hervorrief, das der nvCJD sehr ähnlich sieht, unterstützt, wenngleich nicht endgültig bewiesen [842]. Während bei der sCJD PrP-Plaques fast ausschließlich mit einem Valin am Codon 129 des *PRNP*-Gens auf mindestens einem Allel verbunden sind, haben bisher alle Patienten der neuen Variante zahlreiche Plaques und sind homozygot für Methionin am Codon 129.

Collinge und seine Kollegen berichteten, daß nvCJD-Fälle ein von sCJD und iCJD unterschiedliches Glykosylierungsmuster aufweisen, insofern als die hochmolekulare, doppelt glykosylierte Bande im Western blot überrepräsentiert ist [301]. Dieses Muster war auch anzutreffen, wenn die BSE auf Makaken oder Mäuse übertragen wurde. Zusätzlich fand Collinge, daß PK-resistentes PrP in manchen Fällen von iCJD (Typ 3) und von nvCJD (Typ 4, unterschieden vom Typ 3 durch ein unterschiedliches Glykosylierungsmuster) einer anderen Größenklasse angehörte als Typ-1- oder Typ-2-PrP^{Sc} in sporadischen CJD-Fällen. Das unterschiedliche Glykosylierungsmuster, in dem die hochmolekulare Glykoform (doppelt glykosyliert) bei nvCJD-Fällen überwiegt, wurde von Parchi bestätigt, nicht jedoch die unterschiedliche Größe mancher PrP-Typen [1015]. Man sollte jedoch beachten, daß familiäre CJD-Fälle ein ähnliches Glykosylierungsmuster zeigen können, ebenso manche Scrapiestämme in der Maus [1268]. Distinkte Glykoform-Muster sind sicherlich eine vielversprechende Beobachtung, die zur Aufschlüsselung der Stamm-Varianten beitragen können. Die Identifizierung von nvCJD nur durch ein unterschiedliches Glykosylierungsmuster sollte jedoch mit großer Vorsicht betrachtet werden (s. Kap. 50).

26.5.1.4 Die familiäre Creutzfeldt-Jakob-Krankheit (fCJD)

Diese Form ist detailliert im Unterkapitel 26.6 beschrieben.

26.5.2 Kuru

Diese Krankheit wurde bis in die 60er Jahre durch rituellen Kannibalismus im Fore-Volk in Papua Neuguinea verbreitet (s. Kap. 2, 13, 38). Sie gehört zusammen mit der iCJD und der nvCJD zu den durch Infektion erworbenen Prionkrankheiten des Menschen, bei denen im Gegensatz zur idiopathischen (sporadischen) Form der CJD (sCJD), die Bedeutung eines Erregerstammes und des Infektionsweges studiert werden kann. Schon früh wurde berichtet, daß bei Kuru wesentlich häufiger als bei der sCJD sog. Kuru-Plaques zu finden seien und insbesondere pathologische Veränderungen des Kleinhirns im Vordergrund stünden [797]. Dies mag mit der relativen Häufigkeit von Valin am Codon 129 von *PRNP* bei den Fore im Zusammenhang stehen [269,588,836,1015]. Letztlich scheint jedoch die Datenlage für eine detaillierte Untersuchung nicht ausreichend, da unfixiertes Gewebe für die PrP-Typisierung nur in wenigen Fällen zur Verfügung steht. Auch für molekulargenetische Untersuchungen des *PRNP* ist überwiegend nur noch formalinfixiertes Gewebe vorhanden. PCR-Untersuchungen aus diesem Material dürfen nur mit Vorsicht interpretiert werden, insbesondere wenn sie die Allelverteilung eines bestimmten Merkmals betreffen.

26.5.3 Gerstmann-Sträussler-Scheinker Syndrom (GSS)

GSS wurde zum erstmals 1928 beschrieben [114,499] und kann, wie wir heute wissen, durch eine Reihe unterschiedlicher Mutationen des *PRNP* hervorgerufen werden (Tab. 26.5; s. Kap. 16). Klinisch erscheinen die Patienten überwiegend ataktisch. Sie entwickeln Dysphagie, Dysarthrie, Hyporeflexie und Demenz, die sich in vielen Fällen erst spät und nicht immer sehr ausgeprägt darstellt. Es sollte jedoch bedacht werden, daß die klinische Manifestation einer CJD oder GSS in Trägern derselben Mutation in der gleichen Familie beobachtet werden kann und eine sichere Unterscheidung mit klinischen Mitteln nicht immer möglich ist. Neuropathologisch stellt sich die GSS als eigene Entität dar (vgl. Abb. 16.2, 26.2d), die durch große multizentrische Prion-Protein-haltige Amyloid-Plaques definiert wird. Andere pathologische Charakteristika variieren beträchtlich. So finden sich zum Teil ausgeprägte spongiforme Veränderungen bei der P102L-Mutation, neurofibrilläre Tangles bei den Mutationen Y145*, F198S und Q217R und eine Amyloidangiopathie bei der Y145*-Mutation.

26.5.4 Fatal Familial Insomnia (FFI, „letale familiäre Insomnie")

Die FFI fällt häufig durch Insomnie und Dysautonomie auf, später zeigen sich Ataxie, Dysarthrie, Myoklonie und Dysfunktion der Pyramidenbahnen. Schließlich entwickeln die betroffenen Patienten eine weitgehende Insomnie und Demenz, Rigidität, Dystonie und Mutismus [956]. Neuropathologisch ist die FFI durch Nervenzellverlust und astrozytäre Gliose vorwiegend im Thalamus (anteroventraler und mediodorsaler Kern) sowie in der unteren Olive gekennzeichnet. Im Gegensatz dazu variieren die Veränderungen im Cortex sehr stark und sind am deutlichsten im limbischen Cortex ausgeprägt. Der entorhinale Cortex ist praktisch immer betroffen. FFI wird ausschließlich bei Patienten mit einer D178N-Mutation des *PRNP*, bei dem sich ein Methionin-Codon an der Position 129 desselben Allels findet, identifiziert [930]. Die Krankheit scheint sowohl unter klinischen als auch pathologischen Gesichtspunkten bei Methioninhomozygoten am Codon 129 einen deutlicher ausgeprägten Verlauf zu nehmen. In manchen Fällen scheint diese Mutation jedoch zu einer Krankheit zu führen, die von der sCJD nur schwer zu unterscheiden ist. Spongiforme Veränderungen sind in vielen Fällen nur minimal ausgeprägt und nur in wenigen kortikalen Regionen zu finden. PrP-Ablagerungen sind mit herkömmlichen immunhistochemischen Methoden mitunter kaum darstellbar, besonders bei Fällen mit einem kurzen klinischen Verlauf, so daß die Krankheit häufig erst nach molekulargenetischer Untersuchung des *PRNP* mit Sicherheit diagnostiziert werden kann [1255] (s. Kap. 17).

26.5.5 Atypische Prionkrankheiten

Atypische Prionkrankheiten ohne pathologische Veränderungen, die zur Diagnose hätten führen können, wurden bei wenigen Familien mit Insertionsmutanten des *PRNP* beschrieben [295]. (Auch die FFI wurde zunächst nicht als Prionkrankheit erkannt [862]. 1992 gelang es, die typische *PRNP*-Mutation nachzuweisen [930]. Heute zählt die FFI mit zu den häufigsten genetisch bedingten Prionkrankheiten [404, 1198].) Dies zeigt, wie wichtig einerseits die molekulargenetische Untersuchung des *PRNP* und andererseits die akribische histopathologische und immunhistochemische Untersuchung der Gehirne jener Patienten sind, die unter neurologischen oder psychiatrischen Krankheitsbildern versterben, die zunächst nicht mit Prionkrankheiten in Zusammenhang gebracht werden können.

Tabelle 26.4: Molekulare Klassifikation der sporadischen Creutzfeldt-Jakob-Krankheit (sCJD) (Codon 129).

Typ	Klinik	Pathologie
MM1	ca. 70 % der sCJD-Fälle Erkrankungsalter 65 Jahre, Krankheitsdauer 4 Monate, rasch progredienter Verlauf mit Demenz, Myoklonien, typisches EEG, häufig Beeinträchtigung des Sehvermögens, mitunter einseitiger Beginn	Starke kortikale Veränderungen, z.T. okzipital betont, PrP^{Sc}-Ablagerungen im Cortex überwiegend feingranulär, im Kleinhirn synaptisches Färbemuster. In einem Drittel der Fälle zusätzlich konfluierende Vakuolen mit perivakuolärer PrP^{Sc}-Ablagerung
MM2 kortikal	ca. 2 % der sCJD-Fälle Erkankungsalter 67 Jahre, Krankheitsdauer 12 Monate, Progressive Demenz, kein typisches EEG	Große konfluierende Vakuolen und perivakuoläre, grobe PrP^{Sc}-Ablagerung in allen Regionen des Cortex
MM2 thalamisch	ca. 2% der sCJD-Fälle Erkankungsalter 52 Jahre, Krankheitsdauer 16 Monate, Insomnie und nächtliche Hyperaktivität, Ataxie und subkortikale Demenz, kein typisches EEG	Veränderungen, in erster Linie Atrophie, vorwiegend im Thalamus und in der unteren Olive
MV1	ca. 3 % der sCJD-Fälle Erkrankungsalter 62 Jahre Krankheitsdauer 5 Monate Klinik wie MM1	Neuropathologie wie MM1
MV2	ca. 8 % der sCJD-Fälle Erkrankungsalter 58 Jahre, Krankheitsdauer 17 Monate, ausgeprägte Ataxie, keine typischen EEG-Veränderungen	Kuru-Plaques, hauptsächlich im Kleinhirn
VV1	ca. 1 % der sCJD-Fälle Erkrankungsalter 48 (24–53) Jahre, Krankheitsdauer 15 Monate, progressive Demenz als führendes klinisches Zeichen, keine typischen EEG-Veränderungen	Starke spongiforme Veränderungen im Cortex und in den Basalganglien, das Kleinhirn zeigt nur minimale Veränderungen, immunhistochemisch keine oder nur schwer nachweisbare PrP^{Sc}-Ablagerungen
VV2	ca. 14 % der sCJD-Fälle Erkrankungsalter 50–60 Jahre, Krankheitsdauer 7 Monate, Erstsymptom häufig Ataxie, Demenz oft erst spät, in den meisten Fällen keine typischen EEG-Veränderungen	Ausgeprägte Veränderungen des Kleinhirns und des Hirnstammes, im Cortex sind spongiforme Veränderungen häufig nur in tiefen Rindenschichten erkennbar. Granuläre und plaqueartige PrP^{Sc}-Ablagerungen sowie prominente perineuronale und traktartige Ablagerungen im Marklager

26.6 Genetik der Prionkrankheiten des Menschen

26.6.1 Pathogene Mutationen

Die genetisch bedingten Prionkrankheiten (fCJD, GSS, FFI) gelten heute nicht mehr als so selten, wie früher angenommen wurde. In einer neueren Untersuchung zeigte sich, daß pro 2,5 Millionen Einwohner in Deutschland eine Familie mit einer erblichen Prionkrankheit zu finden ist [404]. In Familien mit erblichen Prionkrankheiten wurde eine Vielzahl verschiedener Punktmutationen und Insertionsmutationen im offenen Leserahmen (ORF) des *PRNP* (Prion-Protein-Gen) beschrieben (Abb. 26.3). Die Insertionsmutationen finden sich in einer Oktapeptid-repeat-Region in der N-terminalen Hälfte, während die Punktmutationen in der C-terminalen Hälfte konzentriert sind. Die Analyse der Daten in einem großen epidemiologischen Projekt in Deutschland haben gezeigt, daß ungefähr die Hälfte der Familien mit Mutationen des *PRNP* angibt, von einer erblichen, tödlichen, neurologischen Erkrankung in ihrer Familie nichts zu wissen. Diese Beobachtung zeigt, wie wichtig eine routinemäßige Untersuchung (s. Kap. 29.3.3.3) des Prion-Protein-Gens bei unklaren neurologischen Syndromen mit Demenz ist. Als Beispiele für familiäre Prionkrankheiten seien die folgenden charakteristischen Krankheitsbilder dargestellt. Eine Übersicht über alle bislang beschriebenen Mutationen findet sich in Tabelle 26.5.

E200K-CJD. Dies ist die am häufigsten bei hereditären Prionkrankheiten anzutreffende Mutation. Sie ist klinisch und neuropathologisch von der sporadischen CJD nicht zu unterscheiden. Die größte bekannte Gruppe findet sich unter libyschen Einwanderern in Israel, die eine rund 100fach erhöhte CJD-Inzidenz haben [467]. Ursprünglich glaubte man, daß diese erhöhte CJD-Inzidenz auf den Verzehr von Schafgehirnen oder -augen zurückzuführen sei [731]. Es hat sich jedoch in den letzten Jahren herausgestellt, daß in jedem Erkrankungsfall dieser Gruppe mindestens ein *PRNP*-Allel die Mutation E200K trägt, und daß diese Mutation genetisch mit der fCJD verbunden ist [467,531]. Auch die lokalen Häufungen von CJD-Fällen, die in manchen Regionen der Slowakei seit vielen Jahren beobachtet werden, sind familiäre Fälle (fCJD) mit einer E200K-Mutation [532]. Die Penetranz dieser Mutation ist etwas umstritten. Sie wurde von manchen mit 56% angegeben, wird jedoch heute allgemein mit 100% beziffert [529].

P102L-GSS. Diese Mutation ist die häufigste Ursache für GSS. Die von Gerstmann, Sträussler und Scheinker zum ersten Mal beschriebene Familie mit diesem Syndrom ist ebenfalls durch diese Mutation gekennzeichnet [499,819]. Klinisch und neuropathologisch findet man das typische Bild der GSS mit ausgeprägter Ataxie, relativ spät einsetzender Demenz und histologisch sehr zahlreichen PrP-Plaques, darunter zahlreiche multizentrische Plaques. Experimentell ist es gelungen, mit Hirngewebe von P102L-Fällen eine Spongiforme Enzephalopathie auf nicht humane Primaten und Nagetiere zu übertragen [912,1251]. So konnte gezeigt werden, daß GSS eine genetisch bedingte *und* transmissible bzw. infektiöse Krankheit ist. Transgene Mäuse, die ein murines PrP-Gen mit der P102L-Mutation exprimieren, entwickeln spontan eine neurodegenerative Krankheit, die von der Maus-Scrapie nicht zu unterscheiden ist. Diese Krankheit ist auf transgene Mäuse übertragbar [674,675].

D178N-CJD/FFI. Der Krankheitsphänotyp, der durch die D178N-Mutation hervorgerufen wird, scheint durch den Polymorphismus am Codon 129 determiniert zu werden, der entweder Methionin oder Valin codiert [533,1099]. Valin am Codon 129 des mutierten Allels ist mit einer fCJD vergesellschaftet, während Methionin am Codon 129 in Verbindung mit der D178N-Mutation den FFI-Phänotyp hervorruft (Tab. 26.5). FFI-Patienten, die am Codon 129 homozygot für Methionin sind, zeigen einen schnelleren Verlauf der Krankheit als heterozygote Patienten (s. Kap. 17.4).

Bei CJD-D178N-Patienten mit Homozygotie für Valin am Codon 129 wird auch ein schnellerer Verlauf und ein niedrigeres Erkrankungsalter beobachtet [492].

Das Codon 129 auf dem mutanten Allel spezifiziert deshalb den Phänotyp der Erkrankung und jener auf dem normalen Allel beeinflußt den Schweregrad der Erkrankung bei beiden Phänotypen. Die biochemische Analyse des Proteinase-resistenten PrP (PrP^{Sc} oder PrPres) aus Hirnmaterial von FFI- und CJD-D178N-Patienten hat zwei verschiedene Proteine in Bezug auf die Größe des Proteinase-resistenten Kerns und die relative Verteilung der Glykosylierungsformen gezeigt [955]. Es wird vermutet, daß die Kombination der Mutationen am Codon 178 und der Polymorphismus am Codon 129 zusammen den Krankheitsphänotyp durch unterschiedliche Konformationen des Prion-Proteins bestimmen. In neuerer Zeit wird jedoch von mehreren Arbeitsgruppen berichtet, daß Patienten mit dem FFI-Genotyp häufig einen CJD-Phänotyp aufweisen und damit die Unterscheidung der beiden Erkrankungstypen klinisch nicht immer möglich ist. Während die FFI lange als große Rarität galt, nimmt man heute an, daß sie weltweit nach CJD-E200K und GSS-P102L die dritthäufigste genetisch bedingte Prion-

Tabelle 26.5: Erbliche Prionkrankheiten des Menschen (fCJD = familiäre Creutzfeldt-Jakob-Krankheit, GSS = Gerstmann-Sträussler-Scheinker-Syndrom, FFI = Fatal Familial Insomnia). (Nachtrag: Mutation H187R [Quelle: Neurology. *55*, 517–522, 2000])

Mutation	Klinik	Neuropathologie	Referenz
Insertionen	In fast allen Fällen progrediente Demenz, ansonsten sehr heterogen; manchmal sehr langer Krankheitsverlauf (bis zu 18 Jahren); in manchen Familien psychiatrische Probleme vor Ausbruch der Krankheit	Sehr heterogen (manchmal innerhalb einer Familie CJD-ähnliche, GSS-ähnliche und untypische Fälle), jedoch oft PrP-Plaques in der Molekularschicht des Zerebellums	[294, 295, 528, 1009]
P102L	Progrediente zerebelläre Symptome mit Ataxie, Demenz üblicherweise später im Krankheitsverlauf	GSS (multizentrische PrP-Plaques hauptsächlich im Zerebellum, manchmal auch in einem geringeren Maße im Cortex)	[500, 673, 819]
P105L	Spastische Paraparese	GSS (PrP-Ablagerungen besonders im Cortex)	[376, 706, 791]
A117V	Progrediente Ataxie oder Demenz prominent (je nach Familie)	GSS (PrP-Plaques v. a. im Cortex oder im Zerebellum entsprechend zur Klinik; manchmal neurofibrilläre Tangles (NFT))	[376, 669, 914, 1279]
Y145*	Langsam voranschreitende Demenz mit Verlauf von mehr als 20 Jahren	PrP-Ablagerungen in den zerebralen Gefäßen und NFT	[501, 786]
N171S	Psychiatrische Erkrankung	Nicht bekannt	[1151]
D178N(129M)	Progrediente Insomnie, Störungen des autonomen und des endokrinen Systems	FFI (Neuronenverlust und Astrogliose im Thalamus; PrP-Ablagerungen nicht immer detektierbar)	[492, 533, 930]
D178N(129V)	Progrediente Demenz im Vordergrund	fCJD (Neuronenverlust, Spongiose und Astrogliose im Cortex)	[492, 530, 822]
V180I	Progrediente Demenz im Vordergrund	fCJD (Neuronenverlust, Spongiose und Astrogliose im Cortex)	[705, 791]
T183A	Progrediente Demenz im Vordergrund (nicht unterscheidbar von früh beginnender AD)	fCJD (Neuronenverlust und Spongiose im Cortex, aber kaum Gliose)	[975]
F198S	Progrediente Ataxie und Demenz	GSS (PrP-Plaques und NFT im Cortex und in einigen subkortikalen Nuclei)	[500, 670]
E200K	In den meisten Fällen progrediente Demenz prominent, in einigen Fällen jedoch zerebelläre oder thalamische Symptome	fCJD (in den meisten Fällen Neuronenverlust, Spongiose und Astrogliose im Cortex, aber auch ein FFI-ähnlicher Fall beschrieben)	[76, 270, 532, 534, 671]
R208H	Progrediente Demenz im Vordergrund	fCJD (Neuronenverlust, Spongiose und Astrogliose im Cortex)	[915]

Tabelle 26.5 (Fortsetzung)

Mutation	Klinik	Neuropathologie	Referenz
V210I	Progrediente Demenz im Vordergrund (sehr ähnlich zu sCJD)	fCJD	[1046, 1114]
Q217R	Zunächst progrediente Demenz, im Krankheitsverlauf spät einsetzende Ataxie	GSS (PrP-Plaques und NFT im Cortex)	[500, 670]
M232R	Progrediente Demenz im Vordergrund (sehr ähnlich zu sCJD)	fCJD (Neuronenverlust, Spongiose und Astrogliose im Cortex)	[638, 791]

krankheit ist. In Deutschland ist sie nach unserem jetzigen Wissen die am häufigsten zu beobachtende hereditäre Prionkrankheit [404, 818,1198]

Insert Mutationen. Eine ganz andere Art von Mutation des *PRNP* liegt bei verschiedenen sog. Insertionsmutationen vor. Das normale Protein hat in der Aminosäuren-Region 51–91 fünf Repeats (ein Nonarepeat, vier Oktarepeats), während die mutierten Prion-Proteine zwischen ein und neun zusätzliche Oktarepeats haben. Die klinischen und pathologischen Charakteristika, die mit Insertationsmutationen verbunden sind, sind außerordentlich variabel. Es finden sich Patienten mit der klassischen CJD oder GSS, aber auch Patienten mit keinem morphologisch erkennbaren Phänotyp, die klinisch lediglich eine progressive Demenz zeigen [294,295]. Identische Rearrangements der Oktapeptide sind in voneinander unabhängigen Familien nie entdeckt worden. Man vermutet, daß die Bildung von Extrarepeats auf ungleichem Crossover und Rekombination beruhen [528]. Für die Generierung von mehr als vier Extrarepeats müßte dieser Hypothese zufolge mehr als eine Runde von Crossovers stattgefunden haben. Sowohl der disperse Ursprung der Extrarepeats als auch die Wahrscheinlichkeit von mehreren aufeinanderfolgenden Rekombinationen innerhalb einer Familie weisen darauf hin, daß die Oktapeptidregion genetisch instabil ist. Auf der anderen Seite weisen die Seltenheit von Extrarepeats in der Population und die Existenz einer großen Familie, deren mutiertes Allel über sechs Generationen sich nicht verändert hat, in die andere Richtung [1052].

26.6.2 Modelle humaner Prionkrankheiten in (transgenen) Tieren

Die interessantesten Experimente hinsichtlich erblicher humaner Prionkrankheiten wurden mit Mäusen durchgeführt, die ein murines *Prnp* mit einer P102L-homologen Mutation überexprimieren, welche beim Menschen das Gerstmann-Sträussler-Scheinker-Syndrom hervorruft. Diese Mäuse entwickelten spontan eine neurodegenerative Krankheit, die anderen Prionkrankheiten in der Maus sehr ähnlich ist [675]. Die infektiöse Natur des Agens der so generierten Krankheit wurde gezeigt durch serielle Übertragung auf Hamster (10% der Tiere erkrankt) und transgene Mäuse, die das mutierte Protein auf niedrigem Niveau exprimieren und nicht spontan erkranken (40% der Tiere erkrankt) [674] (vgl. Abb. 3.1). Die Krankheit konnte allerdings nicht auf normale Wildtypmäuse übertragen werden. In weiteren Experimenten zeigte sich jedoch, daß auch transgene Linien, die verschiedene normale PrP-Gene (*Prnp*) überexprimieren, eine spontane letale Krankheit entwickeln können [1320]. Diese Krankheit zeigt Degeneration der Skelettmuskeln und peripheren Nerven aber auch spongiforme Veränderungen im Gehirn (vgl. Kap. 3.9, 3.11). Auch diese Krankheit soll übertragbar sein.

Die Übertragung humaner Prionkrankheiten auf Mäuse hat sich als kompliziertes Unterfangen erwiesen. In den meisten Laboratorien wird sCJD mit nur einer geringen Effizienz von etwa 10% und Inkubationszeiten von >500 Tagen auf Wildtypmäuse übertragen [1269]. Die Einführung eines humanen *PRNP*-Transgens reicht nicht aus, diese Speziesbarriere zu brechen, erst die Einkreuzung auf den *Prnp*$^{0/0}$-Hintergrund führt zu einer Reduktion der Inkubationszeit auf 250–270 Tage [1270]. Mäuse, die ein chimäres human-murines Transgen (MHu2M) exprimieren, zeigen noch kürzere Inkubationszeiten. Im Gegensatz zu den Erfahrungen mit sCJD, ist nvCJD auf Wildtypmäuse mit einer Inkubationszeit von ca. 300 Tagen gut übertragbar [217], ein weiteres Indiz für die Sonderstellung der nvCJD.

27 Die Pathologie der Prionkrankheiten beim Tier

Marion Hewicker-Trautwein, William J. Hadlow, Linda Detwiler, Elizabeth S. Williams und Joachim Pohlenz

27.1 Einleitung

Dieses Kapitel faßt die diagnostisch zu beachtenden Elemente der Transmissiblen Spongiformen Enzephalopathien (TSE oder Prionkrankheiten) bei den einzelnen betroffenen Tierarten zusammen. Die Reihenfolge richtet sich chronologisch nach dem Entdeckungszeitpunkt der TSE-Formen.

Die allgemeinen Aspekte der Neuropathologie (wie pathologische Erscheinungen auf licht- und elektronenmikroskopischer Ebene, Nachweis von PrP^{Sc} mit Immunhistochemie usw.) sind weitgehend identisch mit den Erscheinungen des Menschen. Daher wird diesbezüglich auf das Kapitel 26 verwiesen.

Makroskopisch sind die Prionkrankheiten des Tieres unauffällig, im Gegensatz zum Menschen: Gehirne von Patienten, die an Prionkrankheiten verstorben sind, zeigen teils sehr geringgradige Anzeichen einer Atrophie, teils eine deutlich ausgeprägte Hirnatrophie mit Erweiterung der Ventrikel und extremer Verschmälerung der Hirnrinde (s. Kap. 26).

27.2 Pathologie der Scrapie

Die durch Scrapie verursachten mikroskopisch erkennbaren Läsionen sind auf das ZNS, und dort überwiegend auf die graue Substanz des Stammhirnes, beschränkt [570,1401]. Typische Veränderungen sind neuronale Vakuolisierung, andere Formen der neuronalen Degeneration und Astrozytose (Gliose). Das Rückenmark ist bisweilen auch mit betroffen.

Die Vakuolen treten perineural, intraneural oder in der Nähe von Nervenzellen auf. Diese Veränderungen stellen sich lichtmikroskopisch als schwammartiges Bild der grauen Hirnsubstanz dar. Im fortgeschrittenen Stadium spricht man vom Status spongiosus (vgl. Abb. 26.1d), der vorwiegend in Medulla, Pons, Zwischenhirn und Thalamus auftritt [1401]. Die auffälligste Veränderung ist meist eine Vakuolisierung des Zytoplasmas, wobei der Kern betroffener Neuronen durch einfache oder mehrfach gekammerte (vgl. Abb. 1.2b) Vakuolen an die Zellperipherie gedrängt ist [451]. Insbesondere im Mittelhirn kommt es zu weiteren degenerativen Veränderungen der Neuronen wie Chromatolyse und Pyknose. Die Zellen erscheinen geschrumpft und der Zellkörper ist verstärkt basophil [944].

Neuronale Vakuolen können auch bei offensichtlich gesunden Schafen vorkommen. In diesen Fällen ist die Anzahl der Vakuolen jedoch sehr gering, und weitere Scrapie-typische pathologische Veränderungen liegen nicht vor [451, 1209].

Die Läsionen sind meist von einer Astrozytose (Gliose, Astrogliose) begleitet; allerdings hat diese Erscheinung nur begrenzten diagnostischen Aussagewert, da sie nicht scrapiespezifisch ist und auch bei anderen Hirnkrankheiten auftritt [108,451].

Die bei experimentell mit Scrapie infizierten Hamstern und Mäusen beobachteten amyloiden Plaques [451] kommen bei infizierten Schafen quantitativ in viel geringerem Maß vor [108] (vgl. Abb. 13.2b).

Pathologische Veränderungen treten bei verschiedenen Schafrassen in unterschiedlicher Ausprägung auf. Es wird vermutet, daß das Genom der (Empfänger)-Rasse (s. Kap. 56) und die Erregerstamm-Konformation (s. Kap. 12) die Art, den Umfang und das pathologische Läsionsprofil (Abb. 11.6, 50.2) determinieren [451, 570]. Interessant ist in diesem Zusammenhang, daß die Ausprägung der neurologischen Symptome nicht immer mit der Schwere der pathologischen ZNS-Veränderungen korreliert ist [577] (vgl. Kap. 10.2.4).

Bei der Scrapie des Schafes kann eine PrP^{Sc}-Akkumulation immunhistochemisch in Lymphfollikeln des Tonsillengewebes nachgewiesen werden (Tonsillentest; Abb. 27.1a,b) [1172, 1173,1285]. Immunhistochemisch und im Western blot ließ sich PrP^{Sc} in Tonsillengewebe auch von Personen nachweisen, die an der neuen Variante der CJD (nvCJD) erkrankt waren [625].

27.3 Pathologie der TME

Zu den wesentlichen histopathologischen Läsionen bei TME gehören spongiforme Veränderungen im Neuropil der grauen Substanz, Neuronendegeneration und Astrozytose [394,396, 604,902].

Am auffälligsten sind i.d.R. die spongiformen Veränderungen (Abb. 27.1c), die von verstreut liegenden Arealen mit kleinen Vakuolen bis hin zu diffuser Porosität der grauen Substanz variieren. Ihre Ausprägung ist jedoch merklich geringer bei älteren Nerzen, die homozygot für das Aleuten-Gen sind, welches für die metallgraue Fellfarbe verantwortlich ist [908]. Die Neuronendegeneration, die zum Verlust von Nervenzellen führt, zeigt sich hauptsächlich in Form dunkler, geschrumpfter Nervenzellkörper. Weitaus seltener sind große Vakuolen im Perikaryon von Neuronen hauptsächlich in denen des Hirnstammes. Astrozytose, d.h. Hypertrophie und Hyperplasie von Astrozyten, in der grauen Substanz ist ebenfalls ausgeprägt und kann weitaus eindrücklicher sein als die übrigen Veränderungen. Die meisten reaktiven Astrozyten erscheinen als vergrößerte, blasse, nackte Kerne. Bei den in der Marginalzone des zerebralen Cortex, und zwar insbesondere in den Tiefen der Sulci gelegenen aktivierten Astrozyten ist das Zytoplasma andeutungsweise erkennbar, jedoch sind ausgeprägte aktivierte Astrozyten mit deutlich vergrößertem Zytoplasma nur selten anzutreffen. Selbst bei ausgeprägter Astrozytose unterbleibt die Ausbildung eines dichten Netzwerkes aus Gliafasern [396,901]. Die gliale Reaktion schließt das Vorkommen weniger aktivierter Mikrogliazellen ein. Amyloid-Plaques werden bei TME nicht gefunden [396].

Die neuropathologischen Veränderungen zeigen ein charakteristisches bilateral symmetrisches Verteilungsmuster, wobei insbesondere das Telenzephalon betroffen ist [396,720,902]. Bemerkenswerterweise zeigt der zerebrale Neocortex i.d.R. ausgedehntere degenerative Veränderungen, die in den dorso-medialen Gyri der Frontallappen, wo die frühesten Veränderungen auftreten, am stärksten ausgeprägt sind [396,581]. Nach kaudal hin nimmt der Grad der degenerativen Veränderungen ab, wobei die Okzipitallappen ausgespart bleiben. Des weiteren sind regelmäßig das Gebiet des Septum pellucidum, das Corpus striatum sowie das Dienzephalon betroffen. Schwerwiegende degenerative Veränderungen treten im Thalamus auf, insbesondere im kaudo-dorsalen Teil und im Corpus geniculatum mediale. Mehr diffuse Veränderungen sind im Hypothalamus anzutreffen. Die Hippokampusformation zeigt i.d.R. Veränderungen mittleren Ausmaßes, während diejenigen im Corpus amygdaloideum stets hochgradig ausgeprägt sind. Die im Hirnstamm auftretenden Läsionen sind i.d.R. weniger ausgeprägt und sind zudem variabler als die weiter rostral anzutreffenden Veränderungen. Im Mittelhirn sind insbesondere die kaudalen Colliculi und die den Aquaeductus mesencephali umgebende graue Substanz betroffen. In Pons und Medulla oblongata treten nur geringgradige, von ihrer Ausbreitung her begrenzte Veränderungen auf. Das Kleinhirn bleibt ausgespart. Das gleiche gilt – für die in den USA untersuchten Tiere – für das Rückenmark, während bei außerhalb von Nordamerika aufgetretenen TME-Fällen über vakuolisierte Neuronen in den Ventralhörnern [720] und spongiforme Veränderungen [394] berichtet wurde.

27.4 Pathologie der CWD

Die histopathologischen Veränderungen sind vergleichbar mit denen anderer Prionkrankheiten beim Tier. Spongiforme Veränderungen mit intrazytoplasmatischen Vakuolen, insbesondere in den Neuronen des Hirnstamms, sind das herausragende Krankheitsmerkmal [1362]. Nervenzelldegeneration und Sternzellvermehrung (Astrozytose) sind eher schwach ausgeprägt. Die bei Wedelhirschen mit Eosin/Hematoxylin-Färbungen oder mit Immunhistochemie (IHC) deutlich sichtbare Amyloid-Ablagerung tritt beim Wapiti selten auf [565,566]. Amyloid-Plaques verschiedener Größe, oft umgeben von vakuolisiertem Nervenzellgewebe, sind bei *experimentell* infizierten Weißwedelhirschen, Maultierhirschen (Abb. 21.1) und deren Kreuzungen der auffälligste pathohistologische CWD-Befund, sie sind vergleichbar mit den floriden Plaques (Abb. 27.1d), die bei der neuen Variante der Creutzfeldt-Jakob-Krankheit (nvCJD) *natürlicherweise* vorkommen. Die Lokalisation der Läsionen im Gehirn betroffener Tiere ist sehr einheitlich: am stärksten betroffen sind der dorsale Vaguskern im Obex der Medulla oblongata, der Hypothalamus, viele Kerne in der Thalamusregion sowie die Riechhirnrinde [1362]. Die Veränderungen in der Obex-Region der Medulla oblongata sind so beständig, daß diese Hirn-Region für die histologische Untersuchung der geschossenen Tiere aus den im Kapitel 21.6 angeführten Überwachungsprogrammen ausgewählt wurde.

Die IHC wird als unterstützende Methode zur Diagnosebestätigung herangezogen. Antikörper, welche für die Scrapie-Diagnostik entwickelt wurden, erkennen auch die krankhaften Amyloid-Ansammlungen (PrP^{Sc}) im Gehirn von CWD-kranken Hirschen [565,566, 978,1216] und werden auf ihre Eignung zur Erkennung von PrP^{Sc} in Lymphgewebsproben von subklinisch infizierten Tieren geprüft. Auch in einem Western blot für PrP^{Sc} werden diese Antikörper eingesetzt [1216] (vgl. Kap. 35).

Die durch CWD verursachten ultrastrukturellen Veränderungen sehen aus wie bei anderen Prionkrankheiten [562,563]. Im Elektronenmikroskop werden SAF gefunden, die morphologisch mit denen bei anderen TSE-betroffenen Arten identisch sind [564,1216].

27.5 Pathologie der BSE

BSE beim Hausrind: Die Neuropathologie der BSE ist – wie bei allen Prionkrankheiten – durch typische Veränderungen im ZNS geprägt [1318]. Spongiforme Läsionen des Hirngewebes, bedingt durch interstitielle und neuronale Vakuolisierung, ergeben eine spongiforme (schwammartige) Erscheinung im Lichtmikroskop (Abb. 1.2). Im Gegensatz zur Scrapie-Neuropathologie ist das pathologische Läsionsprofil im Gehirn BSE-kranker Tiere konstant (s. Kap. 11.3.4, Abb. 11.6), eines der Argumente für die Existenz eines einzigen BSE-Erregerstamms (s. Kap. 50) bzw. einer einzigen BSE-Form „in der Natur“ (s. Kap. 11.5.3). Die Läsionen kommen im Hirnstamm (Pons) und, gegen caudal abnehmend, im verlängerten Mark (Medulla oblongata) vor, hier v.a. im Nucleus des Tractus solitarius und im Nucleus des Tractus spinalis des N. trigeminus. Vom Rückenmark sind meist nur die Dorsalhörner der oberen Zervikalsegmente schwammartig verändert.

BSE bei Zoowiederkäuern: Die erkrankten Tiere weisen mit Ausnahme von gelegentlicher Auszehrung keine spezifischen makroskopischen Läsionen auf. Histopathologische Veränderungen wurden nur im ZNS entdeckt. Dazu gehören die Vakuolisierung der neuronalen Perikarya und der Neuriten, Degeneration und Verlust von Neuronen, Amyloidose und Gliose, hauptsächlich in Form von Astrozytose [1316]. Beim Läsionsprofil (s. Kap. 11.3.4) sind Unterschiede zwischen den Wirtsarten erkennbar [1312].

27.6 Pathologie der FSE

Histopathologische Untersuchungen zeigen, daß das Läsionsprofil im Gehirn von FSE-Katzen sehr ähnlich dem bei BSE-Rindern ist (s. Kap. 50.3). Die bei allen untersuchten Katzen im Vordergrund stehende Läsion ist eine Vakuolisierung der grauen Hirnsubstanz, bestehend aus kleinen, runden, optisch leeren, im Neuropil gelegenen Hohlräumen [1037,1381]. Bis zu einem bestimmten Grad sind diese Veränderungen in allen Regionen des Gehirnes festzustellen, jedoch sind in allen untersuchten Fällen deutlich ausgeprägtere Läsionen im Corpus geniculatum mediale des Mesenzephalons, im Thalamus und im Corpus striatum vorhanden. In den meisten Fällen sind spongiforme Verän-

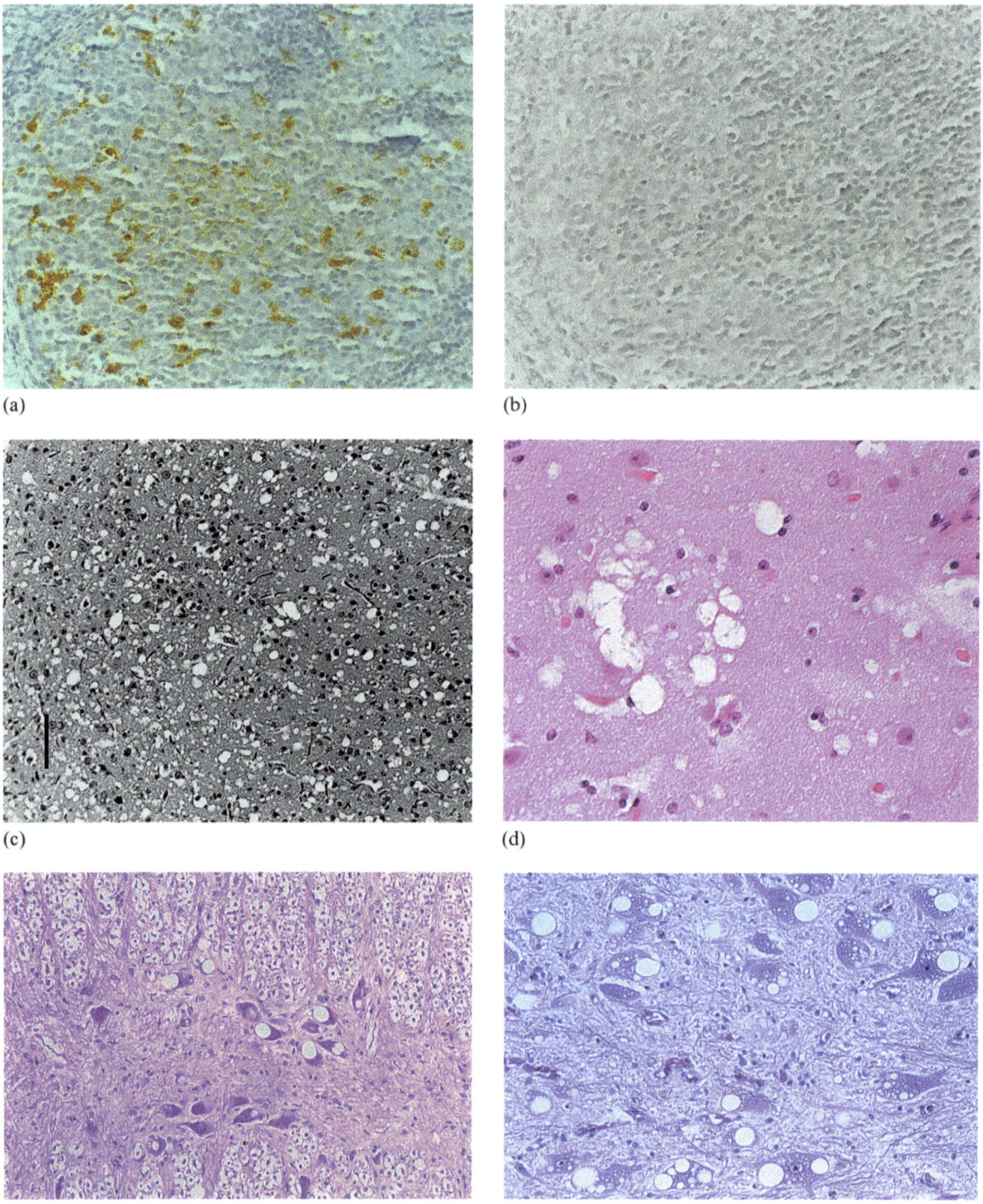

Abb 27.1: Ausgewählte pathologische Befunde bei Prionkrankheiten von Tieren.
(a) Positive PrP^{Sc}-Immuno-Färbung (braunes Substrat) in lymphoiden Follikeln einer Tonsillarbiopsie (Mandeln) eines zehn Monate alten Schafes ($PrP^{VRQ/VRQ}$) mit klinischem Verdacht auf Scrapie. (Peroxidase-markierte Streptavidin-Biotin-Färbung). (Abb. mit freundlicher Genehmigung von B. Schreuder, Quelle: [1170])
(b) Negativ-Färbung der Tonsillarbiopsie eines zehn Monate alten Schafes ($PrP^{VRQ/VRQ}$) ohne Verdacht auf Scrapie. (Abb. mit freundlicher Genehmigung von B. Schreuder, Quelle: [1170])
(c) Hochgradige spongiforme Veränderungen mit

neuronaler Degeneration und Astrozytose im frontalen Cortex eines pastellfarbenen Nerzes mit natürlicher TME. Färbung: HE, Vergrößerungsmaßstab = 75 µm. (Präparat von W. Hadlow)
(d) Amyloid-Plaque, umgeben von vakuolisiertem Nervenzellgewebe. Bei experimentell infizierten Weißwedelhirschen, Maultierhirschen (s. Abb. 21.1) und deren Kreuzungen ist dies der auffälligste neuropathologische CDW-Befund, vergleichbar mit den natürlich vorkommenden floriden Plaques bei der nvCJD (Abb. 26.2e) und mit den Kuru-Plaques (s. Abb. 13.3a). (Photo von E. Williams)
(e) Scharf umschriebene, leer erscheinende Hohlräume weisen auf die neuronale Vakuolisierung als typisches Merkmal der Felinen Spongiformen Enzephalopathie (FSE) hin. Prädilektionsstellen sind bestimmte Kerngebiete der Medulla oblongata (dorsaler Vaguskern, Vestibularkerne) und des Mesenzephalons. Färbung: HE. (Abb. mit freundlicher Genehmigung von *Kleintierpraxis 39:* 855–861; 1994).
(f) Histologischer Befund im Gehirn eines an Spongiformer Enzephalopathie erkrankten Straußen. Es finden sich unterschiedlich große, optisch leere, ovoide bis sphärische Vakuolen im Neuropil und intrazytoplasmatisch in Neuronen. Die Übertragbarkeit dieser Form ist nicht gesichert!

derungen auch in den zerebralen und zerebellären Rindenarealen zu beobachten, wobei im zerebralen Cortex hauptsächlich die tieferen Schichten betroffen sind. Des weiteren sind Vakuolisierungen im Zytoplasma von Nervenzellen festzustellen (Abb. 27.1e). Prädilektionsstellen für Vakuolen in Neuronen sind der Nucleus ruber im Mesenzephalon, der Kern des dorsalen N. vagus und die Nuclei vestibulares in der Medulla oblongata. Im Rückenmark sind nur vereinzelt Vakuolen im Zytoplasma von Neuronen vorzufinden. Anderweitige degenerative Veränderungen der Nervenzellen treten nur selten auf. Bei allen Katzen ist jedoch eine Gliose, d.h. eine Proliferation von Astrozyten und Mikrogliazellen, festzustellen. Pearson unterstreicht die diagnostische Relevanz der im Neuropil der grauen Hirnsubstanz und in Nervenzellen auftretenden Vakuolen [1037]. Der Autor weist darauf hin, daß es mit Ausnahme der seit 1990 diagnostizierten FSE-Fälle keinerlei Mitteilungen in der „historischen" Literatur oder bei wiederuntersuchten Archivpräparaten über histopathologische Befunde an Katzengehirnen gibt, in denen derartige Veränderungen beschrieben wurden.

27.7 Pathologie der experimentell transmissiblen Suiden Spongiformen Enzephalopathie (SSE)

Bei der neuropathologischen Untersuchung muß nach Wyatt [1383] beachtet werden, daß gelegentlich auch im gesunden Schwein Vakuolen im Gehirn beobachtet werden, ohne daß es dabei Anhaltspunkte für das Vorliegen einer übertragbaren spongiformen Enzephalopathie gibt. Analoge Beobachtungen werden auch bei anderen Spezies gemacht [812,1083], z.B. beim Rind.

Im Gehirn der sieben in Kapitel 24 beschriebenen Versuchstiere mit SSE wurde eine deutliche Spongiose der grauen Substanz mit Sitz im Corpus geniculatum, im Corpus striatum und im oberen Colliculus nachgewiesen. Weniger intensiv war die Vakuolisierung im Kern des dorsalen N. vagus. Hinzu kam in den veränderten Arealen eine Proliferation von Astrozyten.[46a]

Aus Gewebsextrakten der Medulla oblongata und des Halsmarks konnten nach entsprechender Aufarbeitung [934] bei der elektronenmikroskopischen Untersuchung charakteristische SAF dargestellt werden [337].

27.8 Pathologie der Spongiformen Enzephalopathie beim Strauß (ASE)

Die Diagnose ASE (s. Kap. 25.6–8) wurde deskriptiv aufgrund der neuropathologischen Veränderungen (Abb. 27.1f) und der klinischen Befunde erstellt. Die neuropathologisch graduell variierenden Befunde im Hirnstamm und der Medulla oblongata der fünf betroffenen Tiere waren bilateral symmetrisch verteilt [1167]. Neben einer ausgedehnten Vakuolisierung des

[46a] Für detaillierte Information siehe Quelle: Ryder S. et al., J. Comp. Pathol., *122*: 131–143; 2000.

Neuropils waren unterschiedlich große, optisch leere, ovoide bis sphärische Vakuolen darstellbar, die die Neuronen um ein Vielfaches vergrößerten und die betroffenen Kerngebiete Nucleus ruber, Nucleus vestibularis und die Formatio reticularis schwammartig erscheinen ließen. In zahlreichen, meist nicht vakuolisierten Neuronen fanden sich Pigmentablagerungen, die aufgrund ihres färberischen Verhaltens als Lipofuszin [1168] interpretiert wurden. Es ist unbewiesen, ob es sich hierbei um eine übertragbare Krankheit handelte (s. Kap. 25).

28 Die Pathophysiologie von Prionkrankheiten nach peripherer Übertragung

Walter J. Schulz-Schaeffer, Michael Beekes und Hans Kretzschmar

28.1 Einleitung

Prionkrankheiten sind innerhalb einer Spezies und mit nur wenigen Ausnahmen auch zwischen verschiedenen Spezies übertragbar. Schon in den 30er Jahren des 20. Jh. konnten Cuillé und Chelle die experimentelle Übertragbarkeit von Scrapie demonstrieren [320]. Gajdusek konnte Mitte der 60er Jahre nachweisen, daß CJD eine experimentell übertragbare Krankheit ist [486]. Später ist auch die Übertragbarkeit genetisch bedingter Prionkrankheiten belegt worden [912, 1246]. Die Verbreitung von Kuru innerhalb der Fore auf Papua Neuguinea durch rituellen Kannibalismus und von BSE im Rinderbestand Europas durch Verfütterung von unzureichend dekontaminiertem Tiermehl demonstriert, daß eine relevante Krankheitsverbreitung durch orale Erregeraufnahme möglich ist. Dieses Kapitel zeigt auf, welchen Effekt eine Erregerübertragung auf das Gewebe ausübt und wie nach peripherer Übertragung die Ausbreitung der Erreger bis zum zentralen Nervensystem (ZNS) vonstatten geht.

28.2 Verabreichung des Erregers in Tierexperimenten

Im Tierexperiment reicht die einmalige orale Gabe von 10mg Hirngewebe eines terminal erkrankten Hamsters aus, um hamsteradaptierte Scrapie des Erregerstammes 263K auf gesunde Tiere zu übertragen [368]. Wie Büeler [234] und Manson [878] gezeigt haben, ist zur Ausprägung einer Prionkrankheit das Vorhandensein des physiologischen, zellulären Prion-Proteins des Wirts (PrP^{C}) notwendig. Mäusen, denen dieses Prion-Protein fehlt (*Prnp*$^{0/0}$), sind experimentell nicht infizierbar. Wird *Prnp*$^{0/0}$-Mäusen embryonales telenzephales Gewebe von PrP-kompetenten Mäusen implantiert, kann sich ein Gewebeverband mit differenzierten Nerven- und Gliazellen ausbilden [704]. Werden die transplantierten Tiere mit einem adaptierten Scrapieerreger i.c. infiziert, kommt es nur im Implantat zur Ausprägung der pathologischen Veränderungen *Spongiformität*, *Gliose* und *Nervenzellverlust*, obwohl die Scrapie-Isoform des Prion-Proteins (PrP^{Sc}) auch im umgebenden Hirngewebe der Nullmäuse (*Prnp*$^{0/0}$) nachweisbar ist [159]. Daraus kann geschlossen werden, daß Ablagerungen von PrP^{Sc} offensichtlich nur auf PrP^{C}-exprimierende Nervenzellen einen toxischen Effekt haben.

28.3 Zellkulturexperimente

Zellkulturexperimente mit dem neurotoxischen Fragment, das der Aminosäuresequenz 106–126 des Prion-Proteins entspricht, haben vergleichbare Ergebnisse erbracht [441]. Das Peptid 106–126 hat nur auf PrP^{C}-exprimierende Nervenzellen einen toxischen Effekt (vgl. [153a]), nicht aber auf Zellen, die von *Prnp*$^{0/0}$-Mäusen gewonnen wurden. Zudem konnte gezeigt werden, daß der neurotoxische Effekt durch Mikrogliazellen vermittelt wird. Durch selektive Elimination der Mikroglia in einer gemischten Kleinhirnzellkultur mit L-Leucinmethylester, läßt sich der neurotoxische Effekt des Peptids 106–126 auf PrP^{C}-exprimierende neuronale Zellen aufheben [173]. Auch *in vivo* scheint der Mikroglia eine wichtige Rolle in der Pathogenese der Prionkrankheiten zuzukommen. Bei experimentell infizierten Mäusen, die in 30-Tage-Abständen nach intrazerebraler (i.c.) Inokulation mit verschiedenen mausadaptierten Scrapiestämmen untersucht worden sind, läßt sich eine Mikrogliaaktivierung nachweisen, die dem Nervenzellverlust vorausgeht [517].

28.4 Periphere Infektionswege

Prionkrankheiten sind prinzipiell nicht nur durch intrazerebrale Infektionswege, so z.B. iatrogen (s. Kap. 51.3–4) durch Dura mater-Implantationen [195] oder Corneatransplantationen [391], übertragbar, sondern auch durch periphere Infektionswege. Bei der Krankheitsübertragung innerhalb einer Spezies ist der intrazerebrale Infektionsweg der effizienteste. Bei intravenösem, intraperitonealem, subcutanem und oralem Infektionsweg verlängert sich die Inkubationszeit gegenüber der i.c. Infektion (Abb. 1.8). Dabei wird die Erregerausbreitung von peripheren Geweben zum ZNS offensichtlich von PrP^C-exprimierenden Geweben vermittelt. *Prnp*$^{0/0}$-Mäuse, denen ein Teilstück oder Pfropf (engl.: graft) PrP-kompetentes Hirngewebe implantiert worden ist, sind über einen peripheren Infektionsweg (z.B. i.p.) nicht infizierbar. Diese Nichtinfizierbarkeit ist nur bei einem Teil der Versuchstiere durch eine eigene Anti-PrP-Antikörperbildung erklärbar [145]. Bei der peripheren Infektion von Wildtypmäusen kann i.d.R. ein ansteigender Infektionstiter in der Milz gefunden werden, bevor Infektiosität im Hirngewebe nachweisbar ist. Eine entsprechende PrP^{Sc}-Replikation in lymphoretikulärem Gewebe ist bei peripher infizierten *Prnp*$^{0/0}$-Mäusen mit PrP-kompetentem Implantat nicht erkennbar [145].

28.5 Bedeutung des hämatopoetischen Systems, insbesondere der Milz

Es spricht einiges dafür, daß dem zellulären Prion-Protein auch auf Zellen des hämatopoetischen Systems eine physiologische Bedeutung zukommt. PrP^C wird auf der Zelloberfläche von Lymphozyten [778,829,844,877,989] und Monozyten [374] exprimiert. Bei der Aktivierung von Lymphozyten wird PrP^C hochreguliert und verstärkt exprimiert [254]. Ein Fehlen der PrP^C-Expression führt offensichtlich zu einer Reduktion der Lymphozytenaktivierung, denn die *Concavalin A-induzierte* Proliferation von Milzzellen (vermutlich T-Lymphozyten), die aus Milzgewebe von *Prnp*$^{0/0}$-Mäusen gewonnen worden sind, ist *in vitro* im Vergleich zu PrP-kompetenten Milzzellen vermindert [867]. Die physiologische Bedeutung der verstärkten PrP^C-Expression bei der Zellaktivierung ist völlig ungeklärt.

Jedoch ist die Ausbreitung des Scrapieerregers nach peripherer Infektion offensichtlich nicht nur von einer physiologischen Expression von PrP^C auf Zellen des lymphatischen Systems abhängig. Transgene Mäuse, die einen genetischen Defekt tragen, der die Ausdifferenzierung der B-Lymphozyten (Rag 2-, Rag 1-, Agr-Defizienz) oder die B-Zellantwort (mMT, SCID) verhindern, sind durch periphere (i.p.) Infektion mit dem Scrapieerreger nicht bzw. nur mit sehr geringer Effizienz infizierbar, ohne weiteres aber durch i.c. Inokulation [455,798,841]. Nach intrazerebraler Inokulation lassen sich der Krankheitsverlauf und die pathologischen Veränderungen im ZNS nicht von der zerebralen Infektion von Kontrolltieren unterscheiden, so daß der genetische Defekt auf die Ausprägung der pathologischen Veränderungen im ZNS keinen Einfluß zu haben scheint. Die Kontrolltiere zeigen Infektiosität in der Milz, die weder bei peripher noch bei zerebral infizierten transgenen Tieren mit einer Defizienz kompetenter B-Zellen zu finden ist. Wird die Immundefizienz durch pluripotente hämatopoetische Zellen rekonstituiert, findet nach einer Infektion mit dem Scrapieerreger eine PrP^{Sc}-Replikation in der Milz wieder statt [145]. Die periphere Replikation in der Milz und die periphere Infizierbarkeit ist auch dann wieder möglich, wenn die Rekonstitution durch hämatopoetische Stammzellen von *Prnp*$^{0/0}$-Mäusen erfolgt [798].

Überhaupt scheint die PrP^{Sc}-Replikation in lymphoretikulären Zellen im Maus-Modell die Empfänglichkeit für eine periphere Scrapie-Infizierbarkeit mit den Stämmen 139A und ME7 zu beeinflußen. Gentechnisch erzeugte Asplenie (Milzlosigkeit) oder eine Splenektomie (Herausschneiden der Milz) vor einer experimentellen Scrapie-Infektion verlängert die Inkubationszeit, eine Thymektomie (Herausschneiden des Thymus) nicht [460,462]. Hingegen scheint die Splenektomie bei der Übertragung des CJD-Erregers auf Mäuse keinen Effekt zu haben [954]. Neonatal infizierte Tiere sind geringfügig resistenter gegen eine Scrapie-Infektion [1007]. Die Immunsuppression mit Corticosteroiden oder Amphotericin B verringert die Empfänglichkeit [1008,1048] wie auch die Gabe von Polyanionen [400,765,768]. Ganzkörper-Bestrahlung führt offensichtlich nicht zu einer Verlängerung der Inkubationszeit nach i.p. Infektion [457]. Daraus wurde die Schlußfolgerung gezogen, daß sich schnell teilende Zellen keine wesentliche Rolle bei der peripheren Infizierbarkeit spielen sollten.

Nimmt man an, daß PrP^{C}-exprimierende Zellen die Zielzellen für den Transport oder die Replikation des Scrapieerregers im lymphoretikulären System sind, könnten dies langlebige, strahlenresistente follikulärdendritsche Zellen (FDC) in Milz und Lymphgewebe sein [458]. FDC exprimieren PrP^{C} [920] und akkumulieren PrP^{Sc} bei i.p. infizierten Mäusen [789] sowie offensichtlich auch im präklinischen Stadium bei Patienten der neuen Variante der CJD (nvCJD), wie durch immunhistochemische Untersuchungen an Appendixgewebe gezeigt werden konnte [627]. Ihre Steroidsensitivität [1008] könnte die Verlängerung der Inkubationszeit bei peripherer Infektion unter Corticosteroidgabe erklären. Hingegen sind TNF-Rezeptor1-Knockout-Mäuse, bei denen FDC nicht detektierbar sind, weil TNFR 1 für die FDC-Differenzierung benötigt wird [845], und die keine germinativen Zentren in lymphatischen Organen ausbilden, sowohl i.c. als auch i.p. mit dem Scrapieerreger infizierbar [798]. Eine mögliche Interpretation dieser Ergebnisse ist, daß FDC in die periphere PrP^{Sc}-Akkumulation involviert sind, während für die Neuroinvasion B-Zell-vermittelte Prozesse notwendig sind.

28.6 Speziesspezifische Unterschiede

Die periphere Replikation des Scrapieerregers verläuft offensichtlich in verschiedenen Spezies in unterschiedlicher Weise. In experimentell infizierten Mäusen und Hamstern kann eine Replikation im lymphoretikulären System gezeigt werden, bevor entsprechende Titer im ZNS zu finden sind [90,111,772,1182]. Entsprechende Befunde sind auch bei Scrapie der Schafe gefunden worden [577]. Hingegen finden sich experimentell bei oral mit BSE infizierten Rindern infektiöse Titer nur im distalen Ileum (Peyer'sche Plaques) und nicht in Milz oder Lymphknoten (ab dem sechsten Monat nach der Infektion) [1313]. Der Nachweis der Infektiosität der Organe wurde dabei durch experimentelle Infektion von RIII-Mäusen geführt, die auf den BSE-Erreger am sensitivsten von den untersuchten Mäusestämmen reagieren. Werden VM/Dk-Mäuse mit einem in Mäusen passagierten BSE-Erreger (Stamm 301V; s. Kap. 11.5.3) i.p. infiziert, wird Infektiosität anzeigendes pathologisches PrP mittels Western blot zuerst im Hirngewebe und nicht in Milz oder Lymphknoten gefunden [423]. Bei der Scrapie des Schafes kann jedoch eine PrP^{Sc}-Akkumulation immunhistochemisch in Lymphfollikeln des Tonsillengewebes nachgewiesen werden (s. Kap. 32.3.2) [1173]. Immunhistochemisch und im Western blot ließ sich PrP^{Sc} auch in Tonsillengewebe von Personen nachweisen, die an der neuen Variante der CJD (nvCJD) erkrankt waren (s. Kap. 29.2.3.2) [625] sowie in einem Fall im Appendix, der acht Monate vor Einsetzen der klinischen Symptomatik bei einem später gesicherten Fall einer nvCJD entfernt worden war [627]. Hingegen ist ein PrP^{Sc}-Nachweis in lymphatischen Geweben bei sporadischer CJD bislang weder immunhistochemisch noch im Western blot möglich gewesen [788].

28.7 Die neuronale Ausbreitung des Infektionsprozesses zum ZNS

Neben der Replikation im lymphoretikulären System ist das neuroinvasive Verhalten des infektiösen Agens von entscheidender Bedeutung für die Pathogenese der Transmissiblen Spongiformen Enzephalopathien (TSE). Zahlreiche Befunde deuten darauf hin, daß das periphere Nervensystem bei peripherer Erregeraufnahme essentiell in die Infektionsausbreitung zum Rückenmark und Gehirn involviert ist. Dies gilt sowohl für die Scrapie des Schafes [558,1286], die experimentelle Scrapie der Maus [452,766, 767] und des Hamsters [701] als auch für experimentelle Formen der CJD [965] und der BSE [1313].

Umfangreiche Studien, in denen der zeitlich-räumliche Verlauf der Replikation des infektiösen Agens in parenteral infizierten Mäusen und Hamstern untersucht wurde, haben gezeigt, daß der Infektionsprozeß im Bereich der thorakalen Wirbelsäule in das Rückenmark eindringt und von dort in das Gehirn aufsteigt [249,761,765–767,769,954]. Analoge Befunde ergaben sich in Mäusen auch nach intragastrischer Infektion [773].

Die Aufnahme von Prionen mit der Nahrung spielt für die orale TSE-Übertragung [368] – speziell im Zusammenhang mit BSE, Scrapie und höchstwahrscheinlich mit nvCJD – eine entscheidende Rolle. Wie der Infektionsprozeß nach Verfütterung von Scrapieerregern das ZNS erreicht und sich anschließend darin ausbreitet, wurde in den vergangenen Jahren v.a. in Syrischen Hamstern untersucht, die mit dem Erregerstamm 263K infiziert wurden. Auf der Grundlage der quantitativen Korrelation von Infektiosität und PrP^{Sc} läßt sich in diesem Modellsystem die Infektiosität durch Messung der PrP^{Sc}-Konzentration bestimmen und damit als Indikator für die Infektionsausbreitung nutzen [111].

Die Kartierung des zeitlich-räumlichen Verlaufs der Ablagerungen von PrP^{Sc} im Gehirn und Rückenmark oral infizierter Hamster ergab erstmals starke Hinweise für die Existenz einer alternativen Route zur spinalen Ausbreitung, entlang der das infektiöse Agens aus der Peripherie direkt, d.h. unter Umgehung des Rückenmarks, in die Medulla oblongata des Gehirns gelangt [90,111]. Auf die Möglichkeit einer peripheren Ausbreitungsroute zum Gehirn hatten zwar schon Kimberlin und Walker [767] hingewiesen, die Vermutung ließ sich aber über lange Zeit experimentell nicht erhärten.

Inzwischen haben weitere Verlaufsuntersuchungen an Hamstern mit Hilfe des immunhistochemischen Prion-Protein-Nachweises ergeben, daß das erste Zielgebiet, in dem sich die Scrapie-Infektion im Gehirn oral infizierter Tiere durch die Ablagerung von pathologischem Prion-Protein erkennen läßt, der Nucleus dorsalis nervi vagi (der parasympathische Kern des Vagusnervs ist) [112]. Als nächste Zielgebiete werden der Nucleus tractus solitarii und ependymale Zellen im Bereich des Zentralkanals befallen. Innerhalb des Rückenmarks ist der früheste Nachweis von PrP^{Sc} nach oraler Infektion gleichzeitig mit dem Nachweis in ersten Zielgebieten im Gehirn möglich, und zwar in und um Neurone der grauen Substanz auf Höhe der Wirbelkörper Th4-Th9. Ausgehend von dieser Region breitet sich der Infektionsprozeß innerhalb des Rückenmarks in *rostraler und caudaler* Richtung aus. Im hirnnahen zervikalen Rükkenmark, d.h. auf Höhe der Halswirbel C1-C3, wird PrP^{Sc} immunhistochemisch erst nachweisbar, wenn es bereits in einer Reihe von Zielgebieten in der Medulla oblongata zu finden ist. Dies spricht ebenfalls dafür, daß die frühen Zielgebiete in der Medulla oblongata nicht durch einen spinalen Aufstieg der Infektion bedingt sind.

Die gegenwärtige Datenlage legt nahe, daß der Scrapieerreger nach Aufnahme über den Gastrointestinaltrakt entlang efferenter parasympathischer Fasern des Vagusnervs retrograd zum Nucleus dorsalis nervi vagi bzw. Nucleus tractus solitarii wandert und über diese Eintrittsstellen in der Medulla oblongata das Gehirn infiziert. Daneben erreicht er nach der Passage durch den Magen-Darm-Trakt über eine bislang nicht identifizierte Zuleitung – vermutlich den N. splanchnicus – die graue Substanz im Bereich des thorakalen Rückenmarks. Somit spielen offenbar Parasympathicus und Sympathicus des vegetativen Nervensystems eine wesentliche Rolle bei der Infektionsausbreitung zum ZNS.

Vor diesem Hintergrund ist es möglich, daß der Scrapieerreger nach Befall des Nucleus dorsalis nervi vagi und des Nucleus tractus solitarii entlang eines bekannten, mit dem Parasympathicus assoziierten neuralen Schaltkreises weiter zum außerhalb des Gehirns gelegenen efferenten Ganglion nodosum des Vagusnervs wandert. Hinsichtlich der sympathischen Zuleitung zum Rückenmark läßt sich eine analoge Zeitfolge der Zielgebiete postulieren: Der Erreger gelangt über afferente prävertebrale Ganglien

(Ganglion coeliacum und Ganglion mesentericum superius) entlang des N. splanchnicus zur intermediolateralen Grauen Substanz im Bereich der Rückenmarkssegmente Th5-Th12 und wandert von dort weiter zu den korrespondierenden afferenten paravertebralen Spinalganglien.

Das wahrscheinliche Zusammenwirken zwischen Erregertransport oder Erregerausbreitung im lymphoretikulären System nach peripherer Infektion und der Infektionsausbreitung entlang von Nerven des autonomen Nervensystems ist bislang wenig verstanden und wird Gegenstand weiterer Untersuchungen sein.

Themenbereich V: Erfassung, Klinik und Diagnostik

„Die allgemeinsten Meinungen und was Jedermann für ausgemacht hält, verdient oft am meisten untersucht zu werden."

Georg Christoph Lichtenberg

29 Die Überwachung der Prionkrankheiten des Menschen

Beat Hörnlimann, Hans Kretzschmar, Otto Windl und Adriano Aguzzi

29.1 Einleitung

Ziel der Überwachung ist die Erfassung von Verdachtsfällen und Sicherung der Diagnose aller Prionkrankheiten des Menschen. Sporadisch auftretende (idiopathische) Fälle sind von iatrogen übertragenen und erblich bedingten Erkrankungen zu unterscheiden. Neu auftretende Varianten der Krankheit müssen sicher erkannt werden. Sinnvollerweise wird mit der epidemiologischen Erfassung eine Fallkontrollstudie verbunden, die die Identifizierung von Risikofaktoren für die Erkrankung zum Ziel hat.

Eine wichtige Voraussetzung für die flächendeckende Überwachung der Prionkrankheiten ist die Mitarbeit der Kliniken und pathologischen Institute. Patienten mit verdächtigen Symptomen sollten stationär neurologisch untersucht und die Diagnose nach dem Tode durch neuropathologische Untersuchungen gesichert werden. Besonders wichtig ist die enge Zusammenarbeit zwischen praktizierenden Ärzten und Neuropathologen.

29.2 Überwachung in der ambulanten und stationären Medizin

29.2.1 Überwachung durch Hausärzte, Psychiater und Gerontologen

Das Auftreten der sCJD und der neuen Variante der CJD (nvCJD) soll möglichst vollständig und frühzeitig erkannt werden. Da bei der nvCJD anfänglich vorwiegend Depressionen und andere psychiatrische Symptome auftreten, übernimmt die Psychiatrie eine wichtige Rolle in der Früherkennung dieser Krankheit [1389].

Patienten mit einer Verdachtsdiagnose sollten zur gezielten Abklärung und Erhebung eines standardisierten Untersuchungsbefundes in eine neurologische Klinik eingewiesen werden, d. h. die notwendigen Maßnahmen zur Abklärung eines Verdachts auf eine TSE verlangen i.d.R. eine Hospitalisation.

29.2.2 Überwachung durch Neurologen

Im Vordergrund steht die klinische Untersuchung (s. Kap. 30) zusammen mit EEG- und Liquoruntersuchungen (s. Kap. 31). Im Liquor cerebrospinalis werden *Markerproteine*, insbesondere das 14-3-3-Protein, untersucht. Bei relativ vielen Patienten kann ein erster klinischer Verdacht auf TSE nach stationär-neurologischer Abklärung als unwahrscheinlich eingestuft werden (Differentialdiagnosen: siehe Tab. 30.2). Versterben Patienten, bei denen im Krankheitsverlauf differentialdiagnostisch eine CJD erwogen wurde, sollte in jedem Fall eine Autopsie und neuropathologische Untersuchung angestrebt werden. Die Autopsie ist zur definitiven Diagnosestellung und damit für die Gewinnung verläßlicher epidemiologischer Daten von größter Bedeutung. Darauf basierende Informationen dienen den Überwachungsbehörden, sinnvolle Entscheidungen zu treffen.

29.2.3 Falldefinitionen für die Klinik und diagnostische Hilfsmittel zur Diagnose

29.2.3.1 Mögliche, wahrscheinliche und gesicherte Fälle

Die klinischen Verdachtsfälle werden nach internationalen Kriterien beurteilt und den Fallgruppen *gesicherte CJD*, *wahrscheinliche CJD*, *mögliche CJD* und *unwahrscheinliche CJD* zugeordnet (Tab. 29.1).

1. *Gesicherte* Fälle sind solche, die anhand einer Autopsie oder Biopsie neuropathologisch oder biochemisch diagnostiziert wurden.

Tabelle 29.1: Diagnostische Kriterien für alle vier Formen oder Varianten der Creutzfeldt-Jakob-Krankheit (Fall-Definitionen).

1. Idiopathische (sporadische) CJD (sCJD)

1.1 Die **definitive Diagnose „CJD" (Synonyme: „gesicherte CJD", „sichere CJD")** erfolgt durch neuropathologische Hirnuntersuchung und PrP^{Sc}-Nachweis anhand immunhistochemischer Darstellung mit spezifischen Antikörpern oder im Western blot. Werden diese Bedingungen nicht erfüllt, wird die Diagnose „**keine CJD**" gestellt und möglichst durch eine andere neuropathologische Diagnose ergänzt (Differentialdiagnosen s. Tab. 29.3 und 30.2).

1.2 Die Diagnose „**wahrscheinliche CJD**" wird gestellt, wenn folgende Kriterien erfüllt sind:
- Progressive Demenz von weniger als zwei Jahren Dauer,
- Typische EEG-Veränderungen (PSWC) und/oder Protein 14-3-3-Nachweis im Liquor,
- Mindestens zwei der folgenden vier Veränderungen:
  1. Myoklonien
  2. Visuelle oder zerebelläre Veränderungen
  3. Pyramidale oder extrapyramidale Symptome
  4. Akinetischer Mutismus

  Die Kombination von Demenz, Myoklonus und PSWC wird als *klassische Trias der CJD* bezeichnet. Sie ist in etwa 2/3 aller sCJD-Fälle zu beobachten.

1.3 Die Diagnose „**mögliche CJD**" wird gestellt, wenn die Kriterien unter 1.2 mit Ausnahme von typischen EEG-Veränderungen und Protein 14-3-3-Nachweis erfüllt sind.

1.4 Werden die unter 1.2 bzw. 1.3 genannten klinischen Kriterien nicht erfüllt, wird klinisch die Diagnose „**CJD unwahrscheinlich**" gestellt und möglichst durch eine andere klinische Diagnose ergänzt.

2. Iatrogen (iCJD) oder akzidentell übertragene CJD

2.1 Progressives zerebelläres Syndrom bei einem Empfänger von Hormonpräparaten, die aus Leichenhypophysen gewonnen wurden.

2.2 Erfüllung der Kriterien für eine sporadische CJD bei bekanntem Übertragungsrisiko (s. Tab. 14.1).

3. Familiäre CJD (fCJD)

3.1 Definitive oder wahrscheinliche CJD plus definitive oder wahrscheinliche CJD bei einem Verwandten ersten Grades.

3.2 Neuropsychiatrische Störung plus krankheitsspezifische *PRNP*-Mutation.

4. Neue Variante der CJD (nvCJD) (s. Tab. 30.3) (s. zusätzlich Literatur Nr. [1349a])

4.1 Die Diagnose „**nvCJD**" kann durch die neuropathologische Untersuchung des Gehirns gestellt werden; dabei finden sich die typischen floriden Plaques weit verbreitet und in hoher Dichte in Groß- und Kleinhirn. Im Western blot läßt sich ein typisches Glykosylierungsmuster des PrP^{Sc} darstellen.

4.2 Die erste klinische Beschreibung der nvCJD hatte folgende Auffälligkeiten erwähnt:
- Initial ausgeprägte anhaltende psychiatrische Störungen wie Angstzustände und Depression
- Unklare anhaltende Schmerzen oder Mißempfindungen; auditorische oder visuelle Halluzinationen
- Im späteren Verlauf oft Ataxie, pyramidale Dysfunktionen, choreatische Bewegungsstörungen und Myoklonien und in der terminalen Phase des Krankheitsverlaufes kognitive Defizite wie Vergeßlichkeit, Gedächtnisstörungen bis zur Demenz.

4.3 Die (Fall)-Definition „nvCJD" beinhaltet heute gemäß [1287 a] (Stand: Herbst 2000):

I A: Progressive neuropsychiatrische Störung
B: Krankheitsdauer > 6 Monate
C: Die Routinediagnostik ergibt keine Hinweise auf andere Diagnosen
D: Keine Hinweise auf potentielle iatrogene (→ Tab. 14.1) Exposition

II A: Frühe psychiatrische Symptome (Depression, Ängstlichkeit, Apathie, etc.)
B: Persistente Sensibilitätsstörungen (mit Schmerz und/oder Mißempfindungen)
C: Ataxie
D: Myoklonus, Chorea oder Dystonie
E: Demenz

III A: EEG zeigt keine für sCJD typischen PSWC (generalisierte triphasische Komplexe, ca. 1 pro Sek.) (oder: kein EEG durchgeführt)
B: Das MRI zeigt abnormale bilaterale hohe Signale im Pulvinar (in axialen T2- und/oder Protonengewichteten Aufnahmen (Abb. 31.3))

Definitive nvCJD: IA (progressive neuropsychiatrische Störungen) *und* neuropathologische Bestätigung der nvCJD (spongiforme Veränderungen *und* extensive PrP-Ablagerungen mit floriden Plaques im ganzen Klein- und Grosshirn).

Wahrscheinliche nvCJD: **I** und 4 von 5 der Kriterien **II** *und* **III** A *und* **III** B

Mögliche nvCJD: **I** und 4 von 5 der Kriterien **II** *und* **III** A

(Veränderungen sind zu erwarten; man beachte auch die Quelle [702 a]).

2. *Wahrscheinliche* Fälle sind durch ihre klinische Symptomatik, nämlich Demenz von weniger als zwei Jahren Dauer, ein in typischer Weise verändertes Elektroenzephalogramm, nämlich periodische scharfe Wellen (PSWC), und/oder den Nachweis des 14-3-3 Proteins im Liquor und mindestens zwei der Symptome Myoklonien, visuelle/zerebelläre, pyramidale/extrapyramidale Veränderungen oder akinetischer Mutismus definiert.
3. *Mögliche* Fälle sind durch ihre klinische Symptomatik (s.o.) definiert. Sie weisen keine PSWC im EEG auf, das 14-3-3-Protein läßt sich im Liquor nicht nachweisen.
4. *Unwahrscheinliche* Fälle erfüllen nicht die klinischen Kriterien für mögliche oder wahrscheinliche Fälle. Versterben die Patienten und wird eine Autopsie durchgeführt, läßt sich eine definitive Diagnose stellen. Mitunter kann dann die Diagnose CJD gesichert werden, häufiger wird eine andere neurodegenerative Krankheit diagnostiziert. In dieser Patientengruppe finden sich relativ häufig genetisch bedingte (familiäre) Prionkrankheiten.

29.2.3.2 Hirn- und Tonsillenbiopsie

Beim Vorliegen einer Verdachtsdiagnose kann durch eine Hirnbiopsie eine histopathologische, immunhistochemische und biochemische Untersuchung des ZNS erfolgen. In vielen Fällen kann so eine definitive Diagnose gestellt werden. Im negativen Falle läßt sich die Diagnose CJD durch eine Biopsie nicht mit Sicherheit ausschließen, da die typischen pathologischen und immunhistochemischen Veränderungen häufig nur fokal ausgeprägt sind. Da die Hirnbiopsie einen sicheren CJD-Ausschluß nicht erlaubt, nach Diagnosestellung dem Patienten im allgemeinen keine kausale Therapie angeboten werden kann und überdies die Hirnbiopsie bei Verdacht auf CJD zu Sicherheitsproblemen im neurochirurgischen OP führt (s. Kap. 47), ist sie nur in Ausnahmefällen gerechtfertigt. Wird eine Hirnbiopsie bei einem Patienten durchgeführt, bei dem differentialdiagnostisch eine CJD in Betracht kommt, gehört die Asservierung nativen Hirngewebes für biochemische Untersuchungen zum Standard.

Bei nvCJD-Fällen wurde PrP^{Sc} in Tonsillengewebe nachgewiesen. Die Tonsillenbiopsie, die wenig invasiv ist und mit Einmalinstrumenten durchgeführt werden kann, könnte sich bei Verdacht auf nvCJD als wertvolle diagnostische Methode erweisen.

Bei der idiopathischen (sporadischen) CJD konnte PrP^{Sc} in den Tonsillen und Lymphknoten *nicht* nachgewiesen werden [300,676,820, 1370].

29.2.3.3 Liquortests

Bislang ist der Nachweis von PrP^{Sc} im Liquor nicht möglich. Es steht damit kein krankheitsspezifischer Test zu Verfügung. Der sog. 14-3-3 Test beruht auf dem Immuno blot-Nachweis der 14-3-3 Proteine im Liquor als Epiphänomen bei raschem Nervenzelluntergang. An europäischen CJD-Referenzzentren, z. B. in Edinburgh und Göttingen, wurde dieser Test auf seine Praxistauglichkeit geprüft. *Er ist derzeit der beste Labortest am lebenden Patienten* und kann heute in erfahrenen Laboratorien als Routineinstrument eingesetzt werden (Abb. 31.1, 31.4). Daneben wird der Nachweis von weiteren Surrogatmarkern wie der neuronspezifischen Enolase (NSE), des tau-Proteins und des Proteins S100 im Liquor erprobt (s. Kap. 31). Der 14-3-3 Test hat sich in der Praxis bewährt und wurde von der WHO in die Falldefinition der Gruppe *wahrscheinliche CJD* aufgenommen (Tab. 29.1).

29.2.3.4 Weiteres Vorgehen

Erhärtet sich ein Verdacht aufgrund aller klinischen und neurologischen Befunde und unter Umständen basierend auf der Kranken- oder Familiengeschichte, informiert der Neurologe die Angehörigen darüber, daß selbst bei Bestätigung der Diagnose keine Ansteckungsgefahr für Familienmitglieder besteht. Für den Todesfall des Patienten sollte der behandelnde Arzt auf die Einwilligung der Familie zur Obduktion dringen, um eine sichere Diagnose zu erhalten.

29.3 Überwachung in der Neuropathologie und in Diagnostiklaboratorien

29.3.1 Diagnose von Prionkrankheiten in neuropathologischen Laboratorien

Zur Sicherung der Diagnose gibt es spezialisierte neuropathologische Laboratorien und in den meisten Ländern ein Referenzlabor. Die nationalen Referenzlaboratorien schaffen die Voraussetzungen für eine standardisierte Diagnostik nach internationalen Kriterien und erfüllen weitere zentrale Aufgaben der TSE-Überwachung. Dabei sind die Abgrenzung genetisch bedingter Fälle von sporadischen Fällen, die Zuordnung zu bestimmten sporadischen Formen und die Erkennung ungewöhnlicher und neuer Varianten von besonderer Bedeutung.

29.3.2 Empfehlungen zu Entnahme, Vorbehandlung und Versand von Untersuchungsgewebe

Die sichere Diagnosestellung erfordert eine neuropathologische Untersuchung. Daher sollte bei CJD-Verdacht eine Autopsie durchgeführt werden. Idealerweise wird das Procedere vor der Autopsie mit dem zuständigen Referenzlabor besprochen. International erarbeitete Empfehlungen mit Vorsichtsmaßnahmen für die Durchführung von Autopsien oder die Gewebeentnahme bei TSE-Verdachtsfällen müssen beachtet werden [224] (s. Kap. 47–49).

Die Durchführung der Autopsie und der Versand von Gewebe an ein spezialisiertes neuropathologisches Referenzlabor müssen in Einklang mit den einschlägigen gesetzlichen Vor-

Tabelle 29.2: Für die Diagnostik der Prionkrankheiten notwendige Organe und Gewebe (s.a. Lit. [702a]).

1. Ein Frontalpol, eine Gehirnscheibe in Höhe der Corpora mamillaria, ein Okzipitalpol und eine Kleinhirnhemisphäre werden bei −70 °C eingefroren. Das restliche Gehirn wird in 4-prozentigem gepuffertem Formalin fixiert (zum praktischen Vorgehen bei der Autopsie s. Kapitel 48).
2. Formalinfixiertes Gewebe für die Histologie und Immunhistochemie (IHC) sowie tiefgefrorenes Gewebe (für die Western blot-Untersuchung).
3. Für die weitere Bearbeitung wird das Gehirn 3 Wochen in 4-prozentigem gepuffertem Formalin fixiert. Es werden dann 3 mm dicke Gewebeblöcke geschnitten und diese 1 Stunde in konzentrierter Ameisensäure dekontaminiert. Die Gewebeblöcke werden nach der Ameisensäuredekontamination 48 Stunden in frischem Formalin nachfixiert und in Paraffin (Paraplast) für die histologische Bearbeitung eingebettet.
4. Es werden folgende Hirnregionen und Gewebe histologisch und immunhistochemisch untersucht:
   a) **Hirnregionen**
      - Basalganglien
      - Hippocampus
      - Kleinhirn (Vermis und Hemisphäre)
      - Medulla oblongata
      - Mittelhirn
      - Neocortex (frontal, parietal, temporal, okzipital)
      - Pons
      - Thalamus
      - Hypophyse

   b) **Rückenmark**

   c) **Lymphatische Gewebe**
      - Tonsillen [703a]
      - Lymphknoten
      - Milz
      - Appendix (Blinddarm) [703a]

Alle anderen bei der Autopsie asservierten Organe werden nach Dekontamination (s. Kap. 44, 48) in Ameisensäure in üblicher Weise histologisch untersucht.

Tabelle 29.3: Diagnostische Kriterien für das Gerstmann-Sträussler-Scheinker Syndrom (GSS) und die letale familiäre Insomnie (FFI; s. Tab. 30.5 mit Detailauflistung möglicher Symptome).

GSS ist charakterisiert durch:
- Chronisch-progressive Ataxie
- Demenz häufig erst im terminalen Krankheitsverlauf
- Eine klinische Dauer von 2–17 Jahren, mit einem Mittel von 7 ± 5 Jahren und einem Median von 6,5 Jahren (s. Kap. 16)
- Histologisch finden sich spongiforme Veränderungen in unterschiedlicher Ausprägung, Kuru-Plaques und vor allem multizentrische Plaques in Klein- und Großhirn
- GSS findet sich bei einer Reihe von Mutationen des *PRNP* (P102L, P105L, A117V, F198S, Q217R) (s. Tab. 26.5).

FFI ist gekennzeichnet durch:
- Insomnie
- Sympathische Hyperaktivität
- Fortschreitende Demenz mit schweren Persönlichkeitsveränderungen
- Zur klinischen Dauer: 14 Fälle aus fünf verschiedenen Familien zeigte, daß die Patienten entweder einen kurzen (9 ± 1 Monate) oder langen (31 ± 1 Monate) Krankheitsverlauf durchlaufen (s. Kap. 17)
- Histologisch finden sich spongiforme Veränderungen in nur geringgradiger Ausprägung im temporalen Cortex. Atrophie und astrozytäre Gliose zeigen sich im Thalamus und in der unteren Olive
- Molekulargenetisch ist die FFI durch eine D178N-Mutation in Verbindung mit einem Methionin am Codon 129 des *PRNP* charakterisiert.

schriften erfolgen. Da die juristischen Details von Land zu Land variieren, ist es unumgänglich, die Einzelheiten mit den zuständigen Behörden und Referenzzentren abzustimmen.

Für die histopathologische und immunhistochemische Untersuchung, die PrP-Genanalyse und den biochemischen Nachweis des PrP^{Sc}-Proteins sowie für eventuell weitere Untersuchungen sind die in Tabelle 29.2 und im Kapitel 48 aufgelisteten Gewebeproben an das zuständige Diagnostiklabor einzusenden.

Beim Versand sind die einschlägigen Verpackungsanweisungen und die von der Post erhältlichen internationalen Richtlinien für den Transport von gefährlichen biologischen Materialien zu beachten. Für die Verpackung eignen sich kommerziell erhältliche Standardbehälter, z.B. kann der Bio-Transporter®-Behälter zum Versand von erregerhaltigen Organen und Geweben empfohlen werden[47].

[47] Fa. Air Sea Biopack, 4H2/Class 6.2/95, GB 2470 Air Sea Containers Ltd; 318 New Chester Road; Birkenhead, L42 1LE, GB.

29.3.3 Untersuchungsmethoden

29.3.3.1 Histopathologie

Die histopathologische Untersuchung des Gehirns ist ein relativ schneller, spezifischer Nachweis mit gleichzeitig hoher Sensitivität. Sie stützt sich im wesentlichen auf den Nachweis von spongiformen Veränderungen des Neuropils (Abb. 26.1). Die morphologischen Veränderungen sind in verschiedenen Hirnregionen unterschiedlich stark ausgeprägt. In Einzelfällen sind zudem mit der konventionellen Lichtmikroskopie sog. Kuru-Plaques erkennbar (Abb. 26.2). Bei der GSS findet man neben Kuru-Plaques auch multilobuläre Plaques (s. Kap. 26.2) [94,377,977]. Die nvCJD ist durch sog. floride Plaques gekennzeichnet.

29.3.3.2 Immunhistochemie

Zum diagnostischen Standard gehört heute zusätzlich der PrP^{Sc}-Nachweis im Gehirn. Dieser Nachweis kann mit der Immunhistochemie an formalinfixiertem und paraffineingebettetem Gewebe sowie der Western blot-Technik oder der Histo blot-Technik an nativem tiefgefrorenem Gewebe erbracht werden.

Da es sich bei den Prionkrankheiten um seltene Krankheiten handelt, empfiehlt es sich im Sinne der Qualitätssicherung, diese Abklärungen zentral, d. h. in einem Referenzlabor durchführen oder absichern zu lassen.

Der Nachweis von Prion-Proteinablagerungen (PrP^{Sc}) im Gehirn gehört zu den zuverlässigsten Methoden für die Diagnostik der Prionkrankheiten [588,793,1248]. Die Sensitivität dieser Methode wird durch eine spezifische Vorbehandlung des Gewebes, d.h. Dampf-Autoklavieren, Ameisensäure- und Guanidinium-Thiocyanat-Behandlung (GdnSCN) verbessert. Für den eigentlichen Nachweis werden gegen PrP^{Sc} gerichtete Antikörper eingesetzt. Die Beurteilung der Immunhistochemie soll durch einen erfahrenen Neuropathologen erfolgen und muß die unterschiedlichen Formen der PrP^{Sc}-Ablagerungen in der Immunhistochemie berücksichtigen (s. Kap. 26). Western blot und andere Diagnostikmethoden sind in den Kapiteln 31 und 35 näher beschrieben.

29.3.3.3 PrP-Genanalyse

Gegenwärtig wird in modernen TSE-Erfassungsprogrammen auch die Analyse des PrP-Gens (*PRNP*) durchgeführt. Die Analyse des *PRNP* bei allen Verdachtsfällen von Prionkrankheiten ist aus mehreren Gründen anzustreben:

1. Sie ist nötig, um Fälle vererbbarer Prionkrankheiten zu identifizieren. Da viele betroffene Familien sich der Tatsache einer Prädisposition für eine dementielle Erkrankung nicht bewußt sind (s. Kap. 26.6.1), ist für die Identifizierung erblicher Fälle die bloße Befragung nach einer Familienanamnese nicht ausreichend.
2. Umgekehrt gilt natürlich auch, daß im streng wissenschaftlichen Sinne erst nach dem Ausschluß einer Mutation im *PRNP* von einer sporadischen oder durch Infektion erworbenen Prionkrankheit gesprochen werden kann.
3. Atypische Formen von Prionkrankheiten werden häufig durch Mutationen im *PRNP* verursacht und sind nur durch eine umfassende Untersuchung klinisch unwahrscheinlicher Fälle zu erfassen (s. Kap. 26.5.5).
4. Die Analyse des *PRNP* ermöglicht auch die Unterscheidung von anderen dementiellen Krankheiten, die zu einem bestimmten Anteil familiär auftreten, wie v.a. die erblichen Formen der Alzheimer'schen Erkrankung.
5. In jedem sporadischen Fall einer Prionkrankheit muß der Polymorphismus am Codon 129 des *PRNP* analysiert werden, da das klinische und pathologische Bild von diesem Polymorphismus wesentlich beeinflußt wird (s. Kap. 26.4).
6. Schließlich erfordert auch die Diagnose der nvCJD eine *PRNP*-Analyse, da eine pathogene Mutation, die zu einem der neuen Variante ähnelnden Krankheitsbild führen könnte, ausgeschlossen werden muß. Zudem muß der Polymorphismus am Codon 129 bestimmt werden, da dies ein wichtiger Parameter auch bei der Beurteilung und Einordnung der bisherigen Fälle der neuen Variante ist.

Zur molekulargenetischen Untersuchung muß zunächst die genomische DNA des Verdachtspatienten isoliert werden. Üblicherweise geschieht dies aus Vollblut (EDTA-Blut). Bei den Fällen, bei denen es nötig ist, DNA aus Hirnmaterial zu gewinnen, müssen erhöhte Sicherheitsvorkehrungen vergleichbar der PrP^{Sc}-Diagnostik mit Hilfe des Western blots eingehalten werden. Der Protein-codierende Bereich (Open Reading Frame, ORF) des PrP-Gens wird durch PCR amplifiziert. Der erste Analyseschritt besteht dann üblicherweise in einem Verfahren, das eine rasche Detektion von bekannten und unbekannten Mutationen im ORF ermöglicht, ohne allerdings über die Qualität der Mutation Auskunft zu geben. Als gute Methode hat sich hierbei das sog. single-strand conformational polymorphism-Verfahren (SSCP-Verfahren) erwiesen. Bei einem auffälligen Befund in der SSCP-Analyse wird nachfolgend die Art dieser Mutation durch die sog. restriction fragment length polymorphism-Analyse (RFLP-Analyse) und durch direktes Sequenzieren des PCR-Produkts oder durch Sequenzierung nach Klonierung bestimmt. Wenn in einer Klinik bei Verdacht auf CJD sowieso sequenziert wird, erübrigt sich allerdings das vorgängige SSCP-Verfahren. Hingegen ist ein Screening mit dem

SSCP-Verfahren im Rahmen von Studien, bei denen viele Individuen ohne Verdacht auf CJD getestet werden sollen, sehr geeignet.

Bei der molekulargenetischen Untersuchung sind auch eine Reihe von ethischen Erwägungen zu beachten. So sollte für eine solche Untersuchung eine schriftliche Einverständniserklärung vorliegen. Begleitend dazu sollte eine genetische Beratung der Patienten und/oder der Angehörigen durchgeführt werden. Die Befunderöffnung erfolgt *nur auf ausdrücklichen Wunsch* und wird meistens *durch eine genetische Beratungsstelle* durchgeführt. Bei der Befundung einer krankheitsspezifischen Mutation im PrP-Gen sollte *den in direkter Linie Verwandten* der betroffenen Patienten eine *Wahlmöglichkeit gegeben* werden, ob sie über diesen Befund ihres erkrankten Angehörigen informiert werden möchten und es muß, falls gewünscht, eine Analyse der noch gesunden Verwandten im Zuge deren Lebensplanung angeboten werden. Letzteres kann selbstverständlich erst nach humangenetischer Beratung erfolgen.

29.4 Die internationale Zusammenarbeit und die Rolle der nationalen Gesundheitsbehörden

Die obersten Landesbehörden für Gesundheit koordinieren die Aktivitäten der verschiedenen, mit der TSE-Überwachung involvierten Institutionen und stellen Informationen zur Verfügung. Sie verarbeiten im Rahmen des Meldewesens die eingehenden Daten zu den einzelnen Krankheitsfällen. Zudem pflegen sie Kontakt mit den leitenden europäischen Referenzzentren und der WHO.

Seitens der WHO, Genf, wurde ein Programm zur globalen Verbesserung der Überwachung initiiert, dessen Ziel die weltweite Harmonisierung der CJD-Überwachung ist. Rund 100 europäische Laboratorien für Neuropathologie und Grundlagenforschung aus EU-Mitgliedstaaten und einigen Drittländern nehmen seit 1993 an einem Forschungsprogramm zur Verbesserung der neuropathologischen Diagnostik auf dem Gebiet der Prionkrankheiten beim Menschen teil.

Im Rahmen des BIOMED 1-Programms *Surveillance of CJD in the European Community* (Ref. No. PL 9209988) beteiligten sich neben den Arbeitsgruppen aus Deutschland und GB auch Frankreich, Italien, die Niederlande und die Slowakei. Die nach einheitlichem Protokoll gesammelten und gespeicherten Daten werden zentral in Rotterdam ausgewertet (s. Kap. 36, 37). Anfang 1997 wurde die Studie im Rahmen des BIOMED 2-Programms ausgeweitet, zusätzlich besteht jetzt eine Zusammenarbeit mit Österreich, Spanien und den Drittländern Kanada, Australien und der Schweiz [661].

29.5 Epidemiologische Überwachung und Fallkontrollstudien

In der Schweiz ist die CJD allgemein seit 1987 und in Deutschland ist die sporadische CJD (sCJD) seit 1994 meldepflichtig. In Österreich ist die CJD schon seit 1969 anzeigepflichtig. In der EU hat man 1993 mit der systematischen Erfassung der Häufigkeit und geographischen Verbreitung der TSE begonnen.

Epidemiologische Untersuchungen werden durchgeführt, um die Inzidenz und Mortalität der Prionkrankheiten verläßlich zu ermitteln und Veränderungen möglichst früh zu registrieren. Notwendige Voraussetzungen dafür sind die Mitarbeit einer großen Anzahl von Kliniken, ein standardisiertes Diagnoseverfahren und die gute Zusammenarbeit zwischen Klinik und Neuropathologie. Im Rahmen eines solchen epidemiologischen Überwachungsprogramms in Großbritannien war es möglich, die neue Variante der CJD (nvCJD) zu identifizieren.

Untersuchungen mit dem Ziel der Identifizierung von Risikofaktoren werden in einigen Ländern von epidemiologischen Arbeitsgruppen durchgeführt. Die Aufklärung möglicher Risikofaktoren ist schwierig, da die Prionkrankheiten nur mit niedriger Inzidenz auftreten und, sofern sie auf Infektion beruhen, sich durch sehr lange Inkubationszeiten auszeichnen (Problem des *Recall Bias*). Der Studientyp der Wahl ist die Fallkontrollstudie. Wird ein Verdachtsfall identifiziert, sind eingehende Abklärungen mit einem standardisierten Fragebogen bei dem Verdachtsfall und bei mindestens einem Kontrollfall durchzuführen. Eine internationale

Koordinierung der Risikofaktorensuche auf europäischer Ebene ist realisiert (BIOMED-Projekt der EU; s. Kap. 36, 37).

Da es sich bei den Prionkrankheiten um seltene Erkrankungen handelt, ist es zweckmäßig, die epidemiologischen Daten aus mehreren Ländern zusammenzuziehen und die gepoolten Daten statistisch zu analysieren. Notwendige Voraussetzung für sinnvolle Analysen dieser Art ist natürlich die Harmonisierung der Erfassungs- und Befragungsmethoden und der Diagnostik [661].

30 Die Klinik der Prionkrankheiten des Menschen

Matthias Sturzenegger

30.1 Einleitung

Die Prionkrankheiten des Menschen manifestieren sich mit einem breiten Spektrum an Symptomen und klinischen Befunden. Da pathognomonische klinische Zeichen wie auch sichere (Test)-Kriterien fehlen, kann ohne Hirnbiopsie die Diagnose intra vitam nicht gesichert, sondern nur – je nach Situation mit unterschiedlich hoher Trefferquote – als Verdachtsdiagnose vermutet werden (s. Kap. 29).

Das Erkennen einer möglichen Prionkrankheit ist abhängig von

1. der Erfahrung und den Fachkenntnissen des Arztes,
2. der ausführlichen Anamnese (speziell auch der Familienanamnese),
3. der Erfassung des Krankheitsverlaufs,
4. den Ergebnissen von Zusatzuntersuchungen.

Paraklinische Zusatzuntersuchungen sind v.a. im Initialstadium oder im Prodromalstadium, bei meist noch unspezifischer Klinik, zwecks differentialdiagnostischem Ausschluß anderer, sich initial ähnlich präsentierender Krankheiten (Tab. 30.2) von großer Bedeutung. Derartige Abklärungen erfolgen am besten in einer Neurologischen Klinik und umfassen im wesentlichen eine Bildgebung (MRI), EEG-, Liquor- und Blutuntersuchung. Im Stadium mit voller Ausprägung der typischen Symptome und Befunde ist die Verdachtsdiagnose meistens evident. Das Terminalstadium mit akinetischem Mutismus oder Koma ist wiederum sehr unspezifisch. Eine definitive Diagnosestellung ist nur histopathologisch, anläßlich einer in jedem Verdachtsfall dringend empfohlenen Autopsie oder ev. anhand einer Hirnbiopsie (s. Kap. 29), die nur sehr selten indiziert ist (Tumorverdacht), möglich. Eine Therapie existiert nicht [805a].

Dieses, das vorangehende und das nachfolgende Kapitel sprechen vor allem den praktischen Arzt und den Neurologen an. Sie schildern die konkreten Anforderungen und Hintergründe einer guten Klinik und Überwachung.

30.1.1 Erstuntersuchung und Anamnese

Je früher im Verlauf einer Prionkrankheit der Arzt konsultiert wird, desto unspezifischer ist die Symptomatik. Vor allem Hausärzte, Psychiater und Neurologen sind gefordert, den Verdacht auf eine Prionkrankheit so früh wie möglich zu erkennen (s. Kap. 29). Da bei der nvCJD anfänglich vorwiegend Depressionen und andere psychiatrische Symptome auftreten, hat der Psychiater eine wichtige Rolle in der Früherkennung [1389]. Bei einer Vielzahl von psychiatrischen oder neurologischen Symptomen bzw. Befunden sollte eine Prionkrankheit mit in Betracht gezogen werden, da sich die Bandbreite der phänotypischen Expression weit über das geläufige klassische Bild einer CJD erstreckt (Abb. 30.1). Bei den familiären Formen kann das klinische Bild sogar innerhalb derselben Familie sehr variabel sein [648 a]. Eine detaillierte Familienanamnese ist v.a. zur Erkennung familiärer Formen der Prionkrankheiten (fCJD, GSS, FFI; Tab. 26.5, 29.3) wichtig. Das Vorkommen von gehäuften Demenzfällen in betroffenen Familien kann auch ein Hinweis auf das Vorliegen einer sCJD sein [1284].

Klinische Merkmale, die bei allen Prionkrankheiten des Menschen auftreten können, und die den Diagnose-Verdacht erwecken *müssen*, werden in Abbildung 30.1 wiedergegeben.

	Mögliche Symptome (unspezifisch)	Mögliche Befunde (bei klinischer Untersuchung)
Psychiatrisch		
	Apathie	Adynamie
	Dysphorie	Isolation
	Reizbarkeit	Depression
	Schreckhaftigkeit	Wahnideen
	Eßstörung	Stupor
	Schlafstörung	
Neurologisch		
- kognitiv	Gedächnisstörung	Merkfähigkeit reduziert
	Konzentrationsstörung	Aufmerksamkeit reduziert
	Mangelnder Antrieb	Orientierungsstörung
- visuell	Unspezifische Sehstörung	Hemianopsie
	Diplopie	Agnosie
	Halluzinationen	Nystagmus
- zerebellär	Sprechstörung	Dysarthrie
	Schluckstörung	Dysphagie
	Koordinationsstörung	Extremitätendysmetrie
	Gangunsicherheit	Zieltremor
- extra-/pyramidal	Schwäche	Stand- und Gangataxie
	Muskelsteifigkeit	Rigor
	Muskelschwund	Spastik, Hyperreflexie
	Muskelzuckungen	Muskelatrophien
		Myoklonien (spontan oder reizinduziert)
- unspezifisch	Mißempfindungen	
	Epileptische Anfälle	

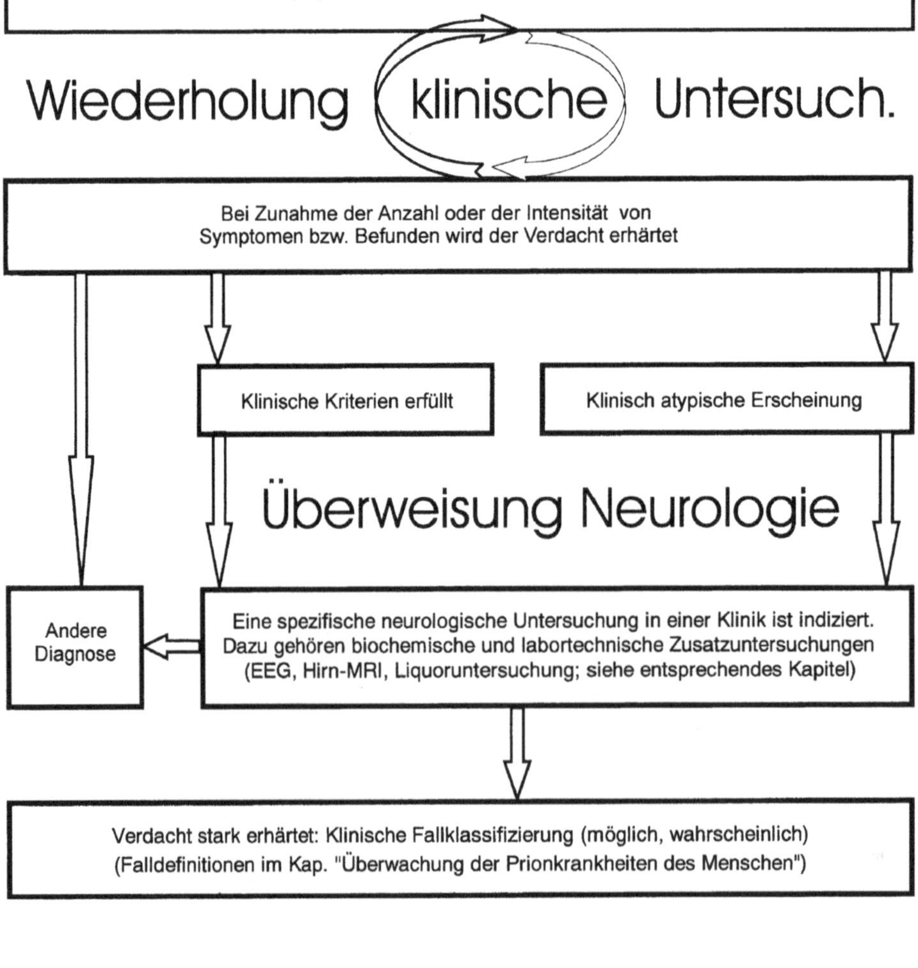

30.1.2 Verlauf

Der Verdacht auf eine Prionkrankheit nach entsprechenden Anfangssymptomen bzw. -befunden verstärkt sich, falls diese im weiteren Verlauf rasch, d.h. innerhalb weniger Wochen an Intensität zunehmen oder falls weitere typische Symptome und klinische Befunde hinzukommen. Obwohl die Variabilität des phänotypischen Spektrums relativ lange groß bleibt, nimmt sie in späteren Stadien der Krankheit ab und nur wenige Fälle bleiben bis zum Eintritt des Todes in ihrer Phänomenologie völlig atypisch (s. Kap. 26.5.5).

Wichtig ist, schon bei schwachem Verdacht auf eine Prionkrankheit den Patienten in kurzen *zeitlichen Abständen* erneut zu untersuchen. Eine rasche Progredienz *innerhalb von Wochen* ist eines der klinischen Hauptkennzeichen der meisten Prionkrankheiten des Menschen. Ausnahmen bilden das GSS und selten die sCJD, wobei eine Krankheitsdauer von bis zu 17 Jahren (bei GSS) beobachtet wurde (Tab. 30.1).

Bei rascher klinischer Progredienz und bei Hinzutreten neuer Symptome oder Befunde ist eine fachärztliche neurologische Untersuchung klar indiziert. Spätestens jetzt sollen entsprechende Patienten dazu in eine Neurologische Klinik eingewiesen werden.

Die Symptomatik der einzelnen Prionkrankheiten zeigt Überlappungen unterschiedlichen Ausmaßes. Wie in Tabelle 30.1 als Übersicht dargestellt, sind die diagnostisch relevanten Unterschiede im Krankheitsbild der verschiedenen Formen v.a. zu finden:

1. im Alter der erkrankten Patienten,
2. in der Krankheitsdauer bzw. Geschwindigkeit der Progredienz,
3. in der zeitlichen Sequenz der Leitsymptome (Anfangstadium versus Spätstadium),
4. in der Ausprägung der Symptome,
5. in der Art der Kombination der klinischen Zeichen.

◀ **Abb. 30.1:** Mögliche Symptome und Befunde bei der klinischen Untersuchung, die den Verdacht auf eine Prionkrankheit des Menschen lenken; mit einer schematischen Anleitung zum weiteren Vorgehen zur Erhärtung des Verdachts. (Originalabb. von M. Sturzenegger und B. Hörnlimann).

30.2 Differentialdiagnose und paraklinische Zusatzabklärungen

Die Differentialdiagnose umfaßt eine breite Palette von degenerativen, entzündlichen, metabolischen, toxischen und posttraumatischen Hirnaffektionen (Tab. 30.2). Das Spektrum ist zu Beginn, wenn Angaben über die Progredienz der Symptome noch nicht vorliegen, sehr groß. Wie aus Tabelle 30.2 ersichtlich ist, stehen aber einige Krankheiten zur Diskussion, die einer speziellen kurativen Therapie zugänglich sind, weshalb deren Erkennung speziell relevant ist. Je nach dominierender Symptomatik umfaßt die Abklärung auch bildgebende Verfahren, meist ein MRI (Abb. 31.3). Damit können v.a. ein Hydrocephalus oder fokale bzw. multifokale Läsionen – wie bei Enzephalitis, ischämischen Hirninfarkten oder intrakranialen raumfordernden Prozessen – ausgeschlossen werden. Elektrophysiologische Untersuchungen umfassen das Elektroenzephalogramm (EEG), das bei der CJD sehr wichtige Hinweise geben kann (Abb. 30.2). Im EEG können in 50–90% der Fälle sehr charakteristische, wenn auch nicht spezifische, Befunde erhoben werden [1228]. Diese zeigen insbesondere bei wiederholten Verlaufsuntersuchungen einen typischen zeitlichen Ablauf. In frühen Stadien findet man nur unspezifische [385], nicht richtungsweisende Befunde bestehend in einer Desorganisation und diffusen Verlangsamung des Grundrhythmus. Später läßt sich ein zunehmendes Auftreten repetitiver, generalisierter, synchroner, pseudoperiodischer 0,5–2/s bi- oder triphasischer Komplexe beobachten. Diese treten zu Beginn unilateral auf und breiten sich dann diffus aus. Insgesamt sind diese Komplexe nahezu pathognomonisch und durchschnittlich in zwei Dritteln der Fälle zu beobachten. Sie können fluktuierend in Erscheinung treten, weshalb es wichtig ist, die EEG-Untersuchung mehrfach im Abstand von wenigen Wochen bis zwei Monaten zu wiederholen (Abb. 30.2) [278]. Mit weiterer Progredienz der Krankheit kommt es zu einer zunehmenden Kurvenabflachung mit generali-

Tabelle 30.1: Überblick über die Symptomatik der Prionkrankheiten des Menschen. Es sind einzelne Symptomgruppen sowie Hinweise zum Verlauf und Besonderheiten, die den Verdacht auf eine spezifische Form von Prionkrankheit des Menschen lenken, dargestellt. Die Erklärung der Kurzbezeichnung für einzelne Formen (CJD, GSS, usw.) geht aus den Tabellen 1.1 und 1.2 hervor.

Form	Vorkommen im Alter von ...	Leitsymptome im Anfangsstadium	Leitsymptome im Spätstadium	Krankheitsdauer	Besonderes
Allgemeines zur CJD (sCJD und zentral übertragene iCJD sowie fCJD, jedoch ohne nvCJD)		• Rasch progrediente Demenz mit Gedächtnis-, Orientierungs- und Merkfähigkeitsstörungen • Gangataxie und Dysarthrie • Myoklonien	• Sehstörungen (Halluzinationen, Hemianopsie, visuelle Agnosie) • Tetraspastik • Unwillkürliche Bewegungen • Akinetischer Mutismus		Breites Spektrum von Demenz, Myoklonien, zerebellären, pyramidalen und extrapyramidalen sowie vegetativen Symptomen und Zeichen in variabler Ausprägung und zeitlicher Abfolge.
sCJD	Mittel: 60 Jahre	dito	dito	1–130 Mte Mittel: 4,5 Mte	Demenz in der Familie gehäuft
fCJD	Mittel: 50 Jahre	dito	dito	Mittel: 21 Mte	Familiär-genetisch bedingt (autosomal dominant vererbt)
iCJD	Je nach Übertragungsweg und Alter bei Infektion	• bei zentraler Übertragung wie CJD • bei peripherer Übertragung wie Kuru	• bei zentraler Übertragung wie CJD • bei peripherer Übertragung wie Kuru	10* Monate – 30 Jahre (je nach Übertragungsweg)	Zentrale Übertragung durch Hirnoperation, Tiefen-EEG, etc.; periphere Übertragung durch Wachstumshormone etc. (iatrogen)
nvCJD	14–73 Jahre Mittel: 30 Jahre	• Verhaltungsstörung (Apathie, Isolation) • Psychische Auffälligkeit (Depression) • Gangataxie • Frühe, persistierende, schmerzhafte Parästhesien	Progrediente Demenz	9–35 Mte Mittel: 14 Mte	Neue Variante der CJD, erst seit 1996 beschrieben
GSS	25–61 Jahre Mittel: 44 ± 4 Jahre	Langsam progrediente • Stand- und Gangunsicherheit, Stürze Manchmal auch • Dysarthrie • Extremitätendysmetrie • Tremor	Nach 1–3 Jahren: • Spastik • evtl. Myoklonien • Progrediente, schließlich schwerste Demenz	2–17 Jahre Mittel: 7 ± 5 Jahre	Familiär-genetisch bedingt (autosomal dominant vererbt)

* nach FSH-Inj. → Tab. 14.1

Tabelle 30.1 (Fortsetzung)

Form	Vorkommen im Alter von ...	Leitsymptome im Anfangsstadium	Leitsymptome im Spätstadium	Krankheitsdauer	Besonderes
Kuru (s. Abb. 13.1)	Bimodalität: ca. 4–20 Jahre ca. 20–60 oder darüber	Rasch progrediente Gang- und Rumpfataxie	• Dysarthrie • Tremor • Choreoathetose • Emotionale Labilität	Mittel: 12 Mte, Kinder weniger lange	Gegen Ende des 20. Jahrhunderts nur noch Einzelfälle (s. Abb. 38.1)
FFI	20–71 Jahre Mittel: 51 Jahre	• Zunehmende Schlafstörungen • Intermittirende traumähnliche Phasen (tagsüber) • Dysautonomie, in Form eines chronischen Streßsyndroms	• Gedächtnis- u. Orientierungsstörungen • Gangataxie • evtl. Myoklonien	31 ± 1 Monate oder 9 ± 1 Monate (s. Kap. 17.4)	Familiär-genetisch bedingt (autosomal dominant vererbt)

sierter Low Voltage. Oft läßt sich auch eine Hyperreagibilität auf externe, d. h. akustische, taktile oder visuelle Reize mit Aktivierung der steilen Potentiale beobachten.

Die Polysomnographie ist v.a. hilfreich bei Verdacht auf eine FFI (s. Kap. 17). Elektroneurographien, Elektromyographien und evozierte Potentiale helfen weiter im Nachweis eines subklinischen Befalls der peripheren Nerven, der langen spinalen Bahnsysteme oder der Muskulatur. Letztere ist bei den Prionkrankheiten i.d.R. nicht betroffen. Der sinnvolle Einsatz dieser diagnostischen Hilfsmittel erfordert große Erfahrung und viel Fingerspitzengefühl bei der Interpretation. Es sei speziell darauf hingewiesen, daß bei Verwendung von Nadelelektroden bei jeder Demenz wegen der Möglichkeit einer Prionkrankheit *stets* Einmalgebrauch-Nadeln verwendet werden müssen. Eine große Bedeutung in der differentialdiagnostischen Abklärung kommt der Untersuchung des Liquor cerebrospinalis zu. Entzündliche Affektionen (Enzephalitis, Meningoenzephalitis) sind einfach an einer Liquorpleozytose zu erkennen; bei infektiös bedingten Entzündungen erlauben serologische Untersuchungen und die PCR im Liquor oft die Identifizierung des Erregers. Bei den Prionkrankheiten sind Liquorzellzahl, Gesamtproteingehalt und Glucosekonzentration sowie Liquordruck i.d.R. im Normalbereich. Hingegen kann der Nachweis neuronaler Marker-Proteine im Liquor (neuronspezifische Enolase, Protein 14-3-3 [550b,388a], Protein p 130/131, Protein S-100), welche für die CJD teilweise recht charakteristisch und sensitiv sind, in der Differentialdiagnose hilfreich sein (Abb. 31.4). Diese Proteine sind alleine genommen nicht spezifisch für die CJD. Andere ZNS-Affektionen, bei denen sie auch nachweisbar sind, zeigen zusätzliche Liquorveränderungen oder bildgebende Befunde, die die Abgrenzung i.d.R. erlauben [1050]. Routinemäßige chemische Blut- und Urinuntersuchungen fallen i.d.R. normal aus. Um den Stellenwert aller paraklinischen Zusatzuntersuchungen bzw. der möglichen Ergebnisse richtig einordnen zu können, werden diese detailliert im Kapitel 31 abgehandelt.

30.3 Klinik der Creutzfeldt-Jakob-Krankheit (CJD)

30.3.1 Zu berücksichtigende epidemiologische Parameter

Die CJD stellt die weitaus häufigste Prionkrankheit dar, ist aber mit einer Inzidenz von rund 1 Fall/1 Million Einwohner/Jahr dennoch ein seltenes Krankheitsbild.

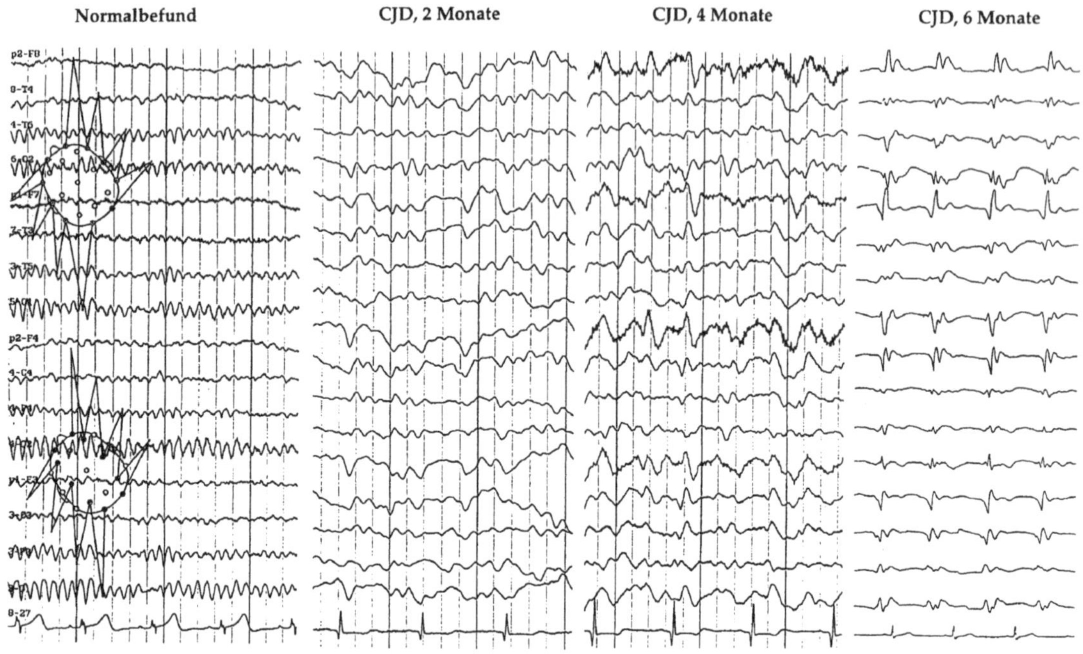

Abb. 30.2: Typischer Elektroenzephalographie-Befund (EEG) bei der sCJD. 64jähriger Patient mit schwerer Demenz, generalisierten Myoklonien und Spastik. Die Diagnose einer CJD wurde später autoptisch gesichert. Die Registrierung der abgebildeten Kurven erfolgte 2, 4 und 6 Monate nach Symptombeginn mit Dysphorie und rasch zunehmenden Gedächtnisstörungen. Das EEG zeigt eine generalisierte diffuse Verlangsamung der Grundaktivität nach zwei Monaten. Nach vier Monaten sind repetitive, generalisierte, synchrone pseudoperiodische bi- oder triphasische Komplexe zu erkennen (sog. „priodic sharp wave complexes", PSWC). Nach sechs Monaten dominieren diese Komplexe bei nun fast fehlender Grundaktivität. (EEG-Kriterien bei der CJD nach Steinhoff: (1) Periodizität (wichtigstes Kriterium), (2) PSWC, (3) Frequenz 0,5–2/sec, (4) Dauer von 200–600 msec, (5) Amplitude >150–300 mV, (6) generalisiert mit frontalem Maximum; teils auch regional lateralisiert und (7) ggf. nachfolgende „burst supression". (Originalabb. von M. Sturzenegger)

80–90% aller CJD-Erkrankungen treten als sog. sporadische Fälle (sCJD) auf. Äußere Risikofaktoren sind für diese Form keine bekannt, d. h. ein „natürlicher" Infektionsweg für sCJD wurde bisher nie gefunden (s. Kap. 36, 42).

Die sehr seltene familiäre CJD (fCJD) zeigt ein autosomal dominantes Vererbungsmuster und ist eine Folge bestimmter Mutationen des PrP-Gens (*PRNP*) auf Chromosom 20 [177]. Gemessen an allen CJD-Fällen werden 4–15% als familiäre Prionkrankheiten klassifiziert, je nach Studie bzw. je nachdem ob GSS und FFI mitgerechnet werden.

Äußerst selten ist auch die iatrogene CJD Form (iCJD) [175a]. Neben der iCJD gehören nur noch die Kuru und die – vermutlich durch BSE verursachte – nvCJD zu den infektiösen Formen von Prionkrankheiten beim Menschen (s. Kap. 1). Eine iCJD-Übertragung kann beispielsweise über folgende Wege erfolgen (Tab. 14.1):

1. Eingriffe am Gehirn mit kontaminierten chirurgischen Instrumenten oder Hirnelektroden zur Ableitung eines Tiefen-EEG (s. Kap. 47).
2. Transplantation von kontaminierten neuroektodermalen Geweben: Dura mater- oder Cornea-Transplantate (s. Kap. 51).
3. Therapeutischer Einsatz von aus Leichen stammenden Hypopyhsen-Hormonen; extrahiert wurden Wachstums- und Geschlechtshormone [1347] (s. Kap. 47).

Weitere Einzelheiten dazu werden im Kapitel 36.4.2 wiedergegeben.

Tabelle 30.2: Differentialdiagnosen zur Creutzfeldt-Jakob-Krankheit (aufgelistet nach Häufigkeit).

Krankheitsgruppe	Krankheit
Degenerative Hirnleiden	• Alzheimer Demenz • Parkinsonsyndrom mit Demenz • Pick Demenz • Chorea (z.B. Huntington) • Progressive supranukleäre Parese (PSP) • Amyotrophe Lateralsklerose (ALS)
Entzündliche Enzephalopathien	• Lues • Enzephalitis (HSV etc.) • Progressive multifokale Leukenzephalopathie (PML)
Metabolische Enzephalopathien	• Hepatopathie • Urämie • Hypo-, Hyperthyreose • Hypo-, Hyperkalzämie • Hypo-, Hyperglykämie • Korsakow Syndrom • Wernicke Enzephalopathie
Toxische Enzephalopathien	• Intoxikation mit Metallen (Brom, Bismut, Quecksilber, Lithium) oder mit Drogen
Paraneoplastische Enzephalopathien	• Limbische Enzephalomyelitis • Paraneoplastische Kleinhirndegeneration
Verschiedenes (z.T. posttraumatisch)	• Postanoxische Enzephalopathie • Chronisches Subduralhämatom • Hydrozephalus • Binswanger Enzephalopathie

30.3.2 Determinanten der Krankheitsmanifestation

Als hauptsächlich bekannte Determinanten der Krankheitsmanifestation gelten

1. der Übertragungsweg bzw. die Eintrittspforte des Agens (s. Kap. 42),
2. der PrP-Genotyp des Wirtes (bei GSS, FFI und fCJD) (s. Kap. 26),
3. der Prionstamm (s. Kap. 11, 12, 50).

Zum Übertragungsweg: Ein wichtiger Faktor für die Variation des klinischen Phänotyps bei der iatrogenen CJD ist die Eintrittspforte des Agens. Die seltenen, peripher über Hormone i.v. übertragenen iCJD-Fälle [175a] (Tab. 14.1) haben eine große Ähnlichkeit mit der durch *parenterale* Übertragung erworbenen *„Kuruform"* (s. Kap. 38.8): Daraus resultiert v.a. ein initiales Kleinhirnsyndrom mit erst spät auftretender, eher geringgradiger Demenz. Diese beiden Formen, wie auch die neue Variante der CJD (nvCJD), manifestieren sich mit einem anderen klinischen Bild als die bei den erwähnten neurochirurgischen Eingriffen zentral übertragenen iCJD-Fälle (s. Kap. 47). Letztere sind klinisch der möglicherweise spontan entstehenden sporadischen Form der CJD (sCJD) sehr ähnlich (Definition von spontan: s. Kap. 3, 8.4.4–5) [195].

Zum PrP-Genotyp: Die familiären Formen der Prionkrankheiten (fCJD, GSS und FFI) sind assoziiert mit Mutationen des *PRNP* (s. Kap. 26.6). Selbst innerhalb einer Familie mit gleicher Mutation lassen sich jedoch sehr unterschiedliche Phänotypen beobachten, sowohl betreffend Krankheitsdauer, Art und Ausprägung der Symptome als auch betreffend Histopathologie. Hinsichtlich der Unterschiede im klinischen Phänotyp zwischen den verschiedenen zu Grunde liegenden Mutationen gibt es z.T. charakteristische Krankheitsmerkmale, die im Kapitel 26 detailliert dargestellt werden. Hier seien daher nur ein paar ausgewählte Beispiele wichtiger Mutationen erwähnt:

1. Mutation 200Lys: Familiäre Cluster wurden in der Slowakei, Chile, Japan und bei libyschen Einwanderern in Israel beobachtet. Dies ist die häufigste *PRNP*-Mutation; sie läßt sich in ihrem klinischen Phänotyp kaum von der sporadischen CJD-Form unterscheiden. Die genetische Penetranz beträgt 56% oder mehr (je nach Autor).
2. Mutation 178Asn: Familiäre Cluster wurden in Finnland, Frankreich und Amerika bei Bürgern westeuropäischen Ursprungs beobachtet. Diese Form zeigt klinisch einige Besonderheiten (s. Kap. 26.6.1) und die Mutation weist eine Penetranz von 100% auf.
3. Repeat-Insertionen: Hier handelt es sich um betroffene Einzelfamilien. Der früheste Erkrankungsbeginn lag bei 34 Jahren, die längste Verlaufsdauer betrug sieben Jahre. Die resultierenden klinischen Symptome entsprechen jenen der sCJD und GSS, oder sind atypisch.

Trotz gewisser Regelmäßigkeit besteht eine große individuelle phänotypische Variabilität selbst unter Patienten mit identischen Mutationen. Dies legt eine Mitbeteiligung anderer regulierender Gene in der Krankheitsexpression nahe. *PRNP*-Sequenzierung, IHC-Untersuchungen und Western blot-Analysen des PrPres zeigten, daß hauptsächlich der Methionin/Valin-Polymorphismus auf Codon 129 und 2 Typen von PrP-Bandenmuster im Western blot (Tab. 30.3) die klinischen Phänotypen sporadischer CJD-Fälle determinieren und damit die molekulare Grundlage der phänotypischen Variabilität darstellen [1016].

Zum Prionstamm: Zusätzlich beeinflußt der jeweils vorliegende Prionstamm den klinischen Phänotyp (s. Kap. 11).

30.3.3 Alter bei Beginn der CJD-Symptomatik und Krankheitsdauer

Der Erkrankungsbeginn bei sporadischen (sCJD) und familiären Formen (fCJD) liegt typischerweise im mittleren bis höheren Lebensalter, im Mittel bei ca. 65 Jahren bei den sporadischen (Abb. 15.2) bzw. bei 50 Jahren bei den familiären Formen. Ein schleichender Beginn ist deutlich häufiger (ca. 80%) als ein akuter (ca. 20%). Die Krankheitsdauer beträgt je nach Studie im Mittel 4,5–7 Monate (1–130 Monate) bei den sporadischen, bzw. 21 Monate bei den familiären Formen. Die Krankheit verläuft immer letal, in 90% innerhalb eines Jahres. Der wichtigste Unterschied zwischen sCJD und fCJD besteht somit im früheren Alter bei Erkrankungsbeginn und längerer Krankheitsdauer bei den familiären Fällen (Tab. 30.1).

Die Inkubationszeit bei den iatrogenen Formen (1,25–30 Jahre) ist abhängig vom Alter bei erfolgter Übertragung und vom Übertragungsweg (Tab. 14.1). Diese Parameter determinieren das Erkrankungsalter und die Verlaufsdauer.

Bei der nvCJD beginnt die Krankheit bei auffällig jüngeren Patienten als bei der sCJD und fCJD, durchschnittlich im Alter von rund 30 Jahren (Tab. 30.1).

30.3.4 Prodromalstadium der CJD

Knapp die Hälfte der Patienten klagt Wochen bis Monate vor Auftreten der neurologischen oder kognitiven Defizite über unspezifische Symptome wie Müdigkeit, Abgeschlagenheit, Schwindel, Kopfschmerzen, Konzentrationsstörungen, Gewichtsverlust, Schlafstörungen, selten auch über abnormes Eßverhalten oder abnormes Schwitzen [1050]. Die Angehörigen berichten über dysphorische oder depressive Verstimmungszustände, Wesensveränderungen, Reizbarkeit, Schreckhaftigkeit oder Tics.

In etwa einem Drittel der Fälle beginnt die eigentliche Krankheit mit mentalen Störungen wie Gedächtnisstörung, Verwirrtheit, Verhaltensstörung mit Depression oder Agitation in einem weiteren Drittel mit physisch-neurologischen Symptomen (zerebellär, okulomotorisch, visuell) und im restlichen Drittel mit einer Kombination der beiden [190,1050].

30.3.5 Klinische Hauptmerkmale der CJD

Das Hauptmerkmal der CJD ist eine rasch fortschreitende Demenz, ohne deren Nachweis der klinische Verdacht auf CJD nicht begründet werden kann (s. Kap. 29.2.3.1). Der Abbau mentaler Funktionen dominiert sowohl initial (in 69% aller Fälle) wie auch im weiteren Verlauf (in 97–100% aller Fälle, je nach Studie) (Tab. 30.4). Die Demenz zeigt die Charakteristika eines sog. kortikalen Typs mit Aphasie, Agraphie, Apraxie, Agnosie, Akalkulie, Gedächtnis- und Konzentrationsstörungen (Tab. 30.1). Im weit fortgeschrittenen Stadium, wenn ein akinetischer Mutismus vorliegt, ist der Nachweis einer Demenz oder einer vorausgegangenen dementiellen Entwicklung eventuell schwierig oder gar unmöglich. Umgekehrt können zu Beginn die definitiven klinischen Befunde einer Demenz manchmal fehlen.

Zweithäufigstes Symptom – und in Kombination mit einer Demenz bereits höchst suggestiv für den Verdacht auf eine Prionkrankheit – sind Myoklonien. Sie sind initial mit etwa 5% selten; im weiteren Verlauf mit 78–89% jedoch häufig; dabei ist zu beachten, daß sie intermittierend auftreten und wieder verschwinden können. Es muß daher wiederholt untersucht werden, ob dieser Befund vorhanden ist, sei es durch Induktion mit verschiedenen externen Stimuli oder durch Überwachung möglicher Myoklonien mittels videographischer Langzeitregistration. Auch andere unwillkürliche choreatische oder athetoide Bewegungen können – wenn auch seltener – auftreten.

Symptome einer zerebellären Funktionsstörung sind schon zu Beginn in etwa einem Drittel der Fälle nachweisbar; im weiteren Krankheitsverlauf bei 71–86%. Der Häufigkeit nach bestehen sie in Dysarthrie (ca. 85%), Gang- und Rumpfataxie (ca. 60%), Extremitätendysmetrie, Nystagmus und Dysphagie.

Extrapyramidale Zeichen wie Rigor, Tremor, Dystonie, Chorea und Athetose sind initial mit 0–2% äußerst selten, im Verlauf aber häufig (51–73%).

Pyramidale Zeichen wie spastische Tonuserhöhung, Hyperreflexie und Babinski Zeichen treten initial in nur etwa 2% der Fälle auf; im späteren Verlauf jedoch bei 52–62%.

Tabelle 30.3: Unterschiede zwischen der sporadischen Creutzfeldt-Jakob-Krankheit (sCJD) und der neuen CJD-Variante (nvCJD).

	Sporadische CJD (sCJD)	Neue Variante der CJD (nvCJD) (s. auch Tab. 29.1) Lit.quellen: [1389, 1390]
Erkrankungsalter, Mittel	60 Jahre	30 Jahre
Erstsymptome	• Demenz • Myoklonus	• Verhaltensstörungen • Psychiatrische Auffälligkeit (Depressionen, Illusionen, Halluzinationen und Schlafstörungen) • Parästhesien (schmerzhaft) • Ataxie (früh im Verlauf)
Periodische Komplexe im EEG	Bis 90%	Keine typische PSWC
Verlauf	Rasch progredient ∅ 4,5–7 Monate (1–130)	Protrahiert ∅ 14 Monate (9–35)
PRNP-Genotyp (Codon 129 Polymorphismus)	V.a. Homozygote (Met/Met) betroffen (s. Tab. 26.3a); ohne Mutation	Bisher nur Met/Met-Homozygote betroffen; ohne spezifische Mutation
Histologie	Wenig Plaques	Viele floride Plaques im Groß- und Kleinhirn (Abb. 26.2e)
PrP^{Sc}-Ablagerung (IHC)	Synaptisch, selten Plaques	Ausgeprägt (Abb. 15.1d)
PrP^{Sc} Banden-Muster (Western blot)	Typ 1 und 2 (Abb. 26.4)	Typ 4 (wie experimentelle BSE)

Visuelle Symptome wie Doppelbilder, Hemianopsie, visuelle Agnosie, Rindenblindheit und optische Halluzinationen manifestieren sich initial in 17%, im späteren Verlauf gehört diese Symptomgruppe gar zu den Leitsymptomen (42% aller Fälle) (Tab. 30.1).

Epileptische Anfälle sind etwa bei 1/5 aller Patienten zu beobachten. Amyotrophien sind eher selten (12% im Verlauf) [342].

Im Einzelfall ist beinahe jede beliebige Kombination der oben erwähnten Symptome und Befunde in variabler Ausprägung möglich. In der älteren Literatur werden fünf klinische Varianten oder Typen der CJD, entsprechend der vorherrschenden Symptomkombination unterschieden, während man heute nach molekularbiologischen Kriterien eine neue, auch für die Klinik relevante Klassifizierung vornimmt (s. Tabellen in Kap. 26). Dennoch mag die historische Einteilung dem Arzt hilfreich sein, bei bestimmten klinischen Syndromen an die Möglichkeit einer CJD oder anderen Prionkrankheit zu denken, weshalb sie hier kurz wiedergegeben wird:

1. Das mit knapp 50% aller CJD-Fälle am häufigsten zu beobachtende Syndrom mit Demenz, Myoklonien sowie zerebellären und pyramidalen Symptomen, bezeichnete man früher als sog. *diffus-zerebralen CJD-Typ*.
2. Beim Überwiegen einer fronto-kortikalen pyramidal-extrapyramidal motorischen Symptomatik sprach man vom *Jakob-Typ* oder von der *spastischen Pseudosklerose* [708].
3. Beim Vorliegen einer CJD mit betont okzipito-parietalem Befall mit Überwiegen eines agnostisch-visuell-dyskinetischen Syndroms sprach man vom *Heidenhain-Typ* [611].
4. Dominieren die zerebellären Symptome, so sprach man vom *zerebellären Typ* der CJD oder von *Brownell-Oppenheimer-Typ* (siehe Kap. 26.5.1.1). Wie bei Kuru tritt hier die Demenz erst spät im klinischen Verlauf auf [540].
5. Der *amyotrophe Typ* war eine seltene Variante mit stark im Vordergrund stehendem Muskelschwund [342].
6. (Es wurde auch eine *thalamische CJD-Variante* beschrieben, deren Abgrenzung zur FFI schwierig ist (s. Kap. 17)).

Tabelle 30.4: Sporadische Form der Creutzfeldt-Jakob-Krankheit (sCJD): Klinische Befunde bei 232 Patienten (modifiziert nach [190]).

Befunde	Initial (%)	Verlauf (%)
Mentaler Abbau	69	97–100
• Gedächtnisstörungen	48	100
• Verhaltensstörungen	29	57
• Abbau höherer kortikaler Funktionen	16	73
Zerebelläre Störungen	33	71–86
• Dysarthrie	ne	85
• Gang- und Rumpfataxie	ne	60
Visuelle Störungen	17	42
• Okulomotorische Störungen	6	16
Schwindel	13	19
Kopfschmerzen	11	18
Sensibilitätsstörungen	6	11
Vegetative Störungen	3	7
Pyramidale Zeichen	2	52–62
Extrapyramidale Zeichen	2	56–73
• Rigor	0	51
Amyotrophie	0,5	12
Epilepsie	0,5	19
Bewegungsstörungen	0,4	91
• Myoklonien	5	78–89
Periodisches EEG	0	60
• Triphasische Komplexe 1/sec	0	48

ne = nicht erhältlich

Es sei wiederholt, daß für eine korrekte Diagnose neben den einzelnen Symptomen und ihrer Kombination v.a. der zeitliche Verlauf mit in den meisten Fällen rascher, innerhalb Monatsfrist feststellbarer Progredienz wegweisend ist.

Bei klinischem Verdacht auf eine Prionkrankheit sollte eine Genotypisierung des *PRNP* erfolgen, um etwaige erbliche Fälle zu erfassen (s. Kap. 29.3.3.3).

Im Terminalstadium sind die Patienten mutistisch, reaktionslos (akinetischer Mutismus), bewußtseinsgetrübt, inkontinent, kachektisch und schließlich dezerebriert.

30.4 Klinik der neuen CJD-Variante (nvCJD)

Die wesentlichen Charakteristika der nvCJD sind das junge Erkrankungsalter, eine initial auffallende klinische Symptomatik, ein protrahierter Verlauf, das Fehlen der periodischen EEG-Aktivität und eine spezielle Histopathologie (Abb. 15.1b,d). Der Erkrankungsbeginn liegt im Mittel bei rund 30 Jahren (Tab. 30.3). Die initiale Symptomatik besteht in Verhaltensstörungen mit Isolation und sozialem Rückzug sowie in psychiatrischer Auffälligkeit mit Apathie, Depression, Schlafstörungen und verstärkter Tagesschläfrigkeit. Obwohl diese psychiatrischen Symptome in der Mehrzahl die Erstsymptome darstellen, sind sie doch unspezifisch. Es muß betont werden, daß psychiatrische Symptome wie Depression und Schlafstörungen sowie Verhaltensstörungen auch bei der sporadischen CJD relativ häufig und bisweilen sogar initial im Prodromalstadium anzutreffen sind. Aufgrund alleine der klinischen Präsentation ist deshalb die Unterscheidung der sporadischen Form von der neuen Variante zu Beginn meist nicht möglich.

Spätestens wenn die Entwicklung von visuellen oder akustischen Halluzinationen, Illusionen und v.a. von neurologischen Ausfällen wie Ataxie, unwillkürliche Bewegungen und kognitive Defizite festgestellt werden, muß die nvCJD differentialdiagnostisch mit einbezogen werden (s. Kap. 15) [1389]. Hinzu kommen in relativ früher Phase v.a. Gangataxie und Sensibilitätsstörungen in Form schmerzhafter persistierender Parästhesien [1390]. Infolge der z.T. halbseitigen Verteilung, des Mitbefalls von Gesicht und Mund und der diagnostisch nicht verwertbaren (s.u.) elektroneurographischen und elektromyographischen Befunde wird ein zentraler, wahrscheinlich thalamischer Ursprung dieser sensiblen Symptome vermutet. Myoklonien traten bei vielen Patienten auf, aber erst spät im Krankheitsverlauf, und einige Patienten hatten choreoathetotische Bewegungsstörungen. Alle entwickelten letztlich eine progrediente Demenz, aber Störungen der Merkfähigkeit und des Gedächtnisses gehörten nur bei wenigen Patienten zur *initialen* Symptomatik. Der weitere Verlauf war protrahiert mit einer mittleren Krankheitsdauer von 14 Monaten (9–35). Das EEG war zwar nicht normal, es wies eine progrediente Verlangsamung der Grundaktivität auf. Die für sCJD charakteristische periodische Aktivität war aber in keinem der nvCJD-Fälle zu beobachten. Die Kernspintomographie zeigte teilweise hyperintense Signale im Thalamus (vgl. Abb. 31.3), aber mit posteriorer Lokalisation, im Gegensatz zur anterioren Lokalisation bei den sporadischen CJD.

Aufgrund der ungewöhnlichen klinischen Präsentation hätte keiner der ersten 10 nvCJD-Patienten in GB die Kriterien für die Verdachtsdiagnose einer *wahrscheinlichen CJD* erfüllt, und sieben nicht einmal jene für eine *mögliche CJD* (Definition der Kriterien: s. Tab. 29.1). Die Diagnosebestätigung erfolgte erst nach histopathologischer Aufarbeitung [1390] und Laboranalysen [702a]. Für die aktuell gültige Falldefinition ist der Punkt 4. der Tabelle 29.1 sowie die Literaturquelle [1287a] unbedingt zu beachten.

30.5 Klinik des Gerstmann-Sträussler-Scheinker Syndroms (GSS)

Das seltene Gerstmann-Sträussler-Scheinker Syndrom [499,500] wird autosomal-dominant vererbt (s. Kap. 16).

Die klinischen Hauptkennzeichen sind eine langsam progrediente, zerebelläre Ataxie mit chronischem Verlauf und eine sich erst spät entwickelnde Demenz.

Die Krankheit beginnt im Alter von 25 bis 61 Jahren, meist mit Gang- und Standunsicherheit, die zu wiederholten Stürzen führt (Tab. 30.1). Bald weitet sich das zerebelläre Syndrom aus; es zeigen sich Dysarthrie, Dysphagie und Dysphonie, später Nystagmus und sakkadierte Augenfolgebewegungen (vgl. [549]), zunehmende Hand- und Armdysmetrie mit Zieltremor und schließlich ein panzerebelläres Syndrom mit zunehmender Invalidisierung. Psychoorganische Veränderungen wie Reizbarkeit, Gedächtnis- und Lernstörungen kommen im weiteren Verlauf hinzu. Zusätzlich können im weit fortgeschrittenen Stadium folgende Symptome hinzukommen: Myoklonus, Spastik, abnorme dystone oder athetoide Bewegungen, schließlich schwerste Demenz mit Mutismus. Die Immobilität mit Bettlägerigkeit und die Dysphagie führen zur Kachexie. Der Tod tritt nach einer Krankheitsdauer von durchschnittlich fünf Jahren (2,5–11) ein.

Die zerebrale Bildgebung mit MRI oder CT zeigt je nach Stadium allenfalls eine unspezifische, zerebellär betonte Hirnatrophie. Das EEG zeigt eine im Verlauf progrediente diffuse Verlangsamung der Grundaktivität jedoch ohne periodische Aktivität.

Zum genetischen Hintergrund des GSS: Verschiedene Mutationen des *PRNP* können zum GSS, allerdings z.T. mit unterschiedlichem klinischen Phänotyp, führen (s. Kap. 26). Die weitaus häufigste Variante ist die CCG->CTG Einzel-Basen-Mutation, welche zu einer Substitution von Leucin für Prolin beim Codon 102 (102Leu) führt. Man fand sie bei nicht verwandten Familien in England, Japan, USA, Kanada, Österreich, Italien, Israel und Deutschland. Die unterschiedlichen Mutationen sind auch mit unterschiedlichem Alter zu Beginn der Symptome und mit unterschiedlicher Dauer der Krankheit assoziiert. Die 117Val-Mutation, nachweisbar in Familien aus Frankreich und Amerika, führt zu einem früheren Erkrankungsbeginn (<40 Jahre) und häufiger zu einem pseudobulbären Syndrom. Die 198Ser-Mutation, nachgewiesen in Familien aus Amerika, ist klinisch analog der 102Leu-Mutation.

Selbst unter den Patienten innerhalb derselben Familie wurden beträchtliche individuelle, klinische und histopathologische Variationen beschrieben (s. Kap. 26.5.3). Kein einziges der aufgelisteten einzelnen Krankheitssymptome oder Zeichen war regelmäßig bei allen Patienten nachweisbar. Dies legt nahe, daß eine *PRNP*-Mutation nicht der allein bestimmende Faktor des klinischen und pathologischen Phänotyps sein dürfte [191,500].

30.6 Klinik der Fatal Familial Insomnia (FFI)

Auch die FFI[48] wird, wie die fCJD und das GSS, autosomal-dominant vererbt (s. Kap. 17). Die FFI zeigt deutliche Unterschiede zur CJD betreffend klinischer, histopathologischer und molekularer Befunde. Kurz zusammengefaßt bestehen die charakteristischen klinischen Merkmale in Schlafstörungen, Verhaltensstörungen und vegetativen, motorischen sowie kognitiven Störungen (Tab. 30.5).

Das Alter beträgt bei Erkrankungsbeginn zwischen 20 und 71 Jahren, im Mittel 51 Jahre. Die Krankheitsdauer beträgt 31 ± 1 Monate oder 9 ± 1 Monate (je nach AS auf Codon 129 des *PRNP*) [493,862] (s. Kap. 17). Klinisch beginnt die Krankheit sehr variabel, meist mit progredienter Insomnie. Die Insomnie ist aber bisweilen erst in der multimodalen Schlafanalyse (Polysomnographie) feststellbar [1211]. Polysomnographisch findet man eine im Verlauf zunehmend schwere Störung bis zur vollständigen Aufhebung des Schlaf-Wach-Rhythmus mit Zerstörung der physiologischen zyklischen *Schlaforganisation*. Der Verlust der Schlafaktivität, insbesondere des restaurativen langsamen Schlafes (slow wave sleep), wird direkt auf die *thalamische Degeneration* zurückgeführt. Ein weiteres Kennzeichen der Krankheit ist eine progrediente Dysautonomie mit unbalancierter erhöhter sympathischer Aktivität und einem *chronischen Stress-Syndrom*, welches i.d.R. folgende Symptome umfaßt: Verlust des physiologischen nächtlichen Blutdruckabfalls, Tachykardie, Tachypnoe, Apnoe, Hyperhidrose, Fieber, verstärkter Tränenfluss und Speichelsekretion sowie chronische sekundäre arterielle Hypertonie. Die progrediente kognitive Beeinträchtigung besteht anfänglich aus Aufmerksamkeits- und Vigilanzstörungen. Eine fluktuierende Vigilanz mit raschem Wechsel zwischen Wachzustand und oneirischen Zuständen – mit dem polygraphischen Äquivalent eines echten Status dissociatus – ist früh zu beobachten. Spä-

[48] Wird von manchen Autoren als „letale familiäre Insomnie", „tödliche familiäre Insomnie", oder „fatale familiäre Insomnie" übersetzt, wobei letztere Übersetzung inkorrekt ist. Im Buch wird daher i.d. R. die englische Form verwendet.

ter kommen Gedächtnisstörungen (v.a. das Langzeitgedächtnis betreffend) und Orientierungsstörungen (vorwiegend zeitliche Abläufe betreffend) sowie Verwirrtheit und traumähnliche Zustände hinzu [490]. Letztere beinhalten die motorische Ausgestaltung von Trauminhalten (oneiric states).

Endokrinologisch läßt sich ein zunehmender Verlust der 24-Stunden-Rhythmizität der Somatotropin- und später auch der Prolactin-Sekretion feststellen. Zeichen der Nebennieren-Hyperaktivität bestehen in Hypercortisolismus und anhaltend erhöhten Katecholamin-Spiegeln. Das Melatonin-Sekretionsmuster zeigt sinkende Plasmaspiegel und einen Verlust der rhythmischen Sekretion. Im weit fortgeschrittenen Stadium findet man einen Verlust sämtlicher zirkadianen autonomen oder neuroendokrinen Rhythmizität (Tab. 30.5).

Zu den motorischen Befunden gehören Myoklonus, zerebelläre Ataxie mit Gangataxie, Dysarthrie, Dysmetrie, Dysphagie und pyramidale Zeichen. Im späteren Verlauf werden die Patienten zunehmend apathisch, mutistisch, somnolent bis komatös. PET-Studien zeigen einen thalamischen Hypometabolismus. Im EEG findet sich eine unspezifische zunehmende Verlangsamung des Grundrhythmus (Tab. 30.5).

Hämatologische und biochemische Untersuchungen zeigen üblicherweise normale Resultate (s. Kap. 31).

Zum genetischen Hintergrund der FFI: Es findet sich eine Mutation auf Codon 178 des *PRNP* mit Ersatz eines Aspartats durch Asparagin (178Asn) und ein Methionin-Polymorphismus auf Codon 129. Mehrere Familien aus Italien, Frankreich und USA sind bisher beschrieben worden [493,1196]. Möglicherweise gibt es auch sporadische FFI-Fälle (s. Kap. 17). So ist z.B. ein Patient mit klinischen und pathologischen Kriterien der FFI, aber ohne Mutation des *PRNP* beschrieben worden [493]. Mitunter ähnelt die Symptomatik der FFI sehr stark derjenigen CJD-Form, die bisweilen thalamische CJD-Variante genannt wurde (s. Kap. 26.5.1.1, 26.5.4).

Tabelle 30.5: Fatal Familial Insomnia (FFI): Klinische Merkmale bei 24 Patienten (modifiziert nach [493]).

Parameter	Merkmal/Befund
Erkrankungsalter	51 Jahre (20–71)
Krankheitsdauer	14 Monate (8–32) (bimodal, s. Kap. 17 und Tab. 30.1)
Schlaf und Vigilanz	• Progrediente Insomnie (Polysomnographie) • Episodische Traumzustände • Halluzinationen • Stupor
Kognitive Funktionen	• Gedächtnisstörungen (Langzeitgedächtnis) • Orientierungsstörungen • Störungen der Aufmerksamkeit • Verwirrtheit
Autonome Funktionen	• Hyperhydrose • Tachykardie • Hyperthermie • Arterielle Hypertonie • Tachypnoe • Apnoe
Motorische Funktionen	• Dysarthrie • Dysphagie • Ataxie • Myoklonus (spontan, evoziert) • Hyperreflexie • Babinski-Zeichen
Endokrine Funktionen	• ACTH herabgesetzt • Cortisol und Katecholamine erhöht • Abnormer zirkadianer Rhythmus folgender Hormone: – Wachstumshormon (GH) – Melatonin – Prolactin
EEG (im Schlaf)	• Verlust von Delta-Aktivität, Schlafspindeln und K-Komplexen • Abnorme REM-Phasen
EEG (im Wachzustand)	• Progrediente Abflachung und Verlangsamung des Grundrhythmus • Fehlende medikamenteninduzierte Schlafaktivität
Positron Emission Tomography (PET)	• Hypometabolismus im anterioren Thalamus (weniger im fronto-parietalen Cortex)

30.7 Klinik der Kuru

Kuru trat im 20. Jh. epidemisch im Volksstamm der Fore und bei seinen im östlichen Hochland von Papua Neuguinea lebenden Nachbarstämmen auf (Abb. 2.1, 2.2) [20,486].

Das *Spektrum* der Symptome deckt sich z.T. mit jenen der CJD, zeigt aber im Gegensatz zur CJD ein erstaunlich homogenes Bild bezüglich klinischen Befunden und Verlauf im Einzelfall.

Die Altersverteilung bzw. die Inkubationszeit zeigt eine Bimodalität (Abb. 38.3).

Die Krankheit dauert länger als bei der CJD, nämlich durchschnittlich 12 Monate bei Erwachsenen und etwas weniger lange bei Kindern (Tab. 30.1) [20].

Als charakteristische Prodromi treten Kopfschmerzen sowie Gelenk- und Gliederschmerzen auf. Nach wenigen Wochen sind die Zeichen einer paläozerebellären Erkrankung mit trunkaler midline-Ataxie feststellbar: Stand- und Gangunsicherheit (Abb. 13.1a), verwaschene Sprache und evtl. das Sehen von Doppelbildern (Abb. 13.1c). Die Rumpfinstabilität nimmt zu, es kommt zur Titubation, d.h. zum grobschlägigen rhythmischen Zittern des ganzen Körpers im Stehen. Nach einigen weiteren Wochen kommt es zum neozerebellären Mitbefall: grober posturaler Tremor, Dysmetrie, Dysdiadochokinese, Dysarthrie, Hypotonie und schließlich zum Verlust der selbständigen Steh- und Gehfähigkeit. Später kann eine transiente Phase mit muskulärem Hypertonus, Hyperreflexie und Kloni auftreten. Choreo-athetotische oder dystone Bewegungsstörungen sind oft zu beobachten. Häufig besteht eine emotionale Labilität, geprägt von pathologischem Weinen oder „Lachen" (Abb. 13.1b). Typischerweise fehlen Sensibilitätsstörungen und auch Myoklonien.

Es können keine Zeichen eines extrazerebralen Organbefalls festgestellt werden und das EEG, wie auch elektromyographische Untersuchungen, fallen normal aus [1192]. In der terminalen Phase dieser rasch progredienten Krankheit kommt es zur Dysphagie mit Kachexie, zur Inkontinenz und schließlich zum Tod, der unmittelbar meist infolge Pneumonie und infizierten Dekubitalulzera eintritt.

Der Hauptunterschied zur CJD besteht in der frühen, progredienten, bei Kuru obligaten, zerebellären Ataxie bzw. Koordinationsstörung (Abb. 13.1d). Eine Demenz – frühes Leitsymptom bei der CJD – ist bei Kuru hingegen selten und wenn sie auftritt, dann meistens im Terminalstadium. Ein weiterer Unterschied ist das erwähnte breite Altersspektrum bei Kurupatienten. Der Bimodalität liegen zwei verschiedene mittlere Inkubationszeiten zu Grunde (Abb. 38.3), was mit zwei unterschiedlichen Übertragungswegen zusammenhängt (s. Kap. 38).

31 Die klinischen Diagnostikmethoden bei Prionkrankheiten des Menschen

Inga Zerr und Sigrid Poser

31.1 Einleitung

Die Symptomatik der Patienten mit Creutzfeldt-Jakob-Krankheit (CJD) ist heterogen, bedingt durch die Beteiligung unterschiedlicher Systeme und unterschiedlicher Verlaufsformen. Da definitive diagnostische Tests zu Lebzeiten fehlen, sind klinische Kriterien erforderlich, die das Krankheitsbild definieren. Die Klassifikationskriterien orientieren sich an der Ätiologie der Krankheit. Man unterscheidet sporadische, iatrogene und familiäre Krankheitsfälle. Eine im Jahre 1996 beschriebene neue Variante der Creutzfeldt-Jakob-Krankheit (nvCJD) ist mit den klinischen Klassifikationskriterien für sporadische Creutzfeldt-Jakob-Krankheit (sCJD) schwer zu erfassen. Eine Differenzierung der sporadischen Form von der nvCJD kann klinisch nicht erfolgen. Die definitive Diagnose einer CJD kann zur Zeit nur autoptisch oder anhand einer Biopsie gestellt werden.

31.2 Probleme der klinischen Klassifikationskriterien

Bei einem sehr schnellen Krankheitsverlauf kann u.U. eine dementielle Entwicklung, die als eine unbedingte Voraussetzung in den Kriterien enthalten ist, den behandelnden Ärzten und den Angehörigen entgehen. Diese Patienten können dann, obwohl möglicherweise alle anderen neurologischen Zeichen vorhanden sind, nicht als eine wahrscheinliche oder mögliche CJD eingestuft werden. Molekularbiologisch finden sich bei solchen Patienten einige Besonderheiten. In Einzelfällen entspricht die Größe des Proteinase-K-resistenten Fragments des PrP dem vergleichsweise seltenen PrP-Typ 2 (s. Kap. 26.5) [519,1016]. Diese Patienten sind häufig homozygot für Valin am Codon 129 [1016]. Im Gegensatz dazu läßt sich bei Patienten mit einem typischen klinischen Erscheinungsbild und dem Nachweis periodischer bi- und triphasischer EEG-Komplexe (s. Kap. 31.3) die Größe des PK-resistenten PrP-Fragments dem PrP-Typ 1 mit Methionin/Methionin am Codon 129 zuordnen [301,519,1016].

Die etablierten Klassifikationskriterien enthalten Symptome und Krankheitszeichen, wie Myoklonien (Tab. 29.1), die häufig erst im Verlauf der Krankheit vorkommen. Das Kriterium des akinetischen Mutismus wird meist erst im Endstadium der Krankheit erfüllt [1002], zur Früherkennung sind die bestehenden Kriterien nicht ausreichend sensitiv. Insbesondere ein unspezifisches Prodromalstadium (s. Kap. 30.3.4) und die häufigen psychiatrischen Symptome wurden bis zum Auftreten der nvCJD nicht gewertet.

Die klinische Diagnose der CJD sollte deshalb nicht nach einer Einzeluntersuchung des Patienten gestellt werden, sie erfordert eine Verlaufsbeobachtung.

Insbesondere bei Angehörigen einer Familie, in der schon eine familiäre Form der CJD (fCJD) auftrat, sollte beim Auftreten neurologischer oder psychiatrischer Krankheiten eine sorgfältige Ausschlußdiagnostik einer behandelbaren Krankheit erfolgen. Die Diagnose darf keinesfalls aufgrund eines molekulargenetischen Befundes allein erfolgen [1133].

31.3 Elektroenzephalogramm (EEG)

Charakteristische EEG-Veränderungen bei CJD wurden erstmals in den 50er Jahren beschrieben; hiezu wird auf die 1986 veröffentlichte Übersicht von S. Levy verwiesen [850]. Seitdem gelten periodische bi- und triphasische Komplexe (PSWC) als ein elektroenzephalographisches Muster, das wegweisend für die Diagnose sein kann (Abb. 30.2). In der Frühphase der Krankheit kann das EEG bilaterale Alpha-Aktivität, mit generalisierten irregulären Einlagerungen von Theta- und Delta-Wellen zeigen [592,850]. Zusätzlich treten intermittierende hochamplitudige rhythmische Deltawellen auf. Es zeigen sich keine Veränderungen durch Hyperventilation oder Photostimulation. Bei einigen Patienten kommen die PSWC zum Teil schon in der dritten Woche nach Erkrankungsbeginn vor; meist stellen sie sich erst im weiteren Verlauf nach etwa zwölf Wochen ein, in Einzelfällen noch später. Bei einigen Patienten sind die PSWC erst nach einer externen Stimulation durch Geräusche oder taktile Reize nachweisbar. In der Frühphase der Krankheit korreliert der Nachweis von PSWC nicht mit der Schwere des Krankheitsbildes, frühes Auftreten von PSWC geht jedoch mit einer kürzeren Überlebenszeit einher (vgl. Abb. 37.3) [850]. Initial sind PSWC nur in kurzen Phasen nachweisbar, im Verlauf jedoch kontinuierlich mit einer Frequenz von 0,5–2/sec (Abb. 30.2) und einer Dauer von 200–600 msec. Die Hintergrundaktivität nimmt kontinuierlich ab, mit einem Übergang in Theta- und Delta-Aktivität und mündet im Spätstadium in einer isoelektrischen Linie [850]. Myoklonien korrelieren nicht immer mit PSWC, wie das in simultanen Ableitungen gezeigt werden konnte [850].

Das EEG ist eine der beiden technischen Untersuchungsmethoden, die in die diagnostischen Kriterien eingegangen sind (Tab. 29.1). In der Literatur finden sich unterschiedliche Angaben zur Häufigkeit der charakteristischen EEG-Veränderungen (Sensitivität 60–80%). Da diese häufig erst zur klinischen Diagnose führen, kommt es zu einer Selektion der Patienten mit dem Nachweis von PSWC in solchen Studien. Damit ist auch eine Überbewertung der Sensitivität des EEG verbunden. In prospektiven Untersuchungen gelingt der PSWC-Nachweis unter Verwendung standardisierter Kriterien (s. Legende von Abb. 30.2) in wenigstens einem EEG in 67% der Fälle [385, 1228]. Bei Vorliegen mehrerer Ableitungen kann die diagnostische Treffsicherheit besser sein [1227]. Die Veränderungen sind jedoch nicht spezifisch für die Diagnose einer CJD [1227], die Spezifität beträgt bis zu 86% [1228].

Das EEG eignet sich hingegen gut in der diagnostischen Zuordnung relativ typischer rascher Krankheitsverläufe. Schwierigkeiten bereiten ungewöhnliche Fälle mit einer langen Dauer, da bei ihnen häufig keine PSWC im EEG nachzuweisen sind. Auch hier gibt es offensichtliche Zusammenhänge mit dem PrP-Typ, definiert durch die Größe des PK-resistenten Fragments nach Parchi und dem Polymorphismus am Codon 129 [196,850,1016]. Die PSWC fehlen zudem bei fast allen fCJD-Formen, mit Ausnahme der Patienten mit der Mutation auf dem Codon 200 (E200K) (s. Kap. 26.6.1). Bei Patienten mit GSS, FFI oder nvCJD werden sie nicht gefunden.

Die Liste der möglichen Differentialdiagnosen ist bei Feststellung von PSWC umfangreich: Enzephalitiden wie die SSPE, metabolische Enzephalopathien, Lithiumintoxikation, hepatische Enzephalopathie, Hyperammonämie, Hypoglykämie, multiple zerebrale Abszesse, Mianserinintoxikation, Elektrolytentgleisung, vereinzelte Fälle eines intrazerebralen Lymphoms usw. [1346].

31.4 Liquordiagnostik

31.4.1 Allgemeines

Unter den bisher verfügbaren diagnostischen Markern stellt die Untersuchung des Liquor cerebrospinalis (Liquor) das zur Zeit sensitivste Verfahren zur Untermauerung der klinischen Verdachtsdiagnose dar (Tab. 31.1). Auch der Nachweis periodischer bi- und triphasischer Komplexe im EEG zusammen mit klinischen Symptomen spricht fast immer für die Diagnose einer CJD. Allerdings ist das EEG weniger sensitiv als einige biochemische Marker (Tab. 31.1), und die typischen EEG-Komplexe finden sich nur in ca. 60–80% der Fälle. Andererseits können in abnormen Konzentrationen nachweisbare Proteine wie 14-3-3, γ-Enolase oder S100b Ausdruck eines akuten neuronalen Untergangs

Tabelle 31.1: Übersicht über diagnostische Wertigkeit einzelner Verfahren die bei der CJD-Diagnostik angewandt werden.

Verfahren bzw. Marker und Quelle	n	Verfahren	Sensitivität	Spezifität[1)]
MRI [432]	29[2)]		79 %	na
EEG [1228]	29[3)]		67 %	86 %
Biochemische Marker				
14-3-3 [849a]	110		97%	87%
14-3-3 [1392]	289	Western blot	96 %	95 %
p130/131 [1393]	176[3)]	2D-Gelelektrophorese	88 %	100 %
NSE				
• im Liquor (35 ng/ml)[4)] [1394]	124[2)]	ELISA	80 %	92 %
• im Serum	88	ELISA	84 %	na
S100b				
• im Liquor (8 ng/ml)[4)] [1003]	135[3)]	ELISA	84 %	91 %
• im Serum (213 pg/ml)[4)] [1004]	224	LIA	78 %	81 %

[1)] Bei für die Differentialdiagnose relevanten Erkrankungen.
[2)] Patienten mit sicherer und wahrscheinlicher CJD.
[3)] Patienten mit sicherer, wahrscheinlicher und möglicher CJD und anderen Erkrankungen.
[4)] Cut-off Points.
na = nicht angegeben.
2D = zweidimensional.

oder einer Astrozytenaktivierung sein und deshalb allein nicht zur Diagnose der CJD herangezogen werden. Diese Marker sollten immer nur im klinischen Kontext diagnostisch angewandt werden. In der Differentialdiagnose dementieller Prozesse haben diese biochemischen Marker einen hohen Stellenwert. So sind sie bei einem Morbus Alzheimer, der wichtigsten Differentialdiagnose zu CJD, in nur sehr seltenen Fällen in pathologischen Konzentrationen im Liquor nachgewiesen worden. Von vier Alzheimer-Fällen mit dem Nachweis von PSWC im EEG war das Protein 14-3-3 im Liquor nur bei einem Patienten positiv [1392]. Auch andere differentialdiagnostisch wichtige und z.T. behandelbare Krankheiten können durch die Analyse des Liquors abgegrenzt werden (Tab. 31.2)

Tabelle 31.2: 14-3-3 Nachweis im Liquor bei der CJD-Diagnostik (vgl. a. Lit. [1388a]).

	Daten nach G. Hsich [676]	Eigene Daten
Gesicherte CJD	31/34	86/90
M. Alzheimer	1/49	1/72
Multiinfarktdemenz mit akutem Infarkt	3/3	nd
Entzündliche ZNS-Erkrankungen	12/25	14/65
Glioblastom	nd	3/4
Akuter Apoplex	4/4	0/6
Blutung	1/1	1/1
Herpes simplex Enzephalitis	11/12	3/3

nd = nicht durchgeführt.

31.4.2 Routineparameter und Surrogatmarker

Die Routineanalyse des Liquors bei Patienten mit CJD oder Gerstmann-Sträussler-Scheinker Syndrom (GSS) ist i.d.R. unauffällig [1050]. In unserer Statistik anhand 165 gesicherter und wahrscheinlicher Fälle wurde nur bei einem Patienten mit gesicherter CJD eine leichte Pleozytose von 14 Zellen/mm^3 beobachtet. Bei etwa 1/3 der Patienten läßt sich ein leichter unspezifischer Anstieg des Gesamtproteins nachweisen. In der isoelektrischen Fokussierung werden bei einigen Patienten oligoklonale Banden nachgewiesen [190,725,995], diese gehören jedoch nicht zum typischen Liquorbefund bei CJD.

31.4.2.1 Protein p130 und p131

1986 wurden durch die Arbeitsgruppe von Harrington [600] zwei Proteine charakterisiert, die durch das Verfahren der zweidimensionalen Gelelektrophorese nachweisbar sind. Sie sind aus dem Liquor von Patienten mit CJD, aber auch bei ca. 50% der Patienten mit einer Herpes simplex-Enzephalitis isolierbar. Das Molekulargewicht dieser Proteine, p130 und p131, beträgt 26 bzw. 29 kDa mit dem isoelektrischen Punkt von 5,2 bzw. 5,1.

Während in der Originalarbeit diese Proteine in allen 21 untersuchten Patienten zu sehen waren [600], konnte diese Sensitivität nicht reproduziert werden. In einer eigenen Untersuchung ließen sich diese Proteine in 84% der sporadischen CJD-Fälle nachweisen [1393]. Bei einigen genetisch bedingten Formen humaner Prionkrankheiten bleibt die Untersuchung auf p130 und p131 negativ. Der Test ist auch in der Frühphase der Krankheit, wenn noch relativ wenig neurologische Ausfälle und kognitive Störungen vorliegen, positiv; eignet sich jedoch nicht zur präsymptomatischen oder prädiktiven Diagnostik. In der wichtigsten Differentialdiagnose zur CJD, Morbus Alzheimer, insbesondere bei den Patienten, deren klinischer Verlauf sehr kurz ist und bei denen PSWC im EEG auftreten, werden diese Proteine nicht nachgewiesen [1392].

31.4.2.2 Proteine 14-3-3

Die Aminosäurensequenzanalyse zeigte, daß die Proteine p130 und p131 zur Gruppe der 14-3-3 Proteine gehören [676]. Im Gegensatz zu der aufwendigen Methode der zweidimensionalen Gelelektrophorese zum Nachweis der Proteine p130 und p131 erfolgt der Nachweis des 14-3-3 mittels eines Western blots (Abb. 31.1). Die Antikörper gegen verschiedene 14-3-3 Isoformen sind kommerziell erhältlich. Dieses Verfahren ist sensitiver als der Nachweis der Proteine p130 und p131 (Tab. 31.3). Einhergehend mit einer erhöhten Empfindlichkeit des Verfahrens sinkt jedoch die Spezifität, so daß einige in diesem Zusammenhang falsch-positive Befunde im Western blot vorkommen, wie sich in einer prospektiven Studie zeigte (Daten nicht in Tabelle 31.3). Die Quantität des 14-3-3 im Liquor geht möglicherweise mit dem Grad der Neuronendestruktion und dem Krankheitsstadium einher. In experimentellen Untersuchungen bei Schimpansen sind 14-3-3 Proteine bereits bei oder unmittelbar vor Erkrankungsbeginn im Liquor nachweisbar [676]. Bei Patienten mit CJD ist der Liquor bereits beim Auftreten erster neurologischer Auffälligkeiten 14-3-3 positiv [1392]. Dieser biochemische Marker ist der empfindlichste unter den bisher verfügbaren [1395]. Ein positiver Nachweis des Proteins gelingt bei 95% der Patienten mit gesicherter und wahrscheinlicher CJD [1392]. Die Spezifität des Verfahrens innerhalb der differentialdiagnostischen Abgrenzung der CJD beträgt 95%. Der Marker eignet sich dennoch nicht für das allgemeine Screening von Patienten mit Demenzen, denn seine Aussagekraft ist nur unter Einbeziehung weiterer klinischer Daten zuverlässig. Falsch-positive Ergebnisse erhält man bei akut destruierenden neurologischen Krankheiten, die jedoch meist klinisch leicht abgrenzbar sind (Tab. 31.2). Auf der anderen Seite ist das Protein 14-3-3 bei anderen differentialdiagnostisch in Frage kommenden Krankheiten nicht nachweisbar (z.B. psychiatrische Erkrankungen, Morbus Parkinson, Enzephalomyelitis disseminata, Morbus Pick, Hashimoto Enzephali-

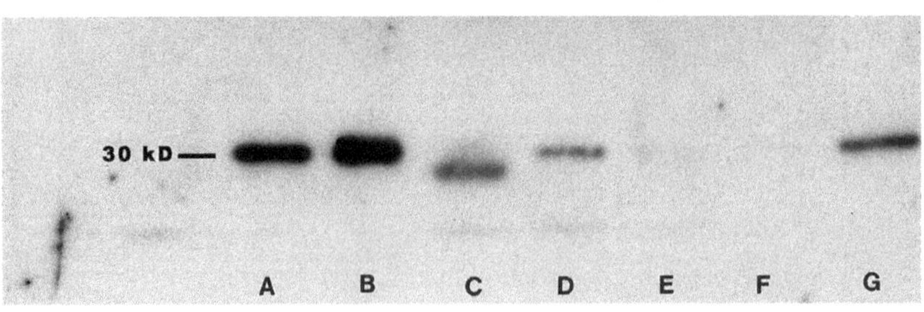

Abb. 31.1: Nachweis des Proteins 14-3-3 im Western blot. A, B, D: Patienten mit CJD; C: Patientin mit Neurolues; E: Patient mit M. Alzheimer; F: negative Kontrolle; G: positive Kontrolle. (Abb. von I. Zerr)

Tabelle 31.3: Vergleich der Nachweisverfahren für p130/131 und 14-3-3-Proteine bei der CJD-Diagnostik.

	130/131-positiv	130/131-negativ
14-3-3-positiv	110	23
14-3-3-negativ	0	69

tis und andere neurologische Erkrankungen). Die Detektion des Proteins 14-3-3 im Liquor kann somit als diagnostischer Parameter zur Untermauerung der klinischen Verdachtsdiagnose herangezogen werden und hat bei Patienten, bei denen CJD differentialdiagnostisch diskutiert wird, einen hohen Stellenwert (Abb. 31.4). Aus diesem Grund ist der Marker neuerdings in die klinischen Kriterien einer wahrscheinlichen CJD aufgenommen worden (Tab. 29.1).

31.4.2.3 γ-Enolase (Neuronspezifische Enolase, NSE)

Die γ-Enolase wird hauptsächlich in Neuronen und neuroendokrinen Zellen synthetisiert und hat ein MG von 78 kDa. Entsprechende Tests nach dem ELISA- bzw. RIA- oder DELFIA-Verfahren sind kommerziell erhältlich. Hohe γ-Enolase-Werte im Liquor und Serum können als Verlaufs- und Prognoseparameter für die akute neuronale Schädigung, wie bei Hypoxie, Apoplex und intrazerebraler Blutung nützlich sein [1157]. Pathologisch hohe γ-Enolase wurde im Frühstadium der CJD nachgewiesen, die Werte sollen im Verlauf abnehmen, parallel zur Entwicklung einer im Computertomogramm (CT) sichtbaren Hirnatrophie. Im Endstadium der Krankheit sollen die γ-Enolase-Werte wieder im Normbereich liegen [717,718,1298]. Dieser Befund ließ sich in unseren Untersuchungen nicht bestätigen, allerdings lagen in unserem Kollektiv keine so häufigen Lumbalpunktionen vor, um diese Fragestellung ausreichend beurteilen zu können. In den eigenen Untersuchungen wurde ein kontinuierlicher Anstieg der γ-Enolase-Werte, einhergehend mit der klinischen Progredienz der Krankheit, verzeichnet. Hohe γ-Enolase-Werte im Liquor können nach neuroradiologischem Ausschluß von Hirntumoren, Hirninfarkten und intrazerebralen Blutungen mit einer Sensitivität von 80% den klinischen Verdacht auf CJD unterstützen (Abb. 31.2). Trotz des Anstiegs bei akuten Prozessen wie Hypoxie oder Blutung, kann der Marker innerhalb der differentialdiagnostischen Abgrenzung der CJD eingesetzt werden; die Spezifität beträgt 92%. Dabei beträgt der optimale Grenzwert (cut off) 35 ng/ml (Youden Index) (Abb. 31.2). Als Kontrollen wurden in diesem Fall Patienten untersucht, die primär unter dem klinischen Bild einer CJD in die Studie aufgenommen wurden, bei denen sich dann entweder bei der Klassifikation oder im Verlauf eine andere Diagnose ergab.

31.4.2.4 Protein S100b

S100b ist ein saures Ca-bindendes Protein, das hauptsächlich in Gliazellen des zentralen und peripheren Nervensystems und in Melanozyten synthetisiert wird. Das Protein S100b im Serum wird zur Zeit hauptsächlich zur Prognoseabschätzung der zerebralen Läsion z. B. bei Patienten nach kardialen Operationen eingesetzt. Bei Patienten mit CJD kann die Liquormessung dieses Markers zur diagnostischen Unterstützung des klinischen Verdachts herangezogen werden. Während bei der einmaligen Bestimmung im Liquor 84% der Patienten mit einer gesicherten oder wahrscheinlichen CJD abnorm hohe Konzentrationen über 8 ng/ml hatten, war die Spezifität innerhalb der differentialdiagnostischen Abgrenzung dementieller Prozesse 90% [1003].

Bei Patienten mit CJD unterscheiden sich die Serumkonzentrationen des S100b Proteins signifikant von denen eines Kontrollkollektivs. Bei einem für diese Fragestellung errechneten Grenzwertes von 213 pg/ml wurden in 78% erhöhte Serumwerte gemessen [1004]. Auch dieser Marker ist unspezifisch, in dem gewählten Kontrollkollektiv wurden in 19% abnorme S100b Werte gemessen, das entspricht einer Spezifität von 81%. Falsch-positive Befunde kommen bei Enzephalomyelitis disseminata, subakuter Enzephalomeningitis, akuter Hypoxie, Blutungen und anderen akuten destruierenden Prozessen

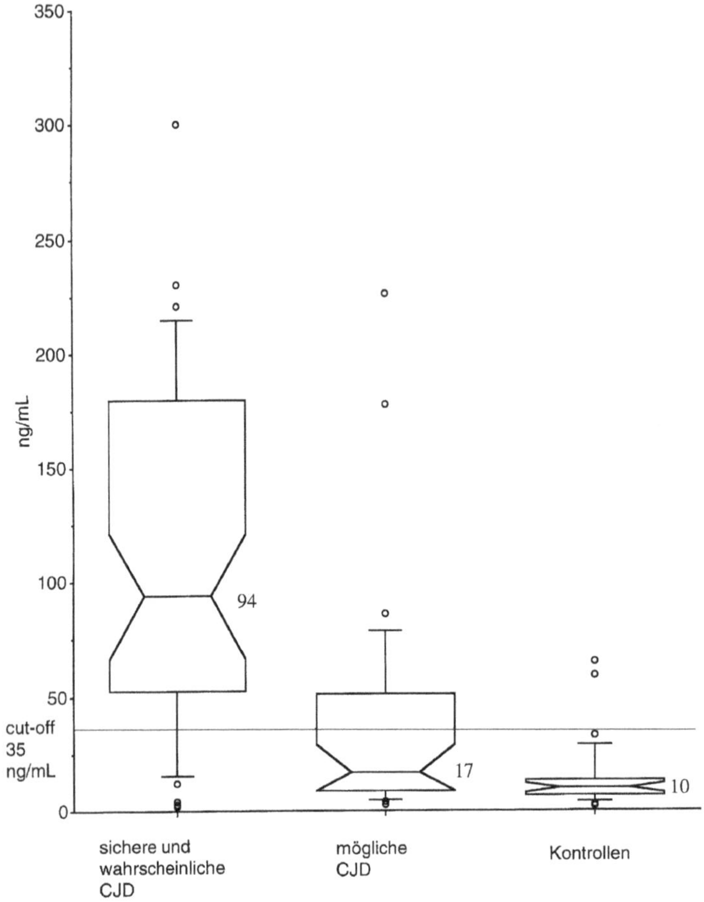

Abb. 31.2: Konzentrationen der neuronspezifischen Enolase (NSE oder γ-Enolase) im Liquor von Patienten mit CJD und Kontrollen (cut-off = optimaler Grenzwert). (Abb. von I. Zerr)

vor. Ein bisher noch nicht gelöstes Problem ist die kurze biologische Halbwertszeit des S100b, die unter zwei Stunden liegt. Bei Verwendung dieses Markers sollte deshalb auf besonders schnelles Aufarbeiten der Proben geachtet werden.

31.5 Liquordiagnostik bei der neuen Variante der CJD (nvCJD)

Die Routineparameter sind bei nvCJD unauffällig [1390]. Während der Nachweis des 14-3-3 bei der Mehrzahl der Patienten mit sporadischer CJD gelingt, läßt sich das Protein 14-3-3 in nur der Hälfte der Fälle nachweisen [1357]. Surrogatmarker werden auch bei nvCJD in abnormen Konzentrationen gemessen, diese sind jedoch im Vergleich zur sCJD deutlich niedriger, was entweder auf unterschiedliche Lokalisation des Prozesses oder auf den länger hingezogenen Krankheitsverlauf zurückzuführen ist (A. Green, pers. Mitt.).

31.6 Liquordiagnostik bei genetisch bedingten (familiären) Formen von Prionkrankheiten

Nach bisher vorliegenden Ergebnissen finden sich bei familiären Formen der Creutzfeldt-Jakob-Krankheit (fCJD) ähnliche Liquorveränderungen wie bei der sCJD. Z. B. war bei 15 Patienten mit E200K-Mutation das Protein 14-3-3 im Liquor nachweisbar. In der eigenen Untersuchung war bei drei Patienten mit der E200K-Mutation und bei zwei Patienten mit der V210I-Mutation 14-3-3 nachweisbar und die Konzentration der γ-Enolase im Liquor war stark erhöht [1133,1392]. Anders ist es bei Patienten mit GSS, bei denen der Nachweis des 14-3-3 in nur einem von drei Fällen gelang [1392]. Problematisch ist die liquorgestützte Diagnose bei Patienten mit Letaler Familiärer Insomnie (FFI). Bei keinem von sechs untersuchten Patienten konnten 14-3-3 oder abnorme Konzentrationen der γ-Enolase gemessen werden [1392,1396].

31.7 Andere biochemische Parameter

Tau-Protein, ein Hauptbestandteil der intrazellulären Neurofibrillen bei Morbus Alzheimer, wurde beim letzteren in erhöhten Konzentrationen im Liquor nachgewiesen [715,1290].

Im Gegensatz zu nicht-dementen Kontrollen kommen auch bei CJD-Patienten abnorm hohe Konzentrationen des Tau-Proteins im Liquor vor. Diese übersteigen die Werte der Kontrollen mit unterschiedlichen dementiellen Krankheiten [1005] und steigen auch höher an als im Liquor von Patienten mit Morbus Alzheimer.

Weitere Proteine, die im Liquor von CJD-Patienten in abnorm hohen Konzentrationen vorkommen, sind die hirnspezifische Isoform der Kreatininkinase (CK-BB) und G_0, ein Protein, das hauptsächlich im Neuropil des Cortex lokalisierbar ist. Ubiquitin ist im Liquor im frühen und mittleren Stadium der Krankheit stark erhöht (107,6–377,0 ng/ml) – im Vergleich zu gesunden Kontrollen mit 7,3–21,0 ng/ml [876].

31.8 Prion-Protein-Nachweis

Der Nachweis der abnormen PK-resistenten Form des Prion-Proteins (PrP^{Sc} oder PrPres) beim lebenden Individuum könnte zu einem klinisch-diagnostischen Test führen. Bisher konnte nur die PK-sensitive Form des PrP sowohl im Liquor als auch in Leukozyten und Thrombozyten nachgewiesen werden [932,1039,1236]. Ultrasensitive Testverfahren wie Fluoreszenzkorrelierte Spektroskopie (FCS) können eventuell zu einem Nachweis des PrP^{Sc} im Liquor führen, die Methoden befinden sich jedoch noch in der Entwicklung [516].

31.9 Bildgebung

31.9.1. Computertomographie (CT)

In der computertomographischen Untersuchung des Gehirns können differentialdiagnostisch wichtige, potentiell reversible Krankheiten, z.B. Normaldruckhydrocephalus, chronisch subdurales Hämatom oder ein raumfordernder Prozeß nachgewiesen werden. Weder die einmalig durchgeführte CT noch Verlaufsuntersuchungen eignen sich jedoch zur Diagnoseuntermauerung der CJD.

Im Prodromalstadium (s. Kap. 30.3.4) erhebt man häufig einen Normalbefund. Im Verlauf der Krankheit kann dann eine Hirnatrophie im CT sichtbar werden, die mit der Progredienz des Grundleidens zunimmt und im Endstadium des akinetischen Mutismus am deutlichsten ausgeprägt ist [609,1162,1324]. Veränderungen in der weißen Substanz in Form von hypodensen Bezirken, die in der Autopsie Arealen fokaler CJD-typischer Veränderungen entsprachen, sind bisher nur in einem Fall berichtet worden [744].

31.9.2 Kernspintomographie bei sporadischen CJD-Fällen (sCJD)

Als bildgebendes Verfahren dient die Kernspintomographie (MRI) zur diagnostischen Abklärung rapid fortschreitender dementieller Prozesse. Mit diesem Verfahren können Befunde erhoben werden, die den klinischen Verdacht auf CJD ev. unterstützen oder ausschließen. Neben einer unspezifischen Hirnatrophie, die sichtbar gemacht werden kann, imponieren in den T2- und protonengewichteten Aufnahmen (PD-Aufnahmen) abnorme symmetrische Signalanhebungen in den Basalganglien [432]. Diese MRI-Veränderungen sind in Einzelfällen schon einige Wochen bis wenige Monate nach Erkrankungsbeginn sichtbar, z.T. auch noch vor der typischen klinischen Manifestation [998,1124]. Die T1-gewichteten Aufnahmen fallen normal aus. Im Vergleich mit histopathologischen Veränderungen korrelieren die Signalabnormitäten im MRI signifikant mit den am meisten von der Astrozytose und der Vakuolisation des Neuropils (Abb. 26.1) betroffenen Arealen [432]. Die Flüssigkeitsansammlungen innerhalb der Vakuolen verursachen am ehesten die hohe Signalintensität in T2, während Veränderungen in PD-Aufnahmen mit Gliose assoziiert sind [1124, 1244]. Zur Korrelation des kernspintomogra-

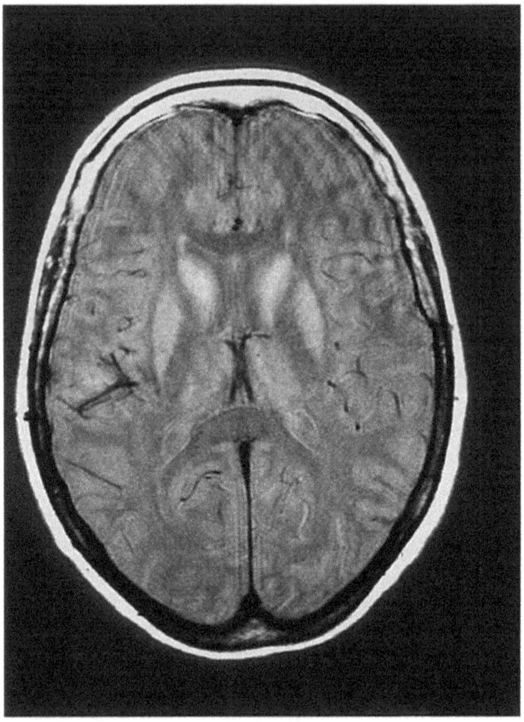

(a)

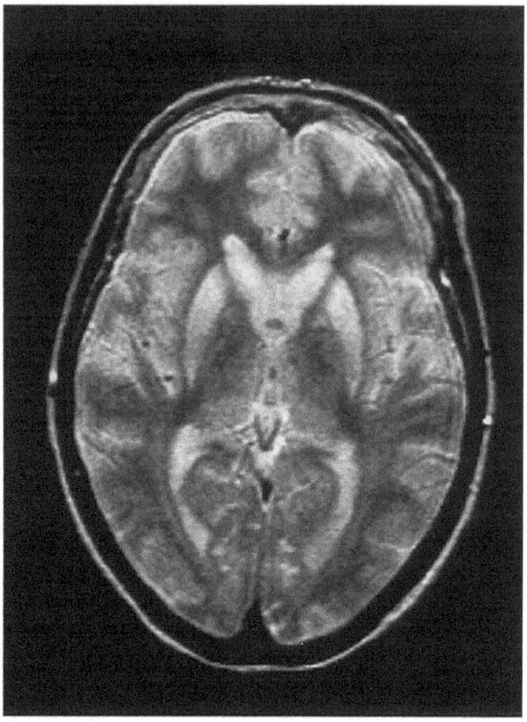

(b)

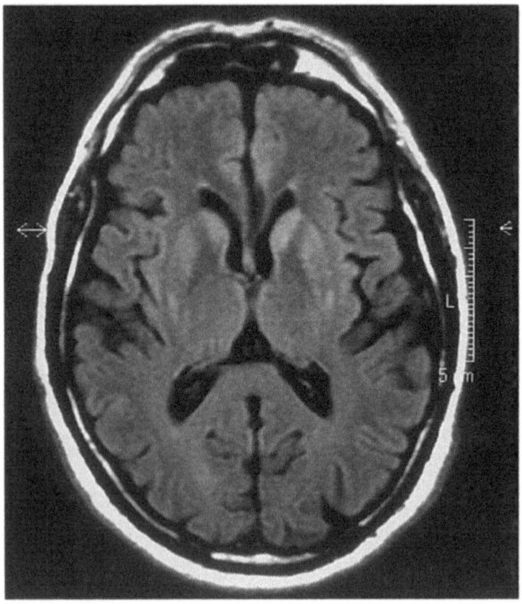

(c)

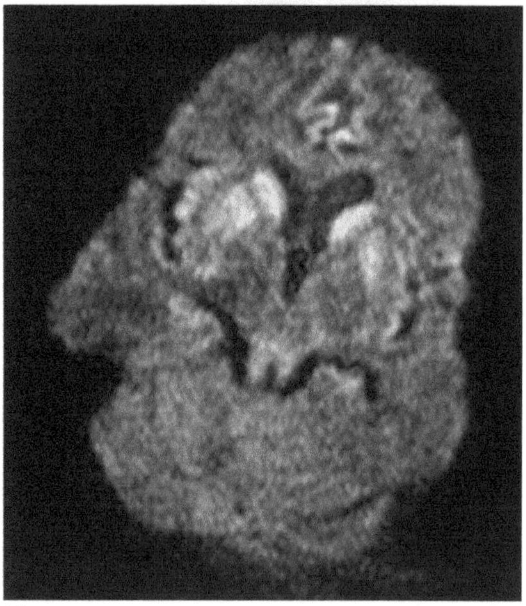

(d)

phischen Befundes mit den klinischen Erscheinungsformen der Krankheit liegen bisher wenig Daten vor [1391].

Symmetrische hyperintense Signalanhebungen im Putamen und Nucleus caudatus werden bei ≧ 79% der sicheren und wahrscheinlichen Fälle (23/29 Patienten) gesehen, wie in einer retrospektiven Studie gezeigt werden konnte [432] (Abb. 31.3a-b). In Verlaufsuntersuchungen findet man sowohl eine rapid fortschreitende kortikale Atrophie als auch eine Striatumatrophie [1280]. Der Grad der Atrophie korreliert mit der Zeitspanne zwischen Beginn der Symptome und der MRI-Untersuchung, wobei eine beträchtliche Volumenminderung bei allen Patienten mit einer Krankheitsdauer von länger als vier Monaten im MRI sichtbar wird [1280].

Da die Veränderungen in den Basalganglien größtenteils symmetrisch sind, werden diese insbesondere bei milder Ausprägung nicht immer als ein pathologischer Befund erkannt. So wurden diese durch Radiologen spontan in nur einem von acht iCJD-Fällen und in drei von 84 sCJD-Fällen berichtet [1391].

Neben den beschriebenen Abnormitäten in T2- und PD-gewichteten Aufnahmen sind die Basalganglien auch in der FLAIR-Sequenz abnorm signalintensiv darstellbar (Abb. 31.3c). Zusätzlich kann auch die Mitbeteiligung des Cortex in Form von Signalanhebungen oder Atrophie auf solchen Aufnahmen deutlicher sichtbar werden als in anderen Sequenzen (M. Finkenstaedt, pers. Mitt.) [1181].

Es liegen noch wenig Erfahrungen mit diffusionsgewichteten Aufnahmen bei CJD-Patienten vor. Ähnlich wie in der FLAIR-Sequenz lassen sich die Veränderungen in den diffusionsgewichteten Aufnahmen z.T. auch dann nachweisen, wenn T2 und PD normal erscheinen (M. Finkenstaedt, pers. Mitt.) [86,347]. Ein Vorteil besteht in der kurzen Untersuchungszeit (Sequenzzeit ca. 400 msec), so daß bei den häufig unruhigen CJD-Patienten wenig Bewegungsartefakte vorkommen. Signalanhebungen werden sowohl in den Basalganglien als auch im Cortex deutlich (Abb. 31.3d).

◀ **Abb. 31.3:** Bildgebende Hilfsmittel für die Diagnostik von Prionkrankheiten beim Menschen: Kernspintomographie (MRI) bei sporadischen CJD-Fällen (sCJD). (Abb. von I. Zerr)
(a) Diese axiale protonengewichtete Aufnahme demonstriert auf der Ebene der Basalganglien eine Signalanhebung im Pallidum, Putamen und Caput nuclei caudati beiderseits. 71jährige Patientin mit CJD, vier Monate nach Beginn der Erkrankung und zwei Monate vor dem Tod.
(b) Diese T2-gewichtete Aufnahme in Höhe der Basalganglien zeigt erhöhte Signalintensität im Nucleus Caudatus, Putamen und mittelgradig im Thalamus. Eine höhergradige Atrophie zeigt sich in diesem frühen Stadium der Erkrankung noch nicht. 70jährige Patientin, ein Monat nach Beginn der Erkrankung und drei Monate vor dem Tod.
(c) Diese FLAIR-gewichtete Aufnahme zeigt Signalanhebungen in den Basalganglien. 58jähriger Patient, vier Monate nach Beginn der Erkrankung und fünf Monate vor dem Tod. Zu Beginn standen ein progredientes zerebelläres Syndrom und kognitive Störungen im Vordergrund, später entwickelte der Patient Myoklonien und Rigor.
(d) Abnorme Signalanhebungen in den Basalganglien. 65jährige Patientin mit einer 3monatigen Krankheitsanamnese. Zum Zeitpunkt der Aufnahmen ist die Patientin akinetisch-mutistisch. Zu Beginn der Erkrankung standen Demenz und Rigor im Vordergrund, im Verlauf entwickelten sie Myoklonien.

31.9.3 Kernspintomographie bei der neuen Variante der CJD (nvCJD)

Kernspintomographische Veränderungen bei sCJD-Patienten unterscheiden sich von denjenigen bei nvCJD-Patienten bezüglich ihres Verteilungsmusters. Bei der sCJD finden sich die stärksten Veränderungen im Putamen und Nucleus caudatus. Dagegen sind bei der nvCJD die stärksten Signalanhebungen im posterioren Thalamus in der T2 zu sehen [274]. Das charakteristische Verteilungsmuster der Läsionen im MRI stellt eine wichtige diagnostische Säule bei Patienten mit nvCJD dar und ist in die klinischen Kriterien eingegangen (Tab. 29.1).

31.10 Zuverlässigkeit diagnostischer Zusatzverfahren

Die Diagnose CJD basiert zu Lebzeiten der Patienten hauptsächlich auf dem klinischen Krankheitsbild. So haben, retrospektiv betrach-

Tabelle 31.4: Zuverlässigkeit der klinischen CJD-Diagnostik. Definitionen: *Gesicherte CJD:* neuropathologisch gesicherte Fälle. *Keine CJD*: Patienten mit initialem Verdacht auf CJD, bei denen die Diagnose im Verlauf nicht bestätigt wurde. *Typische Klinik*: klinische Kriterien einer „möglichen CJD" sind erfüllt.

	Typische Klinik	Typische Klinik und EEG-positiv	Typische Klinik und 14-3-3-positiv	Typische Klinik und EEG- *oder* 14-3-3-positiv
Gesicherte CJD (n = 90)	99% (89/90)	70% (63/90)	96% (86/90)	99% (89/90)
Keine CJD (n = 124)	13% (16/124)	3% (4/124)	1% (1/124)	3% (4/124)

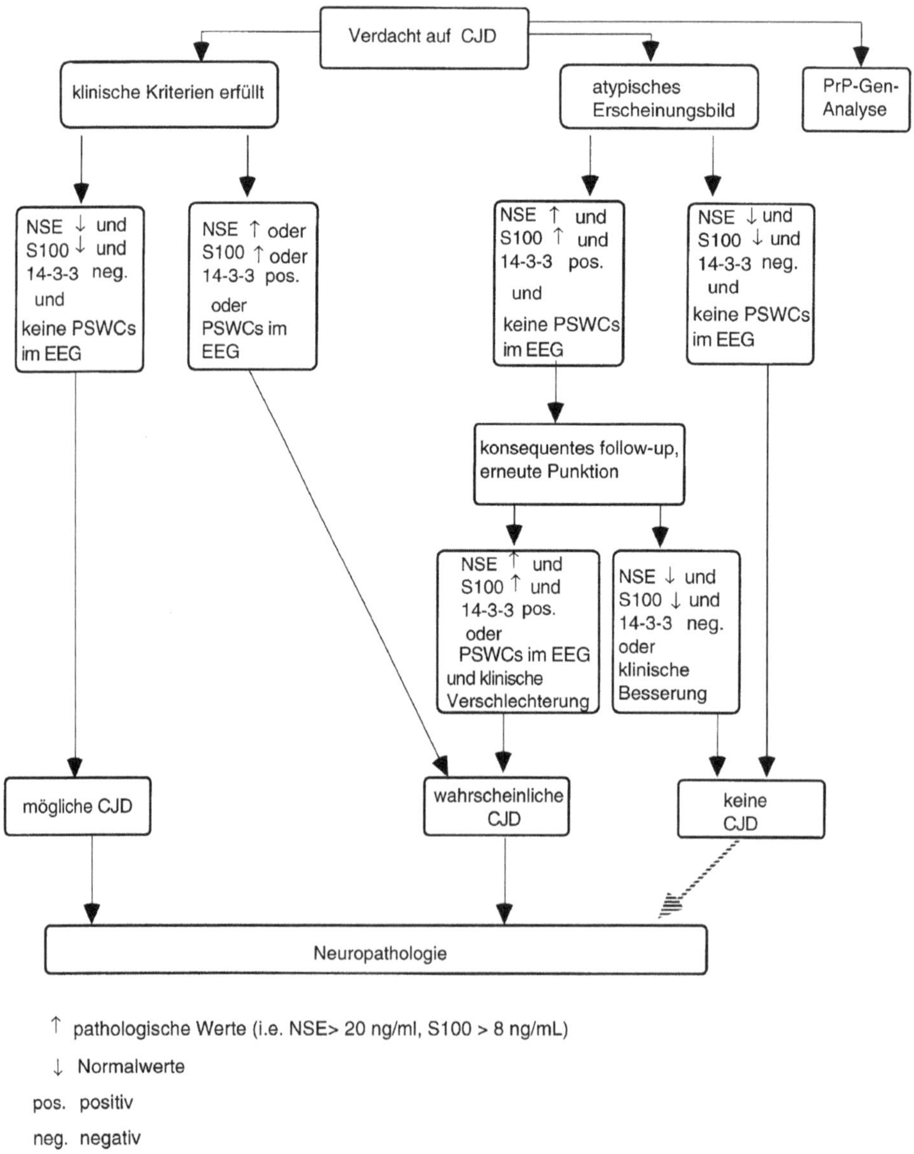

Abb. 31.4: Fließdiagramm: EEG- und Labor-Untersuchungen bei der CJD-Diagnostik, insbesondere sCJD (für bildgebende Verfahren s. Abb. 31.3 und Text). (Abb. von I. Zerr)

tet, 99% der meist nach dem Tod gesicherten Fälle zu Lebzeiten die klinischen Kriterien für die Diagnose *wahrscheinliche* oder *mögliche CJD* nur selten nicht erfüllt (Tab. 31.4). In 67% der später *gesicherten* Fälle ist das EEG typisch verändert, in 96% ist der 14-3-3 Nachweis positiv. Sowohl Sensitivität als auch Spezifität des 14-3-3-Nachweises ist dem EEG überlegen.

Die klinischen Klassifikationskriterien für CJD, ergänzt um den Nachweis des Proteins 14-3-3 im Liquor für das Kriterium *wahrscheinliche CJD*, stellen ein sensitives Instrument zur klinischen Diagnose der CJD dar (Tab. 31.4). Bei Patienten mit einer typischen klinischen Symptomatik unterstützen der Nachweis von PSWC oder abnorm hohe Konzentrationen der biochemischen Marker im Liquor den klinischen Verdacht auf CJD. Bei untypischem Verlauf und Nachweis abnorm hoher Konzentrationen von NSE oder S100b oder 14-3-3 im Liquor ist eine Verlaufsbeobachtung dringend notwendig. Eine weitere diagnostische Entscheidung kann erst nach einer Verlaufsbeobachtung oder einer erneuten Lumbalpunktion nach mindestens drei Wochen erfolgen (Abb. 31.4).

32 Die Überwachung der Prionkrankheiten des Tieres

Beat Hörnlimann, Marcus G. Doherr und Martin H. Groschup

32.1 Einleitung

Ein Überwachungsprogramm, das zuverlässige Zahlen zur Inzidenz von BSE, Scrapie und anderen Prionkrankheiten liefern soll, ist auf die Mitarbeit vieler beteiligter Personen und Institutionen angewiesen: dazu gehören Tierhalter und alle Personen, die Umgang mit TSE-empfänglichen Tieren haben, insbesondere aber praktizierende Tierärzte und Tierkliniken sowie Diagnostiklaboratorien.

Die Untersuchung von Rindern und Schafen mit neurologischen Erscheinungen hat in verschiedenen Ländern zur Aufdeckung von BSE- und Scrapie-Fällen geführt (passive Überwachung, Monitoring). Seit 1999 ist es mit neu entwickelten diagnostischen Testverfahren möglich, durch gezielte umfangreiche Untersuchungen an Gehirnen potentiell exponierter Tiere (Risikokohorten) auch solche ohne typische Symptomatik zu entdecken (aktive Überwachung, Screening; s. Kap. 35 und Kap. 41.7).

Übergeordnetes Ziel der Überwachung ist die Erstellung von BSE- und Scrapie-Datenbanken als Grundlage für Beschreibungen des Epidemieverlaufs, epidemiologische Studien, Risikoeinschätzungen usw. Die daraus gewonnenen Erkenntnisse sollen der gezielten Bekämpfung bzw. Ausrottung von Prionkrankheiten dienen.

In Ergänzung zu den Kapiteln 53–57 gibt dieses Kapitel einen praktisch orientierten Überblick über die Mindestanforderungen, die an ein funktionierendes BSE- und Scrapie-*Überwachungssystem* gestellt werden müssen. Manche grundlegenden Empfehlungen entstammen dem Internationalen Tierseuchenamt in Paris (Office International des Epizooties; OIE) [990]. Ein international gut abgestimmtes, d.h. harmonisiertes Überwachungskonzept kann nur funktionieren, wenn 1) staatliche Institutionen den betroffenen Tierhaltern eine finanzielle Entschädigung für Tierverluste und Untersuchungskosten garantieren und 2) alle Staaten eine transparente Meldepolitik betreiben. Letzter Punkt wird dadurch gefördert, daß betroffenen Ländern, die ihre Situation transparent darlegen, keine übertriebenen internationalen Handelshemmnisse in die Wege gelegt werden [1].

32.2 „Passive" Überwachung von Prionkrankheiten

32.2.1 Die Rolle der Tierärzte und Tierhalter in der Überwachung

In der EU und der Schweiz wurde zwischen 1988 und 1992 die Meldepflicht für BSE-Verdachtsfälle eingeführt und für Scrapie in fast allen EU-Mitgliedstaaten 1994; in der Schweiz ebenfalls 1990. Tierhalter und praktizierende Tierärzte erfüllen eine wichtige Rolle in der Früherkennung dieser Krankheiten, wobei das Hauptaugenmerk auf dieser Ebene der Kenntnis der typischen Symptome gilt (Abb. 33.2, 34.1). Tiere mit verdächtigen Symptomen müssen nach geltenden landesspezifischen Rechtsvorschriften unverzüglich den zuständigen Veterinärbehörden gemeldet werden. Verdächtige Tiere müssen getötet und einem Labor zur gezielten Untersuchung auf das Vorliegen einer Prionkrankheit zugeführt werden. Beim Versand der Proben sind die von Land zu Land im Detail unterschiedlichen Verpackungsanweisungen und postalischen Richtlinien für den Transport zu beachten. Hinweise zur zweckmäßigen Gewebekonservierung und zum Versand können bei zuständigen Referenzlaboratorien eingeholt werden. Für den Fall, daß eine Bestätigung des Verdachts im Labor erfolgt, sind Bekämpfungsmaßnahmen in die Wege zu leiten (s. Kap. 53, 55, 57).

Ein BSE- oder Scrapie-Verdacht sollte möglichst frühzeitig erkannt und gemeldet werden. Bei betroffenen Tieren treten in der frühen Phase der klinischen Manifestation oft Verhaltens- und Sensibilitätsstörungen auf (s. Kap. 33, 34). Damit aber das passive Überwachungsnetz möglichst feinmaschig ist und erkrankte bzw. verdächtige Tiere in allen Phasen der klinischen Manifestation erkannt werden können, müssen alle Mitarbeiter in Berufssparten, die mit lebenden Rindern, Schafen usw. arbeiten, über ein möglichst gutes Bild der klinischen Symptomatik von Prionkrankheiten verfügen. Bei Verdacht melden sie ihre Beobachtungen an die entsprechenden Bestandes- oder Kontrolltierärzte, die bei BSE- oder Scrapie-Verdacht die lokal zuständige, amtliche Überwachungsbehörde informieren müssen. Gleiches gilt für Viehhändler und Viehtransport-Chauffeure, die beim Transport der Tiere einen Verdacht auf eine Prionkrankheit hegen, für Personen, die im Schlachthof mit der Viehannahme betraut sind und für Metzger, v.a. aber für Schlachthoftierärzte und amtliche Fleischbeschauer oder -kontrolleure, die im Rahmen der Schlachttieruntersuchung (Lebendviehbeschau) auffällige neurologische Befunde erheben. In diesem Zusammenhang sei erwähnt, daß Streß im Zusammenhang mit dem Schlachttiertransport und der Schlachtung die Symptome verstärken oder auslösen kann [121, 663,1278] (vgl. Kap. 39).

32.2.2 Die Rolle der Diagnostiklaboratorien

Auch die amtlich autorisierten Laboratorien nehmen bei der Diagnostik von BSE und Scrapie eine Schlüsselrolle ein, da dort die vom Wissenschaftlichen Veterinärausschuß der EU-Kommission und von dem OIE anerkannten Untersuchungsverfahren angewandt werden [990]. Die nationalen Referenzlaboratorien sind für die Überwachung einer landesweit standardisierten Diagnostik und die Nachuntersuchung von Zweifelsfällen nach internationalen Kriterien zuständig. Die ständige Verbesserung, Standardisierung und Evaluierung der Labormethoden zur Diagnostik von Prionkrankheiten ist das Anliegen verschiedener von der EU-Kommission finanziell geförderter internationaler Forschungsverbände (FAIR-Projekte, Bsp. Scrapie-Network, s. Kap. 55).

In der Vergangenheit wurden bei BSE- und Scrapie-Verdachtsfällen v.a. histopathologische und immunhistochemische Nachweisverfahren (IHC, Immuno blot) zur diagnostischen Abklärung angewandt. Heute kommen einfache Schnellmethoden (s. Kap. 35) hinzu.

Die histopathologische Diagnostik basiert auf dem Nachweis von spongiformen Veränderungen des Neuropils, des Nervenzellverlustes und einer Gliose. Die morphologischen Veränderungen sind in verschiedenen Hirnregionen unterschiedlich stark ausgeprägt. Bei den verschiedenen TSE-Formen (BSE, Scrapie) sind die mikroskopisch feststellbaren Veränderungen nicht in denselben Hirnregionen konzentriert (s. Kap. 11.3.4). Die Läsionen reichen – je nach Inkubations- bzw. Krankheitsstadium – von nur wenigen Vakuolen bis zur massiven Vakuolisierung des Gehirns (Status spongiosus).

Die histopathologische Diagnostik sollte heute durch den immunhistochemischen Nachweis oder durch andere, auf dem PrP^{Sc}-Nachweis im Gehirn basierende, Methoden bestätigt werden [548,1248]. Die Sensitivität und Spezifität der immunhistochemischen Methoden wird durch eine optimierte Vorbehandlung des Gewebes verbessert [555,597]. Die Beurteilung der PrP-Immunhistochemie sollte durch einen erfahrenen Tierneuropathologen erfolgen.

Beim in Tübingen in Entwicklung stehenden Immuno blot wird PrP^{Sc} aus dem Gewebe extrahiert und nach Ultrazentrifugation, PK-Verdauung, elektrophoretischer Auftrennung und der Bindung spezifischer Antikörper als Banden angefärbt. Für dieses Verfahren stehen eine Reihe ausgezeichneter poly- und monoklonaler Antikörper zur Verfügung [548,556,598,811].

Andere, bereits von der EU evaluierte BSE-Tests werden im Rahmen der „aktiven“ Überwachung (s. Kap. 32.3) eingesetzt und entsprechend sind spezialisierte Laboratorien (s. Kap. 35) für die Untersuchungen zuständig.

Nicht nur wenn Probenmaterial von Verdachtsfällen eingesandt wird, sondern auch wenn sich im Rahmen differentialdiagnostischer Untersuchungen in Tierkliniken, Veterinäruntersuchungsämtern, Instituten für Tierpathologie usw. Anhaltspunkte für das Vorliegen einer Prionkrankheit ergeben, sollen gezielte Laboruntersuchungen eingeleitet werden. Für alle Laboratorien, in denen Diagnostik von Hirnkrankheiten bei Tieren betrieben wird, sollte es veterinärrechtlich als obligatorisch erklärt werden, daß Diagnosestellungen wie BSE bei Zootieren, FSE bei Haus- oder Raubkatzen und CWD bei Hirschartigen usw. gemeldet werden müssen. Dies sollte auch für Zufallsbefunde irgendeiner Tierart gelten, d.h. auch für solche Prionkrankheiten, die ohne entsprechenden anamnestischen Hinweis diagnostiziert werden (vgl. EU-Entscheidung 98/272/EC).

32.2.3 Die Rolle der internationalen, nationalen und regionalen Behörden

Die internationalen Empfehlungen zur Überwachung der BSE und Scrapie seitens des OIE [990] und der EU sind eine gute Basis für eine effektive Überwachung der Tierbestände auf nationaler Ebene. Darauf basierend erlassen die zuständigen obersten Veterinärbehörden der einzelnen Länder entsprechende gesetzliche Überwachungs- und Meldevorschriften. Damit Landwirte, Tierärzte und alle weiteren Berufssparten, die mit lebenden Tieren arbeiten, der Meldepflicht nachkommen können, sei betont, daß deren Aufklärung insbesondere über die Symptomatik von Prionkrankheiten durch verständliche Information von zentraler Bedeutung ist. Zur Aufklärung gehört z.B. das systematische Verbreiten oder Veröffentlichen von klaren, praxisgerecht aufgearbeiteten Videos oder Darstellungen der BSE- und Scrapie-Symptome und Falldefinitionen in landwirtschaftlichen, tierärztlichen und anderen Zeitschriften.

Die nationalen Behörden koordinieren zudem die Aktivitäten der beauftragten Diagnostiklabors und der auf regionaler Ebene für die BSE- und Scrapie-Überwachung verantwortlichen Landes- oder Kantonstierärzte (CH). Diese arbeiten an der konkreten Ausgestaltung von Überwachungsprogrammen mit, vollziehen sie und koordinieren die Tätigkeit der untergeordneten, amtlich beauftragten Tierärzte innerhalb der Region, in der sie zuständig sind.

Eine weitere Aufgabe der nationalen Behörden liegt bei optimaler Überwachung darin, epidemiologische Abklärungen und Studien durchzuführen und die Daten zu allen diagnostizierten Fällen von Prionkrankheiten standardisiert zu sammeln, zu analysieren und aufzubereiten. Die Resultate, deren Interpretation und darauf basierende Empfehlungen sollten in entsprechenden nationalen Mitteilungsorganen oder Homepages der Öffentlichkeit, allen am Überwachungsprogramm Beteiligten und den internationalen Partnern wie OIE oder EU-Kommission zur Verfügung gestellt werden [651]. Folgende Arten der Datenaufbereitung und Studien sind sowohl für das eigene Land als auch für den internationalen Vergleich wichtig:

1. Berechnung der BSE- und Scrapie-Inzidenzen anhand von Daten der Überwachungsbehörden und der statistischen Ämter (Anzahl TSE-Fälle pro Jahr, Größe der Tierpopulation, Altersstruktur usw.).
2. Evaluationsstudien zur Bewertung der Effizienz und Wirksamkeit der getroffenen Maßnahmen (Interventionsforschung).
3. Aufdeckung von Risikofaktoren anhand von vergleichenden Studien. Eine Abklärung der möglichen Risikofaktoren erfolgt (bei neuem Auftreten einer Epidemie) meist erst nach einer Fallstudie, die vorerst der Generierung von Hypothesen dient (s. Kap. 40). Eingehende epidemiologische Abklärungen werden vorteilhafterweise im Feld durchgeführt, d.h. mit standardisierten Befragungen der involvierten Tierhalter auf den Gehöften. Diese Erhebungsart ergibt wesentlich höhere Datenqualitäten als Fragebogenerhebungen über den Postweg, ist aber wesentlich zeit- und arbeitsaufwendiger (s. Kap. 41).
4. Eigentliche Risikoeinschätzungen (engl.: risk-assessments) unter Einbezug der Überwachungsqualität eines Landes sind komplex. Abklärungen zur quantitativen Risikoeinschätzung eines Landes oder zur qualitativen Beschreibung der Risikofaktoren und ihrer gegenseitigen Verflechtung werden

künftig aber immer häufiger erforderlich sein. Die Welthandelsorganisation (WTO) hat in den 90er Jahren Maßstäbe gesetzt, deren Ziel es ist, die Handelsbarrieren zwischen Ländern abzubauen. Danach kann der Handel zwischen verschiedenen Staaten nur dann behindert oder unterbunden werden, wenn Gefährdungen der Gesundheit von Mensch, Tieren und Pflanzen im einführenden Land zu befürchten sind. Im Gegenzug sind die Empfängerländer berechtigt, von den exportierenden Ländern eine dokumentierte Risikoeinschätzung zu fordern. Beispielsweise wurden in Argentinien [242, 1178], Australien [388], GB [776,1299], Neuseeland [868], in den USA [45,46,146,166], in der Schweiz (Kap. 41) [666,1289] und in weiteren Ländern solche Risikoeinschätzungen durchgeführt.

Die international zur Verfügung gestellten BSE- und Scrapie-Daten einzelner Länder sind nur dann miteinander vergleichbar, wenn Überwachungsprogramme und Risk-Assessments in ihren Qualitätsstandards miteinander vergleichbar sind. Somit dient die internationale Harmonisierung dieser Konzepte nicht nur dem Verbraucherschutz im In- und Ausland, sondern auch der Schaffung und Gewährleistung gleicher Marktchancen für alle Beteiligten.

32.3 „Aktive" Überwachung von Prionkrankheiten

32.3.1 Evaluierung neuer diagnostischer Testmethoden (BSE-Tests)

Hauptziel einer passiven Überwachung ist die Erkennung möglichst vieler klinischer Verdachtsfälle. Diese ist abhängig von den oben beschriebenen, für das passive Überwachungsnetz verantwortlichen Beteiligten und unterliegt entsprechend vielen, stark variierenden Einflüssen wie Aufklärungsgrad, Meldementalität, Datenschutz oder Grad der Entschädigung. Deshalb sind die in verschiedenen Ländern festgestellten Inzidenzen nur bedingt miteinander vergleichbar. Vor diesem Hintergrund sind in den letzten Jahren große Anstrengungen unternommen worden, Instrumente (Tests) der aktiven Überwachung zu etablieren. Hauptziel einer aktiven Überwachung, die flächendeckend oder in spezifischen Zielgruppen und Risikokohorten durchgeführt wird, ist die zusätzliche Erkennung aller Fälle, die atypisch und daher klinisch unerkannt bleiben sowie die Erkennung von einem möglichst großen Anteil an präklinischen Fällen. 1999 gelang dahingehend ein bedeutender Schritt bei der Verbesserung der BSE-Überwachung: Drei (von vier[49]) neuerdings kommerziell erhältlichen BSE-Tests erwiesen sich bei einer Evaluierung durch eine wissenschaftliche Arbeitsgruppe [413] der europäischen Kommission zur Aufdeckung von BSE bei klinisch erkrankten Rindern als geeignet [963]. Im Rahmen dieser Evaluierung mußten die vier Test-Anbieter je 336 anonymisierte Proben BSE-erkrankter und 1064 Proben nichtinfizierter Rinder binnen 24 Stunden voneinander unterscheiden. Drei Tests erkannten den BSE-Status (+ oder –) sämtlicher Proben, d.h. sie erwiesen sich als 100% spezifisch und sensitiv. Diese Tests wurden von folgenden drei Firmen bzw. Institutionen entwickelt:

1. Firma *Prionics AG*, Zürich, Schweiz (zu verwendendes Material: Hirnstamm- *oder* Rückenmarksgewebe)
2. Atomenergie-Kommissariat (*CEA*), Frankreich (zu verwendendes Material: Hirnstammgewebe)
3. Firma *Enfer Technology Limited*, Dublin, Republik Irland (zu verwendendes Material: Rückenmarksgewebe)

Die drei Tests basieren auf dem postmortalen Nachweis des pathogenen Prion-Proteins (PrP^{Sc}) im Hirnstamm- oder Rückenmarksgewebe getöteter Tiere. Beim Test der Fa. *Prionics* AG handelt es sich um ein Nachweisverfahren nach dem Prinzip des Immuno blots (Western blot), während die CEA- und Enfer-Tests Enzym-gekoppelte Immunoassays, also ELISA-Systeme, sind.

Die beachtenswerten Ergebnisse des ersten großen Feldeinsatzes eines solchen BSE-Tests sind in Kapitel 41.7 dargestellt (Abb. 41.11).

[49] Evaluiert wurden vier Testsysteme, wobei ein in Großbritannien entwickeltes Verfahren mit 70% Sensitivität und 90% Spezifität zu schwache Testparameter erzielte.

32.3.2 Scrapie-Tests (Lebendtests)

Bei kleinen Wiederkäuern ist grundsätzlich neben Hirnmaterial auch bestimmtes peripheres Gewebe zur Untersuchung auf Scrapie geeignet: verändertes Prion-Protein (PrP^{Sc}) kann bei infizierten Schafen, im Gegensatz zu BSE-infizierten Rindern, in einer Vielzahl peripherer lymphatischer Organe vorkommen (Abb. 27.1a) (Tab. 46.2; vgl. auch Tab. 53.2). Diese Eigenschaft führte in den letzten Jahren zur Entwicklung von Nachweisverfahren von Scrapie am lebenden Tier (s. Kap. 19, 55, 57). Einerseits wird lymphatisches Gewebe unter generalisierter Betäubung aus dem Rachenraum (Tonsillentest) [1285] entnommen und auf das Vorhandensein von PrP^{Sc} untersucht; andererseits kann unter örtlicher Betäubung ein Teil des dritten Augenlides [979] entfernt werden, ein Verfahren, was heute beispielsweise bei der Scrapie-Überwachung in Norwegen angewendet wird. Inwieweit sich diese Verfahren unter Praxis-Bedingungen bewähren, bleibt abzuwarten.

Ob der herausragenden Bedeutung, die Scrapie unter den Prionkrankheiten von Mensch und Tier unbestritten hat, scheint hier das folgende Zitat des Scrapie-Forschers S. Gaiger aus dem Jahre 1924 angebracht: „My opinion is that the main problem which confronts the research worker in scrapie is first to find the precise causal agent, and, following on this, to find some test by which latent infection may be detected“ (Zitat aus [470]): „Meiner Meinung nach liegt die Hauptaufgabe, mit der Scrapie-Forscher konfrontiert sind, zuerst im Auffinden des genauen verursachenden Agens, um dann einen Test zu entwickeln, mit dem latente Infektionen entdeckt werden können.“

33 Die Klinik der BSE

Ernst Schicker

33.1. Einleitung

Das Krankheitsbild der Bovinen Spongiformen Enzephalopathie (BSE) manifestiert sich mit einem breiten Spektrum an klinischen Befunden. Es setzt sich aus den unterschiedlichsten Kombinationen von Befunden zusammen und erscheint um so ausgeprägter, je weiter die Krankheit fortgeschritten ist. Zur Erkennung der BSE – insbesondere im Frühstadium – ist die sorgfältige Erhebung der Anamnese, gefolgt von einer gründlichen klinischen Allgemeinuntersuchung und einer vollständigen neurologischen Untersuchung unabdingbar [163,1161]. Die neurologischen Befunde sind vereinbar mit einer ursächlichen Läsion im Zwischenhirn und Hirnstamm bzw. im Thalamus [84].

Es gibt keinen pathognomonischen Komplex von Befunden, der eine gesicherte klinische Diagnose BSE erlaubt. Dennoch ist die Symptomatik, im Gegensatz zu Scrapie (s. Kap. 34), relativ typisch. Dieses Kapitel hat zum Ziel, dem praktizierenden Tierarzt einen Leitfaden zur systematischen Untersuchung von Rindern zu bieten [1214].

Das Krankheitsbild ist durch unspezifische Allgemeinbefunde wie Abmagerung, verminderte Leistung, reduzierte Fresslust und niedrige Herzfrequenz sowie durch neurologische Störungen geprägt. Fast alle Tiere zeigen Verhaltensstörungen, die gekennzeichnet sind durch eine erhöhte sensomotorische Erregbarkeit, welche sich v.a. in Schreckhaftigkeit, Ängstlichkeit und Unruhe oder Nervosität äußert. Auffällig sind bei praktisch allen Tieren Sensibilitätsstörungen; sie reagieren überempfindlich, v.a. auf taktile Reize. Viele Tiere sind überempfindlich auf Lärm und ein Teil der Tiere ist überempfindlich auf Licht. Die meisten Tiere zeigen auch Bewegungsstörungen, die sich in einer Ataxie v.a. der Nachhand äußern, was nicht selten zu Mühe beim Aufstehen, und im Endstadium der Krankheit, zu Festliegen führt. Die hämatologischen und blutchemischen Untersuchungen ergeben keine einheitlichen Abweichungen von den Normalwerten und sind mehrheitlich unauffällig. Die Liquorzusammensetzung ist normal. Laboranalysen dienen lediglich zur Abklärung von Differentialdiagnosen.

33.2 Anamnese und Verlauf

Rinder aller Rassen können ab einem Alter von 20 Monaten bis zum Alter von 18 Jahren an BSE erkranken [1340] (s. Kap. 39.3.1). Bei den vier- und fünfjährigen Tieren ist die altersspezifische Inzidenz am grössten (Abb. 39.4), wobei v.a. Milchkühe betroffen sind und nur einzelne Tiere eines Bestandes erkranken [1345]. Die Inkubationszeit erstreckt sich von 18 Monaten bis über mehrere Jahre (Abb. 19.3, 19.4) [1341].

Die häufigsten Anfangsbefunde sind Konditions- und Gewichtsverlust oder verminderte Milchleistung sowie neurologische Störungen. Als erstes Anzeichen fallen den Tierbesitzern meistens Verhaltensstörungen, etwas weniger häufig Bewegungsstörungen und selten Sensibilitätsstörungen auf [1161]. Bis anhin unauffällige Tiere fangen plötzlich an, heftig zu schlagen, weigern sich, den Melkstand zu betreten oder durch Türöffnungen zu gehen, sondern sich auf der Weide von der Herde ab, sind ängstlich und zeigen Muskelzittern oder Hyperästhesie. Die ersten Bewegungsstörungen äußern sich oft in Form einer leichten Nachhandataxie oder in Mühe beim Aufstehen bis zum Festliegen [313, 1317, 1340, 1345]. Hat der Tierbesitzer schon nach anscheinend kurzem Krankheitsverlauf Bewegungsstörungen beobachtet, ist die

Krankheit meist schon weit fortgeschritten und ebenfalls vorhandene Verhaltens- und Sensibilitätsstörungen sind wahrscheinlich vorher nicht bemerkt worden [1161].

Für das Einsetzen der klinischen Befunde können Streßsituationen der Tiere mitverantwortlich sein [663]. Die Befunde sind täglich unterschiedlich ausgeprägt. Die Haltung der Tiere in ruhiger und gewohnter Umgebung führt zur Abschwächung der Befunde [1345]. Nach einem progressiven Krankheitsverlauf von durchschnittlich 40–60 Tagen entwickelt sich häufig ein individuelles Muster an Befunden, wobei die Milchleistung bei allen Tieren reduziert ist, sobald die klinischen Befunde offensichtlich sind. Im weiteren magern die Tiere ab, die Freßlust nimmt erst im terminalen Stadium deutlich ab [313,1340,1373].

33.3 Differentialdiagnosen zur BSE

Die Diagnose BSE kann endgültig erst durch die Untersuchung im Labor gestellt werden (s. Kap. 32.2.2) [1317]. Grundsätzlich ist bei Milchkühen, die sich trotz anfänglich erhaltener Freßlust und normaler Rektaltemperatur in mäßigem oder schlechtem Nährzustand befinden, spätestens mit dem Auftreten von Verhaltensstörungen oder Bewegungsstörungen die klinische Diagnose BSE in Betracht zu ziehen.

Differentialdiagnostisch in Frage kommen Erkrankungen mit Verhaltensänderungen und Bewegungsstörungen. Diese umfassen im wesentlichen die Stoffwechselstörungen Hypomagnesämie, nervöse Azetonämie und hypokalzämische Gebärparese, die bakterielle Infektion Listeriose, die viralen Infektionen Tollwut und Aujeszkysche Krankheit, Vergiftungen mit Blei oder Botulinumtoxin und Erkrankungen von Wirbelsäule und Rückenmark [437,1230,1340].

33.4 Befunde der klinischen Allgemeinuntersuchung

Auffällige klinische Allgemeinbefunde sind ein verminderter Nährzustand bei erhaltener Freßlust, chronische Abmagerung und eine reduzierte Milchleistung [1340,1373]. Die Pansenmotorik ist in Bezug auf die Frequenz meistens normal, während die Kontraktionsstärke und die Pansenfüllung häufig vermindert sind, was bei vielen Kühen auf eine eingeschränkte Futteraufnahme hinweist, obschon die Freßlust als normal beschrieben wird. Der Schalmtest ist bei vielen Tieren deutlich positiv bei grobsinnlich unveränderter Milch [1161] (Abb. 33.1a).

An BSE erkrankte Kühe zeigen i.d.R. eine normale Körpertemperatur; eine streßbedingte Temperaturerhöhung kommt im terminalen Stadium oder z.B. beim Transport erkrankter Tiere vor. Oft kann eine mäßige Bradykardie beobachtet werden, die auch im Zustand starker Erregung erhalten bleibt [84,1373].

33.5 Befunde der neurologischen Untersuchung

33.5.1 Verhaltensstörungen

Fast alle an BSE erkrankten Tiere zeigen Verhaltensänderungen (Abb. 33.1b, 33.2). Diese können am geeignetsten durch Beurteilung des Tieres in seiner gewohnten Umgebung wie im Stall oder auf der Weide beobachtet werden. Störungen des Verhaltens sind geprägt durch eine erhöhte sensomotorische Erregbarkeit (Exzitation), die hauptsächlich in defensiven Verhaltensweisen wie Schreckhaftigkeit, Ängstlichkeit, Unruhe und Nervosität sowie etwas weniger häufig in aggressiven Verhaltensweisen zum Ausdruck kommen [1340]. Die Schreckhaftigkeit äußert sich in Zusammenzucken, die Ängstlichkeit in Zurückscheuen und zum Teil in einem ängstlichen Blick (Abb. 33.2a) bzw. den sog. Glotzaugen, die Unruhe und Nervosität u. a. in einem nervösen Ohrspiel und die Aggressivität in verstärkter Abwehrbereitschaft, Bösartigkeit und plötzlichem Ausschlagen. Weitere zu beobachtende Verhaltensänderungen sind häufiges Zähneknirschen, Speicheln, häufiges Belecken des Flotzmauls (Abb. 33.2b) und Flehmen sowie Muskelzittern, das entweder nur auf den Hals-Kopf-Bereich beschränkt ist, oder auch weitere Körperpartien wie Schulterbereich und sogar den ganzen Körper erfaßt. Diese Befunde treten v.a. während der Untersuchung als Zeichen der Erregung auf; seltener im Stall, wenn sich die Kühe unbeobachtet fühlen. Einige wenige Tiere haben Angst vor Türdurchgängen

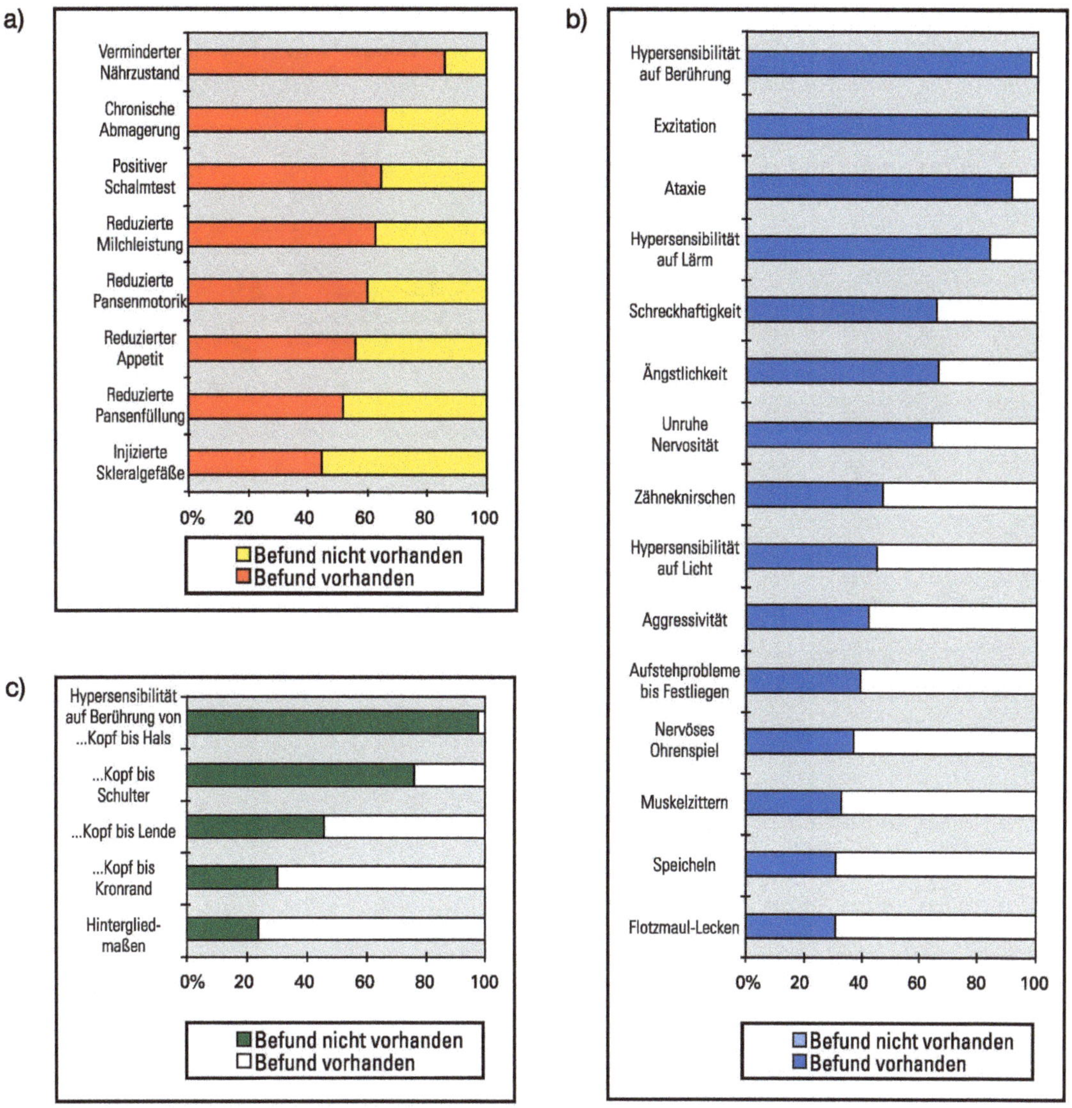

Abb. 33.1: Diverse Befunde bei 50 BSE-Kühen, bei denen die neurologische Untersuchung standardisiert in einer Klinik durchgeführt wurde (Datenquelle: [1161], Abb. von E. Schicker, modifiziert).
(a) Häufigste klinische Allgemeinbefunde bei BSE.
(b) Häufigste neurologische Störungen bei BSE.
(c) Häufigste Befunde aus Abb. 33.1b, Hypersensibilität auf Berührung; Verteilung nach Körperpartien: Überempfindlichkeit auf Manipulationen mit der Kugelschreiberspitze und auf Berührung der Fesseln mit dem Besen (sog. Besenprobe).

oder überspringen beim Führen bereits kleinste Hindernisse.

33.5.2 Sensibilitätsstörungen

Bei an BSE erkrankten Kühen können Hypersensibilitäten auf taktile Reize, Lärm und Licht festgestellt werden (Tab. 33.1 und Abb. 33.1b)

Beurteilt man die Tiere gemäß dem in der Folge beschriebenen Untersuchungsgang, kann bei praktisch allen Tieren eine Hypersensibilität auf taktile Reize festgestellt werden [1161]. Dabei wird die Reaktion auf verschiedene äußere Einflüsse an der ganzen Körperoberfläche geprüft (Abb. 33.1c). Da teilweise mit starken Abwehrbewegungen zu rechnen ist, kann die Untersu-

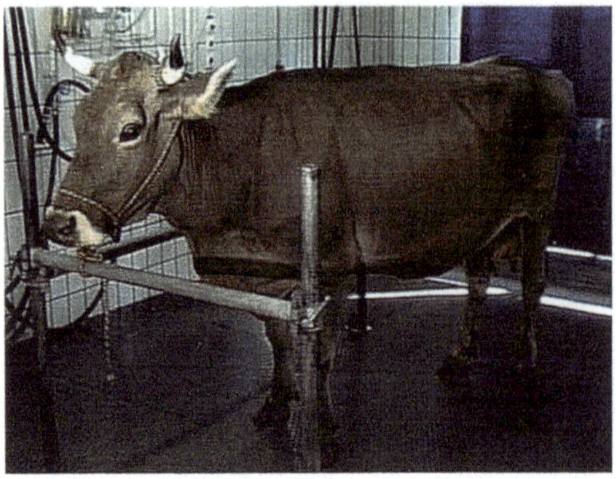

(a)

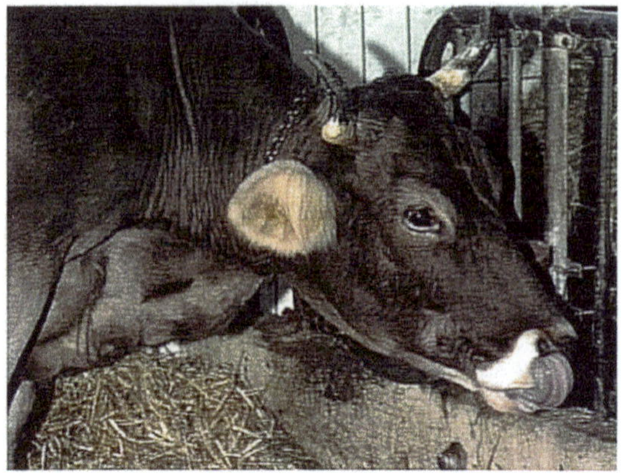

(b)

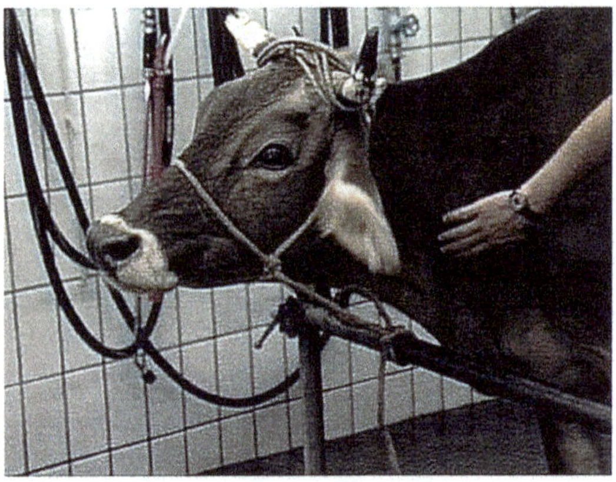

(c)

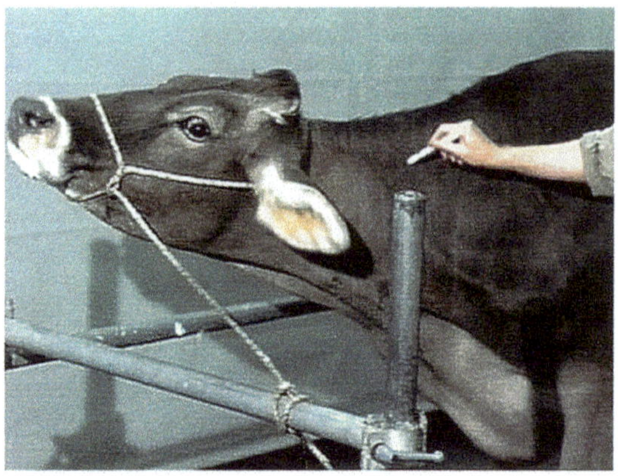

(d)

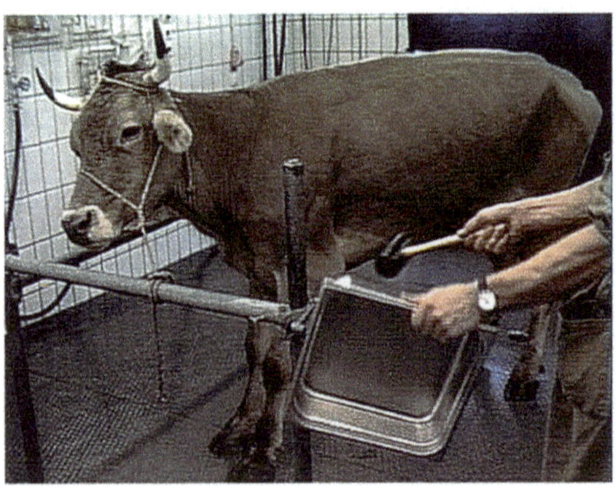

(e)

(f)

chung, wegen der Verletzungsgefahr für den Untersucher nicht immer vollständig durchgeführt werden. Zuerst untersucht man die Reaktion auf Manipulationen, indem versucht wird, Hals und Kopf des Tieres mit den Händen von beiden Seiten her zu betasten (Abb. 33.2c) und zu umfassen. Eine Steigerung der Reizintensität erfolgt durch anschließende Berührung der Seitenflächen des Halses und des Kopfes sowie im Bereich der Stirn und des Flotzmauls mit der Spitze eines Kugelschreibers (Abb. 33.2d). Überempfindliche Tiere weichen dem Untersucher übermäßig aus, versuchen diesen mit dem Kopf und den Hörnern abzuwehren oder erregen sich zusehends, was sich beispielsweise in Speicheln, Schnauben oder Muskelzittern äußern kann. Durch Betasten mit dem Kugelschreiber kann die Sensibilität in der Folge an der ganzen Körperoberfläche überprüft werden. Zur Feststellung einer Hypersensibilität an den Hintergliedmaßen eignet sich die „Besenprobe" als eine einfache und eindrückliche Methode. Diese beruht auf der Beobachtung, daß viele an BSE erkrankte Kühe beim Aufschütteln des Strohs mit der Mistgabel oder bei der Berührung der hinteren Fesseln mit einem Stallgerät ausschlagen. Um diese Reaktion für die Untersuchung auf BSE zu nutzen, berührt der Untersucher die Fesseln der Hintergliedmaßen mit einem Besen mehrmals. Überempfindliche Tiere schlagen meist sehr heftig aus [163]. Alle an BSE erkrankten Kühe mit einer Hypersensibilität auf taktile Reize zeigen eine Hyperästhesie im Kopf- und Halsbereich. Weiter kaudal kann die Überempfindlichkeit weniger häufig festgestellt werden; noch seltener ist sie am ganzen Körper festzustellen (Abb. 33.1c).

◀ **Abb. 33.2:** Diverse neurologische Merkmale bei BSE-kranken Kühen. (Quelle: Abzüge aus Videomaterial der Universität Zürich, Veterinärmedizinische Fakultät, Klinik für Wiederkäuer- und Pferdemedizin (© E. Schicker und U. Braun))
(a) Vermehrt aufmerksame Kuh im Untersuchungsraum mit nervösem und ängstlichem Ausdruck.
(b) Erregtes Tier mit Glotzaugen und vermehrtem Lecken des Flotzmauls.
(c) Starke Hypersensibilität auf Berührung des Halses mit der Hand; äußert sich in einem ängstlichen Blick, Nasenrümpfen und Schütteln des Kopfes. Ein Umfassen des Halses mit beiden Händen ist bei diesem Tier nicht möglich, da die Abwehrreaktion zu heftig ist.
(d) Starke Hyperästhesie auf Berührung mit der Kugelschreiberspitze; zeigt sich in Ausweichen mit Reißen am Anbindestrick, ängstlichem Blick, Nasenrümpfen und Speicheln.
(e) Tier mit Hyperakusis (Überempfindlichkeit auf Lärm); manifestiert sich in Erschrecken und Zurückweichen.
(f) Schwanken und Taumeln im Freilauf (Ataxie), ein Leitsymptom der BSE.

Sehr häufig zeigen die Tiere auch eine Hypersensibilität auf Lärm. Zur Feststellung der Hyperakusis wird neben der Kuh ein Geräusch erzeugt z. B. durch Beklopfen einer Stahlblechschale mit einem Gummihammer (Abb. 33.2e) oder durch lautes Händeklatschen. Die Reaktion auf Lärm muß mehrmals überprüft werden, um die Reproduzierbarkeit zu beurteilen [163]. Eine Überempfindlichkeit auf Lärm kann leicht ausgeprägt sein, d. h. die Kühe zucken leicht zusammen, wobei sich das Zusammenzucken meist auf ein Zucken von Kopf, Hals und allenfalls der Vorhand beschränkt, oder es ist eine stark ausgeprägte Lärmempfindlichkeit vorhanden mit heftigem Zusammenzucken des ganzen Körpers, oft auch Reißen am Anbindestrick (Abb. 33.2d) sowie z. B. Muskelzittern und Speicheln.

Eine Überempfindlichkeit auf Licht ist bei fast jeder zweiten Kuh festzustellen. Die Reaktion kann geprüft werden, indem beispielsweise in einem komplett abgedunkelten Raum eine auf den Kopf des Tieres gerichtete Halogenlampe mehrmals ein- und wieder ausgeschaltet wird. Auch diese Überempfindlichkeit kann leicht oder stark ausgeprägt sein. Sie äußert sich weitgehend gleich wie die Hypersensibilität auf Lärm (Abb. 33.1b).

33.5.3 Bewegungs- und Haltungsstörungen

Die Bewegung wird einerseits am geführten, andererseits am frei laufenden Tier beurteilt. Dabei kann bereits beim Führen aus dem Stall darauf geachtet werden, wie die Kuh den Kotgraben überquert und wie sie die Stalltür passiert. Im Freien wird das Tier hin und her sowie über kleine Hindernisse geführt und es wird auf Veränderungen im Bewegungsablauf geachtet, die im Freilauf oft noch besser zum Ausdruck kommen (Abb. 33.2f und Tab. 33.1) [163].

Die meisten Tiere weisen Bewegungsstörungen auf, wobei am häufigsten eine generalisierte oder eine auf die Nachhand beschränkte Ataxie festzustellen sind. Die Ataxie äußert sich meistens in einer Hypermetrie oder in Schwanken und Taumeln [1340] (Abb. 33.2f). Weniger häufig kann im Zusammenhang mit der Ataxie auch Mühe beim Aufstehen, Festliegen oder Niederstürzen beobachtet werden. Das Festliegen kann als ein Zeichen einer weit fortgeschrittenen Erkrankung angesehen werden und tritt im Endstadium häufig auf [1340] (Abb. 33.1b).

33.5.4 Weitere Befunde

Störungen der Tiefensensibilität treten selten auf. Die Reflexe und die Beurteilung der Hirnnerven bleiben i.d.R. unauffällig [1161].

33.5.5 Häufigkeit der neurologischen Befunde

Bei einem großen Teil der Tiere mit BSE sind gleichzeitig Störungen des Verhaltens, der Sensibilität und der Bewegung vorhanden, die restlichen Tiere zeigen zwei dieser drei Hauptbefunde [1161]. Andere Autoren fanden bei fast allen Tieren mindestens einen der drei Hauptbefunde Ängstlichkeit, Hyperästhesie oder Ataxie [1340] (Abb. 33.1b). Aufgrund des vom Krankheitsstadium abhängigen und bisweilen täglich variierenden, individuellen Befundmusters ist es schwierig, eine einheitliche Häufigkeit einzelner Befunde darzustellen.

Die Häufigkeit der neurologischen Befunde hängt von der subjektiven Beurteilung ab und, insbesondere was Verhaltensstörungen betrifft, auch vom Inkubationszeitstadium, in dem die Untersuchung durchgeführt wird, da mit zunehmender Erfahrung des Untersuchers die Krankheit schon in früheren Stadien erkennbar ist. Weiterhin scheint die Art der Datenerhebung von Bedeutung zu sein. So wurden die in Tabelle 33.1 wiedergegebenen Daten der Gruppen A und B retrospektiv erfaßt und umfassen Befunde, die während der ganzen Zeitperiode der klinischen Manifestation beobachtet wurden (von Tierärzten und Landwirten), die Daten der Gruppe C stammen hingegen aus einer einzigen standardisierten Momentaufnahme in einer Klinik [164,1161].

33.6 Laborbefunde

Hämatologische und blutchemische Befunde: Die hämatologischen und blutchemischen Befunde von Kühen mit BSE zeigen keine regelmäßigen Abweichungen von den Normalwerten und sind mehrheitlich unauffällig. Abweichungen sind i.d.R. vereinbar mit Krankheitserscheinungen, die mit der BSE einhergehen [721,1190]. Eine chemische Blutuntersuchung ist von Vorteil zur differentialdiagnostischen Abgrenzung der BSE von Magnesiummangel, da bei latenter Tetanie mit Magnesiumwerten von $< 0{,}8$ mmol/l Schreckhaftigkeit und erhöhte Erregbarkeit auftreten [1132,1161].

Liquorbefunde: Die Liquoranalyse ermöglicht lediglich eine Differenzierung der BSE von bestimmten viralen und bakteriellen ZNS-Infektionen, die eine entzündliche Reaktion hervorrufen, z.B. Listeriose [1189,1191]. Liquoruntersuchungen von Kühen mit BSE ergeben in Bezug auf Zellbild und Proteingehalt i.d.R. keine Abweichungen von der Liquorzusammensetzung gesunder Kühe [1161]. 1997 ergaben sich aus einer kleinen Stichprobe schwache Anhaltspunkte, daß der beim Menschen (CJD) angewandte 14-3-3-Test (s. Kap. 31) [676] eventuell auch beim Rind anwendbar wäre [847]. Es wurde aber 1998 gezeigt [1117], daß dieser Test keine statistisch signifikante Unterschiede zwischen normalen und BSE-kranken Tieren aufzeigen kann, weshalb seine Anwendung in der Buiatrik nicht gerechtfertigt ist.

Tabelle 33.1: Systematischer Vergleich der Häufigkeiten neurologischer Befunde bei Rindern mit post mortal bestätigter BSE (Daten zu Gruppen A und C aus der Schweiz, Gruppe B aus Großbritannien).

Befunde	Häufigkeit (%)		
	Gruppe A	Gruppe B	Gruppe C
Verhaltensstörungen	**ne**	**ne**	**96**
• Wesensveränderung	80	76–82	ne
• Abnormes Verhalten	42	60–67	ne
• Schreckhaftigkeit	ne	ne	66
• Unruhe oder Nervosität	75	ne	64
• Ängstlichkeit	72	84–87	66
• Aggressivität	47	ne	42
• Plötzliches Ausschlagen	ne	ne	20
• Nervöses Ohrenspiel oder nervöser Blick	25	52–65	37
• Glotzaugen oder ängstlicher Augenausdruck	ne	ne	14
• Speicheln	ne	ne	31
• Zähneknirschen	36	37–42	47
• Flehmen	ne	ne	16
• Vermehrtes Belecken des Flotzmauls	31	38–44	31
• Ängstlichkeit vor Durchgängen	31	37–45	13
• Schlagen beim Melken	44	44–53	30
• Muskelzittern (Tremor)	64	59–71	33
• Tobsucht	11	29–32	2
Sensibilitätsstörungen	**ne**	**72–78**	**98**
• Überempfindlichkeit auf Berührung	50	ne	98
• Kopfscheue	72	36–40	94
• Kopfpressen oder -reiben an Einrichtungen	17	16–24	ne
• Reduzierte Sicht bis Blindheit	8	1–3	0
• Überempfindlichkeit auf Lärm	50	ne	84
• Überempfindlichkeit auf Licht	47	ne	45
Haltungs- und Bewegungsstörungen	**ne**	**ne**	**96**
• Abnormes Stehen	ne	ne	20
• Abnormes Liegen	ne	ne	4
• Veränderte Kopfhaltung	25	46–59	6
• Aufstehschwierigkeiten	19	ne	33
• Festliegen	36	10–22	10
• Unkoordinierte Bewegungen (Ataxie)	61	76–78	91
• Niederstürzen	47	37–43	16
• Zehenschleifen (Überköten der Fesselgelenke)	19	7–11	ne
• Lahmheiten (Paresen)	3	6–11	ne
• Kreisbewegungen	6	1–4	ne
	n = 36	n = 17'154	n = 50

n = Anzahl untersuchte BSE-Tiere
ne = nicht erhältlich.
Gruppe A: *Hörnlimann B et al: EU-Document VI/4131/94-EN Ref. F.II.3 – JC/0003, Brüssel. 289–299 (1994).*
Gruppe B: *Wilesmith JW et al: Vet Rec. 130: 197–201 (1992).*
Gruppe C: *Schicker E: Dissertation an der Veterinärmedizinischen Fakultät der Universität Zürich (1997).*

34 Die Klinik der Scrapie

Martha J. Ulvund

34.1 Einleitung

Das Krankheitsbild der Scrapie manifestiert sich viel mannigfaltiger als dasjenige der BSE, d. h. mit mehr und variableren neurologischen Symptomkombinationen. Dieses Kapitel konzentriert sich auf das klinische Bild bei Schaf-Scrapie. Für spezifische Informationen zur Ziegen-Scrapie wird auf das entsprechende Kapitel im Buch mit dem Titel *Goat Medicine* verwiesen [1214].

Viele Scrapie-kranke Tiere zeigen neben Allgemeinsymptomen Verhaltens-, Sensibilitäts- und Bewegungsstörungen. Es gibt jedoch – wiederum im Gegensatz zu BSE (Tab. 33.1, Abb. 33.1) – keine vergleichbare großangelegte klinische Scrapie-Studie mit einer vollständigen Übersicht zur Scrapie-Symptomatik. Eine solche Übersicht wäre infolge großer klinischer Unterschiede zwischen verschiedenen betroffenen Rassen, Herden, Regionen und Ländern schwierig zu realisieren. Falls Scrapie innerhalb eines Landes in verschiedenen Regionen auftritt, kann das in der einen Region die nervöse Form mit vorherrschender Ataxie sein, während in einer anderen Region die vom Juckreiz geprägte Form dominiert [1209,1283]. Diesen unterschiedlichen Scrapie-Formen liegen verschiedene Scrapieerregerstämme zu Grunde; im Gegensatz dazu gibt es im Feld nur einen BSE-Erregerstamm (s. Kap. 11.5.2–3). In einigen Ländern wie Frankreich [1137], Norwegen [1283], Rep. Irland [73], GB [73] und anderen [280] wurden Studien zur Klinik der Scrapie durchgeführt, weitere werden folgen.

Aus den genannten Gründen ist die klinische Erkennung der Scrapie grundsätzlich schwierig und differentialdiagnostisch kommen viele Erkrankungen in Frage (Tab. 34.1). Basierend auf den Symptomen ist klinisch immer nur eine Verdachtsdiagnose zu stellen, die neuropathologisch abgesichert werden muß. Es wird allen praktizierenden Tierärzten empfohlen, bei jedem Verdacht auf Scrapie eine Sektion in die Wege zu leiten. Vielerorts müssen Tierhalter noch stark motiviert werden, verendete Schafe oder Ziegen ab einem bestimmten Alter einer Sektion unterziehen zu lassen (s. Kap. 55).

34.2 Anamnese

Wichtig ist eine sehr sorgfältige Anamnese und klinische Untersuchung verdächtiger Schafe oder Ziegen, in der der Tierarzt mögliche Differentialdiagnosen systematisch auszuschließen versucht. Besonders im Prodromal- und Frühstadium ist die Scrapie schwierig zu erkennen. Schwache Unruhe, starrer Blick (Abb. 34.1a) oder Unwilligkeit beim Treiben können gemäß Parry [1022] als präklinische Anzeichen von Scrapie gedeutet werden. Vorhandene Verhaltens- und Sensibilitätsstörungen im Prodromalstadium werden manchmal nur von Hirten oder Tierbesitzern, die die Tiere gut kennen, bemerkt (vgl. Kap. 21) [1022]. Scrapie kann in Ausnahmefällen schon bei sieben Monate alten Tieren festgestellt werden [1209]. Meistens treten klinische Symptome bei zwei bis fünf Jahre alten Schafen auf, mit einem Befallsmaximum bei dreijährigen Tieren [280,1022,1209,1283]. Selten wurden Symptome bei über zehn Jahre alten Tieren gesehen [355,631].

34.3 Befunde der klinischen Allgemeinuntersuchung

Einige Tiere zeigen bei der Allgemeinuntersuchung streßbedingte Tachykardie und Herzarrhythmie [1022]. Der Appetit ist anfänglich i.d.R. unverändert; betroffene Tiere sind bei der ersten Allgemeinuntersuchung meist noch nicht abgemagert. Abmagerung stellt sich im späten Stadium ein und erst in den letzten Wochen vor dem Exitus vermindert sich der Appetit deutlich. Die zum Wiederkäuen verwendete Zeit kann reduziert sein [85]. Die Pansenmotorik ist meist normal, Pansentympanie kommt jedoch manchmal vor [1022]. Einige Tiere haben einen aufgetriebenen Bauch als Folge einer Verstopfung des Abomasums [648,1205,1285]. Polydipsie und Polyurie wird häufig festgestellt [1022]. Die Atemfrequenz und die Körpertemperatur sind meistens normal; streßbedingte Temperaturerhöhung kommt im terminalen Stadium oder z.B. beim Transport betroffener Tiere vor.

Es kann u.U. lange dauern bis die Scrapie als Bestandesproblem erkannt wird, insbesondere dann, wenn die Morbidität gering (~ 0,5%) ist (s.u.). Darin liegt ein großer Nachteil hinsichtlich der rechtzeitigen Meldung bzw. der einzuleitenden Interventionsmaßnahmen (siehe Kap. 55). Landwirte und Tierärzte, die einen Verdacht sofort melden, tragen wesentlich zur Schadensbegrenzung auf dem betroffenen Betrieb bei, denn Scrapie-infizierte Tiere können – im Ggs. zu BSE-infizierten Rindern – den Erreger ausscheiden, die Umgebung kontaminieren und somit eine Quelle für Folgeinfektionen bilden (s. Kap. 42.2.2.1). Werden keine Interventionsmaßnahmen getroffen, nimmt die Morbidität bzw. herden-interne Erkrankungsrate im Verlaufe der Jahre zu, da in der „Umgebung" eines Betriebes ein immer größerer Infektionsdruck entsteht (s. Kap. 18.6).

34.4 Differentialdiagnosen zur Scrapie

Verhaltensstörungen sind manchmal Frühsymptome der schleichenden Form der Borna'schen Krankheit, die mit Absonderung von der Herde, gesenkter Kopfhaltung und manchmal mit Schreckhaftigkeit verläuft. Absonderung, Benommenheit, schwankender Gang, Somnolenz oder Übererregbarkeit und Zähneknirschen können Anzeichen eines Coenurusbefalls sein. Zudem kann Absonderung von der Herde, unsicherer Gang und Festliegen bzw. erschwertes Aufstehen durch Botulismus verursacht werden [113,344,353,1090]. Ängstlichkeit deutet möglicherweise auf einen Erkrankungsbeginn von Tollwut der Schafe oder Ziegen hin.

Sensibilitätsstörungen mit Juckreiz sowie Muskelzuckungen sieht man auch bei der Reizform der Aujeszkyschen Krankheit (Pseudowut), die durch zentralnervöse Reizungen und Lähmungen gekennzeichnet ist. Juckreiz als Befund und das entsprechende Scrapie-Leitsymptom des Sich-Scheuerns (Abb. 34.1b), oder Schäden im Vlies (Abb. 34.1d) können auf verschiedene parasitäre Hautkrankheiten hindeuten; z.B. löst der Befall mit Chorioptesmilben (Fußräude) starken Juckreiz aus. Dieses Symptom deutet, kombiniert mit ausfallender Wolle und Abmagerung (Abb. 34.1f), möglicherweise auch auf Psoroptesräude (Körperräude) hin. Auch bei Haarlings- und Läusebefall (Beiß- und Saugläuse; Damalinia ovis, Linognathus spp.), Schaflausfliegenbefall (Melophagus ovinus), und seltener bei Trichophytie (Dermatomykose) zeigen die Tiere Juckreiz. Sarcoptesräude (Kopfräude) kommt nur im Bereich des Kopfes vor [1090]. Juckreiz kann zudem – in seltenen Fällen – bei der Dermatophilose und bei der Photosensibilisierung vorkommen [113,344, 353,1090].

Haltungs- und Bewegungsstörungen entwickeln sich bei vielen Schafkrankheiten. Bei stolperndem Gang, Hinterhandschwäche, Paresen und Paralysen und bei Abmagerung trotz ungestörter Freßlust ist z.B. die Visna-Krankheit differentialdiagnostisch einzubeziehen; das Sensorium ist hier jedoch bis zum Tode ungestört. Zeigt ein Tier Drehbewegungen und Konjunktivitis ist primär an die zentralnervöse Form der Listeriose zu denken.

Eine andere Krankheit, die bei Ataxie, hoppelndem Gang und Muskelzittern in Frage kommt, ist die Springkrankheit (Louping ill disease). Weitere Differentialdiagnosen sind zerebrale Nekrose, Hirnabszesse und -geschwülste, Meningitiden und andere Hirnläsionen [113, 344]. Bewegungsstörungen und Nervosität mit Depression können zudem bei Pansenacidose, Hypokalzämie, Hypomagnesämie und Trächtigkeitsketose (Hypoglykämie) auftreten. Während der Trächtigkeit kann andererseits – als Komplikation der Scrapie – eine Ketose (Hypo-

Tabelle 34.1: In Betracht zu ziehende Differentialdiagnosen bei klinischem Verdacht auf Scrapie.

Symptomgruppe	Krankheit
Verhaltensstörungen	• Borna'sche Krankheit (schleichende Form) • Coenurusbefall • Botulismus • Tollwut
Sensibilitätsstörungen und Juckreiz	• Aujeszkysche Krankheit (Reizform) • Chorioptesmilben (Fußräude) • Psoroptesräude (Körperräude) • Haarlings- und Läusebefall • Schaflausfliegenbefall • Sarcoptesräude (Kopfräude) • Dermatophilose • Photosensibilisierung
Haltungs- und Bewegungsstörungen	• Visna • Listeriose (zentralnervöse Form)
Diverse Symptomkombinationen	• Springkrankheit (Louping ill) • Pansenacidose • Hypokalzämie • Hypomagnesämie • Hypoglykämie (Trächtigkeitsketose)
Langsam fortschreitende Abmagerung	• Maedi • Lungenadenomatose • Paratuberkulose • Pseudotuberkulose (innere Form) • Distomatose

glykämie) auftreten [1090] und nach dem Lammen kann bei an Scrapie erkrankten Tieren akut Ataxie oder Paraplegie auftreten [1022].

Bei langsam fortschreitender Abmagerung und Schwäche (chronische Auszehrung) muß man z. B. die Maedi-Krankheit, die Lungenadenomatose, die Paratuberkulose und die innere Form der Pseudotuberkulose ausschließen. Wie bei Scrapie sieht man auch bei der chronischen Form der Distomatose ausfallende Wolle und eine fortschreitende Abmagerung trotz ungestörter Futteraufnahme [1090].

34.5 Verlauf

In Übereinstimmung mit anderen Prionkrankheiten variieren die neurologischen Erscheinungen beim einzelnen Patienten je nach dem Stadium der klinischen Manifestation.

34.5.1 Der typische klinische Verlauf

Die klinisch manifeste Phase dauert zwei Wochen bis sechs Monate oder mehr [153,355,1090] bis es zum Exitus kommt. Äußerst selten ist eine Verlaufsdauer von über einem Jahr, begleitet von intermittierenden Symptomabschwächungen [1022]. Das Fortschreiten der Symptome ist sehr vielfältig. Parry beschreibt für den typischen Scrapie-Fall beim Schaf *drei Stadien* des klinischen Verlaufs [1022]:

1. ein frühes Stadium mit Verhaltensänderungen (Abb. 34.1a), Streßanfälligkeit, taumelndem Gang, häufigem Trinken und schwachem Juckreiz (Abb. 34.1b), zum Beispiel am Schwanzansatz
2. ein mittleres Stadium mit Verkümmern, Ataxie, Zungenspiel und Lippenzittern (Abb. 34.1c), starkem Juckreiz und Vliesverlust (Abb. 34.1d) sowie manchmal Hochhalten des Kopfes (Abb. 34.1e)
3. ein spätes Stadium mit Abmagerung (Abb. 34.1f), Juckreiz, inkoordinierten Bewegungen, Zittern und Festliegen oder erschwertes Aufstehen.

Obwohl bei Erkrankungsbeginn überwiegend zentralnervöse Ausfallserscheinungen zu beobachten sind, dominieren bei manchen betroffenen Tieren zuerst Juckreiz und Wollausfall. Seltener beginnt Scrapie auch direkt mit Bewegungsstörungen. Einzelne erkrankte Tiere können Symptome aus allen drei Gruppen *Verhaltens-, Sensibilitäts- und Bewegungsstörungen* zeigen. Andere zeigen während der ganzen klinischen Verlaufsdauer nur Verhaltensstörungen mit oder ohne Juckreiz [755,756,832,1090], oder nur Bewegungsstörungen. Ataxie der Hinterhand mit Schwanken und Taumeln kann bisweilen das einzige Symptom der Scrapie sein.

Die Morbidität ist vom Genotyp abhängig (s. Kap. 56); sie schwankt in den meisten Fällen von 0,5–5,0%. Einmal wurde in Island eine 50%ige Morbidität beobachtet [1209]. Die Letalität, d. h. die Todesrate bei Tieren, die das klinische Stadium erreichen, beträgt wie bei allen Prionkrankheiten ausnahmslos 100% [353].

34.5.2 Außergewöhnliche Verlaufsformen

Eine außergewöhnliche Verlaufsform ist gemäß Parry [1022] oder Joubert [727] die seltene *paralytische Scrapie-Form* mit einer sich schnell entwickelnden Schwäche, ähnlich wie bei der akuten Myasthenie. Betroffene Tiere brechen früh im Verlauf zusammen und liegen fest [1022]; schon nach einer Dauer von zwei Wochen kommt es zum Exitus [727].

In Shetland und Japan ist Scrapie sogar bei plötzlichen Todesfällen – ohne vorangehende klinische Symptome – festgestellt worden [280,996].

Einige betroffene, meist ältere Tiere zeigen ein sich langsam entwickelndes Verkümmern mit langer Verlaufsdauer [1022]. Im Endstadium magern erkrankte Tiere stark ab, werden schwächer und können schließlich nicht mehr aufstehen.

34.5.3 Der Einfluß von Streß auf den Verlauf

Im weit fortgeschrittenen Stadium der Inkubationszeit kann Scrapie klinisch ausgelöst werden, wenn die Tiere einem Streß ausgesetzt sind. Bei Tieren, die bereits in der klinischen Phase sind, können die Symptome durch Streß verstärkt werden [1278] (s. Kap. 33). Plötzlicher Lärm, z.B. durch Händeklatschen, kann das Zusammenzucken des ganzen Körpers zur Folge haben [1282]. Streß wird auch verursacht durch hohe Außentemperaturen, Manipulationen durch Scheren, tierärztliche Behandlungen oder Untersuchungen und Transport. Insbesondere beim Transport in den Schlachthof kommen verschiedene Streßfaktoren zusammen. Deshalb stellt die Abladerampe im Schlachthof einen idealen Ort zur stichprobenmäßigen klinischen Scrapie-Überwachung dar (s. Kap. 32, 55, 57). Diese Streßursachen, aber auch Trächtigkeit und Lammen, können die im folgenden beschriebenen neurologischen Scrapie-Symptome provozieren oder verstärken [1278]. Beim Eliminieren des Streßes können bestimmte Symptome wieder weniger deutlich zum Ausdruck kommen. Dieses Phänomen ist auch bei der BSE des Hausrindes bekannt [663] (s. Kap. 33).

34.6 Befunde der neurologischen Untersuchung

34.6.1 Verhaltensstörungen

Der Schafbesitzer bemerkt oft als Erster bestimmte Verhaltensstörungen. Wenn Fremde in der Herde auftauchen, sind von Scrapie betroffene Tiere i.d.R. wachsam und zeigen nicht auf Anhieb das veränderte Verhalten [832]. Auf der Weide beobachtet man auch Zurückbleiben beim Treiben. Undeutliche Anzeichen wie allgemeine Nervosität, Unruhe, schwaches Zittern und vorerst leichtes Hochhalten des Kopfes oder bei der Scrapie-Form, die mit Apathie einher geht (drowsy-Form), eher Tiefhalten des Kopfes, abnorme Haltung der Ohren (Abb. 34.1a) und ängstlicher Blick können für ungeübte Beobachter fast oder gänzlich unbemerkt verlaufen. Weitere, sofern vorhanden, meist deutliche Verhaltensstörungen sind Schreckhaftigkeit, Nervosität, Aggressivität, Zähneknirschen und Speicheln. Scheuern (Abb. 34.1b) oder exzessives Belecken betroffener Körperpartien sind die Folge des Pruritus (s. Kap. 34.6.2), ebenso das Sich-Benagen oder -Beißen oder Schnappen nach den eigenen Beinen. In anderen Fällen sieht man Trägheit, Schläfrigkeit und Apathie (s. Kap. 11) [1022].

34.6.2 Sensibilitätsstörungen

Sensibilitätsstörungen äußern sich oft als Juckreiz mit Reiben, Scheuern und Beißreflexen mit meist bilateral-symmetrischen Wollschäden an Schenkeln, Flanken (Abb. 34.1d), Rücken, Beinen, am Schwanzansatz und am Kopf. Wollausfall kann bisweilen ohne Juckreiz vorkommen. Durch das dauernde und eingehende Scheuern der vom Juckreiz betroffenen Körperteile an Gegenständen kann es neben den Wollschäden zu massiven Hautläsionen und Schwellungen u.a. im Gesichtsbereich (Abb. 34.1c) oder zu Hämatomen an den Ohren kommen. Bei Massage des Rückens (back scratch test, Abb. 34.1d) zeigen einige Tiere Zeichen des Wohlbefindens wie knabbernde Bewegungen mit Lippen (Lippenzittern) und Zunge (Nibbling Reaction).

(a)

(b)

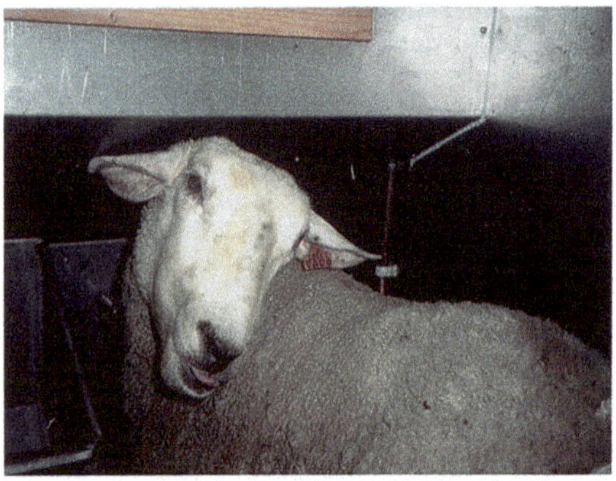

(c)

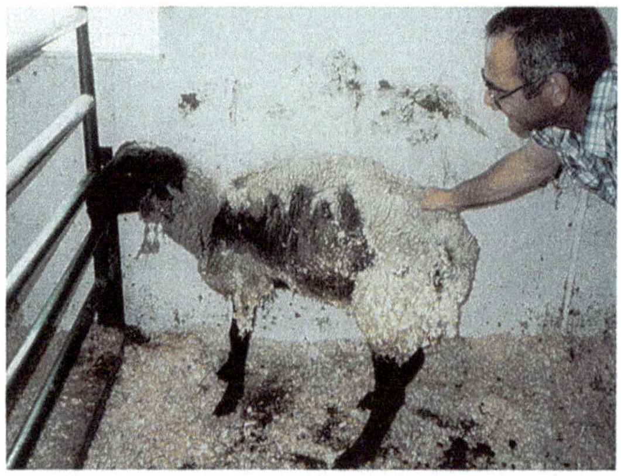

(d)

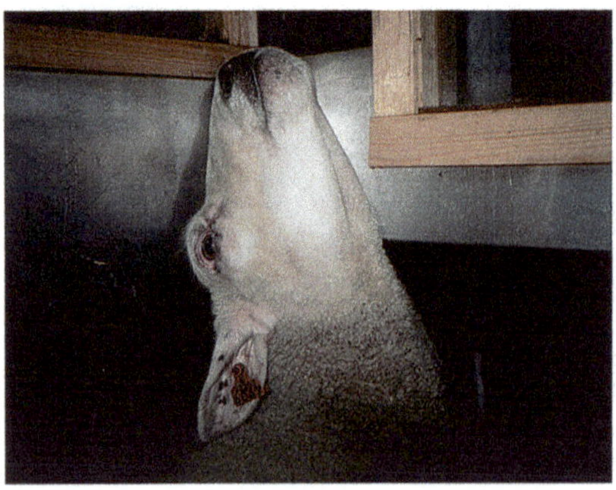

(e)

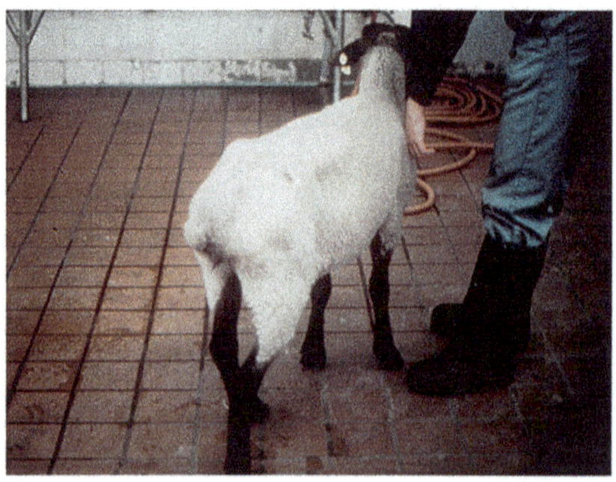

(f)

Viele Scrapie-kranke Tiere zeigen Muskelzittern (Tremor) am Hals oder am ganzen Körper. Einige Tiere mit erhöhter sensomotorischer Erregbarkeit zeigen *Hypersensibilität auf Berührung* und Manipulation.

Hypersensibilität auf Lärm kann in plötzlichem Zusammenzucken des ganzen Körpers resultieren [1282], was durch einfaches Händeklatschen provoziert wird.

34.6.3 Haltungs- und Bewegungsstörungen

Bewegungsstörungen zeigen sich in zunehmend verändertem, traberartigem Gang (daher: Traberkrankheit) [832] mit eigenartigem Heben der Vordergliedmaßen und Stolpern über Hindernisse. Milchtiere schlagen beim Versuch, sie zu melken, aus. Die Tiere verlieren progredient die Fähigkeit zu galoppieren und werden in der Hinterhand ataktisch (Schwanken). Haltungsstörungen kommen etwas später im Verlauf hinzu, sie bestehen in einer Nachhandschwäche, manchmal mit Zehenschleifen (Überköten) sowie in Schwierigkeiten beim Aufstehen. Im Spätstadium sieht man plötzliches Niederstürzen und Festliegen [1022].

◄ **Abb. 34.1:** Diverse neurologische Merkmale bei Scrapie-kranken Schafen. (Photos von M. Ulvund (a,c,e) und L. Detwiler (b,d,f))
(a) Vermehrt aufmerksames Schaf mit nervösem und ängstlichem Ausdruck. Bereits im Prodromal- und Frühstadium sondern sich betroffene Tiere oft von der Herde ab.
(b) Scrapie-krankes Tier mit Juckreiz (frühes oder mittleres Stadium). Es scheuert sich heftig an Einrichtungen.
(c) Knabbernde Bewegungen mit den Lippen (Lippenzittern, Gnubbern) und Zungenspiel (Nibbling Reaction) infolge Juckreiz; durch das dauernde und eingehende Scheuern des Kopfes an Gegenständen kann es zu – hier schwach sichtbaren – Hautläsionen und Schwellungen im Gesichtsbereich kommen.
(d) Infolge starkem Juckreiz zeigen die Tiere bei Massage des Rückens (back scratch test) Zeichen des Wohlbefindens und halten dem Untersucher den Rücken entgegen. Dieses Tier im mittleren bis späten Scrapie-Stadium weist enorme Wollschäden auf. Die noch vorhandene Wolle ist schmutzig und klumpig. Generell führen die Wollschäden durch Scrapie zu erheblichen wirtschaftlichen Verlusten.
(e) Manchmal halten Scrapie-kranke Tiere den Kopf auf sehr ungewöhnliche Weise in die Höhe.
(f) Im späten Stadium der Krankheit macht sich die Abmagerung sehr deutlich (chronische Auszehrung).

34.6.4. Weitere Befunde

Einzelne Tiere können im späteren Krankheitsstadium Schluckstörungen und Probleme mit dem Kauen oder Wiederkäuen haben, eventuell kombiniert mit „Erbrechen". Manchmal kann Blindheit oder „zitterndes" Blöken festgestellt werden [1022,1090,1209,1282].

34.7 Laborbefunde

Die definitive Diagnose Scrapie wird meist (vgl. Kap. 32.3.2) erst postmortal durch die histologische Untersuchung des Gehirns gestellt. Zusätzlich werden heute moderne Diagnostikmethoden angewandt wie Immunhistochemie (IHC) und Immuno blotting (Western blot, Dot blot) (s. Kap. 35). Dabei können von Biopsien der Tonsillen (Abb. 27.1a) [1172] oder der „Membrana nicitans" [979] gesicherte *in-vivo*-Diagnosen gestellt werden (s. Kap. 32.3.2) („Lebendtests"). Sowohl diese neuen präklinischen Tests als auch neue postmortale Untersuchungsmethoden sind aber noch nicht international evaluiert.

Bei der hämatologischen und blutchemischen Untersuchung sowie bei der Analyse des Liquors findet man keine scrapiespezifischen Befunde.

Tierversuche oder elektronenmikroskopische Untersuchungen auf Scrapie-assoziierte Fibrillen (SAF) werden in der Routineuntersuchung kaum eingesetzt [353].

35 Die immunologische Diagnose der BSE

Bruno Oesch und Markus Moser

35.1 Einleitung

Der einzige gegenwärtig bekannte Marker für das infektiöse Partikel, das BSE und andere Prionkrankheiten verursacht, ist das krankheitsspezifische Prion-Protein (PrP^{Sc}). Der spezifische Nachweis dieses Proteins kann immunologisch im Gewebe des Zentralen Nervensystems (ZNS) oder Lymphgewebes (Milz, Lymphknoten, Tonsillen) geführt werden. Als Alternative wären Marker geeignet, die, wie bei menschlichen Prionkrankheiten z.B. in der Hirn-/Rückenmarksflüssigkeit (S-100, 14-3-3, tau) nachgewiesen werden können (s. Kap. 31).

In diesem Kapitel wird die Grundlage und Entwicklung einer immunologischen Nachweismethode des BSE-spezifischen Prion-Proteins dargestellt. Andere Ansätze mit dem gleichen oder ähnlichen Ziel, nämlich für eine praktikable und schnelle Diagnostik als sog. BSE- oder Scrapie-Tests eingesetzt werden zu können, werden verglichen. Schließlich wird den immunologischen Methoden eine physikalische Diagnostikmethode gegenübergestellt.

35.2 Unterscheidung von normalem und krankheitsspezifischem Prion-Protein

Zur Unterscheidung von Prion-Protein (PrP^{C}) und PrP^{Sc} gibt es verschiedene Möglichkeiten:

- Die zwei Formen des Prion-Proteins unterscheiden sich in ihrer Abbaubarkeit durch proteolytische Enzyme wie Proteinase K (PK), wobei bei einer Behandlung mit PK das normale PrP^{C} vollständig, PrP^{Sc} aber nur am N-Terminus abgebaut wird [989].
- Die physikochemischen Eigenschaften von PrP sind auch im Bezug auf ihren Aggregatzustand verschieden, d.h. PrP^{Sc} tritt u.a. als hochmolekulares Aggregat auf, das durch Zentrifugation von PrP^{C} getrennt werden kann [91,634].
- Die meisten Antikörper gegen PrP sind gegen lineare Sequenzen gerichtet. Da PrP^{C} und PrP^{Sc} die gleiche Aminosäurensequenz haben, können diese nicht zwischen den beiden Formen unterscheiden. Zur Zeit gibt es nur einen Antikörper gegen ein konformationelles Epitop, der direkt PrP^{C} und PrP^{Sc} unterscheiden kann [811].

Die Struktur des normalen PrP ist für den enzymatischen Abbau vollständig zugänglich und wird deshalb mit PK auch vollständig abgebaut [989]. Im Gegensatz dazu werden von PrP^{Sc} nur ca. 68 N-terminale Aminosäuren abgebaut. Dies führt zu einem spezifischen PrP-Fragment, das – im Gegensatz zu PrP^{Sc} mit einem Molekulargewicht von 33–35 kDa – nur noch 27–30 kDa groß ist (PrP 27–30 bzw. PrPres[50]) (Abb. 35.1). Um PrP 27–30 nachzuweisen, muß also ein Hirnhomogenat vorerst z.B. mit PK behandelt werden. Die übrigbleibenden Proteine werden auf einem Polyacrylamidgel aufgetrennt und dann auf eine Polyvinylmembran transferiert. Nach einer Inkubation dieser Membran mit anti-PrP-Antikörpern, an die ein Markerenzym gekoppelt ist, kann die Menge und Position von restlichem PrP 27–30 mittels Farbstoffen oder Chemilumineszenz visualisiert werden. Diese Methode wird Western blot genannt. Die Abbildung 35.1 zeigt das PrP aus dem Gehirn von normalen und BSE-erkrankten Kühen vor (−) und nach (+) einer Behandlung mit PK auf einem Western blot.

---

[50] PrP 27–30 bzw. PrPres sind streng genommen keine identischen Begriffe. Für Definitionen siehe Abkürzungsliste.

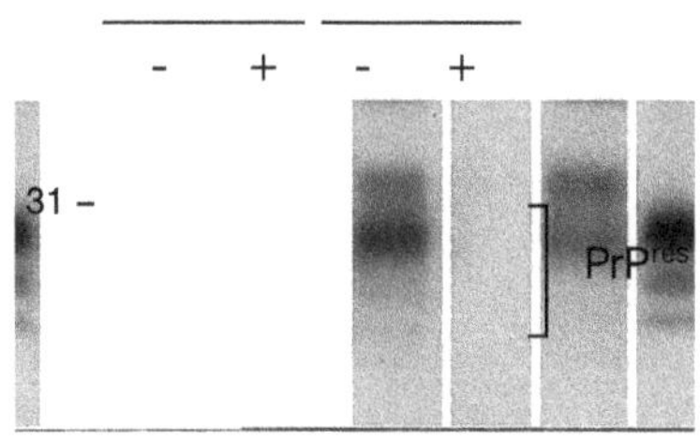

Abb. 35.1: Hirnhomogenate von normalen Kühen und von BSE-Kühen wurden *unbehandelt* (−) bzw. nach Behandlung mit *Proteinase K* (+) mittels Western blot analysiert. Als Antikörper wurde 6H4 (Tab. 35.1) verwendet. Während das Prion-Protein vor der Behandlung der Homogenate mit PK nicht unterschieden werden kann, ist nach der PK-Verdauung bei normalen Tieren kein Prion-Protein mehr sichtbar, während bei BSE-Tieren das charakteristische Abbaufragment PrPres auftritt. (Abb. von B. Oesch)

Während vor der Behandlung mit PK zwischen PrP^{C} und PrP^{Sc} kein Unterschied festgestellt werden kann, zeigt sich nach der Proteinasebehandlung, daß PrP^{C} zerstört wurde, weshalb dafür kein Signal mehr sichtbar ist. Handelt es sich beim Untersuchungsgut also um ein Hirnhomogenat eines BSE-erkrankten Tieres, bleibt das PrP 27–30 mit der Größe von 27–30 kDa zurück. Dieser Nachweis von PrP 27–30 bzw. PrP^{Sc} wurde vorerst experimentell zum Nachweis von PrP^{Sc} bei verschiedenen Tierarten und beim Menschen verwendet. Erstmals wurde PrP^{Sc} so bei Hamstern nachgewiesen [148,989], später auch bei anderen Spezies wie Mäusen, Schafen und Kühen [147,276,515,636].

35.3 Immunologischer Nachweis von PrP^{Sc} in Hirngewebe

35.3.1 Western blot und seine Anwendbarkeit zur Diagnose der subklinischen BSE

Die Information *Vorhandensein* oder *Nicht-Vorhandensein* eines spezifischen Fragments von PrP^{Sc} kann somit als Kriterium für eine Labordiagnose verwendet werden, z. B. zum Nachweis von BSE oder Scrapie (Abb. 35.2). Eine entwickelte Methode mittels Western blot nutzt diese Information praktikabel aus, wie zunächst in mehreren Untersuchungen mit Blindproben von BSE-kranken und normalen Tieren gezeigt werden konnte [236,237,239,963]. Die Sensitivität und Spezifität der immunologischen BSE-Diagnostik mittels Western blot betragen 100% [986], bei Scrapie 93–99% (s. Kap. 35.4). Wie alle anderen Formen von Prionkrankheiten war und ist BSE auch mit klassischen Methoden wie Histopathologie u.a. gut diagnostizierbar, am zuverlässigsten mit der Immunohistochemie (IHC), mit der PrP^{Sc} nachgewiesen wird (vgl. Abb. 15.1d).

Die Untersuchung experimentell infizierter Tiere zu verschiedenen Zeitpunkten der Inkubation ergab, dass die Vakuolisierung des Hirngewebes (Abb. 1.2) histopathologisch einerseits erst sehr kurz vor der klinischen Phase, andererseits erst mehrere Wochen [210] bis Monate (Abb. 15.1d) nach der immunhistochemischen Erkennbarkeit von PrP (IHC) diagnostizierbar ist.

Mit der Immunhistochemie und mit der Western blot-Methode wird die PrP^{Sc}-Akkumulation (Abb. 15.1d) bereits Monate vor Ausbruch der klinischen Symptome darstellbar und aussagekräftig [1313]. Es ist zur Zeit nicht präzise feststellbar, zu welchem frühesten Zeitpunkt

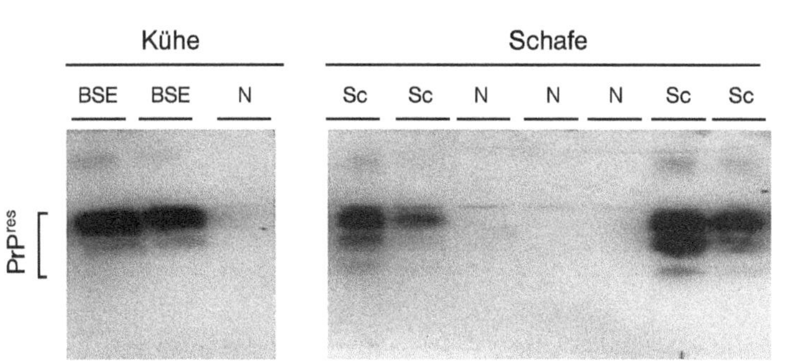

Abb. 35.2: Hirnhomogenate von einzelnen Schafen oder Kühen wurden nach PK-Behandlung mittels Western blot auf PrPres untersucht; dessen Vorhandensein stimmte dabei exakt mit der klassischen Diagnose mittels histopathologischen Hirnschnitten überein. (Abb. von B. Oesch)

PrP 27–30 bei infizierten Tieren aus dem Feld mittels Western blot oder IHC nachweisbar ist, man geht von einem Zeitraum von mindestens 6 Monaten vor Ausbruch der Symptome (Erkrankungsbeginn) aus (Abb. 35.4).

Bei Untersuchung einer großen Anzahl von Hirnschnitten mittels IHC können schon geringe *fokale Akkumulationen* beobachtet werden, während *diffus im Gewebe verteiltes* PrP 27–30 wahrscheinlich besser mittels eines Western blots entdeckt werden kann. Diese Situation wurde z.B. bei der Untersuchung von klinisch normalen Herdentieren aus Beständen, in denen ein BSE-Fall aufgetreten war, gefunden: In 1'761 Tieren [239] wurden acht positive Tiere gefunden, vier Tiere davon waren für PrP 27–30 mit dem IHC- *und* Western blot-Test positiv, während von den anderen vier je zwei Tiere nur mit einer der zwei Methoden positiv waren [1158]. Hingegen hatten gemäß der Histopathologie von allen acht Tieren nur drei Tiere vakuoläre Veränderungen aufgewiesen.

Weiter wurde im Jahre 1998 durch Routineuntersuchung von 3000 zufällig aus der gesunden Schweizer Milchkuhpopulation ausgewählten Schlachtkühen ein BSE-Fall entdeckt, der nachträglich auch mit IHC und Histopathologie bestätigt wurde. Diese Routineuntersuchungen wurden innerhalb der Zeit gemacht, in der der Schlachtkörper noch klar identifizierbar war und somit im Test-positiven Fall aus der Schlacht- bzw. Nahrungskette genommen werden konnte. Der Western blot in seiner von Prionics für Massenuntersuchungen optimierten Form (Prionics-Check^{TM}-Test) dauert im Gegensatz zu den langwierigen Untersuchungen an Gewebeschnitten nur etwa 6 bis 7 Stunden und kann somit zur Routineuntersuchung von geschlachteten Tieren verwendet werden. Seit Anfang 1999 wird der Prionics-Check^{TM}-Test in der Schweiz zur routinemäßigen Überprüfung von Rindern verwendet. Getestet werden Kühe aus folgenden zwei spezifischen Risikosubpopulationen: (A) alle umgestandenen oder aus Unfall-/Krankheitsgründen getöteten[51] Kühe und (B) alle krankgeschlachteten Kühe und (C) eine repräsentative Zufallstichprobe der über 30 Monate alten Schlachtkühe aus der Normalpopulation [237]. Dadurch wurden im Rahmen des aktiven BSE-Überwachungsprogramms UP99 alleine 1999 in 17892 durch die Fa. Prionics getesteten Tieren 25 subklinische BSE-Fälle entdeckt. In der gleichen Zeit wurden 25 weitere, klinische BSE-Fälle durch die seit 1990 etablierte passive Überwachung (Def. im Kap. 32.2) entdeckt.

Dies deutet darauf hin, daß die subklinische BSE einen erheblichen Anteil am gesamten epidemischen Geschehen ausmacht, was ohne die im Detail in den Kapiteln 32.3 und 41.7 beschriebene aktive Überwachung nicht feststellbar gewesen wäre. Da mit dem Prionics-Check^{TM}-Test oder anderen BSE-Tests Rinder in einem weit fortgeschrittenen Stadium der BSE-Inkubation feststellbar sind, hat die seit 2001 durch die EU geforderte flächendeckende Überwachung eine bedeutende Steigerung des Verbraucherschutzes gebracht: denn im Rückenmark von Rindern im weit fortgeschrittenen Inkubationsstadium ist ein Erregergehalt zu erwarten (s. Kap. 28), der u.U. bei der Tierhalbierung (Abb. 53.6) zur Kreuzkontamination des Fleisches führen kann. Tierkörper von BSE-getesteten Rindern werden nach positivem Resultat gänzlich verbrannt (s. Kap. 53).

35.3.2 ELISA

Als Alternative zum Western blot kann der Nachweis von PrP 27–30 auch mit einem ELISA (Enzyme-Linked Immunosorbent Assay) geführt werden. Dazu werden nach der PK-Behandlung die übriggebliebenen Proteine an eine ELISA-Platte gebunden und dann mittels Antikörper nachgewiesen. Der Nachteil des ELISA besteht darin, daß der Abbau des normalen Prion-Proteins nicht überprüft werden kann und somit, bei einem unvollständigen Abbau des normalen Prion-Proteins, Tiere als falsch positiv bezeichnet werden. Beim Western blot können falsch positive Diagnosen hingegen ausgeschlossen werden, vorausgesetzt, es wird das richtige Untersuchungsmaterial eingesandt (nicht Kleinhirn!). Ein solcher ELISA wird von

[51] Aber nicht wegen BSE-Verdacht getötet – diese bilden die Gruppe der klinischen BSE und werden seit dem 01. Dezember 1990 getötet.

der irischen Fa. Enfer verwendet (Enfer-Test). Leider sind z. Zt. noch keine Daten zu Feldversuchen bekannt gemacht worden.

Als weitere Alternative kann PrP^{Sc} zuerst durch Zentrifugation angereichert und dann in einem Sandwich-ELISA nachgewiesen werden. Die eher umständliche Anreicherung wurde früher auch für die Bestimmung von SAF (s. Kap. 35.4) oder für den Western blot verwendet (BSE-Test, von CEA (Centre d' Energie Atomique, Paris)).

35.3.3 Charakterisierung von PrP zur Unterscheidung von Prionstämmen

Glykosylierung: Das Prion-Protein ist an zwei Positionen in der Aminosäurekette posttranslational in variablem Ausmaß glykosyliert. Die unterschiedliche Benutzung dieser Modifikationsstellen führt dazu, daß das Prion-Protein mit zwei, einer oder keiner Zuckerkette vorkommt. Diese Verteilung führt dazu, daß das Prion-Protein im Western blot in Form von drei Banden auftritt (Abb. 35.2). Die relative Verteilung der verschiedenen Glykosylierungsformen scheint für verschiedene Prionstämme spezifisch zu sein [624,1215]. Zusätzlich ergeben sich nach einer Spaltung mit PK leicht unterschiedliche Größen von PrP, die abhängig vom jeweiligen Prionstamm sind [624,1268]. Die Kombination dieser zwei Merkmale läßt sich somit für eine Bestimmung von Prionstämmen benutzen. Die molekularen Grundlagen für diese Variationen sind noch unklar und es ist deshalb nicht ausgeschlossen, daß bestimmte Stämme nicht unterschieden werden können (vgl. Kap. 11.3.6–7).

Konformationsabhängiger Immunoassay (CDI): Als Alternative dazu wurde im Labor von S. Prusiner durch J. Safar eine Methode entwickelt, die zwischen verschiedenen Faltungen des krankheitsspezifischen Prion-Proteins unterscheiden kann [1145]. Das Prinzip beruht auf der Annahme, daß die unterschiedliche Faltung von PrP^{C} und PrP^{Sc} dazu führt, daß unterschiedliche Aminosäurensequenzen an der Oberfläche zur Antikörperbindung exponiert sind. Der Antikörper 3F4 (Tab. 35.1) scheint eine solche Stelle zu erkennen, die bei PrP^{Sc} verborgen ist, jedoch nach Denaturierung mit Guanidinium-Hydrochlorid (s. Kap. 12.4) zugänglich wird. Bei einer bestimmten Konzentration von GdnHCl wurde das 3F4-Epitop zugänglich [1145]. Dabei konnte gezeigt werden, daß sich Prionstämme in Hamstern dahingehend unterscheiden, als das 3F4-Epitop bei variablen GdnHCl-Konzentrationen unterschiedlich exponiert wird und sich somit mit 3F4 unterscheiden lassen. Safar und seine Kollegen führten diese Beobachtungen und die im Detail in Kapitel 12 beschriebene Methodik auf stammspezifische PrP^{Sc}-Konformationen zurück, wobei auch andere Möglichkeiten wie unterschiedliche Dissoziation von Molekülen, die an PrP^{Sc} gebunden sind, in Betracht gezogen werden sollten [1145]. Safars Assay wurde für Hamster-Prionen entwickelt. Eine Weiterentwicklung für Schaf-Prionen könnte ev. in Zukunft erlauben, Scrapie und BSE in Schafen zu unterscheiden (s. Kap. 58.3).

Tabelle 35.1: Antikörper, die zur Diagnose von Prionkrankheiten verwendet werden.

Antikörper	Artenspezifität für PrP	Epitope	Referenz
3F4	Mensch, Hamster	$_{108}$N**M**KH**M**A$_{113}$ [1)]	[742]
13A5	Hamster	$_{137}$P**M**MHF$_{141}$ [1)]	[101]
6H4	Mensch, Rind, Schaf, Schwein, Maus, Hamster, nicht humane Primaten, Hirsch und Katze	$_{144}$DYEDRYYRE$_{152}$	[811,702a]

[1)] Die Epitope von 3F4 und 13A5 wurden aufgrund von Speziesunterschieden in der PrP-Sequenz lokalisiert [874]. Kritische Aminosäuren sind fett markiert. Die Erkennungssequenz von 6H4 wurde mittels einer Peptidbank bestimmt [811]. Die tiefergestellten Zahlen beziehen sich auf die Position der Sequenz im Bezug auf die Numerierung der Aminosäuren im menschlichen Prion-Protein.

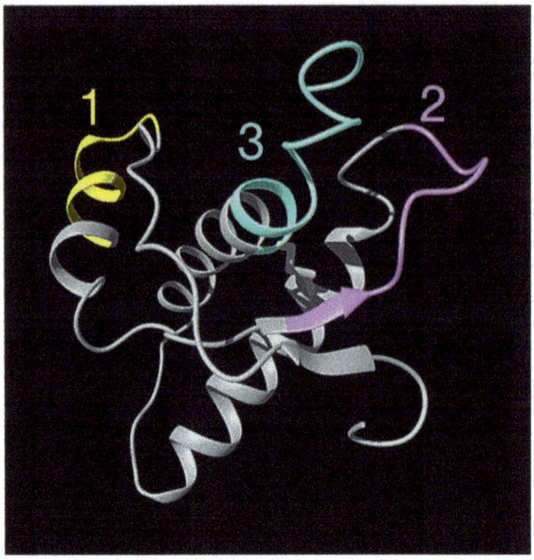

Abb. 35.3: Epitope des 15B3, auf die Struktur des normalen Prion-Proteins „gemappt". Die drei Epitope sind farbig eingezeichnet. Epitop 1 (gelb) ist relativ weit weg von den anderen zwei Epitopen (2 und 3). Daher wurde die Hypothese aufgestellt, daß die Region um Epitop 1 neu gefaltet wird, so daß es in die Nähe der anderen zwei gelangen kann. Als Alternative könnten zwei Prion-Protein-Moleküle so zusammenkommen, daß Epitop 1 des einen Moleküles mit den Epitopen 2 und 3 des zweiten Moleküles zusammenkommt (Abb. von K. Wüthrich; nach [811])

35.3.4 Diagnose von BSE mittels PrP^{Sc}-spezifischen Antikörpern

Verschiedene Forschergruppen versuchen seit geraumer Zeit, spezifische Methoden zur Erkennung von PrP^{Sc} mittels spezifischen Antikörpern zu etablieren. Dahingehende Versuche in normalen Mäusen scheiterten wahrscheinlich an der Ähnlichkeit des Maus-PrP mit dem „Immunogen" Hamster-PrP^{Sc}. Auch der Ansatz mit sog. *Prnp*$^{0/0}$-Mäusen blieb erfolglos. Überraschenderweise gelang es dann doch [811], mittels Immunisierung von PrP-Null-Mäusen mit bakteriell hergestelltem Rinder-PrP einen prionspezifischen Antikörper (15B3) zu generieren. Durch Immunoselektion konnte nachgewiesen werden, daß dieser Antikörper nur PrP^{Sc} und nicht PrP^{C} von Rindern, Mäusen und Menschen erkannte. Die Erkennungsstelle wurde kartiert und auf drei verschiedenen Regionen des Prion-Proteins verteilt gefunden (Abb. 35.3), woraus geschlossen wurde, daß der Antikörper eine bestimmte Konformation des Prion-Proteins erkennt. Die Eigenschaften des Antikörpers 15B3 werden jetzt dazu verwendet, PrP^{Sc} aus Flüssigkeiten mit geringen Prionmengen anzureichern, um diese dann mittels Western blot oder ELISA nachzuweisen. Damit könnte es möglich werden, Prionen in Blut, Lymph- oder Rückenmarksflüssigkeit nachzuweisen, um Prionkrankheiten auch schon beim lebenden Menschen oder Tier diagnostizieren zu können.

35.4 Diagnostische Methoden, die auf physikalischen Eigenschaften von PrP^{Sc} beruhen

Schon früh wurde erkannt, daß PrP^{Sc} bei Hamster- oder Maus-Scrapie – weniger bei „natürlicherweise" betroffenen Spezies (Tab. 1.3) – als Aggregat (SAF) vorliegt [148, 924]. Bei allen betroffenen Spezies kann SAF durch entsprechende Behandlung dargestellt werden. Diese auf starker Hydrophobie der Prionen basierende Aggregatbildung kann diagnostisch genutzt werden, indem SAF aus infektiösem Hirngewebe gemäß Stack [1219] methodisch aufbereitet und dann elektronenmikroskopisch „sichtbar gemacht werden". Bei Prionkrankheiten von Rind, Mensch und Schaf kommt diese Methodik nicht routinemäßig zum Zuge [109,424,626, 635,935,1136], da deren Darstellung hier zu aufwendig ist. Zusätzlich wurden SAF-positive Präparate mittels Western blot untersucht, um die beiden Methoden zu vergleichen: Da das normale Prion-Protein (PrP^{C}) bei der entsprechenden Prozedur nicht aufgereinigt wird und v.a. auch keine elektronenmikroskopisch sichtbaren Fibrillen bildet, kann SAF als sicheres Kriterium für eine Infektion mit Prionen bzw. für das Vorliegen einer Prionkrankheit herangezogen werden. Die Sensitivität dieser Methode wurde bei experimentell infizierten Kühen untersucht, wobei festgestellt wurde, daß SAF erst kurz vor dem Auftreten der klinischen Symptome beobachtet werden können [1313].

Ein Vergleich zwischen SAF und Western blot für PrP^{Sc} fiel zugunsten des Western blots aus,

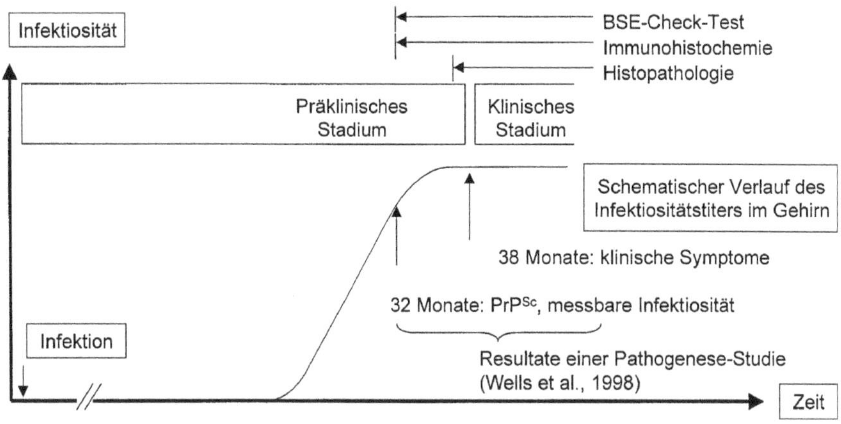

Abb. 35.4: Schematische Darstellung der subklinischen und klinischen Phasen einer Prionkrankheit (BSE); mit Zeitachse (x) und Infektiosität (y). Die Zunahme des Erregertiters im Hirn während der subklinischen Phase (Kurve) führt ab mindestens sechs Monate vor den histologisch feststellbaren Veränderungen oder dem Auftreten der klinischen Erstsymptome zur Erkennbarkeit des betroffenen Tieres durch den Prionics-Check™-Test. Die IHC erkennt PrP^{Sc} im Hirn etwa gleichzeitig. Die Empfindlichkeit des Prionics-Check™-Testes konnte mit IHC validiert werden. Der Erkrankungsbeginn von 38 Monaten entspricht etwa dem Mittel bei experimentellen per os Infektionen (vgl. Abb. 19.4). (Abb. von B. Oesch)

wobei verschiedene Hirnregionen von Scrapie-infizierten Schafen unterschiedliche Eignung zeigten [307]: In der Medulla oblongata war die Sensitivität 97% (mit Western blot) resp. 91% (mit SAF-Darstellung), im Zerebellum 99% resp. 76%, im frontalen Cortex 95% resp. 88% und im okzipitalen Cortex 93% resp. 61%. Bei beiden Methoden wurden keine falsch positiven Proben beobachtet [1313], d. h. die Spezifität ist 100%. Diese Aussagen müssen relativiert werden, da der Vergleich der Menge an SAF respektive PrP^{Sc} zwischen verschiedenen Spezies ergab, daß infizierte Hamster im Gehirn – z. B. gegenüber Kühen – eine etwa 100–10000-fach höhere Menge (pro Gewebeeinheit) an SAF bzw. PrP^{Sc} aufweisen [1049].

Themenbereich VI: Epidemiologie

„Im Bereiche der beobachtenden Studien kommt das Glück nur dem vorbereiteten Geiste entgegen."

Louis Pasteur

36 Die Epidemiologie und Risikofaktoren der Creutzfeldt-Jakob-Krankheit

Inga Zerr und Sigrid Poser

36.1 Einleitung

Ein allgemeines Interesse an der Häufigkeit der Creutzfeldt-Jakob-Krankheit (CJD) ist primär mit der Entdeckung der Übertragbarkeit im Zuge der Kuruforschung und dann wieder mit dem Auftreten der BSE im Jahre 1986 erwacht. Die Befürchtung, die Rinderkrankheit BSE könnte durch Verzehr von infektiösen Rinderprodukten auf den Menschen übergehen, gab Anlaß für europaweite epidemiologische Untersuchungen. Das Auftreten der neuen Variante der CJD (nvCJD) verstärkte die Überwachungsintensität nochmals.

Vorher waren für derartige Erhebungen weltweit fast ausschließlich Totenscheinstatistiken verfügbar. Aus ihnen ergab sich eine CJD-Inzidenz von rund 1 pro 1 Million Einwohner pro Jahr (Tab 36.1). Die Aufschlüsselung nach sporadischen, genetisch bedingten (familiären) und iatrogenen Fällen war nicht möglich.

Retrospektive Untersuchungen ergaben z. B. in GB von 1970–1989 eine CJD-Inzidenz von 0,31–0,47 pro 1 Million Einwohner pro Jahr [286a,1356] (Tab. 36.1). Ab 1990 stellte man anhand prospektiver Studien eine Inzidenz von 0,70–0,74 fest. Von 1993–1996 konnte jedoch gezeigt werden, daß die Zunahme der erfaßten Inzidenz methodisch bedingt war. Ein Faktor war z. B. die verbesserte Diagnostik bzw. Überwachung, v.a. in der Altersgruppe der über 70jährigen [310,1348] (Abb. 15.2).

In diesem Kapitel wird, teilweise ergänzt durch Kapitel 37, ein systematischer Überblick über epidemiologische Parameter der CJD und deren Einflußgrößen (Ursachen, Risikofaktoren und Determinanten) gegeben.

Tabelle 36.1: Jährliche Inzidenz der Creutzfeldt-Jakob-Krankheit (CJD). Aus methodischen Gründen, d.h. wegen intensiverer Überwachung, wurden im Verlauf der Zeit erhöhte Inzidenzzahlen verzeichnet.

Land	Zeitraum	Inzidenz (Fälle/Mio./Jahr)
Australien	1979–92	0,75
Chile	1955–72	0,10
	1973–77	0,31
	1978–83	0,69
Deutschland	1979–90	0,31
	1993–97	0,85[1)]
Frankreich	1968–77	0,34
	1978–82	0,58
	1992–95	0,96[1)]
Großbritannien	1964–73	0,09
	1973–79	0,31
	1980–84	0,47
	1985–89	0,46
	1990–94	0,70[1)]
	1995–96	0,74[1)]
Island	1960–90	0,27
Israel	1963–87	0,91
	1989–97	0,90
Italien	1958–71	0,05
	1972–86	0,09
	1993–95	0,56[1)]
Japan	1975–77	0,45
Neuseeland	1980–89	0,88
Niederlande	1993–95	0,81[1)]
Österreich	1994–95	1,27[1)]
Schweden	1985–96	1,20
Schweiz	1988–97	1,14
Slowakei	1993–95	0,62
Tschechoslowakei	1972–86	0,66
Ungarn	1960–86	0,39
Vereinigte Staaten	1973–77	0,26
	1979–90	0,90

CJD wird zudem berichtet aus Ägypten, Argentinien, Belgien, Brasilien, China, Finnland, Griechenland, Indien, Indonesien, Iran, Jugoslawien, Kanada, Kolumbien, Nordirland, Norwegen, Mexiko, Oman, Papua Neuguinea, Peru, Polen, Portugal, Rumänien, Senegal, Spanien, Südafrika, Taiwan, Thailand, Tunesien, Uruguay, Venezuela, Weißrußland und West Bengal.

[1)] Ergebnisse aus prospektiven Studien.

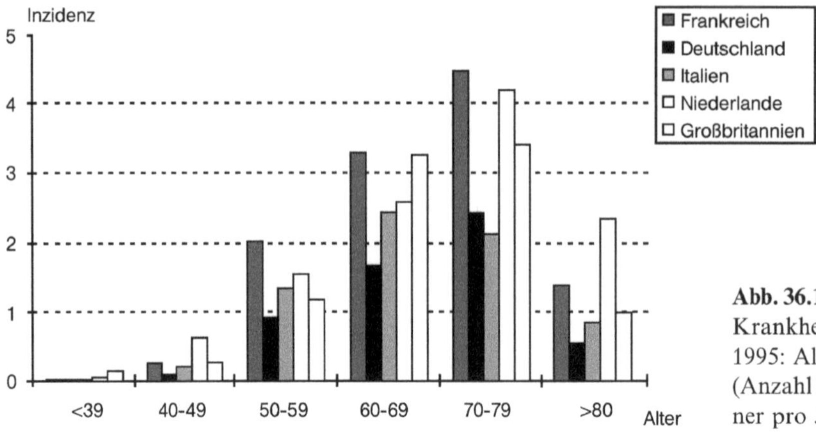

Abb. 36.1: Creutzfeldt-Jakob-Krankheit (CJD) in Europa; 1993–1995: Altersspezifische Inzidenz (Anzahl Fälle pro Million Einwohner pro Jahr). (Abb. von I. Zerr)

36.2 Deskriptive Epidemiologie

36.2.1 Inzidenz

Die CJD-Inzidenz beträgt in der Regel etwa ein Fall pro einer Million Einwohner pro Jahr (Tab. 36.1). Bei entsprechenden Angaben sind manchmal neben gesicherten auch wahrscheinliche Fälle mitgerechnet, da nicht immer eine Autopsie zur Diagnosesicherung möglich ist.

In den Jahren 1993 bis 1995 wurden im Rahmen eines BIOMED 1-Programmes Daten von 592 Patienten analysiert [1284]. Hierbei ergab sich eine relativ homogene Inzidenz für die sporadische CJD (sCJD) in den einzelnen europäischen Ländern. Die gesicherte CJD-Durchschnittsmortalität pro Million Einwohner und Jahr für einige EU-Länder beträgt gemäß dieser Studie 0,69 (Tab. 36.2; für D vgl. auch Tab. 37.4). Schwankungen zwischen den einzelnen Ländern lassen sich z.T. aus den verschieden hohen Autopsieraten erklären. So liegt diese bei 43% für Frankreich, 50% für Italien, 65% für die Niederlande, 72% für Deutschland, 85% für Großbritannien und 90% für Österreich [587]. Österreich hat mit der hohen Autopsierate [587] eine Sonderstellung hinsichtlich verläßlichen Inzidenzangaben.

36.2.2 Altersspezifische Inzidenz

Die Analyse der altersspezifischen Inzidenz zeigt übereinstimmend bei den o.g. Ländern einen Gipfel zwischen dem 70. und dem 79. Lebensjahr [310]. Lediglich in Italien liegt er etwas niedriger, d.h. beim 60. bis 69. Lebensjahr. Bei über 80jährigen Patienten nimmt die Häufigkeit wieder ab (Abb. 36.1). Frauen sind etwas häufiger betroffen als Männer (1,4:1) (Abb. 37.2).

36.2.3 Geographische Verbreitung

Die CJD tritt weltweit mit geringer, von Land zu Land relativ konstanter Häufigkeit auf (Tab. 36.1). Allerdings dürfte es in Bezug auf die Qualität der Überwachungssysteme der verschiedenen Länder bestimmte Unterschiede geben. Um in Europa möglichst gut vergleichbare Daten zu haben, wird seit 1993 im Rahmen eines EU-weiten Programms die Häufigkeit der verschiedenen Formen von CJD erfaßt (BIOMED). Beteiligt waren zunächst folgende Länder: Groß-

Tabelle 36.2: CJD-Mortalität pro 1 Million Einwohner und Jahr in einigen Ländern Europas.

	Frankreich	Deutschland	Italien	Niederlande	Slowakei	Großbritannien
1993	0,66	0,29[1)]	0,54	0,72	0,56	0,69
1994	0,88	0,68	0,61	1,18	0,93	0,95
1995	0,99	0,80	0,56	0,81	0,62	0,69

[1)] Extrapolierter Wert, da die Studie in Deutschland erst im Juni 1993 begann.

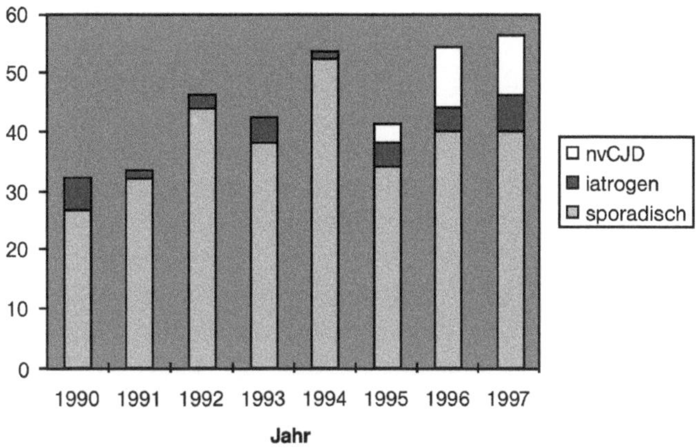

Abb. 36.2: Creutzfeldt-Jakob-Krankheit (CJD) in Großbritannien (y = Anzahl Fälle pro Jahr). (Abb. von I. Zerr)

britannien (Abb. 36.2), Frankreich, Italien, Deutschland, Niederlande und die Slowakei. Seit 1997 wurde die Studie ausgeweitet auf die Länder Schweiz [661], Österreich, Spanien, Kanada und Australien.

Das international harmonisierte, methodische Vorgehen und die an der Überwachung beteiligten Sparten der Medizin und Institutionen sind detailliert im Kapitel 29 beschrieben.

36.3 Risikofaktoren der sporadischen CJD (sCJD)

36.3.1 Erkenntnisse aus Fallkontrollstudien

Anhand mehrerer Fallkontrollstudien untersuchte man die Risikofaktoren der CJD. Die Methodik der einzelnen Studien wich voneinander ab, insbesondere was die Auswahl der Kontrollgruppe betrifft. Es ist nicht gelungen, in diesen Studien einen gemeinsamen Risikofaktor zu identifizieren. Statistisch signifikante Befunde sind in der Tabelle 36.3 zusammengefaßt.

In der BIOMED 1-Fallkontrollstudie konnten Daten von 405 Patienten und Kontrollen ausgewertet werden. Dabei ließen sich zwei Risikofaktoren bestätigen: Eine dementielle Erkrankung in der Familie sowie der Verzehr von „Fleisch" [334] erwiesen sich als signifikante Risikofaktoren für eine CJD. Als weitere mögliche Faktoren, deren Relevanz noch eingehender geprüft werden muß, ergaben sich: Kontakt mit Hornspänen als Düngemittel, Kontakt mit Leder (die Frage lautete: „Hat der Patient Kontakt mit Pelz und Leder gehabt; mehr als im alltäglichen Umgang?") sowie Verzehr von Hirn

Tabelle 36.3: In Fallkontrollstudien untersuchte Risikofaktoren für CJD.

Faktor	Referenz
• Operationen innerhalb 5 Jahre vor Erkrankung	[808]
• Physisches Trauma jeder Art	[808]
• Tonometrie 2 Jahre vor Erkrankung	[333]
• Operationen (Naht) 3–15 Jahre vor Erkrankung	[333]
• Trauma oder Operation im Kopf-Hals-Bereich 3–15 Jahre vor Erkrankung	[333]
• Trauma jeder Art	[333]
• Demenz in der Familie (nach Ausschluß familiärer CJD-Formen)	[599,1284]
• Herpes zoster in der Vergangenheit	[599]
• Erhöhter Verzehr von bestimmten „Fleischsorten" [334] und Hirn	[334,1284,1331]
• Kontakt mit Fisch, Eichhörnchen und Kaninchen	[335]
• Exposition an Leder, organischer Dünger (Hornspäne)	[1284]

[1284]. Diese Befunde variierten jedoch von Land zu Land [1284]. Ein Bezug dieser Faktoren zu BSE konnte nicht hergestellt werden.

36.3.2 Erkenntnisse aus nicht kontrollierten Studien

Einige Faktoren wurden in nicht kontrollierten Studien mit CJD in Zusammenhang gebracht (Tab. 36.4). Aufgrund der Frage nach der Übertragbarkeit auf medizinisches Personal verdienen folgende Fallberichte besondere Aufmerksamkeit: Ein Internist, der 30 Jahre zuvor für zwölf Monate in der Pathologie (s. Kap. 48) gearbeitet hatte, erkrankte an CJD, ohne daß ein direkter Kontakt mit CJD-infektiösem Gewebe dokumentiert ist [124]. Ein Pathologe [546], ein Neurochirurg [1166] und zwei Histologieassistenten [943,1213] sind an CJD erkrankt. Weiterhin wird von einem CJD-Fall eines Orthopäden berichtet, der 30 Jahre vor Erkrankungsbeginn mit Dura mater (harte Hirnhaut) von Schafen experimentierte [1303].

In kontrollierten Fallstudien ist jedoch kein erhöhtes Erkrankungsrisiko für CJD in medizinischen Berufen gefunden worden [948 a,1284] (s. Kap. 47).

Der Verzehr von Hirngewebe verschiedener in freier Wildbahn lebender Tiere wurde gelegentlich mit dem Entstehen einer sCJD in Zusammenhang gebracht und führte zu einer Reihe von Fallberichten [125,732].

Die Beobachtung eines scheinbar gehäuften Auftretens der sCJD bei Milchbauern führte zunächst zur Vermutung, diese Fälle könnten in Zusammenhang mit BSE-Fällen in ihren Herden stehen [13]. Ein Vergleich der berufsspezifischen Inzidenz zeigte in verschiedenen europäischen Ländern eine zunächst über der Erwartung liegende Inzidenz für Milchbauern von etwa vier Fällen pro einer Million Einwohner pro Jahr, ohne daß ein Unterschied zu GB auffiel [310]. Allerdings ist diese Information irrelevant in Anbetracht des relativ hohen Alters, in dem die Milchbauern an CJD verstarben (s. Kap. 36.2.2, altersspezifische Inzidenz) [658] (Abb. 15.2). Zum Vergleich lag die berufsunabhängige, altersspezifische CJD-Inzidenz von 55–74-jährigen, z. B. in der Schweiz, bei 4,1 Fällen pro Million Einwohner pro Jahr [658]. Klinisch und neuropathologisch wiesen die erkrankten Landwirte – auch in GB – keine Unterschiede zu sporadischen Fällen auf. In Übertragungsversuchen auf Mäuse zeigte sich zudem ein ähnliches neuropathologisches Läsionsprofil und eine Inkubationszeit wie bei der sCJD [217].

Im Gegensatz zu der sCJD erhielt man durch Inokulation von Hirngewebehomogenaten von nvCJD-Patienten ein völlig anderes Läsionsprofil (Kap. 50).

Tabelle 36.4: In nicht kontrollierten Studien untersuchte Risikofaktoren für CJD. (Statistische Signifikanzangaben können dazu *nicht* gemacht werden).

Faktor	Referenz
• Kraniotomie	[1355]
• Kontakt mit Frettchen und Schafen	[859,918]
• Verzehr von Schaffleisch	[25]
• Medizinischer/paramedizinischer Beruf	[913]
• Demenz in der Familie	[913]

36.4 Epidemiologie und Risikofaktoren der erworbenen CJD-Formen

Infektiös erworbene CJD-Formen umfassen die iatrogen bedingte CJD (iCJD) und die neue Variante der CJD (nvCJD).

36.4.1 Neue Variante der CJD (nvCJD)

Bis Anfang 2001 wurde in GB insgesamt bei 82 Patienten die nvCJD beschrieben; außerhalb von GB wurden bis dahin drei Fälle in Frankreich [274] und ein Fall in der Republik Irland festgestellt [874]. Die genaue Prognose über die weitere Entwicklung der nvCJD-Inzidenz wäre auf der Basis der derzeit vorhandenen Daten spekulativ. (Je nach postulierter mittlerer Inkubationszeit und Übertragungswahrscheinlichkeit variieren die von anderen Autoren publizierten Zahlen zwischen einigen hundert und 80000 (oder mehr) zu erwartenden Fällen [309].)

Molekularbiologische und tierexperimentelle Daten stützen die Evidenz eines ursächlichen Zusammenhangs mit BSE (s. Kap. 50) [217,301, 842]. Bei den Fällen in GB ergaben sich aber (bisher) gemäß standardisierten Befragungen keine signifikanten Besonderheiten im Hinblick auf Lebensgeschichte, Ernährungsgewohnheiten oder berufliche Exposition [1354]. Ein in Frankreich festgestellter nvCJD-Fall ist von speziellem Interesse, weil der Patient niemals in GB gewesen war [274]. Sollte die Spekulation, daß er Anabolikum in Form von bovinem Somatotropin eingenommen hatte, sich bestätigen, müßte seine Erkrankung an nvCJD aus der Sicht möglicher Risikofaktoren neu beurteilt werden [1287].

Bei der *PRNP*-Untersuchung von Patienten mit einer nvCJD fand sich kein Hinweis auf eine pathogene Mutation. Alle untersuchten Patienten wiesen jedoch am Codon 129 des *PRNP* eine Homozygotie für Methionin auf (s. Kap. 14.9).

36.4.2 Iatrogen bedingte CJD: iCJD-Risikofaktoren

Eine Weitergabe des CJD-Erregers von Mensch zu Mensch ist bisher nur auf iatrogenem [175a] Weg über direkte Exposition mit infektiösem Gewebe nachgewiesen. Die Infektionsquellen der iCJD waren harte Hirnhaut (Dura mater), Augenhornhaut (Cornea) und Wachstums- oder Geschlechtshormone, die aus Leichenhypophysen extrahiert wurden. In einigen Fällen erfolgte eine Übertragung durch nicht ausreichend sterilisiertes Operationsbesteck bei neurochirurgischen Eingriffen oder implantierbare EEG-Elektroden (Tab. 14.1).

In der Literatur vereinzelt vorzufindende Beschreibungen von Fällen, die sich über Kontakte von Mensch zu Mensch infiziert haben sollen, mußten zum Teil widerrufen werden [184,586, 1355]. Kürzlich ist von Brown ein Ehepaar beschrieben worden, bei dem die Partner nacheinander an CJD erkrankten [184]; dieses einmalige Vorkommnis erlaubt keine Rückschlüsse auf eine Übertragung von Mensch zu Mensch.

Sog. Clusterbildungen (gehäuftes Auftreten), die spekulativ als Beleg eines gemeinsamen umweltspezifischen Faktors interpretiert wurden, konnten nachträglich auf eine gemeinsame genetische Grundlage (E200K-Mutation) zurückgeführt werden (s. Kap. 36.6).

36.4.2.1 Cornea (Augenhornhaut)

Der erste festgestellte iatrogene CJD-Fall, hervorgerufen durch eine Corneatransplantation, wurde wahrscheinlich nur deshalb erkannt, weil zwischen der Infektion und dem Ausbruch der Erkrankung lediglich wenige Monate lagen. Dadurch war es möglich, einen kausalen Zusammenhang herzustellen. 1974 wurde von der betroffenen 55jährigen Patientin berichtet, daß sie 18 Monate nach einer Corneatransplantation an CJD erkrankte [391]. Der Spender war – wie sich später herausstellte – an CJD verstorben.

Ein weiterer Fall wurde von einer japanischen Arbeitsgruppe berichtet, wobei keine Angaben über den Corneaspender vorliegen und die Kausalität somit ungesichert ist [1281] (Tab. 14.1).

Der dritte bekannte Fall trat in Deutschland bei einer Patientin 30 Jahre nach einer Corneatransplantation auf. Der Corneaspender war an einer CJD verstorben [610] (s. Kap. 51.3).

36.4.2.2 Stereotaktisches EEG und neurochirurgische Instrumente

Zwei Patienten erkrankten 16 bzw. 20 Monate, nachdem sie mittels stereotaktischer EEG-Elektroden im Jahre 1974 untersucht worden waren. Diese Elektroden wurden einige Wochen zuvor bei einem CJD-Erkrankten eingesetzt und nachfolgend ungenügend sterilisiert [134]. Die Übertragbarkeit der Infektiosität über die Implantation kontaminierter Elektroden ist anhand experimenteller Untersuchungen mit Schimpansen belegt [506]. Vier weitere Fälle wurden durch Verwendung von ungenügend sterilisierten neurochirurgischen Instrumenten verursacht [179, 1355].

36.4.2.3 Dura mater (Harte Hirnhaut)

Die Übertragbarkeit der CJD über Dura mater-Transplantate ist gut belegt. In den allermeisten Fällen, in denen der Ursprung der Transplantate zurückverfolgt werden konnte, handelte es sich um lyophilisierte Dura mater einer einzigen Firma. Vor 1987 waren zusätzliche Behandlungsschritte (mit NaOH; s. Kap. 44.5.1) noch nicht eingeführt, so daß die Erreger nicht genügend inaktiviert wurden [69,369]. Aus Japan sind bis 1999 mehrmals 45 Fälle publiziert worden, die über Dura mater übertragen wurden. Bei min. 42 dieser Patienten erfolgte dies im Rahmen von neurochirurgischen Operationen [69], bei einem Patienten durch einen orthopädischen Eingriff. Das Risiko einer CJD nach Dura mater-Transplantation läßt sich nur schwer abschätzen: In Japan erkrankte ein Patient auf 3000 Dura mater-Empfänger. Weltweit sind über 65 Fälle (Tab. 14.1) bekannt geworden, wobei die Zahl der Dura mater-Empfänger aus den verschiedenen Ländern nicht bekannt ist. In den meisten Fällen waren kommerzielle Produkte verwendet worden, Einzelfälle sind auch bei Verwendung nicht kommerziell hergestellter Produkte aufgetreten [1045] (s. Kap. 51.4).

Ein direkter Kontakt mit der Hirnoberfläche scheint bei den Dura mater-assoziierten iCJD-Fällen nicht immer die nötige Voraussetzung für eine Infektion zu sein. Dura mater findet nicht nur bei neurochirurgischen Eingriffen, sondern auch in anderen extrakranialen operativen Bereichen der Medizin Verwendung. So trat ein Dura mater-assoziierter Fall in Japan nach einer orthopädischen Operation auf [69]. Außerdem erkrankte eine 28jährige Patientin 19 Monate nach Cholesteatom-Operation unter Verwendung von Dura mater an einer CJD [1272], ein 25jähriger Mann nach einer Embolisation eines nasopharyngealen Angiofibroms über die Arteria carotis externa [77] und ein weiterer Patient nach Embolisation einer interkostalen Arterie [345].

36.4.2.4 Wachstumshormone (human Growth Hormon, hGH)

Bis 1985 wurden junge, an primärem Minderwuchs leidende Patienten mit Wachstumshormonen, die aus Leichenhypophysen extrahiert wurden, behandelt. In der Zwischenzeit sind die ersten Fälle einer CJD bei jungen Patienten aufgetreten, die solche Präparate erhalten hatten [806]. Die mittlere Inkubationszeit bei diesen Patienten beträgt zwölf Jahre (Altersspanne 4,5–30 Jahre) [179].

Weltweit wurden bis Anfang 1999 103 Fälle bekannt, davon 61 aus Frankreich [547], die anderen aus GB und den USA, wobei die Quellen der eingesetzten Hormonpräparate in jedem Land verschieden waren [179]. In Brasilien und in Neuseeland wurden Fälle bei Patienten festgestellt, die Hormonpräparate aus den USA bzw. Australien bekommen hatten [179]. Die Infektiosität der verwendeten Präparate konnte im Tierexperiment gezeigt werden [505]. Schätzungen zufolge könnten rund die Hälfte der zwischen Januar 1984 und März 1985 in Frankreich hergestellten Präparate kontaminiert gewesen sein [682].

36.4.2.5 Follikel-stimulierende Hormone (FSH, Gonadotropin)

Fünf australische Frauen erkrankten an einer CJD nach der Gabe von Follikel-stimulierendem Hormon (FSH), das ebenfalls aus Leichenhypophysen extrahiert wurde [306]. Die Betroffenen entwickelten die ersten Symptome 12 bis 16 Jahre nach der Infertilitätsbehandlung und waren bei Erkrankungsbeginn zwischen 39 und 44 Jahre alt. Sie verstarben nach etwa zehnmonatiger Krankheitsdauer [179, 284, 285, 800]. Das Auftreten dieser Fälle ausschließlich in Australien spricht für eine gemeinsame Quelle der verwendeten Präparate [306].

36.5 Inkubationszeit und deren Einflußfaktoren

Die Inkubationszeit der Erkrankung hängt u.a. von der Infektionsdosis (Abb. 1.10) und der Eintrittspforte (Abb. 1.8) (zentraler Übertragungsmodus versus peripherer Übertragungsmodus) ab: Wird das infektiöse Agens, z. B. mit einer stereotaktischen EEG-Sonde, direkt intrazerebral (i.c.) appliziert oder in die Nähe des ZNS gebracht (zentraler Übertragungsmodus), so beträgt die mittlere Inkubationszeit 18 bis 20 Monate (Tab. 14.1). Ein peripherer Übertragungsmodus, z. B. durch Hormoninjektionen, geht mit einer Inkubationszeit von Jahren bis Jahrzehnten einher, im Mittel 12 bis 13 Jahre (Tab. 14.1).

Weiter beeinflußt der genetische Hintergrund die Inkubationszeit: In der Normalbevölkerung sind 37% auf dem Codon 129 des *PRNP* homozygot für Methionin (MM), 12% sind homozygot für Valin (VV) und 51% sind heterozygot (MV) (Tab. 26.3). Der Polymorphismus dieses Codons ist bei Patienten, deren Infektion über einen *zentralen* Übertragungsmodus erfolgte, anders verteilt: 80% dieser Patienten sind Methionin-homozygot. Bei den *peripher* mit humanem Wachstumshormon (hGH) infizierten Patienten erkrankten zunächst v.a. solche, die auf dem Codon 129 Methionin- oder Valin-homozygot waren, während die Zahl der Methionin/Valin-Heterozygoten nach einer längeren Inkubationszeit, also erst später angestiegen ist [349].

36.6 Genetischer Hintergrund der familiären Creutzfeldt-Jakob-Krankheit (fCJD)

Schon früh wurde eine familiäre Häufung der Erkrankung bei insgesamt ca. 10% aller CJD-Patienten erkannt (s. Kap. 26.6) [913]. Bei geographischen Clustern von CJD in der Slowakei, Libyen und Israel konnte durch molekularbiologische Analysen eine Mutation im Prion-Protein-Gen (*PRNP*) gezeigt werden [527,529,532, 810]. In weltweit verzweigten Familien mit derselben Mutation ließ sich ein autosomal-dominanter Erbgang nachweisen. Allerdings ist das phänotypische und neuropathologische Erscheinungsbild sowohl bei unterschiedlichen wie auch bei identischen Mutationen durchaus variabel [817] (vgl. Tab. 26.5).

Verschiedene Mutationen auf dem *PRNP*-Gen sind bisher beschrieben worden, die häufigsten betreffen die Codons 102, 178 und 200 (s. Kap. 26.6.1). Durch molekulargenetische Analysen konnten Familien mit einer Mutation am Codon 200 (E200K-Mutation) sechs ursprünglichen ethnischen Gruppierungen zugeordnet werden: 1. libysche, tunesische, griechische, chilenische und italienische Familien wiesen einen gemeinsamen Ursprung auf, 2. slowakische und polnische Familien hatten einen anderen gemeinsamen Ursprung, während Familien aus 3. Deutschland, 4. Sizilien, 5. Japan und 6. Nordamerika je einen anderen ethnischen Ursprung hatten [846]. Klinisch können Patienten mit bestimmten Mutationen sich wie sCJD-Fälle präsentieren, z.B. Patienten mit der Mutation am Codon 200. Bei anderen genetisch bedingten Formen kann die Erkrankung jedoch völlig atypisch verlaufen. Solche Fälle werden häufig nicht durch die klinischen Klassifikationskriterien (Tab. 29.1) erfaßt. Den Angehörigen ist eine familiäre Belastung in nur etwa 1/3 der Fälle bekannt. In den meisten Fällen dürfte die Erkrankung bei den Vorfahren der Familie nicht erkannt worden sein, der Tod wurde auf andere Krankheiten zurückgeführt. Denkbar ist auch ein Informationsverlust durch die Fremdamnese, auf die man bei den Patienten angewiesen ist (s. Kap. 29).

37 Die epidemiologische Erfassung der Prionkrankheiten des Menschen

Inga Zerr, Olaf Gefeller, Hans Kretzschmar und Sigrid Poser

37.1 Einleitung

Die Creutzfeldt-Jakob-Krankheit (CJD) ist eine Erkrankung des zentralen Nervensystems (ZNS), die einen rasch progredienten Verlauf nimmt. Neben einem dramatischen kognitiven Verfall kommt es sehr schnell zur Ausbildung fokalneurologischer Ausfälle (Ataxie, Myoklonien) und später zum akinetischen Mutismus. Es ist anzunehmen, daß Patienten mit diesem Krankheitsbild oder irgend einer anderen Prionkrankheit (s. Tab. 29.1, 29.3) zumindest in Ländern mit einer guten ärztlichen Basisversorgung früher oder später durch einen Neurologen oder Psychiater untersucht werden. Die in diesem Kapitel beschriebenen Ergebnisse einer prospektiven Studie setzen voraus, daß Verdachtsfälle einer CJD im Rahmen eines stationären Aufenthaltes von einem Neurologen oder Psychiater an eine zentral mit der Erfassung und Analyse befaßte Forschungsgruppe gemeldet werden. Dabei wurde als Beispiel Deutschland gewählt, weil die Autoren die Situation in diesem Land am besten kennen. Nach den Erfahrungen ähnlicher Studien aus anderen Ländern nehmen die registrierten Erkrankungsfälle durch eine verbesserte Erfassung zu (Abb. 36.2). So konnte z.B. gezeigt werden, daß der Anstieg der in Großbritannien (GB) registrierten über 70jährigen CJD-Patienten auf eine verbesserte Diagnostik zurückgeht [310].

37.2 Hintergrund der epidemiologischen Datenerfassung

Seit dem 1. Juni 1993 werden in Deutschland CJD-Verdachtsfälle nach einem einheitlichen Schema klinisch-neurologisch, neuropathologisch und molekulargenetisch untersucht. Nach dem Vorbild der *Creutzfeldt-Jakob Disease Surveillance Unit* in Edinburgh wurden erstmals im November 1993 und in den folgenden Jahren im Abstand von etwa vier Monaten jeweils etwa 1300 Kolleginnen und Kollegen in neurologischen, psychiatrischen und gerontopsychiatrischen Kliniken von einer an der Universität Göttingen angesiedelten epidemiologischen Forschungsgruppe angeschrieben und um Meldung von CJD-Verdachtsfällen gebeten. Die epidemiologische Studie basiert somit auf freiwilliger Mitarbeit der Kliniken. 89% der erfaßten Fälle wurden durch Neurologen, 8% durch Psychiater und 1% durch ärztliche Kollegen anderer Disziplinen wie Allgemeinärzte und Neuropathologen gemeldet. In sieben Fällen wandten sich Angehörige von Erkrankten aber auch direkt an die Forschungsgruppe.

Gemeldete Verdachtsfälle werden in den jeweiligen Kliniken vor Ort von einem ärztlichen Mitarbeiter der Forschungsgruppe untersucht. Neben der ausführlichen Anamnese und körperlichen Untersuchung des Patienten werden die Krankengeschichte und die durchgeführten technischen Untersuchungen ausgewertet und in die differentialdiagnostischen Überlegungen einbezogen (s. Kap. 31).

Mit den Angehörigen des Patienten wird ein epidemiologischer Fragebogen ausgefüllt, der neben detaillierten Fragen zur individuellen Anamnese und zur Familienanamnese auch Fragen zu denkbaren Risikofaktoren enthält (Tab. 37.1).

Im Anschluß an die Untersuchung vor Ort wird jeder Fall in der Arbeitsgruppe diskutiert und nach den im BIOMED 1-Programm erar-

Tabelle 37.1: Untersuchte Risikofaktoren (sporadische CJD)

Faktor	Referenz
• Medizinische Risikofaktoren	
– Operationen	(Kap. 47)
– Blutübertragung	(Kap. 51)
– Medikamenteneinnahme	(Kap. 46)
• Beruf	(Kap. 47, 49)
• direkter oder indirekter Tierkontakt	(Kap. 50, 58)
• Ernährung	(Kap. 15, 53)
• Geographische Faktoren (Wohnorte, Reisegewohnheiten)	(Kap. 15)

Beachte dazu auch die Tabellen 36.3 und 36.4.

beiteten Kriterien klassifiziert [913][52]. Die Zuordnung zur Gruppe *wahrscheinliche* oder *mögliche* CJD oder *andere Erkrankung* (Tab. 29.1, 29.3) wird den behandelnden Ärzten schriftlich mitgeteilt, einschließlich der aus Sicht der Arbeitsgruppe in Frage kommenden Differentialdiagnosen (Tab. 30.2). Sowohl Angehörige als auch die behandelnden Ärzte werden regelmäßig durch Mitarbeiter der Studie kontaktiert, um Katamnesen zu erheben. Wie in Abbildung 31.4 dargestellt, kann sich die Klassifikation der Patienten durch neue Informationen auf diese Weise schon zu Lebzeiten der Patienten oder später aufgrund der autoptischen Untersuchung ändern.

37.3 Diagnostische Erfassung

Die definitive Sicherung des CJD-Verdachts erfolgt bislang ausschließlich durch eine neuropathologische Untersuchung [820]. Die diagnostische Einordnung zu Lebzeiten des Patienten erfolgt jedoch zunächst nach anderen standardisierten Kriterien, wobei neben der klinischen Symptomatik das Elektroenzephalogramm (EEG; Abb. 30.2) und biochemische Markerin das Klassifikationsschema eingehen.

Ziel der EEG-Auswertung ist der Nachweis periodischer bi- und triphasischer Komplexe (PSWC) [1228], die essentiell für die Klassifikation *wahrscheinliche CJD* sind (Abb. 31.4).

Einige Marker werden mittels kommerziell erhältlicher Kits im Serum oder Liquor bestimmt (NSE und S 100b). Das Verfahren der 2-D-Gelelektrophorese zum Nachweis der Proteine p130/131 wurde durch den Nachweis des 14-3-3 Proteins abgelöst [676,1392,1393]. Da sich insbesondere der letzte Parameter in seiner diagnostischen Zuordnung mindestens gleichwertig (s. Kap. 31) zum EEG herausgestellt hat [1392], werden Verdachtsfälle mit dem Nachweis des 14-3-3 und der klinischen Klassifikation *mögliche CJD* nach Übereinkunft mit der BIOMED 1-Studie heute als *wahrscheinliche CJD* eingestuft (Abb. 37.1). Aus Gründen der

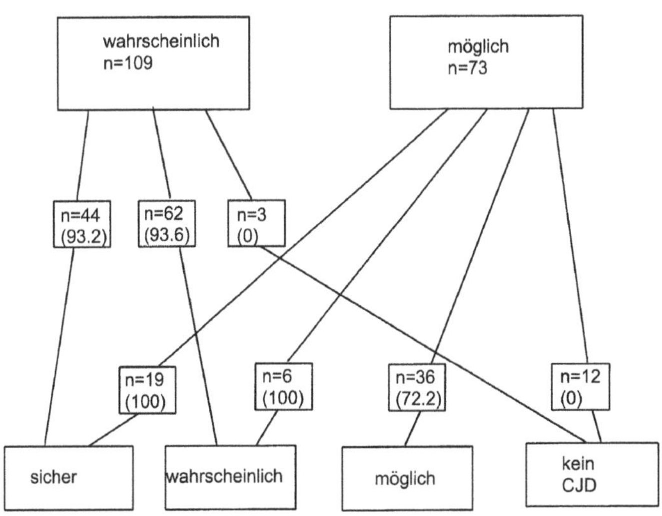

Abb. 37.1: Nachweis des 14-3-3 Proteins im Liquor cerebrospinalis (Liquor) bei Verdacht auf eine Creutzfeldt-Jakob-Krankheit (CJD). Die Zahlen in Klammern geben den prozentualen Anteil der Patienten mit Nachweis des 14-3-3-Proteins im Liquor wieder. (Abb. von I. Zerr)

[52] Von der EU gefördertes Überwachungsprogramm mit dem Ziel der internationalen Harmonisierung der anzuwendenden Methodik.

Vergleichbarkeit mit anderen Studien werden Daten dieser Patienten dort gesondert aufgeführt, wo es sinnvoll erscheint.

Weiter wird heute grundsätzlich eine molekulargenetische Analyse des *PRNP* angestrebt, um eine mögliche genetische Prädisposition bzw. Mutation nachzuweisen. Mit den Angehörigen des Patienten wird noch vor der Analyse festgelegt, wie mit dem Ergebnis der molekulargenetischen Analyse verfahren werden soll: Angehörige beraten nach einer ausführlichen Aufklärung durch den Studienarzt in der Familie, ob eine Ergebnismitteilung grundsätzlich in Frage kommt. Dabei sollte immer ein Konsens innerhalb der Familie angestrebt werden [824]. Wird eine Ergebnismitteilung gewünscht, so erfolgt diese durch eine genetische Beratungsstelle.

37.4 Abgleich der erfaßten Daten

Seit dem 1. Juli 1994 besteht in Deutschland eine allgemeine Meldepflicht nach dem § 3 des Bundesseuchengesetzes für die Erkrankung und den Tod an einer humanen spongiformen Enzephalopathie. Dabei werden die Fäl le an das nach dem Wohnort des Patienten zuständige Gesundheitsamt gemeldet.

Die Tabelle 37.2 enthält einen Vergleich der in Göttingen erfaßten mit den seit 1994 dem Robert Koch Institut (RKI) gemeldeten Creutzfeldt-Jakob-Verdachtsfällen. Die Daten der beiden Register sind nicht vollständig unabhängig voneinander, denn die mitarbeitenden Kliniken werden bei der Patientenuntersuchung vor Ort von den Studienärzten auf die Meldepflicht der Erkrankung hingewiesen.

Zusätzlich wird ein Abgleich der Daten mit dem Deutschen Referenzzentrum für Prionkrankheiten durchgeführt, dem Materialproben (s. Tab. 29.2) zur Begutachtung bei Verdacht auf das Vorliegen einer spongiformen Enzephalopathie zugesandt werden. Diese Materialsammlung entsteht ebenfalls nicht völlig unabhängig von der epidemiologischen Studie, da durch die untersuchenden ärztlichen Kollegen eine Autopsie häufig mit den Angehörigen bereits im Vorfeld besprochen wird.

37.5 Epidemiologische Erfassung

Vom 1. Juni 1993 bis zum 31. Dezember 1997 wurden insgesamt 706 Verdachtsfälle in die epidemiologische Studie aufgenommen. Die diagnostische Zuordnung zu wahrscheinlicher oder möglicher sCJD, iCJD, nvCJD und fCJD sowie anderen familiär bedingten Prionkrankheiten (GGS, FFI) bzw. nicht bestätigten Diagnosen (Andere) ist in der Tabelle 37.3 dargestellt.

Die Mutation des Codons 178, kombiniert mit der Codierung von Methionin durch das Codon 129 (D178N-129 M), führt zu der Fatal Familial Insomnia (FFI) und ist zur Zeit die häufigste in Deutschland gefundene Mutation hinsichtlich Prionkrankheiten. FFI wurde bei neun Patienten aus sieben nicht miteinander verwandten Familien diagnostiziert [818,1396]. Der Anteil familiärer CJD-Fälle ist in Deutschland jedoch geringer als in den anderen europäischen Ländern, nur bei 15 weiteren Patienten fanden sich Mutationen im *PRNP*. Neben sechs Fällen mit einer Mutation innerhalb des Codons 200 wurden fünf Patienten mit einer

Tabelle 37.2: Vergleich der an zwei epidemiologische Register gemeldeten Fälle einer Prionkrankheit des Menschen (in Deutschland; Zeitraum 1997).

Kriterium	Dem RKI gemeldete Fälle[1)]	An der Univ. Göttingen untersuchte Fälle
Gesamt	119	177
Gesicherte und wahrscheinliche CJD	63[2)]	67
Mögliche CJD	44[2)]	55
Keine CJD	12[2)]	53
GSS oder FFI	0	2

[1)] z. T. früher erkannt, aber erst 1997 gemeldet.
[2)] Klassifikation laut Meldebogen.
RKI = Robert Koch Institut.

Tabelle 37.3: Prionkrankheiten des Menschen in Deutschland: Anzahl von Fällen vom 1. Juni 1993 bis zum 31. Dezember 1997.

	1993	1994	1995	1996	1997	1993–97
CJD – gesichert	22	44	60	50	42	218
CJD – wahrscheinlich	10	19	21	23	31	104
CJD – möglich[1)]	4 (0)	26 (8)	16 (6)	25 (14)	54 (20)	125 (48)
Iatrogene CJD (iCJD)	ne	1	ne	1	1	3
Familiäre CJD (fCJD)	ne	4	2	5	4	15
Neue Variante (nvCJD)	0	0	0	0	0	0
GSS	1	ne	1	1	1	4
FFI	ne	2	2	4	1	9
Andere	2	52	39	83	52	228
Gesamt	39	148	141	192	186	706

[1)] Zahlen in Klammern beziehen sich auf Patienten mit dem Nachweis des 14-3-3 Proteins im Liquor.
GSS = Gerstmann-Sträußler-Scheinker Syndrom (Falldefinition in Tab. 29.3).
FFI = letale familiäre Insomnie (Falldefinition in Tab. 29.3).

Mutation auf dem Codon 210 und vier Patienten mit einer Insertionsmutation identifiziert [815,976].

Bei drei Patienten konnte die CJD auf eine iatrogene Ursache zurückgeführt werden. In zwei Fällen handelte es sich um Patienten, die nach einer Dura mater-Transplantation bzw. –Plastik an CJD erkrankten: bei einem zum Erkrankungszeitpunkt 36jährigen Patienten wurde Dura mater verwendet, um einen Schädeldefekt nach einem Motorradunfall im Jahre 1984 zu decken; dieser Patient erkrankte zehn Jahre später an einer CJD. Bei einer Patientin erfolgte eine Dura mater-Implantation bei der Operation eines Akustikus-Neurinoms im Jahre 1987, sie erkrankte neun Jahre später an CJD. Eine weitere Patientin erkrankte 30 Jahre nach der Transplantation einer Cornea eines an CJD verstorbenen Spenders [610] (Tab. 14.1).

Im Verlauf der Studie nahm die Zahl der gemeldeten Verdachtsfälle zu: In den letzten beiden Jahren wurden durchgehend etwa 20% mehr Fälle gemeldet als in den Jahren zuvor. Während die Zahl der als *wahrscheinlich* eingestuften Fälle über den beobachteten Zeitraum relativ konstant geblieben ist, sind v.a. im Jahr 1997 mehr Patienten in die Studie aufgenommen worden, deren diagnostische Zuordnung *mögliche CJD* war (Tab. 37.3). Ursächlich dafür kann neben der verbesserten Zusammenarbeit auch ein verändertes Meldeverhalten sein. Der Verdacht scheint inzwischen häufiger schon aufgrund der klinischen Symptomatik geäußert zu werden. Zudem werden durch die Verfügbarkeit besserer Diagnostik Patienten in einem früheren Erkrankungsstadium und somit zu einem Zeitpunkt, zu dem das typische EEG noch nicht ausgebildet ist, durch die Studie erfaßt. Diese Tendenz wird durch die Verfügbarkeit der Liquordiagnostik gefördert. Aufgrund des Auftretens der neuen Variante der CJD wurden 1996 fast doppelt so viele Patienten gemeldet, deren klinische Kriterien nicht für die Diagnose einer CJD ausreichten. Seither wurden die Kliniken gebeten, auch ungewöhnliche und atypische Verdachtsfälle zu melden. Dies führte zur Einbeziehung von Patienten in die Studie, bei denen der Verdacht einer CJD nur im Rahmen einer weiteren Differentialdiagnose erwogen wurde.

37.6 Berechnung der Inzidenz (Krankheitshäufigkeit)

Die Inzidenz in Deutschland beträgt für den beobachteten Zeitraum etwa 1 Fall/1 Million Einwohner pro Jahr, wenn man neben dem EEG (Abb. 30.2) biochemische Marker (s. Kap. 31) in die Untersuchung einbezieht [1392] (Tab. 37.4). Da in der vorliegenden Studie bei nahezu allen Patienten der Liquor zu diagnostischen Zwecken entnommen und asserviert wurde, ergibt sich damit zumindest ab dem Jahr 1995, zu einem Zeitpunkt, als die biochemischen Pa-

Tabelle 37.4: Inzidenz und Mortalität der CJD in Deutschland. Zur Inzidenzermittlung werden jeweils die Patienten herangezogen, die in dem Jahr, für das die Inzidenz ermittelt wird, im Rahmen der epidemiologischen Studie vorgestellt wurden. Dieser Zeitpunkt unterscheidet sich aufgrund des kurzen klinischen Verlaufs i.d.R. vom Erkrankungsbeginn um nur wenige Monate.

Jahr	Jahresinzidenz / 1 Mio. Einwohner[2)]		
	Nur klassische Kriterien	Klassische Kriterien und Einbeziehung biochemischer Marker (14-3-3 Nachweis im Liquor)[3)]	Mortalität (sCJD)
1993[1)]	0,67 (n = 32)	0,67 (n = 32)	0,29
1994	0,77 (n = 63)	0,87 (n = 71)	0,68
1995	0,99 (n = 81)	1,06 (n = 87)	0,80
1996	0,89 (n = 73)	1,06 (n = 87)	0,70
1997	0,89 (n = 73)	1,13 (n = 93)	0,93

[1)] Beginn der Studie erst am 1. Juni 1993, daher extrapolierte Werte.
[2)] Berechnet nach Zeitpunkt der Aufnahme in die Studie.
[3)] Neuropathologisch gesicherte und klinisch wahrscheinliche Fälle von sCJD (neue Falldefinitionen in Tab. 29.1, 29.3).

rameter etabliert wurden (s. Kap. 31), eine vergleichbare Grundlage zur CJD-Überwachung der Erkrankung in Deutschland [1050].

Um jedoch eine Vergleichbarkeit mit anderen am BIOMED 2-Programm beteiligten Studien herzustellen, ist die Inzidenz der Erkrankung anhand früher geltender Kriterien zusätzlich angegeben (Tab. 37.4). Neben der Inzidenz gibt die Tabelle 37.4 auch einen Überblick über die Mortalitätsstatistik. Diese hat den Vorteil, daß durch das Todesdatum der Zeitpunkt für die Aufnahme in die Berechnung festliegt. In der prospektiven Studie werden Patienten jedoch durch den Studienarzt nur einmal gesehen. Durch den Kontakt mit weiterbehandelnden Kollegen und den Angehörigen des Patienten ist es zwar i.d.R. möglich, Katamnesen zu erheben. Jedoch kann die Information über den weiteren Verlauf der Erkrankung z.T. fehlen. Dies spiegelt sich am deutlichsten in der Angabe der Mortalität der CJD über die Jahre 1993 bis 1997 wieder, die insgesamt niedriger als die Inzidenz liegt.

37.7 Alters- und geschlechtsspezifische Inzidenz

Die Altersverteilung der Patienten und deren klinische Klassifikation sind in der Tabelle 37.5 dargestellt. Der jüngste Patient mit der Klassifikation *mögliche CJD* und Nachweis des 14-3-3 im Liquor war bei Erkrankungsbeginn 24 Jahre alt, der älteste Patient mit einer gesicherten CJD war knapp 88 Jahre alt (Tab. 37.5).

Frauen sind gemäß dieser Studie etwas häufiger betroffen als Männer; dieser Unterschied wird am deutlichsten in der Alterskategorie der 60 bis 69jährigen Patienten. Bei Berechnung der altersspezifischen Inzidenz ergibt sich für Frauen eine Zahl von 4,63, für Männer 2,61 (Frauen zu Männer 1,77 : 1). Kein geschlechtsspezifischer Unterschied besteht bei jüngeren Patienten (vgl. Abb. 37.2).

Im beobachteten Zeitraum wurde durch die Studie jeweils ein Patient pro Jahr registriert, der zum Zeitpunkt der Erkrankung jünger als 40 Jahre war. Die altersspezifische Inzidenz ist für die Altersgruppen <40 Jahre verschwin-

Tabelle 37.5: Alter in Jahren bei Erkrankungsbeginn (CJD); nach Klassifikation aufgeteilt

Klassifikation	Minimum	25%-Quantile	Median	75%-Quantile	Maximum
Gesichert / sicher	31	59	66	71	88
Wahrscheinlich	41	62	67	73	86
Möglich, 14-3-3 pos.	24	58	64	70	76
Möglich, 14-3-3 neg.	26	59	66	74	90
Andere	14	52	61	71	85

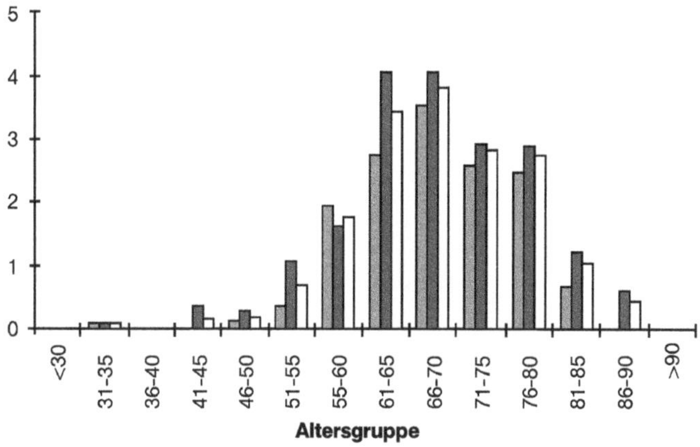

Abb. 37.2: Altersspezifische Inzidenz (Anzahl Fälle pro Jahr und pro Million Einwohner) nach Geschlecht; in 5jährigen Abständen. (Abb. von I. Zerr)

dend klein (0,02 Fälle/1 Million Einwohner pro Jahr), während sie in Deutschland die höchsten Werte in den Altersgruppen 61–65 und 66–70 erreicht, und danach wieder abfällt (Abb. 37.2).

Die kürzere Überlebenszeit der Patienten mit der diagnostischen Zuordnung *gesicherte CJD* im Vergleich zu den anderen Gruppen geht auf einen Selektionsfaktor zurück (Abb. 37.3). Durch den noch relativ kurzen Beobachtungszeitraum lagen erst für Patienten mit einem kürzeren klinischen Verlauf zum Zeitpunkt der Manuskripterstellung die Ergebnisse der neuropathologischen Analyse vor. Bei länger überlebenden Patienten erfolgte hingegen diese Sicherung der Diagnose später (Abb. 37.3).

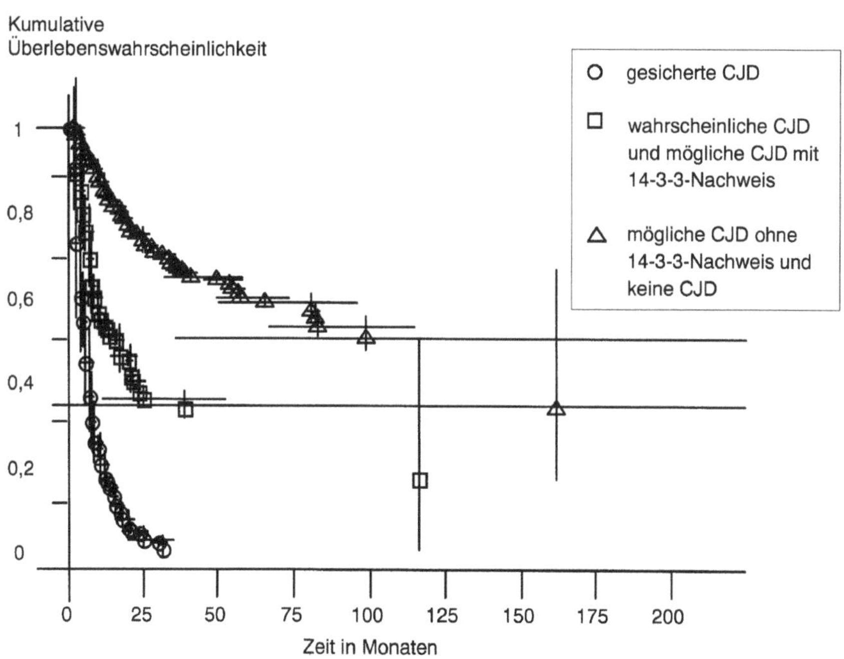

Abb. 37.3: Kumulative Überlebenswahrscheinlichkeit nach der Klassifikation *gesicherte*, *wahrscheinliche* und *mögliche CJD* (von Beginn der ersten Symptome bis Tod bzw. bis 1. Jan. 1998). (Abbildung von I. Zerr)

38 Die Epidemiologie der Kuru

Beat Hörnlimann und Michael Alpers[53]

38.1 Einleitung

Gemäß der Gesamtheit vieler Beobachtungen und Analysen epidemiologischer Kuru-Daten ist ein bestimmter Anteil der Kuru-Fälle nur durch parenterale, ein weiterer nur durch enterale Übertragung von infektiösem Gehirn erklärbar [23]. Das heißt, daß ein einziger Übertragungsweg nicht hinreichend ist, die Verteilungsform der Überlebenszeiten und die Geschlechtsverteilung von Kuru-Opfern zu erklären.

Kuru-Erreger wurden einerseits über den Verdauungstrakt und andererseits über Hautläsionen oder Schleimhäute aufgenommen, z.B. durch Verbringung kontaminierter Gewebeteile mit den Händen in die Augen bzw. Konjunktiven. Aus welchen Gründen Kuru auf diesen zwei verschiedenen Wegen übertragen wurde, bzw. mit welchen epidemiologischen und anderen Grundlagen man dies feststellte, wird in diesem Kapitel dargelegt.

38.2 Häufigkeit der Fälle und Verlauf der Epidemie

Im östlichen Hochland von Papua Neuguinea (PNG) lebten in der Mitte des 20. Jh. etwa 30000–40000 Eingeborene, wovon ca. 11000 Fore [488] waren. Insgesamt wurden seit 1957, als die systematische Kuru-Forschung begann, etwa 2670 Patienten von Kuru betroffen.

Von 1957 bis 1960 erkrankten pro Jahr über 200 Individuen an dieser Krankheit (Abb. 38.1). 1960 war erstmals ein Rückgang auf unter 200 Fälle pro Jahr feststellbar. In den 60er Jahren fielen dann der Kuru durchschnittlich 130 Patienten pro Jahr und in den 70er Jahren noch 43 Patienten pro Jahr zum Opfer. Neben dem Rückgang der Fallzahl fiel den Epidemiologen zunächst auf, daß in den 60er Jahren das Durchschnittsalter der Erkrankten anstieg. Dies war bedingt durch eine Abnahme der altersspezifischen Inzidenz unter den 0 bis 9-Jährigen (Abb. 38.2: *0 to 9*; Tab. 38.1). Schon Mitte der 60er Jahre war die Inzidenz in dieser Altersgruppe auf beinahe Null zurückgegangen. Als nächstes folgte ein (beschleunigter) Inzidenzrückgang in der Altersgruppe der 10 bis 19-Jährigen während der zweiten Hälfte der 60er Jahre. In dieser Gruppe wurde die altersspezifische Nullinzidenz 1978 erreicht (Abb. 38.2: *10 to 19*). Der – gegenüber den vorangehenden Jahren – etwas „gebremste" Inzidenzrückgang bei den 20–29-, 30–39- und 40-Jährigen oder älteren ging ab 1969 wieder beschleunigt vonstatten (Abb. 38.2: *20 to 29, 30 to 39 und 40+*).

1979 bis Ende 1980 stellte man durchschnittlich noch 20 Fälle pro Jahr fest. In der ersten Hälfte der 80er Jahre erkrankten jährlich etwa 15 Personen an Kuru und in der zweiten Hälfte der 80er Jahre noch etwa zehn pro Jahr. In der ersten Hälfte der 90er Jahre betraf Kuru bis 1994 jährlich rund fünf und bis 1996 jährlich noch rund zwei Personen. Seither erkrankte pro Jahr im Mittel noch ein Individuum an Kuru [22] (Abb. 38.1). 1987 wurde prognostiziert, daß noch während mindestens einem Jahrzehnt [23] Kuru-Fälle auftreten dürften. Eventuell sind auch in Zukunft noch seltene Einzelfälle mit einer sehr langen Inkubationszeit oder aber sporadische Fälle (sofern es das gibt, s. Kap. 13.10) zu erwarten.

[53] 1961 stieß der australische Arzt Michael Alpers zu der Forschergruppe in Okapa, um bei epidemiologischen und klinischen Studien mitzuhelfen [21,726] – er blieb bis zum Jahr 2000.

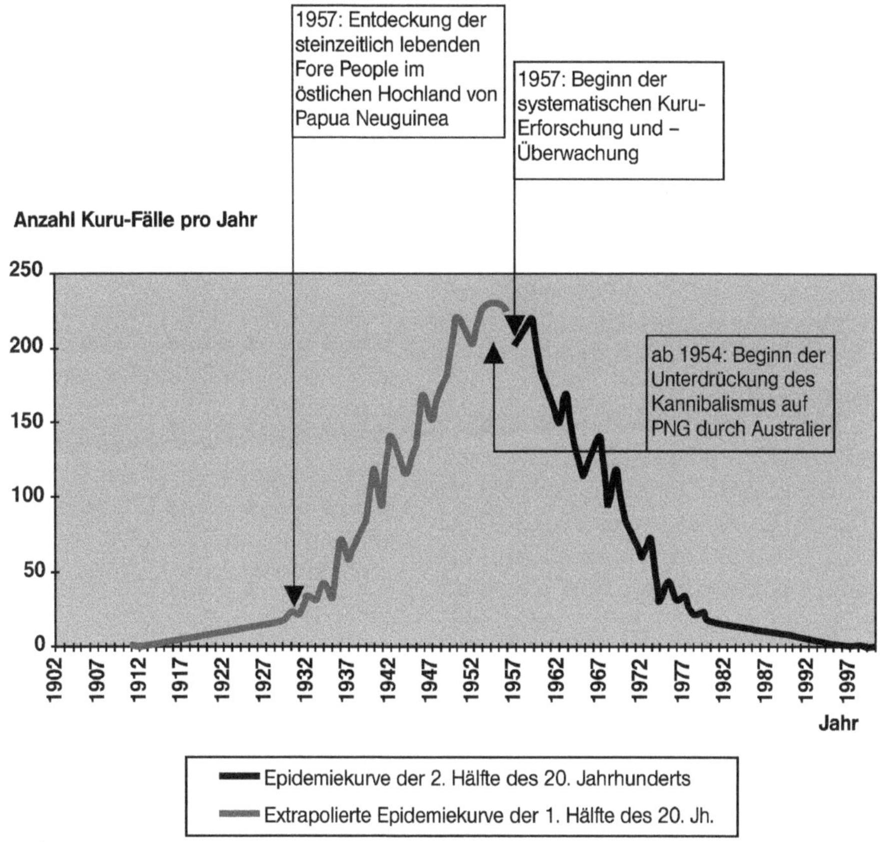

Abb. 38.1: Entwicklung der Kuru-Epidemie über den Verlauf des 20. Jahrhunderts. Der Verlauf bis 1956 beruht nicht auf konkreten Daten, sondern auf Aussagen der Eingeborenen (s. Kap. 2) bzw. aus einer Rekonstruktion des Verlaufs seit 1957 durch Spiegelung der Kurve. Mit Sicherheit wurde der Höhepunkt der Kurve in der Mitte der 50er Jahre des 20. Jahrhunderts erreicht. (Originalabb. von B. Hörnlimann und M. Alpers)

Ohne den Zusammenhang zwischen der Krankheit und dem Endokannibalismus gekannt[54] zu haben, wurde seit 1954 der Kannibalismus in PNG von der australischen Mandatsverwaltung massiv unterdrückt [22] (Abb. 38.2). Darauf gab man die endokannibalistischen Rituale im Hochland sukzessive auf [22], spätestens im Januar 1959 definitiv.

Retrospektiv ist die altersgruppenspezifische Dynamik im Inzidenz-Rückgang seit 1958 (Abb. 38.1) vereinbar mit der Erklärung, daß das Aufgeben[55] des Endokannibalismus ein *Unterbrechen der Infektionskette* darstellte. Die Tatsache, daß die letzten Fälle erst gegen Ende der 90er Jahre verzeichnet wurden, läßt auf eine Inkubationszeit von bis zu 40 Jahren schließen.

Die folgenden epidemiologischen Daten dieses Kapitels wurden weitgehend aus den Angaben der Literaturquelle [23] berechnet: Ihnen liegen die von 1957 bis 1978 festgestellten 2412 Kurufälle zugrunde, das sind etwa 90% der insgesamt bis zum Jahre 2001 erfaßten Fälle.

[54] Obwohl von einigen medizinischen Laien damals geäußert wurde, daß der Kannibalismus Kuru verursachen soll, waren damals die genauen Zusammenhänge (s. Text weiter unten) völlig unbekannt.

[55] Weitestgehend schon 1956 aufgegeben [23], letzte kannibalistische Riten vermutlich im Januar 1959.

38.3 Die geographische Verbreitung und damit verbundene kulturelle Begebenheiten

Das Vorkommen der Kuru beschränkte sich auf eine relativ geringe[56] Fläche von rund 2500 km^2 im östlichen Hochland von PNG (Abb. 2.1). Einige wenige Einzelfälle männlicher Kuru-Patienten, bei denen Kuru weit außerhalb der sog. Kuru-Region (Abb. 2.2) klinisch manifest wurde, stammten ursprünglich ausschließlich vom östlichen Hochland, wo sie sich offensichtlich infiziert hatten; teilweise hatten sie ihren Stamm mehr als zehn Jahre vor Erkrankungsbeginn verlassen (D.C. Gajdusek, pers. Mitt.) [20].

Der rekonstruierte Ursprung und die geographische Ausbreitung der Kuru wurden 1962 von Glasse und 1965 von Matthew detailliert beschrieben. Die Krankheit begann höchstwahrscheinlich in Awande, einem Dorf, das nordwestlich des Fore-Gebiets im Stammesgebiet der Keiagana lag. Möglicherweise wurde hier ursprünglich durch eine einzige (endo)-kannibalistische Mahlzeit infektiöses Gewebe eines Kuru- oder z. B. sCJD-Opfers enteral oder parenteral auf andere Individuen übertragen (s. Kap. 13.9). Nachdem vermutlich der Keim der Epidemie auf diese Weise gesetzt war, dürfte das Gehirn von Infizierten die Infektionsquelle für neue Opfer dargestellt haben. So dürfte sich die Krankheit über einen langen Zeitraum hinweg kaskadenartig ausgebreitet haben.

Von Awande aus breitete sich die Krankheit zuerst in das nördliche Gebiet (Nord-Fore), aber dann insbesondere nach Süden aus.

Insgesamt traten von den je zwischen 1957 und dem Ende der 70er Jahre diagnostizierten Kuru-Fällen 61,5% im Unterstamm der Süd-Fore und 19,8% bei den Nord-Fore auf [23]. „Nur" 18,7% der Kuru-Fälle jener Epoche hatte man bei Mitgliedern anderer Stämme aus benachbarten Gebieten der Fore festgestellt (Abb. 2.2) [23].

Nachdem man sich der langen Inkubationszeiten der Kuru gewiß war (Abb. 38.3) [486, 804], und seitdem man – spätestens seit 1984 [804] – ausreichend belegtes Hintergrundwissen über den Endokannibalismus hatte, begann man ein Phänomen zu verstehen, das früher die Kuruforscher in „eine ganz andere Richtung lenkte" (s. Kap. 2.10–11): Relativ viele Frauen, die zum Heiraten zu Nachbarstämmen der Fore zogen[57], erkrankten (erst) hier an Kuru, nachdem sie sich lange zuvor in ihrem Heimatstamm dem eigentlichen Risikofaktor „Intensivkontakt zu infektiösem Gehirn" ausgesetzt hatten. Gajdusek hingegen betrachtete den verwandtschaftlich bzw. genetisch gemeinsamen Hintergrund der im eigenen Gebiet betroffenen Fore und den infolge Heirat weggezogenen, in der Ferne erkrankten Fore-Frauen für längere Zeit als einleuchtendes Argument dafür, daß es sich um eine familiär-genetisch bedingte Krankheit handeln dürfte (s. Kap. 2.10); dies insbesondere ob dem Fehlen jeglicher plausibler Alternative zur Erklärung der Kuru-Ursache für lange Zeit.

38.4 Verteilung nach Geschlechts- und Altersklassen

Schon seit Beginn der systematischen Kuruforschung (1957) (s. Kap. 2), v.a. aber seit Gajdusek und seine Kollegen wußten, daß es sich bei Kuru um eine übertragbare Krankheit handelte [486], war eine der im Vordergrund stehenden Fragen: „Weshalb ist eine so eigenartige Geschlechtsverteilung unter den Kuru-Opfern zu beobachten?" (Tab. 38.2, Abb. 38.4). Auffälligerweise trat Kuru bei Jungen und Mädchen etwa gleich häufig, bei Erwachsenen hingegen stark prädominant bei Frauen auf. Bei Frauen der Süd-Fore war Kuru in den Dörfern mit der höchsten Inzidenz während den späten 50er Jahren die häufigste Todesursache. In einer Siedlung sank das Verhältnis bei 40- bis rund 60-Jährigen im Jahre 1964 auf eine Frau pro 3,4 Männer. Beispielsweise waren von 2412 (100%) von 1957–1978 von Kuru betroffenen Eingeborenen 79,3% weiblich (66,1% 20 bis 60jährige Frauen und 13,2% 0–20jährige Mädchen bzw. Frauen) und nur 20,7% männlich (9,0% 20–60jährige Männer und 11,7% 0–20jährige Jungen bzw. Männer) (Tab. 38.2).

[56] In etwa die Fläche des Schweizer Kantons „Tessin".

[57] Es gehörte zu den kulturell-gesellschaftlichen Gepflogenheiten, daß die Fore-Frau anläßlich der Heirat zum Stamm des Mannes zog.

Tabelle 38.1: Altersverteilung der jüngsten je betroffenen Kuru-Opfer (nach Sterbealter). Diese Fälle traten zwischen 1957 und 1966 auf. Nach 1966 sind keine Kinder dieser Altersgruppen mehr an Kuru erkrankt. Jahr für Jahr stieg seither das durchschnittliche Todesalter betroffener Kinder und Jugendlicher an (Quelle: [23]).

Altersklasse	Anzahl Kuru-Opfer pro Jahr									
	1957	1958	1959	1960	1961	1962	1963	1964	1965	1966
4-Jährige	2	0	0	0	0	0	0	0	0	0
5-Jährige	3	3	2	1	2	0	0	0	0	0
6-Jährige	8	5	3	3	0	0	0	0	0	0
7-Jährige	16	6	8	4	0	2	1	0	0	1
Total (4–7-Jährige)	29	14	13	8	2	2	1	0	0	1

Einerseits traten 75,1% aller Fälle bei *Erwachsenen* zwischen 20 und rund 60 Jahren auf, wobei die beiden Geschlechter mit einem Verhältnis von 7,4 (1595 Frauen zu 217 Männer) sehr unterschiedlich betroffen waren. Andererseits traten 24,9% aller Fälle bei *Kindern und Jugendlichen* zwischen 0 und 20 Jahren auf, wobei hier das Geschlechtsverhältnis 1,13 : 1 betrug (318 Mädchen zu 282 Jungen), d.h. in dieser Altersgruppe waren beide Geschlechter etwa gleich stark betroffen (Tab. 38.2). Der Vergleich

Tabelle 38.2: Verteilung nach Geschlecht und Altersgruppe (Sterbealter). Die Angaben beziehen sich auf die 2412 von 1957 bis 1978 diagnostizierten Kuru-Fälle (Quelle: [23]).

	Weiblich	Männlich	W/M
0–9-Jährige	108	65	1: 1,7
10–19-Jährige	210	217	1: 1,0
20–29-Jährige	418	131	1: 3,2
30–39-Jährige	625	61	1:10,2
40-Jährige und ältere	552	25	1:22,1

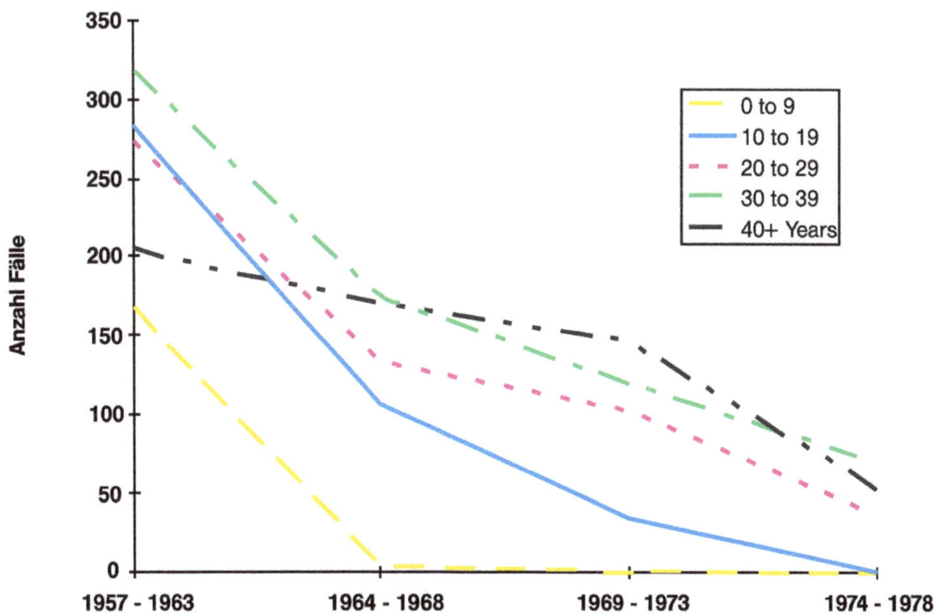

Abb. 38.2: Progressive Abnahme der Kuru-Inzidenz ab 1957; aufgetrennt nach Altersgruppen. Ein Teil der in der gelben Kurve repräsentierten 0–9jährigen Kuruopfer (0 to 9) ist in der Tabelle 38.1 nach Jahresklassen wiedergegeben (Datenquelle: [23], Abb. erstellt durch B. Hörnlimann und M. Alpers)

der Geschlechtsverhältnisse zwischen den noch feiner unterteilten Altersgruppen sah während der Zeit von 1957 bis 1978 folgendermaßen aus: Bei den 0–9jährigen Betroffenen betrug das Verhältnis *weiblich zu männlich* (W/M) 1:1,7; bei den 10–19jährigen 1:1,0; bei den 20–29jährigen 1:3,2; bei den 30–99jährigen 1:10,2 und bei den 40jährigen und älteren 1:22,1 (Tab. 38.2).

Aus der eigenartigen Beobachtung, daß einerseits v.a. erwachsene Frauen (Tab. 38.2, Abb. 38.4) und andererseits Jugendliche beider Geschlechter betroffen waren, zog man den Schluß, daß früher hinsichtlich der Kuru-Exposition geschlechts- und altersspezifische Risikounterschiede zum Tragen gekommen waren. In der Tat brachte die retrospektive Analyse früherer soziokulturell bedingter Unterschiede zwischen der Lebensweise von Fore-Frauen und -Mädchen gegenüber der der -Männer und -Jungen (ab dem Pubertätsalter) die Kuru-Forscher auf die dahingehend entscheidende Spur.

38.5 Soziokulturelle Hintergründe der Geschlechts- und Altersverteilung

Jungen wurden offenbar ab einem bestimmten Zeitpunkt mit einem viel geringeren Risiko mit Kuru infiziert als Mädchen. Traditionellerweise verblieben Knaben nur solange bei ihren Müttern und Schwestern, bis sie etwa das Pubertätsalter erreichten. Mädchen jedoch blieben im Umfeld der Frauen. Sie mußten als junge, heranwachsende Frauen nach und nach Pflichten der Frauen übernehmen, wozu u. a. auch die Zubereitung der Mahlzeiten gehörte. Damit waren sie ab dem Kleinkindalter fortan dem Risiko ausgesetzt, sich mit Kuru zu infizieren (s. weiter unten).

Sobald die Knaben in die Pubertät gelangten, hatten sie eine Reihe von Initiationsriten durchzustehen, bevor sie in den Kreis der erwachsenen Männer aufgenommen wurden. Ab diesem Zeitpunkt lebten sie in sog. Männerhäusern, hatten dieselben Privilegien und erledigten dieselben Pflichten bzw. Arbeiten wie die erwachsenen Männer. Sie mußten nicht an den für die kannibalistischen Riten notwendigen Vorbereitungsarbeiten teilnehmen, womit ein v. a. parenteraler Kontakt zu infektiösem Hirngewebe potentiell verbunden war. Die Jungen waren ab dem Pubertätsalter auch kaum mehr dem Risiko ausgesetzt, sich durch Verzehr von Kuru-infektiösem Gewebe (Gehirn) enteral zu infizieren, da sich männliche Stammesmitglieder, sofern sie an kannibalistischen Mahlzeiten überhaupt teilgenommen hatten, meist auf den Verzehr des bevorzugten Muskelfleisches beschränkten (Skelettmuskel enthält keine meßbaren infektiösen Prionen). Männer hatten Anrecht auf das Fleisch; die Innereien und das Gehirn hingegen überließ man den Frauen und Kindern (s. Kap. 2.9). Aus den genannten Gründen waren männliche Stammesmitglieder anteilmäßig weitaus weniger von Kuru betroffen als die Frauen.

38.6 Erklärung der Überlebenszeitkurve (Infektionszeitpunkt und infektiöse Dosis)

Stark variable Erregermengen, die unter natürlichen Umständen pro Mahlzeit aufgenommen wurden, stellen eine der Grundlagen zur Erklärung der breiten Inkubationszeitstreuung bei Kuru dar. Es ist für Prionkrankheiten allgemein bekannt, daß sich die infektiöse Dosis (Erregermenge, Titer) und die Inkubationszeit innerhalb bestimmter Grenzen reziprok zueinander verhalten (Abb. 1.10). Einige Kuru-Opfer dürften sehr große Mengen an infektiösen Dosen erhalten haben [382], eine Erklärung für diejenigen Patienten, die eine relative kurze Inkubationszeit durchlaufen haben [804]. Auch *Mehrfachexpositionen* haben durch die mögliche Akkumulation der pro Exposition (Mahlzeit) aufgenommenen Erregermengen einen Einfluß auf die gesamte Erregermenge, dem einzelne Individuen ausgesetzt waren. Diejenigen, die zwischen 1954 und 1958, als der Kannibalismus sukzessive aufgegeben wurde, schon erwachsen waren, dürften einem grundsätzlich höheren Kuru-Risiko ausgesetzt gewesen sein als damalige Adoleszente oder Kinder, da es für Erwachsene wahrscheinlicher war, schon vor 1954 bis dahin an mehreren kannibalistischen Riten teilgenommen zu haben.

Andererseits erkrankten nicht alle Mitglieder einer Verwandt- oder Sippschaft, die an derselben kannibalistischen Mahlzeit teilgenommen

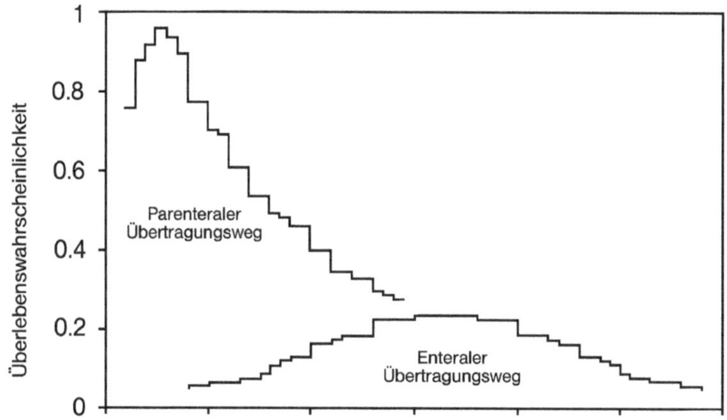

Abb. 38.3: Streuung der Dauer (x-Achse) von der Kuru-Übertragung bzw. Exposition an Kuru-Erreger bis zum Tod. Durch Abzug von jeweils der Krankheitsdauer (Ø 12 Monate, Kinder etwas darunter) erhält man in etwa die Inkubationszeit, die eine Bimodalität aufweist. Während enteral (oral) Infizierte nach einer Inkubationszeit von durchschnittlich etwa 15–20 Jahren (y-Achse) an Kuru erkrankt sein dürften (Spektrum ~ 5–30 Jahre oder mehr), scheinen parenteral infizierte Individuen eine kürzere Inkubationszeit von etwa 2–15 Jahren aufgewiesen zu haben. Ein einziger Übertragungsweg wäre jedenfalls nicht hinreichend, die Altersverteilung bei Erkrankungsbeginn im Zusammenhang mit der eigenartigen Geschlechtsverteilung zu erklären (s. Kap. 38). (Die Darstellung entstand in Anlehnung an Daten von 65 Kurupatienten, Quelle: [804], bzw. an die entsprechende Kaplan-Meier Überlebenskurve, Quelle: [383], Abb. modifiziert durch B. Hörnlimann)

hatten; vermutlich deshalb nicht, weil nicht alle Teilnehmer[58] tatsächlich infektiöses Gewebe aufgenommen hatten (v.a. Männer nicht, da sie – wenn überhaupt – v.a. Muskelfleisch verzehrten) oder weil die Erregerdosis bei Kontakt mit infektiösem Hirngewebe nicht in jedem Fall ausreichend hoch gewesen war, um eine Infektion zu bewirken.

Klitzman publizierte dazu im Jahre 1984 [804], nach sehr aufwendigen Untersuchungen und detaillierten Befragungen der überlebenden Angehörigen von 65 Kuru-Opfern, äußerst aufschlußreiche Daten (vgl. Abb. 38.3). Es ging in jener bemerkenswerten Studie u. a. darum, herauszufinden, ob die vielen Betroffenen *gemeinsam* an kannibalistischen Festivitäten teilgenommen hatten [804] bzw. ob die untersuchten Kuru-Opfer *gleichzeitig* dem Erreger ausgesetzt sein konnten. Gemäß jener Studie traten manchmal bei vier bis fünf Mitgliedern desselben Verwandtschaftsclans, die in der Tat anläßlich der- oder denselben endokannibalistischen Mahlzeit/en infektiöses Gewebe verzehrt hatten [804], Jahre danach die Kuru-Symptome innerhalb weniger Monate auf. Bei den in Frage kommenden Mahlzeiten hatten sich die Teilnehmer offensichtlich ein- bis mehrmals potentiell dem Kuru-Erreger aussetzen können, da das verzehrte Gewebe von klinisch an Kuru Erkrankten bzw. von infolge Kuru Verstorbenen[59] stammte – dessen waren sich die verwandten Überlebenden sicher, da Kuru immer von konstanten eindeutigen Symptomen gekennzeichnet war (Abb. 13.1) [474,488,521] (s. Kap. 2.6). Die Erkenntnisse dieser Studie [804] unter-

[58] Enge Familienmitglieder hatten das Recht auf spezielle Körperteile der Verstorbenen.

[59] Verzehrt wurden die an Kuru verstorbenen Eingeborenen „Nonon" († 1948), „Tom" († 1950), „Nen" († 1953 oder 1954) und „An" († 1954)

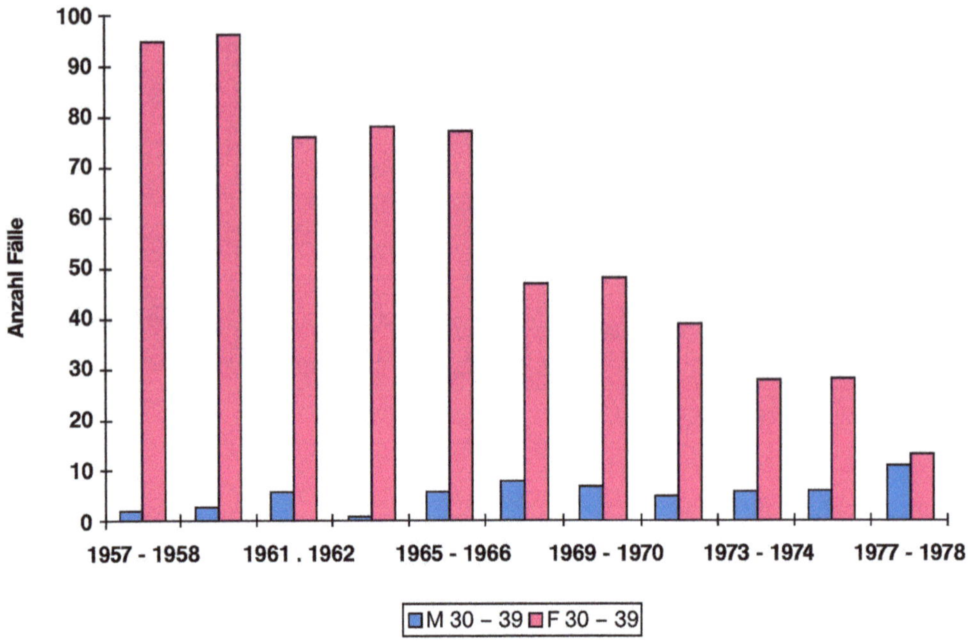

Abb. 38.4: Verteilung der Kuruopfer nach Geschlecht in der Altersgruppe 30–39jährige. (M = männlich, engl.: male; F = weiblich, engl.: female). (Datenquelle: [23], Abb. erstellt durch B. Hörnlimann und M. Alpers)

mauern die Kannibalismus-Hypothese fundiert. Auch Ergebnisse anderer Untersuchungen [23, 803] lassen den Schluß zu, daß jene betroffenen Gruppen (von jeweils vier bis fünf Familienangehörigen) sehr ähnliche Inkubationszeiten (Abb. 38.3) durchlaufen hatten und daß sie sich über denselben Übertragungsweg mit ähnlichen Erregermengen infiziert hatten.

38.7 Erklärung der Kuru-Fälle bei Kindern (Übertragungswege)

Um die zwei – in ihrer Effizienz sehr unterschiedlichen – Übertragungswege und ihren Einfluß auf die Inkubationszeit bzw. Altersverteilung bei Krankheitsbeginn besser zu verstehen, müssen noch folgende praktische Punkte mit in die Überlegungen einbezogen werden:

Aufgrund der oben (s. Kap. 38.5) und im folgenden genannten Gründe schloß man, daß sich teilweise Frauen, die das Essen vor- und zubereiteten, v.a. aber Kinder, parenteral infizierten. Wie üblich und überall in der Welt verbringen Kinder viel Zeit bei ihren Müttern. Zudem berühren Kinder alle erreichbaren Dinge in ihrer Umgebung. Insbesondere in den Tropen kommt hinzu, daß sich Kinder des öfteren die Augen reiben, um sich von lästigen Insekten zu befreien. Nun, so vermutet man plausiblerweise, haben sich Kinder – und vermutlich auch etliche Erwachsene – infiziert, indem sie sich mit hochinfektiösem Hirnmaterial anläßlich des Herausbrechens des Gehirns aus der Schädeldecke die Hände kontaminierten, mit denen sie sich darauf den Kuruerreger über Augenwinkel bzw. Konjunktiven oder über Mikroläsionen der Haut übertragen haben (vgl. Abb. 2.6).

Auch etliche erwachsene Eingeborene dürften sich – z.B. über Verletzungen – parenteral infiziert haben. Man verletzte sich beispielsweise an Knochensplittern der aufzubrechenden Schädeldecken oder infizierte sich über Mikrowunden an den Händen, die mit der Hirnmasse in intensiven Kontakt kamen, als sie bei der Zubereitung von Mahlzeiten die Hirnmasse in Bambusrohre stopften (s. Kap. 2.14).

38.8 Fazit und heutige Bedeutung der Kuru

Vorbereitungen der rituellen Mahlzeiten und Verzehr von infektiösem Hirngewebe, beides Handlungen, bei denen es zu einer Kuruübertragung kommen konnte, haben weibliche Individuen im Verlaufe der ganzen Lebensspanne i.d.R. wiederholt praktiziert. Hingegen waren männliche Stammesmitglieder meistens nur bis zum Pubertätsalter dem Kuru-Risiko ausgesetzt, also vor allem parenteral – was eine relativ kurze Inkubationszeit zur Folge hatte.

An dieser Stelle sei erwähnt, daß im Hinblick auf Übertragungswege und Sterbealter bei Kuru-betroffenen Kindern und Adoleszenten eine gewisse Parallele zu den peripher übertragenen Fällen der iatrogenen CJD (iCJD) vorliegen dürfte. Die iCJD ist eine CJD-Form, die z.B. durch parenterale Verabreichung von kontaminierten Wachstumshormonen an zwergwüchsige Kinder verursacht und klinisch schon bei jungen Menschen manifest wurde. Dabei betrug die durchschnittliche Inkubationszeit zwölf Jahre (Tab. 14.1) (s. Kap. 36.4.2.4) [134,175a].

Die Kuru ist heute noch – oder wieder (s. Kap. 2) – eine von Wissenschaftlern vielbeachtete Krankheit. Dies hängt u. a. mit der festgestellten Bimodalität der Inkubationszeit zusammen bzw. mit den diesem Phänomen zugrunde liegenden zwei Übertragungsmodalitäten (enteral und parenteral). Kuru stellt möglicherweise eine wichtige Teilgrundlage zum Verständnis der seit 1996 bekannten neuen Variante der CJD (nvCJD) [296] dar. Denn bis heute ist nicht erwiesen, ob Opfer der nvCJD (nur) über die enterale Aufnahme von BSE-kontaminiertem Material infiziert werden. Die parenterale Übertragung ist bei allen Prionkrankheiten grundsätzlich effizienter und daher von einer wesentlich kürzeren Inkubationszeit geprägt (Abb. 1.8, 1.10).

(Abseits der wissenschaftlichen Betrachtungsweise weist der leitende Herausgeber zum Thema „Endokannibalismus“ abschließend darauf hin, daß dieser Brauch nicht isoliert aus der Sicht westlicher Kultur be- oder gar verurteilt werden darf. Er hat, zumindest bei einer historisch-ethnologischen Betrachtungsweise geradezu ein Recht darauf, aus den Augen der Fore-People, also auf der Grundlage seines allgemeinen kulturellen Hintergrundes betrachtet zu werden.)

39 Der Verlauf der BSE-Epidemie und Parameter, die darauf Einfluß nehmen

Beat Hörnlimann und Susanne Dahms

39.1 Einleitung

Dieses Kapitel beschreibt epidemiologisch-deskriptiv die Grunddaten und Parameter, die den Verlauf der britischen BSE-Epidemiekurve determinieren. Beispielsweise wird aufgezeigt, welche Zusammenhänge bestehen zwischen Infektionszeitpunkt, Inkubationszeit, Alter bei Feststellung der Krankheit und dem Zeitpunkt (1993), zu dem die Wirksamkeit von BSE-Maßnahmen (s. Kap. 53) „sichtbar" werden kann/konnte. Der Grund für das *nach* der ersten Maßnahme von 1988 starke Ansteigen der britischen Epidemiekurve liegt in der langen Inkubationszeit bzw. in der Tatsache, daß vorher in größerem Ausmaß BSE-infektiöses Gewebe innerhalb der Rinderpopulation rezykliert wurde als zunächst angenommen.

39.2 Epidemiologische Grunddaten der britischen BSE

39.2.1. Anzahl BSE-Fälle und Inzidenz

In Großbritannien wurden bis zum 1. Januar 2000[60] insgesamt 176069 klinisch manifeste BSE-Fälle festgestellt. Dies entspricht etwa 97,65% aller weltweit bis dahin diagnostizierten Fälle. Die mittlere nationale Jahresinzidenz betrug in GB im Jahr des Epidemiehöhepunkts 1992 0,97%, das entspricht 970 klinischen BSE-Fällen pro 100000 erwachsenen Zuchtrindern (Tab. 41.4). Im Jahre 1999 betrug die Inzidenz noch 0,06% (60 pro 100000).

39.2.2 Risikopopulationen und Risiko*sub*populationen

Theoretisch gehört jedes Rind, **dessen Alter die minimale Inkubationszeit erreicht**, zur Risikopopulation im engeren Sinn, d.h., daß es nach Kontakt mit einer genügend hohen Dosis des infektiösen Agens, namentlich nach Exposition mit BSE-kontaminiertem Tiermehl (TM) oder kreuzkontaminiertem Tierfett (s. Kap. 53), klinisch manifest BSE entwickeln kann. Sie setzt sich zusammen aus den erwachsenen *Zuchtrindern* (Risiko*sub*populationen *Milchkühe* (Dairy cows) und *Ammenkühe* (Beef suckler cows)) und den *Zuchtstieren*, wobei die Anzahl Stiere im Vergleich zu den beiden anderen verschwindend klein ist und deshalb hier nicht weiter diskutiert wird.

Zur Risikopopulation im weiteren Sinn (i.w.S.) gehört jedes Rind, *das infiziert werden kann*, d.h., jedes Kalb/Rind, das in Kontakt mit potentiell BSE-kontaminiertem TM oder Tierfett kommt – also auch Mastkälber. Aus dieser Gruppe „stammen" die subklinisch infizierten Tiere, welche nach Schätzungen von R. Anderson ein Mehrfaches von den o. g. Fallzahlen ausgemacht haben [31] (s. Kapitel 39.3.5).

Abb. 39.1: Die Entwicklung der prozentualen BSE-Jahresinzidenz in den britischen Counties von 1986 bis 1998 (Bezugsbasis sind die erwachsenen Zuchtrinder = Tiere „at risk", s. Text). Die Karte in der Ecke unten rechts zeigt die Umfänge der Populationen pro County (Anzahl erwachsene Zuchtrinder) im Jahr 1994. (Quelle: [874], Abb. modifiziert durch B. Hörnlimann)

[60] Quelle für die meisten offiziellen Daten im ganzen Kapitel: Bovine Spongiform Encephalopathy in Great Britain – A Progress Report (Crown 2000 PB4994).

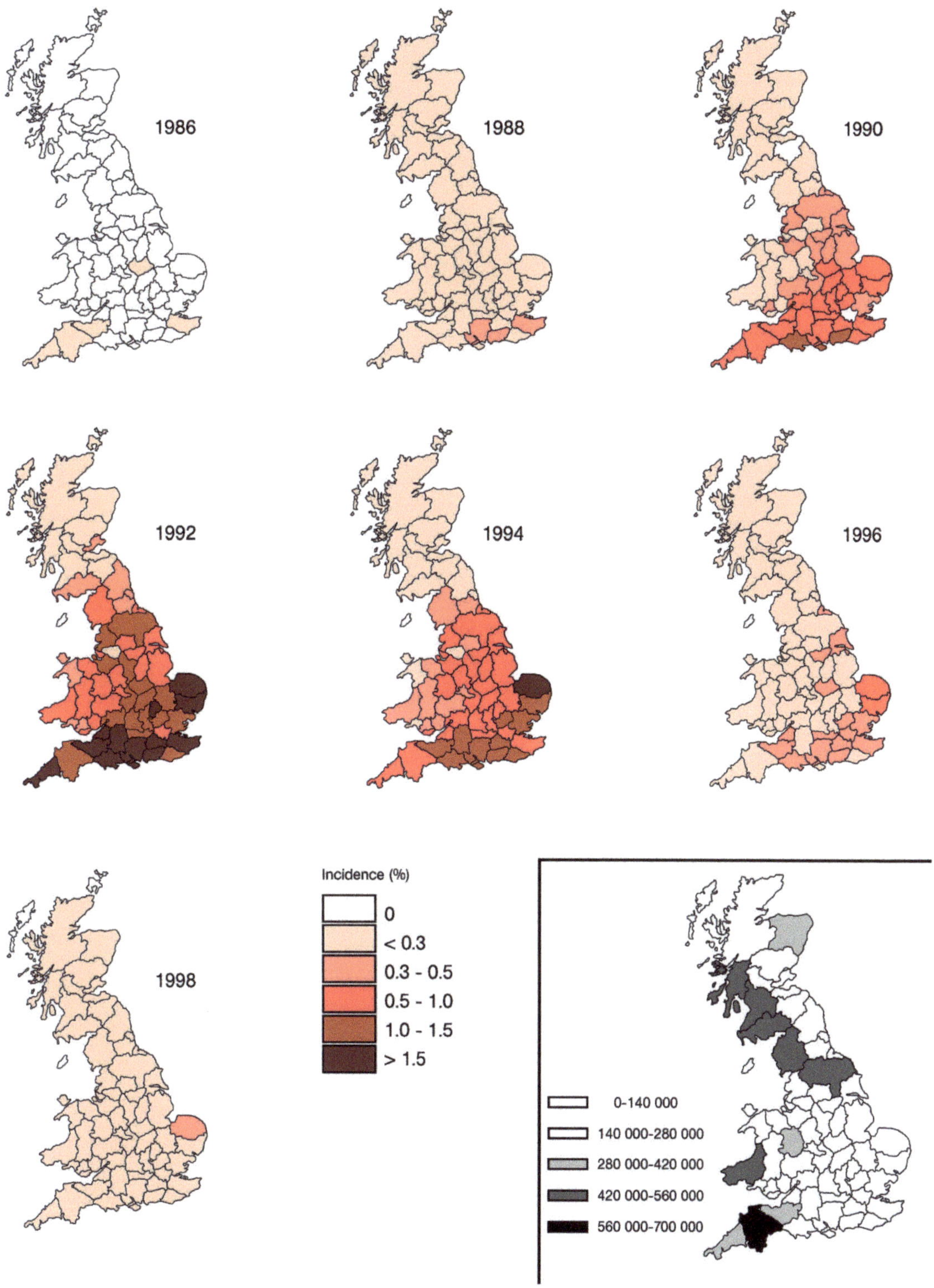
1986
1988
1990
1992
1994
1996
1998
Incidence (%)
0
< 0.3
0.3 - 0.5
0.5 - 1.0
1.0 - 1.5
> 1.5
0-140 000
140 000-280 000
280 000-420 000
420 000-560 000
560 000-700 000

39.2.3 Geographische Verteilung der Fälle

Kurz nach Bekanntwerden der ersten Fälle, fiel deren geographisch weiträumige Verteilung in GB auf. Bereits Ende 1986 waren aus 17 Counties Fälle gemeldet worden (Abb. 40.1). Jedoch wurden in den Jahren danach deutliche Unterschiede in der regionalen Inzidenz gesehen. So war bis 1990 die höchste BSE-Erkrankungsrate im Süden Englands festzustellen. In den folgenden acht Jahren stellte man auch im Osten Englands eine vergleichsweise hohe Inzidenz fest und ab 1995 war die BSE hier langsamer rückläufig als anderswo (Abb. 39.1). Interessanterweise handelte es sich nun aber v.a. um sog. BAB-BSE-Fälle (s. Kap. 41) [1339].

39.2.4 Zeitliche Verteilung der Fälle

Der zeitliche Verlauf der britischen BSE-Epidemie von 1985 bis zum 1. Januar 2000 wird in der Epidemiekurve (Abb 39.2) wiedergegeben [871]. Die Fälle zwischen Mai 1985 und Ende 1986 (Abb. 40.1), als erstmals eine BSE-Diagnose neuropathologisch bestätigt wurde (s. Kap. 19.1), stützen sich auf retrospektiv aufgerollte klinische Anamnesen. Danach stieg die Kurve mit saisonalen Schwankungen (s.u.) exponentiell an (Abb. 39.2). Im Januar 1992 stellte sich ein Wendepunkt in der Steigung der Epidemiekurve ein und Anfang 1993 erreichte sie das Maximum hinsichtlich Monatsinzidenz. In den folgenden acht Jahren ist die BSE-Inzidenz in GB mit ungefähr gleicher Regelmäßigkeit zurück gegangen, wie sie in den Jahren zuvor angestiegen ist. Dann nahm die „Geschwindigkeit" der Inzidenzabnahme ab, was ursprünglich von Fachleuten nicht erwartet wurde. Dennoch besteht seit 1997 der fortgesetzte Trend in einem langsamen, nun fast linearen Inzidenzrückgang (Abb. 39.2). Die verzögerte Erreichung der BSE-Nullinzidenz, das internationale Ziel der BSE-Bekämpfung (s. Kap. 53), hängt mit folgenden Gründen zusammen: (1) das Auftreten der BAB-BSE-Subepidemie[61] (s. Kap. 41), (2) die erfahrungsbedingt bessere Erkennung klinischer BSE-Fälle durch Bauern und Tierärzte als am Anfang der Epidemie, (3) eine niedrige maternale Übertragungsrate, (4) möglicherweise eine idiopathische BSE-Form (derzeit sind sporadische BSE-Fälle, die ev. spontan entstehen könnten (s. Kap. 18.4.4–5), nicht ausschließbar), oder (5) andere, unbekannte Faktoren.

39.2.5 Erkrankungsrate auf Herdenebene (herdeninterne Inzidenz)

Die mittlere herdeninterne Inzidenz lag in GB nie über 3,50%. Sie betrug beispielsweise 1992 3,49% (Maximum) und 1999 noch 1,80%. Wenn im Mittel von 100 Zuchttieren innerhalb einer Herde maximal drei bis vier Tiere an einer Krankheit erkranken, läßt dies generell den Schluß zu, daß eine direkte horizontale Rind-zu-Rind-Übertragung nicht von epidemiologischer Relevanz sein kann [1339]. Es drängt sich aber die Frage auf, weshalb innerhalb einer Herde, in der Tiere das gleiche (pot. BSE-kontaminierte) Mischfutter erhielten, nicht alle, oder wenigstens viele, infiziert wurden und nach entsprechender Inkubationszeit erkrankten. Wir nehmen an, daß Rinderhirn als Haupterregerquelle nur inhomogen mit anderen rohen Schlachtabfällen vermischt wird, womit unter Praxisverhältnissen die Verteilung der BSE-infektiösen Partikel (Prionen) im Tiermehl sehr heterogen ist. Dies hat zur Konsequenz, daß nicht jedes Tier, das vom selben grundsätzlich infektiösen Mischfutterprodukt frißt, auch tatsächlich dem Erreger exponiert wird oder nicht einer genügend hohen infektiösen Dosis (vgl. Kap. 38.6). Die epidemiologischen Daten bestimmter Studien lassen zudem einen unbekannten genetischen Empfänglichkeitsfaktor auf der Ebene von *individuellen Tieren* nicht gänzlich ausschließen [384,429,757]; auch dies könnte die herdeninterne Inzidenz beeinflußen.

39.2.6. Rassenverteilung

Aus der Verteilung der BSE in der Rinderpopulation läßt sich schließen, daß *keine Rassenprädisposition* vorhanden ist. Die rassespezifische Verteilung der BSE-Fälle ist mehr oder weniger proportional zum Anteil der Rassen in den Milchviehpopulationen betroffener Regionen. Aber auch aus einer molekulargenetischen Stu-

[61] Als Folge von Schlupflöchern für Prionen, Nicht-Einhalten von BSE-Maßnahmen usw.

die zum PrP-Gen (*Prnp*) britischer Rinder ergaben sich bisher keine Anhaltspunkte für eine genetisch bedingt erhöhte BSE-Empfänglichkeit bestimmter Rassen [1332].

39.3 Parameter, die den Verlauf der Epidemiekurve determinieren

39.3.1 Erkrankungsalter

Das mittlere Alter bei Erkrankungsbeginn liegt bei etwa fünf Jahren [1340,1342]. Das maximale Alter eines betroffenen Rindes, das jemals festgestellt wurde, betrug 18 Jahre [677] und das geringste 20 Monate [158].

Das Alter bei Erkrankungsbeginn wird im Einzelfall vom Infektionszeitpunkt und der Inkubationszeit bestimmt (Abb. 19.3, 19.4). Die Altersverteilung[62] der ersten 17997 britischen BSE-Fälle ist in Abbildung 39.4 dargestellt [663]. Obwohl in GB schließlich zehnmal mehr Tiere an BSE erkrankten, wird hier die mittlere Altersangabe dieser Gruppe angegeben, da deren Altersverteilung noch nicht durch Maßnahmen (vgl. Tab. 53.3) beeinflußt wurde, wie bei BAB-BSE-Tieren (vgl. Abb. 41.4). Damit dürften die daraus berechenbaren Angaben der wahren biologischen, krankheitscharakteristischen BSE-Altersverteilung sehr nahe kommen: am häufigsten betroffen sind die 4–5jährigen Tiere, es folgen die 5–6jährigen. Danach folgen die 3–4jährigen. 6–7 Jahre alte Rinder und 7–8jährige machen beinahe den ganzen Rest aus. Tiere, die mehr als acht Jahre alt sind, erkranken selten an BSE (wobei nur noch wenige Tiere zu dieser Altersgruppe gehören, bedingt durch die Schlachtungen bei Produktivitätsrückgang). Tiere, die jünger als drei Jahre sind, wozu von der graphisch dargestellten Gesamtgruppe nur gerade 46 Tiere (rund 0,25%) gehörten, erkranken äußerst selten an BSE (Abb. 39.4).

Unter zwei Jahren alt waren von den bis zum 21. Oktober 1999 vorliegenden Daten von 175686 britischen BSE-Fällen nur zwei Tiere (0,001%); sie waren bei Erkrankungsbeginn 20 bzw. 21 Monate alt [1218].

39.3.2 Infektionszeitpunkt und Inkubationszeit

Wir nehmen an, daß die Übertragung der BSE v.a. bei Kälbern im ersten Lebensjahr erfolgte [156,1344], selten auch bei älteren [1334] Tieren (Abb. 19.3). Eine von mehreren aus GB stammenden statistischen Schätzungen ergab als *Zeitpunkt der Infektion* ein Durchschnittsalter von ca. 18 Wochen (0,34 Jahre) [384]. Andere jedoch sind von ca. 1,3 Jahren ausgegangen [31]. Die statistische Verteilung des *Infektionszeitpunkts* (Abb. 19.3) ist mit derjenigen des Erkrankungsalters (s.o.) eng verknüpft. Die Determinante zwischen diesen beiden zusammenhängenden Faktoren ist die Inkubationszeit (Abb. 19.3), die ihrerseits von mehreren Faktoren (Abb. 1.8, 1.10) abhängt und daher eine starke Streuung aufweist.

Mittelwert und Verteilung der Inkubationszeit wurden in diversen Modellstudien geschätzt [31,155,384,429,929]. Die Modelle stützten sich u.a. auf die beobachtete sehr variable Altersverteilung bei Erkrankungsbeginn und die Ergebnisse einer Fallkontrollstudie (s. Kap. 40), wonach ca. 60% der Tiere in den ersten Lebensmonaten über Tiermehl (TM) infiziert wurden. Daraus resultierte, daß man unter Feldbedingungen von einer mittleren Inkubationszeit von ca. 4,5 Jahren mit starken Schwankungen ausgehen kann (Abb. 19.3). Die aus einer Pathogenesestudie hervorgegangene, experimentell festgestellte Inkubationszeit liegt etwas tiefer und beträgt im Mittel 36 ± 2 Monate (Abb. 19.4). Bei den entsprechenden Versuchen wurden teilweise sehr hohe Dosen von 1g, 10g, 100g oder 300g infektiöses Hirngewebe von BSE-Kühen oral an Kälber verabreicht [31,155,1310].

39.3.3 Einfluß der „synchronisierten Geburten" auf die Saisonalität der Epidemie-Kurve

Viel diskutiert wurde über das saisonale Muster der Epidemiekurve mit Höhepunkten jeweils im Winterhalbjahr (Abb. 39.2). Man könnte erwarten, daß sich darin die Effekte mehrerer Parameter widerspiegeln, denen in der Tat – jeder

[62] Von den bis 1. Januar 2000 insgesamt 176069 festgestellten BSE-Fällen in GB liegen Altersangaben zu 130000 Rindern vor.

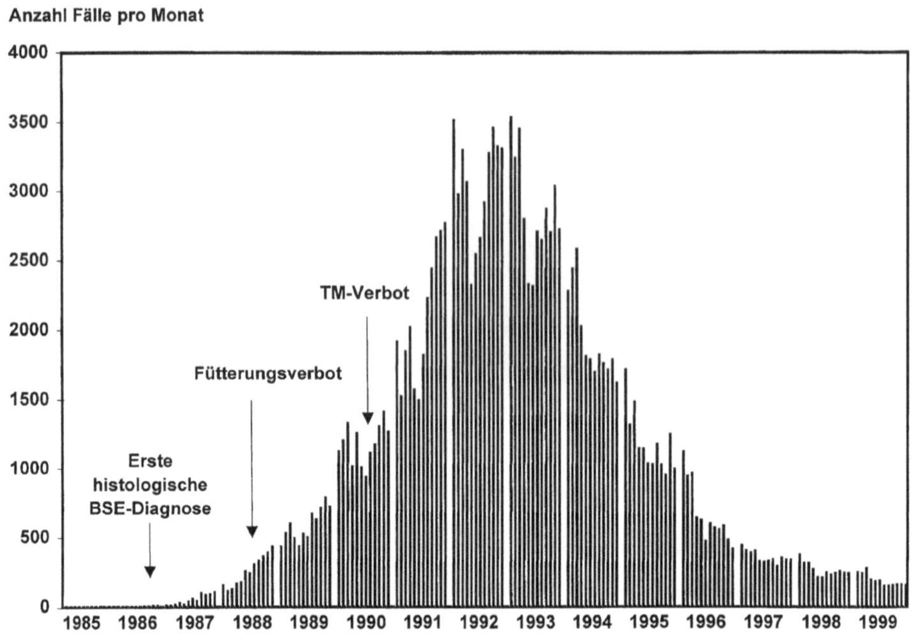

Abb. 39.2: Zeitlicher Verlauf der BSE-Epidemie in Großbritannien von Mitte der 80er Jahre bis zum 1. Januar 2000 (Monatsinzidenzen). Beachtenswert ist die Saisonalität des Inzidenzverlaufes mit Häufungen in den Winterhalbjahren. Aufgrund der Interferenz der zugrunde liegenden statistischen Schwankungen der Parameter (Erläuterungen s. Text), die die Form der Epidemiekurve determinieren, ist der Zusammenhang zwischen den Periodizitäten dieser Epidemiekurve und der Kurve in Abbildung 39.3 zur Verteilung der Geburtsmonate betroffener Tiere nur noch sehr abgeschwächt und mit einer Phasenverschiebung von rund drei Monaten wieder zu erkennen. (Datenquelle: [874])

für sich betrachtet – fluktuierende Kurven zugrunde liegen. Es handelt sich um folgende Parameter, die auf komplexe Weise interferieren und sich so gegenseitig beeinflußen. Zunächst ist festzuhalten, daß die britische *Abkalbesaison* (*Parameter 1*) als Folge der Brunstsynchronisation eine sehr starke saisonale Ausprägung im Herbst zeigt (Abb. 39.3). Angenommen, es wären alle Rinder im gleichen *Expositionsalter* (*Parameter 2*), z. B. mit 18 Wochen (s. oben gewähltes Beispiel) dem Erreger exponiert und mit einer einheitlichen *Erregermenge* (*Parameter 3*) enteral infiziert worden, so hätten alle Tiere eine relativ einheitliche Inkubationszeit durchlaufen. Als Folge davon würde sich das starke saisonale Muster der Abkalbungen sehr deutlich in der Form der Epidemiekurve widerspiegeln – vorausgesetzt, der *gemeldete Zeitpunkt des Erkrankungsbeginns* (*Parameter 4*) entsprach in allen Fällen dem wahren Auftreten der ersten Symptome. Bei einem Vergleich der Abbildung 39.2 mit der Abbildung 39.3 stellt man jedoch fest, daß die Periodizitäten der beiden Kurven sich erheblich unterscheiden (die beiden Kurven dürfen verglichen werden, obwohl sie phasenverschoben sind, denn sie haben saisonale Perioden von zwölf Monaten, also dieselben Abstände zwischen den maximalen Jahreswerten).

Einzig der Parameter 1, also die synchronisierte Abkalbesaison, dürfte sich in der beobachtbaren Saisonalität der Epidemiekurve manifestieren, allerdings – Interferenz-bedingt – stark abgeschwächt und mit einer Latenz von jeweils ein paar Monaten. Diese Zeitspanne zwischen der britischen Geburtshauptsaison im Herbst und der Wintersaison, in der im Jahresvergleich von den Landwirten jeweils die höchsten Monatsinzidenzen beobachtet wurden (Angaben beziehen sich auf den von Landwirten genannten Beginn der Symptome), lassen

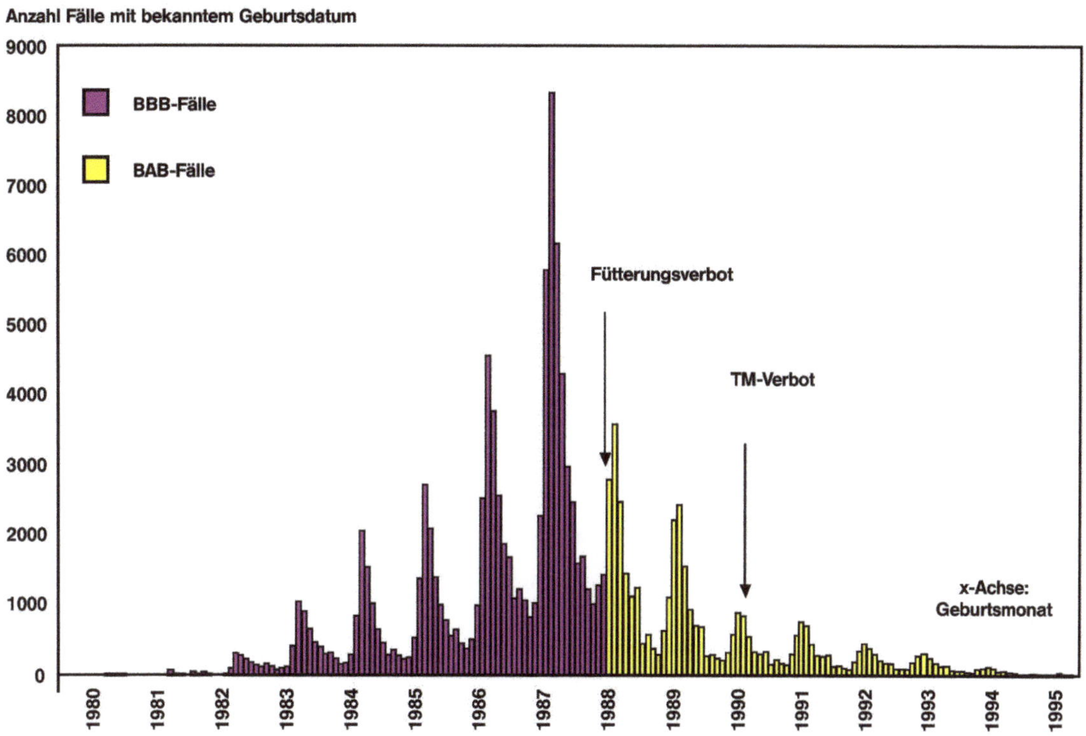

Abb. 39.3: Darstellung der von BSE betroffenen Geburtskohorten (Anzahl der Tiere nach Geburtsmonat verteilt). Sehr auffällig ist, im Vergleich mit Abb. 39.2, die extreme Saisonalität (Erläuterungen s. Text). Abkalbungen in GB kommen aufgrund der Brunstsynchronisation stark gehäuft im Frühherbst vor. Neben regelmäßigen saisonalen Schwankungen sieht man deutlich das Ansteigen der Anzahl infizierter und Jahre später erkrankter Tiere bis zum Kalbejahrgang 1987/88 sowie den darauf folgenden Rückgang als Folge des „Fütterungsverbots" vom 18. Juli 1988 (s. Text). Ein Kalbejahrgang in GB entspricht nicht dem Kalenderjahr, sondern geht jeweils vom 1. Juli bis zum 30. Juni des folgenden Jahres. (Vermerk: Jahreszahlen verweisen auf die Mitte entsprechender Jahre) (Datenquelle: [874], Abb. modifiziert durch B. Hörnlimann)

sich in einen plausiblen Zusammenhang mit dem Faktor *Geburtsstreß* bringen: bei infizierten Muttertieren kann *er* als Trigger (engl.: Auslöser) wirken und die klinische BSE-Manifestation bzw. den Erkrankungsbeginn beschleunigt „herbeiführen". Dies gilt hauptsächlich dann, wenn sich die Tiere während der Geburt in einem sehr fortgeschrittenen Stadium der Inkubation befinden [1340]. Das Phänomen, daß Streßmomente die klinische Phase auszulösen vermögen, ist auch bei Scrapie bekannt [1278] (s. Kap. 34).

39.3.4 Einfluß des Interventionszeitpunktes auf die Epidemiekurve

Die Inkubationszeit beeinflußte einerseits die Latenzzeit zwischen der in J. Wilesmith's Originalarbeit [1343] vermuteten Erstinfektion (1981/1982) von britischen Kälbern/Rindern und dem Auftreten (1985; Abb. 40.1) bzw. der Bestätigung (1986) der ersten BSE-Fälle. Einzelne bereits in den 70er Jahren geborene Rinder, die später BSE entwickelten, könnten zwar gemäß der der Abbildung 19.2 zugrunde liegenden Information und nach Anderson [31] schon in der zweiten Hälfte der 70er Jahre infiziert worden sein. Dies zu eruieren ist nicht möglich, es wird eine Annahme bleiben. Die verstrichene

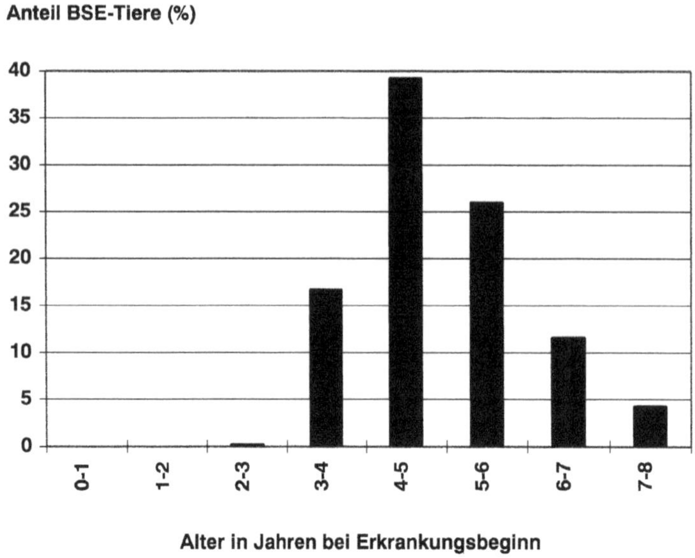

Abb. 39.4: Altersverteilung britischer BSE-Fälle. In der Graphik sind keine BAB-Tiere enthalten, da deren mittleres Alter bei Erkrankungsbeginn maßnahmenbedingt geringer war (also nicht „krankheitsbiologisch" bedingt), als das der Tiere, die vor dem Fütterungsverbot geboren wurden. (D.h. BAB-Tiere haben keine kürzere Inkubationszeit; weitere Erläuterungen dazu sind im Text zu den Abb. 41.4–5 zu finden). (Datenquelle: [663], Abb. erstellt durch B. Hörnlimann)

Zeit zwischen wahrem Auftreten und der Bestätigung der ersten Fälle dürfte auf den einen und/oder anderen der folgenden Gründe zurückgehen: 1. Unbekanntheit des neuen klinischen Bildes, 2. keine Aussicht auf staatliche Entschädigung für Tierverluste mangels gesetzlicher Grundlagen, 3. fehlende Meldepflicht (offizielle Meldepflicht bestand in GB erst seit Mitte 1988) und 4. fehlende spontane Einsendung von Hirngewebe der neu beobachteten Krankheit durch den Tierarzt. Die praktizierenden Tierärzte dachten primär eher an eine chronische Form von Hypomagnesämie (Anonym, pers. Mitt.); (Magnesiummangel bei latenter Tetanie (mit Magnesiumwerten <0.8 mmol/l) ist klinisch in der Tat mit Schreckhaftigkeit und erhöhter Erregbarkeit verbunden [1132,1161]).

Andererseits beeinflußte die Inkubationszeit die Zeitspanne zwischen dem Fütterungsverbot von 1988 (Verbot für Wiederkäuerproteine an Wiederkäuer) und dem Erreichen des Epidemiehöhepunktes (1993). Trotz beabsichtigter Unterbrechung der Infektionskette durch diese Interventionsmaßnahme stieg die BSE-Inzidenz danach bis 1992 exponentiell an (Tab. 41.4). Erst im Januar 1993 war die maximale Monatsinzidenz erreicht (Abb. 39.2). Der Höhepunkt der Epidemie wurde somit etwa 4,5 Jahre nach dem TM-Verbot verzeichnet. In diesem verzögerten Effekt wird die mittlere ca. 4,5 Jahre dauernde Inkubationszeit reflektiert [1310, 1339].

Allerdings ahnten die Epidemiologen schon 1991, daß das TM-Verbot seine Wirksamkeit nicht verfehlte, als das Durchschnittsalter der erkrankten Tiere anstieg (Abb. 39.5) [1341, 1342]: die altersspezifische Inzidenz-Abnahme unter den 2–3jährigen Tieren, erstmals im Jahre 1991 (von 0,06 auf 0,02%; nur „homebread cases"), resultierte zwar noch nicht in einem Rückgang der gesamten Jahresinzidenz gegenüber 1990, da in dieser Altersgruppe stets nur ein geringer Anteil auftrat (0,18% der klinischen BSE-Fälle in GB bis zum 21. Oktober 1999 [1218]). Die altersspezifische Inzidenz der 3–4jährigen Tiere (3jährige) nahm deutlich erstmals 1992, diejenige der 4jährigen im Jahre 1993 und diejenige der 5jährigen erstmals 1994 usw. ab (Abb. 39.5).

Die sukzessive Abnahme der altersspezifischen Inzidenzen ist erstens eine Folge des Fütterungsverbots, d.h. die einzelnen Alterskohorten wurden seit 1988 *sukzessive* abnehmend infiziert *(nicht schlagartig, da die Maßnahme nicht überall sofort umgesetzt wurde)*. Zweitens nimmt die Anzahl der Tiere in jeder altersspezifischen Gruppe „natürlicherweise" ab, insbesondere im Verlauf oder nach der 2. Laktation

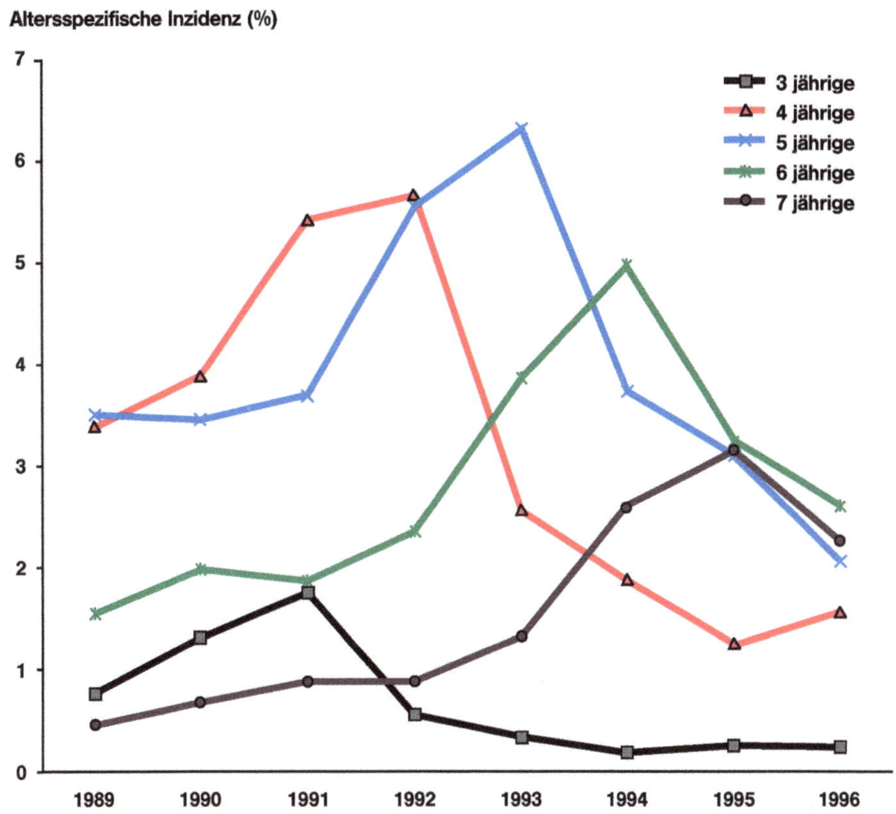

Abb. 39.5: Altersspezifische prozentuale BSE-Inzidenz in GB von 1989 bis 1996 (Angaben nach Erkrankungsalter; die Inzidenz begann unter den 2–3-jährigen Rindern erstmals 1991 abzunehmen (in Graphik nicht sichtbar)), gefolgt von einer erstmals deutlichen Abnahme unter den 3–4jährigen (3jährigen) im Jahre 1992, einer Abnahme unter den 4–5jährigen (4jährigen) im Jahre 1993 und so weiter. Mit dieser Darstellungsweise konnte man erstmals 1992 mit der deutlich abnehmenden Kurve der 3jährigen Rinder eine Wirkung des Fütterungsverbots von 1988 erkennen. Verbindet man die Höhepunkte der Kurven einzelner Altersgruppen, so ist auch in dieser Graphik der Verlauf der Epidemie zu erkennen. (Datenquelle: MAFF GB, mit freundlicher Genehmigung von D. Matthews)

aufgrund von normalen Schlachtungen wegen ungenügender oder krankheitsbedingt rückläufiger Produktivität. Drittens fallen die infolge BSE getöteten Tiere sukzessive weg, je älter die Kohorten werden.

39.3.5 Nutzungskategorien, die klinisch oder subklinisch betroffen sind

Die Größe von nutzungsspezifischen Risikosubpopulationen und deren spezifische Fütterung hat einen starken Einfluß auf die BSE-Inzidenz eines Landes und somit auf die Höhe der Amplitude der BSE-Epidemiekurve.

Insgesamt trat bis zum 1. Januar 2000 in 34951 (37,3%) britischen Herden mit erwachsenen Zuchtkühen (Milch- oder Ammenkühe) mindestens ein BSE-Fall auf [875]. Während in 61,1% aller Milchviehherden mindestens ein BSE-Fall festgestellt wurde, sah man „nur" in 16,4% aller Ammenkuhhaltungen mindestens einen BSE-Fall [875]. Der Anteil betroffener Ammenkühe war geringer, 1. da erheblich weniger Tiere zu dieser Risikosubpopulation gehören als zur Risikosubpopulation „Milchkühe" und 2., da ihnen schon im Jungtieralter wesentlich kleinere Mengen an Mischfutter verabreicht wurden, als den Tieren, die zur späteren

Tabelle 39.1: Nach groben Schätzungen britischer Epidemiologen könnten dem Kraftfutter in GB (bis zum 18. Juli 1988) für Rinder, die zur Milchproduktion vorgesehen waren, folgende maximale Rationen an Tiermehl (TM) oder an rohem ZNS-Gewebe (in einer „Suppenform" mit dem trockenen Getreide vermengt) beigemischt worden sein [543].

Lebensjahr	Lebensmonat	≈ Tagesration
Kälber 1. Lebensjahr, v.a. während Winterzeit[1)]	im 1. Monat	0,5 kg
	im 2. Monat	1,0 kg
	im 3. Monat	1,5 kg
	im 4. Monat	2,0 kg
	im 5. Monat	2,0 kg
	im 6. Monat	3,0 kg
Kälber, die während Winterzeit zwischen 0,5 und 1-jährig waren	im 7.–12. Monat	3,0 kg
Kälber, die während Winterzeit zwischen 1- und 2-jährig waren	im 12.–24. Monat	1,0 kg

[1)] Mitte Oktober bis Mitte April.

Milchproduktion vorgesehen waren; publizierte Schätzungen zur letzteren Gruppe werden in der Tabelle 39.1 aufgezeigt [543].

Viele Mastrinder werden in einem sehr jungen Alter der Fleischproduktion zugeführt. Vor dem Hintergrund ihrer „niederen Lebenserwartung" (niedere „survival time") können sie wegen der langen Inkubationszeit gar nicht klinisch manifest BSE entwickeln – selbst wenn sie infiziert sind (Risikopopulation i.w.S.; s. Kap. 39.2.2) [649]. Daher hatten Anderson und seine Kollegen neben der BSE-Erkrankungsrate auch die -Infektionsrate in betroffenen Geburtskohorten geschätzt[63]. Danach war ein wesentlich höherer Anteil an Tieren subklinisch von BSE betroffen, als bis dahin angenommen [31]. Die auf epidemiologischen Modellen beruhenden Schätzungen ergaben, daß bis 1995 insgesamt 840000–1250000 BSE-Infektionen stattgefunden haben dürften. Diese Betrachtungsweise hatte insbesondere eine Bedeutung für die nvCJD-Risikoeinschätzung, da, falls der SBO-Bann (heute → SRM-Bann) nicht strikt eingehalten wurde [1328], von subklinisch infizierten Tieren ein erheblicher Anteil an infektiösen Organen in die Nahrung von Mensch und Tier gelangt sein dürfte (s. Kap. 15, 50, 53). Auch für das Verständnis der BAB-BSE-Problematik bot Andersons Modell äußerst relevante Erklärungsansätze (vgl. Kap. 41.3).

[63] Sie waren auf Schätzungen angewiesen, da es an BSE-Tests für lebende Tiere – ungeachtet dem Stadium der Inkubationszeit – fehlt.

39.3.6. BAB-BSE-Subepidemie

Wegen der damaligen Unkenntnis des Zusammenhangs zwischen Scrapie, der Verfütterung von TM und der BSE (s. Kap. 19.1) konnten 1986/87 zunächst [1317] noch keine wissenschaftlich begründbaren Interventionsmaßnahmen erlassen werden. Erst nach Beendigung der ersten epidemiologischen Fallserienstudie [1345], wonach die Verfütterung von Wiederkäuerproteinen aus Schlachtabfällen an Rinder als – damals noch hypothetischer – wichtigster Risikofaktor erkannt wurde (s. Kap. 40), hat die britische Regierung diese Fütterungspraxis seit dem 18. Juli 1988 verboten. Der Grund für das erst danach festgestellte, sehr große Ausmaß der BSE-Epidemie in GB, liegt wie erwähnt (s. Kap. 39.3.4) in der langen Inkubationszeit bzw. im jahrelang unerkannten Rezyklieren der BSE innerhalb der Rinderpopulation (Abb. 41.6; *Sekundäres Problem*). Teilweise gelangten auch nach dem Fütterungsverbot und diverser an sich wirksamer oder teilwirksamer Maßnahmen (vgl. Tab. 53.3) BSE-Prionen aus infizierten Tieren, über bestimmte Schlupfwege in die Futterkrippen der Rinderpopulation (Abb. 41.6; *Tertiäres Problem*).

Die Krankheit trat bis zum 1. Januar 2000 in 23,02% aller Fälle bei Rindern auf, die nach dem britischen Fütterungsverbot vom 18. Juli 1988 geboren wurden (40538 BABs = Born After Ban-Fällen von insgesamt 176069 BSE-Fällen) (Abb. 39.3).

39.3.7 Einfluß des maternalen Übertragungsweges

Ob und in wieweit auch maternale Übertragungen den Verlauf und die Form der BSE-Epidemiekurve beeinflußen könnten, wird im Kapitel 42.2.2.2 diskutiert. Es kann hier vorweggenommen werden, daß dieser Parameter die BSE-Epidemiekurve nicht so erheblich zu determinieren scheint, wie dies von manchen bisweilen angenommen wird.

39.3.8 Einfluß der Überwachung

Da es sich bei der Überwachungsqualität nicht um eine „natürliche" Einflußgrösse der Epidemiekurve handelt, wird dieser Aspekt im Kapitel 41.7 ausführlich diskutiert. Erwähnt sei hier, daß eine rein *passive Überwachung* (Def. s. Kap. 32.2) tendentiell zu einer Inzidenz-Unterschätzung der klinischen BSE-Fälle führt und subklinische Fälle können damit überhaupt nicht erkannt werden. Dies gilt auch für andere Krankheiten. Die Etablierung einer *aktiven Überwachung* (Def. s. Kap. 32.3) mit BSE-Tests, die v.a. gezielt in Risikogruppen und in der EU seit 2001 flächendeckend bei allen >30 Monate alten Rindern angewandt werden, führt hingegen zu der Möglichkeit, einen erheblich höheren Anteil der infizierten Tiere, wenn auch nicht zur Erfassung derjenigen, die sich noch in einem frühen Inkubationsstadium befinden (Abb. 35.4), festzustellen. (Im frühen Inkubationsstadium ist die Erregermenge im Organismus betroffener Tiere vergleichsweise gering.) Die Kapitel 32, 35, 41 und 53 stellen ausführlich dar, warum und wie die Überwachungsqualität irgendeines Landes dessen ausgewiesene Epidemiekurve erheblich beeinflussen kann.

40 Die Ursache der BSE-Epidemie

Susanne Dahms, Beat Hörnlimann und John W. Wilesmith

40.1 Einleitung

Im Jahre 1986 wurde in Großbritannien an histologischen Hirngewebepräparaten eines Rindes erstmals die Diagnose BSE gestellt [1317]. Die zunehmend auftretenden Fälle waren schon bald geographisch weit über GB verbreitet, und bereits nach den ersten paar Monaten deutete diese Entwicklung auf eine Epidemie hin. Daher wurde, im Mai 1987, eine erste epidemiologische Untersuchung eingeleitet [1345]. Ziel jener Fall-Serie-Studie war, Daten zu aufgetretenen Fällen systematisch zu sammeln und zu beschreiben. Das Hauptergebnis deutete darauf hin, daß zwischen betroffenen Herden *ein* gemeinsamer Faktor vorlag: das Verfüttern von tiermehlhaltigem Kälberfutter (Mischfutter).

Basierend auf dieser Beobachtung und anderen in diesem Kapitel erläuterten Informationen sowie aufgrund der neuropathologischen Ähnlichkeit der BSE mit der Scrapie-Krankheit der Schafe und Ziegen entstand die Hypothese, daß BSE auf die Verfütterung von Scrapie-kontaminiertem Tiermehl an Rinder zurückgehen würde (Mischfutterhypothese) [1343,1345].

Anhand einer zweistufigen Fallkontrollstudie untersuchte man darauf die Mischfutterhypothese, indem man analysierte, ob betroffene Tiere die BSE-Erreger über kommerzielles Mischfutter, welches Wiederkäuerprotein in Form von Fleisch-Knochenmehl (FKM) enthielt, aufgenommen hatten. Wie im vorliegenden Kapitel ausführlich dargestellt, konnte damit die sog. Mischfutterhypothese für ca. 60% der Tiere/Herden der Studiengruppe untermauert werden.

40.2 Die Fall-Serie-Studie: Entstehung der Mischfutterhypothese

Über die mögliche Ätiologie der neuen Rinderkrankheit BSE gab es anfänglich eine Unzahl von Hypothesen oder Spekulationen. In einer ersten Fall-Serie-Studie suchten die Epidemiologen nach Faktoren, die allen betroffenen Herden oder Fällen gemeinsam waren. Es ging vorerst um die Klärung der Fragen, wo, wann und unter welchen Haltungsbedingungen sowie bei welchen Rinderrassen und Alterskategorien die Erkrankung auftritt.

Die wichtigsten Ergebnisse jener Fall-Serie-Studie sind im Folgenden zusammengefaßt [1266]:

1. BSE war eine neue, klinisch erstmals im Jahre 1985 beobachtete Rinderkrankheit (Abb. 40.1).
2. BSE wurde nicht vom Ausland eingeschleppt, weder durch lebende Importrinder noch durch tierische Produkte oder Rindersamen.
3. BSE-Fälle traten geographisch weit verbreitet auf, jedoch war die regionsspezifische Inzidenz im Süden von GB deutlich höher als anderswo (Abb. 39.1; 1986).
4. Allgemein wurden Erkrankungsfälle in Milchviehherden häufiger festgestellt als in Ammenkuhherden (beef suckler herds).
5. Die Krankheit wurde nur bei erwachsenen Tieren beobachtet (überwiegend bei 3–7 Jahre alten Tieren). Der Großteil erkrankte im Alter von 4 bis 5 Jahren (vgl. Abb. 39.4).
6. Die herdeninterne Inzidenz war sehr gering, meist stellte man anfänglich pro Herde nur einen Fall oder wenige Fälle fest (Jahre später stellte man fest, daß teilweise die Anzahl Fälle grob mit der Herdengröße korrelierte;

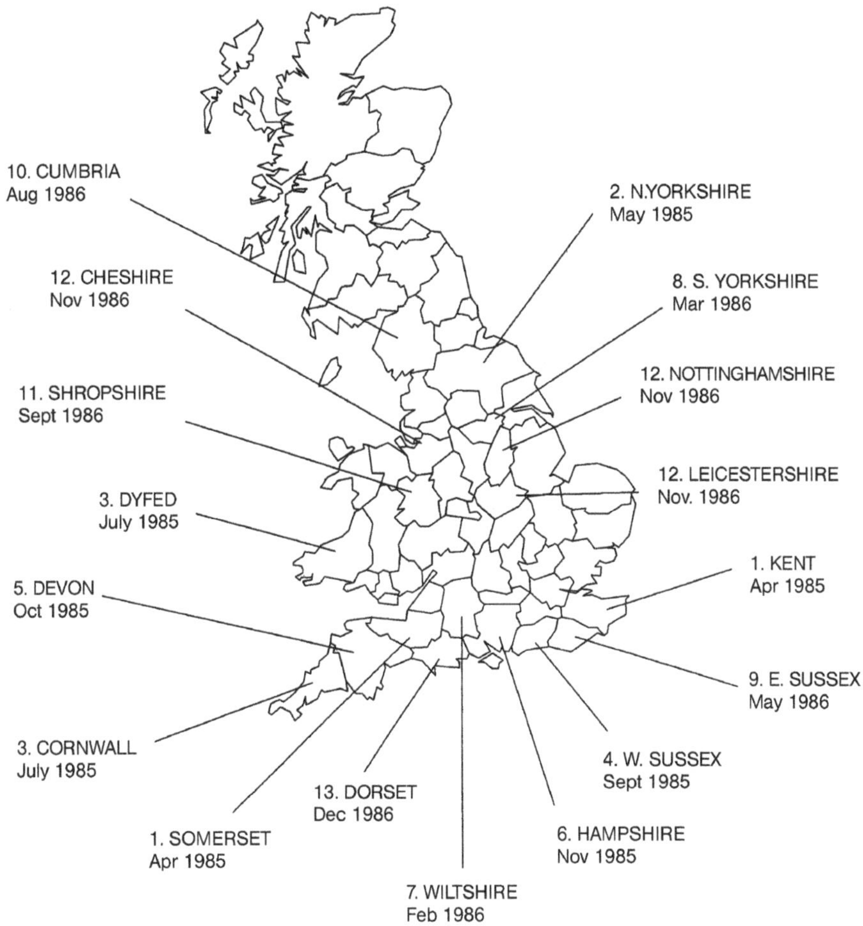

Abb. 40.1: Geographische Verteilung der ersten britischen BSE-Fälle zwischen Mai 1985 und Ende 1986, als erstmals eine BSE-Diagnose histologisch bestätigt wurde. (Originalabbildung von J. Wilesmith, Quelle: [758])

die herdeninterne Inzidenz stieg aber nie auf >3,5%).

7. Epidemiologisch war kein Zusammenhang (Assoziation) zu finden mit:
   - der Rasse (BSE schien somit keine genetisch bedingte Krankheit zu sein),
   - der Haltung von Schafen oder Ziegen auf betroffenen Höfen (dieser Faktor interessierte besonders wegen Scrapie),
   - der Verabreichung von Hormonen, Tierarzneimitteln oder auf den Betrieben verwendeten Agrochemikalien.
8. Alle anfänglich aufgetretenen Fälle schienen Index-Fälle zu sein, d.h., es gab keine Evidenz für eine horizontale, maternale oder anderweitige direkte Übertragung von Tier zu Tier. Es schien somit eine zwar geographisch ausgedehnte, aber primär gemeinsame Infektionsquelle vorhanden zu sein (common source epidemic).
9. Als einziger gemeinsamer Faktor aller Fälle stellte sich heraus, daß in betroffenen Herden, oder in Herden, aus denen betroffene Tiere zugekauft wurden, kommerzielles, tiermehlhaltiges Mischfutter schon an junge Kälber verabreicht wurde (Mischfutterhypothese).

40.3 Die Fall-Kontroll-Studie: Prüfung der Mischfutterhypothese

Es stellte sich heraus, daß in Großbritannien – einige Jahre vor 1986, als der erste BSE-Fall histologisch bestätigt wurde – eine Konstellation von vier Risikofaktoren örtlich und zeitlich zusammen trafen, die die BSE-Epidemie verursachten (s. Kap. 52) [1343,1345]. Der Kern des Problems lag offensichtlich darin, daß Scrapie-Erreger einen Artensprung vom Schaf auf das Rind vollzogen hatten. Zu den Risikofaktoren gehörten:

1. das häufige, endemische Vorkommen von Scrapie in der Schafpopulation (*Infektionsquelle*),
2. die hohe Schafdichte im Verhältnis zur Rinderpopulation (*Infektionsdruck*),
3. die Verfütterung von TM (*Übertragungsvektor*), welches u.a. rezykliertes Schafgewebe enthielt, an Rinder aller Alterskategorien,
4. die technischen Umstellungen inklusive massiver Temperatursenkungen und Verzicht auf Fettextraktion mit Lösungsmitteln in der TM-Herstellung (*fehlende oder mangelhafte Inaktivierung des infektiösen Agens*).

Nachdem man erkannt hatte, daß BSE auf diese übergeordneten Risikofaktoren zurückgeht, versuchte man die Kausalität im Sinne einer logischen Kette von Zusammenhängen zu verstehen (Details dazu s. Kap. 19, 52).

40.3.1. Die Arbeitshypothese

Um die Mischfutterhypothese gezielt zu überprüfen [325,1344], konzentrierte man sich auf die Fragestellung, in wieweit die Fütterungspraktiken in den ersten Lebensmonaten von Kälbern und die damit verbundene Aufnahme von Fleisch-Knochen-Mehl (FKM) den verantwortlichen Risikofaktor für das Auftreten der BSE in Großbritannien darstellen konnten. Als Studientyp wurde ein Fall-Kontroll-Design gewählt; die zu prüfende Arbeitshypothese lautete: „Zwischen BSE und der Aufnahme von FKM im jungen Kälberalter gibt es einen Zusammenhang". Durchführung, Analysen und Interpretationen dieser Studie werden im Folgenden beschrieben.

40.3.2 Auswahl der Fall- und Kontrollherden

Entsprechend dem Vorgehen bei einer jeden Fallkontrollstudie wurden zwei Gruppen von Untersuchungseinheiten (hier Herden) miteinander verglichen: eine Gruppe von Herden, bei denen BSE aufgetreten war (sog. Fallgruppe oder Fallherden) und eine Gruppe von nicht betroffenen Kontrollen (sog. Kontrollgruppe oder Kontrollherden) [1163]. Der Vergleich sollte zeigen, ob sich Fall- und Kontrollherden hinsichtlich des interessierenden Risikofaktors (FKM-Verabreichung im jungen Kälberalter) unterscheiden. Um Fall- und Kontrollgruppe hinsichtlich eines Risikofaktors miteinander vergleichen zu können, müssen für beide Gruppen gleichartige Informationen vorliegen, und die Daten müssen gleichermaßen präzise und zuverlässig erhoben worden sein. Ein statistisch signifikanter Unterschied ist dann ein Hinweis darauf, daß es zwischen dem untersuchten Risikofaktor (FKM) und der Erkrankung (BSE) einen Zusammenhang (Assoziation) gibt.

Im Prinzip sollten Fälle und Kontrollen so ausgewählt werden, daß sie sich möglichst nur im der Arbeitshypothese zugrunde liegenden *Merkmal („FKM ja"* oder *„FKM nein")* unterscheiden, damit sie hinsichtlich anderer, gemäß der Arbeitshypothese für die Erkrankung unwichtiger Merkmale, vergleichbar sind. Andernfalls würde man Gefahr laufen, nur einen scheinbaren Zusammenhang (Scheinassoziation) zu entdecken, der auf Unterschiede bei anderen Merkmalen zurückzuführen wäre.

Als Untersuchungseinheiten wurden Herden aus Milchproduktions- und Ammenkuhbeständen in sieben Regionen Großbritanniens betrachtet, wobei ursprünglich eine Fall- und zwei Kontrollgruppen gebildet wurden. Die Fallgruppe bestand aus Herden mit nachgewiesenen BSE-Fällen, die in der Zeit vom 1. Juli 1983 bis 30. Juni 1984 geboren wurden. Fallherden ließen sich mit Hilfe der britischen BSE-Datenbank finden.

Die Fallgruppe wurde zwei Kontrollgruppen gegenübergestellt, wobei erwähnt werden muß, daß jeweils pro Analyse nur eine Kontrollgruppe mitgeführt werden konnte (Details s. Originalliteratur [325]).

40.3.3 Fragestellung und Datenerhebung

Die Fragebogen, anhand derer Besitzer von Fall- und Kontrollherden befragt wurden, umfaßten Fragen zur Herdengröße, zum Herdentyp bzw. zu der Nutzungsrichtung (Milchproduktion, Ammenkuhhaltung), zum Kontakt zwischen Rindern und Schafen (ja oder nein), usw. Im Zentrum standen jedoch detaillierte Fragen zum Fütterungsmanagement, v.a. hinsichtlich der möglichen FKM-Verabreichung in den ersten Lebensmonaten der Kälber. Einzelheiten, speziell zu den an Kälber verabreichten Futtermittelkategorien umfaßten (1) Kälbermischfutter, (2) Aufzuchtfutter, (3) Eiweißergänzungsfutter als Beimischung zum betriebseigenen Futter und (4) Mischfutter für erwachsene Tiere. Um die Frage nach dem Gehalt an FKM in Futtermitteln zu eruieren, mußte man bei der Erhebung zweistufig vorgehen [1344].

In der ersten Stufe ging es darum, auf der Ebene von landwirtschaftlichen Betrieben zu erfahren, ob 1983/1984 überhaupt kommerzielle Mischfutterprodukte der o. g. vier Kategorien an Kälber verfüttert wurden. Hierzu konnte man für die Zwischenauswertung insgesamt 626 BSE-Fallherden und 374 Kontrollherden heranziehen. Die Ergebnisse dieser ersten Stufe ließen offen, ob das an die jungen Tiere verabreichte Mischfutter tatsächlich FKM enthielt, bzw. ob die Herden dem hypothetischen Risikofaktor ausgesetzt waren. Die Verfütterung kommerzieller Mischfutterprodukte stellt daher nur eine Näherungsgröße für die Tiermehlexposition dar.

In der zweiten Stufe der Erhebung wurden die involvierten Futtermittelhersteller befragt, ob den an die Fall- und Kontrollherden gelieferten Futtermittelchargen der Jahre 1983/1984 FKM beigemischt worden war und, falls ja, in welchem Maße und woher es stammte. Erst mit diesen Angaben konnte untersucht werden, welche Bedeutung die Beigabe von FKM zum Mischfutter als BSE-Risikofaktor hatte. Da dies der wichtigere Teil der Auswertung war, werden sich die folgenden Ausführungen darauf konzentrieren.

40.3.4. Auswertung der Studiendaten

Für 177 BSE-Fallherden und 118 Kontrollherden lagen vollständige Informationen über die Beigaben von FKM zu den 1983/1984 verwendeten Mischfutterprodukten vor.

Ob ein Hinweis auf einen Zusammenhang zwischen dem hypothetischen Risikofaktor FKM und dem Auftreten der BSE besteht, wurde mit der Berechnung von Odds-Ratios (Risiken-Verhältnisse) bewertet. Dies sind Kennzahlen, die quantifizieren, um wieviel größer das BSE-Risiko für FKM-exponierte Herden als das für nicht exponierte Herden ist. Bei Fehlen eines Zusammenhangs, d. h. bei gleichen Risiken für exponierte und nicht exponierte Herden, müßte das Odds-Ratio ungefähr bei 1 liegen, bei Vorhandensein eines Zusammenhangs muß es größer als 1 sein.

Für den Risikofaktor „Beigabe von FKM zum Mischfutter für junge Kälber" erhielt man für das rohe Odds-Ratio den Wert 4,74 mit einem 95%-Vertrauensintervall (CI) von 2,25–10,20. Da sich in der Studie Fall- und Kontrollherden aber auch nach Regionen, Herdentyp, Herdengröße und Kontakt zu Schafen unterscheiden konnten, wurden zusätzlich entsprechend adjustierte Odds-Ratios mit Hilfe logistischer Regressionen geschätzt. Damit erhielt man einen adjustierten Odds-Ratio für den Risikofaktor „Beigabe von FKM zum Mischfutter für junge Kälber" von 5,89 mit einem 95%-CI von 2,53–13,71. Da der Wert 1 von diesem Intervall nicht eingeschlossen wird, weist dieses Ergebnis auf ein statistisch signifikantes, etwa 6fach erhöhtes[64] BSE-Risiko in Herden hin, deren Kälber in den ersten Lebensmonaten FKM als Beigaben zum Kälberfutter erhalten haben [1344] (vgl. Tab. 41.3).

---

[64] Bei der Interpretation von Odds-Ratios darf man ihren Charakter als Risiken-Verhältnis nicht vergessen. Sie geben an, um wieviel z.B. das BSE-Risiko durch Beigaben von FKM zum Kälberfutter erhöht war, im Vergleich zu Herden, in denen die Tiere keinen Kontakt zu solchen Beigaben hatten. Ein deutlich erhöhter Odds-Ratio aufgrund eines Risikofaktors heißt somit nicht, daß das BSE-Risiko damit vollständig erklärt ist und bedeutet auch nicht, daß es für nicht exponierte Herden kein BSE-Risiko gab.

40.3.5 Analyse mit alternativen Ansätzen

Das Endergebnis der oben beschriebenen Auswertung [1344] wurde mit einem alternativen Ansatz einer zusätzlichen – durch andere Autoren durchgeführten – Datenanalyse verglichen [325,326]. Dabei beschränkte man sich auf Herden mit Milchproduktion, die allerdings die weitaus größte BSE-Subpopulation bilden (s. Kap. 39.3.5). Der Grund für dieses Vorgehen lag einerseits darin, daß junge Kälber in Milchproduktionsbetrieben anders, d.h. mit weniger TM, gefüttert werden als in Ammenkuhhaltungen. Zudem dürften Fall- und Kontrollgruppe mit der Beschränkung auf Milchviehherden besser vergleichbar sein in Bezug auf die Altersstruktur der Tiere. Eine der sieben untersuchten Regionen[65] mußte zudem herausgenommen werden, da sie nach den vorangegangenen Einschränkungen gar nicht mehr mit Kontrollherden vertreten war.

Damit blieben 168 BSE-Fall- und 96 Kontrollherden übrig. In der Tabelle 40.1 wird anhand einer Vier-Felder-Tafel für die verwendeten Fall- und Kontrollgruppen gezeigt, ob an deren Kälber 1983/1984 FKM-haltige Mischfutterprodukte verfüttert wurde oder nicht. Die Berechnung des *rohen* Odds-Ratios ergibt 6,36 mit einem 95%-Vertrauensintervall von 2,97–13,60. Da der Wert 1 von diesem Intervall nicht eingeschlossen wird, weist auch dieses Ergebnis für Milchviehherden, in denen Kälber 1983/1984 dem FKM exponiert waren, auf ein statistisch signifikantes, etwa 6fach erhöhtes BSE-Risiko hin.

Da aber Regionen, Herdengrößen und Kontakt zu Schafen noch als Störgrößen wirken könnten, mußte die Bedeutung des FKM anhand *adjustierter* Odds-Ratios eingeschätzt werden. Zur Anwendung dieses Verfahrens wurden alternativ zwei Modellvorstellungen formuliert, die den Zusammenhang zwischen der zu erklärenden Größe (Fall- oder Kontroll-Status der Herden) auf der einen und den erklärenden Größen (untersuchter Risikofaktor und Störgrößen) auf der anderen Seite beschrieben. Welche Ergebnisse man erhielt und in welcher Weise sie zu interpretieren waren, hing davon ab, für welche Modellvorgabe man sich entschied. Auch in diesen beiden Modell-Ansätzen waren die Studiendaten einer logistischen Regression anzupassen:

Tabelle 40.1: Fall- und Kontrollherden nach Fleisch- und Knochenmehl-Exposition (FKM).

	BSE-Fälle	Kontrollen	Summe
FKM-Exposition *ja*	56	7	63
FKM-Exposition *nein*	112	89	201
Summe	168	96	264

1. Im ersten Modellansatz wurde, wie im ursprünglichen Studienansatz von Wilesmith und seinen Kollegen (s. Kap. 40.3.4) [1344]), für den interessierenden Risikofaktor „Beigabe von FKM“ angenommen, daß er in allen Untergruppen (Regionen) gleichermaßen wirkte. Daher wurde er neben den anderen Einflußgrößen *Region, Herdengröße* und *Kontakt zu Schafen* als Haupteffekt in das Modell 1 aufgenommen.
2. Alternativ wurde ein zweiter Modellansatz gewählt, der berücksichtigte, daß der Risikofaktor „Beigabe von FKM“ in den verschiedenen Regionen unterschiedliche Effekte haben konnte (Modell 2). Dahinter steckt die Überlegung, daß die Beigabe von FKM zum Kälberfutter nicht unbedingt zur Folge haben mußte, daß darin BSE-Erreger enthalten waren. „Beigabe von FKM“ bezeichnet selbst nur näherungsweise, ob die Herden dem Risiko, BSE-Erreger aufzunehmen, ausgesetzt waren oder nicht. Wie passend die Näherung war, konnte abhängen von 1. den technischen Produktionsbedingungen der jeweils liefernden TM-Herstellungs-Anlagen, 2. dem Scrapie- oder BSE-Kontaminationsgrad der dort verarbeiteten Tierkörper – was wiederum von der Scrapie- oder BSE-Prävalenz der Ursprungsregion der Schlachtabfälle abhing, die sich nicht immer mit der Verkaufsregion des FKM deckte und 3. der dem Mischfutter beigemischten FKM-Dosis (Gehalt/kg). Im diesem alternativen Regressions-

[65] Region 1 = North, Region 2 = Mid & West, Region 3 = East, Region 4 = South East, Region 5 = South West, Region 6 = Wales, Region 7 = Scotland.

Tabelle 40.2: Adjustierte Odds-Ratios und 95%-Vertrauensintervalle für „Fleisch- und Knochenmehl im Kälberfutter" (FKM).

Faktor	Modell 1	Modell 2
FKM (alle Regionen)	6,74 (2,74–16,57)	–
FKM in Region 3 (Ost-England)	–	1,43 (0,18–10,92)
FKM in Region 5 (Südwest-England)	–	3,95 (1,18–13,17)

ansatz erschien daher der Risikofaktor „FKM" für jede Region einzeln und es wurde für jede Region separat eingeschätzt, wie sich das BSE-Risiko durch diesen Faktor erhöht.

Die Ergebnisse der beiden Modellansätze werden in Form von adjustierten Odds-Ratios sowie den 95%-Vertrauensintervallen für die „Beigabe von FKM zum Kälberfutter" in der Tabelle 40.2 verglichen (in Tab. 40.2 „FKM" genannt).

Das geschätzte Odds-Ratio des Modells 1 (erster Auswertungsansatz der Zusatzanalyse) ist dem adjustierten von Wilesmith berechneten Risiko-Verhältnis sehr ähnlich, nämlich OR = 6,74 (95%-CI 2,74–16,57) versus OR = 5,89 (95%-CI 2,53–13,71) [1344]. Dies weist allgemein auf ein deutlich, d.h. etwa 6-fach höheres BSE-Risiko für Herden hin, denen bei der Aufzucht von Kälbern schon in den ersten Monaten FKM-haltiges Mischfutter verabreicht wurde.

Hingegen ließen sich mit dem zweiten Modellansatz der Zusatzanalyse nur noch für die zwei stark betroffenen Regionen Ost-England (Region 3) und Südwest-England (Region 5) interpretierbare Odds-Ratios errechnen.

Für Region 3 erhielt man ein Odds-Ratio von 1,43. Allerdings überdeckt das 95%-Konfidenzintervall den Wert 1 (Tab. 40.2). Damit ist das Ergebnis statistisch *nicht signifikant*, d.h. für diese Region konnte daraus nicht auf ein erhöhtes BSE-Risiko für FKM-exponierte Herden geschlossen werden, zumindest nicht aufgrund der geringen Zahl von Herden, mit der diese Region in der Studie vertreten ist.

Für Region 5, wo während der ersten zehn Jahre der BSE-Epidemie stets die höchste regionsspezifische Inzidenz verzeichnet wurde (Abb. 39.1), ergibt das Odds-Ratio von 3,95 einen Hinweis, daß dort das BSE-Risiko für junge Kälber FKM-exponierter Herden ungefähr viermal so groß war wie für nicht exponierte Herden. Da das 95%-Konfidenzintervall den Wert 1 nicht einschließt (Tab. 40.2), ist dieses Ergebnis *statistisch signifikant*.

Für die anderen Regionen erhielt man kaum interpretierbare Ergebnisse, was aber nicht bedeutet, daß FKM dort kein Risikofaktor gewesen war. Die fehlenden Ergebnisse waren vielmehr die Folge von Auswertungsproblemen.

Eine ganze Reihe von Fallherden bzw. ca. 40% der in dieser Studie untersuchten Tiere, schienen dem untersuchten Risikofaktor FKM in den ersten Lebensmonaten noch nicht ausgesetzt gewesen zu sein, sofern die verfügbaren Fütterungsdaten präzise waren. Wie die Kälber im Verlauf ihres weiteren Lebens gefüttert wurden, ist nicht untersucht worden. Naheliegende Erklärungen für diese 40% wären, daß sie durch die Aufnahme von FKM während den folgenden Lebensmonaten infiziert wurden [31,1334] oder daß andere Futtermittelkategorien (neben Kälbermischfutter) ursächlich beteiligt waren. Beispielsweise wurde der aus heutiger Sicht bedeutende Risikofaktor „Verfütterung bestimmter kreuzkontaminierter Tierfette" (v.a. als Zusatz in künstlichen Milchaustauschern für Kälber; s. Kap. 53) zur Zeit der Studie noch gar nicht in Betracht gezogen. Für einzelne jener Fälle könnte eventuell eine maternale Übertragbarkeit eine Rolle gespielt haben (s. Kap. 42.2.2.2).

Eine kritische Betrachtung dieser Fallkontrollstudie, bei der es um die Prüfung der Mischfutterhypothese ging, zeigt, daß noch etliche Fragen offen blieben. Dies v.a., da man sich bei der Fragestellung nur auf bestimmte Aspekte der Mischfutterhypothese beschränkt hatte: bei der Datenerhebung berücksichtigte man nur die Fütterung in den ersten paar Lebensmonaten und bei der Datenauswertung mußte man sich auf explizite Kälbermischfutter einschränken, da die Angaben zu Aufzuchtfutter, Eiweißergänzungsfutter als Beimischung zum betriebseigenen Futter und Mischfutter für erwachsene Tiere nicht auswertbar waren.

Während die ursprüngliche Auswertung von J. Wilesmith und der Modellansatz 1 der Zusatzanalyse (Tab. 40.2) die Exposition an FKM für junge Kälber allgemein als signifikanten BSE-Risikofaktor auswiesen, ließ sich aufgrund der geringen Herdenzahlen im regional differenzierten Modellansatz 2 der Zusatzanalyse, nur noch für die Region Südwest-England eindeutig ein für junge Kälber erhöhtes BSE-Risiko durch FKM-Exposition aufzeigen. Dennoch, vor dem Hintergrund des seit 1993 überdeutlichen Effekts des FKM-Verbots[66] auf den Verlauf der britischen BSE-Epidemie (s. Kap. 39.3.4) [1340] (Abb. 39.2), hat das Gesamtergebnis dieser Fallkontrollstudie die Mischfutterhypothese klar untermauert [875].

[66] Im Buch wird als Synonym meist der Begriff „Tiermehl-Verbot" (TM-Verbot) verwendet.

41 BSE außerhalb Großbritanniens: Einschleppung durch Rinder oder Tiermehl[67]

Beat Hörnlimann

41.1 Einleitung

Dieses Kapitel beschreibt die Parameter, die die BSE-Verbreitung in andere/n Länder/n determinieren. Namentlich am Beispiel der Schweiz wird – im Vergleich zu Großbritannien – aufgezeigt, wie durch unterschiedliche Konstellationen von BSE-Risikofaktoren epidemisch sehr unterschiedliche Situationen zwischen Ländern resultieren können. Desweiteren geht aus diesem Kapitel exemplarisch hervor, wie es zu einer BAB-BSE-Subepidemie kommen kann. Schließlich wird in Ergänzung zu Kapitel 39.3.8 beschrieben, wie die BSE-Überwachungsqualität eines Landes die Höhe der ausgewiesenen BSE-Inzidenz mitbestimmt.

41.2 BSE in der Welt

Die BSE wurde 1985/1986 erstmals in GB identifiziert und im Juni 1988 zu einer anzeigepflichtigen Rinderkrankheit erklärt. Außerhalb von GB trat sie erst seit 1989 und – mit wenigen Ausnahmen – v.a. in europäischen Ländern auf (Tab. 41.1). Allerdings stellt man außerhalb von GB stets eine um mehrere Zehnerpotenzen geringere BSE-Inzidenz fest. In GB wird die Entstehung der BSE darauf zurückgeführt, daß dort eine sehr ungünstige Konstellation von mehreren BSE-Risikofaktoren simultan auftrat, nämlich 1. sehr hohe Scrapie-Prävalenz, 2. hohe Schafdichte im Verhältnis zur Rinderdichte, 3. inadäquate TM-Herstellungstechnik seit den 70er Jahren und 4. TM-Verfütterung an Wiederkäuer (s. Kap. 19.1). Währenddessen war in anderen Ländern *diese Konstellation* von Faktoren *nicht* vorhanden, d.h. einzelne vorhandene BSE-Risikofaktoren waren relativ unbedeutend oder traten erst in einer viel späteren Phase auf, als man bereits einige wirksame Bekämpfungsmaßnahmen kannte (Tab. 53.3). Viele Länder der Welt sind daher nicht oder, im Vergleich zu GB, relativ geringfügig von BSE betroffen. Mindestens die ersten Fälle in den betroffenen Ländern sind offenbar auf den Import von Rindern oder Tiermehl aus GB zurückführbar.

41.2.1 Rinderimporte

BSE-Fälle in Kanada, auf den Falkland Inseln und im Oman (Tab. 41.1) ließen sich bisher ausschließlich auf den Import von lebenden Rindern zurückführen. Diese wurden höchstwahrscheinlich bereits vor dem Export in GB oder anderswo dem BSE-Erreger exponiert [158,308, 652,1156,1170]. Dieses Importrisiko wurde von B. Schreuder et al. vertieft untersucht und die Ergebnisse detailliert publiziert (Tab. 41.2) [1175]. Insgesamt wurden aus Importpopulationen bis Dezember 2000 42 Tiere mit BSE gemeldet (Tab. 41.10).

Es muß einerseits berücksichtigt werden, daß lebende Rinder bzw. deren Haupt-, Neben- und Abfallprodukte schließlich nicht immer bzw. nicht vollständig dort Verwendung finden, wo die Tiere gehalten oder geschlachtet werden. Andererseits entspricht das deklarierte Herkunftsland von tierischen Produkten nicht immer dem wahren Ursprungsland, wie der folgende Abschnitt verdeutlicht.

41.2.2 Tiermehlimporte

Da dem Autor dieses Kapitels die Situation der Schweiz am besten bekannt ist, konzentrieren

[67] Das Kapitel entspricht in großen Teilen der Erstveröffentlichung der MPH-Diplomarbeit [659] des Autors.

Tabelle 41.1: Jährliche BSE-Fälle in betroffenen Ländern, mit einer Einteilung der Gesamtzahl in Größenordnungen (10er-Potenzen) (oberste Spalte) und (unten) mit einem Vergleich zwischen den Angaben einer inoffiziellen Datenquelle im Internet (Stand: 2. Januar 2001) und den international offiziellen Angaben (unterste Spalte) des OIE (Stand: 13. Dezember 2000). Die Zahlen beinhalten sowohl Fälle in importierten (Tab. 41.10) als auch einheimischen Rindern.

	Großbritannien	Nord-Irland	Guernsey	Irland	Portugal	Isle of Man	Schweiz	Frankreich	Jersey	Belgien	Deutschland[3]	Niederlande	Dänemark	Italien	Oman	Spanien	Liechtenstein	Luxemburg	Kanada	Falkland Inseln	ohne Vereinigtes Königreich (UK)	Vereinigtes Königreich (UK)	Welt
Anzahl Fälle: Größenordnung bis Anfang 2001	10^5–10^6	10^3 – 10^4	10^2 – 10^3	10^2 – 10^3	10^2 – 10^3	10^2 – 10^3	10^2 – 10^3	10^2 – 10^3	10^2 – 10^3	10^1 – 10^2	10^1 – 10^2	10^0 – 10^1	10^0 – 10^1	10^0 – 10^1	10^0 – 10^1	10^0 – 10^1	10^0 – 10^1	10^0	10^0	10^0			
davon 1987	442	0	4	0	0	0	0	0	0	0	0	0	0	0	0	0	0	0	0	0	0	446	446
davon 1988	2469	3	34	0	0	6	0	0	1	0	0	0	0	0	0	0	0	0	0	0	0	2513	2513
davon 1989	7137	30	52	15	0	6	0	0	4	0	0	0	0	0	2	0	0	0	0	1	18	7229	7247
davon 1990	14181	100	83	14	1	22	1	0	8	0	0	0	0	0	0	0	0	0	0	0	16	14394	14410
davon 1991	25032	170	75	17	1	67	9	5	15	0	0	0	0	0	0	0	0	0	0	0	32	25359	25391
davon 1992	36682	332	92	18	1	109	15	0	23	0	1	0	1	0	0	0	0	0	0	0	36	37238	37274
davon 1993	34370	497	115	16	3	111	29	1	35	0	0	0	0	0	0	0	0	0	1	0	50	35128	35178
davon 1994	23945	363	69	19	12	55	63	4	22	0	3	0	0	2	0	0	0	0	0	0	103	24454	24557
davon 1995	14302	170	44	16	14	33	68	3	10	0	0	0	0	0	0	0	0	0	0	0	101	14559	14660
davon 1996	8016	81	36	74	29	11	45	12	12	0	0	0	0	0	0	0	0	0	0	0	160	8156	8316
davon 1997	4312	28	44	80	30	9	38	6	5	1	2	2	0	0	0	0	0	1	0	0	160	4398	4558
davon 1998	3179	18	25	83	106	5	14	18	8	6	0	2	0	0	0	0	2	0	0	0	231	3235	3466
davon 1999	2274	6	11	96	170	3	50	31	3	3	0	2	0	0	0	0	0	0	0	0	352	2297	2649
davon 2000	1201	20	11	148	114	0	33	153	0	9	7	2	1	0	0	2	0	0	0	0	469	1232	1701
Total gem. Quelle[1] oder	177542	1818	695	596	481	437	365	233	146	19	13	8	2	2	2	2	2	1	1	1	1728	180638	182366
vgl. OIE-Angaben[2]	177417	1803	695	499	481	437	364	191	149	19	12	6	2	–	na	2	2	1	na	na	1579	180501	182080

[1] bis 02. 01. 2001 (updated): gemäß inoffizieller Quelle (http://ourworld.cs.com/_ht_a/j1 braakman/BSE.htm)

[2] bis 13. 12. 2000 (updated): gemäß OIE = Office International des Epizooties (http://www.oie.int/eng/info/en_esbmonde.htm)

[3] Nach Angaben des Bundesministeriums für Gesundheit wurde bis zum 3. Januar 2001 in der Bundesrepublik Deutschland bei fünf Schlachtrindern BSE nachgewiesen. Bei zwei weiteren Fällen wurde BSE im Zusammenhang mit Krankschlachtungen festgestellt. Sechs Fälle wurden schon früher bei importierten Tieren festgestellt.

na = nicht angegeben; bei diesen drei Ländern ausschließlich Fälle bei importierten Tieren

Tabelle 41.2: Anzahl lebende Exportrinder aus dem Vereinigten Königreich für 11 EU-Länder von 1985 bis 1992 [1175]. Die Zahlen entsprechen dem Mittel von Daten, die durch EUROSTAT und MAFF Stat veröffentlicht wurden. Die Anzahl und Verteilung an exportierten BSE-Fällen finden sich in Tab. 41.10.

	B u. L	DK	D	GR	E	F	IR	I	NL	P
1985	110	112	498	–	1092	243	10197	115	110	3840
1986	189	222	789	7	795	124	4742	357	86	2253
1987	80	212	1403	–	252	132	4365	305	955	2831
1988	95	213	2265	–	277	158	6459	244	117	1108
1989	98	130	1388	–	353	271	4666	400	166	656
1990	41	18	715	–	–	178	1293	179	1906	–
1991	–	–	3	–	–	1155	261	71	–	–
1992	99	–	11	–	63	2623	820	–	5	–

sich die weiteren Ausführungen auf das Beispiel dieses Landes. Es sei jedoch vermerkt, daß die grundsätzlichen Überlegungen exemplarischen Charakter haben. D.h., nach Einsetzen landesspezifischer Daten z.B. für die in Tabelle 41.3 genannten Faktoren können die Risikosituationen anderer Länder analog eingeschätzt werden.

Am 2. November 1990 wurde der erste BSE-Fall in der Schweiz diagnostiziert. Bis zum 2. Januar 2001 erkrankten insgesamt 365 Tiere[68] [240]. BSE betraf nie lebende Importrinder aus GB oder anderen Ländern, alle betroffenen Tiere wurden in der Schweiz geboren und aufgezogen. Dennoch, bei der sehr komplexen Konstellation von Risikofaktoren, die notwendig war, damit die BSE (in GB) überhaupt „entstehen" konnte (Tab. 52.1), wäre es ein unrealistischer Zufall, daß BSE innerhalb weniger Jahre in einem zweiten Land unabhängig von GB entstanden ist (J. Wilesmith, pers. Mitt.). Die BSE-Epidemien in GB und der Schweiz gehen vielmehr und mit großer Sicherheit auf denselben Ursprung zurück.

Relativ gesehen haben zwar beide Länder formgleiche epidemische Entwicklungen (Abb. 41.1, kleiner eingelegter Bildteil) hinsichtlich BSE durchgemacht, die zeitlich lediglich um drei Jahre „phasenverschoben" gewesen sind. Hingegen gilt die Schweiz quantitativ – im Ggs. zu GB – als Land mit geringer Inzidenz im Sinne des Code Zoosanitaire des Internationalen Tierseuchenamtes (OIE). Vergleicht man die Anzahl BSE-Fälle pro 100000 Milchkühe im jeweiligen Jahr des Inzidenzhöhepunktes (1995 für die Schweiz und 1992 für GB), so stellt man für die Schweiz eine rund 100fach geringere Inzidenz als in GB fest [651] (Tab. 41.4). Somit lassen sich stark unterschiedliche Ausgangslagen hinsichtlich BSE-Risikofaktoren erwarten.

Alleine schon das relative Verhältnis von Schafen zu Milchkühen (Sf/Mv) war in GB ca. 20 mal größer als in der Schweiz (Tab. 41.3). Kombiniert mit der Tatsache, daß in GB mindestens eine 56fach höhere Scrapie-Prävalenz vorlag als in der Schweiz, war der Scrapie-Infektionsdruck in GB etwa um das 1125fache größer – im Verhältnis zur Anzahl Milchkühe gemessen, die den Hauptanteil der BSE-Risikopopulation ausmachen (s. Kap. 39.2.2).

Seit BSE in der Schweiz auftritt, wurden weniger als zehn Scrapie-Fälle festgestellt. Vor 1991 war das Land mit Ausnahme eines nicht gesicherten Falles bei einer Ziege frei von Scrapie [421] und vor 1982 stellte man auch nie Scrapieverdacht fest. Im Jahre 1982 (gemäß Anderson sogar schon früher [31]) zirkulierte in Großbritannien und eventuell bereits auf dem internationalen Markt der BSE-Erreger in Einzelfuttermitteln (Futterkomponenten). Es kann sein, daß die Schweizer Scrapie-Fälle der 90er Jahre eine Folge der Verfütterung von BSE-kontaminiertem Futter an Lämmer oder Mutterschafe darstellten (vgl. Kap. 58.3.2.3), da teilweise gleiche Futtermittelimporte involviert waren, welche auch BSE-Fälle der Schweiz haben verursachen können (unpublizierte Angabe, gemäß Scrapie-Abklärungen des Autors).

[68] Inkl. die subklinischen Fälle, die von Prionics AG durch Anwendung der neuen aktiven Überwachung entdeckt wurden (Abb. 41.11).

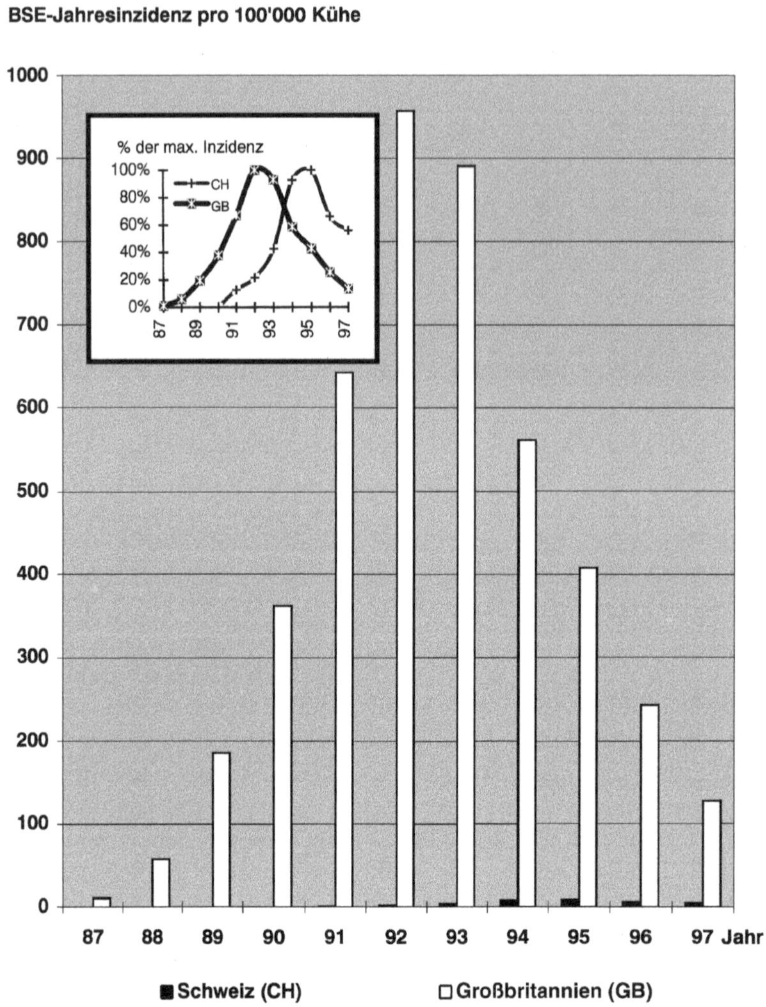

Abb. 41.1: Vergleich zwischen den britischen (helle Säulen) und schweizerischen (schwarze Säulen) BSE-Inzidenzen. In der kleinen Bildeinlage ist die 3jährige Phasenverschiebung zwischen den beiden *relativen* Epidemiekurven dargestellt (weitere Erläuterungen im Text). (Originalabb. von B. Hörnlimann, Quelle: [659])

Tierische Proteine aus Schlachtabfällen, v.a. in Form von Fleischknochenmehl (FKM), wurden in der Schweiz und GB verfüttert. Ein nur in GB vorhandener BSE-Risikofaktor war hingegen die Praxis, rohes ZNS-Gewebe in „Suppenform" dem trockenen Getreide beizumischen und dieses den Kälbern zu verfüttern. Schweizer Rindermischfutter enthielt bis 1990 im Mittel 2,6% FKM (vgl. Tab. 41.3 mit Tab. 39.1). Allerdings wurde einigen Kälberaufzuchtprodukten ausnahmsweise bis zu 7% Tiermehl (TM) beigemischt [651]. BAB-BSE-Tiere konnten in 25,6% (Tab. 41.6) der Fälle (11/43) potentiell mit Schweine- und Hühnerfutter in Kontakt kommen, das durchschnittlich 4,9% FKM enthielt (Tab. 41.5) [659].

Die TM-Tagesrationen in GB waren im Mittel rund 3–6 mal höher, und der Anteil an britischem Tiermehl pro Tier der Hauptrisikopopulation (Milchvieh, Mv) war dort 75fach (oder mehr) höher als der Anteil an potentiell britischem TM pro Tier der Hauptrisikopopulation in der Schweiz (Tab. 41.3, vgl. Tab. 39.1) [384].

Tabelle 41.3: Exemplarischer Vergleich von Daten aus den 80er und 90er Jahren: britische (GB) BSE-Risikofaktoren im Vergleich zu denjenigen in der Schweiz (CH). Die Angaben werden stets auf die Anzahl Milchkühe (und Ammenkühe) bezogen, da die Krankheit v.a. in diesen Risikosubpopulationen (Definition im Kap. 39) manifest wird. Mit einem * bezeichnete Faktoren stellen die Risikofaktoren dar (s. Kap. 19), die ursprünglich infolge einer in GB sehr ungünstigen Konstellation zur BSE-Entstehung führten.

	GB	CH	GB/CH	Quelle/Bem.
Ursachen (Risikofaktoren)				
Schafpopulation (total **Sf**)	≈ 40 000 000	≈ 400 000	≈ 100	–
Milchviehpopulation (total **Mv**) (Hauptrisiko*sub*population)	≈ 4 000 000	≈ 800 000	≈ 5	–
*Relatives Verhältnis von Schafen zu Milchkühen (**Sf/Mv**)	≈ 10	≈ 0,5	≈ 20	–
*Scrapie-Prävalenz pro 1 000 000 Schafe ($Sc_{Präv.}$)	≈ 225	≈ 4[1]	≈ 56	GB: [910,959] CH: [652,1053]
Scrapie-Infektionsdruck seitens kontaminierter Schlachtabfälle[2] (relativ zu Anzahl Milchkühe)	$\approx \frac{Sf_{GB}}{Mv_{GB}} \cdot Sc_{Präv.}$ $= 2\,250$	$\approx \frac{Sf_{CH}}{Mv_{CH}} \cdot Sc_{Präv.}$ $= 2$	≈ 1 125	–
*Produktionstemperatur für Tiermehl in den 70er und 80er Jahren des 20. Jh.	tw. unter 100 °C	120 °C–130 °C	–	CH: [654]
Präsenz (GB) bzw. Import[3] von pot. infektiösem Fleischknochenmehl im Jahr 1989 (als Beispiel) (**pro Tier (Mv.) und Jahr (1989)**)	438 000 Tonnen **109,5 kg**	max. 1 166 Tonnen **1,5 kg**	≈ 376 **≈ 75**	[45] [666,667] (Abb. 41.2)
*Tagesrationen: Tiermehl (und dgl.)[7] im Rinderkraftfutter/Tier (**Mv**) **(davon max. britisches oder potentiell britisches Tiermehl)**	? (s. Tab. 39.1) **300 g/Tag**	BBB: 52 g/Tag BAB: 98 g/Tag **4 g/Tag**	**≈ 75**	GB: [543] CH: [659] (für BAB-Tiere akzidentell[6])
Auswirkungen				
Maximale BSE-Inzidenz pro 100000 Milchkühe im Jahr des Epidemiehöhepunktes (GB: 1992; CH: 1995)	≈ 970,0	≈ 9,1	≈ 106	[651]
Anzahl BAB-Fälle[4] (kumulativ bis $7^1/_4$ Jahre nach Fütterungs[5]-Verbot) (GB: Okt. 95; CH: Feb. 98)	≈ 23 000	≈ 35	≈ 660	[651]
BAB-Inzidenzdichte pro 100 000 Milchkühe bis $7^1/_4$ Jahre nach Fütterungs[5]-Verbot (GB: Okt. 95; CH: Feb. 98)	≈ 575	≈ 4,4	≈ 130	–

[1] Schweiz (CH): Durchschnittliche Anzahl < 1 Scrapie-Fall/Jahr (inklusive Fälle bei Ziegen; Ziegenpop. ≈ 80 000).
[2] Unter Schlachtabfällen sind hier Kadaver und spezifisches Scrapie-Risikomaterial von Schafen zu verstehen.
[3] Zeitpunkt des Schweizer Importverbots: 1990 für britisches Tiermehl [654]. Strenge Importauflagen für alle Tiermehle seit 1996 (⇒ de facto Importstop).
[4] Nach Zeitpunkt der Diagnosen.
[5] GB: 1988 – Fütterungsverbot von Wiederkäuerprotein an Wiederkäuer (Feed Ban) und 1990 erweitertes Verbot der Verfütterung aller Säugerproteine (außer Milch) an landwirtschaftlich genutzte Tiere; CH: 1990 – TM-Verbot für Wiederkäuer. TM aus Schädeln erwachsener Rinder herzustellen, ist in beiden Ländern seit 1996 verboten.
[6] Kreuz-Kontamination (z. B. von Tiermehl oder Tierfett)
[7] In GB wird berichtet, daß dort teilweise *rohes* ZNS-Gewebe und Grieben in halbflüssiger „Form" mit trockenem gemahlenem Getreide etc. vermischt und so an Kälber verfüttert wurde.

In der Schweiz hat man das TM-Verbot vom 1. Dezember 1990 als Sofortmaßnahme einen Monat nach Feststellung des ersten BSE-Falls erlassen, in GB konnte dies mangels wissenschaftlicher Erkenntnis erst nach rund zwei Jahren nach den ersten bestätigten Fällen erfolgen. Da man also in der Schweiz aufgrund der epidemiologischen Erkenntnisse ([1345]; s. Kap. 40.2) aus GB sofort nach Erkennen der Risiken wirksame Maßnahmen umsetzen konnte (Tab. 53.3, s. Kap. 54) und außerdem eine erheblich risikoärmere Ausgangslage als in GB vorlag (Tab. 41.3), ist die über zwei 10er Potenzen geringere BSE-Inzidenz in der Schweiz hinreichend erklärbar (Abb. 41.1 und Tab. 41.4).

Es kann mit Sicherheit ausgeschlossen werden, daß ursprünglich Schlachtabfälle von Schweizer Wiederkäuern als Erregerquelle für BSE in Frage kamen. Als Vektor für die Einschleppung des BSE-Erregers kam v.a. das importierte Fleischknochenmehl (FKM) in Frage, das im Vergleich zu Fleischmehl (FM) generell einen höheren Anteil an Rinderschädeln bzw. -gehirn im Rohmaterial enthält [666,667,969, 1336]. Es dürfte im ursprünglichen Herstellungsland mit zu geringen Hitzegraden etc. behandelt worden sein, so daß BSE-Prionen ungenügend inaktiviert wurden (s. Kap. 45).

Hauptgegenstand entsprechender Untersuchungen bildeten Menge und Herkunft von FKM, welches von 1985 bis 1989 (sog. kritische Phase [666,667]) in die Schweiz importiert wurde [667]. Die Rohdaten entstammen dem Schweizerischen Außenhandelsregister sowie Sonderauszügen der Eidgenössischen Oberzolldirektion (OZD). Die Angaben zu den englischen Exporten wurden der Britischen Exportstatistik entnommen (UK Exports General Trade, COD). Neben dem Vergleich der Gesamtmengen an britischen Exporten mit den schweizerischen Importdaten wurde auch die mögliche Importmenge an britischem FKM berechnet, welches indirekt zu Fütterungszwecken in die Schweiz gelangen konnte (Abb. 41.2, Tab. 41.3).

Zwischen 1985 und 1989 sind aus GB drei Tonnen FKM [666] und rund 12 Tonnen FM [665] in die Schweiz eingeführt worden. Da schon eine einmalige orale Aufnahme von einem Gramm BSE-infektiösem Hirnmaterial genügt, um die BSE-Infektion beim Rind peroral (enteral) auszulösen (Abb. 19.4) [31,155,1310], könnten dadurch bereits einige hundert Schweizer BSE-Fälle erklärt werden. Dies ist aber aufgrund der weiten geographischen Verteilung (Abb. 41.10) der Fälle sehr unwahrscheinlich.

Viel bedeutender dürften Tiermehle aus GB gewesen sein, die zwischen 1985 und 1989 aus Zwischenländern in die Schweiz (weiter)exportiert werden konnten. Als intermediäre Drittländer kamen für 6608 Tonnen an potentiell infektiösem FKM britischer Urherkunft die Länder *Frankreich*, ein Teil der *Benelux-Staaten* und *Deutschland* in Frage (Abb. 41.2) [667].

Aufgrund sehr komplexer Handelswege für Einzelfuttermittel ist deren Rückverfolgung äußerst zeitaufwendig und daher nur für eine limitierte Anzahl Fälle abklärbar. Bei den ersten 20 Schweizer BSE-Fällen fanden sich keine Hinweise, daß die Tiere Zugang zu direkt aus GB importiertem FKM hatten. Jedoch führte die Spur durch detaillierte Rückverfolgung des Futters bei 17 der 20 Fälle (85%) auf Material, das aus Frankreich importiert wurde. Einige Tiere hatten des weiteren Zugang zu FKM, das aus Belgien und Deutschland importiert wurde [666]. Diese Daten untermauern, zusammen mit der o.g. Ausgangslage der Schweiz, die Import-Hypothese aus dem Jahr 1994 [666,667] sehr deutlich.

41.3 BAB-BSE-Subepidemie am Beispiel der Schweiz

Von 1990 bis zum 1. November 1998 sind in der Schweiz 280 Milchkühe *klinisch* an BSE erkrankt (Abb. 41.11), wovon 43 Rinder, die nach dem Zeitpunkt vom 1. Dezember 1990 geboren wurden, sog. BAB-BSE-Fälle (**B**orn **A**fter the **B**an BSE cases, kurz **BAB**s). Am 1. Dezember 1990 trat das „Verfütterungsverbot von Tiermehl an Wiederkäuer" (kurz: TM-Verbot) in Kraft. Das Auftreten von BABs wurde in Anbetracht dieser und anderer sehr wirksamer Maßnahmen (Tab. 53.3) nicht oder nicht in diesem Ausmaß erwartet. Es führte zu zusätzlichen intensiven epidemiologischen Abklärungen [659], wie im folgenden gezeigt wird.

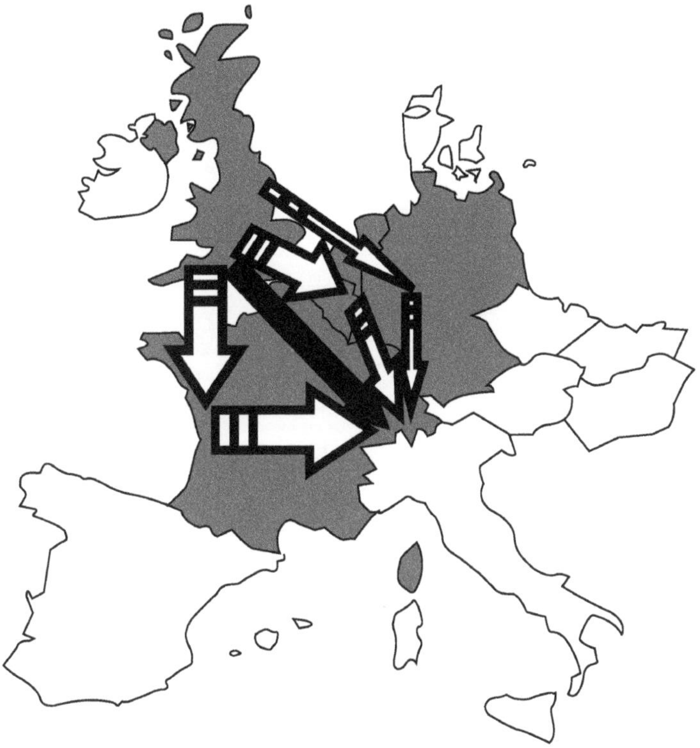

Potentielle Zwischenstation	1985	1986	1987	1988	1989
			Tonnen		
Frankreich	87	1379	1634	1282	433
Benelux-Staaten	0	0	0	907	424
Deutschland	0	0	18	135	309
Total	87	1379	1652	2324	1166

Abb. 41.2: Potentiell BSE-kontaminiertes Fleischknochenmehl (FKM), das von 1985 bis 1989 zu Fütterungszwecken in die Schweiz gelangen konnte. Der schwarze Pfeil weist auf die insgesamt ca. 15 Tonnen Tiermehl (FKM und FM) hin, die ***direkt*** aus Großbritannien stammten (s. Text). Viel mehr gelangte jedoch über die in der Tabelle (links) genannten Länder in die Schweiz. (Originalabb. von B. Hörnlimann, Daten aus [667])

41.4 Epidemiologische Daten

41.4.1 Inzidenz

Die folgenden Angaben beziehen sich auf die Risiko- bzw. Milchkuhpopulation (N = 745663, Ø [659]). Stellt man die BABs graphisch den anderen BSE-Fällen (**B**orn **B**efore the **B**an BSE cases, kurz: **BBBs**) gegenüber, so lassen sich die BAB-Fälle als Gesamtheit anhand der Inzidenzentwicklung als „Subepidemie" der BSE-Epidemie interpretieren (Abb. 41.3, 41.11). Die jährliche BSE-Inzidenz ist in der Tabelle 41.4 aufgelistet.

Der massive Rückgang von BSE-Infektionen von 1990 auf 1991 spiegelt sich im Abfall betroffener Tiere der Geburtskohorte 1991 gegenüber den vorangehenden Geburtskohorten wider (Abb. 41.3b). Dieser abrupte Rückgang der Anzahl betroffener Tiere ist eindeutig auf das am Ende 1990 angeordnete TM-Verbot zurückzuführen.

41.4.2 Anzahl Fälle pro Herde

Mit weniger als zehn Ausnahmen, wo 2 bis 3 Fälle pro Herde auftraten, wurden in den von BBB-Fällen betroffenen Herden nur Einzelfälle festgestellt [239]. Die bis zum 1. November 1998 festgestellten BAB-BSE-Tiere waren – mit einer Ausnahme, wo zwei BAB-BSE-Fälle auf demselben Hof auftraten – auch stets nur Einzelfälle (Abb. 41.10).

Tabelle 41.4: Anzahl BSE-Fälle pro Jahr in der Schweiz (CH) und in Großbritannien (GB) bzw. jährliche BSE-Inzidenzen (I). Der **Höhepunkt** der BSE-Epidemie war in GB 1992 und in der Schweiz 1995 zu verzeichnen. Der Vergleich der entsprechenden zwei Jahresinzidenzen (**fettgedruckt**) zeigt, dass die BSE-Epidemie in der Schweiz etwa 1 % vom britischen Ausmaß umfasste.

Jahr	Anzahl Schweizer Fälle pro Jahr	Inzidenz (I^{CH}) pro 10^5 Milchkühe	Anzahl britische Fälle pro Jahr	Inzidenz (I^{GB}) pro 10^5 Tiere
1987	0	0	442	11,1
1988	0	0	2469	61,7
1989	0	0	7137	178,4
1990	1	0,1	14181	354,5
1991	9	1,2	25032	625,8
1992	15	2,0	36682	**970,0**
1993	29	3,9	34370	859,3
1994	63	8,4	23945	598,6
1995	68	**9,1**	14302	357,6
1996	45	6,0	8016	200,4
1997	38	5,1	4312	107,8
1998	14	1,9	3179	79,5
1999	50[1)]	7,2[1)]	2274	56,9
2000	33	4,8	1201	26,9

[1)] Einführung eines neuen, aktiven BSE-Überwachungsprogrammes (UP99) mit dem Prionics-Check™-Text (s. Kap. 41.7)

41.4.3 Alter der betroffenen Tiere

Das durchschnittliche Alter der ersten im Rahmen der „BAB-Studie" [659,660] untersuchten 280 Schweizer BSE-Tiere (inkl. BABs) beträgt 5,4 Jahre. Der entsprechende Mittelwert aller BBBs (n = 237) lag bei 5,5 Jahren (3,4–10,2 Jahre), derjenige der BABs bei 4,4 Jahren (n = 43) (2,6–6,3 Jahre) (Abb. 41.4). Der Altersdurchschnitt von BAB-BSE-Fällen lag somit bis 1998 ca. ein Jahr unter demjenigen der BBB-Fälle. Die Angaben beziehen sich auf den Zeitpunkt der Euthanasie oder Tötung.

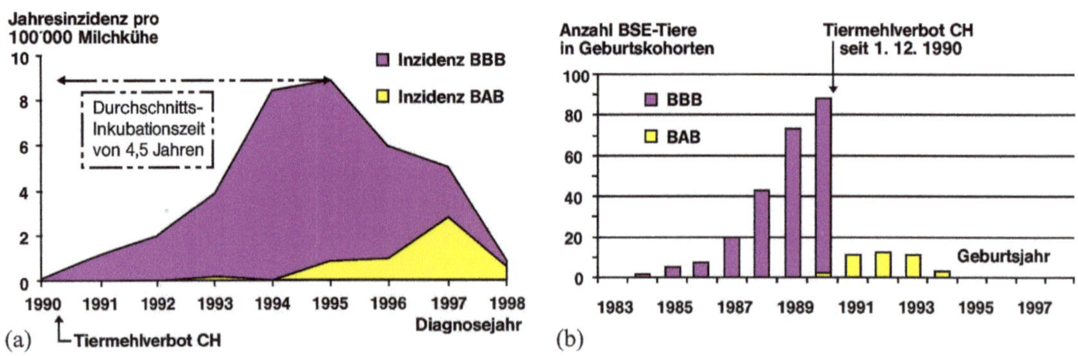

Abb. 41.3: (a) Inzidenz der vom 1. November 1990 bis zum 1. November 1998 bestätigten Schweizer BBB-BSE-Fälle (n = 237) und BAB-BSE-Fälle (n = 43). Bezugsbasis ist die Risiko- bzw. Milchkuhpopulation (N = 745663 Milchkühe, ∅) (Quelle: [659]). (b) Der Rückgang von BSE-Infektionen bzw. -Übertragungen in der Schweiz wird durch Angabe der Anzahl BSE-Tiere aus jeder Geburtskohorte verdeutlicht (Geburtskohortentiere sind Tiere derselben Art und Herde, die innerhalb eines Jahres ($^{+}/_{-}$) geboren wurden). Der abrupte Abfall betroffener Rinder von 1990 auf 1991 ist auf das am 1. Dezember 1990 angeordnete Tiermehl-Verbot (TM-Verbot) zurückzuführen. (Abb. von B. Hörnlimann; Quelle: [659])

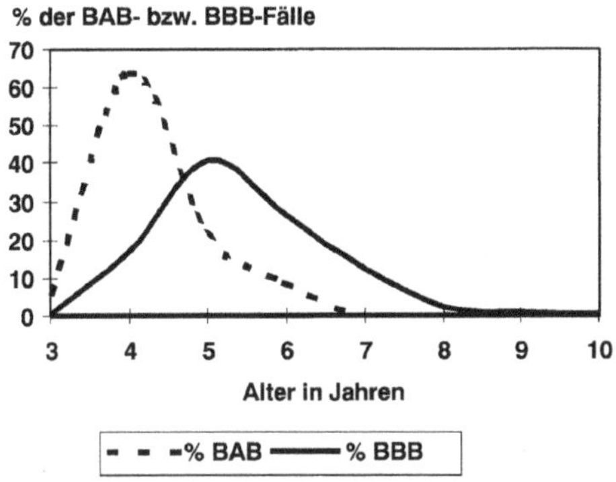

Abb. 41.4: Am 1. November 1998 lag das durchschnittliche Alter der BBBs (n = 237) bei 5,5 Jahren (Todeszeitpunkt), dasjenige der BABs bei 4,4 Jahren (n = 43). Der Unterschied von 1,1 Jahren dürfte keine Relevanz haben, wie aus Abbildung 41.5 hervorgeht (s. auch Text); es ist vielmehr bedingt durch die Effekte der Maßnahmen (Tab. 53.3 und s. Kap. 39.3.1) entstanden. Die Kurven sind geglättet, um die statistische Verteilung des Alters deutlicher darzustellen. (Abb. von B. Hörnlimann, Quelle: [659])

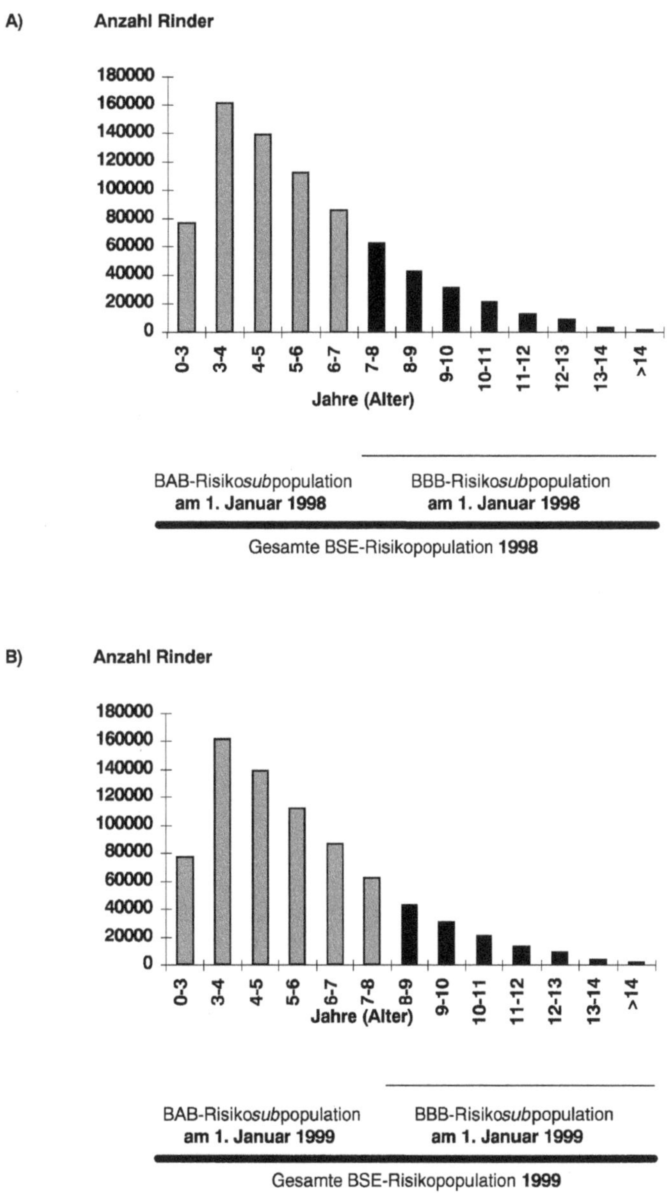

Abb. 41.5: Altersstruktur für Schweizer Tiere, die für die Milchproduktion bestimmt sind. Die Darstellung soll in erster Linie schematisch die Dynamik in der Altersstruktur innerhalb verschiedener Risikosubpopulationen (BABs vs. BBBs) verdeutlichen. Bedingt durch das naturgemäße Ausmerzen älterer Tiere nimmt die BBB-Risikosubpopulation seit 1991 laufend ab und, bedingt durch Geburten, die BAB-Risikosubpopulation seither laufend zu. So umfaßte beispielsweise am 1. Januar 1998 die Risikosubpopulation für BABs 576184 Tiere (N_{BAB} am 1.1.98 = 0 bis 7jährige Tiere, helle Balken) und für BBBs 187479 Tiere (N_{BBB} am 1.1.98 = 7 bis > 14jährige Tiere). Am 1. Januar 1999 gehörten bereits rund 60000 mehr Tiere der BAB-Risikosubpopulation an und entsprechend weniger der BBB-Risikosubpopulation. (Originalabb. von B. Hörnlimann)

Naturgemäß nimmt die BBB-Risiko*sub*population seit 1991 laufend ab (Ausmerzen älterer Tiere) und die BAB-Risiko*sub*population seither laufend zu (Geburten). Zur Veranschaulichung dieser Dynamik wurde eine Überschlagsrechnung gemacht, die in der Abbildung 41.5 graphisch dargestellt ist. Der Grund für den Altersunterschied zwischen den beiden Gruppen liegt nun darin, daß BABs per definitionem in einer Risikosubpopulation mit einer anderen Altersstruktur vorkommen, in der das durchschnittliche Alter generell viel tiefer ist als dasjenige der BBBs (Abb. 41.5). Folglich dürfte der beobachtete Altersunterschied (Abb. 41.4) keine „biologische BAB-spezifische" Bedeutung haben, z.B. bezüglich einer kürzeren Inkubationszeit aufgrund eines effizienter übertragbaren Erregerstammes für BABs. Bisher ist weltweit unter Feldbedingungen nur *ein* BSE-Stamm isoliert worden (Abb. 11.5, 50.1) (vgl. Kap. 11.5.3). (Der 2. BSE-Stamm ist ein Laborisolat.)

41.4.4 Fütterungspraxis auf BAB-BSE-betroffenen Höfen

Die nicht BAB-BSE-spezifischen, fütterungsbedingten Hintergründe der BSE in der Schweiz wurden oben (Tab. 41.3; s. Kap. 41.2.2) sowie in der einschlägigen Originalliteratur beschrieben [649,651,652,658,664–667,1289]. Diesbezügliche Angaben in GB werden in den Kapiteln 39 und 40 beschrieben.

Gemäß der britischen Literatur kam auch eine Erreger-Übertragung über artfremdes Mischfutter[69] für die Verursachung von BSE bzw. BBB- und BAB-BSE-Fällen in Frage [1333,1339]. Gemäß der Untersuchung der ersten 43 BABs enthielt solches Mischfutter in der Schweiz während der ersten Hälfte der 90er Jahre im Mittel etwa 4,9% FKM (Tab. 41.5). Weiter scheinen nach Tabelle 41.9 Knochenfette eine bedeutende Rolle gespielt zu haben.

Tabelle 41.5: Tierische Bestandteile im Futter für die Nutztierkategorien Schwein, Geflügel und Rind in der Schweiz während der ersten Hälfte der 90er Jahre [659]. 530 von 1000 Produkten (53%) enthielten in mindestens einem Jahr während der 6-jährigen Periode von 1990 bis 1995, zu der Daten erfragt wurden, eine oder mehrere der unten aufgelisteten Komponenten mit den hier zusammengefaßten Mittelwerten. Die tierischen Bestandteile Futterknochenschrot, Protanfett, Gelatine und Geflügelschlachtabfälle, nach denen auch gefragt wurde, wurden nie beigemischt.

Tierische Komponente	Durchschnittlicher Gehalt (%)
Fleischknochenmehl[1)]	4,9 (nur Geflügel + Schwein)
Blutmehl[2)]	4,9
Griebenmehl[1)]	3,6 (nur Geflügel + Schwein)
Mischfett[3)]	3,1
Knochenfett[3)]	2,5
Knochenmehl[1)]	1,0 (nur Geflügel + Schwein)

[1)] Seit dem 1. Dezember 1990 in der Schweizer Wiederkäuerfütterung nicht mehr zugelassen.
[2)] War eine auch nach dem 1. Dezember 1990 in der Schweizer Wiederkäuerfütterung zugelassene Komponente (heute nicht mehr).
[3)] Bis Ende 2000 für Wiederkäuer zugelassen, seit 1998 aber drucksterilisiert (s. Kap. 53; Abb. 53.5). (Könnte vorher auch Knochenfett aus Rinderschädeln enthalten haben, das mit prionkontaminierten Hirnlipiden durchsetzt war. Mischfett konnte u.a. Knochenfett enthalten.

Da Schweine und Geflügel[70] gemäß heutigem Wissensstand oral nicht [291] (s. Kap. 24–25) anfällig für Prionkrankheiten sind, durfte TM bis zum Jahr 2000 legal in die für diese Spezies bestimmten Futtermittel gemischt werden. Dies schien, genügend inaktivierende Hitzebehandlung des Rohmaterials für Tiermehl vorausgesetzt, sinnvoller, als z.B. alle Schlachtabfälle zu vernichten (die Bedeutung der Kreuzkontamination war leider nicht erahnbar). Aus biologisch-ernährungsphysiologischer Sicht kann diese Praxis nach Ausrottung der BSE wieder vertreten werden, da die zoologisch verwandten Wildformen (Wildschweine, viele Vögel) natürlicherweise tierische Proteine verzehren (Omnivoren) (s. Kap. 53).

[69] Für dieses Buch: Definition „Artfremdes Futter" = Für Nicht-Rinder bestimmte bzw. rezeptierte Mischfuttermittel, namentlich Schweine- und Geflügelmischfutter, das an Rinder gelangte.

[70] Bei Straußen könnte evtl. eine andere Situation vorliegen (s. Kap. 25).

41.5 Spezifische Studienfragen zu der BAB-BSE-Subepidemie

Im Rahmen der sog. „BAB-Studie" wurden zu den ersten 43 BABs Daten über tier-, fütterungs- und hofspezifische Parameter inklusive Mischfutterlagerung erhoben [659]. Es wurden konkret folgende Hauptfragen untersucht:

1. Gibt es Hinweise auf eine maternal/vertikale BSE-Übertragung?
2. Gibt es Hinweise auf eine horizontale, d.h. direkte Übertragung von Tier zu Tier?
3. Gibt es Hinweise auf die Möglichkeit einer iatrogenen oder akzidentellen Infektion, z.B. als Folge veterinärchirurgischer Eingriffe am Auge betroffener Rinder?
4. Gibt es Hinweise auf die Möglichkeit einer Übertragung über das Futter?
   a) Bestand die Möglichkeit einer Kreuzkontamination des Rinderkraftfutters mit BSE-Infektiosität?
   b) Wurde vor dem 1.12.1990 produziertes Rinderfutter, auch „altes Rinderfutter" genannt, selbst nach dem 1.12.1990 an Rinder verfüttert?
   c) Wurde Futter, welches nicht für Rinder bestimmt war (daher *artfremd* genannt), z.B. Schweine- oder Geflügelfutter, an Rinder verabreicht?

Zur relativen Abschätzung der fütterungsrelevanten Risiken (Pkt. 4.a-c) wurde ein Scoring-Modell zur standardisierten Quantifizierung der Einzelparameter entwickelt [659]. Das Modell erlaubt einen quantitativen Vergleich der BAB-Risiken zwischen betroffenen Höfen (Tab. 41.6). Zur Erstellung der Tabelle 41.6 wurden die relativen Risikowerte, die naturgemäß zwischen 0 und 1 liegen, in semiquantitative Werte umgewandelt (0, +, + + etc.), um eine optisch bessere Übersicht zu ermöglichen.

Gemäß der Abbildung 41.4 betrug das durchschnittliche Alter der BABs 4,4 Jahre. Da es bei der Interpretation der Befunde zu berücksichtigen gilt, daß die durchschnittliche BSE-Inkubationszeit nach oraler Übertragung unter Feldbedingungen über vier Jahre dauert (Abb. 19.3, *s. Verteilungskurve „Infektionszeitpunkt"*), ist man bei den Datenanalysen zu den Studienfragen 4.a-c begründetermaßen davon ausgegangen, daß die Tiere im ersten Lebensjahr infiziert wurden [156].

41.5.1 Plausibilität der Fütterungshypothese

Zu den o.g. Studienfragen 1. bis 3.: Für die 43 BABs gab es keine Evidenz für maternal/vertikale, horizontale oder iatrogen durch veterinärchirurgische Eingriffe (z.B. am Auge) bedingte Übertragungen. Alle betroffenen BABs hatten verschiedene Muttertiere, von denen keines wegen verdächtigen BSE-Befunden untersucht und getötet werden mußte. Zwei BABs stammten aus demselben Betrieb und kamen innerhalb von zwei Tagen zur Welt. Dies allein ist jedoch kein relevanter Hinweis auf eine horizontale Übertragung von Tier zu Tier. Viel eher dürften beide Fälle fütterungsbedingt entstanden sein, denn die Tiere erhielten stets das gleiche Mischfutter.

Zu den o.g. Studienfragen 4.a-c: Gemäß den Ergebnissen der Studie hat sich das Futter bzw. der orale oder enterale Übertragungsweg auch für die BABs als bedeutend erwiesen: Als Folge des Imports von BSE-kontaminierten Futtermittelkomponenten (Einzelfuttermittel) oder basierend auf der Annahme einer danach möglichen Rezyklierung von BSE-Erregern aus präklinisch infizierten Tieren (Abb. 41.6, *s. Tertiäres Problem*; Abb. 35.4; Tab. 41.9) scheint es im Bereich von Futtermischung, -lagerung, -transport und -verabreichung kritische Punkte gegeben zu haben, die man alleine mit dem ursprünglichen TM-Verbot von 1990 trotz seiner zentralen Bedeutung als BSE-Maßnahme nicht „in den Griff bekam" (Tab. 53.3).

41.5.2 Kritische Punkte

Eine generelle Behandlung des Rohmaterials zur Herstellung von Tiermehl und dgl. (mit Ausnahme einiger Produkte der knochenverarbeitenden Industrie) mit einer Kerntemperatur von mindestens 133 °C bei einem Dampfdruck von 3000 hPa während 20 Minuten erfolgte in der Schweiz, wie in (einigen Ländern) der EU ab 1993. Dieses ist gemäß heutigem Wissensstand bezüglich Inaktivierung des BSE-Erregers das einzig wirksame, d.h. Prionen weitgehend inaktivierende Verfahren (Richtlinie 96/449/EG) (s. Kap. 45).

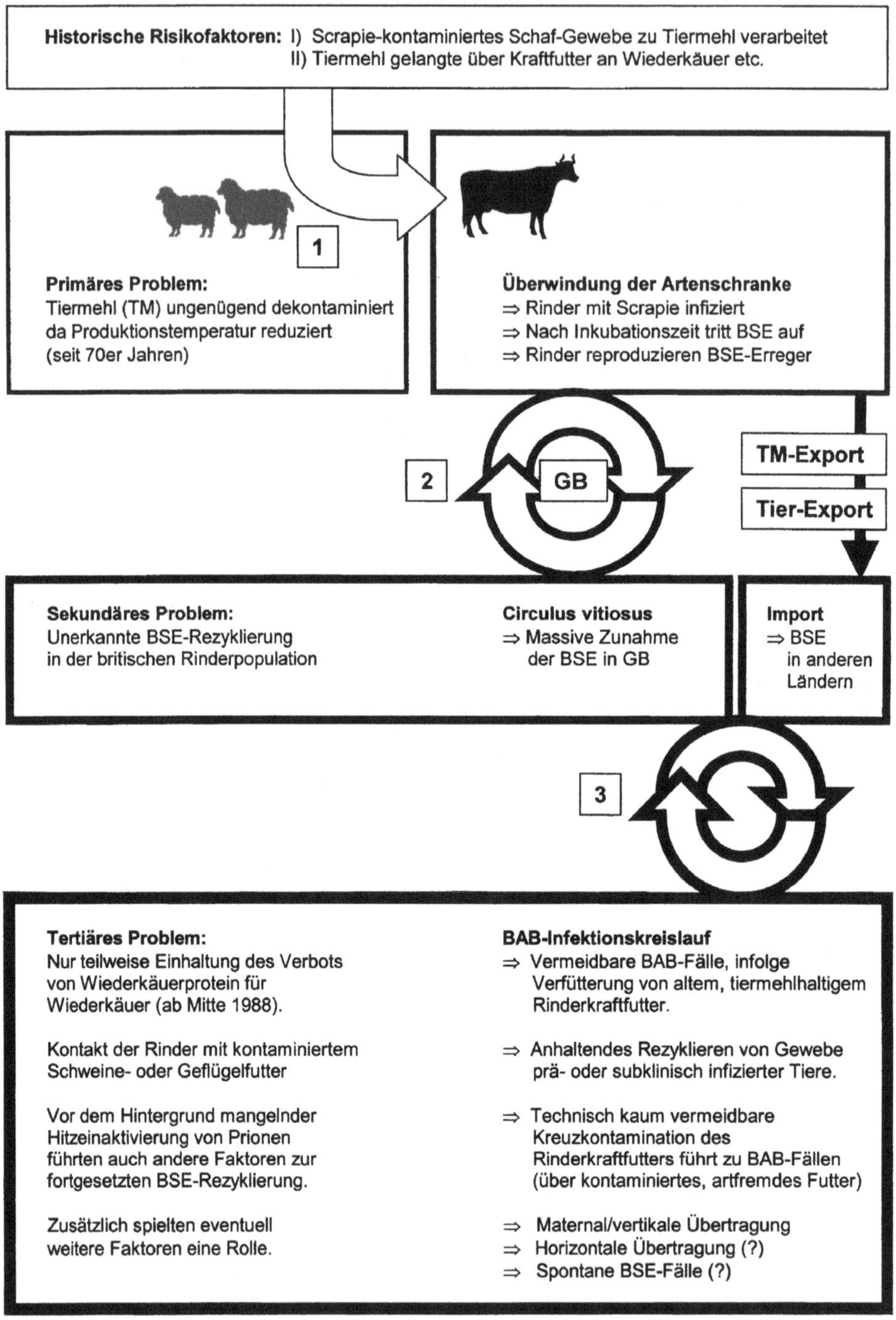

Abb. 41.6: Flußdiagramm zur Darstellung der zeitlich primär, sekundär und tertiär auftretenden Probleme bzw. Ursachen der BSE-Epidemie und BAB-BSE-Subepidemie in und außerhalb Großbritannien/s (Erläuterung siehe Text). (Originalabb. von B. Hörnlimann)

Aufgrund technischer Einschränkungen konnten jedoch rein knochenverarbeitende Linien das Rohmaterial auch nach 1993 nicht auf 133 °C erhitzen, da es sonst zur Verleimung bzw. „Verklumpung" gekommen wäre (H. Soltermann, pers. Mitt.). Knochenfett oder Mischfett[71] (Tab. 41.5), das u.a. bis 1996 auch aus Rinderschädelknochen subklinisch infizierter Tiere hergestellt werden konnte, hat aufschwemmende Hirnlipide enthalten, wenn der Schädel nicht vorher gespalten und das Hirn entfernt wurde. Mit Hirnproteinen „verunreinigtes" Fett kann daher auch Prionen bzw. BSE-Infektiosität enthalten haben.

In künstliche Milchaustauscher für Kälber fließende Knochenfette oder andere BSE-kontaminierte Fette (s. Kap. 53.6.5–6) stellten somit einen zusätzlichen Risikofaktor dar.

Seit 1996 mußten in der Schweiz alle Schädel von Milchkühen (normale Schlachtpopulation) durch Verbrennung entsorgt werden (Abb. 53.2).

In die Schweine- und Geflügelfütterung fließende Nebenprodukte aus der Knochenverwertung wie FM oder FKM waren somit, infolge Kreuzkontaminationsrisiken, mindestens bis Mai 1996 problematisch.

Ausländische Hersteller, die TM in die Schweiz exportieren wollten, hatten seit 1996 entsprechende Garantien zu erfüllen wie Schweizer Hersteller – was de facto zu einem Importstop führte. Ab 2001 wurde, wie in der ganzen EU, ein generelles Tiermehlverbot eingeführt.

41.5.3 „Spezielle Schlupfwege" für Prionen und dagegen gerichtete Maßnahmen

Zusammenfassend standen folgende mögliche Schlupfwege für BSE-Erreger offen (in der Schweiz mindestens bis 1996[72]; vermutlich bis

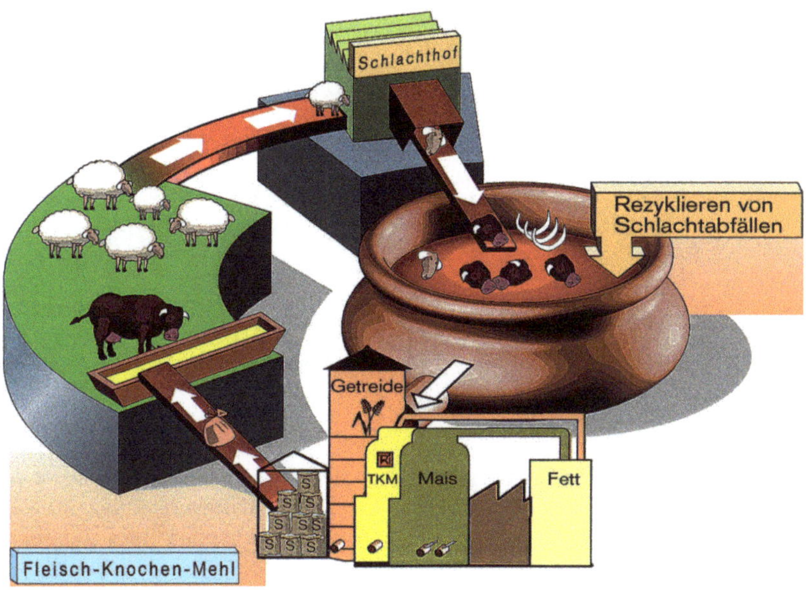

Abb. 41.7: Schematische Darstellung eines BAB-BSE-Kreislaufs. Uneröffnete Rinderschädel von subklinisch infizierten Rindern [92] gelangten in die knochenverarbeitende Industrie. In vielen Ländern wurden aus technischen Gründen Knochen auch noch eine Zeit lang nach dem Beginn der Epidemie bzw. nach Erlaß der Maßnahmen gegen BSE unter Bedingungen verarbeitet, die Prionen nicht effizient inaktivierten. Inadäquat hergestellte Nebenprodukte wie FKM aus Knochenmehl- oder Knochenschrotfabriken waren teilweise BSE-kontaminiert und gelangten über Geflügel- oder Schweinefutter (mit S bezeichnete Säcke) an Rinder. (Originalabb. von B. Hörnlimann)

[71] Auch Mischfett kann Knochenfett enthalten.

[72] Schlupflöcher von untergeordneter Bedeutung sogar bis 2000 (s. Tab. 53.3).

zu einer bestimmten Zeit auch in manchen anderen Ländern, die in Tabelle 41.1 aufgelistet sind, aber landesspezifisch unterschiedlich):

1. BSE-kontaminierte Futtermittel oder Futterkomponenten, die vor dem TM-Verbot importiert wurden, fanden noch bis schätzungsweise Ende November 1991 in der Rinderfütterung Verwendung, da sie am Lager waren (sog. „altes Rinderkraftfutter").
   Gemäß den Ergebnissen der BAB-Studie und unter Anwendung des dafür entwickelten Scoring-Modells [659] können bis zu neun von 43 Kälbern (20,9%) diesem BAB-Risikofaktor, ausgesetzt gewesen sein (Tab. 41.6).
2. Tiermehlhaltiges Schweine- oder Geflügelfutter (artfremde Mischfutter) wurde durch BSE-Risikomaterial (SRM) wie Rinderhirn oder -rückenmark subklinisch infizierter Rinder mit BSE kontaminiert (Abb. 41.7). Die fehlende Erreger-Inaktivierung ging höchstwahrscheinlich auf technische Einschränkungen in der Verarbeitung von Knochen, insbesondere hirnhaltiger Rinderschädel subklinisch infizierter Tiere (Abb. 35.4) zurück (vgl. Kap. 53.7.4).
   Gemäß der BAB-Studie und unter Anwendung des entwickelten Scoring-Modells [659] können aufgrund absichtlicher oder v.a. unabsichtlicher Verabreichung von artfremdem Mischfutter an Rinder bis 11 von 43 (25,6%) Tiere infiziert worden sein (Tab. 41.6).
3. Rinderfutter wurde in Gefässen, Behältern, Silos usw. kreuzkontaminiert, in denen sich zuvor zeitweise auch BSE-infektiöses tier-

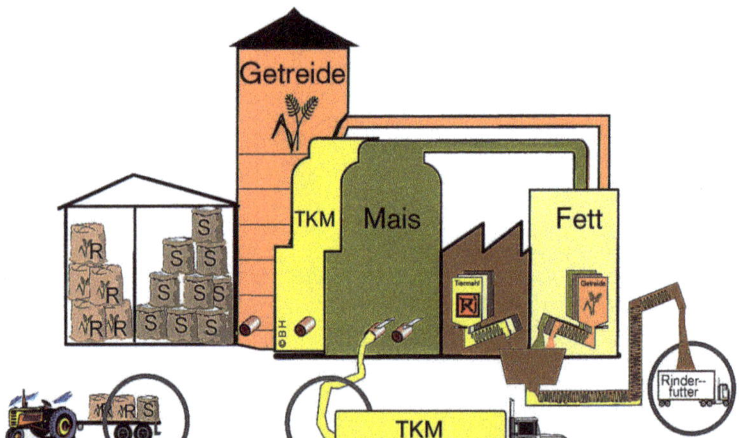

Abb. 41.8: BSE- bzw. BAB-Risiken bei Mischfutterherstellung, -lagerung und -transport. Manche Mühlen produzieren Mischfutter für diverse Tierarten (R = Rindermischfutter, S = Schweinemischfutter). Verschiedene Komponenten wie TKM (Tierkörpermehl; Synonym für TM), Mais, Getreide und tierische Fette werden rezeptspezifisch gemischt. Bei Verwendung von TKM bzw. TM in einer Anlage kamen folgende Risiken beim Herstellen von Mischfutter vor: (A) Vor dem TM-Verbot hergestelltes, sog. „altes Rindermischfutter" ist vor dem Tiermehlverbot gekauft und danach noch an Rinder verfüttert worden. Wiederverwendbare Säcke, in denen sich kleine Reste von BSE-kontaminiertem Schweine- oder Geflügelmischfutter befanden und in die – nach entsprechender Umetikettierung der leeren gebrauchten Säcke – Rindermischfutter abgefüllt wurde, können zur Kreuzkontamination und danach zur Infektion von Rindern mit BSE geführt haben. (B) Es kann – sehr selten – vorgekommen sein, daß vom Fahrer eine Komponente in einen falschen Silo eingefüllt wurde (hier wird z. B. fälschlicherweise TKM in einen Maissilo eingefüllt); in der Folge kann eine nicht vorgesehene oder nicht zugelassene Komponente in die Rinderkrippe gelangen. (C) Gravitations- und adhäsionsbedingte Kreuzkontamination (Vergrößerung s. Abb. 41.9) war vermutlich – neben kontaminiertem Knochenfett – die bedeutendste BAB-BSE-Ursache. (Originalabb. von B. Hörnlimann)

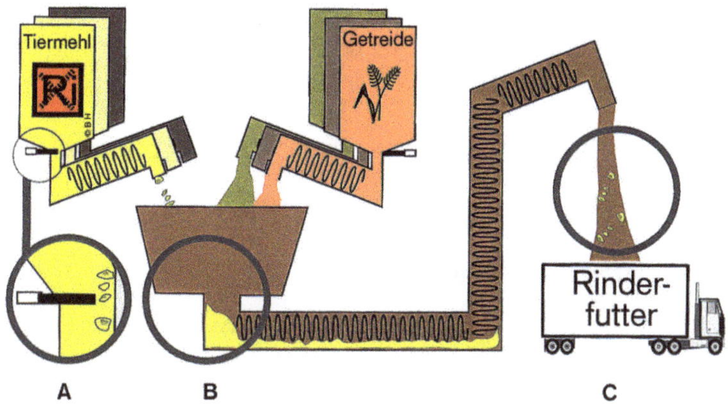

Abb. 41.9: In Futtermischanlagen könnte in sehr seltenen Fällen das fehlende Verschließen einer Containerluke zur Kontamination von Rinderfutter mit Tiermehl (TKM) geführt haben (A), falls in Serie tiermehlhaltiges Schweinefutter *und* danach theoretisch tiermehlfreies Rinderfutter gemischt worden ist. Erheblich häufiger war die gravitations- oder adhäsionsbedingte Kreuzkontamination (B), was auch in Silowagen (C) oder in Lagersilos der Mühle und auf dem Hof vorkommen konnte. (Vergrößerung eines Ausschnitts aus Abb. 41.8). (Originalabb. von B. Hörnlimann)

mehlhaltiges Schweine- oder Geflügelfutter befand: dies ist möglich bei der Mischung in Produktionsanlagen, während des Transports in Lastkraftwagen oder bei der Lagerung in Säcken oder Silos (s. Abb. 41.8). Aus Gravitations- oder Adhäsionsgründen konnten Restmengen von Futter, das z.B. für Schweine oder Geflügel bestimmt war, mit residualem, prionhaltigem TM-Anteil an Siloecken, Schneckentransportern usw. liegen bleiben (Abb. 41.9). Dadurch konnten danach produzierte Chargen von Rindermischfutter kreuzkontaminiert werden. Obwohl es sich bei der Kreuzkontamination nur jeweils um geringe Mengen, vermutlich im Bereich von Grammen bis unter ein Kilogramm pro Laster (an Tiermehl) handelt, geht das Ergebnis mit der Erkenntnis einher, daß ein Gramm oder weniger BSE-infektiöses Gehirnmaterial genügt, um die BSE- bzw. BAB-BSE-Infektion beim Rind oral (enteral) auszulösen (Abb. 19.4).

Die Problematik der Kreuzkontamination ist in der Fütterungsindustrie allgemein und seit langem bekannt [591]. Auch in anderen von BSE betroffenen Ländern wie GB oder Frankreich wurde die Bedeutung der Kreuzkontamination im Zusammenhang mit BSE unterstrichen.

Das entwickelte Scoring-Modell ergab, daß bei 42 von 43 (97,7%) betroffenen Tieren der BAB-Risikofaktor „kreuzkontaminiertes Rinderkraftfutter" im ersten Lebensjahr der Kälber eine ursächliche Rolle gespielt oder mitgespielt haben kann (Tab. 41.6).

Die tabellarische Zusammenfassung der Daten aus der BAB-Studie [659] zeigt, daß 17 von 43 Rinder mehr als einem der drei fütterungsrelevanten Risiken ausgesetzt sein konnten (Tab. 41.6; letzte Spalte).

Der Fall 22 (Tab. 41.6) war auf diese Weise hingegen nicht erklärbar. Es ist denkbar, daß hier kreuzkontaminiertes Tierfett mit im Spiel war (s. Kap. 53.6.5). Auch eine Infektion in einem höheren Alter [340] wäre gemäß Inkubationszeitverteilung (Abb. 19.3) grundsätzlich möglich. Das Scoring-Modell ließe sich sehr einfach auf die Berechnung der Risiken in weiteren Lebensjahren ausdehnen.

Die Ergebnisse der BAB-Studie [659] und deren Interpretation sind mit den Resultaten der amtlichen Stichprobenkontrollen (s. Kap. 54) zur Überprüfung der Einhaltung des Tiermehl-Beimischungsverbots für Wiederkäuerkraftfutter in der Schweiz konsistent (D. Guidon, pers. Mitt.). Diese zeigen, daß insbesondere die Kreuzkontamination eine erhebliche Rolle spie-

Tabelle 41.6: Vergleich fütterungsrelevanter Risikofaktoren von 43 BAB-BSE-Tieren in ihrem ersten Lebensjahr. Die anhand eines Scoring-Modells [659] errechneten Werte zwischen 0 und 1 für das relative Risiko wurden in ein semiquantitatives Wertesystem umgewandelt, um einen einfachen Vergleich zwischen betroffenen Betrieben zu ermöglichen. Die Berechnungen jedes Einzeltieres basieren auf einem Vergleich mit dem Referenzfall (Ref.fall), der bezüglich aller drei Faktoren den maximal möglichen Risiken von je 1 ausgesetzt war. Bei Fällen, die auf mehreren Einzelhöfen gestanden haben, ist in der Tabelle jeweils derjenige Standortkanton* angegeben, wo die Infektion am wahrscheinlichsten stattgefunden hat (weitere Erklärungen in Originalarbeit [659]).

BAB-Fall (Nr.)	Kanton (Standort des Hofes)	Semiquant. Risiko der „Exposition an altes Rindermischfutter“	Semiquant. Risiko der „Exposition an artfremde Futtermittel“	Semiquant. Risiko der „Exposition an kreuzkontaminierte Rindermischfutter“	Wahrscheinlich entscheidende/r Risikofaktor/en für BAB-BSE-Fall
1	BE	++++	++	++++	3 Risikofaktoren
2	SG	++++	−−	++++	2 Risikofaktoren
3	VD	++++	0	++++	2 Risikofaktoren
4	LU	0	−−	++++	Kreuzkontamination
5	VS*	++	−−	++	2 Risikofaktoren
6	SZ	+	0	++++	2 Risikofaktoren
7	SZ	+	0	+++	2 Risikofaktoren
8	BE	++++	++++	++++	3 Risikofaktoren
9	BE	0	−−	++++	Kreuzkontamination
10	LU*	0	−−	++++	Kreuzkontamination
11	LU*	0	−−	+++	Kreuzkontamination
12	OW	0	−−	++	Kreuzkontamination
13	SG	0	++	+++	2 Risikofaktoren
14	GR	0	−−	++	Kreuzkontamination
15	VD	0	−−	+++	Kreuzkontamination
16	LU*	0	−−	++	Kreuzkontamination
17	SZ	0	−−	+++	Kreuzkontamination
18	LU	0	++	++	2 Risikofaktoren
19	AR	0	−−	+++	Kreuzkontamination
20	LU	0	++	+++	2 Risikofaktoren
21	LU*	++++	++++	++++	3 Risikofaktoren
22	ZH	0	0	0	kein Risikofaktor gefunden
23	BE	0	++	+++	2 Risikofaktoren
24	BE	0	−−	++	Kreuzkontamination
25	FR*	++++	−−	++++	2 Risikofaktoren
26	LU*	0	++	+++	2 Risikofaktoren
27	AR	0	++	++	2 Risikofaktoren
28	AR	0	++	++	2 Risikofaktoren
29	FR	0	−−	+++	Kreuzkontamination
30	VD	0	−−	++	Kreuzkontamination
31	BL	0	0	++	Kreuzkontamination
32	FR	0	++	+++	2 Risikofaktoren
33	NE	0	−−	++	Kreuzkontamination
34	LU	0	−−	+	Kreuzkontamination
35	SG	0	0	+	Kreuzkontamination
36	VS	0	0	+++	Kreuzkontamination
37	LU*	0	−−	++	Kreuzkontamination
38	LU*	0	−−	++	Kreuzkontamination
39	LU*	0	0	++	Kreuzkontamination
40	JU*	0	−−	++	Kreuzkontamination
41	ZH	0	0	+	Kreuzkontamination
42	LU	0	−−	++	Kreuzkontamination
43	LU	0	−−	++	Kreuzkontamination
Ref.fall	(fiktiv)	++++	++++	++++	3 Risikofaktoren (max.)

0 = Nullrisiko; + = rel. Risiko bis 0,25; ++ = rel. Risiko 0,25–0,5; +++ = rel. Risiko 0,5–0,75; ++++ = rel. Risiko 0,75–1. −− = nicht gesichertes Nullrisiko, d.h. BAB-Tier wurde, mindestens temporär, auf Betrieb mit Rindern und Schweinen oder Geflügel gehalten.

len mußte. Die Lösung dieses Problems liegt in der völligen Trennung der Produktion und Verfütterung von Rinder- und Monogastrierfutter.

41.5.4 Geographische Verteilung

Die BBB-Fälle sind weitgehend proportional[73] zur Milchkuhdichte der einzelnen Kantone verteilt (Abb. 41.10). Hingegen wurde zunächst in den ostschweizerischen Kantonen Thurgau (TG) und St. Gallen (SG), wie auch im Kanton Bern (BE), ein relativ geringer Anteil an BABs und im Kanton Luzern (LU) ein relativ hohes BAB-BSE-Risiko festgestellt (Relatives BAB-Risiko = 2,98; Vertrauensintervall (CI) = 1,49–5,96) (Tab. 41.7).

Gemäß epidemiologischen Analysen des BAB-BSE-Vorkommens in GB ist die regionale BAB-BSE-Inzidenz mit der regionalen Schweinedichte[74] positiv korreliert [1339]. Die dahingehende Korrelation in GB ist weitgehend konsistent mit den bis Mitte 2000 vorliegenden Schweizer BAB-BSE-Daten. In der Ostschweiz wurde unterdessen auch eine signifikant überdurchschnittliche BAB-BSE-Inzidenz festgestellt[75].

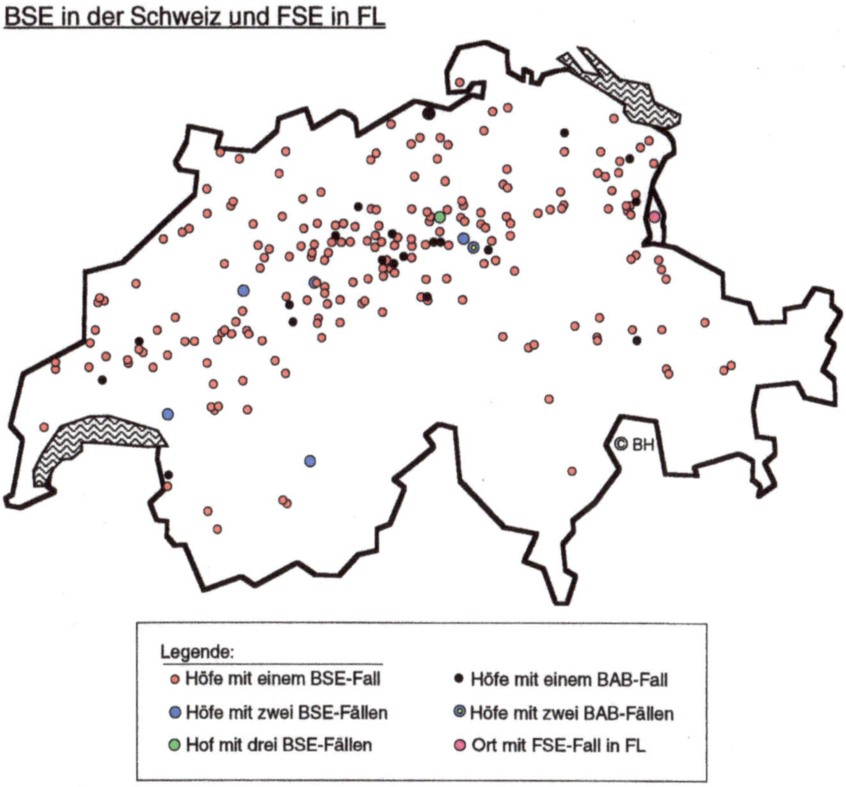

Abb. 41.10: Geographische Verteilung der BSE in der Schweiz. Auf dieser „historischen" Karte sind nur die ersten 246 der 280 im Rahmen der „BAB-Studie" [659] untersuchten Fälle dargestellt (221 BBB- und 21 BAB-BSE-Fälle). (Nachtrag: Statistisch signifikante geographische Cluster konnten nach Analyse aller bis zum 30.06.2000 aufgetretenen BAB-Fälle im Kanton Luzern (in 43 Gemeinden 18 BAB-Fälle) und in der Ostschweiz (in 93 Gemeinden 23 BAB-Fälle) festgestellt werden.) (Originalabb. von B. Hörnlimann)

[73] Zieht man eine Achse zwischen den östlichen Begrenzungen von Boden- und Genfersee, fällt auf, daß in der südlichen Hälfte der Schweiz weniger BSE-Fälle auftraten, hier ist jedoch die Kuhdichte entsprechend geringer (Alpen).

[74] Entsprechende Berechnungen können zur regionsspezifischen Geflügeldichte bzw. Präsenz von Hühnerfutter durchgeführt werden.

[75] Siehe dazu Legende zu Abb. 41.10.

Tabelle 41.7: Regionsspezifische relative Infektionsrisiken (Stand: 1. November 1998). Dargestellt ist die geographische Verteilung der BAB-Fälle (n = 43) nach Kanton oder Region, wo die betroffenen Tiere mit größter Wahrscheinlichkeit infiziert wurden (vgl. Tabelle 41.6, 2. Spalte). Die Anordnung der Regionen richtet sich nach dem steigenden Anteil der Risiko- bzw. Rinderpopulation. (CI = Confidence Intervall). (Seit dem 1. November 1998 bis Mitte 2000 hat sich gezeigt, daß auch in der Ostschweiz ein signifikant höherer BAB-Anteil auftritt, womit neben der Region in LU ein zweites Cluster vorkommt.)

Region (Kanton)	~ Anteil[1] an gesamter BSE Risikopopulation	Anzahl an BAB-Infektionen	Relativer Anteil an BAB-Infektionen	Relatives BAB-Risiko	Vertrauens-Intervall CI (95 %)	Verhältnis Schweine zu Milchkühe
Luzern (LU)	0,11	13	0,30	2,98	1,49–5,96	4,8
Thurgau (TG) u. St. Gallen (SG)	0,16	4	0,09	0,22	0,15–1,84	3,5
Bern (BE)	0,20	5	0,12	0,63	0,24–1,67	2,0
Rest[2]	0,53	21	0,49	–	–	1,4

[1] Basiert auf der Annahme, daß es zwischen verschiedenen Schweizer Regionen keine wesentlichen Unterschiede in der Altersstruktur der Milchviehpopulation gab. (Berechnungsbasis für BBBs: 187479 Tiere; Berechnungsbasis für BABs: 576184 Tiere) Quellen: Schweizerische Milchstatistik und BfS (1996).

[2] Rest: Umfaßt alle Schweizer Kantone außer LU, TG+SG und BE. Der Rest wird als Vergleichsbasis genommen, um die *Relativen Risiken* der anderen drei bzw. vier Regionen zu berechnen.

41.5.5. Rassenverteilung

Zur Rassenverteilung sei für die Schweiz einleitend betont, daß in der westlichen Landeshälfte v.a. Simmental-Red-Holstein-Tiere (gehalten werden), während in der östlichen und zentralen Schweiz, wo heute auch eine signifikant höhere BAB-BSE-Inzidenz festgestellt wird, v.a. Braunvieh oder Brown Swiss-Kühe gehalten werden. Diese geographische Rassenverteilung beeinflußt offenbar die rassespezifische Verteilung der BAB-BSE-Fälle (Tab. 41.8). Die genauere Analyse der Daten in Tabelle 41.8 und der Vergleich mit den BBB-Tieren haben gezeigt, daß die Verteilung der BABs keine rassenspezifische, sondern eine geographische (regionsspezifische) ist. An dieser Stelle sei erwähnt, daß es auch gemäß der Literatur bisher keine Hinweise auf relevante rassespezifische Unterschiede für die BSE-Empfänglichkeit gibt [1332].

41.6 Maßnahmen

Da sich in jeder industriell-technisch geprägten Nahrungskette Mängel befinden können, die

Tabelle 41.8: Absolute und relative Verteilung der BBB-Fälle (n = 237) und BAB-Fälle (n = 43) nach Rasse (N = 745663, ∅). Der proportionale Anteil der BAB-Fälle bei Braunvieh- oder Brown Swiss-Kühen ist nur *scheinbar* (siehe Text) zwei Mal so groß wie bei den SixRH/RF.

Rasse	~ Rassenanteil in % (in beiden Risikosubpopulationen)	Anzahl (%) BSE total (n = 280)	Anzahl (%) BBB (n = 237)	Anzahl (%) BAB (n = 43)
Braunvieh oder Brown Swiss	≅ 41 %	126 (45,0 %)	100 (42,2 %)	26 (60,5 %)
SixRH/RF[1]	≅ 44 %	125 (44,6 %)	111 (46,8 %)	14 (32,6 %)
SF[2]	≅ 12 %	24 (8,6 %)	23 (9,7 %)	1 (2,3 %)
Andere[3]	≅ 3 %	5 (1,8 %)	3 (1,3 %)	2 (4,6 %)

[1] SixRH = Simmental oder Simmental Red-Holstein Kreuzungen.

[2] SF = Holstein-Frisian oder Schwarzfleck-Rinder ohne genaue Rassenbezeichnung.

[3] Andere = z. B. Eringer (total 3 BBB-Fälle und 1 BAB-Fall) oder Montbéliard (1 BAB-Fall).

Tabelle 41.9: Während BSE durch britische Tiermehl-Exporte verschleppt und z. B. indirekt in die Schweiz importiert wurde, könnten (v.a. in den 90er Jahren) gemäß den vorliegenden Daten [659] BSE-Erreger *tertiär* (siehe Abb. 41.6) auch außerhalb von GB rezykliert worden sein. Die Tabelle faßt die Herkunft der Futtermittelkomponenten von 472 der 530 in die ersten 43 Schweizer BABs involvierten, tierfett- oder tiermehlhaltigen Mischfutterprodukte zusammen (zu den anderen 58 Produkten lagen diese Angaben nicht vor). Man beachte die enorme Bedeutung des Knochenfettes (vgl. Kap. 41.5.2 und 53.6.5–6).

Komponenten	1991			1992			1993			1994			1995			Total
	I	A	N	I	A	N	I	A	N	I	A	N	I	A	N	P
Fleisch- und Fleischknochenmehl	89	0	0	92	0	3	92	0	3	87	0	3	92	0	3	186
Blutmehl	0	6	0	0	7	0	0	17	0	0	15	0	0	15	0	19
Griebenmehl	6	0	0	6	0	0	6	0	0	6	0	0	6	0	0	6
Mischfett	50	(2)	9	54	(2)	9	55	(2)	9	57	(2)	9	57	(2)	9	89
Knochenfett	212	1	0	226	1	0	242	1	0	250	1	0	236	1	0	269
Knochenmehl	14	1	0	14	1	0	14	1	0	1	0	0	1	0	0	15

Komponenten: Tierische Bestandteile im Futter (ohne Milchbestandteile)
I: Inländische Herkunft
A: Ausländische Herkunft
N: Nicht mehr bekannte Herkunft
P: Anzahl von Mischfutterprodukten für Rinder (nur Blutmehl, Mischfett und Knochenfett; s. Tab. 41.5), Schweine, Hühner etc., die von 1990–1995 während mindestens einem Jahr die entsprechende (und u.U. weitere) tierische Komponente/n enthielten.
(2): Zwei der inländischen Komponenten, die bereits in Spalte „I“ enthalten sind, stammten zusätzlich aus dem Ausland.

für (außergewöhnlich resistente) Erreger potentielle Schlupfwege eröffnen, wäre eine Kombination aus 1. einer vollständigen Trennung der rohen[76] Schlachtabfälle nach Tierarten (zwecks Aussonderung von Wiederkäuerproteinen), 2. einer Trennung der Produktion von Futter für Monogastrier und Wiederkäuer (zwecks Verhinderung der Kreuzkontamination; s. Kap. 54), und 3. einer Hitzeinaktivierung aller Schlachtabfälle nach EG-Richtlinie 96/449 vielleicht hinreichend, um einen garantierten Schutz vor fütterungsbedingten BSE-Infektionen bzw. BAB-BSE-Risiken zu bieten.

Aus Einfachheitsgründen und infolge politischem Handlungsbedarf wurde aber seit 2001 – mindestens vorübergehend – der Gebrauch von Tiermehl als Tierfutter gänzlich verboten (in der EU ebenso) (Tab. 53.3). Ausführliche Maßnahmen gegen BSE sind in den Kapiteln 52 bis 54 dargestellt.

[76] Es ist in der Praxis jedoch schwierig, Schlachtabfälle strikt nach Tierarten aufzutrennen.

41.7 Die Überwachungsqualität als Determinante der BSE-Inzidenz einzelner Länder

Ein Land, das eine epidemisch auftretende Krankheit gut überwacht, mag eine diesbezügliche Epidemiekurve mit höherer Inzidenz ausweisen, als ein Land ohne optimale Überwachung; auch wenn die wahren Inzidenzen der beiden Länder identisch sind (vgl. Kap. 32).

Eine Überprüfung durch die EU-Kommission vom 16.-19. Juni 1997 bestätigte, daß die Überwachung und Diagnostik der BSE in der Schweiz gut organisiert sind. Im Jahre 2000 erbrachte eine dahingehende Re-Überprüfung dasselbe Resultat.

Insbesondere durch Einführung des neuen Prionics-Check™-Tests (s. Kap. 35) ist die Qualität des Schweizer Überwachungsprogrammes noch verbessert worden. Der vorübergegangene „pseudoartige“ Wiederanstieg der Epidemie von 1999 (Abb. 41.11, s. *Check-Test + Inzidenz*, grüne Subepidemiekurve) war damit eine Folge der verbesserten Überwachung.

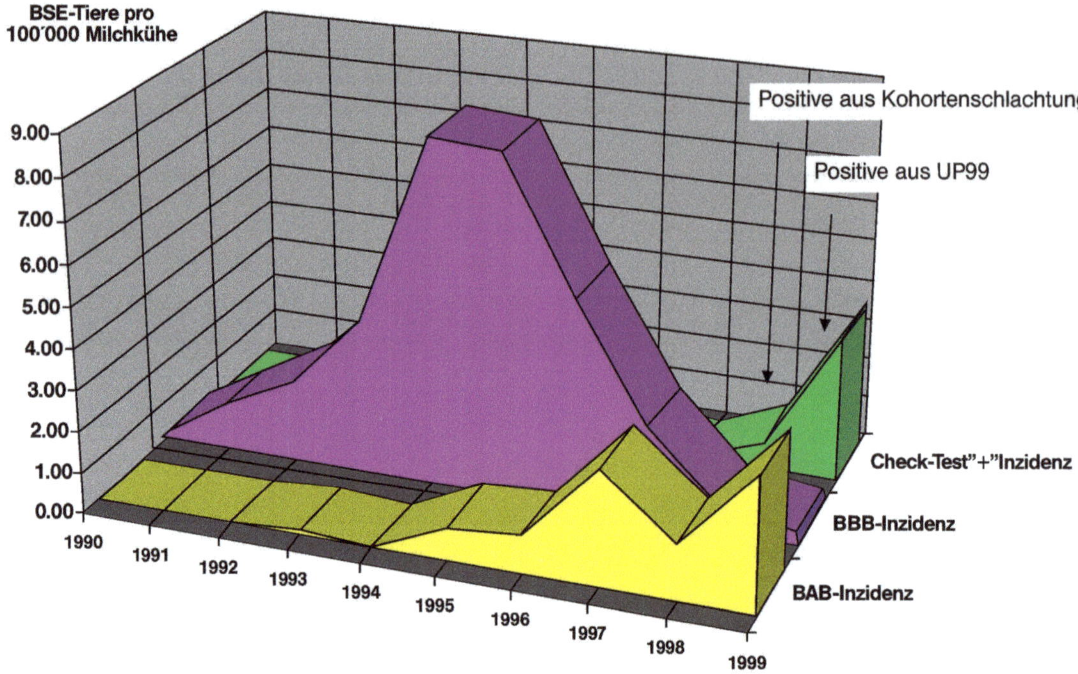

Abb. 41.11: Die Gesamtheit der in der Schweiz von 1990 bis zum 1. Januar 2000 festgestellten BSE-positiven Tiere. Die Graphik schließt die in der Kohortenuntersuchung 1998 [239] und die im Untersuchungsprogramm 1999 (UP99; [237]) mit dem Prionics-Check™-Test diagnostizierten Fälle mit ein (Erläuterungen im Text). (Originalabb. von B. Hörnlimann)

Die Schweiz führte 1999 als erstes Land der Welt ein umfassendes und gezieltes, *aktives* BSE-Screening- bzw. Untersuchungsprogramm (UP99) ein und führt es aufgrund seines Erfolges weiter. Dieses Programm ergänzt die Ergebnisse der passiven Überwachung (Def. s. Kap. 32.2) und liefert objektive Zahlen zum landesweiten BSE-Status. Inkubierende Tiere können mit dem auf dem Markt erhältlichen Prionics-Check™-Test etwa sechs Monate vor Ausbruch der Erkrankung erkannt werden (Abb. 35.4). Im UP99 wurden vom 1. Januar 1999 bis 1. Januar 2000 in der Schweiz 25 BSE-Fälle zusätzlich zur Meldung klinischer BSE-Fälle (passive Überwachung) erfaßt.

Die im Rahmen der Zusatzüberwachung festgestellten 25 BSE-infizierten Tiere stammten aus folgenden spezifischen Risikosubpopulationen (Tab. 53.1): (A) 16 von 7176 eingegangenen (umgestandenen) oder aus Unfall-/Krankheitsgründen getöteten[77] Kühen und (B) sechs von 3578 krankgeschlachteten Kühen (alle zusammengefasst als „Downer Cows" bezeichnet). Zusätzlich wurden 7138 Schlachttiere[78], die eine repräsentative Zufallstichprobe der über 30 Monate alten Normalpopulation bildeten, untersucht (C), wovon drei BSE-positiv waren [237].

Daneben wurden 1999 25 BSE-Tiere durch die seit 1990 etablierte *passive* Überwachung, d.h. durch Meldung infolge klinischem Verdacht gefunden. Dies stellt die andere wichtige Säule einer jeden BSE-Überwachung dar. Die Inzidenz der klinischen BSE betrug damit 1999 3,57 pro 100000 Milchkühe (Bezugsbasis = rund 700000 Schweizer Milchkühe für 1999 = Gesamtrisikopopulation für BSE).

[77] Aber nicht wegen BSE-Verdacht getötet – diese bilden die Gruppe der klinischen BSE und werden seit 1. Dezember 1990 getötet und verbrannt (Tab. 53.1, 53.3).

[78] Rund 1% der Milchkuhpopulation (=Gesamtrisikopopulation bezüglich BSE) der Schweiz.

Tabelle 41.10: Anzahl und Verteilung an exportierten Rindern, die später im Bestimmungsland klinische BSE entwickelten. Beachte: Teilweise wurden die in jüngster Zeit entdeckten Fälle durch Anwendung von immunologischen BSE-Tests aufgedeckt (z. B. Spanien).

Bestimmungsland	Anzahl Importfälle	Herkunftsland	Wann
Irland	8	Großbritannien (GB)	1989–94
	3	Nordirland	1989–92
	2	Niederlande (NL)	1997
	1	Dänemark	1995
	1	Frankreich	1999
Portugal	6	Großbritannien	1990–93
(inkl. Azoren)	1	Deutschland	2000
	1	Dänemark	2000
	1	Frankreich	2000
Deutschland	5	Großbritannien	1994–97
	1	Schweiz	1996
Italien	2	Großbritannien	1994
Oman[1)]	2	Großbritannien	1989
Spanien	2	?	2000
Großbritannien	1	Frankreich	1994
	1	Niederlande	1996[2)]
Falkland Inseln[1)]	1	Großbritannien	1989
Dänemark	1	Großbritannien	1992
Kanada[1)]	1	Großbritannien	1993
Frankreich	1	Schweiz	1999

[1)] Nur Importfälle, keine originäre BSE

[2)] Drei weitere von NL nach GB exportierte Tiere wurden vermutlich in GB mit BSE infiziert.

Hauptquelle, die für viele Länder für Zusatzerklärungen konsultierte werden sollte: http://ourworld.cs.com/_ht_a/j1braakman/BSE.htm (inoff. Daten), weitere Quellen: http://www.oie.int/eng/info/en_esbimport.htm (off. Daten) und *Emerg. Inf. Dis.*, **7**:*6-16; 2001.*

Die aktiv erkannten 50% der insgesamt 50 diagnostizierten Fälle im Jahre 1999, liegen also – da sie insgesamt nur 17892 Tieren bzw. 2,6% der Gesamtrisikopopulation entstammten – im Mittel erheblich über der erwarteten Jahresinzidenz, nämlich 62fach für Gruppe A, 47fach für Gruppe B und noch 12fach für Gruppe C (welche den Verbraucher am meisten interessieren dürfte). Diese Mehrfachfaktoren erhält man durch Zugrundelegung der Jahresinzidenz, welche aus der passiven Überwachung hervorgeht (3,57 für die Schweiz im Jahr 1999). Der wesentlich höhere Anteil an subklinischen Fällen in den beiden Gruppen A und B ist darauf zurückzuführen, daß die gezielte Suche bei „Downer Cows" (Tab. 53.1) erfolgte, die mit höherer Wahrscheinlichkeit infiziert sind als klinisch gesunde Schlachtkühe. Ohne Einsatz des Prionics-Check^{TM}-Tests wäre dieser Anteil an BSE-Infektionen nicht entdeckt worden. Mit einem BSE-Test diagnostizierte Fälle werden anhand histologischer Veränderungen im Gehirn (Abb. 1.2) und mit IHC verifiziert.

Aufgrund dieser Erfahrungen und einer steigenden Inzidenz, z. B. in Frankreich und in Deutschland, wird die *aktive* Überwachung nun auch in der EU bei über 30 Monate alten Rindern vorgeschrieben. Sie sollte weltweit eine (von zwei) Säule(n) bei der Ermittlung des tatsächlichen BSE-Status werden. Die Erfahrungen mit dem BSE-Überwachungsprogramm UP99 sind aufgrund der damit verbundenen Risikominderung und Vertrauensbildung bei vielen Konsumentenorganisationen international auf Beachtung gestoßen[79] (s. Kap. 32, 53). Seit dem Jahr 2001 wird auch von diversen Seiten in den USA Druck gemacht, eine aktive Überwachung einzuführen, insbesondere, da dort SRM-Gewebe bisher noch in die Konsumkette gelangen darf!

Die in der Abbildung 41.11 dargestellte Inzidenzentwicklung widerspricht den schweizerischen Erwartungen und Prognosen aus 1996 [651] nur scheinbar, da sie sich logischerweise damals nur auf die in Abbildung 41.11 rot dargestellte BBB-Subepidemiekurve beziehen konnte. Der gegenüber dem Vorjahr im Jahr 1999 beobachtbare Wiederanstieg der klinischen BAB-Inzidenz (Abb. 41.11, s. gelbe BAB-BSE-Subepidemiekurve) wird auf eine gesteigerte klinische Wachsamkeit zurückgeführt, indirekt gefördert durch das UP99-Programm [237].

Wirksame und effiziente Überwachungsprogramme müssen etabliert werden, *bevor* sich Prionkrankheiten aufgrund ihrer spezifischen Dynamik (vgl. [31]) unerwünscht entwickeln (wie z. Zt. mit Bezug auf BSE in manchen Ländern erfahren werden muß): Infolge langer Inkubationszeiten mit entsprechend langen präepidemischen Latenzphasen können Prionkrankheiten ihr epidemisches Potential bei mangelnder Wachsamkeit zunächst „unsichtbar" entfalten, was ihre Bekämpfung danach sehr schwierig, teuer und v.a. langwierig macht.

[79] Handelspartner wie Deutschland importieren seit März 2000 wieder in EU-zertifizierten Schlacht-, Zerlege- oder Verarbeitungsbetrieben produziertes Schweizer Rindfleisch, daraus hergestellte Fleischerzeugnisse und Gelatine zur Herstellung von Lebensmitteln.

Themenbereich VII: Übertragbarkeit

„Wenn die Natur die Geduld verliert, antwortet sie mit Katastrophen.“

Jack London

42 Die „natürliche“ und iatrogene Übertragbarkeit der Prionkrankheiten

Martin H. Groschup, Beat Hörnlimann und Anne Buschmann

42.1 Einleitung

Erreger von Infektionskrankheiten erfüllen üblicherweise die Henle-Koch'schen Postulate:

1. Sie lassen sich regelmäßig in Geweben, Körperflüssigkeiten und Ausscheidungen des Organismus nachweisen.
2. Sie lassen sich daraus isolieren und in Reinkultur „züchten“.
3. Mit der Reinkultur läßt sich im Zielorganismus wieder das gleiche Krankheitsbild erzeugen.

Auch TSE-Erreger erfüllen im weiteren Sinne diese Postulate: Sie lassen sich aus einigen Körpergeweben und -flüssigkeiten erkrankter Individuen isolieren und verursachen bei Rückübertragung im Zielorganismus wieder das gleiche Krankheitsbild. Der Erregernachweis in Ausscheidungen gelingt nur in Ausnahmen, z. B. bei Scrapie in der Nachgeburt von Schafen und Ziegen.

In diesem Kapitel wird die *nicht-experimentelle* Übertragbarkeit von Prionkrankheiten beschrieben. Systematisch werden die „in der Natur“, in medizinischen Bereichen oder unter agrartechnischen Feldbedingungen vorkommenden TSE-Infektionsquellen und -Übertragungswege dargelegt. Des weiteren wird die Empfänglichkeit betroffener Wirtsarten beschrieben.

Im Kapitel 43 wird in Ergänzung dargestellt, welche Tierarten *experimentell* mit welcher TSE-Form und über welche Eintrittspforten infizierbar sind. Aus dem Verständnis der Übertragbarkeit von Prionkrankheiten lassen sich die wesentlichen Konzepte für deren Prävention, Bekämpfung und Risikoeinschätzung ableiten, die Gegenstand des letzten Drittels des Buches sind.

Eine umfassende graphische Darstellung über die natürliche *und* experimentelle Übertragbarkeit von BSE und Scrapie sowie der Prionkrankheiten des Menschen ist in den Abbildungen 42.1–3 gegeben.

42.1.1 Definition der wichtigsten Begriffe

Eine *natürliche* Übertragung von Infektionserregern kann im Rahmen des Geburtsgeschehens, bei der Nahrungsaufnahme, bei intensivem Kontakt von Individuen untereinander und anderen normalen Lebensumständen stattfinden. So ist z. B. auch die Infektion durch Kontakt mit kontaminierten Teilen und Ausscheidungen als natürliche Übertragung anzusehen. Aufgrund der heute in der modernen Landwirtschaft üblichen Tierhaltungssysteme ergibt sich für den Begriff „natürlich“[80] im Rahmen der tierseuchenrechtlichen [860] Bewertung der BSE zwangsläufig eine Bedeutung, die über den ursprünglichen Sinn des Wortes hinausgeht.

Im Einzelnen kann zwischen *horizontalen*[81] und *vertikalen* Übertragungen unterschieden werden; im Detail kommen hier weitere „Unterformen“ von Übertragungswegen hinzu.

Die *horizontale* Übertragung bezeichnet jede nicht über die Keimbahn verlaufende Übertragung von Infektionserregern auf andere Individuen. Die Aufnahme infektiöser Gewebe oder Körperflüssigkeiten und Ausscheidungen kann

[80] Der Begriff natürliche Ansteckung oder Kontagiosität (von contagio = Berührung (lat.)) wäre hier nicht angebracht; er wird in diesem Sinne zu einem Unterbegriff der „Natürlichen Übertragbarkeit“.

[81] Im englischen Schrifttum manchmal auch *lateral* genannt.

über zwei Hauptwege erfolgen, die enterale (orale) und die parenterale Route.

Bei der enteralen Übertragung werden die Erreger über den Verdauungstrakt aufgenommen. Dies kann über die Nahrung oder aber durch Lecken und Knabbern an kontaminierten Oberflächen oder Gegenständen geschehen.

Die parenterale Übertragung kann u.a. über (Augen)-Schleimhäute oder perkutan über Mikroläsionen in der Haut, z.B. beim Kratzen und Scheuern an erregerbehafteten Gegenständen, erfolgen. Auch die iatrogene Infektion bestimmter TSE-Formen (z.B. iCJD) ist Folge einer parenteralen Übertragung (s. Kap. 36).

Die *vertikale* Übertragung von Infektionserregern umfaßt im eigentlichen Sinne die Erregerweitergabe von Eltern auf ihre Nachkommen über die Keimbahn. Für das Vorliegen eines solchen Übertragungsmodus gibt es bisher unter den TSE nur bei Scrapie Hinweise, die vor allem auf eine maternale Beteiligung, also eine Übertragung vom Muttertier auf seine Lämmer, hindeuten.

Im angelsächsischen Sprachraum wird häufig die sog. *maternale* Übertragung verwendet. Die Erreger-Übertragung vom Muttertier auf die Nachkommen kann dabei grundsätzlich prä-, peri- oder postnatal, je nach dem Zeitpunkt der Erregerweitergabe, ablaufen:

1. vor der Geburt (*pränatal*) z.B. über die Keimbahn oder z.B. durch das Abschlucken von Amnionflüssigkeit durch den Fötus.
2. während oder kurz nach der Geburt (*perinatal*) z.B. durch sehr intensiven Kontakt zwischen dem Fötus und den aus dem Mutterleib gepressten infektiösen Fruchthüllen [1028,1029].
3. nach der Geburt (*postnatal*) z.B. durch Verzehr der infektiösen Nachgeburt oder Lekken an der durch diese kontaminierten „Umgebung“.

Somit kann bei der maternalen Übertragung sowohl eine horizontale als auch eine vertikale Übertragung vorliegen; insofern ist diese Bezeichnung aus wissenschaftlicher Sicht unpräzise. Da unter praktischen Gesichtspunkten beide Übertragungswege im Rahmen der Fortpflanzung und Geburt kaum voneinander zu differenzieren sind, hat sich ihr Gebrauch dennoch eingebürgert.

Die *iatrogene* Übertragung eines Infektionserregers erfolgt ungewollt unter Mitbeteiligung des Arztes oder Tierarztes; sie ist als medizinischer Unfall (akzidentiell) zu betrachten. Hierzu gehören beispielsweise die im Rahmen ärztlicher Tätigkeiten stattgefundenen CJD-Infektionen nach Verabreichung kontaminierter Hypophysenhormone oder nach Transplantation von infektiöser Augenhornhaut oder Implantation von Dura mater (Harte Hirnhaut).

Die *experimentelle* Übertragung eines Infektionserregers erfolgt unter Laborbedingungen im Tierexperiment bzw. im Bioassay (s. Kap. 43). Eine erste experimentelle Übertragung der Scrapie gelang bereits in den 30er Jahren [321]. Im großen Stil wurden solche Versuche jedoch erst in den 60er Jahren durchgeführt, nachdem entsprechende Modelle mit Nagetieren etabliert waren [264]. Die Einführung dieser Nagetiermodelle ermöglichte eine Vereinfachung des Erregernachweises im Bioassay [1097,1403]. Dadurch wurde die quantitative Bestimmung der Infektiosität in einzelnen Organen möglich, um diese in Infektiositätskategorien einzuteilen (Tab. 46.2; vgl. Tab. 53.2) und um pathogenetische Zusammenhänge unter Modellbedingungen studieren zu können (s. Kap. 28).

41.1.2 Inkubationszeiten iatrogen und natürlich übertragener Prionkrankheiten

Infektionen mit TSE-Erregern nach natürlicher oder iatrogener Übertragung gehen i.d.R. mit Inkubationszeiten von mehreren Jahren einher. So wurden bei Kuru Inkubationszeiten von über 40 Jahren berichtet (M. Alpers, pers. Mitt.). Nach iatrogener CJD-Infektion betragen die Inkubationszeiten bis zu 30 Jahren [179]. Aufgrund dieser langen Inkubationszeiten lassen sich mögliche Übertragungszusammenhänge häufig nur noch ungenügend zurückverfolgen. Dies betrifft auch die Ermittlung der genauen Infektionsquelle und des Übertragungsweges bei der neuen Variante der CJD (nvCJD).

42.2 Natürliche Übertragungen innerhalb einer Spezies

42.2.1. Prionkrankheiten beim Menschen

42.2.1.1 CJD, GSS und FFI

Natürliche Übertragungen wurden weder für die verschiedenen Formen von CJD noch für GSS oder FFI beobachtet. Eine CJD-Übertragung zwischen Ehepartnern oder Partnern, die in engem Kontakt zusammenlebten, konnte bisher nicht nachgewiesen werden [181]. Dies bedeutet, daß der enge soziale Kontakt zu einem an einer Prionkrankheit infizierten oder erkrankten Menschen keine horizontale Übertragungswege eröffnet (s. Kap. 36, 47). In diesbezüglichen Übertragungsversuchen auf Mäuse konnte gleichermaßen in den Ausscheidungen (Sekrete und Exkrete) des Menschen keine Infektiosität nachgewiesen werden.

Bisher gibt es auch keine epidemiologischen oder experimentellen Hinweise auf das Vorkommen einer maternalen Übertragung bei sCJD, fCJD, iCJD, GSS und FFI [181,332,483,1069]; auch die fehlende maternale Kuru-Übertragbarkeit im Experiment mit nicht humanen Primaten läßt diesen Übertragungsweg für humane Prionkrankheiten als sehr unwahrscheinlich erscheinen [30,887]. Es konnte außerdem experimentell mittels Mausübertragungsversuchen weder in Milchdrüsengewebe noch in Muttermilch Infektiosität nachgewiesen werden [190, 411,463]. Zwei mögliche Ausnahmen stellten (1) der Hinweis von P. Brown in der Literaturquelle ([179] Table 4) dar, wonach im Kolostrum der Frau vereinzelt Infektiosität nachweisbar gewesen sein soll und (2) der Bericht einer an sCJD-erkrankten Frau aus Japan, deren Kolostrum [1238] infektiös gewesen sein könnte. Zum letzteren herrscht unter Wissenschaftlern allerdings Skepsis ob seiner Richtigkeit.

42.2.1.2 Neue Variante der CJD

Wissenschaftlich gesicherte Erkenntnisse zur natürlichen Übertragbarkeit der nvCJD liegen derzeit noch nicht vor.

42.2.1.3 Kuru

Der Erreger der Kuru wurde sowohl oral (enteral) [804], als auch parenteral [483] übertragen (s. Kap. 38). Beide Übertragungswege wurden experimentell belegt [486,1183]. Der enterale Übertragungsweg entstand durch den Verzehr von an Kuru Verstorbenen, wobei v.a. deren Gehirn die eigentliche Infektionsquelle darstellte (s. Kannibalismus). Der parenterale Übertragungsweg scheint v.a. bei Kindern eine bedeutende Rolle gespielt zu haben. Sie infizierten sich, indem sie sich mit den kontaminierten Händen berührten oder kratzten und damit Hirngewebe der Verstorbenen auf Schleimhäute v.a. der Augen oder in Mikroläsionen der Haut einbrachten (s. Kap. 2, 13, 38).

Kuru wurde nie vertikal bzw. maternal von infizierten oder erkrankten Müttern auf die Kinder (vgl. auch [1325a]) übertragen. Die Krankheit wurde nie bei Kindern diagnostiziert, die nach der Aufgabe des Kannibalismus (um 1958) geboren waren, auch wenn sie von Müttern gestillt wurden, die während der Schwangerschaft oder Stillperiode selbst an Kuru erkrankt waren [30,483] (M. Alpers, pers. Mitt.). Gegen das Vorkommen maternaler Übertragungen bei Kuru sprechen wie erwähnt auch die tierexperimentellen Befunde mit nicht humanen Primaten [190].

42.2.2 Prionkrankheiten bei Tieren

42.2.2.1 Scrapie bei Schaf und Ziege

Scrapie wird vermutlich sowohl horizontal als auch vertikal übertragen. Die epidemiologisch größte Bedeutung besitzt hierbei wohl die maternale Übertragung, d.h. die prä-, peri- und postnatale Erregerweitergabe an die Lämmer (Abb. 58.3). Im Fötus konnte Infektiosität nachgewiesen werden [646]. Hohe Scrapietiter hat man regelmäßig [1028,1029] in der Amnionflüssigkeit und in der Plazenta infizierter oder kranker Schafe und Ziegen feststellen können. Da bisweilen aber keine Infektiosität in der Plazenta einzelner Tiere zu finden war [577,997], beherbergt dieses Organ – je nach Trächtigkeitsstadium – nicht notwendigerweise den Erreger.

In den Ovarien (Eierstöcken) konnte bisher mittels Mausübertragungsversuchen keine Infektiosität gefunden werden [575]. Bei einer von J. Foster durchgeführten Scrapie-Übertragungsstudie, bei der die Nachkommen Scrapie-infizierter Muttertiere mittels Embryotransfer (ET) in Ammenmütter übertragen wurden, erkrankte rund ein Viertel dieser Nachkommen an Scrapie [449]. Dieses Ergebnis steht im Widerspruch zu den Versuchen von W. Foote und seinen Kollegen (1993), die berichteten, daß keine Scrapie-Erkrankungen nach dem ET von 67 Eizellen aus Scrapie-infizierten Mutterschafen auftraten [439]. Die beiden Studien unterscheiden sich jedoch darin, daß bei der erstgenannten Studie die befruchteten Eizellen nicht gewaschen wurden, um möglicherweise an der Zona pellucida anhaftende Infektiosität nicht zu entfernen. In einer anderen von Foster und seinen Kollegen durchgeführten ET-Studie ergaben sich aber auch Scrapie-Ausbrüche bei Schafen, wenn gewaschene Eizellen verwendet wurden [448]. Ein wesentliches Dilemma beider Studien von Foster besteht darin, daß auch bei den nicht-infizierten Kontrolltieren regelmäßig Scrapie-Erkrankungen auftraten.

Eine pränatale Übertragung ist auch über den peroralen Infektionsweg vorstellbar, z. B. als Folge des Schluckens von infektiöser Amnionflüssigkeit [577,646].

Die perinatale Übertragung scheint bei Scrapie eine bedeutende Rolle zu spielen [352], z. B. bei der Etablierung oder Unterhaltung einer Scrapie-Endemie. Lämmer infizieren sich während der Geburt vermutlich über (Augen)-Schleimhäute [595,1183] durch sehr intensiven Kontakt mit infektiösem Fruchtwasser sowie unmittelbar nach der Geburt über die Kontaktmöglichkeiten mit der infektiösen Nachgeburt.

In den 70er Jahren wurde die Bedeutung der postnatalen Übertragung von Scrapie bei Lämmern infizierter Mutterschafe untersucht [361, 646]. Man stellte fest, daß die Erkrankungshäufigkeit bei den Nachkommen in dem Maße anstieg, je länger sie bei ihren Müttern verblieben. Diese Korrelation weist auf die Bedeutung der Scrapie-Übertragung in der postnatalen Phase hin [646,997]. Lämmer können wahrscheinlich auch indirekt durch geburtsbedingt kontaminierte Gegenstände oder Einrichtungen usw. angesteckt werden [723,1029].

Für die horizontale Übertragung erwachsener Schafe ist ebenfalls die Ausscheidung der infektiösen Nachgeburt von großer Bedeutung. Über die Ansteckung – im Sinne einer horizontalen Übertragung von Tier zu Tier – wurde beim Schaf seit dem 18. Jh. berichtet (Abb. 1.1) [719] und sie ist seit geraumer Zeit gut dokumentiert [352,577,1028,1029,1031]. Auch bei der Ziege ist dieser Übertragungsweg bekannt. Dabei werden infektiöse Nachgeburtsteile von empfänglichen Individuen aufgenommen.

Zur erfolgreichen Infektion und Auslösung einer klinisch manifesten Erkrankung müssen Schafe allerdings eine bestimmte, genetisch bedingte Scrapie-Empfänglichkeit besitzen (s. Kap. 56). Der Schafbock hat somit durch Weitergabe seines Genotyps an die Nachkommen einen entscheidenden Einfluß auf das Scrapiegeschehen, während Infektiosität im Sperma und den männlichen Geschlechtsdrüsen in experimentellen Übertragungsversuchen auf Mäuse nicht festgestellt werden konnte [323, 577,647].

Scrapie-Erreger können horizontal außerdem über die skarifizierte Haut bzw. über Schürfwunden, die beim Kratzen und Scheuern entstehen, in den Körper eintreten [1224]. Taylor demonstrierte 1996 experimentell, daß die perkutane Erregerübertragung ausgesprochen effizient ist [1263]. Deshalb und aufgrund der hohen Erregertenazität in der Außenwelt besteht – v.a. in Scrapie-Endemiegebieten wie beispielsweise GB – für empfängliche Tiere ein erhebliches Ansteckungsrisiko, wenn sie sich an Scrapie-kontaminierten Gegenständen oder Stalleinrichtungen kratzen und scheuern.

Die „Umgebung" [186,723,1029] kann somit in Form von Scrapie-kontaminierten Weiden (Gras, Heu), Stallböden, Pferchen usw. eine nachhaltige Infektionsquelle für die horizontalen Übertragungswege darstellen [186]. TSE-Erreger sind äußerst widerstandsfähig. Sie können in der Umwelt jahrelang infektiös bleiben und so ein Erregerreservoir bilden. P. Brown und D.C. Gajdusek vergruben 100000 IE_{50} an Scrapie-Infektiosität im Erdboden und konnten nach drei Jahren immerhin noch 1000 IE_{50} an dieser Stelle nachweisen [186].

Wie Erfahrungen in Island zeigten, dürften Verschleppungen der Scrapie-Infektiosität, möglicherweise über Fahrzeugreifen, Schuhwerk oder dergleichen auch auf weit entfernte Weiden oder Stallungen erfolgen [1209] (Abb. 58.3). Beim Handel mit lebenden Schafen und Ziegen aus endemischen Scrapie-Gebieten besteht ein permanentes Einschleppungsrisiko für Herden, Regionen oder importierende Länder (Abb. 58.3) [161,1022] (s. Kap. 55, 57). Schließlich vermutet man aufgrund von Versuchsresultaten, daß Heumilben eine Rolle als belebte Übertragungsvektoren für den Scrapie-Erreger spielen können [1374]. Daneben fand man nach experimenteller Verfütterung von Scrapie-Erregern an Maden und Puppen von Sarcophagia *spp.* (fleischfressende Fliegen) eine Persistenz der Infektiosität über mehrere Wochen. Die Bedeutung dieser Übertragung im Rahmen der natürlichen Verbreitung der Scrapie ist bisher allerdings ungeklärt [1051a].

Werden Schafe oder Ziegen mit tiermehlhaltigem Mischfutter gefüttert, was heute in vielen Ländern verboten ist, früher jedoch z.B. in Großbritannien gebräuchlich war (s. Kap. 18, 58), so kann das mangelhaft dekontaminierte Tiermehl (TM) – analog zu BSE – Scrapie-Erreger übertragen.

42.2.2.2 BSE bei Rindern

Die orale (enterale) Erregeraufnahme wird als Hauptübertragungsweg der BSE angesehen. Die Tiere infizierten sich hierbei an mangelhaft erhitztem, von Wiederkäuern stammendem TM (s. Kap. 40). Im Rahmen epidemiologischer Untersuchungen zu den BSE-Fällen in GB ergaben sich bisher keine Anhaltspunkte für das Vorkommen horizontaler Erregerübertragungen zwischen Rindern [31]. Allerdings lag im Rahmen dieser Untersuchungen die Detektionsgrenze bei ca. $>1\%$, d.h. eine Übertragungsfrequenz von BSE auf jedes einhundertste Kontakttier oder darunter wäre nicht entdeckt worden. Aus diesem Grunde ist die Möglichkeit der horizontalen Übertragung bei BSE nicht kategorisch von der Hand zu weisen [833,1338].

Hingegen gibt es aus epidemiologischen und experimentellen Studien gewisse Hinweise auf eine maternale BSE-Übertragbarkeit. Hierfür spricht das Ergebnis einer britischen Kohorten-Studie, wonach das relative Risiko von Nachkommen BSE-kranker Kühe, selbst an BSE zu erkranken, 3,2-fach höher ist als bei Nachkommen gesunder Kühe (95% CI, 1,8–5,9) [384]. Infolge schwacher statistischer Aussagekraft wurden jedoch Zweifel am Ergebnis dieser Studie geäußert, zumal sie Mängel im Studiendesign und in der Durchführung aufwies. Als Ursache für die erhöhte BSE-Inzidenz bei den Nachkommen BSE-erkrankter Muttertiere wird außerdem eine erblich bedingte höhere Empfänglichkeit diskutiert [384,429,757].

Auch die Tatsache, daß mehrere Autoren mit Hilfe anderer Modellrechnungen [31,381,851] ähnliche Ergebnisse erzielt haben, hebt die erwähnten Schwachpunkte der Kohorten-Studie nicht auf. Der maternale BSE-Übertragungsweg scheint jedenfalls quantitativ relativ unbedeutend zu sein. Die Frage der möglichen Relevanz dieses Übertragungsweges für die BSE-Epidemie wird im Kapitel 52.5 behandelt.

Des weiteren konnte man mit der Kohorten-Studie nicht klären, ob die Krankheit prä-, peri- oder postnatal übertragbar ist.

Im Gegensatz zu Scrapie konnte bei BSE in den Reproduktionsorganen erkrankter Muttertiere mit Mausinokulationstests keine Infektiosität nachgewiesen werden [96,463]. Es ist allerdings nicht auszuschließen, daß der konventionelle Mausassay zum Nachweis der Erreger aus dem Rind zu wenig sensitiv ist, um geringe Erregermengen zu detektieren (Speziesbarriere, s. Kap. 53.9).

42.2.2.3 BSE bei exotischen Wiederkäuern im Zoo

In den meisten Fällen geht man auch bei der BSE, die im Zoo auftritt (s. Kap. 20), davon aus, daß die Tiere über das Futter infiziert wurden (Abb. 1.5). Eine Ausnahme bilden vielleicht BSE-infizierte Große Kudus, bei denen ein Kalb einer BSE-erkrankten Kuh aus einem britischen Zoo später selbst erkrankte, d.h. sich eventuell maternal infiziert hatte [781,783,1169]. Auch für

Nyalas wird eine solche Möglichkeit diskutiert [784].

42.2.2.4 FSE bei Haus- und Wildkatzen

Haus- und Großkatzen im Zoo scheinen reine Endwirte für die FSE zu sein. Hinweise auf horizontale oder vertikale Erregerweitergaben bei diesen Spezies liegen nicht vor.

42.2.2.5 CWD bei Hirschen

CWD bei Hirschen in freier Wildbahn tritt, ähnlich wie Scrapie beim Schaf, *endemisch* auf [1359–1361] (s. Kap. 21). Insofern ist eine horizontale Übertragbarkeit höchst wahrscheinlich, und auch maternale Übertragungen sind nicht auszuschließen. Ob die Reproduktionsorgane und fötalen Flüssigkeiten bei den betroffenen Arten erregerhaltig sind, wird derzeit erforscht.

42.2.2.6 TME bei Nerzen

Die TME scheint maternal nicht übertragbar zu sein (s. Kap. 22) [594]. Hingegen sind möglicherweise spezielle horizontale Übertragungsmodi für die bei Ausbrüchen i.d.R. sehr hohe herdeninterne Morbidität (Tab. 22.1) mit entscheidend: Neben Tierkörperteilen von landwirtschaftlichen Nutztieren werden selbst Nerzkadaver, z.T. innerhalb der entsprechenden Pelzfarm, als Rohfutter den eigenen Artgenossen verfüttert. Dadurch besteht eine potentielle Re-Infektionsquelle.

Daneben gibt es Hinweise auf eine TME-Übertragung durch Beißereien zwischen Tieren innerhalb eines Käfigs (Abb. 1.9; s. Innerer Kreislauf). Die eigentliche Infektionsquelle ist hier vermutlich das rohe Scrapie- oder TME-kontaminierte Futter, wobei kontaminierte Teile an den Zähnen [581] haften könnten, die durch Bisse sozusagen parenteral auf andere Tiere innerhalb derselben Käfige übertragen werden [905]. Zudem trat TME auch bei Tieren auf, die sich gegenüber verendeten oder moribunden, an TME erkrankten Tieren innerhalb desselben Käfigs kannibalistisch [230] verhalten hatten.

42.3 Natürliche Übertragungen der Scrapie-Erreger über Speziesgrenzen hinweg

42.3.1 Von Schaf auf Rinder

Eine mögliche, wenn auch bislang unbewiesene Erklärung für die Entstehung der BSE-Epidemie ist, daß der Scrapie-Erreger in Folge der Verfütterung infektiösen Tiermehls die Speziesschranke zwischen Schaf und Rind überwunden hat (Abb. 19.1). Die Übertragungsmodalitäten werden an anderen Stellen des Buches detailliert beschrieben (s. Kap. 19.8, 39–41).

42.3.2 Von Schaf auf Ziegen oder auf andere Wiederkäuer

Mit Hilfe von Kontaktexperimenten wurde bewiesen, daß Scrapie auf horizontalem Weg auch vom Schaf auf die Ziege übertragen werden kann [170,578,1028]. Nach Zustallung von Scrapie-freien Ziegen in eine Scrapie-infizierte Schafherde erkrankten in einem Experiment 59% der Ziegen an Scrapie [754].

Eine horizontale vom Schaf ausgehende Scrapie-Übertragung wird zudem beim Moufflon [1377] und beim Hirsch (CWD) [1361] diskutiert. Es existiert aber kaum fundierte Literatur hierzu.

42.3.3 Von Schaf oder Ziege auf Nerze oder von Rind auf Nerze

Es ist plausibel, daß mindestens ein Scrapie-Feldstamm nach peroraler (enteraler) Übertragung die Transmissible Spongiforme Enzephalopathie der Nerze (TME) hervorgerufen hat [902]. So wurde z. B. in Rußland angenommen, daß die Infektionsquelle dort aufgetretener TME-Ausbrüche in Scrapie-infizierten Schafkadavern lag, die den Nerzen als rohes Futter vorgeworfen wurden [544,545]. Auch in den USA wird vermutet, daß die primäre TME-Infektionsquelle aus ZNS-Gewebe Scrapie-infizierter Schaf- oder Ziegenkadaver bestand [905] (s. Kap. 22).

Alternativ wird die Entstehung der TME durch die Verfütterung der Kadaver festliegender und getöteter Milchkühe (downer cows, amerik.) diskutiert, die an einer Prionkrankheit gelitten haben sollen (s. Kap. 22).

42.4 Natürliche Übertragungen des BSE-Erregers über Speziesgrenzen hinweg

42.4.1. Von Rind auf Menschen

Aufgrund der epidemiologischen Erkenntnisse und der experimentellen Daten zur Charakterisierung der nvCJD und des nvCJD-Erregers ist anzunehmen, daß der BSE-Erreger die Speziesschranke zwischen Rind und Mensch überwunden hat (s. Kap. 15, 50). Die genauen Übertragungsmodalitäten sind hierzu bisher nicht bekannt.

42.4.2 Von Rind auf Affen

Ein zehn Jahre alter Rhesusaffe entwickelte in einem Zoo eine BSE-ähnliche Prionkrankheit [149,150]. Ob es sich hierbei um einen *spontan entstandenen* (s. Kap. 3.9) oder um einen *fütterungsbedingten* „BSE-Fall" handelte, ist allerdings unklar. Der Affe soll u.a. mit tierischem Protein gefüttert worden sein.

42.4.3 Von Rind auf exotische Wiederkäuer sowie auf Schafe und Ziegen

Der BSE-Erreger konnte mit größter Sicherheit über kommerziell erhältliches, TM-haltiges Mischfutter auf exotische Wiederkäuer und auch auf Schafe und Ziegen im Zoo übertragen werden [436,779] (s. Kap. 20.9). Ob eine Übertragung auf landwirtschaftlich gehaltene Schafe stattfinden kann bzw. stattgefunden haben könnte, wird detailliert im Kapitel 58.3 abgehandelt.

42.4.4 Von Rind auf die Haus- oder Wildkatze

BSE-Erreger gelangten auch in die Nahrung von Haus- und Wildkatzen [11] (Ozelot, Gepard, usw.) und riefen bei diesen die Feline Spongiforme Enzephalopathie (FSE) hervor. Vor allem die Verfütterung von BSE-erregerhaltigem Gewebe, z.B. rohen Hirn- oder Rückenmarksteilen im Zoo (Abb. 53.3) oder die Verfütterung von mangelhaft erhitzten Komponenten von konfektioniertem Katzenfutter (Abb. 53.4), spielte dabei wohl eine Rolle [156] (s. Kap. 20, 23).

42.4.5 Von Hirsch auf Menschen, Rinder oder Schafe

Es gibt molekulare Hinweise auf eine effektive Artenschranke zwischen Hirschen und anderen Arten [1094a].

42.5 Iatrogene Übertragungen in der Human- und Veterinärmedizin

Iatrogene, d.h. im Rahmen ärztlicher oder tierärztlicher Tätigkeiten akzidentell erfolgte Übertragungen von TSE-Erregern wurden bei Mensch und Schaf beschrieben.

Die Übertragungen erfolgten u.a.

1. über kontaminierte chirurgische Operationsinstrumente – von Gehirn zu Gehirn,
2. durch die Im- bzw. Transplantation infektiöser Gewebe (Dura mater, Augenhornhaut),
3. durch Injektionen kontaminierter hypophysärer Hormone – parenteral,
4. durch Verabreichung eines Impfstoffes oviner Herkunft an Schafe – parenteral.

Im Folgenden seien die bekannten Infektionsquellen und -wege für iatrogene Übertragungen dargestellt. Im Kontext der oben geschilderten natürlichen Übertragbarkeit handelte es sich bei den iatrogenen Fällen immer um eine Art von horizontaler Übertragung. Sie erfolgt über infektiöses Gewebe, z.B. ein Transplantat oder über kontaminierte Instrumente und Präparate. Weitere Details zu den hier diskutierten Risikofaktoren sind in den Kapiteln 26.5.1.2 und 36.4.2 wiedergegeben.

42.5.1 Mensch

Ein chirurgischer Eingriff im Gehirn [596] oder am Auge kann zur Übertragung einer Prionkrankheit führen, wenn mit inadäquat dekontaminiertem Instrumentarium gearbeitet wird (s. Kap. 47.7). Solche Eingriffe führten in wenigen Fällen (Tab. 14.1) zur iatrogenen Form der Creutzfeldt-Jakob-Krankheit (iCJD) [179, 391,426,438,596, 630,1303,1355]. Es sollte hierbei nicht unerwähnt bleiben, daß solche medi-

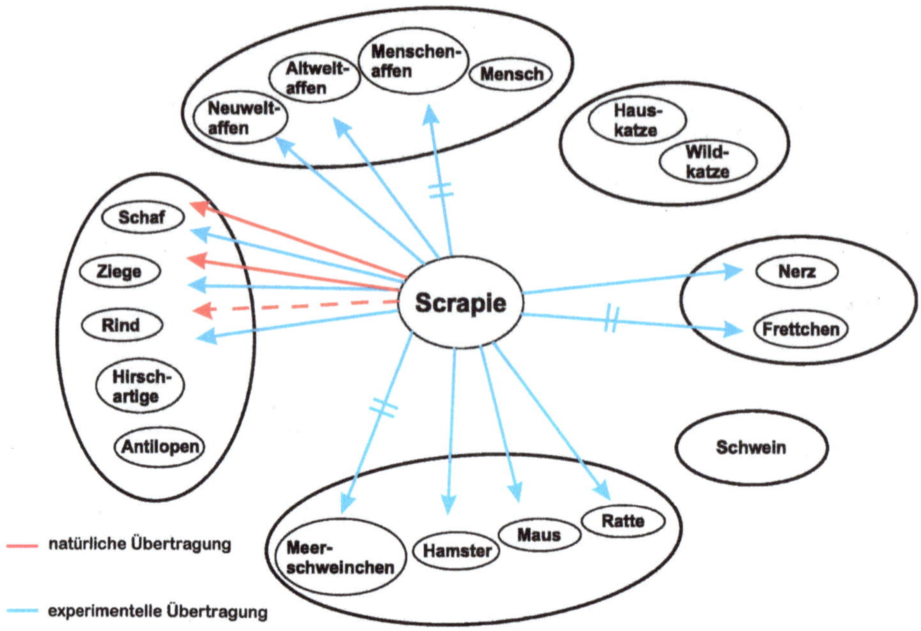

Abb. 42.1: Übersicht über die verschiedenen Formen der Übertragbarkeit der Scrapie.
Erklärung für Abb. 42.1-3: Die iatrogene und/oder natürliche Übertragbarkeit ist mit roten Pfeilen, die experimentelle mit blauen Pfeilen gekennzeichnet. Ein gestrichelter Pfeil steht für einen bisher nicht sicher nachgewiesenen Übertragungsweg. Ist die Übertragung auf eine Spezies unter experimentellen Bedingungen nicht möglich, so ist dies durch einen doppelt durchgestrichenen Pfeil dargestellt. (Abb. von M. Groschup)

zinische Unfälle zu einer Zeit vorkamen, als CJD kaum bekannt und die Resistenz des Erregers gegen Inaktivierung weitgehend unbekannt war.

Auch Cornea-Transplantationen führten zu seltenen iCJD-Fällen. Die Übertragbarkeit der CJD über die Augenhornhaut [898] (und die Augenschleimhaut [1183]) wurde im Tierexperiment nachvollzogen. Dura-mater-Implantate führten ebenfalls zu iCJD-Fällen.

Des weiteren stellt die Behandlung mit Wachstums- oder Geschlechtshormonen, die aus Hypophysen oder dem Hypothalamus extrahiert wurden [176,285], eine potentielle iCJD-Infektionsquelle dar. [179,514,806,1275]. Die Kontamination kam dadurch zustande, daß zur Extraktion der Hormone die entsprechenden Organe von mehreren tausend menschlichen Leichen gesammelt und zusammen aufgearbeitet wurden [306]. Wenn sich unter den Spendern ein CJD-Infizierter befunden hatte, konnte die ganze Präparation kontaminiert werden. In Hinblick auf den CJD-Erreger war die Inaktivierung mangelhaft, wobei fraglich ist, ob eine ausreichende Inaktivierung bei Erhalt der Hormonaktivität möglich gewesen wäre. Nach der Verabreichung durch Injektion dieser Hormonpräparate an zwergwüchsige Kinder bzw. an Frauen mit Fertilitätsstörungen erkrankten einige Empfänger nach einer 4,5–30jährigen bzw. 12–16jährigen Inkubationszeit an einer iCJD [176] (Tab. 14.1).

Spekulative Infektionsquellen wie z. B. das herkömmliche Tonometer, womit bei der Messung des Augeninnendrucks die Cornea berührt wird, seien hier nur am Rande erwähnt [333]. Bindegewebe von Därmen TSE-empfänglicher Tierarten wird heute nicht mehr zur Verwendung als „Catgut“ bzw. chirurgisches Nahtmaterial empfohlen, da die Infektiosität von Darm als „mittel“ eingestuft wird (Tab. 43.1).

Spenderblut scheint nach derzeitigem Wissen keine Infektionsquelle für die Übertragung von Prionkrankheiten des Menschen zu sein; aufgrund der Aktualität dieser Frage – v.a. wegen

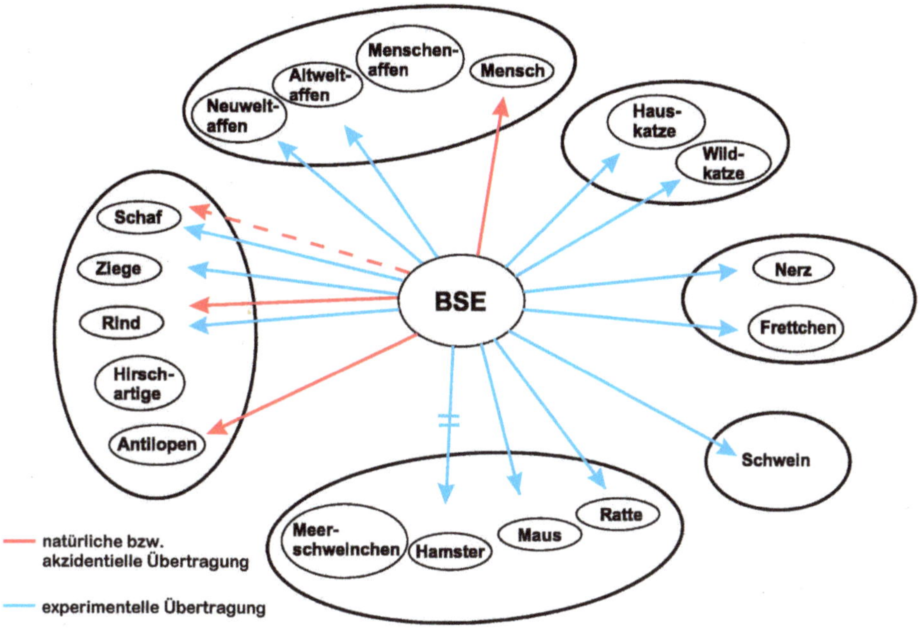

Abb. 42.2: Übersicht über die verschiedenen Formen der Übertragbarkeit der BSE. (Zusatzerklärung siehe Legende von Abb. 42.1). (Abb. von M. Groschup)

der nvCJD – wird das Thema im Kapitel 51 detailliert abgehandelt.

42.5.2 Schaf

Der Einsatz eines Scrapie-kontaminierten Impfstoffes gegen die Schafkrankheit *Louping Ill* führte in Großbritannien zur iatrogen ausgelösten Scrapie bei Schafen. In einer der geimpften erden [541,542,553, 1256] erkrankten rund 1800 von 18000 Schafen [1256] (Morbidität = 10%). Die Vakzine waren aus Gehirnen acht Monate alter Lämmer sowie der Mutterschafe hergestellt worden. Letztere gehörten zur Gruppe eines Scrapie-Kontakt-Experimentes. Es ist anzunehmen, daß dieser Impf-Zwischenfall zur Verbreitung der Scrapie in GB beigetragen hat.

42.6 Genetisch determinierte Empfänglichkeit

Neben den oben besprochenen Faktoren kann auch eine genetisch determinierte Empfänglichkeit den „Übertragungserfolg" beeinflussen (s. Kap. 56). Weiterhin sind im Hinblick auf die Übertragbarkeit sehr unterschiedliche Eigenschaften der Erregerstämme (s. Kap. 11, 12) und deren indirekte Wechselwirkung mit dem Genom des Empfängers zu beobachten (Abb. 1.8).

42.6.1 Mensch

Bei manchen Prionkrankheiten des Menschen scheint ein genetischer Faktor mit Hinblick auf die Empfänglichkeit des Individuums eine gewisse Rolle zu spielen. So sind bisher nicht alle Jugendlichen, die mit CJD-kontaminierten Wachstumshormonen behandelt worden sind, erkrankt. Auch an der nvCJD erkrankten bisher nur wenige, meist jugendliche Opfer, obwohl bis etwa Mitte der 90er Jahre ein Großteil der britischen Bevölkerung bestimmte Erregermengen aufgenommen haben dürfte. Ob sich die Annahme unterschiedlicher Empfänglichkeiten beim Menschen bestätigt, wird die weitere Entwicklung des Auftretens der nvCJD zeigen. Man muß bei der Diskussion dieser Phänomene zwischen drei Einflüssen unterscheiden: 1. individuelle Exposition, 2. bekannte genetische Prädispositionen, z. B. M/V-Heterozygotie oder MM- bzw. VV-Homozygotie im Codon 129 und 3. eventuell zusätzliche, bisher unbekannte genetische Prädispositionsfaktoren.

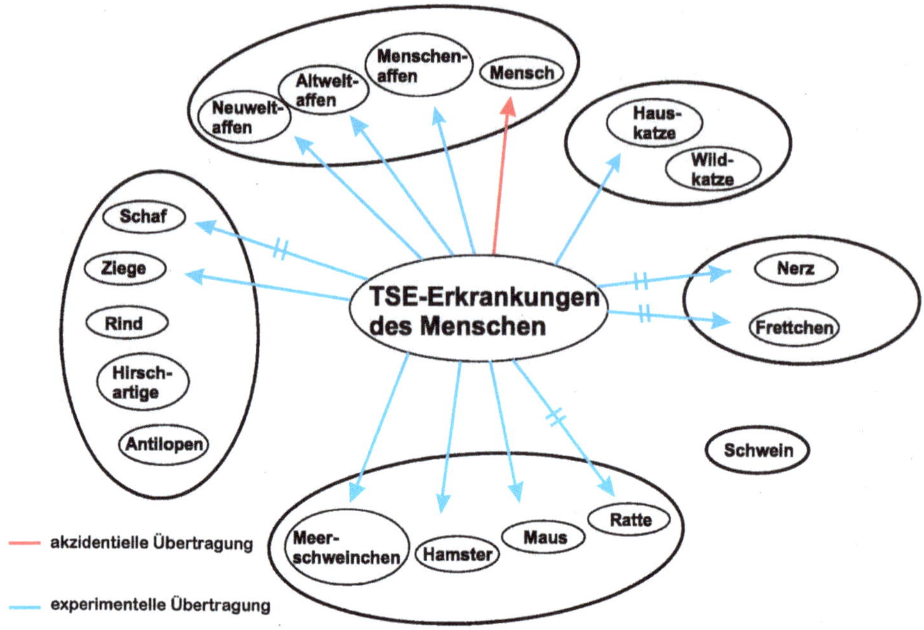

Abb. 42.3: Übersicht über die verschiedenen Formen der Übertragbarkeit von Prionkrankheiten des Menschen. (Zusatzerklärung siehe Legende von Abb. 42.1). (Abb. von M. Groschup)

Eine detaillierte Abhandlung dieser Thematik findet sich im Kapitel 26.6.

42.6.2 Rind

Trotz entsprechender Vermutungen [384] konnten bisher keine Hinweise auf eine genetisch bedingte Prädisposition für eine erhöhte BSE-Empfänglichkeit beim Rind gefunden werden [1332]. Weitere Forschungsanstrengungen zu dieser Frage erscheinen sinnvoll.

42.6.3 Schaf und Ziege

Die Empfänglichkeit für Scrapie ist genetisch determiniert. Interessant ist im Zusammenhang mit der Komplexität dieser Prionkrankheit, daß Scrapie bereits 1828 als „epizootisches[82] Erbübel“ bezeichnet wurde [35], und, daß schon 1886 von einem sog. „Erbfehler“ als (Co)-Faktor der Scrapie die Rede war [328,329] (s. Kap. 1).

Man hat heute gute Kenntnisse über die PrP-Genotypen und deren Zusammenhang mit der Empfänglichkeit (s. Kap. 18 und 56). Auch bei der Ziege entdeckte man einen genetischen Faktor, der die Inkubationszeit und somit die Scrapie-Empfänglichkeit beeinflußt [539].

[82] Epizootie / epizootisch = alter Begriff für Epidemie bei Tieren bzw. für epidemisch verlaufende Tierkrankheit.

43 Die experimentelle Übertragbarkeit der Prionkrankheiten

Martin H. Groschup und Anne Buschmann

43.1 Einleitung

Unter natürlichen und iatrogenen Bedingungen werden die Erreger der Prionkrankheiten oft nur ineffizient übertragen. Anders verhält es sich bei experimentellen Übertragungsversuchen innerhalb der Spezies und über Speziesgrenzen hinweg, die in diesem Kapitel dargestellt werden.

Durch die Wahl entsprechend hoher Infektionsdosen und effizienter Infektionsrouten, z.B. Injektion direkt in das Gehirn, gelingt selbst die TSE-Infektion natürlicherweise „resistenter" Spezies. Aber auch hierbei gibt es Speziesbarrieren, die auf diese Art und Weise nicht überwunden werden können. So ist nach bisheriger Erfahrung der BSE-Erreger vom Rind zwar auf die Maus, nicht aber auf den Hamster übertragbar. Daher können aus der experimentellen Infizierbarkeit einer Spezies mit TSE-Erregern keine direkten Rückschlüsse auf das Infektionsrisiko unter natürlichen Bedingungen gezogen werden.

Durch die experimentelle Übertragung verschiedener Scrapiestämme auf Maus und Hamster konnten Tiermodelle entwickelt werden, die für Untersuchungen zum Verständnis der Prionkrankheiten unentbehrlich geworden sind. TSE-Erreger lassen sich nur im Tierversuch effizient replizieren; leider gibt es noch keine Zellkultursysteme dazu. Bei einer experimentellen Übertragung werden die Erreger unter definierten Bedingungen auf andere Tiere übertragen. Solche Versuche dienen u.a. der Aufklärung der Pathogenese von Prionkrankheiten sowie dem Erregernachweis z.B. in bestimmten Körpergeweben oder -flüssigkeiten (Tab. 46.2; vgl. auch Tab. 53.2). Experimentelle Untersuchungen können auch Auskunft über die natürliche Übertragbarkeit eines TSE-Erregers innerhalb einer Spezies oder auf andere Spezies geben (vgl. Kap. 42). Eine umfassende graphische Darstellung über die natürliche und experimentelle Übertragbarkeit von BSE und Scrapie sowie der Prionkrankheiten des Menschen ist in den Abbildungen 42.1–3 gegeben.

Bei der Wahl experimenteller Übertragungsrouten, die unter natürlichen Umständen evtl. bedeutend sind, kann lediglich die prinzipielle Infizierbarkeit einer Spezies mit TSE-Erregern festgestellt, nicht aber auf die direkte Gefährdung geschlossen werden.

43.2 Kurzer geschichtlicher Überblick

Im Jahre 1936 gelang den französischen Wissenschaftlern Cuillé und Chelle [321] die erste experimentelle Scrapie-Übertragung, indem sie Homogenat aus dem Rückenmark eines erkrankten Tieres in das Auge eines anderen Schafes instillierten. Für die Prionkrankheiten des Menschen blieb indes die Frage der Übertragbarkeit über lange Jahre offen: bei Kuru bis zum Jahre 1966 [486], bei der Creutzfeldt-Jakob-Krankheit (CJD) bis 1968 [511] und beim Gerstmann-Sträussler-Scheinker-Syndrom (GSS) bis 1984 [1253]. Die Übertragbarkeit der tödlichen familiären Schlaflosigkeit bzw. Fatal Familial Insomnia (FFI) wurde im Jahre 1995 [298,1246] und die der neuen CJD-Variante (nvCJD) im Jahre 1997 nachgewiesen [217,624]. Die Übertragbarkeit der Nerz-Enzephalopathie, Transmissible Mink Encephalopathy (TME), wurde experimentell erstmals 1965 [230] und die der Bovinen Spongiformen Enzephalopathie (BSE) erstmals 1988 [464] beschrieben. Die infektiöse Genese der im Jahre 1967 erstmals aufgetretenen Chronic Wasting Disease (CWD) bei nordamerikanischen Hirschen wurde in den 80er Jahren experimentell gesichert [1361].

43.3 Versuchsaufbau experimenteller Übertragungsstudien

Es ist zwischen Übertragungsstudien innerhalb einer Spezies, d.h. zwischen Tieren derselben Spezies und solchen Versuchen zu unterscheiden, bei denen der Erreger die Artengrenze überschreiten muß.

Experimentelle Übertragungsstudien können konzipiert sein als

1. Kontaktexperimente,
2. Orale Übertragungsstudien,
3. Parenterale Übertragungsstudien mit subkutaner (s.c.), intraperitonealer (i.p.), intravenöser (i.v.) oder intrazerebraler (i.c.) Inokulation der Erreger.

Kontaktexperimente werden i.d.R. nur zur Übertragung innerhalb einer Spezies durchgeführt, da die Effizienz dieser Infektionswege (horizontal oder vertikal/extrauterin) zu gering ist für eine Übertragung über Speziesbarrieren hinweg, es gibt allerdings Ausnahmen (z. B. zwischen Schaf und Ziege).

43.3.1 Experimentelle Übertragung innerhalb einer Spezies

Scrapie-Übertragungsversuche auf normale Wildtyp-Mäuse (wt-Mäuse) zeigen, daß verschiedene Infektionswege unterschiedlich effizient sind (Abb. 1.8). Die intrazerebrale und intraspinale Injektion des Scrapieerregers ist z. B. um den Faktor 126000 wirksamer als die orale Aufnahme erregerhaltigen Futters [764]. Der Infektionsweg scheint um so effektiver zu sein, je direkter der Erreger in das ZNS des Zielorganismus gelangen kann. Aus diesen Versuchsergebnissen konnte auch abgeleitet werden, daß die niedrige Effizienz z. B. des oralen Übertragungsweges durch die Erhöhung der applizierten Erregermenge zumindest teilweise erhöht werden kann.

Der Erregergehalt in einer Gewebeprobe kann bestimmt werden, indem diese sukzessiv verdünnt wird, z. B. mit Verdünnungsschritten von 1 : 10. Von allen Verdünnungen werden den Versuchstieren gleiche Mengen intrazerebral (i.c.) inokuliert (Endpunkttitration). Die Verdünnungsstufe, bei der noch die Hälfte der inokulierten Tiere an Scrapie erkranken, bezeichnet man als die (halb)-infektiöse (ID_{50}) oder (halb)-letale Dosis (LD_{50}).

Die Inkubationszeit bei einer gegebenen Applikationsart und Übertragung innerhalb einer Spezies wird also maßgeblich durch die inokulierte Erregerdosis beeinflußt: je niedriger die Infektionsdosis ist, um so länger dauert die Inkubationszeit (Abb. 1.10). Dieser Effekt kann zur Bestimmung des Erregergehaltes in einem Gewebe oder einer Suspension verwendet werden, indem die unter standardisierten Bedingungen erhaltene Inkubationszeit mit einer vorher bestimmten Erreger-Titrationskurve verglichen wird [1067].

Bei Übertragungen von TSE-Erregern, die besonders lange Inkubationszeiten aufweisen, oder bei Übertragungen über Speziesbarrieren hinweg, die ebenfalls mit außerordentlich langen Inkubationszeiten einhergehen können, kann es zu falsch negativen Übertragungsergebnissen kommen. So kann es beispielsweise vorkommen, daß sich die Erreger im Gehirn des Empfängertieres bereits repliziert haben, das Tier aber vor dem Ausbruch der Erkrankung aufgrund des hohen Lebensalters verstirbt (Pseudo-Resistenz). Dagegen kann ein erhöhtes Expressionsniveau von PrP in transgenen Mäusen bei Übertragungen über Speziesbarrieren hinweg zu einer scheinbar erhöhten Empfänglichkeit der Tiere führen, indem auch Tiere erkranken, die ansonsten vorzeitig aus Altersgründen sterben.

Der Vergleich von Scrapie-Inkubationszeiten verschiedener nicht transgener und transgener PrP^{C}-überexprimierender Mäuse belegt eindrucksvoll, daß die Expressionsrate des Proteins die Inkubationszeit maßgeblich beeinflußt (s. Kap. 3, 10). Im Genom aller Individuen befinden sich zwei Kopien des *Prnp*, je eine Kopie pro Chromosomensatz. In Knock out-Mäusen sind beide Kopien des *Prnp* gentechnisch zerstört worden, so daß die Tiere kein PrP^{C} bilden können. Transgene Mäuse (tg20-Mäuse), in deren Genom sechzig zusätzliche Kopien des PrP-Gens der Maus gentechnisch eingeführt wurden, überexprimieren das Protein im Vergleich zu normalen Mäusen um den Faktor zehn, tg19-Mäuse um den Faktor vier. Entsprechend den PrP^C-Expressionsraten verhalten sich auch die Scrapie-Inkubationszeiten dieser Mäuse. Knock out-Mäuse (*Prnp*$^{0/0}$) sind resistent gegenüber einer Infektion mit mauspassagierten Scrapie-Erregern, wt-Mäuse erkranken nach ca. 131 Tagen, PrP^C-überexprimierende tg19-Mäuse nach 87 Tagen und tg20-Mäuse nach 60 Tagen. Kreuzungstiere aus *Prnp*$^{0/0}$- und normalen Mäusen erkranken erst nach 290 Tagen [435]. Diese Experimente belegen, daß das Expressionsniveau des Prion-Proteins einen wichtigen Einfluß auf die Inkubationszeit hat.

43.3.2 Übertragungen über Speziesgrenzen hinweg

Es wird angenommen, daß die relative Effizienz verschiedener Infektionsrouten über Speziesgrenzen hinweg denen bei Übertragungen innerhalb einer Spezies entsprechen. Zur Erhöhung der Übertragungseffizienz werden mitunter verschiedene Infektionswege bei demselben Tier miteinander kombiniert, z. B. die Injektion von 10%igem Hirnhomogenat – gleichzeitig intrazerebral (20 µl) und intraperitoneal (100 µl).

Je höher die Speziesbarriere ist, um so ineffizienter erfolgt die Übertragung, d.h. um so höher muß die verabreichte Erregerdosis und um so effizienter muß der angestrebte Infektionsweg sein, damit eine Übertragung gelingt (Abb. 1.8). Die Aminosäuresequenz des PrP des Empfängers hat entscheidenden Einfluß auf die Speziesbarriere: je mehr sich die Proteinsequenzen der Ausgangs- und der Empfängerspezies gleichen, um so niedriger scheint die Speziesbarriere zu sein. Daher kann die phylogenetische Verwandtschaftsnähe einen Einfluß auf die Übertragbarkeit zwischen Spezies haben (s. Kap. 9). Allerdings ist das genaue Segment der Aminosäuresequenz, dessen Homologiegrad für die Höhe der Speziesbarriere maßgeblich ist, bisher nicht bekannt. Prinzipiell konnte dieser Effekt bei Konversionsversuchen des PrP im Reagenzglas und in Zellkultur beobachtet werden. Die Bedeutung der PrP-Aminosäuresequenz für die Speziesbarriere wurde auch durch die Herstellung transgener Mauslinien, die neben ihrem eigenen PrP das PrP des Hamsters exprimierten, illustriert.

43.4 Experimentelle Übertragbarkeit von Prionkrankheiten des Menschen

CJD und GSS wurden bereits Anfang des 20. Jh. erstmals beschrieben, blieben aber als Krankheiten bis zur Erforschung der Kuru bei den Fore in PNG gegen Ende der fünfziger Jahre (s. Kap. 2, 13) weitgehend unbeachtet. Im Jahre 1957 führten Gajdusek und Gibbs die ersten Übertragungsversuche von Kuru auf Hühner, Mäuse, Ratten, Meerschweinchen und Kaninchen durch, beendeten die Versuche aber bereits nach drei Monaten, da sie mit den damals zur Verfügung stehenden mikrobiologischen Verfahren keine pathogenen Mikroorganismen nachweisen konnten [485]. Hadlow wies im Jahre 1959 auf die Ähnlichkeit der neuropathologischen Veränderungen im Gehirn bei Kuru und – der damals schon nachgewiesen übertragbaren – Scrapie [321,569] hin. Er veröffentlichte die entscheidende Empfehlung, Übertragungsversuche mit nicht humanen Primaten durchzuführen. In einem erneuten Versuch mit Hirnproben von Kuru- und CJD-Opfern verwendeten Gibbs und Gajdusek deshalb Schimpansen, was damit begründet wurde, daß diese Spezies dem Menschen phylogenetisch sehr nahe steht [614] (s. Kap. 9). Man plante, diese Tiere über mehrere Jahre zu beobachten. Nach 13 bis 21 Monaten entwickelten die Tiere erste klinische Symptome. Im histopathologischen Bild sah man die typischen spongiformen Hirnveränderungen, ähnlich wie bei Kuru oder CJD. Damit war 1966 erstmals die infektiöse Genese humaner spongiformer Enzephalopathien bewiesen [486,511]. Seitdem „gelang" dieser Arbeitsgruppe die Übertragung von ca. 300 sporadischen, familiären und iatrogenen CJD-, GSS- und Kuru-Fällen auf nicht humane Primaten [190]. Neben Schimpansen verwendeten sie auch Neuweltaffen wie Totenkopfaffen und Kapuzineraffen, Krallenaffen und Klammerschwanzaffen sowie Altweltaffen wie Makaken, Rhesusaffen, Javaneraffen und Grüne Meerkatzen.

CJD war außerdem auf Katzen [509], Mäuse [202,203], Ziegen [579] und Meerschweinchen

[510,885] übertragbar, während andere Spezies wie Schaf, Hund, Nerz, Frettchen, Ratte, Wüstenrennmaus, Kaninchen, Huhn und Ente nicht erkrankten [509]. Zur Infizierbarkeit von Hamstern mit CJD liegen widersprüchliche Angaben vor: Gibbs und Gajdusek konnten nach Infektion von Hamstern mit Kuru- und CJD-Isolaten keine Erkrankung in diesen Tieren nachweisen [509], während Manuelidis von einer gelungenen Übertragung des CJD-Erregers auf Hamster berichtet [884].

Mit GSS-Erreger waren neben nicht humanen Primaten auch Mäuse infizierbar [1253].

Kuru war auf Katzen, Mäuse, Ziegen, Meerschweinchen und Nerze, nicht aber auf Hamster, Schweine, Kaninchen, Ratten und einen Hund übertragbar [510].

Neun Jahre nach der Erstbeschreibung der FFI [863] gelang zwei Arbeitsgruppen nahezu gleichzeitig (im Jahre 1995) dessen Erstübertragung auf Mäuse [298,1246].

Die Übertragung der nvCJD gelang mit wt-Mäusen [217], transgenen Mäusen [624] und mit Makaken [7,842].

43.5 Experimentelle Übertragbarkeit von Prionkrankheiten des Tieres

43.5.1 Experimentelle Übertragbarkeit von Scrapie

Bis zur Mitte des 20. Jh. wurden Scrapie-Infektionsversuche nur mit Schafen und Ziegen durchgeführt. Anfang der sechziger Jahre gelang schließlich die erste experimentelle Übertragung eines Scrapie-Isolates auf die Maus [264,1403] (s. Kap. 11). Da Maus-Infektionsversuche wesentlich kosten-, personal- und zeitsparender sind als Schaf- und Ziegen-Versuche, werden die Übertragungsversuche seit dieser Zeit üblicherweise an Nagetieren durchgeführt. In den 70er Jahren erkannte man schließlich, daß der syrische Goldhamster bei Verwendung des Scrapiestammes 263K noch kürzere Inkubationszeiten aufweist als Scrapiestämme mit kurzen Inkubationszeiten in der Maus, so daß sich diese Spezies ausgezeichnet zur Erregervermehrung und -quantifizierung und zum Studium der Pathogenese der Scrapie eignet [1067].

Auch andere Tierarten wie die Wüstenrennmaus [509], die Wühlmaus und der chinesische Hamster [268] sind mit Scrapie infizierbar. Die experimentelle Scrapie-Übertragung auf Rinder gelang mit in den USA auftretenden Scrapiestämmen, erzeugte bei diesen aber ein klinisches und histopathologisches Bild, das sich von der britischen BSE unterscheidet [281, 1120] (s. Kap. 11).

Meerschweinchen [268] und Kaninchen [98] konnten bisher nicht mit Scrapie infiziert werden. In Gajduseks Labor wurde auch versucht, Scrapie auf nicht humane Primaten zu übertragen. Dabei erwiesen sich Schimpansen bis nach einer Beobachtungszeit von über 12 Jahren und Rhesus-Affen als unempfänglich, während die Übertragungszeit bei Nicht-Primaten wie Totenkopfaffen, Klammerschwanzaffen und Javaneraffen gelang [510].

43.5.2 Experimentelle Übertragbarkeit von BSE

BSE konnte experimentell auf eine Reihe von Spezies übertragen werden: Nach i.p. oder i.c. Inokulation erkrankten Schafe, Ziegen, Schweine, Mäuse, Ratten, Nerze, Krallenaffen [89,338] und Makaken [842]. Nach peroraler (enteraler) Infektion konnte BSE auf Rinder [1310,1311], Schafe [446] sowie Nerze und Mäuse [97,456, 463,464] übertragen werden.

Um Informationen über die Epidemiologie (s. Kap. 39–41) und die Pathogenese der BSE sowie über eine mögliche Gefährdung des Menschen (siehe Kap. 50) zu erhalten, wurden in Großbritannien in den neunziger Jahren eine Reihe von BSE-Übertragungsversuchen begonnen bzw. durchgeführt. Von besonderer Bedeutung sind dabei die sog. Attack rate-Studie, die Kohorten-Studie und die Embryo-Transfer-Studie. Im Rahmen der Attack rate-Studie wurden vier Gruppen von Rindern oral mit verschiedenen Mengen von Hirnmaterial eines BSE-erkrankten Rindes (1g, 10g, 100g oder je 100g an drei aufeinanderfolgenden Tagen) infiziert. Dabei stellte sich heraus, daß selbst eine einmalige orale Aufnahme von einem Gramm infektiösen Hirnmaterials genügt, um ein Rind mit BSE zu infizieren [31,155,1310]. Die experimentelle Inkubationszeit lag im Mittel bei drei Jahren, wobei die ersten Tiere nach 33 bzw. 35 Monaten erkrankten (Abb. 19.4).

43.5.3 Experimentelle Übertragbarkeit der FSE und der BSE exotischer Wiederkäuer

Aus dem Gehirn von an TSE erkrankten Wildwiederkäuern sowie Haus- und Raubkatzen ließ sich mit Hilfe des Mausinokulationsversuchs ein Erreger nachweisen, bei dem es sich nach Vergleich der Inkubationszeiten und diverser anderer Parameter um denselben Erregerstamm wie bei BSE handelt [465] (s. Kap. 50.3).

43.5.4 Experimentelle Übertragbarkeit von CWD

Die CWD von Hirschen ließ sich unter experimentellen Bedingungen auf Nerze, Frettchen, Neuweltaffen, Cerviden und Ziegen übertragen [1361]. Nachdem anfängliche Versuche, CWD auf die Maus zu übertragen, scheiterten, konnte deren Empfänglichkeit schließlich doch noch nachgewiesen werden [217]. Hamster scheinen dagegen nicht infizierbar zu sein [1361].

43.5.5 Experimentelle Übertragbarkeit der TME

Die TME von Nerzen war durch i.c. Inokulation auf andere Nerze, Frettchen, Katzen, chinesische und syrische Goldhamster, Hühner, Rinder, Schafe, Ziegen und nicht humane Primaten übertragbar [102,582,897,900].

Mäuse erwiesen sich in mehreren Versuchen als resistent gegenüber einer TME-Infektion [576,900,1257,1402].

43.6 Untersuchungen zum Erregergehalt in peripheren Organen

Die Erregerverteilung im Körper von CJD- und Kuru-Opfern wurde in Experimenten mit nicht humanen Primaten bestimmt. Hierbei fand man Infektiosität in Gehirn, Zerebrospinalflüssigkeit (Liquor), Auge, Lunge, Leber, Niere, Milz und Lymphknoten, nicht aber in Körperflüssigkeiten einschließlich Milch [411][83] und Blut, in peripheren Nerven, Knochenmark, Herz, Fett- und Muskelgewebe (Muskelfleisch), Prostata, Hoden, Plazenta[84], Amnion und Amnionflüssigkeit [190].

Bei nvCJD-Patienten konnte man in lymphatischen Organen wie den Tonsillen (Mandeln) und der Milz PrP^{Sc}-Akkumulationen nachweisen, die auf eine extranervale Erregervermehrung hinweisen [625].

Bei Scrapie-infizierten Schafen und Ziegen konnte Infektiosität im ZNS (Gehirn, Rückenmark), in der Plazenta [997,1028], in den Fruchthüllen [1028,1029], im Fruchtwasser und in lymphatischen Geweben (Tonsillen (Abb. 27.1a), Lymphknoten, Milz) nachgewiesen werden [575,1027,1224]. Daneben wurde Infektiosität im Mausversuch auch in den peripheren Nerven eines natürlicherweise an Scrapie erkrankten Schafes gefunden [558].

In zahlreichen Mausinokulationsversuchen wurde untersucht, ob in peripheren Geweben BSE-kranker Tiere Infektiosität nachweisbar ist. Dabei wurde im Gehirn, im Trigeminalganglion (in der Schädelhöhle), im Rückenmark, in den oberen Paravertebralganglien (im Zwischenwirbelbereich), in der Retina sowie im distalen Kolon Infektiosität nachgewiesen [463, 873]. Infektiosität konnte auch im Knochenmark *eines* BSE-erkrankten Rindes gefunden werden. Es ist aber unsicher, ob dieser Befund nicht auf eine Kontamination der Probe mit ZNS-Gewebe zurückzuführen ist [1315]. Alle anderen untersuchten Gewebe und Organe wie Euter, Milch [411,1258], Sperma, Skelettmuskulatur, periphere Nerven, Blut usw. waren nicht infektiös für die verwendeten Mäuse. Da der Erreger in diesen Versuchen die Speziesbarriere vom Rind zur Maus überwinden muß, ist nicht auszuschließen, daß dennoch einige der untersuchten Gewebe geringe Mengen an Infektiosität enthalten (s. Kap. 53.9). Die genaue Höhe dieser Speziesbarriere ist zwar unbekannt, jedoch wurde in parallelen Infektionsversuchen

[83] P. Brown erwähnt in der Literaturquelle ([179], Table 4), daß bei CJD/Kuru in Ausnahmen Infektiosität im Kolostrum der Frau gefunden wurde (?!).

[84] P. Brown erwähnt in der Literaturquelle ([179], Table 4), daß bei CJD/Kuru in Ausnahmen Infektiosität in der Plazenta gefunden wurde (?!).

deutlich, daß das Rind mindestens 1000mal empfänglicher für die vom Rind stammende BSE-Infektiosität ist als die Maus [156]. Deshalb werden derzeit die wichtigsten, bisher negativen Gewebe BSE-erkrankter Rinder auch im Rinderinokulationstest getestet (s. Kap. 53). Da Infektionsversuche mit Rindern extrem aufwendig sind, erhofft man sich, daß transgene Mäuse, die bovines PrP^C exprimieren und deshalb eine zumindest erniedrigte Speziesbarriere haben sollten, ein alternatives Nachweissystem darstellen könnten.

Die bisher bekannten Erregergehalte in peripheren Geweben von Scrapie-infizierten Schafen [577] und Ziegen [578] sowie BSE-infizierten Rindern [456] sind in Tabelle 43.1 zusammengestellt. Dabei werden die Gewebe nach dem im Mausinokulationsversuch bestimmten Erregertiter in vier Kategorien eingeteilt. Es sind deutliche Unterschiede zwischen BSE-infizierten Rindern, bei denen der Erregertiter in den peripheren Organen stets unter 10^2 „infektiösen Einheiten" lag, und Scrapie-infizierten Schafen und Ziegen festzustellen, bei denen Organe des lymphatischen Systems sowie einige andere periphere Organe wie Tonsillen Erregertiter bis zu $10^{5,1}$ „infektiöse Einheiten" enthalten können.

43.7 Infektionsversuche zur Erforschung der Erregerausbreitung im Organismus

PrP^{Sc} ist bei der nvCJD nicht nur im Gehirn der betroffenen Patienten, sondern auch im lymphatischen Gewebe, besonders in den Tonsillen nachweisbar [625]. Schon früher wurden entsprechende Beobachtungen in der Milz und in den Tonsillen (Abb. 27.1a) von Scrapie-kranken [1173,1285] sowie in der Milz experimentell BSE-infizierter Schafe gemacht (s. Kap. 58.3) [442]. Demgegenüber kann im lymphatischen Gewebe BSE-kranker Rinder kein PrP^{Sc} nachgewiesen werden und in diesem Gewebe ist auch mittels Mausinokulationsversuch keine Infektiosität zu finden [463]. Es wird im Kapitel 28 erklärt, wie der Erreger das ZNS erreicht und welche Bedeutung das lymphatische System dabei hat. Nach den oben beschriebenen Beobachtungen scheint sich die Ausbreitung des Erregers im Organismus bei den verschiedenen Spezies zu unterscheiden. Bei der Untersuchung von Hamstern zu verschiedenen Zeitpunkten nach einer i.p. Scrapie-Infektion mit dem Stamm 263K stellte sich heraus, daß der Erreger das Rückenmark im Bereich der Brustwirbelsäule erreicht und sich dann in beide Richtungen ausbreitet. Parallel dazu scheint ein zweiter Weg zu existieren, bei dem das Rückenmark umgangen wird, da zeitgleich im Rückenmark und im Gehirn erste PrP^{Sc}-Ablagerungen nachweisbar sind [90]. Diese Vermutung wurde durch einen weiteren Versuch bestätigt, bei dem Hamster oral mit Scrapie infiziert wurden. Hierbei stellte sich heraus, daß PrP^{Sc} zuerst im dorsalen motorischen Kern des N. Vagus nachweisbar war, das Gehirn also offensichtlich über den N. Vagus erreichte. Im Rückenmark (im Bereich der Halswirbelsäule) war PrP^{Sc} erst deutlich später nachweisbar [90] (s. Kap. 28).

Dagegen scheint bei den mit dem Scrapie-Stamm Chandler (RML) infizierten Mäusen das lymphorektikuläre System eine zentrale Rolle bei der Scrapie-Pathogenese einzunehmen. Um die Rolle des lymphatischen Systems zu untersuchen, wurden immundefiziente Mäuse, deren follikuläre dendritische Zellen defekt sind (SCID-Mäuse), auf verschiedenen Wegen mit Scrapie infiziert. Die Tiere erkrankten nur nach intrazerebraler, jedoch nicht nach i.p. Infektion. Diese Ergebnisse wurden so gedeutet, daß die follikulären dendritischen Zellen zum Transport oder zur Replikation des Erregers in der Peripherie essentiell sind [455]. Die Bedeutung der verschiedenen Zelltypen des Immunsystems bei der Erregerausbreitung und -vermehrung im Körper läßt sich durch die Infektion transgener Mäuse untersuchen, bei denen definierte Immunzell-Subpopulationen aufgrund molekulargenetischer Eingriffe fehlen (Knock-out-Mäuse). Eine detaillierte Zusammenstellung dieser Versuche und der dabei erhaltenen Ergebnisse ist im Kapitel 10 dargestellt.

Die experimentelle Erforschung der verschiedenen Formen von Prionkrankheiten bzw. der Erregerstämme kann aufgrund der aufwendigen und langwährenden Infektionsversuche nur selten mit der authentischen Wirtsspezies durchgeführt werden. Als Tiermodelle eignen

Tabelle 43.1: Erregertiter (nach Bioassay in der Maus) in Geweben von bis zu neun Suffolk-Schafen (34–57 Monate alt) [577] und bis zu drei Ziegen (38–49 Monate alt) [578], mit klinischen Scrapie-Symptomen, verglichen mit den Titern in Geweben von einem oder mehr bestätigten BSE-Fällen [456]. Die Titer sind als arithmetisches Mittel der log_{10} Maus-i.c.-LD_{50} /g oder ml Gewebe bzw. Flüssigkeit dargestellt (vgl. Tab. 46.2).

Infektiositätskategorien	**Erregertiter mit Standardabweichung (n = Zahl der Versuchstiere)**	**Erregertiter mit Standardabweichung (n = Zahl der Versuchstiere)**	**Erregertiter mit Standardabweichung**
Gewebe/Organe	Scrapie-infizierte Schafe	Scrapie-infizierte Ziegen	BSE-infizierte Rinder
Kategorie I (hohe Infektiosität)			
Hirn	5,6 +/− 0,2 (51)	6,5 +/−0,2 (18)	5,3
Rückenmark	5,4 +/− 0,3 (9)	6,1 +/− 0,2 (6)	positiv
Augen (Retina)	na	na	positiv
Kategorie II (mittlere Infektiosität)			
Ileum	4,7 +/− 0,1 (9)	4,6 +/− 0,3 (3)	<2,0
Lymphknoten	4,2 +/− 0,1 (45)	4,8 +/− 0,1 (3)	<2,0
Proximales Kolon	4,5 +/− 0,2 (9)	4,7 +/− 0,2 (3)	<2,0
Milz	4,5 +/− 0,3 (9)	4,5 +/− 0,1 (3)	<2,0
Tonsillen	4,2 +/− 0,4 (9)	5,1 +/− 0,1 (3)	<2,0
Kategorie III (niedrige Infektiosität)			
Nervus ischiadicus	3,1 +/− 0,3 (9)	3,6 +/− 0,3 (3)	<2,0
Distales Kolon	<2,7 +/− 0,2 (9)	3,3 +/− 0,3 (3)	<2,0
Thymus	2,2 +/− 0,2 (9)	<2,3 +/− 0,2 (3)	nd
Knochenmark	<2,0 +/− 0,1 (9)	<2,0 (3)	<2,0
Leber	<2,0 +/− 0,1 (9)	nd	<2,0
Lunge	<2,0 (9)	<2,1 +/− 0,1 (2)	<2,0
Pankreas	<2,1 +/− 0,1 (9)	nd	<2,0
Kategorie IV (nicht meßbare Infektiosität)			
Blutleukozyten	<1,0 (9)	<1,0 (3)	<1,0
Herzmuskel	<2,0 (9)	nd	<2,0
Niere	<2,0 (9)	<2,0 (3)	<2,0
Euter	<2,0 (7)	<2,0 (3)	<2,0
Milch	nd	<1,0 (3)	<2,0
Serum	nd	<1,0 (3)	<1,0
Skelettmuskel	<2,0 (9)	<2,0 (1)	<2,0
Hoden	<2,0 (1)	nd	<2,0

nd nicht durchgeführt   na nicht angegeben

sich auch hierzu insbesondere Nagetier-Infektionsmodelle und die Verwendung von Scrapiestämmen mit besonders kurzen Inkubationszeiten, z.B:

1. Stamm 263K im syrischen Goldhamster (Inkubationszeit etwa 60 Tage),
2. Stamm Chandler (syn. RML, 139A) in s7s7-Mäusen (C57BL, RIII, CD-1) (etwa 150 Tage Inkubationszeit),
3. Stamm Me7 in s7s7-Mäusen (etwa 170 Tage Inkubationszeit),
4. Stamm 301V in VM-Mäusen (etwa 100 Tage Inkubationszeit).

Mit der Entwicklung neuer gentechnischer Methoden gelang es, Knock-out-Mäuse ($Prnp^{0/0}$) zu „erzeugen" und zu züchten (s. Kap. 10) [234, 878,1148]. Die Resistenz dieser Mäuse gegenüber einer Scrapie-Infektion belegt eindrucksvoll die zentrale Rolle dieses Proteins im Infektionsgeschehen. In das Erbgut solcher Mäuse wurde anschließend konstitutiv dasjenige *Prnp* von anderen Mäusen oder auch von artfremden Individuen, z.B. Hamster, Rind oder Mensch eingebracht, was zur PrP-Produktion im Körper dieser Mäuse führte. In diesen transgenen Mäusen sind die Inkubationszeiten verschiedener TSE-Erreger deutlich verkürzt, insbesondere weil durch die Manipulationen bei diesen Mäusen mögliche Speziesbarrieren minimiert und die PrP^{C}-Expressionsniveaus erhöht wurden.

Themenbereich VIII: Erreger-Inaktivierung

„Ich bin überzeugt, daß wir uns alle im gefährlichen Fluß des Lebens befinden und niemals sicher am Ufer stehen".

Aaron Antonovsky

44 Die chemische Desinfektion und Inaktivierung von Prionen

Beat Hörnlimann, Albert Leutwiler, Radulf C. Oberthür und Hans-Rudolf Widmer

44.1 Einleitung

Dieses Kapitel beschreibt Hintergründe und Details zu den wirksamen chemischen Desinfektionsmitteln gegen pathogene Prionen. Je nach Anwendungsbereich und Art der Tätigkeiten, z. B. bei der Instrumentendesinfektion im Krankenhaus, bei Arbeiten im Forschungslabor oder bei der Desinfektion von BSE-kontaminierten Gegenständen und Räumlichkeiten, sind unterschiedliche chemische Desinfektionsmethoden oder -mittel erforderlich, teilweise in Kombination mit thermischer Inaktivierung (Hitze, Wasserdampf)[85].

Ohne die Natur des Scrapie-Erregers zu kennen, schrieb D.R. Wilson bereits 1953, daß der Erreger höchst ungewöhnliche Eigenschaften aufweist (s. Kap. 1), z.B. daß er gegen Hitzebehandlung bei 100 °C während 30 Minuten bzw. gegen Formalin und Chloroform resistent ist [1026]. Wie dann 1966 von Tikvar Alper erstmals beschrieben, kann man auch mit Bestrahlungsmethoden die TSE-Erreger (Prionen) nicht vollständig inaktivieren [17]. Daraus zog T. Alper den Schluß, daß sie offensichtlich keine eigene Nukleinsäure besitzen (Abb. 4.2). Daher sind Desinfektionsmittel, die z. B. auf virale Nukleinsäure einwirken, gegen Prionen unwirksam. Zudem verfügen Prionen – im Gegensatz zu behüllten Viren – über keine Oberflächenspikes im Sinne von Angriffspunkten für chemische Wirkstoffe, weshalb die Übertragung bzw. das Eindringen der Prionen in die Wirtszelle damit nicht verhindert werden kann.

Im Jahr 1986 schließlich konnte gezeigt werden, daß bei einer Behandlung des Prion-Proteins mit Proteinase K (PK) nur etwa die ersten 68 N-terminal gelegenen Aminosäuren abgespaltet werden können, so daß Proteinfragmente von 27–30 kDa verbleiben (PrP 27–30), die gegenüber einer weiteren Enzym-Behandlung für Stunden resistent sind [100,1076]. Dieses Resultat läßt vermuten, daß die Resistenz gegen Proteinasen und gegen desinfizierende Wirkstoffe eine ähnliche Grundlage hat, welche in der molekularen Struktur des PrP^{Sc} verankert ist.

Die Widerstandsfähigkeit von Krankheitserregern gegenüber äußeren Einflüßen steht immer in enger Beziehung zur Struktur und den chemischen Bausteinen der Erreger. Daher bestehen gegenüber chemischen Desinfektionsmitteln grundsätzliche Stabilitätsunterschiede zwischen verschiedenen Erregergruppen (Prionen, Viren, Bakterien, usw.) oder selbst zwischen Untergruppen, z. B. zwischen Viren mit und ohne Hülle.

Prionen sind gegen viele üblicherweise breit eingesetzte bakterizide und viruzide Desinfektionsmittel und -verfahren besonders stabil (Tab. 44.1), da diese am PrP^{Sc}-Molekül nur erschwert Reaktionen auslösen können. Oft läßt sich lediglich eine Senkung der Infektiosität, aber – infolge „Selbstschutz" durch Aggregatbildung oder aufgrund sehr resistenter Prionstamm-Subpopulationen [194] (s. Kap. 12) – keine komplette Inaktivierung erreichen, beispielsweise mit Guanidinium-Thiocyanat. Mit anderen Reagenzien, z. B. mit Alkohol, bleiben Inaktivierungsreaktionen gänzlich aus, weshalb damit die Infektiosität bzw. Pathogenität der

[85] Eine ausführliche Beschreibung der physikalischen Inaktivierungsmethoden findet sich im Kapitel 45.

Tabelle 44.1: Chemische Wirkstoffe mit fehlendem oder ungenügend inaktivierendem Effekt auf Prionen (oder die sich aus anderen Gründen nicht gut dazu eignen).

- Aldehyde[1)]: Formaldehyd bzw. Formalin, Glyoxal, Bernsteinsäuredialdehyd, Glutaraldehyd
- Aceton
- Alkohole
- Diethyl-Ether
- β-Propiolacton
- Chlordioxid
- Ethylenoxid
- Harnstoff
- Heptan
- Hexan
- Jod / Jodid / Jodophore
- Kalium-Permanganat
- Natrium-Dichlor-Isocyanurat (NaDCC), (Presept[2)])
- Natrium-Periodat
- Perchlorethylen
- Peressigsäure
- Petrolether / Benzin
- Phenole[2)]
- Trypsin
- Wasserstoff-Peroxid

[1)] Beachte: Jede Form von Autoklavieren ist weniger wirksam, wenn das Material vorher an Aldehyde oder andere fixierende Agentien exponiert wurde.

[2)] Quelle: Advisory Committee on Dangerous Pathogens & Spongiform Encephalopathy Advisory Committee *Transmissible spongiform encephalopathy agents: Safe working and the prevention of infection.* The Statuatory Office. London. ISBN 0-11-322166-5. 1998.

Prionen weder ausgeschaltet noch gesenkt werden kann.

Lediglich gewisse starke Alkalien (z. B. Natronlauge) und Oxidationsmittel (z. B. Natriumhypochlorit) können eine totale Inaktivierung bewirken.

44.2 Grundlagen der chemischen Inaktivierung von Prionen

Die geordnete Tertiärstruktur des PrP^{Sc} und seine Tendenz zur Bildung mehr oder weniger geordneter Aggregate (SAF, Prion rods) spielen offensichtlich eine wichtige Rolle für die Resistenz und Infektiosität von Prionen. Dann sollte die Zerstörung der geordneten SAF-Struktur und der Prion rods (Abb. 8.1) auch zu einer Minderung der Infektiosität führen.

Im Folgenden soll daher anhand von Erfahrungen aus der Proteinchemie überlegt werden, durch welche Stoffe und unter welchen Bedingungen eine irreversible Zerstörung der Tertiärstruktur und der Aggregatbildung von PrP^{Sc} und damit eine bleibende Inaktivierung von Prionen herbeigeführt werden kann.

Prinzipiell können Denaturierungen irreversibel oder reversibel sein. Rückbildung in den nativen Zustand wäre theoretisch für einzelne Prion-Proteine möglich. Bei PrP^{Sc} ist jedoch die Tendenz zur Aggregatbildung so stark ausgeprägt, und das nicht nur mit weiteren PrP^{Sc}-Molekülen, sondern auch mit anderen Komponenten der Zelle, daß dies sehr zur Stabilität der Prion-Infektiosiät beiträgt.

Folgende typische proteinchemischen Eigenschaften müssen bei der Diskussion der Stabilität mit berücksichtigt werden, ohne sie damit jedoch vollkommen erklären zu können. Eine intramolekulare Schwefelbrücke im PrP^{Sc}-Molekül (Abb. 6.2) hält zwei entfernt liegende Peptidkettenteile zusammen, wodurch die Tertiärstruktur des Proteinmoleküls eingeschränkt bzw. fixiert wird. Solche S-S-Brücken können prinzipiell auch intermolekular ausgebildet werden und zur Stabilität von Aggregaten beitragen. Des weiteren wird die Tertiärstruktur des Proteinmoleküls durch hydrophobe Wechselwirkungen zwischen unpolaren Aminosäureresten, ähnlich einem kleinen Öltröpfchen in Wasser, zusammengehalten. Schließlich sind bestimmte Teilbereiche des Proteinmoleküls in α-Helices oder β-Faltblättern organisiert, die durch Wasserstoffbrücken zusammengehalten werden. Geladene Seitenketten können über elektrische Anziehung in Form von Salzbrücken oder anderen polaren Wechselwirkungen auch zur internen Stabilität oder zur Bildung von SAF-Aggregaten beitragen.

Die auf derartige Strukturen wirkenden Reagenzien lassen sich in Gruppen einteilen, die auf unterschiedliche Bindungen innerhalb der Proteinstruktur einwirken, bzw. die Proteinstruktur in unterschiedlicher Weise destabilisieren [1239].

Guanidinium-Chlorid (*GdnCl*) und *Harnstoff* z.B. bewirken in erster Linie eine Zerstörung der Wasserstoffbrücken innerhalb der Polypeptidhelices bzw. β-Faltblattstrukturen. Dadurch werden wichtige Strukturelemente des Proteinmoleküls destabilisiert und es entsteht im allgemeinen ein ungeordnetes Knäuel der Polypeptidkette mit ungehinderter Beweglichkeit der Aminosäurebausteine innerhalb der Kette [1239]. Eine vollständige Umwandlung aus der geordneten Tertiärstruktur in das ungeordnete Knäuel wird in 6 M GdnCl (573 g/l) oder in 8 M Harnstoff (480 g/l) beobachtet. Diese Stoffe und Konzentrationen werden nur im Forschungslabor verwendet (s. Kap. 44.6). Schwefelbindungen, wie sie im PrP^{Sc}-Protein zwischen den Bausteinen 179 und 214 bestehen, werden von den beiden Stoffen nicht angetastet.

Einen interessanten Unterschied weisen *Guanidinium-Thiocyanat* (*GdnSCN*) und *Guanidinium-Sulfat* auf. Während GdnSCN bereits in 1,5 M Lösung (177 g/l) denaturierend wirkt [837], wird durch Guanidinium-Sulfat keine Denaturierung hervorgerufen. Dies weist auf einen Anioneneinfluß bei der Denaturierung hin.

Alkalien bewirken eine Neutralisation der im Proteinmolekül bei pH 7 positiv geladenen Amin- oder Guanidingruppen (Lysin und Arginin). Dadurch entfallen Salzbrücken und polare Wechselwirkungen zwischen unterschiedlichen Segmenten der Peptidkette, was zu einer Destabilisierung der Tertiärstruktur führen kann. Zusätzlich können bei starker Alkali-Einwirkung die Säureamidgruppen in Glutamin und Asparagin in die entsprechenden negativ geladenen Carboxyl-Gruppen umgewandelt werden.

Säuren bewirken eine Neutralisation der im Proteinmolekül bei pH 7 negativ geladenen Säuregruppen (Glutamat und Aspartat). Auch hierdurch fallen, wie unter *Alkalien* beschrieben, Salzbrücken u.ä. zwischen unterschiedlichen Segmenten der Peptidkette weg, mit der Folge einer Destabilisierung der Tertiärstruktur.

Alkohole und *Dioxan* wirken eher strukturverstärkend, d.h. sie fördern bei vielen Proteinen die Bildung von α-Helices. Bei PrP^{Sc} ist wahrscheinlich die Fällungsaktivität, die zu einer Stabilisierung beiträgt, überwiegend.

Detergentien beeinflussen, im Gegensatz zu den bisher behandelten Reagenzien, bereits in sehr kleinen Konzentrationen die Tertiärstruktur von Proteinen nachhaltig, da sie eine sehr große Affinität zu Proteinen haben. Sie können sowohl mit hydrophilen, wie auch hydrophoben Bereichen des Proteinmoleküls wechselwirken und dürften in erster Linie den hydrophoben Kern der Proteinmoleküle auflockern unter Bildung komplexer Mizellen. Das Detergens *Natriumdodecylsulfat* (*SDS*) bindet sehr fest an das Peptidrückgrat und denaturiert dabei die Struktur. Diese Bindung wird durch zusätzliche Hitzeeinwirkung sehr gefördert, wodurch es erst zur kompletten Inaktivierung von Prionen kommen kann (Tab. 44.2).

Oxidations- und Reduktionsmittel wirken in erster Linie auf die Schwefelbindungen, die von ihnen gespalten werden [1116]. Beim Aufbruch intramolekularer Schwefelbrücken geht die Einschränkung von Proteinkonformationen verloren und eine irreversible Denaturierung wird erleichtert.

Aldehyde, z.B. Formaldehyd oder Glyoxal, können Verknüpfungen zwischen entfernten Peptidkettenbereichen herbeiführen [1116] und auf diese Weise, ähnlich wie Schwefelbrücken, die vorgegebene Tertiärstruktur stabilisieren.

Generell sollte betont werden, daß die in den folgenden Unterkapiteln beschriebenen Inaktivierungsvorschriften auf empirischen Werten (Abnahme der Prion-Infektiosität) beruhen und nicht nur aus allgemein proteinchemischen Eigenschaften abgeleitet sind, da das letztere nur bedingt möglich ist.

44.3 Voraussetzungen für die Wirksamkeit chemischer Desinfektionsmittel

Bei der Anwendung kommerzieller Präparate gelten die Spezifikationen des Herstellers. Trotzdem muß – und dies gilt noch verstärkt bei der Verwendung selbstformulierter Desinfektionsmittel – durch geschultes Personal im Einzelfall stets berücksichtigt werden, daß die biologische Wirksamkeit von Desinfektionsmitteln bzw. die zuverlässige Desinfektion von zahlreichen sich gegenseitig beeinflussenden Faktoren abhängt [54], namentlich (Reihenfolge nach Wichtigkeit):

1. Einwirkungszeit
2. Konzentration
3. pH-Optimum
4. Einwirkungstemperatur
5. Stabilität bzw. Haltbarkeit des Desinfektionsmittels
6. Feuchtigkeit und Oberflächenbeschaffenheit der zu desinfizierenden Fläche
7. Abschwächung der Wirkung durch Tenside, Proteine, Fette u.a.

Unabhängig von der biologischen Wirksamkeit müssen ferner beachtet werden:

1. Gesundheitsbelastung der Beschäftigten durch das Desinfektionsmittel oder -verfahren
2. Umweltbelastung bzw. biologische Abbaubarkeit des Desinfektionsmittels
3. Materialverträglichkeit bzw. Korrosionsgefahr durch Desinfektionsmittel. Die Optimierung von mikrobiozider Wirksamkeit und Materialverträglichkeit gewinnt immer mehr an Bedeutung (auch aus ökonomischen Gründen).

44.4 Wirksamkeitsprüfung von potentiellen Wirkstoffen gegen Prionen

Aus den einleitend genannten Gründen sind bisher nur wenige gegen Prionen wirksame Desinfektionsmittel auf dem Markt erhältlich. Kommt hinzu, daß die Testmethoden zur Wirksamkeitsprüfung von potentiell geeigneten Produkten sehr aufwendig und zeitraubend sind. Die bisherige Testmethode der Wahl ist die Biotitration im Tier-Modell (Bioassay); sie erfolgt in fünf Schritten:

Schritt I Den Versuchstieren, meist Mäuse oder Hamster, wird intrazerebral (i.c.) Hirngewebe von TSE-Patienten injiziert.

Schritt II Nach der notwendigen Inkubationszeit zeigen die Versuchstiere i.d.R. typische Krankheitssymptome einer TSE. Aus diesen Tieren erhält man nun speziesadaptiertes infektiöses Material aus dem Hirngewebe (mit einem hohen reproduzierbaren Infektiositätstiter in der benötigten Menge).

Schritt III Zur Prüfung der Wirksamkeit werden während eines festgelegten Zeitraumes die aus Schritt II. erhaltenen standardisierten, infektiösen TSE-Hirnhomogenisate den zu prüfenden Desinfektionswirkstoffen ausgesetzt.

Schritt IV Die getesteten Wirkstoffe werden durch Reinigung der behandelten Hirnmasse mit Spüllösung entfernt, wobei zu beachten ist, daß infektiöses Material nicht etwa durch den Reinigungsschritt mit entfernt wird.

Schritt V Zuletzt erfolgt die i.c. Inokulation der aufgereinigten Hirnmasse in eine Gruppe von Versuchstieren. Parallel inokuliert man einer Kontrolltiergruppe unbehandelte infektiöse Hirnmasse, die derselben Reinigung (Schritt IV) unterworfen wurde. Die Beobachtung beider Gruppen erfolgt bis sich u.U. klinische Krankheitsmerkmale zeigen oder über einen möglichst langen

Zeitraum, der mindestens dem doppelten bis dreifachen der erwarteten Inkubationszeit entspricht.

Laut David Taylor ist es wichtig, daß bei der Interpretation der Versuchsergebnisse mit so behandeltem Hirngewebe keine voreiligen und vorbehaltlosen Rückschlüsse auf Restinfektiositätstiter gezogen werden, welche nur auf Extrapolation der entsprechenden Dosis/Inkubationszeitkurven beruhen. Vielmehr darf bei Wirksamkeitsprüfungen von Desinfektionsmitteln nicht auf eine Endpunkttitration nach verschiedenen Einwirkzeiten verzichtet werden. Zum einen besteht nämlich die Möglichkeit, daß eine kleine, sehr resistente Erreger-Subpopulation Behandlungen mit prinzipiell gut wirksamen chemischen Desinfektionsmitteln oder auch mit hohen Hitzegraden übersteht [180, 194]. Zum anderen kann ein Teil der Prionen aufgrund ihrer ausgeprägten Hydrophobie [1070,1079] sich auch auf die für Desinfektionsmittel schwerzugänglichen (schwerbenetzbare) hydrophoben Bereiche innerhalb des zu desinfizierenden Gutes oder SAF-Aggregates „zurückziehen". Manche Prionen können somit „in den Genuß" einer besser geschützten Position gelangen, als die anderen.

44.5 Geeignete chemische Desinfektionsmittel zur Inaktivierung von Prionen

44.5.1 Natriumhydroxid (NaOH, Natronlauge)

Für bestimmte nicht autoklavierbare Oberflächen und Materialien eignet sich am besten die einstündige chemische Desinfektion mit 2 M Natronlauge (8%) [199,1260], üblicherweise 2 x 30 Minuten oder über Nacht. Dieser Stoff ist gegen Prionen wirksam, hat aber den Nachteil, daß er auf Aluminium- und Zinkoberflächen korrosiv wirkt; insbesondere diese dürfen daher nie mit Hydroxidionen in Kontakt kommen. Instrumente aus rostfreiem (Edel)-Stahl hingegen können problemlos in hochalkalischen NaOH-haltigen Lösungen aufbereitet werden. Es gilt zudem zu beachten, daß Natronlauge eine sehr irritierende Lauge ist und unter keinen Umständen in das Auge gelangen darf; das Tragen einer Schutzbrille ist deshalb unumgänglich (Tab. 44.2).

44.5.2 Natriumhypochlorit (NaOCl, Javellewasser)

Ein gut wirksames Mittel gegen Prionen ist Natriumhypochlorit (NaOCl) [188]. Dadurch werden aber nicht nur aluminiumhaltige Metalle und verzinkte Anlagenteile durch Korrosion angegriffen, sondern generell alle oxidativ angreifbaren Metalle, weshalb NaOCl auch für Edelstahl nicht ideal ist. Eingesetzt wird es auf Keramikplatten und Steinflächen oder zur Desinfektion von größeren Raumflächen (z.B. in Örtlichkeiten, wo potentiell BSE-infektiöses Rindermaterial in großem Stil anfällt[86]). NaOCl wird als frische Lösung, z.B. in einer Konzentration von mindestens 5% mindestens eine Stunde lang angewendet [199, 1260]; dies entspricht 1,18% aktivem Chlor oder 11800 ppm freiem Chlor (oder 7,5%ige NaOCl-Lösung, 17000 ppm freies Chlor) (Tab. 44.2). Da nicht nur die absolute Chlormenge in ppm einer Verbindung maßgebend ist, sondern auch die Zeit, in welcher das Chlor an das Medium abgegeben wird, muß bei der Desinfektion von Prion-kontaminierten Materialien von der Verwendung anderer anorganischer oder organischer Chlorspender, z.B. Natrium-Dichlor-Isocyanurat (NaDCC), abgeraten werden [1260].

Das inaktivierende Prinzip des Natriumhypochlorits ist die Erzeugung von unterchloriger Säure, die als starkes Oxidationsmittel auf Prionen einwirkt. In Lösung ist unterchlorige Säure sehr instabil und zerfällt rasch nach der Formel $2HOCl \rightarrow 2O + 2HCl$ in naszierenden Sauerstoff und Salzsäure. Der wirksame Teil ist somit weder das Chlorgas noch die unterchlorige Säure, sondern der frisch entstehende Sauerstoff, welcher in dieser sehr reaktiven Form oxidativ-denaturierende Prozesse am PrP^{Sc} auslösen kann.

Unter der Einwirkung von NaOCl kommt es offensichtlich zu einer irreversiblen Inaktivie-

[86] Vor Jahren wurden z. B. in manchen Verwertungsbetrieben die Schädel von Rindern gespalten, um die Gehirne „herauszuschälen", oder das Gehirn wurde mit Hochdruck durch das Foramen okzipitale herausgeblasen.

rung durch zahlreiche kovalente Modifikationen im PrP^{Sc} [1072] (s. Kap. 44.2). Bei NaOCl ist besonders zu beachten:

1. Wichtig ist, daß die verdünnten Lösungen *frisch* zubereitet werden. In Apotheken und Drogerien ist eine 15%ige wäßrige Natriumhypochlorit-Lösung unter dem Namen Javellewasser erhältlich. Diese muß im Verhältnis 1:2 (1 Teil Konzentrat + 2 Teile H_2O) mit kaltem Leitungswasser verdünnt werden, um die gewünschte 5%-ige Lösung zu erhalten; *die Haltbarkeit beträgt maximal vier Wochen.*
2. Es ist in jedem Fall vorher abzuklären, ob nicht entfernbare *Gegenstände* im Raum eine Desinfektion mit Javellewasser schadlos überstehen.
3. Natriumhypochlorit hat neben der korrosiven Wirkung (selbst auf Edelstahl) den Nachteil der Schleimhautreizung, weshalb das Tragen einer *Schutzbrille* unbedingt erforderlich ist. Wird Natriumhypochlorit in

Tabelle 44.2: Überblick über die wirksamen chemischen Desinfektionsverfahren (bei 22 °C)

Geeignetes Verfahren bzw. Mittel	Konzentration M (mol/l)	Konzentration % (g/100 g)	Einwirkungszeit	Anwendungs-Bereich
Behandlung mit NaOH[1)]				
• 2 N	2	8	1 h	(Ober-)Flächendesinfektion und Wäsche[2)] (Liquor; s. Kap. 47.2) allg.: nicht autoklavierbare Materialien und Instrumente
• 1 N	1	4	2 h	Instrumente
• 1 N	1	4	5–10 min	kontaminierte Hände, danach mit H_2O spülen
Behandlung mit Natriumhypochlorit (NaOCl)[1, 3)]				
• 5900 ppm aktives Chlor	0,33	2,5	kurz	kontaminierte Hände, danach mit H_2O spülen
• 5900 ppm aktives Chlor	0,33	2,5	1 h	Wäsche[2)]
• 11800 ppm aktives Chlor *bis zu*	0,67	5	1 h	Instrumente (Liquor; s. Kap. 47.2)
17000 ppm[4] aktives Chlor	1	7,5	1 h	
Kochen in Natriumdodecylsulfat (SDS)				
• allein (bei Siedetemperatur)	0,10	3	10 min	Instrumente, auch Aluminium-haltige (s. Kap. 49.6.2)
• in Kombination mit Sterilisation bei 121 °C (1 h)	0,10	3	3 min	
Behandlung mit Guanidinium-Thiocyanat (GdnSCN)[5)]				
• 3 N	3	35	24 h	Instrumente, auch Aluminium-haltige
• 4 N[6)]	4	46,6	1 h	in Klinik, Zahnarztpraxis, Augenklinik
• 6 N	6	70	15 min	

1) Irritierend (Schleimhäute) und stark korrodierend (eloxiertes Material) s. Ausführungen in Kap. 49.6.1.
2) Vordesinfektion kontaminierter Wäsche, z. B. mit Liquor von TSE-Verdachtspatienten.
3) Haltbarkeit: Max. 4 Wochen.
4) Als einfache Faustregel werden meist 20000 ppm empfohlen.
5) Haltbarkeit: > 1 Jahr. Eine 100%ige Inaktivierung kann nur in Kombination mit Dampfautoklavierung bei 134 °C erreicht werden (s. Kap. 49.6.2)! Ätzend für Haut/Schleimhaut und teilweise korrodierend.
6) Zur Desinfektion von flexiblen Endoskopen gemäß Kap. 47.10.1.

großen Mengen angewandt, z. B. bei der Desinfektion von Räumlichkeiten, in denen Schädel von BSE-positiven/BSE-verdächtigen Tieren manipuliert werden, ist das Tragen einer *Atemschutzmaske* mit einem adäquaten Schutzfilter zur Bindung des freien Chlors angezeigt [1195].
4. Zudem ist es in diesem Anwendungsbereich aus Gründen des *Umweltschutzes* unverzichtbar, vor der Entsorgung über das Abwassersystem eine Reduzierung der oxidierenden Wirkung von Javellewasser mit einer entsprechenden Menge von Natriumthiosulfatlösung durchzuführen.

44.5.3 Guanidinium-Thiocyanat (GdnSCN)

Gemäß Laura Manuelidis [891] kann zur Dekontamination von empfindlichen Oberflächen und Instrumenten in neurochirurgischen Kliniken, Augenkliniken und Zahnarztpraxen Guanidinium-Thiocyanat (GdnSCN) – kombiniert mit darauf folgender Hitzebehandlung – empfohlen werden. GdnSCN ist im Handel als 4 M Lösung erhältlich (RNA lysis buffer Nr. 40082, Perkin Elmer). Diese Lösung enthält ein nicht genanntes Detergens, welches die Gewebepenetration und -zerstörung fördert [891]. Es wird angenommen, daß bei GdnSCN nicht das Guanidinmolekül, sondern das Thiocyanat-Anion – zusammen mit dem Detergens – der aktiv wirksame Teil ist [1074]. Die nötige Einwirkungszeit der 4-molaren Lösung ist eine Stunde (Tab. 44.2) [55]. GdnSCN weist eine *beachtliche Haltbarkeit von >1 Jahr* auf und ist wegen der in Kapitel 44.5.1–2 erwähnten Vorbehalte gegenüber Natronlauge oder Natriumhypochlorit bei der Desinfektion von empfindlichen Instrumenten angezeigt. Ohne Kombination mit thermischer Inaktivierung, d.h. Dampfsterilisation während mindestens 18 Minuten bei 134 °C kann dabei jedoch keine 100%ige Eliminierung der Infektiosität erreicht werden (s. Kap. 49.6.2).

44.5.4 Natriumdodecylsulfat (SDS)

Um Verätzungen von Haut und Schleimhaut, aber auch um die Korrosion von schwach eloxierten Aluminiumflächen oder Zinkoberflächen zu vermeiden, verwenden manche Laboratorien als Alternative zu GdnSCN eine Natriumdodecylsulfat-Lösung (SDS). Bei diesem Wirkstoff macht man sich die starke tensidische Aktivität der Verbindung zu Nutze.

Die zu desinfizierenden Utensilien werden in mindestens 3%iger SDS-Lösung (=0,10 M) mindestens zehn Minuten lang gekocht [56, 1260]. Wie mit GdnSCN bleibt auch nach Desinfektion mit SDS eine Restinfektiosität übrig, es sei denn, das Material werde zusätzlich während einer Stunde mit 121 °C autoklaviert; in diesem Fall genügen auch drei Minuten SDS-Exposition [224] (Tab. 44.2).

44.6 Denaturierungsmittel

Da es nicht in den Rahmen dieses Kapitels passen würde, fehlen hier die im Forschungslabor verwendeten Denaturierungsmittel (vgl. [434b], Kap. 12.4) und Detergentien, die *zur Aufreinigung von PrP 27–30* und *beim Versuch, residuale Nukleinsäure* (s. Kap. 4.5) *in Prionen nachzuweisen* [745,747,937], verwendet werden. Sehr ausführliche Detailinformationen dazu enthält das Buch *Prion Diseases-Methods in Molecular Medicine* [88].

44.7 Ungeeignete oder weniger geeignete Desinfektionsmittel

44.7.1 Formaldehyd (CH_2O, Formalin)

Aldehydische Lösungen können für die Desinfektion von Prionen nicht empfohlen werden (Tab. 44.1). Formaldehyd, ein klassisches Desinfektionsmittel in der Medizin, ist nahezu unwirksam in der Prioninaktivierung. Die Wiederverwendung CJD-kontaminierter chirurgischer Instrumente führte denn auch trotz Formalinbehandlung zu den ersten iatrogenen CJD-Übertragungen [134]. Sechs Fälle sind weltweit bekannt, die auf diese Weise verursacht wurden (Tab. 14.1); zwei davon in der Schweiz. Es handelte sich um zwei junge Patienten, welche etwa zwei Jahre nach stereotaktischem Eingriff zur Erstellung eines EEG's mittels Hirnelektroden an CJD erkrankten. Die verwendeten Instrumente waren zuvor, anläßlich eines Eingriffs an einer CJD-infizierten Patientin, kontaminiert und danach – ob der Unkenntnis der Situation – nicht angemessen desinfiziert worden (nur 70%iger Alkohol (s. u.) und Formalin (CH_2O in wässriger Lösung)) [134]. Heute müssen daher andere Desinfektionsmaßnahmen zur Dekontamination wiederverwendbarer Instrumente in der Neurochirurgie, Ophthalmologie etc. (s. Kap. 47.4.2) angewandt werden (Tab. 47.3–4).

Paul Brown und seine Kollegen dokumentierten 1982 [200], daß das umfassende *Wirkungsspektrum der Aldehyde definitiv nicht auf Prionen ausdehnbar* ist. Sie zeigten die limitierte inaktivierende Wirkung, welche 10%iges Formalin auf Scrapie-infektiöses Gewebe besitzt. Sie verwendeten dazu eine Ausgangsinfektiosität von 8,8 $\log_{10}ID_{50}$[87)] und stellten die Wirkung dieser Behandlung einer thermischen Desinfektion durch Autoklavierung sowie einer Kombination der beiden Prozesse gegenüber. Es ergaben sich folgende Resultate [241]:

1. Eine reine Formaldehyd-Behandlung während 48 Stunden bewirkte lediglich eine Titerreduktion um 1,5 $\log_{10}$-Einheiten auf 7,3 $\log_{10}LD_{50}$.
2. Die gleiche Formaldehyd-Behandlung mit anschließender Dampfautoklavierung bei 134 °C während 30 Minuten reduzierte den Infektiositätstiter um 1,8 $\log_{10}$-Einheiten auf 7,0 $\log_{10}LD_{50}$.
3. Der Autoklavierungsprozeß allein (Dampfautoklavierung bei 134 °C während 30 Minuten) führte zu einer Titerreduktion um 5,3 $\log_{10}$-Einheiten auf 3,5 $\log_{10}LD_{50}$.
4. Die Dampfautoklavierung mit anschließender Formaldehyd-Behandlung erzielte eine Reduktion um 6,8 $\log_{10}$-Einheiten auf 2,0 $\log_{10}LD_{50}$.

Offensichtlich hat die Reihenfolge bei der kombinierten Anwendung der Formaldehyd-Behandlung und des Autoklavierens einen erheblichen Einfluß auf den Endtiter (s. Kap. 49). Eine vorausgehende Behandlung des Scrapie-Erregers mit Formaldehyd vermindert somit die sterilisierende Wirkung einer nachfolgenden Autoklavierung. Bei Kontamination mit formalinfixierten Proteinproben ist daher, z. B. in Forschungslaboratorien, eine (zusätzliche) effiziente Dekontamination *vor* der thermischen Behandlung notwendig (s. Kap. 48.2–3, 49.6.3).

Eine mögliche Erklärung für dieses Phänomen könnte darin liegen, daß in der Suspension vorhandene prionhaltige Hirnzellen oder Zellbestandteile durch die Einwirkung des Formaldehyds fixiert werden und dadurch die Scrapieerreger schützen oder darin, daß die pathogene Konformation des PrP^{Sc} durch die Formaldehydeinwirkung fixiert wird.

Eine der Formalinzugabe vorausgehende Autoklavierung während 18 Minuten bei 134 °C und ⩾ 3000 hPa Druck hingegen dürfte zu einer thermischen Denaturierung des PrP^{Sc} führen, die durch das Formaldehyd sogar noch fixiert wird.

44.7.2 Ameisensäuse (CH_2O_2)

CH_2O_2 wird in der Pathologie zur Vorbehandlung von Gewebe benutzt; es hat jedoch nur eine partiell inaktivierende Wirkung auf den Erreger von Prionkrankheiten. Einige Details dazu finden sich in den Kapiteln 26.2 und 48.2.

44.7.3 Alkohole

Alkohole wie Ethanol, 1- und 2-Propanol zeigen ebenfalls keine Wirkung auf Prionen. Dies dürfte auf die stabile Konformation des PrP^{Sc} und den im allgemeinen strukturverstärkenden Einfluss der Alkohole auf Proteine zurückzuführen sein (s. Kap. 44.2, Tab. 44.1).

Somit eignen sich die herkömmlichen alkoholischen Händedesinfektionsmittel nicht zur Desinfektion von Prion-kontaminierten Händen, z. B. im Pathologie- oder Forschungslabor. Wirksame Hautdesinfektionsmethoden sind in den Kapiteln 48.3 und 49.7 beschrieben.

---

87 Eine ID_{50} ist die infektiöse Dosis (verabreichte Menge des infektiösen Materials), die mit 50% Wahrscheinlichkeit zu einer tatsächlichen Infektion führt. Für TSE ist die infektiöse Dosis (ID_{50}) gleich der letalen Dosis (LD_{50}).

45 Die Inaktivierung von Prionen durch Hitze

Radulf C. Oberthür

45.1 Einleitung

Die Hitzeresistenz von Prionen ist seit längerem bekannt [683]. Sie wird von Wallhäuser [1300] der höchsten Hitzeresistenzstufe VI zugeordnet: gespannter Dampf von 132 °C mit einer Einwirkzeit von 60 Minuten soll eine ausreichende Inaktivierung gewährleisten. Allerdings wird eingeräumt, daß über die Resistenz des Erregers noch nähere Einzelheiten fehlen.

Erst das massive Auftreten von BSE hat die Notwendigkeit einer genauen Kenntnis der Inaktivierung von Prionen deutlich gemacht. 1988 wurde erstmals der Verdacht geäußert, daß der Erreger über die Verfütterung bestimmter tierischer Proteine ohne genügende Inaktivierung übertragen wurde (s. Kap. 52). Diese protein- und fettreichen Rohstoffe, soweit sie für die menschliche Ernährung geeignet erschienen, z.B. Fette einschließlich Rückenmark geschlachteter Tiere oder Gehirn, waren – u.a. in GB – seit den frühen 70er Jahren (Abb. 19.2) nur noch unter relativ milden thermischen Bedingungen zu proteinreichen Einzelfuttermitteln verarbeitet worden [984]. In erster Linie wurde das Augenmerk noch auf die Keimfreiheit bezüglich Salmonellen und Enterobakterien gelenkt [43].

Für die Verarbeitung von verendeten Tieren und genußuntauglichen Schlachtabfällen galten dagegen bereits seit 1939 in Deutschland die strengen Verarbeitungsbedingungen des Tierkörperbeseitigungsgesetzes mit 132 °C gespanntem Dampf während einer Zeit von 30 Minuten [1296]. Seit 1973, nach der Neufassung des Tierkörperbeseitigungsgesetzes, war eine Temperatur von 133 °C während einer Zeit von 20 Minuten vorgeschrieben [560]. Damit sollte u.a. auch die Abtötung der hitzeresistenten Sporen des Milzbranderregers gewährleistet werden. Seit 1990 wurde die Forderung nach Keimfreiheit erweitert um die Freiheit von *Clostridium perfringens* als Vertreter eines relativ hitzeresistenten Keimes unmittelbar nach der thermischen Behandlung [43].

Versuche zur genaueren Bestimmung der Hitzeresistenz des BSE-Erregers, die allen an sie zu stellenden Kriterien gerecht werden, sind rar. Es soll daher im Folgenden auf die Physiko-Chemie der Hitzeresistenz eingegangen und daran anschließend lediglich eine grobe Abschätzung der Bedingungen angegeben werden, unter denen Prionen inaktiviert werden können.

45.2 Physiko-Chemie der Hitzeeinwirkung auf komplexe biogene Strukturen

Wärme bewirkt eine Beschleunigung der molekularen Bewegungen. Dadurch werden vorherrschende Ordnungen zerstört [269]. Von der Vielzahl der Phänomene seien hier das Verdampfen von Flüssigkeiten, die Zerstörung der dreidimensionalen Struktur eines Proteins und die Auflösung zellulärer Ordnungen genannt. Bei hohen Temperaturen kann im Wasser ein Kettenabbau durch Hydrolyse stattfinden oder im trockenen Zustand Kondensationsreaktionen auftreten, wie die Maillard-Reaktion zwischen Kohlehydraten und Proteinen [114]. Bei all diesen Reaktionen wird die ursprüngliche Funktion des Systems zerstört, wie die Aktivität eines Enzyms oder die Infektiosität eines Prions.

Mehrere Faktoren können auch wieder stabilisierend auf die ursprüngliche Struktur wirken, wie die Adsorption an Oberflächen [1255], das Eintauchen in Fett [1198,1199] oder die Bildung von größeren Aggregaten oder Molekülverbänden aufgrund hydrophober Wechselwirkungen (s. Kap. 44.2). Überstrukturen, die chemisch über Schwefelbrücken miteinander vernetzt sind, wie im Keratin von Borsten und Federn, können sich besonders erfolgreich einer Hitzedenaturierung widersetzen [404].

Die Zerstörung der Struktur ist fast ausnahmslos irreversibel. Im allgemeinen wird auf diese Weise gleichzeitig die Verdaulichkeit, d.h. die Angreifbarkeit durch Enzyme, erhöht. Daher ist das Kochen oder Braten auch eine bewährte Methode zur Bekömmlichmachung von Fleisch ebenso wie das Brotbacken für das Bekömmlichmachen von Getreide [114].

Denkbar ist zwar auch eine Reversibilität der thermischen Denaturierung. Sie konnte z.B. bei Ribonuklease [269] und einigen anderen Enzymen unter Einhaltung bestimmter Randbedingungen nachgewiesen werden. Um so unwahrscheinlicher wird eine solche Reversibilität jedoch je heterogener und komplexer das System ist, in dem die Denaturierung stattfindet, d.h. je mehr potentielle Partner für neue Verknüpfungen der denaturierten Molekülteile oder andere Folgereaktionen anwesend sind.

45.3 Kinetik der thermischen Denaturierung und Inaktivierung

Denaturierungs- und Inaktivierungsreaktionen komplexer Systeme in Flüssigkeiten, die eine Strukturänderung des Systems bis hin zu verschwindend kleinen Konzentrationen der ursprünglichen funktionellen Teilchen aufweisen, sind meistens Reaktionen 1. Ordnung. Dabei kann ein solches System oder Teilchen ein Bakterium, ein Virus, ein Proteinmolekül oder eine andere komplexe abgegrenzte Struktur sein. Die notwendige Energie zur Zerstörung der ursprünglichen Struktur kann dabei über die Flüssigkeit, in der die Teilchen gelöst sind, übertragen werden. Bei Reaktionen 1. Ordnung nimmt die Konzentration c der ursprünglichen, d.h. unversehrten Teilchen mit der Zeit t bekanntermaßen exponentiell ab:

$$-dc/dt = k \cdot c \quad (1)$$

$$c = c_0 \cdot \exp(-kt) \quad (2)$$

wobei c_0 die Anfangkonzentration zur Zeit $t = 0$ und

k die Geschwindigkeitskonstante der Reaktion bezeichnet.

Statt der Geschwindigkeitskonstanten k wird bei Reaktionen 1. Ordnung häufig auch, der besseren Anschaulichkeit wegen, die Halbwertszeit $t_{1/2}$ (bei radioaktiven Zerfallsreaktionen) oder die Dezimierungszeit D (bei der Abtötungskinetik von Bakterien) angegeben [114, 1099,1300]. Dabei ist die *Halbwertszeit* die Zeit, die verstreicht, bis die Hälfte der ursprünglich vorhandenen Teilchen reagiert hat, während die *Dezimierungszeit* die Zeit angibt, in der 90% der ursprünglich vorhandenen Teilchen reagiert haben, d.h. nur noch 1/10 der Anfangkonzentration vorhanden ist.

Aus Gleichung (2) ergibt sich:

$$t_{1/2} = \ln 2/k = 0{,}693/k \quad (3)$$

$$D = \ln 10/k = 2{,}303/k \quad (4)$$

Insbesondere mit Hilfe der Dezimierungszeit D läßt sich bei Reaktionen 1. Ordnung in einfacher Weise ausrechnen, um wieviele Größenordnungen n eine ursprünglich vorhandene Teilchenzahl bzw. Konzentration abgenommen hat. Dabei gilt nach Gleichung (2) und (4)

$$\lg(c_0/c) = n = t/D \quad (5)$$

Die Geschwindigkeitskonstanten sind bei chemischen Reaktionen abhängig von der Temperatur sowie auch von anderen Bedingungen im Reaktionsmedium, wie pH, Ionenstärke und Anwesenheit verschiedener stabilisierender oder destabilisierender Stoffe. Im allgemeinen nimmt die Reaktionsgeschwindigkeit mit der Temperatur zu. Nach Arrhenius kann diese Temperaturabhängigkeit durch die folgende Gleichung beschrieben werden [269].

$$k = k_0 \cdot \exp(-E_A/RT) \quad (6)$$

Dabei ist E_A die sog. Aktivierungsenergie der Reaktion

k_0 die Geschwindigkeitskonstante ohne Aktivierungsenergie ($E_A = 0$)

R die allgemeine Gaskonstante ($R = 8{,}31$ J/[K·mol])

und
T die absolute (thermodynamische) Temperatur[88]

Typische chemische Reaktionen, die nur wenige Bindungen einbeziehen, haben Aktivierungsenergien von 50–200 kJ/mol [114,953]. Enzymatische Katalyse führt zu einer Erniedrigung der Aktivierungsenergie mit typischen Werten für E_A von 10–60 kJ/mol [114]. Dagegen weisen thermische Inaktivierungsreaktionen von Enzymen [114] bzw. Denaturierungsreaktionen von Proteinen [724] im wäßrigen Medium Werte von 200–750 kJ/mol auf.

Auf genauere Analysen, bei denen auch die geringe Temperaturabhängigkeit von k_0 und E_A berücksichtigt wird, braucht hier nicht eingegangen zu werden.

Zur rechnerischen Behandlung der Temperaturabhängigkeit der Inaktivierungskinetik in der Lebensmitteltechnologie wird im allgemeinen das Temperaturintervall z verwendet, in dem sich die Dezimierungszeit um den Faktor 10 ändert [114]. Für D als Funktion der Temperatur ergibt sich somit

$$D = D(T_B) \cdot 10^{(T_B - T)/z} \tag{7}$$

wobei $D(T_B)$ die Dezimierungszeit bei der Bezugstemperatur T_B bezeichnet, während aus den Gleichungen (6) und (4) erhalten wird

$$\begin{aligned} D &= D(T_B) \cdot \exp[(E_A/R) \cdot (1/T - 1/T_B)] \\ &= D(T_B) \cdot \exp[(E_A/RTT_B) \cdot (T_B - T)] \end{aligned} \tag{8}$$

Ein Vergleich der beiden Gleichungen (7) und (8) ergibt, daß z sowohl von E_A wie auch von der absoluten Temperatur T abhängt, wie die folgende Gleichung zeigt:

$$z = (RT^2 \cdot \ln 10)/E_A \tag{9}$$

Große z-Werte (z. B. 40 K) sind danach für niedrige Aktivierungsenergien wie bei chemischen Reaktionen zu erwarten, kleine z-Werte (z. B. 7 K) dagegen bei hohen Aktivierungsenergien, wie für Inaktivierungsreaktionen von Enzymen im wäßrigen Medium typisch.

Zur Charakterisierung der *Inaktivierung von TSE-Erregern* werden im Folgenden der $D(T_B)$-Wert (Dezimierungszeit bei der Bezugstemperatur T_B) und der z-Wert (Temperaturdifferenz zur Änderung der Dezimierungszeit um den Faktor 10) verwendet oder aber alternativ zum $D(T_B)$-Wert die Minutendezimierungstemperatur T_{mD}, d.h. die Temperatur bei der die Keimpopulation in 1 Minute gerade dezimiert wird [637,1105, 1106], (dort T_{SR} genannt). Dabei gilt:

$$T_{mD} = T_B + z \cdot \lg[D(T_B)/\text{min}] \tag{10}$$

oder

$$D(T_B)/\text{min} = 10^{(T_{mD} - T_B)/z} \tag{11}$$

Alle drei Werte können aus den bisher durchgeführten Experimenten entnommen werden.

45.4 Versuchsaufbau zur thermischen Inaktivierung

Die Inaktivierung läßt sich grundsätzlich auf zwei verschiedene Arten durchführen. Bei der ersten Art befindet sich die Probe im allgemeinen in einem ruhenden Gefäß, die Wärmeübertragung erfolgt im wesentlichen durch Wärmeleitung. Bei der zweiten Art ist das Probenmaterial in dauernder Bewegung, wird also gerührt oder gepumpt, die Wärmeübertragung erfolgt im wesentlichen durch Konvektion. Im ersten Fall wird die Temperatur im Zentrum der Probe gemessen, d.h. an ihrem kältesten Punkt, im zweiten Fall im strömenden Material. An zwei Beispielen sollen die Unterschiede im zeitlichen Verlauf der Temperatur während der Sterilisation erläutert werden:

Im ersten Beispiel [1171] (rote Kurve in Abb. 45.1) wurden 20 g gemischtes Rohmaterial aus der Tierkörperverwertung in einer geschlossenen 30 ml Glasflasche in einem Dampfsterilisator (Autoklav) auf die Solltemperatur von 133 °C für eine Dauer von 20 Minuten erhitzt. Der Wärmeübergang erfolgte vom Dampf über die Glaswand der Flasche ins Material. Dabei schwankte die Dampftemperatur von 133–140 °C.

[88] Die absolute (thermodynamische) Temperatur wird in Kelvin [K] angeben und hat ihren Nullpunkt beim absoluten Nullpunkt der Temperatur bei -273,15 °C. Somit ergibt sich der Zahlenwert der absoluten Temperatur in K durch Addition von 273,15 zum Zahlenwert der Temperatur in °C. Temperaturdifferenzen werden in Kelvin [K] angegeben.

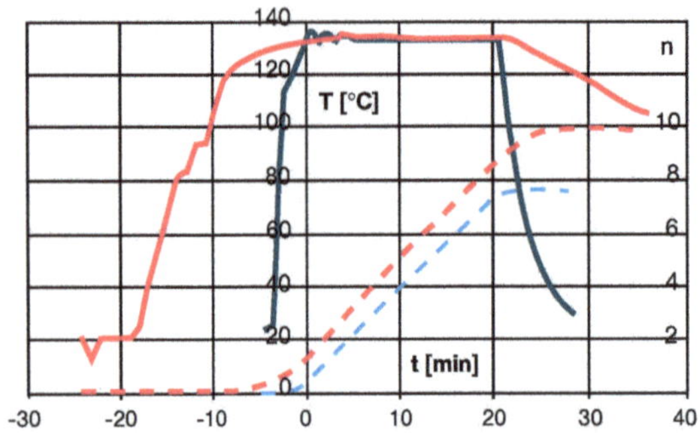

Abb. 45.1: Typischer zeitlicher Verlauf von Temperatur und Inaktivierungsgrad bei einem Inaktivierungsversuch. Rot: Erhitzung einer 30 µl Glasflasche mit 20 g Material im Dampfautoklaven [1171]. Blau: Erhitzung von 70 g Material im gerührten Inox-Autoklaven mit indirekter Mantelheizung über Sattdampf [983]. Die durchgezogenen Kurven zeigen den Temperaturverlauf, die gestrichelten Kurven die aus dem Temperaturverlauf mit T_{mD} = 138 °C und z = 10 K über die Gleichungen (5), (7) und (11) berechnete Inaktivierung in Zehnerpotenzen (rechte Skala). Endwerte der Inaktivierung: n = 7,5 für Blau und n = 9,9 für Rot. (Abb. von R. Oberthür).

Im zweiten Beispiel wurden 70 g einer auf die Hälfte mit physiologischer Kochsalzlösung verdünnten Schweinehirnsuspension in einem 100 ml Stahlautoklaven mit Rührer und Heizmantel für Sattdampfheizung [983] auf die gleiche Temperatur für die gleiche Zeit erhitzt und danach durch Spülen des Heizmantels mit kaltem Wasser so schnell wie möglich wieder abgekühlt.

Aus der Abbildung 45.1 werden die Unterschiede deutlich. Obwohl die zu erhitzende Masse im zweiten Fall deutlich größer ist, erfolgt die Aufheizung im gerührten Medium sichtlich schneller. Die nach den Gleichungen (5), (7) und (11) integrierte Inaktivierung über die beiden Temperaturverläufe mit der Annahme T_{mD} = 138 °C und z = 10 K ist über die gestrichelten Kurven dargestellt. Theoretisch sollte bei einer Sterilisationsdauer von 20 Minuten bei 133 °C eine Sterilisation von n = 6,3 Zehnerpotenzen erreicht werden. Durch die Vor- und Nachlauftemperaturen der beiden Beispiele werden jedoch in Wirklichkeit im 1. Beispiel n = 9,9 und im 2. Beispiel n = 7,5 erreicht. Es wird deutlich, daß der Vorlauf und Nachlauf zum eigentlichen Sterilisationsvorgang insbesondere beim ersten Beispiel einen bedeutenden Beitrag zur Gesamtsterilisation liefert. Könnte auch noch der zeitliche Verlauf des Temperaturgradienten innerhalb des Materials in der Flasche mit berücksichtigt werden, so würde das Ergebnis für n noch höher ausfallen. Derartige Unterschiede werden noch drastischer bei kürzeren Sterilisationszeiten. Werte aus solchen Versuchen können daher für den Vergleich mit theoretischen Modellen (s. Kap. 45.6) nur benutzt werden, wenn die Menge und Geometrie des Probenmaterials bekannt ist sowie der genaue Temperaturverlauf am Kältepunkt des Probenmaterials. Besser zu interpretieren sind Experimente im Rührautoklaven, wo die Temperaturverteilung durch das Rühren homogener ist und schneller aufgeheizt und abgekühlt werden kann. Jedoch sind in der Literatur bisher nur Technikumsexperimente in derartigen Apparaturen beschrieben worden [1264,1265].

Als Beispiel für die Auswertung von Inaktivierungsexperimenten soll ein von Taylor und Kollegen [1262] durchgeführtes *Experiment zur Inaktivierung eines an Mäuse adaptierten Scrapie-Erregers durch trockene Hitze* dienen. Je 7 mg eines Hirnmazerats wurden auf Objektträger geschmiert und so trockener Hitze mit Temperaturen von 120–200 °C während einer Zeitdauer von jeweils 20 Minuten bis zu 24 Stunden (1440 min) ausgesetzt.

Die Konzentration des aktiven Erregers im eingesetzten Hirnmazerat wurde über i.c. Inokulation von je 20 µl dekadischer Verdünnungen des Ausgangsmaterials mit physiologischer Kochsalzlösung in das Gehirn von Mäusen durch Endpunkttitration bestimmt (Abb. 52.3). Für den Logarithmus der Anzahl ID_{50} (infektiöse Dosis bei der eine Maus mit 50% Wahrscheinlichkeit infiziert wird) in einem Gramm Hirnmasse wird 8,3 erhalten, d.h. in einem Gramm Hirnmasse sind 200 Millionen ID_{50}, bzw. 1 ID_{50} = 5 ng. In analoger Weise wurde mit einer erhitzten Probe verfahren. Eine Bestimmung der Erregerkonzentration über die Inkubationszeit ist bei Inaktivierungsversuchen problematisch, da die Dosis-Inkubationszeit-Kurve sich mit der Hitzebehandlung ändert [1262].

Tabelle 45.1: Auswertung der Inaktivierung eines mausadaptierten Scrapie-Erregers [1262] durch trockene Hitze zur Bestimmung der Größenordnung der Inaktivierung n als Funktion von Temperatur und Zeit und der Dezimierungszeit D (T) als Funktion der Temperatur. Die verabreichte Dosis lag bei 20 µl einer 100-fachen Gehirnverdünnung, d.h. $m_D = 0{,}0002$ g.

Temperatur	Zeit min	Stamm der injizierten Mäuse	Anzahl infizierter bzw. injizierter Mäuse	H	lg (ID_{50}/g)	n	D(T) min
20 °C	na	BRVR	(Titration)	na	– 8,3	0	na
160 °C	60	BRVR	(Titration)	na	– 7,0	1,3	46
160 °C	240	A2G	5/8	0,625	– 3,9	4,4	55
160 °C	1440	BRVR	7/8	0,875	– 4,2	4,1	351
160 °C	1440	A2G	2/5	0,400	– 3,6	4,7	306
180 °C	60	A2G	3/5	0,600	– 3,8	4,5	13,3
200 °C	20	A2G	3/4	0,750	– 4,0	4,3	4,7

na nicht angegeben
min Minuten

Die Auswertung des Versuchs ist in Tabelle 45.1 zusammengefaßt. Dabei wurden in den beiden obersten Zeilen die nach der Kärber-Methode aus der Endpunkttitration erhaltenen in [1262] angegebenen Werte für lg(ID_{50}/g) angeführt. Dagegen wurde lg(ID_{50}/g) für die Experimente, wo nur eine Verdünnung den Mäusen injiziert wurde, aus dem Bruchteil H der infizierten Mäuse abgeschätzt nach Gleichung (3) aus dem Kapitel 52:

$$\lg(ID_{50}/g) = \lg(m_D/g) + \lg(-\ln 2/\ln(1 - H)) \quad (12)$$

wobei m_D/g den Zahlenwert der verabreichten Dosis in Gramm ursprüngliches Hirnmaterial bezeichnet.

Anhand der experimentellen Daten der Tabelle 45.1 für 160 °C läßt sich die Inaktivierungskinetik überprüfen. Nach Abbildung 45.2 ergeben sich Abweichungen von der Reaktion 1. Ordnung bei langen Reaktionszeiten. Ein derartiges Verhalten wird häufig bei Inaktivierungsexperimenten mit *TSE-Erregern* aber auch mit anderen Erregern wie Bakterien und Viren gefunden. Es läßt sich dadurch erklären, daß sich entweder ein Teil der Erreger in einer physikalisch-chemischen Umgebung befindet, wo er gegen thermische Denaturierung stabilisiert wird (Schutz durch Aggregatbildung, SAF; Adsorption an Oberflächen) oder daß eine Subpopulation des Erregers (vgl. Kap. 12.4–5) hitzestabiler ist als die Mehrheit.

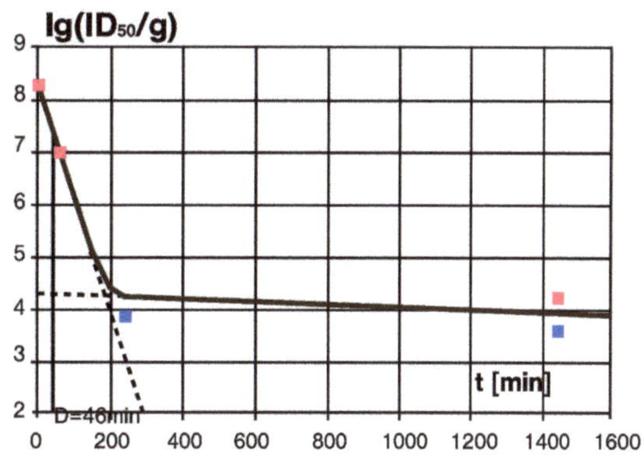

Abb. 45.2: Inaktivierungskurve des TSE-Erregers eines mausadaptierten Scrapiestammes im trockenen Zustand bei 160 °C [1262] (Tab. 45.1). Der Logarithmus der Anzahl ID_{50} pro g ist gegen die Zeit in Minuten aufgetragen. Bei den violetten Quadraten wurden BRVR-Mäuse, bei den blauen A2G-Mäuse zur Bestimmung der Erregerkonzentration verwendet. Die braune Kurve ist eine Anpassung an die experimentellen Befunde mit Hilfe zweier Inaktivierungskinetiken, einer schnellen mit D = 46 min und einer langsamen mit D = 3840 min. Die gestrichelten Geraden zeigen die Inaktivierungskurven getrennt für den schnellen und den langsamen Abbau. (Abb. von R. Oberthür).

Im ersten Fall sollte durch intensives Mischen der Probe während des Erhitzens der Erreger dazu gebracht werden können, daß er sich zwischen den Umgebungen austauscht und daß er dadurch im Mittel häufig genug in die Umgebungen gelangt, in denen er schnell abgebaut wird. Bei statischer Erhitzung dagegen kann ein Teil des Erregers dadurch überleben, daß in Medien mit Fett, Emulgator und Wasser beim Erhitzen eine Phasentrennung in Fett und Wasserphase stattfindet (Emulsionsspaltung), wobei ein Teil der Infektiosität sich in der Fettphase ansammelt (entsprechend dem Verteilungskoeffizienten zwischen Fett und Wasser), wo sie besser geschützt ist. Auch durch Adsorption an eine Oberfläche können *Schutzeffekte* erzielt werden, wie im Fall der Anwesenheit von Aktivkohle bei der feuchten Inaktivierung des Erregers Scrapiestamm ME6 gezeigt wurde [1255]. Denkbar ist generell eine *Stabilisierung eines kleinen Teils der Prionen durch hydrophob/hydrophile Grenzflächen*, wie die Grenzfläche zwischen der wäßrigen Phase und Aktivkohle oder die Grenzfläche zwischen dem hydrophilen Objektträger und der getrockneten fettreichen Hirnmasse auf dem Objektträger [1262] (Abb. 45.2).

Im zweiten Fall sollte es möglich sein, durch Selektion des hitzeresistenten Stammes diesen zu reproduzieren und dann die Absterbekinetik dieses neuen Stammes allein zu untersuchen.

45.5 Ergebnisse der bisherigen Versuche

Analog zu der im Kapitel 45.4 dargestellten Vorgehensweise ist in den letzten 25 Jahren eine Fülle von Messungen der Inaktivierung verschiedener TSE-Erreger durchgeführt worden. Im Folgenden wird an eine Zusammenfassung der Daten nach Casolari [255] angeknüpft und diese um neuere Daten erweitert (Tab. 45.1, 45.2). Die Daten sind nach steigender Temperatur angeordnet. Aus der Zeit t, während der die Probe nach den Literaturangaben einer Temperatur T ausgesetzt war und der beobachteten Inaktivie-

Tabelle 45.2: Zusammenstellung von Literaturangaben über die Inaktivierung von TSE-Erregerstämmen durch feuchte Hitze zur Bestimmung der Dezimierungszeit D(T) als Funktion der Temperatur.

TSE-Erregerstamm	Medium	T [°C]	t [min]	n	D [min]	Literatur (Quelle)
263K	1M NaOH	22	60	> 5,5	< 10,9	[1260]
263K	2M NaOH	22	120	> 5,1	< 23,5	[1260]
22A	Salzlösung	60	360	0,8	450	[1259]
301V	Salzlösung	60	360	1	360	[1259]
22A	Salzlösung	70	240	0,4	600	[1259]
301V	Salzlösung	70	240	1,6	150	[1259]
22A	Salzlösung	80	10	0,4	25	[1259]
301V	Salzlösung	80	10	0,9	11,1	[1259]
22A	Sattdampf	100	30	0,8	37,5	[1259]
301V	Sattdampf	100	30	0,8	37,5	[1259]
263K	Sattdampf	100	120	2	60	[1125]
Scrapie	Sattdampf	118	10	4	2,5	[683]
Scrapie	Sattdampf	121	60	7,5	8	[200]
263K	Sattdampf	121	5	7	0,7	[1125]
CJK	Sattdampf	121	60	> 5	< 12	[199]
CJK	Sattdampf	121	60	> 8,3	< 7,2	[199]
Scrapie	Sattdampf	124	20	4,6	4,3	[962]
BSE	Fleischbrei	125	15	1,3	11,5	[1171]
BSE	Fleischbrei	125	15	1,1	13,6	[1171]
Scrapie	Fleischbrei	125	15	2,7	5,6	[1171]
Scrapie	Fleischbrei	125	15	2,2	6,8	[1171]
22A	Sattdampf	126	120	3	40	[775]
BSE	Hirnbrei	133	20	> 3,5	< 5,7	[1171]
Scrapie	Hirnbrei	133	20	> 3,7	< 5,4	[1171]
263K	Hirnbrei	134	18	> 7,2	< 2,5	[1260]
263K	Hirnbrei	134	30	> 7,3	< 4,1	[1260]
22A	Hirnbrei	136	4	> 6	< 0,7	[775]

rung n in Zehnerpotenzen, die aus der Erhitzung resultierte, erhält man nach Gleichung (5) die Dezimierungszeit D.

In Abbildung 45.3 sind die Dezimierungszeiten D(T) aus den Tabellen 45.1 und 45.2 in halblogarithmischer Auftragung als Funktion der Temperatur dargestellt. Es ergeben sich deutlich drei Bereiche, die entsprechend den theoretischen Betrachtungen des Kapitels 45.6 interpretiert werden können.

Zunächst soll auf die Daten der **trockenen Erhitzung** (braune Dreiecke in Abb. 45.3, Daten aus Tab. 45.1) eingegangen werden. Für die vollen braunen Dreiecke ergibt sich eine ausgezeichnete Übereinstimmung mit z = 39 K. Die offenen Dreiecke stellen die Werte dar, die man aus den Langzeitinaktivierungen bei 160 °C unter formaler Anwendung der Gleichung (5) erhält. Allerdings wurde bereits bei der Betrachtung der Abbildung 45.2 erläutert, wie derartige Daten zustande kommen können, und deshalb wurden sie bei der Auswertung von Daten zur Inaktivierung durch trockene Erhitzung nicht berücksichtigt.

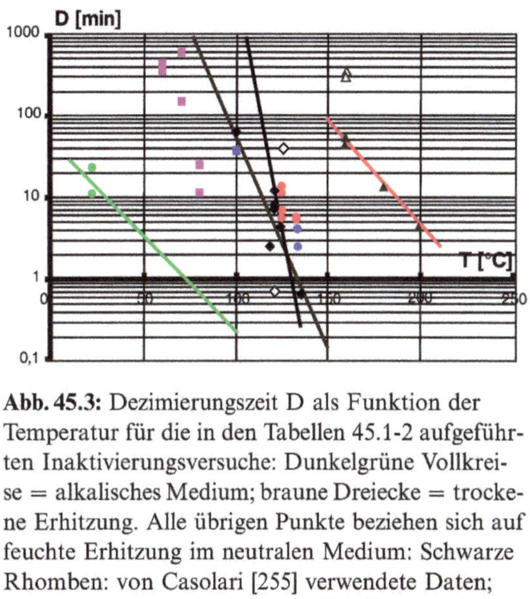

Abb. 45.3: Dezimierungszeit D als Funktion der Temperatur für die in den Tabellen 45.1-2 aufgeführten Inaktivierungsversuche: Dunkelgrüne Vollkreise = alkalisches Medium; braune Dreiecke = trockene Erhitzung. Alle übrigen Punkte beziehen sich auf feuchte Erhitzung im neutralen Medium: Schwarze Rhomben: von Casolari [255] verwendete Daten; violette Quadrate: Erhitzung in Salzlösung; blaues Quadrat und blaue Kreise: Erhitzung durch Sattdampf; rote Vollkreise: Erhitzung mit Fleischbrei in geschlossener Flasche. Die grüne Gerade entspricht z = 43 K und D(20°C) = 17 min (T_{mD} = 73 °C); die braune Gerade z = 19,5 K und D(121°C) = 4,5 min (T_{mD} = 134 °C); und die rote Gerade z = 39 K und D(200°C) = 4,7 min (T_{mD} = 226 °C). Die schwarze Gerade entspricht Gleichung (8) mit E_A = 347 kJ/mol und D(121°C) = 10 min (z = 8,6 K und T_{mD} = 226 °C). (Abb. von R. Oberthür).

Im Bereich der niedrigen Temperaturen ist die *Behandlung von TSE-Erregern mit konzentrierten alkalischen Lösungen* in Abbildung 45.3 (grüne Punkte) mit aufgeführt. Für die Temperaturabhängigkeit der Inaktivierung wurde auf die gemessene Kinetik der alkalischen Hydrolyse von Ethylazetat [953] zurückgegriffen. Diese Vorgehensweise erscheint plausibel, da die absolute Reaktionsgeschwindigkeit der Inaktivierung von Prionen bei 20 °C in alkalischer Lösung in etwa mit derjenigen der Hydrolyse des Ethylazetats durch dasselbe Alkali übereinstimmt. Es ist daher anzunehmen, daß bei der Inaktivierung von TSE-Erregern durch Alkali ähnliche Hydrolyseprozesse eine Rolle spielen. Nach Abbildung 45.3 läßt sich voraussagen, daß 5-minütiges Kochen in 1–2 M NaOH zu einer *vollständigen Inaktivierung von TSE-Erregern* führen sollte (n > 20), *was bisher aber noch nicht experimentell nachgeprüft wurde* (vgl. Tab. 44.2)

Für den mittleren Bereich der Abbildung 45.3, der die Ergebnisse der Inaktivierung von Prionen durch feuchte Hitze darstellt, liegen die meisten experimentellen Daten vor. Casolari [255] versuchte hier eine Systematik hineinzubringen, indem er an die in Abbildung 45.3 durch schwarze gefüllte Rhomben dargestellten Datenpunkte die Gleichung (7) anpaßte. Er erhielt die in Abbildung 45.3 braun dargestellte Gerade mit z = 19,5 K und D(121 °C) = 4,5 Minuten. Bei der Anpassung vernachlässigte er allerdings die durch die leeren Rhomben dargestellten Datenpunkte, was sich folgendermaßen rechtfertigen läßt. Für die 120-minütige Messung von Kimberlin [775] könnte ähnlich wie bei der 1440-minütigen Messung bei der trockenen Erhitzung (Abb. 45.2) eine schützende Nische oder eine hitzeresistente Subpopulation an Prionen einen Kurvenschwanz bewirkt haben. Bei der 5-minütigen Messung von Rohwer [1125] dagegen könnte durch langsames Aufheizen und Abkühlen der Probe (Abb. 45.1) eine zu hohe Inaktivierung erreicht worden sein.

Fettschutzfaktoren bzw. die Verteilung eines kleinen Teils der Prionen auf die Fettphase könnten auch die höheren Werte von Schreuder und seinen Kollegen (rote Vollkreise) [1171] sowie von Taylor und Kollegen (blaue Vollkreise) [1260] erklären. Dagegen scheint der durch ein blaues gefülltes Quadrat dargestellte Wert der 30-minütigen Erhitzung mit Sattdampf bei 100 °C aus der Arbeit von Taylor und Kollegen [1259] den Wert von Rohwer zu bestätigen. Die Werte, die von Taylor und Kollegen [1259] bei der Temperatur 100 °C erhalten wurden, sind aufgrund der geringen Inaktivierung naturgemäß mit einem großen Fehler behaftet. Allerdings ist auffällig, daß sie alle unterhalb der Gerade von Casolari liegen. Der mit der schwarzen Gerade dargestellte zweite Vorschlag von Casolari zur Interpretation der Daten zur Prioninaktivierung entspricht der Gleichung (8). Die verwendete Aktivierungsenergie von 347 kJ/mol entspricht einer typischen Inaktivierungsreaktion von Enzymen, jedoch scheinen nach den in Abbildung 45.3 dargestellten Daten neben der Proteindenaturierung auch chemische Reaktionen eine Rolle bei der Hitzeinaktivierung der Prionen zu spielen (s. Kap. 45.6).

Die bisher vorliegenden Daten zur Inaktivierung der TSE-Erreger durch **feuchte Hitze** zeigen zur Zeit noch ein uneinheitliches Bild. Dies liegt im wesentlichen an den oben bereits erwähnten Unzulänglichkeiten des Mediums und der Versuchsdurchführung. Insgesamt kann jedoch anhand der Abbildung 45.3 bereits grob abgeschätzt werden, wo unter welchen Bedingungen eine Prioninaktivierung zu erwarten ist.

Weiterhin sind in den letzten Jahren Inaktivierungsversuche gemacht worden, in denen verfahrenstechnisch die Verarbeitung tierischer Proteine zu Einzelfuttermitteln im Technikumsmaßstab simuliert wurde. Diese Versuche wurden in Pilotanlagen zum Trocknen bzw. Drucksterilisieren durchgeführt mit Chargen von jeweils 150–600 kg mehr oder weniger fettreicher wäßriger Proteinsuspensionen.

In der ersten Versuchsreihe wurden 10%ige Verdünnungen von BSE-infizierten Gehirnen in Fleischbrei den verschiedenen Verfahren unterworfen [1264], in der zweiten Versuchsreihe 10%ige Verdünnungen von Scrapie-infizierten Gehirnen [1265]. In drei verschiedenen Pilotapparaturen mit 1–2 m^3 Inhalt, Mantelbeheizung und eingebautem Rührwerk wurden Trocknungsversuche bei natürlichem Fettgehalt, mit zugefügtem Fett und nach Vorentfettung gefahren. Das erhaltene Material wurde durch Injektion in Mäuse auf seine Restinfektiosität überprüft.

Bei der Auswertung ist zu berücksichtigen, daß nur ein begrenztes Meßfenster für die Bestimmung der Infektiosität existiert. Im Bereich der niedrigen Dosen ist dieses Fenster durch die maximale Konzentration des Erregers in der verabreichbaren Gewebemenge begrenzt, im Bereich der hohen Dosen durch die maximal verabreichbare Menge des unverdünnten Materials. Beispielsweise kann nach Inaktivierung maximal eine vorgegebene Dosis des unverdünnten Materials verabreicht werden um Infektiosität nachzuweisen. Wenn bei dieser Dosis kein Tier mehr erkrankt, so bedeutet das nur, daß die ID_{50} offensichtlich größer ist als die eingesetzte Dosis. Je nach der Anzahl der eingesetzten Versuchstiere, z. B. 5–15 Mäuse, die die maximale Dosis erhalten haben, müßte die ID_{50} um mindestens 0,5 bis zu 1 Zehnerpotenz größer sein als die tatsächlich eingesetzte Dosis (Abb. 52.5). Daher ist die experimentell bestimmte Inaktivierung für den Fall, daß kein Versuchstier mehr erkrankt, eine minimale Inaktivierung. Im erwähnten Fall [1265] wurde bei der Inaktivierung des **Scrapie-Erregers** mit einer Kerntemperatur von mindestens 133 °C bei einem Wasserdampfdruck von ≥ 3000 hPa während 20 Minuten eine Reduktion der Infektiosität um mehr als 3,3 Zehnerpotenzen, d.h. um einen Faktor von mehr als 2000, mit 95% Sicherheit unter Berücksichtigung der statistischen Fehler der Tierexperimente erreicht [608].

Bei den mit dem **BSE-Erreger** durchgeführten Versuchen [1264] war das Meßfenster etwa eine Zehnerpotenz kleiner. Dies führte dazu, daß aus den ersten bekannt gewordenen BSE-Versuchen einige Verarbeitungsprozesse als sicher erschienen, da in dem so behandelten Material keine Infektiosität mehr nachgewiesen werden konnte.

Erst nach Auswertung der später durchgeführten **Scrapieversuche** zeigte allein die Drucksterilisation bei 133 °C während einer Dauer von 20 Minuten unter Sattdampfbedingungen keine nachweisbare Infektiosität mehr im behandelten Material, woraus sich die oben erwähnte Reduktion um mehr als 3,3 Zehnerpotenzen ergab und worauf in der Europäischen Union (EU) nunmehr nur noch das Drucksterilisationsverfahren mit den oben angeführten Parametern zur Verarbeitung von Säugetierabfällen zugelassen wurde [410].

Die anderen Verfahren zeigten eine uneinheitliche Inaktivierungseffizienz von n = 0,1 [1264] für das Trocknen im Fettbad unter Vakuum bis zu n = 3,5 für das Trocknen des entfetteten Materials unter Vakuum [608,1265]. Erst bei genauer Betrachtung der Verfahrensbedingungen können die Unterschiede annähernd erklärt werden [608]. Mehrere wichtige Erkenntnisse ergeben sich aus den erhaltenen Daten:

Trockenes Erhitzen des Materials auf über **130 °C im Fettbad** während einer Zeit von mehr als 60 Minuten trägt zu *keiner wesentlichen zusätzlichen* Inaktivierung des Erregers bei. Dies läßt sich aus den Daten der Abbildung 45.3 ohne weiteres verstehen.

Trocknen unter gesättigtem Wasserdampf im Vakuum bei 72 °C während einer Zeit von 240 Minuten führt dagegen zu mehr als drei Zehnerpotenzen Inaktivierung. Dies ist aus den Daten der Abbildung 45.3 schwieriger zu erklären, obwohl die Daten von Taylor und Kollegen [1259] für 70 °C bereits eine gewisse Inaktivierung zulassen. Eine bessere Erklärung liegt in der Wandüberhitzung des Materials, die den Wärmeübergang in einem Trockner mit indirekter Beheizung erst möglich macht. Fast jedes Teilchen, das sich im Trockner befindet, wird für eine kurze Zeit im Kontakt mit der Wand die Temperatur der Wand annehmen und damit auf eine Temperatur über der Temperatur der Masse des Materials im Innern des Trockners erhitzt werden. Beim Ablösen von der Wand wird die höhere Temperatur dann wieder an die Masse abgegeben, wobei diese sich schrittweise erwärmt bzw. die Wärmeenergie durch Verdampfen abgegeben wird. Ein erster Versuch, diesen Wandüberhitzungseffekt in die Berechnung der Inaktivierung beim Trocknen mit einzubeziehen, wurde von Hahn und seinen Kollegen 1996 [583, 584] unternommen und von Havekost [608] fortgeführt. Jedoch sind weitere Experimente und Rechnungen zur Verfolgung des Temperaturverlaufs und des Trocknungsvorgangs im Material, das sich im Trockner befindet, notwendig, um die Daten aus den Arbeiten [1264,1265] durch Prozeßsimulation vollständig interpretieren zu können.

Eine 20-minütige **Sterilisation mit gesättigtem Wasserdampf bei 133 °C** scheint das sicherste Verfahren zur Inaktivierung der TSE-Erreger zu sein (s. Kap. 52).

Die Inaktivierungseffizienz der hauptsächlichen Verarbeitungsverfahren von tierischen Proteinen aus Tierkörpern gefallener Tiere und von Schlachtreststoffen in Großbritannien während der 80er Jahre, bei denen Trocknung unter Vakuum im Fallstromverdampfer durchgeführt wurde, lag in der Größenordnung von einer Zehnerpotenz [583,584,608,1264,1265]. Im allgemeinen kann davon ausgegangen werden, daß alle Verarbeitungsverfahren, die lediglich eine Trocknung und Entfettung des Rohmaterials beinhalten, eine Inaktivierung von TSE-Erregern von 1–2,5 Zehnerpotenzen gewährleisten. Dabei liegt der typische 95%-Vertrauensbereich dieser Ergebnisse bei ±8 Zehnerpotenzen [608].

Entgegen den früheren Annahmen [1343] scheint der Gebrauch von Lösemitteln zur Entfettung bei Temperaturen von 60–80 °C keinen Einfluß auf die Inaktivierung der infektiösen Prionen zu haben. Dieses Ergebnis wurde durch neuere Laborversuche [1259] nur noch untermauert.

45.6 Praktische und theoretische Bedeutung bisheriger Erkenntnisse

Aus den vorhergehenden Betrachtungen ist deutlich geworden, daß die Inaktivierung von Prionen durch Hitze ein komplexer Vorgang ist, bei dem viele Einflußgrößen mitspielen. Im trockenen Zustand geht die Inaktivierung langsamer vonstatten als im feuchten wasserdampfgesättigten Zustand. Ebenso erfolgt in einem stark alkalischen Medium die Inaktivierung deutlich schneller als im neutralen Medium.

Weiterhin haben wir es in allen praktischen Fällen mit einem komplexen Medium zu tun, in dem sich die Prionen befinden. Dieses Medium besteht im allgemeinen aus einer wäßrigen Phase, einer Fettphase und verschiedenen Feststoffen einschließlich der Wand des Behältnisses. Verteilung der Prionen auf die Wasser- und Fettphase ergibt unterschiedliche Inaktivierungsgeschwindigkeiten für beide Phasen. Ebenso kann *Adsorption an Oberflächen* eine stabilisierende Wirkung haben und *die Inaktivierungsgeschwindigkeit eines kleinen Teils der Prionen verlangsamen*. Weiter könnten *hydrophob-hydrophile Grenzflächen* auf Prionen, als amphiphile Membranproteine, stabilisierend wirken und oxidierende oder reduzierende Bedingungen können Einfluß auf die stabilisierende SS-Brükke des Prion-Proteins ausüben (s. Kap. 44.2).

Vielleicht ist sogar die äußerst geringe, aber vorhandene *Restinfektiosität* erklärbar, die Brown und seine Kollegen [194] nach Erhitzung[89] von wasserfreiem infizierten Hamstergehirn und daraus extrahierten Amyloidfibrillen gefunden haben, wenn für eine kleine *Subpopulation* alle stabilisierenden Einflüsse zusammenkommen.

Alle bisherigen Erfahrungen sprechen für Inaktivierungsversuche im gerührten Medium, in dem ein reger Austausch zwischen den Phasen stattfinden kann und in dem sich Grenzflächen immer wieder neu bilden. Bei technischen Experimenten, bei denen eine Trocknung stattfindet (d.h. gleichbleibende Temperatur im Medium, aber dauernder Wärmeübergang von heißen Grenzflächen in das Medium hinein mit regem Stoffaustausch in den Grenzflächen) ist eine gesonderte Betrachtung des Temperaturverlaufs von der Grenzfläche in das Medium hinein sowie des Stoffaustausches gefordert, um die Vorgänge bei der Inaktivierung zu verstehen. Typischerweise können hier Temperaturdifferenzen von 40 K auftreten, z.B. von 100 °C im Innern des Materials auf 140 °C auf der Heizmanteloberfäche. Es ist klar, daß die dabei auftretenden Überhitzungen des Mediums an der Wand zur Inaktivierung beitragen.

Bei weiteren Versuchen sollte daher v.a. darauf geachtet werden, daß das Medium in seiner Zusammensetzung und Gesamtmenge möglichst genau beschrieben wird, daß das zu sterilisierende Produkt zur Förderung des Stoffaustausches zwischen den einzelnen Phasen des Mediums dauernd gerührt wird und daß die Umgebungsparameter, wie Temperatur des Heizmediums und Abmessungen des Reaktionsgefäßes, genau festgehalten werden. Nur so können verläßliche Werte für die Inaktivierungsparameter von infektiösen Prionen erhalten werden.

[89] Erhitzung in evakuierten zugeschmolzenen Glasampullen während 60 Minuten auf 360 °C.

Themenbereich IX: Prävention

„Schön ist es, für die Kranken besorgt zu sein ihrer Gesundheit wegen; viel schöner ist es, für die Gesunden besorgt zu sein ihres Nicht-Krankseins wegen".

Hippokrates

46 Die Prävention von Prionkrankheiten in der Arzneimittel- und Kosmetikaproduktion

Michael Ruffing und Helena Windemann

46.1 Einleitung

Etwa 80% aller pharmazeutischen Produkte auf dem Markt der Europäischen Union (EU) enthalten Substanzen, die aus oder mit Hilfe von Rinder-, Schafs- oder Ziegenbestandteilen hergestellt werden. Gelatine, ein in Arzneimitteln sehr häufig verwendeter Hilfsstoff, wird zur Produktion von Kapseln, Tabletten und als Stabilisator in Lösungen eingesetzt. Als Ausgangsmaterial dienen je nach Verwendungszweck u.a. Knochen oder Häute von Rindern. Als weiteres Beispiel sei der Wirkstoff Insulin erwähnt, der zur Behandlung von Diabetikern teilweise aus Bauchspeicheldrüsen von Rindern isoliert wird. In vielen Arzneimitteln und Kosmetika setzt man Stoffe wie Magnesiumstearat, Glycerol[90] und Fettalkohole ein, die aus Talg hergestellt werden. Talg besteht fast ausschließlich aus Fetten, die durch Ausschmelzen von Schlachtabfällen gewonnen werden. Für die Produktion einiger Antibiotika und gentechnologisch synthetisierter Medikamente werden oft Rinderprodukte wie foetales Kälberserum oder Rinderserumalbumin verwendet, die für das Wachstum der Produktionszellen benötigt werden.

In diesem dreiteiligen Kapitel wird erstens, vor dem Hintergrund des Auftretens der Bovinen Spongiformen Enzephalopathie (BSE) und der neuen Variante der Creutzfeldt-Jakob-Krankheit (nvCJD), die Entstehung von Regelungen und Richtlinien vorgestellt, welche die Sicherheit von Arzneimitteln und Kosmetika gewährleisten sollen. Weil deren Etablierung im Bereich Prionkrankheiten äußerst komplex gewesen ist, wird ihre Entstehung im historischen Kontext aufgezeigt. Zweitens werden die Kriterien erläutert, die für die Sicherheitsbewertung von Produkten wichtig sind. Im dritten Teil werden Präventionsmaßnahmen bei Pharmagelatine, Talg und Talgprodukten angesprochen. Bei allen Maßnahmen und Empfehlungen sind stets die aktuellen internationalen und nationalen Gesetze und Richtlinien mit zu berücksichtigen.

46.2 Regelungen zur Prävention bei Arzneimitteln und Kosmetika

Da bei der Verwendung tierischer Substanzen (Tab. 46.2; vgl. auch Tab. 43.1, Tab. 53.2) in Arzneimitteln und Kosmetika das Risiko einer Übertragung von Krankheitserregern besteht, müssen die Hersteller entsprechende Vorkehrungen zum Schutz des Patienten und Konsumenten treffen. Jedes entsprechende Medikament muß daher, bevor es in Verkehr gebracht werden darf, ein staatlich kontrolliertes Zulassungsverfahren durchlaufen, in dem seine Sicherheit, Wirksamkeit und Qualität überprüft wird. Verwendet eine Firma für die Herstellung tierische Substanzen, muß sie Angaben zur Herkunft des tierischen Ausgangsmaterials und zur Herstellung der Substanz/en machen.

Da kosmetische Mittel keine therapeutische Wirkung beanspruchen und abgesehen von Mundschleimhaut, Augen[91] und Zähnen nur äußerlich angewendet werden, müssen sie lediglich den für Zusammensetzung, Etikettierung und Verpackung bestehenden Vorschriften entsprechen und werden nicht in einem Zulassungsverfahren geprüft.

[90] Glycerol Ph. Eur. Monographie 496 oder 1,2,3-Propantriol (Glycerin).

[91] Gerade hier ist aber eine potentiell wichtige parenterale Eintrittspforte für Prionen (s. Kap. 38.7).

46.2.1 Erste EU-Leitlinie zur Minimierung des Übertragungsrisikos durch medizinische Produkte

Im Jahr 1986 wurden die ersten BSE-Fälle in Großbritannien (GB) bestätigt [1317] (s. Kap. 39). Von 1989 bis 1991 stieg die Zahl der an BSE erkrankten Tiere in GB rapide an und auch in anderen Ländern traten Fälle dieser Krankheit auf (Tab. 41.1). Epidemiologische Studien ergaben, daß Rinder über das Mischfutter mit Scrapie-ähnlichen Erregern infiziert wurden [1343] (s. Kap. 19, 40). Obwohl Menschen schon seit dem Jahre 1732 [922] oder früher mit Scrapie-Erregern über Schafs- oder Ziegengewebe in Kontakt gekommen sind, ist eine Scrapie-Infektion des Menschen nie beobachtet worden (s. Kap. 58.2). Bei BSE konnte die Möglichkeit einer Übertragung durch Produkte, die Rinderbestandteile enthalten, dennoch nicht von vornherein ausgeschlossen werden [722]. Deshalb sahen sich auch die für die Sicherheit von Arzneimitteln zuständigen Behörden zum Handeln gezwungen. Der wissenschaftliche Ausschuß für Humanarzneimittel der EU (Committee for Proprietary Medicinal Products; CPMP) publizierte 1991 den Entwurf der ersten CPMP-Leitlinie zur Minimierung des BSE-Übertragungsrisikos durch Arzneimittel und Medizinprodukte, die aus oder mit Hilfe von Rinder-, Schaf-, oder Ziegenmaterial hergestellt werden [311].

In der Leitlinie, die 1992 in Kraft trat, werden drei Parameter genannt, die für die Sicherheit pharmazeutischer Produkte berücksichtigt werden müssen:

- Herkunft und Haltung bzw. Fütterung der verwendeten Tiere,
- das Alter der Tiere sowie Organe, Gewebe oder Körperflüssigkeiten, die als Ausgangsmaterial dienen,
- der Herstellungsprozeß bzw. Schritte davon, die zur Entfernung oder Inaktivierung von Prionen beitragen.

46.2.2 Einführung zusätzlicher Bewertungsparameter und eines Konzepts zur quantitativen Sicherheitsbewertung

Die zuvor erwähnten Parameter werden auch in später publizierten Richtlinien und Erlassen als Hauptkriterien für die Gewährleistung der Sicherheit genannt. Im Jahre 1994 wurden in einer Bekanntmachung des damaligen Bundesgesundheitsamtes in Deutschland (BGA) noch weitere Parameter als sicherheitsrelevant eingestuft [141]:

- die Menge des zur Herstellung einer Tagesdosis eingesetzten Ausgangsmaterials,
- die Behandlungsdauer mit dem Arzneimittel, d.h. die Zahl der maximal zu verabreichenden Tagesdosen,
- die Applikationsart des Medikamentes.

Mit dieser Bekanntmachung wurde ein Konzept vorgestellt, mit dessen Hilfe die Hersteller von Human- oder Tierarzneimitteln aus Rinder-, Ziegen- oder Schafsbestandteilen die Sicherheit ihrer Produkte quantifizieren können (s. Kap. 46.3).

46.2.3 Dringlichkeitsmaßnahmen der EU-Kommission zum Schutz vor BSE

Im März 1996 wurde die Öffentlichkeit über das Auftreten der nvCJD in GB informiert, deren wahrscheinlichste Ursache gemäß Fachspezialisten in einer Infektion mit dem BSE-Erreger liegt [1352] (Kap. 15, 50). Darauf reagierte die EU-Kommission mit dem Erlaß sog. Dringlichkeitsmaßnahmen [414], die ein vollständiges Exportverbot für lebende Tiere aus GB und für Produkte von britischen Schlachtrindern, die zur Herstellung von Pharmazeutika, Medizinprodukten oder Kosmetika bestimmt waren, umfaßten.

Darauf wurden von mehreren, die EU-Kommission beratenden Ausschüssen Anhörungen durchgeführt, um Ausnahmeregelungen für bestimmte Produkte zu diskutieren. Der CPMP und der wissenschaftliche Ausschuß für Veterinärarzneimittel der EU (Committee for Veterinary Proprietary Medicinal Products; CVMP) kamen zum Schluß, daß die Unbedenklichkeit einiger Erzeugnisse aus Rinderbestandteilen durch die ordnungsgemäße Ermittlung der Herkunft des verwendeten Tiermaterials und die Erfüllung von Mindestkriterien bei der Verarbeitung gewährleistet sei. Die EU-Kommission teilte diese Meinung und gestattete Ausnahmen für die Produktion von Gelatine, Dicalciumphosphat, Aminosäuren und Peptide sowie Talg und dessen Derivate[92] unter den folgenden Auflagen [415]:

- das Ausgangsmaterial stammt nicht von Tieren, die an BSE erkrankt sind,
- das Ausgangsmaterial stammt nicht von Tieren, die mehr als 30 Monate alt sind,
- das Ausgangsmaterial stammt nicht von Schädel (Gehirn), Rückenmark, Augen, Mandeln, Thymus, Darm und Milz,
- die Herstellung erfolgt mit als sicher geltenden Verfahren (bezüglich BSE).

46.2.4 Entscheidung der EU-Kommission und definitive Nachfolgeregelung

Meldungen über weitere nvCJD-Fälle (Abb. 15.3) und die steigende Evidenz eines Zusammenhangs mit BSE [301,842] (s. Kap. 50) führten im Winter 1996/97 in der Öffentlichkeit zu Forderungen nach strikten Maßnahmen zum Schutz der Bevölkerung. Zudem waren bei Kontrollen in den EU-Mitgliedstaaten Mängel bei der Überwachung und Einhaltung des Verfütterungsverbotes für Säugetierprotein an Wiederkäuer festgestellt worden [1328] (s. Kap. 41). Da im Februar 1997 durch einen vom Europäischen Parlament eingesetzten Untersuchungsausschuß auch Versäumnisse der EU-Kommission offengelegt und scharf kritisiert wurden, drohte das Europäische Parlament den Kommissionsmitgliedern mit Entlassung, falls nicht endlich durchgreifende Maßnahmen zum Schutz der Konsumenten ergriffen würden.

Daraufhin publizierte die EU-Kommission die Entscheidung 97/534, welche die Verwendung von sog. *spezifiziertem Risikomaterial* (SRM) von Wiederkäuern aus allen Ländern für jeglichen Zweck in der *Arzneimittel*produktion untersagt [418]. Folgende Organe wurden in diese Infektiositätskategorie eingestuft:

1. der Schädel einschließlich des Gehirns und der Augen, die Mandeln und das Rückenmark von mehr als 12 Monate alten Rindern, Schafen und Ziegen.
2. die Milz von Schafen und Ziegen unabhängig vom Alter der Tiere.

[92] Unter *Derivaten* ist im ganzen Kapitel „daraus hergestellte Stoffe und Erzeugnisse" zu verstehen.

Bereits im Januar 1997 war von der EU-Kommission eine Richtlinie erlassen worden, die den Vertrieb von *Kosmetika* verbietet, die aus Gehirn, Augen und Rückenmark von Rindern, Schafen oder Ziegen bzw. aus Erzeugnissen dieser Organe hergestellt werden [417].

Neben dem Verwendungsverbot für SRM wurde in der Entscheidung 97/534 auch dessen Vernichtung geregelt und ein Importverbot für SRM in die EU festgelegt. Hersteller von importierten Arzneimitteln sollen mit Zertifikaten belegen, daß für deren Ausgangsmaterialien oder Zwischenprodukte kein SRM verwendet wird. Die Entscheidung 97/534 wurde jedoch heftig kritisiert, weil eine Abwägung des Risiko-Nutzen-Verhältnisses außer Acht gelassen wurde, aber auch aus anderen – hier nicht ausführlich genannten – Gründen. Ein Hauptkritikpunkt war die Interpretation des Begriffs SRM durch die Kommission. Nach deren Meinung umfaßt dieser nicht nur die genannten Körperteile, sondern schließt auch alle daraus hergestellten Derivate und Stoffe, die mit SRM (kreuz)-kontaminiert sein können, ein. Das würde bedeuten, daß alle Medikamente, bei denen z. B. eine Verunreinigung von Wirk- oder Hilfsstoff mit SRM nicht ausgeschlossen werden kann, unabhängig vom Herkunftsland der verwendeten Tiere und vom Herstellungsverfahren vom Markt ausgeschlossen worden wären. Nach Schätzungen des Europäischen Verbandes der pharmazeutischen Industrie wären mehr als 80% der zugelassenen Präparate betroffen, was zu einem Versorgungsengpaß geführt hätte.

Zudem stieß die Forderung nach Zertifizierung importierter Produkte auf Ablehnung, v.a. bei Nicht-EU-Ländern (USA etc.), die trotz Überwachung nach OIE-Empfehlungen [991] keine BSE-Fälle feststellten. Die Auflage wurde als diskriminierend empfunden, zumal die BSE-Problematik vom Territorium der EU ausgegangen war und sich weitgehend auf europäische Länder beschränkte (Tab. 41.1). Schließlich bestand ein Kritikpunkt darin, daß durch das vorgesehene Verwendungsverbot aller Stoffe, die mit SRM-Bestandteilen verunreinigt sein könnten, auch zahlreiche technische Produkte betroffen wären, in denen Derivate von Tierkörperfetten oder Gelatine enthalten sind. Hierzu würden z.B. Waschmittel, Kerzen, Schmiermittel, Autoreifen, mit Tischlerleim geklebte Möbel und photographische Filme gehören.

Aufgrund der massiven Kritik trat die Entscheidung 97/534 nicht in Kraft bzw. wurde nicht umgesetzt, auch mehrere Folgeentwürfe (bis zum 1. Januar 2000) nicht. Sie soll durch eine EU-Verordnung zur Prävention und Bekämpfung von Prionkrankheiten ersetzt werden [419], von der Arzneimittel, Medizinprodukte und Kosmetika sowie deren Ausgangs- und Zwischenprodukte ausgenommen sind.

Die aus dieser Verordnung resultierenden Änderungen für Pharmazeutika und Kosmetika sollen dafür in den Anhang der Richtlinien des Rates 75/318/EWG [416], in der analytische, pharmatoxikologische und klinische Standards und Protokolle für die Arzneimittelprüfung festgelegt sind, bzw. in den Anhang der Kosmetika-Richtlinie 97/1/EG [417] aufgenommen werden. In der Ergänzung des Anhangs von 75/318 soll die revidierte CPMP-Leitlinie zur Minimierung des Übertragungsrisikos von Prionkrankheiten [312] durch Arzneimittel verbindlich gemacht werden.

Geographisches BSE-Risiko (GBR) [1216a]: Länder oder Regionen sollen auf der Basis von Daten über die Struktur der Wiederkäuer-Population, über den Tierhandel, die Futtermittelherstellung, das geltende Tiermehl-Verfütterungsverbot (TM-Verbot), das Überwachungs- und Meldesystem sowie die Tierkörperbeseitigung in eine von vier (Länder)-Kategorien eingeteilt werden. Die Einordnung eines Landes in Kategorie 1 (niedrigstes Risiko) ist beispielsweise dann vorgesehen, wenn die in der Verordnung geforderten Vorsichtsmaßnahmen seit mindestens sieben Jahren eingehalten werden und in diesem Zeitraum keine originären BSE-Fälle aufgetreten sind. In diesem Fall wird kein Gewebe eines Tieres aus diesem Land als SRM angesehen. In Ländern der Kategorie 2 sind entweder die Vorsichtsmaßnahmen seit weniger als sieben Jahren in Kraft oder es gibt in einem Jahr weniger als einen originären BSE-Fall pro 1 Million adulter Rinder. In diesem Fall gelten Gehirn und Rückenmark von Wiederkäuern, die älter sind als ein Jahr und der distale Teil des Dünndarms von Tieren jeden Alters bzw. die Milz von Schafen und Ziegen als SRM, welches bei der Schlachtung entfernt und schadlos beseitigt werden muß. Von Tieren der Länderkategorie 3 (BSE-Jahresinzidenz: 1–200 Fälle pro 1 Million adulter Rinder) dürfen neben Dünndarm und Milz von Schafen und Ziegen auch Schädel, Rückenmark und Dorsalganglien nicht mehr verwendet werden, wenn die Tiere älter als sechs Monate sind. Stammen Tiere dagegen aus Ländern der Kategorie 4 (höchstes Risiko), gelten der komplette Kopf ohne Zunge, der Thymus, der Darm, die Wirbelsäule, das Rückenmark und alle Knochen von Rindern, die älter sind als 6 Monate sowie der distale Teil des Dünndarms und die Milz von Wiederkäuern jeden Alters als SRM. Diese Länder haben entweder keine Informationen über getroffene Vorsichtsmaßnahmen geliefert bzw. diese nicht oder nur unzureichend eingeführt oder weisen eine BSE-Jahresinzidenz von mehr als 200 Fällen pro 1 Million adulter Rinder auf. Weitere Einzelheiten sind im Unterkapitel 46.3.2. beschrieben.

Die Anwendung eines von der EU evaluierten BSE-Tests (s. Kap. 35), der seit 2001 an jedem über 30 Monate alten Rind durchgeführt werden und ein negatives Ergebnis liefern muß [236, 413,963], stellt eine nützliche Zusatzkomponente zum Schutz der Bevölkerung bzw. zur verbesserten BSE-Überwachung dar.

46.2.5 Revidierte CPMP-Leitlinie

Neben einer Ergänzung der Richtlinie 75/318/EWG ist die Revision der seit 1992 gültigen CPMP-Leitlinie [311] zur Minimierung des Übertragungsrisikos von Prionkrankheiten durch medizinische Produkte vorgenommen worden [312]. Seit dem 21. April 1999 (Humanarzneimittel) resp. 17. Juni 1999 (Tierarzneimittel) ist die neue Leitlinie in Kraft. Der Geltungsbereich umfaßt wie bisher Wirk- und Hilfsstoffe sowie zur Herstellung eingesetzte Materialien und Reagenzien. Substanzen, die nur indirekt verwendet werden, beispielsweise zur Validierung eines Produktionsschrittes, sind ebenso eingeschlossen, da auch sie ein Produkt kontaminieren können. Die sorgfältige Auswahl des

Ausgangsmaterials gilt als wichtigster Parameter zur Risikominderung. Jedoch wird der Herkunft der Tiere neuerdings eine höhere Bedeutung beigemessen als früher (s. Kap. 46.3.2.1; s. a. GBR [1216a]). Die ausschließliche Verwendung von Ausgangsmaterial, welches von Tieren, die einem BSE-Test (s. Kap. 32, 35) unterzogen worden sind oder aber von Jungtieren (z. B. < 30 Monate) stammt, kann zur Sicherheit beitragen. Ein aktives BSE-Überwachungssystem, das auf einem post mortem Nachweis des pathogenen Prion-Proteins mittels evaluiertem Testverfahren beruht, trägt zur Verläßlichkeit der Einschätzung des BSE-Status eines Landes bei, wenn Tiere ab einem bestimmten Alter, insbesondere solche aus Risikogruppen (Tab. 53.1) (s. Kap. 32), getestet werden. Wenn immer möglich, ist es aber einfacher und sicherer, auf die Verwendung von Ausgangsmaterial von Ruminanten zu verzichten. Da TSE nicht nur bei Rindern, Schafen und Ziegen, sondern auch bei bestimmten exotischen Ruminanten vorkommen kann, sowie auch bei einigen Carnivoren, sind immer dann alle erforderlichen Sicherheitsvorkehrungen zu treffen, wenn das Ausgangsmaterial aus einer auf dem oralen Weg infizierbaren Spezies (Tab. 1.3) stammt.

Ab dem 1. Januar 2000 wurde der Text der CPMP-Leitlinie im Wortlaut auch in die Europäische Pharmakopöe übernommen (5.2.8 Minimizing the risk of transmitting animal spongiform Enzephalopathies agents via medicinal products). Ebenfalls seit dem 1. Januar 2000 führt die Europäische Pharmakopöekommission mit der Resolution AP-CSP (99) 4 des Europarates ein Zertifizierungssystem für Wirk- und Hilfsstoffe wie Gelatine und Talgderivate ein, bei welchen ein potentielles Risiko der Übertragung von Prionkrankheiten besteht.

Beispielsweise in der Schweiz sind alle entsprechenden Neuerungen in Anlehnung an die genannten internationalen Vorschriften am 1. März 2000 in Kraft getreten [699]. Weitere, seit 2001 gültige Vorschriften zur Minimierung des Risikos der Übertragung von TSE-Erregern durch Arzneimittel finden sich im Text 5.2.8 der Europäischen Pharmakopöe.

46.3 Die Bewertung der Arzneimittel-Sicherheit hinsichtlich Prionkrankheiten

46.3.1 Bewertungssystem des deutschen Bundesgesundheitsamtes (BGA)

Wie bereits erwähnt sind für die Gewährleistung der Sicherheit eines Medikaments hinsichtlich Prionkrankheiten die Herkunft und Fütterung der Tiere, die Art des Ausgangsmaterials (verwendete Organe, Gewebe und Körperflüssigkeiten), der Herstellungsprozeß, die Menge des zur Herstellung einer Tagesdosis eingesetzten Ausgangsmaterials, die Zahl der zu verabreichenden Tagesdosen und die Applikationsart entscheidend. Das BGA hat 1994 ein Konzept zur Quantifizierung der Sicherheit von Produkten aus Wiederkäuermaterial eingeführt [141].

In diesem Bewertungssystem wird dem Medikament für jeden der aufgeführten sechs Parameter in einer in Abschnitte von ganzen Zehnerpotenzen eingeteilten logarithmischen Skala eine bestimmte Position zugeteilt, die wiederum durch einen Faktor gekennzeichnet ist. Dieser Faktor, der dem Exponenten entspricht, gibt den relativen Sicherheitsunterschied zum größtmöglichen Risiko (Sicherheit bzw. Exponent gleich 0) in ganzen Zehnerpotenzen an. Die Faktoren bzw. Exponenten können addiert werden, da die einzelnen Parameter unabhängig voneinander bewertet werden. Die Summe aller Exponenten muß einen Mindestbetrag erreichen, ab dem die Sicherheit als gewährleistet angesehen wird. Wird dieser Grenzwert nicht erreicht, muß der Hersteller zusätzliche Maßnahmen zur Verbesserung der Sicherheit seines Produktes ergreifen. Der Wert wurde unter Berücksichtigung des maximal festgestellten Scrapietiters in Hamstergehirn so festgelegt, daß das akzeptierte Risiko für eine Übertragung bei 1/1 Million Individuen pro Jahr liegt, was der Wahrscheinlichkeit für das Auftreten der sporadischen Form der Creutzfeldt-Jakob-Krankheit (sCJD) beim Menschen entspricht.

Um eine quantitative Sicherheitsbestimmung sinnvoll vornehmen zu können, hat man auch Details berücksichtigt und bewertet, die in der CPMP-Leitlinie zur Minimierung des Übertragungsrisikos von Prionkrankheiten bei Arzneimitteln [311] nicht explizit erwähnt werden. Bei der Beurteilung des Parameters *Herkunft und Haltung der Tiere* geht beispielsweise in die Bewertung ein, ob sich die Tiere im Laufe ihres Lebens in mehreren Ländern aufgehalten haben oder unter verschiedenen Fütterungsbedingungen gehalten wurden. Aufgrund des hohen potentiellen Risikos soll in diesen Fällen der kleinste Exponent vergeben werden.

Einige Punkte dieses Systems wurden kritisiert. Die Festlegung eines Grenzwertes für die Sicherheit wird von einigen Kritikern als zu wenig flexibel angesehen, zumal das Nutzen-Risiko-Verhältnis, insbesondere bei bereits vielfach angewendeten und als sicher geltenden Präparaten, nicht in die Bewertung eingeht. Zudem wurden für die Berechnung dieses Wertes Daten herangezogen, die mit Scrapie-infizierten Hamstern erhalten wurden. Da die in diesem Modell gemessenen Scrapietiter über den im Mausmodell erhaltenen Scrapie- oder BSE-Titer liegen, scheint die zu erreichende Exponentensumme zu hoch angesetzt zu sein. Die Gewährleistung soll dahin gehen, daß das Risiko der BSE-Übertragung durch ein Arzneimittel das Risiko der sporadischen CJD nicht überschreitet.

Das Prinzip des BGA-Schemas ähnelt dem von den italienischen Behörden angewandten und wurde auch von den österreichischen Behörden sowie dem amerikanischen Verband der Arzneimittelindustrien, PHARMA, übernommen.

46.3.2 Wichtige Kriterien für die Sicherheitsbewertung von Arzneimitteln

Die BSE-Epidemie in GB und das Auftreten der nvCJD haben dazu geführt, daß die Hersteller von Arzneimitteln dazu angehalten werden, auf Substanzen aus Wiederkäuerbestandteilen zu verzichten, wenn Alternativen vorhanden sind [312]. Gemäß der seit 21. April 1999 (Humanarzneimittel) resp. 17. Juni 1999 (Tierarzneimittel) gültigen CPMP-Leitlinie sind die Herkunft des tierischen Materials und weitere Maßnahmen zur Minimierung des Übertragungsrisikos zu nennen. Außerdem soll der Hersteller des Arzneimittels beim Lieferanten eines Produktes aus tierischem Material die Einhaltung der in der Leitlinie vorgegebenen Anleitungen zur Selektion des Ausgangsmaterials in Übereinstimmung mit den GMP-Richtlinien überprüfen.

Es reicht nicht aus, nur einen der drei Herstellungsparameter 1) Herkunft und Fütterung der Tiere, 2) Art des Ausgangsmaterials und 3) Herstellung zu beachten, sondern alle drei müssen additiv berücksichtigt werden.

46.3.2.1 Herkunft und Haltung der Tiere

Ein wichtiges Kriterium zur Verminderung des Übertragungsrisikos spongiformer Enzephalopathien durch medizinische Produkte ist die sorgfältige Auswahl der verwendeten Tiere [312]. Dabei spielt das Herkunftsland bzw. das sog. „Geographische BSE-Risiko (GBR)“ [1216a], insbesondere die BSE-Inzidenz, Überwachungsqualität und die Haltung bzw. Fütterung der Tiere eine Rolle. Herkunftsländer sollen ein Überwachungssystem nach den Kriterien des OIE [994] (s. Kap. 32) und der EU etabliert haben (s. Kap. 33, 35) [236,413,963]. Außerdem sollen dorthin keine Nachkommen BSE-infizierter Kühe sowie keine Tiere aus Ländern mit der GBR-Stufe IV bzw. hoher BSE-Inzidenz importiert werden.

Die Wahl von Tieren aus Ländern mit niedriger BSE-Inzidenz bzw. einer GBR-Stufe < IV ist dann akzeptabel, wenn dort zusätzlich zu den vorher genannten Bedingungen die Kadaver erkrankter Tiere vernichtet sowie deren direkte Nachkommen nicht verwendet werden und ein Fütterungsverbot für Säugetierprotein an Wiederkäuer besteht (TM-Verbot). Die Tiere sollen aus gut überwachten Herden stammen. Nach der CPMP-Leitlinie sind akzeptable Tiere BSE-frei, eindeutig identifizierbar, nie mit Säugerprotein gefüttert worden und ihre Abstammung ist lückenlos dokumentiert.

Die bereits oben erwähnten Leitlinien und Bekanntmachungen unterscheiden sich insbesondere darin, wie sie die Verwendung von Tieren aus GB bzw. anderen Ländern mit einer GBR-Stufe IV wie zur Zeit Portugal und Irland regeln. Nach der seit 1992 gültigen CPMP-Leitlinie [311] war es noch unter bestimmten Bedingungen akzeptabel, Ausgangsmaterial von Tieren aus solchen Ländern zu beziehen. Nachdem jedoch Mängel in der Umsetzung des Verbots für spezifizierte bovine Organe (SRM-Verbot) und des TM-Verbots entdeckt und ein Zusammenhang zwischen BSE und der nvCJD offensichtlich wurde (s. Kap. 50), änderte sich diese Haltung. Von den darauf getroffenen Dringlichkeitsmaßnahmen [414] wurden nur Substanzen ausgenommen, bei denen man *nicht die Herkunft und Haltung (bzw. Fütterung) der Tiere als wichtigsten Parameter für die Sicherheit* ansah, *sondern deren Alter*, die *verwendeten Organe* und die Einhaltung bestimmter *Herstellungsbedingungen* zur Inaktivierung potentiell vorhandener Prionen, wie beispielsweise bei Gelatine und Talg [415]. Aber gerade die Ausnahmeregelung für Gelatine war in der Folgezeit umstritten (s. Kap. 46.4). In der revidierten Fassung der CPMP-Leitlinie [312] ist die Wahl von Tieren aus Ländern mit hoher BSE-Inzidenz nicht mehr gestattet; Ausnahmen sind möglich, wenn rigorose chemische Methoden, wie z.B. in der Talgderivatisierung (s. Kap. 46.5), angewandt werden.

Die Herkunft der Tiere zu kennen, setzt voraus, daß im Herkunftsland ein Tierkennzeichnungs- und Registrierungssystem für Rinder etabliert wurde, wie es in der EU [1094] seit 2000 und z.B. in der Schweiz [238] seit 1999 vorgeschrieben ist. Ansonsten ist die Rückverfolgbarkeit der Tiere schwierig, wenn nicht unmöglich. *Diese Unzulänglichkeit ist erst mit dem Auftreten der BSE-Epidemie in den Vordergrund getreten.* Mit Hilfe des neuen Systems bzw. der gesammelten Daten ist nachvollziehbar, in welchem Betrieb ein geschlachtetes Tier geboren wurde und wo bzw. in welchen Ländern es sich aufgehalten hat. Neben allen Aufenthaltsorten müssen die Haltungsbedingungen (Fütterung) eines Tieres zweifelsfrei erfaßbar sein [238].

Mit der neuen EU-Verordnung zur Prävention und Bekämpfung von Prionkrankheiten ist eine für Behörden und Industrie gleichermaßen akzeptable Lösung zu vollziehen. Auf der Basis von Daten über Wiederkäuerbestand, TM-Herstellung, Verfütterungsverbot, Überwachungs- und Meldesystem, Handel mit und Kennzeichnung von Tieren, die jedes Land an die Kommission lieferte, ist eine Einteilung der Länder in verschiedene Risikokategorien erfolgt (GBR-Stufe; [1216a]). In Abhängigkeit von dieser Risikoeinschätzung werden Organe als SRM definiert. Nach Auffassung des Wissenschaftlichen Lenkungsausschusses der EU (SSC) sind die für eine wissenschaftlich korrekte Einteilung der Länder nach latentem BSE-Risiko erforderlichen Daten und Informationen jedoch rückwirkend für viele Jahre nicht mehr zu erhalten.

46.3.2.2 Ausgangsmaterial (Organe, Gewebe, Körperflüssigkeiten)

Die 1991 publizierte CPMP-Leitlinie zur Minimierung des Übertragungsrisikos von Prionkrankheiten [311] enthält eine Einteilung der Organe, Gewebe und Körperflüssigkeiten in vier Infektiositätskategorien (Tab. 46.2; vgl. Tab. 43.1) von *hochinfektiös (Infektiositätskategorie I)* bis *keine Infektiosität nachweisbar (Infektiositätskategorie IV)*. Grundlage bildeten die Ergebnisse von Studien, in denen die Verteilung von Scrapie-Erregern im Körper von Schafen und Ziegen untersucht wurde [577,578] (Tab. 46.2; vgl. auch Tab. 53.2). Da zum damaligen Zeitpunkt nur vergleichsweise wenig Daten von BSE-infizierten Rindern zur Verfügung standen, wurde die genannte Einteilung auch für die BSE-Risikobewertung übernommen. Für die Kategorien I-IV wird ein Niveau an BSE-Infektiosität von 10^8, 10^6, 10^4 bzw. 10^2 LD_{50} pro Gramm Gewebe oder pro ml Flüssigkeit angenommen [1044]. Obwohl Untersuchungen an erkrankten Rindern zeigten, daß die Verteilung der Infektiosität auf eine geringere Zahl von Organen, nämlich Gehirn, Rückenmark und dorsale Wurzelganglien sowie Darm bei Kälbern, begrenzt scheint [463], wurde die Einteilung beibehalten und ist auch in der revidierten Fassung der Leitlinie enthalten.

Die Infektiosität von Organen und Geweben ist auch vom Alter der Tiere abhängig [31,577, 770] (s. Kap. 53). Die Infektiosität bei jungen Tieren ist zunächst im Darm und – bei Schaf und Ziege – im Retikuloendothelialen System (z.B. Milz) nachweisbar, bevor das Zentralnervensystem betroffen ist (s. Kap. 28). Um das Infektionsrisiko zu senken, wird die Verwendung junger Tiere empfohlen.

In der heute gültigen europäischen Regelung zur Prävention und Bekämpfung von Prionkrankheiten werden Milz und Darm von Tieren aus Ländern mit einem erhöhten Risiko (Länderkategorien 3 und 4) als SRM eingestuft.

Die Zugehörigkeit von Ausgangsmaterial zu den Kategorien niedrige (III) bzw. nicht nachweisbare (IV) Infektiosität (Tab. 46.2; vgl. auch Tab. 43.1, Tab. 53.2) ist dann in Frage zu stellen, wenn eine *Kontamination* mit hoch infektiösem Gewebe wahrscheinlich ist. Die revidierte CPMP-Leitlinie [312] fordert vom Hersteller auch eine Bewertung des Kontaminationsrisikos für das Ausgangsmaterial. Vor allem muß eine Kontamination mit Gewebe von potentiell höherer Infektiosität verhindert werden. Zur Verminderung des Risikos können bei der Sammlung des Ausgangsmaterials Vorsichtsmaßnahmen getroffen werden, z. B. indem Körperflüssigkeiten weitgehend ohne Schädigung des Gewebes entnommen und zelluläre Bestandteile entfernt werden. Das Ausmaß der Kontamination, die Menge an Ausgangsmaterial, die zur Herstellung einer Substanz verwendet wird, und der Herstellungsprozeß sind bei der Risikobewertung auch zu berücksichtigen.

46.3.2.3 Herstellungsprozeß und dessen Validierung

Werden für die Herstellung eines Arzneimittels biologische Materialien verwendet, soll der Hersteller prüfen, ob möglicherweise eingeschleppte Krankheitserreger während des Herstellungsprozesses in ausreichendem Maß entfernt oder inaktiviert werden. Gegebenenfalls ist sogar die Einführung eines zusätzlichen Prozeßschrittes zur Reduktion potentiell vorhandener Erreger notwendig. Zur Ermittlung der Titerreduktion im Rahmen der Validierung werden entweder der gesamte Prozeß oder nur die Schritte, von denen man eine Wirkung erwartet, maßstabsgerecht verkleinert, so daß bei den Validierungsexperimenten alle wichtigen Parameter erhalten bleiben. Dieses Vorgehen ist prinzipiell auch für Substanzen anwendbar, bei denen die Gefahr einer Kontamination mit Prionen besteht.

Zur Validierung: Der Ausgangsprobe aus dem Herstellungsprozeß wird infiziertes Gewebe zugefügt und der bzw. die Verfahrensschritt/e analog zur Produktionsmethode durchgeführt. Die Infektiosität der Ausgangsprobe nach Zusatz des Erregers und des Endproduktes sowie eventuell vorhandener Zwischenprodukte werden miteinander verglichen.

Bei der Validierung des Gesamtprozesses ist zu beachten, daß die maximal mögliche Reduktion der Infektiosität durch die anfänglich zugesetzte Erreger-Menge limitiert sein kann. Zudem wird nicht ersichtlich, welcher Verfahrensschritt in welchem Maße an der Reduktion beteiligt ist. Im Falle einer Änderung des Herstellungsverfahrens muß die Validierung des gesamten Prozesses wiederholt werden.

Die Validierung einzelner Verfahrensschritte dürfte in den meisten Fällen vorteilhafter sein, da die für die Reduktion maßgebenden Schritte ermittelt und charakterisiert werden. Da für jeden Schritt die Infektiosität neu zugesetzt wird, kann bei dieser Validierungsart jedoch nicht erfaßt werden, ob ein Behandlungsschritt die Erreger so verändert, daß eine für nachfolgende Reduktionsschritte resistentere „Prion-Subpopulation“ entsteht (vgl. Kap. 12). In diesem Fall würde der Gesamtreduktionsfaktor, den man durch Addition der in den Einzelschritten erhaltenen logarithmischen Faktoren erhält, eine stärkere Verminderung der Infektiosität vortäuschen, als im Herstellungsprozeß tatsächlich erreichbar ist.

Validierungsexperimente sind mit einem erheblichen finanziellen und technischen Aufwand verbunden, was u.a. auch mit der Notwendigkeit, die Infektiosität in Versuchstieren nachweisen zu müssen und mit der langen Inkubationszeit zusammenhängt. Daher verlangen Zulassungsbehörden nur dann eine Validierung des Herstellungsprozesses, wenn ein signifikanter Beitrag der Herstellungsmethoden zur Erreichung der Produktsicherheit notwendig ist [141], oder wenn der Hersteller behauptet, daß Prionen im Verlauf der Produktion abgereichert bzw. inaktiviert werden [312]. Die Effektivität einer Herstellungsmethode mit Hilfe von Literaturdaten zu belegen, ist nur mit Einschränkungen möglich, da schon geringfügige Variationen wichtiger Parameter wie Temperatur, Druck, Inkubationszeit oder Proteinkonzentration einen entscheidenden Einfluß auf die Abreicherung bzw. Inaktivierung von Prionen haben können.

46.3.2.4 Applikationsart des Medikamentes (Verabreichungsweg)

Das BSE-Übertragungsrisiko hängt auch von der Art der Anwendung bzw. der Verabreichungsart eines Arzneimittels ab. Studien, in denen Mäusen Scrapieerreger auf verschiedene Weise injiziert wurden, haben gezeigt, daß die intrazerebrale Inokulation der effektivste Weg zur Infektion ist (Abb. 1.8) (s. Kap. 43). Diese Applikationsart ergibt eine je nach eingesetztem Scrapiestamm um den Faktor 400–40000 höhere Infektionsrate als über die peritoneale Route [771,1047]. *Werden allerdings BSE-Erreger verwendet, dann zeigen beide Applikationsarten im Mausmodell eine annähernd gleiche Infektionsrate [1260].* In Anlehnung an publizierte Studien wird im Quantifizierungssystem des BGA (s. Kap. 46.3.1) für die Verabreichung des Arzneimittels in das Zentralnervensystem der Exponent 0 (höchstes Risiko), für die Injektion in Blutgefäße der Exponent 1 und für die parenterale Anwendung der Exponent 2 eingesetzt [141].

46.3.2.5 Menge des zur Herstellung einer Tagesdosis eingesetzten Ausgangsmaterials

Zur Beurteilung dieses Parameters wird die Menge an tierischem Ausgangsmaterial herangezogen, die zur Herstellung der maximal vorgesehenen Tagesdosis des Arzneimittels verwendet worden ist [141]. Dabei ist es unerheblich, ob die Bestandteile der Tiere als Wirk- oder Hilfsstoffe bei der Herstellung dieser Stoffe eingesetzt werden. Man geht dabei von sog. „worst case-Bedingungen“ aus.

46.3.2.6 Behandlungsdauer

In die Beurteilung dieses Parameters geht die Anzahl der Tagesdosen ein, die innerhalb eines Jahres laut Arzneimittelinformation maximal zur Anwendung vorgesehen sind [141]. Ist diese Information nicht vorhanden, soll ein realistischer Wert geschätzt werden, der auch eventuell auftretende Rückfälle einer Krankheit berücksichtigt. Im Quantifizierungssystem des BGA wird der Einzelanwendung und einer geringen Anzahl „kurzfristiger“ Mehrfachanwendungen (1–9 Tagesbehandlungen pro Jahr) der Exponent 2, längeren Anwendungen (10–100 Tagesbehandlungen pro Jahr) der Exponent 1 und Daueranwendungen der Exponent 0 zugeordnet.

46.4 Regelungen zur Prävention bei Gelatine

Gelatine wird häufig als Hilfsstoff in Arzneimitteln eingesetzt. Das hochmolekulare, aus ca. 85% Polypeptiden, 8–12% Wasser und 2–4% Mineralsalzen bestehende Stoffgemisch, wird zur Herstellung von Arzneikapseln, als Bindemittel für Tabletten, als Stabilisator für Emulsionen, in haemostatischen Schwämmen und als

Tabelle 46.1: Beispiele für aus tierischen Ausgangsstoffen hergestellte Substanzen, die in Arzneimitteln und Kosmetika verwendet werden.

Substanz	Anwendung	Tierart (Herkunft)	Organ, Gewebe
Insulin	Diabetes	Rind, Schwein	Bauchspeicheldrüse
Heparin	Hemmung der Blutgerinnung	Rind, Schwein	Darmschleimhaut, Lunge
Aprotinin	Förderung der Blutgerinnung	Rind	Lunge
Hyaluronidase	Gewebeauflockerung vor Lokalanästhesie	Rind, Schaf	Hoden
Gelatine	Flexible Arzneikapseln	Rind	Knochen u. Haut
Chem. modifizierte Gelatine	Blutplasmaersatz	Rind	Knochen u. Haut
Magnesiumstearat (Talgderivat)	Gleitmittel beim Pressen von Tabletten	Rind	Schlachtabfälle

Tabelle 46.2: Einteilung von Organen, Geweben oder Körperflüssigkeiten in Kategorien unterschiedlicher Infektiosität. Die Einteilung basiert auf Studien an Scrapie-infizierten Schafen und Ziegen nach klinischer Manifestation der Krankheit. Der relative Scrapie-Titer der aufgeführten Körperbestandteile wurde im Mausbioassay bestimmt (maximale Menge: 5 mg) (vgl. Tab. 43.1 und 53.2).

Infektiösität	Kategorie	Organ, Gewebe oder Körperflüssigkeit
hoch	I	• Auge[1)] • Gehirn • Rückenmark
mittel	II	• Dickdarm (oberer Teil) • Dünndarm • Hirnanhangdrüse (Hypophyse) • Hirnhaut[1)] • Lymphknoten • Mandeln • Milz • Nebenniere • Plazenta[1)] • Zerebrospinalflüssigkeit („Liquor") • Zirbeldrüse[1)]
niedrig	III	• Bauchspeicheldrüse • Dickdarm (unterer Teil) • Knochenmark • Leber • Lunge • Nasenschleimhaut • Periphere Nerven[2)] • Thymus (Milke)
nicht nachweisbar	IV	• Bindegewebe[1)] • Blut (feste Bestandteile) • Eierstöcke • Fäzes • Fötales Gewebe • Galle[1)] • Gebärmutter • Haare[1)] • Haut[1)] • Herz • Hoden • Knochen[1)] • Knorpel[1)] • Milch und Milchdrüse • Muskulatur (Skelettmuskeln) • Nieren • Samenblase • Schilddrüse • Serum • Speichel • Speicheldrüse • Urin[1)]

[1)] Organe wurden aufgrund anderer Daten eingeordnet (Quelle: CPMP-Richtlinie), nicht basierend auf Studien an Scrapie-infizierten Schafen und Ziegen.

[2)] In CPMP-Richtlinie Eudra/B/91/020 wird lediglich der Ischiasnerv genannt.

chemisch modifizierte Gelatine-Zubereitungen in Blutplasmaexpandern verwendet. Wegen der Fähigkeit, über einen weiten Konzentrationsbereich temperaturreversible, durch zahlreiche Wasserstoffbrücken stabilisierte Gele zu bilden, kann Gelatine in vielen Bereichen angewendet werden. Mit ihr können labile Wirksubstanzen sehr schonend ohne Wärmeeinwirkung verkapselt und haltbar gemacht werden.

Als Ausgangsmaterial für die Herstellung von Gelatine werden Knochen und Häute von Rindern (oder Schweineschwarten) verwendet. Das darin enthaltene Gerüstprotein Kollagen wird bei der Gelatineherstellung durch chemisch-physikalische oder chemisch-enzymatische Verfahren partiell hydrolysiert. Je nach Ausgangsmaterial und Herstellungsprozeß erhält man verschiedene Typen von Gelatine, die unterschiedliche strukturelle Eigenschaften haben. Durch Mischung verschiedener Typen kann gezielt eine Gelatine mit spezifischen Eigenschaften hergestellt werden.

In Stellungnahmen der WHO [1329] und Arzneimittelzulassungsbehörden von verschiedenen Ländern [312,428] zur Sicherheit von Gelatine wird übereinstimmend die Bedeutung von Herkunft und Art des Ausgangsmaterials sowie des Herstellungsprozesses betont. Die Beachtung nur eines der drei Parameter wird generell als nicht ausreichend angesehen.

46.4.1.1 Herkunft des Ausgangsmaterials

Nach Angaben des Europäischen Verbandes der Gelatinehersteller (GME) werden jährlich 100000 t, also 44% des weltweiten Gelatinebedarfs von 220000 t, in Europa produziert. Um diesen großen Bedarf zu decken, wird in Europa jährlich ca. 500000 t Rohmaterial zu Gelatine verarbeitet. Dieses stammt von mehreren tausend Tieren *täglich* [1177]. Das in einer Gelatinefabrik verwendete Material wird oft von verschiedenen Lieferanten bezogen und stammt daher von verschiedenen Schlachthöfen. Die bei der Verwendung von Rinderbestandteilen geforderte sorgfältige Auswahl des Ausgangsmaterials wird bei der Gelatine durch die Verarbeitung solch enormer Mengen und durch den internationalen Handel mit Tieren, Zwischenprodukten, Gelatine, Gelatinekapseln und anderen galenischen Formen erschwert. Deshalb ist es wichtig, daß die dem GME angehörenden Firmen bereits seit Juli 1994 (gemäß eigenen Angaben und eigener Initiative) keine Rohstoffe aus GB zu Gelatine verarbeitet haben. Der Ausschluß von britischem Rohmaterial wurde seit 1996 auch in einer Stellungnahme des CPMP als eine Bedingung für die Sicherheit von Gelatine genannt [405]. Damit nahm der CPMP zu jenem Zeitpunkt eine härtere Haltung als die EU-Kommission ein, welche für Gelatine Ausnahmen von den Dringlichkeitsmaßnahmen gestattet hatte [415].

46.4.1.2 Art des bovinen Materials

Für die Herstellung von Pharmagelatine[93] bovinen Ursprungs werden die zwei Rohstoffe *Knochen* oder *Rinderspalthaut* (aus der Lederherstellung) eingesetzt. Rinderhaut hat sich zum einen in Tierexperimenten als nicht infektiös erwiesen (Tab. 46.2; vgl. auch Tab. 53.2), zum anderen kann das Kontaminationsrisiko der Haut als sehr gering eingeschätzt werden, da sie im Schlachtprozeß vor der Tierhalbierung abgezogen wird.

Beide Ausgangsstoffe müssen von Tieren stammen, die nach veterinärmedizinischer Begutachtung für den Verzehr durch den Menschen freigegeben wurden. Bei der Bewertung der Ausgangsstoffe für die Herstellung der Pharmagelatine sind verschiedene Aspekte zu beachten.

Die Sicherheitsbewertung für die Verwendung bzw. Verarbeitung von Rinderknochen ist komplex. Aufgrund der Ergebnisse von Studien mit Scrapie wird Knochenmark zwar in der Infektiositätskategorie III aufgeführt (Tab. 43.1). Im Knochenmark infizierter BSE-Rinder hat man jedoch bisher nie zweifelsfrei Erreger nachgewiesen [1315]. Aufgrund der widersprüchlichen Ergebnisse gestaltet sich eine Abschätzung des Risikos bei der Verwendung markhaltiger Rinderknochen schwierig. (Röhren)-Knochen *per se* werden generell in die Infektiositätskategorie IV (Tab. 46.2; vgl. auch Tab. 53.2) ein-

[93] Gelatina, gem. Ph. Eur. Monographie 330.

geordnet. Hingegen können an Schädel- und Wirbelknochen [312] Reste von potentiell hochinfektiösem ZNS-Gewebe (Gehirn, Rückenmark inklusive Dorsalganglien; (Tab. 53.2), *Infektiositätskategorie I*) haften und so in das Ausgangsmaterial zur Herstellung von Gelatine gelangen. Eine Bedingung für die Ausnahme der Gelatine von den Dringlichkeitsmaßnahmen der EU war, daß Schädel und Wirbelsäulen aus Großbritannien nicht verarbeitet werden durften.

In der revidierten CPMP-Leitlinie ist der Gelatine ein eigenes Unterkapitel gewidmet, in dem gefordert wird, daß Schädel und Rückenmark generell nicht Teil des Ausgangsmaterials sein dürfen. Dies entspricht auch der gängigen Praxis in EU-Ländern und den USA, denn Köpfe und Rückenmark werden schon beim Schlachten entfernt. Außerdem wird empfohlen, in Abhängigkeit von der Herkunft der Tiere, Wirbelknochen von der Verarbeitung auszuschließen.

Der Wissenschaftliche Lenkungsausschuß der EU (Scientific Steering Committee, SSC) empfiehlt für Gelatine, die zur parenteralen oder ophtalmologischen Anwendung am Menschen bestimmt ist (Implantate, parenteral zu verabreichende Arzneimittel), getrennte Produktionslinien zu benutzen, in denen nur Materialien von Rindern aus BSE-freien Ländern (nach den Leitlinien des Internationalen Tierseuchenamtes, OIE) oder aus gut überwachten Herden verwendet werden dürfen. In ähnlicher Weise wird dies nach der Gelatine-Leitlinie der amerikanischen Lebens- und Arzneimittelbehörde FDA gefordert.

Bei anderer Zweckbestimmung, z. B. für oral anzuwendende Arzneimittel mit Gelatinekapseln, sollen gemäß der Gelatine-Leitlinie der FDA Wirbelsäulen und Schädel dann von der Gelatineherstellung ausgeschlossen werden, wenn das Ausgangsmaterial aus Ländern bezogen wird, die nicht den Status eines BSE-freien Landes nach dem internationalen Tiergesundheitskodex [990] des OIE beanspruchen können. Nach den OIE-Leitlinien sollten Schädel und Wirbelknochen immer entfernt werden, wenn das Herkunftsland nicht als BSE-frei eingestuft werden kann. Der wissenschaftliche Lenkungsausschuß der EU schließt hingegen für verschiedene spezifizierte Risikomaterialien (SRM) die Verwendbarkeit abgestuft nach dem BSE-Risiko der Herkunftsländer aus.

Keine Materialbeschränkungen sind nach diesen drei Empfehlungen für Länder vorgesehen, die (nachgewiesenermaßen) frei sind von BSE (vgl. GBR; [1216a]).

46.4.1.3 Herstellungsprozeß

30% der in pharmazeutischen Produkten verwendeten Gelatine (Pharmagelatine) stammen aus Material vom Schwein. Dieses wird i.d.R. mit einem Säureaufschluß-Verfahren behandelt, was bei der Herstellung von Gelatine aus Rinderknochen seltener praktiziert wird. 58% der Pharmagelatine wird hingegen nach dem von GME-Mitgliedsfirmen angewendeten alkalischen Verfahren hergestellt. Die so produzierte Gelatine besitzt aufgrund ihrer reproduzierbaren, physikalischen Eigenschaften eine für Arzneimittel erforderliche konstante Qualität.

Im ersten Schritt dieses Verfahrens (Abb. 46.1) werden die Knochen zunächst geschrotet und in 80–85 °C heißem Wasser behandelt, um Rückstände von Gewebeteilen, die aufgrund ihres hohen Fettgehaltes zu einer Trübung der Gelatinelösung führen können, zu entfernen. Eine Studie, bei der Rinderschädel inklusive Gehirn nach diesem Verfahren behandelt wurden, hat gezeigt, daß in diesem Verfahrensschritt 98–99% der untersuchten Hirnproteine entfernt werden [894].

Weitere Schritte im Herstellungsprozeß der Pharmagelatine, von denen aufgrund experimenteller Ergebnisse eine abreichernde Wirkung erwartet wurde, sind:

1. die saure Hydrolyse (Entmineralisierung) des Knochenschrots (Gelatine Typ A).
2. das alkalische Aufschlußverfahren, die sog. Kälkung von Spalthaut bzw. Ossein (Gelatine Typ B).

Die Kapazität dieser Schritte zur Inaktivierung von Srapieerregern wurde im Auftrag des GME in validierten Studien überprüft. Für den Entmineralisierungsschritt mit HCl wurde eine Reduktion der Infektiosität um 1,01 $\log_{10}$, für die Kälkung über 45 Tage eine Abnahme um 2,07

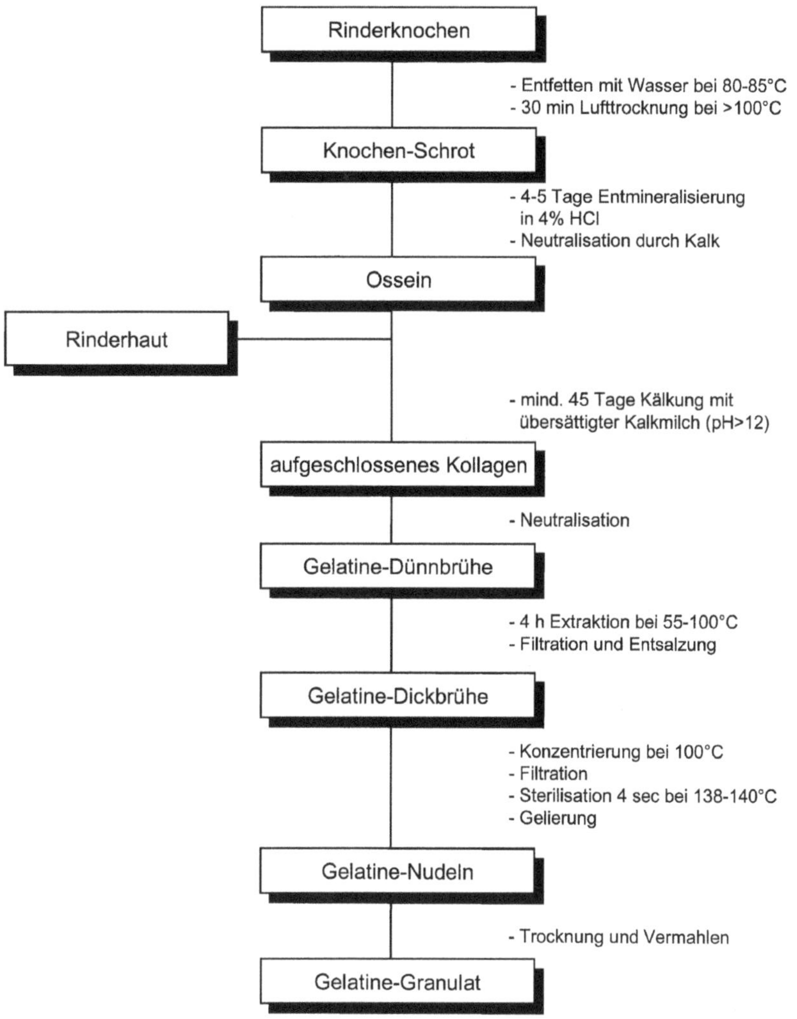

Abb. 46.1: Verfahren zur Herstellung von Pharmagelatine. (Abb. von M. Ruffing und H. Windemann)

$\log_{10}$ gezeigt [1217]. Somit trägt vorwiegend die alkalische Behandlung zur Titerreduktion bei. Die Ergebnisse sind deutlich hinter den zunächst geäußerten Erwartungen zurückgeblieben, weshalb auch bei Anwendung des alkalischen Verfahrens **zusätzlich die sorgfältige Auswahl des Ausgangsmaterials als unbedingt notwendig erachtet wird** [312]. Nach Meinung der GME reicht das Potential des Herstellungsprozesses aus, um mögliche Restinfektiosität an den Knochen zu inaktivieren [1176]. Der SSC bemängelte aber den nicht ausschließbaren Einsatz von infektiösem Hirnmaterial und empfahl die Benutzung von Ausgangsmaterial aus Ländern oder Herden ohne BSE-Risiko bzw. mit einem niederen GBR-Status, sowie die Validierung des gesamten Herstellungsprozesses [1217]. Andere, bei der Herstellung von Pharmagelatine angewendete Schritte wie Extraktion, Filtration, Ionenaustausch-Chromatographie und Sterilisation werden in einer weiteren, vom GME in Auftrag gegebenen Studie geprüft. Aufgrund der Komplexität des Herstellungsprozesses und der Vielzahl darin enthaltener kritischer Punkte soll laut SSC auch eine umfassende Kontrolle des gelieferten Ausgangsmaterials und der Herstellungsbedingungen garantiert und dokumentiert sein.

46.5 Regelungen zur Prävention bei Talg und Talgderivaten

Rindertalg wird ebenso wie Fleisch- und Knochenmehl aus Schlachtabfällen gewonnen. Er wird aus subkutanen, abdominalen und intramuskulären Fetten, aus Innereien und Knochen der Schlachttiere durch Einwirkung von Wärme und Druck oder durch Lösungsmittelextraktion gewonnen. Er ist ein wichtiger Rohstoff für die Herstellung von Fettsäuren und Fettalkoholen. Während unverarbeiteter Rindertalg in den Arzneimitteln nur selten Anwendung findet, gehören Talgderivate bzw. Fettprodukte zu den wichtigsten Hilfsstoffen in Arzneimitteln und Kosmetika überhaupt. Sie werden als Stabilisatoren, Emulgatoren und Tablettengleitmittel eingesetzt. Es ist daher verständlich, daß ihrer industriellen Verarbeitung große Bedeutung zukommt.

Hinsichtlich des BSE-Risikos von Talg und daraus hergestellten Stoffen werden die zwei Parameter *Herkunft und Haltung der Tiere* und *angewendete Herstellungsverfahren* als entscheidend angesehen.

In Studien, bei denen verschiedene industrielle Talgherstellungsverfahren mit BSE-infektiösem Ausgangsmaterial in verkleinertem Maßstab durchgeführt wurden, konnte im Endprodukt nach Injektion in das Gehirn von Mäusen keine Infektiosität nachgewiesen werden [872,1264,1265].

Nach Empfehlungen des Bundesinstituts für Arzneimittel und Medizinprodukte (BfArM), der Nachfolgebehörde des BGA in Deutschland, wird Talg als unbedenklich angesehen, wenn das Ausgangsmaterial aus BSE-freien Ländern stammt und entweder für mindestens 20 Minuten bei 133 °C unter gespanntem Dampf autoklaviert oder für mindestens eine Stunde bei nicht weniger als 20 °C mit 1 M NaOH behandelt wird [60].

Da aber noch Unsicherheiten darüber bestanden, ob unter „worst case-Bedingungen" auch bei Anwendung der empfohlenen Verfahrensbedingungen geringe Mengen an infektiösen Erregern zurückbleiben, äußerte der SSC die Meinung, daß das Ausgangsmaterial für Talg, der in Humanarzneimitteln verwendet wird, erstens von Tieren stammen sollte, die für den menschlichen Konsum freigegeben wurden [1217]. Zweitens darf niemals SRM als Rohstoff benutzt werden. Soll Material aus BSE-Hochrisikoländern zum Einsatz kommen, müssen zusätzlich Kerntemperaturen von mindestens 133 °C bei einem Wasserdampfdruck von ≥ 3000 hPa während 20 Minuten oder äquivalente Bedingungen angewendet werden.

Einen weiteren Beitrag zur Sicherheit leisten Schritte in der Talgherstellung, in denen Restproteine z.B. durch Filtration, Zentrifugation oder Präzipitation entfernt werden, da man davon ausgeht, daß Prionen aufgrund ihrer Proteinstruktur in dieser Fraktion verbleiben [1327].

Bei der Herstellung von Derivaten, wie Glycerol (Glycerin), Fettsäuren und Fettsäureestern, wird Talg verschiedenen Umwandlungsreaktionen unterworfen, die praktisch ausnahmslos mit hohen Temperaturen und Druck verbunden sind. Nach der revidierten CPMP-Leitlinie gelten die Spaltung von Fetten in Glycerol (Glycerin) und Fettsäuren sowie die Veresterung und Destillation von Fettsäuren bei Temperaturen von mindestens 200 °C unter Druck für wenigstens 20 Minuten als sichere Verfahren [312]. Bei Verseifungsreaktionen soll 12 M Natriumhydroxid bei mindestens 95 °C für minimal drei Stunden im Batchverfahren oder bei mindestens 140 °C und einem Druck von 3000 hPa für nicht weniger als acht Minuten in kontinuierlichen Prozessen eingesetzt werden. Bei Einhaltung dieser drastischen Herstellungsbedingungen werden diese für Arzneimittel wichtigen Hilfsstoffe als Produkte angesehen, die wahrscheinlich kein Infektionsrisiko darstellen (CPMP-Leitlinie) [312].

47 Die Prävention von Prionkrankheiten im medizinischen Bereich

Beat Hörnlimann, Georg Pauli, Stefan Harbarth, Hans-Rudolf Widmer und Dietrich Simon

47.1 Einleitung

Die in diesem Kapitel vorgeschlagenen Präventionsmaßnahmen gegen akzidentelle oder iatrogene Übertragungen von Prionkrankheiten im Krankenhaus, Diagnostik- und Forschungslabor fassen weitgehend internationale Übereinstimmungen zusammen: Sie lehnen sich an einschlägige Empfehlungen der WHO [1329], an einen EU-Konsensbericht [224,225], an nationale Empfehlungen der Schweiz [596], Deutschlands [55,1212], Frankreichs [57], Großbritanniens [3,5,36–38,47,49,62], Australiens [52] und der USA an [1226].

Vor dem Hintergrund betehender punktueller Unterschiede zwischen Ländern soll dieses Kapitel für alle betroffenen Institutionen einen mit vernünftigem Aufwand gangbaren Weg der Prävention darlegen. Es ist unerläßlich, die hier empfohlenen Sicherheitsmaßnahmen im Krankenhaus- und Laborbereich laufend den neuen wissenschaftlichen Erkenntnissen anzupassen [2–4]. Angesprochen werden in den folgenden Unterkapiteln v.a. die zuständigen Krankenhaus- und Laborverantwortlichen für die Prävention iatrogener oder akzidenteller Infektionen (s. Kap. 36.4.2).

Es wird im Detail aufgezeigt, welche prophylaktischen Grundsätze bei der chirurgisch-invasiven Behandlung und der stationären Pflege von Patienten, von denen ein erhöhtes Übertragungsrisiko ausgeht, wie befolgt werden sollten und weshalb. Zudem wird gezeigt, wie das akzidentelle Risiko für medizinisches Personal, z. B. bei bestimmten operativen Eingriffen, oder das iatrogene Risiko für Drittpatienten, z. B. bei Verwendung von kontaminierten Mehrfachinstrumenten, anhand der Wahrscheinlichkeit, mit der bei einem Patienten eine Prionkrankheit vorliegt, definiert werden kann.

Zu den notwendigen Vorsichtsmaßnahmen beim Umgang mit Patienten, die an einer Prionkrankheit leiden oder bei denen ein Verdacht darauf besteht, ist zunächst anzumerken, daß es sich hier nicht um ansteckende Krankheiten im üblichen Sinne handelt (s. Kap. 1.9). Prionkrankheiten werden nicht durch übliche soziale Kontakte oder pflegerische Maßnahmen von Mensch zu Mensch weitergegeben. Eine erfolgreiche experimentelle Übertragung auf Versuchstiere oder auch die iatrogene Übertragung auf Menschen erfordert Gewebe mit hoher Infektiosität, also v.a. Material vom ZNS und einen effizienten Übertragungsmodus. Aus Tierversuchen weiß man, daß der effizienteste Übertragungsmodus (Synonym: Infektionsweg) die i.c. Injektion ist. Während definitionsgemäß *eine* **infektiöse Dosis $\mathbf{ID_{50}}$** ausreichend ist, um Tiere mit einer 50%igen Wahrscheinlichkeit intracerebral (i.c.) mit einer TSE zu infizieren, braucht man im Vergleich bei der intravenösen (i.v.) Infektion etwa 10 ID_{50}, intraperitoneal (i.p.) 100 ID_{50}, subkutan 10^4 und per os 10^5 ID_{50} [366]. Diese Zahlen gelten bei Übertragungen innerhalb derselben Tierspezies. Über Speziesgrenzen hinweg sind höhere Dosen notwendig (Abb. 1.8, 1.10) (vgl. Kap. 51.2.1.2).

Obwohl also Prionkrankheiten nicht ohne weiteres übertragen werden können, sind spezifische Sicherheitsmaßnahmen zur Vermeidung einer iatrogenen oder akzidentellen Infektion notwendig. Im wesentlichen geht es darum, invasiven Kontakt zwischen Risikoquelle (Gewebe oder Instrumente) und potentiellen Empfängern (Risikoexponierte) wie über Wunden, über i.v.-, i.a.- oder i.m.-Injektionen und über Gehirnkontakt durch chirurgische Mehrfachinstrumente zu verhindern. Die Verhinderung solcher Kontakte und die Eliminierung der Erreger erfolgen hauptsächlich durch chemische Desinfektion und/oder Hitzebehandlung von PrP^{Sc}-kontaminiertem Material, das als Erregerquelle oder Übertragungsvektor in Frage kommt.

47.2 Krankenversorgung durch Pflegepersonal

Eine Infektion durch die intakte Haut ist selbst mit hoch erregerhaltigem Material nicht oder nur sehr schwer möglich. Epidemiologisch gibt es bislang keinen Hinweis darauf, daß Personen in medizinischen Berufen [948 a] häufiger an einer CJD erkrankt sind, als statistisch zu erwarten ist (Inzidenz von 10^{-6} pro Jahr). Ebenso haben Angehörige, die TSE-Patienten pflegen, kein erhöhtes Erkrankungsrisiko. Dies zeigt, daß vom Umgang mit Erkrankten, z.B. auch in der Familie, keine Gefahr ausgeht (s. Kap. 1.9).

Bisher gibt es keinen nachgewiesenen Fall einer Prionkrankheit infolge Patientenkontakts. Somit ist ein normaler, nicht invasiver (Pflege)-Kontakt mit TSE-Patienten nach derzeitigem Wissensstand unproblematisch, im Gegensatz zum unvorsichtigen Kontakt mit Tuberkulose-, Varizellen-, Influenza-, Ebola-, HIV- oder Hepatitisvirus-Infizierten.

Auch der Hautkontakt mit Blut, Serum und Ausscheidungen aller Art birgt kein TSE-Infektionsrisiko. Die Patienten müssen daher nicht isoliert werden, die Einhaltung der üblichen Hygieneregeln ist ausreichend. Benutztes Geschirr und Besteck der Patienten sowie Waschutensilien, Kleidung, Wäsche und Bettwäsche, auch wenn mit Blut kontaminiert, werden in die normalen Spül- und Waschgänge gegeben. Lediglich bei Liquorkontaminationen sollte mit 2,5–5% Natriumhypochlorit oder 1–2 M Natronlauge für mindestens eine Stunde vordesinfiziert werden (s. Kap. 44.5.1–2) (Tab. 44.2). Die Entsorgung von Abfällen aus Pflege und Behandlung der Patienten wird im Unterkapitel 47.12 beschrieben.

47.3 Akzidentelles Übertragungsrisiko im beruflichen Bereich

Im Krankenhausbereich und in Neuropathologie-Diagnostik-Labors, aber auch in ganz anderen beruflichen Umfeldern, in denen ein Kontakt mit TSE-infektiösem Material möglich ist, scheint gegenüber der Normalbevölkerung kein erhöhtes Risiko vorzuliegen [123,124,286,546, 948a,1213,1350]. Robert G. Will betont allerdings, daß erst langfristige international harmonisierte Überwachungsprogramme eine definitive Aussage zu diesem Thema erlauben werden (s. Kap. 29) [1350]. Trotz einiger dokumentierter TSE-Fälle bei Ärzten, Krankenschwestern, Dentaltechnikern, Zahnärzten, Tierärzten, aber auch Metzgern, Landwirten und Köchen gibt es bisher praktisch keine gesicherten Informationen, daß die in diesen Berufsgruppen aufgetretenen Fälle auf Übertragung beruhen. D.h., man konnte – mit drei Ausnahmen – nie retrospektiv einen Zusammenhang mit einer Kontamination im Arbeitsbereich aufzeigen. Eine Ausnahme könnte der CJD-Fall eines 56-jährigen Neurochirurgen aus Boston darstellen [306, 1166]. Zwei weitere Ausnahmen betreffen Laborangestellte, welche möglicherweise mit CJD-infektiösem Gewebe Kontakt hatten und an dieser Krankheit starben [943].

47.4 Iatrogenes Übertragungsrisiko im medizinischen Bereich

Wie es im medizinischen Bereich dennoch zu Übertragungen kommen kann, zeigen iatrogen bedingte CJD-Fälle bei Patienten [306,1063]. Den größten Anteil der iatrogen verursachten Fälle machen CJD-Infektionen durch Behandlung mit Wachstums- und Geschlechtshormonen, die aus Leichenhypophysen extrahiert wurden aus [175a,176]. Von 1963 bis 1985 erhielten ca. 10000 [1093] kleinwüchsige Kinder parenterale Verabreichungen von pituitärem Wachstumshormon von Verstorbenen. Als Folge davon traten (bis Frühjahr 1999) weltweit 103 iatrogene CJD-Fälle bei Jugendlichen [1325a] auf; die meisten davon (61/103) in Frankreich, da dort von Leichen stammendes Wachstumshormon über 1985 hinaus eingesetzt wurde, obwohl diese Praxis in anderen Ländern wie den USA [946], GB [1350], Australien [1350], Neuseeland [319], den Niederlanden und Schweden bereits aufgegeben worden war. Allerdings wurde das Präparat auch in Ländern wie Japan, Israel, Spanien, Italien, Dänemark und Deutschland für eine bestimmte Periode – unter Behandlung des Rohmaterials mit 8-molarem Harnstoff, was offensichtlich nicht effizient genug war – weiterproduziert [305]. Interessanterweise trat in Deutschland bislang kein so bedingter CJD-Fall auf.

Auf FSH-Behandlung (Geschlechtshormon) sind mindestens fünf Fälle in Australien zurückzuführen [306]. Etwa 60 CJD-Fälle beruhen auf Dura mater-Implantationen [835]. Sie wurden fast ausschließlich durch das Präparat LYODURA verursacht, das 1987 aus dem Verkehr gezogen wurde. Die meisten Fälle traten in Japan auf [1385]; in Deutschland wurden vier Fälle mit Dura mater-Implantationen in Zusammenhang gebracht. Des weiteren wurden weltweit drei Fälle durch Hornhauttransplantate übertragen [391,494].

Heute empfiehlt die WHO, Hormone „natürlicher“ Herkunft nicht mehr als Therapeutika und entsprechende Gewebe nicht mehr als Implantate zu verwenden, sofern alternative Möglichkeiten zur Verfügung stehen [1329]. Seit 1987 werden entsprechende Hormone gentechnologisch hergestellt.

Schließlich gibt es sechs iatrogen bedingte CJD-Fälle, die durch unzureichend sterilisierte neurochirurgische Instrumente verursacht wurden, davon zwei durch Tiefenelektroden [134, 426] (s. Kap. 44.7.1).

Aus der Beschreibung der iatrogenen CJD-Fälle geht hervor, daß es vordringlich ist, Gruppen von Patienten, Geweben und medizinischen Eingriffen, von denen ein unterschiedliches (Übertragungs)-Risiko ausgeht, genau zu definieren. Anhand dieser Definitionenen (Tabelle 47.1, Kap. 47.4.2) kann für zu operierende Patienten (pot. Erregerquellen) und Drittpatienten (Risikoexponierte) das TSE-Übertragungsrisiko eingeschätzt und durch adäquate präventive Maßnahmen reduziert werden.

47.4.1. Patienten mit unterschiedlichem Übertragungsrisiko

Wie oben erwähnt, ist die normale Krankenversorgung von TSE-Patienten grundsätzlich mit keiner Übertragungsgefahr für das medizinische Personal oder andere Personen verbunden. Bei operativen Eingriffen am ZNS, etwas weniger bei Augenoperationen, besteht für das Operationsteam jedoch ein erhöhtes Risiko [52], da es *bei Auftreten von Hautverletzungen* durch den Kontakt mit hochinfektiösem Gewebe zu einer Übertragung kommen kann.

In der Gruppe I ist das Risiko der Patienten, eine TSE zu haben oder zu entwickeln, deutlich höher als in der Gruppe II (Tab. 47.1). Es beträgt bei den Empfängern von Hypophysenhormonen ca. 1%, bei den Empfängern von Dura mater-Implantaten ca. 0,1% [1155]. Der Ein-

Tabelle 47.1: Einteilung von Patienten in Gruppen mit unterschiedlichem TSE-Übertragungsrisiko (TSE = Transmissible Spongiforme Enzephalopathien, Prionkrankheiten; für Fall-Definitionen *gesicherte*, *wahrscheinliche* und *mögliche TSE* s. Tab. 29.1, 29.3).

Gruppe I: Patienten mit *hohem* Risiko, eine TSE zu haben oder zu entwickeln:
- Patienten mit bestätigter TSE
- Patienten mit klinischem Verdacht (wahrscheinliche und mögliche TSE)
- Träger pathogener Mutationen im Prion-Protein-Gen (*PRNP*)
- Mitglieder einer Familie mit familiärer CJD (fCJD), GSS, FFI, auch wenn der Genotyp nicht bestimmt ist

Gruppe II: Patienten mit erhöhtem Risiko, eine TSE zu haben oder zu entwickeln:
- Patienten mit ungeklärter, i.d.R. rasch fortschreitender Erkrankung des ZNS mit und ohne Demenz
- Mitglieder von Familien, in denen gehäuft derartige Erkrankungen aufgetreten sind
- Empfänger von humanen Hypophysen-Hormonen (Wachstumshormon und Gonadotropine)
- Empfänger von Dura mater-Implantaten in den Jahren 1972–1987

Gruppe III: Patienten mit *niedrigem* Risiko, eine TSE zu haben oder zu entwickeln:
- Alle übrigen Personen

fachheit wegen werden für die folgenden Ausführungen die Patienten der Gruppe II mit denen der Gruppe I zusammen als *Patienten, von denen ein erhöhtes TSE-Übertragungsrisiko ausgeht*, definiert.

Bei unauffälligen Patienten (Gruppe III) liegt das Risiko, eine sporadische CJD zu haben oder zu entwickeln, bei etwa 1:1 Million pro Jahr. Für diese Gruppe ist wegen des sehr geringen TSE-Risikos keine Änderung der üblichen Präventionsmaßnahmen bei Operationen, beim Umgang mit Untersuchungsmaterialien und bei der Sterilisation der Instrumente erforderlich.

47.4.2 Gewebe und Eingriffe mit unterschiedlichem Übertragungsrisiko

Nicht von allen Geweben von TSE-Patienten oder -Infizierten geht eine gleich große Infektionsgefahr aus. Auch ist nicht bei allen TSE-Formen von Mensch und Tier die gleiche Organverteilung in Bezug auf den Infektiositätstiter zu beobachten. Da einerseits relativ wenig Daten zur Infektiosität in Geweben von TSE-Patienten vorliegen und andererseits bei der Scrapie die höchsten Infektiositätstiter in einem sehr breiten Organspektrum festgestellt werden können, basiert die Einteilung der Gewebe in Risikogruppen (Infektiositätskategorien) auf Studien an natürlich mit Scrapie infizierten Schafen und Ziegen nach klinischer Manifestation der Krankheit (Tab. 43.1; 46.2; vgl. auch Tab. 53.2) [577,1329].

Aus der experimentell erhobenen Organverteilung der Infektiosität ist ableitbar, daß ein erhöhtes Kontaminations- bzw. Übertragungsrisiko von Eingriffen an Gehirn, Rückenmark und Auge ausgeht. Diese Schlußfolgerung ist konsistent mit der Tatsache, daß bisher nur aus Eingriffen an diesen spezifischen Organen eine iatrogene TSE-Übertragung resultierte. Neben Operationen an Gehirn, Rückenmark und Auge zählt man heute vorsichtigerweise auch Lumbalpunktionen (Rückenmark enthält Infektiosität) zur Entnahme von Liquor[94] und Operationen, bei denen möglicherweise Hirnnerven (Operationen im Gesichts- und Rachenbereich) oder Tonsillen (s. Kap. 51.2.7.2) [625,743] (Operationen im ORL-Bereich) berührt werden, zu den Eingriffen, von denen ein erhöhtes Übertragungsrisiko ausgeht (vgl. Kap. 47.10).

Ein geringes, d.h. vernachlässigbares Risiko besteht dagegen bei Eingriffen, die andere Gewebe betreffen.

[94] Soll nach ([179], Table 4) manchmal (frequent) auch Infektiosität enthalten.

47.5 Prävention bei Eingriffen, von denen ein erhöhtes Übertragungsrisiko ausgeht

Eingriffe am ZNS und Auge von Patienten, von denen ein erhöhtes TSE-Risiko ausgeht, stellen somit die höchste potentielle Gefahr der akzidentellen oder iatrogenen Übertragung dar. Solche Operationen sollten in ihrem diagnostischen oder therapeutischen Wert genau abgewogen werden. So kann z. B. in den meisten Verdachtsfällen zur Erstellung einer Differentialdiagnose anstelle einer Hirnbiopsie zu diagnostischen Zwecken auf die Surrogatmarker im Liquor zurückgegriffen werden (s. Kap. 31). Bei Eingriffen mit erhöhtem TSE-Übertragungsrisiko sollten die in Tabelle 47.2 genannten Vorsichtsmaßnahmen angewandt werden. Solche Eingriffe werden v.a. von Neurologen, Neurochirurgen und Ophthalmologen ausgeführt, die die Empfehlungen in Tabelle 47.3 unbedingt beachten müssen. Auch alle übrigen operativen Eingriffe an Patienten, von denen ein erhöhtes Risiko ausgeht, sind unter den gleichen (Tab. 47.3) oder leicht abgeänderten (Tab. 47.4) Vorsichtsmaßnahmen vorzunehmen.

Tabelle 47.2: Notwendige Maßnahmen bei Eingriffen mit erhöhtem TSE-Übertragungsrisiko. (TSE = Transmissible Spongiforme Enzephalopathien, Prionkrankheiten)

- Möglichst geringe Zahl an Operationsteilnehmern
- Nur gut geschulte Operationsteilnehmer
- Verwendung von Einwegtüchern (Operationsfeld)
- Tragen von Einwegschürzen und -Mundschutz
- Tragen von zwei Paar Handschuhen
- Tragen einer Schutzbrille
- Behandlung aller wiederverwendbaren Materialien (siehe Kap. 47.8, Tab. 47.3, 44.2)
- Entsorgung von Abfall (siehe Kap. 47.12)

47.6 Prävention bei der Gewinnung und Weiterverarbeitung von Untersuchungsmaterial

Bei Patienten, von denen ein erhöhtes TSE-Übertragungsrisiko ausgeht (Definition s. Kap. 47.4.1), sollten Lumbalpunktionen, Probeexzisionen, Blutentnahmen und Punktionen innerer Organe und Hohlräume unter den gleichen Vorsichtsmaßnahmen und unter Verwendung von Einmalmaterialien wie bei HBV- oder HIV-Infizierten durchgeführt werden. Die Probenentnahmen sollten von im Umgang mit infizierten Patienten erfahrenen Ärzten mit besonderem Augenmerk auf die Vermeidung von Stich- und Schnittverletzungen vorgenommen werden. Wegen der Gefahr des Verspritzens von Patientenmaterial sollten Mund- (Mundschleimhaut) und Augenschutz (Konjunktiven[95]) getragen werden.

Das gewonnene Untersuchungsmaterial folgt ohne besondere Kennzeichnung dem gleichen Untersuchungs- und Entsorgungsgang wie andere infektiöse Proben. Bei der Probenentnahme anfallende Einmalmaterialien und -textilien werden im medizinischen Abfall entsorgt, scharfe und spitze Gegenstände in geschlossenen Behältern (s. Kap. 47.12).

47.7 Desinfektion und Sterilisation kontaminierter Instrumente und Materialien

Welche Dekontaminationsmaßnahmen müssen nun konkret bei Oberflächen, Instrumenten, Handschuhen und anderen Gegenständen eingehalten werden, die in Kontakt mit Gewebsmaterial und Körperflüssigkeiten von TSE-Patienten oder Verdachtspatienten gekommen sind? Da herkömmliche Methoden der Sterilisation und Desinfektion das infektiöse Agens der CJD nicht inaktivieren [188], sind spezielle Schritte erforderlich (s. Kap. 44). Falls möglich, soll jedoch auf Operationen von Patienten, bei denen eine Prionkrankheit oder ein Verdacht darauf besteht, ganz verzichtet werden.

[95] Konjunktiven und Mundschleimhaut sind Beispiele potentiell wichtiger parenteraler Eintrittspforten für Prionen.

Sind neurochirurgische Eingriffe oder Eingriffe am Auge aber unumgänglich, so ist nach Möglichkeit auf die Verwendung von empfindlichem Instrumentarium zu verzichten, da eine Aufbereitung der Instrumente mittels Ethylenoxid-Sterilisation nicht möglich ist (Tab. 44.1) (Einmalinstrumente verwenden). Ansonsten müssen nach Eingriffen bei Patienten, von denen gemäß Kapitel 47.4.1 ein erhöhtes TSE-Übertragungsrisiko ausgeht, neben den Richtlinien für septische Eingriffe zusätzliche Maßnahmen ergriffen werden, die eine iatrogene Erreger-Verschleppung verhindern.

47.8 Dekontamination nach Eingriffen an Patienten, von denen ein erhöhtes Übertragungsrisiko ausgeht

47.8.1 Dekontamination nach Eingriffen im ZNS oder am Auge

Nach Empfehlung von Experten [55] werden in der Neurochirurgie und in der Ophthalmologie, soweit die Verwendung von Einmalmaterialien nicht möglich ist, alle wiederzuverwendenden Materialien wie Glaswaren, Instrumente, usw. nach Verwendung an Patienten, von denen ein erhöhtes TSE-Übertragungsrisiko ausgeht, mit Natronlauge, Natriumhypochlorit, Guanidinium-Thiocyanat oder Natriumdodecylsulfat desinfiziert, gereinigt und abschließend mindestens 18 Minuten lang, i.d.R. jedoch 1 Stunde lang bei 134 °C dampfsterilisiert (Tab. 47.3–4) [40,224,225]. Alle speziell und zusätzlich zu beachtenden Punkte zu diesen wirksamen Desinfektionsmitteln sind in Kapitel 44.5 beschrieben.

47.8.2 Dekontamination nach Eingriffen außerhalb des ZNS oder des Auges

Nach allen übrigen operativen Eingriffen an Patienten, von denen ein erhöhtes Risiko ausgeht (s. Kap. 47.4.1), sind möglichst die gleichen Dekontaminationsmaßnahmen vorzunehmen wie im vorangehenden Unterkapitel beschrieben, einschließlich des Gebrauchs von Einmalinstrumenten. Sollte die Verwendung von Einmalinstrumenten nicht möglich sein, so können die Mehrfach-Instrumente *nach Gebrauch außer-*

Tabelle 47.3: TSE-Risikominderung: Empfehlungen zu Desinfektions- und Sterilisationsmaßnahmen in der Neurochirurgie und in der Ophthalmologie.

Nach Operationen an Patienten, von denen kein erhöhtes TSE-Übertragungsrisiko ausgeht	Nach Operationen an Patienten, von denen ein erhöhtes TSE-Übertragungsrisiko ausgeht (Definition siehe Kap. 47.4.1)	
Instrumente / Materialien Alle	Instrumente / Materialien Dampfsterilisierbare	Nicht dampfsterilisierbare
Übliche vorschriftsmäßige Aufbereitung	a) Einwegmaterial verwenden. Wenn trotzdem Mehrfach-Instrumente verwendet werden müssen → b)	a) Nicht einsetzen! Wenn unumgänglich, dann nur Einwegmaterial verwenden
	b) Desinfektion (s. Tab. 44.2) und manuelle Reinigung: Behandlung mit 1–2 M NaOH für 24 h *oder* 2,5–5% NaOCl für 24 h *oder* GdnSCN (3 M für 24 h; 4 M für 1 h; 6 M für 15 min); *abschließend* Sterilisation bei 134 °C für 1 h	b) Einwegmaterial oder mehrfach einsetzbares Material (das hier nur einmal verwendet werden darf) durch Verbrennung vernichten.

halb von ZNS und Auge wegen der geringeren Infektiosität der Gewebe in einer leicht abgeänderten Form gemäß Tabelle 47.4 aufbereitet werden.

47.9 Dekontamination nach Eingriffen an Patienten, von denen kein erhöhtes Übertragungsrisiko ausgeht

Nach Operationen in- und außerhalb des ZNS oder des Auges an Patienten, von denen kein erhöhtes TSE-Übertragungsrisiko ausgeht, genügt für alle Instrumente und Materialien die übliche vorschriftsmäßige Aufbereitung durch Sterilisation oder Desinfektion [596]. Die französische Empfehlung, generell auch nach Eingriffen bei dieser Patientengruppe, die den weitaus größten Anteil bildet, eine mindestens 18 Minuten dauernde Sterilisation bei 134 °C für alle wiederverwertbaren Operationsmaterialien durchzuführen, wird außerhalb Frankreichs nicht umgesetzt [57].

47.10 Prävention in fachspezifischen Bereichen

Hier können nur wenige der fachspezifischen Probleme kurz angesprochen werden. Eine detaillierte Regelung bleibt, wo notwendig, den einzelnen Fachgesellschaften vorbehalten.

47.10.1 Innere Medizin: Verwendung von flexiblen Endoskopen bei CJD

Bei Patienten, von denen ein erhöhtes TSE-Übertragungsrisiko ausgeht (s. Kap. 47.4.1), sollte der Gebrauch wiederverwendbarer Endoskope auch außerhalb des ZNS so weit wie möglich eingeschränkt und durch Verwendung von Einmalmaterial oder durch alternative Verfahren ersetzt werden.

Wenn es medizinisch indiziert ist, z.B. eine perkutane Endogastral-PEG-Sonde zu legen, wird nach Gebrauch des Gastroskopes folgendes Dekontaminationsverfahren empfohlen: Einlegen des Endoskops in 4 M Guanidinium-Thiocyanat (GdnSCN) für 2 × 30 Minuten mit zwischengeschalteter mechanischer Reinigung, d.h. Durchbürsten und Durchspülen der Kanäle mit GdnSCN-Lösung in demselben GdnSCN-Bad (Achtung: Personenschutz!). Es muß sichergestellt sein, daß das GdnSCN (s. Kap. 44.5.3) alle inneren und äußeren Oberflächen des Endoskops erreicht. Dazu sollte GdnSCN mit einer Spritze in die Hohlräume des Endo-

Tabelle 47.4: Empfehlungen zu Desinfektions- und Sterilisationsmaßnahmen für Instrumente nach Eingriffen *außerhalb* von ZNS und Auge an Patienten, von denen ein erhöhtes CJD-Risiko ausgeht (Definition siehe Kap. 47.4.1). (Nach Operationen an Patienten, von denen *kein* erhöhtes TSE-Übertragungsrisiko ausgeht, genügt für alle Instrumente und Materialien die übliche vorschriftsmäßige Aufbereitung) (vgl. Tab. 44.2).

Instrumente / Materialien	
Dampfsterilisierbare	Nicht dampfsterilisierbare
a) Immer Einwegmaterial verwenden. Wenn trotzdem Mehrfachinstrumente verwendet werden müssen → b)	a) Gebrauch von Mehrfach-Instrumenten so weit wie möglich einschränken. Wenn Mehrfachinstrumente verwendet werden → b)
b) Desinfektion[1] durch Behandlung mit 1–2 M NaOH[2], mind. 1 h lang (Tab. 44.2)	b) Desinfektion von Mehrfach-Instrumenten durch Behandlung mit 1–2 M NaOH, mind. 1 h lang (Tab. 44.2)
oder 2,5–5 % NaOCl[3]	*oder* 2,5–5 % NaOCl
oder[4] 4 M GdnSCN[5] für jeweils 2 × 30 min. mit Zwischenreinigung	*oder* 4 M GdnSCN für jeweils 2 × 30 min. mit Zwischenreinigung
und anschließend üblicher Aufbereitungszyklus in einem Desinfektions- und Reinigungsapparat bei 93 °C	*und anschließend* übliche Aufbereitung mit aldehydhaltigem[5] Desinfektionsmittel (vgl. Tab. 44.1)
und abschließend Dampfsterilisation (Vakuumverfahren) vorzugsweise bei 134 °C für 1 h	*und abschließend* Spülen mit 70%igem Alkohol[5] bzw. ggf. Sterilisation mit üblichem Gas-Sterilisationsverfahren (Ethylenoxid) (vgl. Tab. 44.1)

[1] Materialverträglichkeit beachten.
[2] NaOH sollte nicht für Aluminium verwendet werden.
[3] NaOCl sollte nicht für Stahlwaren verwendet werden.
[4] Manche Labors kochen als Alternative das Material in einer 3 % SDS-Lösung über mindestens 10 Minuten ab (allein), oder über mindestens 3 Minuten in Kombination mit nachfolgendem Autoklavieren über eine Stunde bei 121 °C.
[5] Achtung: Eine Behandlung mit Aldehyden oder Alkoholen darf niemals der spezifischen Desinfektion mit GdnSCN vorangestellt werden.

skops gesaugt oder gespritzt werden. Dieser Vorgang muß bei jedem Kanal des Endoskops erfolgen.

Anschließend folgt eine weitere Reinigung, möglichst in einem Dekontaminationsautomaten, nach einem validierten Verfahren mit Wasserspülung, Desinfektion mit aldehydhaltigen Reinigungsmitteln, erneutem Spülen mit sterilem Wasser, Trocknen und abschließender Behandlung mit 70% Alkohol. Die Behandlung mit Aldehyden oder Alkohol darf niemals der spezifischen Desinfektion mit GdnSCN vorangestellt werden, da die Inaktivierung der TSE-Erreger nach Behandlung mit Aldehyden oder Alkohol erheblich erschwert wird (s. Kap. 44.7).

GdnSCN muß vollständig aus dem Endoskop entfernt werden. In Deutschland obliegt es dem Hersteller der Instrumente, für Endoskope und Dekontaminationsautomaten geeignete validierte Verfahren und die angewandten Prüfmethoden zu benennen. Auch soll mit dem Hersteller abgeklärt werden, ob GdnSCN unter den angegebenen Bedingungen vom Material vertragen wird; ebenso die Anwendbarkeit anderer Desinfektionsmittel (Tab. 47.3–4). Weitere zu beachtende Grundsätze, insbesondere zur Arbeitssicherheit, sind an anderer Stelle beschrieben (s. Kap. 44).

47.10.2 Neurologie: Verwendung von Myographienadeln

Nach Anwendung an Patienten, von denen ein erhöhtes TSE-Übertragungsrisiko ausgeht (s. Kap. 47.4.1), sollten Myographienadeln wie Einmalmaterial nicht wiederverwendet werden.

47.10.3. Ophthalmologie: Verwendung von Tonometer

Zur Messung des Augendrucks sollten bei Patienten, von denen ein erhöhtes TSE-Übertragungsrisiko ausgeht (s. Kap. 47.4.1), nur berührungsfreie Tonometer benutzt werden (Tränenflüssigkeit ist nicht infektiös). Weitere Bemerkungen zur Ophthalmologie finden sich in den Literaturstellen [861a,861b].

47.10.4 Transplantationsmedizin: Verwendung von Spenderorganen

Zur Vermeidung von TSE-Übertragungen sollten die folgenden Personengruppen von Organ- und Gewebespenden [71] ausgeschlossen werden (s. auch Kap. 51):

1. Personen, von denen ein erhöhtes TSE-Übertragungsrisiko ausgeht (s. Kap. 47.4.1),
2. Personen, die an unklaren, nicht diagnostizierten Erkrankungen des ZNS verstorben sind,
3. Personen, die in psychiatrischen Anstalten verstorben sind.

47.10.5 Pädiatrie

Siehe Literaturstelle [1325a].

47.11 Zum Umgang mit dem Leichnam bis zur Bestattung

Der Leichnam eines Verstorbenen, von dem ein erhöhtes TSE-Übertragungsrisiko ausgeht (s. Kap. 47.4.1), sollte nicht zu Lehrzwecken in der Anatomie oder Pathologie verwendet werden. Es wird empfohlen, den Leichnam bei TSE-Verdacht nach der Sektion in einer verschlossenen Plastikhülle an ein Bestattungsinstitut zu geben. Eine Aufbahrung des Leichnams ist nicht grundsätzlich abzulehnen. Dazu soll der Leichnam nach der Sektion mit 1–2 M Natronlauge abgewaschen werden. Zur Sektion und Probenaufbereitung sei auf die Tabelle 29.2 und die Kapitel 47.6 und 48 verwiesen.

Für die Handhabung unverletzter an TSE Verstorbener sind keine zusätzlichen Vorsichtsmaßnahmen oder Desinfektionsmaßnahmen notwendig. Bei verletzten TSE-Leichnamen, besonders bei Traumen an Schädel, Rückenmarkskanal und Auge sollten die Manipulationen auf das Nötigste beschränkt und Verletzungen der Manipulierenden vermieden werden. Zur Desinfektion von kontaminierten Oberflächen sollte 2 M Natronlauge oder 5% Natriumhypochlorit für 1 Stunde verwendet werden.

Auf das Einbalsamieren sollte verzichtet werden. Nach einer Sektion sollten keine Manipulationen am Leichnam vorgenommen werden. Weitere Vorschriften zu Transport und Bestattung enthalten die Verordnungen über das Leichenwesen der einzelnen Länder oder Kantone.

47.12 Abfallentsorgung in Krankenhaus und Laboratorien

Abfälle aus der Pflege und Behandlung der Patienten wie Auswurf, Erbrochenes, Tupfer, Tücher, Spritzen und andere Einmalmaterialien werden, auch wenn mit Blut oder Liquor kontaminiert, als medizinischer Abfall entsorgt. Injektionskanülen und andere spitze oder scharfe Gegenstände sind in verschließbaren, bruchsicheren Behältern zu entsorgen. Probenmaterial, das aus Hirn, Rückenmark und Auge (außer Tränenflüssigkeit) gewonnen wurde, und alle anfallenden Abfälle, die mit erregerhaltigem Material kontaminiert sein könnten (vgl. Tab. 46.2), sind als Abfall der Gruppe C [48] durch Verbrennen zu entsorgen (Tab. 47.5). Bei potentieller Oberflächenkontamination durch ZNS-Gewebe und Liquor, z.B. nach einem Eingriff bei einem TSE-Patienten, wird eine 15-minütige Reinigung mit einem alkalischen Detergens, gefolgt von einer 1-stündigen Desinfektion mit 2 M Natronlauge oder 5% Natriumhypochlorit, empfohlen (s. Kap. 44).

Tabelle 47.5: Abfallentsorgung im Zusammenhang mit der Behandlung von Patienten, von denen ein erhöhtes TSE-Risiko ausgeht.

- Verfügbarkeit von speziellen Entsorgungseimern für spitze und scharfe Gegenstände
- Beseitigung aller Einweg-Materialien und Abfälle durch Verbrennung
- Verbrennung von Liquor, Gewebefragmenten und anatomischen Präparaten
- Dekontamination von Oberflächen durch chemische Desinfektion

48 Die Prävention in der Pathologie bei Verdacht auf eine Prionkrankheit

Walter J. Schulz-Schaeffer, Armin Giese und Hans Kretzschmar

48.1 Einleitung

Prionkrankheiten sind grundsätzlich innerhalb einer Spezies und auf andere Spezies übertragbar (s. Kap. 1.9). Sie zeigen jedoch – möglicherweise mit Ausnahme von Scrapie und CWD – keine erkennbare Kontagiosität, so daß eine „Krankheits-Ansteckung" im sozialen Umgang mit Erkrankten ausgeschlossen zu sein scheint (s. Kap. 47.2). Es ist bislang nur ein Fall berichtet, in dem ein Ehepartner eines CJD-Patienten ebenfalls erkrankte [184]. Experimentell ist eine Krankheitsübertragung mit unterschiedlicher Effizienz durch intrazerebrale, intravenöse, intraperitoneale, intramuskuläre, subcutane und orale Applikation des Scrapieerregers möglich (s. Kap. 43, 46). Iatrogen sind Übertragungen von Prionkrankheiten durch Therapien mit Hypophysenhormonen, Dura mater-Implantationen (s. Kap. 51.4), Corneatransplantationen (s. Kap. 51.3) und durch neurochirurgische Eingriffe dokumentiert (s. Kap. 42, 47).

Statistisch gesehen ist in Europa rund jeder 6000ste Sterbende Opfer einer Prionkrankheit (Annäherungswert: 150 Prionkrankheiten auf ca. 900000 Todesfälle pro Jahr in Deutschland). Im Sektionsgut findet sich schätzungsweise unter 1000 Sektionen ein CJD-Fall, weil die Autopsierate bei an Prionkrankheiten Verstorbenen aufgrund des raschen und dramatischen Krankheitsbildes höher ist als bei Verstorbenen mit gut erklärbaren Erkrankungen (s. Kap. 37). Bei ca. 60000 Obduktionen jährlich in Deutschland werden im Referenzzentrum für Prionkrankheiten um die 80 Prionkrankheiten an Autopsiegewebe gesichert. Es ist deshalb davon auszugehen, daß jeder im Sektionsbetrieb tätige Pathologe innerhalb einer überschaubaren Zeit mit einer Obduktion bei CJD-Verdacht konfrontiert wird. Epidemiologische Untersuchungen haben bislang keine Hinweise ergeben, daß Pathologen, mit Autopsiegewebe oder im medizinischen Bereich arbeitende Personen statistisch signifikant häufiger an CJD erkranken als andere Personen [1284]. Als Kasuistiken sind für die Gruppe der Personen, die Kontakt zu Autopsiegewebe haben, weltweit nur zwei CJD-Fälle bei technischen Assistentinnen beschrieben worden, die im Histologielabor gearbeitet haben [943,1213] sowie ein Fall eines Pathologen [546].

Klinisch kann eine CJD anhand europaweit einheitlicher Kriterien (Tab. 29.1) als wahrscheinlich oder als möglich diagnostiziert werden. Derzeit bietet neben einer Hirnbiopsie nur die Obduktion mit anschließender neuropathologischer Aufarbeitung des Gewebes die Möglichkeit, die klinische Verdachtsdiagnose einer Prionkrankheit zu sichern [820]. Darüber hinaus wird es auch in Zukunft notwendig sein, die Variationsbreite der Prionkrankheiten durch autoptische Untersuchungen zu beobachten, um möglicherweise neue Erkrankungsformen beim Menschen, wie die britische neue Variante der CJD (nvCJD), frühzeitig erkennen zu können. Aufgrund der bei intensivem Kontakt mit infektiösen Geweben prinzipiellen Übertragbarkeit der Prionkrankheiten sollte bei Sektionen, bei denen klinisch der Verdacht auf das Vorliegen einer CJD besteht, ein erhöhter Personenschutz und ein Schutz vor Kontamination der Umgebung vorgenommen werden. Eine Prionkrankheit kann familiär (erblich) oder idiopathisch (ev. spontan entstehend, sporadisch auftretend) bedingt sein oder durch parenterale (iatrogene) oder enterale (orale) Erregeraufnahme erworben sein (infektiös). Vorsicht ist insbesondere bei Autopsiefällen geboten, bei denen 1) im Verlauf der Erkrankung eine zerebelläre Symptomatik oder eine Demenz dokumentiert ist und 2) das Risiko einer akzidentiellen Exposition mit PrP^{Sc} nicht ausgeschlossen ist; z. B. da sich die verstorbene Person im Verlaufe des Lebens einer Therapie mit Hypophysenhormonen [195] oder einer Dura mater-Implantation [1179] unterziehen mußte. Das Risiko einer Prionkrankheit besteht auch bei Patienten mit einer dementiellen Erkrankung, bei denen bei einem Angehörigen 1. Grades eine Prionkrankheit zumindest klinisch möglich war, oder bei Patienten mit einer neuropsychiatrischen Erkrankung, bei denen eine Mutation im Prion-Protein-Gen (*PRNP*) bekannt ist [224, 225] (Tab. 47.1).

48.2 Durchführung der Autopsie

Es wird empfohlen, Maßnahmen zu treffen, die einen erhöhten Personenschutz und einen Schutz vor Kontamination der Umgebung ermöglichen [518]. Frühere Empfehlungen, nur eine Kopfsektion durchzuführen [1042], sind obsolet. Die Bereitstellung eines Seuchensaales für die Sektion ist nicht notwendig, da die zu treffenden Sicherheitsmaßnahmen in jedem Sektionssaal umsetzbar sein sollten. Voraussetzung ist ein Raum mit Sektionstisch und genügend Platz für zwei Sekanten. Bei der Sektion sollte auf den Gebrauch von Spülwasser verzichtet werden.

Der *Personenschutz* erfolgt wie bei jeder anderen potentiell infektiösen Sektion. Dabei ist besonders zu beachten:

1. Augen- und Nasen/Mundschutz zu tragen, um keine Tröpfchen aufzunehmen.
2. Schnittverletzungen durch Unterziehen von KEVLAR-Handschuhen (oder Kettenhandschuhen) unter Latexhandschuhe vorzubeugen.

Um unnötige Kontaminationen von Umgebung und Geräten zu vermeiden, wird empfohlen:

1. Den Sektionstisch mit Plastikfolie abzudekken und die Körpersektion als *in-situ* Sektion im Leichensack (Bodybag) durchzuführen.
2. Knochenschnitte nicht mit einer oszillierenden Säge, sondern mit einer Handsäge durchzuführen, damit kein Schwebestaub entsteht. Auch das Aufsägen mit einer oszillierenden Säge unter einer Plastikabdeckung [115] ist potentiell gefährlich und wird ausdrücklich nicht empfohlen.
3. Flüssigkeiten sofort mit saugfähigem Material (Zellstoff) aufzunehmen.
4. Die Hirnentnahme als letzten Sektionsschritt durchzuführen und das Hirngewebe nach Entnahme von Gewebe zur Kryoasservation vor der weiteren Hirnsektion mindestens zwei Wochen in 4% gepuffertem Formalin zu fixieren. Das so „gehärtete“ bzw. fixierte (vgl. Kap. 44.7.1) Gewebe läßt sich gezielter aufarbeiten und wird bei der Dekontamination mit Ameisensäure weniger angegriffen (s. Kap. 44.7.2).
5. Alle benötigten Instrumente am Sektionstisch bereitzuhalten und nach der Sektion zu dekontaminieren (s. Kap. 48.3).
6. Tischabdeckung, Zellstoff und Einmalmaterial in Verbrennungstonnen zu entsorgen, und deren Inhalt als infektiös zu deklarieren.

Grundsätzlich kann davon ausgegangen werden, daß nur das ZNS (Gehirn, Rückenmark und Retina) hochinfektiös ist (WHO) [1330]. Die Hirnsektion erfolgt daher als letzter Sektionsschritt, um nicht unnötig mit potentiell kontaminierten Instrumenten weniger infektiöse Gewebe zu präparieren. Eine höhere Infektiosität ist auch in Milz und lymphatischen Geweben nicht mit Sicherheit auszuschließen. Bei Patienten mit infektiös erworbener Prionkrankheit, z. B. der neuen Variante der CJD, ist vorsichtshalber auch eine erhöhte Infektionsgefahr durch periphere Organe und eventuell durch Blut anzunehmen (s. Kap. 51).

Sinnvollerweise sollten folgende Asservate getätigt werden (siehe auch Tab. 29.2):

1. Gehirn in toto, wobei aus einer Großhirnhemisphäre ein ca. 1 cm dicker Frontalschnitt auf Höhe des Corpus mamillare, ein 1 cm dikker Frontalpol- und ein ebensolcher Okzipitalpolschnitt sowie ein parasagittaler Schnitt einer Kleinhirnhemisphäre bei −20 bis −80 °C eingefroren wird (Abb. 48.1). Das

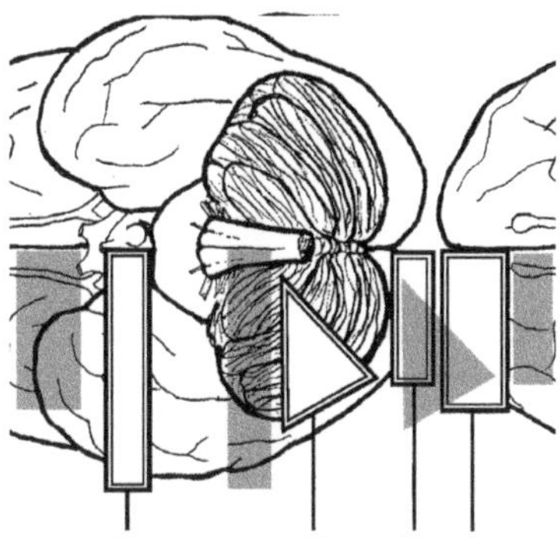

Abb. 48.1: Asservierung von tiefgefrorenem Hirngewebe von Patienten mit Verdacht auf eine Prionkrankheit: Die Hirnscheiben sollten möglichst getrennt in geeignete Plastiktüten verpackt werden und auf einer glatten Unterlage tiefgefroren werden. Eine Schockgefrierung in flüssigem Stickstoff ist nicht sinnvoll. A: Frontalpol einer Hemisphäre, B: Kompletter Frontalschnitt einer Hemisphäre auf Höhe des Corpus mamilare, C: Teil einer Kleinhirnhemisphäre, D: Okzipitalpol einer Hemisphäre. Weitere Hinweise zu den für die Diagnostik von Prionkrankheiten notwendigen Organen und Geweben finden sind in Tabelle 29.2. (Abb. von W. Schulz-Schaeffer)

übrige Hirngewebe wird in 4% gepuffertem Formalin fixiert.

2. Ausschnitte aus den inneren Organen (in Formalin und evtl. tiefgefroren).
3. Zwei Röhrchen Blut (bei $-20\,°C$ tieffrieren) für die Analyse des Prion-Protein-Gens.

Die Hirnsektion erfolgt nach mindestens zweiwöchiger Formalinfixierung. Wichtig ist, daß die Formalinfixierung keine effektive Dekontamination des Gewebes gewährleistet [189] und auch die Formalinflüssigkeit als infektiös angesehen und mit dem Verbrennungsabfall entsorgt werden muß. Die Hirnsektion erfolgt auf einem mit Plastikplanen und Zellstoff im Sandwich-Verfahren abgedeckten Tisch, wobei die oberste Plastikplane kleine Löcher enthält, damit der darunterliegende Zellstoff die Flüssigkeit aufnehmen kann. Nach dem Histologie-Zuschnitt werden die Gewebeproben in den Histologiekapseln für eine Stunde in konzentrierter Ameisensäure (98%) dekontaminiert und anschließend für zwei Tage in frischem 4% gepuffertem Formalin nachfixiert und in Paraffin eingebettet. Die Ameisensäuredekontamination reduziert die Infektiosität mindestens um den Faktor 10^7 [201] (vgl. Kap. 26.2). Die Morphologie fixierter, stark fetthaltiger Gewebe wie Hirngewebe leidet unter dieser Behandlung wenig, bindegewebige Strukturen werden hingegen deutlich angegriffen. Die zur Hirnsektion verwendeten Instrumente werden in 2 M NaOH (2 × mindestens 30 Minuten) dekontaminiert.

Das Referenzzentrum für spongiforme Enzephalopathien (Prionkrankheiten) bietet an, die Aufarbeitung der Sektionsasservate konsiliarisch durchzuführen. Dazu werden die Asservate durch eine Transportfirma in Sicherheitsbehältern abgeholt. Der Transport von prionhaltigen Geweben auf der Straße fällt unter die Sicherheitsvorschriften für den Gefahrguttransport auf der Straße, wie der Transport jedes potentiell infektiösen menschlichen Gewebes.

48.3 Dekontamination und Erregerresistenz

Hirngewebe von CJD-Patienten enthält bis zu 10^9 infektiöse Einheiten pro Gramm Gewebe bezogen auf die LD_{50} im Tierversuch. Das infektiöse Agens weist eine hohe Hitze-, Detergentien- und Strahlungsresistenz auf (s. Kap. 44.1–2) und läßt sich z. B. weder durch Formalin noch durch Alkohol effektiv inaktivieren (s. Kap. 44.7) [1250]. Folgende Dekontaminationsmaßnahmen für Instrumente und Oberflächen ermöglichen eine weitgehende Inaktivierung des infektiösen Agens:

1. Dampfautoklavieren von autoklavierbarem Material bei 134 °C für 1 Stunde [1131], bei 121 °C für 4,5 Stunden [1075] oder bei 136 °C in zwei aufeinanderfolgenden Zyklen von je 36 Minuten.
2. Instrumente, die durch Formalin-fixiertes, nicht Ameisensäure-vorbehandeltes Gewebe kontaminiert worden sind, lassen sich durch Autoklavieren nicht ausreichend dekontaminieren [1261], sondern sollten durch Einlegen in 2 M NaOH (2 × mindestens 30 Minuten) dekontaminiert werden.
3. Arbeitsflächen und Böden werden mit 2 M NaOH mehrfach abgewischt, um eine längere Einwirkzeit zu gewährleisten. NaOH ist sehr gut auf Stahloberflächen, jedoch nicht

auf Aluminium- oder Zinkoberflächen zu verwenden. Alternativ kann eine Natrium-Hypochloridlösung (NaOCl) angewandt werden, die mindestens 11800 ppm aktives Chlor enthalten muß (in der Praxis wird i.d.R. mit mindestens 20000 ppm gearbeitet; Tab. 44.2). Achtung: irritierende Gase, Lösung immer frisch ansetzen.
4. Kontaminierte Haut wird für 5–10 Minuten 1 M NaOH ausgesetzt und danach gründlich mit Wasser abgespült (s. Kap. 49.7) [198].
5. Alle Restmaterialien, Einweginstrumente und kontaminierte Flüssigkeiten werden in gekennzeichnete Verbrennungstonnen gegeben und verschlossen (s. Kap. 47.11–12).

Auch wenn die CJD mit einer Häufigkeit von 1–2 Fällen auf eine Million Einwohner pro Jahr eine sehr seltene Erkrankung ist, sollte sie bei Personen mit einer rasch progredienten Demenz in Betracht gezogen werden. Durch eine stärkere Sensibilisierung hat sich die Zahl der autoptisch erkannten CJD-Fälle im Verlauf der 90er Jahre annähernd verdoppelt. Mit einfach anwendbaren Sicherheitsmaßnahmen, mit denen ein erhöhter Personenschutz und Kontaminationsschutz der Umgebung (s. Kap. 44.5.2) erreicht wird, läßt sich eine Obduktion bei Verdacht auf eine Prionkrankheit in den Routinesektionsräumen unproblematisch durchführen. Eine hohe Sektionsrate bei klinischem Verdacht auf Vorliegen einer Prionkrankheit ist die Voraussetzung für das frühzeitige Erkennen möglicher neuer Formen der Prionkrankheiten.

49 Die Prävention von Prionkrankheiten im Forschungslabor

Alex J. Raeber und Adriano Aguzzi

49.1. Einleitung

Die Biosicherheit befaßt sich mit den Techniken und den Sicherheitsausrüstungen im Umgang mit pathogenen Organismen. Sie erfordert im biologischen Laboratorium die Entwicklung eines inhärenten Sicherheitdenkens und die Befolgung der Richtlinien über gute mikrobiologische Arbeitstechnik. Die mit der Biosicherheit verbundenen Maßnahmen verlangen von allen Beschäftigten ein hohes Maß an Verantwortung. Für jeden Einzelnen stellen diese Maßnahmen bei der täglichen Arbeit mit Prionen ein integrales verbindliches Konzept dar. Sicherheit im Labor setzt das Beherrschen einer einwandfreien mikrobiologischen Arbeitstechnik voraus.

Dieses Kapitel beschreibt die Risikobewertung und -klassifizierung für Arbeiten mit Prionen und Prion-Proteinen (PrP). Es enthält einen Maßnahmenkatalog, der zum größten Teil mit den Richtlinien *Transmissible Spongiform Encephalopathy Agents: Safe Working and the Prevention of Infection* [5] des englischen Gesundheitsdepartements übereinstimmt. Es gibt Auskunft über die Biosicherheitsmaßnahmen, die im Umgang mit Prionen beachtet werden müssen und zeigt Methoden auf, die in Forschungslaboratorien zur Inaktivierung von Prionen zum Einsatz kommen. Schließlich werden Vorschläge einer postexpositionellen Prophylaxe der Infektion nach Labor-Unfällen unterbreitet.

49.2. Einstufung von Prionen in Risikogruppen

Organismen werden nach dem jeweiligen Stand der Wissenschaft 1) aufgrund ihrer schädigenden Eigenschaften bzw. Pathogenität für Menschen, Tiere und Pflanzen und 2) aufgrund der Wahrscheinlichkeit, mit der diese Eigenschaften zur Wirkung kommen, in vier Risikogruppen (und ggf. in weitere Zwischengruppen) eingeteilt:

- Risikogruppe 1: Organismen, die *kein* oder ein *vernachlässigbar kleines Risiko* aufweisen,
- Risikogruppe 2: Organismen, die ein *geringes Risiko* aufweisen,
- Risikogruppe 3**: *Risiko liegt zwischen Gruppen 2 und 3*[96],
- Risikogruppe 3: Organismen, die ein *mäßiges Risiko* aufweisen,
- Risikogruppe 4: Organismen, die ein *nachgewiesenes* oder *vermutet hohes Risiko* aufweisen.

In der EU-Richtlinie 90/697/EEC mit der Anpassung gemäß Richtlinie 97/65/EEC werden Prionkrankheiten unter *unkonventionelle Agenzien,* die assoziiert sind mit *Transmissiblen Spongiformen Enzephalopathien (TSE)* aufgeführt.

Laborarbeiten mit den Erregern der CJD, inklusive der neuen Variante der CJD (nvCJD), der BSE sowie BSE-verwandter TSE werden von bestimmten Labors in Gruppe 3** eingestuft.

Von dieser Einstufung werden Laborarbeiten mit einem definierten Erreger der Traberkrankheit (Scrapie; s. Kap. 11.5.2) ausgenommen, für die Sicherheitsstufe 2 ausreichend ist. Entsprechendes gilt für definierte Erreger der experimentellen Scrapie in Mäusen und Hamstern (s. Kap. 43.5.1).

Neben den Ländern der EU, für die diese Richtlinien verbindlich sind, hat auch die Eidgenössische Fachkommission für biologische Sicherheit (EFBS) des schweizerischen Bundesamtes für Umwelt, Wald und Landwirtschaft (BUWAL) eine entsprechende Einstufung für die Schweiz vorgenommen.

[96] Keine offizielle, sondern eine – spezifisch für BSE-Erreger – „pragmatische“ Risikogruppe.

Für medizinisch-diagnostische Zwecke wie Obduktion und hämatologische oder biochemische Analytik von Körperflüssigkeiten gilt, daß die allgemeinen Sicherheitsbedingungen für den Umgang mit menschlichen Proben im Labor einzuhalten sind (s. auch Kap. 47–48).

49.3 Risikobewertung für Arbeiten mit Prionen oder Prion-Proteinen (PrP)

Folgende wissenschaftliche Studien müssen zur Kenntnis genommen werden, wenn (Berufs)-Risiken im Umgang mit Prionen bewertet werden. Dabei sollen Arbeiten mit nativen und mutierten, rekombinanten PrP in die Überlegungen einbezogen werden.

1. Experimentelle Studien an Scrapie in der Maus oder im Hamster werden schon seit mehreren Jahrzehnten durchgeführt. Es gibt keine Hinweise, daß das Scrapie-Agens für beruflich exponierte Personen im Vergleich zur Normalpopulation ein erhöhtes Risiko darstellt (s. Kap. 58.2). Es wurde nie nachgewiesen, daß Scrapie auf den Menschen übertragbar ist. Daher können Nagetiere, welche mit Scrapie-Erregern infiziert sind, unter den gleichen Sicherheitsvorkehrungen gehandhabt werden wie Nagetiere, die mit natürlichen, ausschließlich mauspathogenen Organismen (der Risikogruppe 2) infiziert sind.
2. Es wurde gezeigt, daß die Primärstruktur des PrP (Aminosäure-Sequenz) bei der Prion-Übertragung von einer Spezies auf eine andere eine wichtige Rolle spielt [1080] (Abb. 1.8). Die Aminosäure-Sequenz des bovinen PrP-Gens zeigt eine höhere Homologie zur menschlichen Sequenz als die des Maus- oder Hamstergens (s. Kap. 9) [469]. Während eine Übertragung von bovinen Prionen auf den Menschen möglich zu sein scheint [217,624], wird es aufgrund der geringeren Sequenzhomologie eher als unwahrscheinlich angesehen, daß Maus- oder Hamsterprionen auf den Menschen überspringen können.
3. In einer Vielzahl von Studien wurde versucht, natürliche und rekombinante Maus-/Hamster-PrP in eine infektiöse Form umzuwandeln. Bisher schlugen sämtliche Versuche fehl. In mehreren Laboratorien konnte zwar gezeigt werden, daß rekombinante und natürliche PrP *in vitro* in eine abnormale Proteinase-resistente Form übergeführt werden können. Bisher konnte jedoch nach *in vitro*-Erzeugung von PrPres keine Infektiosität nachgewiesen werden (anhand i.c. Inokulation in Empfängermäuse). Warum die sogenannte *in vitro*-Konversion bisher nicht erreicht werden konnte, obwohl dies auf ganz unterschiedliche Art versucht wurde, wird im Kapitel 8.4.3. erläutert.
4. Bestimmte Tätigkeiten mit gentechnischen Modifikationen des PrP-Genes sollten mit Vorsicht angegangen werden. Folgende Tätigkeiten stellen aufgrund des derzeitigen Wissensstandes ein geringes bis mäßiges Risiko für Mensch und Umwelt dar: 1) Klonierung von natürlichen PrP-Genen in Empfängerorganismen, die Menschen kolonisieren können und 2) Klonierung und Expression von modifizierten PrP-Genen in prokaryontischen und eukaryontischen Expressionssystemen.

49.4 Risikoklassifizierung für den Umgang mit Prionen oder Prion-Proteinen (PrP)

Basierend auf obiger Risikobewertung entstanden die im folgenden beschriebenen Bestimmungen für Arbeiten mit Prionen und PrP.

Die meisten Arbeiten mit TSE-Erregern müssen mindestens bzw. sollen[97] unter Maßnahmen der Sicherheitsstufe 3** durchgeführt werden. Ausgenommen sind, wie erwähnt, Arbeiten mit Scrapie-Erregern; hier genügen Maßnahmen der Sicherheitsstufe 2. Die Sicherheitsstufe 3** wird in der EU-Richtlinie 90/697/EEC [408] für Organismen verwendet, welche ein *begrenztes* Infektionsrisiko für Arbeitnehmer (Berufsrisiko) beinhalten, da eine Infektion über den Luftweg (aerogen), nach dem Stand der Wissenschaft, normalerweise nicht erfolgen kann.

[97] Je nach landesspezifischen Vorschriften.

49.4.1 Tiere

Tätigkeiten mit lebenden Tieren, die mit Nager-adaptierten (vgl. Kap. 11.5.2) Scrapie-Prionen infiziert sind, werden der Risikoklasse 2 zugeordnet. Zu solchen Tätigkeiten gehören 1. das Halten und Pflegen solcher Tiere, 2. das Vornehmen invasiver Eingriffe wie die Inokulation von Scrapie-prionhaltigem Material in solche Tiere, 3. die Gewebs- oder Körperflüssigkeitsentnahme von Tieren, welche mit Scrapie-Prionen infiziert sind und 4. die post mortem-Untersuchung solcher Tiere.

Tätigkeiten im Zusammenhang mit Tierhaltung und -pflege von Mäusen und Hamstern usw., die mit BSE- und *BSE-verwandten Erregern* oder mit *Prionen, die Prionkrankheiten beim Menschen verursachen*, infiziert sind, werden ebenfalls der Risikoklasse 2 zugeteilt. Eine Verminderung des Risikos von Biß- und Kratzverletzungen wird erreicht, indem die Tiere mit einer langen, stumpfen Pinzette gehandhabt werden. *Invasive Eingriffe (z.B. Inokulation mit solchen TSE-Erregern) sowie post mortem-Untersuchungen und Gewebeentnahmen von infizierten Tieren werden hingegen der Risikoklasse 3** zugeordnet.*

49.4.2 Gewebe

Alle experimentellen Arbeiten mit lymphoiden und neuralen Geweben von Tieren, welche Nagetier-adaptierte Scrapie-Prionen enthalten, werden in Risikoklasse 2 eingeteilt.

Risikoklasse 3** ist erforderlich für experimentelle Tätigkeiten mit Geweben von Menschen und Tieren, die humane oder bovine TSE-Erreger enthalten oder enthalten dürften.

49.4.3 Risikoklassifizierung für Arbeiten mit gentechnisch veränderten PrP-Genen

Die Risikoklassifizierung für Arbeiten mit gentechnisch veränderten PrP-Genen und den daraus abgeleiteten PrP-Genprodukten soll den Vollzugsbehörden eine Hilfe im Bewilligungsverfahren sein und den Projektleitern Richtlinien für die Risikobewertung von Arbeiten mit gentechnisch veränderten PrP-Genen bzw. Produkten derselben in die Hand geben.

49.5 Sicherheitsmaßnahmen für den Umgang mit Prionen

49.5.1. Anforderungen

Grundsätzlich sind für alle Tätigkeiten mit TSE-Erregern der Risikogruppe 3** die Sicherheitsmaßnahmen der Sicherheitsstufe 3 [408] einzuhalten:

1. Alle Arbeiten, bei denen Aerosole entstehen können, müssen in einer Sicherheitswerkbank der Klasse II durchgeführt werden.
2. Ein Autoklav, der die Temperatur von 134 °C erreichen kann, muß im Gebäude vorhanden sein.
3. Eine Liste des Laborpersonals, welches mit Prionen in Kontakt war, muß mindestens zehn Jahre aufbewahrt werden.
4. Eine Wasch- und Desinfektionsmöglichkeit muß[98] im Arbeitsbereich vorhanden sein.
5. Kontaminierte feste und flüssige Abfälle müssen inaktiviert werden (s. Kap. 47.12).

49.5.2 Einschränkungen

Biosicherheitsmaßnahmen der Sicherheitsstufe 3, auf die bei Arbeiten mit TSE-Erregern der Risikoklasse 3** verzichtet werden kann[99]:

1. Unterdruck im Labor.
2. Abluftfiltration der Raumluft mit Hochleistungsschwebstoffiltern, wenn die Arbeiten in einer Sicherheitswerkbank oder einem geschlossenen System durchgeführt werden.
3. Abdichtbarkeit des Laborbereiches zum Zweck der Begasung (ist jedoch kein effizientes Dekontaminationsverfahren für Prionen; s. Tab. 44.1 → Ethylenoxid).

49.6 Inaktivierung von Prionen im Forschungslabor

Prionen sind äußerst widerstandsfähig gegenüber den meisten Desinfektionsmitteln, die zur Abtötung von konventionellen Mikroorganismen, wie Viren und Bakterien, eingesetzt wer-

[98] Bestimmung für die Schweiz: Eine Personenschleuse mit Wasch- und Desinfektionsmöglichkeit muß vorhanden sein, auf die Dusche kann jedoch verzichtet werden.

[99] In manchen Ländern wird bei Stufe 3** auch nicht unbedingt eine Personenschleuse verlangt.

den (s. Kap. 44). Die für Forschungslaboratorien empfohlenen Dekontaminations-Methoden zur Inaktivierung von Prionen sind:

1. Desinfektion mit 2 M Natronlauge (NaOH) während 1 Stunde [5,1260], i.d.R. 2 × 30 Minuten.
2. Dampfautoklavierung während mindestens 18 Minuten bei 134 °C [5].

49.6.1 Inaktivierung von Prionen mit Natronlauge

Gegenstände wie Pipettierhilfen, Gelkammern, Ultraschallgeräte, usw., die nicht autoklaviert werden können, werden zur Desinfektion während einer Stunde in eine 2 M NaOH-Lösung eingelegt oder mit 2 M NaOH-getränkten Papiertüchern in Kontakt gebracht [1260]. Anschließend wird die Lauge mit reichlich Wasser abgespült (NaOH ist korrosiv!). Die Oberflächendekontamination von Sterilbänken, Labortischen, usw. erfolgt nach Verschüttungen oder nach der Tagesarbeit ebenfalls durch Einwirken lassen von 2 M NaOH während einer Stunde.

Da die Natronlauge eine stark ätzende Wirkung auf die Haut und besonders auf die Schleimhäute hat, ist bei der Herstellung und der Verwendung der Lauge das Tragen von Schutzbrille und Gummihandschuhen unerläßlich. Es ist ferner zu beachten, daß die Konzentration von 1 M NaOH zur Dekontamination **auch bei Eintrag von Flüssigkeiten/Lösungen** nicht unterschritten wird. Es wird daher empfohlen, grundsätzlich mit 2 M NaOH-Lösungen zu arbeiten. Zur Dekontamination von Hautpartien ist 1 M NaOH genügend (5–10 Minuten; s. Kap. 49.7 und Tab. 44.2).

49.6.2 Partielle Inaktivierung von Prionen mit weiteren Desinfektionsmitteln

Natriumdodecylsulfat (SDS): Metallgegenstände und Apparate, die leicht korrodieren wie Alu- und Zinkoberflächen, können nicht mit NaOH dekontaminiert werden. Eine partielle Inaktivierung von Prionen wird erreicht durch zehn-minütige Einwirkung einer kochenden 3%igen SDS-Lösung [1260]. Nach Desinfektion mit SDS bleibt eine Restinfektiosität übrig, es sei denn, das Material werde zusätzlich während einer Stunde mit 121 °C autoklaviert; in diesem Fall genügen auch drei Minuten SDS-Exposition [224] (Tab. 44.2).

Guanidinium-Thiocyanat (GdnSCN): Zur Dekontamination von empfindlichen Oberflächen und chirurgischen Geräten wurde das Einlegen in eine 4 M GdnSCN-Lösung für 2 × 30 Minuten empfohlen [891] (s. Kap. 44.5.3). Auch diese Methode führt nur zu einer *partiellen* Inaktivierung von Prionen; nur in Kombination mit Hitzesterilisation unter Dampfdruck erreicht man 100%ige Inaktivierung (Tab. 44.2).

Weitere Wirkstoffe zur wirksamen Dekontamination: Weitere Ausführungen zu Mitteln, mit denen eine – mindestens teilweise – Priondekontamination möglich ist, sowie zu Mitteln, bei denen keine Inaktivierung (Tab. 44.1) zu erwarten ist, werden ausführlich im Kapitel 44 wiedergegeben.

49.6.3 Hitzeinaktivierung von Prionen durch Autoklavierung

In einem validierten Dampfautoklaven werden Abfälle wie Einwegmaterial und Papier sowie hitze- und dampfbeständige Geräte und chirurgische Bestecke, Glaswaren und Lösungen sterilisiert. Die erforderliche Autoklavierzeit wird nicht einheitlich angegeben. Bei Vakuumverfahren wurden mindestens 18 Minuten (in der Praxis meist eine Stunde) bei 134 °C und ≥ 3000 hPa, oder sechs getrennte Zyklen von je drei Minuten bei 134 °C und ≥ 3000 hPa empfohlen [5]. Manche Labors empfehlen Autoklavieren über mindestens eine Stunde bei 134 °C. Formalin-fixiertes Material kann durch Autoklavieren nicht effizient dekontaminiert werden (s. Kap. 44.7.1) [194]. Eine Dekontamination mittels Einlegen in 2 M NaOH (2 × 30 Minuten) ist deshalb einer thermischen vorzuziehen oder voranzustellen, wenn eine Kontamination mit formalinfixierten Proteinproben vorliegt.

49.7 Postexpositionelle Prophylaxe nach Verschüttungen und Unfällen

Verschüttungen werden sofort mit Absorbtionsmaterial, z. B. Papiertücher, aufgefangen und diese vorsichtig entsorgt. Potentiell kontaminierte Oberflächen werden gemäß den Maßnahmen im Kapitel 49.6.1 dekontaminiert (wobei auf dem Körper nur 1-molare Natronlauge verwendet wird).

Alle Unfälle, die zu Verletzungen von Personen führen, müssen dokumentiert und dem Biosicherheits-Verantwortlichen gemeldet werden.

1. *Bei Prion-Kontamination von intakter Haut ohne penetrierende Wunde*: Die betroffenen Hautpartien sofort mit einer frischen 2,5% Natriumhypochlorit-Lösung (NaOCl) desinfizieren und danach mit reichlich Wasser abwaschen. Alternativ zur Natriumhypochlorit-Lösung kann die betroffene Hautpartie für 5–10 Minuten mit 1 M NaOH dekontaminiert werden.
2. *Bei Kontamination von penetrierenden Verletzungen mit ovinen (Scrapie) oder bovinen (BSE) Prionen*: Verletzungen durch Nadeln, Skalpelle oder Tierbisse läßt man möglichst intensiv nachbluten. Danach wird die Verletzung in eine 2,5% Natriumhypochlorit-Lösung getaucht und schließlich mit reichlich Wasser abgewaschen.
3. *Kontamination von penetrierenden Verletzungen bei der Arbeit mit menschenpathogenen Prionen*: Ein chirurgischer Eingriff mit großräumiger Exzision der Inokulationsstelle ist angezeigt. Diese sollte von einer immunsuppressiven Therapie mit Prednisolon, 60 mg/Tag während den ersten sieben Tagen und 45 mg/Tag für weitere sieben Tage gefolgt sein. Diese Behandlung wird durch eine entsprechende gastrische Protektion mit einem H_2-Antagonisten und einer Antibiotika-Therapie unterstützt [8].

Themenbereich X: Risikoeinschätzung und Bekämpfung

„An jeder Kreuzung des Weges, der in die Zukunft führt, hat die Tradition gegen jeden von uns zehntausend Wächter hingestellt, um das Vergangene zu bewahren".

Maurice Maeterlinck

50 Der Zusammenhang zwischen der neuen CJD-Variante und der BSE

Moira E. Bruce, Robert G. Will, James W. Ironside und Hugh Fraser

50.1 Einleitung

Es existieren viele phänotypisch unterscheidbare Erregerstämme, die Transmissible Spongiforme Enzephalopathien (TSE oder „Prionkrankheiten") verursachen [205,215]. Die Erregerstämme unterscheiden sich bezüglich Inkubationszeit und pathologischen Veränderungen im Gehirn verschiedener (Inzucht)-Mauslinien. Diese Stammcharakteristika sind dazu verwendet worden, ein formales Erregertypisierungsprotokoll zu entwickeln. Es gibt auch hervorstechende Unterschiede zwischen TSE-Stämmen hinsichtlich biochemischen Eigenschaften der *krankheits-assoziierten* Form des „Prion-Proteins" (PrP), z. B. hinsichtlich des Molekulargewichts des Proteinase-resistenten Kerns und dem relativen Hervorstechen der Glykosylierung (Abb. 26.4) verschiedener Proteinformen [301,1215,1268]. Ausführliche Untersuchungen von im Labor „erzeugten" Maus-passagierten Erregerstämmen haben gezeigt, daß TSE-Erreger stammspezifische Information in irgendeiner Form mit sich tragen, die unabhängig vom Wirt ist [205], obwohl die molekulare Basis dieser informativen Komponente immer noch nicht klar ist (vgl. Kap. 12).

In den letzten Jahren sind Übertragungs- und Stammtypisierungsstudien mit Mäusen durchgeführt worden, um den Zusammenhang zwischen „natürlich" auftretenden TSE in verschiedenen Tierarten zu untersuchen. Diese Studien wurden nun ausgedehnt, um auch Übertragungen der CJD von Patienten einzuschließen, bei denen ein möglicher ernährungsbedingter oder beruflicher Zusammenhang mit der BSE gesehen wurde [217]. In diesem Kapitel wird aufgezeigt, mit welchen Methoden welche Hinweise für einen solchen Zusammenhang gefunden wurden.

50.2 Erregerstamm-Typisierung mit Hilfe von Mäusen

In experimentell mit TSE-Isolaten (TSE-Stämmen) infizierten Mäusen ist die Inkubationszeit der Krankheit zwar lang, aber bemerkenswert konstant und reproduzierbar (Abb. 50.1). Die Inkubationszeit ist abhängig von einer präzisen Wechselwirkung zwischen TSE-Erregerstamm und genetischen Faktoren der infizierten Maus [357]. Vom *Sinc*-Gen (*s*crapie *inc*ubation period gene) der Maus ist seit langem bekannt, daß es einen Haupteinfluß auf die Inkubationszeit ausübt [358]. Die beiden *Sinc*-Allele (s7 und p7) können für Inkubationszeitunterschiede von hunderten von Tagen verantwortlich sein, wenn Mäuse mit einem einzigen TSE-Erregerstamm infiziert werden. Heute weiß man, daß das *Sinc*-Gen die verschlüsselte Information für die Aminosäurensequenz des „Prion-Proteins" (PrP) enthält bzw. dieses codiert [686,957]. Die s7- und p7-Allele des *Sinc*-Gens sind kongruent mit den α- und β-Allelen des PrP-Gens (*Prnp*), die für Proteine codieren, welche bezüglich zwei Aminosäuren Sequenzunterschiede aufweisen [1321]. Man geht heute davon aus, daß andere Wirtsgene die Inkubationszeit mit beeinflußen, insbesondere wenn TSE von anderen Arten auf Mäuse übertragen werden (s. Kap. 50.3).

Routinemäßig werden TSE-Erregerstämme charakterisiert durch Inokulation einer Serie von Mauslinien, die sich in ihren *Sinc*-Genotypen (oder *Prnp*-Genotypen) und anderen Genen unterscheiden. In den verwendeten Mauslinien

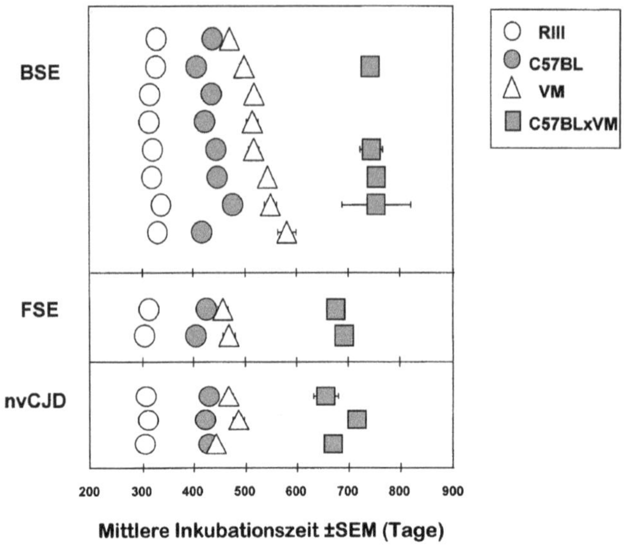

Abb. 50.1: Inkubationszeiten in einer Serie von Mauslinien, denen acht BSE-Erregerquellen, zwei Quellen von FSE-Erregern und drei Quellen von nvCJD-Erregern übertragen wurden [217]. (Abb. von M. Bruce)

weist jeder TSE-Erregerstamm ein charakteristisches und hochgradig reproduzierbares Inkubationszeit-Muster auf [215]. TSE-Stämme zeigen auch markante und reproduzierbare Unterschiede hinsichtlich Typ, Schweregrad und Verteilung der pathologischen Veränderungen, die sie im Gehirn von infizierten Mäusen produzieren. Die auffälligste Veränderung, die in Routine-Histologie-Präparaten gesehen wird, ist eine über verschiedene Hirnregionen verteilte Vakuolisierung des Neuropils, die hauptsächlich vom TSE-Erregerstamm abhängt, aber auch – zu einem bestimmten Grad – vom *Sinc*-Gen und anderen Mäuse-Genen. Die Verteilung der vakuolären Degeneration ist die Basis einer semiquantitativen Methode zur Stamm-Typisierung, bei welcher der pathologische Schweregrad in bestimmten Hirnsektoren (vgl. Abb. 11.2) aus neun Regionen der grauen Substanz und drei Regionen der weißen Substanz verzeichnet wird, wodurch ein „Läsionsprofil" konstruiert wird [459] (Abb. 50.2). Jede Kombination von TSE-Erregerstamm und Mauslinie weist ein charakteristisches Läsionsprofil auf [215].

Diese Stamm-Typisierungsmethoden wurden ursprünglich für im Labor „erzeugte" Maus-passagierte Erregerstämme des Scrapie-Erregers entwickelt (s. Kap. 11). Sie sind auch umfassend zur fundamentalen Grundlagenforschung der Erregerstamm-Variation verwendet worden. Heute sind diese Methoden auch bei der Primärübertragung von TSE anderer Arten auf Mäuse anwendbar, wodurch TSE-Erregerstämme, die in „natürlich" (*Def.* s. Kap. 42) betroffenen Wirten vorkommen, typisierbar werden.

50.3 Übertragungen von TSE des Tieres auf Mäuse

BSE-infektiöses Material von acht nicht verwandten und epidemiologisch nicht verbundenen Rindern (BSE-Erregerquellen), d.h. von solchen, die zu verschiedenen Zeitpunkten der BSE-Epidemie und aus weit auseinander gelegenen Orten Großbritanniens stammten, wurde auf Mäuse übertragen. Alle acht BSE-Erregerquellen erzeugten in einer Standardserie von Mauslinien ein ähnliches Inkubationszeit-Muster (Abb. 50.1) [207,456]. Es gab große und konsistente Unterschiede hinsichtlich der Inkubationszeiten zwischen Mauslinien mit unterschiedlichen *Sinc*-Genotypen und auch zwischen Mauslinien mit demselben *Sinc*-Genotyp. Beispielsweise war die Inkubationszeit in RIII-Mäusen konstant um etwa 100 Tage kürzer als in C57BL-Mäusen (s. Kap. 11.5.2), obwohl diese beiden Mauslinien denselben *Sinc*-Genotyp aufweisen. Dies zeigt, daß außer dem *Prnp* noch

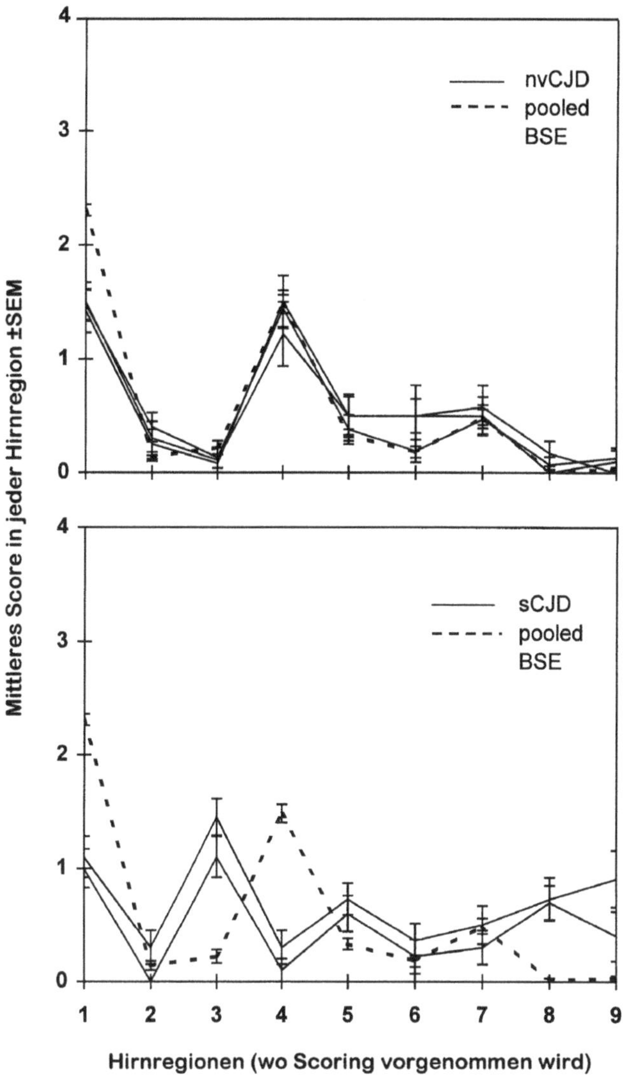

Abb. 50.2: Läsionsprofile in RIII-Mäusen nach der Übertragung von nvCJD von drei Patienten und sCJD von zwei Erregerquellen (ein Milchproduzent und ein aktueller sCJD-Fall). Vergleich zu einem Standard-Läsionsprofil von BSE, das auf gepoolten Daten von vier Übertragungen beruht [217]. (Erklärung der Codes 1–9 für verschiedene Hirnregionen siehe Abbildungslegende 11.2) (Abb. von M. Bruce)

andere Gene einen entscheidenden Einfluß auf den Verlauf der Krankheit haben können. Die acht BSE-Erregerquellen „produzierten“ in den infizierten Mäusen auch ein sehr ähnliches Muster an pathologischen Veränderungen, wie aus dem Läsionsprofil ersichtlich wird (Abb. 50.2) [207,456]. Diese Uniformität von Übertragungsresultaten deutet an, daß jedes (untersuchte) Rind mit demselben BSE-Erregerstamm infiziert gewesen war. Auch die beobachtbare Konsistenz der Pathologie (s. Kap. 27.5) von BSE-Rindern (aus dem Feld) [1314] weist darauf hin, daß ein einziger oder nur eine begrenzte Anzahl von Erregerstämmen in die gesamte BSE-Epidemie involviert war. Allerdings sind bislang nur wenige BSE-Erregerquellen von insgesamt >176000 BSE-Fällen (Tab. 41.1) typisiert worden, weshalb die Existenz von anderen, weniger verbreiteten BSE-Erregerstämmen nicht ausschließbar ist.

In jüngerer Zeit sind Übertragungsexperimente mit neuen TSE-Formen von anderen betroffenen Arten an Mäusen durchgeführt worden. Von diesen neuen TSE-Formen hatte man den Verdacht, daß sie mit BSE in Zusammenhang stehen. Zu den Erregerquellen gehörten drei (FSE-kranke) Katzen (s. Kap. 23), ein Großer Kudu und ein Nyala (s. Kap. 20). Die Ergebnisse aller fünf Übertragungsversuche waren auffallend ähnlich wie diejenigen nach Übertragungen von BSE-Erregerquellen aus Rindern (Abb. 50.1), was darauf hinweist, daß diese Tierarten mit dem BSE-Erregerstamm infiziert waren. Unsere Befunde lieferten somit die erste[100] klare Evidenz für die *natürliche* Ausbreitung von TSE zwischen verschiedenen Arten [207,465]. Infektiöses Hirngewebe aus BSE-Rindern ist *experimentell* (d.h. durch i.c. Injektion) auch auf Schafe, Ziegen und Schweine (s. Kap. 24) und (sekundär) von diesen Arten auf Mäuse übertragen worden. Wiederum waren die Ergebnisse dieser Übertragungen in den Mäusen sehr ähnlich wie diejenigen nach direkten BSE-Übertragungen [207,442]. Diese Studien zeigen erstens, daß der BSE-Erreger unverändert bleibt, wenn er auf eine Reihe verschiedener (Empfänger)-Arten passagiert wird, und zweitens, daß die Spenderart wenig Einfluß auf die Krankheitscharakteristika von BSE bei der Maus hat.

50.4 Übertragungen von TSE des Menschen auf Mäuse: nvCJD und sCJD

Im Frühjahr 1996, rund zehn Jahre nach dem Beginn der BSE-Epidemie in GB, wurden die ersten zehn Fälle einer neuen Variante der Creutzfeldt-Jakob-Krankheit (nvCJD) gemeldet [1352]. In GB betraf die nvCJD bis Anfang 2001 insgesamt 82 Patienten, in Frankreich drei und in der Republik Irland einen [274,874]. Da sich nvCJD hinsichtlich klinischer und neuropathologischer Charakteristika klar von der sporadischen CJD (sCJD) unterscheidet (siehe Kap. 15) und da sie bei Menschen mit auffällig jungem Alter auftritt, sowie aufgrund der Epidemiologie (zeitliche und geographische Übereinstimmung mit der BSE-Epidemie (s. Kap. 39)), gibt es Hinweise darauf, daß sich die BSE auf den Menschen ausgebreitet haben dürfte – möglicherweise über eine alimentäre Exposition. Ein Indizienbeweis für einen solchen Zusammenhang lieferte die Beobachtung von „floriden" Amyloid-Plaques (Abb. 15.1b), die bei nvCJD im Gehirn von Verstorbenen und im Gehirn von experimentell mit BSE infizierten Rhesusaffen identisch aussehen [842]. Und neben der auch sonst ähnlichen Neuropathologie ist sich die klinische Symptomatik zwischen nvCJD in Versuchsaffen und dem Menschen ebenso ähnlich. Auch bezüglich molekularer Charakteristika der in Hirnextrakten vorliegenden krankheitsspezifischen PrP-Isoform (s. Kap. 8) gleicht die nvCJD der BSE (unterscheidet sich jedoch von der sCJD), und zwar hinsichtlich 1. des relativen Anteils der zweifach-, einfach- und nicht glykosylierten Proteinformen (Abb. 26.4) [301] und 2. des Molekulargewichts des Proteinase-resistenten Kerns der unglykosylierten (PrP)-Form [623]. Beide, nvCJD und BSE, unterscheiden sich hingegen in diesen molekularen Kriterien klar von der sCJD.

Um den möglichen Zusammenhang zwischen der nvCJD und BSE weiter zu erforschen, wurden Hirnextrakte von drei nvCJD-Patienten auf Mäuse übertragen. Dabei wurden identische Studienprotokolle angewendet, wie für die Serien von TSE-Übertragungen oben erwähnter Tierarten [217]. Aus Vergleichsgründen wurden auch Hirngewebsproben von sechs typischen sCJD-Fällen übertragen. Zwei der sechs stammten von Landwirten, die an einer sCJD erkrankt waren und in deren Rinderherden zuvor BSE festgestellt worden war, womit sie potentiell dem BSE-Erreger exponiert waren, sei es durch Kontakt mit BSE-infizierten oder -erkrankten Tieren oder mit BSE-kontaminiertem Tierfutter [310]. Des weiteren wurden Hirnproben von zwei Individuen ohne bekannte beruflich bedingte Kontakte mit BSE untersucht, die im Verlaufe der BSE-Epidemie an sCJD verstarben. Die anderen zwei untersuchten Hirnproben stammten von historischen Fällen, d.h. von Individuen, die vor dem Beginn der BSE-Epidemie an sCJD verstarben. Alle neun Individuen waren homozygot für Methionin im Codon 129 des PrP-Gens (*PRNP*) und wiesen keine *PRNP*-Mutation auf, die mit familiären TSE-Formen der Creutzfeldt-Jakob-Krankheit (fCJD; s. Tab. 26.5 →CJD) in Zusammenhang stehen.

Die nvCJD-Übertragungsversuche von allen drei Erregerquellen haben in Mäusen sehr ähn-

[100] Hinsichtlich der Fälle, wo die Speziesbarriere (Artenschranke) im Feld („in der Natur") überwunden wurde.

liche Resultate ergeben, wie sie nach BSE-Übertragungen vom Rind und anderen oben genannten Arten gesehen wurden [217]. Die Inkubationszeiten in allen getesteten Mauslinien waren konsistent mit den Erwartungen für sehr hohe BSE-Erregertiter (Abb. 50.1). Auch die Neuropathologie (Läsionsprofile) von Mäusen mit nvCJD war sehr ähnlich zu derjenigen von Mäusen mit BSE. Beispielsweise waren die Läsionsprofile in RIII-Mäusen praktisch dekkungsgleich zwischen den drei nvCJD-Erregerquellen und auch sehr ähnlich wie das Läsionsprofil von RIII-Mäusen mit BSE (Abb. 50.2). Wie bei BSE war zudem als charakteristische Erscheinung in allen Mauslinien mit nvCJD der Nucleus Cochlearis mit betroffen (eine Hirnregion, die nicht im Läsionsprofil erfaßt wird). Allgemein stellten Amyloid-Plaques kein auffälliges Charakteristikum dieser Pathologie dar, ausgenommen in periventrikulären Hirnregionen von VM-Mäusen, wie bei dieser Mauslinie auch für BSE bekannt [456]. Diese Plaques sind nicht vom „floriden" Typ, wie sie in nvCJD-Patienten (Abb. 26.2e) festgestellt werden. Insgesamt stellt die eindrucksvolle Ähnlichkeit zwischen nvCJD und BSE in Mäusen hinsichtlich Inkubationszeit und Pathologie eine starke Evidenz dafür dar, daß beide Spezies, Mensch und Rind, vom selben Erregerstamm betroffen sind.

Im Gegensatz zu den Resultaten mit den nvCJD-Erregerquellen, ist in keinen mit sCJD infizierten Mäusen innerhalb 800 Tagen post infectionem (p.i.) eine klinisch-neurologische Krankheit festgestellt worden. Trotzdem, Evidenz für die Übertragbarkeit aller sechs sCJD-Erregerquellen hat das Vorhandensein von vakuolärer Degeneration ergeben, die typischerweise bei den meisten infizierten Mäusen ab etwa 400 Tagen p.i. feststellbar ist [217]. Die Diagnose *sCJD* wurde jeweils durch Nachweis der Krankheits-assoziierten PrP-Form mittels Western blot (s. Kap. 35) und Immunhistochemie bestätigt. Keine solche Veränderungen sind hingegen bei den zwei Kontrollgruppen von Mäusen festgestellt worden, denen physiologische Kochsalzlösung bzw. humanes Hirnhomogenat von Patienten mit 1. Amyotropher Lateralsklerose (ALS) [1202] oder 2. einem Kehlkopfkarzinom inokuliert worden sind [454, 1129].

Die neuropathologischen Veränderungen in Mäusen mit sCJD unterschieden sich hinsichtlich Schweregrad zwischen individuellen Mäusen, zeigten jedoch ein konsistentes Muster zwischen Mauslinien und zwischen Erregerquellen. Das Läsionsprofil in diesen Mäusen unterschied sich auffallend deutlich von demjenigen, das nach BSE- oder nvCJD-Übertragungen (Abb. 50.2) gesehen wird.

Die Übertragungsresultate weisen darauf hin, daß sCJD mit einem anderen TSE-Erregerstamm assoziiert ist, als derjenige, der nvCJD oder BSE verursacht. Daher geht aus den hier dargelegten Studien *keine* Evidenz für einen Zusammenhang zwischen sCJD bei Landwirten und BSE hervor.

50.5 Schlußfolgerung

Die Erregerstamm-Typisierung, die auf Übertragungen auf Mäuse basiert, hat Folgendes gezeigt:

1. nvCJD wird durch denselben Erregerstamm verursacht, der BSE und neue Formen der TSE in Katzen und exotischen Wiederkäuern verursacht.
2. nvCJD ist von sCJD unterscheidbar.
3. CJD-Fälle bei den zwei beschriebenen (britischen) Milchproduzenten sind der sCJD-Form zuzuordnen und stehen nicht mit dem Erreger(-Stamm), der BSE verursacht, in Zusammenhang.

Unterstützende Evidenz dafür, daß die nvCJD durch den BSE-Erregerstamm verursacht wird, ist in jedem Krankheitsfall mit Western blot-Analysen zum Nachweis der Krankheits-assoziierten Isoform des PrP erbracht worden. Die epidemiologischen Überwachungsergebnisse weisen anhaltend darauf hin, daß die nvCJD eine *neue Krankheit* ist (s. Kap. 15), die bei vergleichsweise jungen Menschen und vorwiegend in GB vorkommt. Die in diesem Kapitel geschilderten Übertragungsstudien, kombiniert mit den Überwachungsdaten und anderer unterstützender Evidenz, sprechen insgesamt zwingend für einen Zusammenhang zwischen der nvCJD und der BSE.

51 Die Risikoeinschätzung einer Übertragung von Prionkrankheiten durch Blut, Augenhornhaut und Hirnhaut

Johannes Löwer

51.1 Einleitung

Die Frage, ob Transmissible Spongiforme Enzephalopathien (TSE oder „Prionkrankheiten") beim Menschen nicht nur durch Gewebe oder Extrakte, die vom Gehirn stammen oder mit ihm in Kontakt standen (Dura mater, Cornea, Hypophysenhormone), sondern auch durch Blut und Blutprodukte übertragen werden kann, wird nicht nur in Fachkreisen, sondern auch in der Öffentlichkeit diskutiert. Die Erinnerung an die katastrophalen Auswirkungen der Übertragung des Erregers der Erworbenen Immunschwäche (AIDS) ist allseits wach. Es gilt, alles daranzusetzen, um zu verhindern, daß sich ein derartiges Ereignis wiederholt. Während bei AIDS die Übertragbarkeit durch Blut und Blutprodukte vollkommen eindeutig ist, erscheint die Frage bei TSE äußerst schwierig. Ob ein Risiko für eine derartige Übertragung besteht, kann auf prinzipiell zwei unterschiedlichen Wegen angegangen werden.

Mit dem *epidemiologischen Ansatz* kommen dabei unter anderem die Auswertung von Einzelfallberichten, die Untersuchung spezieller Risikopopulationen, und Fallkontrollstudien [1366a] in Betracht.

Im *experimentellen Ansatz* wird die Möglichkeit einer TSE-Übertragung auf Labortiere studiert. Dabei können nicht nur direkte Informationen über die Infektiosität im Blut erkrankter Personen gewonnen werden, sondern es können auch Ergebnisse bei natürlich oder artifiziell infizierten Tieren zur Interpretation der Situation beim Menschen herangezogen werden.

51.2 Blut

51.2.1 Experimentelle Untersuchungen in Tiermodellen

Bereits seit mehr als 30 Jahren [1033] wird in unterschiedlichen tierexperimentellen Studien der Frage nachgegangen, ob sich TSE-Erreger auch im Blut finden lassen. Diese Untersuchungen werden i.d.R. so durchgeführt, daß Blut und Gewebe von natürlich oder experimentell infizierten Tieren (Spendertiere) zur Bestimmung der Menge an TSE-Erregern anderen Tieren (Indikatortiere, häufig kleine Labortiere, z.B. Mäuse) verabreicht werden (s. Kap. 43). Bei der Bewertung der Ergebnisse (Tab. 51.1–2) sind eine Reihe von Einschränkungen zu beachten:

51.2.1.1 Speziesbarrierre

Bei der Übertragung von TSE-Erregern von einer Tierart auf eine andere ist eine deutliche Speziesbarriere zu beobachten (Abb. 1.8). Dies bedeutet, daß bei einer Übertragung zwischen Tieren verschiedener Arten, sofern sie überhaupt möglich ist, eine um Zehnerpotenzen größere Menge an infektiösem Material benötigt wird als bei der Infektion eines Empfängertieres der selben Spezies. Z.B. ist die Titration des BSE-Erregers in Kälbern um mindestens den Faktor 1000 empfindlicher als die Titration in bestimmten Mäusen [1313]. Die Tabelle 51.1 enthält die Liste der Untersuchungen mit Überschreitung von Artengrenzen. Das Niveau der Speziesbarriere manifestiert sich in der Länge der Inkubationszeit (Abb. 1.10). Wenn diese die natürliche Lebensdauer einer Spezies übersteigt, ist sie so effizient, daß Erreger nicht effektiv übertragen werden können. Die entsprechende Empfängerart ist „resistent" gegen die untersuchte TSE-Form.

Da Untersuchungen ohne Überschreitung von Artengrenzen eine höhere Empfindlichkeit und damit eine höhere Aussagekraft besitzen, sind sie gesondert zusammengefaßt (Tab. 51.2).

51.2.1.2 Verabreichungsweg

In allen Studien werden die Indikatortiere, in denen die Infektiosität einzelner Gewebe der Spendertiere bestimmt wird, durch Injektion des Untersuchungsmaterials in das Gehirn (intrazerebral, i.c.) inokuliert. Die Effizienz dieses Verabreichungsweges übertrifft i.d.R. diejenige parenteraler Übertragungswege wie *intravenös* (i.v.) oder *subkutan* (s.c.) und/oder des enteralen (oralen) Übertragungsweges deutlich; bei Überwindung einer Speziesbarriere jedoch nicht immer (vgl. Kap. 46.3.2.4).

51.2.1.3 Natürliche oder experimentelle Infektion

Die Belastung einzelner Gewebe, einschließlich des Blutes, mit Infektiosität unterscheidet sich möglicherweise zwischen natürlich und experimentell infizierten Tieren, da bei letzteren i.d.R. eine hohe Menge an infektiösem Material entweder intrazerebral oder auf einem peripheren Weg, z.B. in die Bauchhöhle (intraperitoneal, i.p.) verabreicht wird. Es ist leicht vorstellbar, daß allein *durch die Verletzung von Blutgefäßen* oder durch den Abtransport des injizierten Depots etwa nach *Aufnahme in Makrophagen* [253] Infektiosität im Blut gefunden werden kann. Manche Ergebnisse [253,365,431] lassen sich womöglich dadurch erklären, daß nur das Inokulum wiedergefunden wurde. Diese Interpretation wird durch jüngste Daten unterstützt, die auf ein monatelanges Verbleiben des Inokulums im infizierten Tier hinweisen [1086].

In Tabelle 51.2 sind die Studien danach geordnet, ob natürlich oder experimentell infizierte Tiere als Spender eingesetzt wurden.

51.2.1.4 Begrenzte Inokulationsdosis

Eine weitere Begrenzung der Aussagekraft experimenteller Studien ist dadurch gegeben, daß die inokulierbare Menge an Material sehr begrenzt ist. Insbesondere bei Untersuchungen an Nagern werden meistens nur 50 µl oder weniger pro Tier verabreicht. Bei sehr niedrigen Infektiositätstitern von weniger als 20 infektiösen Einheiten pro Milliliter muß damit gerechnet werden, daß das inokulierte Volumen zufällig frei von Erregern ist und dadurch entgegen den tatsächlichen Gegebenheiten ein negatives Ergebnis erhalten wird. In Studien, die seit Ende der 70er Jahre veröffentlicht wurden, wurde aus diesem Grunde versucht, das infektiöse Agens aus Blut zu konzentrieren. Zum einen wurde dies durch die Anreicherung weißer Blutzellen (buffy coat) [829,883] angestrebt, zum anderen durch die Präparation bestimmter Proteinfraktionen (P_{215S}) [253,365].

51.2.1.5 Kreuzkontaminationen

Schließlich ist, insbesondere bei frühen Studien, zu berücksichtigen, daß zu jener Zeit die hohe Widerstandskraft des Erregers nicht ausreichend bedacht und daher ungewollte (Kreuz)-Kontaminationen nicht rigoros genug ausgeschlossen wurden. Hinweise darauf ergeben sich dann, wenn der aus der Inkubationszeit und dem Prozentsatz infizierter Tiere abschätzbare Titer außerhalb des Bereichs dessen liegt, was die Gesamtheit aller Untersuchungen für ein bestimmtes Gewebe indiziert, und wenn entsprechende Titer nicht reproduzierbar sind. Als Beispiel soll eine Untersuchung [513] dienen, bei der im Serum eines natürlicherweise infizierten Schafes Infektiosität in einer Höhe gefunden wurde, wie sie sonst nur im zentralen Nervensystem (ZNS) auftritt. Das Ergebnis dieses Einzelberichts konnte nicht reproduziert werden [577].

Unter Berücksichtigung dieser einschränkenden Faktoren werden im Folgenden die in der Literatur vorliegenden Studien (Tab. 51.1–2) zusammengefaßt und bewertet.

51.2.2 TSE-Erreger im Blut natürlich infizierter Tiere

Nur in zwei Studien (Tab. 51.1) wurden TSE-Erreger im Blut natürlicherweise infizierter Tiere gesucht, und zwar bei Scrapie-infizierten Ziegen [578] und Schafen [577]. Obwohl die Tiere in verschiedenen Krankheitsstadien untersucht wurden, konnten TSE-Erreger im Serum oder im Blutgerinnsel im Gegensatz zu Gibbs' bereits erwähnten Einzelbefund (1965) [513] nicht nachgewiesen werden.

51.2.3 TSE-Erreger im Blut experimentell infizierter Tiere

Auch bei *experimentell* mit Scrapie infizierten Ziegen [575] und bei peroral (enteral) mit BSE-Material infizierten Rindern [1313], bei denen während der Inkubationszeit und danach die Infektiosität einzelner Gewebe und Körperflüssigkeiten getestet worden war (Tab. 51.1), ergaben für Blut ein negatives Ergebnis.

Da die Infektiosität mit Überschreiten von Speziesgrenzen (Indikatortiere = Mäuse) und mit nur 30 µl pro Maus ohne Konzentrationsschritte nachgewiesen werden sollte, kann eigentlich nur gefolgert werden, daß im Blut keine höheren Infektionsdosen vorhanden waren. (Mit BSE experimentell infizierte Schafe [647a] können derzeit im Hinblick auf das Blut nicht abschließend beurteilt werden, da trotz Veröffentlichung vom September 2000 die Studie noch gar nicht abgeschlossen war! *Der Hrsg.*)

51.2.3.1 Scrapie-infizierte Schafe, Ziegen und Nerze

Ohne Speziesbarriere (Tab. 52.2) läßt sich die Verteilung des Erregers in den verschiedenen Geweben im *experimentellen* Modell studieren. Dazu liegen eine Reihe von Untersuchungen vor, die sich auch mit dem Zeitverlauf während der Inkubationszeit beschäftigen. Entsprechende Experimente in Scrapie-infizierten Ziegen [1033] und Mäusen [359,403] (Abb. 51.1) und in TME-infizierten Nerzen [581] verliefen mit wenigen Ausnahmen negativ. Nur ganz vereinzelt (Tab. 51.2) erkrankten Indikatortiere, denen Blut verabreicht worden war [359,581]. Auch in einer weiteren Versuchsserie [282] erkrankten einige Mäuse, wenn sie Blut von mit Scrapie infizierten und daran erkrankten Spendermäusen erhalten hatten.

51.2.3.2 Scrapie-infizierte Hamster

Ein anderes Bild stellt sich bei Scrapie-infizierten Hamstern [253,365] ein, bei denen Infektiosität im Blut, zumindest nach Anreicherung, nachgewiesen werden kann. Allerdings deutet der stetige Abfall [253] (Abb. 51.2) des Infektionstiters im Blut, gemessen an der Inkubationszeit und dem Prozentsatz erkrankter Tiere,

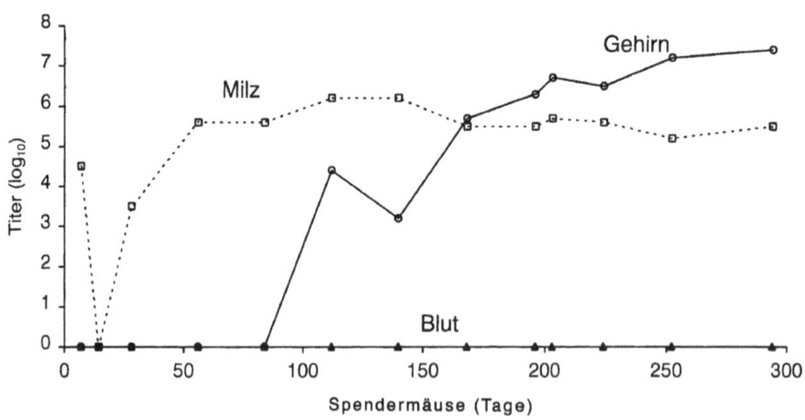

Abb. 51.1: Verlauf der Infektiosität in Gehirn, Milz und Blut von Mäusen, die mit einem mausadaptierten Scrapie-Stamm infiziert wurden; die Zeichnung erfolgte nach den Titerangaben in der Publikation [403]. Offene Symbole bedeuten, daß alle Tiere einer Gruppe infiziert wurden, geschlossene, daß nur ein Teil oder keines der Tiere infiziert wurde. (Abb. von J. Löwer)

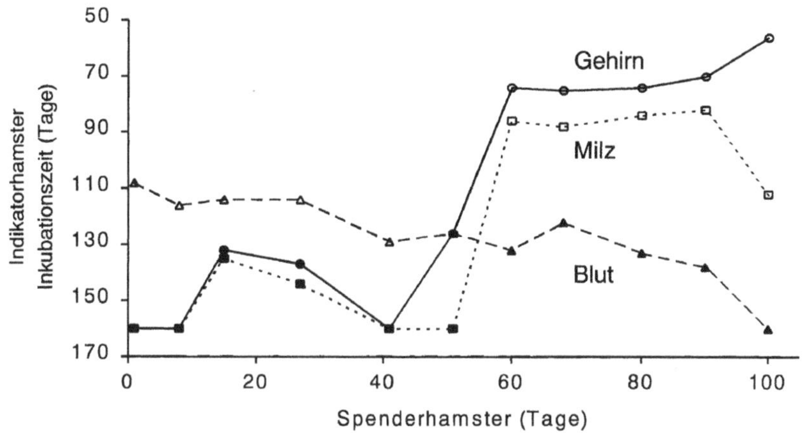

Abb. 51.2: Verlauf der Infektiosität in Gehirn, Milz und Blut von Hamstern, die mit einem an Hamster adaptierten Scrapie-Stamm infiziert wurden [253]. Die Abschätzung der Infektiosität an Hand der Inkubationszeiten in Indikatortieren führt zu einer Überschätzung niedriger Titer, da die Korrelation zwischen Infektionstiter und Inkubationszeit einen biphasischen Verlauf hat (steil bei hohen und flach bei niedrigen Titern [359]). Offene Symbole bedeuten, daß alle Tiere einer Gruppe infiziert wurden, geschlossene, daß nur ein Teil oder keines der Tiere infiziert wurde. Zeichnung aus Publikation [253], leicht modifiziert, mit freundlicher Genehmigung des Springer-Verlags.

eher auf ein Wiederfinden des Inokulums [1086] als auf eine Replikation des Erregers im Blut hin, obwohl ein exakter Vergleich von Gesamtinokulum und Gesamtinfektiosität im Blut oder im Organismus auf Grund der Daten schwierig zu führen ist. Auf jeden Fall steht der Verlauf des Titers im Blut im krassen Gegensatz zu dessen Verlauf in Gehirn und Milz (Abb. 51.2). Auch andere Befunde [431] lassen sich durch ein Wiederfinden des Inokulums erklären.

51.2.3.3 CJD-infizierte Indikatortiere

Ein besonderes Interesse gilt den Tiermodellen, in denen Erreger humaner TSE untersucht werden. Allerdings ergeben sich keine übereinstimmenden Bilder. In einem Meerschweinchenmodell [883] wird nur in einer unregelmäßigen, biologisch schwer erklärbaren Verteilung Infektiosität im Blut gefunden. Auch im Hinblick auf nicht reproduzierbare Ergebnisse aus dem selben Labor [524,525,882,888,889,1128] sind Zweifel berechtigt. In sich konsistent sind jedoch die Daten aus einem Mausmodell [829] (Abb. 51.3), das vom Erreger eines, wie die Autoren sich ausdrücken, *atypischen CJD-Falles* ausgeht, der sich an Hand des klinischen Bildes [1251,1252] als Gerstmann-Sträussler-Scheinker-Syndrom (GSS) darstellte. Mit zunehmendem Krankheitsverlauf wurde eine zunehmende Infektiosität im Blut gefunden.

51.2.3.4 Infektiosität in Lymphozyten

Schließlich soll noch auf das Argument eingegangen werden, daß sich in fast allen Tiermodellen das TSE-Agens in relativ hohen Titern in der Milz finden würde [403,1030]. Es wird vorgebracht, daß die Milz ein großes Reservoir an Lymphozyten beinhalte und daß diese Lymphozyten wohl im Austausch mit den Lymphozyten im peripheren Blut stünden. Dieser Überlegung stehen jedoch die Befunde der Tiermodelle entgegen, in denen die Infektiosität im Blut *nicht* parallel mit dem Titer in der Milz verläuft [253,403,829] (Abb. 51.1–51.2). Das Fehlen eines Zusammenhangs zwischen der Infektiosität in der Milz und im Blut wird auch dadurch bestätigt, daß Lymphozyten, die aus der Milz infizierter Tiere präpariert werden, infektiös sind, während Lymphozyten aus dem Blut der gleichen Tiere keine Infektiosität zeigen [907]

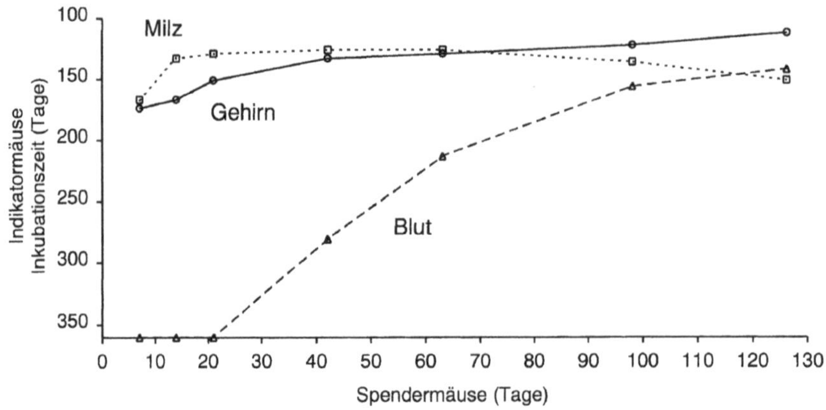

Abb. 51.3: Verlauf der Infektiosität in Gehirn, Milz und Blut von Mäusen, die mit einem an Mäuse adaptierten GSS-Stamm infiziert wurden; die Zeichnung erfolgte nach den Angaben der Inkubationszeiten in der Publikation [829]. Die Abschätzung der Infektiosität an Hand der Inkubationszeiten in Indikatortieren führt zu einer Überschätzung niedriger Titer, da die Korrelation zwischen Infektionstiter und Inkubationszeit einen biphasischen Verlauf hat (steil bei hohen und flach bei niedrigen Titern [359]). Offene Symbole bedeuten, daß alle Tiere einer Gruppe infiziert wurden, geschlossene, daß nur ein Teil oder keines der Tiere infiziert wurde. (Abb. von J. Löwer)

(A. Aguzzi, pers. Mitt.). B-Lymphozyten spielen zwar eine bestimmte Rolle bei der Ausbreitung [798] der TSE-Erreger, sind aber wohl nicht im Blut Träger [799] der Erreger.

51.2.4 Gesamtbewertung der Tierexperimente

Die Gesamtbewertung aller Tierexperimente führt zum Schluß, daß das jeweilige Ergebnis von vier Faktoren[101] abhängig ist: 1) vom Erreger (Scrapie-, TME-, BSE-, CJD-), 2) von der Spezies und möglicherweise auch von der Rasse (Genotyp) des Wirtstieres, 3) von der Dosis und 4) vom Verabreichungsweg [82]. Eine Extrapolation von einem System auf ein anderes, z.B. vom Tiermodell auf den Menschen ist daher schwierig und mit zahlreichen Unsicherheiten behaftet. Als Beispiel für solche Unterschiede mag dienen, daß PrP^{Sc} in Tonsillen von infizierten Schafen nachgewiesen werden kann (Abb. 27.1a), nicht jedoch in den Tonsillen von BSE-erkrankten Rindern[102]. Eine angemessene Bewertung mag aber sein, daß in den Tiermodellen, wenn überhaupt, eine sehr geringe TSE-Infektiosität im Blut nachgewiesen werden kann, die erst in der späteren Phase der Inkubation unter Umständen meßbar wird [282,359,581, 829,1252]. Diese Gesamtbeurteilung steht in Übereinstimmung mit neueren Daten (R.G. Rohwer, pers. Mitt.), die unter Bedingungen gewonnen wurden, die das Wiederfinden des Inokulums durch die Infektion der Tiere mit einer einzigen infektiösen Dosis ausschließen. Der aus den Ergebnissen abgeleitete maximale Titer des TSE-Agens im Blut beträgt 1–10 infektiöse Einheiten pro ml, er ist nicht vergleichbar mit den Virustitern (10^5–10^{12} pro ml), die unbestritten durch Blut übertragen werden wie HBV, HCV und HIV. Ob ein solch niedriger Titer für eine TSE-Übertragung durch die Transfusion von Blutkomponenten ausreicht, kann mit den bisherigen tierexperimentellen Untersuchungen nicht beantwortet werden. Es sei daran erinnert, daß diese Titer immer basierend auf dem bei weitem wirksamsten Weg, nämlich die i.c. Injektion, bestimmt wurden.

51.2.5 Experimentelle Untersuchungen mit Blut von CJD-Erkrankten

Einige wenige Studien [350,886,1238,1245] zeigen Befunde, die den Nachweis von CJD-Erre-

[101] Diese Faktoren determinieren teilweise die Speziesbarriere (s. Abb. 1.8).

[102] Dennoch gehören die Tonsillen von Rindern aus präventiven Gründen zum spezifizierten Risikomaterial (SRM).

gern im Blut von CJD-Patienten belegen sollen. Diese Studien sind schwer einzuordnen, da entweder wichtige Angaben zum Experiment fehlen [350] oder aber die Ergebnisse in sich nicht schlüssig sind [886,1238,1245]. In einem Fall [1245] wurde im Urin, einer Körperflüssigkeit, die sich in keiner anderen Studie als infektiös zeigte, eine Menge an Erregern gefunden, die der im Gehirn nahe kommt. Derselbe Autor [1245] konnte im Plasma zweier anderer Patienten den CJD-Erreger zunächst nicht nachweisen, während nach nur dreifacher Konzentrierung des Plasmas der Titer demjenigen im Gehirn ähnelte [1238]. Andere Studien [886] sind zweifelhaft, weil von der selben Gruppe CJD-Erreger auch von einer nicht diagnostizierten neurologischen Erkrankung [889] und von Alzheimer-Patienten [882] sowie von gesunden Personen [882,888] auf Tiere übertragen werden konnten. Derartige Ergebnisse waren aber nicht wiederholbar [524,525,1128].

Diesen Einzelberichten steht eine langjährige Serie von Experimenten gegenüber, in der zahlreiche Gewebe und Körperflüssigkeiten einschließlich Blut von Kuru- und CJD-Patienten auf ihre Infektiosität untersucht wurden [82, 190]. Dazu wurden, wenn auch nicht ausschließlich, v.a. nicht humane Primaten verwendet (s. Kap. 43.4). In diesen Untersuchungen war ebenfalls nur eine limitierte Anzahl von Patienten eingeschlossen, eine Anzahl, die jedoch die Gesamtzahl der Patienten der im vorigen Absatz erwähnten Einzelberichte übertrifft. Eine Übertragung konnte weder mit Blut, noch mit Serum, noch mit Leukozyten erzielt werden, obwohl vermutlich die Speziesbarriere beim Einsatz von Menschenaffen als Indikatortiere relativ gering ist (s. Kap. 9.3.1) und obwohl in den meisten Fällen mit einer i.c. Inokulation der effizienteste Weg gewählt wurde, wenn dies auch in den Veröffentlichungen im Einzelfall schwer nachzuvollziehen ist. Bemerkenswert ist ein Experiment, in dem jeweils mehr als 300 ml Blut von drei verschiedenen CJD-Patienten auf drei Schimpansen übertragen wurde [471]. Diese Tiere haben auch nach einer nun mehr als zwanzigjährigen Beobachtungszeit [190] (P. Brown, pers. Mitt.) keine spongiforme Enzephalopathie entwickelt.

Eine kritische Bewertung der vorliegenden Veröffentlichungen führt zu dem Schluß, daß CJD-Übertragungen durch menschliches Blut oder dessen Bestandteile bisher nicht überzeugend experimentell gezeigt werden konnten. Sicherlich ist dabei zu berücksichtigen, daß aus naheliegenden Gründen immer unter Einschluß einer Speziesbarriere experimentiert werden mußte. Diese Situation mag sich beim Einsatz transgener Mäuse verbessern, deren eigenes Prion-Protein-Gen (*Prnp*) funktionsunfähig gemacht wurde, denen aber ein homologes humanes *PRNP* eingesetzt wurde. Aber auch unter diesen Umständen konnte bisher keine Infektiosität im Blut zweier sporadischer CJD-Fälle und eines familiären CJD-Falles nachgewiesen werden (S. Prusiner, pers. Mitt.). Daher muß, auch wenn bisher nur relativ wenig Patienten untersucht wurden, der Schluß gezogen werden, daß beim Menschen in der klinischen Phase der Erkrankung der Erreger *im peripheren Blut nicht oder nur in sehr geringen Konzentrationen zu finden ist*. Eine Ausdehnung derartiger Studien unter Einschluß einer größeren Anzahl von Patienten, die an sporadischer CJD, an der neuen Variante der CJD oder an einer anderen Prionkrankheit des Menschen (Tab. 1.1) erkrankt sind, wäre wünschenswert.

51.2.6 Epidemiologische CJD-Untersuchungen

Eine Reihe von epidemiologischen Untersuchungen unterschiedlicher Art versucht die Frage abzuklären, ob es Hinweise auf eine Übertragung von CJD durch Blut und Blutprodukte gibt. Bevor auf die Ergebnisse eingegangen wird, sollen die Hauptschwierigkeiten bei der Durchführung und Interpretation der Studien zusammengefaßt werden.

1. Wie an anderer Stelle (Tab. 36.1) ausgeführt, handelt es sich bei der CJD um eine seltene Erkrankung, die weltweit nur in einer Jahresinzidenz von etwa 1/1 Million Einwohner auftritt. Dementsprechend ist es schwierig, eine ausreichend große Zahl von Patienten etwa für eine Fallkontrollstudie zu sammeln. Dies kann nur durch eine länderübergreifende, ausreichend lang angelegte Zusammenarbeit erreicht werden (s. Kap. 29.5).

2. Die Inkubationszeit kann in weiten Grenzen variieren. So werden z. B. im Falle von CJD-Übertragungen nach Augenhornhauttransplantationen (s. Kap. 51.3) Zeiten von 18 Monaten und 30 Jahren angegeben [391, 610]. Diese Extremwerte lassen sich auch aus den anderen iatrogenen CJD-Fällen ableiten (Tab. 14.1) [195]. Die Inkubationszeit hängt generell (auch) von der Dosis und Eintrittspforte ab (Abb. 1.10). Die lange und variable Inkubationszeit kann zur Folge haben, daß der Zusammenhang zwischen Krankheit und Infektionsereignis im Einzelfall nicht erkannt wird (vgl. Kap. 2.14).

51.2.6.1 Einzelfallberichte

Bis auf eine weiter unten besprochene Ausnahme sind Berichte über das Auftreten von CJD in Empfängern eines Blutproduktes, das von einem in den folgenden Jahren an CJD erkrankten Spender stammte, nicht bekannt. Auch in retrospektiven Studien, in denen Empfänger von zellulären Blutkomponenten von Spendern untersucht wurden, die später eine CJD entwikkelten, konnten bisher keine Personen identifiziert werden, die an CJD erkrankten [621,1233]. Sicherlich ist die Zahl der beobachteten Patienten gering, die Beobachtungszeit ist jedoch teilweise sehr lang (von vier bis 20 Jahren nach der Transfusion bei neun Personen) [621].

Zu einer Publikation über vier Fälle in Australien [800], die an einer *transfusions-assoziierten CJD* verstorben sein sollen, bleiben Fragen offen. Es ist nicht bekannt, ob die Spender ebenfalls an CJD erkrankt waren. Es besteht kein Zweifel daran, daß in der Vorgeschichte mancher CJD-Patienten Bluttransfusionen angegeben werden. Auf die Frage, ob dies bei CJD-Patienten häufiger auftritt als in Kontrollgruppen, wird im Unterkapitel 51.2.6.3 eingegangen.

1995 wurde ein Fall vorgestellt, in dem eine Patientin zwei Jahre nach einer Lebertransplantation an CJD erkrankte [315,316]. Im Zusammenhang mit der Transplantation wurde ihr Albumin verabreicht, das, wie sich später herausstellte, aus einem Plasmapool stammte, zu dem auch ein Spender beigetragen hatte, der in den darauf folgenden Jahren an einer CJD verstorben war. Es wurde eingehend diskutiert, ob das verabreichte Albumin die Quelle einer Infektion gewesen sein könnte [315–317,341]. Zwei schwerwiegende Gründe sprechen dagegen:

1. Die relativ kurze Inkubationszeit von zwei Jahren steht in krassem Gegensatz zu der aus dem Gesamtbild vorhandener Daten zu erwartenden, potentiell extrem niedrigen Belastung des Albumins mit CJD-Erregern. Zu der niedrigen Belastung tragen die folgenden Faktoren bei: 1. die im Vergleich zum ZNS um mehrere Zehnerpotenzen niedrigere CJD-Infektiosität im Plasma, falls überhaupt vorhanden, 2. die Verdünnung der Einzelspende mit Tausenden von nicht verdächtigten Plasmaspenden bei der Herstellung und 3. die Eliminierung des CJD-Erregers während der Albuminpräparation um Zehnerstufen [197].
2. Eine Clusterbildungim Sinne von CJD-Erkrankungen bei anderen Empfängern der gleichen Albuminpräparation wurde nicht beobachtet. Dies steht im Gegensatz zur Situation bei CJD-Übertragungen durch Hypophysenhormone oder Dura mater-Implantate (s. Kap. 51.4). In den 90er Jahren ist deutlich geworden, daß relativ häufig Spenden von später an CJD Erkrankten zu Blutprodukten verarbeitet werden. Relativ viel Albuminchargen sind ggf. potentiell kontaminiert. Trotzdem wurden keine weiteren CJD-Fälle nach Transplantationen beschrieben [317].

Zusammenfassend geben zur Zeit Einzelfallberichte keine ernst zu nehmenden Hinweise auf eine Übertragung von CJD durch Blut und Blutprodukte. Insbesondere ist eine Clusterbildung im Sinne einer örtlichen oder zeitlichen Häufung nicht zu beobachten. Sollten dennoch Blut und Blutprodukte Überträger von CJD-Erregern sein, müßte mit einer höheren Inzidenz von CJD in Populationen gerechnet werden, die von der regelmäßigen Verabreichung von Blut oder Blutprodukten abhängig sind (s. Kap. 51.2.6.2). Außerdem sollten sich Blut und Blutprodukte als Risikofaktoren in Fallkontrollstudien zeigen.

51.2.6.2 Untersuchung spezieller Populationen

Bluterkranke müssen je nach Ausmaß ihrer Erkrankung ständig und zum Teil in großen Mengen mit Gerinnungsfaktoren substituiert werden. Die leidvolle Erfahrung der 80er und 90er Jahre hat gezeigt, daß sie dabei einem hohen Risiko ausgesetzt waren, mit Viren infiziert zu werden, die im Blut vorkommen. Aus diesem Grunde wurde in der Vergangenheit, vor der Einführung virusinaktivierender Maßnahmen, ein großer Prozentsatz dieser Personen mit HBV, HCV und HIV infiziert. Bluter gelten daher als Indikatoren für durch Blut übertragene oder übertragbare Krankheiten. So wurde bereits ein Jahr nach der Erstbeschreibung von AIDS [261] herausgefunden, daß auch Erkrankungshäufungen (Cluster) bei Hämophilie-Patienten [262] auftreten, und das, obwohl die Inkubationszeit zwischen Infektion und Erkrankung bei AIDS *durchschnittlich* ca. zehn Jahre beträgt.

Wenn CJD also gehäuft bei Blutern aufträte, wäre dies ein ernst zu nehmender Hinweis auf ihre Übertragbarkeit durch Blut und Blutprodukte. *Fälle von CJD bei Hämophilen sind jedoch nicht bekannt.* Es ist die übereinstimmende Aussage von Ärzten, daß sie außer AIDS-assoziierten zentralnervösen Erkrankungen andere Formen, d.h. auch CJD, bei Blutern nicht sehen. Eine Studie weist auch darauf hin, daß CJD bei Hämophilen durch das Auftreten der AIDS-Demenz nicht fehldiagnostiziert wurde [999]. In den USA brachte auch eine groß angelegte Studie, die Krankheitsangaben auf Todesscheinen analysierte, keine Fälle zu Tage, bei denen CJD gleichzeitig mit Krankheiten festgestellt wurde, die einen hohen Behandlungsbedarf mit Blut und Blutprodukten haben [633]; dazu gehörten Hämophilie A, Hämophilie B, Thalassämie und Sichelzellanämie.

Die lange Inkubationszeit von CJD und die beschränkte Lebenserwartung der erwähnten Patientengruppen werden als Argument dafür angeführt, daß die Aussagekraft der Beobachtungen begrenzt ist. Sicherlich ist zu erwarten, daß aus den angegebenen Gründen nicht alle möglicherweise vorkommenden Infektionen erkannt werden können, doch die Behandlungsdauer von über 20 Jahren bei Hämophilen und die heute sehr verbesserte Lebenserwartung sollten für die Feststellung des einen oder anderen CJD-Falles ausgereicht haben.

51.2.6.3 Fallkontrollstudien

In Fallkontrollstudien wird die Häufigkeit vermuteter Risikofaktoren in einer Gruppe von Patienten mit der in einer nach Alter und Geschlecht angepaßten Kontrollgruppe verglichen (vgl. auch Kap. 40.3.2). Ist die Häufigkeit eines Faktors in der Gruppe der Patienten statistisch signifikant höher, kann i.d.R. davon ausgegangen werden, daß er einen wesentlichen Beitrag zur Krankheitsentwicklung liefert (vgl. Fußnote 65).

Eine Reihe von Studien [333,407,599,808, 1284] beschäftigen sich mit der Frage, ob CJD-Patienten häufiger Blut transfundiert worden ist als Individuen von Kontrollgruppen. *Die Ergebnisse zeigen einheitlich, daß dies nicht der Fall ist.* Vielmehr finden sich in allen Studien mit ausreichenden Fallzahlen Bluttransfusionen bei CJD-Patienten seltener als in der Kontrollgruppe; bei der umfangreichsten Studie [1284] hatten ca. 11% der CJD-Patienten, aber 19% der Kontrollpersonen Bluttransfusionen erhalten. Der Unterschied hat seinen Grund vermutlich darin, daß als Kontrollgruppe Krankenhauspatienten ausgewählt wurden, bei denen möglicherweise eine im Vergleich zur Normalbevölkerung erhöhte Notwendigkeit für Bluttransfusionen gegeben war (Selection Bias). Ein Vergleich mit einem Kollektiv gesunder Personen sollte in kommenden Studien unbedingt einbezogen werden, die bisherigen, übereinstimmenden Ergebnisse (vgl. auch [1366a]) legen aber dennoch den Schluß nahe, daß Bluttransfusionen keinen wesentlichen Beitrag in der Pathogenese von CJD haben.

51.2.7 Risikoeinschätzung

Bei der Bewertung aller vorliegender experimenteller und epidemiologischer Daten muß man zu dem Schluß kommen, daß die Übertragung von CJD durch Blut oder Blutprodukte beim Menschen sicherlich kein häufiges oder überhaupt kein klar belegbares Ereignis ist.

Die epidemiologischen Untersuchungen haben keinen Hinweis für die Übertragbarkeit gebracht, sie sind aber sicherlich nicht geeignet, das Risiko der Übertragung von CJD vollständig auszuschließen. Dieses nicht ausschließbare Restrisiko ist aber nicht vergleichbar mit dem vor der Einführung von Sicherheitsmaßnahmen[103] herrschenden Risiko seitens mancher Viren wie HBV, HCV oder HIV, die bekannterweise durch Blut übertragen worden sind.

Die experimentellen Studien, die teilweise auch mit großen Mängeln belastet sind, deuten darauf hin, daß – zumindest in manchen Spezies, insbesondere in Mäusen – in der Spätphase der Erkrankung sehr niedrige CJD-Titer im Blut gefunden werden können. Eine Extrapolation auf die Situation in anderen Spezies inklusive des Menschen ist jedoch nicht zulässig, da sich ein und derselbe Erreger von Spezies zu Spezies sehr unterschiedlich verhält. Eine solche Extrapolation würde zudem nicht in Übereinstimmung mit den negativen epidemiologischen Befunden stehen. Die niedrigen Infektiositätstiter, sofern sie vorhanden sind, scheinen nach heutigem Wissen nicht für eine Infektion über Bluttransfusion auszureichen.

51.2.7.1 Zu treffende Maßnahmen im Hinblick auf den schlimmsten Fall

Grundsätzlich ist ein Beweis, daß eine Übertragung von CJD durch Blut oder Blutprodukte nicht stattfindet, wie jeder negative Beweis sehr schwer zu erbringen. Es bedarf Studien über große Zahlen an Probanden und über lange Zeiträume. Diese Studien können nicht abgewartet werden, bevor über Präventivmaßnahmen entschieden wird. In dieser Situation ist vom ungünstigsten Fall (worst case) auszugehen. Nach allen bisherigen Ausführungen besteht dieser ungünstigste Fall darin, daß auch beim Menschen in der Spätphase eine geringe Menge an CJD-Erreger im Blut vorkommen könnte.

[103] Screening und Erreger-Inaktivierung.

51.2.7.2 Besteht ein erhöhtes Risiko bei der nvCJD?

Ein andersartiges Problem stellt sich bei der Einschätzung des Risikos, das durch die neue Variante von CJD (nvCJD) ausgelöst wird. Hier liegen weder experimentelle Untersuchungen noch epidemiologische Erfahrungen vor. Wie an anderer Stelle in diesem Buch ausgeführt, unterscheidet sich die neue Variante von den bisher bekannten sowohl im klinischen Erscheinungsbild als auch in der biochemischen [301] und biologischen [217] Charakterisierung des Erregers. Ein weiterer Unterschied scheint darin zu liegen, daß PrP^{Sc} bzw. Infektiosität bei der nvCJD auch im lymphatischen Gewebe, z. B. in den Tonsillen (vgl. Kap. 47.4.2) [625] oder im Wurmfortsatz [627] gefunden wird, während dies bei den klassischen Creutzfeldt-Jakob-Formen kaum der Fall ist [190]. Allerdings ist die Zahl der untersuchten Krankheitsfälle bisher gering.

Auch wenn aus den in Kapitel 51.2.3.4 erwähnten experimentellen Studien geschlossen werden muß, daß keine Korrelation zwischen dem Nachweis von TSE-Erregern in der Milz auf der einen Seite und im Blut auf der anderen besteht, ist es sicherlich klug, sich so zu verhalten, als ob das Risiko der Übertragung von CJD-Erregern durch Blut und Blutprodukte bei der neuen Variante höher sei als bei den anderen Formen von TSE beim Menschen.

51.2.8 Präventionsmaßnahmen hinsichtlich Transfusionsblut

In der jüngeren Vergangenheit ist die Sicherheit von Blut und Blutprodukten ganz entscheidend dadurch verbessert worden, daß Spendewillige auf Grund von Befragungen (vgl. Kap. 14.10), besonders aber durch Laboruntersuchungen auf Marker vorausgegangener Virusinfektionen (nicht-TSE-Erreger), vom Spenden ausgeschlossen wurden.

Erste analytische Verfahren zur Diagnostik einer CJD in Liquor oder Serum sind in den vergangenen Jahren entwickelt worden (14-3-3 [676], S100 [1004]) (s. Kap. 31). Ob diese Verfahren allerdings auch geeignet sind, bereits in der Inkubationsphase eine sich anbahnende

CJD zu erkennen, ist unbekannt. Dies und die Anwendbarkeit auf leicht zu gewinnendes Untersuchungsmaterial wie Blut wären aber Voraussetzungen dafür, daß solche Tests sinnvoll im Blutspendewesen eingesetzt werden können. Eine andere Voraussetzung wäre, daß die dadurch entstehenden ethischen Probleme für den einzelnen betroffenen Spender berücksichtigt werden.

Solange keine verläßlichen *in vivo*-Testverfahren, die die Infektion im präklinischen Stadium erkennen, zur Verfügung stehen, bleibt zur Risikominderung nur die Befragung von Spendewilligen. Dabei werden Daten erhoben zu unten aufgeführten Faktoren, die für die spendewillige Person ein höheres Risiko, einmal CJD zu entwickeln, bedeuten. Hinweise auf mögliche Risiken bedeuten, wie erwähnt, den Ausschluß entsprechender Spender. So kann allerdings das von der sporadischen CJD ausgehende Restrisiko nicht verringert werden, da prädisponierende Faktoren nur für die iatrogenen und die familiären Formen bekannt sind.

Übereinstimmend wird von der Weltgesundheitsorganisation WHO [1329], dem Europarat [420], dem Rat der Europäischen Gemeinschaft [412] sowie auch in nationalen Richtlinien [1375] empfohlen, die Personen von der Spende auszuschließen,

1. die jemals mit Hormonen (Wachstumshormon und FSH) behandelt wurden, die aus Leichenhypophysen extrahiert wurden,
2. die Implantate von harter Hirnhaut (Dura mater) erhalten haben,
3. in deren Familie Creutzfeldt-Jakob-Krankheiten, GSS oder FFI aufgetreten sind,
4. die an einer Demenz leiden oder gar an einer TSE-Form.

Es ist des weiteren lohnenswert zu überlegen, ob Patienten mit einer neurologischen Symptomatik nicht generell als Spender ausgeschlossen werden sollten.

In einigen Empfehlungen [412,1375] wird auch angeraten, Empfänger von Augenhornhaut (Cornea) von der Spende auszuschließen (s. Kap. 51.3).

Die folgenden Maßnahmen werden zur Zeit ausführlich diskutiert und sind in einigen Ländern bereits eingeführt worden:

Die Erfahrungen bei der experimentellen TSE-Übertragung von einer Spezies auf eine andere, aber auch der Verlauf von TSE-Ausbreitungen in verschiedenen „natürlich" (s. Kap. 42) betroffenen Tierspezies, haben deutlich gezeigt, daß eine Adaptation (s. Kap. 11.4) des Erregers an den Wirt das Übertragungs- und Verbreitungsrisiko erhöht. Unter dieser Vorstellung, die auch für andere Krankheitserreger zutreffen dürfte, ist der Vorschlag entstanden, Spendewillige, denen früher Blut transfundiert oder menschliches Gewebe übertragen worden war, von der Spende auszuschließen. Nachdem in Frankreich Studien zeigten, daß durch eine solche Maßnahme nur ca. 5% der derzeitigen Blutspender betroffen wären, ist dort eine vorausgegangene Transfusion als Spenderausschlußkriterium eingeführt worden.

Wie oben erwähnt, gibt es Argumente aber auch Gegenargumente (s. Kap. 51.2.3.4) dafür, daß der TSE-Erreger, wenn er im Blut vorkommt, mit den weißen Blutkörperchen (Leukozyten) assoziiert ist. Nun lassen sich Leukozyten mit bestimmten, auf Nylon basierenden Filtern zu einem hohen Prozentsatz aus Blut herausfiltern (Leukodepletion) (vgl. [1363a]). Es gibt gute Gründe dafür, grundsätzlich nur leukozytenarme Blutkomponenten einzusetzen, z. B. die Verhinderung von Alloimmunisierungen und die Minderung des Übertragungsrisikos für nur intrazellulär vorkommende Infektionserreger wie Zytomegalovirus, Epstein-Barr-Virus und HTLV-I. CJD kann als zusätzlicher Grund für die Einführung der Leukodepletion dienen, was beispielsweise in Frankreich der Fall war. Insbesondere der geringe Kenntnisstand hinsichtlich der Entwicklung der nvCJD hat die Entscheidungsträger in Großbritannien und anderen Ländern veranlaßt, die Leukodepletion schrittweise einzuführen. Den Fachgremien ist dabei bewußt, daß Szenarien vorstellbar sind, in denen die Leukozytendepletion eine wichtige Sicherheitsmaßnahme wäre, daß es aber auch Szenarien gibt, in denen nur mit einem minimalen Effekt zu rechnen ist.

Die geschilderten Maßnahmen tragen dazu bei, die Belastung des Ausgangsmaterials zur Herstellung von Blutkomponenten und von

Blutprodukten mit CJD-Erregern so niedrig wie möglich zu halten. Welche Schritte sind jedoch angemessen, wenn sich erst im nachhinein herausstellt, daß ein Spender zwischenzeitlich an CJD erkrankt ist oder daß ein Spender die CJD-relevanten Ausschlußkriterien (s.o.) nicht erfüllt? Es ist unbestritten, daß in diesen Fällen eventuell noch vorhandene Einzelkomponenten, d.h. Erythrozytenkonzentrate, Thrombozytenkonzentrate, gefrorenes Frischplasma und Plasma zur Fraktionierung auszusondern sind. Unterschiedliche Auffassungen bestehen jedoch hinsichtlich bereits ausgelieferter Chargen von fraktionierten Plasmaprodukten, z.B. Gerinnungsfaktoren, Immunglobulinen oder Albumin. In Kanada werden alle noch nicht verbrauchten Einheiten einer Charge zurückgerufen, wenn feststeht, daß Plasma bei der Herstellung verwendet wurde, das von einem Spender stammt, der entweder zwischenzeitlich an CJD erkrankt ist oder, wenn sich nachträglich herausgestellt hat, daß er unter die Ausschlußkriterien fällt. Japan und Frankreich ergreifen solche Maßnahmen nur, wenn einer der Spender an CJD erkrankt, nicht aber dann, wenn er die Ausschlußkriterien nicht erfüllt. Andere europäische Länder und seit September 1998 inhaltlich auch die USA, richten sich nach den Empfehlungen der Europäischen Arzneimittelbehörde CPMP. Nach gründlicher Diskussion war diese zu dem Schluß gekommen, daß Blutprodukte kein Risiko für die Übertragung von CJD bedeuten, ein Rückruf von Chargen also nicht gerechtfertigt ist.

Tabelle 51.1: Studien mit Überspringen der Speziesbarriere.

Erstautor, Jahr der Publikation	**Spendertiere**			**Indikatortiere**		Bemerkung
	TSE-Stamm, Verabreichungsweg	Tierart	Untersuchtes Gewebe	Menge, Verabreichungsweg	Tierart	
Gibbs, C.J. Jr. (1965) [513]	Scrapie (natürliche Infektion)	Schaf	Blutserum		Mäuse	Infektiosität im Serum wie im Gehirn (nicht reproduzierbar [577])
Hadlow, W.J. (1980) [578]	Ziegen (gehalten mit Scrapie-infizierten Suffolk-Schafen) mit natürlicher Scrapie Infektion (klinisch erkrankt)	3 Ziegen (Nubian × Toggenburger Zucht)	Blutserum und Blutgerinnsel	30 µl i.c. (zehnfache Verdünnungen, 10 Mäuse pro Verdünnung)	Mäuse	Keine Infektiosität in Blutserum und Blutgerinnsel nachweisbar
Hadlow, W.J. (1982) [577]	Scrapie-exponierte Schafe (infizierte, aber klinisch gesunde junge Schafe und erkrankte Schafe)	Suffolk-Schafe	Blutserum und Blutgerinnsel	30 µl i.c. (zehnfache Verdünnungen, 10 Mäuse pro Verdünnung)	Mäuse	Keine Infektiosität in Blutserum und Blutgerinnsel nachweisbar
Hadlow, W.J. (1974) [575]	Scrapie Chandler-Stamm i.c.: $10^{7,3}$ Maus i.c. LD_{50} s.c.: $10^{7,7}$ Maus i.c. LD_{50} i.c.: $10^{6,6}$ Maus i.c. LD_{50}	Ziegen (Saanen-Zucht)	10% Blutgerinnsel	30 µl i.c.	Mäuse	Zeitverlaufsstudie, keine Infektiosität in Blutgerinnsel nachweisbar
Wells, G.A.H. (1996) [1310] Wells, G.A.H. (1998) [1313]	BSE (Hirnhomogenat von 75 BSE-Fällen) 100 g als einzige orale Dosis	Friesische/Holstein-Kälber	10% Leukozytenschicht („buffy coat“)	20 µl i.c. und 100 µl i.p.	RIII-Mäuse oder C57Bl-J6-Mäuse	Zeitverlaufsstudie, keine Infektiosität in der Leukozytenschicht bis 22 Monate nach der Inokulation nachweisbar

Erwägt man den weiter oben dargestellten Kenntnisstand, ist die Existenz differierender Entscheidungen verständlich. Die wissenschaftliche Bewertung, auch in den USA [24], kommt zu dem Schluß, daß das Risiko von CJD-Übertragungen durch Blutprodukte minimal oder nicht existent ist. Vor dem Hintergrund, daß 1. die Öffentlichkeit eine maximale Sicherheit bei Blutprodukten erwartet, und daß 2. vor Einführung effektiver Inaktivierungsschritte viele Personen durch Blutprodukte mit tödlichen Viren wie HIV, HBV oder HCV infiziert worden sind, ist eine Entscheidung für äußerste Vorsichtsmaßnahmen verständlich.

Es darf jedoch nicht der Eindruck entstehen, daß auf Grund solcher Vorsichtsmaßnahmen das theoretische Risiko beseitigt ist. Vielmehr ist damit zu rechnen, daß Rückrufmaßnahmen auf Grund der langen Inkubationszeit meistens zu spät erfolgen und daher die überwiegende Mehrheit der Produkte bereits verabreicht ist, wenn CJD oder das Risiko für CJD beim Spender erkannt wird. In einer Aussage vor einem Unterausschuß des amerikanischen Repräsentantenhauses war festgestellt worden, daß durchschnittlich nur 5% einer zurückgerufenen Charge auch tatsächlich eingesammelt werden konnte und daß daher wohl ein Großteil der verbliebenen 95% bereits verabreicht war (B. Steinhardt, am 7. Mai 1998 vor dem Subcommittee on Human Resources).

51.3 Augenhornhaut (Cornea)

Eine Augenoperation mit dem Ersatz der Cornea durch Material, das von einer Leiche gewonnen wurde, kommt dann in Frage, wenn Sehstörungen allein auf Veränderungen der Cornea zurückzuführen sind. Diese Corneatransplantationen werden meist in Zusammenarbeit mit Augenhornhautbanken durchgeführt. Die Zahl der von der *European Eye Bank Association* zur Verfügung gestellten Hornhäute übertrifft jährlich 20000 [866].

In der Literatur finden sich Berichte von zwei Fällen, in denen Spender und Empfänger von Corneatransplantaten an CJD verstarben (Tab. 14.1). Im ersten, 1974 aus den USA publizierten Fall [391] hatte man die Cornea transplantiert, bevor die Diagnose beim Spender histologisch bestätigt wurde. Bereits 18 Monate nach der Transplantation erkrankte der Empfänger an CJD. In dem aus Deutschland stammenden Fall [610] trat CJD hingegen erst 30 Jahre nach der Corneatransplantation auf. Als der entsprechende Spender 1965 an einer CJD verstarb, war noch nicht bekannt, daß es sich dabei um eine übertragbare Krankheit handelt [508].

In einer weiteren, aus Japan stammenden Veröffentlichung [1281] wird von einem Patienten berichtet, der 15 Monate nach einer Corneatransplantation an CJD erkrankte. Krankheitsangaben zum Spender liegen nicht vor. Lediglich aus der Inkubationszeit, die im oben erwähnten Fall aus den USA [391] sehr ähnlich ist, wird auf einen kausalen Zusammenhang geschlossen.

Auch tierexperimentelle Untersuchungen [881,904,1245] weisen darauf hin, daß eine TSE durch Augenhornhaut übertragen werden kann.

Obwohl also nur wenige Fälle bekannt sind, muß damit gerechnet werden, daß die Augenhornhaut wegen ihrer „Nachbarschaft" zum Hirngewebe, zu dem ja auch die Netzhaut des Auges (Retina) und der Sehnerv (N. opticus) zählen, mit dem CJD-Agens kontaminiert bzw. infektiös (Tab. 46.2) sein kann. Ob diese Kontamination bereits zu Lebzeiten des Gewebespenders besteht oder erst während der Entnahme auftritt, bei der i.d.R. zunächst der gesamte Augapfel entfernt und deswegen der Augennerv durchtrennt wird, ist nicht bekannt. Wegen der Seltenheit der Übertragungsfälle dürfte es aber nahezu unmöglich sein, zu beweisen, daß andere Entnahmetechniken, bei denen nur die Cornea entfernt wird [680], ein geringeres Risiko für CJD-Übertragungen aufweisen.

Weder die Weltgesundheitsorganisation, noch der Europarat oder andere zwischenstaatliche Organisationen haben Regeln entworfen, denen potentielle Spender von Corneatransplantaten entsprechen müssen. Jedoch gilt eine Übereinkunft, die die Vertreter nationaler Augenhornhautbanken im Januar 1990 im Rahmen der Dritten Europäischen (Augen)-Hornhautbank-Konferenz in Leiden getroffen haben. Dieser Übereinkunft folgt auch die Arbeitsgemeinschaft Deutscher Augenhornhaut-

Tabelle 51.2: Studien ohne Überspringen der Speziesbarriere.

Erstautor, Jahr der Publikation	**Spendertiere**			**Indikatortiere**		Bemerkungen
	TSE-Stamm, Verabreichungsweg	Tierart	Untersuchtes Gewebe	Menge, Verabreichungsweg	Tierart	
Pattison, I.H. (1962) [1033]	Ziegen-adaptierte Scrapie (3 × in Ziegen passagiert) (1 ml 10 % Hirnsusp.) i.c.	Ziege	Vollblut	1 ml i.c.	Ziege	Zeitverlaufsstudie, Infektiosität im Vollblut nicht nachweisbar
Pattison, I.H. (1964) [1034]	Scrapie-infizierte Ziegen	Ziege	1. Vollblut 2. Blutzellen 3. Blutserum	1a. 1 ml i.c. 1b. 3 × 5 ml s.c. (wöchentlich) 2. 1 ml i.c. 3. 1 ml i.c.	Ziege	Keine Infektiosität nachweisbar
Marsh, R.F. (1969) [901]	TME 1. 1 ml 10 % Hirn natürlich infizierter Nerze i.m. 2. 0,1 ml 10 % Hirn (2. Passage) i.c.	Nerz	Blutserum	1 ml s.c. (verdünnt in Zehnerschritten)	Nerz	Keine Infektiosität im Blutserum nachweisbar
Marsh, R.F. (1973) [907]	TME 1. Späte klinische Phase 2. 10^5 LD_{50} i.c.	Nerz	1. Vollblut, Blutplasma, 10 % rote Blutkörperchen, 10 % Blutplättchen, weiße Blutzellen ($1{,}7 \times 10^7$/ml), kultivierte Lymphozyten ($1{,}5 \times 10^7$/ml), PHA stimulierte Lymphozyten ($1{,}5 \times 10^7$/ml) 2. Lymphozyten	0,1 ml i.c.	Nerz	1. Keine Infektiosität in den verschiedenen Präparationen nachweisbar 2. Zeitverlaufsstudie, keine Infektiosität in Lymphozyten, aber in Milz und peripheren Lymphknoten nachweisbar
Hadlow, W.J. (1987) [581]	TME-Erreger Idaho-Stamm, zweite Nerz-Passage, 10^3 LD_{50} s.c.	Nerz	Unverdünntes Blutserum	100 µl i.c. (2 Tiere)	Nerz	Zeitverlaufsstudie, Serum einmal (28 Wochen nach Inokulation) positiv in 1 von 2 Tieren
Clarke, M.C. (1967) [282]	Scrapie Chandler-Stamm (Mäuse) Scrapie Chandler- und Fisher-Stamm (Ratten)	Junge Mäuse, Wistar Ratten	Serum aus Blutpools von Tieren mit fortgeschrittener Krankheit 1. Blut aus der Brusthöhle 2. Blut nach Herzpunktur	50 µl i.c. (Mäuse und Ratten)	Junge Mäuse, Wistar Ratten	Mehr Übertragungen in Experiment 1 als in Experiment 2 (Kontamination mit Gewebe?)

Tabelle 51.2 (Fortsetzung)

Erstautor, Jahr der Publikation	Spendertiere			Indikatortiere		Bemerkungen
	TSE-Stamm, Verabreichungsweg	Tierart	Untersuchtes Gewebe	Menge, Verabreichungsweg	Tierart	
Eklund, C.M. (1967) [403]	Scrapie Chandler Stamm (4. Maus Passage), $10^{5,7}$ LD_{50} s.c. (50 µl, 1% Mäusehirnsuspension)	Mäuse	Blutgerinnsel Blutserum (Pool von drei Mäusen)	30 µl i.c. (10-fache Verdünnung, 6 Mäuse pro Verdünnung)	Mäuse	Zeitverlaufsstudie, keine Infektiosität im Blut nachweisbar
Field, E.J. (1968) [431]	Scrapie Chandler Stamm (50 µl 10% Hirnsuspension) 1. i.c. 2. i.p.	Mäuse	Blut aus der Brusthöhle 1. Blutserum 2. Vollblut	1. 50 µl i.c. 2. 50 µl i.c.	Mäuse	Zeitverlaufsstudie für die ersten 18 Stunden p.i., Infektiosität nachgewiesen, insbesondere mit Vollblut
Dickinson, A.G. (1969) [359]	Scrapie ME7-Stamm 20 µl s.c. und 10 µl i.p. (1% Hirnsuspension)	Verschiedene Mäusestämme	Blut (Herzpunktion)	20 µl i.c. (10% Suspension)	C57BL-Saugmäuse (11 bis 15 Mäuse pro Probe)	Zeitverlaufsstudie, Blut gelegentlich positiv (an 3 von 12 Zeitpunkten, 1 oder 2 von 11 bis 15 Mäusen)
Diringer, H. (1984) [365]	Scrapie 263K-Stamm (100 µl 1% Hirnhomogenat) i.p.	Hamster	Blutkonzentrat P_{215S}	50 µl (äquivalent zu 2 ml Blut) i.c.	Hamster	Zeitverlaufsstudie, Infektiosität im Blut nachweisbar
Casaccia, P. (1989) [253]	Scrapie 263K-Stamm (50 µl 10% Hirnhomogenat) i.p.	Hamster	Blutkonzentrat P_{215S}	50 µl (äquivalent zu 0,2 ml Blut) i.c.	Hamster	Zeitverlaufsstudie, Infektiosität im Blut nachweisbar
Manuelidis, E.E. (1978) [883]	CJD (von 54-jähriger Patientin) 5× in Meerschweinchen übertragen (100 µl 1% Hirnhomogenat) i.c.	Meerschweinchen (Hartley Stamm)	Leukozytenschicht von 8 ml zentrifugiertem Blut	zusammen 0,4 ml (i.c. und s.c. und i.m. und i.p., jeweils 0,1 ml) (äquivalent zu 6,4 ml Blut)	Meerschweinchen	Unregelmäßiger Nachweis von Infektiosität
Tateishi, J. (1980) [1252]	CJD, seriell in Mäusen übertragen (derselbe Stamm wie Kuroda, 1983) (10µl 15% Hirnhomogenat) i.c.	Mäuse	Vollblut	10 µl i.c.	Mäuse	2/10 Indikatormäuse positiv
Kuroda, Y. (1983) [829]	„CJD": Fu-Stamm (untypischer Fall = GSS) 2× seriell in Mäusen übertragen (30 µl 10% Hirnhomogenat) i.c.	BALB/c Saugmäuse	Leukozytenschicht Blutserum rote Blutkörperchen	30 µl Leukozyten, i.c. 100 µl Serum, i.p. 100 µl Erythrozyten, i.p.	BALB/c Saugmäuse	Zeitverlaufsstudie, Nachweis von Infektiosität
Doi, T. (1991) [379]	„CJD Fukuoka 1"-Stamm (wie Kuroda, 1983), 5× seriell übertragen $10^{5,5}$ LD_{50} i.c. (20 µl)	ddY Mäuse	Vollblut (Herzpunktion)	20 µl Vollblut i.c.	ddY Mäuse	Keine Infektiosität im Blut nachgewiesen

banken. Danach darf Cornea nicht von Spendern stammen, die an der CJD oder einer Krankheit des ZNS unbekannter Ätiologie wie Multiple Sklerose, Amyotrophe Lateralsklerose (ALS, MND) [454,1129,1202,1254] oder Alzheimer-Krankheit verstorben sind. Dies schließt jedoch nicht aus, daß in sehr seltenen Fällen Cornea von einem Spender stammt, bei dem zum Zeitpunkt des Todes unbekannt ist, daß er von CJD betroffen ist. Ein so gelagertes Beispiel geschah 1997 in GB; das Vorliegen einer CJD wurde erst später bei entsprechenden Untersuchungen der Spenderleiche entdeckt. Die denkbare Forderung, daß bei allen Corneaspendern durch histologische Untersuchung des Gehirns CJD ausgeschlossen werden müßte, ist nicht realistisch, da eine histologische Untersuchung im günstigsten[104] Fall erst nach 6–8 Wochen abgeschlossen ist, Augenhornhaut aber nur maximal einen Monat aufbewahrt werden kann. Sollten andere praktikable Untersuchungsmethoden, die nicht zu einer (signifikanten) Verringerung des Spendeaufkommens führen, entwickelt werden, sollte eine verbindliche Anwendung wie für die Tests auf Hepatitis-Viren und HIV vorgesehen werden.

Insgesamt wiegen zweifellos die Vorteile einer Augenhornhauttransplantation, die erheblich zur Verbesserung der Lebensqualität des Empfängers beiträgt, das äußerst geringe noch verbleibende Risiko einer CJD-Übertragung bei weitem auf.

51.4 Harte Hirnhaut (Dura mater)

Auf Grund der mechanischen Eigenschaften werden Präparate der harten Hirnhaut (Dura mater) bei verschiedensten chirurgischen Eingriffen eingesetzt, insbesondere wenn es um das Schließen von Defekten geht. Diese Präparate werden von Verstorbenen gewonnen und einem mehrstufigen Verfahren mit Wasserstoffperoxid, Natronlauge (s. Kap. 44), γ-Bestrahlung und Azeton zur Konservierung und Dekontamination unterworfen. Ihre Haltbarkeit beträgt bis zu fünf Jahre.

[104] Zum Teil bedingt durch die notwendigerweise lange Fixationsdauer des Gehirns (s. Kap. 48).

Im Februar 1987 wurde von einem ersten Fall berichtet [41,42], in dem eine Person im Alter von weniger als 30 Jahren 21 Monate nach einer Operation, bei der ein Dura mater-Präparat eingesetzt worden war, an CJD verstarb. Bis 1999 sind weltweit über 65 (Tab. 14.1) gleichartige Fälle [1155] bekannt geworden, wobei die (Inkubations)-Zeit zwischen Operation und Ausbruch von CJD bei 16–193 Monaten lag. Besonders beeindruckend war das Ergebnis einer Umfrage [1155] bei neurologischen, psychiatrischen und neuropathologischen Institutionen in Japan, bei der 43 Personen gefunden wurden, die zwischen Januar 1979 und Mai 1996 nach der Anwendung eines Dura mater-Präparates an CJD verstarben. Bis auf eine Ausnahme wurde in allen Fällen ein bestimmtes Präparat [1155] (LYODURA, B.Braun Melsungen AG, Deutschland) implantiert, das vor 1987 „hergestellt" worden war. Im Gegensatz zum Vorgehen anderer Hersteller enthielten die LYODURA-Präparate Hirnhäute verschiedener Spender. Da zum damaligen Zeitpunkt Daten über die Spender und über die Verteilung des Materials in verschiedene Chargen nicht gesammelt und aufbewahrt wurden, ist eine Rückverfolgbarkeit bis hin zum erkrankten Spender nicht möglich. Trotzdem muß davon ausgegangen werden, daß die CJD-Fälle von den Dura mater-Präparaten verursacht wurden. Dafür sprechen im wesentlichen die folgenden Überlegungen:

1. Bei den betroffenen Patienten handelte es sich meist um Personen in einem Alter, in dem CJD äußerst selten spontan auftritt. Die Häufung der beobachteten Fälle läßt sich daher nicht als rein zufälliges Auftreten erklären.
2. Die Fälle sind nur mit einem bestimmten Produkt assoziiert. Mit Produkten anderer Hersteller verbundene CJD-Fälle sind nicht beschrieben.
3. Auch tierexperimentelle Untersuchungen mit dem Hamster-Scrapie-Modell [369] zeigen, daß Dura mater-Präparate TSE-Erreger enthalten können.

Die beschriebenen Beobachtungen führten dazu, daß seit Mitte 1987 nur noch Dura mater-Präparate hergestellt werden, die von einem einzelnen Spender stammen, der bestimmte Auswahlkriterien (z.B. fehlende Anzeichen einer CJD) erfüllen muß. Außerdem, und das ist wohl die entscheidende Maßnahme, werden Dura mater-Präparate mit 1N Natronlauge [1155] behandelt, wodurch TSE-Erreger in hohem Maße inaktiviert werden (s. Kap. 44.5.1). Die Wirksamkeit dieses Verfahrens wurde in tierexperimentellen Studien belegt [369].

Im Frühjahr 1997 hat eine von der WHO einberufene Expertengruppe unter dem Eindruck dieser Erkenntnisse die Empfehlung [1329] ausgesprochen, Dura mater-Präparate, insbesondere in der Neurochirurgie, grundsätzlich nicht mehr zu benutzen, es sei denn, Alternativen stünden nicht zur Verfügung. Dabei war man davon ausgegangen, daß andere Gewebe (z.B. Muskelfaszien) oder synthetische Produkte die Dura mater ersetzen können. Da diese Auffassung jedoch nicht unumstritten ist, besteht in den wenigsten Ländern ein striktes Verbot für Dura mater-Präparate. Es bestehen jedoch Bestrebungen, z.B. in Deutschland, die Indikationen stark einzuschränken und bei dem dann wesentlich gesenkten Bedarf strenge Anforderungen an das Sammeln des Gewebes zu stellen. Dazu gehört z.B. die Forderung, daß die Gewebe nur von Personen mit einem (Sterbe)-Alter unter 50 Jahren stammen dürfen und daß in jedem Fall eine Hirnuntersuchung der Spenderleiche keinen Anhalt für eine CJD-Erkrankung ergeben hat.

52 Die Risikoeinschätzung und -minimierung von BSE

Radulf C. Oberthür, Bram E. Schreuder und Aline A. de Koeijer

52.1 Einleitung

Prionkrankheiten haben in der Vergangenheit als lebensbedrohende Krankheiten für Tier und Mensch selten (s. Kap. 1) eine bedeutende Rolle gespielt, da sie nur mit äußerst geringer Inzidenz aufgetreten sind, z. B. die CJD mit 1 Fall pro Jahr auf 1 Million Einwohner. Mit Ausnahme der seit Jahrhunderten lokal immer wieder aufflackernden Aktualität der Scrapie (s. Kap. 1, 18, 58) sind sie „nur" zweimal aus diesem Schatten herausgetreten: bei Kuru waren in erster Linie die Angehörigen des Fore-Volkes in Papua Neuguinea betroffen (s. Kap. 2, 13, 38) und bei BSE zunächst v.a. die Rinder in Großbritannien (s. Kap. 39–41). In beiden Fällen wurde infektiöses Gewebe erkrankter oder infizierter Individuen von gesunden Individuen vorwiegend mit der Nahrung aufgenommen, bei Kuru auch parenteral (s. Kap. 38.7). In Abhängigkeit von der aufgenommenen Erregermenge produzierten Neuinfizierte danach selbst infektiöse Prionen und erkrankten nach längerer Inkubationszeit.

Durch derartige Übertragungen der Infektiosität auf andere Individuen hat sich die Gesamtproduktion an pathogenen Prionen erhöht, insbesondere beim explosionsartigen Auftreten der BSE. Diese Epidemie hat dadurch die Gefahr weiterer Übertragungen – selbst auf andere Arten – mit sich gebracht (s. Kap. 50). In diesem Kapitel soll in erster Linie eine quantitative Risikoeinschätzung der Übertragung innerhalb der eigenen Art, dem Rind, dargestellt werden. In zweiter Linie sollen hieraus aber auch Folgerungen in bezug auf die Gefährdung des Menschen gezogen werden.

Neben einer Risikoeinschätzung ist es allerdings ebenso wichtig, Maßnahmen und Verfahren zur Verfügung zu haben, mit denen eine Risikominderung angestrebt werden kann. Neben dem Aussondern von spezifiziertem Risikomaterial (SRM) aus **allen** Nahrungsketten sollen TSE-Erreger durch Verbrennung eliminiert, oder aber durch Behandlung soweit inaktiviert werden, daß verbleibende Übertragungsrisiken vernachlässigbar werden, d.h. nicht größer sind als andere Restrisiken des Lebens. Auf das wichtige Beispiel der physikalischen Hitzeinaktivierung wird, neben grundsätzlichen Hinweisen in diesem Kapitel, vertieft im Kapitel 45 eingegangen. Chemische Behandlungsverfahren mit Desinfektionsmitteln, die in der BSE-Prävention nur eine untergeordnete Bedeutung haben, jedoch eine um so größere in der CJD-Prophylaxe, werden im Kapitel 44 detailliert erläutert.

52.2 Hintergründe der vorliegenden Methodik zur Risikoeinschätzung

Vor der eigentlichen BSE-Risikoeinschätzung ist es von zentraler Wichtigkeit zu erläutern, weshalb hier mit einer mathematischen Methode der Populationsbiologie von Infektionskrankheiten [32] gearbeitet werden kann, wie sie bei klassischen Epidemien mit kettenreaktionsbedingter Fallzunahme angewandt wird. Bei klassischen Epidemien ist die Infektiosität horizontal von Individuum zu Individuum übertragbar, was für die BSE nicht oder kaum zutrifft (s. Kap. 42). Hier ist vielmehr eine große Menge tierischen Proteins, das in unterschiedlichen Konzentrationen mit den TSE-Erregern kontaminiert war, nach dem Gießkannenprinzip auf eine große Anzahl potentiell für BSE empfängliche Individuen (Rinder) verteilt worden (Abb. 52.2).

Die fünf in Tabelle 52.1 genannten Faktoren scheinen für die Initialzündung der BSE-Epide-

Tabelle 52.1: Überblick zu den Faktoren, die in Großbritannien (GB) zu BSE geführt haben können. Ausschlaggebend für die „Initialzündung" kann das gleichzeitige Zusammentreffen der ersten 5 Faktoren (ohne Faktor 5.b) gewesen sein, hingegen war für die exponentielle Zunahme der BSE-Epidemie in GB der Faktor 5 b zusammen mit den Faktoren 3 und 4 verantwortlich.

1. Hohe endemische Scrapie-Prävalenz in der britischen Schafpopulation seit dem 18. Jahrhundert [719].
2. Hohe Schafdichte im Verhältnis zur Rinderdichte. Die Populationsdichte an Schafen war in GB seit jeher sehr hoch (1980: ca. 175 Schafe/km^2) [652].
3. In den 70er und 80er Jahren ein vermehrtes Verarbeiten von spezifiziertem Risikomaterial, wie z.B. Schafsköpfen oder Rinderrückenmark aus Schlachtbetrieben, zusammen mit anderen Schlachtreststoffen, wie Innereien, Knochen und Fett, zu tierischen Eiweißkonzentraten (Tiermehl, Fleischknochenmehl, Griebenmehl) zur Verfütterung an Nutztiere.
4. Massive Veränderungen bei der Tierkörperverwertungstechnologie in GB seit etwa 1971 (s. Abb. 19.2.): Umstellung von *Batchverfahren* (Chargenbetrieb) auf *Kontinuierliche Verfahren*, und damit einhergehend Senkung von Erhitzungstemperatur und Verweilzeit im Prozess, sowie Verzicht auf Lösungsmittel (z.B. Hexan) zur Fettextraktion (vgl. Kap. 45).
5. Vermehrter Einsatz von tierischem Eiweiß im Rinderkraftfutter seit den 70er Jahren zur Leistungssteigerung; in der Kälberaufzucht als Ersatz für Milchproteine und in der Milchproduktion bedingt durch die hohe Leistung hochgezüchteter Kühe (pansengeschützte Proteine) in Konkurrenz zu chemisch modifizierten Sojaproteinen.
   a) Verfütterung von primär Scrapie-kontaminiertem tierischem Eiweiß an Rinder.
   b) Verfütterung von primär oder sekundär BSE-kontaminiertem tierischem Eiweiß an Rinder (Abb. 41.6).

mie in GB gesorgt zu haben; dies gemäß der Hypothese, daß Scrapie auf Rinder übertragen worden ist (s. Kap. 19.8).

Wäre allerdings jeder BSE-Fall immer wieder die Folge eines sog. Speziessprungs vom Schaf auf das Rind gewesen (Scrapie → BSE), wie das ursprüngliche Entstehen der BSE hypothetisch erklärt wird (Abb. 52.2), dann wäre die Inzidenz wegen der jedesmal notwendigen Überwindung der Artenschranke (s. Kap. 9) sehr viel niedriger geblieben und wegen der fehlenden Rückkopplung (ein BSE-Fall hat nicht mehrere neue Scrapie-Fälle erzeugt, indessen mehrere neue BSE-Fälle; Abb. 52.2) hätte keine epidemie- bzw. explosionsartige Zunahme der Fälle stattgefunden.

Erst die Rezyklierung von BSE-kontaminiertem Rinderprotein innerhalb der Rinderpopulation (Punkt 5b.), zusammen mit der Replikation der Prionen in den Rindern und der anhaltend unzureichenden Inaktivierung von Prionen in der Tierkörperverwertung (Punkt 4.), was seit ca. 1971 durch das progressive Einführen neuer Verarbeitungsprozesse der Fall war (Abb. 19.2), waren dagegen verantwortlich für die epidemische Kettenreaktion, die mathematisch mit klassischen Methoden [32] dargestellt werden kann. Mit der über die Nahrungskette erfolgten Rezyklierung der BSE-Prionen in der Rinderpopulation erfolgte sozusagen eine Übertragung von Rind zu Rind; allerdings nicht innerhalb einer Herde, sondern innerhalb der britischen Rinderpopulation. Dies ermöglichte die exponentielle „Vermehrung" der Infektiosität im britischen Rinderbestand (Abb. 52.1, 52.2, 52.6a).

Auch die Initialzündung der BSE-Epidemie durch einen oder mehrere spontane BSE-Fälle, ähnlich der spontanen[105] Entstehung der sporadischen CJD beim Menschen (sCJD), läßt sich prinzipiell nicht ausschließen. Dies hätte bei gleicher Reproduktionszahl (s.u.) nach jahrelang unbemerkter „Vermehrung" von pathogenen Prionen in der Rinderpopulation (Abb. 52.2) zu einem ähnlichen Verlauf der BSE-Epidemie führen können (Abb. 52.1) (s. Kap. 19.8).

Aus den epidemiologischen BSE-Daten von GB (Abb. 52.1) lassen sich sehr deutlich drei verschiedene Hauptphasen unterscheiden:

1. Exponentielle Wachstumsphase der BSE-Epidemiekurve von Anfang 1988 bis Ende 1991.

[105] Definition *spontan*: s. Kapitel 3.9 und 8.4.4–5.

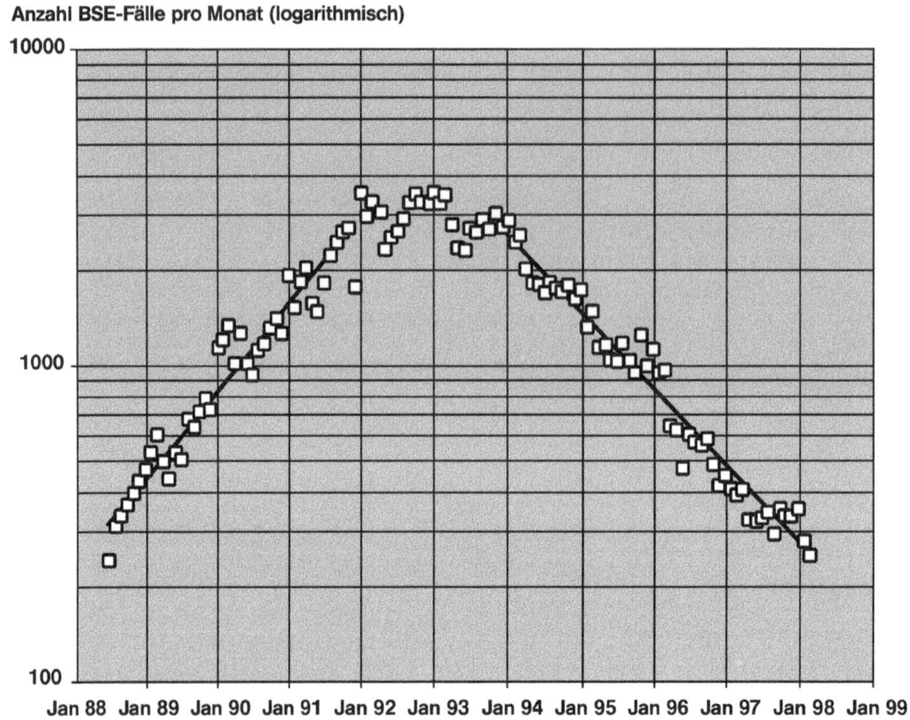

Abb. 52.1: Anzahl der bestätigten BSE-Fälle pro Monat von 1988 bis 1999 in Großbritannien [875] (offene Quadrate) und Anpassung eines exponentiellen Wachstums mit einer Wachstumsrate von r = 0,64/Jahr (von Juli 1988 bis Dez. 1991) und einer negativen Wachstumsrate von r = – 0,55/Jahr (von Okt. 1993 bis März 1998) [340] in halblogarithmischer Darstellung (die Exponentialfunktionen werden dadurch zu Geraden). (Abb. von R. Oberthür)

2. Stagnationsphase der BSE-Epidemiekurve von Anfang 1992 bis Ende 1993.
3. Exponentielle Abnahmephase der BSE-Epidemiekurve von Ende 1993 bis Anfang 1998.

Welches initiale Phänomen auch immer die Initialzündung für BSE bewirkt und somit die Phase vor dem exponentiellen Anstieg der Epidemie ausgelöst hat, für das epidemische Auftreten im britischen Ausmaß bleibt allein die Tatsache verantwortlich, daß seit Mitte der 70er Jahre [31] (Abb. 19.2) (oder den frühen 80er Jahren [1343]) bis 1988 ungehemmt und danach noch teilweise – v.a. als Folge von nicht schnell genug umgesetzten Maßnahmen [1328] – Rinder über an sie verfütterte BSE-kontaminierte Rinderproteine infiziert wurden (Abb. 52.2).

Für die oben angeführten drei Hauptphasen der BSE-Epidemie – nicht jedoch für die initiale Phase, die sich unmittelbar nach der „Initialzündung" (Tab. 52.1) bzw. vor der exponentiellen Wachstumsphase (Abb. 52.1) abspielte – wird im Folgenden modellartig gezeigt, wie eine quantitative Risikoeinschätzung erfolgen kann. Hinsichtlich der zu treffenden Interventionen zur Risikominderung soll anschließend betrachtet werden, unter welchen Bedingungen die jährliche BSE-Inzidenz (Anzahl neue Fälle pro definierte Populationsgröße pro Jahr) in einem Land theoretisch unter dem Wert von 1 Fall auf 1 Million Rinder (10^{-6}) gehalten werden könnte (vgl. sporadische Form der CJD (sCJD) beim Menschen) (vgl. Tab. 58.1, Spalte „sCJD-Inzidenz").

52.3 Definition des Begriffs „Risiko"

Das Risiko ist hier definiert als die Wahrscheinlichkeit des Auftretens eines unerwünschten Ereignisses im Leben eines Individuums (Tier oder Mensch) oder im Laufe eines vorgegebenen

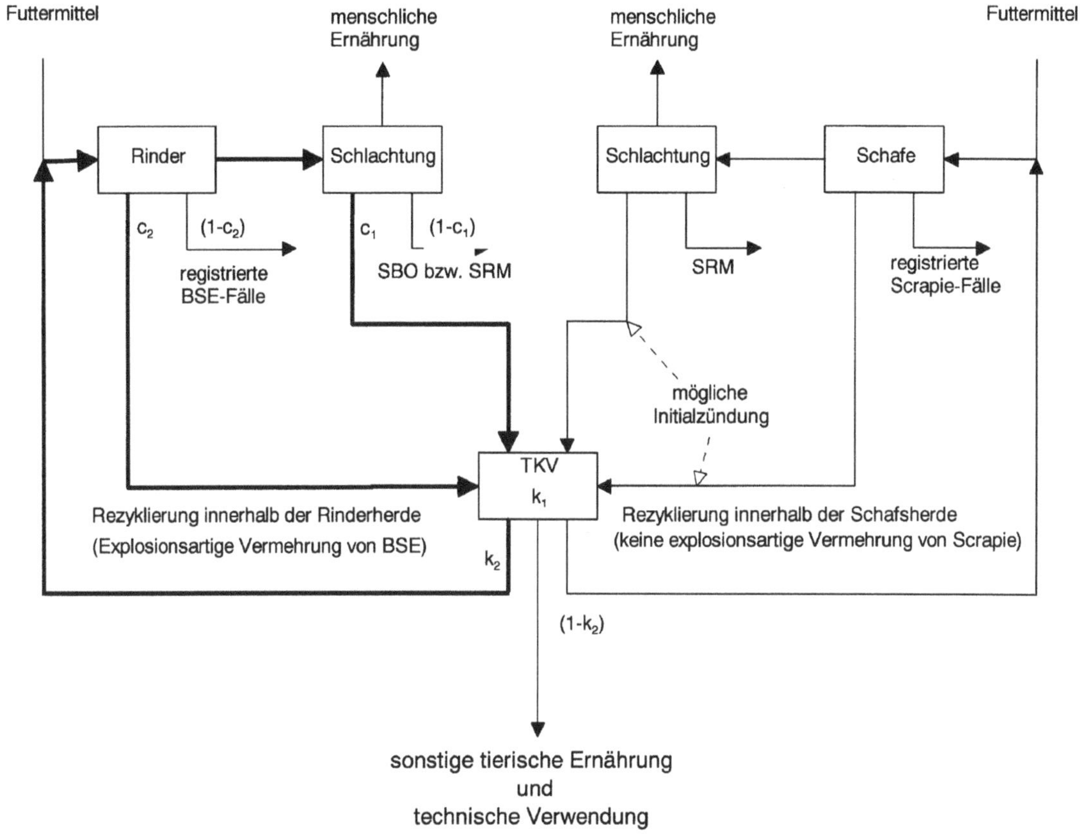

Abb. 52.2: Fließschema der Stoffströme, die für den BSE-Ursprung (Initialzündung höchstwahrscheinlich durch Schaf-Scrapie, aber auch innerhalb der Rinderpopulation eventuell durch „spontane“ BSE möglich) und die Rezyklierung und Vermehrung der Prionen in der Rinderpopulation (dicke Pfeile) verantwortlich sind. Der rechnerische Ansatz des ganzen Kapitels 52 bezieht sich im wesentlichen auf diese Rezyklierung. Die im folgenden beschriebenen Restanteile der Prionen in den Stoffströmen innerhalb dieses Zyklus durch Aussonderung von spezifiziertem Risikomaterial (SRM) (c_1), durch Aussonderung von BSE-kranken Tieren (c_2), durch die Verfahrensbedingungen der Tierkörperverwertung (TKV) (k_1) und durch ein Verfütterungsverbot für Wiederkäuerproteine an Wiederkäuer (k_2) werden hier dargestellt (Erklärung s. Text). (Abb. von R. Oberthür, Quelle: [1330])

Zeitabschnitts, z.B. eines Jahres, nachdem es sich einer bestimmten Gefahr ausgesetzt hat [1122].

1. So ist z.B. die Wahrscheinlichkeit, im Zeitintervall eines Jahres an einem Autounfall zu sterben 1 zu 10000 für jemanden, der 50000 km pro Jahr Auto fährt [1122].
2. Jedoch beträgt das Risiko für einen Mann innerhalb seines 56. Lebensjahres zu sterben 1:100, während dasjenige einer Frau in ihrem 56. Lebensjahr zu sterben, „nur“ 1:300 beträgt. Dabei beinhaltet die Tatsache, 55–56 Jahre alt zu sein das gesamte Gefahrenpotential, das zu den entsprechenden Risiken, in diesem Alter zu sterben, führt [39,606].
3. Für ein weibliches Rind in GB ist das Risiko vor Ablauf des dritten Lebensjahres, d.h. vor Erreichen des Alters einer Milch- oder Mutterkuh, geschlachtet zu werden etwa 1:7 [31].
4. Dagegen lag das Risiko für ein Rind in GB im Jahre 1992, während des Höhepunktes der BSE-Epidemie das klinische Stadium der BSE zu erreichen, bei etwa 1:300 [31,827].

52.4 Dosis-Wirkungsbeziehungen bei der BSE

Ein wesentlicher Punkt bei jeder Risikobetrachtung ist die Beziehung zwischen der Dosis, die einem Individuum verabreicht wird und der Wahrscheinlichkeit der auftretenden Wirkung als kausale Folge dieser Exposition [1122]. Da diese Wirkung bei BSE nach „erfolgreicher"[106] Exposition bzw. Infektion bei Versuchstieren immer der Tod des Tieres ist, läßt sich die Wirkung mit der Sterbewahrscheinlichkeit durch BSE gleichsetzen.

Die Dosis bezieht sich auf die verabreichte Menge des Wirkstoffes bzw. Erregers. Als Einheit der infektiösen Dosis wird diejenige Dosis definiert, bei der mit 50% Wahrscheinlichkeit ein Tier infiziert wird (ID_{50}). Es konnte im Hamstermodell gezeigt werden, daß die Infektiosität eines Gewebes (Anzahl der ID_{50} pro Gramm Gewebe) proportional zur Konzentration an infektiösen Partikeln (PrP^{Sc}) zunimmt. Anhand des vorgegebenen Molekulargewichts von ca. 30 kDa für ein PrP^{Sc}-Molekül wurde als Proportionalitätsfaktor errechnet, daß eine intrazerebrale ID_{50} etwa 1 Million PrP^{Sc}-Molekülen entspricht [110].

Im hier beschriebenen Modell soll eine Dosis-Wirkungsbeziehung dargestellt werden, die von der Hypothese ausgeht, daß jedes aufgenommene infektiöse Molekül mit einer sehr kleinen Wahrscheinlichkeit p prinzipiell immer zu einer Infektion und damit zum Tod des infizierten Tieres durch BSE führen könnte[107] [340]. Wenn p die Wahrscheinlichkeit einer Infektion durch 1 infektiöses Molekül ist, so ist (1-p) die Wahrscheinlichkeit, infektionsfrei zu bleiben; entsprechend ist $(1-p)^2$ die Wahrscheinlichkeit, bei zwei infektiösen Molekülen infektionsfrei zu bleiben; usw. bis $(1-p)^N$. Damit ist die Wahrscheinlichkeit einer Infektion, H genannt, bei N infektiösen Molekülen:

$$H(N) = 1 - (1-p)^N \qquad (1)$$

Als Beispiel ist die Wahrscheinlichkeit mit N Würfen mindestens *eine* „6" zu erwürfeln ebenfalls H(N). Die Wahrscheinlichkeit p mit *einem* Wurf *eine* „6" zu würfeln ist $p = 0{,}167$.

Bei N = 2 Würfen ist	H = 0,306
bei N = 3 Würfen ist	H = 0,421
bei N = 4 Würfen ist	H = 0,518
bei N = 6 Würfen ist	H = 0,665
bei N = 12 Würfen ist	H = 0,888.

Erst bei vier Würfen kann mit etwa 50% Wahrscheinlichkeit eine „6" erwürfelt werden und z.B. bei 12 Würfen würfelt man erst mit 89%iger Wahrscheinlichkeit eine „6". Für den Fall, daß p sehr klein und N sehr groß ist, was wir für die Infektion mit Prionen annehmen können, läßt sich die Gleichung (1) als Exponentialfunktion so schreiben:

$$H(N) = 1 - \exp(-N \cdot p) \qquad (2)$$

Die Wahrscheinlichkeit p läßt sich schließlich durch ID_{50} und N durch die verabreichte Dosis D ersetzen:

$$\begin{aligned} H(D) &= 1 - \exp(-\ln 2 \cdot D/ID_{50}) \\ &= 1 - \exp(-\ln 2 \cdot N_{ID}) \end{aligned} \qquad (3)$$

Dabei stellt $D/ID_{50} = N_{ID}$ die Anzahl der ID_{50} dar, die einem Tier verabreicht wurden (Abb. 52.3).

Diese *hypothetische* Dosis-Wirkungsbeziehung hat eine weitreichende Konsequenz. Sie besitzt keinen Schwellenwert, d.h. auch minimale Dosen können zu Infektionen führen – allerdings mit nur sehr kleiner Wahrscheinlichkeit. Für den Bereich der kleinen Dosen, d.h. Bruchteilen von ID_{50}, gilt dabei die lineare Beziehung (Abb. 52.3)

$$H(N_{ID}) = \ln 2 \cdot N_{ID} = 0{,}69 \cdot N_{ID} \qquad (4)$$

Wenn also einer Gruppe von 100 Kälbern mit dem Futter eine Gesamtdosis von 10 ID_{50} verabreicht wird, so erhält jedes Kalb im Mittel $10/100 = 0{,}1$ ID_{50} und es werden nach Gleichung (4) $100 \cdot H = 100 \cdot 0{,}69 \cdot 0{,}1 \approx 7$ Kälber

---

[106] Erfolgreich bedeutet hier nicht nur, daß die Infektion zu einer klinisch manifesten Krankheit führen muß, die stets tödlich ist. Bei einem 14–18-monatigen Masttier beispielsweise, welches als Kalb mit BSE infiziert wurde, war in diesem Sinn die Infektion auch „erfolgreich" (obschon aufgrund der Inkubationszeit nicht klinisch manifest), aber nicht der Grund für den Tod (Schlachtung) des Tieres. Bei den folgenden epidemiologischen Rechnungen wird die Infektiosität, die über subklinisch infizierte Tiere in Umlauf kommen konnte, mitgezählt.

[107] Je nachdem, ob das Tier vor Ablauf der Inkubationszeit geschlachtet wird oder nicht.

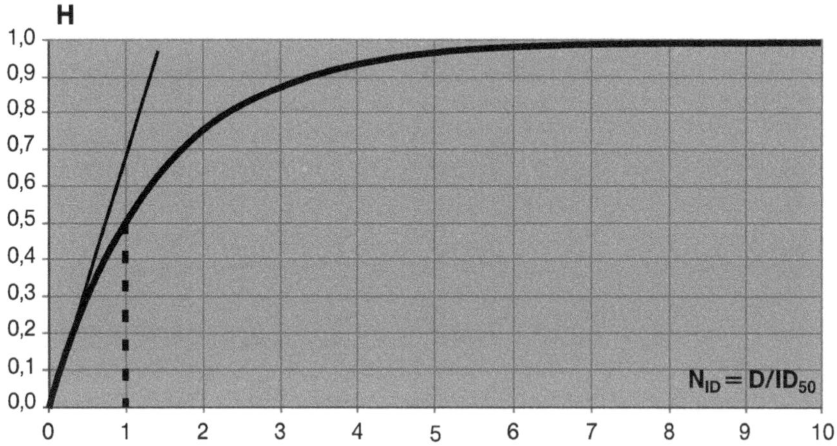

Abb. 52.3: Wahrscheinlichkeit der Infektion H als Funktion von N_{ID}, der Anzahl der verabreichten infektiösen Dosen (ID_{50}). H = 0,5 liegt definitionsgemäß bei N_{ID} = 1 (gestrichelte Senkrechte). Die dünne Gerade entspricht der linearen Beziehung der Gleichung 4. (Abb. von R. Oberthür)

infiziert. Wird dieselbe Dosis einer Gruppe von 1000 Kälbern verabreicht, so erhält jedes Kalb nur noch 10/1000 = 0,01 ID_{50}, allerdings werden auch hier nach Gleichung (4) $1000 \cdot H = 1000 \cdot 0{,}69 \cdot 0{,}01 \approx 7$ Kälber infiziert. Somit führt – wegen des fehlenden Schwellenwertes – eine Verdünnung des infizierten Materials zu keiner Verringerung der Infektionen.

Zur Bestimmung der ID_{50} werden im allgemeinen Titrationen mit Versuchstieren (Mäusen oder Hamstern) durchgeführt, wobei einer vorgegebenen Anzahl Versuchstiere je eine vorgegebene Dosis peroral (p.o.), intrazerebral (i.c.) oder intraperitoneal (i.p.) verabreicht wird. Die Dosen unterscheiden sich meistens um den Faktor 10, so daß je ein weiterer Konzentrationsbereich erfaßt wird. Um diese Konzentrationsbereiche übersichtlich darstellen zu können, wird, statt der linearen Darstellung in Abbildung 52.3, eine logarithmische Darstellung des interessierenden Konzentrationsbereichs gewählt (Abb. 52.4).

Ein Beispiel für die Anwendung der hier beschriebenen Dosis-Wirkungskurve auf experi-

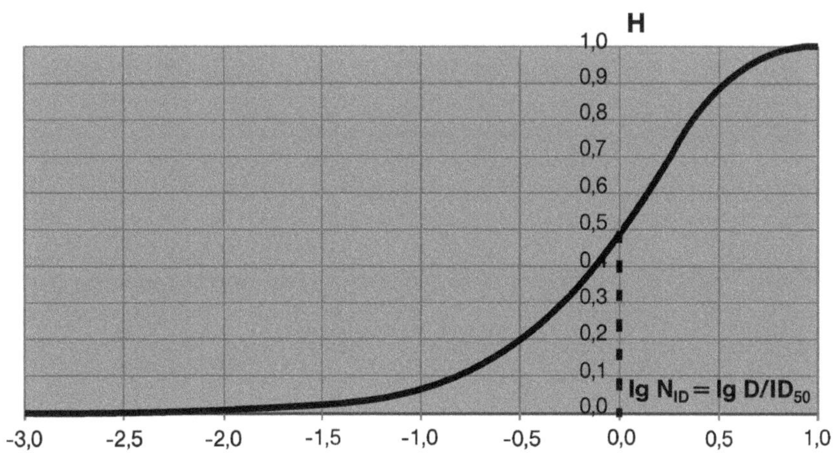

Abb. 52.4: Wahrscheinlichkeit der Infektion H als Funktion von lg N_{ID}, dem dekadischen Logarithmus der Anzahl der verabreichten infektiösen Dosen (ID_{50}). H = 0,5 liegt definitionsgemäß bei lg N_{ID} = 0 (gestrichelte Senkrechte). (Abb. von R. Oberthür)

mentelle Daten in einem größeren Konzentrationsbereich wird in Abbildung 52.5 dargestellt. Hier wird deutlich, in welch weiten Konzentrations- bzw. Dosisbereichen die Prionen wirksam sein können. Es wird allerdings auch deutlich, daß sorgfältig zwischen peroraler und intrazerebraler Verabreichungsroute – bei konstanter Dosis – unterschieden werden muß. Die direkte Verabreichung von Prionen ins Gehirn führt bei wesentlich geringeren Konzentrationen noch zu einer Infektion im Vergleich zur viel höheren notwendigen Dosis bei oraler Verabreichung, bei der der Verdauungstrakt als Erreger-Eintrittspforte in den Organismus dient (s. Kap. 43). Nach mehreren Messungen von H. Diringer und seinen Kollegen [372] liegen die Unterschiede zwischen oraler und intrazerebraler Verabreichung beim Hamster bei 4,7–5 logarithmischen Einheiten (Faktor 50000–100000), wobei der Standardfehler derartiger Messungen [1171] i.d.R. bei etwa 0,3 logarithmischen Einheiten liegt (etwa Faktor 2).

Die hier interessierende orale ID_{50} für Kälber ließ sich aus einem Versuch abschätzen, bei dem, ähnlich dem Versuch der Abbildung 52.5, vier Gruppen von je zehn Kälbern eine individuelle orale Dosis von 300 g, 100 g, 10 g oder 1 g Gehirn von BSE-kranken Kühen mit dem Futter verabreicht wurde [31,70] (vgl. Abb. 19.4). Die ID_{50} eines homogenisierten Kuhhirns BSE-kranker Tiere ließ sich auf diese Weise etwa als 500 mg abschätzen [340].

Geht man davon aus [973], daß eine Kuh ein Hirngewicht von 470 g hat und ein Verhältnis von Gehirn zu Rückenmark von 2:1 besteht, so erhält man eine Gesamtmasse für Gehirn und Rückenmark von rund 700 g. Eine BSE-kranke Kuh enthält demnach etwa 1400 ID_{50}, d.h. bei entsprechender Verdünnung des Materials und Verbreitung unter viele tausend Kälber könnten im Maximum etwa 1000 Kälber infiziert werden (z.B. $100000 \cdot H = 100000 \cdot 0{,}69 \cdot 1400/100000 \approx 1000$ nach Gleichung (4)). Allerdings gilt dies nur für die orale Verabreichung an etwa vier

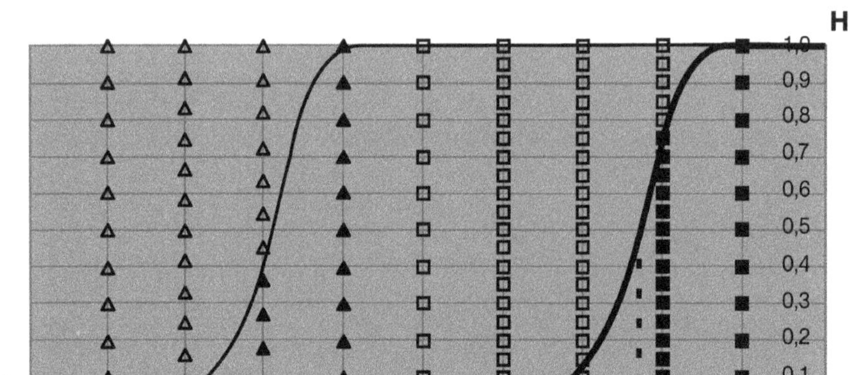

Abb. 52.5: Wahrscheinlichkeit der Infektion H als Funktion von lg D/D_0, dem dekadischen Logarithmus der an Hamster verabreichten Dosis D aus einer vorgegebenen Menge infektiösen Materials D_0 in steigender Verdünnung. Volle Quadrate: infizierte Hamster, offene Quadrate: überlebende Hamster nach oraler Verabreichung der jeweiligen Dosis. Volle Dreiecke: infizierte Hamster, offene Dreiecke: überlebende Hamster nach intrazerebraler Verabreichung der jeweiligen Dosis. Ursprüngliche Dosis: $D_0 = 100$ mg terminal TSE-infiziertes Hamstergehirn, 1. Verdünnung: 100 mg des Überstands (nach 5 Minuten Zentrifugieren bei 500 g) einer 10%igen Suspension des terminal infizierten Hamstergehirns in Pufferlösung. Die ausgezogenen Kurven entsprechen der Dosis-Wirkungsbeziehung nach Gleichung (3) für die orale Verabreichung (dicke Kurve) und die intrazerebrale Verabreichung (dünne Kurve). Die gestrichelten Senkrechten entsprechen den ID_{50} für orale (dicke Gerade) und intrazerebrale Verabreichung (dünne Gerade). Die Differenz zwischen beiden ist 4,6 logarithmische Einheiten bzw. ein Faktor von 40000. (Abb. von R. Oberthür)

Monate alte Kälber. Bei Kühen ist die Empfindlichkeit gegenüber BSE-Infektionen rund um den Faktor 10 niedriger als bei vier Monate alten Kälbern [340].

52.5 Die Reproduktionszahl

Ein wichtiger Punkt bei der Betrachtung des Risikos, das von BSE ausgehen kann, ist gemäß den obigen Ausführungen die mittlere Anzahl der Tiere, die von einem infizierten Tier unter vorgegebenen Verhältnissen infiziert werden können. Diese Anzahl wird als Reproduktionszahl R_0 bezeichnet [32,340]. Für BSE gilt, daß in einem Land bei einer Reproduktionszahl $R_0 < 1$ eine Ausbreitung der Krankheit nicht möglich ist, auch wenn einzelne Fälle, z.B. spontan oder als Folge des Imports von infizierten Lebendtieren (s. Kap. 41), vorkommen würden. Ist dagegen $R_0 > 1$, dann ergibt sich eine mehr oder weniger explosionsartige Zunahme der Fälle, wie wir sie insbesondere in GB zwischen Juli 1988 und Dez. 1992 beobachtet haben (Abb. 52.1). Erst wenn geeignete Maßnahmen ergriffen werden, die R_0 unter 1 sinken lassen, ergibt sich wieder eine Abnahme der Fälle.

In den Abbildungen 52.6a und 52.6b wird dies schematisch dargestellt. Bei der willkürlich gewählten Reproduktionszahl von z.B. 3 wird sich nach jeder Inkubationszeit, bei BSE also etwa alle 4,5 Jahre, die Zahl der infizierten Tiere verdreifachen. In der Wirklichkeit gibt es natürlich keine konstante Inkubationszeit, sondern eine Verteilung um den mittleren Wert von 4,5 Jahren (Abb. 19.3) mit einem Minimum von etwa 1,5 Jahren. Somit erreicht nicht jedes infizierte Rind die klinische Manifestation, z.B. kann ein im Alter von vier Monaten infiziertes Mastkalb, welches als 14–18monatiges geschlachtet wird, die klinische Manifestation unmöglich erreichen (s. Kap. 39). Trotzdem enthält auch ein solches Kalb infektiöse Prion-Proteine und kann über die Verfütterung der rezyklierten Prionen aus den von ihm stammenden Schlachtabfällen zu weiteren Infektionen beitragen, allerdings mit wesentlich geringerem R_0 (weil nicht die gleiche Erregermenge in seinen Organen vorhanden ist, wie bei einem klinisch manifest kranken erwachsenen Rind).

Anders ist das Verhältnis bei der willkürlich gewählten Reproduktionszahl von z.B. 0,5, wie in Abbildung 52.6b. Hier geht – als Folge von risikomindernden Maßnahmen (s. Kap. 52.7) – nur noch von jedem zweiten infizierten Tier eine Übertragung auf ein anderes Rind aus. Auf diese Weise sollte die Krankheit, selbst wenn sie früher massiv aufgetreten ist, langsam aussterben.

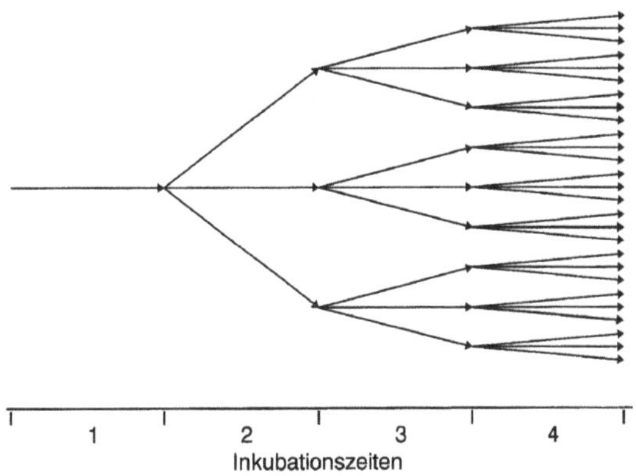

Abb. 52.6a: Schematische Darstellung der explosionsartigen Ausbreitung von BSE-Infektionen bei einer Reproduktionszahl von $R_0 = 3$ (Lawineneffekt bzw. Kettenreaktion). Die horizontale Achse stellt die Zeitschiene dar, in der die Entwicklung abläuft, wobei 1 Inkubationszeit etwa 4,5 Jahren entspricht. In Wirklichkeit verhindert die Inkubationszeitverteilung eine Synchronisierung des Auftretens der manifesten BSE-Fälle (s. Kap. 39,3). (Abb. von R. Oberthür)

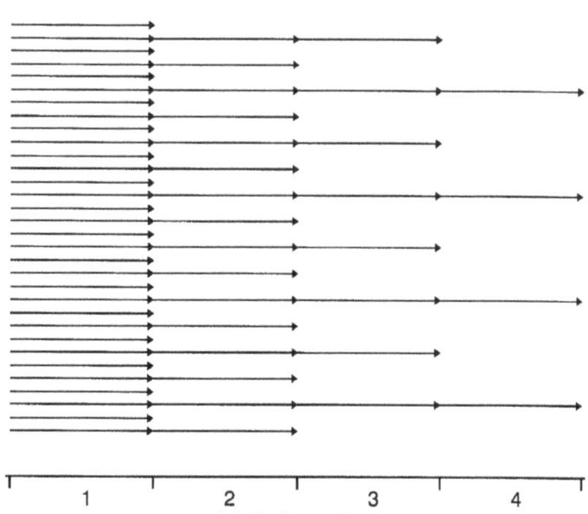

Abb. 52.6b: Schematische Darstellung des allmählichen Verschwindens von BSE-Infektionen bei einer Reproduktionszahl von $R_0 = 0,5$. Weitere Erläuterungen siehe Abb. 52.6a. (Abb. von R. Oberthür)

Die in den Abbildungen 52.6a und 52.6b schematisch dargestellten Vorgänge führen zu einem exponentiellen Wachstum bzw. zu einer exponentiellen Abnahme von BSE-Fällen im Laufe der Zeit, wie es in GB von 1988–1991 bzw. 1994–1998 der Fall war (Abb. 52.1), nach der Beziehung

$$N(t) = N_0 \cdot \exp(r \cdot t) \qquad (5)$$

wobei N_0 die Zahl der Fälle zur Zeit $t = 0$ bezeichnet und r die positive ($r > 0$) bzw. negative ($r < 0$) Wachstumsrate.

R_0 ist für das vereinfachte Modell der Abbildung 52.6 mit r nach Gleichung 5 über die Beziehungen

$$R_0 = \exp(r \cdot \tau) = N(\tau)/N_0 \text{ bzw. } r = \ln R_0/\tau \qquad (6)$$

verknüpft, wobei τ die Inkubationszeit und $N(\tau)$ die Anzahl der nach der Inkubationszeit τ aus der Anzahl der bereits zur Zeit $t = 0$ infizierten Tiere hervorgegangenen Neuinfektionen bezeichnet. Es gilt somit

für $R_0 > 1 \Rightarrow r > 0$
und
für $R_0 < 1 \Rightarrow r < 0$.

Für die Beispiele der Abbildungen 52.6a und 52.6b ergibt sich mit $\tau = 4{,}5$ Jahren aus Gleichung (6)

$R_0 = 3$ $\quad r = 0{,}244/\text{Jahr}$
(exponentielles Wachstum)

$R_0 = 0{,}5$ $\quad r = -0{,}154/\text{Jahr}$
(exponentielle Abnahme).

Daraus ergibt sich nach Gleichung (5) für das Beispiel der Abbildung 52.6a mit einem Anfangswert von $N_0 = 1$ nach 13,5 Jahren (3 Inkubationszeiten)

$$\begin{aligned} N &= 1 \cdot \exp(0{,}244/\text{Jahr} \cdot 13{,}5 \text{ Jahre}) \\ &= 1 \cdot \exp(3{,}294) = 27 \end{aligned}$$

und für das Beispiel der Abbildung 52.6b mit einem Anfangwert von $N_0 = 32$ nach 13,5 Jahren (3 Inkubationszeiten)

$$\begin{aligned} N &= 32 \cdot \exp(-0{,}154/\text{Jahr} \cdot 13{,}5 \text{ Jahre}) \\ &= 32 \cdot \exp(-2{,}079) = 4 \end{aligned}$$

In Wirklichkeit sind die Beziehungen zwischen R_0 und r natürlich komplexer als in den Gleichungen (6). In der Arbeit von de Koeijer und ihren Kollegen [340] wurden z.B. folgende zusätzliche Einflußgrößen auf den Verlauf der Ausbreitung und des Abklingens der BSE-Epidemie berücksichtigt:

1. Eine altersabhängige Geburtenrate und Sterberate für Rinder.
2. Eine altersabhängige ID_{50} (altersbedingte Abnahme der Wahrscheinlichkeit einer Entwicklung von BSE nach oraler Aufnahme einer vorgegebenen Dosis bis auf 1/10 der ID_{50} eines 4-monatigen Kalbes).
3. Eine exponentielle „Vermehrung" der infektiösen Partikel im Tier bis zu 1400 ID_{50} pro **Kuh im klinischen Endstadium mit einer Verdopplungszeit von sechs Wochen**.
4. Eine vorgegebene maternale Übertragungsrate, die proportional ist zur Menge der infektiösen Partikel im Muttertier (10% Übertragungswahrscheinlichkeit von der Kuh auf das Kalb bei Mutterkühen, die sich zur Zeit der Geburt im letzten halben Jahr der maternalen Inkubationszeit [292] befinden (70–1400 ID_{50} pro Kuh)) (vgl. Punkt 3.).
5. Eine vorgegebene Kontaktinfektionsrate, die alle übrigen denkbaren Übertragungswege umfaßt (s. Kap. 42).
6. Eine vorgegebene Reduktion der Infektiosität bei adäquater Hitzebehandlung tierischer Proteine, welche als Futtermittelkomponenten eingesetzt wurden, auf den Restbruchteil $\mathbf{k_1}$ (Tab. 52.2, Abb. 52.2).
7. Der Bruchteil $\mathbf{k_2}$ des Rinderproteins für Futterzwecke, der an Rinder verfüttert wurde (Tab. 52.2, Abb. 52.2).
8. Der Bruchteil $\mathbf{c_1}$ der infektiösen Fracht aus Nebenerzeugnissen BSE-unverdächtiger Schlachtrinder (subklinisch infizierte Tiere), die zu tierischem Protein für Futterzwecke verarbeitet wurden (Tab. 52.2, Abb. 52.2).
9. Der Bruchteil $\mathbf{c_2}$ der infektiösen Fracht aus BSE-infizierten verendeten Rindern (z.B. von Tieren, die als Folge einer mangelhaften Überwachung oder als subklinische Fälle nicht als BSE-Tiere erkannt bzw. eliminiert wurden), der zu tierischem Protein

Tabelle 52.2: Reduktionen der Prionen in den in Abbildung 52.2 dargestellten Stoffströmen in GB zu verschiedenen Zeitpunkten im Verlauf der BSE-Epidemie mit Angabe der eingeleiteten Maßnahmen, die zu einer Veränderung der Reduktionen führten.

	GB 1986	GB 1990	GB 1995	Maßnahmen
k_1	11%	11%	1,0%	Höhere Prozeßtemperatur bei der Tierkörperverwertung
k_2	20%	2,0%	0,2%	Verfütterungsverbot von Wiederkäuereiweiß an Wiederkäuer
c_1	70%	70%	7,0%	Aussonderung von SRM[2)]
c_2	85%	70%	7,0%	Aussonderung von BSE-kranken Rindern
Klinische BSE-Erkennung (Erklärung siehe Text)	normal[1)]	optimal	optimal	–

[1)] Normal für unerfahrene Untersucher oder für die meisten Untersucher in Ländern mit wenig BSE.
[2)] SRM = spezifiziertes Risikomaterial (Specified Risk Material), früher: SBO = Specified Bovine Offal (allerdings nicht ganz identisch mit SRM; vgl. Tab. 53.2).

für Futterzwecke verarbeitet wurde (Tab. 52.2, Abb. 52.2).

10. Die Wahrscheinlichkeit der Erkennung von BSE in Abhängigkeit von der Zeit seit der Infektion.

Zum letztgenannten Punkt: Für die klinische BSE-Erkennung wird angenommen, daß die Wahrscheinlichkeit einer Entdeckung von BSE-Fällen bis etwa um den Faktor 6 steigt, wenn sich die Tierärzte, die in ein Überwachungsprogramm eingebunden sind, eine bestimmte klinische Erfahrung angeeignet haben (→ Übergang von *normal* nach *optimal* (Tab. 52.2)). Dieser Übergang nach *optimal* dürfte allerdings nur für Länder mit sehr hoher BSE-Inzidenz gelten (d.h. in GB), wobei betont werden muß, daß in solchen Ländern der BSE-Anteil – gemessen an allen neurologischen Krankheiten des Rindes – sehr hoch ist, was seinerseits die mathematische Wahrscheinlichkeit oder Chance einer richtigen klinischen Verdachtsdiagnose auch bei geringerer Erfahrung der Tierärzteschaft wesentlich nach oben hebt.

Die Variablen der Modellrechnung von de Koeijer und ihren Kollegen [340] sind das *Alter der Tiere* und die *Zeit seit der Infektion*. Als Ergebnis ihrer Modellrechnung erhält man die *Anzahl der entdeckten* BSE-infizierten Tiere N(t), also die Anzahl bestätigter BSE-Fälle als Funktion der Zeit, und damit zugleich die Reproduktionszahl R_0 sowie die Wachstumsrate r der Gleichung (5) bei plausiblen Annahmen zur BSE-Situation zu jedem beliebigen Zeitpunkt in einem bestimmten Land.

Im folgenden wird nun, basierend auf den von de Koeijer und ihren Kollegen getroffenen Annahmen der BSE-Ausbreitung in GB (s.o.) und anhand der – entsprechend der Gleichung (5) an die britische BSE-Epidemiekurve (Abb. 52.1) angepaßten – Geraden eine plausible und in sich konsistente Risikoeinschätzung durchgeführt.

52.6 Die Reproduktionszahl in Großbritannien im Laufe der Zeit

Die logarithmische Darstellung der BSE-Epidemie in Abbildung 52.1 zeigt sehr deutlich das lineare Verhalten der exponentiellen Zunahme in der ersten Hauptphase und der exponentiellen Abnahme in der dritten Hauptphase der BSE-Epidemie. Für die erste Hauptphase wird über eine lineare Regression nach Gleichung (5) eine Gerade angepaßt mit r = 0,64/Jahr. Daraus ergibt sich als erste grobe Abschätzung nach Gleichung (6) mit t = 4,5 Jahre eine Reproduktionszahl R_0 = 18 Neuinfektionen pro infiziertes Tier. Für die dritte Hauptphase erhält man entsprechend r = −0,55/Jahr und R_0 = 0,08.

Für die Modellrechnung [340] werden zudem sich im Laufe der Zeit ändernde und von den

Autoren grob geschätzte Werte für die in Kapitel 52.5 genannten Einflußgrößen verwendet (Abb. 52.2). Die erlassenen BSE-Maßnahmen stellen die Basis für die Änderung der Einflußgrößen dar.

Anhand einer relativ einfachen Überschlagsrechnung mit den obigen Parametern können nun einige aus den epidemiologischen Daten erhaltenen Reproduktionszahlen für GB von 1986 bis 1995 plausibel gemacht werden. Unter den drei Bedingungen, daß

1. die maximale Übertragungsrate von einer infizierten Kuh auf weitere Rinder bei breiter Streuung des infektiösen Materials bei 1000 liegt (s. Kap. 52.4) [340].
2. durch Inaktivierung während der Verarbeitung der tierischen Proteine eine Restaktivität von 11% bleibt [1264,1265] (Tab. 52.2).
3. den Rindern ca. 20% der rezyklierten Rinderproteine verfüttert wurden (P. Foxcroft, pers. Mitt.),

erhält man eine Reproduktionszahl von $R_0 = 1000 \cdot 0{,}11 \cdot 0{,}2 = 22$, wobei es sich um dieselbe Größenordnung handelt, wie bei dem mit den Daten der Abbildung 52.1 aus Gleichung (5) und (6) erhaltenen Wert für R_0 (Tab. 52.3 für den ausführlich berechneten Wert für 1986).

Das im Juli 1988 in GB erlassene Verfütterungsverbot von Wiederkäuerprotein an Wiederkäuer würde gemäß diesem Modell bei durchschnittlich 1%iger Kreuzkontamination in der Futtermittelherstellung (Abb. 41.7–9), d.h. bei einem Rest des erzeugten Rinderproteins von 0,2% (Tab. 52.2) im Rindermischfutter zu einer verbleibenden Reproduktionszahl von $R_0 = 22 \cdot 0{,}01 = 0{,}22$ führen (Tab. 52.3: vgl. den ausführlich berechneten Wert für 1990).

Die Entfernung aller BSE-verdächtigen Rinder aus dem Futtermittelkreislauf zusammen mit der adäquaten Entsorgung von spezifiziertem Risikomaterial (SRM, früher SBO genannt) aller geschlachteten Rinder ab dem Alter von sechs Monaten, d.h. dem Fernhalten aus jeglicher Nahrung für Mensch und empfängliche Tierarten, würde gemäß Modell eine weitere Reduktion um mehr als 90% bringen, woraus sich $R_0 = 0{,}22 \cdot 0{,}1 = 0{,}02$ ergibt (Tab. 52.3: vgl. den ausführlich berechneten Wert für 1995).

Tabelle 52.3: Reproduktionszahl für BSE in GB zu verschiedenen Zeitpunkten im Verlauf der BSE-Epidemie.

	1986	1990	1995
R_0	14	0,3	0,08
oberer Grenzwert des 95%igen Vertrauensbereichs	26	0,5	0,1

Dieser Wert liegt nun bereits unterhalb der während der abnehmenden Hauptphase der britischen BSE-Epidemie(kurve) gefundenen Reproduktionszahl von $R_0 = 0{,}08$ (Tab. 52.3). Daraus könnte geschlossen werden, daß hier auch andere Phänome oder Übertragungsmechanismen mitspielten, z.B. daß die maternale und eventuell zu einem kleinen Teil auch eine horizontale Übertragung [632] eine geringe Rolle gespielt haben. Während der zunehmenden und stagnierenden Hauptphase der britischen BSE-Epidemie(kurve) waren maternale und weitere denkbare Übertragungsmechanismen von untergeordneter quantitativer Bedeutung nicht erkennbar, weil damals sehr große Zahlen an fütterungsbedingten BSE-Fällen vorlagen (Abb. 52.1). Nur ein kleiner Bruchteil an Neuinfektionen geht möglicherweise auf maternale und evtl. andere Übertragungswege zurück (s. Kap. 42) und diese konnten frühestens seit der abnehmenden Hauptphase der BSE-Epidemie (Abb. 52.1) epidemiologisch-statistisch als mögliche Faktoren erkenntlich werden. Biologisch-experimentell sind diese Übertragungswege (noch) nicht bewiesen.

Die ausführliche Rechnung mit allen zu berücksichtigenden Einflußgrößen (s.o.) und Abhängigkeiten ergibt für drei ausgewählte Zeitpunkte in GB [340] die in Tabelle 52.3 zusammengefaßten Resultate.

Aus den drei Reproduktionszahlen (Tab. 52.3) – für drei verschiedene Zeitpunkte – wurde für die kontinuierliche zeitliche Änderung der Reproduktionszahl in GB die Kurve der Abbildung 52.7 konstruiert. Die Wahl für den Anfangszeitpunkt, dem Jahr 1975, liegt die Information der Abbildung 19.2 zugrunde, und die Breite der Übergänge zwischen den Werten wurde grob geschätzt.

Aus der vorgegebenen maximalen Reproduktionszahl in GB kann für den Fall kleiner verabreichter Dosen (d.h. Bruchteilen von ID_{50}) im Geltungsbereich der linearen Dosis-Wirkungskurve der Gleichung 4 (was während der gesamten BSE-Epidemie angenommen werden kann [340]) und unter der Annahme der in Abbildung 52.2 dargestellten Rezyklierung, in guter Näherung auf andere Reproduktionszahlen umgerechnet werden, indem die Reproduktionszahlen und die Restinfektiositäten der Abb. 52.2 zueinander ins Verhältnis gesetzt werden, z. B.

$$R_0/R_{0max} = k_1/k_{1max} \quad (7)$$

Betrachtet man die Kurve in Abbildung 52.7 und die Werte, die dazu geführt haben, so fällt beim Vergleich mit den Daten von Taylor und seinen Kollegen [1264,1265] über die unzureichende Inaktivierung von Prionen durch Verarbeitungsverfahren tierischer Proteine auf, daß im Zeitraum von 1975 bis 1995 manche Länder in der Nähe der kritischen Reproduktionszahl von $R_0 = 1$ gewesen sein müssen. Denn die dort getesteten Verfahren stellten einen repräsentativen Querschnitt der in Europa angewandten Verfahren zur Verwertung von Schlachtabfällen dar. Insbesondere das Rückenmark und das Gehirn geschlachteter subklinisch BSE-infizierter Rinder konnte dort, wo es sich um lebensmitteltauglich beurteiltes Material handelte, überall in der Welt unter relativ milden Bedingungen zu Fleisch(knochen)mehl und Griebenmehl verarbeitet werden, mit Reduktionen um

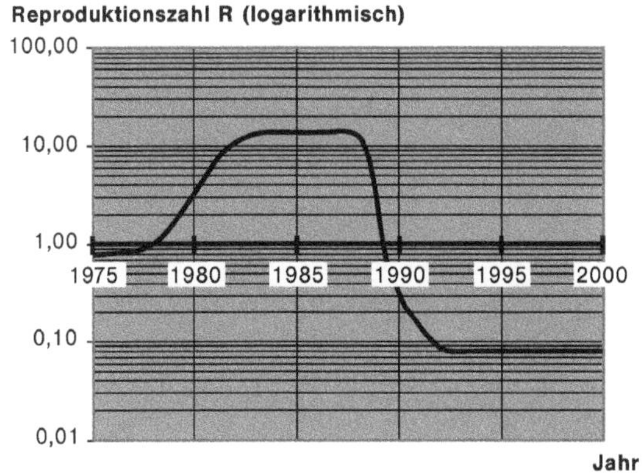

Abb. 52.7: Reproduktionszahl R_0 für BSE in Großbritannien zwischen 1975 und 2000, gezeichnet nach einer epidemiologischen Rechnung von de Koeijer [340]. (Abb. von R. Oberthür)

den Faktor 10 bis 300 (s. Kap. 45), d.h. auf Restbruchteile der ursprünglichen Infektiosität von 0,1 bis 0,003. Andererseits hat eine Studie über die BSE-Risikofaktoren in den Niederlanden gezeigt, daß dort trotz[108] Import britischen Tiermehls bis Ende der 80er Jahre aufgrund der vernachlässigbaren Beimengung von tierischem Protein in das Rindermischfutter keine epidemie- bzw. explosionsartige Zunahme von BSE-Fällen stattgefunden hat [827].

Dies untermauert, daß in GB das gleichzeitige Zusammentreffen mehrerer (Risiko-)Faktoren (Tab. 52.1), für die Entstehung sowie für die explosionsartige Verbreitung von BSE verantwortlich war (Tab. 41.4). Ausschlaggebend für das massive Ausmaß der BSE-Epidemie war dabei insbesondere die sekundäre Rezyklierung von BSE-Gewebe in der Rinderpopulation mit „Vermehrung" der Prionen im infizierten Rind (Abb. 52.2, 41.6 s. sekundäres und tertiäres Problem).

Es wird aus Gleichung (7) und Abbildung 52.7 deutlich, daß bereits eine 20-fach effektivere Inaktivierung der Prionen im Verarbeitungsprozeß unter den (vor der Zeit der BSE-Epidemie) gegebenen britischen Rohmaterial- und Verfütterungsbedingungen den explosionsartigen Anstieg der BSE-Fälle verhindert hätte. Dadurch wären Fälle selten aufgetreten. Den gleichen Effekt hätte natürlich auch eine 20-fach geringere Verwendung von Rinderproteinen im Rindermischfutter unter den gegebenen britischen Verarbeitungsbedingungen der 80er Jahre gehabt. Es mußten eben alle Faktoren in entsprechend starker Ausprägung zusammentreffen, um die BSE-Katastrophe auszulösen (s. Kap. 19.1).

Von den in GB durchgeführten Maßnahmen zur Bekämpfung von BSE hat das Verbot der Verfütterung von Wiederkäuerprotein an Wiederkäuer von 1988, da es die erste und für längere Zeit die einzige Maßnahme zur Bekämpfung von BSE in GB war, sogar bei mangelhafter Handhabung (Änderung von $k_2 = 20\%$ auf $k_2 = 2\%$) (Tab. 52.2) die größte Reduktion der Reproduktionszahl gebracht (von $R_0 = 14$ auf

[108] Importierte Güter können re-exportiert werden (s. Kap. 41) (*Der Herausgeber*).

$R_0 = 0,3$). Die späteren Maßnahmen, wie das Entfernen von spezifizierten Risikomaterialien (SBO von 1990; heute SRM), z. B. Gehirn und Rückenmark (Änderung von $c_1 = 70\%$ auf $c_1 = 7\%$), und die weitergehende Inaktivierung im Verarbeitungsprozeß (Änderung von $k_1 = 11\%$ auf $k_1 = 1\%$) (Tab. 52.2) führten als sekundäre Maßnahmen zu weniger drastischen Reduktionen der Reproduktionszahl R_0. Allerdings hätte jede andere als erste ergriffene Maßnahme mit ähnlichem Reduktionspotential ebenfalls zu der größten Reduktion der Reproduktionszahl geführt. Erst wenn eine weitere Reduktion der Infektiosität im Rezyklierungsprozeß gemäß Abbildung 52.2 irgendwann zu derartig geringen Reproduktionszahlen führt, könnten untergeordnete Übertragungswege, die nur bei massivem Auftreten von BSE und fehlender Übertragung durch das Mischfutter „sichtbar" werden können, die Oberhand gewinnen.

52.7 Maßnahmen zur Verringerung der Reproduktionszahl

Betrachtet man das bisher Dargelegte, so erscheint langfristig eine Anpassung der Verfahren zur Verarbeitung von Wiederkäuerproteinen zu Futtermittelzusätzen (sofern überhaupt → beachte Diskussion in der EU seit Herbst 2000 – *Anmerkung des Herausgebers*) am sinnvollsten und effektivsten, um einen dauerhaften Schutz vor der Übertragung von Prionen durch Futter zu gewährleisten (Tab. 52.4, vgl. Abb. 53.5). Allerdings müssen dann *alle* Wiederkäuerproteine, die zu Futterzwecken Verwendung finden (s. Kap. 53.6.4.2), entsprechend behandelt werden, auch solche die als lebensmitteltauglich beurteilt werden.

Durch die Behandlung der Proteine bei Temperaturen von 133 °C während einer Zeit von 20 Minuten unter einem Sattdampfdruck von $\geq$ 3000 hPa konnten bisher Reduktionen der Erregeraktivität um den Faktor 1000–10000 nachgewiesen werden (s. Kap. 45). Eine Überwachung der Erhitzungsbedingungen kann über ELISA-Tests auf den Verlust der Artspezifität erhitzter Proteine erfolgen [628,629] sowie durch Kontrolle der Aufzeichnungen der Prozeßbedingungen (Abb. 53.5) und der Durchsätze der Verarbeitungsbetriebe.

Mit dem Verfütterungsverbot allein und nur für Wiederkäuer wären im allgemeinen Reduktionen der Präsenz von Wiederkäuerprotein in Wiederkäuerrationen auf einen Anteil von 0,2–2% der Gesamterzeugung an Wiederkäuerprotein erzielbar (Tab. 52.4). Kontrolliert werden könnte diese Maßnahme durch einen auf hitzestabile Rinderproteine empfindlichen ELISA-Test [827]. Risiko-Reduktionen in dieser Größenordnung, d.h. um den Faktor 50–500 sind offensichtlich auch in GB durch das TM-Verbot von 1988 erzielt worden (Tab. 52.4). Eine Reduktion auf 0% ist infolge der Kreuzkontamination bei der zeitlich aufeinanderfolgenden Herstellung von Schweine-, Geflügel- und Rindermischfutter in ein- und derselben Anlage praktisch nicht möglich gewesen (s. Kap. 41.5). Höhere Reduktionen sind nur mit erheblichem Aufwand realisierbar wie durch Einführung von getrennten Werken oder Werklinien für die Herstellung von Mischfutter für Wiederkäuer und solches für Nicht-Wiederkäuer (s. Kap. 53.6.4.2).

Wenn im Laufe des Schlacht- und Zerlegevorganges die Aussonderung von SRM, im wesentlichen Gehirn und Rückenmark sowie Augen und Tonsillen (Tab. 53.2), erfolgt und diese Organe verbrannt werden, sind sie von der Verarbeitung zu Futtermittelkomponenten ausgeschlossen. Dies führt zu einer 10 bis 50fachen Reduktion der Infektiosität im Rohmaterial (Tab. 52.4). Mit dieser Maßnahme werden also 90–98% des ZNS entfernt. Da diese Aussonderung im allgemeinen manuell bei jedem geschlachteten Tier erfolgen muß, ist sie – insbesondere die Entfernung der Schädel (Gehirn) und des Rückenmarks von Kühen – von unabhängiger Seite streng zu kontrollieren (Enforcement).

Der Verarbeitungsprozeß ist verbindbar mit guter Kontrollmöglichkeit (Abb. 53.5). Das Verfütterungsverbot und die SRM-Aussonderung leisten wichtige Hilfestellung, solange ein sicherer Verarbeitungsprozeß bei der Gewinnung tierischer Proteine nicht gewährleistet ist. Isoliert erlassene Einzelmaßnahmen sind i.d.R. zu wenig sicher, da es nicht nur um die Schwie-

Tabelle 52.4: Drei Maßnahmen, die zur deutlichen Verringerung der Reproduktionszahl R_0 führen.

1. Auf der Ebene des Rohmaterials: Aussonderung von Risikomaterial (Reduktionsfaktor 10 bis 50).
2. Auf der Ebene der Verfahrenstechnik: Sterilisation bei ausreichend hohen Temperaturen (Reduktionsfaktor 1000 bis 10000).
3. Auf der Ebene der Fertigprodukte: Verfütterungsverbot von Wiederkäuereiweiß[1)] an Wiederkäuer (Reduktionsfaktor 50 bis 500).

[1)] Ein generelles Verfütterungsverbot von Säugetierprotein an Wiederkäuer läßt sich sicherheitstechnisch damit begründen, daß Wiederkäuerproteine im allgemeinen vermischt mit anderen Säugetierproteinen hergestellt werden.

rigkeit der Kontrolle, sondern auch um den Willen und das Verständnis derjenigen, die die Maßnahmen permanent umsetzen müssen, geht.

Das Erlassen mehrerer „hintereinander geschalteter“ Maßnahmen reduziert das Risiko generell deutlicher, da bei technisch oder menschlich bedingten Fehlern auf der Ebene einer einzelnen Maßnahme die zusätzlichen Maßnahmen verhindern, daß es gleich zu exzessiv negativen Auswirkungen kommt. Das Erlassen einer ganzen Reihe von seriell hintereinander geschalteten Maßnahmen ist ein wichtiges Grundprinzip einer jeden (Tier)-Seuchenbekämpfung und entspricht gerade bei BSE – mit hohem wirtschaftlichen und gesundheitspolitischen Risikopotential – einem Imperativ. Auch z. B. bei der Herstellung von sicheren Arzneimitteln wird nicht nur auf eine Maßnahme abgestellt, sondern auf mehrere „in Serie geschaltete“ (s. Kap. 46).

52.8 Praktische Bedeutung einer Risikoeinschätzung

Der Sinn einer Risikoeinschätzung wird immer die Reduzierung des Risikos aufgrund einer bestehenden Gefahr auf ein akzeptables Maß sein. Als akzeptables Maß wurde hier eine Reproduktionszahl vorgeschlagen, die deutlich unter 1 liegen soll, damit kein explosionsartiger Ausbruch von BSE (mehr) möglich ist, und eine Restinzidenz, die sich lediglich auf nicht auszuschließende sporadische BSE-Fälle beschränkt. Mit einer Reproduktionszahl von 0,1 wären mögliche Neuinfektionen aus z. B. spontan entstehenden BSE-Fällen nur mehr äußerst schwierig und gar nicht mehr in jedem Fall nachweisbar, da auch das feinmaschigste Überwachungsnetz seine Lücken hat.

Da mit den hier vorgeschlagenen Sicherheitsmaßnahmen im wesentlichen der Zustand aus der Zeit vor Entstehung der BSE-Epidemie in GB angepeilt wird, dürfte damit auch das Risiko für den Menschen auf ein Niveau sinken, das unterhalb des Risikos, an einer sporadischen CJD zu erkranken, liegt.

Letztlich sollte mit dieser Risikobetrachtung aufgezeigt worden sein, unter welchen Voraussetzungen die Verwendung von Wiederkäuerproteinen im Futtermittelsektor z.B. für Omnivore (Monogastrier) zu einem vernachlässigbaren Risiko für die Tiergesundheit führen könnte. Dadurch ist möglicherweise für die Zukunft auch ein Rahmen für verfahrenstechnische Weiter- und Neuentwicklungen gegeben, die einerseits das volle stoffliche Potential der tierischen Proteine nutzen, andererseits aber gleichzeitig die heute geforderte Sicherheit gewährleisten (vgl. Kap. 53.6.4.2).

53 BSE-Bekämpfung zum Schutz der Verbraucher und der Tierpopulation: international zu empfehlende Maßnahmen

Beat Hörnlimann und Paul Infanger

53.1 Einleitung

Die in diesem Kapitel empfohlenen Maßnahmen zum Schutz vor der Bovinen Spongiformen Enzephalopathie (BSE) beziehen sich vor allem auf den Bereich Ernährung von Mensch und Tier. Weiter werden bestimmte Aspekte zum Schutz der Beschäftigten im Schlachtbereich vor einer Gesundheitsgefährdung durch BSE erläutert. Die hier und in Kapitel 32 dargelegten Maßnahmen bilden Mindestanforderungen eines wirksamen Konzepts, das die BSE-Ausrottung zum Ziel hat. Detaillierte Maßnahmen, die Arzneimittel und -hilfsstoffe wie Pharmagelatine für Mensch und Tier sowie Kosmetika betreffen, sind in Kapitel 46 dargestellt.

Die BSE ist eine von Prionen verursachte Infektionskrankheit der Rinder. BSE-Prionen befinden sich in **Tiermehl (TM)**, das aus ungenügend erhitztem Fleischmehl, Fleischknochenmehl, Griebenmehl oder dergleichen besteht und Teile von Gehirn oder anderen infektiösen Organen infizierter oder an BSE erkrankter Tiere enthält. Auch einige Formen[109] von industriell verarbeitetem Tierfett, die unbeabsichtigt mit Prion-Proteinen verunreinigt sind bzw. waren, können als Übertragungsvektoren fungieren. Die Übertragung erfolgt demnach i.d.R. indirekt über diese Produkte. Selten scheinen maternale Übertragungen, also Übertragungen vom Mutter- auf das Jungtier vorzukommen. Eine direkte Übertragung von Tier zu Tier konnte bisher bei BSE des Hausrindes nicht nachgewiesen werden im Gegensatz zu Scrapie bei Schaf und Ziege (s. Kap. 42.2.2.1). Weitere Übertragungsmodi sind nicht auszuschließen, es fehlen jedoch die Beweise (vgl. Kap. 58.3). Die Infektion dürfte bei den meisten betroffenen Rindern im ersten Lebensjahr stattfinden (Abb. 19.3). Die Inkubationszeit beträgt knapp zwei bis über 10 Jahre (Ø 4,5 Jahre). Jüngere als 30 Monate alte Rinder erkranken unter Feldbedingungen sehr selten[110] [1218]. Die Krankheit führt nach Beginn der Symptome innerhalb einer Zeitspanne von wenigen Monaten bis etwas mehr als einem Jahr zum Tode. Es gibt weder eine Schutzimpfung noch eine Therapie gegen BSE. Die Diagnose muß postmortal durch Untersuchung von Hirngewebe bestätigt werden. Damit möglichst alle BSE-Fälle entdeckt werden, ist eine intensive Überwachung von Rindern mit zentralnervösen Störungen notwendig. Dazu gehört heute neben der klinischen Beobachtung auch der gezielte Einsatz von modernen Überwachungsinstrumenten, d.h. von biochemischen oder immunologischen Tests (kurz: BSE-Tests), z.B. dem Prionics-Check™-Test (s. Kap. 35).

Die in diesem Kapitel vorgeschlagenen Schutz- und Bekämpfungsmaßnahmen zusammen mit effizienten Überwachungsmaßnahmen gemäß Kapitel 32 stützen sich auf fachliche Überlegungen, denen die Empfehlungen der Weltgesundheitsorganisation (WHO) [1327, 1329,1330], des Internationalen Tierseuchenamtes (OIE) [992–994] und der Europäischen Union (EU) [409,410,1218] zu Grunde liegen. Die Ausführungen beruhen außerdem v.a. auch auf schweizerischen [656,659,660] und britischen Erfahrungen.

---

[109] Gemäß neueren Erkenntnissen, z.B. Knochenfett und knochenfetthaltiges Mischfutter.

[110] Gemäß Annex 4 der Quelle [1218] waren 31 von 175'686 britischen BSE-Fällen bei Krankheitsbeginn < 30 Monate oder höchstens 30 Monate alt. Nur zwei der 31 waren < 2jährig: ein Rind war 20 und eines 21 Monate alt.

Das hier beschriebene, systematisch aufgebaute Konzept soll der Schaffung, Ausformulierung oder Überprüfung konkreter landesspezifischer BSE-Bekämpfungsprogramme dienen. Auch in Ländern, in denen lediglich BSE-Risikofaktoren vorkommen (s. Kap. 19.9, 52), in denen jedoch (bisher noch) kein BSE-Fall festgestellt wurde, müssen entsprechende Einzelmaßnahmen getroffen werden.

Das Vorgeschlagene faßt zwar die wichtigen Punkte zusammen, indes wird nicht der Anspruch auf Vollständigkeit erhoben. Es ist weiter möglich, daß in Einzelheiten von anderen Autoren abweichende oder zusätzliche Empfehlungen abgegeben werden. Eine Gewichtung der ökonomischen Aspekte bzw. Folgekosten der empfohlenen Maßnahmen konnte von den Autoren nicht vorgenommen werden. Die Empfehlungen sollten aber grundsätzlich in allen hinsichtlich BSE-Gefahr relevanten Ländern praktikabel und umsetzbar sein.

53.2 Ziel der BSE-Bekämpfung

Das Hauptziel aller Maßnahmen gegen BSE besteht im vorbeugenden Schutz des Konsumenten (z.B. durch Verbrennung des **s**pezifizierten **R**isiko**m**aterials (**SRM**) [656,696]) und in der Verhinderung der Infektions- bzw. Krankheitsausbreitung in der Tierpopulation (z.B. durch das Verbot der TM-Verfütterung). Als internationales Fernziel gilt die Ausrottung dieser Krankheit. **Es ist stets zu bedenken, daß die Wirksamkeit von Bekämpfungsmaßnahmen aus dem Verlauf der BSE-Inzidenzkurve eines Landes erst nach der Periode der durchschnittlichen Inkubationszeit von rund 4,5 Jahren ersichtlich werden kann** (s. Kap. 39.3.4).

53.3 Erreichbarkeit des Zieles

Das gesteckte Ziel der BSE-Ausrottung kann nur durch konsequente Unterbrechung gesicherter *und* potentieller BSE-Übertragungswege erreicht werden. Obwohl die BSE-Erlasse einzelner Länder konzeptionelle Unterschiede aufweisen, die z.T. politisch bedingt sind, müssen die zur Bekämpfung und Prävention und die im Kapitel 32 zur Überwachung dargelegten (Mindest)-Anforderungen rigoros umgesetzt und kontrolliert werden. Nur so beteht die Chance, BSE effektiv auszurotten und das Übertragungsrisiko für den Menschen auf das absolut mögliche Minimum zu reduzieren. SRM-Verbrennung (früher SBO-Verbot) und Tiermehl-Verbot reichen wie man heute weiß, nicht, um BSE auszurotten, auch wenn sie die beiden wichtigsten Eckpfeiler der BSE-Prävention bleiben. Zusätzlich sind heute z.B. auch Vorkehrungen gegen (Kreuz)-Kontaminationsrisiken und andere BSE-Risiken zu treffen, die in erster Linie von bestimmten Tierfetten ausgehen, welche bei ungünstiger industrieller Gewinnung potentiell mit BSE-Infektiosität kontaminiert bzw. danach mangelhaft dekontaminiert werden.

Der Vollzug aller BSE-Erlasse ist streng zu kontrollieren. Die kompromißlose BSE-Ausrottung kann nur dann erreicht werden, wenn mit allen Mitteln verhindert wird, daß BSE-Prionen in die Produktion von Nahrungs- und Arzneimitteln etc. für Mensch und Tier gelangen.

Zur Zielerreichbarkeit ist generell zu bedenken, daß auch bei Anwendung aller Vorsichtsmaßnahmen und Umsetzung aller Vorschriften eine endgültige Ausrottung der BSE nicht mit letzter Sicherheit erreicht werden kann, falls die BSE – gemäß einer Hypothese – in Einzelfällen auch spontan entstehen kann (s. Kap. 19.8, → 4. BSE-Ursprungshypothese; vgl. auch die Entstehungshypothese der sporadischen Creutzfeldt-Jakob-Krankheit (sCJD, Kap. 8.4.4–5)).

53.4 Maßnahmen im Überblick

Das hier beschriebene Konzept setzt sich aus den folgenden Hauptelementen zusammen:

- Aktive und passive BSE-Überwachung: Dieses Element dient der Aufdeckung von BSE-Fällen und dem besseren Verständnis des epidemischen Geschehens sowie indirekt dem Schutz des Verbrauchers.
- Entsorgung von BSE-Tieren (mit und ohne klinischen Verdacht) und BSE-Risikotieren: Diese Maßnahme dient der BSE-Bekämpfung und der nvCJD-Prophylaxe durch Eliminierung der Tiere mit BSE und weiterer involvierter Risikopotentiale.

- Präventive Vorkehrungen: Dieses Element dient dem Schutz vor (Neu)-Infektionen, die von spezifizierten Risikomaterialien, Tiermehlen, kreuzkontaminierten Tierfetten usw. von subklinisch infizierten Tieren ausgehen.
- BSE-Risikoreduktion im Schlachtbereich: Dieses Element dient dem Schutz der Beschäftigten vor Infektionen und dem Schutz der Verbraucher vor Übertragungsrisiken als Folge der (Kreuz)-Kontamination bei nicht optimaler Schlachttechnik.
- Übriges: Elemente, z.B. Einführung eines Tieridentifikationssystems, die nicht den ersten vier genannten zuzuordnen sind, aber auch dem Ziel der adäquaten Erfassung und Ausrottung der BSE oder indirekt der nvCJD-Vorbeugung dienen. Letztlich dienen beinahe alle im folgenden beschriebenen Maßnahmen (auch) dem Schutz des Verbrauchers.

Zum Verständnis der spezifisch zu treffenden Maßnahmen wird die Rinderpopulation hinsichtlich BSE-Status in mehrere Hauptgruppen eingeteilt (Tab. 53.1), in denen teilweise unterschiedlich vorzugehen ist:

- Tiere mit BSE. Diese Hauptgruppe umfaßt die Untergruppen „*BSE-positive Rinder*" *(klinische Fälle)* und „*BSE-Test-positive Rinder*" *(i.d.R. subklinische Fälle)*
- BSE-Risikotiere aus BSE-Risikobetrieben
- Notgetötete oder verendete Rinder ohne klinischen Verdacht auf BSE
- Importrinder
- Normale Rinderpopulation

53.4.1 Zu den BSE-Tieren mit und ohne klinischen Verdacht

Als eine der wichtigsten Maßnahmen müssen an BSE erkrankte Rinder (BSE-positive) und BSE-Test-positive Rinder durch Verbrennung restlos vernichtet werden.

Tabelle 53.1: Einteilung der Rinderpopulation in verschiedene Subpopulationen, die sich in Bezug auf das BSE-Risiko oder den BSE-Status unterscheiden (IHC = Immunohistochemische Untersuchung).

Hauptgruppen	„Definition"	Primäre Diagnose	Diagnosebestätigung
Rinder-Normalpopulation	Schlachttiere (-Kühe), adulte Schlachtrinder	Keine	keine
BSE-Risikotiere	(Geburts)-Kohortentiere von BSE-positiven Rindern (s. Kap. 53.7.2)	Keine (klinische Untersuchung vor Tötung empfehlenswert)	(BSE-Test, neuropathologische Abklärung, IHC)
	Direkte Nachkommen von BSE-positiven Kühen	Keine (klinische Untersuchung vor Tötung empfehlenswert)	(BSE-Test, neuropathologische Abklärung, IHC)
„Downer Cows"	Risikogruppen im Rahmen der **aktiven Überwachung** untersucht	Eingegangene (verendete) Rinder im Alter von > 3 Jahren oder notgetötete Tiere etc. (kurz: Downer Cows)	BSE-Test, neuropathologische Abklärung, IHC
Importrinder	Importierte Rinder, unabhängig vom Herkunftsland	Keine (klinische Untersuchung vor *Schlachtung*)	BSE-Test, neuropathologische Abklärung, IHC
BSE-positive Rinder	BSE-infizierte Tiere, im Rahmen der **aktiven Überwachung** entdeckt	BSE-Test-positive Tiere (subklinische oder nicht entdeckte klinische Fälle)	Neuropathologische Abklärung, IHC zur Bestätigung der Diagnose
	BSE-Fälle, im Rahmen der **passiven Überwachung** entdeckt (BSE-positive)	Klinischer Verdacht, im Stall oder anläßlich der Lebendbeschau (Schlachttieruntersuchung)	Neuropathologische Abklärung, IHC zur Bestätigung der Diagnose

53.4.2 Zu den BSE-Risikotieren aus BSE-Risikobetrieben

Zusätzlich müssen BSE-Risikotiere wie direkte Nachkommen von BSE-positiven Kühen und Geburtskohortentiere (Def. s. Kap. 53.7.2 bzw. Fußnote 116) von BSE-positiven Rindern getötet werden. Die Tötung und Verbrennung der direkten Nachkommen bewirken eine Unterbrechung potentieller maternaler Übertragungswege, was von der EU verlangt wird [413]. Die Tötung der ganzen Herde ist aus wissenschaftlicher Sicht nicht zwingend, insbesondere daher, da bisher nie nachgewiesen werden konnte, daß infizierte oder kranke Rinder Prionen ausscheiden. Das Argument, daß höchstwahrscheinlich alle Tiere einer betroffenen Herde infektiöses Futter aufgenommen haben, da alle gleich gefüttert wurden, ist nicht im Einklang mit den empirischen Beobachtungen *der meisten* Schweizer BSE-Betriebe, die nach Auftreten eines BSE-Falles trotz fehlender Keulung der ganzen Herde keine weiteren Fälle mehr verzeichneten. Von 1990 bis 1996 und von 1999 bis heute wurde/wird in der Schweiz nicht die ganze Herde oder nur partiell gekeult. Zwischen 1996 und 1999 wurde die ganze betroffene Herde gekeult und später das Gehirn aller involvierter Herdentiere aktiv auf BSE untersucht (*Resultat* s. Kap. 53.7.2, vgl. auch Kap. 39.2.5).

53.4.3 Zu den verendeten oder notgetöteten Rindern („Downer Cows")

Neue BSE-Tests bilden in diesem Tiersegment ein sehr aufschlußreiches Überwachungsinstrument (vgl. Kap. 41.7). Verendete und getötete oder notgeschlachtete Rinder ohne klinischen Verdacht auf BSE sind deshalb auf diese Krankheit zu untersuchen; insbesondere Tiere, die an einem neurologischen Syndrom litten. In diesen speziellen Segmenten der Rinderpopulation (s. Kap. 39.2.2) gibt der flächendeckende, gezielt-systematische Einsatz eines postmortalen BSE-Tests den weitaus aussagekräftigsten Aufschluß über den BSE-Status eines Landes [236].

Allerdings dient dieser Aspekt v.a. der Verbesserung der BSE-Überwachung und nicht primär dem Verbraucherschutz; selbstverständlich vorausgesetzt, die Kadaver dieser Tiere werden sowieso durch Verbrennung eliminiert. Dem Argument, es sei daher und aufgrund des nun totalen TM-Verbots im Hinblick auf die Überwachungskosten sinnlos, BSE-Tests hier durchzuführen, muß entgegnet werden, daß gerade diese Segmente der Rinderpopulation eine vielfach höhere BSE-Inzidenz aufweisen oder aufweisen können (s. Kap. 41.7) als die klinisch gesunde Rinderpopulation (s. Kap. 53.4.5). Mit diesem aktiven Überwachungsinstrument entdeckt man z. B. auch BSE bei Tieren, denen sich Tierhalter ansonsten entledigen könnten, ohne daß der Fall in die Statistik eingeht. Gerade in einer solchen ungeordneten Entsorgung liegt das potentielle Risiko, BSE-Infektiosität in den „Umlauf" zu bringen, womit sich – zunächst latent – in einem System ein Circulus Vitiosus etabliert oder etablieren könnte (Abb. 41.6). Daher wird hier auch an die Verantwortung der Tierhalter und Entsorger etc. appelliert.

53.4.4 Zur importierten Rinderpopulation

Anläßlich der Schlachtung müssen alle Importrinder [237] einer BSE-Untersuchung mit neuen BSE-Tests unterzogen werden, sofern sie beispielsweise über 24 oder 30 Monate alt sind (s.u.). Dieses Instrument der aktiven Überwachung ist notwendig unabhängig davon, ob die einheimischen Schlachtrinder flächendeckend oder stichprobenweise (s. Kap. 41.7, 53.5.1) untersucht werden. Der Grund dafür liegt darin, daß man die aktuelle BSE-(Risiko)-Situation in Herkunftsländern i.d.R. weniger gut kennt, als im eigenen Land, sofern hier eine gute BSE-Überwachung und BSE-Risikoeinschätzung etabliert ist.

53.4.5 Zur einheimischen Rindernormalpopulation

Wie neuere Erfahrungen in manchen Ländern zeigen, ist der Einsatz von postmortalen BSE-Tests wirkungsvoll (s. Kap. 35, 41.7), sofern dies in einem Alterssegment erfolgt, wo infizierte Tiere, auch ohne Symptome, aufgrund der Test-Empfindlichkeit überhaupt entdeckbar sind. Der gezielte Einsatz neuer BSE-Tests ist für die Fall-Aufdeckung ergiebiger als die Lebendviehbeschau oder Schlachttieruntersuchung (s. Kap.

53.5.3). Denn das zuletzt genannte Überwachungsinstrument bestand schon seit vielen Jahren, brachte aber in manchen Ländern, falls überhaupt, relativ wenig BSE-Fälle zu Tage im Vergleich zu den BSE-Tests. Zudem bringt das Testen post mortem dahingehend eine Risikoreduktion, als die in Kapitel 53.8 genannten (Kreuz)-Kontaminationsrisiken mit dem betroffenen Tierkörper durch Verbrennung gänzlich eliminiert werden, sofern das Test-Resultat positiv ist. Darin ist eine wichtige Komponente des Verbraucherschutzes durch BSE-Tests zu sehen, weil Tiere, die der Test in der Tat erkennen kann, bereits sehr hohe Infektiositätstiter im Rückenmark haben können (s. Kap. 52.5).

53.5 Überwachungsmaßnahmen im einzelnen

53.5.1 Aktive BSE-Überwachung

Im Rahmen der *aktiven Überwachung* müssen – mindestens teilweise – normal geschlachtete Kühe oder erwachsene (z. B. mehr als 24 oder 30 Monate alte; *Erklärung s.u.*) Schlachtrinder der Normalpopulation mit neuen BSE-Tests untersucht werden (s. Kap. 41.7). Die aktive Überwachung in der Rindernormalpopulation dient gemäß oben genannten Ausführungen auch dem Verbraucherschutz und bildet heute eine wichtige Ergänzung zur passiven BSE-Überwachung. Die flächendeckende aktive Überwachung ist insbesondere angezeigt, wenn die systematische Lebendviehbeschau oder Schlachttieruntersuchung bei über 18 Monate (s.u.) alten Tieren auf BSE nur lückenhaft durchgeführt wird.

Bei einem sehr gut etablierten passiven Untersuchungsprogramm (s. Kap. 53.5.2–3) und günstiger Risikolage mag das limitierte aktive Testen in Stichproben, die aussagekräftig sind, für eine gute Überwachung als hinreichend betrachtet werden. Eine günstige Risikolage liegt z. B. in folgenden zwei Situationen vor:

Beispiel 1: Ein Land mit abnehmender BSE-Inzidenzkurve, wie beispielsweise die Schweiz, hat seit Jahren systematisch die aktive und passive BSE-Überwachung praktiziert und weiß über seinen BSE-Status gut Bescheid. Es gibt mit fundierten Daten inklusive einer Risikoeinschätzung im Sinne von Kapitel 53.11 transparenten Einblick in die Geschehnisse bezüglich BSE (und Scrapie) (Tab. 41.3). Neben der BSE-Inzidenz und der Präsenz von BSE-Risikofaktoren (s. Kap. 39–41, 52) hängt hier die zu berechnende, minimal notwendige Stichprobengröße auch von der Populationsgröße der Rinder ab, die sich in einem Alterssegment befinden, in dem der Test überhaupt BSE-infizierte Tiere erkennen kann. Man hat bei der Berechnung von einer realistisch zu erwartenden Prävalenz an subklinisch mit BSE infizierten Rindern auszugehen. Wie ein Land, das dieses Überwachungsprinzip wählt, die potentiellen Restrisiken reduziert, die am Ende des Kapitels 53.4.5 genannt werden, ist ein andere Frage.

Beispiel 2: Ein Land ist, wie beispielsweise Neuseeland [161,218,219,868] oder Australien [78,228,1123,1195], seit Jahrzehnten frei von Scrapie und BSE. In diesem Fall wäre mit Hinblick auf die ökonomischen Aspekte z. B. die Forderung, alle über 24 oder 30 Monate alten Rinder flächendeckend testen zu müssen, bevor Fleisch und Fleischerzeugnisse an den Verbraucher abgegeben werden dürfen, übertrieben. Es genügt hier mit Hinblick auf das Alter der Tiere, ein gezieltes Segment der Rinderpopulation stichprobenweise zu testen, um ggf. doch noch auftretende Fälle überhaupt entdecken zu können (z. B. 4 bis 6-jährige Kühe; vgl. Abb. 39.4).

Wichtig ist, daß in beiden genannten Beispielen alle Verendeten oder notfallmäßig getöteten Rinder aktiv getestet werden (vgl. Kap. 53.4.3), oder mindestens ein aussagekräftiger Anteil davon.

Es kann aber auch sein, daß ein Land mit ökonomisch ungünstiger Situation, das offiziell eine BSE-Inzidenz von Null ausweist, ohne jedoch bisher systematisch BSE überwacht zu haben, ein zunächst temporär limitiertes, aber wirksames BSE-Überwachungsprogramm etablieren will. Auch hier genügt es mit Hinblick auf das Alter der Tiere, ein gezieltes Segment der Rinderpopulation stichprobenweise zu testen, um Fälle überhaupt entdecken zu können (z. B. 4 bis 6-jährige Kühe; vgl. Abb. 39.4). Zusätzlich ist es in dieser Situation besonders wichtig, alle verendeten und notgetöteten Rinder auf BSE zu testen (s. Kap. 53.4.3)

In den genannten und ähnlich gelagerten Beispielen ist die aussagekräftige Stichprobengröße von einem Epidemiologen auszurechnen und periodisch der neuen Sachlage anzupassen.

Der schwierige Entscheid, *ab welchem Alter mit neuen BSE-Tests untersucht* werden soll, muß notgedrungen auch im Hinblick auf Kosten/Nutzenberechnungen gefällt werden. Heutige BSE-Tests entdecken infizierte Tiere vermutlich einige Monate vor Ausbruch der Symptome (der genaue Zeitrahmen ist bisher nicht bekannt). Damit ist die gewonnene Zusatzsicherheit für den Konsumenten zwar limitiert, aber immerhin hat sich in dieser Etappe der Inkubation bereits ein hoher Infektiositätstiter im Rückenmark betroffener Tiere akkumuliert (Abb. 35.4; vgl. auch Abb. 51.1), was zu schlachttechnisch bedingten (Kreuz)-Kontaminationen führen kann (s. Kap. 53.4.5, 53.8).

In der EU werden heute Rinder über 30 Monate getestet. Es gibt Forderungen, diese Altersgrenze nach unten, zunächst auf 24 Monate oder weiter nach unten zu verlegen. Dazu kann vermerkt werden, daß mit den bisher vermarkteten BSE-Tests das Testen von Rindern unter 12–14 Monaten keinen Nutzen bringt, da erstens das jüngste Tier von weltweit rund 180000 je an BSE erkrankten Tieren 20 Monate alt war und da zweitens die aktuell zur Verfügung stehenden Tests, infizierte Tiere höchstens 6–8 Monate vor Ausbruch der Symptome erkennen. Wo somit BSE-Tests bei unter einjährigen Tieren eingesetzt werden, um den Verbraucher auf Labels von entsprechendem Fleisch oder -erzeugnissen darauf aufmerksam zu machen, spielt man infolge der Nicht-Erkennbarkeit einer BSE-Infektion eine falsche Sicherheit vor. Auch der Einsatz zwischen 12 und 24 Monaten ist hinsichtlich der Aspekte *Verbraucherschutz (durch indirekten Schutz vor kreuzkontaminierten Erzeugnissen) und Überwachungsverbesserung* von limitiertem Nutzen, da aus pathogenetischen Gründen die Infektiosität erst spät in diesem Altersabschnitt oder danach im zervikalen Halsrückenmark oder im Hirnstamm zu erwarten ist (vgl. Kap. 28). Bei über 24 oder 30 Monate alten Tieren ist das aktive Testen am effizientesten. Sensitivere Tests könnten in Zukunft auch bei jüngeren Tieren Einsatz finden.

53.5.2 Passive BSE-Überwachung im Feld

Tierhalter und praktizierende Tierärzte spielen im Rahmen der *passiven Überwachung* eine wichtige Rolle für die Früherkennung von BSE. Dabei ist das Hauptaugenmerk auf das Erkennen der BSE-Symptome und auf die Meldedisziplin bzw. die Einhaltung der Meldepflicht zu legen. Ein klinischer Verdacht auf BSE liegt vor, wenn bei über 18 Monate alten Rindern Leistungsabnahme, Verhaltensstörungen wie z.B. Schreckhaftigkeit oder Aggressivität, Bewegungsstörungen wie unkoordinierter Gang, Festliegen, Muskelzittern oder Überempfindlichkeit auf Berührung und Lärm festgestellt werden können (Abb. 33.1, 33.2). Die Altersgrenze von 18 Monaten betrachten die Autoren als angebracht, ausgehend von der Tatsache, daß von rund 180000 klinischen BSE-Fällen, das jüngste je erkrankte Rind bei Krankheitsbeginn 20 Monate alt war (→ zwei Monate Sicherheitsmarge).

53.5.3 Passive BSE-Überwachung im Schlachthof: Schlachttieruntersuchung oder Lebendviehbeschau

Zur sog. *passiven Überwachung* gehört auch die lückenlose Schlachttieruntersuchung oder Lebendviehbeschau: Dabei müß(t)en *alle* Rinder der Normalpopulation aus dem oben genannten Alterssegment (> 18 Monate) auf die auf BSE hinweisenden Symptome inspiziert werden. Damit soll gewährleistet werden, daß keine Tiere mit klinischem Verdacht auf BSE (s. Kap. 33) geschlachtet werden und in irgendwelche Nahrungsketten gelangen, auch nicht in jene von Zootieren (Tab. 1.3) oder z.B. Katzen (s. Abb. 53.3–4) [657]. Außerdem soll gewährleistet sein, daß keine Teile davon für andere, nicht der Ernährung dienenden Zwecke verwendet werden, sondern daß alles verbrannt oder frühestens nach Ausschluß einer BSE-Diagnose verwertet wird.

Jegliche Art von Streß, ausgelöst z.B. durch den Transport[111] zum Schlachthof, kann bei

[111] Wegen der Kumulation verschiedener Streßfaktoren (mechanisch, klimatisch, angstbedingt, usw.) ist der Transport in den Schlachthof und die Annahme der lebenden Tiere im Schlachthof eine besonders große Streßbelastung für die Tiere.

Tabelle 53.2: TSE-infektiöses Risikomaterial. Diese Kategorisierung erhebt keinen Anspruch auf aktuelle Vollständigkeit und hat keine definitive Gültigkeit. Aufgrund von jederzeit möglichen neuen Erkenntnissen aus Versuchen zur Messung der Organinfektiosität (vgl. Tab. 46.2) kann es sein, daß die in der Tabelle 53.4 genannte SRM-Liste von Rindergeweben ergänzt und/oder verändert werden muß. Die zu der Infektiositätskategorie IV gehörenden Organe, Gewebe und Körperflüssigkeiten (Tab. 43.1) sind keine SRM-Bestandteile, dazu gehört z. B. Muskelfleisch.

Zu der Infektiositätskategorie I gehören:
- Gehirn, Augen-(Netzhaut), Rückenmark (und im Zwischenwirbelbereich sich befindende dorsale paravertebrale Spinalganglien), Trigeminalganglien (in der Schädelhöhle) (s. Kap. 43.6)

Zu den Infektiositätskategorien II oder III gehören:
- Sichtbares Nervengewebe
- Tonsillen (Mandeln), Milz, Thymus (Milke) und Därme (Peyer'sche Platten), v. a. distales Kolon
- Lymphknoten und sichtbares Lymphgewebe
- und andere*, z. B. Plazenta bei Schaf und Ziege

Beachte: Es ist unsicher, ob Knochenmark von Rindern mit BSE Infektiosität enthält; die Interpretation der Studienresultate [1315] zeigte, daß das Gewebe evtl. von ZNS-Gewebe kreuzkontaminiert war.

* Siehe aktueller Stand der Forschungsresultate und der landesspezifischen Gesetzgebungen.

Rindern, die sich in einem weit fortgeschrittenen Inkubationsstadium der BSE-Infektion befinden, die klinischen Symptome verstärken oder gar auslösen [663]. Ein Tier mit klinischem Verdacht auf BSE darf niemals regulär geschlachtet, sondern muß getötet werden. Das Gehirn muß im Labor untersucht und der gesamte übrige Tierkörper i.d.R. durch Verbrennung unschädlich entsorgt werden.

Fördert eines der verschiedenen aktiven und passiven Überwachungsinstrumente einen Verdacht auf BSE oder eine definitive BSE-Diagnose zu Tage, muß sinngemäß immer konsequent nach den im Kapitel 53.7 vorgeschriebenen Maßnahmen vorgegangen werden.

53.6 Präventionsmaßnahmen: Unbedenkliche versus gefährliche Bestandteile von Rindern

53.6.1 Verwendbarkeit von bovinen Bestandteilen

Für jeden Zweck sollten mit Hinblick auf BSE nur unbedenkliche oder unproblematische Bestandteile von klinisch gesunden (und *gegebenenfalls* BSE-Test-negativen) Tieren aus der Rinderpopulation verwendet werden. *Gegebenenfalls* bedeutet, daß es von den gesetzlichen Vorschriften abhängt, ob ein Test zwingend durchgeführt werden muß, was seinerseits davon abhängig ist, welche untere Altersgrenze vorgeschrieben ist und ob in der Rindernormalpopulation eine Stichprobenuntersuchung oder eine flächendeckende Untersuchung vorgeschrieben ist (s. Kap. 53.5.1).

53.6.2 Herkunft der Tiere bzw. der verwendbaren bovinen Bestandteile

Rinder aus einem Land und/oder einer Herde mit einer Fütterungspraxis, die TSE-Risiken beinhaltet (z. B. fehlendes TM-Verbot), sollten generell nicht in die Produktion von *Nahrungs-* und *Arzneimitteln* etc. für Mensch und Tier gelangen, selbst wenn die Rinder klinisch unverdächtig sind. Um diese Anforderung erfüllen zu können, ist die eindeutige Rückverfolgbarkeit der (geographischen) Herkunft der Tiere bis auf die Herdenebene durch ein modernes Tieridentifikations- und -verkehrskontrollsystem notwendig [238].

53.6.3 Ausschluß von spezifiziertem Risikomaterial (SRM)

BSE kann unter Feldbedingungen nicht nur innerhalb der Rinderpopulation oder auf andere Tierarten (Tab. 1.3) wie Antilopen, Katzen, Ziegen und Schafe (s. Kap. 58.3) übertragen werden, sondern höchstwahrscheinlich auch auf den Menschen (→ nvCJD). Aus diesem Grund müssen insbesondere Hirn- und Rückenmarksgewebe von allen – auch klinisch gesunden (und negativ getesteten) – Schlachtrindern ab 6 Monaten sowie alle anderen spezifizierten Risikomaterialien (SRM, Tab. 53.2, [750]) durch Verbrennung (Abb. 53.2) eliminiert werden. In den

SRM, z.B. Rückenmark, können sich potentiell BSE-Prionen befinden, v.a. wenn sich das Herkunftstier zum Schlachtzeitpunkt in einem *relativ* späten Inkubationsstadium befindet, postmortal BSE-positiv getestet wird *aber* klinisch noch unauffällig gewesen ist (s. Kap. 53.7.3 und Abb. 35.4).

Auch in einem Land ohne originäre BSE-Fälle ist, sobald BSE bei Importrindern (s. Tab. 41.2 und 41.10) diagnostiziert wird, der für den Verbraucher und die Tierpopulation entscheidende BSE-Risikofaktor vorhanden: das heißt, es muß auch in einer solchen Situation damit gerechnet werden, daß Infektiosität aus Hirngewebe und Rückenmark etc. (SRM) von infizierten (Import)-Rindern zirkuliert. Sind keine adäquaten Vorkehrungen gegen eine Erregerverbreitung getroffen, beispielsweise solange SRM in der menschlichen Ernährung zugelassen sind, kann in einer solchen Situation bzw. in einem solchen Land möglicherweise Infektiosität zum Verbraucher gelangen. Unverständlicherweise wurden SRM in einigen Ländern trotz publizierter Hinweise auf mögliche BSE-Risiken bis in den Herbst 2000 (und dies legalerweise) in Fleischerzeugnisse wie Würste oder Pasteten (Terrinen) verarbeitet. In der Schweiz besteht in dieser Hinsicht seit dem 8. November 1990 ein Verbot, welches eine Woche nach Feststellung des ersten BSE-Falles in Kraft trat.

Um das Risiko der BSE-Übertragung auf den Menschen zu minimieren, müssen die SRM ***aller*** Schlachtrinder ab einem bestimmten Alter der Tiere sowie bestimmte Schaf- und Ziegengewebe vom Verzehr oder sonstiger Verabreichung ausgeschlossen werden. Die Kriterien zur Festlegung von diesbezüglichen Altersgrenzen ergeben sich aus der pathogenetisch (vgl. Kap. 28) begründeten bzw. aus der titerabhängigen Infektiositätskategorisierung der Organe, Gewebe und Körperflüssigkeiten (Tab. 46.2) [572,577, 1311]. Dabei werden aus historischen Gründen bzw. aus Sicherheitsgründen noch heute für BSE bestimmte Scrapie-Daten von W.J. Hadlow von Anfang der 80er Jahre [577,578] (Tab. 43.1) mit berücksichtigt. In diesem Zusammenhang sei beispielsweise die Notwendigkeit der Verbrennung von Rindermilz und -tonsillen (Mandeln) genannt.

Seit 2000 darf in der EU, und in GB schon seit einigen Jahren zuvor die ganze Wirbelsäule von Rindern über 30 Monaten nicht mehr in die Nahrungskette gelangen oder anderweitig verwendet werden. Es geht hier darum, eventuell vorhandene Restinfektiosität in den dorsalen Paravertebralganglien unschädlich zu beseitigen. In GB wird heute teilweise auch davon abgesehen, die Schafwirbelsäule aufgrund der Hypothese „BSE im Schaf" (s. Kap. 58.3) zu verwenden.

Unterstützend zum SRM-Verbot kann die Kontrolle auf Freiheit an Gehirn- und Rückenmarksgewebe in Fleischerzeugnissen mit Hilfe des immunologischen Nachweises der neuronenspezifischen Enolase (NSE) im Westernblot geführt werden. (Quelle: Lücker, E., Identification of central nervous system tissue in retail meat products, Journal of Food Protection ***63***; 258–263, 2000). Das Verfahren wird durch das Bundesamt für Veterinärwesen, Bern, insbesondere in der Importkontrolle, eingesetzt.

Es sollten in Zukunft auch Überlegungen angestellt werden, inwieweit der Gesetzgeber die Verwendung weiterer potentiell prionhaltiger Gewebe von TSE-empfänglichen Arten nach Tabelle 1.3 maßregeln soll. Insbesondere kann dies für weitere Gewebe von Scrapie-anfälligen Wiederkäuern in Frage kommen. Eine Erweiterung hängt davon ab, was die Forschungsergebnisse zur Frage „BSE im Schaf" (s. Kap. 58.3) hinsichtlich der Organverteilung von BSE-Infektiosität zu Tage fördern (vgl. Tab. 43.1, 46.2, → *v.a. Infektiositätskategorien I-III*).

Schon heute sind namentlich Gehirn, Rückenmark, Augen, Milz und Tonsillen von Schafen und Ziegen aus einem bestimmten Alterssegment als SRM definiert. Die Milz von allen geschlachteten Schafen und Ziegen (ohne Altersbeschränkung) und Gehirn, Rückenmark, Augen und Tonsillen von allen geschlachteten, über 12 Monate alten Schafen und Ziegen müssen heute aufgrund eines hypothetischen Risikos, daß BSE im Schaf oder der Ziege vorkommen könnte (s. Kap. 58.3), verbrannt werden.

Zusätzlich sollten Kadaver (Tierkörper) bzw. Gewebe folgender Gruppen nicht rezykliert, sondern verbrannt werden (in manchen Ländern wurden teilweise dahingehende Erlasse in Kraft gesetzt):

- Verstorbene oder euthanasierte Heimtiere, insbesondere Katzen (infolge des FSE-Risikos; s. Kap. 23)
- Euthanasierte Labortiere generell, insbesondere solche aus der TSE-Forschung
- Verendete Zootiere bestimmter Spezies (infolge des BSE- bzw. FSE-Risikos seitens bestimmter Wiederkäuer bzw. Wildkatzen) oder anderswo in Gefangenschaft gehaltene TSE-empfängliche Exoten (Tab. 1.3) (s. Kap. 20)
- Potentiell TSE-erregerhaltige Bestandteile von CWD-empfänglichen Hirscharten (in Nordamerika; s. Kap. 21)
- Potentiell TSE-erregerhaltige Bestandteile von TME-empfänglichen Nerzarten (aus Pelzfarmen; s. Kap. 22)
- Potentiell TSE-erregerhaltige Bestandteile von weiteren TSE-empfänglichen Spezies gemäß Tabelle 1.3.

53.6.4 Tiermehl-Verbot und Verhinderung der Kontamination mit BSE-Infektiosität

53.6.4.1 Zur heutigen Situation

„Tiermehl" ist ein Sammelbegriff für eiweißreiche Produkte aus Tierkörpern (Kadaver), tierischen Abfällen und Schlachtnebenprodukten wie Fleischmehl, Fleischknochenmehl, Griebenmehl, Griebenkuchen, Futterknochenschrot usw.

BSE-empfängliche Tiere, v.a. alle Wiederkäuer wie Rinder, Schafe, Ziegen und Hirsche, Bisons, Antilopen, andere Wiederkäuer im Zoo oder Rentiere usw. dürfen keinem BSE-Expositionsrisiko ausgesetzt werden. Das generelle Verbot, Tiermehle (TM) an landwirtschaftlich genutzte Tiere, insbesondere auch an Monogastrier wie Schweine und Geflügel zu verfüttern, soll die Erreichung der BSE-Ausrottung beschleunigen, obwohl diese Tierarten oral nicht BSE-empfänglich sind. Denn aufgrund der bisherigen Erfahrungen [659,660] stehen Kreuzkontaminationen von Rindermischfutter (s. Kap. 41.5.2–3) v.a. in Zusammenhang mit der Verfütterung von Tiermehl an Monogastrier. Ohne das totale Tiermehlverbot ist es in der heutigen Situation und mit aktuellen industriellen[112] Systemen in der Mischfutterherstellung und Tierfütterung beinahe unmöglich, die Einhaltung des Verfütterungsverbotes für Tiermehl an Wiederkäuer auf allen Ebenen inklusive Futtermittelfabrikation, -transport, -lagerung (inkl. Lagerung auf dem Hof) *effektiv* zu kontrollieren (s. Kap. 41.5 und Abb. 41.8–9) [68,870,1328].

53.6.4.2 Dauerhafte Beschränkungen versus limitierte Möglichkeiten einer TM-Verfütterung in der Zukunft

Für Herbivoren (Pflanzenfresser) empfehlen wir ausdrücklich, das totale TM-Verbot aus präventiven Gründen *für immer* aufrechtzuerhalten, selbst dann, wenn die BSE-Problematik einmal gelöst zu sein scheint. Diese Empfehlung bzw. dauerhafte Beschränkung basiert primär auf der Tatsache, daß Wiederkäuer für orale TSE-Übertragungen empfänglich sind.

Für Omnivoren (Allesfresser) wird man aus ernährungsphysiologischer Sicht eine Verfütterung von Tiermehl nach kompletter Inaktivierung der potentiell enthaltenen TSE-Restinfektiosität und der Verwendung von ausschließlich a priori SRM-freien Fleischabfällen oder wenig gefährlichen Schlachtnebenprodukten (s. Kap. 53.9.3) wieder diskutieren. *Jedoch sollte dies erst nach Ausrottung der BSE in Betracht gezogen werden.* Auch nach der (eventuellen) Wiederaufnahme dieser Praxis sollten sich keine Wiederkäuerbestandteile im Rohmaterial befinden dürfen, was sehr schwierig zu kontrollieren ist.

Sollten nicht alle Risiken der Verabreichung von Wiederkäuerproteinen oder von potentiell kontaminierten Fetten an der Quelle ausschaltbar sein, sollte zur anhaltend sicheren Verhinderung der Kreuzkontamination (Abb. 41.8–9) wenigstens eine strikt getrennte Herstellung [27] von Wiederkäuermischfutter einerseits und von Futter für Monogastrier (Schweine, Hühner) andererseits gesetzlich vorgeschrieben werden. Auch Kreuzkontaminationsrisiken während des Transports oder auf dem Hof müssen eliminiert werden (s. Kap. 41.5), wobei hier primär

[112] Es ist auch zu beachten, daß während des Transports oder auf dem Hof eine Kreuzkontamination stattfinden kann (s. Kap. 41), die es ebenso zu verhindern gilt.

an die Eigenverantwortung der Transporteure und Tierhalter appelliert wird, da das Problem der mangelhaften Kontrollmöglichkeit auf diesen Ebenen bestehen bleibt. Es muß den Landwirten in Zukunft auch ausdrücklich verboten werden, Geflügel- oder Schweinemischfutter und dergleichen an Rinder, Schafe und Ziegen und andere Wiederkäuer aller Alterskategorien zu verfüttern, *auch nach Ausrottung der BSE.* Auch hier wird allerdings das Problem stets in der mangelhaften Möglichkeit einer effektiven Kontrolle bestehen bleiben, weshalb hier nochmals an die Eigenverantwortung der Tierhalter appelliert wird.

Diese Restrisiken im Zusammenhang mit einer späteren Wiederaufnahme der Tiermehl-Verfütterung an Schweine und Geflügel *nach Ausrottung der BSE* dürften sich solange allerdings in einem akzeptablen Bereich bewegen (akzeptables Risiko), wie vorausgesetzt werden darf, daß alle anderen in diesem Kapitel vorgeschlagenen Vorkehrungen zur Risikoreduktion anhaltend und strikt umgesetzt werden. Die Akzeptanz eines Restrisikos bzw. die Rechtfertigung einer limitierten Möglichkeit der geregelten TM-Verfütterung an bestimmte Nutztiere wird von uns damit begründet, daß bisher nie gezeigt werden konnte, daß Schweine und Hühner für orale TSE-Übertragungen empfänglich sind.

Analoge Überlegungen müssen auch für die Zukunft bestimmter Tierfette angestellt werden.

53.6.5 Tierfette und BSE-Infektiosität

Heute wissen wir, daß auch einige tierische Fettarten, die bei der industriellen Herstellung kontaminiert werden können, in der Tierfütterung problematisch sind. Beispielsweise scheinen künstliche Milchaustauscher, die einen bestimmten Anteil an BSE-kontaminiertem Tierfett enthielten, zu etlichen BSE-Infektionen von Kälbern geführt zu haben. Die im folgenden genannten bedenklichen Produkte sollten wie die Tiermehle heute verbrannt oder adäquat behandelt und grundsätzlich nicht an Wiederkäuer verfüttert werden. In der Schweiz z. B. sind dazu einige gesetzliche Regelungen erlassen worden. In der EU ist der Grenzwert für Verunreinigungen im Tierfett, das in der Nutztierfütterung noch Verwendung finden darf, seit Anfang 2001 verbindlich auf $< 0{,}15\%$ festgelegt worden. Es sollte vom Hersteller selbst nach möglichst tiefen Verunreinigungsgraden innerhalb dieses Toleranzbereichs gestrebt werden. Nulltoleranz zu verlangen, scheint indessen heute aus Machbarkeits- bzw. Meßbarkeitsgründen nicht realistisch.

In Ländern, wo auch problematisches Tierfett noch in die Tierfütterung gelangen darf, sind v.a. bei drei Fettarten folgende Punkte zu beachten:

1. *Rohfett mit Rückenmarksgewebe* (besteht zu einem großen Anteil aus potentiell BSE-kontaminierten Lipiden): es darf keinesfalls mehr den Rohkomponenten für Fettgrieben bzw. Griebenmehl[113] oder Griebenkuchen und anderen früher rezyklierbaren Materialien beigemischt werden. Das war eine europaweit offenbar gängige Praxis. Wo SRM nicht vom Verzehr durch Mensch und/oder Tier ausgeschlossen wurden, dürfte sie bedeutend zur heutigen BSE-Situation beigetragen haben.
2. *Extraktionsfette:* sie entstehen als Nebenprodukte bei der Tiermehlproduktion und können dabei durch bestimmte Bestandteile unerkannt infizierter Tiere mit BSE-Erregern kontaminiert werden (z.B. nicht getestete, jedoch verendete Rinder, die nicht verbrannt werden). Extraktionsfette sind daher als Tierfutter ungeeignet und sollten – wie Tiermehl – verbrannt oder nur technisch genutzt werden.
3. *Knochenfette, die aus uneröffneten Rinderschädeln und Wirbelsäulen stammen* bzw. potentiell BSE-kontaminierte Hirn- und Rückenmarkslipide von Wiederkäuern: sie sollten nicht in das Wiederkäuerfutter gelangen, um weitere BSE-Neuinfektionen zu verhindern. Wird Knochenfett in der Fütterung an andere, nicht TSE-empfängliche Tierarten zugelassen, ist mindestens eine adäquate Behandlung des Fettes vorzuschreiben, wie sie im folgenden Abschnitt beschrieben ist (vgl. auch Kap. 41.5.2).

[113] Besteht aus Protein: bindegewebiger Anteil des Fettgewebes.

53.6.6 Hitzesterilisierung des Knochenfettes

Es geht in diesem Abschnitt nicht um Fettgewebe an sich, sondern spezifisch um Lipide, die aus dem zentralen Nervensystem (ZNS) stammen: wenn (früher) hirnhaltige Rinderschädel von Tieren ab einem kritischen Alter als Rohkomponente unter anderem in die Produktion von Knochenfett und -schrot gelangten, konnte das Knochenfett evtl. durch Verunreinigung mit prionhaltigen Proteinen, die an aufschwemmenden Hirn- oder Rückenmarkslipiden hafteten, kontaminiert werden. Auch solche an Wiederkäuer verfütterte tierische Fette inkl. Mischfette[114], die z.B. den künstlichen Milchaustauschern für Kälber beigegeben wurden, stellten wegen prion-kontaminierten Lipiden des ZNS bzw. wegen Prion-Protein-haltigen Verunreinigungen im Knochenfett und in Knochenfetthaltigen Mischfetten einen vermutlich bedeutenden BSE-Risikofaktor dar (s. Kap. 41.5.2).

Es ist heute technisch möglich, Knochen bzw. die Rohware für Knochenfette gleich wie andere Schlachtabfälle unter Druck mit 133 °C zu sterilisieren, während früher dazu i.d.R. zwei getrennte Verarbeitungslinien notwendig waren. Heute sind in bestimmten Anlagen die Zufuhrsysteme so gebaut, daß Knochen und andere, von vornherein wenig gefährliche tierische Abfälle (= Schlachtnebenprodukte und Stoffwechselprodukte) nach jeder Verarbeitungsstufe auf andere Linien oder Apparate gewechselt werden können.

Die zu verarbeitenden Knochen und die übrigen verwertbaren tierischen Abfälle durchlaufen so mit Ausnahme der Sterilisation einen sehr ähnlichen *Prozeß* (s. *Flußdiagramm* in Abbildung 53.5), der eine mindestens 20-minütige Sterilisationsphase beinhaltet (bei einer minimalen Kerntemperatur von 133 °C, wo sich ein Wasserdampfdruck von 3000 hPa einstellt). Dies führt zu einer wesentlich höheren Entsorgungssicherheit. (Neuere Untersuchungen haben allerdings gezeigt, daß Prionen in der Fettphase stabiler sind als in der wäßrigen Phase und durchaus nach Verarbeitung mit einer Temperatur von 150 °C noch nachweisbar sind (D. Riesner, pers. Mitt. und Quelle: Appel, T., et al. Heat stability of prion rods and recombinant prion protein in water, lipid and lipid water mixtures; J. Gen. Virol. ***82***, Februar 2001)).

Sterilisation von Knochen und Knochenfett: Aufgrund der EU-Vorschriften in RL 96/449/EG wurde z.B. im GZM[115] Extraktionswerk AG, CH-3250 Lyss, ein Verfahren zur sicheren Drucksterilisation etabliert. Seit März 1998 wird dabei das Ausgangsmaterial während mindestens 20 Minuten bei einem Druck von 3000 hPa auf 133 °C erhitzt (vor Einführung der neuen Technik wären die Knochen bei dieser Behandlung zu Knochenleim verklumpt).

Auf diese Weise wird gleichzeitig die hitzesterilisierte Proteinkomponente und das hitzesterilisierte Knochenfett produziert. Damit ist ein im In- und Ausland beachteter Sicherheitsstandard in der Knochenfettproduktion erreicht worden. Auch wissenschaftliche Experten des Lenkungsausschußes, der die EU-Kommission hinsichtlich BSE berät, raten seit 2001 dazu, von bestimmten Rinderteilen gewonnene Fette unter Druck hitzesterilisieren zu lassen.

Betriebskontrollen: Folgende Maßnahmen gewährleisten den angestrebten Sterilisationsprozess und dienen der Kontrolle durch den EU-Kontrolltierarzt:

1. Automatische und visualisierte Steuerung und Überwachung
2. Zweifach-Installierung und Prüfung aller relevanten Messungen; Meßwerte werden automatisch auf gegenseitige Differenzen geprüft
3. Unabhängige und sichere Aufzeichnung (Abb. 53.5) der bedeutsamen Daten des Sterilisationsprozesses; Daten werden wöchentlich auf Datenträger gespeichert und archiviert.

53.7 Maßnahmen bei Feststellung von BSE

Folgende Vorkehrungen müssen nach Bestätigung der Diagnose „BSE“ getroffen werden, sei es bei Tieren *mit* oder *ohne* klinischen Verdacht.

[114] Mischfett kann bzw. konnte (je nach aktueller gesetzlicher Regelung) Knochenfett enthalten.

[115] Mit freundlicher Erlaubnis von Herr H. Soltermann, Mitverfasser dieses Abschnitts, darf der Firmenname genannt werden.

Tabelle 53.3: Tabellarische Übersicht: in der Folge von wissenschaftlichen Neuerkenntnissen hat in der Schweiz infolge der umgesetzten Maßnahmen (s. Text v. Kap. 53, 54, 32, und 35) seit 1991 eine stufenweise Abnahme des Risikos von BSE-Infektionen stattgefunden. Ab dem Jahr 2001 bleiben lediglich theoretische Restrisiken[7].

Jahr	Gehirn u. Rückenmark etc. gelangten in Rindermischfutter	Auf Hof gelagertes „altes Rindermischfutter"	Erhitzen von SRM/SBO mit < 133 °C möglich	Import: Griebenmehl, FKM, FM, etc. (Tiermehl)	Rinderschädel zu Knochenschrot, FKM, Tiermehl etc. verarbeitet	Kreuzkontamination von Rindermischfutter	Kontaminiertes Schweine u. Hühnerfutter (für Rinder „artfremdes Futter")	Knochenverarbeitende Anlagen arbeiten mit < 3000 hPa Druck bzw. mit < 133 °C	Rinderwirbelsäulen rezykliert (dorsale Wurzelganglien) gemäß RL 96/449/EG
bis 1.12.90	+	+	+	+	+	+	+	+	((+))
1991	–	+	+	–/+	+	+	+	+	((+))
1992	–	–	+	–/+	+	+	+	+	((+))
1993	–	–	(+)[1]	–/+	+	+	+	+	((+))
1994	–	–	–	–/+	+	+	+	+	((+))
1995	–	–	–	–/+	+	+	+	+	((+))
1996	–	–	–	–/+[2]	(+)[3]	(+)	(+)	+	((+))
1997	–	–	–	–	–	(+)	(+)	+	((+))
1998	–	–	–	–	–	(+)	(+)	(+)[4]	((+))
1999	–	–	–	–	–	(+)	(+)	–	((+))
2000	–	–	–	–	–	(+)[5]	(+)[5]	–	((+))
2001	–	–	–	–	–	–[6]	–[6]	–	–[6]

SRM Spezifiziertes Risikomaterial, früher spezifizierte Bovine Organe (SBO), wobei SBO und SRM nicht genau deckungsgleiche Bedeutungen haben.
FKM Fleisch-Knochenmehl
FM Fleischmehl
\+ Risikofaktor vorhanden
(+) Geringeres Risiko, da – aufgrund von Maßnahmen – Risikofaktor nur noch teilweise oder aber während eines Teils des Jahres vorhanden.
((+)) Sehr geringer Risikofaktor „dorsale Wurzelganglien" (paravertebrale Spinalganglien).
– Risikofaktoren aufgrund getroffener Maßnahmen nicht mehr vorhanden.

1) Bis 1993: Erhitzungstemperatur für Tiermehlherstellung lag unter 133 °C (20 Minuten). Seit Frühjahr 1996 muß TM bei 3000 hPa Druck mit 133 °C während 20 Minuten behandelt werden. In ausschließlich knochenverarbeitenden Firmen war die fortgesetzte Rezyklierung von Rinderschädeln bzw. -gehirnen problematisch, da diese Bedingungen bis 1998 technisch bedingt nicht oder nicht ohne weiteres eingehalten werden konnten (Abb. 53.5).

2) Ab 1996: De facto Importstop von ausländischen, oft unter weniger strengen Auflagen produzierten TM, Griebenmehlen, FKM, FM etc. zur Verfütterung an Nutztiere (weniger streng bedeutet z.B. Kuhschädel mit Hirn im Rohmaterial).

3) Bis 1996: Rinderschädel inklusive -gehirne zu Tiermehl verarbeitet. Seit Mai 1996 müssen alle Rinderschädel uneröffnet der Verbrennung zugeführt werden.

4) Seit März 1998 ist man technisch imstande, Knochen(-fett) gleich wie andere Schlachtabfälle einer Drucksterilisation nach Richtlinie 96/449/EG zu unterziehen (Abb. 53.5).

5) Nulltoleranz bezüglich Kreuzkontamination seit November 2000 (s. Kap. 54).

6) Generelles Verbot der Verfütterung von Tiermehlen (FKM, FM sowie Knochenfett und Extraktionsfett usw.) an landwirtschaftliche Nutztiere, um auch die Kreuzkontamination gänzlich zu unterbinden. Bis diese Maßnahme **sichtbar** greift, muß jedoch wiederum eine durchschnittliche Inkubationszeit von mindestens 4,5 Jahren abgewartet werden.

7) Maternale BSE-Übertragungen, horizontale BSE-Übertragungen (höchst unwahrscheinlich) und sporadisch auftretende BSE-Fälle aufgrund spontaner Umfaltung des PrP^{C} (s. Kap. 3, 8).

Hier geht es primär darum, die Eliminierung bereits zirkulierender BSE-Infektiosität sicher zu stellen. Letztlich wird insbesondere damit der Schutz des Konsumenten und der empfänglichen Tierpopulation angestrebt.

53.7.1 Tiere mit klinischer BSE und subklinisch BSE-infizierte Tiere, die erkennbar sind

Tiere mit Verdacht auf BSE müssen unverzüglich den zuständigen Veterinärbehörden gemeldet werden (s. Kap. 32). BSE-verdächtige Tiere dürfen nicht geschlachtet, verkauft oder verstellt werden. Tiere, bei denen der Verdacht auf BSE nach genauer Abklärung bestehen bleibt, müssen getötet werden; es sei denn, sie werden zu Forschungszwecken einem wissenschaftlichen Institut übergeben. Das Gehirn ist mit der Hirnschale zur gezielten Untersuchung auf das Vorliegen von BSE einem akkreditierten Diagnostiklabor zuzuführen. Der übrige Tierkörper ist ausnahmslos durch Verbrennung zu vernichten. Die gleichen Maßnahmen müssen getroffen werden, wenn es sich nicht um klinisch manifeste BSE-Fälle (A, BSE-positive) handelt, sondern um klinisch noch nicht manifeste, sog. subklinische Fälle, die mit einem neuen, brauchbaren, d.h. offiziell zugelassenen BSE-Test diagnostiziert wurden (B, BSE-Test-positive). (A) und (B) zusammengefaßt bilden die *Tiere mit BSE*.

53.7.2 BSE-Risikotiere und -Risikobetriebe

Die vermuteten Gründe, weshalb in vielen betroffenen Herden nur einzelne Tiere an BSE erkranken, werden im Kapitel 39.2.5 erläutert. Neben Tieren mit BSE sind, z. B. in der Schweiz, lediglich die abstammungsmäßig (direkte Nachkommen von BSE-Kühen) oder epidemiologisch (Geburts-Kohortentiere[116]) mit dem BSE-Fall in Zusammenhang stehenden Rinder zu töten und unschädlich zu beseitigen. Mit der Anwendung dieses sog. Schweizer Modells können direkte Nachkommen und Geburtskohorten zusammengefaßt als BSE-Risikotiere bezeichnet werden, die per Definition nicht mehr zur Rindernormalpopulation gezählt werden (Tab. 53.1). Entsprechend gelten die Betriebe, in denen sie stehen, *vorübergehend* als BSE-Risikobetriebe, d.h. die dort gehaltenen Nicht-Risikotiere gehören nach Abschluß der notwendigen Maßnahmen und Abklärungen wieder zur Rindernormalpopulation. Alle notwendigen Untersuchungen und Abklärungen in direkt und indirekt (s. Punkt 1) betroffenen Beständen sowie gegebenenfalls auch in Futtermittelfirmen sollten durch den amtlichen Tierarzt bzw. einen Epidemiologen vorgenommen werden (s. Kap. 40, 41.5).

Einzelne Vorkehrungen, die in Risikobetrieben getroffen werden müssen:

1. Die Geburtskohortentiere (Tab. 53.1) müssen getötet und gemäß Punkt 5 entsorgt werden. Primär muß also der Ursprungsbetrieb gefunden werden, falls ein BSE-positives Tier nicht in jenem Bestand geboren und aufgezogen wurde, wo es zuletzt gehalten worden und erkrankt ist. Zusätzlich sind alle anderen BSE-Risikobetriebe, die durch Zukauf oder Verkauf von Tieren in einen BSE-Fall involviert sind, ausfindig zu machen, insbesondere derjenige Betrieb, in dem die Infektion am wahrscheinlichsten[117] erfolgte (vgl. dazu [239]).
2. Alle direkten Nachkommen von BSE-Kühen (Tab. 53.1) müssen getötet und durch Verbrennung entsorgt werden. Damit werden einschlägige EU-Vorschriften [1218] umgesetzt, nach denen ein Land mit BSE-Vorkommen alles daran zu setzen hat, um eine mögliche maternale Übertragung zu verhindern.
3. Unbefruchtete Eizellen und Embryonen von Tieren mit BSE sind zu vernichten, obwohl in solchem Material nach heutigem Wissensstand keine Infektiosität nachgewiesen werden kann (s. Kap. 42). Diese Vorsichtsmaßnahme wird aus grundsätzlicher Erwägung durchgeführt, da die gesetzlichen Vorschriften besagen, daß „alle Teile der von BSE betroffenen Tiere vernichtet werden müssen".
4. Es ist nicht angezeigt, Nachkommen von BSE-betroffenen Stieren zu töten, da im Sperma und in den männlichen Geschlechtsorganen von BSE-betroffenen Stieren in experimentellen Übertragungsversuchen mit Mäusen bis heute keine Infektiosität nachgewiesen werden konnte [31,323,577,647], und

[116] Geburtskohorten sind alle Rinder, die im Betrieb, in dem die Infektion höchstwahrscheinlich stattfand, innerhalb eines Jahres vor oder nach der Geburt (oder des Zukaufs) des von BSE betroffenen Tieres geboren (oder zugekauft) wurden und somit als Kälber bis rund 1-jährig höchstwahrscheinlich gleich gefüttert wurden wie das BSE-betroffene Tier.

[117] Meist, jedoch nicht immer im Ursprungsbetrieb, d.h. dort wo es geboren wurde. Aufgrund der langen Inkubationszeit wird angenommen, daß die orale Übertragung der BSE-Infektiosität meist im Kälberalter (bis 1-jährig) erfolgte (Abb. 19.3).

es keine epidemiologischen Hinweise auf eine paternale Übertragbarkeit gibt. Hingegen sollten gelagerte Samendosen von BSE-betroffenen Bullen vernichtet werden, weil prinzipiell alle Teile von Tieren mit BSE vernichtet werden müssen.

5. Tierkörper getöteter BSE-Risikotiere sind grundsätzlich vom Verzehr durch Mensch und Tier auszuschließen. Noch wichtiger ist es aus Gründen der Übertragungseffizienz (Abb. 1.8), die Verwendung von Teilen dieser Tierkörper in der Arzneimittel- und Kosmetikaproduktion etc. zu untersagen, um ein parenterales Übertragungsrisiko zu vermeiden. Es wird empfohlen, die Tierkörper getöteter BSE-Risikotiere mitsamt allen übrigen Teilen und Stoffwechselprodukten zu verbrennen. Insbesondere der Rest des Gehirns, das Rückenmark und die Augen etc. dieser Tiere, die nicht zu Untersuchungs- oder Forschungszwecken gebraucht werden, müssen grundsätzlich verbrannt werden. Es ist jedoch im Rahmen einer wirksamen aktiven Überwachung (s. Kap. 32, 35 und Tab. 53.1) unbedingt zu empfehlen, das Gehirn dieser getöteten Tiere nicht nur histologisch, sondern zusätzlich z.B. mit dem Prionics-Check™-Test auf BSE untersuchen zu lassen, auch wenn sie vor der Tötung klinisch gesund waren (Abb. 35.4).

Beispielsweise wurden in der Schweiz von ca. 2000 klinisch unauffälligen sog. BSE-Risikotieren sechs infizierte gefunden [239] (Abb. 41.11, → *Check-Test"+„Inzidenz, 1998, Kohortenschlachtung*). Die sechs Tiere wurden im Zeitraum von einem Jahr vor bis einem Jahr nach der Geburt derjenigen Tiere geboren (oder im selben Zeitraum in den Bestand zugekauft), welche als BSE-Fälle die Eliminierung der sechs Herden ausgelöst hatten. Alle anderen eliminierten Herden waren frei von weiteren Positiven.

Es dient der Überwachung und dem wissenschaftlichen Erkenntnisgewinn, wenn nicht die ganze Rinderherde ausgerottet wird, da sich so im späteren Verlauf zeigen kann, ob eine herdeninterne Ausbreitung stattfindet oder nicht. Tritt bei dieser Vorgehensweise je ein zweiter Fall in einer Herde auf, kann *aus unserer Sicht* immer noch in Betracht gezogen werden, die ganze Herde zu eliminieren.

Tiere mit BSE und BSE-Risikotiere, die getötet werden müssen, sowie alle von ihnen stammenden zu vernichtenden Teile sind angemessen zu entschädigen. Der amtlich festzulegende Schätzungswert wird aufgrund des aktuellen Verkehrs- bzw. Schlachtwertes ermittelt.

Auch um den Vollzug bestimmter Maßnahmen nach Punkt 1–5 zu garantieren, ist ein zuverlässiges Tieridentifikations- und -verkehrskontrollsystem [238] unerläßlich.

53.7.3 Subklinisch BSE-infizierte Tiere, die nicht erkennbar sind

Ein Segment der BSE-infizierten Tiere ist nicht erkennbar und gehört per Definition auch nicht zu den BSE-Risikotieren: es handelt sich um Tiere der Rindernormalpopulation, die sich in einem frühen Inkubationsstadium befinden und selbst mit den heute empfindlichsten BSE-Tests noch nicht erkennbar sind (Abb. 35.4). Solange die Infektion trotz Anwendung der empfindlichsten BSE-Tests nicht erkannt werden kann, müssen negativ getestete Tiere aus pragmatischen Gründen zur Rindernormalpopulation gezählt werden. *Um die von diesem Segment der Rinderpopulation ausgehenden, nicht ausschließbaren BSE-Risiken für die Verbraucher und Tierpopulation zu reduzieren bzw. zu eliminieren, müssen alle im Kapitel 53.6 beschriebenen Präventionsmaßnahmen wie SRM-Verbrennung, Tiermehlverbot, Verhinderung der Kreuzkontamination, Verfütterungsverbot bestimmter Tierfette usw. strikt eingehalten und kontrolliert werden.*

53.8 Risikoreduktion im Schlachtbereich

53.8.1 Risikoreduktion bei der Fleischgewinnung und Zerlegetechnik

Infolge der BSE trat in manchen Ländern das Verbot in Kraft, Rinder bei der Schlachtung mit dem pneumatischen Bolzenschußapparat zu betäuben. Weiter ist es seit Anfang 2000 verboten (RL 2000/418/EG), durch Rückenmarkszerstörung mit einer 60–80 cm langen Rute (Füteln

(Schweiz), pithing (engl.)) Reflexlosigkeit zu erzeugen, was an sich vorher aus Arbeitsschutzgründen gemacht wurde. Mit diesem Verbot wird das Risiko minimiert, daß Hirngewebeteilchen durch verletzte Blutgefäße (vgl. Kap. 51.2.1.3) über den Blutkreislauf in den übrigen Teil des Körpers gelangen, wo sie v.a. im Kapillarnetz der Lunge stecken bleiben können.

Außerdem ist es im Zusammenhang mit dem Kreuzkontaminationsrisiko in manchen Ländern verboten, maschinell von Knochen abgeschabtes und zentrifugiertes Rindfleisch, *sog. Separatorenfleisch*, das im anatomischen Zusammenhang mit der Rinderwirbelsäule oder dem Rinderschädel (*Foramen occipitale*) steht, zu produzieren.

Bei der Durchtrennung der Wirbelsäule oder sonstigem verarbeitungsbedingtem Kontakt zum Zentralnervensystem (Abb. 53.6) können bestimmte Muskelgewebeteile durch Rückenmarks- oder Hirnstammteile (kreuz)-kontaminiert werden:

Die Spritzer, die bei der konventionellen Technik des Zersägens von Schlachttierkörpern in zwei Hälften (Tierhalbierung) entstehen und die *potentiell* BSE-infektiöse Rückenmarksteilchen enthalten, könnten zu einem beachtlichen Anteil auf die Oberfläche bestimmter Partien des Schlachtkörpers gelangen. Dabei kann Gewebe, das per se mit Hinblick auf BSE unbedenklich ist, (kreuz)-kontaminiert werden. Potentielle Gefahr besteht v.a. bei Schlachtrindern, die in einem weit fortgeschrittenen BSE-Inkubationsstadium sind (s. Kap. 53.4.5), klinisch aber noch unerkannt bleiben.

Es ist eine vordringliche Aufgabe der angewandten Technologie-Forschung, eine Sägetechnik zu konstruieren, die es erlaubt, die Tierhalbierung ohne Eröffnung des Wirbelkanals (Abb. 53.6) zu bewerkstelligen. Der Gesetzgeber und die einschlägige Industrie sollten diese Forschung bzw. Entwicklung mit hoher Dringlichkeit fordern und fördern. Es darf nicht verzögert werden mit dem Argument, daß bei Herausschneiden eines ganzen Wirbelsäulensegments, das den Wirbelkanal voll umschließt, wertvolle Fleischstücke mit verloren gingen.

Der Gesetzgeber sollte außerdem verbindlich vorschreiben, eine hinsichtlich dem BSE-Risiko für Beschäftigte unbedenkliche Schlacht- und Zerlegetechnik in den Schlachthöfen einzusetzen (Abb. 53.6). Diese Vorkehrung ist trotz publizierter Hinweise auf mögliche BSE-Risiken seit mindestens 1996 (nvCJD-Publikation) in der Fleischerzeugung vielerorts nicht getroffen worden. Der folgende Abschnitt gibt Auskunft darüber, an welche Punkte zu denken ist.

53.8.2 Schutz der Beschäftigten im Schlachtbereich (Arbeitsschutz bei BSE-Gefährdung)

In verschiedenen Tätigkeitsbereichen kommen Beschäftigte mit den sogenannten spezifizierten Risikomaterialien des Rindes (Schädel einschließlich Gehirn und Augen, Mandeln, Rückenmark und Darm) in Kontakt. Beispielsweise können Angestellte, die mit der Tierhalbierung beschäftigt sind, den dabei entstehenden Spritzern bzw. den darin enthaltenen potentiell BSE-infektiösen Rückenmarksteilchen ausgesetzt sein.

Präventive Maßnahmen, die bei bestimmten Tätigkeiten inklusive der Probenentnahme für BSE-Tests und Durchführung diagnostischer Arbeiten (s. Kap. 49) dem Arbeitsschutz dienen bzw. die Beschäftigten vor BSE schützen, sind möglich, jedoch nicht immer einfach praktizierbar. Vor einem Kontakt mit SRM ist der oder die Beschäftigte namentlich an den folgenden Arbeitsplätzen zu schützen [*www.baua.de/prax/abas/bse.htm*]:

- Schußbetäubung
- Kopfabsetzen (und ggf. Probenentnahme für den postmortalen BSE-Test)
- Tierhalbierung
- Rückenmarksentnahme (Abb. 53.6)
- „Verpackung" und Transportvorbereitung der SRM

Den Beschäftigten an diesen Arbeitsplätzen sollte eine persönliche Schutzausrüstung zur Verfügung gestellt werden, die folgendes umfaßt:

- Feuchtigkeitsdichte und -abweisende Handschuhe für Arbeitsplätze mit manuellen SRM-Kontaktmöglichkeiten. Diese Handschuhe sind unter den schnitthemmenden Handschuhen zu tragen. Das Rückenmark von Rindern ab dem Alter von einem Jahr sollte nicht mit bloßen Händen (Abb. 53.6) entfernt werden, insbesondere nicht, wenn die Hände (Mikro)-Verletzungen aufweisen.

- Geeigneter Gesichtsschutz (Spritzschutz, Gesichtsmaske, Schutzbrille, etc.) für Arbeitsplätze, wo Spritzer von SRM auftreten können.

Es geht hier um die Verhütung von parenteralen Übertragungsrisiken (vgl. Kap. 38.7), die viel effizienter zu einer Infektion führen können als enterale (orale), wie aus der Abbildung 1.8 ersichtlich ist.

Das Rinderhirn sollte zum Schutz der Angestellten in den entsprechenden Betrieben nicht aus der Hirnschale [656] entfernt und die Augen nicht vom Schädel getrennt werden. Am einfachsten ist es, den Schädel insgesamt (nach Verarbeitung zu Tiermehl) der Verbrennung zuzuführen (Abb. 53.2).

(Die Verbrennung des Schädels und von anderen gefährlichen tierischen Abfällen allgemein erfolgt aus diversen praktischen und logistischen Gründen i.d.R. erst nach Verarbeitung zu Tiermehl. Die Gründe sind, daß Tiermehl in bereits bestehenden Anlagen hergestellt und nachher der Energienutzung zugeführt werden kann. Tiermehl kann unter Nutzung des Heizwertes (vergleichbar mit Heizwert von Altholz) z.B. in Öfen von Zementwerken verbrannt werden. Das zu verbrennende Fett hat den Heizwert von Heizöl und kann technisch zur Energieproduktion genutzt werden wie im TMF Extraktionswerk Bazenheid, Schweiz, seit 1999 praktiziert.)

53.8.3 Enforcement am Beispiel der Kontrollen in den Schlachthöfen

Primär wichtig für Schlachtbetriebe ist die gesetzliche Vorgabe von klaren, praxisnahen, einfach umsetz- und kontrollierbaren Entsorgungspraktiken. Es muß z.B. von einem amtlich beauftragten Tierarzt kontrolliert werden, ob die Entsorgung von tierischen Abfällen, insbesondere die SRM-Regelung konsequent eingehalten wird: die unabhängige Vollzugsstelle muß die Einhaltung der Maßnahmen in den Schlachthöfen und Metzgereien oder Fleischereien, in denen geschlachtet wird, nicht nur kontrollieren, sondern Umsetzungsmängel strikt beheben. Im Rahmen dieses sog. Enforcements hinsichtlich der Einhaltung von BSE-Vorschriften sollte der gesamte Prozeß von der Schlachttieruntersuchung oder Lebendviehbeschau bis zur korrekten Entfernung, (Einfärbung) und schadlosen Beseitigung durch Verbrennen der SRM stichprobenweise und unangemeldet überwacht und kontrolliert werden.

SRM können nach dem Schlachten gut kenntlich eingefärbt und müssen in speziellen Behältern, getrennt von *wenig gefährlichen tierischen Abfällen (= Schlachtnebenprodukte und Stoffwechselprodukte*, s. Kap. 53.9.3–5), aufbewahrt und anschließend verbrannt werden. Werden Farbstoffe verwendet, sollten sie aus Kontrollgründen auch noch in verarbeiteten Erzeugnissen nachweisbar sein. Damit kann sichergestellt werden, daß die tatsächlich und potentiell infektiösen Bestandteile nicht weiter verwendet werden.

Es muß, zusammenfassend gesagt, sicher gestellt werden, daß folgende Wiederkäuerproteine bzw. -bestandteile von jeglicher Verwendung oder Rezyklierung in der Nahrung und den Arzneien etc. von Mensch und Tier ausgeschlossen werden:

- *alle SRM (nach Tabelle 53.2 und alle in Zukunft neu hinzukommenden SRM) und*
- *alle durch SRM-Bestandteile mit BSE-Infektiosität kreuz-/kontaminierten Produkte, Nebenprodukte, Organe, Gewebe, Zellen, Flüssigkeiten usw., z.B. bestimmte Tierfette (s. Kap. 53.6.5).*

53.9 Bemerkungen zu unbedenklichen Lebensmitteln und Bestandteilen boviner Herkunft

Neben Fleischerzeugnissen, denen bis in das Jahr 2000 (oder länger?) in bestimmten Ländern trotz vorhandener Warnungen vor BSE-Risiken noch SRM wie Rinderhirn oder -rückenmark beigemischt wurden, gibt es Lebensmittel und andere vom Rind stammende Bestandteile, die hinsichtlich BSE für den Menschen als unbedenklich gelten. Dazu gehören Muskelfleisch [1218] und Milch [411,1258] sowie bestimmte innere Organe wie Niere und Herz. Dazu gehören auch bestimmte Tierfette, die von Rindern bzw. Wiederkäuern stammen und die auch heute lebensmitteltauglich sind. Daher dürfen sie als Arzneihilfsstoffe (s. Kap. 46 →*Talg*) oder Nahrung(sbestandteile) Verwendung finden, solange (Kreuz)-Kontaminationen (Abb. 53.6) ausschließbar sind (vgl. Kap. 46.3.2.2). Dazu gehört z.B. Abdominal- oder sog. Nierenfett.

Die hier bzw. im folgenden wiedergegebene Liste von unbedenklichen bovinen Stoffen ist nicht vollständig.

53.9.1 Zum Rindfleisch

Der Konsum von Rindfleisch gilt hinsichtlich des BSE-Risikos als unbedenklich, ausgenommen ist (kreuz)-kontaminiertes Fleisch oder bestimmtes Separatorenfleisch (s. Kap. 53.8.1).

Muskelgewebe wird, basierend auf experimentellen Ergebnissen, der Infektiositätskategorie IV zugeordnet (vgl. Tab. 43.1, 46.2, 52.2), d.h. es enthält keine Prionen oder keine bisher meßbare Infektiositätstiter. Gemäß den Angaben des Scientific Steering Committee (SSC) der EU vom Herbst 1999 [1218] wurde *im* Muskelgewebe – mit den zur Verfügung stehenden Nachweismethoden und -grenzen (vgl. Tab. 43.1) – nie BSE-Infektiosität nachgewiesen. Der Nachweis mißlang im Mäuseversuch ebenso mit Muskelfleisch von Rindern, die sich im fortgeschrittenen Stadium der Inkubation befanden oder selbst von Tieren, die an BSE erkrankt waren, auch wenn lymphatisches Gewebe und Blut anatomische Bestandteile des Muskelfleisches sind [1218]. Der Mäuseversuch ist jedoch zwischen etwa 10^2 und 10^3 Mal weniger empfindlich als der Versuch ohne Überwindung der Speziesbarriere, d.h. im Vergleich zum momentan laufenden Kälberversuch in GB sind bei Übertragung von Infektiosität auf die Maus etwa 100 bis 1000 Mal weniger infektiöse Einheiten detektierbar als beim Kalb. Der seit 1996 in GB laufende Kälberversuch ist aus diesem Grund der aussagekräftigste Test, der überhaupt zur Verfügung steht: homogenisiertes Muskelfleisch von an BSE erkrankten Kühen wurde dabei in das Gehirn gesunder Kälber gespritzt. Das Ergebnis wird eine noch höhere Aussagekraft als bisherige Studien haben, da es sich einerseits auf den effizientesten Übertragungsweg (in das Gehirn) und andererseits darauf stützen kann, das keine die Übertragung hemmenden Mechanismen einer Speziesbarriere (Abb. 1.8) zwischen Spender und Empfänger eine Rolle spielen. Dazu kommt, daß Rinder im Vergleich zu Mäusen während einer viel längeren Lebensspanne beobachtet werden können, was die Aussagekraft der laufenden Studie nochmals erhöht. Bis zum Versuchsabschluß und einer definitiven Aussage mit wissenschaftlich gesehen ausreichender Sicherheit sollten die sich im Experiment befindlichen Tiere über drei durchschnittliche Inkubationszeit-Perioden, also mindestens 13,5 Jahre lang, beobachtet werden.

Abschließend muß unterstrichen werden, daß generell für die orale Übertragbarkeit der Prionkrankheiten (von Mensch und Tier) bis zu rund 126000fach [764] höhere infektiöse Dosen notwendig sind, als bei der Verabreichung direkt in das Gehirn (i.c.). Deshalb stünde das potentielle Restrisiko von bisher eventuell nicht meßbaren, geringsten Mengen an Prionmolekülen *in* der Rindermuskulatur mit der oralen Aufnahme durch den Menschen einer sehr ineffektiven Übertragungsroute gegenüber.

Weiter muß in Betracht gezogen werden, daß auch bei grundsätzlicher Übertragbarkeit der BSE auf den Menschen zwischen Rind und Mensch eine gewisse Effektivität der Speziesbarriere existiert (s. Kap. 9), was besagt, daß einzelne oral übertragene PrP-Moleküle nicht automatisch eine Infektion bedeuten.

53.9.2 Zur Milch

Der Konsum von Milch gilt hinsichtlich des BSE- bzw. TSE-Risikos generell als unproblematisch [411,1258]; v.a. auch daher, da hier absolut keine Kontaminationsrisiken vorliegen können. Kuhmilch, aber auch die Milch von anderen Arten, die an einer Prionkrankheit erkranken können, befindet sich aufgrund der Analysen im Tierversuch in der Infektiositätskategorie IV (= keine meßbare Infektiosität; Tab. 46.2; Tab. 52.2). Der Code Zoosanitaire des Office Internationale des Epizooties (OIE) besagt, daß Milch, Milchpulver und andere Milchprodukte klinisch gesunder Kühe auch aus sogenannten BSE-Ländern bedenkenlos eingeführt werden können [994].

Ebenso beurteilt die Weltgesundheitsorganisation (WHO) Milch, Milchpulver und andere Milchprodukte – selbst aus Ländern mit einer hohen BSE-Inzidenz – als sichere Lebensmittel [1329].

Aus den genannten Gründen wird Milch von der Wissenschaft und offiziell als BSE-frei betrachtet. Für Milchpulver oder andere Milchbestandteile, die Produkten wie Schokolade, Babynahrung usw. beigemischt werden, gilt sinngemäß dasselbe.

Wir verweisen hinsichtlich Speziesbarriere, Übertragungs(in)effizienz bzw. -route und bezüglich der limitierten Meßbarkeit etc. auf Argumente im Kapitel 53.9.1.

53.9.3 Zu den Schlachtnebenprodukten von Wiederkäuern

Sogenannte Schlachtnebenprodukte wie Häute, Hörner und Klauen etc. von Wiederkäuern sind hinsichtlich BSE unbedenklich. Eine Verwertung als Tierfutter ist nach einer Behandlung mit einer Kerntemperatur von mindestens 133 °C, wo sich ein Wasserdampfdruck von 3000 hPa einstellt, während 20 Minuten allenfalls möglich. Allenfalls bedeutet, daß es aus präventiven Gründen nur an TSE-unempfängliche Arten verabreicht werden sollte und nur an Tiere, die nicht der Lebensmittelproduktion dienen (vgl. Kap. 53.6.4.2). Im Klartext darf daraus hergestelltes Tiermehl ohne Bedenken z. B. dem Hundefutter beigemischt werden. Ohne Hitzebehandlung dürfen hingegen solche Bestandteile nur zur Herstellung von technischen Erzeugnissen oder von Gebrauchsgegenständen verwendet werden. Es ist auch in diesem Fall sicherzustellen, daß in den Endprodukten vorher eventuell vorhandene Krankheitserreger (Nicht-Prionen) vernichtet worden sind.

Ebenso unbedenklich und z. B. als Hundefutter verwendbar sind die von gesunden Rindern bzw. Wiederkäuern stammenden Pansen und Mägen sowie Zerlegeknochen ohne Schädel und Wirbelsäule.

Auch weitere Bestandteile des Rindes, die einer speziellen Verwendung außerhalb der Ernährung zugeführt werden, z. B. die Galle, sind unbedenklich.

Gegenteilig lautende Aussagen als die Äußerungen unter 53.9.1–3 sind bis zu deren Beweis als spekulativ anzusehen. Eventuell verbleibende oder vermeintliche Restrisiken sollten stets adäquat gewichtet werden (s. Kap. 53.9.6).

53.9.4 Zu Stoffwechselprodukten von Rindern (Jauche und Dung)

Stoffwechselprodukte von Wiederkäuern wie Panseninhalt, Magen- und Darminhalt sowie Harn und Kot dürften hinsichtlich einer BSE- oder TSE-Ausbreitung belanglos sein, d.h. Jauche oder Gülle und Dung oder Mist von Rindern sind hinsichtlich einer weiteren BSE-Ausbreitung höchstwahrscheinlich unbedenklich. Es gab, bisher jedenfalls, keine Hinweise auf ein diesbezügliches Risiko und in diesen Stoffen konnte bisher nie (Tab. 43.1, 46.2, 53.2) Infektiosität nachgewiesen werden. Zur Absicherung dieser Aussagen wird empfohlen, entsprechende langjährige Forschungsprojekte unter Feldbedingungen (Kontaktexperimente) durchzuführen, da die i.c.-Übertragung auf Versuchstiere aufgrund der Natur dieser Stoffe beinahe unpraktikabel ist.

53.9.5 Zum Dünger mit Bestandteilen von Wiederkäuern

Die Verwendung von Dünger im Gartenbau oder in der Felderbewirtschaftung darf hinsichtlich BSE als unproblematisch bezeichnet werden, wenn darin z. B. Stoffwechselprodukte von Rindern bzw. *kompostierter* Panseninhalt enthalten ist. Jedenfalls gab es bisher nie konkrete Hinweise auf ein dahingehendes Risiko und in diesen Stoffen konnten bisher nie Prionen nachgewiesen werden (Tab. 43.1, 46.2, 53.2). Es ist empfehlenswert, dies durch Forschungsprojekte unter Feldbedingungen nochmals zu untermauern.

53.9.6 Zur Risikogewichtung

Abschließend bleibt generell für das in Kapitel 53.9 Gesagte noch einmal zu betonen, daß für die orale Übertragbarkeit bis zu rund

126000fach [764] (=10^5 bis 10^6) höhere infektiöse Dosen notwendig sind, als bei der Verabreichung direkt in das Gehirn (dem effizientesten Verabreichungsweg im Tierversuch). Damit könnte, angenommen die in den Kapiteln 53.9.1–2 erwähnten Produkte würden einen sehr geringen BSE-Titer enthalten, die „Darmschranke" nur mit sehr geringer Wahrscheinlichkeit passiert werden: da zudem zwischen Rind und Mensch noch eine Speziesbarriere mit im Spiel ist, scheint das Restrisiko der Übertragbarkeit nochmal um 10^2 bis 10^3 Mal geringer. Daraus läßt sich schließen, daß insgesamt eine enterale Infektion nur erfolgreich oder wahrscheinlich wäre, wenn mindestens 10^7 bis 10^9 Mal mehr Infektiosität aufgenommen würde (= Faktor *10 Millionen* bis *eine Milliarde*) als gemäß dem intrazerebralen Tierversuch innerhalb derselben Spezies notwendig ist.

53.10 Impfstoffe, Arzneimittel und -hilfsstoffe (Talg, Pharmagelatine) sowie Kosmetika

Gemäß der WHO [1330] können Impfstoffe, die z.B. aus Wiederkäuergehirnen hergestellt werden, für empfängliche Spezies (Tab. 1.3) das Risiko einer TSE-Übertragung in sich bergen, da bei den Herstellungsverfahren solcher Produkte TSE-Erreger i.d.R. nicht inaktiviert werden.

Vor dem Hintergrund der nvCJD und ihrem Zusammenhang mit BSE (s. Kap. 50) empfiehlt die WHO [1330], auf die Verwendung bedenklicher Vakzinen (Impfstoffe) beim Menschen und bei Wiederkäuern zu verzichten. Beim Fehlen von Alternativen müssen die verwendeten Rohgewebe von Tieren oder Ländern stammen, die BSE-frei sind [1330]; soweit dies überhaupt belegbar ist. Als solche Länder gelten zur Zeit v.a. Neuseeland [161,218,219,868] und Australien [78,228,1123,1195], die auch frei von Scrapie sind (s. Tab. 58.1).

Talg und Pharmagelatine sind bei adäquater Behandlung der verwendeten Rohmaterialien unbedenklich (s. Kap. 46).

Zur Herstellung von (Tier)-Arzneimitteln oder Kosmetika usw. dürfen keine SRM-Teile als Rohstoff verwendet werden. Dies ist deshalb wichtig, weil der parenterale Übertragungsweg (z.B. perkutan oder per injectionem) viel effektiver ist als der enterale, der bei der Nahrungsaufnahme entscheidend ist (Abb. 1.8). Ausgenommen davon sind Rohkomponenten, für die kein Ersatzgewebe zur Verfügung steht; auch hier muß allerdings vorausgesetzt werden, daß verwendete Rohgewebe von gesunden Tieren aus Ländern stammen, die BSE-frei sind (s. Kap. 46).

Es ist praktisch nichts darüber bekannt, ob bestimmte Tierarzneimittel oder Impfstoffe für Tiere und z.B. Wachstumshormone für Rinder und dergleichen früher mit ungenügend behandelten SRM hergestellt wurden und ob sie somit einen „Beitrag" zu ominösen BSE-Übertragungsmodi geleistet haben oder haben könnten. Einen Hinweis auf iatrogen verursachte BSE-Fälle gibt es zwar bisher nicht; bei Scrapie hat dieser Übertragungsweg jedoch mindestens einmal, in den 30er Jahren des 20. Jh., eine Rolle gespielt (s. Kap. 42.5) und u.U. ein zweites Mal in den 90er Jahren in Italien (M. Pocchias, pers. Mitt.).

53.11 Maßnahmen im Rahmen des internationalen Handels

Da BSE außerhalb von Großbritannien auch (vgl. Kap. 52) auf den Import von kontaminiertem Tiermehl oder BSE-infizierten lebenden Rindern zurückzuführen ist (s. Kap. 41) [666, 667,1170,1174] und v.a. da spätestens seit dem Auftreten der nvCJD im Frühjahr 1996 [1352] davon auszugehen ist, daß SRM für den Verbraucher ein BSE-Risiko darstellen können, sind spezifische Auflagen zur Einfuhr von Tieren oder tierischen Produkten erlassen worden. Beispielsweise wurden in bestimmten Ländern des Orients, wo es noch üblich ist, Teile des Gehirns gesunder Rinder zum menschlichen Verzehr zu verwenden (Abb. 53.1), seit den 90er Jahren keine lebenden Rinder mehr aus BSE-betroffenen Ländern importiert. Es wäre jedoch ausreichend, wie oben erwähnt, generell keine BSE-Risikoorgane (SRM) zu verzehren oder anderweitig zu verwenden und sie stattdessen zu verbrennen.

Die in diesem Kapitel genannten BSE-Risiko-behafteten Produkte (SRM) (Tab. 53.2) dürfen bis zur Ausrottung der BSE weder exportiert

Abb. 53.1: Rinderkopf als Teil des Angebots von Metzgereien: in bestimmten Regionen der Welt wird das Gehirn von Rindern als Delikatesse verzehrt. (Photo von B. Hörnlimann)

noch importiert werden; es sei denn, das Export-Land ist in der Tat BSE-frei (z.B. Australien und Neuseeland), was mit einer aktiven Überwachung anhand von BSE-Tests nach internationalen Maßstäben (s. Kap. 32) zu „beweisen" ist. Ausgenommen davon ist selbstverständlich der Transport in das nahe gelegene Ausland bei einer grenzüberschreitenden Zusammenarbeit in der geordneten SRM-Entsorgung (z.B. gemeinsame Verbrennungsöfen).

Es muß betont werden, daß vorbeugende Restriktionsmaßnahmen im internationalen Handel laufend den neuen wissenschaftlichen Erkenntnissen und den epidemischen Situationen der einzelnen Länder angepaßt werden sollen. (Import)-Risikoeinschätzungen [992,993] müssen daher periodisch objektiviert bzw. neu berechnet werden. Einschätzungen zum BSE-Risiko (vgl. Tab. 41.3) eines (Herkunfts)-Landes müssen auch dessen *BSE-Überwachungsqualität* berücksichtigen. Verbindliche Kriterien in Form eines Scoringsystems, z.B. das GBR-Scoring-System der EU [1216a], dienen der Vereinheitlichung von Risikoeinschätzungen und daraus abzuleitender Restriktionen. Solche Entscheidungshilfen (GBR) müssen auf wissenschaftlichen, international (OIE, EU und dgl.) akzeptierten Normen basieren [992,993]. Argentinien [242,1178], Australien [388], Großbritannien [776,1299], Neuseeland [868], die USA [45,46,146,166] und andere Länder haben bereits vor längerer Zeit Importbestimmungen auf eigene Risikoeinschätzungen abgestützt und deren BSE- und Scrapie-Situation dokumentiert.

Alle Handelspartner sollten vor dem Hintergrund ihres international objektivierten *BSE-Status* und ihrer *BSE-Überwachungsqualität* prinzipiell gleich beurteilt und „behandelt" werden [1]. Länder mit vorbildlicher Überwachungsqualität nach den Prinzipien der Kapitel 32 und 35 weisen u.U. eine vergleichsweise höhere BSE-Inzidenz auf (vgl. Kap. 41.7, Abb.

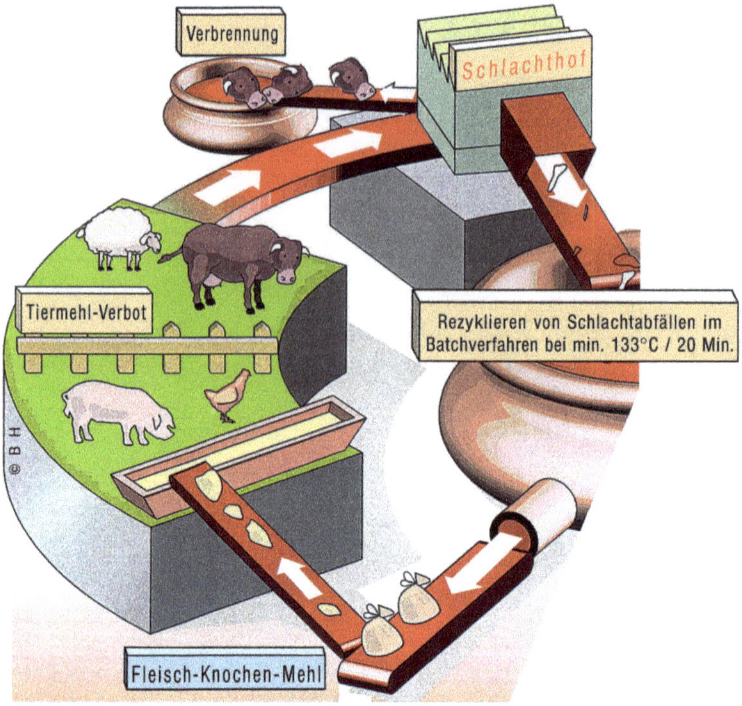

Abb. 53.2: Graphische Zusammenfassung dreier Kernelemente eines auch in Zukunft aufrecht zu erhaltenden BSE-Bekämpfungskonzepts, bestehend aus (1) Tiermehl-Verbot mindestens für Wiederkäuer, (2) Verbrennung der SRM aller Schlachtkühe, Schafe und Ziegen aus der Normalpopulation und (3) Rezyklierung der wenig gefährlichen Materialien gemäß EU-Richtlinie 96/449/EG. Mindestens bis die BSE ausgerottet ist, sollte auch auf die FKM-Verfütterung an Schweine und Geflügel verzichtet werden. (Originalabb. von B. Hörnlimann)

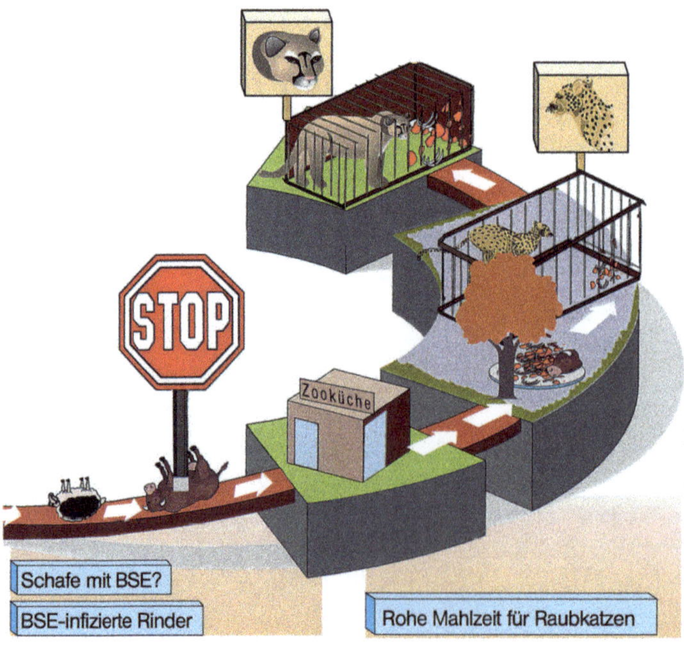

Abb. 53.3: Schematische Darstellung der FSE-Übertragungswege bei Wildkatzen (*Felidae*). Nicht vom Menschen verwertbare Rinder (z. B. Downer Cows) oder andere Nutztiere bzw. deren Kadaver werden regelmäßig und in erheblichen Mengen an Raubkatzen in Zoos verfüttert. Falls Rückenmarks- oder Gehirnteile aus BSE-infektiösen Rinderkadavern mit verzehrt werden, kann eine FSE-Infektion erfolgen: heute empfiehlt es sich daher, solche Kadaver nicht an TSE-empfänglichen Fleischfresser zu verfüttern (vgl. Tab. 1.3) und sie am besten durch Verbrennung schadlos zu entfernen. (Originalabb. von B. Hörnlimann)

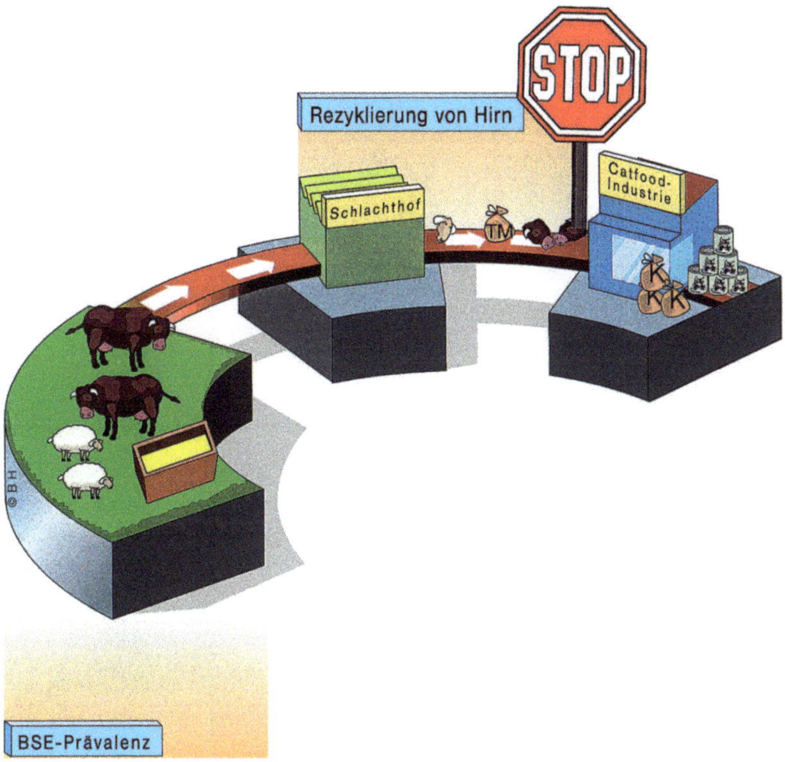

Abb. 53.4: Schematische Darstellung des FSE-Übertragungsweges bei Hauskatzen (*Felidae*). Industrielle Hersteller verwenden heute i.d.R. lebensmitteltaugliches Rohmaterial zur Produktion von Katzenfutter (Catfood). Da z.B. Gehirn, Rückenmark und Augen von Rindern, Schafen und Ziegen (Tab. 43.1, 53.2) ab einem bestimmten Tieralter nicht durch den Menschen verwertet werden dürfen, gilt das Analoge bei der Fütterung von TSE-empfänglichen Heimtieren. (Originalabb. von B. Hörnlimann)

41.11) als Länder mit vernachlässigter BSE-Überwachung, sollten jedoch daraus keine nachteilige Beurteilung und „Behandlung" befürchten müssen [1]. Langfristig kann nur ein in der Praxis auf allen Ebenen umgesetztes und international harmonisiertes Überwachungs-, Präventions- und Bekämpfungsprogramm, in den wesentlichen Punkten nach Empfehlungen dieses Kapitels, dem weltweiten Verbraucherschutz und dem Schutz der Tierpopulation vor Neuinfektion dienen. Das Erlassen von Maßnahmen im Sinne von „Papiertigern" allein genügt nicht [1]. Die Umsetzungsqualität der BSE-Maßnahmen muß an den kritischen Punkten periodisch von unabhängiger internationaler Seite kontrolliert werden.

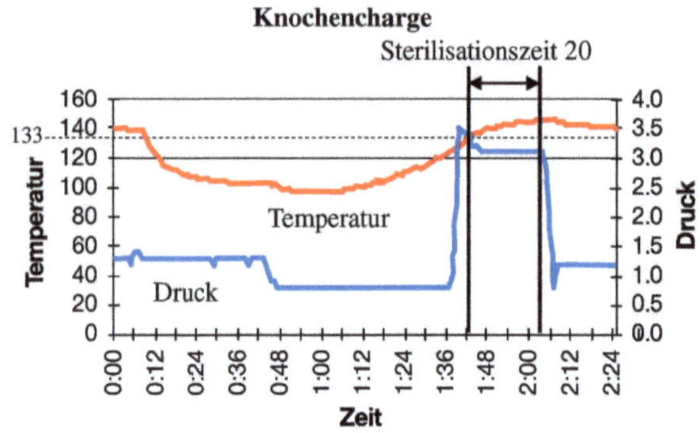

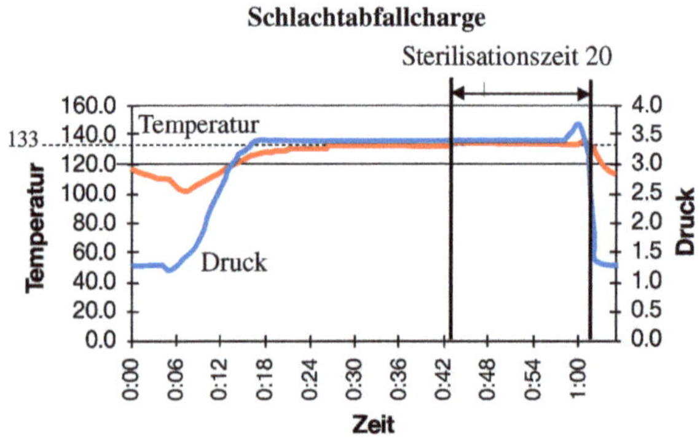

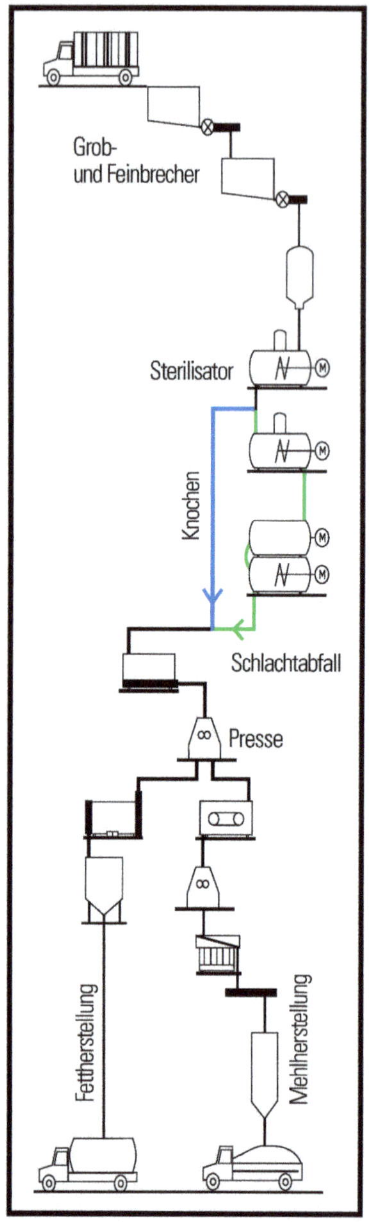

Abb. 53.5: (Rechts) Verfahren zur gleichzeitigen Drucksterilisation von Fleischknochenmehl (FKM) und Knochenfett. Die zu verarbeitenden Knochen und Schlachtabfälle durchlaufen mit Ausnahme der Sterilisation einen sehr ähnlichen Prozeß (s. Text). Damit ist die EU-Richtlinie 96/449/EG umsetzbar. (Oben) Aufzeichnung der relevanten Prozeßdaten bei der Drucksterilisation von FKM und Fett aus Knochen und Schlachtabfällen. Die Daten werden visualisiert, wöchentlich auf Datenträger gespeichert und archiviert, damit retrospektiv externe oder interne Kontrollen möglich sind. (Originalabb. von H. Soltermann)

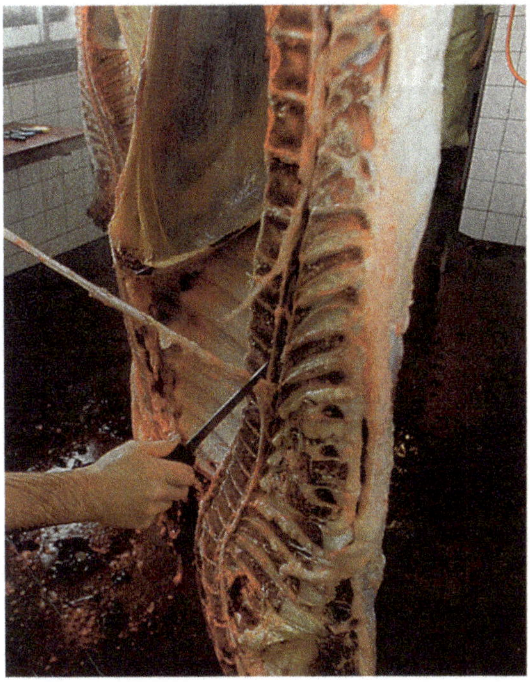

Abb. 53.6: Anläßlich der Schlachtung von klinisch gesunden, jedoch infizierten Kühen kann bei der Rückenmarksentnahme ein potentielles parenterales BSE-Übertragungsrisiko über Wunden an den bloßen Händen des Beschäftigten und ein Kontaminationsrisiko für den Schlachtkörper nicht ausgeschlossen werden. Das letztere für den Verbraucher möglicherweise relevante Risiko ist durch flächendeckende Anwendung von BSE-Tests insofern eliminierbar, als betroffene, potentiell kreuzkontaminierte Schlachtkörper nach Bestätigung der Diagnose verbrannt werden. (Abb. von M. Gyger)

Tabelle 53.4: SRM. – Spezifiziertes Risikomaterial mit Hinblick auf BSE. Aktueller Stand vom April 2001. >6 Monate bedeutet, daß entsprechendes Gewebe von allen über 6 Monate alten Rindern aus der normalen Schlachtpopulation unschädlich entsorgt werden muß (i.d.R. durch Verbrennung) (vgl. Tab. 53.2) u.s.w.

	EU	UK und Portugal	Schweiz
Rinder			
Schädel inkl. Hirn und Augen	>12 Monate	–	>6 Monate
Gesamter Kopf (ohne Zunge)	–	>6 Monate	Kühe
Tonsillen	>12 Monate	>6 Monate	>6 Monate
Rückenmark	>12 Monate	>6 Monate	>6 Monate
Wirbelsäule	>12 Monate	>12 Monate	Kühe
Darm	jeden Alters	jeden Alters	>6 Monate
Milz	–	>6 Monate	>6 Monate
Thymus	–	>6 Monate	>6 Monate
Sichtbares Lymph- und Nervengewebe	–	?	jeden Alters
Schafe und Ziegen			
Schädel inkl. Hirn und Augen	>12 Monate	>12 Monate	>12 Monate
Tonsillen	>12 Monate	>12 Monate	>12 Monate
Rückenmark	>12 Monate	>12 Monate	>12 Monate
Milz	jeden Alters	jeden Alters	jeden Alters

54 Die Kontrolle der Einhaltung des Tiermehl-Beimischungsverbotes durch Mikroskopie

Daniel Guidon

54.1 Einleitung

Die Eidgenössische Forschungsanstalt für Nutztiere (RAP) in Posieux ist in der Schweiz für die amtliche Kontrolle von Futtermitteln für landwirtschaftliche Nutztiere verantwortlich. Die ca. 500 Hersteller von Zusatzstoffen, Vormischungen und Mischfuttermitteln werden mit Stichproben kontrolliert. Die Einhaltung von Deklarationsvorschriften, die korrekte Verwendung von Zusatzstoffen sowie das Fehlen von verbotenen oder unerwünschten Stoffen in Futtermitteln müssen laufend überprüft werden. Mit verschiedenen Methoden werden die Proben untersucht.

Seit dem Auftreten des ersten BSE-Falles in der Schweiz Ende 1990, ist die Verfütterung von Fleischmehl, Fleisch-Knochen-Mehl und ähnlichen proteinhaltigen Schlachtnebenprodukten an Wiederkäuer verboten (BSE-Sofortmaßnahmen, 1990); ab dem Jahr 2001 ist Tiermehl in der Fütterung landwirtschaftlicher Nutztiere verboten. Schon die Sofortmaßnahmen betrafen auch die Herstellung von Mischfuttermitteln mit den oben genannten Ausgangsprodukten. Die Untersuchung von Mischfuttermitteln für Milchkühe und für andere Wiederkäuer auf das Vorhandensein der wegen BSE verbotenen Komponenten bildet seit 1991 einen Bestandteil der amtlichen Futtermittelkontrolle.

Dieses Kapitel zeigt auf, mit welcher Methode diese Kontrolle in der Schweiz erfolgt/e, welche Resultate sich zwischen 1991 und 2000 ergaben und wie diese interpretiert werden. Weiter wird ein kurzer Vergleich mit alternativen, anderswo angewandten Kontrollmethoden gemacht.

54.2 Futtermittelkontrolle als vorgelagerte Lebensmittelkontrolle

Die amtliche Futtermittelkontrolle kann im weiteren Sinn als vorgelagerte Lebensmittelkontrolle betrachtet werden. Sie dient dazu, die Sicherheit der Lebensmittel tierischer Herkunft, z. B. *Fleisch und Fleischerzeugnisse* zu erhöhen. Durch den angestrebten Ausschluß des BSE-Er-

Abb. 54.1: Mit Hilfe der (Stereo)-Mikroskopie wird in Mischfuttermitteln das Vorhandensein von tierischen Bestandteilen geprüft. Siebfraktion Ø 1–1,5 mm; Stecknadel als Größenvergleich Ø 0,6 mm. Die Mischung im Bild besteht aus Weizen, Gerste, Mais, Hafer, Roggen und/oder Triticale, Sonnenblumen-, Raps- und Sojaextraktionsschrot, Kartoffelflocken, Futtererbsen, tierisches Fett und ca. 10% Knochenmehl (durch teilweise gestrichelte Linie markiert). (Präparat von RAP, Posieux, Schweiz)

Tabelle 54.1: Auf tierische Bestandteile untersuchte Wiederkäuerfutter (amtliche Futtermittelkontrolle der Schweiz).

Jahr	Anzahl Proben			% Proben
	untersucht	ohne tierische Bestandteile	mit tierischen Bestandteilen	mit tierischen Bestandteilen
1991	97	62	35	36
1992	120	84	36	30
1993	137	84	53	39
1994	119	61	58	49
1995	145	60	85	59
1996	134	61	73	54
1997	112	73	39	35
1998	146	86	60	41
1999	318	197	121	38
2000	362	284	78	27

Bemerkung: Die „Nachweisgrenze" liegt bei der mikroskopischen Bestimmung deutlich unter 0,1 %. Einzelne Partikel von Fleischmehl oder Fleisch-Knochenmehl können erkannt werden. Die Gehalte in den Proben waren immer < 1 %, in den meisten Fällen (97,2 %) gar < 0,1 %.

regers aus den Lebensmitteln soll das Risiko für eine Übertragung der Krankheit vom Rind auf den Menschen minimiert werden (s. Kap. 53).

Die RAP hat hinsichtlich BSE-Vorschriften seit 1991 Futtermittel für Wiederkäuer mikroskopisch untersucht (siehe Abb. 54.1). Die Ergebnisse dieses Teils der amtlichen Futtermittelkontrolle sind in Tabelle 54.1 zusammengefaßt. Die Mikroskopie [607] wurde als Methode der Wahl bestimmt, da mit anderen Methoden wie ELISA (Enzyme-Linked Immunosorbent Assay) oder PCR (Polymerase Chain Reaction) nicht die selben Aussagen über ein Futtermittel gemacht werden können. Mit sehr spezifischen ELISA-Verfahren kann z.B. nachgewiesen werden, ob Fleischmehl Wiederkäuerprotein enthält [75]. Diese Fragestellung ist jedoch beim generellen Verbot der Verfütterung von rezyklierten Schlachtnebenprodukten in der Schweiz nicht relevant. Auch PCR-Verfahren können zur Bestimmung der Tierart(en) in tierischen Nebenprodukten verwendet werden. Zur Feststellung, ob – mit Ausnahme von Milchproteinen [411,1258] – überhaupt tierische Proteine irgendwelcher Tierart in Mischfutterprodukten enthalten sind, müßte ein multiples PCR-Verfahren entwickelt werden, welches bedeutend aufwendiger wäre, als die Mikroskopie. Außerdem funktionieren weder PCR- noch ELISA-Verfahren einwandfrei, wenn das gesuchte Material vorschriftsmäßig erhitzt worden ist.

Wie der Tabelle 54.1 zu entnehmen ist, wurde bei der amtlichen Futtermittelkontrolle bezüglich der Kontaminationen von Wiederkäuermischfutter bis zum 31. Oktober 2000 nicht die Nulltoleranz angewandt, da eine Verwendung von für Wiederkäuer verbotenen Ausgangsprodukten in Mischfuttermittel für Schweine und Geflügel erlaubt war (s. Kap. 41.5.2). Nun wurden bis zum 1. November 2000 in den Mühlen usw. Mischfuttermittel für Schweine und Geflügel einerseits und solche für Wiederkäuer anderseits auf den selben Maschinen hergestellt. Zwischen den Fabrikationsgängen für verschiedene Tierarten konnten auch moderne Anlagen nicht vollständig gereinigt werden [28]. Eine Übertragung von kleinen Mengen eines Mischfuttermittels auf nachfolgend hergestellte Chargen (Kreuzkontamination) war somit unvermeidbar (Abb. 41.8–9).

Die Entwicklung der Anzahl von BBB-BSE-Fällen in der Schweiz zeigte seit 1996 einen deutlichen Rückgang (s. Abb. 41.11; →BBB-Inzidenz). Der Anteil der BAB-BSE-Fälle (Born after Ban), der Tiere also, die nach der Einführung des Fütterungsverbotes von 1990 geboren wurden, nahm dagegen seither zu. Verschiedene Möglichkeiten für eine Erklärung dieser Tatsache wurden geprüft (s. Kap. 41.5). Damit auch geringe Mengen an tierischem Material, die wegen der Kreuzkontamination in das Wiederkäuermischfutter verschleppt werden können, nicht mehr BSE-Fälle verursachen können, mußten die Behörden *die Herstellung* von Wiederkäuermischfutter und teilweise, oder je nach Land (z. B. Schweiz) auch gänzlich, von Mischfutter für andere Arten *in Betrieben, in denen rezyklierte Schlachtnebenprodukte verwendet werden*, verbieten (ab 2001)[118]. Diese Vorschriften haben erhebliche wirtschaftliche Konsequenzen zur Folge. Eine wirtschaftlich günstigere, aber schwieriger zu kontrollierende Möglichkeit zur Lösung des Problems würde in einer Trennung der Schlachtabfälle nach Tierarten bestehen. Die Verfütterung von Wiederkäuer-Schlachtabfällen könnte so gezielt verhindert werden, die Schlachtabfälle anderer Tierarten könnten in der Fütterung von Schweinen und Geflügel weiterhin eingesetzt werden (s. Kap. 53.6.4.2). Auch diese Lösung wäre jedoch nicht ohne relativ großen wirtschaftlichen Aufwand realisierbar, insbesondere in kleineren Schlachthöfen und Verarbeitungsbetrieben.

[118] Es sind zwingend die aktuellen Erlasse in den einzelnen Ländern zu beachten!

55 Die Scrapie-Bekämpfung: international empfohlene Maßnahmen

Marcus G. Doherr und Nora Hunter

55.1 Einleitung

Die Scrapie (Traberkrankheit, Gnubberkrankheit) der Schafe und Ziegen ist in Europa seit über 250 Jahren beschrieben. Sie ist praktisch weltweit verbreitet, und derzeit gelten nur Australien und Neuseeland als frei von Scrapie [352, 631]. In Europa erheben derzeit nur Dänemark und wenige weitere Länder den Anspruch auf Scrapiefreiheit [1170]. Trotz der langen Geschichte (s. Kap. 18) dieser Krankheit sind viele Einzelheiten zum Vorkommen und zur geographischen Verbreitung, zum Spektrum der klinischen Symptome und zur Epidemiologie noch nicht bekannt. Angesichts der Hypothese von J. Wilesmith [1345], daß BSE seinen Ursprung in der Schaf-Scrapie hat, ist dieser Wissensmangel besorgniserregend. Verstärkt wird diese Tatsache noch durch experimentelle Beobachtungen, daß Schafe und Ziegen auch an BSE erkranken können (s. Kap. 58.3). Somit besteht theoretisch die Möglichkeit, daß in einer Scrapie-infizierten Schafpopulation unerkannt der BSE-Stamm zirkuliert, welcher – wiederum – infektiös für Rinder und andere Spezies (Abb. 1.5) sein könnte. Die Hypothese von J. Wilesmith und die Befürchtungen um das gesundheitspolitische Potential der BSE im Schaf, haben Scrapie in den Blickpunkt des wissenschaftlichen Interesses gerückt.

Viele Länder unterhalten traditionell, spätestens jedoch seit der Krise, die 1996 durch das erstmalige Auftreten der nvCJD ausgelöst wurde, auch Überwachungssysteme für Scrapie. Diese Systeme sind jedoch sehr unterschiedlich aufgebaut, weshalb deren Ergebnisse nicht oder nur begrenzt vergleichbar sind. Gemäß Bestimmungen der EU-Veterinärkommission darf ein Mitgliedsland keine auf anzeigepflichtigen Tierkrankheiten basierenden Handelsbeschränkungen zu anderen Mitgliedsländern erlassen, außer es kann nachweisen, daß es, im Gegensatz zum betreffenden Herkunftsland, frei von der Krankheit ist [681]. Der Bedarf nach einer europaweiten Vereinheitlichung der Überwachungs- und Bekämpfungsstrategie für Scrapie wurde daher erkannt. Seit 1998 sind EU-weit mehrere Projekte angelaufen wie beispielsweise die FAIR-konzentrierte Aktion „European Scrapie Network" und das FAIR-Forschungsprojekt „Surveillance and Diagnosis of Ruminant TSE" und andere. Ziel dieser Projekte ist die Etablierung von einheitlichen wissenschaftlich fundierten Protokollen zur Überwachung, Diagnose und Ausrottung von Scrapie. Desweiteren erstellt das Internationale Tierseuchenamt in Paris (OIE) Richtlinien zur Überwachung von Scrapie und die von den Mitgliedsländern zu erfüllenden Minimalbedingungen zum Nachweis der „Freiheit von Scrapie" (freedom of disease; OIE Animal Health Code Chapter 3.3.8). Die Wissenschaftskommission der EU strebt an, damit kompatible Einstufungskriterien für Mitglieds- und Drittländer in Scrapie-Risikokategorien aufzustellen.

55.2 Beurteilungskriterien des Scrapie-Status eines Landes

Die aus wissenschaftlicher Sicht wichtigsten Kriterien zur Beurteilung des Scrapie-Status eines Landes sind

I. Die Qualität des Scrapie-Überwachungssystems (Anteil untersuchter bzw. diagnostizierter Scrapie-Fälle)

II. Die Durchführung vorgeschriebener Bekämpfungsmaßnahmen und epidemiologischer Untersuchungen bei Scrapie-Ausbrüchen
III. Das Scrapie-Vorkommen in der Schaf- und Ziegenpopulation (historische Entwicklung)
IV. Der frühere Import von Schafen und Ziegen (historische Import-Situation)
V. Die aktuellen Bestimmungen und Praktiken für den Import von Schafen und Ziegen
VI. Die Qualität des nationalen Tier-Identifikationssystems und der Tierverkehrskontrolle
VII. Die genetisch determinierte Scrapie-Empfänglichkeit vorhandener Schafrassen (s. Kap. 56).

In Regionen oder Ländern, in denen Scrapie endemisch (Abb. 58.1) ist und welche die Erkrankung ausrotten wollen, sind die Punkte I, II sowie V bis VII von besonderem Interesse. Für Länder, die als Scrapie-frei eingestuft werden wollen, muß neben allen Maßnahmen zur Verhinderung der Scrapie-Einschleppung und zur schnellen Identifikation von Krankheitsausbrüchen auch die geschichtliche Scrapie-Situation (III-IV) des Landes berücksichtigt werden. Je länger ein Land bei guter Überwachung keine klinischen Scrapie-Fälle feststellte, desto wahrscheinlicher ist es derzeit frei von der Krankheit. Auf die oben angeführten Kriterien wird nun im Einzelfall näher eingegangen.

55.3 Überwachungssysteme

Zum Kriterium I: Möglichst alle Schafe und Ziegen, welche Scrapie-typische Krankheitssymptome aufweisen (s. Kap. 34), sollten vom Tierbesitzer, Tierarzt, Mitarbeiter im Tiergesundheitsdienst und anderen erkannt und den zuständigen Behörden gemeldet werden. Entscheidend ist, daß alle Tiere mit Verdacht auf Scrapie zwecks Bestätigung der Diagnose adäquat untersucht werden. Die Meldepflicht, selbst für Verdachtsfälle, ist seit den 90er Jahren in den meisten europäischen Ländern im Tierseuchengesetz und seinen Ausführungsverordnungen verankert.

Die Umsetzung in die Praxis hängt jedoch stark vom Krankheitsbewußtsein, der Aufklärung und der Ausbildung des involvierten Personenkreises (Tierärzte, Landwirte, usw.) sowie deren Bereitschaft zur Meldung von (Verdachts)-Fällen ab (s. Kap. 32.2). Diese Bereitschaft ist wegen möglichen Konsequenzen wie Bestandessperren und -keulung nicht a priori vorhanden. Sie muß unterstützt werden durch gezielte Maßnahmen wie 1. garantierte Kompensation der wirtschaftlichen Ausfälle betroffener Tierhalter, 2. regelmäßige Bestandesbesuche durch Tierärzte und den zuständigen Tiergesundheitsdienst zur Identifikation von klinisch-neurologisch auffälligen Tieren und 3. Untersuchung von Hirnproben von routinemäßig oder krank geschlachteten und verendet aufgefundenen Schafen und Ziegen. Angesichts der langen Inkubationszeit der Scrapie (s. Kap. 18.3) und der (heute noch) am häufigsten angewandten Diagnostikmethoden wie Histopathologie und Immunhistochemie, mit denen der Nachweis von PrP^{Sc} „nur" im Gehirn von Scrapie-kranken Tieren oder solchen in weit fortgeschrittenen Inkubationsstadien möglich ist, sollten bevorzugt Proben von adulten Tieren untersucht werden. Auf Grund der komplexen Übertragungsmöglichkeiten (s. Kap. 42.2.2.1) müssen auch 1. alle Nachkommen von erkrankten Muttertieren und 2. alle Kontakttiere von betroffenen Schafen oder Ziegen ermittelt und klinisch sowie anläßlich der Schlachtung im Labor untersucht werden. Testverfahren, welche eindeutige Diagnosen am lebenden Tier erlauben, sind derzeit in Entwicklung (s. Kap. 32.3.2) [979,1145,1172,1173] und dürften in zukünftigen Scrapie-Überwachungssystemen eine wichtige Rolle spielen.

Der Unterhalt von aufwendigen Überwachungssystemen wird um so schwieriger zu rechtfertigen sein, je länger eine Krankheit in einer Region oder einem Land nicht mehr diagnostiziert wurde. Solange jedoch das Risiko einer Wiedereinschleppung aus Herkunftsländern besteht, müssen diese Systeme über längere Zeit hinweg auf einem hohen Niveau gehalten werden. Dies gilt insbesondere bei Krankheiten mit einer langen Inkubationszeit, wie es für Scrapie (und BSE) zutrifft. Nur wenn ein Land über mehrere Jahre mit einem international anerkannten Überwachungssystem die Freiheit von Scrapie nachweisen kann, wird das Land offiziell als Scrapie-frei deklariert.

Wichtig ist bei der Scrapie-Überwachung und -Diagnose auch die Qualität der Diagnostiklaboratorien, welche den Verdacht auf Scrapie bestätigen. Derzeit basiert die Diagnose zumeist auf dem Nachweis spongiformer Veränderungen sowie Ansammlungen von PrP^{Sc} im Gehirn mittels IHC und Immuno blotting (vgl. Abb. 27.1a–b, s. Kap. 35) [352,1172]. Alle klinischen und labordiagnostischen Verdachtsfälle sollten in einem nationalen Referenzlabor für Prionkrankheiten beim Tier mit anerkannten Methoden bestätigt werden. Referenzlaboratorien sollten sich ihrerseits an internationalen Projekten und Ringversuchen zur Standardisierung bestehender und zur Entwicklung neuer Testverfahren beteiligen. Auf diese Weise kann gewährleistet werden, daß in allen nationalen Referenzlaboratorien Diagnosen mit vergleichbarer Zuverlässigkeit (Empfindlichkeit) gestellt werden.

55.4 Maßnahmen zur Bekämpfung von Scrapieausbrüchen

Zum Kriterium II: Die Bekämpfung von Scrapie in endemisch verseuchten Gebieten ist teuer, sehr zeitaufwendig und manchmal frustrierend, da hier eine Ausrottung schier unmöglich scheint [352].

Bei einem Seuchenausbruch müssen alle möglichen Einschleppungs- und Verbreitungswege der Krankheit bzw. des Erregers evaluiert werden (Abb. 58.3). Dies ist insbesondere wegen der langen Inkubationszeit von Scrapie sehr problematisch. Selbst die sofortige Keulung jedes betroffenen Bestandes sowie aller Kontaktbestände hat sich in einigen stark betroffenen Regionen als nicht ausreichend erwiesen, da im Verlauf der Inkubationszeit Erreger die „Umgebung" kontaminierten (s. Kap. 42.2.2.1). Eine gründliche Desinfektion betroffener Betriebe, d.h. der Stallungen sowie direkt angrenzender Wege und Weideflächen wie auch eine längere Wartezeit (s. Kap. 57.3.2) vor der Wiederbestossung mit Tieren aus anerkannt Scrapie-freien Herden sind notwendig, um das Risiko eines erneuten Scrapie-Ausbruches auf ein Minimum zu reduzieren. So ist es beispielsweise in Island trotz Bestandeskeulung und intensiver Begleitmaßnahmen auf 25 von 500 Betrieben im neuen Schafbestand mit Tieren aus Scrapie-freien Gebieten innerhalb kurzer Zeit wieder zu Scrapie-Fällen gekommen (S. Sigurdarson, pers. Mitt.). Neu aufgebaute Bestände müssen daher über mehrere Jahre einer verschärften Überwachung unterstellt werden, um sicherzugehen, daß die Erkrankung erfolgreich eliminiert wurde. Diese sehr aufwendigen Maßnahmen sind ohne die aktive Mithilfe der Tierhalter und der Schafindustrie nicht durchführbar. Es ist unerläßlich, diese Mithilfe durch intensive Aufklärungsarbeit und adäquate finanzielle Kompensation für alle Betroffenen zu fördern, indem entstandene Verluste und Kosten weitgehend von Dritten, beispielsweise vom Staat, von Tierseuchenkassen oder von (Rück-) Versicherungen getragen werden.

55.5 Geschichtliche Entwicklung und potentielle Einschleppungsrouten

Zu den Kriterien III bis V: Mitentscheidende Faktoren bei der Einschätzung des Scrapie-Status für ein Land sind die geschichtliche Entwicklung der Scrapie in diesem Land sowie die historisch-geographische Herkunft der Schaf- und Ziegenpopulation, also die Ursprungsländer oder -regionen importierter Tiere. Gemäß den vorläufigen Bestimmungen des OIE können nur Länder offiziell als Scrapie-frei eingestuft werden, die 1) ein gutes Scrapie-Überwachungssystem etabliert haben, 2) in den letzten sechs Jahren nachgewiesenermaßen keinen Scrapie-Fall festgestellt und 3) während dieser Zeitspanne keine Schafe und Ziegen aus Scrapie-endemischen Regionen importiert haben. Die aktuellen Importpraktiken eines jeden Landes bestimmen das Risiko der (Wieder)-Einschleppung von Scrapie in die heimische Population (s. Kap. 57.4). Eine sorgfältige Abwägung zwischen Einschleppungsrisiken und den Vorteilen eines Importes ist erforderlich. Die Beschränkung auf den Import von Tieren aus geschlossenen Beständen bzw. aus anerkannt Scrapie-freien Ländern oder Regionen sowie eine intensive und lange anhaltende Überwachung aller zugekauften bzw. importierten Schafe und Ziegen sind die wichtigsten zu treffenden Maßnahmen, um das Risiko der Einschleppung von Scrapie in die eigene Herde bzw. Tierpopulation zu minimieren [868] (s. Kap. 18.10).

55.6 Nationale Tier-Identifikationssysteme und Tierverkehrskontrollen

Zum Kriterium VI: Nationale Identifikationssysteme und Tierverkehrskontrollen für alle Schafe, Ziegen und anderen Klauentiere sind heute von großer Bedeutung. Sie dienen 1) der Rückverfolgbarkeit von betroffenen Tieren oder Kontakttieren (oder von ihnen stammenden Produkten) zu den Herkunftsbeständen, 2) der Erhebung von epidemiologisch relevanten Daten, z. B. bei Scrapie-Ausbrüchen und 3) der Bekämpfung von Tierseuchen. Nationale Identifikationssysteme mit zentralem Tierregister sind eine der vorgesehenen neuen Voraussetzungen für die Anerkennung der Scrapiefreiheit gemäß OIE (Animal Health Code Chapter 3.3.8.). Viele Länder in Europa unternehmen seit 1999 Anstrengungen, um solche zentralen Register einzurichten.

55.7 Genetische Einflüsse

Zum Kriterium VII: Der Genotyp eines Schafes bzw. das PrP-Gen (*Prnp*) ist mitbestimmend für die Scrapie-Resistenz resp. -Empfänglichkeit individueller Tiere oder ganzer Rassen. Dabei sind bestimmte *Prnp*-Abschnitte oder -Codons wichtiger als andere, z. B. sind Suffolk-Schafe mit Glutamin/Glutamin-Homozygotie auf Codon 171 (QQ171) sehr empfänglich für Scrapie (siehe Kap. 56). Träger von QQ171 erkranken innerhalb von wenigen Jahren nach der Exposition an Scrapie-Infektiosität, während heterozygot- und homozygot-resistente Schafe (RQ171, RR171) selten oder nie erkranken. Durch eine gezielte Auswahl von Zuchtschafen, basierend auf ihrem (*Prnp*-)Genotyp, können innerhalb von wenigen Jahren Scrapie-resistente Schafherden herangezogen werden. Nach dem derzeitigen Stand der Wissenschaft wird davon ausgegangen, daß durch Genotypisierung aller Zuchttiere und selektive Zucht auf Scrapie-resistente Genotypen die Erkrankung großflächig ausgerottet werden könnte. Diese Methoden erscheinen von allen zur Verfügung stehenden *züchterischen* Maßnahmen zur Scrapie-Bekämpfung die erfolgversprechendsten zu sein (s. Kap. 56.3–4).

Hingegen führt die bisher oft angewandte Keulung aller Nachkommen von Scrapie-kranken Muttertieren mit großer Wahrscheinlichkeit nicht zu einer Scrapie-Ausrottung, wohl aber zur Eliminierung überwiegend mütterlicher Blutlinien bzw. zum Verlust von züchterisch wichtigem Material. So ist es in einem Scrapie-infizierten Bestand, bei dem der Genotyp hinsichtlich des Codons 171 der Zuchttiere nicht bekannt ist, durchaus möglich, daß ein empfängliches Muttertier (QQ171) resistente Nachkommen (RQ171) erzeugt, wenn es mit einem homozygoten resistenten Schafbock (RR171) gekreuzt wird. Die heterozygote Nachkommenschaft wäre wenig empfänglich für Scrapie [336], womit sich deren Keulung erübrigen würde. Andererseits ist es aber auch möglich, daß zwei heterozygote Elterntiere (beide RQ171) einige homozygote empfängliche Nachkommen (QQ171) zeugen.

Eine andere, häufig praktizierte Maßnahme ist die Keulung des gesamten Bestandes und die neue Aufzucht mit Schafen aus Scrapie-freien Regionen oder Ländern. Jedoch ist auch damit keine Garantie für eine vollständige Scrapie-Ausrottung gegeben, wie das Beispiel von Island gezeigt hat [1209].

Ein potentielles Problem der gezielten Frequenzveränderung bestimmter Allele auf dem PrP-Gen von Schafen ist der damit verbundene mögliche Verlust anderer züchterisch wichtiger Rasse- oder Leistungsmerkmale. Durch sorgfältige, auf bevorzugte PrP-Genotypen und gewünschte Merkmale basierende Auswahl der Zuchttiere, kann diesem Nachteil entgegen getreten werden.

Ein zweites Problem besteht in der theoretischen Möglichkeit, daß in einer Schafpopulation in sehr geringem Maß auch Scrapiestämme kursieren, für welche der nach gezielter Selektion vorherrschende Schaf-Genotyp (z. B.

RR171) empfänglich ist. Hierfür gibt es jedoch bisher keine konkreten Indizien.

Ein drittes Problem stellt die Möglichkeit dar, daß (scheinbar) Scrapie-resistente [1086] Tiere innerhalb ihrer Lebensspanne nicht erkranken, wohl aber „stille" Träger der Infektion sein können. Obwohl dahingehende experimentelle Daten mit Hamster-Scrapie *nicht* darauf hinweisen [1086], daß der Erreger in solchen Tieren repliziert wird, könnten entsprechende Schafe unter Feldbedingungen eventuell den persistierenden Erreger replizieren und ausscheiden (s. Kap. 42.2.2.1) und ihn auf andere Schafe oder eventuell sogar andere Spezies (s. Kap. 58.3) übertragen. In den letzten Jahren wurden sehr sensitive Bioassays zur Bestimmung der Scrapie-Infektiosität (PrP^{Sc}) entwickelt. Diese Testverfahren werden derzeit zur Beantwortung der Frage eingesetzt, ob genetisch resistente Scrapie-exponierte Tiere wirklich unempfänglich sind oder ob sie nur subklinische Träger darstellen, welche das Agens ausscheiden und somit eine potentielle Infektionsquelle für andere Tiere sind (stille Träger oder Ausscheider [1086]) (vgl. [148a]).

56 Der PrP-Genotyp als Marker für Scrapie-Empfänglichkeit

Nora Hunter

56.1 Einleitung

Die Übertragbarkeit der Scrapie wurde experimentell mehrmals nachgewiesen. Neben der übertragbaren Komponente ist bei der Schaf-Scrapie, wie bei einigen Transmissiblen Spongiformen Enzephalopathien (TSE) des Menschen (s. Kap. 26), ein starker genetischer Einfluß auf die Krankheitsempfänglichkeit bekannt. Heute gibt es bei Tier und Mensch klare Hinweise, daß das PrP-Gen das zentrale Element der genetischen Komponente der TSE darstellt. In diesem Kapitel wird dieses erklärt und es werden einige Genotypisierungs-Methoden vereinfacht dargestellt. Danach werden für die Zucht scrapieresistenter Schafe nutzbare Informationen zur genetischen Komponente der Scrapie zusammengefaßt. Je mehr Genotypisierungsdaten künftig bekannt werden, desto größer dürfte der potentielle Nutzen für die Schafhaltung werden. Wie solche Daten züchterisch nutzbar gemacht werden können, um das Scrapie-Risiko zu reduzieren, wird ergänzend im Kapitel 55.7 erläutert.

56.2 Experimentelle Scrapie und PrP-Genotypen beim Schaf

Im Jahr 1960 wurde eine Herde von Cheviots (NPU-Cheviots) gezüchtet und nach experimenteller SSBP/1-Übertragung aufgrund unterschiedlicher Empfänglichkeit in zwei Linien selektiert. Die Reaktion von Schafen auf den Scrapie Sheep Brain Pool SSBP/1, der bei sehr vielen Experimenten als Erregerquelle verwendet wurde (Abb. 11.4), wird maßgeblich von einem einzigen Gen (PrP-Gen, *Sip*-Gen, *Prnp*[119]) mit den zwei Genotypen sA (short incubation allele) und pA (prolonged incubation allele) auf Codon 136 [688] kontrolliert. Das durch den Krankheitsphänotyp definierte *Sip*-Gen und das molekulargenetisch definierte PrP-Gen scheinen in Analogie zu Erkenntnissen über das *Sinc*-Gen [957] identisch zu sein. Das PrP-Gen weist in einer Reihe von Codons, z.B. an den Positionen 112, **136**, 137, 141, **154**, **171** und 211 sowohl in individuellen Schafen als auch in bestimmten Schaflinien oder -rassen, variable Allele auf. Mit Versuchsschafen konnte experimentell gezeigt werden, daß zwischen der Scrapie-Übertragbarkeit bzw. -Empfänglichkeit und der Inkubationszeit ein Zusammenhang besteht [535,538]. Auch bei der Ziege entdeckte man einen genetischen Faktor, der die Inkubationszeit und somit die Scrapie-Empfänglichkeit beeinflußt [539]. Die für die Schaf-Scrapie-Empfänglichkeit essentiellen Codons liegen an den folgenden Positionen des *Prnp*:

- Valin (V) oder Alanin (A) auf Codon 136,
- Arginin (R) oder Histidin (H) auf Codon 154,
- Arginin (R), Glutamin (Q) oder Histidin (H) auf Codon 171.

NPU-Cheviot-Schafe können neben den zwei Linien in viele weitere Untergruppen eingeteilt werden, wenn der PrP-Genotyp und die daraus resultierende und für SSBP/1 typische Inkubationszeit zugrunde gelegt wird [689]. SSBP/1 ruft die Krankheit in Abhängigkeit vom Codon 136-Genotyp hervor, wobei V136-codierende Schafe empfänglicher sind für die Krankheit als A136-codierende. D.h. bei Tieren mit V136 tritt Scrapie bei gleicher Exposition nach einer markant kürzeren Inkubationszeit auf als bei solchen mit A136. Kleinere Unterschiede in der Inkubationszeit rühren zusätzlich z.B. bei NPU-Cheviot-Schafen vom Genotyp des Codons 171 her [538].

---

[119] Abkürzungen: *Prnp* (Schreibweise für das PrP-Gen des Tieres) oder *PRNP* (Schreibweise für das PrP-Gen des Menschen).

Der im Labor gezüchtete Scrapiestamm CH1641 zeigt eine dem SSBP/1-Pool ähnliche Beziehung zwischen Genotyp und Scrapie-Empfänglichkeit [538]. Keineswegs verhalten sich aber alle TSE-Erreger oder Erregerpools gleich (s. Kap. 11).

56.3 Natürlich vorkommende Scrapie und PrP-Genotypen beim Schaf

Untersuchungen der natürlich vorkommenden Scrapie haben die für die Scrapie-Empfänglichkeit wichtige Bedeutung der Codons **136, 154** und **171** im PrP-Gen des Schafes bestätigt [118,283,689]. Obwohl es Rassenunterschiede hinsichtlich der Frequenz von *PrP-* und *Krankheits-assoziierten* Allelen gibt, zeichnen sich eindeutig genetische Gesetzmäßigkeiten ab, die unabhängig von der Rasse sind:

Der Schafs-PrP-Genotyp AA136RR154-RR171 [694, 1323] weist die größte Scrapieresistenz auf. Von Hunderten Scrapie-kranker Schafe, die weltweit festgestellt wurden, wies nur ein einziges Tier diesen Genotyp auf – es handelte sich um ein japanisches Suffolk-Schaf [698]. Dieser Genotyp ist auch gegen eine experimentelle Scrapie- oder BSE-Infektion hochgradig resistent [538]. Andererseits sind Schafe mit Glutamin/Glutamin-Homozygotie auf Codon 171, d.h. QQ171, hochgradig Scrapie-empfänglich; z.B. Suffolk-Schafe mit dem Genotyp AA136RR154QQ171.

Bei den Suffolk-Schafen gibt es viel weniger genetische Variation des *Prnp* als in einigen anderen Rassen. Neben dem aus Japan beschriebenen Scrapie-Fall in einem Suffolk-Schaf mit der Arginin/Arginin-Homozygotie (RR) auf Codon 171 sind noch vier Fälle von erkrankten Suffolk-Schafen mit dem heterozygoten Genotyp QR auf Codon 171 bekannt [695,698,729].

Bestimmte *Prnp*-Allele von sog. „Valin-Rassen" wie Cheviots, Swaledales und Shetlands sind am Codon 136 homozygot für Valin. Insbesondere Schafe vom Genotyp VV136RR154QQ171 scheinen extrem Scrapie-empfänglich zu sein [689,692]. Dieser Genotyp ist allerdings selten, und wenn er gefunden wird, dann fast immer in Tieren, die klinisch an Scrapie erkrankt sind. Aus diesem Grund wurde Scrapie von bestimmten Autoren als rein genetisch bedingte Krankheit betrachtet [1103]. Dagegen spricht aber, daß 1. gesunde Tiere dieses Genotyps bis zu acht Jahre alt werden können – weit älter als das durchschnittliche Erkrankungsalter bei Scrapie-betroffenen Tieren (2–5 Jahre) [689], und 2. daß man Schafe mit diesem Scrapie-empfänglichen Genotyp auch in Ländern findet, die frei von Scrapie sind bzw. in denen der Scrapie-Erreger nicht zirkuliert (s. Kap. 58) [685]. Die Hypothese einer rein genetischen Krankheit ist daher weniger überzeugend als eine infektiöse Ätiologie mit genetisch determinierter Krankheitsempfänglichkeit.

In einigen von Scrapie betroffenen Schafherden mit „Valin-Rassen" wurde für Tiere, die einen bestimmten Genotyp aufwiesen, eine interessante Beobachtung gemacht: Tiere mit der „Scrapie-Hochrisiko-Allelkombination" V136R154Q171 fielen der Scrapie trotz Exposition kaum zum Opfer, wenn sie gleichzeitig Träger der *Prnp*-Allele A136H154Q171 oder A136R154R171 waren. Dies bedeutet, daß die heterozygoten Genotypen VA136HR154QQ171 oder VA136RR154RQ171 einen Überlebensvorteil darstellen können [689], wobei dieser Zusammenhang nicht immer gefunden wird. Die Erklärung dafür könnte darin liegen, daß zusätzlich noch andere rasseabhängige Merkmale bzw. Unterschiede den Grund für ein höheres oder geringeres Krankheitsrisiko darstellen.

56.4 Zu einigen Methoden der PrP-Genotypisierung von Schafen

In GB wurde ein System zur Scrapie-Risikokategorisierung, das auf viele Rassen anwendbar ist, erstellt [336]. Es bedient sich einer verkürzten Nomenklatur, indem die Risikoeinstufung für individuelle Schafe und ihre Nachkommen bzw. für verschiedene Rassen und Genotypen von R1 (niedrigstes Empfänglichkeits-Risiko) bis R5 (höchstes Risiko) reicht. Je mehr Genotypisierungsdaten zugänglich werden, desto größer wird ihr potentieller Nutzen für die Schafhalter (s. Kap. 55.7). Im Folgenden sollen ein paar relativ einfache Methoden zur PrP-Genotypisierung von Schafen in Ansätzen beschrieben werden, wobei betont werden muss, daß andere Methoden ebenso gut sind.

56.4.1 DNA-Extraktion

DNA kann aus jeder verfügbaren Gewebeprobe nach in Standardwerken [1153] beschriebenen Methoden extrahiert werden. Normalerweise ist Blut am besten geeignet als Ausgangsmaterial, da es vor der Extraktion nicht homogenisiert werden muß. Blutproben sollten in einem Antikoagulans wie EDTA, nicht aber Heparin, gesammelt werden, da letzteres einige Enzyme für die Genotypisierung inhibiert. Sollte Heparin unvermeidbar sein, kann es von der DNA im Cäsiumchloridgradienten mittels Ultrazentrifugation abgetrennt werden, was aber nur für besonders wertvolle Proben durchgeführt werden sollte. Auch alle anderen Gewebe (Gehirn, Leber, Milz usw.) ergeben zufriedenstellende Resultate, wenn sie unmittelbar nach Tötung gewonnen, sofort verarbeitet oder tiefgefroren und für die spätere Extraktion aufgehoben werden. Auch Biopsie-Proben sind für Analysen geeignet. Bei großen Probenzahlen kann von den vielfältig kommerziell angebotenen DNA-Extraktions-Kits für Körpergewebe Gebrauch gemacht werden. Es sollte allerdings sichergestellt sein, daß das verwendete Kit für genomische DNA geeignet ist; viele Kits eigenen sich nur für bakterielle Plasmide oder Zellkulturen.

56.4.2 Nachweis der Varianten in den PrP-Codons 136, 154 und 171

Zum Nachweis der Sequenzunterschiede, denen Allelvariationen in den einzelnen Codons zugrunde liegen, wird üblicherweise das Amplifikationsprodukt (Amplimer) des PrP-Gens aus der Polymerase-Ketten-Reaktion (PCR) benutzt. Das Amplimer kann nach verschiedenen Methoden analysiert werden, z. B. mit allelspezifischem Priming, Restriktionsanalyse, allelspezifischer Oligonukleotidhybridisierung, direkter Sequenzierung, Klonierung und anschließender Sequenzierung oder Analyse in denaturierenden Gradienten. Es gibt auch kommerzielle Enzymsysteme zur Analyse von Mutationen, die nach verschiedenen Methoden arbeiten. Vor größeren dahingehenden Investitionen sollte man sicherstellen, daß das System auch mit dem PrP-Gen des Schafes funktioniert, was z. B. mit der Methode des *single strand conformation polymorphism* (SSCP) nicht im erforderlichen Maß der Fall ist, weshalb traditionelle Methoden benutzt werden sollten (Goldmann und Cairns, pers. Mitt.).

Die variablen Allele z. B. der Codons 136 und 154 können durch Restriktionsanalyse des PCR-Produktes mit dem Restriktionsenzym BspHI (New England Biolabs, Beverley, MA, USA) oder seines Isoschizomers analysiert werden, da an beiden Codons das eine Allel die Restriktionssequenz enthält und das andere nicht.

Am Codon 136 enthält das V136-Allel (GTCATGA) die BspHI-Restriktionsstelle (TCATGA), während das A136-Allel (GCCATGA) vom Enzym nicht erkannt wird. Eine erfolgte Spaltung zeigt damit das V136-Allel an. Eine fehlende Restriktionsspaltung besagt hingegen nur, daß die Erkennungsstelle nicht vorhanden oder nicht mehr intakt ist, was durch eine Mutation an irgendeiner der sechs Basenpositionen zustande gekommen sein kann.

Manchmal ist die volle Sequenzierung der einzig sichere Weg, besonders in einer diesbezüglich noch unerforschten Schafrasse.

Am Codon 154 ist das H154-Allel mit der Sequenz TCATGA vollkommen spaltbar, das R154-Allel mit der Sequenz TCGTGA dagegen nicht, da – möglicherweise auch hier mutationsbedingt – die Erkennungsstelle nicht mehr intakt ist.

Allelvarianten auf Codon 171 können nicht durch Restriktionsanalysen nachgewiesen werden, indessen hat sich hier die allelspezifische differenzierte Hybridisierung bewährt. Diese Methode kann direkt mit Dot blots der PCR-Produkte [1323] oder nach gewöhnlicher Southern blot-Analyse [691] durchgeführt werden. Die Oligonukleotid-Hybridisierung ergibt mit einer radioaktiv markierten oder Fluoreszenzmarkierten, allelspezifischen Sonde eine gute Hybridisierung, sofern das Oligonukleotid genau paßt, d.h. wenn die komplementäre Sequenz homozygot oder heterozygot vorliegt. Die Oligonukleotide sind 15-mere mit einer Einzelbasenfehlpaarung in der Mitte, also bei Nukleotid 7 oder 8. Im Fall der homozygoten Fehlpaarung ist keine oder kaum eine Hybridisierung zu entdecken, vorausgesetzt, daß Waschtemperatur und Salzkonzentration für die entsprechende Sequenz optimiert sind. Die Methode wird am besten mit einem Oligonukleotidpaar für jedes DNA-Amplimer ausgeführt, in erster Linie um den heterozygoten Fall zu bestätigen.

Bei den Methoden der Genotypisierung können technische Probleme auftreten, wie sie jeder Molekularbiologe kennt. Die meisten Probleme werden bei dem Versuch beobachtet, die Genotypisierung zwecks Kostensenkung zu vereinfachen. Die beste Methode ist immer noch die volle Sequenzierung, die zum vollständigen und exakten Genotyp führt. Die meisten Arbeitsgruppen setzen sie allerdings nicht routinemäßig ein, sondern verlassen sich auf weniger genaue Methoden, mit denen nur einige Sequenzen genau erfaßbar sind. Wie oben erwähnt, weist beispielsweise die BspHI-Restriktion am Codon 136 und 154 exakt nur auf V136 oder H154 hin. Dagegen kann die allelspezifische Hybridisierung für das Codon 171 problematisch sein, wenn nur R171- und Q171-spezifische Sonden eingesetzt werden. Da die Q171-Sonde in geringerem Ausmaß auch mit der H171-Sequenz hybridisiert, kann damit eine falsche Genotypisierung erfolgen, solange nicht auch die H171-Sonde eingesetzt wird. So könnte ein Tier mit dem QQ171-Genotyp als hochempfänglich kategorisiert werden, obwohl es in Wirklichkeit zum weniger empfänglichen Genotyp QH171 oder HH171 gehört. Bei anderen „abgekürzten“ labortechnischen Methoden treten ähnliche Probleme auf. Solange man diese Probleme im Auge behält, kann dennoch auf ökonomische Weise limitierte, aber für die Schafzucht sehr nützliche Information für die Einschätzung des Scrapie-Risikos gewonnen werden.

57 Die Scrapie-Bekämpfung auf nationaler Ebene

Kristin Thorud und Gunnar Hagen

57.1 Einleitung

Dieses Kapitel zeigt konkrete Maßnahmen auf, mit denen man auf nationaler Ebene die Scrapie-Krankheit bei *Schafen und Ziegen* effizient bekämpfen und vorbeugen kann. Das Beispiel Norwegens wurde ausgewählt, weil in diesem Land ein strenges nationales Scrapie-Bekämpfungskonzept erfolgreich umgesetzt wird.

Der erste Fall von Scrapie in Norwegen wurde 1981 diagnostiziert. Bis zum 1. Juli 1998 waren etwa 0,2% (54 Bestände) der norwegischen Schafherden betroffen, während bis dahin keine Ziegenbetriebe betroffen waren. Alleine 1996 wurden 32 erstmals infizierte Bestände gezählt. Die Krankheit wurde bis 1999 in fünf von 19 norwegischen Bezirken festgestellt, wobei sich fast 90% der infizierten Betriebe in Hordaland und Rogaland, also im Südwesten des Landes, befinden. Fast 80% der Fälle traten bei der in diesen zwei Bezirken vorherrschenden Rygja-Rasse auf.

In den meisten betroffenen Betrieben wurde Scrapie nur bei einem einzigen Tier diagnostiziert. Das Durchschnittsalter der Schafe zum Zeitpunkt der klinischen Erkrankung lag bei vier Jahren. Die Bovine Spongiforme Enzephalopathie (BSE) ist in Norwegen bisher nicht aufgetreten, jedoch wurde 1995 ein Fall von Feliner Spongiformer Enzephalopathie (FSE) bei einer Hauskatze registriert [162].

57.2 Scrapie-Überwachung

57.2.1 Erfassung von Bestandesdaten, Tiergesundheitsdaten und Tierverkehrskontrolle

Die individuelle und dauerhafte Kennzeichnung aller Schafe und Ziegen mit zusätzlicher farbiger Codierung der Geburtsjahre sowie das Erheben und Aufbewahren von gesundheitsrelevanten Daten auf Bestandesebene gemäß EU-Richtlinie 92/102/EEC sind seit dem 1. Januar 1999 landesweit umgesetzt. Diese Maßnahmen sind heute ein entscheidender Bestandteil des norwegischen Scrapie-Bekämpfungsprogrammes.

Über die Anforderungen der EU-Richtlinie hinaus werden in norwegischen Tier-Beständen Informationen zu allen Nutztieren, Zukäufen, Abgängen, Lebendgeburten, Elterntieren von im Bestand geborenen Tieren, Daten zur Weideperiode und Todesfällen erhoben. Bei Todesfällen von über sieben Monate alten Schafen und Ziegen muß auch die Todesursache aufgezeichnet werden; eine Altersgrenze, die auf der Tatsache beruht, daß Scrapie bisher nicht bei noch jüngeren Tieren festgestellt wurde [1209], (→Island). Für Zuchtböcke, welche von mehreren Betrieben genutzt werden, muß zudem eine eigene Identitäts- und Zuchtkarte geführt werden. Alle Unterlagen sind mindestens zehn Jahre aufzubewahren.

57.2.2 Gezielte Überwachung zur Erfassung von Verdachtsfällen

Scrapie unterliegt in Norwegen der Meldepflicht. Alle Schafe und Ziegen mit klinisch-neurologischen Symptomen oder Juckreiz müssen den zuständigen Veterinärbehörden gemeldet werden; ebenso verendete Tiere, bei denen Scrapie nicht von vornherein als Todesursache ausgeschlossen werden kann.

Hirnstamm-Proben von 120 bis 150 verendeten oder Scrapie-verdächtigen Tieren, je nach Gesamtzahl der Tiere in Winterfütterung, werden im Rahmen dieses Programmes jährlich an ein Diagnostiklabor gesandt und neuropathologisch sowie immunbiologisch auf Scrapie untersucht. Die Tierbesitzer erhalten vom Staat den aktuellen Marktwert der Tiere zum Zeitpunkt der Schlachtung oder Tötung als Kompensation.

Klinisch verdächtige Tiere werden durch den „Amtstierarzt" (amtlich beauftragter Tierarzt) mindestens zweimal im Abstand von 14 Tagen untersucht. Bei Erhärtung des Scrapie-Verdachtes werden sie getötet und zur Laboruntersuchung eingesandt. Alternativ kann der amtlich beauftragte Tierarzt auch die Absonderung und längere Beobachtung zu diagnostischen Zwecken anordnen. Bei vielen eingesandten Proben geht es primär um den Ausschluß von Scrapie als mögliche Todesursache. Eine Bestandessperre und weitere seuchenpolizeiliche Maßnahmen werden nicht verordnet, bevor eine amtlich bestätigte Scrapie-Diagnose feststeht (s. Kap. 57.3).

Tierbesitzer und Tierärzte beobachten alle Tiere eines Bestandes regelmäßig auf klinisch-neurologische Symptome, welche auf Scrapie hinweisen könnten (s. Kap. 34). Alle Schlachttiere, die mehr als zwei Jahre alt sind, werden vor der Schlachtung einer erweiterten klinischen Untersuchung unterworfen (Lebendbeschau; Schlachttieruntersuchung). Diese ante mortem-Untersuchung findet entweder auf dem Schlachthof oder, bei Betrieben, die einer Scrapie-bedingten seuchenpolizeilichen Sperre unterstehen, vor dem Abtransport der Tiere zum Schlachthof statt. Die Altersgrenze von zwei Jahren beruht auf der Tatsache, daß in Norwegen bisher nur sehr selten Scrapie-Symptome bei jüngeren Schafen beobachtet worden sind.

Mindestens jedes zweite Jahr einmal werden zudem alle Schaf- und Ziegenbestände durch amtlich beauftragte Tierärzte überprüft. Dabei werden alle Tiere des Bestandes klinisch untersucht und es wird kontrolliert, ob die Tiere korrekt gekennzeichnet sind. Zudem wird das vorgeschriebene Tierregister kontrolliert, wobei man sich auf die Aufzeichnungen von Gesundheitsdaten konzentriert.

Die Tierärzte werden in Kursen über Epidemiologie und Einschleppungsrisiken (Abb. 58.3) sowie Bekämpfung und Überwachung der Scrapie auf ihre speziellen Aufgaben im Rahmen der amtlichen Aufträge vorbereitet. Zur Scrapie-Diagnostik wird dabei ein eigens dafür produziertes Videoband [1282] mit der Darstellung von klinischen Symptomen gezeigt. Die amtlich beauftragten Tierärzte führen anschließend vergleichbare Schulungen auf regionaler Ebene für Schaf- und Ziegenhalter durch.

57.2.3 Stichprobenuntersuchung von regulär geschlachteten Tieren

Weiter werden jährlich von 3000–5000 zufällig ausgewählten, klinisch unauffälligen Schlachtschafen Hirnstammproben zur pathologischen und immunhistochemischen Untersuchung genommen. Der Stichprobenumfang wurde berechnet gemäß der Vorgabe, in der Schafpopulation mit Winterfütterung (ungefähr 1,1 Millionen Tiere) mit 95%iger Sicherheit mindestens ein Tier mit Scrapie-typischen neuropathologischen Läsionen zu finden, unter der Annahme, daß die Scrapie-Prävalenz in diesem Populationssegment 0,1% oder mehr beträgt. Der Stichprobenumfang variiert regional, die beiden am stärksten von Scrapie betroffenen Regionen werden auf diese Weise am intensivsten überwacht. Auf Grund derzeit zur Verfügung stehender Diagnostikmethoden und weil das mittlere Alter bei Krankheitsbeginn in Norwegen 4 Jahre beträgt, wurde beschlossen, zur Erhöhung der Sensitivität nur Tiere, die mehr als 3 ½ Jahre alt sind, in dieses Programm aufzunehmen (s. Kap. 55.3).

57.3 Bekämpfung und Ausrottung von Scrapie

57.3.1 Maßnahmen bei Verdacht auf Scrapie

Für Einzeltiere ist ein Verdacht auf Scrapie schon gegeben, wenn ein Kontakt zu einem Scrapie-kranken Tier stattgefunden hat, z. B. nach Bestätigung eines Falles im eigenen Betrieb oder in einem Kontaktbestand. Alle so als *verdächtig* eingestuften Tiere unterstehen denselben intensiven Maßnahmen wie Tiere mit einem klinischen Verdacht auf Scrapie (klinische Verdachtsfälle) (s. Kap. 57.2.2.).

Alle Betriebe, welche 1. innerhalb der letzten zehn Jahre Schafe an Scrapiebestände verkauft haben, 2. Schafe von solchen Beständen gekauft haben oder 3. Tiere von Scrapiebeständen zeitweise auf ihrem Betrieb eingestallt hatten, gelten als potentiell Scrapie-gefährdet und werden einer fünfjährigen intensiven Überwachung mit Auflagen unterstellt. Für die Halter dieser Betriebe ist es verboten, lebende Schafe in andere Betriebe oder zu Ausstellungen zu bringen. Für Betriebe, welche Mutterschafe von Scrapiebetrieben während der Lammzeit in den Stallungen einstehen hatten, besteht ein Verbot der gemeinsamen Weidenutzung mit anderen Schafbetrieben. Sollten Betriebe angesichts dieser Beschränkungen beschließen, alle ihre Schafe und Ziegen zu keulen und den Betrieb, insbesondere die Stallungen, gemäß amtlichen Vorgaben zu desinfizieren (s. Kap. 44), so werden sie für die dadurch entstehenden Verluste und Kosten vom Staat adäquat kompensiert.

Betriebe mit spezifischem Kontakt zu Scrapiebetrieben werden als *Risikobetriebe* eingestuft und unterliegen denselben Maßnahmen wie die Scrapiebetriebe selbst (s. Kap. 57.3.2.). Diese Einstufung wird vorgenommen, wenn mindestens eines der folgenden drei Kriterien erfüllt ist:

1. der Betrieb hatte direkte, epidemiologisch relevante Verbindungen zu einem Scrapiebestand (vgl. Kap. 42.2.2.1),

oder

2. mehr als 30% des derzeitigen Schafbestandes wurde von Scrapiebeständen zugekauft,

oder

3. bestätigte Scrapie-Fälle in anderen Beständen stammen aus diesem Bestand.

57.3.2 Maßnahmen nach Bestätigung von Scrapie

Nach labordiagnostischer Bestätigung eines Scrapiefalles werden alle Schafe und Ziegen des betroffenen Bestandes gekeult. Die Kadaver werden zerkleinert und mit einer Kerntemperatur von mindestens 133 °C bei einem Wasserdampfdruck von $\geqq$ 3000 hPa während 20 Minuten dekontaminiert. Das Endprodukt wird verbrannt oder anderweitig vernichtet. Ebenfalls werden alle noch lebenden, auf diesem Betrieb geborenen Muttertiere gekeult.

Nach der Keulung eines Bestandes findet eine intensive Reinigung und chemische Dekontamination bzw. Desinfektion statt (s. Kap. 44.5.2). Dies umfaßt das Entfernen von Einstreu und Dung, das Herausnehmen und Verbrennen aller hölzernen Gerätschaften und Einbauten, zu denen die Tiere direkten Kontakt hatten (Bodenbelag, Trennwände, Tränken usw.), die gründliche Reinigung und chemische Desinfektion aller Oberflächen der Stallungen, das neue Anstreichen der Wände bis auf mindestens 1,5 Meter Höhe, und – je nach Zustand der Stallungen – das Einbringen neuer Trennwände, Türen und Betonböden. Sollten diese Maßnahmen nicht möglich sein, werden die Stallungen abgerissen und verbrannt.

Die Maßnahmen außerhalb der Gebäude umfassen das Abtragen der Deckschicht aller umliegenden unbefestigten Zufahrtswege, das Anstreichen der Außenwände von Gebäuden, zu denen die betroffenen Schafe direkten Kontakt hatten, das Umpflügen der Schaf- und Ziegenweiden, das Verbrennen des Grases und die Neuinstallation von Weidezäunen in den Bereichen, in denen Schafe und Ziegen gehalten wurden.

Der Betrieb darf erst nach einer Wartezeit von zwei Jahren nach der Keulung wieder neue Schafe und Ziegen aus Scrape-freien Regionen einstallen. Die Besitzer betroffener Bestände erhalten für die entstandenen Verluste und Kosten vom Staat eine Kompensation von durchschnittlich über 1 Million Norwegischer Kronen (etwa 185000 Schweizer Franken).

57.4 Maßnahmen zur Scrapie-Prävention

57.4.1 Fütterungsverbot und Prävention der geographischen Scrapie-Ausbreitung

Seit 1990 ist die Verfütterung von Wiederkäuer-Protein in Form von Tierkörpermehlen (TM) und dergleichen an Rinder, Schafe, Ziegen und andere Wiederkäuer (z.B. Rentiere) verboten. Somit wurde eine Verbreitung von Scrapie-Prionen über kontaminiertes Mischfutter verhindert. Heute besteht ein allgemeines TM-Verfütterungsverbot.

Schon seit 1980 besteht ein generelles Verbot der Verbringung von Schafen und Ziegen aus einer Region in eine andere. Dieses Verbot wurde damals zur Bekämpfung der Maedi/Visna-

Krankheit erlassen und dürfte erheblich zur Verhinderung der Scrapie-Ausbreitung von den endemisch verseuchten Regionen im Südwesten Norwegens beigetragen haben. Seit 1995 sind zusätzliche Beschränkungen für die zwei am stärksten betroffenen Regionen, Hordaland und Rogaland in Kraft, um den Kontakt zwischen Tieren verschiedener Betriebe zu minimieren. So dürfen auch innerhalb dieser Regionen keine lebenden Schafe und Ziegen von Betrieb zu Betrieb bewegt werden. Zudem sind hier Tiermärkte, Ausstellungen und jeglicher Handel mit lebenden Schafen und Ziegen verboten, ebenso der gemeinsame Transport von Tieren mehrerer Bestände und das gemeinsame Nutzen von Weideflächen.

Weiterhin bestehen Einschränkungen bei der Schaffung neuer Zuchtgemeinschaften zwecks Austausch von Zuchtwiddern, sowie eine generelle Beschränkung auf vier Betriebe pro Zuchtgruppe.

Einige dieser Präventionsmaßnahmen wurden 1997 auch auf nationaler Ebene eingeführt: in ganz Norwegen ist der Verkauf von Muttertieren an andere Bestände verboten, ebenso die Erweiterung bestehender und die Schaffung neuer Zuchtgemeinschaften. Die bestehenden Regionen (Bezirke) wurden mit Hinblick auf die Scrapie-Prävention in kleinere geographische Einheiten unterteilt. Es ist verboten, zwischen diesen Subregionen lebende Schafe und Ziegen zu verbringen und der gemeinsame Transport von Tieren aus mehreren Subregionen ist untersagt.

57.4.2 Maßnahmen an der Grenze

Es besteht ein generelles Importverbot für lebende Schafe und Ziegen. Seit 1980 hat die norwegische Veterinärbehörde dazu nur wenige Ausnahmegenehmigungen erteilt; in allen Fällen für genetisch wichtige Zuchttiere aus Neuseeland (Tab. 58.1), welches als Scrapie-frei gilt. Diese Tiere wurden vorerst für mehrere Jahre unter Quarantäne gestellt.

57.4.3 Maßnahmen zum Schutz des Verbrauchers und der Tierpopulation

Scrapie ist nach bisherigen Erkenntnissen nicht auf den Menschen übertragbar (s. Kap. 58). Es besteht, wie bereits angesprochen, ein allgemeines Verbot der Verwendung von Tiermehl und dergleichen in Futtermitteln für landwirtschaftliche Nutztiere. Damit wird eine Exposition an Scrapie- (und BSE-)Prionen verhindert, wobei gleichzeitig auch das Risiko einer BSE-Epidemie sehr wirksam reduziert wird.

58 Scrapie versus BSE im Schaf: Risikoabwägung für Mensch und Tier

Beat Hörnlimann

58.1 Einleitung

Dieses Kapitel schließt das vorliegende Buch ab. Es faßt zunächst die Argumente zusammen, die gegen ein Scrapie-Risiko für den Verbraucher sprechen, dann auch diejenigen, die keine klare Interpretation zulassen. Überzeugende Argumente oder Daten, die für ein Public Health-Risiko sprechen, das von Scrapie per se ausgeht, wurden in der Literatur nicht gefunden. Gemäß epidemiologischen Beobachtungen von W. Matthews und anderer Autoren [1331,1351] besteht auch in Ländern mit intensiver Schafhaltung keine Korrelation zwischen dem Auftreten von Schaf-Scrapie und dem Vorkommen irgendeiner Form von Prionkrankheiten beim Menschen (Tab. 1.1). Zudem wurde bei Menschen, die zu den vermutlich am stärksten Scrapie-exponierten Berufsgruppen gehören, bisher kein erhöhtes Risiko beobachtet.

Im weiteren stellt dieses Kapitel die derzeit nicht ausschließbaren Gesundheitsrisiken für Mensch (Public Health) und Tier als Folge einer potentiellen Ausbreitung der BSE in die Schafpopulation [1330] dar. Es wird auch aufgezeigt, welche prophylaktischen Maßnahmen zum Schutz des Verbrauchers und zur Verhinderung der BSE-Ausbreitung über das Schaf konsequenterweise getroffen wurden oder werden sollten. Zu den Ausführungen im Kapitel 58.3 sei hiermit angeregt, analoge Überlegungen zur Frage *BSE in der Ziege?* anzustellen.

58.2 Scrapie: Risikoabwägung für Mensch, Menschenaffen und Fleischfresser (Katzen)

58.2.1 Empirische Argumente gegen ein berufsbedingtes Scrapie-Risiko für Menschen

Bereits seit den 30er Jahren ist experimentell Scrapie auf Ziegen und Schafe übertragen worden [499] und seit den 60er Jahren sind häufige Forschungsarbeiten, wie Übertragungsexperimente oder Organinfektiositätsstudien mit vielen verschiedenen Tierarten, v.a. mit Nagetieren, durchgeführt worden (s. Kap. 43). Dabei dürfte es zu einzelnen unbeabsichtigten parenteralen Kontakten des Menschen mit infektiösem Scrapiematerial gekommen sein, z.B. bei 1) Stichverletzungen mit kontaminierten Nadeln, 2) kontaminierten Spritzern über Wunden (Bisse, Kratzer) oder 3) Verschmierungen über Mikrowunden an den Händen und über Schleimhäute im Gesicht (Augen). Bis in die 90er Jahre hat man keine so hohen Biosicherheitsanforderungen an entsprechende Arbeitsplätze gestellt, wie dies heute gemäß Kapitel 49 der Fall ist. Trotzdem haben sich keine Hinweise ergeben, daß Scrapie-Erreger für beruflich besonders Exponierte wie Forscher, Veterinärpathologen usw. ein im Vergleich zur Normalpopulation erhöhtes Risiko darstellten (vgl. Kap. 49.3).

In einer europaweiten Studie zu möglichen Risikofaktoren von sCJD und anderen humanen Prionkrankheiten stellte sich heraus, daß selbst für Menschen, die regelmäßig Schafen (und Kühen) exponiert waren, ein zunächst scheinbar erhöhtes Risiko statistisch nicht signifikant ist [1331]. Dabei ist beachtenswert, daß der Scrapie-Erreger durch Mutterschafe – im

Ggs. zum BSE-Erreger bei der Kuh – anläßlich der Geburt in die Umgebung ausgeschieden werden kann (s. Kap. 18, 42) und daß infolge dessen bereits seit 1732 [922], ev. auch länger, sehr viele Menschen in Schafhaltungen Kontakt mit Scrapieerregern gehabt haben dürften.

Ebenso beachtenswert ist die Tatsache, daß BSE auf Katzen übertragen werden konnte (s. Kap. 20, 23). Wild- und Hauskatzen dagegen, die durch den Verzehr von rohem Schaf- und Ziegengewebe, insbesondere Scrapie-infektiösen Teilen schon lange vor dem Beginn der BSE-Epidemie (1985/86) dem Scrapie-Erreger ausgesetzt waren, erkrankten nach heutigem Wissensstand nie an „Scrapie" (s. Kap. 20.9).

58.2.2 Epidemiologische und experimentelle Aspekte zur Abwägung eines Scrapie-Risikos für Mensch und Menschenaffen

58.2.2.1 Sporadische Creutzfeldt-Jakob-Krankheit (sCJD)

Falls die Schaf-Scrapie beim Menschen z. B. durch den Verzehr von infektiösen Schafprodukten die sporadische Form der Creutzfeldt-Jakob-Krankheit (sCJD; Tab. 1.2) verursachen könnte, würde man eine Korrelation zwischen dem landesspezifischen Vorkommen von sCJD und Scrapie erwarten. Ein solcher Zusammenhang konnte bisher gemäß unserem Wissen nicht festgestellt werden. Die sCJD tritt weltweit mit einer mehr oder weniger konstanten Häufigkeit von jährlich rund einem Fall pro Million Einwohner auf (Tab. 58.1); die Scrapie-Prävalenz hingegen ist von Land zu Land sehr unterschiedlich. D.h., es gibt zwischen Ländern oder Regionen, in denen Scrapie endemisch, selten, in Einzelfällen oder bisher gar nicht auftrat (Abb. 58.1) keinen regelmäßigen Unterschied bezüglich der sCJD–Inzidenz [1347]. (Zwar ist die Inzidenz der familiären Form der CJD (fCJD) in bestimmten Ländern oder Regionen deutlich häufiger als die mittlere sCJD-Jahresinzidenz, aber dieser Aspekt steht auch nicht in Zusammenhang mit dem Scrapie-Vorkommen, wie aus Kapitel 58.2.2.3 hervorgeht).

Die Ergebnisse einer französischen Studie [273] sind schwieriger zu interpretieren: Unter ganz bestimmten Analysevorgaben scheinen die Autoren einer 12-jährigen Studie eine gewisse Korrelation zwischen dem Konsum von Lamm und der sCJD-Inzidenz vorgefunden zu haben (s. Originalarbeit [273]). Eine andere, auch schwierig interpretierbare Arbeit ergab für „roast lamb" und eine andere Fleischart ein erhöhtes Risiko [334] (s. Originalarbeit).

Ein 1995 veröffentlichtes Exposé [367] zu dieser Thematik versuchte, das Vorkommen von CJD und Schaf-Scrapie in einen hypothetischen Kausalzusammenhang („natürliche" Übertragung der Scrapie auf den Menschen) zu bringen, was aber aus wissenschaftlicher Sicht mit den bisher vorliegenden epidemiologischen Erkenntnissen nicht überzeugend gelang [1351].

58.2.2.2 Infektiös erworbene Formen von Prionkrankheiten des Menschen (nvCJD, iCJD und Kuru)

nvCJD: Einen Hinweis dafür, daß Scrapie die Ursache der seit Mitte der 90er Jahre feststellbaren neuen Variante der CJD (nvCJD) ist, gibt es nicht (s. Kap. 15, 50). Der bloße Hinweis, daß in GB die Scrapie häufiger vorkommt als in anderen Ländern und somit der britische Verbraucher einem höheren Scrapie-Infektionsdruck exponiert (gewesen) sei, überzeugt nicht, da das Scrapie-Vorkommen dort seit vielen Jahrzehnten sehr hoch ist (vgl. Kap. 1, 18). Hingegen ist eine auch für Public Health-Überlegungen relevante Frage, ob heute namentlich in der britischen Schafpopulation der BSE-Erreger zirkulieren könnte (s. Kap. 58.3) [550a].

iCJD: Scrapie konnte bisher auch nicht mit der iatrogenen CJD-Form (iCJD) (Tab. 14.1) in Verbindung gebracht werden. Als chirurgisches Nahtmaterial verwendete Schafdärme wurden zwar in der Literatur als hypothetische Infektionsquelle diskutiert [333], dies hat sich aber mangels fehlender Evidenz als rein spekulativer Risikofaktor erwiesen.

Kuru: Ein Kausalzusammenhang der Kuru-Krankheit des Menschen mit der Schaf- und Ziegenkrankheit Scrapie steht aus den im folgenden genannten Gründen außer Frage (s. Kap. 2, 13, 38). Schafe und Ziegen waren im Gebiet der Fore in Papua Neuguinea (Abb. 2.1, 2.2), wo Kuru epidemisch vorkam, nicht verbreitet, sie wurden hier erst seit Beginn der 50er Jahre in lediglich einer Mission namens Okasa gezüchtet. Erst seit den 60er Jahren haben auch Fore-Bauern Schafe und Ziegen gehalten.

Die neuropathologische Ähnlichkeit zwischen Scrapie und Kuru [569] führte in den 60er Jahren zu experimentellen Untersuchungen („The Scrapie-Kuru-Connection" [574]; Kap. 1.5) über einen möglichen Zusammenhang von Scrapie und Kuru (und später auch von Scrapie und sCJD). Aus jenen Übertragungsstudien, u.a. mit Schimpansen, ging weder zwischen Kuru und Scrapie noch zwischen CJD und Scrapie ein Zusammenhang hervor [510]. Im elementaren Unterschied zu den beiden Prionkrankheiten des Menschen [486,511] stellte sich nach einer Beobachtungszeit von über 12 Jahren heraus, daß Scrapie (auch) für Menschenaffen nicht infektiös ist [510,551] (s. Kap. 43.5.1).

Seither ist weitgehend gewiß, daß Scrapie keine Zoonose ist. Da zwischen Mensch und Menschenaffen eine mit Hinblick auf das Prion-Protein hohe Aminosäurensequenzhomologie (s. Kap. 9) besteht, dürften Übertragungsversuche mit nicht humanen Primaten hinsichtlich der Frage des zoonotischen Potentials der Scrapie aussagekräftig sein; obwohl negative Ergebnisse nie beweisend sind.

Im weiteren wurden bei Menschenaffen bisher unter nicht-experimentellen Bedingungen keine Scrapie-Fälle und auch keine anderen Formen von humanen oder tierischen Prionkrankheiten (Tab. 1.1) festgestellt. Bei Tieraffen gab es bisher einen einzigen TSE-Fall (Tab. 1.3) [149,150]; ob es dabei einen Zusammenhang mit einer der bekannten tierischen Formen von Prionkrankheiten gibt, ist unklar, da die Nahrung des betroffenen, in einem Zoo gehaltenen Rhesusaffen auch tierische Proteine beinhaltet haben soll. Als Ursache ist hier auch eine spontan entstehende (vgl. Kap. 3.9; 8.4.4–5) Prionkrankheit theoretisch in Betracht zu ziehen.

58.2.2.3 Genetisch bedingte Formen von Prionkrankheiten (fCJD, GSS und FFI)

fCJD: In bestimmten Ethnien, Verwandtschaftslinien oder Familien, im folgenden zusammenfassend Stammbäume genannt, kommen genetisch bedingte fCJD-prädisponierende Mutationen vor [467]. Angehörige solcher Stammbäume erkranken mit einer erheblich höheren [271,468] Wahrscheinlichkeit an CJD als die Durchschnittspopulation [971]. Bevor man die genaue Ursache dafür erkannte, wurde u.a. folgende Fragestellung diskutiert: könnte eine (Scrapie)-Infektion des Menschen durch die Aufnahme von Scrapie-kontaminierten Produkten, z.B. Schafhirn, verursacht worden sein [731]?

Wie aus den im Folgenden beschriebenen Erkenntnissen hervorgeht, besteht aber in betroffenen Regionen kein Zusammenhang zwischen CJD und Scrapie: die E200K-Mutation ist die häufigste Ursache bei familiären Prionkrankheiten des Menschen; sog. $fCJD_{E200K}$-Stammbäume leben in vielen Ländern wie Chile [187,491], Deutschland, Frankreich, Großbritannien (GB), Israel [974], Italien, Kanada [529], Polen, Slowakei [105,532] und USA [529]. Trotz dem clusterartig gehäuften Auftreten der fCJD in diesen Ländern bestehen teilweise erhebliche Unterschiede in Bezug auf die landesspezifischen Scrapie-Prävalenzen (Tab. 58.1) oder, anders gesagt, es besteht auch in diesen besonders fCJD-betroffenen Regionen keine Korrelation zwischen der Scrapie- und fCJD-Prävalenz. Daher spricht auch nichts dafür, daß eine Prädisposition (erhöhte Empfänglichkeit) die Wahrscheinlichkeit einer CJD nach Kontakt mit dem Scrapie-Erreger erhöht haben könnte.

Der am stärksten von $fCJD_{E200K}$ betroffene Stammbaum findet sich unter libyschen Einwanderern in Israel, die gegenüber der Normalpopulation eine 100fach erhöhte CJD-Inzidenz aufweisen [271,468]. Ursprünglich glaubte man, daß diese erhöhte CJD-Inzidenz auf den dort praktizierten Verzehr von Schafaugen[120] zurückzuführen sei [731]. Es hat sich jedoch herausgestellt, daß alle CJD-Patienten dieses Stammbaums mindestens in einem *PRNP*-Allel die genetisch mit der CJD verbundene Mutation E200K tragen [467,531] und somit fCJD-Fälle sind.

[120] Wird/wurde auch in manchen Ländern Europas gegessen (z.B. Island und Italien).

Tabelle 58.1: Vorkommen der Creutzfeldt-Jakob-Krankheit CJD (beim Menschen) versus Scrapie beim Schaf. Die CJD-Inzidenz beträgt weltweit mehr oder weniger einheitlich 1 Fall pro Million Einwohner pro Jahr, i.d.R. gibt es die Angabe „~ 1“ oder keine Angaben. Nicht in den Zahlen eingeschlossen sind regionsspezifisch teilweise hohe Inzidenzen mit familiär-genetisch bedingten CJD-Formen (siehe Kap. 26, 36). (Quelle der CJD-Angaben: Tab. 36.1.; Quelle der Scrapie-Daten für europ. Länder: [652] (Zeitraum 1980–1993) und für außereurop. Länder div. Literaturstellen [352]).

	Scrapie-Vorkommen (grob)	**sCJD-Inzidenz** (grob)		**Scrapie-Vorkommen** (grob)	**sCJD-Inzidenz** (grob)
Albanien	2 (?)	keine Angabe	Mexiko	keine Angabe	~ 1
Ägypten	2 (?)	~ 1	Neuseeland	0: 1952, ausgerottet	0,88
Argentinien	keine Angabe	~ 1	Niederlande	4	0,81
Australien	0: 1952, ausgerottet	0,75	Nordirland	2 (?)	~ 1
Belarus	2 (?)	keine Angabe	Norwegen	4	~ 1
Belgien	3	~ 1	Österreich	1	1,27
Brasilien	2 (?; 1978)	~ 1	Oman	keine Angabe	~ 1
Bulgarien	2 (?)	keine Angabe	Papua Neuguinea	0 (?)	~ 1
Chile	keine Angabe	0,69	Peru	keine Angabe	~ 1
China	keine Angabe	~ 1	Polen	2 (?)	~ 1
Dänemark	1	keine Angabe	Portugal	2 (?)	~ 1
Deutschland	3	0,85	Rumänien	1	~ 1
Finnland	1	~ 1	Schweden	3	1,20
Frankreich	4	0,96	Schweiz	3	1,14
Ghana	2 (?)	keine Angabe	Senegal	keine Angabe	~ 1
Griechenland	1	~ 1	Slowakei	3–4	0,62
Großbritannien	5	0,74	Somalia	2 (?)	keine Angabe
Indien	2 (?; 1961)	~ 1	Spanien	3	~ 1
Indonesien	keine Angabe	~ 1	Südafrika	2 (?; 1966)	~ 1
Iran	keine Angabe	~ 1	Taiwan	keine Angabe	~ 1
Irland (Rep.)	4	keine Angabe	Thailand	keine Angabe	~ 1
Island	4	0,27	Tschechoslowakei (Ex-)	3	0,66
Israel	2 (?; 1993)	0,91			
Isle of Man	2 (?)	keine Angabe	Tunesien	keine Angabe	~ 1
Italien	3	0,56	Ungarn	1	0,39
Japan	2 (?; 1990)	0,45	Uruguay	keine Angabe	~ 1
Jugoslawien (Ex-)	4	~ 1	Venezuela	keine Angabe	~ 1
Kanada	2 (?; 1938)	~ 1	Verein. Staaten	2 (?; 1947)	0,90
Kenya	2 (?; 1970)	keine Angabe	Verein. Arab. Emirate	2 (?; 1995)	keine Angabe
Kolumbien	2 (?)	~ 1			
Libanon	2 (?)	keine Angabe	Yemen	2 (?; 1979)	keine Angabe
Luxemburg	1	keine Angabe	West Bengal	keine Angabe	~ 1
Malta	1	keine Angabe	Zypern	3 (?; 1985)	keine Angabe

Legende zur Spalte „Scrapie-Vorkommen“:
0: offiziell frei von Scrapie (Australien und Neuseeland)
1: keine Scrapie gemeldet
2: keine Scrapie, aber auch keine Scrapie-Überwachung od. Scrapie kommt vor, aber keine genauen Daten (?)
3: selten Scrapie-Fälle gemeldet
4: ab und an Scrapie-Fälle gemeldet
5: endemisches Scrapie-Vorkommen (kommt lokal auch außerhalb von GB vor, dann nicht als 5 eingestuft)
Jahrzahlen in Klammern deuten auf die Zeit der ersten Scrapie-Feststellung oder der Wiederfeststellung nach langer Absenz hin.

Auch ein Cluster von CJD-Fällen, das seit langem in der slowakischen Region „Orava" beobachtet wird (bisweilen „Oravske-Kuru" genannt [105]), umfaßt vorwiegend familiäre Fälle mit einer E200K-Mutation [532] (s. auch die Studie in *Medical Hypotheses (2000); **54**, 278–306*). Zusätzlich stellte man fest, daß auch bei weit entfernt lebenden Angehörigen solcher Stammbäume CJD überproportional häufig auftritt. Beispielsweise wurde bei 14 Individuen zentraleuropäischen Ursprungs (inkl. Personen mit Herkunft aus Familien der Slowakischen Region Orava), die in den USA oder in Kanada geboren wurden und dort leben, aber nie ihre ursprünglichen Herkunftsländer besucht hatten, CJD überdurchschnittlich häufig diagnostiziert [529]. Die molekulargenetische Untersuchung aller Betroffenen ergab, daß ihre Krankheit der $fCJD_{E200K}$-Form entsprach.

Diese Befunde sprechen klar gegen die Rolle einer gemeinsamen Umwelt- bzw. Scrapie-bedingten Infektionsquelle für ausgewanderte und in Europa seßhaft gebliebene Stammbaumangehörige mit fCJD [529].

GSS und *FFI*: Noch nie konnte irgendein Zusammenhang zwischen Scrapie und dem *Gerstmann-Sträussler-Scheinker-Syndrom* (GSS; s. Kap. 16) oder der *Fatal Familial Insomnia* (FFI; s. Kap. 17), beides durch genetische Prädispositionen bedingte Prionkrankheiten des Menschen, festgestellt werden.

58.2.3 Fazit zu Scrapie – Aspekte zur Risikoabwägung für den Menschen

Die zeitweise immer wieder aufflackernde Frage, ob CJD und dgl. mit dem Kontakt zu Scrapie-kranken Schafen oder zu Scrapie-infektiösen Schafgeweben zusammenhängen könnte, ist somit gemäß heutigem Wissensstand nicht zu bejahen. Allerdings muß – v.a. wenn man aus epidemiologischer Sicht argumentiert – bei dieser Schlußfolgerung der Vorbehalt angebracht werden, daß 1. es von Land zu Land eine unterschiedliche Qualität der CJD- und Scrapie-Überwachung geben kann (s. Kap. 29, 32), und daß 2. der weltweite Handel mit potentiell Scrapie-kontaminierten Schlachtprodukten – z.B. Schafhirn, das mancherorts als Delikatesse verzehrt wird [859] (Abb. 58.2) oder Fleischerzeugnisse, die u.U. auch Scrapie-infektiöses Gewebe enthalten könnten – bei diesen Überlegungen nicht berücksichtigt ist. Zudem darf auch nicht der Schluß gezogen werden, daß Scrapie ein für allemal ein Null-Risiko für den Menschen darstellt, da vermutlich diese Schafkrankheit indirekt – über den Umweg BSE im Rind (s. Kap. 19.9, 50) – zu einem Problem für den Verbraucher wurde und noch stärker werden könnte (s. Kap. 58.3, Abb. 58.2).

Abschließend scheint erwähnenswert, daß zwischen Schaf und Mensch eine niedrigere PrP-AS-Sequenzhomologie (s. Kap. 9) und somit eine – bezüglich TSE-Übertragung – etwas höhere Artenschranke (Abb. 1.8) vorliegt, als z.B. zwischen Rind und Mensch.

58.2.4 Prionkrankheiten des Menschen – Aspekte zur Risikoabwägung für das Tier

Die Erregerverteilung im Körper von CJD- (und Kuru-)Opfern wurde in Experimenten mit nicht humanen Primaten bestimmt. Hierbei fand man Infektiosität in Gehirn, Zerebrospinalflüssigkeit (Liquor), Auge, Lunge, Leber, Niere, Milz und Lymphknoten, nicht aber in Körperflüssigkeiten einschließlich Milch [411] und Blut, in peripheren Nerven, Knochenmark, Herz, Fett- und Muskelgewebe (Muskelfleisch), Prostata, Hoden, Amnion und Amnionflüssigkeit [190] sowie *Plazenta*. Zum letzteren Organ ist im Zusammenhang mit der Frage, ob menschliche Prionkrankheiten eine Infektionsquelle für Tiere darstellen könnten, erwähnenswert, daß gemäß P. Brown in der Literaturquelle ([179], Table 4) bei CJD/Kuru in Ausnahmen Infektiosität in der Plazenta gefunden wurde (?!). Insbesondere vor diesem Hintergrund könnte die nicht adäquate Verarbeitung von menschlichen Plazentas zu „Tiermehl" ebenso problematisch gewesen sein [59] wie die Verarbeitung von Labortieren (zu Tiermehl), die für Übertragungsstudien von menschlichen (und tierischen) Prionkrankheiten verwendet wurden. Prof. M. Pocchiari hat denn auch anläßlich einer WHO-Tagung einmal die Frage in den Raum gestellt, ob es nicht denkbar wäre, daß

Abb. 58.1: Scrapie kommt in Europa sehr unterschiedlich häufig vor, z. B. endemisch in Großbritannien (Risikostatus 5), gar nicht in Dänemark und Finnland (Risikostatus 0) oder mit geringer Inzidenz (selten) in manchen anderen Ländern. Datenquelle: [652]. Stand: 80er–90er Jahre. (Abb. von B. Hörnlimann)

z. B. BSE auf solchen Wegen durch eine nicht adäquat erhitzte Charge an CJD-kontaminiertem Gewebe verursacht worden ist (vgl. Kap. 19.8). Es bleibt jedoch zu betonen, daß es sich hier nicht um fundierte Hypothesen sondern nur um „legitime Fragen aus wissenschaftlicher Sicht" handelt.

58.3 BSE im Schaf: Risikoabwägung für Mensch und Tier

58.3.1 Erkennung eines potentiell neuen Problems

Spätestens nach der Bekanntmachung der ersten zehn nvCJD-Fälle [1352] im Frühjahr 1996 machten – teilweise seit längerem bekannte

[442,446,447] – Versuchsergebnisse auf ein neues theoretisches Problem aufmerksam: Schafe, denen im Experiment peroral Hirnhomogenat von BSE-kranken Kühen verabreicht wurde, haben ebenfalls die BSE-Krankheit entwickelt. Den Schafen sind Hirn- und Milzproben entnommen worden, um den organspezifischen *BSE-Infektiositätstiter* zu messen. In beiden Geweben ist Infektiosität gefunden worden, wenngleich mit einem im Gehirn erwartungsgemäß wesentlich höheren Titer als in der Milz. Allein die Tatsache, daß der BSE-Erreger in der Milz von BSE-kranken Schafen überhaupt gefunden wurde (jedoch nicht in der Milz von BSE-kranken Rindern), weist darauf hin, daß es hinsichtlich des BSE-Titers zwischen Schaf und Rind weitere und für die BSE-Ausbreitung möglicherweise relevante (s. Kap. 58.3.2) organspezifische Unterschiede geben könnte [442]. Experimente zur Klärung dieser Frage sind im Gange.

Zur *Erregerstammtypisierung* ist Hirngewebe der oben erwähnten Versuchsschafe in einer zweiten Versuchsstufe auf Mäuse übertragen worden [442] (vgl. Kap. 50). Es hat sich gezeigt, daß es sich um den BSE-Erregerstamm handelte und nicht um einen der bekannten Scrapieerregerstämme (s. Kap. 11.5.2–3).

Diese neueren Erkenntnisse müssen bei der Public Health-Diskussion über die nvCJD und deren Zusammenhang mit BSE [550a,1330] mitberücksichtigt werden, da man noch nicht ausschließen kann, daß bestimmte, teilweise noch nicht oder ungenügend analysierte Schaforgane für den Verbraucher BSE-Risiken darstellen könnten.

58.3.2 Überwachung, Forschung und Maßnahmen

Im Mai 1996 wurde in der Schweiz auf das potentielle Risiko der *BSE im Schaf* aufmerksam gemacht [58]. Nachdem im Juni 1996 der britische Landwirtschaftsminister die ersten Maßnahmen (s. Originalliteratur) [1054] dagegen erließ, hat sich im Juli 1996 die EU der Frage, ob eine (Rück)-Übertragung von BSE auf Schafe auch unter ‚natürlichen" Bedingungen im Feld vorkommen könnte, angenommen [1232, 636a]. Im August 1996 wurden seitens der EU bereits die ersten Maßnahmen (s. Originalliteratur [1098]) vorgeschlagen (siehe Kap. 58.3.2.3).

Seit 1998 hat man zur Klärung dahingehender Fragen in GB verstärkt finanzielle Mittel für Überwachung (s. Kap. 58.3.2.1) und Forschung (s. Kap. 58.3.2.2) bereit gestellt [74, 1302].

58.3.2.1 Überwachung im Feld

Da das natürliche Wirtsspektrum für BSE innerhalb der Hornträger (*Bovidae*) verhältnismäßig breit ist (Tab. 1.3) und da BSE ursprünglich auf Scrapie zurückgehen dürfte (s. Kap. 19.9), löste der Befund, daß BSE experimentell auf Schafe übertragbar ist [442,446,447], für Fachleute keine eigentliche Überraschung aus. Jedoch ist die entscheidende Frage, ob BSE *natürlicherweise* im Schaf vorkommt, mit dieser Erkenntnis noch nicht beantwortet. Bisher ist kein Fall aus dem Feld bekannt [550a]).

Die Inkubationszeit der Scrapie beträgt i.d.R. zwei bis fünf Jahre, ausnahmsweise beginnt die Krankheit schon ab dem Alter von etwa 7 Monaten [1209]. Bei der BSE beträgt die Inkubationszeit von knapp zwei bis über 10 Jahre, unter Feldbedingungen im Durchschnitt 4,5 Jahre (Abb. 19.3, 19.4). In Anbetracht dieser Zeitspanne erwartete man retrospektiv unter der in Kapitel 58.3.2.3 begründeten Annahme einer am wahrscheinlichsten in der Mitte der 80er Jahre in GB erfolgten Rückübertragung der BSE auf die dortige Schafpopulation, daß im Verlaufe der 90er Jahre BSE-Fälle beim Schaf festgestellt worden wären. Einzelfälle könnten zwar dem Scrapie-Überwachungsnetz durchaus entgangen sein [550a], da bisher infektiöses Material von nur relativ wenigen Schafen einer Erregerstamm-Typisierung unterzogen wurde.

Ein grundlegender Teil eines jeden Seuchenbekämpfungskonzepts besteht in der Überwachbarkeit bzw. Überwachung der betreffenden Krankheit, d.h. der diagnostischen Erkennbarkeit auf der Individualebene und der systematischen Erfaßbarkeit auf der Populationsebene. Gerade hierin liegt aber die mindestens klinische Schwierigkeit, da die Symptome für BSE im Schaf nicht pathognomonisch, d.h. nicht eindeutig sind.

Ein Massen-Screening nach BSE in der Schafpopulation ist z.Z. noch nicht praktikabel [550a], da geeignete Instrumente (*in vivo*-Tests) fehlen. Wohlbemerkt wäre aber auch beim engmaschigsten Überwachungsnetz (s. Kap. 32) die Erkennbarkeit eines neuen BSE-Stammes kaum möglich oder vom Zufall abhängig, wenn nur einige wenige Tiere infiziert wären.

Vor dem Hintergrund des potentiellen Risikos BSE im Schaf ist unterdessen in manchen Ländern die Scrapie-Überwachung intensiviert worden [74] (s. Kap. 55, 57). Um den BSE-Stamm im Schaf, falls vorhanden, erkennen und ihm einen Riegel vorschieben zu können, wird im Rahmen des heute in der britischen Schafpopulation durchgeführten TSE-Überwachungsprogrammes die Erregerstamm-Typisierung (s. Kap. 11, 12, 50) als wichtiges Instrument verstärkt eingesetzt.

58.3.2.2 Forschung

Im Bereich Forschung sollten beispielsweise folgende Fragen vordringlich beantwortet werden:

1. Würde BSE im Schaf, falls der Erreger in dieser Spezies zirkuliert, ein Public Health-Problem darstellen oder stellt es bereits eines dar (Abb. 58.2)?
2. Gibt es zwischen (experimentell) BSE-infizierten Schafen und Rindern weitere relevante organspezifische Unterschiede, d.h. enthalten neben der Milz [442] weitere kritische Schafgewebe, z.B. die Nachgeburt, oder möglicherweise selbst die Föten infizierter Mutterschafe BSE-Infektiosität (vgl. Kap. 42.2.2.1)?
3. Falls im Schaffötus (BSE)-Infektiosität vorhanden sein könnte [646], (z.B. infolge Schluckens von infektiöser amniotischer Flüssigkeit [179]), stellen dann zum Beispiel Frischzelltherapien, anläßlich derer fötale Lammzellen [29] parenteral an Menschen verabreicht werden (zwecks „Verjüngungskuren"), ein Gesundheitsrisiko dar? Falls ja, sollte quantifiziert werden, wie hoch dieses Risiko unter Praxisbedingungen ist. Ggf. wäre es angemessen, entsprechend rigorose Anforderungen an das applizierte Material zu stellen wie an Arzneimittel und Kosmetika (s. Kap. 46), oder aber die Praxis generell zu hinterfragen.

58.3.2.3 Prophylaktische Maßnahmen

GB, Frankreich und Belgien haben 1998 verboten, bestimmte Organe des Kopfes (relevant sind v.a. Gehirn und Augen), Rückenmark und Milz von Schafen und Ziegen als Lebensmittel zu verwenden [231,1302]. Seit 1999 muß in der ganzen EU und in der Schweiz von allen über 12 Monate alten Schlachtschafen und -ziegen der Schädel (vgl. Abb. 58.2) bzw. das Gehirn und die Augen sowie das Rückenmark verbrannt werden (vgl. Abb. 53.2). Zudem muß von allen geschlachteten Schafen oder Ziegen die Milz verbrannt werden. Weitere Bestimmungen in dieser Richtung sind künftig – je nach neuen Erkenntnissen – möglich [1330].

Ob Schafe „natürlicherweise", d.h. im Feld mit dem BSE-Erreger infiziert worden sind oder noch werden könnten, hat nicht nur Public Health- sondern primär eine Animal Health-Relevanz. Dahingehende Überlegungen wurden offensichtlich bereits beim Erlaß des britischen Fütterungsverbots von 1988 mit einbezogen: das Verbot, Wiederkäuerproteine an Wiederkäuer zu verfüttern, galt von Anfang an nicht nur für Rinder, sondern auch für Schafe und Ziegen. Der nationale Schafverband (National Sheep Association) bestätigte indirekt, daß in GB bis zum – im Jahre 1988 erlassenen – Verbot der Verfütterung von Wiederkäuerproteinen an Wiederkäuer den Schafen und Ziegen über Mischfutter Tiermehl (TM) verabreicht wurde – allerdings in geringerem Maße als TM an Rinder [63, 1302] (vgl. Tab. 39.1). Dennoch könnte BSE so auf Schafe (und Ziegen) rückübertragen worden sein, und zwar solange als von Rindern stammende infektiöse Schlachtabfälle nicht entsorgt oder nicht adäquat erhitzt worden sind und in die tierische Nahrungskette gelangen konnten. Sofern überhaupt, wäre BSE am wahrscheinlichsten vor 1988 bzw. Mitte der 80er Jahre auf Schafe übertragen worden [1302]. Bis in die 90er Jahre, solange Tiermehle an Schweine und Hühner gelangten, die nicht sicher frei von Prionen waren (→bis 1996; 96/449/EG-Richtlinie), ist indes

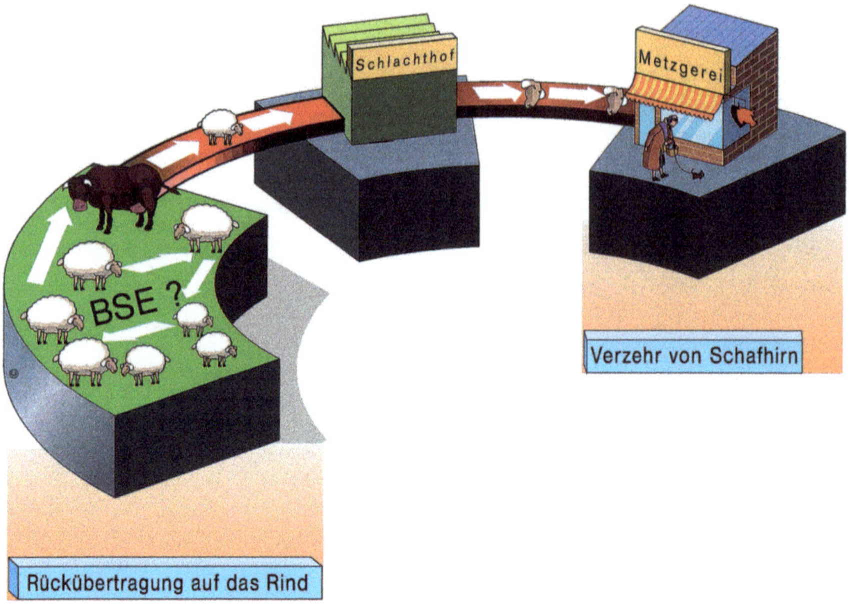

Abb. 58.2: Kommt BSE im Schaf bzw. die dargestellte hypothetische Situation unter Feldbedingungen tatsächlich vor, könnte dies infolge des Kontakts zu infektiöser Nachgeburt der Schafe ein Risiko für die Rinderpopulation und infolge des Verzehrs von infektiösem Schafhirn ein Risiko für den Verbraucher darstellen. (Originalabb. von B. Hörnlimann)

auch eine geringere Übertragungsrate über kreuzkontaminiertes Futter (vgl. Kap. 41.5.3) nicht ausschließbar; möglicherweise sogar danach nicht (infolge kontaminierter Tierfette, s. Kap. 53).

Von Race und Chesebro wurde 1998 vor dem Hintergrund der hier diskutierten Thematik empfohlen, generell kein von Wiederkäuern stammendes Tiermehl mehr in Tierfutter gelangen zu lassen [1086]; eine Empfehlung die seit dem 1. Januar 2001 in der ganzen EU umgesetzt werden muß (s. Kap. 53).

58.3.3 BSE im Schaf – eine Nische mit Endemie-Potential für BSE?

Höchstwahrscheinlich ist BSE durch einen erhöhten Scrapie-Infektionsdruck bzw. durch Selektion oder aber Adaptation eines Scrapie-Erregerstammes an das Rind entstanden (s. Kap. 19.1, 19.8). Das bedeutet, daß sich die Konformation des „Herkunfts-Scrapiestammes" verändert haben könnte, was sich darin manifestiert, das sich der resultierende bzw. zirkulierende BSE-Erregerstamm von bisher bekannten Scrapiestämmen unterscheidet (s. Kap. 11, 50).

Falls ein Scrapie-Erregerstamm die Artenschranke (Abb. 1.8) Schaf→Rind überwunden hatte, jedoch nicht durch Adaptation bzw. Anpassung der Konformation an die „Bedingungen" im neuen Wirt (Rind), so könnte die neue Rinderkrankheit (BSE) durch Selektion einer nicht als distinkter Scrapiestamm bekannten Prionstammsubpopulation (vgl. Kap. 12), die im Rind „günstige Verhältnisse" vorgefunden hatte, entstanden sein (s. Kap. 19.8).

Falls nun eine Rückübertragung der BSE auf das Schaf unbemerkt stattgefunden hat bzw. stattfinden wird, könnte u.U. der BSE-Stamm (heute) horizontal oder maternal weiter von Schaf zu Schaf übertragen werden, wie dies für Scrapie-Erregerstämme bekannt ist (Abb. 58.3) (s. Kap. 42.2.2.1). Während also beim Rind keine horizontale BSE-Übertragbarkeit bekannt ist (s. Kap. 42.2.2.2), könnte sich BSE in der Schafpopulation eher wie Scrapie verhalten und sich über kontaminierte Nachgeburtsteile oder fötale Füssigkeiten endemisch ausbreiten (Abb. 58.3) [352,997,1028,1029].

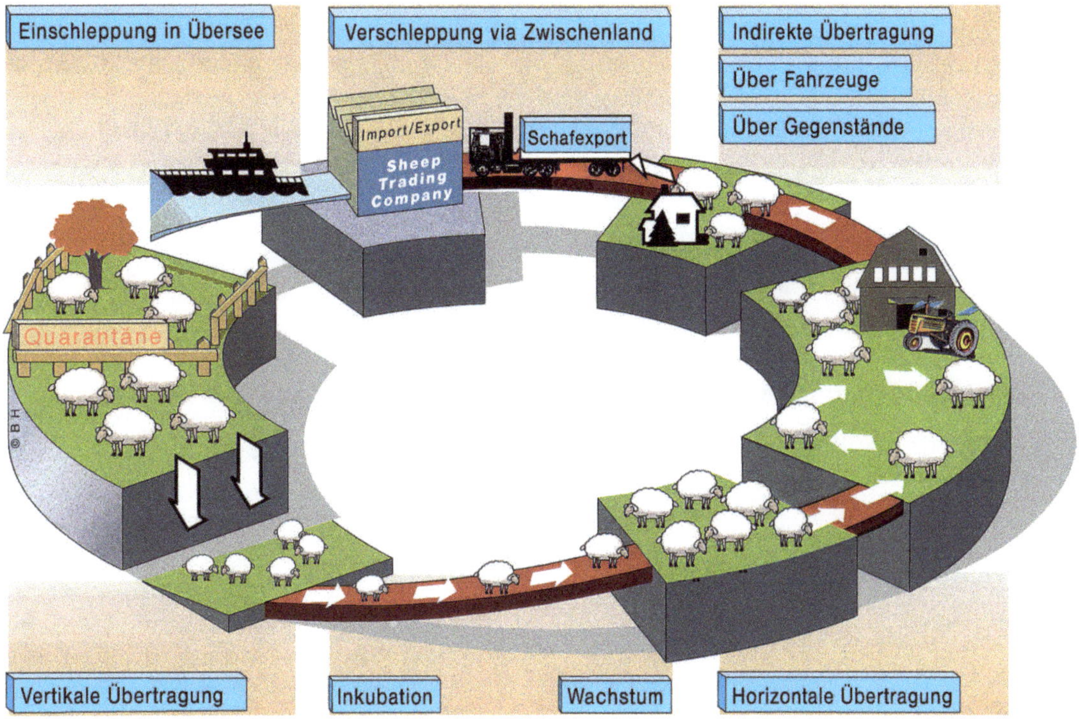

Abb. 58.3: Schematisch vereinfachte Darstellung der Übertragungswege und Verschleppungsmöglichkeiten der Scrapie beim Schaf (und bei der Ziege). Falls BSE im Schaf unter Feldbedingungen vorkommt, könnte u. U. auch diese Krankheit über dieselben dargestellten Wege verschleppt und übertragen werden. (Originalabb. von B. Hörnlimann)

Eine (Rück-)Übertragung von BSE auf das Schaf hätte infolge des endemischen und zooanthroponotischen Potentials schwerwiegende Folgen:

Einmal ausgeschieden könnte sich infolge der hohen Tenazität von Prionen [186] unter Feldbedingungen in der Schafpopulation (oder Ziegenpopulation?) ein neuer BSE-Kreislauf (im Schaf) etablieren, was letztlich zu einer *BSE-Endemie* führen könnte (vgl. Abb. 58.3). Daraus wiederum könnte sich möglicherweise ein neuer BSE-Übertragungsweg für Mensch und Rind etablieren, indem 1. bestimmte Schaforgane, die vom Menschen verzehrt werden, ein Risiko darstellen könnten (ist in Europa weitgehend unterbunden, s. Kap. 58.3.2.3) und 2. Rinder auf der Weide an infektiösen Nachgeburtsteilen BSE-infizierter Schafe oder Ziegen oder an der BSE-kontaminierten Umgebung (Weiden, Gras, Heu, Einrichtungen usw.) lecken und so den BSE-Erreger oral aufnehmen könnten (Abb. 58.2, 58.3). (Hingegen sind Befürchtungen, die BSE könnte sich über Jauche oder über Dünger mit TM ausbreiten aufgrund von Verdünnungsfaktoren von vielen 10er Potenzen eher unbegründet.) Da jedoch – wie erwähnt – bisher keine natürlichen BSE-Fälle in der Schafpopulation festgestellt wurden und da (noch[121]) unbekannt ist, ob die Nachgeburt von (experimentell) BSE-infizierten Schafen überhaupt BSE-Infektiosität enthält [1218], handelt es sich hier z.Z. um rein hypothetische Risikofaktoren.

Dennoch sei folgendes vermerkt: obwohl eine direkte orale Übertragung der Scrapie vom Schaf auf das Rind in den 70er Jahren offensichtlich nicht existierte (s. Kap. 40.2, 7. Punkt),

[121] Die Erforschung dieser zentralen Frage ist Gegenstand eines aktuell in GB laufenden Projektes (R. Bradley, pers. Mitt.).

dürfte dies für den BSE-Erreger in gleicher Richtung (Schaf→Rind) möglich sein, da nun die Artenschranke nicht wieder überwunden werden müßte und somit geringere Erregermengen (Abb. 1.8) für eine Infektion genügen würden. *In diesem potentiellen, für das Rind dritten BSE-Übertragungsmodus – liegt neben 1. der Übertragung über TM sowie kontaminiertes Tierfett und 2. der maternalen Übertragung* [1218] *– die zentrale Bedeutung des Animals Health' Aspekts von BSE im Schaf* [58].

58.3.4 Fazit zu BSE im Schaf

Die intensive Erforschung der hier diskutierten Aspekte, wie auch alle Maßnahmen gegen das Risiko BSE im Schaf oder für die Früherkennung von entsprechenden Ausbrüchen (Überwachung) dienen gleichzeitig auch der Scrapie-Bekämpfung inklusive -Überwachung (s. Kap. 32, 55–57). Frei von Scrapie per se zu werden, ist zwar für Länder mit endemischer Verseuchung ein sehr hochgestecktes, heute aber wichtiges Ziel, da das Schaf ein Ausscheidungspotential und damit ein generelles endemisches Ausbreitungspotential für TSE-Erreger in sich birgt (s. Kap. 19.8). Frei von Scrapie zu bleiben ist möglich, wie in Europa die Beispiele Finnland und Dänemark (Abb. 58.1) [652,868] und außerhalb Europas Neuseeland und Australien (R.T. Roe, pers. Mitt.) [78,161,218,219,228,868, 1123,1195] durch konsequente Scrapie-Überwachung und -Prävention sowie mittels Quarantänemaßnahmen demonstriert haben.

Gleichzeitig gezielte Maßnahmen gegen das Risiko BSE im Schaf und Scrapie durchzusetzen, drängt sich somit auf. Es ist auch aus politischer Sicht ein Gebot der Stunde [977a]. Die aufgewandten und aufzuwendenden Investitionen dürften sich künftig auch in Form stark reduzierter ökonomischer Verluste, wie sie als Folge der Scrapie seit Jahrhunderten auftreten [551] und als sehr gravierende Folge von BSE im Schaf auftreten könnten, wieder auszahlen.

Frei von BSE im Schaf zu bleiben und gleichzeitig damit den Status Scrapie-Freiheit anzustreben, ist somit für Medizin (im Sinne von Public Health und Tiergesundheit), Praxis, Handel, Landwirtschaft, Industrie und Wissenschaft eine gut begründbare, große präventive Herausforderung der Zukunft.

Schlußwort

Weisheit

*„Enthusiasmus zu haben, ist uns allen erlaubt -
allein die deutlichen und bestimmten Begriffe und
die daraus entstehende Gabe, sie anderen mitzuteilen,
ist eine ganz eigene Sache“.*

Johann Heinrich Merck

Abkürzungen, Terminologie und Zeichenerklärung

[...] Zahlenangaben in eckigen Klammern verweisen auf entsprechende Literaturquellen

Ø arithmetischer Durchschnitt (oder Durchmesser)

~/≈ circa, rund, etwa, ungefähr/er Anteil

14-3-3 Diagnostisch nutzbares Markerprotein: Bezeichnung eines Proteins im Liquor (→)

AA Kurzform für Alanin/Alanin-Homologie

ACTH Adrenocorticotropes Hormon (stammt von der Hypophyse, wirkt auf Nebenniere)

AHP Late afterhyperpolarisation current (engl.), später Nachhyperpolarisationsstrom

AK Anti-Körper

Ala Alanin (eine Aminosäure)

ALS Amyotrophe Lateralsklerose: ein unheilbares degeneratives Leiden des zentralen Nervensystems, das nicht übertragbar ist. Ist eine wichtige Differentialdiagnose der CJD und kommt wesentlich häufiger vor als diese. Synonym: MND = Motor Neuron Disease

APLP1 Amyloid precursor like protein 1 (engl.), das dem Amyloid-Precursor ähnliche „Protein 1"

Arg Arginin (eine Aminosäure)

AS Kurzform für Aminosäure

BAB Born After the Ban (engl.), nach dem TM-Verbot (→ TM) geboren (bezieht sich auf Rinder)

BAB-BSE BSE bei Tieren, die nach dem TM-Verbot (→ TM) geboren wurden (kurz: BABs = BSE-Fälle bei Born After the Feed Ban-Tieren)

BAG Bundesamt für Gesundheit (CH)

bar alte Einheit für Druck, neu: Hektopascal (1 bar = 1000 hPa (Hektopascal))

BBB Born Before the Ban: vor dem TM-Verbot (→ TM) geboren (bezieht sich auf Rinder)

BBB-BSE BSE bei Rindern, die vor dem TM-Verbot (→ TM) geboren wurden (kurz: BBBs = BSE-Fälle bei Born Before the Feed Ban-Tieren)

Bcl-2 Kurzform eines Proteins, mit dem – experimentell – das zelluläre Prion-Protein PrP^C interagiert

BfArM Bundesinstitut für Arzneimittel und Medizinprodukte (D)

BfS Bundesamt für Statistik (CH)

BGA Bundesgesundheitsamt (D)

BovPrP Prion-Protein des Rindes (*Bovinae*)

BSE Bovine Spongiforme Enzephalopathie, schwammartige Hirndegeneration der Rinder und rinderartiger Wiederkäuer (von Laien auch „Rinderwahnsinn" genannt)

BUWAL Bundesamt für Umwelt, Wald und Landwirtschaft (CH)

BVET Bundesamt für Veterinärwesen (CH)

CaPrP Prion-Protein der Ziegen (*Capra* = Ziege, lat.)

CD Circulardichroismus

CDI Conformation-dependent immunoassay (engl.), konformationsabhängiger Immunoassay

CePrP Prion-Protein der Hirschartigen (*Cervidae*)

CI Confidence interval (engl.), Vertrauensintervall

CJD Creutzfeldt-Jakob Disease (engl.), Creutzfeldt-Jakob-Krankheit. Davon gibt es vier Unterformen: → fCJD, iCJD, nvCJD und sCJD

CJK → CJD

CPMP Committee for Proprietary Medicinal Products. Dieser Spezialitätenausschuß für Humanarzneimittel ist ein EU-Gremium, das u.a. für die Bewertung von Mitteln und Verfah-

	ren zwecks Medikamentenzulassung sowie der Pharmakovigilanz zuständig ist (→ CVMP)
CT	Computer Tomogramm
CVL	Central Veterinary Laboratories in Weybridge (GB). Hier wurde der erste BSE-Fall bestätigt
CVMP	Committee for Veterinary Medicinal Products. Dieser Spezialitätenausschuß für Tierarzneimittel ist ein EU-Gremium, das für die Bewertung von Mitteln und Verfahren zwecks Zulassung von Tierarzneimitteln zuständig ist (→ CPMP)
CVO	Chief Veterinary Officer (leitender Tierarzt im öffentlichen Veterinärwesen, z. B. Landestierarzt in D, Kantonstierarzt in CH: → KT)
CWD	Chronic Wasting Disease (engl.), chronisch zehrende Krankheit der Hirsche
DNA (DNS)	Träger der Erbinformation
DY	Kurzform für „drowsy" (inaktiv/schläfrig); bezieht sich auf einen klinischen Befund, z. B. verursacht durch den DY-Stamm, ein laboratory born Prion-Stamm des Nerzen (→ HY)
EEG	Elektroenzephalogramm. Hirnstromkurve, die durch Elektroenzephalographie (diagnostisches Hilfsmittel) erhalten wird. Bei 2/3 aller CJD-Fälle sind typischerweise „periodisch scharfe Wellen-Komplexe" (→ PSWC) im EEG zu sehen
EFBS	Eidgenössische Fachkommission für Biologische Sicherheit (CH)
ELISA	Enzyme-Linked Immunosorbent Assay
ES-Zelle	Embryonale Stammzelle
ET	Embryotransfer
et al.	und Mitarbeiter/innen
ETH	Eidgenössische Technische Hochschule (CH)
Exp.pot.	Expositionspotential
FAP	Familial Amyloidotic Polyneuropathy, eine Erbkrankheit des Menschen, verbunden mit Amyloid-Ablagerungen
fCJD	Familiäre CJD (Synonyme: hereditäre CJD, genetisch bedingte oder familiär-genetische CJD). Diese Prionkrankheit ist auf eine Vererbung zurückzuführen
FCS	Fluoreszenzkorrelationsspektroskopie
FDC	Follikulär-dendritische Zellen
FePrP	Prion-Protein der Katzen (*Felidae*)
FFI	Fatal Familiar Insomnia (engl.), letale familiäre Schlaflosigkeit oder tödliche familiäre Schlaflosigkeit. Diese Prionkrankheit ist auf eine Vererbung zurückzuführen
FKM	Fleisch-Knochen-Mehl; enthält i.d.R. etwa 40% Rohprotein
FM	Fleisch-Mehl; enthält i.d.R. etwa 60% Rohprotein
FSE	Feline Spongiforme Enzephalopathie, schwammartige Hirndegeneration der Katzen
FSH	Follikel-stimulierendes Hormon, ein weibliches Geschlechtshormon (Gonadotropin) aus der Hirnanhangdrüse (Hypophyse)
GAD	Glutamic acid decarboxylase
GB	Großbritannien; wird einfachheitshalber im Buch auch für Vereinigtes Königreich verwendet
GdnCl	Guanidinium-Chlorid
GdnSCN	Guanidinium-Thiocyanat
gem.	gemäß
GFAP	Glial fibrillary acid protein, ein astrozytenspezifisches, saures Protein
GH	Growth Hormon (engl.), Wachstumshormon (→ hGH) aus der Hirnanhangdrüse
Glia-Zellen	Stütz- und Nährzellen für Hirnneuronen sowie Abwehr-Zellen des Gehirns
GMP	Good Manufacturing Practice, gute Herstellungspraxis
GPI	Glycosyl-Phosphatidylinositol. Eine GPI-Einheit, wird posttranslational am C-Terminus des PrP^C für dessen Verankerung an der Zellmembran gebildet (GPI-Anker)
GSS	Gerstmann-Sträussler-Scheinker Syndrom. Diese Prionkrankheit ist auf eine Vererbung zurückzuführen.
HaPrP	Prion-Protein des Hamsters
HBV	Hepatitis B-Virus
HCV	Hepatitis C-Virus
HE	Hämatoxylin-Eosin-Färbung (eine histologische Färbemethode)
hGH	human Growth Hormon (engl.), Wachstumshormon aus der Hirnanhangdrüse des Menschen (gegen Zwergwüchsigkeit therapeutisch eingesetzt)

HH	→ His/His
His/His	Kurzform für Histidin/Histidin-Homozygotie, hat auf Codon 171 des *Prnp* (→) für die Empfänglichkeit für Schafscrapie eine Bedeutung
His	Histidin (eine Aminosäure)
HIV	Humane Immundefizienzviren, Erreger der AIDS-Krankheit
hPa	Hektopascal (Einheit für Druck nach SI), alt: 1 bar = 1000 hPa
HSV	Herpes simplex Virus
HSV-TK	Herpes simplex Virus-Thymidinkinase
HuPrP	Prion-Protein des Menschen (Human PrP)
HY	Kurzform für „hyper" (überaktiv); bezieht sich auf einen klinischen Befund, z. B. verursacht durch den HY-Stamm, ein laboratory born Prion-Stamm des Nerzen (→ DY)
I	Kurzform für den intermediären Zustand von PrP(121–231), zwischen N (→) und U (→)
i.c.	intrazerebrale Injektion (in das Gehirn)
i.m.	intramuskuläre Injektion (in die Skelettmuskulatur)
i.p.	intraperitoneale Injektion (in die Bauchhöhle)
i.v.	intravenöse Injektion (in die Vene)
iCJD	iatrogen bedingte CJD. Durch einen „medizinischen Unfall" (akzidentell) übertragene Creutzfeldt-Jakob-Krankheit
Ick	T-Zellspezifischer Promotor
ID	Infektiöse Dosis (→ ID_{50})
ID_{50}	Einheit der infektiösen Dosis, bei der mit 50% Wahrscheinlichkeit ein Versuchstier nach experimenteller Übertragung infiziert wird. Für Prionkrankheiten sind die beiden Begriffe ID_{50} und LD_{50} (→) synonym verwendbar, da eine Infektion letal ausgeht (→ LD_{50}). Meistens werden Einheiten pro ml angegeben
IHC	Immunhistochemie
IPSC	Inhibitory postsynaptic current (engl.), (→ sIPSC)
kDa	Kilo Dalton (Molekulargewicht)
kJ	Kilo Joule
KT	Kantonstierarzt (CH: vergleichbar mit Landestierarzt in D)
LD_{50}	Letale Dosis (→ LD_{50})
LD_{50}	Einheit der letalen Dosis, bei der mit 50% Wahrscheinlichkeit ein Versuchstier nach experimenteller Übertragung an einer Krankheit stirbt (→ ID_{50}). Meistens werden Einheiten pro ml angegeben
Leu	Leucin (eine Aminosäure)
Liquor	Kurzform für Liquor cerebrospinalis, Hirn-Rückenmarksflüssigkeit, Nervenwasser
LRS	Lymphoretikuläres System (Teil des Abwehrsystems von Makroorganismen)
LTP	Long-term potentiation (engl.), Langzeitpotenzierung
l	Liter
M	Molar
MM	→ Met/Met
MEP	Motor Evoked Potentials; auch MEPs (→ CJD-Diagnostik)
Met/Met	Kurzform für Homozygotie auf Codon 129 des *PRNP* (→) für die Aminosäure Methionin (Methionin/Methionin); hat für die Empfänglichkeit der CJD (→) und FFI (→) eine Bedeutung
Met/Val	Kurzform für Heterozygotie auf Codon 129 des *PRNP* (→) für die Aminosäuren Methionin und Valin. Prionkrankheiten bei heterozygoten Menschen werden nach einer längeren Inkubationszeit klinisch manifestiert (identisch mit → Val/Met)
ml	Milliliter
MND	Motor Neuron Disease (engl.), Erkrankung der motorischen Neuronen des Menschen und des Pferdes. Synonym für ALS (→)
MoPrP	Prion-Protein der Maus (Mouse)
$MoPrP^{C}$	Zelluläres Prion-Protein der Maus (Mo für Mouse, engl.)
$MoPrP^{Sc}$(BSE)	PrP^{Sc} aus experimentell mit BSE infizierter Maus
$MoPrP^{Sc}$(CJD)	PrP^{Sc} aus experimentell mit CJD infizierter Maus
MPH	Master of Public Health (akademischer Titel für Spezialisten in öffentlicher Gesundheit)
MRI	Magnetic resonance imaging (engl.); Kernspintomographie. Bildgebendes Verfahren zur Darstellung unter anderem von Hirnstrukturen unter Ausnützung von induzierten Magnetfeldern

mRNA	Messenger RNA (→)
MV	→ Met/Val
N	Kurzform für den nativen Zustand von PrP(121–231); vgl. → I
NaDCC	Natrium-Dichlor-Isocyanurat
NaOH	Natronlauge
ne / na	Kurzform für „nicht erhältliche Information" / „not available information" (engl.), (für Leerstellen in Tabellen)
NFT	Neurofibrillary tangles
NIH	National Institutes of Health (USA), amerikanische nationale Gesundheitsbehörde
NMR	Nuclear magnetic resonance (engl.), Kernresonanz-Spektroskopie
NOE	Nuclear Overhauser effects (engl.), Kern-Overhauser-Effekte
NOESY	NOE-Spektroskopie (→ NOE)
nr	Kurzform für „nicht relevante Information" (daher nicht angegeben) (für Tabellen)
NSE	Neuronspezifische Enolase, ein Surrogatmarker
nvCJD	new variant Creutzfeldt-Jakob Disease (engl.), neue Variante der Creutzfeldt-Jakob-Krankheit; (höchstwahrscheinlich durch BSE (→) verursacht)
OIE	Organisation Internationale des Epizooties (Internationales Tierseuchenamt, Paris)
ORF	Open reading frame (offener Leserahmen), proteincodierender Teil eines Gens
ORL	Ohren-Nasen-Hals
OvPrP	Prion-Protein der Schafe (*Ovinae*)
p	Statistisches Signifikanzniveau
p.i.	post infektionem, nach der Infektion bzw. post inoculationem, nach der Inokulation
p.o.	per os, peroral, oral, im Zusammenhang mit Prionkrankheiten wird häufiger *enteral* (über den Verdauungstrakt) verwendet; im GGs. zu *parenteral*
pA	prolonged incubation allele (engl.); Allel des *Prnp* des Schafes (→*Sip*-Gen), das am Codon 136 eine Aminosäure im Prion-Protein codiert, welches eine *lange* Inkubationszeit bedeutet
PAP	Peroxidase-anti-Peroxidase (immunhistochemische Färbetechnik)
PCR	Polymerase chain reaction (engl.), Polymerase-Ketten-Reaktion
PER	Perchlorethylen (Benzinähnlicher Stoff). Wurde als Lösungsmittel verwendet, um Fett aus tierischen Abfällen zu extrahieren, damit Tiermehl besser haltbar wurde (Verhinderung der Ranzigkeit)
PET	Positronen-Emissions-Tomographie
PHARMA	Amerikanischer Verband der Arzneimittelindustrie
PK	Proteinase K (ein Eiweiß-spaltendes Enzym)
PML	Progressive multifokale Leucenzephalopathie
PNG	Papua Neuguinea
Pop.	Population
pot.	potentiell, möglich, möglicherweise
Prionen	→ TSE-Erreger
Prnp	Kurzform für *Prion-P*rotein-Gen beim Tier
PRNP	Kurzform für *Prion-P*rotein-Gen beim Menschen
$Prnp^{0/0}$	Gentechnisch erwirkte Ablation von *Prnp* (Fehlen des *Prnp* (→))
$Prnp^{0/0}$-Maus	*Prnp*-Null-Maus, Maus ohne PrP-Gen, (*Prnp*)-Knock-out mouse; durch gentechnische Ablation des Gens, welches das PrP codiert
PrP	Prion-Protein
PrP 27–30	Proteinase-resistenter Kern des PrP. Folgeprodukt von PrP^{Sc} (→) nach Abspaltung des N-Terminus durch PK (→). Reduktion des Molekulargewichts von ursprünglich 33–35 kDa auf 27–30 kDa (Variation infolge heterogener Glykosylierung). Die Infektiosität bleibt voll erhalten. Bei Einwirkung von PK und Detergenzien bildet PrP 27–30 amyloide Strukturen aus (→ SAF, Prion Rods)
PrP^{C}	Zelluläres (cellular) Prion-Protein. Normale, apathogene Isoform des PrP (→). Leicht durch Proteinase K abbaubares Prion-Protein (biochemischer Unterschied zu PrP^{Sc}); ist nicht infektiös, nicht krankmachend, apathogen (biologischer Unterschied zu PrP^{Sc})
PrPres	Proteinase-(K)-resistenter Teil des Prion-Proteins. Beachte: Nicht jedes PrPres-Molekül ist infektiös. PrPres wird in der Fachliteratur leider unterschiedlich verwendet. In diesem

	Buch wird es für PrP verwendet, das durch verschiedene *in-vitro*-Manipulationen Proteinaseresistenz erlangt hat, dessen Infektiosität aber nicht gezeigt werden konnte
PrP^{Sc}	Infektiöse Isoform des Prion-Proteins oder (Haupt)-Bestandteil der Infektiosität. Stets mit Scrapie (Sc) oder anderen Prionkrankheiten assoziiert. Synonyme: Scrapie-Prion-Protein, TSE-assoziiertes- oder krankheits-(mit)-induzierendes Prion-Protein. Als Superfix wird unabhängig von Spezies und Krankheit immer „Sc" verwendet; nicht gebräuchlich sind PrP^{BSE}, PrP^{CJD} usw. Pathogene Isoform des PrP (→). In der Pathogenität des PrP^{Sc} besteht der biologische Unterschied zu PrP^{C} (→). PrP^{Sc} ist PK-resistent, d.h. im Ggs. zu PrP^{C} erst nach Stunden durch PK (→) abbaubar (biochemischer Unterschied zu PrP^{C}). Nur die C-terminalen Aminosäuren von PrP^{Sc} sind gegen PK-Proteolyse stabil. Trotz Abspaltung des N-Terminus bleibt aber die Infektiosität voll erhalten (→ PrP 27–30)
PSWC	Periodic sharp wave complexes (engl.), periodisch scharfe Wellenkomplexe (für CJD typische Erscheinung im EEG (→))
QQ	Kurzform für Glutamin/Glutamin-Homozygotie, hat auf Codon 171 für die Empfänglichkeit für Schafscrapie eine Bedeutung (v.a. wichtig bei der hoch empfänglichen *Suffolk*rasse)
r	Korrelationskoeffizient (statistischer Wert)
RAP	Eidgenössische Forschungsanstalt für Nutztiere (CH)
REM	Rapid eye movements (engl.), schnelle Augenbewegungen
RFLP	Restriction fragment length polymorphism
RKI	Robert-Koch-Institut (D)
RML	Ein spezifischer Scrapie-Stamm; benannt nach dem Rocky Mountain Laboratory (Ort der Erstisolierung)
RNA (RNS)	Ribonucleinacid (Ribonukleinsäure), Träger von Erbinformation (→DNA)
RR	Kurzform für Arginin/Arginin-Homozygotie, hat für die Empfänglichkeit für Schafscrapie eine Bedeutung
S-100	Markerprotein für PrP^{Sc} im Blut und im Liquor (→)
s. / →	siehe
s.c.	subcutan, unter die Haut, in die Unterhaut
S100b	ein Markerprotein zur differentialdiagnostischen Abgrenzung dementieller Prozesse
sA	short incubation allele (engl.); Allel des *Prnp* des Schafes (→ *Sip*-Gen), das am Codon 136 eine Aminosäure im Prion-Protein codiert, welches eine *kurze* Inkubationszeit bedeutet
SAF	Scrapie-associated fibrils (Fibrillen, Fäserchen (Prion Rods))
SBO	Specified bovine offal (engl.), spezifizierte bovine Organe, Rinderorgane, die wegen potentieller BSE-Infektiosität seit 1989 (SBO-Bann) nicht in die Nahrung für Mensch und TSE-empfängliche Tierarten gelangen sollten zur sicheren Erregerelimination bzw. Risikoreduktion läßt man SBO am besten in die Verbrennung gelangen (heute → SRM genannt, allerdings nicht genau deckungsgleich)
sCJD	Sporadisch auftretende CJD. Seltenes, aber weltweit ziemlich regelmässiges Auftreten. Die genaue Ursache ist unbekannt (idiopathisch). Evtl. spontan entstehend durch eine spontane Umfaltung des zellulären Prion-Proteins PrP^{C} zum krankmachenden Prion-Protein PrP^{Sc}. Es sind sechs Subtypen der sCJD voneinander abzugrenzen (→ Kap. 26)
SDS	Natriumdodecylsulfat
SEM	Standardabweichung, standard error of the mean (engl.)
SHaPrP	Prion-Protein des syrischen Hamsters
Sinc-Gen	Scrapie incubation period-Gen der Maus (entspricht *Prnp* (→))
Sip-Gen	Scrapie incubation period-Gen des Schafes (entspricht *Prnp* (→))
sIPSC	Spontaneous inhibitory postsynaptic current (engl.), spontane inhibitorische postsynaptische Ströme (→ IPSC)
SRM	Specified risk material (engl.), hinsichtlich BSE spezifiziertes Risikomaterial (Organe, Gewebe, Körperflüssigkeiten), das nachgewiesenermaßen bei infizierten Tieren

	TSE-Infektiosität oder Prionen enthalten kann (organspezifische Unterschiede hinsichtlich Alter bei erster Nachweisbarkeit). Darf nicht in Nahrung, Arzneimittel, Kosmetika oder Impfstoffe für Mensch und TSE-empfängliche (und andere) Tierarten gelangen (v.a. Gehirn, Rückenmark, Augen nicht)
SSBP	Scrapie sheep brain pool 1: Hirn-Pool aus einem Scrapie-kranken Cheviot-Schaf sowie zwei Scrapie-kranken Cheviot X Border-Leicester-Kreuzungstieren, der in der Mitte des 20. Jh. durch englische Wissenschaftler erstellt wurde. .../1 = Nummer der Passage (SSBP/1)
SSC	Scientific Steering Committee. Dieser wissenschaftliche Lenkungsausschuß ist ein Gremium der EU-Kommission. Es erstellt Gutachten zu Fragen des gesundheitlichen Verbraucherschutzes, hat keine Entscheidungsbefugnis
SSCP	Single strand conformation polymorphism (engl.)
Subpop.	Subpopulation
Tg	Transgen
Tg-Tiere	Transgene Tiere, z.B. gentechnisch veränderte Mäuse (Tg-Mäuse)
Tg174-Maus	Kurzform für Tg(MoPrP-P101L)174H
Tg196(174)	Kurzform für Tg196-Maus, die mit Hirnhomogenat von Tg174-Maus inokuliert wurde
Tg196(196(87))	Kurzform für Tg196-Maus, inokuliert mit Hirnhomogenat von kranker Tg196-Maus, die ihrerseits vorgängig mit Hirnhomogenat von Tg87-Maus inokuliert wurde
Tg196-Maus	Kurzform für Tg(MoPrP-P101L)196L
TK-Gen	Gen, das für die Herpes *simplex* Virus-Thymidinkinase codiert (→ HSV-TK)
TM	Tiermehl/e: In diesem Buch verwendet als zusammenfassender Überbegriff für proteinreiche, rezyklierte Nebenprodukte der Schlachtindustrie. Wurde seit Ende des 19. Jh. bis Ende des 20. Jh. in Mehlform oder Pellets (gepresste Stückchen) auch an Pflanzenfresser verfüttert
TM-Verbot	Tiermehl-Verfütterungsverbot (eine der zentralen Maßnahmen zur BSE-Bekämpfung). Erst ab 2001 sind Tiermehle, FM (→), FKM (→), Blutmehl, Griebenmehl, Futterknochenschrot usw. (z.B. gemäß eidg. Futtermittelbuch SR916.307.1 mit Einschluß der dazugehörigen Anhänge), auch für Schweine und Geflügel verboten; vorher (in GB seit 1988) nur für Wiederkäuer.
TME	Transmissible Mink Encephalopathy (engl.), übertragbare Hirndegeneration der Nerze
TNFR 1	TNF-Rezeptor 1
TSE	Transmissible Spongiforme Enzephalopathien, übertragbare schwammartige Hirndegenerationskrankheiten, Synonym: Prionkrankheiten
TSE-Erreger	Erreger der Transmissiblen Spongiformen Enzephalopathien (→ TSE) oder Prionkrankheiten, Synonym: Prionen
U	Kurzform für den entfalteten Zustand von PrP(121–231); vgl. → I
UP99	Gezieltes, aktives Schweizer BSE-Untersuchungs- bzw. -Überwachungsprogramm mit dem Prionics-Check™-Test: wurde weltweit 1999 erstmals und erfolgreich im Feld erprobt, ist heute integraler Bestandteil der aktiven Schweizer BSE-Überwachung; seit 2000 auch in einigen anderen Ländern eingesetzt
Val	Valin (eine Aminosäure)
Val/Met	→ Met/Val
VV	→ Val/Val
Val/Val	Kurzform für Homozygotie auf Codon 129 des *PRNP* (→) für die Aminosäure Valin
vCJD	→ nvCJD (Synonym)
wt-Mäuse	Wildtyp-Mäuse, gentechnisch nicht veränderte Mäuse
ZNS	Zentrales Nervensystem, Zentralnervensystem: Gehirn, Hirnnerven, Rückenmark und bestimmte Teile der Augen (N. opticus, Netzhaut)

Literaturverzeichnis

[1] Abbott, A. Germany uses BSE fears to seek ban on British beef (news). Nature. ***368***, 178, 1994.

[2] ACDP. Categorisation of pathogens according to hazard and categories of containment. Advisory Committee on Dangerous Pathogens. HMSO, London. 1990.

[3] ACDP. Precautions for work with human and animal transmissible spongiform encephalopathies. Advisory Committee on Dangerous Pathogens. HMSO, London. 1994.

[4] ACDP. Categorisation of pathogens according to hazard and categories of containment. Advisory Committee on Dangerous Pathogens. HMSO, London. 1994.

[5] ACDP. Transmissible spongiform encephalopathy agents: safe working and the prevention of infection. Advisory Committee on Dangerous Pathogens and Spongiform Encephalopathy Advisory Committee. The Statuatory Office, London. 1998.

[6] Adams, H., et al. Creutzfeldt-Jakob Disease: further similarities with kuru. J. Neurol. Neurosurg. Psychiatry. *37*, 195–200, 1974.

[7] Aguzzi, A. Between cows and monkeys (news). Nature. ***381***, 734, 1996.

[8] Aguzzi, A., et al. Post-exposure prophylaxis after accidental prion inoculation. Lancet. ***350***, 1519–1520, 1997.

[9] Aguzzi, A., et al. Spongiform encephalopathies – the prion's perplexing persistence. Nature. ***392***, 763–764, 1998.

[10] Akowitz, A., et al. Nuclease-resistant polyadenylated RNAs of significant size are detected by PCR in highly purified Creutzfeldt-Jakob Disease preparations. Microb. Pathog. ***9***, 33–45, 1990.

[11] Aldhous, P. BSE: spongiform encephalopathy found in cat (news). Nature. ***345***, 194, 1990.

[12] Almer, G., et al. Fatal familial insomnia: a new Austrian family. Brain. ***122***, 5–16, 1999.

[13] Almond, J.W., et al. Creutzfeldt-Jakob Disease and bovine spongiform encephalopathy: any connection? Br. Med. J. ***311***, 1415–1421, 1995.

[14] Alper, T. Scrapie agent unlike viruses in size and susceptibility to inactivation by ionizing or ultraviolet radiation (letter). Nature. ***317***, 750, 1985.

[15] Alper, T. Photo- and radiobiology of the scrapie agent. In: Prusiner, S.B., et al. (eds.). Prion diseases of humans and animals. Ellis Horwood, New York, NY. 1992, pp. 30.

[16] Alper, T., et al. Does the agent of scrapie replicate without nucleic acid? Nature. ***214***, 764–766, 1967.

[17] Alper, T., et al. The exceptionally small size of the scrapie agent. Biochem. Biophys. Res. Commun. ***22***, 278–284, 1966.

[18] Alper, T., et al. The scrapie agent: evidence against its dependence for replication on intrinsic nucleic acid. J. Gen. Virol. ***41***, 503–516, 1978.

[19] Alperovitch, A., et al. Incidence of Creutzfeldt-Jakob Disease in Europe in 1993 (letter). Lancet. ***343***, 918, 1994.

[20] Alpers, M. Epidemiology and clinical aspects of kuru. In: Prusiner, S.B., et al. (eds.). Prions. Academic Press, San Diego, CA. 1987, pp. 451.

[21] Alpers, M. Reflections and highlights: a life with kuru. In: Prusiner, S.B., et al. (eds.). Prion diseases of humans and animals. Ellis Horwood, New York, NY. 1992, pp. 66.

[22] Alpers, M. Notes on kuru (letter to B. Hörnlimann). Papua New Guinea Institute of Medical Research, Goroka. 1998.

[23] Alpers, M. Epidemiology and ecology of kuru. In: Prusiner, S.B., et al. (eds.). Slow transmissible diseases of the nervous system (Vol.1). Academic Press, New York, NY. 1979, pp. 67.

[24] Alter, H.J. G-pers creepers, where'd you got those papers? a reassessment of the literature on the hepatitis G virus. Transfusion. ***37***, 569–572, 1997.

[25] Alters, M., et al. Creutzfeldt-Jakob Disease: possible association with eating brains (letter). N. Engl. J. Med. ***296***, 820–821, 1977.

[26] Amendment Order (No.2). Bovine Spongiform Encephalopathy Order. Statutory Instrument (No.1930), Her Majesty's Stationery Office, London. 1990.

[27] Ammann, J. Bessere Mischfutterqualität durch fortschrittliche Auslegung der Mischfutteranlagen. VICTAM-Symposium über Prozeßqualität. Die Mühle und Mischfuttertechnik (Detmold) 1986. pp. 669.

[28] Ammann, J. Allgemeine Anmerkungen zum Einfluß des Verfahrens und der Maschinen auf die Qualität des Mischfutters. Die Mühle und Mischfuttertechnik (Detmold) ***123***, 669–671, 1986.

[29] Amrein, J. Frischzellentherapie – riskant, aber in der Schweiz erlaubt; eine umstrittene Behandlung läuft weiter. Ars Medici. Nr. ***6***, 339, 1997.

[30] Amyx, H.L., et al. Absence of vertical transmission of subacute spongiform viral encephalopathies in experimental primates. Proc. Soc. Exp. Biol. Med. ***166***, 469–471, 1981.

[31] Anderson, R.M., et al. Transmission dynamics and epidemiology of BSE in British cattle. Nature. ***382***, 779–788, 1996.

[32] Anderson, R.M., et al. (eds.). Population biology of infectious diseases. Springer, Berlin. 1982.

[32a] Andrews, N.J., et al. Incidence of variant Creutzfeldt-Jakob disease in the UK. The Lancet. ***356***, 481–482, 2000.

[33] Anfinsen, C.B. Principles that govern the folding of protein chains. Science. ***181***, 223–230, 1973.

[34] Anil-Kumar, et al. A two-dimensional nuclear Overhauser enhancement (2D NOE) experiment for the elucidation of complete proton-proton cross-relaxation networks in biological macromolecules. Biochem. Biophys. Res. Commun. ***95***, 1–6, 1980.

[34a] Anonym. The BSE Inquiry: The inquiry into BSE and variant CJD in the United Kingdom. Vol. 1–16, 2000. http://62.42.105/report/contents.htm.

[34b] Anonym. Tetrapyrroles as antiamyloidogenic drugs in the treatment of transmissible spongiform encephalopathies. Expert Opinion on Therapeutic Patents. ***10***, 1416–1464, 2000.

[35] Anonym. Entwurf einer kurzen Übersicht der sogenannten Traberkrankheit der Schafe als epizootische Erbübel. Wilhelm Gottlieb Korn, Breslau. 1828.

[36] Anonym. DA (81)/22 – report of the Advisory Group on the Management of Patients with CJD (Creutzfeldt-Jakob Disease). Department of Health, London. 1981.

[37] Anonym. Report of the Chief Medical Officers by the Advisory Group on the Management of Patients with SE (Spongiform Encephalopathies). Department of Health, London. 1981.

[38] Anonym. DA (84)/16 – management of patients with CJD (updates DA (81)/22). Department of Health, London. 1984.

[39] Anonym. Sterbetafel 1981/83 (Männer) und Sterbetafel 1981/83 (Frauen). In: Statistisches Jahrbuch der Bundesrepublik Deutschland. 1985.

[40] Anonym. Precautions in handling tissues, fluids, and other contaminated materials from patients with documented or suspected Creutzfeldt-Jakob Disease. Committee on Health Care Issues, American Neurological Association. 1986, pp. 75.

[41] Anonym. Update – Creutzfeldt-Jakob Disease in a patient receiving a cadaveric dura mater graft. MMWR. ***36***, 324–325, 1987.

[42] Anonym. Rapidly progressive dementia in a patient who received a cadaveric dura mater graft. MMWR. ***36***, 49–55, 1987.

[43] Anonym. Richtlinie des Rates vom 27. November 1990 zum Erlaß veterinärrechtlicher Vorschriften für die Beseitigung, Verarbeitung und Vermarktung tierischer Abfälle und zum Schutz von Futtermitteln tierischen Ursprungs, auch aus Fisch, gegen Krankheitserreger sowie zur Änderung der Richtlinie 90/425/EWG. RL 90/667/EWG, Amtsblatt der Europäischen Gemeinschaften, Brüssel. 1990.

[44] Anonym. Bovine spongiform encephalopathy (special issue on recent research and control of the disease). E.A.A.P. Publication No. 1. Livestock. Prod. Sci. ***38***, 41–46, 1994.

[45] Anonym. Qualitative analysis of BSE risk factors in the United States (scientific report). USDA: APHIS:VS. AHI1.01/91. 1991.

[46] Anonym. Quanitative risk assessment of BSE in the United States (scientific report). USDA:APHIS:VS. AHI2.01/91. 1991.

[47] Anonym. PL (92)CO/4 – neuro and ophthalmic surgery procedures on patients with or suspected to have been or at risk of developing CJD or GSS. Department of Health, London. 1992.

[48] Anonym. Anforderungen der Hygiene an die Abfallentsorgung. Kommission für Krankenhaushygiene und Infektionsprävention. 1994, pp. 437.

[49] Anonym. PL (94)CO/2 – anatomy procedures on donor bodies suspected to have had or to have been at risk of developing CJD or GSS. Department of Health, London. 1994.

[50] Anonym. ASM News. ***61***, 327, 1995.

[51] Anonym. Futtermittel. Eidgenössische Drucksachen- und Materialzentrale (EDMZ), Bern. Info SR 1995–1000–26910; 1995. SR 916.307.1 (1993)

[52] Anonym. Creutzfeldt-Jakob Disease and other human transmissible spongiform encephalopathies: guidelines on patient management and infection control. Working Party of the National Health Advisory Committee of the National Health and Medical Research Council, Australian Government Publishing Service, Canberra. 1996.

[53] Anonym. Übertragbarkeit der Creutzfeldt-Jakob-Krankheit: bekannte, potentielle und unwahrscheinliche Risiken. Bundesamt für Gesundheit, Bern. Bull. BAG/OFSP. ***21***, 369–375, 1994.

[54] Anonym. Sichere Biotechnologie – Eingruppierung biologischer Agenzien: Stoffmerkblätter der BG Chemie. Merkblatt „Viren" B004 9/96 ZH 1/344: Anhang 3, Abschnitt 3. 1996.

[55] Anonym. Desinfektion und Sterilisation von chirurgischen Instrumenten bei Verdacht auf Creutzfeldt-Jakob-Erkrankungen. Bundesgesundhbl. ***39***, 282–283, 1996.

[56] Anonym. Creutzfeldt-Jakob-Krankheit: Desinfektion und Sterilisation von chirurgischen Instrumenten (Empfehlungen einer Expertenberatung). Epidemiologisches Bulletin. *27*, 182–184, 1996.

[57] Anonym. Relative aux précautions à observer en milieu chirurgical et anatomopathologique face aux risques de transmission de la Maladie de Creutzfeldt-Jakob. Circulaire DGS/DH no.100 du 11 Déc. 1995. Ministère du Travail et des Affaires Sociales, Paris. Bulletin épidémiologique hebdomadaire. *7*, 29–33, 1996.

[58] Anonym. Tagungsbericht der 38. Internationalen Jahrestagung der Tierärzte rund um den Bodensee, Romanshorn, 18.-19. Mai 1996 (Vortrag B. Hörnlimann). Tierärztl. Umschau. ***6***, 389–390, 1996.

[59] Anonym. Plazentas aus Zürich zu Tiermehl verarbeitet. Tages-Anzeiger, Zürich. 9. April 1996.

[60] Anonym. 3. Bekanntmachung über die Registrierung, Zulassung und Nachzulassung von Arzneimitteln (Sicherheitsanforderungen an Arzneimittel aus Körperbestandteilen von Rind, Schaf oder Ziege zur Vermeidung des Risikos einer Übertragung von BSE bzw. Scrapie). Aufruf des Bundesinstitutes für Arzneimittel und Medizinprodukte (Nr.3): Hilfsstoffe und Produktionshilfsstoffe, die aus tierischen Fetten hergestellt werden. Bundesanzeiger, Berlin. Nr.81, 30. April 1997, pp. 5478.

[61] Anonym. BSE: the costs of a crisis. Report by the Controller and Auditor General, HC 853, Session 1997–1998. Statuatory Office, London. 8 July 1998.

[62] Anonym. Updated guidance for laboratory and healthcare workers on safe working with transmissible spongiform encephalopathies. Department of Health, London. http://www.open.gov.uk/hse/agents.htm. (1998).

[63] Anonym. UK scientists urge sheep BSE tests. Animal. Pharm. No.405, 1998.

[64] Anonym. BSE diagnosed more than a year before government warning. Nature. ***391***, 626, 1998.

[65] Anonym. £2.5 billion and rising (comment). Vet. Rec. ***143***, 57–58, 1998.

[66] Anonym. Costs of the BSE crisis (news & reports). Vet. Rec. ***143***, 58–59, 1998.

[67] Anonym. Non-UK BSE climbing still. Animal. Pharm. No.410, 1998.

[68] Anonym. GB abattoir hygiene improves. Animal. Pharm. No.395, 1998.

[69] Anonym. Creutzfeldt-Jakob Disease associated with cadaveric dura mater grafts in Japan, January 1979–May 1996. JAMA. ***279***, 11–12, 1998.

[70] Anonym. Supporting document for the OIE International Animal Health Code, Chapter on Bovine Spongiform Encephalopathy (BSE). OIE, Paris. Update January 1998.

[71] Anonym. Creutzfeldt-Jakob-Erkrankung bzw. humane übertragbare (transmissible) spongiforme Enzephalopathien (TSE). Arbeitskreis Blut, Untergruppe Bewertung Blut-assoziierte Krankheitserreger. Deutschland. 1998, pp. 78.

[72] Anonym. Mit Qualität zurück auf die Märkte – der britische Landwirtschaftsminister Nick Brown nimmt Stellung zu BSE und zum Embargo. Fleischwirtschaft. ***11***, 8–11, 1999.

[73] Anonym. Characterization and diagnosis of prion diseases in animals and man (proceedings). Symposium, Tübingen, Germany, 23–25 September 1999.

[74] Anonym. BSE and scrapie – UK. http://www.vetrecord.co.uk/vrcurrent.htm. (20 April 2000).

[75] Ansfield, M. Production of a sensitive immunoassay for detection of ruminant proteins in rendered animal material heated to › 130 degrees C. Food and Agricultural Immunology. ***6***, 419–433, 1994.

[76] Antoine, J.C., et al. Demyelinating peripheral neuropathy with Creutzfeldt-Jakob Disease and mutation at codon 200 of the prion protein gene. Neurology. ***46***, 1123–1127, 1996.

[77] Antoine, J.C., et al. Creutzfeldt-Jakob Disease after extracranial dura mater embolization for a nasopharyngeal angiofibroma. Neurology. ***48***, 1451–1453, 1997.

[78] AQIS. Requirements for the approval and operation of scrapie freedom assurance programs for imported sheep and goats. Australian Quarantine and Inspection Service, Canberra. 10 April 1995.

[79] Arens, W. Eating people isn't right: cannibalism is largely a myth of the uninformed mind. New. Scientist. ***83***, 874–877, 1979.

[80] Arndt, J. Nervensystem. In: Schmidt, V., et al. (eds.). Krankheiten der Katze. Gustav Fischer, Jena. 1993, pp. 212.

[81] Arnold, J.E., et al. The abnormal isoform of the prion protein accumulates in late-endosome-like organelles in scrapie-infected mouse brain. J. Pathol. ***176***, 403–411, 1995.

[82] Asher, D.M., et al. Pathogenesis of subacute spongiform encephalopathies. Ann. Clin. Lab. Sci. ***6***, 84–103, 1976.

[83] Austic, R.E., et al. Nutritional diseases. In: Calnek, B.W., et al. (eds.). Diseases of poultry. Iowa State University Press, Ames, IA. 1997, pp. 47.

[84] Austin, A.R., et al. Abnormalities of heart rate and rhythm in bovine spongiform encephalopathy. Vet. Rec. ***141***, 352–357, 1997.

[85] Austin, A.R., et al. Reduced rumination in bovine spongiform encephalopathy and scrapie. Vet. Rec. ***132***, 324–325, 1993.

[86] Bahn, M.M., et al. Brain magnetic resonance diffusion abnormalities in Creutzfeldt-Jakob Disease. Arch. Neurol. ***54***, 1411–1415, 1997.

[87] Baker, H.F., et al. Spongiform encephalopathy transmitted experimentally from Creutzfeldt-Jakob and familial Gerstmann-Sträussler-Scheinker diseases. Brain. ***113***, 1891–1909, 1990.

[88] Baker, H.F., et al. (eds.). Prion diseases. Humana Press. Totowa, NJ. 1996.

[89] Baker, H.F., et al. Experimental transmission of BSE and scrapie to the common marmoset. Vet. Rec. ***132***, 403–406, 1993.

[90] Baldauf, E., et al. Evidence for an alternative direct route of access for the scrapie agent to the brain bypassing the spinal cord. J. Gen. Virol. ***78***, 1187–1197, 1997.

[91] Balton, D.C., et al. Identification of a protein that purifies with the scrapie prion. Science. ***218***, 1309–1311, 1982.

[92] Banati, R.B., et al. Amyloid precursor protein (APP) as a microglial acute phase protein. Neuropathol. Appl. Neurobiol. ***20***, 194–195, 1994.

[93] Barbanti, P., et al. Polymorphism at codon 129 or codon 219 of ***PRNP*** and clinical heterogenecity in a previously unreported family with Gerstmann-Sträussler-Scheinker disease (PrP-P102L mutation). Neurology. ***47***, 734–741, 1996.

[94] Barcikowska, M., et al. Microglia is a component of the prion protein amyloid plaque in the Gerstmann-Sträussler-Scheinker syndrome. Acta Neuropathol. ***85***, 623–627, 1993.

[95] Baringer, J.R., et al. Replication of the scrapie agent in hamster brain precedes neuronal vacuolation. J. Neuropathol. Exp. Neurol. ***42***, 539–547, 1983.

[96] Barlow, R.M., et al. Is BSE simply scrapie in cattle? (letter). Vet. Rec. ***126***, 295, 1990.

[97] Barlow, R.M., et al. Dietary transmission of bovine spongiform encephalopathy to mice. Vet. Rec. ***126***, 111–112, 1990.

[98] Barlow, R.M., et al. The fate of ME7 scrapie infection in rats, guinea-pigs and rabbits. Res. Vet. Sci. ***21***, 110–111, 1976.

[99] Baron, T., et al. Spongiform encephalopathy in an imported cheetah in France. Vet. Rec. ***141***, 270–271, 1997.

[100] Barry, R.A., et al. Scrapie and cellular prion proteins share polypeptide epitopes. J. Infect. Dis. ***153***, 848–854, 1986.

[101] Barry, R.A., et al. Monoclonal antibodies to the cellular and scrapie prion proteins. J. Infect. Dis. ***154***, 518–521, 1986.

[102] Bartz, J.C., et al. Transmissible mink encephalopathy species barrier effect between ferret and mink: PrP gene and protein analysis. J. Gen. Virol. ***75***, 2947–2953, 1994.

[103] Basler, K., et al. Scrapie and cellular PrP isoforms are encoded by the same chromosomal gene. Cell. ***46***, 417–428, 1986.

[104] Bax, A., et al. Methodological advances in protein NMR. Acc. Chem. Res. ***26***, 131–138, 1993.

[105] Beardsley, T. Oravske kuru – a human dementia raises the stakes in mad cow disease (news). Sci. Am. ***263***, 24–26, 1990.

[106] Beck, E., et al. Neuropathological comparisons of experimental kuru in chimpanzees with human kuru. Int. Arch. Allergy Immunol. ***36***, 553–562, 1969.

[107] Beck, E., et al. Experimental kuru in the chimpanzee: a neuropathological study. Brain. ***96***, 441–462, 1973.

[108] Beck, E., et al. Degeneration of the cerebellar and hypothalamo-neurohypophysical systems in sheep with scrapie and its relationship to human system degenerations. Brain. ***87***, 153–176, 1964.

[109] Beekes, M., et al. Western blot mapping of disease-specific amyloid in various animal species and humans with transmissible spongiform encephalopathies using a high-yield purification method. J. Gen. Virol. ***76***, 2567–2576, 1995.

[110] Beekes, M., et al. Pathogenesis of scrapie in hamster after oral and intraperitoneal infection. In: Court, L., et al. (eds.). Transmissible subacute spongiform encephalopathies. Elsevier, Amsterdam. 1996, pp. 143.

[111] Beekes, M., et al. Sequential appearance and accumulation of pathognomonic markers in the central nervous system of hamsters orally infected with scrapie. J. Gen. Virol. *77*, 1925–1934, 1996.

[112] Beekes, M., et al. Cerebral targeting indicates vagal spread of infection in hamsters fed with scrapie. J. Gen. Virol. *79*, 601–607, 1998.

[113] Behrens, H. (ed.). Lehrbuch der Schafkrankheiten. Paul Parey, Berlin. 1979.

[114] Belitz, H.D., et al. (eds.). Lehrbuch der Lebensmittelchemie. Springer, Berlin. 1987.

[115] Bell, J.E., et al. How to tackle a possible Creutzfeldt-Jakob Disease necropsy. J. Clin. Path. ***46***, 193–197, 1993.

[116] Bellinger Kawahara, C., et al. Purified scrapie prions resist inactivation by procedures that hydrolyze, modify, or shear nucleic acids. Virology. ***160***, 271–274, 1987.

[117] Bellinger Kawahara, C., et al. Scrapie prion liposomes and rods exhibit target sizes of 55,000 Da. Virology. ***164***, 537–541, 1988.

[118] Belt, P.B., et al. Identification of five allelic variants of the sheep PrP gene and their association with natural scrapie. J. Gen. Virol. *76*, 509–517, 1995.

[119] Bendheim, P.E. Nearly ubiquitous tissue distribution of the scrapie agent precursor protein. Neurology. ***42***, 149–156, 1992.

[120] Bennet, J.H., et al. A possible genetic basis for kuru. Am. J. Hum. Genet. ***2***, 169–187, 1959.

[121] Bennett, A.D., et al. Molecular biology of scrapie-like agents. Rev. Sci. Tech. Off. Int. Epiz. ***11***, 569–603, 1992.

[122] Bennett, M.J., et al. 3D domain swapping: a mechanism for oligomer assembly. Protein Sci. ***4***, 2455–2468, 1995.

[123] Berger, J.R., et al. CJD in health care workers. Neurology. ***43***, 2421, 1993.

[124] Berger, J.R., et al. Creutzfeldt-Jakob Disease in a physician: a review of the disorder in health care workers. Neurology. ***43***, 205–206, 1993.

[125] Berger, J.R., et al. Creutzfeldt-Jakob Disease and eating squirrel brains. Lancet. ***350***, 642, 1997.

[126] Berndt, C.H. Social and cultural change in New Guinea: communication and views about „other people". Sociologus. *7*, 38–57, 1957.

[127] Berndt, R.M. A cargo movement in the Eastern Central Highlands of New Guinea. Oceania. ***23***, 40–65, 1952.

[128] Berndt, R.M. Reactions to contact in the Eastern Highlands of New Guinea. Oceania. ***24***, 190–228, 1954.

[129] Berndt, R.M. Kamano, Jate, Usurufa, and Fore kinship of the Usurufa Eastern Highlands of New Guinea: a preliminary account. Oceania. ***25***, 23–53, 1954.

[130] Berndt, R.M. Reactions to contact in the Eastern Highlands of New Guinea. Oceania. ***24***, 256–274, 1954.

[131] Berndt, R.M. Kamano, Jate, Usurufa, and Fore kinship of the Eastern Highlands of New Guinea: a preliminary account. Oceania. ***25***, 156–187, 1954.

[132] Berndt, R.M. A devastating disease syndrome – kuru sorcery in the Eastern Central Highlands of New Guinea. Sociologus. ***8***, 4–28, 1958.

[133] Berndt, R.M., et al. The first Australians. Ure Smith, Sydney. 1967.

[134] Bernoulli, C., et al. Danger of accidental person-to-person transmission of Creutzfeldt-Jakob Disease by surgery (letter). Lancet. ***i***, 478–479, 1977.

[135] Besnoit, C., et al. Note sur les lésions nerveuses de la tremblante du mouton. Rev. Vét. (Toulouse). ***23***, 397–400, 1898.

[136] Bessen, R.A., et al. Non-genetic propagation of strain-specific properties of scrapie prion protein. Nature. ***375***, 698–700, 1995.

[137] Bessen, R.A., et al. Biochemical and physical properties of the prion protein from two strains of the transmissible mink encephalopathy agent. J. Virol. ***66***, 2096–2101, 1992.

[138] Bessen, R.A., et al. Identification of two biologically distinct strains of transmissible mink encephalopathy in hamsters. J. Gen. Virol. ***73***, 329–334, 1992.

[139] Bessen, R.A., et al. Distinct PrP properties suggest the molecular basis of strain variation in transmissible mink encephalopathy. J. Virol. ***68***, 7859–7868, 1994.

[140] Beyreuther, K., et al. Alzheimer's disease – the ins and outs of amyloid beta. Nature. ***389***, 677–678, 1997.

[141] BGA. Bekanntmachung der Sicherheitsanforderungen an Arzneimittel aus Körperbestandteilen von Rind, Schaf oder Ziege zur Vermeidung des Risikos einer Übertragung von BSE bzw. Scrapie. Bundesgesundheitsamt, Bundesanzeiger (Berlin) Nr. 40, 16. Februar 1994, p. 1851.

[142] Billeter, M., et al. Prion protein NMR structure and species barrier for prion diseases. Proc. Natl. Acad. Sci. USA. **84**, 7281–7285, 1997.

[143] Billette de Villemeur, T., et al. Creutzfeldt-Jakob Disease from contaminated growth hormone extracts in France. Neurology. **47**, 690–695, 1996.

[144] Björnsson, J., et al. (eds.). Slow infections of the central nervous system – the legacy of Dr. Björn Sigurdsson. Ann. N. Y. Acad. Sci. **724**, 1–495, 1994.

[145] Blättler, T., et al. PrP-expressing tissue required for transfer of scrapie infectivity from spleen to brain. Nature. **389**, 69–73, 1997.

[146] Bleem, A.M., et al. Risk factors and surveillance for bovine spongiform encephalopathy in the United States. J. Am. Vet. Med. Assoc. **204**, 644–651, 1994.

[147] Bode, L., et al. Characterization of antisera against scrapie-associated fibrils (SAF) from affected hamster and cross-reactivity with SAF from scrapie-affected mice and from patients with Creutzfeldt-Jakob Disease. J. Gen. Virol. **66**, 2471–2478, 1985.

[148] Bolton, D.C., et al. Identification of a protein that purifies with the scrapie prion. Science. **218**, 1309–1311, 1982.

[148a] Bonn, D. Healthy carriers could increase vCJD risk, scientists say. Lancet **356**, 833, 2000.

[149] Bons, N., et al. Spontaneous spongiform encephalopathy in a young adult rhesus monkey (letter). Comptes Rendus de l' Académie des Sciences; Sérle III. Sciences de la Vie. **319**, 733–736, 1996.

[150] Bons, N., et al. Spontaneous spongiform encephalopathy in a young adult rhesus monkey (letter). Lancet. **348**, 55, 1996.

[151] Borchelt, D.R., et al. Scrapie and cellular prion proteins differ in their kinetics of synthesis and topology in cultured cells. J. Cell Biol. **110**, 743–752, 1990.

[152] Bosque, P.J., et al. Prion protein overexpression exclusively in skeletal muscle causes spontaneous myopathy (abstract). Neurology. **46**, S73–006, 1996.

[153] Bossers, A., et al. PrP genotype contributes to determining survival times of sheep with natural scrapie. J. Gen. Virol. 77, 2669–2673, 1996.

[153a] Bouzamondo, E., et al. Selective neuronal vulnerability during experimental scrapie infection – insights from an ultrastructural investigation. Brain Res. **874**, 210–215, 2000.

[154] Bökemeier, R., et al. Die Papua – Augenzeugen der Steinzeit. Mondo, Lausanne. 1985.

[155] Bradley, R. Bovine spongiform encephalopathy – distribution and update on some transmission and decontamination studies. In: Gibbs, C.J.jr. (ed.). Bovine spongiform encephalopathy – the BSE dilemma. Springer, New York, NY. 1996, pp. 11.

[156] Bradley, R. Experimental transmission of bovine spongiform encephalopathy. In: Court, L., et al. (eds.). Transmissible subacute spongiform encephalopathies. Elsevier, Amsterdam. 1996, pp. 51.

[157] Bradley, R. Animal prion diseases. In: Collinge, J., et al. (eds.). Prion diseases. Oxford University Press, Oxford. 1997, pp. 89.

[158] Bradley, R., et al. Epidemiology and control of bovine spongiform encephalopathy (BSE). Br. Med. Bull. **49**, 932–959, 1993.

[159] Brandner, S., et al. Normal host prion protein necessary for scrapie-induced neurotoxicity. Nature. **379**, 339–343, 1996.

[160] Brandner, S., et al. Normal host prion protein (PrP^C) is required for scrapie spread within the central nervous system. Proc. Natl. Acad. Sci. USA. **93**, 13148–13151, 1996.

[161] Brash, A.G. Scrapie in imported sheep in New Zealand. N. Z. Vet. J. **1**, 27–30, 1952.

[162] Bratberg, B., et al. Feline spongiform encephalopathy in a cat in Norway. Vet. Rec. **136**, 444, 1995.

[163] Braun, U., et al. Klinischer Untersuchungsgang bei Verdacht auf Bovine Spongiforme Enzephalopathie (BSE). Schweiz. Arch. Tierheilk. **139**, 35–41, 1997.

[164] Braun, U., et al. Diagnostic reliability of clinical signs in cows with suspected bovine spongiform encephalopathies. Vet. Rec. **143**, 101–105, 1998.

[165] Brenner, H.R., et al. Normal development of nerve-muscle synapses in mice lacking the prion protein gene. Proc. R. Soc. (London) Biol. **250**, 151–155, 1992.

[166] Bridges, V., et al. Risk of transmissible mink encephalopathy in the US. USDA-APHIS, Animal Health Insight, Animal Health Information. Fort Collins, Colorado. 1991, pp. 7.

[167] Brinster, A.L., et al. Introns increase transcriptional efficiency in transgenic mice. Proc. Natl. Acad. Sci. USA. **85**, 836–840, 1988.

[168] Brose, N., et al. Differential assembly of co-expressed glutamate receptor subunits in neurons of rat cerebral cortex. J. Biol. Chem. **269**, 16780–16784, 1994.

[169] Brose, N., et al. Synaptotagmin: a calcium sensor on the synaptic vesicle surface. Science. **256**, 1021–1025, 1992.

[170] Brotherston, J.G. Spread of scrapie by contact to goats and sheep. J. Comp. Path. ***78***, 9–17, 1968.

[171] Broussolle, E., et al. Reversible Creutzfeldt-Jakob-like syndrome induced by lithium plus levodopa treatment (letter). J. Neurol. Neurosurg. Psychiatry. ***52***, 686–687, 1989.

[172] Brown, D.R., et al. The cellular prion protein binds copper *in-vivo*. Nature. ***390***, 684–697, 1997.

[173] Brown, D.R., et al. Role of microglia and host prion protein in neurotoxicity of a prion protein fragment. Nature. ***380***, 345–347, 1996.

[174] Brown, D.R., et al. Prion protein-deficient cells show altered response to oxidative stress due to decreased SOD-1 activity. Exp. Neurol. ***146***, 104–112, 1997.

[175] Brown, F. Unconventional viruses and the central nervous system (editorial). Br. Med. J. ***295***, 347–348, 1987.

[175a] Brown, P., et al. Iatrogenic Creutzfeldt-Jakob disease at the millennium. Neurology. ***55***, 1075–1081, 2000.

[176] Brown, P. Human growth hormone therapy and Creutzfeldt-Jakob Disease: a drama in three acts. Pediatrics. ***81***, 85–92, 1988.

[177] Brown, P. The phenotypic expression of different mutations in transmissible human spongiform encephalopathy. Rev. Neurol. (Paris). ***148***, 317–327, 1992.

[178] Brown, P. The risk of blood-borne Creutzfeldt-Jakob Disease. In: Court, L., et al. (eds.). Transmissible subacute spongiform encephalopathies. Elsevier, Amsterdam. 1996, pp. 447.

[179] Brown, P. Environmental causes of human spongiform encephalopathy. In: Baker, H.F., et al. (eds.). Methods in molecular medicine. Humana Press, Totowa, NJ. 1996, pp. 139.

[180] Brown, P. BSE: the final resting place. Lancet. ***351***, 1146–1147, 1998.

[181] Brown, P., et al. The epidemiology of Creutzfeldt-Jakob Disease: conclusion of a 15-year investigation in France and review of the world literature. Neurology. *37*, 895–904, 1987.

[182] Brown, P., et al. Creutzfeldt-Jakob Disease in France: 2. Clinical characteristics of 124 consecutive verified cases during the decade 1968–1977. Ann. Neurol. ***6***, 430–447, 1979.

[183] Brown, P., et al. Iatrogenic Creutzfeldt-Jakob Disease: an example of the interplay between ancient genes and modern medicine. Neurology. ***44***, 291–293, 1994.

[184] Brown, P., et al. Creutzfeldt-Jakob Disease in a husband and wife. Neurology. ***50***, 684–688, 1998.

[185] Brown, P., et al. The human spongiform encephalopathies: kuru, Creutzfeldt-Jakob Disease, and the Gerstmann-Sträussler-Scheinker syndrome. Curr. Top. Microbiol. Immunol. ***172***, 1–20, 1991.

[186] Brown, P., et al. Survival of scrapie virus after 3 years' interment. Lancet. ***337***, 269–270, 1991.

[187] Brown, P., et al. Familial Creutzfeldt-Jakob Disease in Chile is associated with the codon 200 mutation of the *PRNP* amyloid precursor gene on chromosome 20. J. Neurol. Sci. ***112***, 65–67, 1992.

[188] Brown, P., et al. Chemical disinfection of Creutzfeldt-Jakob Disease virus. N. Engl. J. Med. ***306***, 1279–1282, 1982.

[189] Brown, P., et al. Transmission of Creutzfeldt-Jakob Disease from formalin-fixed, paraffin-embedded human brain tissue (letter). N. Engl. J. Med. ***315***, 1614–1615, 1986.

[190] Brown, P., et al. Human spongiform encephalopathy: the National Institutes of Health – series of 300 cases of experimentally transmitted disease. Ann. Neurol. ***35***, 513–529, 1994.

[191] Brown, P., et al. Clinical and molecular genetic study of a large German kindred with Gerstmann-Sträussler-Scheinker syndrome. Neurology. ***41***, 375–379, 1991.

[192] Brown, P., et al. The new biology of spongiform encephalopathy: infectious amyloidoses with a genetic twist. Lancet. ***337***, 1019–1022, 1991.

[193] Brown, P., et al. Intracerebral distribution of infectious amyloid protein in spongiform encephalopathy. Ann. Neurol. ***38***, 245–253, 1995.

[194] Brown, P., et al. Resistance of scrapie infectivity to steam autoclaving after formaldehyde fixation and limited survival after ashing at 360 degrees Celsius: practical and theoretical implications. J. Infect. Dis. ***161***, 467–472, 1990.

[195] Brown, P., et al. „Friendly fire" in medicine: hormones, homografts, and Creutzfeldt-Jakob Disease. Lancet. ***340***, 24–27, 1992.

[196] Brown, P., et al. Creutzfeldt-Jakob Disease of long duration: clinicopathological characteristics, transmissibility, and differential diagnosis. Ann. Neurol. ***16***, 295–304, 1984.

[197] Brown, P., et al. The distribution of infectivity in blood components and plasma derivatives in experimental models of transmissible spongiform encephalopathy. Transfusion. ***38***, 810–816, 1998.

[198] Brown, P., et al. Sodium hydroxide decontamination of Creutzfeldt-Jakob Disease virus (letter). N. Engl. J. Med. ***310***, 727, 1984.

[199] Brown, P., et al. Newer data on the inactivation of scrapie virus or Creutzfeldt-Jakob Disease virus in brain tissue. J. Infect. Dis. ***153***, 1145–1148, 1986.

[200] Brown, P., et al. Effect of chemicals, heat, and histopathologic processing on high-infectivity hamster-adapted scrapie virus. J. Infect. Dis. ***145***, 683–687, 1982.

[201] Brown, P., et al. A simple and effective method for inactivating virus infectivity in formalin-fixed tissue samples from patients with Creutzfeldt-Jakob Disease. Neurology. ***40***, 887–890, 1990.

[202] Brownell, B., et al. The experimental transmission of Creutzfeldt-Jakob Disease. Neuropathol. Appl. Neurobiol. ***1***, 398, 1975.

[203] Brownell, B., et al. Experimental transmission of Creutzfeldt-Jakob Disease (letter). Lancet. ***ii***, 186–187, 1975.

[204] Bruce, M.E. Agent replication dynamics in a long incubation period model of mouse scrapie. J. Gen. Virol. ***66***, 2517–2522, 1985.

[205] Bruce, M.E. Scrapie strain variation and mutation. Br. Med. Bull. ***49***, 822–838, 1993.

[206] Bruce, M.E. Strain typing studies of scrapie and BSE. In: Baker, H.F., et al. (eds.). Methods in molecular medicine. Humana Press, Totowa, NJ. 1996, pp. 223.

[207] Bruce, M.E., et al. Transmission of bovine spongiform encephalopathy and scrapie to mice: strain variation and the species barrier. Philos. Trans. R. Soc. (London) B. Biol. Sci. ***343***, 405–411, 1994.

[208] Bruce, M.E., et al. PrP in pathology and pathogenesis in scrapie-infected mice. Mol. Neurobiol. ***8***, 105–112, 1994.

[209] Bruce, M.E., et al. Biological stability of different classes of scrapie agent. In: Prusiner, S.B., et al. (eds.). Slow transmissible diseases of the nervous system (Vol.2). Academic Press, New York, NY. 1979, pp. 71.

[210] Bruce, M.E., et al. Precise targeting of the pathology of the sialoglycoprotein, PrP, and vacuolar degeneration in mouse scrapie. Neurosci. Lett. ***102***, 1–6, 1989.

[211] Bruce, M.E., et al. Biological evidence that scrapie agent has an independent genome. J. Gen. Virol. ***68***, 79–89, 1987.

[212] Bruce, M.E., et al. Cerebral amyloidoses in scrapie in the mouse: effect of agent strain and mouse genotype. Neuropathol. Appl. Neurobiol. ***2***, 471–478, 1976.

[213] Bruce, M.E., et al. Focal and asymmetrical vacuolar lesions in the brains of mice infected with certain strains of scrapie. Acta Neuropathol. (Berlin). ***58***, 133–140, 1982.

[214] Bruce, M.E., et al. Scrapie strain variation and its implications. In: Chesebro, B.W. (ed.). Transmissible spongiform encephalopathies. Curr. Top. Microbiol. Immunol. 1991, pp. 125.

[215] Bruce, M.E., et al. The disease characteristics of different strains of scrapie in *Sinc* congenic mouse lines: implications for the nature of the agent and host control of pathogenesis. J. Gen. Virol. ***72***, 595–603, 1991.

[216] Bruce, M.E., et al. The same prion strain causes vCJD and BSE. Nature. ***389***, 448–449, 1997.

[217] Bruce, M.E., et al. Transmissions to mice indicate that new variant CJD is caused by the BSE agent. Nature. ***389***, 498–501, 1997.

[218] Bruere, A.N. Scrapie: a point of view (letter). N. Z. Vet. J. ***25***, 399–400, 1977.

[219] Bruere, A.N. Scrapie: a point of view. N. Z. Vet. J. ***25***, 259–260, 1977.

[220] Bruton, C.J., et al. Diagnosis and incidence of prion (Creutzfeldt-Jakob) disease: a retrospective archival survey with implications for future research. Neurodegeneration. ***4***, 357–368, 1995.

[221] Budka, H. Fatal familial insomnia around the world (introduction). Brain Pathol. ***8***, 553, 1998.

[222] Budka, H. Fatal familial insomnia around the world. Brain Pathol. ***8***, 553–570, 1998.

[223] Budka, H. Iatrogene Creutzfeldt-Jakob-Krankheit. Wien. Klin. Wochenschr. ***110***, 451–454, 1998.

[224] Budka, H., et al. Tissue handling in suspected Creutzfeldt-Jakob Disease (CJD) and other human spongiform encephalopathies (prion diseases). Brain Pathol. ***5***, 319–322, 1995.

[224a] Budka, H., et al. Neuropathological diagnostic criteria for Creutzfeldt-Jakob Disease (CJD) and other human spongiform encephalopathies (prion diseases). Brain Pathol. ***5***, 459–466, 1995.

[225] Budka, H., et al. Gewebsbehandlung bei Verdacht auf Creutzfeldt-Jakob-Krankheit und andere spongiforme Enzephalopathien (Prion-Krankheiten) des Menschen. Pathologe. ***17***, 171–176, 1996.

[226] Budka, H., et al. A new Austrian family with fatal familial insomnia: brain pathology without detectable PrPres. Brain Pathol. 7, 1267, 1997.

[227] Bugiani, O., et al. Beta PP participates in PrP-amyloid plaques of Gerstmann-Sträussler-Scheinker disease, Indiana kindred. J. Neuropathol. Exp. Neurol. ***52***, 64–70, 1993.

[228] Bull, L.B., et al. An outbreak of scrapie in British sheep imported into Victoria. Aust. Vet. J. ***34***, 213–215, 1958.
[229] Bundza, A., et al. Comparison of spongiform lesions in experimental scrapie and rabies in skunks. Acta Neuropathol. (Berlin). ***76***, 275–280, 1988.
[230] Burger, D., et al. Encephalopathy of mink – 2. Experimental and natural transmission. J. Infect. Dis. ***115***, 393–399, 1965.
[230a] Butler, D. French target research money at alloying BSE fears. Nature. ***408***, 392, 2000.
[231] Butler, D. Brussels seeks BSE diagnostic test to screen European cattle. Nature. ***395***, 205–206, 1998.
[232] Butler, D., et al. Scrapie-infected murine neuroblastoma cells produce protease-resistant prion proteins. J. Virol. ***62***, 1558–1564, 1988.
[233] Büeler, H., et al. Mice devoid of PrP are resistant to scrapie. Cell. ***73***, 1339–1347, 1993.
[234] Büeler, H., et al. Normal development and behaviour of mice lacking the neuronal cell-surface PrP protein. Nature. ***356***, 577–582, 1992.
[235] Büeler, H., et al. High prion and PrP^{Sc} levels but delayed onset of disease in scrapie-inoculated mice heterozygous for a disrupted PrP gene. Mol. Med. ***1***, 19–30, 1994.
[236] BVET. Strengthening of the BSE surveillance since the beginning of 1999. Swiss Federal Veterinary Office, Berne. Animal and Public Health Reports. No. 1, 15–16, 1999.
[237] BVET. BSE-Untersuchungsprogramm wird weitergeführt. Bundesamt für Veterinärwesen, Bern. Berichte zur Gesundheit von Tier und Mensch. No. 4, 10–12, 1999.
[237a] BVET. BSE – auch nach 10 Jahren noch für Überraschungen gut! Berichte zur Gesundheit von Mensch und Tier. No. 3, 5–6, 2000.
[238] BVET. Die neue Tierverkehrskontrolle (Informationsbroschüre). Bundesamt für Veterinärwesen, Bern. DE Druck, Effretikon. 1999.
[239] BVET. BSE – Zwischenbericht über die Kohortenschlachtung. Mitteilungen des Bundesamtes für Veterinärwesen, Bern. No. 8, 144, 2000.
[240] BVET. Tierseuchen: neue Ausbrüche (BSE-Jahresstatistik). Mitteilungen des Bundesamtes für Veterinärwesen, Bern. No. 7, 119, 2000.
[241] Cahenzli, J. Stofflüße und seuchenhygienische Risiken bei der Entsorgung tierischer Abfälle in der Schweiz (Diplomarbeit). ETH, Zürich. 1997.
[242] Cané, B., et al. (eds.). Analysis of BSE risk factors in Argentina (scientific report). Secretaria de Agricultura Ganaderia y Pesca de la Nacion, Buenos Aires, Argentina. 1991.
[243] Capecchi, M.R. The new mouse genetics: altering the genome by gene targeting. Trends Genet. ***5***, 70–76, 1989.
[244] Carlson, G.A., et al. Delimiting the location of the scrapie prion incubation time gene on chromosome 2 of the mouse. Genetics. ***133***, 979–988, 1993.
[245] Carlson, G.A., et al. Genetics and polymorphism of the mouse prion gene complex: control of scrapie incubation time. Mol. Cell Biol. ***8***, 5528–5540, 1988.
[246] Carlson, G.A., et al. Linkage of prion protein and scrapie incubation time genes. Cell. ***46***, 503–511, 1986.
[247] Carp, R., et al. Diversity and significance of scrapie strains. Semin. Virol. ***2***, 203–213, 1991.
[248] Carp, R., et al. Variation in the characteristics of 10 mouse-passaged scrapie lines derived from five scrapie-positive sheep. J. Gen. Virol. ***72***, 293–298, 1991.
[249] Carp, R., et al. Interaction of scrapie agent and cells of the lymphoreticular system. Arch. Virol. ***136***, 255–268, 1994.
[250] Carp, R., et al. Preclinical changes in weight of scrapie-infected mice as a function of scrapie agent-mouse strain combination. Intervirology. ***21***, 61–69, 1984.
[251] Carp, R., et al. Scrapie-induced alterations in glucose tolerance in mice. J. Gen. Virol. ***70***, 827–835, 1989.
[252] Carp, R., et al. Scrapie strains retain their distinctive characteristics following passages of homogenates from different brain regions and spleen. J. Gen. Virol. ***78***, 283–290, 1997.
[253] Casaccia, P., et al. Levels of infectivity in the blood throughout the incubation period of hamsters peripherally injected with scrapie. Arch. Virol. ***108***, 145–149, 1989.
[254] Cashman, N.R., et al. Cellular isoform of the scrapie agent protein participates in lymphocyte activation. Cell. ***61***, 185–192, 1990.
[255] Casolari, A. Heat resistance of prions and food processing. Food Microbiology. ***15***, 59–63, 1998.
[256] Cassirer, R. Über die Traberkrankheit der Schafe: pathologisch-anatomische und bakterielle Untersuchung. Virchow's Arch. (Pathol. Anat. Physiol.). ***153***, 89–110, 1898.
[257] Caughey, B., et al. Aggregates of scrapie-associated prion protein induce the cell free conversion of protease-sensitive prion protein to the protease-resistant stage. Chemistry and Biology. ***2***, 807–818, 1995.

[258] Caughey, B., et al. Effects of scrapie infection on cellular PrP metabolism. In: Prusiner, S.B., et al. (eds.). Prion diseases of humans and animals. Ellis Horwood, New York, NY. 1992, pp. 445.

[259] Caughey, B., et al. The scrapie-associated form of PrP is made from a cell surface precursor that is both protease- and phospholipase-sensitive. J. Biol. Chem. ***266***, 18217–18223, 1991.

[260] Caughey, B., et al. Secondary structure analysis of the scrapie-associated protein PrP(27–30) in water by infrared spectroscopy. Biochemistry. ***30***, 7672–7680, 1991.

[261] CDC. Pneumocystis pneumonia – Los Angeles. Centers for Disease Control, Atlanta. MMWR. ***30***, 250–252, 1981.

[262] CDC. Pneumocystis carinii pneumonia among persons with hemophilia A. Centers for Disease Control, Atlanta. MMWR. ***31***, 365–367, 1982.

[263] Chaffin, K.E., et al. Dissection of thymocyte signaling pathways by *in-vivo* expression of pertussis toxin ADP-ribosyltransferase. EMBO J. ***9***, 3821–3829, 1990.

[264] Chandler, R.L. Encephalopathy in mice produced by inoculation with scrapie brain material. Lancet. ***i***, 1378–1379, 1961.

[265] Chandler, R.L. Encephalopathy in mice. Lancet. ***i***, 107, 1962.

[266] Chandler, R.L. Experimental scrapie in the mouse. Res. Vet. Sci. ***4***, 276, 1963.

[267] Chandler, R.L., et al. Experimental transmission of scrapie to rats. Lancet. ***ii***, 1165, 1963.

[268] Chandler, R.L., et al. Inoculation of voles, Chinese hamsters, gerbils and guinea-pigs with scrapie brain material. Res. Vet. Sci. ***13***, 219–224, 1972.

[269] Chang, R. Physical chemistry with applications to biological systems. Macmillan Publishing Co., New York, NY. 1981.

[270] Chapman, J., et al. Fatal insomnia in a case of familial Creutzfeldt-Jakob Disease with the codon 200 (Lys) mutation. Neurology. ***46***, 758–761, 1996.

[271] Chapman, J., et al. The risk of developing Creutzfeldt-Jakob Disease in subjects with the *PRNP* gene codon 200 point mutation. Neurology. ***44***, 1683–1686, 1994.

[272] Chastel, C.E. BSE, a specific bovine disease? (letter). Nature. ***381***, 360, 1996.

[273] Chatelain, J., et al. Epidemiologic comparisons between Creutzfeldt-Jakob Disease and scrapie in France during the 12-year period 1968–1979. J. Neurol. Sci. ***51***, 329–337, 1981.

[274] Chazot, G., et al. New variant of Creutzfeldt-Jakob Disease in a 26-year-old French man (letter). Lancet. ***347***, 1181, 1996.

[275] Chesebro, B., et al. Scrapie agent replication without the prion protein? Curr. Biol. ***3***, 696–698, 1993.

[276] Chesebro, B., et al. Identification of scrapie prion protein-specific mRNA in scrapie-infected and uninfected brain. Nature. ***315***, 331–333, 1985.

[277] Cheville, N.F. The pathology of vitamin E deficiency in the chick. Pathol. Vet. ***3***, 208–225, 1966.

[278] Chiofalo, N., et al. Serial EEG findings in 27 cases of Creutzfeldt-Jakob Disease. Arch. Neurol. ***37***, 143–145, 1980.

[279] Chishti, M.A., et al. Syrian hamster prion protein (PrP^C) is expressed in photoreceptor cells of the adult retina. Neurosci. Lett. ***234***, 11–14, 1997.

[280] Clark, A.M., et al. Scrapie: a clinical assessment. Vet. Rec. ***130***, 377–378, 1992.

[281] Clark, W.W., et al. Encephalopathy in cattle experimentally infected with the scrapie agent. Am. J. Vet. Res. ***56***, 606–612, 1995.

[282] Clarke, M.C., et al. Presence of the transmissible agent of scrapie in the serum of affected mice and rats. Vet. Rec. ***80***, 504, 1967.

[283] Clouscard, C., et al. Different allelic effects of the codons 136 and 171 of the prion protein gene in sheep with natural scrapie. J. Gen. Virol. ***76***, 2097–2101, 1995.

[284] Cochius, J.I., et al. Creutzfeldt-Jakob Disease in a recipient of human pituitary-derived gonadotropin. Aust. N. Z. J. Med. ***20***, 592–593, 1990.

[285] Cochius, J.I., et al. Creutzfeldt-Jakob Disease in a recipient of human pituitary-derived gonadotropin: a second case. J. Neurol. Neurosurg. Psychiatry. ***55***, 1094–1095, 1992.

[286] Cohen, A.S., et al. Advances in amyloidosis. Curr. Opin. Rheumatol. ***5***, 62–76, 1993.

[286a] Cohen, C.A. Does inprovement in case ascertainment explain the increase in sporadic Creutzfeldt-Jakob disease since 1970 in the United Kingdom? Am. J. Epidemiol. ***152***, 474–479, 2000.

[287] Cohen, C.H., et al. When did bovine spongiform encephalopathy (BSE) start? implications on the prediction of a new variant of Creutzfeldt-Jakob Disease (nvCJD) epidemic. Int. J. Epidemiol. ***28***, 526–531, 1999.

[288] Cohen, F.E., et al. Structural clues to prion replication. Science. ***264***, 530–531, 1994.

[289] Cohen, F.E., et al. Pathologic conformations of prion proteins. Annu. Rev. Biochem. ***67***, 793–819, 1998.

[290] Cohen, J.S., et al. Arzneimittel aus Erbsubstanz: Antisense- und Triplex-DNA. Spektrum der Wissenschaft. Februar, 28–34, 1995.

[291] Collee, J.G., et al. BSE – a decade on (1st review). Lancet. ***349***, 636–641, 1997.

[292] Collee, J.G., et al. BSE – a decade on (2nd review). Lancet. ***349***, 715–721, 1997.

[293] Colling, S.B., et al. Hippocampal slices from prion protein null mice: disrupted Ca^{2+}-activated K^{+} currents. Neurosci. Lett. ***209***, 49–52, 1996.

[294] Collinge, J., et al. Inherited prion disease with 144 base pair gene insertion – 2. Clinical and pathological features. Brain. ***115***, 687–710, 1992.

[295] Collinge, J., et al. Prion dementia without characteristic pathology. Lancet. ***336***, 7–9, 1990.

[296] Collinge, J., et al. (eds.). Prion diseases. Oxford University Press, Oxford. 1997.

[297] Collinge, J., et al. Genetic predisposition to iatrogenic Creutzfeldt-Jakob Disease. Lancet. ***337***, 1441–1442, 1991.

[298] Collinge, J., et al. Transmission of fatal familial insomnia to laboratory animals (letter). Lancet. ***346***, 569–570, 1995.

[299] Collinge, J., et al. Terminology of prion diseases. In: Prusiner, S.B., et al. (eds.). Prion diseases of humans and animals. Ellis Horwood, New York, NY. 1992, pp. 5.

[300] Collinge, J., et al. Diagnosis of Creutzfeldt-Jakob Disease by measurement of S100 protein in serum – tonsil biopsy helps diagnose new variant Creutzfeldt-Jakob Disease. Br. Med. J. ***317***, 472, 1999.

[301] Collinge, J., et al. Molecular analysis of prion strain variation and the aetiology of ‚new variant' CJD. Nature. ***383***, 685–690, 1996.

[302] Collinge, J., et al. Prion protein is necessary for normal synaptic function. Nature. ***370***, 295–297, 1994.

[303] Comber, T. Real improvements in agriculture: on the principles of A. Young, Esq. (letters to Reade Peacock, Esq. and to Dr. Hunter, Physician in York, concerning the Rickets in sheep). Nicoll, London. 1772.

[304] Come, J.H., et al. A kinetic model for amyloid formation in the prion diseases: importance of seeding. Proc. Natl. Acad. Sci. USA. ***90***, 5959–5963, 1993.

[305] Cooke, J. The French catastrophe. In: Cooke, J. (ed.). Cannibals, cows and the CJD catastrophe. Random House, Sydney, Australia. 1998, pp. 236.

[306] Cooke, J. (ed.). Cannibals, cows & the CJD catastrophe. Random House, Sydney, Australia. 1998.

[307] Cooley, W.A., et al. Comparison of scrapie-associated fibril detection and Western immunoblotting for the diagnosis of natural ovine scrapie. J. Comp. Path. ***118***, 41–49, 1988.

[308] Costelloe, J.A. Update on the epidemiology, surveillance and risk assessment of BSE in Ireland. In: Bradley, R., et al. (eds.). Transmissible spongiform encephalopathies. Proceedings of a consultation on BSE with the Scientific Veterinary Committee of the EC, 14–15 September 1993. EU: VI/4131/94-EN Document Ref. F.II.3 – JC/0003, European Community, Brussels. 1994, pp. 49.

[309] Cousens, S.N., et al. Predicting the CJD epidemic in humans. Nature. ***385***, 197–198, 1997.

[310] Cousens, S.N., et al. Sporadic Creutzfeldt-Jakob Disease in the United Kingdom: analysis of epidemiological surveillance data for 1970–1996. Br. Med. J. ***315***, 389–395, 1997.

[311] CPMP. Guidelines for minimizing the risk of transmitting agents causing spongiform encephalopathy via medicinal products (guidelines by the Committee for Proprietary Medicinal Products). EEC regulatory document, 1991, Brussels, Belgium. Biologicals. ***20***, 155–158, 1992.

[312] CPMP. Note for guidance on minimising the risk of transmitting animal spongiform encephalopathy agents via medicinal products (revision of guidelines by the Committee for Proprietary Medicinal Products). CPMP/BWP/1230/98, European Community, Brussels. October 1998.

[313] Cranwell, M.P., et al. Bovine spongiform encephalopathy. Vet. Rec. ***122***, 190, 1988.

[314] Creutzfeldt, H.G. Über eine eigenartige herdförmige Erkrankung des Zentralnervensystems. Z. Ges. Neurol. Psychiatr. ***57***, 1–18, 1920.

[315] Créange, A., et al. Creutzfeldt-Jakob Disease after liver transplantation. Ann. Neurol. ***38***, 269–272, 1995.

[316] Créange, A., et al. Pooled plasma derivatives and Creutzfeldt-Jakob Disease. Lancet. ***347***, 482, 1996.

[317] Créange, A., et al. Pooled plasma derivatives and Creutzfeldt-Jakob Disease (author's reply). Lancet. ***347***, 967, 1996.

[318] Crichlon, M. Vergessene Welt (Lost World). Droemer Knaur, München. 1996.

[319] Croxson, M., et al. A new case of Creutzfeldt-Jakob Disease associated with human growth hormone therapy in New Zealand. Neurology. ***38***, 1128–1130, 1988.

[320] Cuillé, J., et al. La maladie dite tremblante du mouton est-elle inoculable? C. R. Acad. Sci. Paris. ***203***, 1552–1554, 1936.

[321] Cuillé, J., et al. La tremblante du mouton est bien inoculable. C. R. Acad. Sci. Paris. ***206***, 78–79, 1938.

[322] Cunningham, A.A. Bovine spongiform encephalopathy and British zoos. J. Zoo Wildlife. Med. ***11***, 605–634, 1991.

[323] Curnow, R.N., et al. The incidence of bovine spongiform encephalopathy in the progeny of affected sires and dams. Vet. Rec. ***138***, 407–408, 1996.

[324] Cuthbertson, D. Nutrition of animals of agricultural importance – 1. The science of nutrition of livestock. In: Cuthbertson, D. (ed.). International encyclopaedia of food and nutrition. Pergamon Press, Oxford. 1963, pp. 30.

[325] Dahms, S. Epidemiologische Studien zur Übertragung der Bovinen Spongiformen Enzephalopathie (BSE): Anmerkungen aus biometrischer Sicht. Berl. Münch. Tierärztl. Wschr. ***110***, 161–165, 1997.

[326] Dahms, S., et al. Bovine Spongiforme Enzephalopathie (BSE): Kritische Würdigung der epidemiologischen Untersuchungen zu Herkunft, Verbreitung und Übertragung. Bericht des 21. Kongresses der Deutschen Veterinärmedizinischen Gesellschaft (DVG), Giessen. 1995, p. 171.

[327] Dammann, C. Landw. Zentralblatt v. Krocker. 1869, pp. 87.

[328] Dammann, C. Zweite Vorlesung – Krankheits-Anlagen und Vorbeugung. In: Dammann C. (ed.). Die Gesundheitspflege der landwirtschaftlichen Haussäugetiere – zwanzig Vorlesungen von Dr. Carl Dammann. Paul Parey, Berlin. 1886, pp. 16.

[329] Dammann, C. Achzehnte Vorlesung – Zucht und Aufzucht. In: Dammann C. (ed.). Die Gesundheitspflege der landwirtschaftlichen Haussäugetiere – zwanzig Vorlesungen von Dr. Carl Dammann. Paul Parey, Berlin. 1886, pp. 1146.

[330] Danilov, E.P., et al. Encephalopathy in mink (in russischer Sprache). Krolikovod. Zverovod. ***17***, 34, 1974.

[331] Das, G.D. Neural transplantation: a historical perspective. Neurosci. Biobehav. Rev. ***78***, 389–401, 1990.

[332] Davanipour, Z. Creutzfeldt-Jakob Disease and other transmissible spongiform encephalopathies. In: Bastian, F.O. (ed.). Mosby Year Book, St. Louis. 1991, pp. 131.

[333] Davanipour, Z., et al. Creutzfeldt-Jakob Disease: possible medical risk factors. Neurology. ***35***, 1483–1486, 1985.

[334] Davanipour, Z., et al. A case-control study of Creutzfeldt-Jakob Disease: dietary risk factors. Am. J. Epidemiol. ***122***, 443–451, 1985.

[335] Davanipour, Z., et al. Transmissible virus dementia: evaluation of a zoonotic hypothesis. Neuroepidemiology. ***5***, 194–206, 1986.

[336] Dawson, M., et al. Guidance of the use of PrP genotyping as an aid to the control of clinical scrapie. Vet. Rec. ***142***, 623–625, 1998.

[337] Dawson, M., et al. Primary parenteral transmission of bovine spongiform encephalopathy to the pig (letter). Vet. Rec. ***127***, 338, 1990.

[338] Dawson, M., et al. Transmission studies of BSE in cattle, pigs and domestic fowl. In: Bradley, R., et al. (eds.). Transmissible spongiform encephalopathies. Proceedings of a consultation on BSE with the Scientific Veterinary Committee of the EC, 14–15 September 1993. EU: VI/4131/94-EN Document Ref. F.II.3 – JC/0003, European Community, Brussels. 1994, pp. 161.

[339] Dawson, M., et al. Transmission studies of BSE in cattle, hamsters, pigs and domestic fowl. In: Bradley, R., et al. (eds.). Subacute spongiform encephalopathies. Commission of the EC. Kluwer Academic, Dortrecht, NL. 1991, pp. 25.

[340] de Koeijer, A.A., et al. Calculation of the reproduction ratio for BSE infection among cattle: BSE risk assessment (scientific report). ID-DLO, Inst. Anim. Sci. and Health, Lelystad, NL. 1998.

[341] de Silva, R. Pooled plasma derivatives and Creutzfeldt-Jakob Disease (letter). Lancet. ***347***, 967, 1996.

[342] de Silva, R. Human spongiform encephalopathy. In: Baker, H.F., et al. (eds.). Methods in molecular medicine. Humana Press, Totowa, NJ. 1996, pp. 15.

[343] DeArmond, S.J., et al. Selective neuronal targeting in prion disease. Neuron. ***19***, 1337–1348, 1997.

[344] Dediè, K., et al. (eds.). Schafkrankheiten. Eugen Ulmer, Stuttgart. 1985.

[345] Defebre, L., et al. Creutzfeldt-Jakob Disease after an embolization of intercostal arteries with cadaveric dura mater suggesting a systemic transmission of the prion agent. Neurology. ***48***, 1470–1471, 1997.

[346] Delasnerie-Laupretre, N., et al. Creutzfeldt-Jakob Disease in Europe (letter). Lancet. ***346***, 898, 1995.

[347] Demaerel, P., et al. Diffusion-weighted magnetic resonance imaging in Creutzfeldt-Jakob Disease (letter). Lancet. ***349***, 847–848, 1997.

[348] Denny, G.O., et al. Bovine spongiform encephalopathy in Northern Ireland: epidemiological observations 1988–1990. Vet. Rec. ***130***, 113–116, 1992.

[349] Deslys, J.P., et al. Genotype at codon 129 and susceptibility to Creutzfeldt-Jakob Disease (letter). Lancet. ***351***, 1251, 1998.

[350] Deslys, J.P., et al. Selection of specific strains in iatrogenic Creutzfeldt-Jakob Disease (letter). Lancet. ***343***, 848–849, 1994.

[351] Deslys, J.P., et al. Similar genetic susceptibility in iatrogenic and sporadic Creutzfeldt-Jakob Disease. J. Gen. Virol. ***75***, 23–27, 1994.

[352] Detwiler, L.A. Scrapie. Rev. Sci. Tech. Off. Int. Epiz. ***11***, 491–537, 1992.

[353] Detwiler, L.A., et al. Scrapie: a review. Sheep and Goat Res. J. ***12***, 111–131, 1996.

[354] Dickinson, A.G. Scrapie in sheep and goats. Front. Biol. ***44***, 209–241, 1976.

[355] Dickinson, A.G. Scrapie in sheep and goats. In: Kimberlin, R.H. (ed.). Slow virus diseases of animals and man. North-Holland, Amsterdam. 1976, pp. 209.

[356] Dickinson, A.G., et al. Scrapie pathogenesis in inbred mice: an assessment of host control and response involving many strains of agent. In: Ter Meulen, V., et al. (eds.). Slow virus infections of the central nervous system. Springer, Berlin. 1977, pp. 3.

[357] Dickinson, A.G., et al. Host-genotype and agent effects in scrapie incubation: change in allelic interaction with different strains of agent. Mol. Gen. Genet. ***112***, 73–79, 1971.

[358] Dickinson, A.G., et al. Identification of a gene which controls the incubation period of some strains of scrapie in mice. J. Comp. Path. ***78***, 293–299, 1968.

[359] Dickinson, A.G., et al. Genetic control of the concentration of ME7 scrapie agent in the brain of mice. J. Comp. Path. ***79***, 15–22, 1969.

[360] Dickinson, A.G., et al. Genetic aspects of unconventional virus infections: the basis of the virino hypothesis. Ciba. Found. Symp. ***135***, 63–83, 1988.

[361] Dickinson, A.G., et al. Maternal and lateral transmission of scrapie in sheep. J. Comp. Path. ***84***, 19–25, 1974.

[362] Dickinson, A.G., et al. Some factors controlling the incidence of scrapie in Cheviot sheep injected with a Cheviot-passaged scrapie agent. J. Comp. Path. ***78***, 313–321, 1968.

[363] Diener, T.O., et al. Viroids and prions. Proc. Natl. Acad. Sci. USA. ***79***, 5220–5224, 1982.

[364] Dimitz, L. Bericht des Vereines für Psychiatrie und Neurologie in Wien. Vereinsjahr 1912/13, Sitzung vom 11. Juni 1912. Jahrb. Psychiatr. Neurol. ***34***, 384, 1913.

[365] Diringer, H. Sustained viremia in experimental hamster scrapie (brief report). Arch. Virol. ***82***, 105–109, 1984.

[366] Diringer, H. Durchbrechen von Speziesbarrieren mit unkonventionellen Viren. Bundesgesundhbl. ***33***, 435–440, 1990.

[367] Diringer, H. Proposed link between transmissible spongiform encephalopathies of man and animals. Lancet. ***346***, 1208–1210, 1995.

[368] Diringer, H., et al. The nature of the scrapie agent: the virus theory. Ann. N. Y. Acad. Sci. ***724***, 246–258, 1994.

[369] Diringer, H., et al. Infectivity of unconventional viruses in dura mater (letter). Lancet. ***i***, 439–440, 1989.

[370] Diringer, H., et al. Scrapie: a virus-induced amyloidosis of the brain. Ciba. Found. Symp. ***135***, 135–145, 1988.

[371] Diringer, H., et al. Scrapie infectivity, fibrils and low molecular weight protein. Nature. ***306***, 476–478, 1983.

[372] Diringer, H., et al. Effect of repeated oral infection of hamsters with scrapie. J. Gen. Virol. ***79***, 609–612, 1998.

[373] Dlouhy, S.R., et al. Linkage of the Indiana kindred of Gerstmann-Sträussler-Scheinker disease to the prion protein gene. Nat. Genet. ***1***, 64–67, 1992.

[374] Dodelet, V.C., et al. Prion protein expression in human leukocyte differentiation. Blood. ***91***, 1556–1561, 1998.

[375] Doerr Schott, J., et al. Immunogold light and electron microscopic detection of amyloid plaques in transmissible spongiform encephalopathies. Neuropathol. Appl. Neurobiol. ***16***, 85–89, 1990.

[376] Doh-ura, K., et al. Pro-Leu change at position 102 of prion protein is the most common but not the sole mutation related to Gerstmann-Sträussler syndrome. Biochem. Biophys. Res. Commun. ***163***, 974–979, 1989.

[377] Doh-ura, K., et al. Creutzfeldt-Jakob Disease patients with congophilic kuru plaques have the missense variant prion protein common to Gerstmann-Sträussler syndrome. Ann. Neurol. ***27***, 121–126, 1990.

[378] Doi Yi, R., et al. Immunoreactivity of cerebral amyloidosis is enhanced by protein denatura-

tion treatments. Acta Neuropathol. ***82***, 260–265, 1991.

[379] Doi, T. Correlation between sequential organ distribution of infectivity in mice inoculated with Creutzfeldt-Jakob pathogenic agent and prion protein gene expression (in japanischer Sprache). Nagasaki Igakkai. Zasshi. ***66***, 104–114, 1991.

[380] Donne, D.G., et al. Structure of the recombinant full-length hamster prion protein PrP(29–231): the N terminus is highly flexible. Proc. Natl. Acad. Sci. USA. ***94***, 13452–13457, 1997.

[381] Donnelly, C.A. Maternal transmission of BSE: interpretation of the data on the offspring of BSE-affected pedigree suckler cows. Vet. Rec. ***142***, 579–580, 1998.

[382] Donnelly, C.A., et al. (eds.). Statistical aspects of BSE and vCJD – models for epidemics. Chapman & Hall, Boca Raton. 2000.

[383] Donnelly, C.A., et al. Recent trends in the BSE epidemic. Nature ***389***, 903, 1997.

[384] Donnelly, C.A., et al. Analysis of the bovine spongiform encephalopathy maternal cohort study: evidence for direct maternal transmission. Appl. Statist. ***46***, 321–344, 1997.

[385] Donnet, A., et al. Sleep electroencephalogram at the early stage of Creutzfeldt-Jakob Disease. Clin. Electroencephalogr. ***23***, 118–125, 1992.

[386] Dorandeu, A., et al. Neuronal apoptosis in fatal familial insomnia. Brain Pathol. ***8***, 531–537, 1998.

[387] Doreulee, N., et al. Suppression of long-term potentiation in hippocampal slices by copper. Hippocampus. ***7***, 666–669, 1997.

[388] Doyle, K.A. Models used in Australia in risk assessments for veterinary biologicals. Rev. Sci. Tech. Off. Int. Epiz. ***14***, 1021–1042, 1995.

[389] Draper, G.J. „Epidemics" caused by a late-manifesting gene – application to scrapie. Heredity. ***18***, 165–171, 1963.

[390] Draper, G.J., et al. Scrapie in sheep: the hereditary component in a high incidence environment. Nature. ***195***, 670–672, 1962.

[391] Duffy, P., et al. Possible person-to-person transmission of Creutzfeldt-Jakob Disease (letter). N. Engl. J. Med. ***290***, 692–693, 1974.

[392] Duguid, J.R., et al. Library subtraction of *in-vitro* cDNA libraries to identify differentially expressed genes in scrapie infection. Nucleic Acids Res. ***18***, 2789–2792, 1989.

[393] Duguid, J.R., et al. Isolation of cDNAs of scrapie-modulated RNAs by subtractive hybridization of a cDNA library. Proc. Natl. Acad. Sci. USA. ***85***, 5738–5742, 1988.

[394] Duker, I.I., et al. Clinical and morphological investigation of transmissible mink encephalopathy (in russischer Sprache). Vopr. Virusol. ***31***, 220–225, 1986.

[395] Eckroade, R.J., et al. Transmissible mink encephalopathy in carnivores: clinical, light and electron microscopic studies in raccoons, skunks and ferrets. J. Wildl. Dis. ***9***, 229–240, 1973.

[396] Eckroade, R.J., et al. Experimental transmissible mink encephalopathy: brain lesions and their sequential development in mink. In: Prusiner, S.B., et al. (eds.). Slow transmissible diseases of the nervous system (Vol.1). Academic Press, New York, NY. 1979, pp. 409.

[397] Eckroade, R.J., et al. Transmissible mink encephalopathy: experimental transmission to the squirrel monkey. Science. ***169***, 1088–1090, 1970.

[398] Eddy, R.G. Origin of BSE (letter). Vet. Rec. ***137***, 648, 1995.

[399] Edenhofer, F., et al. Prion protein PrP^{C} interacts with molecular chaperones of the Hsp60 family. J. Virol. ***70***, 4724–4728, 1996.

[400] Ehlers, B., et al. Dextran sulphate 500 delays and prevents mouse scrapie by impairment of agent replication in spleen. J. Gen. Virol. ***65***, 1325–1330, 1984.

[401] Eigen, M. Prionics or the kinetic basis of prion diseases. Biophys. Chem. ***63***, A1–18, 1996.

[402] Eigen, M., et al. Sorting molecules: application to diagnostics and evolutionary biotechnology. Proc. Natl. Acad. Sci. USA. ***91***, 5740–5747, 1994.

[403] Eklund, C.M., et al. Pathogenesis of scrapie virus infection in the mouse. J. Infect. Dis. ***117***, 15–22, 1967.

[404] El Boushy, A.R., et al. (ed.). Poultry feed from waste – processing and use. Chapman and Hall, London. 1994.

[405] EMEA. Opinion of the EMEA on the potential risk associated with medical products in relation to bovine spongiform encephalopathy. The European Agency for the Evaluation of Medicinal Product (scientific opinion). 16 April 1996.

[406] Endo, T., et al. Diversity of oligosaccharide structures linked to asparagines of the scrapie prion protein. Biochemistry. ***28***, 8380–8388, 1989.

[407] Esmonde, T.F., et al. Creutzfeldt-Jakob Disease and blood transfusion. Lancet. ***341***, 205–207, 1993.

[408] EU. Council Directive of 26 November 1990 on the protection of workers from risks related to exposure to biological agents at work (90/

679/EEC). Amtsblatt der Europäischen Gemeinschaft (Brüssel), 1990.

[409] EU. Transmissible spongiform encephalopathies – protocols for the laboratory diagnosis and confirmation of bovine spongiform encephalopathy and scrapie. European Commission: a report from the Scientific Veterinary Committee, Brussels. 1994.

[410] EU. Entscheidung der Kommission vom 18. Juli 1996 über die Zulassung alternativer Verfahren zur Hitzebehandlung von tierischen Abfällen im Hinblick auf die Inaktivierung der Erreger der spongiformen Enzephalopathie (Entscheidung 96/449/EG). Amtsblatt der Europäischen Gemeinschaft (Brüssel), 1996.

[411] EU. Report from the Scientific Veterinary Committee on the risk analysis for colostrum, milk and milk products. Leg. Vet. and Zoot. VI/8197/96 Version J, 1–26, 1996.

[412] EU. Empfehlung des Rates vom 29. Juni 1998 über die Eignung von Blut- und Plasmaspendern und das Screening von Blutspenden in der Europäischen Gemeinschaft (98/463/EG). Amtsblatt der Europäischen Gemeinschaft (Brüssel) L 203, 4–26, 21. Juli 1998.

[413] EU. Direktorat für Verbraucherpolitik und Gesundheitsschutz, DG XXIV. http://europa.eu.int/comm/dg24/health/bse/bse12_en.html. (1999).

[414] EU. Entscheidung über Dringlichkeitsmaßnahmen zum Schutz gegen die Bovine Spongiforme Enzephalopathie (RL 96/239/EG). Amtsblatt der Europäischen Gemeinschaft (Brüssel) L 78, 47–48, 28. März 1996.

[415] EU. Entscheidung zur Änderung der Entscheidung 96/239/EG mit den zum Schutz gegen die Bovine Spongiforme Enzephalopathie zu treffenden Dringlichkeitsmaßnahmen (RL 96/362/EG). Amtsblatt der Europäischen Gemeinschaft (Brüssel) L 139, 17–20, 12. Juni 1996.

[416] EU. Entscheidung zur Änderung der Entscheidung 97/534/EG über das Verbot der Verwendung von Material angesichts der Möglichkeit der Übertragung Transmissibler Spongiformer Enzephalopathien (97/866/EG). Amtsblatt der Europäischen Gemeinschaft (Brüssel) L 351, 69, 23. Dezember 1996.

[417] EU. Richtlinie zur Anpassung der Anhänge II, III, VI und VII der Richtlinie 76/768/EWG zur Angleichung der Rechtsvorschriften der Mitgliedstaaten über kosmetische Mittel an den technischen Fortschritt (RL 97/1/EG). Amtsblatt der Europäischen Gemeinschaft (Brüssel) RL 16, 85–86, 18. Januar 1997.

[418] EU. Entscheidung über das Verbot der Verwendung von Material angesichts der Möglichkeit der Übertragung Transmissibler Spongiformer Enzephalopathien (RL 97/534/EG). Amtsblatt der Europäischen Gemeinschaft (Brüssel) L 216, 95–98, 8. August 1997.

[419] EU. Proposal for a regulation of the European Parliament and of the Council laying down rules for the prevention and control of certain transmissible spongiform encephalopathies. VI/1745/98 Rev. 3 (draft), European Community, Brussels, 1998.

[420] Europarat. Guide to the preparation, use and quality assurance of blood components. Council of Europe Publishing (Strassburg). 4th edition, 1998.

[421] Fankhauser, R., et al. Scrapie in der Schweiz? Schweiz. Arch. Tierheilk. ***124***, 227–232, 1982.

[422] Farlow, M.R., et al. Gerstmann-Sträussler-Scheinker disease. In: Vinken, P.J., et al. (eds.). Handbook of clinical neurology. Elsevier, Amsterdam. 1991, pp. 619.

[423] Farquhar, C.F., et al. Protease-resistant PrP deposition in brain and non-central nervous system tissues of a murine model of bovine spongiform encephalopathy. J. Gen. Virol. *77*, 1941–1946, 1996.

[424] Farquhar, C.F., et al. Post-mortem immunodiagnosis of scrapie and bovine spongiform encephalopathy. J. Virol. Methods. ***24***, 215–221, 1989.

[425] Farquhar, J., et al. (eds.). Kuru – early letters and field notes from the collection of D. Carlton Gajdusek. Raven Press, New York, NY. 1981.

[426] Farrington, M. Use of surgical instruments in Creutzfeldt-Jakob Disease (letter). Lancet. ***345***, 194, 1995.

[427] Fatzer, R., et al. Transmissible Spongiforme Enzephalopathien (TSE) bei Tieren. Wien. Medizin. Wochenschr. ***148***, 78–85, 1998.

[428] FDA. Guidance for industry: the sourcing and processing of gelatin to reduce the potential risk posed by bovine spongiform encephalopathy (BSE) in FDA-regulated products for human use. Food and Drug Administration, Washington, DC, USA. September 1997.

[429] Ferguson, N.M., et al. Genetic interpretation of heightened risk of BSE in offspring of affected dams. Proc. R. Soc. (London) Biol. ***264***, 1445–1455, 1997.

[430] Fesik, S.W., et al. Heteronuclear three-dimensional NMR spectroscopy – a strategy for the simplification of homonuclear two-dimensional NMR spectra. J. Magn. Reson. ***78***, 588–593, 1988.

[431] Field, E.J., et al. Scrapie agent in blood. Vet. Rec. ***83***, 109–110, 1968.

[432] Finkenstaedt, M., et al. MR imaging of Creutzfeldt-Jakob Disease. Radiology. ***199***, 793–798, 1996.

[433] Fischer, J.L., et al. Studies doubt genetic etiology of kuru. Public Health Reports. ***78***, 118–119, 1963.

[434] Fischer, M. Restoration of susceptibility to scrapie of *Prnp*$^{0/0}$-mice with novel wild-type and mutant transgenes (dissertation). University of Zürich, 1995.

[434b] Fischer, M., et al. Binding of disease-associated prion protein to plasminogen. Nature. ***408***, 479–483, 2000.

[435] Fischer, M., et al. Prion protein (PrP) with amino-proximal deletions restoring susceptibility of PrP knock-out mice to scrapie. EMBO J. ***15***, 1255–1264, 1996.

[435a] Flechsig, E., et al. Prion protein devoid of the octapeptide repeat region restores susceptibility to scrapie in PrP knockout mice. Neuron. *27*, 399–408, 2000.

[436] Fleetwood, A.J., et al. Spongiform encephalopathy in an eland (letter). Vet. Rec. ***126***, 408–409, 1990.

[437] Foley, G.L., et al. Rabies-induced spongiform change and encephalitis in a heifer. Vet. Pathol. *32*, 309–311, 1995.

[438] Foncin, J.F., et al. Transmission iatrogène interhumaine possible de Maladie de Creutzfeldt-Jakob avec atteinte des grains du cervelet. Rev. Neurol. (Paris). ***136***, 280, 1980.

[439] Foote, W.C., et al. Prevention of scrapie transmission in sheep, using embryo transfer. Am. J. Vet. Res. ***54***, 1863–1868, 1993.

[440] Ford, B.J. (ed.). BSE – the facts (mad cow disease and the risk to mankind). Gorgi Books, Transworld Publications, London. 1996.

[441] Forloni, G., et al. Neurotoxicity of a prion protein fragment. Nature. ***362***, 543–546, 1993.

[442] Foster, J.D., et al. Detection of BSE infectivity in brain and spleen of experimentally infected sheep. Vet. Rec. ***138***, 546–548, 1996.

[443] Foster, J.D., et al. The unusual properties of CH1641, a sheep-passaged isolate of scrapie. Vet. Rec. ***123***, 5–8, 1988.

[444] Foster, J.D., et al. Age at death from natural scrapie in a flock of Suffolk sheep. Vet. Rec. ***125***, 415–417, 1989.

[445] Foster, J.D., et al. Retinopathy in mice with experimental scrapie. Neuropathol. Appl. Neurobiol. ***12***, 185–196, 1986.

[446] Foster, J.D., et al. Transmission of bovine spongiform encephalopathy to sheep and goats. Vet. Rec. ***133***, 339–341, 1993.

[447] Foster, J.D., et al. Transmission of bovine spongiform encephalopathy to sheep, goats, and mice. Ann. N. Y. Acad. Sci. ***724***, 300–303, 1994.

[448] Foster, J.D., et al. Observations on the transmission of scrapie in experiments using embryo transfer. Vet. Rec. ***138***, 559–562, 1996.

[449] Foster, J.D., et al. Studies on maternal transmission of scrapie in sheep by embryo transfer. Vet. Rec. ***130***, 341–343, 1992.

[450] Fournier, J.G., et al. Ultrastructural localization of cellular prion protein (PrP^C) in synaptic boutons of normal hamster hippocampus. C. R. Acad. Sci. Paris. ***318***, 339–344, 1995.

[451] Fraser, H. The pathology of a natural and experimental scrapie. Front. Biol. ***44***, 267–305, 1976.

[452] Fraser, H. Neuronal spread of scrapie agent and targeting of lesions within the retino-tectal pathway. Nature. ***295***, 149–150, 1982.

[453] Fraser, H. A survey of primary transmission of Icelandic scrapie (Rida) in mice. In: Court, L., et al. (eds.). Virus non-conventionels et affections du systeme nerveux central. Masson, Paris. 1983, pp. 34.

[454] Fraser, H., et al. Mouse inoculation studies reveal no transmissible agent in Amyotrophic Lateral Sclerosis (ALS). Brain Pathol. ***6***, 89–99, 1996.

[455] Fraser, H., et al. Replication of scrapie in spleens of SCID mice follows reconstitution with wild-type mouse bone marrow. J. Gen. Virol. *77*, 1935–1940, 1996.

[456] Fraser, H., et al. Transmission of bovine spongiform encephalopathy and scrapie to mice. J. Gen. Virol. *73*, 1891–1897, 1992.

[457] Fraser, H., et al. The lymphoreticular system in the pathogenesis of scrapie. In: Prusiner, S.B., et al. (eds.). Prion diseases of humans and animals. Ellis Horwood, New York, NY. 1992, pp. 308.

[458] Fraser, H., et al. Are radiation-resistant, post-mitotic, long-lived (RRPMLL) cells involved in scrapie replication? In: Court, L., et al. (eds.). Unconventional virus diseases of the central nervous system. Commissariat á l'Energie Atomique (CEA), Fontenay-aux-Roses, France. 1989, pp. 563.

[459] Fraser, H., et al. The sequential development of the brain lesions of scrapie in three strains of mice. J. Comp. Path. ***78***, 301–311, 1968.

[460] Fraser, H., et al. Pathogenesis of scrapie in the mouse: the role of the spleen. Nature. ***226***, 462–463, 1970.

[461] Fraser, H., et al. Scrapie in mice: agent-strain differences in the distribution and intensity of grey matter vacuolation. J. Comp. Path. ***83***, 29–40, 1973.

[462] Fraser, H., et al. Studies of the lymphoreticular system in the pathogenesis of scrapie: the role of spleen and thymus. J. Comp. Path. ***88***, 563–573, 1978.

[463] Fraser, H., et al. Transmission to mice, sheep and goats and bioassay of bovine tissues. In: Bradley, R., et al. (eds.). Transmissible spongiform encephalopathies. Proceedings of a consultation on BSE with the Scientific Veterinary Committee of the EC, 14–15 September 1993. EU: VI/4131/94-EN Document Ref. F.II.3-JC/0003, European Community, Brussels. 1994, pp. 145.

[463a] Fraser, H., et al. Murine scrapie strains, BSE models and genetics. In: Bradley, R., et al. (eds.). Sub-acute spongiform encephalopathies. Commission of the EC. Kluwer Academic, Dortrecht, NL. 1991, pp. 131.

[464] Fraser, H., et al. Transmission of bovine spongiform encephalopathy to mice. Vet. Rec. ***123***, 472, 1988.

[465] Fraser, H., et al. Transmission of feline spongiform encephalopathy to mice. Vet. Rec. ***134***, 449, 1994.

[466] Gabizon, R., et al. Immunoaffinity, purification and neutralization of scrapie prion infectivity. (published erratum appears in Proc. Natl. Acad. Sci. USA. ***86***, 1223, 1989). Proc. Natl. Acad. Sci. USA. ***85***, 6617–6621, 1988.

[467] Gabizon, R., et al. Mutation and polymorphism of the prion protein gene in Libyan Jews with Creutzfeldt-Jakob Disease (CJD). Am. J. Hum. Genet. ***53***, 828–835, 1993.

[468] Gabizon, R., et al. Insoluble wild-type and protease-resistant mutant prion protein in brains of patients with inherited prion disease. Nature Med. ***2***, 59–64, 1996.

[469] Gabriel, J.M., et al. Molecular cloning of a candidate chicken prion protein. Proc. Natl. Acad. Sci. USA. ***89***, 9097–9101, 1992.

[470] Gaiger, H.S. Scrapie. J. Comp. Path. ***37***, 259–277, 1924.

[471] Gajdusek, D.C. Unconventional viruses and the origin and disappearance of kuru. Science. ***197***, 943–960, 1977.

[472] Gajdusek, D.C. Slow infections with unconventional viruses – the Harvey Lectures (Series 72). Academic Press, New York, NY. 1978, pp. 283.

[473] Gajdusek, D.C. Letter to Burnet, Wood and Anderson. In: Farquhar, J., et al. (eds.). Kuru – early letters and field notes from the collection of D. Carlton Gajdusek. Raven Press, New York, NY. 1981, pp. 5.

[474] Gajdusek, D.C. Letter to Burnet. In: Farquhar, J., et al. (eds.). Kuru – early letters and field notes from the collection of D. Carlton Gajdusek. Raven Press, New York, NY. 1981, pp. 43.

[475] Gajdusek, D.C. Letter to Wood I. In: Farquhar, J., et al. (eds.). Kuru – early letters and field notes from the collection of D. Carlton Gajdusek. Raven Press, New York, NY. 1981, pp. 49.

[476] Gajdusek, D.C. Letter to Burnet and Anderson. In: Farquhar, J., et al. (eds.). Kuru – early letters and field notes from the collection of D. Carlton Gajdusek. Raven Press, New York, NY. 1981, pp. 71.

[477] Gajdusek, D.C. Letters to Smadel. In: Farquhar, J., et al. (eds.). Kuru – early letters and field notes from the collection of D. Carlton Gajdusek. Raven Press, New York, NY. 1981, pp. 8–10; 29–31; 66–68; 78–80; 100–104; 120–121; 156–160; 169–171; 277–279.

[478] Gajdusek, D.C. Letter to Simmons. In: Farquhar, J. et al. (eds.). Kuru – early letters and field notes from the collection of D. Carlton Gajdusek. Raven Press, New York, NY. 1981, pp. 162.

[479] Gajdusek, D.C. Letters to Price. In: Farquhar, J., et al. (eds.). Kuru – early letters and field notes from the collection of D. Carlton Gajdusek. Raven Press, New York, NY. 1981, pp. 106–108; 108–109.

[480] Gajdusek, D.C. A chronology of the kuru area. In: Farquhar, J., et al. (eds.). Kuru – early letters and field notes from the collection of D. Carlton Gajdusek. Raven Press, New York, NY. 1981, pp. 293.

[481] Gajdusek, D.C. Fantasy of a „virus" from the inorganic world: pathogenesis of cerebral amyloidoses by polymer nucleating agents and/or „viruses". In: Neth, R., et al. (eds.). Modern trends in human leukemia (Vol. 8). Springer, New York, NY. 1989, pp. 481.

[482] Gajdusek, D.C. Kuru and scrapie. In: Prusiner, S.B., et al. (eds.). Prion diseases of humans and animals. Ellis Horwood, New York, NY. 1992, pp. 47.

[483] Gajdusek, D.C. Kuru in childhood: implications for the problem of whether bovine spongiform encephalopathy affects humans. In: Court, L., et al. (eds.). Transmissible subacute spongiform encephalopathies. Elsevier, Amsterdam. 1996, pp. 15.

[484] Gajdusek, D.C. Infectious amyloids: subacute spongiform encephalopathies as transmissible

cerebral amyloidoses. In: Fields, D.N., et al. (eds.). Fields Virology. Lippincott Raven, Philadelphia, PA. 1996, pp. 2851.

[485] Gajdusek, D.C., et al. Attempts to demonstrate a transmissible agent in kuru, Amyotrophic Lateral Sclerosis (ALS), and other sub-acute and chronic nervous system degenerations of man. Nature. ***204***, 257–258, 1964.

[486] Gajdusek, D.C., et al. Experimental transmission of a kuru-like syndrome to chimpanzees. Nature. ***209***, 794–796, 1966.

[487] Gajdusek, D.C., et al. Degenerative disease of the central nervous system in New Guinea – the epidemic occurrence of kuru in the native population. N. Engl. J. Med. ***257***, 974–978, 1957.

[488] Gajdusek, D.C., et al. Untersuchungen über die Pathogenese von Kuru. Klin. Wochenschr. ***36***, 445–459, 1958.

[489] Gajdusek, D.C., et al. Letter to Abbott. In: Farquhar, J., et al. (eds.). Kuru – early letters and field notes from the collection of D. Carlton Gajdusek. Raven Press, New York, NY. 1981, pp. 84.

[490] Gallassi, R., et al. Fatal familial insomnia: behavioural and cognitive features. Neurology. ***46***, 935–939, 1996.

[491] Galvez, S., et al. Descriptive epidemiology of Creutzfeldt-Jakob Disease in Chile. Arch. Neurol. ***37***, 11–14, 1980.

[492] Gambetti, P., et al. Fatal familial insomnia and familial Creutzfeldt-Jakob Disease: clinical, pathological and molecular features. Brain Pathol. ***5***, 43–51, 1995.

[493] Gambetti, P., et al. Fatal familial insomnia and the widening spectrum of prion diseases. Br. Med. Bull. ***49***, 980–994, 1993.

[494] Gandhi, S.S., et al. Donor to host transmission of disease via corneal transplantation. Surv. Ophthalmol. ***25***, 306–311, 1981.

[495] Garcia de Jalon, J.A., et al. Evolutión de la enfermedad del prurigo lumbar (scrapie) en Aragón. Med. vet. ***8***, 241–244, 1991.

[496] Gasset, M., et al. Predicted alpha-helical regions of the prion protein when synthesized as peptides form amyloid. Proc. Natl. Acad. Sci. USA. ***89***, 10940–10944, 1992.

[497] German, T.L., et al. Comparison of RNA from healthy and scrapie-infected hamster brain. J. Gen. Virol. ***66***, 839–844, 1985.

[498] Gerstmann, J. Über ein noch nicht beschriebenes Reflexphänomen bei einer Erkrankung des zerebellären Systems. Wien. Medizin. Wochenschr. ***78***, 906–908, 1928.

[499] Gerstmann, J., et al. Über eine eigenartige hereditär-familiäre Erkrankung des Zentralnervensystems; zugleich ein Beitrag zur Frage des vorzeitigen lokalen Alterns. Z. Ges. Neurol. Psychiat. ***154***, 736–762, 1936.

[499a] Ghani, A.C., et al. Predicted vCJD mortality in Great Britain. Nature. ***406***, 583–584, 2000.

[500] Ghetti, B., et al. Gerstmann-Sträussler-Scheinker disease and the Indiana kindred. Brain Pathol. ***5***, 61–75, 1995.

[501] Ghetti, B., et al. Vascular variant of prion protein cerebral amyloidosis with tau-positive neurofibrillary tangles: the phenotype of the stop codon 145 mutation in *PRNP*. Proc. Natl. Acad. Sci. USA. ***93***, 744–748, 1996.

[502] Ghetti, B., et al. Gerstmann-Sträussler-Scheinker disease – 2. Neurofibrillary tangles and plaques with PrP-amyloid coexist in an affected family. Neurology. ***39***, 1453–1461, 1989.

[503] Giaccone, G., et al. Neurofibrillary tangles of the Indiana kindred of Gerstmann-Sträussler-Scheinker disease share antigenic determinants with those of Alzheimer disease. Brain Res. ***530***, 325–329, 1990.

[504] Gibbons, R.A., et al. Nature of the scrapie agent. Nature. ***215***, 1041–1043, 1967.

[505] Gibbs, C.J. jr., et al. Creutzfeldt-Jakob Disease infectivity of growth hormone derived from human pituitary glands (letter). N. Engl. J. Med. ***328***, 358–359, 1993.

[506] Gibbs, C.J. jr., et al. Transmission of Creutzfeldt-Jakob Disease to a chimpanzee by electrodes contaminated during neurosurgery. J. Neurol. Neurosurg. Psychiatry. ***57***, 757–758, 1994.

[507] Gibbs, C.J. jr., et al. Normal isoform of amyloid protein (PrP) in brains of spawning salmon. Molecular Psychiatry. ***2***, 146–147, 1997.

[508] Gibbs, C.J. jr., et al. Infection as the etiology of spongiform encephalopathy (Creutzfeldt-Jakob Disease). Science. ***165***, 1023–1025, 1969.

[509] Gibbs, C.J. jr., et al. Experimental subacute spongiform virus encephalopathies in primates and other laboratory animals. Science. ***182***, 67–68, 1973.

[510] Gibbs, C.J. jr., et al. Strain variation in the viruses of Creutzfeldt-Jakob Disease and kuru. In: Prusiner, S.B., et al. (eds.). Slow transmissible diseases of the nervous system (Vol.2). Academic Press, New York, NY. 1979, pp. 87.

[511] Gibbs, C.J. jr., et al. Creutzfeldt-Jakob Disease (spongiform encephalopathy): transmission to the chimpanzee. Science. ***161***, 388–389, 1968.

[512] Gibbs, C.J. jr., et al. Unusual resistance to ionizing radiation of the viruses of kuru, Creutz-

feldt-Jakob Disease, and scrapie. Proc. Natl. Acad. Sci. USA. ***75***, 6268–6270, 1978.

[513] Gibbs, C.J. jr., et al. Viral characteristics of the scrapie agent in mice. In: Gajdusek, D.C., et al. (eds.). Slow, latent and temperate virus infections. National Institute of Neurologic Diseases and Blindness (No.2). Department of Health, Education and Welfare, Washington, D.C. 1965, pp. 195.

[514] Gibbs, C.J. jr., et al. Clinical and pathological features and laboratory confirmation of Creutzfeldt-Jakob Disease in a recipient of pituitary-derived human growth hormone. N. Engl. J. Med. ***313***, 734–738, 1985.

[515] Gibson, P.H., et al. Scrapie associated fibrils in the diagnosis of scrapie in sheep. Vet. Rec. ***120***, 125–127, 1987.

[516] Giese, A., et al. Putting prions into focus: ultrasensitive detection of pathological prion protein aggregates by fluorescence correlation spectroscopy. Acta Neuropathol. ***98***, 525, 1999.

[517] Giese, A., et al. Role of microglia in neuronal cell death in prion disease. Brain Pathol. ***8***, 449–457, 1998.

[518] Giese, A., et al. Vorsichtsmaßnahmen bei der Durchführung von Autopsien bei Verdacht auf Creutzfeldt-Jakob-Erkrankung. Verh. Dtsch. Ges. Path. ***79***, 631, 1995.

[519] Giese, A., et al. A novel classification scheme of sporadic Creutzfeldt-Jakob Disease based on molecular analysis. Clin. Neuropathol. ***16***, 259, 1997.

[520] Glasse, R.M. A kuru bibliography. Oceania. ***31***, 294–295, 1961.

[521] Glasse, R.M. The spread of kuru among the Fore – a preliminary report (typed script). Department of Public Health, Territory of Papua and New Guinea, Port Moresby. p. 1–9, 1962.

[522] Glasse, R.M. Fieldwork in the South Fore: the process of ethnographic inquiry. In: Prusiner, S.B., et al. (eds.). Prion diseases of humans and animals. Ellis Horwood, New York, NY. 1992, pp. 77.

[523] Glockshuber, R., et al. Autonomous folding and three-dimensional structure of the carboxy-terminal domain of the mouse prion protein, PrP(121–231). In: Morrison, D.R., et al. (eds.). Prions and brain diseases in animals and humans. (NATO ASI Series, Series A, Life Sciences; Vol.295). Plenum Press, London and New York 1998, pp. 203.

[524] Godec, M.S., et al. Blood buffy coat from Alzheimer disease patients and their relatives does not transmit spongiform encephalopathy to hamsters. Neurology. ***44***, 1111–1115, 1994.

[525] Godec, M.S., et al. Evidence against the transmissibility of Alzheimer disease. Neurology. ***41***, 1320, 1992.

[526] Goldfarb, L.G., et al. The molecular genetics of human transmissible spongiform encephalopathy. In: Prusiner, S.B., et al. (eds.). Prion diseases of humans and animals. Ellis Horwood, New York, NY. 1992, pp. 139.

[527] Goldfarb, L.G., et al. Identical mutation in unrelated patients with Creutzfeldt-Jakob Disease (letter). Lancet. ***336***, 174–175, 1990.

[528] Goldfarb, L.G., et al. Transmissible familial Creutzfeldt-Jakob Disease associated with five, seven, and eight extra octapeptide coding repeats in the *PRNP* gene. Proc. Natl. Acad. Sci. USA. ***88***, 10926–10930, 1991.

[529] Goldfarb, L.G., et al. Creutzfeldt-Jakob Disease associated with the *PRNP* codon 200Lys mutation: an analysis of 45 families. Eur. J. Epidemiol. ***7***, 477–486, 1991.

[530] Goldfarb, L.G., et al. New mutation in scrapie amyloid precursor gene (at codon 178) in Finnish Creutzfeldt-Jakob kindred (letter). Lancet. ***337***, 425, 1991.

[531] Goldfarb, L.G., et al. Mutation in codon 200 of scrapie amyloid precursor gene linked to Creutzfeldt-Jakob Disease in Sephardic jews of Libyan and non-Libyan origin (letter). Lancet. ***336***, 637–638, 1990.

[532] Goldfarb, L.G., et al. Mutation in codon 200 of scrapie amyloid protein gene in two clusters of Creutzfeldt-Jakob Disease in Slovakia (letter). Lancet. ***336***, 514–515, 1990.

[533] Goldfarb, L.G., et al. Fatal familial insomnia and familial Creutzfeldt-Jakob Disease: disease phenotype determined by a DNA polymorphism. Science. ***258***, 806–808, 1992.

[534] Goldgaber, D., et al. Mutations in familial Creutzfeldt-Jakob Disease and Gerstmann-Sträussler-Scheinker syndrome. Exp. Neurol. ***106***, 204–206, 1989.

[535] Goldmann, W., et al. Different scrapie-associated fibril proteins (PrP) are encoded by lines of sheep selected for different alleles of the *Sip* gene. J. Gen. Virol. ***72***, 2411–2417, 1991.

[536] Goldmann, W., et al. Two alleles of a neural protein gene linked to scrapie in sheep. Proc. Natl. Acad. Sci. USA. ***87***, 2476–2480, 1990.

[537] Goldmann, W., et al. Different forms of the bovine PrP gene have five or six copies of a short, G-C-rich element within the protein-coding exon. J. Gen. Virol. ***72***, 201–204, 1991.

[538] Goldmann, W., et al. PrP genotype and agent effects in scrapie: change in allelic interaction

with different isolates of agent in sheep, a natural host of scrapie. J. Gen. Virol. **75**, 989–995, 1994.

[539] Goldmann, W., et al. Novel polymorphisms in the caprine PrP gene: a codon 142 mutation associated with scrapie incubation period. (published erratum appears in J. Gen. Virol. *78*, 697, 1997). J. Gen. Virol. *77*, 2885–2891, 1996.

[540] Gomori, A.J., et al. The ataxic form of Creutzfeldt-Jakob Disease. Arch. Neurol. **29**, 318–323, 1997.

[541] Gordon, W.S. Advances in veterinary research – looping-ill, tick born fever and scrapie. Vet. Rec. **58**, 516, 1946.

[542] Gordon, W.S., et al. Looping-ill, tick-borne fever and scrapie. In: Dawson, M.H. (ed.). Third International Congress for Microbiology, New York, 2–9 September 1939. International Association of Microbiologists, New York, NY. 1940, pp. 262.

[543] Gore, S.M., et al. Bovine spongiform encephalopathy maternal cohort study – exploratory analysis. Appl. Statist. **46**, 305–320, 1997.

[544] Gorham, J. Viral and bacterial diseases of mink in Soviet Union. Fur Rancher. **71**, 3, 1991.

[545] Gorham, J. Viral and bacterial diseases of mink in Soviet Union. Fur Rancher. **71**, 10–11, 1991.

[546] Gorman, D.G., et al. Creutzfeldt-Jakob Disease in a pathologist. Neurology. **42**, 463, 1992.

[547] Goullet, D. The effect of non-conventional transmissible agents (prions) on disinfection and sterilization processes (conference handout). World Symposium on Central Service in Hospitals, 17–20 May 1999, pp. 1.

[548] Graber, H.U., et al. In situ hybridization and immunohistochemistry for prion protein (PrP) in bovine spongiform encephalopathy (BSE). J. Vet. Med. A. **42**, 453–459, 1995.

[549] Grant, M.P., et al. Abnormal eye movements in Creutzfeldt-Jakob Disease. Ann. Neurol. **34**, 192–197, 1993.

[550] Grathwohl, K.U.D., et al. Sensitive enzyme-linked immunosorbent assay for detection of PrP^{Sc} in crude tissue extracts from scrapie-affected mice. J. Virol. Methods. **64**, 205–216, 1997.

[550a] Gravenor, M.B., et al. Encephalopathies: scrapie in Britain during the BSE years (brief communications). Nature. **406**, 584–585, 2000.

[550b] Green, A.J., et al. Raised concentrations of brain specific proteins in patients with sporadic and variant CJD. J. Neurol. Neurosurg. Psychiatry. **69**, 419, 2000.

[551] Green, L. The epidemiology of scrapie with reference to spongiform encephalopathies in other species. (dissertation essay – part of the course requirements for MSc in Epidemiology in 1988–1989). University of Bristol, UK. 1989.

[552] Greig, J.R. Scrapie. Transcript, Highland and Agriculture Society, Scotland. **52**, 71–90, 1940.

[553] Greig, J.R. Scrapie in sheep. J. Comp. Path. **60**, 263–266, 1950.

[554] Griffith, J.S. Self-replication and scrapie. Nature. **215**, 1043–1044, 1967.

[555] Groschup, M.H., et al. Depositing of disease-associated prion protein involves the peripheral nervous system in experimental scrapie. Acta Neuropathol. **98**, 453–457, 1999.

[556] Groschup, M.H., et al. Antigenic features of scrapie prion protein and cellular prion proteins of various mammalian species. J. Immunol. Meth. **207**, 89–101, 1997.

[557] Groschup, M.H., et al. The major species specific epitope in prion proteins of ruminants. Arch. Virol. **136**, 423–431, 1994.

[558] Groschup, M.H., et al. Detection of scrapie agent in the peripheral nervous system of a diseased sheep. Neurobiol. Disease. **3**, 191–195, 1996.

[559] Gruffyd-Jones, T.J., et al. Feline spongiform encephalopathy. J. Small. Anim. Pract. **33**, 471–476, 1991.

[560] Grünewald, K. (ed.). Handbuch des Tierkörperbeseitigungsrechts. Richard Boorberg, Vlg., Stuttgart, 1994.

[561] Guiroy, D.C., et al. Fibril-derived amyloid enhancing factors as nucleating agents in Alzheimer disease and transmissible virus dementia. In: Brown, P., et al. (eds.). Molecular genetic mechanisms in neurodegenerative disorders. Discussions in Neuroscience. 1988, pp. 69.

[562] Guiroy, D.C., et al. Electron microscopic findings in brain of Rocky Mountain elk with chronic wasting disease. Folia Neuropathol. **32**, 171–173, 1994.

[563] Guiroy, D.C., et al. Ultrastructural neuropathology of chronic wasting disease in captive mule deer. Acta Neuropathol. **85**, 437–444, 1993.

[564] Guiroy, D.C., et al. Fibrils in brain of Rocky Mountain elk with chronic wasting disease contain scrapie amyloid. Acta Neuropathol. **86**, 77–80, 1993.

[565] Guiroy, D.C., et al. Topographic distribution of scrapie amyloid-immunoreactive plaques in chronic wasting disease in captive mule deer (*Odocoileus hemionus hemionus*). Acta Neuropathol. **81**, 475–478, 1991.

[566] Guiroy, D.C., et al. Immunolocalization of scrapie amyloid PrP(27–30) in chronic wasting

disease of Rocky Mountain elk and hybrids of captive mule deer and white-tailed deer. Neurosci. Lett. ***126***, 195–198, 1991.

[567] Güntert, P., et al. Efficient computation of three-dimensional protein structures in solution from nuclear magnetic resonance data using the program DIANA and the supporting programs CALIBA, HABAS and GLOMSA. J. Mol. Biol. ***217***, 517–530, 1991.

[568] Güntert, P., et al. Torsion angle dynamics for NMR structure calculation with the new program DYANA. J. Mol. Biol. ***273***, 283–298, 1997.

[569] Hadlow, W.J. Scrapie and kuru. Lancet. ***ii***, 289–290, 1959.

[570] Hadlow, W.J. The pathology of experimental scrapie in the dairy goat. Res. Vet. Sci. ***2***, 289–314, 1961.

[571] Hadlow, W.J. Discussion of paper by D. Burger and G.R. Hartsough. In: Gajdusek, D.C., et al. (eds.). Slow, latent, and temperate virus infections. U.S. Government Printing Office, Washington, D.C. 1965, pp. 303.

[572] Hadlow, W.J. Natural infection of sheep with scrapie virus. In: Prusiner, S.B., et al. (eds.). Slow transmissible diseases of the nervous system (Vol.2). Academic Press, New York, NY. 1979, pp. 3.

[573] Hadlow, W.J. The scrapie-kuru connection: recollections of how it came about. In: Prusiner, S.B., et al. (eds.). Prion diseases of humans and animals. Ellis Horwood, New York, NY. 1992, pp. 40.

[574] Hadlow, W.J. Neuropathology and the scrapie-kuru connection. Brain Pathol. ***5***, 27–31, 1995.

[575] Hadlow, W.J., et al. Course of experimental scrapie virus infection in the goat. J. Infect. Dis. ***129***, 559–567, 1974.

[576] Hadlow, W.J., et al. Transmissible encephalopathy of mink in Ontario. Can. Vet. J. ***9***, 193–196, 1968.

[577] Hadlow, W.J., et al. Natural infection of Suffolk sheep with scrapie virus. J. Infect. Dis. ***146***, 657–664, 1982.

[578] Hadlow, W.J., et al. Virologic and neurohistologic findings in dairy goats affected with natural scrapie. Vet. Pathol. ***17***, 187–199, 1980.

[579] Hadlow, W.J., et al. Brain tissue from persons dying of Creutzfeldt-Jakob Disease causes scrapie-like encephalopathy in goats. Ann. Neurol. ***8***, 628–632, 1980.

[580] Hadlow, W.J., et al. Experimental infection of fetal and newborn Suffolk sheep with scrapie virus. Am. J. Vet. Res. **45**, 2637–2639, 1984.

[581] Hadlow, W.J., et al. Temporal distribution of transmissible mink encephalopathy virus in mink inoculated subcutaneously. J. Virol. ***61***, 3235–3240, 1987.

[582] Hadlow, W.J., et al. Experimental infection of sheep and goats with transmissible mink encephalopathy virus. Can. J. Vet. Res. ***51***, 135–144, 1987.

[583] Hahn, F., et al. BSE deactivation in rendering processes – evaluation of experimental data and modelling of industrial processes (1). Chemical Engineering Research and Advising (CHERA), Enschede, NL. 1996.

[584] Hahn, F., et al. Predicting BSE deactivation in rendering processes with sterilization 1.0 (2). Chemical Engineering Research and Advising (CHERA), Enschede, NL. 1996.

[585] Hainfellner, J.A., et al. The original Gerstmann-Sträussler-Scheinker family of Austria: divergent clinicopathological phenotypes but constant PrP genotype. Brain Pathol. ***5***, 201–211, 1995.

[586] Hainfellner, J.A., et al. Testing for prion protein does not confirm previously reported conjugal CJD. Lancet. ***347***, 616–617, 1996.

[587] Hainfellner, J.A., et al. Creutzfeldt-Jakob Disease in Austria. J. Neurol. Neurosurg. Psychiatry. ***61***, 139–142, 1996.

[588] Hainfellner, J.A., et al. Pathology and immunocytochemistry of a kuru brain. Brain Pathol. ***7***, 547–553, 1997.

[589] Haltia, M., et al. Chromosome 14-encoded Alzheimer disease: genetic and clinicopathological description. Ann. Neurol. ***36***, 362–367, 1994.

[590] Hamilton, L. Letter to Smadel. In: Farquhar, J., et al. (eds.). Kuru – early letters and field notes from the collection of D. Carlton Gajdusek. Raven Press, New York, NY. 1981, pp. 226.

[591] Hancock, D.D., et al. The collection and submission of samples for laboratory testing. In: Lessard, P.R., et al. (eds.). The veterinary clinics of North America – investigation of disease outbreaks and impaired productivity. W.B. Saunders, Philadelphia, PA. 1988, pp. 33.

[592] Hansen, H.C., et al. Clinical changes and EEG patterns preceding the onset of periodic sharp wave complexes in Creutzfeldt-Jakob Disease. Acta Neurol. Scand. ***97***, 99–106, 1998.

[593] Hanson, R.P., et al. Susceptibility of mink to sheep scrapie. Science. ***172***, 859–861, 1971.

[594] Hanson, R.P., et al. Biology of transmissible mink encephalopathy and scrapie. In: Zeman, W., et al. (eds.). Slow virus diseases. Williams & Wilkins, Baltimore. 1973, pp. 10.

[595] Haralambiev, H., et al. An attempt to induce scrapie in local sheep in Bulgaria. Zbl. Vet. Med. (B). *20*, 701–709, 1973.

[596] Harbarth, S., et al. Creutzfeldt-Jakob-Krankheit: Vorsichtsmaßnahmen zur Prävention iatrogener Übertragungen im Spital. Swiss-NOSO. *3*, 9–11, 1996.

[597] Hardt, M., et al. A comparative study of immunohistochemical methods for detecting abnormal prion protein with monoclonal and polyclonal antibodies. J. Comp. Pathol. *122*, 43–53, 2000.

[598] Harmeyer, S., et al. Synthetic peptide vaccines yield monoclonal antibodies to cellular and pathological prion proteins of ruminants. J. Gen. Virol. *79*, 937–945, 1998.

[599] Harries-Jones, R., et al. Creutzfeldt-Jakob Disease in England and Wales, 1980–1984: a case-control study of potential risk factors. J. Neurol. Neurosurg. Psychiatry. *51*, 1113–1119, 1988.

[600] Harrington, M.G., et al. Abnormal proteins in the cerebrospinal fluid of patients with Creutzfeldt-Jakob Disease. N. Engl. J. Med. *315*, 279–283, 1986.

[601] Harris, D.A., et al. A prion-like protein from chicken brain co-purifies with an acetylcholine receptor-inducing activity. Proc. Natl. Acad. Sci. USA. *88*, 7664–7668, 1991.

[602] Hartsough, G.R., et al. Encephalopathy of mink – 1. Epizootiologic and clinical observations. J. Infect. Dis. *115*, 387–392, 1965.

[603] Hartter, D.E., et al. Evidence for release of copper in the brain: depolarisation-induced release of newly taken-up 67 copper. Synapse. *2*, 412–415, 1988.

[604] Hartung, J., et al. Infektiöse Enzephalopathie beim Nerz – 3. Mitteilung: Ergebnisse weiterer Praxiserhebungen und Übertragungsversuche. Monatsh. Veterinärmedizin. *30*, 23–27, 1975.

[605] Hartung, J., et al. Infektiöse Enzephalopathie beim Nerz – 1. Mitteilung: Klinisch-epizootiologische und experimentelle Untersuchungen. Monatsh. Veterinärmedizin. *25*, 385–388, 1970.

[606] Hauser, J. (ed.). Bevölkerungslehre. UTB, Stuttgart. 1982.

[607] Hauswirth, H., et al. Mikroskopische Beurteilung von Futtermitteln: interne Prüfmethode. Eidgenössische Forschungsanstalt für Nutztiere (RAP), Posieux. ME10703O.600. 1994.

[608] Havekost, U. Scrapie-Inaktivierung in der Fleischmehlindustrie (Diplomarbeit). Gesamthochschule, Universität Paderborn. 1999.

[609] Hayashi, R., et al. Serial computed tomographic and electroencephalographic studies in Creutzfeldt-Jakob Disease. Acta Neurol. Scand. *85*, 161–165, 1992.

[610] Heckmann, J.G., et al. Transmission of Creutzfeldt-Jakob Disease via a corneal transplant. J. Neurol. Neurosurg. Psychiatry. *63*, 388–390, 1997.

[611] Heidenhain, A. Klinische und anatomische Untersuchungen über eine eigenartige organische Erkrankung des Zentralnervensystems im Praesenium. Z. Ges. Neurol. Psychiat. *118*, 49–114, 1929.

[612] Helmolt, H.F. Weltgeschichte. Bibliographisches Institut, Leipzig und Wien. 1914.

[613] Henry, J.M. et al. Case for diagnosis. Milit. Med. *138*, 477, 1973.

[614] Hepp-Reymond, M.C. Die Primaten in der biomedizinischen Forschung: Schwerpunkt Neurowissenschaften. Forschung für Leben, Zürich. Nr.55, 1–14, 2000.

[615] Herms, J.W., et al. Altered intracellular calcium homeostasis in cerebellar granule cells of prion protein deficient mice. J. Neurochem. *75*, 1487–1492, 2000.

[616] Herms, J.W., et al. Patch-clamp analysis of synaptic transmission to cerebellar Purkinje cells of prion protein knock-out mice. Eur. J. Neurosci. *7*, 2508–2512, 1995.

[617] Herms, J.W., et al. Increase of intracellular free Ca^{2+} in microglia activated by prion protein fragment. Glia. *21*, 253–257, 1997.

[618] Herms, J.W., et al. Prion protein modulates calcium activated potassium currents in cerebellar Purkinje cells. Soc. Neurosci. *24*, 516, 1998.

[619] Herms, J.W., et al. Evidence of presynaptic location and function of the prion protein. J. Neurosci. *15*, 8866–8875, 1999.

[620] Herrmann, G., et al. CONRAD: a method for identification of variable and conserved regions within proteins by scale-space filtering. CABIOS. *12*, 197–203, 1996.

[621] Heye, N., et al. Creutzfeldt-Jakob Disease and blood transfusion (letter). Lancet. *343*, 298–299, 1994.

[622] Hill, A.F., et al. Protease-resistant prion protein produced *in-vitro* lachs detectable infecitivity. J. Gen. Virol. *88*, 11–14, 1999.

[623] Hill, A.F., et al. Type of prion protein in UK farmers with Creutzfeldt-Jakob Disease. Lancet. *350*, 188, 1997.

[624] Hill, A.F., et al. The same prion strain causes vCJD and BSE. Nature. *389*, 448–450, 1997.

[625] Hill, A.F., et al. Diagnosis of new variant Creutzfeldt-Jakob Disease by tonsil biopsy. Lancet. *349*, 99–100, 1997.

[626] Hilmert, H., et al. A rapid and efficient method to enrich SAF-protein from scrapie brains of hamsters. Biosci. Rep. ***4***, 165–170, 1984.

[627] Hilton, D.A., et al. Prion immunoreactivity in appendix before clinical onset of variant Creutzfeldt-Jakob Disease. Lancet. ***352***, 703–704, 1998.

[628] Hoffmann, K. Untersuchungen zur Effektivität der Tiermehl-Erhitzung. Fleischwirtschaft. ***78***, 1171–1172, 1998.

[629] Hoffmann, K., et al. Der ELISA-Tiermehl-Erhitzungstest im Ringversuch. Fleischwirtschaft. ***78***, 1069–1071, 1998.

[630] Hogan, R.N., et al. Transplantation of corneal tissue from donors with diseases of the central nervous system. Cornea. ***14***, 547–553, 1995.

[631] Hoinville, L.J. A review of the epidemiology of scrapie in sheep. Rev. Sci. Tech. Off. Int. Epiz. ***15***, 827–852, 1996.

[632] Hoinville, L.J., et al. An investigation of risk factors for cases of bovine spongiform encephalopathy born after the introduction of the ‚feed ban‘. Vet. Rec. ***136***, 312–318, 1995.

[633] Holman, R.C., et al. Creutzfeldt-Jakob Disease in the United States, 1979–1994: using national mortality data to assess the possible occurrence of variant cases. Emerg. Infect. Dis. ***2***, 333–337, 1996.

[633a] Hope, J. Prions and neurodegenerative diseases. Curr. Opinion Gen. Developm. ***10***, 568–574, 2000.

[634] Hope, J., et al. The major polypeptide of scrapie-associated fibrils (SAF) has the same size, charge distribution and N-terminal protein sequence as predicted for the normal brain protein (PrP). EMBO J. ***5***, 2591–2597, 1986.

[635] Hope, J., et al. Molecular pathology of scrapie-associated fibril protein (PrP) in mouse brain affected by the ME7 strain of scrapie. Eur. J. Biochem. ***172***, 271–277, 1988.

[636] Hope, J., et al. Fibrils from brains of cows with a new cattle disease contain scrapie-associated protein. Nature. ***336***, 390–392, 1988.

[636a] Hopher T. EU scientists say mad cow disease can infect sheep (press release). 23 July 1996.

[637] Hoppe, A. Die Hitzeresistenz verschiedener Mikroorganismen und ihre Beeinflussung durch verschiedene Faktoren, unter besonderer Berücksichtigung von experimentell an Sporen von *Bacillus anthracis* erarbeiteten Daten (Diplomarbeit). Universität Stuttgart-Hohenheim. 1978.

[638] Hoque, M.Z., et al. Mutation in the prion protein gene at codon 232 in Japanese patients with Creutzfeldt-Jakob Disease: a clinipathological, immunohistochemical and transmission study. Acta Neuropathol. ***92***, 441–446, 1996.

[639] Hornabrook, R.W., et al. Creutzfeldt-Jakob Disease. Papua Neuguinean Med. J. ***18***, 226–228, 1975.

[640] Hornemann, S., et al. Autonomous and reversible folding of a soluble amino-terminally truncated segment of the mouse prion protein. J. Mol. Biol. ***261***, 614–618, 1996.

[641] Hornemann, S., et al. A scrapie-like unfolding intermediate of the prion protein domain PrP(121–231) induced by acidic pH. Proc. Natl. Acad. Sci. USA. ***95***, 6010–6014, 1998.

[642] Hornemann, S., et al. Recombinant full-length murine prion protein, mPrP(23–231): purification and spectroscopic characterization. FEBS Lett. ***413***, 277–281, 1997.

[643] Hornshaw, M.P., et al. Copper binding to the N-terminal tandem repeat regions of mammalian and avian prion protein. Biochem. Biophys. Res. Commun. ***207***, 621–629, 1995.

[644] Hornshaw, M.P., et al. Copper binding to the N-terminal tandem repeat region of mammalian and avian prion protein: structural studies using synthetic peptides. Biochem. Biophys. Res. Commun. ***214***, 993–999, 1995.

[645] Horwich, A.L., et al. Deadly conformations – protein misfolding in prion disease. Cell. ***89***, 499–510, 1997.

[646] Hourrigan, J., et al. Epidemiology of scrapie in the United States. In: Prusiner, S.B., et al. (eds.). Slow transmissible diseases of the nervous system (Vol.1). Academic Press, New York, NY. 1979, pp. 331.

[647] Hourrigan, J. The scrapie control program in the United States. J. Am. Vet. Med. Assoc. ***196***, 1679, 1990.

[647a] Houston, F., et al. Transmission of BSE by blood transfusion in sheep. The Lancet. ***356***, 999–1000, 2000.

[648] Hovers, K.A. Scrapie in young Texel ewes confused by concurrent hepatic pathology. Ann. Proc. Sheep. Vet. Society, 15, 142–143, 1991.

[648a] Howard, R.S., et al. Creutzfeldt-Jakob Disease in a young woman (clinical conference). Lancet. ***347***, 945–948, 1996.

[649] Hörnlimann, B. Bovine Spongiforme Enzephalopathie: Stand der Kenntnisse, Massnahmen und wirtschaftliche Auswirkungen (in deutscher und französischer Sprache). Volkswirtschaft. EDV (Bern) 7, 26–31, 1991.

[650] Hörnlimann, B. Risikoanalyse anhand des Beispiels von BSE (Tagungsbericht). Forum

f. Epidemiologie u. Tiergesundheit, Bern, 9. Juni 1994. pp. 10.

[651] Hörnlimann, B. Aktuelle BSE-Situation: beginnender Rückgang des „Rinderwahnsinns" in der Schweiz. Labor und Medizin. **23**, 48–52, 1996.

[652] Hörnlimann, B. Scrapie occurrence and BSE risk factors among European countries. http://www.bvet.admin.ch/ (outprint 5. Oktober 1999, pp. 1–13.)

[653] Hörnlimann, B. Geschichte der Spongiformen Enzephalopathien beim Tier. Labor und Medizin. **23**, 9–13, 1996.

[654] Hörnlimann, B. BSE situation in Switzerland (report May 1996). 64th General session of the International Committee of the OIE, Paris, 20–24 May, 1996.

[655] Hörnlimann, B. Geschichte und Epidemiologie der Prionkrankheiten. Mitt. Gebiete Lebensm. Hyg. **87**, 3–13, 1996.

[656] Hörnlimann, B. BSE – Hintergründe und Bekämpfungsmaßnahmen zum Schutz des Konsumenten. In: Keller, U., et al. (eds.). 4. Schweiz. Ernährungsbericht. Bundesamt für Gesundheit, Bern. 1998, pp. 154.

[657] Hörnlimann, B. Feline Spongiforme Enzephalopathie: Risikoeinschätzung für die Schweiz (scientific report, unpublished). IVI, Mittelhäusern, Schweiz. 1998, pp. 1.

[658] Hörnlimann, B. Epidemiology of BSE and CJD in Switzerland. AAJM. **7**, 45–47, 1998.

[659] Hörnlimann, B. Bovine Spongiforme Enzephalopathie (BSE): BAB-Fälle in der Schweiz (Zusammenfassung der Master of Public Health-Diplomarbeit). ISPM Universität Zürich, 1999.

[660] Hörnlimann, B. Abklärung der BAB-BSE-Fälle; Ursachen in der Schweiz (in deutscher und italienischer Sprache). In: Proceedings der 5. Internationalen Tagung „Infektionskrankheiten in den Alpenländern", 23.-25. März 2000, Seis am Schlern, Italien. Servizio per l'Igiene e la Sanita Pubblica, Bolzano. 2000, pp. 42.

[661] Hörnlimann, B., et al. Überwachung Transmissibler Spongiformer Enzephalopathien (TSE) – Konsensbericht zur Harmonisierung der CJD-Überwachung (in deutscher und französischer Sprache). Bundesamt für Gesundheit, Bern. Bull. BAG/OFSP. **50**, 9–11, 1997.

[662] Hörnlimann, B., et al. Case study of BSE in animals born after the feed ban (BAB) in Switzerland. In: Proceedings 8th International Symposium on Veterinary Epidemiology and Economics, 8–11 July 1997, Paris. Epidémiologie et Santé Animale. 31/32, p. 11.08.1–11.08.3, 1997.

[663] Hörnlimann, B., et al. BSE: clinical signs in Swiss BSE cases. In: Bradley, R., et al. (eds.). Transmissible spongiform encephalopathies. Proceedings of a consultation on BSE with the Scientific Veterinary Committee of the EC, 14–15 September 1993. EU: VI/4131/94-EN Document Ref. F.II.3-JC/0003, European Community, Brussels. 1994, pp. 289.

[664] Hörnlimann, B., et al. Micro-economic impact of BSE in Switzerland versus macro-economic impact in Great Britain (scientific report). IVI, Mittelhäusern, Switzerland. The BSE/TSE Projector. No.11, 13–14, 1995.

[665] Hörnlimann, B., et al. BSE: epidemiology in Switzerland. In: Bradley, R., et al. (eds.). Transmissible spongiform encephalopathies. Proceedings of a consultation on BSE with the Scientific Veterinary Committee of the EC, 14–15 September 1993. EU: VI/4131/94-EN Document Ref. F.II.3-JC/0003, European Community, Brussels. 1994, pp. 13.

[666] Hörnlimann, B., et al. Import of meat and bone meal as main risk factor for BSE in Switzerland. The Kenya Veterinarian. **18**, 467–469, 1994.

[667] Hörnlimann, B., et al. Risikoeinschätzung für die Einschleppung von BSE. Dtsch. tierärztl. Wschr. **101**, 295–298, 1994.

[668] Hsiao, K. From prion diseases to Alzheimer disease. J. Neural Transm. Suppl. **49**, 135–144, 1997.

[669] Hsiao, K., et al. A prion protein variant in a family with the telencephalic form of Gerstmann-Sträussler-Scheinker syndrome. Neurology. **41**, 681–684, 1991.

[670] Hsiao, K., et al. Mutant prion proteins in Gerstmann-Sträussler-Scheinker disease with neurofibrillary tangles. Nat. Genet. **1**, 68–71, 1992.

[671] Hsiao, K., et al. Mutation of the prion protein in Libyan jews with Creutzfeldt-Jakob Disease. N. Engl. J. Med. **324**, 1091–1097, 1991.

[672] Hsiao, K., et al. Inherited human prion diseases. Neurology. **40**, 1820–1827, 1990.

[673] Hsiao, K., et al. Linkage of a prion protein missense variant to Gerstmann-Sträussler syndrome. Nature. **338**, 342–345, 1989.

[674] Hsiao, K., et al. Serial transmission in rodents of neurodegeneration from transgenic mice expressing mutant prion protein. Proc. Natl. Acad. Sci. USA. **91**, 9126–9130, 1994.

[675] Hsiao, K., et al. Spontaneous neurodegeneration in transgenic mice with mutant prion protein. Science. **250**, 1587–1590, 1990.

[676] Hsich, G., et al. The 14-3-3 brain protein in cerebrospinal fluid as a marker for transmissible

spongiform encephalopathies. N. Engl. J. Med. ***335***, 924–930, 1996.

[677] Http://www.maff.gov.uk/animalh/bse (1997).

[678] Huang, Z., et al. Proposed three-dimensional structure for the cellular prion protein. Proc. Natl. Acad. Sci. USA. ***91***, 7139–7143, 1994.

[679] Huang, Z., et al. Scrapie prions: a three-dimensional model of an infectious fragment. Folding and Design. ***1***, 13–19, 1995.

[680] Hudde, T., et al. Korneo-sklerale Transplantatentnahme an der Leiche – Erfahrungen der Lions-Hornhautbank, Nordrhein-Westfalen, in den Jahren 1995 und 1996. Ophthalmologe. ***94***, 780–784, 1997.

[681] Hueston, W.D. Assessment of national systems for the surveillance and monitoring of animal health. Rev. Sci. Tech. Off. Int. Epiz. ***12***, 1187–1196, 1993.

[682] Huillard d'Aignaux, J., et al. A statistical model to identify the contaminated lots implicated in iatrogenic transmission of Creutzfeldt-Jakob Disease among French human growth hormone recipients. Am. J. Epidemiol. ***147***, 597–604, 1998.

[683] Hunter, G.D., et al. Studies on the heat stability and chromatographic behaviour of the scrapie agent. J. Gen. Microbiol. ***37***, 251–258, 1964.

[684] Hunter, N. Genotyping and susceptibility of sheep to scrapie. In: Baker, H.F., et al. (eds.). Methods in molecular medicine. Humana Press, Totowa, NJ. 1996, pp. 211.

[685] Hunter, N., et al. Is scrapie a genetic disease? evidence from scrapie-free countries. Nature. ***386***, 137, 1997.

[686] Hunter, N., et al. Are *Sinc* and the PrP gene congruent? Evidence from PrP gene analysis in *Sinc* congenic mice. J. Gen. Virol. ***73***, 2751–2755, 1992.

[687] Hunter, N., et al. Restriction fragment length polymorphisms of the scrapie-associated fibril protein (PrP) gene and their association with susceptibility to natural scrapie in British sheep. J. Gen. Virol. ***72***, 1287–1292, 1991.

[688] Hunter, N., et al. Linkage of the gene for the scrapie-associated fibril protein (PrP) to the *Sip* gene in Cheviot sheep. Vet. Rec. ***124***, 364–366, 1989.

[689] Hunter, N., et al. Natural scrapie in a closed flock of Cheviot sheep occurs only in specific PrP genotypes. Arch. Virol. ***141***, 809–824, 1996.

[690] Hunter, N., et al. Swaledale sheep affected by natural scrapie differ significantly in PrP genotype frequencies from healthy sheep and those selected for reduced incidence of scrapie. J. Gen. Virol. ***74***, 1025–1031, 1993.

[691] Hunter, N., et al. Natural scrapie and PrP genotype: case-control studies in British sheep. Vet. Rec. ***141***, 137–140, 1997.

[692] Hunter, N., et al. The association of a codon 136 PrP gene variant with the occurrence of natural scrapie. Arch. Virol. ***137***, 171–177, 1994.

[693] Hunter, N., et al. Linkage of the scrapie-associated fibril protein (PrP) gene and *Sinc* using congenic mice and restriction fragment length polymorphism analysis. J. Gen. Virol. ***68***, 2711–2716, 1987.

[694] Hunter, N., et al. Natural scrapie in a flock of Suffolk sheep in Scotland is associated with PrP genotype. Vet. Rec. ***140***, 59–63, 1997.

[695] Hunter, N., et al. Association between natural scrapie and PrP genotype in a flock of Suffolk sheep in Scotland. Vet. Rec. ***140***, 59–63, 1999.

[696] Hunyady, G., et al. Bovine Spongiforme Enzephalopathie (BSE) (in deutscher und französischer Sprache). Bundesamt für Gesundheit, Bern. Bull. BAG/OFSP. No. 38, 679–681, 1993.

[697] Huttner, W.B., et al. Synapsin I (protein I), a nerve terminal-specific phosphoprotein III – its association with synaptic vesicles studied in a highly purified synaptic vesicle preparation. J. Cell Biol. ***96***, 1374–1388, 1983.

[698] Ikeda, T., et al. Amino acid polymorphisms of PrP with reference to onset of scrapie in Suffolk and Corriedale sheep in Japan. J. Gen. Virol. ***76***, 2577–2581, 1995.

[699] IKS. TSE-Beschluss der IKS. Interkantonale Kontrollstelle für Heilmittel, Bern. Monatsbericht No. 1, 3–11, 2000.

[700] Imus, H.A. Letter to Smadel. In: Farquhar, J., et al. (eds.). Kuru – early letters and field notes from the collection of D. Carlton Gajdusek. Raven Press, New York, NY. 1981, pp. 108.

[701] Inaba, K., et al. Generation of large numbers of dendritic cells from mouse bone marrow cultures supplemented with granulocyte / macrophage colony-stimulating factor. J. Exp. Med. ***176***, 1693–1702, 1992.

[702] Inderbitzin, U.P. Bundesgericht: Begründung des Urteils im BSE-Entschädigungsstreit – Finanzdepartement muss nochmals über die Bücher. Neue Zuger Zeitung. Nr. 51, 1. März 2000, p. 5.

[702a] Ironside, J.W., et al. Laboratory diagnosis of variant Creutzfeldt-Jakob Disease. Histopathology. ***37***, 1–9, 2000.

[703] Ironside, J.W., et al. A new variant of Creutzfeldt-Jakob Disease – neuropathological and

clinical features. Symposia on Quantitative Biology. Cold Spring Harbor Laboratory Press, New York, NY. ***61***, 523–530, 1996.

[703a] Ironside, J.W., et al. Retrospective study of prion-protein accumulation in tonsil and appendix tissues. Lancet. ***355***, 1693–1694, 2000.

[704] Isenmann, S., et al. Telencephalic transplants in mice: characterization of growth and differentiation patterns. Neuropathol. Appl. Neurobiol. *22*, 108–117, 1996.

[705] Ishida, S., et al. Serial MRI in early Creutzfeldt-Jakob Disease with a point mutation of prion protein at codon 180. Neuroradiology. *37*, 531–534, 1995.

[706] Itoh, Y., et al. A variant of Gerstmann-Sträussler-Scheinker disease carrying codon 105 mutation with codon 129 polymorphism of the prion protein gene: a clinicopathological study. J. Neurol. Sci. *127*, 77–86, 1994.

[707] Jakob, A.M. Über eine der Multiplen Sklerose klinisch nahestehenden Erkrankung des Zentralnervensystems (Spastische Pseudosklerose) mit bemerkenswertem anatomischem Befunde. Medizinische Klinik. Nr. 13, 27. März 1921, pp. 372.

[708] Jakob, A.M. Über eigenartige Erkrankungen des Zentralnervensystems mit bemerkenswertem anatomischem Befunde (Spastische Pseudosklerose – Encephalomyelopathie mit disseminierten Degenerationsherden). Dtsch. Z. Nervenheilk. ***70***, 132–146, 1921.

[709] James, T.L., et al. Solution structure of a 142-residue recombinant prion protein corresponding to the infectious fragment of the scrapie isoform. Proc. Natl. Acad. Sci. USA. ***94***, 10086–10091, 1997.

[710] Jarrett, J.T., et al. Seeding ‚one-dimensional crystallization' of amyloid: a pathogenic mechanism in Alzheimer disease and scrapie? Cell. *73*, 1055–1058, 1993.

[711] Jeffrey, M., et al. Pathology of the transmissible spongiform encephalopathies with special emphasis on ultrastructure. Micron. ***26***, 277–298, 1995.

[712] Jeffrey, M., et al. Ultrastructural features of spongiform encephalopathy transmitted to mice from three species of *bovidae*. Acta Neuropathol. ***84***, 559–569, 1992.

[713] Jeffrey, M., et al. Observations on the differential diagnosis of bovine spongiform encephalopathy in Great Britain. In: Bradley, R., et al. (eds.). Transmissible spongiform encephalopathies. Proceedings of a consultation on BSE with the Scientific Veterinary Committee of the EC, 14–15 September 1993. EU: VI/4131/94-EN Document Ref. F.II.3-JC/0003, European Community, Brussels. 1994, pp. 347.

[714] Jeffrey, M., et al. Spongiform encephalopathy in a nyala (*Tragelaphus angasi*). Vet. Pathol. ***25***, 398–399, 1988.

[715] Jensen, M., et al. Increased cerebrospinal fluid tau in patients with Alzheimer disease. Neurosci. Lett. ***186***, 189–191, 1995.

[716] Jervis, G. Sheep, minks, savages and presenile dementia – the story of slow viruses (2). Psychiatr. Q. Suppl. ***42***, 371–435, 1968.

[717] Jimi, T., et al. Two cases of Creutzfeldt-Jakob Disease with high neuron-specific enolase level in cerebrospinal fluid. Rinsho. Shinkeigaku. ***29***, 118–121, 1989.

[718] Jimi, T., et al. High levels of nervous system-specific proteins in cerebrospinal fluid in patients with early stage Creutzfeldt-Jakob Disease. Clin. Chem. Acta. ***211***, 37–46, 1992.

[719] Johann Georg Leopoldt. Der Trab ist auch eine Krankheit der Schaafe, und ist ansteckend. In: „Nützliche und auf die Erfahrung gegründete Einleitung zu der Landwirtschaft". Fünf Theile. Mit Kupfer und Baurissen. Hofreichsgräflich-Promnitzischen Wirthschafts-Amtmann der Herrschaft Sorau. Christian Friedrich Günthern, Berlin und Glogau. 1759.

[720] Johannsen, U., et al. Infektiöse Enzephalopathie beim Nerz – 2. Mitteilung: Pathologisch-morphologische Untersuchungen. Monatsh. Veterinärmedizin. ***25***, 389–395, 1970.

[721] Johnson, C.T., et al. Bovine spongiform encephalopathy. Vet. Rec. ***122***, 142, 1988.

[722] Johnson, R.T. Real and theoretical threats to human health posed by the epidemic of bovine spongiform encephalopathy. In: Gibbs, C.J. jr. (ed.). Bovine spongiform encephalopathy – the BSE dilemma. Springer, New York, NY. 1996, pp. 359.

[723] Johnson, R.T., et al. Koch's postulates and slow infections of the nervous system (editorial). Arch. Neurol. ***30***, 36–38, 1974.

[724] Joly, M. A physical-chemical approach to the denaturation of proteins. Academic Press, London. 1965.

[725] Jones, H.R. jr., et al. Ataxic Creutzfeldt-Jakob Disease: diagnostic techniques and neuropathologic observations in early disease. Neurology. ***33***, 254–257, 1983.

[726] Jonkman, E.J. The role of the electroencephalogram in the diagnosis of dementia of the Alzheimer type: an attempt at technology assessment. Neurophysiol. Clin. *27*, 211–219, 1997.

[727] Joubert, L., et al. Un foyer de tremblante du mouton en Provence. Bull. Soc. Sci. Vet. et. Med. Comp. *74*, 165–184, 1972.

[728] Julius, C. Sorcery among the South Fore with special reference to kuru: report submitted to the Public Health Department of Papua and New Guinea. In: Farquhar, J., et al. (eds.). Kuru – early letters and field notes from the collection of D. Carlton Gajdusek. Raven Press, New York, NY. 1981, pp. 281.

[729] Junghans, F., et al. Genotyping of German sheep with respect to scrapie susceptibility. Vet. Rec. ***143***, 340–341, 1998.

[730] Jürgs, M. Alzheimer – Spurensuche im Niemandsland. List-Verlag, München. 1999.

[731] Kahana, E., et al. Creutzfeldt-Jakob Disease: focus among Libyan jews in Israel. Science. ***183***, 90–91, 1974.

[732] Kamin, M., et al. Creutzfeldt-Jakob Disease – possible transmission to humans by consumption of wild animal brains. Am. J. Med. *76*, 142–145, 1984.

[733] Kaneko, K., et al. Prion protein (PrP) synthetic peptides induce cellular PrP to acquire properties of the scrapie isoform. Proc. Natl. Acad. Sci. USA. ***92***, 11160–11164, 1995.

[734] Kaneko, K., et al. COOH-terminal sequence of the cellular prion protein directs subcellular trafficking and controls conversion into the scrapie isoform. Proc. Natl. Adad. Sci. USA. ***94***, 2333–2338, 1997.

[735] Kaneko, K., et al. Molecular properties of complexes formed between the prion protein and synthetic peptides. J. Mol. Biol. ***270***, 574–586, 1997.

[736] Kaneko, K., et al. Evidence for protein X binding to a discontinuous epitope on the cellular prion protein during scrapie prion propagation. Proc. Natl. Acad. Sci. USA. ***94***, 10069–10074, 1997.

[737] Kapasi, Z.F., et al. Induction of functional follicular dendritic cell development in severe combined immunodeficiency mice – influence of B- and T-cells. J. Immunol. ***150***, 2648–2658, 1993.

[738] Kardos, J., et al. Nerve endings from rat brain tissue release copper upon depolarization – a possible role in regulating neuronal excitability. Neurosci. Lett. ***103***, 139–144, 1989.

[739] Kascsak, R.J., et al. Evidence for biological and structural diversity among scrapie strains. Curr. Top. Microbiol. Immunol. ***172***, 139–152, 1991.

[740] Kascsak, R.J., et al. Immunological comparison of scrapie-associated fibrils isolated from animals infected with four different scrapie strains. J. Virol. ***59***, 676–683, 1986.

[741] Kascsak, R.J., et al. Biochemical differences among scrapie-associated fibrils support the biological diversity of scrapie agents. J. Gen. Virol. ***66***, 1715–1722, 1985.

[742] Kascsak, R.J., et al. Mouse polyclonal and monoclonal antibody to scrapie-associated fibril proteins. J. Virol. ***61***, 3688–3693, 1987.

[743] Kawashima, T., et al. Diagnosis of new variant Creutzfeldt-Jakob Disease by tonsil biopsy. Lancet. ***350***, 68–69, 1997.

[744] Kawata, A., et al. Creutzfeldt-Jakob Disease with congophilic kuru plaques: CT and pathological findings of the cerebral white matter. J. Neurol. Neurosurg. Psychiatry. ***55***, 849–851, 1992.

[745] Kellings, K. Analysis of residual nucleic acids in scrapie prions with differing degrees of aggregation (dissertation). Heinrich-Heine-Universität, Düsseldorf. 1995.

[746] Kellings, K., et al. Further analysis of nucleic acids in purified scrapie prion preparations by improved return refocusing gel electrophoresis. J. Gen. Virol. *73*, 1025–1029, 1992.

[747] Kellings, K., et al. Analysis of nucleic acids in purified scrapie prion preparations. Arch. Virol. Suppl. *7*, 215–225, 1993.

[748] Kellings, K., et al. Nucleic acids in prion preparations: unspecific background or essential component? Philos. Trans. R. Soc. (London) B. Biol. Sci. ***343***, 425–430, 1994.

[749] Kelly, D.F., et al. Morbidity in captive white tigers. In: Montali, R.J., et al. (eds.). The comparative pathology of zoo animals. Smithsonian Institution Press, Front Royal, VA. 1980, pp. 183.

[750] Kihm, U., et al. Acceptability of foodstuffs for humans and animals, derived from animals affected by spongiform encephalopathies. Dev. Biol. Stand. ***80***, 211–214, 1993.

[751] Kim, Y.S., et al. Incubation periods and survival times for mice injected stereotaxically with three scrapie strains in different brain regions. J. Gen. Virol. ***68***, 695–702, 1987.

[752] Kim, Y.S., et al. Scrapie-induced obesity in mice. J. Infect. Dis. ***156***, 402–405, 1987.

[753] Kim, Y.S., et al. Adrenal involvement in scrapie-induced obesity. Proc. Soc. Exp. Biol. Med. ***189***, 21–27, 1988.

[754] Kimberlin, R.H. Aetiology and genetic control of natural scrapie. Nature. ***278***, 303–304, 1979.

[755] Kimberlin, R.H. Scrapie. Br. Vet. J. ***137***, 105–112, 1981.

[756] Kimberlin, R.H. Scrapie. In: Martin, W.B., et al. (eds.). Diseases of sheep. Blackwell Scientific, Oxford. 1991, pp. 163.

[757] Kimberlin, R.H. Encefalopatía bovina espongiforme (in spanischer Sprache). Rev. Sci. Tech. Off. Int. Epiz. ***11***, 441–489, 1992.

[758] Kimberlin, R.H. Bovine spongiform encephalopathy. FAO Animal Production and Health Paper. No.109, 1993.

[759] Kimberlin, R.H., et al. Transmissible mink encephalopathy (TME) in Chinese hamsters: identification of two strains of TME and comparisons with scrapie. Neuropathol. Appl. Neurobiol. ***12***, 197–206, 1986.

[760] Kimberlin, R.H., et al. Temporary and permanent modifications to a single strain of mouse scrapie on transmission to rats and hamsters. J. Gen. Virol. ***68***, 1875–1881, 1987.

[761] Kimberlin, R.H., et al. Pathogenesis of mouse scrapie: evidence for direct neural spread of infection to the CNS after injection of sciatic nerve. J. Neurol. Sci. ***61***, 315–325, 1983.

[762] Kimberlin, R.H., et al. Evidence that the transmission of one source of scrapie agent to hamsters involves separation of agent strains from a mixture. J. Gen. Virol. ***39***, 487–496, 1978.

[763] Kimberlin, R.H., et al. Pathogenesis of mouse scrapie: effect of route of inoculation on infectivity titres and dose-response curves. J. Comp. Path. ***88***, 39–47, 1978.

[764] Kimberlin, R.H., et al. Pathogenesis of mouse scrapie: dynamics of agent replication in spleen, spinal cord and brain after infection by different routes. J. Comp. Path. ***89***, 551–562, 1979.

[765] Kimberlin, R.H., et al. Pathogenesis of mouse scrapie: evidence for neural spread of infection to the CNS. J. Gen. Virol. ***51***, 183–187, 1980.

[766] Kimberlin, R.H., et al. Pathogenesis of mouse scrapie: patterns of agent replication in different parts of the CNS following intraperitoneal infection. J. R. Soc. Med. ***75***, 618–624, 1982.

[767] Kimberlin, R.H., et al. Invasion of the CNS by scrapie agent and its spread to different parts of the brain. In: Court, L., et al. (eds.). Virus non conventionels et affections du systeme nerveux central. Masson, Paris. 1983, pp. 15.

[768] Kimberlin, R.H., et al. Suppression of scrapie infection in mice by heteropolyanion 23, dextran sulfate, and some other polyanions. Antimicrob. Agents Chemother. ***30***, 409–413, 1986.

[769] Kimberlin, R.H., et al. Pathogenesis of scrapie (strain 263K) in hamsters infected intracerebrally, intraperitoneally or intraocularly. J. Gen. Virol. ***67***, 255–263, 1986.

[770] Kimberlin, R.H., et al. Incubation periods in six models of intraperitoneally injected scrapie depend mainly on the dynamics of agent replication within the nervous system and not the lymphoreticular system. J. Gen. Virol. ***69***, 2953–2960, 1988.

[771] Kimberlin, R.H., et al. Pathogenesis of experimental scrapie. In: Bock, G., et al. (eds.). Novel infectious agents and the central nervous system. John Wiley, Chichester. 1988, pp. 37.

[772] Kimberlin, R.H., et al. The role of the spleen in the neuroinvasion of scrapie in mice. Virus Res. ***12***, 201–212, 1989.

[773] Kimberlin, R.H., et al. Pathogenesis of scrapie in mice after intragastric infection. Virus Res. ***12***, 213–220, 1989.

[774] Kimberlin, R.H., et al. The genomic identity of different strains of mouse scrapie is expressed in hamsters and preserved on reisolation in mice. J. Gen. Virol. ***70***, 2017–2025, 1989.

[775] Kimberlin, R.H., et al. Disinfection studies with two strains of mouse-passaged scrapie agent: guidelines for Creutzfeldt-Jakob and related agents. J. Neurol. Sci. ***59***, 355–369, 1983.

[776] Kimberlin, R.H., et al. Bovine spongiform encephalopathy (BSE): epidemiology, low dose exposure and risks. Ann. N.Y. Acad. Sci. ***724***, 210–220, 1994.

[777] Kingsbury, D.T., et al. Evidence for an unconventional virus in mouse-adapted Creutzfeldt-Jakob Disease. Infect. Immun. ***37***, 1050–1053, 1982.

[778] Kingsbury, D.T., et al. Evidence for normal cell-mediated immunity in scrapie-infected mice. Infect. Immun. ***32***, 1176–1180, 1981.

[779] Kirkwood, J.K., et al. Epidemiological observations on spongiform encephalopathies in captive wild animals in the British Isles. Vet. Rec. ***135***, 296–303, 1994.

[780] Kirkwood, J.K., et al. Scrapie-like spongiform encephalopathies (prion diseases) in non-domesticated species. In: Fowler, M.E., et al. (eds.). Zoo and wild animal medicine. W.B. Saunders, Philadelphia, PA. 1999, pp. 662.

[781] Kirkwood, J.K., et al. Spongiform encephalopathy in a greater kudu (*Tragelaphus strepsiceros*) introduced into an affected group. Vet. Rec. ***134***, 167–168, 1994.

[782] Kirkwood, J.K., et al. Spongiform encephalopathy in another captive cheetah (*Acinonyx jubatus*): evidence for variation in susceptibility or incubation periods between species? J. Zoo Wildl. Med. ***26***, 577–582, 1995.

[783] Kirkwood, J.K., et al. Spongiform encephalopathy in a herd of greater kudu (*Tragelaphus strepsiceros*): epidemiological observations. Vet. Rec. ***133***, 360–364, 1993.

[784] Kirkwood, J.K., et al. Scrapie-like encephalopathy in a greater kudu (*Tragelaphus strepsiceros*) which had not been fed ruminant-derived protein. Vet. Rec. ***130***, 365–367, 1992.

[785] Kirkwood, J.K., et al. Spongiform encephalopathy in an Arabian oryx (*Oryx leucoryx*) and a greater kudu (*Tragelaphus strepsiceros*). Vet. Rec. ***127***, 418–420, 1990.

[786] Kitamoto, T., et al. An amber mutation of prion protein in Gerstmann-Sträussler syndrome with mutant PrP plaques. Biochem. Biophys. Res. Commun. ***192***, 525–531, 1993.

[787] Kitamoto, T., et al. A new inherited prion disease (PrP-P105L mutation) showing spastic paraparesis. Ann. Neurol. ***34***, 808–813, 1993.

[788] Kitamoto, T., et al. Organ distribution of proteinase-resistant prion protein in humans and mice with Creutzfeldt-Jakob Disease. J. Gen. Virol. ***70***, 3371–3379, 1989.

[789] Kitamoto, T., et al. Abnormal isoform of prion protein accumulates in follicular dendritic cells in mice with Creutzfeldt-Jakob Disease. J. Virol. ***65***, 6292–6295, 1991.

[790] Kitamoto, T., et al. Formic acid pretreatment enhances immunostaining of cerebral and systemic amyloids. Lab. Invest. ***57***, 230–236, 1987.

[791] Kitamoto, T., et al. Novel missense variants of prion protein in Creutzfeldt-Jakob Disease or Gerstmann-Sträussler syndrome. Biochem. Biophys. Res. Commun. ***191***, 709–714, 1993.

[792] Kitamoto, T., et al. Abnormal isoform of prion proteins accumulates in the synaptic structures of the central nervous system in patients with Creutzfeldt-Jakob Disease. Am. J. Pathol. ***140***, 1285–1294, 1992.

[793] Kitamoto, T., et al. Immunohistochemical verification of senile and kuru plaques in Creutzfeldt-Jakob Disease and the allied disease. Ann. Neurol. ***24***, 537–542, 1988.

[794] Kitamoto, T., et al. Cerebral amyloid in mice with Creutzfeldt-Jakob Disease is influenced by the strain of the infectious agent. Brain Res. ***508***, 165–167, 1990.

[795] Klatzo, I. Letter to Gajdusek. In: Farquhar, J., et al. (eds.). Kuru – early letters and field notes from the collection of D. Carlton Gajdusek. Raven Press, New York, NY. 1981, pp. 155.

[796] Klatzo, I. Report to Smadel. In: Farquhar, J., et al. (eds.). Kuru – early letters and field notes from the collection of D. Carlton Gajdusek. Raven Press, New York, NY. 1981, pp. 112.

[797] Klatzo, I., et al. Pathology of kuru. Lab. Invest. ***8***, 799–847, 1959.

[798] Klein, M.A., et al. A crucial role for B-cells in neuroinvasive scrapie. Nature. ***390***, 687–690, 1997.

[799] Klein, M.A., et al. PrP expression in B-lymphocytes is not required for prion neuroinvasion. Nature Med. ***4***, 1429–1433, 1998.

[800] Klein, R., et al. Transmission of Creutzfeldt-Jakob Disease by blood transfusion (letter). Lancet. ***341***, 768, 1993.

[801] Klein, T.R., et al. Prion rods contain small amounts of two host sphingolipids as revealed by thin-layer chromatography and mass spectrometry. Biol. Chem. ***379***, 655–666, 1998.

[802] Klimmer, M. Die Futtermittelkunde – animalische Futtermittel. In: Klimmer, M. (ed.). Veterinärhygiene: Grundriß der Gesundheitspflege und Fütterungslehre der landwirtschaftlichen Haussäugetiere. Paul Parey, Berlin. 1914, pp. 192.

[803] Klitzman, R. The trembling mountain: a personal account of kuru, cannibals and mad cow disease. Plenum Trade, New York, NY. 1998.

[804] Klitzman, R., et al. The natural incubation period of kuru and the episodes of transmission in three clusters of patients. Neuroepidemiology. ***3***, 3–20, 1984.

[805] Klomburg, S. Ungeklärte Todesfälle bei Antilopen und Straussen – Fallberichte (Tagungsbericht). 14. Arbeitstagung der Zootierärzte im deutschsprachigen Raum, Bochum. 4.-6. November 1994, pp. 30.

[805a] Knight, R. Therapeutic possibilities in CJD: patents 1996–1999. Exp. Opin. ther. Patents ***10***, 49–57, 2000.

[806] Koch, T.K., et al. Creutzfeldt-Jakob Disease in a young adult with idiopathic hypopituitarism – possible relation to the administration of cadaveric human growth hormone. N. Engl. J. Med. ***313***, 731–733, 1985.

[807] Kocisko, D.A., et al. Cell-free formation of protease-resistant prion protein. Nature. ***370***, 471–474, 1994.

[808] Kondo, K., et al. A case control study of Creutzfeldt-Jakob Disease: association with physical injuries. Ann. Neurol. ***11***, 377–381, 1982.

[809] Koradi, R., et al. MOLMOL: a program for display and analysis of macromolecular structures. J. Mol. Graphics. ***14***, 51–55, 1996.

[810] Korczyn, A.D., et al. A mutation in the prion protein gene in Creutzfeldt-Jakob Disease in

jewish patients of Libyan, Greek, and Tunisian origin. Ann. N.Y. Acad. Sci. ***640***, 171–176, 1991.

[811] Korth, C., et al. Prion (PrP^{Sc})-specific epitope defined by a monoclonal antibody. Nature. ***390***, 74–77, 1997.

[812] Kortz, G.D., et al. Neuronal vacuolation and spinocerebellar degeneration in young Rottweiler dogs. Vet. Pathol. ***34***, 296–302, 1997.

[813] Krakauer, D.C., et al. Phylogenesis of prion protein (letter). Nature. ***380***, 675, 1996.

[814] Krasemann, S., et al. Generation of monoclonal antibodies against human prion proteins in $PrP^{0/0}$-mice. Mol. Med. ***2***, 725–734, 1996.

[815] Krasemann, S., et al. Prion disease associated with a novel nine octapeptide repeat insertion in the *PRNP* gene. Brain Res. Mol. Brain Res. ***34***, 173–176, 1995.

[816] Kretzschmar, H. Übertragbare spongiforme Enzephalopathien (Prion-Krankheiten): molekulare Grundlagen und *in-vitro*-Modelle. Wien. Medizin. Wochenschr. ***148***, 67–73, 1998.

[817] Kretzschmar, H. Neuropathology of human prion diseases (spongiform encephalopathies). Dev. Biol. Stand. ***80***, 71–90, 1993.

[818] Kretzschmar, H., et al. The German FFI cases. Brain Pathol. ***8***, 559–561, 1998.

[819] Kretzschmar, H., et al. Prion protein mutation in the family first reported by Gerstmann, Sträussler, and Scheinker (letter). Lancet. ***337***, 1160, 1991.

[820] Kretzschmar, H., et al. Diagnostic criteria for sporadic Creutzfeldt-Jakob Disease. Arch. Neurol. ***53***, 913–920, 1996.

[821] Kretzschmar, H., et al. Molecular cloning of a mink prion protein gene. J. Gen. Virol. ***73***, 2757–2761, 1992.

[822] Kretzschmar, H., et al. Codon 178 mutation of the human prion protein gene in a German family (Backer family): sequencing data from 72-year-old celloidin-embedded brain tissue. Acta Neuropathol. ***89***, 96–98, 1995.

[823] Kretzschmar, H., et al. Scrapie prion proteins are synthesized in neurons. Am. J. Pathol. ***122***, 1–5, 1986.

[824] Kropp, S., et al. Do relatives of Creutzfeldt-Jakob patients want to become genetically enlightened? (letter). Dtsch. Med. Wochenschr. ***123***, 1023, 1998.

[825] Krucke, W., et al. Creutzfeldt-Jakob Disease: some unusual morphological features reminiscent of kuru. Z. Neurol. ***206***, 1–24, 1973.

[826] Kuczius, T., et al. Molecular analysis of BSE and scrapie strain variation. J. Infect. Dis. ***178***, 693–699, 1998.

[827] Kuipers, P. Analyse van risicofactoren voor BSE in Nederland. Faculteit Diergeneeskunde, Universität Utrecht, Utrecht, NL. 1994.

[828] Kurland, L. Letter to Imus. In: Farquhar, J., et al. (eds.). Kuru – early letters and field notes from the collection of D. Carlton Gajdusek. Raven Press, New York, NY. 1981, pp. 117.

[829] Kuroda, Y., et al. Creutzfeldt-Jakob Disease in mice: persistent viremia and preferential replication of virus in low-density lymphocytes. Infect. Immun. ***41***, 154–161, 1983.

[830] Kurschner, C., et al. The cellular prion protein (PrP) selectively binds to bcl-2 in the yeast two-hybrid system. Mol. Brain Res. ***30***, 165–168, 1995.

[831] Kurschner, C., et al. Analysis of interaction sites in homo- and heteromeric complexes containing bcl-2family members and the cellular prion protein. Mol. Brain Res. ***37***, 249–258, 1996.

[832] Kümper, H. Scrapie aus klinischer Sicht. Tierärztl. Prax. ***22***, 115–120, 1994.

[833] Lacey, R.W. Creutzfeldt-Jakob Disease and bovine spongiform encephalopathy – BSE is being maintained by vertical and horizontal transmission (letter). Br. Med. J. ***312***, 180–181, 1996.

[834] Lai, Z., et al. The acid-mediated denaturation of transthyretin yields a conformational intermediate that can self-assemble into amyloid. Biochemistry. ***35***, 6470–6482, 1996.

[835] Lang, C.J., et al. Probable Creutzfeldt-Jakob Disease after a cadaveric dura graft. Eur. J. Epidemiol. ***11***, 79–81, 1995.

[836] Lantos, P.L., et al. Is the neuropathology of new variant Creutzfeldt-Jakob Disease and kuru similar? Lancet. ***350***, 187–188, 1997.

[837] Lapanje, S. Physicochemical aspects of protein denaturation. John Wiley, New York, NY. 1978.

[838] Laplanche, J.L., et al. French autochthonous ‚scrapied' sheep without the 136Val PrP polymorphism. Mamm. Genome. ***4***, 463–464, 1993.

[839] Laplanche, J.L., et al. PrP polymorphisms associated with natural scrapie discovered by denaturing gradient gel electrophoresis. Genomics. ***15***, 30–37, 1993.

[840] Laplanche, J.L., et al. Molecular genetics of prion diseases in France. Neurology. ***44***, 2347–2351, 1994.

[841] Lasmezas, C.I., et al. Immune system-dependent and -independent replication of the scrapie agent. J. Virol. ***70***, 1292–1295, 1996.

[842] Lasmezas, C.I., et al. BSE transmission to macaques (letter). Nature. ***381***, 743–744, 1996.

[843] Lasmezas, C.I., et al. Transmission of the BSE agent to mice in the absence of detectable abnormal prion protein. Science. *275*, 402–405, 1997.

[844] Lavelle, G.C., et al. Isolation from mouse spleen of cell populations with high specific infectivity for scrapie virus. Infect. Immun. *5*, 319–323, 1972.

[845] Le Hir, M., et al. Differentiation of follicular dendritic cells and full antibody responses require tumor necrosis factor receptor-1 signaling. J. Exp. Med. *183*, 2367–2372, 1996.

[846] Lee, H.S., et al. Ancestral origins of the *PRNP* E200K mutation causing familial Creutzfeldt-Jakob Disease. Neurology. *50*, A171, 1998.

[847] Lee, K.H., et al. 14-3-3 and BSE. Vet. Rec. *140*, 206–207, 1997.

[848] Lee, R.J., et al. Measurements of endosome pH following folate receptor-mediated endocytosis. Biochim. Biophys. Acta. No.1312, 237–242, 1996.

[849] Leggett, M.M., et al. A spongiform encephalopathy in a cat. Vet. Rec. *127*, 586–588, 1990.

[849a] Lemestra, A.W. 14-3-3 in diagnosing Creutzfeldt-Jakob Disease – a prospective study in 112 patients. Neurology. *55*. 514–516, 2000.

[850] Levy, S.R., et al. Early evolution and incidence of electroencephalographic abnormalities in Creutzfeldt-Jakob Disease. J. Clin. Neurophysiol. *3*, 1–21, 1986.

[851] Lewis, S.M., et al. Applied statistics. The Royal Statistical Society, London. *46*, 299–350, 1997.

[852] Liberski, P.P., et al. An overview of neuropathology of the slow unconventional virus infections. In: Liberski, P.P. (ed.). Light and electron microscopic neuropathology of slow virus disorders. CRC Press, Boca Raton, FL, USA. 1993, pp. 111.

[853] Liberski, P.P., et al. Tubulovesicular structures in human and experimental Creutzfeldt-Jakob Disease. Eur. J. Epidemiol. *7*, 551–555, 1991.

[854] Liberski, P.P., et al. Tubulovesicular structures are not labeled using antibodies to prion protein (PrP) with the immunogold electron microscopy techniques. Acta Neuropathol. *93*, 260–264, 1997.

[855] Liberski, P.P., et al. Dystrophic neurites of Alzheimer disease and Gerstmann-Sträussler-Scheinker disease dissociate from the formation of paired helical filaments. Alzheimer. Res. *1*, 89–93, 1996.

[856] Liberski, P.P., et al. Comparative ultrastructural neuropathology of naturally occurring bovine spongiform encephalopathy and experimentally induced scrapie and Creutzfeldt-Jakob Disease. J. Comp. Path. *106*, 361–381, 1992.

[857] Llano, I., et al. Synaptic- and agonist-induced excitatory currents of Purkinje cells in rat cerebellar slices. J. Physiol. *434*, 183–213, 1991.

[858] Lledo, P.M., et al. Mice deficient for prion protein exhibit normal neuronal excitability and synaptic transmission in the hippocampus. Proc. Natl. Acad. Sci. USA. *93*, 2403–2407, 1996.

[859] Lo Russo, F., et al. Creutzfeldt-Jakob Disease and sheep brain – a report from Central and Southern Italy. Ital. J. Neurol. Sci. *1*, 171–214, 1980.

[860] Lorenzen, S., et al. Der Rechtsstreit um die erste und zweite BSE-Schutzverordnung aus naturwissenschaftlicher und rechtlicher Sicht. Tierärztl. Umschau. *52*, 691–700, 1997.

[861] Löliger, H.C. (ed.). Pelztierkrankheiten. Gustav Fischer, Stuttgart. 1970.

[861a] Lueck, C.J., et al. Creutzfeldt-Jakob disease and the eye – I – Background and patient management. Eye. *14*, 263–290, 2000.

[861b] Lueck, C.J., et al. Creutzfeldt-Jakob disease and the eye – II – Ophtalmic and neuro-ophthalmic features. Eye. *14*, 291–301, 2000.

[862] Lugaresi, E., et al. Fatal familial insomnia and dysautonomia with selective degeneration of thalamic nuclei. N. Engl. J. Med. *315*, 997–1003, 1986.

[863] Lugaresi, E., et al. Familial insomnia with a malignant course: a new thalamic disease. Rev. Neurol. *142*, 791–792, 1986.

[864] Luginbühl, P., et al. The new program OPAL for molecular dynamics simulations and energy refinements of biological macromolecules. J. Biomol. NMR. *8*, 136–146, 1996.

[865] Lück, R., et al. Thermodynamic prediction of conserved secondary structure: application to the RRE element of HIV, the tRNA element of CMV and the mRNA of prion protein. J. Mol. Biol. *258*, 813–826, 1996.

[866] Maas-Reijs, J., et al. Eye banking in Europe 1991–1995. Acta Ophthalmol. Scand. *75*, 541–543, 1997.

[867] Mabbott, N.A., et al. T-lymphocyte activation and the cellular form of the prion protein. Immunology. *92*, 161–165, 1997.

[868] MacDiarmid, S.C. Scrapie: the risk of its introduction and effects on trade. Aust. Vet. J. *73*, 161–164, 1996.

[869] MacDonald, S.T., et al. Prion protein genotype and pathological phenotype studies in sporadic Creutzfeldt-Jakob Disease. Neuropathol. Appl. Neurobiol. *22*, 285–292, 1996.

[869a] MacLeod, M.A., et al. Sensory features of variant Creutzfeldt-Jakob disease. J. Neurol. Neurosurg. Psychiatry. *69*, 413, 2000.

[870] MAFF. Bovine spongiform encephalopathy in Great Britain – a progress report. Ministry for Agriculture, Fisheries and Food, London, SW1A 2HH. November 1996.

[871] MAFF. Bovine spongiform encephalopathy in Great Britain – a progress report. Ministry for Agriculture, Fisheries and Food, London, SW1A 2HH. June 1997.

[872] MAFF. Inactivation of the BSE and scrapie agents during the rendering process – final report of the study contract Nr.8001. Ministry of Agriculture, Fisheries and Food (London), Institute of Animal Health (UK) and Prosper De Mulder (CNEVA, France). 1997.

[873] MAFF. News release. Ministry of Agriculture, Fisheries and Food, London. 3 December 1997.

[874] MAFF. Bovine spongiform encephalopathy in Great Britain – a progress report. Ministry for Agriculture, Fisheries and Food, London, SW1A 2HH. December 1999.

[875] MAFF. Bovine spongiform encephalopathy in Great Britain – a progress report. Ministry for Agriculture, Fisheries and Food, London, SW1A 2HH. June 1998.

[876] Manaka, H., et al. Marked increase in cerebrospinal fluid ubiquitin in Creutzfeldt-Jakob Disease. Neurosci. Lett. ***139***, 47–49, 1992.

[877] Manson, J., et al. The prion protein gene: a role in mouse embryogenesis? Development. ***115***, 117–122, 1992.

[878] Manson, J., et al. 129/Ola mice carrying a null mutation in PrP that abolishes mRNA production are developmentally normal. Mol. Neurobiol. ***8***, 121–127, 1994.

[879] Manson, J., et al. PrP gene dosage determines the timing but not the final intensity or distribution of lesions in scrapie pathology. Neurodegeneration. ***3***, 331–340, 1994.

[880] Manson, J., et al. PrP gene dosage and long term potentiation. Neurodegeneration. ***4***, 113–115, 1995.

[881] Manuelidis, E.E., et al. Experimental Creutzfeldt-Jakob Disease transmitted via the eye with infected cornea. N. Engl. J. Med. ***296***, 1334–1336, 1977.

[882] Manuelidis, E.E., et al. Transmission studies from blood of Alzheimer disease patients and healthy relatives. Proc. Natl. Acad. Sci. USA. ***85***, 4898–4901, 1988.

[883] Manuelidis, E.E., et al. Viremia in experimental Creutzfeldt-Jakob Disease. Science. ***200***, 1069–1071, 1978.

[884] Manuelidis, E.E., et al. Interspecies transmission of Creutzfeldt-Jakob Disease to Syrian hamsters with reference to clinical syndromes and strains of agent. Proc. Natl. Acad. Sci. USA. ***75***, 3432–3436, 1978.

[885] Manuelidis, E.E., et al. Serial propagation of Creutzfeldt-Jakob Disease in guinea-pigs. Proc. Natl. Acad. Sci. USA. ***73***, 223–227, 1976.

[886] Manuelidis, E.E., et al. Transmission to animals of Creutzfeldt-Jakob Disease from human blood (letter). Lancet. ***ii***, 896–897, 1985.

[887] Manuelidis, E.E., et al. Experiments on maternal transmission of Creutzfeldt-Jakob Disease in guinea-pigs. Proc. Soc. Exp. Biol. Med. ***160***, 233–236, 1979.

[888] Manuelidis, E.E., et al. A transmissible Creutzfeldt-Jakob Disease-like agent is prevalent in the human population. Proc. Natl. Acad. Sci. USA. ***90***, 7724–7728, 1993.

[889] Manuelidis, E.E., et al. Transmission, from man to hamster, of Creutzfeldt-Jakob Disease with clinical recovery (letter). Lancet. ***ii***, 40–42, 1978.

[890] Manuelidis, L. Dementias, neurodegeneration, and viral mechanisms of disease from the perspective of human transmissible encephalopathies. Ann. N.Y. Acad. Sci. ***724***, 259–281, 1994.

[891] Manuelidis, L. Decontamination of Creutzfeldt-Jakob Disease and other transmissible agents. J. Neurovirol. ***3***, 62–65, 1997.

[892] Manuelidis, L., et al. Evolution of a strain of CJD that induces BSE-like plaques. Science. ***277***, 94–98, 1997.

[893] Manuelidis, L., et al. Specific proteins associated with Creutzfeldt-Jakob Disease and scrapie share antigenic and carbohydrate determinants. Proc. Natl. Acad. Sci. USA. ***82***, 4263–4267, 1985.

[894] Manzke, U., et al. On the removal of nervous proteins from materials used for gelatin manufacturing during processing. Pharm. Ind. ***58***, 837–841, 1996.

[895] Marcotte, E.M., et al. Chicken prion tandem repeats form a stable, protease-resistant domain. Biochemistry. ***38***, 667–676, 1999.

[896] Marsh, R.F. Slow virus diseases of the central nervous system. Adv. Vet. Sci. Comp. Med. ***18***, 155–178, 1974.

[897] Marsh, R.F. Transmissible mink encephalopathy. In: Prusiner, S.B., et al. (eds.). Prion diseases of humans and animals. Ellis Horwood, New York, NY. 1992, pp. 300.

[898] Marsh, R.F., et al. Epidemiologic and experimental studies on transmissible mink encephalopathy. Dev. Biol. Stand. ***80***, 111–118, 1993.

[899] Marsh, R.F., et al. Epidemiological and experimental studies on a new incident of transmissible mink encephalopathy. J. Gen. Virol. ***72***, 589–594, 1991.

[900] Marsh, R.F., et al. A preliminary report on the experimental host range of the transmissible mink encephalopathy agent. J. Infect. Dis. ***120***, 713–719, 1969.

[901] Marsh, R.F., et al. Transmissible mink encephalopathy: behaviour of the disease agent in mink. Am. J. Vet. Res. ***30***, 1637–1642, 1969.

[902] Marsh, R.F., et al. Scrapie. Rev. Sci. Tech. Off. Int. Epiz. ***11***, 539–550, 1992.

[903] Marsh, R.F., et al. Physical and chemical properties of the transmissible mink encephalopathy agent. J. Virol. ***3***, 176–180, 1969.

[904] Marsh, R.F., et al. Transmissible mink encephalopathy: infectivity of corneal epithelium. Science. ***187***, 656, 1975.

[905] Marsh, R.F., et al. On the origin of transmissible mink encephalopathy. In: Prusiner, S.B., et al. (eds.). Slow transmissible diseases of the nervous system (Vol.1). Academic Press, New York, NY. 1979, pp. 451.

[906] Marsh, R.F., et al. Evidence that transmissible mink encephalopathy results from feeding infected cattle. In: Murphy, B.D., et al. (eds.). Proceedings of the fourth international scientific congress on fur animal production. Canada Mink Breeders Association, Toronto. 1988, pp. 204.

[907] Marsh, R.F., et al. Transmissible mink encephalopathy: studies on the peripheral lymphocyte. Infect. Immun. ***7***, 352–355, 1973.

[908] Marsh, R.F., et al. Transmissible mink encephalopathy: reduced spongiform degeneration in aged mink of the Chediak-Higashi genotype. Lab. Invest. ***34***, 381–386, 1976.

[909] Martin, T., et al. Direct sequencing of PCR amplified pig PrP genes. Biochim. Biophys. Acta. No.1270, 211–214, 1995.

[910] Martin, W.B. Prevalence of scrapie in British sheep flocks (letter). Vet. Rec. ***126***, 409, 1990.

[911] Martins, V.R., et al. Complementary hydropathy identifies a cellular prion protein receptor. Nature Med. ***3***, 1376–1382, 1998.

[912] Masters, C.L., et al. Creutzfeldt-Jakob Disease virus isolations from the Gerstmann-Sträussler syndrome; with an analysis of the various forms of amyloid plaque deposition in the virus-induced spongiform encephalopathies. Brain. ***104***, 559–588, 1981.

[913] Masters, C.L., et al. Creutzfeldt-Jakob Disease: patterns of world-wide occurrence and the significance of familial and sporadic clustering. Ann. Neurol. ***5***, 177–188, 1979.

[914] Mastrianni, J.A., et al. Prion disease (PrP-A117V) presenting with ataxia instead of dementia. Neurology. ***45***, 2042–2050, 1995.

[915] Mastrianni, J.A., et al. Mutation of the prion protein gene at codon 208 in familial Creutzfeldt-Jakob Disease. Neurology. ***47***, 1305–1312, 1996.

[916] Mathews, J.D. The changing face of kuru – an analysis of pedigrees collected by R.M. Glasse and S. Glasse and recent census data. Lancet. ***i***, 1138–1141, 1965.

[917] Mathews, J.D., et al. Kuru and cannibalism. Lancet. ***ii***, 449–452, 1968.

[918] Matthews, W.B., et al. Creutzfeldt-Jakob Disease and ferrets (letter). Lancet. ***i***, 828, 1979.

[919] McArthur, A.J., et al. Melatonin directly resets the rat suprachiasmatic circadian clock *in-vitro*. Brain Res. ***565***, 158–161, 1991.

[920] McBride, P.A., et al. PrP protein is associated with follicular dendritic cells of spleens and lymph nodes in uninfected and scrapie-infected mice. J. Pathol. ***168***, 413–418, 1992.

[921] McGowan, J.P. Investigation into the disease of sheep called ‚scrapie' with special reference to its association with sarcosporidiosis. Rept. 223, Edinburgh and East of Scotland College of Agriculture. Blackwood, Edinburgh. 1914.

[922] McGowan, J.P. Scrapie in sheep. Scottish J. Agric. ***5***, 365–375, 1922.

[923] McKenzie, D., et al. Transmissible mink encephalopathy. Semin. Virol. ***7***, 201–206, 1996.

[924] McKinley, M.P., et al. A protease-resistant protein is a structural component of the scrapie prion. Cell. ***35***, 57–62, 1983.

[925] McKinley, M.P., et al. Molecular characteristics of prion rods purified from scrapie-infected hamster brains. J. Infect. Dis. ***154***, 110–120, 1986.

[926] McKinley, M.P., et al. Scrapie prion rod formation *in-vitro* requires both detergent extraction and limited proteolysis. J. Virol. ***65***, 1340–1351, 1991.

[927] McKinley, M.P., et al. Ultrastructural localization of scrapie prion proteins in cytoplasmic vesicles of infected cultured cells. Lab. Invest. ***65***, 622–630, 1991.

[928] McLean, C.A., et al. The D178N (cis-129M) ‚fatal familial insomnia' mutation associated with diverse clinicopathologic phenotypes in an Australian kindred. Neurology. ***49***, 552–558, 1997.

[929] Medley, G.F., et al. A model for the incubation period distribution of transmissible spongiform

encephalopathies and predictions of the BSE epidemic in the United Kingdom (preprint 1996). Referenz gemäß Donnelly C.A., et al. Appl. Statist. ***46***, 321–344, 1997.

[930] Medori, R., et al. Fatal familial insomnia, a prion disease with a mutation at codon 178 of the prion protein gene. N. Engl. J. Med. ***326***, 444–449, 1992.

[931] Mehlhorn, I., et al. High-level expression and characterization of a purified 142-residue polypeptide of the prion protein. Biochemistry. ***35***, 5528–5537, 1996.

[932] Meiner, Z., et al. Presence of prion protein in peripheral tissues of Libyan jews with Creutzfeldt-Jakob Disease. Neurology. ***42***, 1355–1360, 1992.

[933] Merz, P.A., et al. Antisera to scrapie-associated fibril protein and prion protein decorate scrapie-associated fibrils. J. Virol. ***61***, 42–49, 1987.

[934] Merz, P.A., et al. Infection-specific particle from the unconventional slow virus diseases. Science. ***225***, 437–440, 1984.

[935] Merz, P.A., et al. Abnormal fibrils from scrapie-infected brain. Acta Neuropathol. ***54***, 63–74, 1981.

[936] Mestre Frances, N., et al. Prion immunoreactivity in brain, tonsil, gastrointestinal epithelial cells, and blood and lymph vessels in lumerian zoo primates with spongiform encephalopathy. CR Acad. Sci. III. ***320***, 971–979, 1979.

[937] Meyer, N. Enthält der Erreger der Scrapie-Krankheit Nukleinsäure? Eine physikalisch-chemische Analyse (Dissertation). Heinrich-Heine-Universität, Düsseldorf. 1990.

[938] Meyer, N., et al. Search for a putative scrapie genome in purified prion fractions reveals a paucity of nucleic acids. J. Gen. Virol. ***72***, 37–49, 1991.

[939] Meyer, R.K., et al. Separation and properties of cellular and scrapie prion proteins. Proc. Natl. Acad. Sci. USA. ***83***, 2310–2314, 1986.

[940] Meyers. Konversations-Lexikon: Nachschlagewerk des allgemeinen Wissens – Stichwort *Knochenmehl.* Bibliographisches Institut, Leipzig und Wien. Bd. Nr. 10, 1896, pp. 288.

[941] Meyers. Konversations-Lexikon: Nachschlagewerk des allgemeinen Wissens – Stichwort *Kannibalen.* Bibliographisches Institut, Leipzig und Wien. Bd. Nr. 9, 1896, pp. 850.

[942] Meyers. Konversations-Lexikon: Nachschlagewerk des allgemeinen Wissens – Stichwort *Anthropophagie.* Bibliographisches Institut, Leipzig und Wien. Bd. Nr. 1, 1896, pp. 665.

[943] Miller, D.C. Creutzfeldt-Jakob Disease in histopathology technicians. N. Engl. J. Med. ***318***, 853–854, 1988.

[944] Miller, L.D., et al. Scrapie: procedures for laboratory diagnosis. 28th Annual Proceedings of the American Association Veterinary Laboratory Diagnosticians. 1985, pp. 417.

[945] Miller, M.W., et al. Epidemiology of chronic wasting disease in captive Rocky Mountain elk. J. Wildl. Dis. ***34***, 532–538, 1998.

[946] Mills, J.L., et al. Status report on the US human growth hormone recipient follow-up study. Horm. Res. ***33***, 116–119, 1990.

[947] Millson, G.C., et al. The physico-chemical nature of the scrapie agent. Front. Biol. ***44***, 243–266, 1976.

[948] Millson, G.C., et al. (eds.). Slow virus diseases of animals and man. North-Holland Publishing, Amsterdam. 1976.

[948a] Mitrová, E., et al. Creutzfeldt-Jakob Disease in health professionals in Slovakia. Europ. J. Epid. ***16***, 353–355, 2000.

[949] Miura, T., et al. Metal-dependent alpha-helix formation promoted by the glycine-rich octapeptide region of prion protein. FEBS Lett. ***396***, 248–252, 1996.

[950] Miyakawa, T., et al. Ultrastructure of amyloid fibrils in Alzheimer disease and Down syndrome. Virchow's Arch. (B). ***52***, 99–106, 1986.

[951] Miyazono, M., et al. Creutzfeldt-Jakob Disease with codon 129 polymorphism (valine): a comparative study of patients with codon 102 point mutation or without mutations. Acta Neuropathol. ***84***, 349–354, 1992.

[952] Mizutani, T., et al. Panencephalopathic type of Creutzfeldt-Jakob Disease: primary involvement of the cerebral white matter. J. Neurol. eurosurg. Psychiatry. ***44***, 103–115, 1981.

[953] Moelwyn Hughes, E.A. (ed.). Physical chemistry. Pergamon Press, Oxford. 1961.

[954] Mohri, S., et al. Lack of effect of thymus and spleen on the incubation period of Creutzfeldt-Jakob Disease in mice. J. Gen. Virol. ***68***, 1187–1189, 1987.

[955] Monari, L., et al. Fatal familial insomnia and familial Creutzfeldt-Jakob Disease: different prion proteins determined by a DNA polymorphism. Proc. Natl. Acad. Sci. USA. ***91***, 2839–2842, 1994.

[956] Montagna, P., et al. Clinical features of fatal familial insomnia: phenotypic variability in relation to a polymorphism at codon 129 of the prion protein gene. Brain Pathol. ***8***, 515–520, 1998.

[957] Moore, R.C., et al. Mice with gene targetted prion protein alterations show that *Prnp*, *Sinc* and *Prni* are congruent. Nat. Genet. ***18***, 118–125, 1998.

[958] Moore, R.C., et al. Double replacement gene targetting for the production of a series of mouse strains with different prion protein alterations. Nat. Biotech. ***13***, 999–1004, 1995.

[959] Morgan, K.L., et al. A questionnaire survey of the prevalence of scrapie in sheep in Britain. Vet. Rec. ***127***, 373–376, 1990.

[960] Mori, S., et al. A Creutzfeldt-Jakob Disease agent (Echigo-1 strain) recovered from brain tissue showing the ‚panencephalopathic type' disease. Neurology. ***39***, 1337–1342, 1989.

[961] Moser, M., et al. Developmental expression of the prion protein gene in glial cells. Neuron. ***14***, 509–517, 1995.

[962] Mould, D.L., et al. The response in mice to heat treated scrapie agent. J. Comp. Path. ***80***, 595–600, 1970.

[963] Moynagh, J., et al. Tests for BSE evaluated. Nature. ***400***, 105, 1999.

[964] Muramoto, T., et al. Heritable disorder resembling neuronal storage disease in mice expressing prion protein with deletion of an alpha-helix. Nature Med. ***3***, 750–755, 1997.

[965] Muramoto, T., et al. Accumulation of abnormal prion protein in mice infected with Creutzfeldt-Jakob Disease via intraperitoneal route: a sequential study. Am. J. Pathol. ***143***, 1470–1479, 1993.

[966] Murdoch, G.H., et al. Potential retroviral RNAs in Creutzfeldt-Jakob Disease. J. Virol. ***64***, 1477–1486, 1990.

[967] Nam, S.C., et al. Divalent ions released from stainless steel hypodermic needles reduce neuronal calcium currents. Pflügers. Arch. ***420***, 106–108, 1992.

[968] Nathanson, N. Slow viruses and chronic disease: the contribution of epidemiology. Public Health Rep. ***95***, 436–443, 1980.

[969] Nathanson, N., et al. Bovine spongiform encephalopathy (BSE): causes and consequences of a common source epidemic. Am. J. Epidemiol. ***145***, 959–969, 1997.

[970] Neri, D., et al. Stereospecific nuclear magnetic resonance assignments of the methyl groups of valine and leucine in the DNA-binding domain of the 434 repressor by biosynthetically directed fractional ^{13}C labeling. Biochemistry. ***28***, 7510–7516, 1989.

[971] Neugut, R.H., et al. Creutzfeldt-Jakob Disease: familial clustering among Libyan-born Israelis. Neurology. ***29***, 225–231, 1979.

[972] Nguyen, J., et al. Prion protein peptides induce alpha-helix to beta-sheet conformational transitions. Biochemistry. ***34***, 4186–4192, 1995.

[973] Nickel, R., et al. (eds.). Nervensystem, Sinnesorgane, Endokrine Drüsen. Lehrbuch der Anatomie der Haustiere – (Bd. 4). Paul Parey, Berlin. 1992.

[974] Nisipeanu, P., et al. Spongiform encephalopathy in an Israeli born to immigrants from Libya (letter). Lancet. ***336***, 686, 1990.

[975] Nitrini, R., et al. Familial spongiform encephalopathy associated with a novel prion protein gene mutation. Ann. Neurol. ***42***, 138–146, 1997.

[976] Noch, S., et al. A novel insertion mutant comprising nine extra octapeptide repeats within the human prion gene. Med. Genetik. ***2***, 266–267, 1995.

[977] Nochlin, D., et al. Familial dementia with PrP-positive amyloid plaques: a variant of Gerstmann-Sträussler syndrome. Neurology. ***39***, 910–918, 1989.

[977a] O'Brien, M. Waste lessons been learned from the UK bovine spongiform encephalopathy (BSE) epidemics? Int. J. Epidemiol. ***29***, 730–733, 2000.

[978] O'Rourke, K.I., et al. Monoclonal antibody F89/160.1.5 defines a conserved epitope on the ruminant prion protein. J. Clin. Microbiol. ***36***, 1750–1755, 1998.

[978a] O'Rourke, K.I., et al. Preclinical diagnosis of scrapie by immunohistochemistry of third eyelid lympoid tissue. J. Clin. Microbiol. ***38***, 3254–3259, 2000.

[979] O'Rourke, K.I., et al. Preclinical detection of PrP^{Sc} in nicitating membrane lymphoid tissue of sheep. Vet. Rec. ***142***, 489–491, 1998.

[980] O'Rourke, K.I., et al. PrP genotypes of captive and free-ranging Rocky Mountain elk (*Cervus elaphus nelsoni*) with chronic wasting disease. J. Gen. Virol. ***80***, 2765–2779, 1999.

[981] O'Rourke, K.I., et al. SCID mouse spleen does not support scrapie agent replication. J. Gen. Virol. ***75***, 1511–1514, 1994.

[982] O'Rourke, K.I., et al. Allelic frequency of an ovine scrapie susceptibility gene. Animal Biotechnology. ***7***, 155–162, 1996.

[983] Oberthür, R.C., et al. Unveröffentliche Messungen (unpublished measures). Institute of Animal Health, Edinborough, GB. 1998.

[984] Ockerman, H.W., et al. (eds.). Animal by-product processing. VCH Verlagsgesellschaft, Weinheim. 1988.

[985] Oesch, B. Molekulare Grundlagen der Prionerkrankungen. Mitt. Gebiete Lebensm. Hyg. ***87***, 14–26, 1996.

[986] Oesch, B. Detection of disease-specific PrP for routine diagnosis of BSE and scrapie (oral presentation). Symposium, Tübingen, Germany. 23–25 September 1999, p. 34.

[987] Oesch, B., et al. Search for a scrapie-specific nucleic acid: a progress report. In: Novel infectious agents and the central nervous system. Ciba Found. Symp. ***135***, 209–223, 1988.

[988] Oesch, B., et al. Identification of cellular proteins binding to the scrapie prion protein. Biochemistry. ***29***, 5848–5855, 1990.

[989] Oesch, B., et al. A cellular gene encodes scrapie PrP(27–30) protein. Cell. ***40***, 735–746, 1985.

[990] OIE. Bovine spongiform encephalopathy (BSE). International animal health code, chapter 3.2.13. Office International des Epizooties, Paris. 1999.

[991] OIE. Surveillance and monitoring systems for bovine spongiform encephalopathy. International animal health code, appendix 4.5.1 of chapter 3.2.13. Office International des Epizooties, Paris. 1997.

[992] OIE. Import risk analysis. International animal health code – mammals, birds and bees, section 1.4, 8th edition. Office International des Epizooties, Paris. 1999, pp. 16.

[993] OIE. Guidelines for risk analysis. International animal health code – mammals, birds and bees, chapter 1.4.2, 8th edition. Office International des Epizooties, Paris. 1999, pp. 19.

[994] OIE. Bovine spongiform encephalopathy. International animal health code – mammals, birds and bees, article 3.2.13 . Office International des Epizooties, Paris. 8th edition. 1999, pp. 180.

[995] Olsson, J.E. Brain and CSF proteins in Creutzfeldt-Jakob Disease. Eur. Neurol. ***19***, 85–90, 1980.

[996] Onodera, T., et al. Diversity of clinical signs in natural scrapie cases occurring in Japan. Japan. Agr. Res. Quarterly. ***28***, 59–61, 1994.

[997] Onodera, T., et al. Isolation of scrapie agent from the placenta of sheep with natural scrapie in Japan. Microbiol. Immunol. ***37***, 311–316, 1993.

[998] Onofrj, M., et al. Early MRI findings in Creutzfeldt-Jakob Disease. J. Neurol. ***240***, 423–426, 1993.

[999] Operskalski, E.A., et al. Pooled plasma derivatives and Creutzfeldt-Jakob Disease (letter). Lancet. ***346***, 1224, 1995.

[1000] Oppermann, D. Ein Beitrag zur ‚Bradsotseuche' der Schafe in der Provinz Sachsen. Landw. Wochenschr. f. d. Prov. Sachsen. ***9***, 74, 1907.

[1001] Order. The Bovine Spongiform Encephalopathy Order. Statutory Instrument No.1039, Her Majesty's Stationery Office, London. 1988.

[1002] Otto, A., et al. A kinetic mutism as a classification criterion for the diagnosis of Creutzfeldt-Jakob Disease. J. Neurol. Neurosurg. Psychiatry. ***64***, 524–528, 1998.

[1003] Otto, M., et al. S-100 protein concentration in the cerebrospinal fluid of patients with Creutzfeldt-Jakob Disease. J. Neurol. ***244***, 566–570, 1997.

[1004] Otto, M., et al. Diagnosis of Creutzfeldt-Jakob Disease by measurement of S-100 protein in serum: prospective case-control study. Br. Med. J. ***316***, 577–582, 1998.

[1005] Otto, M., et al. Elevated levels of tau-protein in cerebrospinal fluid of patients with Creutzfeldt-Jakob Disease. Neurosci. Lett. ***225***, 210–212, 1997.

[1006] Outram, G.W. Changes in drinking and feeding habits of mice with experimental scrapie. J. Comp. Path. ***82***, 415–427, 1972.

[1007] Outram, G.W., et al. Developmental maturation of susceptibility to scrapie in mice. Nature. ***241***, 536–537, 1973.

[1008] Outram, G.W., et al. Reduced susceptibility to scrapie in mice after steroid administration. Nature. ***249***, 855–856, 1974.

[1009] Owen, F., et al. Insertion in prion protein gene in familial Creutzfeldt-Jakob Disease (letter). Lancet. ***i***, 51–52, 1989.

[1010] Oxenkrug, G.F., et al. The effect of MAO-A inhibition and cold-immobilization stress on N-acetylserotonin and melatonin in SHR and WKY rats. J. Neural Transm. Suppl. ***52***, 333–336, 1998.

[1011] Pace, C.N. Determination and analysis of urea and guanidine hydrochloride denaturation curves. Methods Enzymol. ***131***, 266–280, 1986.

[1012] Palmer, M.S., et al. Mutations and polymorphisms in the prion protein gene. Hum. Mutat. ***2***, 168–173, 1993.

[1013] Palmer, M.S., et al. Homozygous prion protein genotype predisposes to sporadic Creutzfeldt-Jakob Disease. Nature. ***353***, 340–342, 1991.

[1014] Pan, K.M., et al. Conversion of alpha-helices into beta-sheets features in the formation of the scrapie prion proteins. Proc. Natl. Acad. Sci. USA. ***90***, 10962–10966, 1993.

[1014a] Parchi, P., et al. Genetic influence on the structural variations of the abnormal prion protein. Proc. Natl. Acad. Sci. USA. ***97***, 10168–10172, 2000.

[1015] Parchi, P., et al. Typing prion isoforms. Nature. ***386***, 232–233, 1997.

[1016] Parchi, P., et al. Molecular basis of phenotypic variability in sporadic Creutzfeldt-Jakob Disease. Ann. Neurol. ***39***, 767–778, 1996.

[1017] Parchi, P., et al. Classification of sporadic Creutzfeldt-Jakob Disease based on molecular and phenotypic analysis of 267 subjects. Ann. Neurol. ***46***, 224–233, 1999.

[1018] Parchi, P., et al. New topics in familial prion diseases. Semin. Virol. *7*, 181–187, 1996.

[1019] Parry, H.B. Scrapie: a transmissible hereditary disease of sheep. Nature. ***185***, 441–443, 1960.

[1020] Parry, H.B. Scrapie: a transmissible and hereditary disease of sheep. Heredity. ***17***, 75–105, 1960.

[1021] Parry, H.B. Natural scrapie in sheep – 1. Clinical manifestation and general incidence, treatment, and related syndromes (report). Scrapie Seminar, USDA, Washington DC. 27–30 January 1964, ARS 91–53.

[1022] Parry, H.B. Scrapie disease in sheep. In: Oppenheimer, D.R. (ed.). Academic Press, London. 1983.

[1023] Patrick, M.H., et al. The effects of host-cell reactivation of assay of u.v.-irradiated *Haemophilus influenzae* transforming DNA. Photochem. Photobiol. ***6***, 1, 1967.

[1024] Pattison, I.H. Scrapie in the Welsh Mountain breed of sheep and its experimental transmission to goats. Vet. Rec. *77*, 1388–1390, 1965.

[1025] Pattison, I.H. The relative susceptibility of sheep, goats and mice to two types of the goat scrapie agent. Res. Vet. Sci. *7*, 207–212, 1966.

[1026] Pattison, I.H. A sideways look at the scrapie saga: 1732–1991. In: Prusiner, S.B., et al. (eds.). Prion diseases of humans and animals. Ellis Horwood, New York, NY. 1992, pp. 15.

[1027] Pattison, I.H., et al. Experimental production of scrapie in goats. J. Comp. Path. Ther. ***76***, 300–312, 1959.

[1028] Pattison, I.H., et al. Spread of scrapie to sheep and goats by oral dosing with foetal membranes from scrapie-affected sheep. Vet. Rec. ***90***, 465–468, 1972.

[1029] Pattison, I.H., et al. Further observations on the production of scrapie in sheep by oral dosing with foetal membranes from scrapie-affected sheep. Br. Vet. J. ***130***, 65–67, 1974.

[1030] Pattison, I.H., et al. Further observations on the experimental production of scrapie in goats and sheep. J. Comp. Path. ***70***, 182–193, 1960.

[1031] Pattison, I.H., et al. Scrapie produced experimentally in goats with special reference to the clinical syndrome. J. Comp. Path. ***71***, 101–108, 1961.

[1032] Pattison, I.H., et al. Experimental transmission of scrapie to goats and sheep by the oral route. J. Comp. Path. ***71***, 171, 1961.

[1033] Pattison, I.H., et al. Distribution of scrapie agent in the tissues of experimentally inoculated goats. J. Comp. Path. Ther. *72*, 233–244, 1962.

[1034] Pattison, I.H., et al. An examination of the action of whole blood, blood cells or serum on the goats scrapie agent. Res. Vet. Sci. ***5***, 116–121, 1964.

[1035] Pauly, P.C., et al. Copper stimulates endocytosis of the prion protein. J. Biol. Chem. ***273***, 33107–33110, 1998.

[1036] Pearson, G.R., et al. Feline spongiform encephalopathy: fibril and PrP studies. Vet. Rec. ***131***, 307–310, 1992.

[1037] Pearson, G.R., et al. Feline spongiform encephalopathy: a review. In: Raw, M.E., et al. (eds.). The Veterinary Annual, Blackwell Scientific Publications, London. (Vol. 33). 1993, pp. 1.

[1038] Peet, R., et al. Spongiform encephalopathy in an imported cheetah (*Acinonyx jubatus*). Aust. Vet. J. ***69***, 171, 1992.

[1039] Perini, F., et al. Prion protein released by platelets (letter). Lancet. ***347***, 1635–1636, 1996.

[1040] Perote, M. BSE risk assessment and surveillance in Spain. In: Bradley, R., et al. (eds.). Transmissible spongiform encephalopathies. Proceedings of a consultation on BSE with the Scientific Veterinary Committee of the EC, 14–15 September 1993. EU: VI/4131/94-EN Document Ref. F.II.3-JC/0003, European Community, Brussels. 1994, pp. 69.

[1041] Petersen, R.B., et al. Analysis of the prion protein gene in thalamic dementia. Neurology. ***42***, 1859–1863, 1992.

[1042] Pfeiffer, J. Recommendations on the handling of tissue from patients with suspected Creutzfeldt-Jakob Disease. Pathologe. ***14***, 355, 1993.

[1043] Pitschke, M., et al. Detection of single amyloid beta-protein aggregates in the cerebrospinal fluid of Alzheimer disease patients by fluorescence correlation spectroscopy. Nature Med. ***4***, 832–834, 1998.

[1044] Pocchiari, M. Problems in the evaluation of theoretical risks for humans to become infected with BSE-contaminated bovine-derived pharmaceutical products. In: Gibbs, C.J. jr. (ed.). Bovine spongiform encephalopathy – the BSE dilemma. Springer, New York, NY. 1996, pp. 375.

[1045] Pocchiari, M., et al. Creutzfeldt-Jakob Disease after non-commercial dura mater graft (letter). Lancet. ***340***, 614–615, 1992.

[1046] Pocchiari, M., et al. A new point mutation of the prion protein gene in Creutzfeldt-Jakob Disease. Ann. Neurol. ***34***, 802–807, 1993.

[1047] Pocchiari, M., et al. Experimental drug treatment of scrapie: a pathogenetic basis for rationale therapeutics. Eur. J. Epidemiol. *7*, 556–561, 1991.

[1048] Pocchiari, M., et al. Amphotericin B delays the incubation period of scrapie in intracerebrally inoculated hamsters. J. Gen. Virol. ***68***, 219–223, 1987.

[1049] Pocchiari, M., et al. Immunodiagnosis of bovine spongiform encephalopathy. Livestock Prod. Sci. ***38***, 41–46, 1994.

[1050] Poser, S., et al. Die Creutzfeldt-Jakob-Krankheit: eine Sphinx der heutigen Neurobiologie. Dtsch. Med. Wochenschr. ***122***, 1099–1105, 1997.

[1051] Post, K., et al. Rapid acquisition of beta-sheet structure in the prion protein prior to multimer formation. Biol. Chem. ***379***, 1307–1317, 1998.

[1051a] Post, K., et al. Fly larvae and pupae as vectors for scrapie. Lancet. ***354***, 1969–1970, 1999.

[1052] Poulter, M., et al. Inherited prion disease with 144 base pair gene insertion – 1. Genealogical and molecular studies. Brain. ***115***, 675–685, 1992.

[1053] Poungvarin, N., et al. Creutzfeldt-Jakob Disease in Thailand: a case report with ultrastructural findings and review of the literature. J. Med. Assoc. Thai. ***66***, 475–481, 1983.

[1054] Powell, D., et al. Britain extends controls to combat risk to sheep (Database of the Food Safety Network, FSNET). http://www.plant.uoguelph.ca/safefood/ (19 July 1997).

[1055] Price, N.C., et al. Proteinases as probes of conformation of soluble proteins. In: Beynon, R.J., et al. (eds.). Proteolytic enzymes, a practical approach. IRL Press, Oxford. 1993, pp. 163.

[1056] Prusiner, S.B. Novel proteinaceous infectious particles cause scrapie. Science. ***216***, 136–144, 1982.

[1057] Prusiner, S.B. Prionen. Spektrum der Wissenschaft. Dezember, 48–58, 1984.

[1058] Prusiner, S.B. Scrapie prions. Annu. Rev. Microbiol. ***43***, 345–374, 1989.

[1059] Prusiner, S.B. Molecular biology of prion diseases. Science. ***252***, 1515–1522, 1991.

[1060] Prusiner, S.B. Genetic and infectious prion diseases. Arch. Neurol. ***50***, 1129–1153, 1993.

[1061] Prusiner, S.B. The prion diseases. Scientific American. January, 48–57, 1995.

[1062] Prusiner, S.B. Prionen-Erkrankungen. Spektrum der Wissenschaft. März, 44–52, 1995.

[1063] Prusiner, S.B. Prion diseases and the BSE crisis. Science. ***278***, 245–251, 1997.

[1064] Prusiner, S.B. Prions (Nobel Price Lecture). In: Frängsmyr, T. (ed.). Les Prix Nobel. Almqvist & Wiksell International, Stockholm, Sweden. 1998, pp. 268.

[1065] Prusiner, S.B., et al. Further purification and characterization of scrapie prions. Biochemistry. ***21***, 6942–6950, 1982.

[1066] Prusiner, S.B., et al. Transmission of scrapie in hamsters. J. Infect. Dis. ***152***, 971–978, 1985.

[1067] Prusiner, S.B., et al. Measurement of the scrapie agent using an incubation time interval assay. Ann. Neurol. ***11***, 353–358, 1982.

[1068] Prusiner, S.B., et al. Immunologic and molecular biologic studies of prion proteins in bovine spongiform encephalopathy. J. Infect. Dis. ***167***, 602–613, 1993.

[1069] Prusiner, S.B., et al. Kuru with incubation period exceeding two decades. Ann. Neurol. ***12***, 1–9, 1982.

[1070] Prusiner, S.B., et al. Evidence for hydrophobic domains on the surface of the scrapie agent. Trans. Am. Neurol. Assoc. ***103***, 62–64, 1978.

[1071] Prusiner, S.B., et al. Ablation of the prion protein (PrP) gene in mice prevents scrapie and facilitates production of anti-PrP antibodies. Proc. Natl. Acad. Sci. USA. ***90***, 10608–10612, 1993.

[1072] Prusiner, S.B., et al. Attempts to restore scrapie prion infectivity after exposure to protein denaturants. Proc. Natl. Acad. Sci. USA. ***90***, 2793–2797, 1993.

[1073] Prusiner, S.B., et al. Purification and structural studies of a major scrapie prion protein. Cell. ***38***, 127–134, 1984.

[1074] Prusiner, S.B., et al. Thiocyanate and hydroxyl ions inactivate the scrapie agent. Proc. Natl. Acad. Sci. USA. ***78***, 4606–4610, 1981.

[1075] Prusiner, S.B., et al. Human slow infections caused by prions. In: Gilden, D.H., et al. (eds.). Clinical and molecular aspects of neurotropic virus infection. Kluwer Academic, Dortrecht, NL. 1989, pp. 423.

[1076] Prusiner, S.B., et al. Prions causing transmissible neurodegenerative diseases. In: Schlossberg (ed.). Infections of the nervous system. Springer, New York, NY. 1990.

[1077] Prusiner, S.B., et al. Prion disease. In: McKendall, R.R. (ed.). Handbook of clinical neurology. Elsevier, Amsterdam. 1989, pp. 543.

[1078] Prusiner, S.B., et al. Scrapie prions aggregate to form amyloid-like birefringent rods. Cell. ***35***, 349–358, 1983.

[1079] Prusiner, S.B., et al. Scrapie agent contains a hydrophobic protein. Proc. Natl. Acad. Sci. USA. ***78***, 6675–6679, 1981.

[1080] Prusiner, S.B., et al. Transgenetic studies implicate interactions between homologous PrP isoforms in scrapie prion replication. Cell. ***63***, 673–686, 1990.

[1081] Prusiner, S.B., et al. Prion protein biology. Cell. ***93***, 337–348, 1998.

[1082] Puckett, C., et al. Genomic structure of the human prion protein gene. Am. J. Hum. Genet. ***49***, 320–329, 1991.

[1083] Pumarola, M., et al. Neuronal vacuoles in the canine brain. Schweiz. Arch. Tierheilk. ***137***, 62–64, 1995.

[1084] Purdey, M. Are organophosphate pesticides involved in the causation of bovine spongiform encephalopathy (BSE)? hypothesis based upon a literature review and limited trials on BSE cattle. J. Nutr. Med. ***4***, 43–82, 1994.

[1085] Purdey, M. The UK epidemic of BSE: slow virus or chronic pesticide-initiated modification of the prion protein? – 2. an epidemiological perspective. Med. Hypotheses. ***46***, 445–454, 1996.

[1086] Race, R., et al. Scrapie infectivity found in resistant species. Nature. ***392***, 770–771, 1998.

[1087] Race, R., et al. Scrapie infectivity and proteinase K-resistant prion protein in sheep placenta, brain, spleen and lymph node – implications for transmission and *ante mortem* diagnosis. J. Infect. Dis. ***178***, 949–953, 1998.

[1088] Race, R., et al. Characterization of scrapie infection in mouse neuroblastoma cells. J. Gen. Virol. ***68***, 1391–1399, 1987.

[1089] Race, R., et al. Neuron-specific expression of a hamster prion protein minigene in transgenic mice induces susceptibility to hamster scrapie agent. Neuron. ***15***, 1183–1191, 1995.

[1090] Radostits, O.M., et al. (eds.). Veterinary medicine – a textbook of the diseases of cattle, sheep, pigs, goats and horses. Baillière Tindall, London. 1994.

[1091] Raeber, A.J., et al. Astrocyte-specific expression of hamster prion protein (PrP) renders PrP knock-out mice susceptible to hamster scrapie. EMBO J. ***16***, 6057–6065, 1997.

[1092] Raeber, A.J., et al. Prion propagation in PrP null mice with ectopic PrP expression. Experientia. ***52***, A44, 1996.

[1093] Rappaport, E.B. Iatrogenic Creutzfeldt-Jakob Disease. Neurology. ***37***, 1520–1522, 1987.

[1094] Rat der Europäischen Gemeinschaft. Verordnung zur Einführung eines Systems zur Kennzeichnung und Registrierung von Rindern und über die Etikettierung von Rindfleisch und Rindfleischerzeugnissen–820/97 (Verordnung). Amtsblatt der Europäischen Gemeinschaft (Brüssel) L 117, 7. 1–8, Mai 1997.

[1094a] Raymond, G.J., et al. Evidence of a molecular barrier limiting susceptibility of humans, cattle and sheep to chronic wasting disease. EMBO J. ***19***, 4425–4430, 2000.

[1095] Raymond, G.J., et al. Molecular assessment of the potential transmissibilities of BSE and scrapie to humans. Nature. ***388***, 285–288, 1997.

[1096] Rentchnick, P. Pathographies (104). Médecine et Hygiène (Genève) ***47***, 1989.

[1097] Renwick, C.C., et al. The transmission of scrapie to mice by intracerebral inoculations of brain from an apparently normal lamb. Vet. Rec. ***77***, 984–985, 1965.

[1098] Reuter. EU proposes to ban sheep offal from food chain (press release). 23 July 1996.

[1099] Reuter, H. Bewertung der thermischen Wirksamkeit von UHT-Anlagen; Teil 1: Reaktionskinetische Grundlagen. Deutsche Molkerei-Zeitung (München) ***12***, 362–370, 1980.

[1100] Rhodes, R. Deadly feasts – tracking the secrets of a terrifying new plague. Simon and Schuster, New York, NY. 1997.

[1101] Richardson, E.P.jr., et al. The nosology of Creutzfeldt-Jakob Disease and conditions related to the accumulation of PrP^{CJD} in the nervous system. Brain Pathol. ***5***, 33–41, 1995.

[1102] Ricketts, M., et al. Is Creutzfeldt-Jakob Disease transmitted in blood? Emerg. Infect. Dis. ***3***, 155–163, 1997.

[1103] Ridley, R.M., et al. The myth of maternal transmission of spongiform encephalopathy. Br. Med. J. ***311***, 1071–1075, 1995.

[1104] Ridley, R.M., et al. The paradox of prion disease. In: Baker, H.F., et al. (eds.). Methods in molecular medicine: prion diseases. Humana Press, Totowa, NJ. 1996, pp. 1.

[1105] Riedinger, A. Untersuchungen über die Sterilisationseffektivität von Tierkörperbeseitigungs-Verfahren ohne Druckanwendung in heißem Fett (Dissertation). Universität Hohenheim. 1981.

[1106] Riedinger, O.L. Untersuchungen über die aus hygienischen Gründen erforderliche Hitzebehandlung bei der Herstellung von Tiermehl in Dampfdruckanlagen, unter besonderer Berücksichtigung der Proteinschädigung durch Dampfdruckerhitzung (Dissertation). Universität Hohenheim. 1979.

[1107] Rieger, R., et al. The human 37-kDa laminin receptor precursor interacts with the prion protein in eukaryotic cells. Nature Med. ***3***, 1383–1388, 1998.

[1108] Riek, R., et al. NMR structure of the mouse prion protein domain PrP(121–231). Nature. ***382***, 180–182, 1996.

[1109] Riek, R., et al. NMR characterization of the full-length recombinant murine prion protein, mPrP(23–231). FEBS Lett. ***413***, 282–288, 1997.

[1110] Riek, R., et al. Prion protein NMR structure and familial human transmissible spongiform encephalopathies. Proc. Natl. Acad. Sci. USA. ***95***, 11667–11672, 1998.

[1111] Riesner, D. The search for a nucleic acid component to scrapie infectivity. Semin. Virol. ***2***, 215–226, 1991.

[1112] Riesner, D., et al. Viroids. Ann. Rev. Biochem. ***54***, 531–564, 1985.

[1113] Riesner, D., et al. Disruption of prion rods generates 10-nm spherical particles having high alpha-helical content and lacking scrapie infectivity. J. Virol. ***70***, 1714–1722, 1996.

[1114] Ripoll, L., et al. A new point mutation in the prion protein gene at codon 210 in Creutzfeldt-Jakob Disease. Neurology. ***43***, 1934–1938, 1993.

[1115] Rivers, T.M. Letter to Gajdusek. In: Farquhar, J., et al. (eds.). Kuru – early letters and field notes from the collection of D. Carlton Gajdusek. Raven Press, New York, NY. 1981, pp. 99.

[1116] Roberts, J.D., et al. Basic principles of organic chemistry. W.A. Benjamin, New York, NY. 1965.

[1117] Robey, W.G., et al. Use of cerebrospinal fluid levels of 14-3-3 in predicting neuredegeneration in confirmed BSE symptomatic cattle. Vet. Rec. ***143***, 50–51, 1998.

[1118] Robinson, M.M. An assessment of transmissible mink encephalopathy as an indicator of bovine scrapie in US. cattle. In: Gibbs, C.J.jr. (ed.). Bovine spongiform encephalopathy – the BSE dilemma. Springer, New York, NY. 1996, pp. 97.

[1119] Robinson, M.M., et al. Experimental infection of mink with bovine spongiform encephalopathy. J. Gen. Virol. ***75***, 2151–2155, 1994.

[1120] Robinson, M.M., et al. Experimental infection of cattle with the agents of transmissible mink encephalopathy and scrapie. J. Comp. Path. ***113***, 241–251, 1995.

[1121] Roche-Lubin, M. Mémoire pratique sur la maladie des bêtes à laine connue sous les noms de Prurigo-Lombaire, Convulsive, Trembleuse, Tremblante, etc. Receil de Médecine Vétérinaire Pratique (Vol. 25), Tome V, Série 3, 1848, pp. 698.

[1122] Rodricks, J.V. Calculated risks – the toxicity and human health risks of chemicals in our environment. Cambridge University Press, Cambridge. 1994.

[1123] Roe, R.T. Scrapie: the Australian experience (report). Australian Bureau of Animal Health, Canberra. 1995.

[1124] Roether, J., et al. Magnetic resonance imaging follow-up in Creutzfeldt-Jakob Disease. J. Neurol. ***239***, 404–406, 1992.

[1125] Rohwer, R.G. Virus-like sensitivity of the scrapie agent to heat inactivation. Science. ***223***, 600–602, 1984.

[1126] Rohwer, R.G. Scrapie infectious agent is virus-like in size and susceptibility to inactivation. Nature. ***308***, 658–662, 1984.

[1127] Rohwer, R.G. Estimation of scrapie nucleic acid MW from standard curves for virus sensitivity to ionizing radiation (letter). Nature. ***320***, 381, 1986.

[1128] Rohwer, R.G. Alzheimer disease transmission: possible artifact due to intercurrent illness. Neurology. ***42***, 287–288, 1992.

[1129] Roikhel, V.M., et al. Alterations of arginase activity in scrapie-infected mice and in Amyotrophic Lateral Sclerosis (ALS). Acta Virol. (Praha). ***34***, 545–553, 1990.

[1130] Roikhel, V.M., et al. Relationship among causative agents of subacute transmissible encephalopathies (in russischer Sprache). Vopr. Virusol. ***37***, 149–153, 1992.

[1131] Rosenberg, R.N., et al. Precautions in handling tissues, fluids, and other contaminated materials from patients with documented or suspected Creutzfeldt-Jakob Disease. Ann. Neurol. ***19***, 75–77, 1986.

[1132] Rosenberger, G. (ed.). Die klinische Untersuchung des Rindes. Paul Parey, Berlin. 1990.

[1133] Rosenmann, H., et al. Detection of 14-3-3 protein in the CSF of genetic Creutzfeldt-Jakob Disease. Neurology. ***49***, 593–595, 1997.

[1134] Rossi, G., et al. Fatal familial insomnia: genetic, neuropathologic, and biochemical study of a patient from a new Italian kindred. Neurology. ***50***, 688–692, 1998.

[1135] Rother, K.I., et al. Long non-stop reading frames on the antisense strand of heat shock protein 70 genes and prion protein (PrP) genes are conserved between species. Biol. Chem. ***378***, 1521–1530, 1997.

[1136] Rubenstein, R., et al. Detection of scrapie-associated fibrils (SAF) and SAF-proteins from scrapie-affected sheep. J. Infect. Dis. ***156***, 36–42, 1987.

[1137] Russo, P., et al. Tremblante ovine: bilan de six années d' épidemiosurveillance dans le sud de la France. Point Vét. ***28***, 667–670, 1996.

[1138] Safar, J. Infectious amyloid, prions, unconventional viruses, and disease. Neurobiol. Aging. ***15***, 279–281, 1994.

[1139] Safar, J., et al. Differences in the membrane interaction of scrapie-amyloid precursor proteins in normal and scrapie-infected or Creutzfeldt-Jakob Disease-infected brains. J. Infect. Dis. ***163***, 488–494, 1991.

[1140] Safar, J., et al. Scrapie-associated precursor proteins: antigenic relationship between species and immunocytochemical localization in normal, scrapie, and Creutzfeldt-Jakob Disease brains. Neurology. ***40***, 513–517, 1990.

[1141] Safar, J., et al. Subcellular distribution and physicochemical properties of scrapie-associated precursor protein and relationship with scrapie agent. Neurology. ***40***, 503–508, 1990.

[1142] Safar, J., et al. Biochemical studies of the precursor of scrapie amyloid. Brain Res. Rev. ***16***, 103–105, 1991.

[1143] Safar, J., et al. Conformational transitions, dissociation, and unfolding of scrapie amyloid (prion) protein. J. Biol. Chem. ***268***, 20276–20284, 1993.

[1144] Safar, J., et al. Scrapie amyloid (prion) protein has the conformational characteristics of an aggregated molten globule folding intermediate. Biochemistry. ***33***, 8375–8383, 1994.

[1145] Safar, J., et al. Eight prion strains have PrP^{Sc} molecules with different conformations. Nature Med. ***4***, 1157–1165, 1998.

[1146] Sailer, A., et al. No propagation of prions in mice devoid of PrP. Cell. ***77***, 967–968, 1994.

[1147] Sakaguchi, S., et al. Loss of cerebellar Purkinje cells in aged mice homozygous for a disrupted PrP gene. Nature. ***380***, 528–531, 1996.

[1148] Sakaguchi, S., et al. Accumulation of proteinase K-resistant prion protein (PrP) is restricted by the expression level of normal PrP in mice inoculated with a mouse-adapted strain of the Creutzfeldt-Jakob Disease agent. J. Virol. ***69***, 7586–7592, 1995.

[1149] Sales, N., et al. Cellular prion protein localization in rodent and primate brain. Eur. J. Neurosci. ***10***, 2464–2471, 1998.

[1150] Salvatore, M., et al. Polymorphisms of the prion protein gene in Italian patients with Creutzfeldt-Jakob Disease. Hum. Genet. ***94***, 375–379, 1994.

[1151] Samaia, H.B., et al. A prion-linked psychiatric disorder. Nature. ***390***, 241, 1997.

[1152] Samberg, Y., et al. Newcastle disease in ostriches (*Struthio camelus*): field case and experimental infection. Avian Pathology. ***18***, 221–226, 1989.

[1153] Sambrook, J., et al. Molecular cloning – a laboratory manual. Cold Spring Harbor Laboratory Press, New York, NY. 1989.

[1154] Sarradet, M. Un cas de tremblante sur un boeuf. Rev. Vét. ***3***, 310–312, 1883.

[1155] Sato, T., et al. Creutzfeldt-Jakob Disease associated with cadaveric dura mater grafts – Japan, January 1979 to May 1996. MMWR. ***46***, 1066–1069, 1997.

[1156] Savey, M., et al. BSE risk assessment and surveillance in France. In: Bradley, R., et al. (eds.). Transmissible spongiform encephalopathies. Proceedings of a consultation on BSE with the Scientific Veterinary Committee of the EC, 14–15 September 1993. EU: VI/4131/94-EN Document Ref. F.II.3-JC/0003, European Community, Brussels. 1994, pp. 57.

[1157] Schaarschmidt, H., et al. Neuron-specific enolase concentration in blood as a prognostic parameter in cerebrovascular diseases. Stroke. ***25***, 558–565, 1994.

[1158] Schaller, O., et al. Valdiation of Western immunoblotting procedure for bovine PrP^{Sc} detection and its use as a rapid surveillance method for the diagnosis of bovine spongiform encephalopathy (BSE). Acta Neuropathol. ***98***, 437–443, 1999.

[1159] Schätzl, H.M., et al. Prion protein gene variation among primates. J. Mol. Biol. ***245***, 362–374, 1995.

[1160] Schätzl, H.M., et al. Why is codon 129 of prion protein polymorphic in human beings but not in animals? Lancet. ***349***, 1603–1604, 1997.

[1161] Schicker, E. Klinische Befunde bei Kühen mit Boviner Spongiformer Enzephalopathie (BSE) (Dissertation; inkl. Video-Film). Veterinärmedizinische Fakultät, Universität Zürich. 1997.

[1162] Schlenska, G.K., et al. Serial computed tomography findings in Creutzfeldt-Jakob Disease. Neuroradiology. ***31***, 303–306, 1989.

[1163] Schlesselman, J.J. Case-control studies: design, conduct, analysis. Oxford University Press, New York, NY. 1982.

[1164] Schmid, F.X. Optical spectroscopy to characterize protein conformation and conformational changes. In: Creighton, T.E. (ed.). Protein structure, a practical approach. IRL Press, Oxford. 1997, pp. 261.

[1165] Schmidtmann, A.L., et al. II. Oeffentliches Sanitätswesen – Gutachten der Königl. Wissenschaftl. Deputation für das Medicinalwesen betreffend die Verarbeitung von Thiercadavern in Abdeckereien und die Verwerthung von Cadavermehl. In: Vierteljahrsschrift für gerichtliche Medicin und öffentliches Sanitätswesen. Verlag von August Hirschwald, Berlin. 1901, pp. 118.

[1166] Schoene, W.C., et al. Transmissible spongiform encephalopathy (Creutzfeldt-Jakob Disease) – atypical clinical and pathological findings. Arch. Neurol. ***38***, 473–477, 1981.

[1167] Schoon, H.A., et al. Beitrag zur Neuropathologie beim Rothalsstrauß (*Struthio camelus*) – Spongiforme Enzephalopathie. Verh. Ber. Erkrg. Zootiere. ***33***, 309, 1991.

[1168] Schoon, H.A., et al. Spongiforme Enzephalopathie beim Rothalsstrauß (*Struthio camelus*) – ein kasuistischer Beitrag. Tierärztl. Prax. ***19***, 263–265, 1991.

[1169] Schreuder, B.E. Animal spongiform encephalopathies – an update – 1: Scrapie and lesser known animal spongiform encephalopathies. Vet. Q. ***16***, 174–181, 1994.

[1170] Schreuder, B.E. Epidemiological aspects of scrapie and BSE including a risk assessment study (PhD dissertation). Department of Animal Health, University of Utrecht, Utrecht, NL. 1998.

[1171] Schreuder, B.E., et al. Studies on the efficacy of hyperbaric rendering procedures in inactivating bovine spongiform encephalopathy (BSE) and scrapie agents. Vet. Rec. ***142***, 474–480, 1998.

[1172] Schreuder, B.E., et al. Tonsillar biopsy and PrP^{Sc} detection in the preclinical diagnosis of scrapie. Vet. Rec. ***142***, 564–568, 1998.

[1173] Schreuder, B.E., et al. Preclinical test for prion diseases (letter). Nature. ***381***, 563, 1996.

[1174] Schreuder, B.E., et al. Risk factors for BSE with emphasis in import of cattle from Great Britain into countries of the European Union. In: Proceedings 8th International Symposium on Veterinary Epidemiology and Economics, 8–11 July 1997, Paris. Epidémiologie et Santé Animale. 31/32, p. 6.09.1–6.09.3, 1997.

[1175] Schreuder, B.E., et al. Risk of BSE from the import of cattle from the United Kingdom into countries of the European Union. Vet. Rec. ***141***, 187–190, 1997.

[1176] Schrieber, R. BSE-Sicherheit von Gelatine (Vortrag). Forum „BSE-Konferenz", Berlin. 7. Mai 1998.

[1177] Schrieber, R., et al. Gelatine production, the six steps to maximum safety. Dev. Biol. Stand. ***80***, 195–198, 1993.

[1178] Schudel, A.A., et al. Bovine spongiform encephalopathy surveillance in Argentina. Rev. Sci. Tech. Off. Int. Epiz. ***13***, 801–836, 1994.

[1179] Schulz-Schaeffer, W.J., et al. Creutzfeldt-Jakob-Krankheit – neue Aspekte für die Rechtsmedizin. Rechtsmedizin. ***8***, 123–129, 1998.

[1180] Schumm, F., et al. Morbus Gerstmann-Sträussler-Scheinker: Familie „Sch." – ein Bericht über drei Kranke. Arch. Psychiatr. Nervenkr. ***230***, 179–196, 1981.

[1181] Schwaninger, M., et al. Magnetic resonance imaging in Creutzfeldt-Jakob Disease: evidence of focal involvement of the cortex. J. Neurol. Neurosurg. Psychiatry. ***63***, 408–409, 1997.

[1182] Scott, J.R. Scrapie pathogenesis. Br. Med. Bull. ***49***, 778–791, 1993.

[1183] Scott, J.R., et al. Conjunctival instillation of scrapie in mice can produce disease. Vet. Microbiol. ***34***, 305–309, 1993.

[1184] Scott, J.R., et al. Degenerative hippocampal pathology in mice infected with scrapie. Acta Neuropathol. ***65***, 62–68, 1984.

[1185] Scott, M., et al. Transgenic mice expressing hamster prion protein produce species-specific scrapie infectivity and amyloid plaques. Cell. ***59***, 847–857, 1989.

[1186] Scott, M., et al. Propagation of prions with artificial properties in transgenic mice expressing chimeric PrP genes. Cell. ***73***, 979–988, 1993.

[1187] Scott, M., et al. Propagation of prion strains through specific conformers of the prion protein. J. Virol. ***71***, 9032–9044, 1997.

[1188] Scott, M., et al. Identification of a prion protein epitope modulating transmission of bovine spongiform encephalopathy prions to transgenic mice. Proc. Natl. Acad. Sci. USA. ***94***, 14279–14284, 1997.

[1189] Scott, P.R. The collection and analysis of cerebrospinal fluid as an aid to diagnosis in ruminant neurological disease. Brit. Vet. J. ***151***, 603–614, 1995.

[1190] Scott, P.R., et al. Bovine spongiform encephalopathy in a cow in the United Kingdom. J. Am. Vet. Med. Assoc. ***195***, 1745–1747, 1989.

[1191] Scott, P.R., et al. Cerebrospinal fluid studies in normal cows and cases of bovine spongiform encephalopathy. Br. Vet. J. ***146***, 88–90, 1990.

[1192] Scrimgeour, E.M., et al. A clinicopathological study of a case of kuru. J. Neurol. Sci. ***59***, 265–275, 1983.

[1193] SEAC. Transmissible spongiform encephalopathies – a summary of present knowledge and research. HMSO, London. 1994.

[1194] Secretary to Board. General view of agriculture of Lincolnshire, 2nd edition. London. 1813.

[1195] Seddon, H.R. Scrapie. In: Seddon, H.R. (ed.). Diseases of domestic animals in Australia (part 4). A.J. Arthur, Commonwealth Government Printer, Canberra. 1958, pp. 176.

[1196] Seilhean, D., et al. Insomnie fatale familiale et maladie a prion. Rev. Neurol. ***151***, 225–230, 1995.

[1197] Seitelberger, F. Eigenartige familär-hereditäre Krankheit des Zentralnervensystems in einer niederösterreichischen Sippe. Wien. Klin. Wochenschr. ***74***, 687–691, 1962.

[1198] Senhaji, A.F. The protective effect of fat on the heat resistence of bacteria (2). J. Fd. Technol. ***12***, 216–230, 1977.

[1199] Senhaji, A.F., et al. The protective effect of fat on the heat resistence of bacteria (1). J. Fd. Technol. ***12***, 203–216, 1977.

[1200] Senn, H., et al. Stereospecific assignment of the methyl ^{1}H NMR lines of valine and leucine in polypeptides by nonrandom ^{13}C labeling. FEBS Lett. ***249***, 113–118, 1989.

[1201] Serban, D., et al. Rapid detection of Creutzfeldt-Jakob Disease and scrapie prion proteins. Neurology. ***40***, 110–117, 1990.

[1202] Serratrice, G.T., et al. (eds.). Pathogenesis and therapy of Amyotrophic Lateral Sklerosis (ALS). Advances in neurology (Vol.68). Lippincott-Raven, Philadelphia, PA. 1995.

[1203] Setlow, J.K., et al. The resistance of *Micrococcus radiodurans* to u.v.-radiation. Biochem. Biophys. Acta. ***87***, 664, 1964.

[1204] Sharonova, I.N., et al. High-affinity copper block of $GABA_A$-receptor-mediated currents in acutely isolated cerebellar Purkinje cells of the rat. Eur. J. Neurosci. ***10***, 522–528, 1998.

[1205] Sharp, M.W., et al. Ovine abomasal enlargement and scrapie (letter). Vet. Rec. ***120***, 215, 1987.

[1206] Shmerling, D., et al. Expression of amino-terminally truncated PrP in the mouse leading to ataxia and specific cerebellar lesions. Cell. ***93***, 203–214, 1998.

[1207] Shyng, S.L., et al. A glycolipid-anchored prion protein is endocytosed via clathrin-coated pits. J. Cell Biol. ***125***, 1239–1250, 1994.

[1208] Sigurdarson, B. Rida – a chronic encephalitis of sheep – with general remarks on infections which develop slowly and some of their special characteristics. Br. Vet. J. ***110***, 341–354, 1954.

[1209] Sigurdarson, S. Epidemiology of scrapie in Iceland and experience with control measures. In: Bradley, R., et al. (eds.). Sub-acute spongiform encephalopathies. Commission of the EC. Kluwer Academic, Dortrecht, NL. 1991, pp. 233.

[1210] Sigurdson, C.J., et al. Oral transmission and early lymphoid tropism of chronic wasting disease PrPres in mule deer fawns (*Odocoileus hemionus*). J. Gen. Virol. ***80***, 2757–2764, 1999.

[1211] Silburn, P., et al. Fatal familial insomnia: a seventh family. Neurology. ***47***, 1326–1328, 1996.

[1211a] Silverman, G.L., et al. Doppel is an N-glycosylated, glycosylphosphatidylinositol-anchored protein – Expression in testis and ectopic production in the brains of *Prnp*$^{0/0}$-mice predisposed to Purkinje cell loss. J. Biol. Chemistry. ***275***, 26834–26841, 2000.

[1212] Simon, D., et al. Krankenversorgung und Instrumentensterilisation bei CJK-Patienten und CJK-Verdachtsfällen. Bundesgesundhbl. ***41***, 279–285, 1998.

[1212a] Sipe, J.D., et al. Review – History of the amyloid fibril. J. Struct. Biol. ***130***, 88–98, 2000.

[1213] Sitwell, L., et al. Creutzfeldt-Jakob Disease in histopathology technicians. N. Engl. J. Med. ***318***, 854, 1988.

[1214] Smith, M.C., et al. (eds.). Goat medicine. Lea & Febiger. Philadelphia, PA. 1994.

[1215] Somerville, R.A., et al. Biochemical typing of scrapie strains. Nature. ***386***, 564, 1997.

[1216] Spraker, T.R., et al. Spongiform encephalopathy in free-ranging mule deer (*Odocoileus hemionus*), white-tailed deer (*Odocoileus virginianus*), and Rocky Mountain elk (*Cervus elaphus nelsoni*) in Northcentral Colorado. J. Wildl. Dis. ***33***, 1–6, 1997.

[1216a] SSC. Preliminary opinion of the Scientific Steering Committee on the geographical risk of bovine spongiform encephalopathy (GBR). p. 1–57, 25 May 2000.

[1217] SSC. Opinion on the safety of gelatine – adopted at the Scientific Steering Committee of the EC. Plenary meeting, 26–27 March 1998.

[1218] SSC. Opinion of the Scientific Steering Committee on the scientific grounds of the advice of 30 Sept. 1999 of the French Food Safety Agency (AFSSA), to the French government on the draft decree amending the decree of 28 Oct. 1998, establishing specific measures applicable to certain products of bovine origin exported from the UK (30–31 Oct. 1999). Health and Consumer Protection Directorate-General, Directorate B – Scientific Health Opinions, pp. 1, 3 November 1999. European Community, Brussels.

[1219] Stack, M.J., et al. The diagnosis of bovine spongiform encephalopathy and scrapie by the detection of fibrils and the abnormal protein isoform. In: Baker, H.F., et al. (eds.). Prion diseases. Humana Press, Totowa, NJ. 1996, pp. 83.

[1220] Stahl, N., et al. The tails of two proteins: the scrapie prion protein and the ciliary neurotrophic factor receptor. Braz. J. Med. Biol. Res. ***27***, 297–301, 1994.

[1221] Stahl, N., et al. Structural studies of the scrapie prion protein using mass spectrometry and amino acid sequencing. Biochemistry. ***32***, 1991–2002, 1993.

[1222] Stahl, N., et al. Scrapie prion protein contains a phosphatidylinositol glycolipid. Cell. ***51***, 229–240, 1987.

[1223] Stahl, N., et al. Prions and prion proteins. FASEB J. ***5***, 2799–2807, 1991.

[1224] Stamp, J.T., et al. Further studies on scrapie. J. Comp. Path. ***69***, 268–280, 1959.

[1225] Stang, V., et al. Tierheilkunde und Tierzucht: eine Enzyklopädie der praktischen Nutztierkunde. Urban und Schwarzenburg, Berlin. 1931, pp. 807.

[1226] Steelman, V.M. Creutzfeldt-Jakob Disease: recommendations for infection control. Am. J. Infect. Control. ***22***, 312–318, 1994.

[1227] Steinhoff, B.J., et al. Die Creutzfeldt-Jakob-Krankheit: eine Sphinx der heutigen Neurobiologie. Dtsch. Med. Wochenschr. ***123***, 169, 1998.

[1228] Steinhoff, B.J., et al. Accuracy and reliability of periodic sharp wave complexes in Creutzfeldt-Jakob Disease. Arch. Neurol. ***53***, 162–166, 1996.

[1229] Stockman S. Scrapie: an obscure disease of sheep (a lecture delivered before the Yarrow and Ettrick Patoral Society, 23rd October 1913). J. Comp. Path. Ther. 1913, pp. 317.

[1230] Stöber, M. Bovine Spongiforme Enzephalopathie (BSE): Klinisches Bild und Differentialdiagnose. Prakt. Tierarzt, Collegium Veterinarium. ***25***, 5–7, 1995.

[1231] Stöckel, J., et al. Prion protein selectively binds copper (II) ions. Biochemistry. ***37***, 7185–7193, 1998.

[1232] Stöcklin, S. Neue Gefahr durch BSE beim Schaf? Basler Zeitung. 26. Juni 1996.

[1232a] Stollorz, V. Wir riskieren die Katastrophe – Ein „Zeit"-Gespräch mit John Collinge. Zeit-Verlag. Die Zeit, 48/2000.

[1233] Sullivan, M.T., et al. Creutzfeldt-Jakob Disease (CJD) investigational lookback study. Transfusion. Suppl. ***37***, 2S, 1997.

[1234] Swietnicki, W., et al. pH-dependent stability and conformation of the recombinant human prion protein PrP(90–21). J. Biol. Chem. ***272***, 27517–27520, 1997.

[1235] Tagliavini, F., et al. Amyloid protein of Gerstmann-Sträussler-Scheinker disease (Indiana kindred) is an 11 kD fragment of prion protein with an N-terminal glycine at codon 58. EMBO J. ***10***, 513–519, 1991.

[1236] Tagliavini, F., et al. A soluble form of prion protein in human cerebrospinal fluid: implications for prion-related encephalopathies. Biochem. Biophys. Res. Commun. ***184***, 1398–1404, 1992.

[1237] Tagliavini, F., et al. Synthetic peptides homologous to prion protein residues 106–147form amyloid-like fibrils *in-vitro*. Proc. Natl. Acad. Sci. USA. ***90***, 9678–9682, 1993.

[1237a] Takahashi, Y., et al. Construction of peptides that undergo structural transition from alpha-helix to beta-sheet and amyloid fibril formation by the introduction of N-terminal hydrophobic amino acids. Tetrahedron. ***56***, 7011–7018, 2000.

[1238] Tamai, Y., et al. Demonstration of the transmissible agent in tissue from a pregnant woman with Creutzfeldt-Jakob Disease (letter). N. Engl. J. Med. ***327***, 649, 1992.

[1239] Tanford, C. Protein denaturation. In: Anfinsen, C.B., et al. (eds.). Advances in protein chemistry. Academic Press, New York, NY. 1968, pp. 121.

[1240] Taraboulos, A., et al. Regional mapping of prion proteins in brains. Proc. Natl. Acad. Sci. USA. **89**, 7620–7624, 1992.

[1241] Taraboulos, A., et al. Acquisition of protease resistance by prion proteins in scrapie-infected cells does not require asparagine-linked glycosylation. Proc. Natl. Acad. Sci. USA. **87**, 8262–8266, 1990.

[1242] Taraboulos, A., et al. Cholesterol depletion and modification of COOH-terminal targeting sequence of the prion protein inhibit formation of the scrapie isoform. J. Cell Biol. **129**, 121–132, 1995.

[1243] Taraboulos, A., et al. Scrapie prion proteins accumulate in the cytoplasm of persistently infected cultured cells. J. Cell Biol. **110**, 2117–2132, 1990.

[1244] Tartaro, A., et al. MRI alterations as an early finding in Creutzfeldt-Jakob Disease. Eur. J. Radiol. **17**, 155–158, 1993.

[1245] Tateishi, J. Transmission of Creutzfeldt-Jakob Disease from human blood and urine into mice (letter). Lancet. **ii**, 1074, 1985.

[1246] Tateishi, J., et al. First experimental transmission of fatal familial insomnia. Nature. **376**, 434–435, 1995.

[1247] Tateishi, J., et al. Inherited prion diseases and transmission to rodents. Brain Pathol. **5**, 53–59, 1995.

[1248] Tateishi, J., et al. Gerstmann-Sträussler-Scheinker disease: immunohistological and experimental studies. Ann. Neurol. **24**, 35–40, 1988.

[1249] Tateishi, J., et al. Experimental transmission of Creutzfeldt-Jakob Disease and related diseases to rodents. Neurology. **46**, 532–537, 1996.

[1250] Tateishi, J., et al. Properties of the transmissible agent derived from chronic spongiform encephalopathy. Ann. Neurol. **7**, 390–391, 1980.

[1251] Tateishi, J., et al. Transmission of chronic spongiform encephalopathy with kuru plaques and leucomalacia from humans to small rodents. Ann. Neurol. **5**, 581–584, 1979.

[1252] Tateishi, J., et al. Experimental transmission of human subacute spongiform encephalopathy to small rodents – 1. Clinical and histological observations. Acta Neuropathol. **51**, 127–134, 1980.

[1253] Tateishi, J., et al. Experimental transmission of human subacute spongiform encephalopathy to small rodents – 4. Positive transmission from a typical case of Gerstmann-Sträussler-Scheinker disease. Acta Neuropathol. **64**, 85–88, 1984.

[1254] Tavolato, B.F., et al. Motor Neurone Disease (MND): an immunological study. Eur. Neurol. **13**, 433–440, 1975.

[1255] Taylor, D.M. Impaired thermal inactivation of ME7 scrapie agent in the presence of carbon. Vet. Microbiol. **27**, 403–405, 1991.

[1256] Taylor, D.M. Understanding the difficulty in inactivating TSE agents: a comprehensive update on the latest TSE research developments (conference handout). IIR Conference, London. 9 March 1998.

[1257] Taylor, D.M., et al. Evidence that transmissible mink encephalopathy agent is biologically inactive in mice. Neuropathol. Appl. Neurobiol. **12**, 207–215, 1986.

[1258] Taylor, D.M., et al. Absence of disease in mice receiving milk from cows with bovine spongiform encephalopathy. Vet. Rec. **136**, 592, 1995.

[1259] Taylor, D.M., et al. Solvent extraction as an adjunct to rendering: the effect on BSE and scrapie agents of hot solvents followed by dry heat and steam. Vet. Rec. **143**, 6–9, 1998.

[1260] Taylor, D.M., et al. Decontamination studies with the agents of bovine spongiform encephalopathy and scrapie. Arch. Virol. **139**, 313–326, 1994.

[1261] Taylor, D.M., et al. Autoclaving does not decontaminate formol-fixed scrapie tissues (letter). Lancet. **i**, 1463–1464, 1988.

[1262] Taylor, D.M., et al. Effect of dry heat on the ME7 strain of mouse-passaged scrapie agent. J. Gen. Virol. **77**, 3161–3164, 1996.

[1263] Taylor, D.M., et al. Scrapie infection can be established readily through skin scarification in immunocompetent but not immunodeficient mice. J. Gen. Virol. **77**, 1595–1599, 1996.

[1264] Taylor, D.M., et al. Inactivation of the bovine spongiform encephalopathy agent by rendering procedures. Vet. Rec. **137**, 605–610, 1995.

[1265] Taylor, D.M., et al. The effect of rendering procedures on scrapie agent. Vet. Rec. **141**, 643–649, 1997.

[1266] Taylor, K.C. The control of bovine spongiform encephalopathy in Great Britain. Vet. Rec. **129**, 522–526, 1991.

[1267] Telling, G.C., et al. Interactions between wild-type and mutant prion proteins modulate neurodegeneration in transgenic mice. Genes Dev. **10**, 1736–1750, 1996.

[1268] Telling, G.C., et al. Evidence for the conformation of the pathologic isoform of the prion protein enciphering and propagating prion diversity. Science. ***274***, 2079–2082, 1996.

[1269] Telling, G.C., et al. Transmission of Creutzfeldt-Jakob Disease from humans to transgenic mice expressing chimeric human-mouse prion protein. Proc. Natl. Acad. Sci. USA. ***91***, 9936–9940, 1994.

[1270] Telling, G.C., et al. Prion propagation in mice expressing human and chimeric PrP transgenes implicates the interaction of cellular PrP with another protein. Cell. ***83***, 79–90, 1995.

[1271] Telling, G.C., et al. Deciphering prion diseases with transgenic mice. In: Gibbs, C.J. jr. (ed.). Bovine spongiform encephalopathy – the BSE dilemma. Springer, New York, NY. 1996, pp. 202.

[1272] Thadani, V., et al. Creutzfeldt-Jakob Disease probably acquired from a cadaveric dura mater graft (case report). J. Neurosurg. ***69***, 766–769, 1988.

[1273] Thormar, H. Slow infections of the central nervous system (2). Z. Neurol. ***199***, 151–166, 1971.

[1274] Tings, T., et al. Rescue of Ca^{2+}-activated K^+-currents in cerebellar Purkinje cells of transgenic mice overexpressing the prion protein on a knock-out background. Clin. Neuropathol. ***17***, 254, 1998.

[1275] Tintner, R., et al. Neuropathologic verification of Creutzfeldt-Jakob Disease in the exhumed American recipient of human pituitary growth hormone: epidemiologic and pathogenetic implications. Neurology. ***36***, 932–936, 1986.

[1276] Tobler, I., et al. Sleep and sleep regulation in normal and prion protein-deficient mice. J. Neurosci. ***17***, 1869–1879, 1997.

[1277] Tobler, I., et al. Altered circadian activity rhythms and sleep in mice devoid of prion protein. Nature. ***380***, 639–642, 1996.

[1278] Toumazos, P. Scrapie in Cyprus. Br. Vet. J. ***147***, 147–154, 1994.

[1279] Tranchant, C., et al. Neurofibrillary tangles in Gerstmann-Sträussler-Scheinker syndrome with the A117V prion gene mutation. J. Neurol. Neurosurg. Psychiatry. ***63***, 240–246, 1997.

[1280] Uchino, A., et al. Serial MR imaging in Creutzfeldt-Jakob Disease. Neuroradiology. ***33***, 364–367, 1991.

[1281] Uchiyama, K., et al. An autopsy case of Creutzfeldt-Jakob Disease associated with corneal transplantation. Dementia. ***8***, 466–473, 1994.

[1282] Ulvund, M.J. Skrapesjuke – kliniske symptom (Scrapie – klinische Symptome; Video in norwegischer Sprache). Dyrehelsetilsynet, Oslo. FIM Video, Bergen, Norwegen. 1987.

[1283] Ulvund, M.J., et al. Prion diseases in animals. Norsk. Vetr. Tidsskr. ***108***, 455–466, 1996.

[1284] van Duijn, C.M., et al. Case-control study of risk factors of Creutzfeldt-Jakob Disease in Europe during 1993–1995. Lancet. ***351***, 1081–1085, 1998.

[1285] van Keulen, L.J., et al. Immunohistochemical detection of prion protein in lymphoid tissues of sheep with natural scrapie. J. Clin. Microbiol. ***34***, 1228–1231, 1996.

[1286] van Keulen, L.J., et al. Immunohistochemical detection and localization of prion protein in brain tissue of sheep with natural scrapie. Vet. Pathol. ***32***, 299–308, 1995.

[1287] Verdrager, J. New variant Creutzfeldt-Jakob Disease and bovine pituitary growth hormone. Lancet. ***351***, 112–113, 1998.

[1287a] Verity, C.H., et al. Variant Creutzfeldt-Jakob disease in UK children: a national surveillance study. The Lancet. ***356***, 1224–1227, 2000.

[1288] Vey, M., et al. Subcellular colocalization of the cellular and scrapie prion proteins in caveolae-like membranous domains. Proc. Natl. Acad. Sci. USA. ***93***, 14945–14949, 1996.

[1289] Vicari, A., et al. Appréciation du risque de contamination des aliments concentrés suisses pour bovin par l'agent de l'encéphalopathie spongiforme bovine. Epidémiologie et Santé Animale. ***30***, 77–84, 1996.

[1290] Vigo Pelfrey, C., et al. Elevation of microtubule-associated protein tau in the cerebrospinal fluid of patients with Alzheimer disease. Neurology. ***45***, 788–793, 1995.

[1291] Viles, J.H., et al. Copper binding to the prion protein: structural implications of four identical cooperative binding sites. Proc. Natl. Acad. Sci. USA. ***96***, 2042–2047, 1999.

[1292] Virchow, R. Struktur und Entwicklung der Stärkekörner. Verhandlungen der physikalisch-medizinischen Gesellschaft zu Würzburg. Verlag F. Enke, Erlangen. Bd. 2, 1851, pp. 49.

[1293] Virchow, R. Ueber eine im Gehirn und Rückenmark des Menschen aufgefundene Substanz mit der chemischen Reaction der Cellulose. Archiv für pathologische Anatomie und Physiologie und für klinische Medizin. ***6***, 135–138, 1854.

[1294] Vitaud, C., et al. Clinical observations on four cases of feline spongiform encephalopathy in cheetahs (*Acinonyx jubatus*). In: Proceedings of the European Association of Zoo and

Wildlife Veterinarians, Chester, UK. 21–24 May 1998, pp. 133.

[1295] von Braunmühl, A. Über eine eigenartige hereditär-familiäre Erkrankung des Zentralnervensystems. Arch. Psychiat. Neurol. ***191***, 419–449, 1954.

[1296] von Ostertag, R., et al. Die Tierkörperverwertung. Paul Parey, Berlin. 1958.

[1297] Wagner, G., et al. Sequential resonance assignments in protein ^{1}H nuclear magnetic resonance spectra: basic pancreatic trypsin inhibitor. J. Mol. Biol. ***155***, 347–366, 1982.

[1298] Wakayama, Y., et al. High neuron-specific enolase level of cerebrospinal fluid in the early stage of Creutzfeldt-Jakob Disease. Klin. Wochenschr. ***65***, 798–801, 1987.

[1299] Walker, K.D., et al. Comparison of bovine spongiform encephalopathy risk factors in the United States and Great Britain. J. Am. Vet. Med. Assoc. ***199***, 1554–1561, 1991.

[1300] Wallhäuser, K.H. Praxis der Sterilisation – Desinfektion – Konservierung – Keimidentifizierung – Betriebshygiene. Georg Thieme, Stuttgart. 1988.

[1301] Walzer, C., et al. Acute hind limb paresis in cheetah (*Acinonyx jubatus*) cubs. In: Proceedings of the European Association of Zoo and Wildlife Veterinarians, Chester, UK. 21–24 May 1998, pp. 267.

[1302] Warden, J. Possibility of BSE in sheep causes alarm. Br. Med. J. ***317***, 700, 1998.

[1302a] Watson, J.D., et al. Molecular structure of nucleic acid. Nature ***171***, 737, 1953.

[1303] Weber, T., et al. Transmission of Creutzfeldt-Jakob Disease by handling of dura mater (letter). Lancet. ***341***, 123–124, 1993.

[1304] Weeler, T. Papua Neu-Guinea. Schettler Publikationen, Hattorf. 1995.

[1305] Weissmann, C. Prions – sheep disease in human clothing (news). Nature. ***338***, 298–299, 1989.

[1306] Weissmann, C. Molecular biology of prion diseases. Trends Cell Biol. ***4***, 10–14, 1994.

[1307] Weissmann, C. PrP effects clarified. Curr. Biol. ***6***, 1359, 1996.

[1308] Weissmann, C., et al. Susceptibility to scrapie in mice is dependent on PrP^{C}. Philos. Trans. R. Soc. (London) B. Biol. Sci. ***343***, 431–433, 1994.

[1309] Weissmann, C., et al. The role of PrP in pathogenesis of experimental scrapie. Symp. Quant. Biol. ***61***, 511–522, 1996.

[1310] Wells, G.A., et al. Preliminary observations on the pathogenesis of experimental bovine spongiform encephalopathy. In: Gibbs, C.J. jr. (ed.). Bovine spongiform encephalopathy – the BSE dilemma. Springer, New York, NY. 1996, pp. 28.

[1311] Wells, G.A., et al. Infectivity in the ileum of cattle challenged orally with bovine spongiform encephalopathy. Vet. Rec. ***135***, 40–41, 1994.

[1312] Wells, G.A., et al. Comparative pathology of the new transmissible spongiform encephalopathies. In: Bradley, R., et al. (eds.). Transmissible spongiform encephalopathies. Proceedings of a consultation on BSE with the Scientific Veterinary Committee of the EC, 14–15 September 1993. EU: VI/4131/94-EN Document Ref. F.II.3-JC/0003, European Community, Brussels. 1994, pp. 327.

[1313] Wells, G.A., et al. Preliminary observations on the pathogenesis of experimental bovine spongiform encephalopathy (BSE): an update. Vet. Rec. ***142***, 103–106, 1998.

[1314] Wells, G.A., et al. The discovery of bovine spongiform encephalopathy and observations on the vacuolar changes. In: Prusiner, S.B., et al. (eds.). Prion diseases of humans and animals. Ellis Horwood, New York, NY. 1992, pp. 256.

[1315] Wells, G.A., et al. Limited detection of sternal bone marrow infectivity in the clinical phase of experimental bovine spongiform encephalopathy (BSE). Vet. Rec. ***144***, 292–294, 1999.

[1316] Wells, G.A., et al. Recently described scrapie-like encephalopathies of animals: case definitions. Res. Vet. Sci. ***53***, 1–10, 1992.

[1317] Wells, G.A., et al. A novel progressive spongiform encephalopathy in cattle. Vet. Rec. ***121***, 419–420, 1987.

[1318] Wells, G.A., et al. The neuropathology and epidemiology of bovine spongiform encephalopathy. Brain Pathol. ***5***, 91–103, 1995.

[1319] Westaway, D., et al. Structure and polymorphism of the mouse prion protein gene. Proc. Natl. Acad. Sci. USA. ***91***, 6418–6422, 1994.

[1320] Westaway, D., et al. Degeneration of skeletal muscle, peripheral nerves, and the central nervous system in transgenic mice overexpressing wild-type prion proteins. Cell. ***76***, 117–129, 1994.

[1321] Westaway, D., et al. Distinct prion proteins in short and long scrapie incubation period mice. Cell. ***51***, 651–662, 1987.

[1322] Westaway, D., et al. Conservation of the cellular gene encoding the scrapie prion protein. Nucleic Acids Res. ***14***, 2035–2044, 1986.

[1323] Westaway, D., et al. Homozygocity for prion protein alleles encoding glutamine-171 renders sheep susceptible to natural scrapie. Genes Dev. ***8***, 959–969, 1994.

[1324] Westphal, K.P., et al. Computed tomography during Creutzfeldt-Jakob Disease. Neuroradiology. ***27***, 362–364, 1985.

[1325] Whatley, S.A., et al. Regulation of intracellular free calcium levels by the cellular prion protein. Neuroreport. ***6***, 2333–2337, 1995.

[1325a] Whitley, R.J., et al. Technical report: Transmissible spongiform encephalopathies – a review for pediatricians. Pediatrics. ***106***, 1160–1165, 2000.

[1326] Whittington, M.A., et al. Rescue of neurophysiological phenotype seen in PrP null mice by transgene encoding human prion protein. Nat. Genet. ***9***, 197–201, 1995.

[1327] WHO. Consultation on public health issues related to human and animal transmissible spongiform encephalopathies. 17–19 May 1995, Geneva, Switzerland. Document WHO/CDS/VPH/95, World Health Organization, Geneva.

[1328] WHO. Zoonoses control – bovine spongiform encephalopathy. Weekly epidemiological record. WHO, Geneva, Switzerland. ***11***, 83–85, 1996.

[1329] WHO. Consultation on medicinal and other products in relation to human and animal transmissible spongiform encephalopathies; with the participation of the Office International des Epizooties. 24–26 March 1997, Geneva, Switzerland. Document WHO/EMC/ZOO/97 3-WHO/BLG/97 2, World Health Organization, Geneva.

[1330] WHO. Consultation on public health and animal transmissible spongiform encephalopathies: epidemiology, risk and research requirements; with the participation of the Office International des Epizooties. 1–3 December 1999, Geneva, Switzerland. Document WHO/CDS/CSR/APH/2000.2, World Health Organization, Geneva.

[1331] Wientjens, D.P., et al. Risk factors for Creutzfeldt-Jakob Disease: a reanalysis of case-control studies. Neurology. ***46***, 1287–1291, 1996.

[1332] Wijeratne, W.V., et al. A study of the inheritance of susceptibility to bovine spongiform encephalopathy. Vet. Rec. ***126***, 5–8, 1990.

[1333] Wilesmith, J.W. Epidemiology of bovine spongiform encephalopathy. Semin. Virol. ***2***, 239–245, 1992.

[1334] Wilesmith, J.W. BSE: epidemiological approaches, trials and tribulations. Prev. Vet. Med. ***18***, 33–42, 1993.

[1335] Wilesmith, J.W. An epidemiologist's view of bovine spongiform encephalopathy. Philos. Trans. R. Soc. (London) B. Biol. Sci. ***343***, 357–361, 1994.

[1336] Wilesmith, J.W. Bovine spongiform encephalopathy and related diseases: an epidemiological overview. N. Z. Vet. J. ***5***, 1–8, 1994.

[1337] Wilesmith, J.W. Bovine spongiform encephalopathy: epidemiological factors associated with the emergence of an important new animal pathogen in Great Britain. Semin. Virol. ***5***, 179–187, 1994.

[1338] Wilesmith, J.W. Creutzfeldt-Jakob Disease and bovine spongiform encephalopathy – cohort study of cows is in progress (letter). Br. Med. J. ***312***, 843, 1996.

[1339] Wilesmith, J.W. Recent observations on the epidemiology of bovine spongiform encephalopathy. In: Gibbs, C.J.jr. (ed.). Bovine spongiform encephalopathy – the BSE dilemma. Springer, New York, NY. 1996, pp. 45.

[1340] Wilesmith, J.W., et al. Bovine spongiform encephalopathy: aspects of the clinical picture and analyses of possible changes 1986–1990. Vet. Rec. ***130***, 197–201, 1992.

[1341] Wilesmith, J.W., et al. Bovine spongiform encephalopathy: recent observations on the age-specific incidences. Vet. Rec. ***130***, 491–492, 1992.

[1342] Wilesmith, J.W., et al. Bovine spongiform encephalopathy: observations on the incidence during 1992. Vet. Rec. ***132***, 300–301, 1993.

[1343] Wilesmith, J.W., et al. Bovine spongiform encephalopathy: epidemiological studies on the origin. Vet. Rec. ***128***, 199–203, 1991.

[1344] Wilesmith, J.W., et al. Bovine spongiform encephalopathy: case-control studies of calf feeding practices and meat and bonemeal inclusion in proprietary concentrates. Res. Vet. Sci. ***52***, 325–331, 1992.

[1345] Wilesmith, J.W., et al. Bovine spongiform encephalopathy: epidemiological studies. Vet. Rec. ***123***, 638–644, 1988.

[1346] Will, R.G. Epidemiological surveillance of Creutzfeldt-Jakob Disease in the United Kingdom. Eur. J. Epidemiol. ***7***, 460–465, 1991.

[1347] Will, R.G. Epidemiology of Creutzfeldt-Jakob Disease. Br. Med. Bull. ***49***, 960–970, 1993.

[1348] Will, R.G. Incidence of Creutzfeldt-Jakob Disease in the European Community. In: Gibbs, C.J. jr. (ed.). Bovine spongiform encephalopathy – the BSE dilemma. Springer, New York, NY. 1996, pp. 364.

[1349] Will, R.G. New variant Creutzfeldt-Jakob Disease. In: Brown, F., et al. (eds.). Safety of biological products prepared from mammalian cell culture. Karger, Basel. 1998, pp. 79.

[1349a] Will, R.G., et al. Diagnosis of new variant Creutzfeldt-Jakob disease. An. Neurol. ***47***, 575–582, 2000.

[1350] Will, R.G., et al. Creutzfeldt-Jakob Disease epidemiology. In: Prusiner, S.B., et al. (eds.). Prion diseases of humans and animals. Ellis Horwood, New York, NY. 1992, pp. 188.

[1351] Will, R.G., et al. Creutzfeldt-Jakob Disease (letter). Lancet. ***347***, 65–66, 1996.

[1352] Will, R.G., et al. A new variant of Creutzfeldt-Jakob Disease in the UK. Lancet. ***347***, 921–925, 1996.

[1353] Will, R.G., et al. Creutzfeldt-Jakob Disease and the risk from blood or blood products. Vox Sanguinis. ***75***, 178–180, 1998.

[1354] Will, R.G., et al. Reporting of suspect new variant Creutzfeldt-Jakob Disease. Lancet. ***349***, 847, 1997.

[1355] Will, R.G., et al. Evidence for case-to-case transmission of Creutzfeldt-Jakob Disease. J. Neurol. Neurosurg. Psychiatry. ***45***, 235–238, 1982.

[1356] Will, R.G., et al. A retrospective study of Creutzfeldt-Jakob Disease in England and Wales 1970–1979 – 2. Epidemiology. J. Neurol. Neurosurg. Psychiatry. ***49***, 749–755, 1986.

[1357] Will, R.G., et al. Cerebrospinal-fluid test for new variant Creutzfeldt-Jakob Disease (letter). Lancet. ***348***, 955, 1996.

[1357a] Wille, H., et al. Scrapie infectivity is independent of amyloid staining properties of the N-terminally truncated prion protein. J. Struct. Biol. ***130***, 323–338, 2000.

[1358] Williams, E.S., et al. Spongiform encephalopathies. In: Williams, E.S., et al. (eds.). Infectious diseases of wild mammals. Iowa State University Press, Ames, IA. 1999.

[1359] Williams, E.S., et al. Chronic wasting disease of captive mule deer: a spongiform encephalopathy. J. Wildl. Dis. ***16***, 89–98, 1980.

[1360] Williams, E.S., et al. Spongiform encephalopathy of Rocky Mountain elk. J. Wildl. Dis. ***18***, 465–471, 1982.

[1361] Williams, E.S., et al. Spongiform encephalopathies in *Cervidae*. Rev. Sci. Tech. Off. Int. Epiz. ***11***, 551–567, 1992.

[1362] Williams, E.S., et al. Neuropathology of chronic wasting disease of mule deer (*Odocoileus hemionus*) and elk (*Cervus elaphus nelsoni*). Vet. Pathol. ***30***, 36–45, 1993.

[1363] Williams, G.R., et al. An evaluation of the kuru genetic hypothesis. J. Génét. Hum. ***13***, 11–21, 1964.

[1363a] Williamson, L.M. Leucocyte depletion of the blood supply – how will patients benefit? Brit. J. Haematol. ***110***, 256–272, 2000.

[1364] Williamson, M.P., et al. Solution conformation of proteinase inhibitor IIA from bull seminal plasma by ^{1}H nuclear magnetic resonance and distance geometry. J. Mol. Biol. ***182***, 295–315, 1985.

[1365] Willoughby, K., et al. Spongiform encephalopathy in a captive puma (*Felis concolor*). Vet. Rec. ***131***, 431–434, 1992.

[1366] Wilson, D.R., et al. Studies in scrapie. J. Comp. Path. ***60***, 267–282, 1950.

[1366a] Wilson, K., et al. Risk of aquiring Creutzfeldt-Jakob disease from blood transfusions: systematic review of case-control studies. BMJ. ***321***, 17–19, 2000.

[1367] Wimberger, D., et al. Gerstmann-Sträussler-Scheinker syndrome: MR findings. J. Comput. Assist. Tomogr. ***17***, 326–327, 1993.

[1368] Windl, O., et al. Genetic basis of Creutzfeldt-Jakob Disease in the United Kingdom: a systematic analysis of predisposing mutations and allelic variation in the *PRNP* gene. Hum. Genet. ***98***, 259–264, 1996.

[1369] Windl, O., et al. A candidate marsupial PrP gene reveals two domains conserved in mammalian PrP proteins. Gene. ***159***, 181–186, 1995.

[1370] Windl, O., et al. Prion diseases. In: Pulst S.M. (ed.). Neurogenetics. Contemp. Neurol. Series (Vol.57). Oxford University Press, New York, NY. 2000, pp. 191.

[1371] Wineland, N.E., et al. Epidemiologic analysis of reported scrapie in sheep in the United States: 1,117 cases (1947–1992). JAMA. ***212***, 713–718, 1998.

[1372] Winkler, U. Über die fehlende Photo- und Wirtszellreaktivierbarkeit des UV-inaktivierten RNA-Phagen FR. Photochem. Photobiol. ***3***, 37, 1964.

[1373] Winter, M.H., et al. Occurrence of 14 cases of bovine spongiform encephalopathy in a closed dairy herd. Br. Vet. J. ***145***, 191–194, 1989.

[1374] Wisniewski, H.M., et al. Mites as vectors for scrapie (letter). Lancet. ***347***, 1114, 1996.

[1375] Wissenschaftlicher Beirat der Bundesärztekammer und des Paul-Ehrlich-Institut. Richtlinien zur Blutgruppenbestimmung und Bluttransfusion (Hämotherapie; überarbeitete Fassung). Deutscher Ärzteverlag, Köln. 1996.

[1376] Wolff, E. Die Ernährung der landwirtschaftlichen Nutzthiere. Verlag von Wiegaudt, Hempel & Parey. 1876.

[1376a] Wong, B.S., et al. Breakthroughs and views – Prion disease: A loss of antitoxidant functions? Biochem. Biophys. Res. Comm. ***275***, 249–252, 2000.

[1377] Wood, J.L., et al. The natural occurrence of scrapie in moufflon. Vet. Rec. ***130***, 25–27, 1992.

[1378] Wopfner, F., et al. Analysis of 27 mammalian and 9 avian PrP reveals high conservation of flexible regions of the prion protein. J. Mol. Biol. ***289***, 1163–1178, 1999.

[1379] Wüthrich, K. NMR of proteins and nucleic acids. Wiley, New York, NY. 1986.

[1380] Wüthrich, K., et al. Sequential resonance assignments as a basis for determination of spatial protein structures by high resolution proton nuclear magnetic resonance. J. Mol. Biol. ***155***, 311–319, 1982.

[1381] Wyatt, J.M., et al. Feline spongiform encephalopathy. Feline Pract. ***21***, 7–9, 1993.

[1382] Wyatt, J.M., et al. Spongiform encephalopathy in a cat. Vet. Rec. ***126***, 513, 1990.

[1383] Wyatt, J.M., et al. Naturally occurring scrapie-like spongiform encephalopathy in five domestic cats. Vet. Rec. ***129***, 233–236, 1991.

[1384] Yamada, G., et al. Specific depletion of the B-cell population induced by aberrant expression of human interferon regulatory factor 1 gene in transgenic mice. Proc. Natl. Acad. Sci. USA. ***88***, 532–536, 1991.

[1385] Yamada, S., et al. Creutzfeldt-Jakob Disease transmitted by a cadaveric dura mater graft. Neurosurgery. ***34***, 740–743, 1994.

[1386] Yehiely, F., et al. Identification of candidate proteins binding to prion protein. Neurobiol. Dis. ***3***, 339–355, 1997.

[1387] Young, G.B., et al. Field observations on scrapie incidence (report). Scrapie Seminar, USDA, Washington DC. 27–30 January 1964, ARS 91–53. pp. 199.

[1388] Zahn, R., et al. Human prion proteins expressed in *Escherichia coli* and purified by high-affinity column refolding. FEBS Lett. ***417***, 400–404, 1997.

[1388a] Zeidler, M. 14-3-3 Cerebrospinal fluid protein and Creutzfeldt-Jakob Disease. Ann. Neurol. ***47***, 683–684, 2000.

[1389] Zeidler, M., et al. New variant Creutzfeldt-Jakob Disease: psychiatric features. Lancet. ***350***, 908–910, 1997.

[1390] Zeidler, M., et al. New variant Creutzfeldt-Jakob Disease: neurological features and diagnostic tests. Lancet. ***350***, 903–907, 1997.

[1391] Zeidler, M., et al. Magnetic resonance imaging is not a sensitive test for Creutzfeldt-Jakob Disease (letter). Br. Med. J. ***312***, 844, 1996.

[1392] Zerr, I., et al. Detection of 14-3-3 protein in the cerebrospinal fluid supports the diagnosis of Creutzfeldt-Jakob Disease. Ann. Neurol. ***43***, 32–40, 1998.

[1393] Zerr, I., et al. Diagnosis of Creutzfeldt-Jakob Disease by two-dimensional gel electrophoresis of cerebrospinal fluid. Lancet. ***348***, 846–849, 1996.

[1394] Zerr, I., et al. Cerebrospinal fluid concentration of neuron-specific enolase in diagnosis of Creutzfeldt-Jakob Disease. Lancet. ***345***, 1609–1610, 1995.

[1395] Zerr, I., et al. The 14-3-3 brain protein and transmissible spongiform encephalopathy. N. Engl. J. Med. ***336***, 874–875, 1997.

[1396] Zerr, I., et al. Phenotypic variability in fatal familial insomnia (D178N-129M) genotype. Neurology. ***51***, 1398–1405, 1998.

[1397] Zhang, H., et al. Physical studies of conformational plasticity in a recombinant prion protein. Biochemistry. ***36***, 3543–3553, 1997.

[1398] Zigas, V. Letter to Gunther. In: Farquhar, J., et al. (eds.). Kuru – early letters and field notes from the collection of D. Carlton Gajdusek. Raven Press, New York, NY. 1981, pp. 1.

[1399] Zigas, V. Laughing death – the untold story of kuru. Humana Press, Clifton, NJ. 1990.

[1400] Zigas, V., et al. Kuru: clinical study of a new syndrom resembling Paralysis Agitans in natives of the Eastern Highlands of Australian New Guinea. Med. J. Aust. ***2***, 245–254, 1957.

[1401] Zlotnik, I. A comparative study of lesions in the brain of sheep and goats. Acta Neuropathol. Suppl. ***1***, 61–70, 1962.

[1402] Zlotnik, I., et al. The transmission of a specific encephalopathy of mink to the goat. Vet. Rec. ***81***, 55–56, 1967.

[1403] Zlotnik, I., et al. Scrapie in a Dorset ram – a confirmation of the histological diagnosis by means of intracerebral inoculation of mice with formol fixed brain tissue. Vet. Rec. *77*, 1178–1179, 1965.

Ausgewählte Internetadressen zu Prionen und Prionkrankheiten

Welt

OIE: Internationales Tierseuchenamt, Paris	http://www.oie.int/
Offizielle Anzahl weltweit gemeldeter BSE-Fälle	http://www.oie.int/eng/info/en_esb.htm
Inoffizielle Inzidenzangaben zu BSE	http://ourworld.cs.com/_ht_a/j1braakman/BSE.htm
WHO: Weltgesundheitsorganisation	http://www.who.int/
TSE-Informationen der WHO	http://www.who.int/emc/diseases/bse/
Cabi: Regierungsübergreifende Organisation	http://www.cabi.org/
Informationen über BSE	http://www.cabi.org/whatsnew/bse/bsephn.htm

Europa

EP: Europäisches Parlament	http://www.europarl.eu.int/
Bericht des EP zum BSE Inquiry in GB	http://www.mad-cow.org/final_EU.html
Europäische Kommission: BSE-page (Generaldirektion XXIV: Konsumenten-Politik und Konsumenten-Gesundheitsschutz)	http://europa.eu.int/comm/food/fs/bse/index_en.html
Überblick zur aktiven Überwachung mit BSE-Tests	http://europa.eu.int/comm/food/fs/bse/testing/bse_test01_en.pdf
Wissenschaftlicher Lenkungsausschuß der EU (Scientific Steering Commitee): Geographisches BSE-Risiko einzelner Länder	http://europa.eu.int/comm/food/fs/sc/ssc/outcome_en.html
Inspektionsberichte der EU-Kommission	http://europa.eu.int/comm/food/fs/inspections/index_en.html
Rechtsgrundlagen der EU zu BSE bzw. TSE	http://europa.eu.int/comm/food/fs/bse/bse19_de.html

Großbritannien

Offizielle Homepage der CJD-Überwachungseinheit (Prionkrankheiten des Menschen), Edinburgh, GB	http://www.cjd.ed.ac.uk/
Britischer BSE-Untersuchungsbericht (16 Volumen) (The BSE Inquiry Report)	http://62.189.42.105/report/index.htm
MAFF-Homepage, Großbritannien	http://www.maff.gov.uk/maffhome.htm

BSE/TSE-Info des britischen Landwirtschaftsministeriums	http://www.maff.gov.uk/animalh/bse/
BSE-Kontrollberichte der Food Standards Agency	http://www.bsereview.org.uk/
Wellcome Trust-Zentrum für Epidemiologie infektiöser Krankheiten, Oxford University	http://www.ceid.ox.ac.uk/bse/

Frankreich

Geographische Verteilung der BSE-Fälle	http://perso.infonie.fr/vetolavie/bse/cartbse.htmcarte
Französisches Landwirtschafts- und Fischereiministerium	http://perso.infonie.fr/vetolavie/tbse.htm

Irland

BSE-Seite der irischen Regierung	http://www.irlgov.ie/daff/areasofi/bse/bse.htm

Deutschland

Informationen des Bundesministeriums für Ernährung, Landwirtschaft und Forsten	http://www.bml.de/verbraucher/bse/bse-info.htm
Bundesministerium für Gesundheit: „Suche nach BSE“	http://www.bmgesundheit.de/themen/verbr/bse.htm

Schweiz

Bundesamt für Veterinärwesen	http://www.bvet.admin.ch/
BSE-page	http://www.bse.ch/
Prionics AG	http://www.prionics.ch/
Fachstelle für Prionen und Prionkrankheiten (Scientific Consulting & Historical Research on Prion Diseases)	http://www.bse71-92.com

USA

United States Department of Agriculture: TSE-page	http://www.aphis.usda.gov/oa/bse/
ACES-College der Universität Illinois Urbana-Champaign (Department of Animal Sciences):	
• Medizinische Informationen über BSE	http://w3.aces.uiuc.edu/AnSci/BSE/
• Literaturverzeichnis über Prionen, BSE und andere Enzephalopathien	http://w3.aces.uiuc.edu/AnSci/BSE/bse4.htm

Autorenverzeichnis

Aguzzi, Adriano — Universitätsspital Zürich, Institut für Neuropathologie, Schmelzbergstraße 12, CH-8091 Zürich, Switzerland

Alpers, Michael — PNG Institute of Medical Research, P.O. Box 60, Goroka EHP, Papua New Guinea

Beekes, Michael — Robert-Koch-Institut, Bundesinstitut für Infektionskrankheiten, Nordufer 20, D-13353 Berlin, Germany

Bruce, Moira E. — Institute for Animal Health, BBSRC, Neuropathogenesis Unit, Ogston Building, West Mains Road, Edinburgh EH9 3JF, GB

Budka, Herbert — Universität Wien, Klinisches Institut für Neurologie, Neues AKH 04 J, Währinger Gürtel 18–20, A-1097 Wien, Austria

Buschmann, Anne — Bundesforschungsanstalt für Viruskrankheiten der Tiere, Institut für Impfstoffe, Postfach 1149, D-72001 Tübingen, Germany

Cohen, Fred — University of California, Institute for Neurodegenerative Diseases, HSE 774, San Francisco, CA 94143–0518, USA

Cozzio, Antonio — Stanford University, School of Medicine, Stanford CA 94304, USA

Dahms, Susanne — Freie Universität Berlin, Fachbereich Veterinärmedizin, Institut für Biometrie und Informationsverarbeitung, Oerzenweg 19b, D-14163 Berlin, Germany

de Koeijer, Aline A. — ID-DLO, Institute of Animal Science and Health, PO Box 65, NL-8200 AB Lelystad, The Netherlands

Detwiler, Linda — US Department of Agriculture, Mercer Corporate Park, 320 Corporate Boulevard, Robbinsville NJ 08691, USA

Doherr, Marcus G. — Bundesamt für Veterinärwesen (BVET), Monitoring, Postfach, CH-3003 Bern, Switzerland

Flechsig, Eckhard — Imperial College, School of Medicine at St. Mary's Norfolk Place, MRC Prion Unit, London W2 1 PG, GB

Fraser, Hugh — Institute for Animal Health, BBSRC, Neuropathogenesis Unit, Ogston Building, West Mains Road, Edinburgh EH9 3JF, GB

Gefeller, Olaf
Universität Erlangen-Nürnberg
Institut für Medizininformatik, Biometrie und Epidemiologie
Waldstraße 6
D-91054 Erlangen
Germany

Giese, Armin
Universität München
Institut für Neuropathologie
Marchioninistraße 17
D-81377 München
Germany

Glockshuber, Rudi
Eidgenössische Technische Hochschule (ETH)
Institut für Molekularbiologie und Biophysik
Hönggerberg
CH-8093 Zürich
Switzerland

Groschup, Martin H.
Bundesforschungsanstalt für Viruskrankheiten der Tiere
Institut für Impfstoffe
Postfach 1149
D-72001 Tübingen
Germany

Guidon, Daniel
Eidgenössische Forschungsanstalt für Nutztiere (RAP)
CH-1725 Posieux
Switzerland

Hadlow, William J.
Veterinary Pathologist
908 South 3rd Street
Hamilton MT 59840–2924
USA

Hagen, Gunnar
Norwegian Animal Health Authority
Central Unit
P.O. BOX 8147, Dep.
N-0033 Oslo, Norway

Harbarth, Stefan
Harvard School of Public Health
Department of Epidemiology
677 Huntington Avenue
Boston MA 02215, USA

Herms, Jochen W.
Universität München
Institut für Neuropathologie
Marchioninistraße 17
D-81377 München
Germany

Hewicker-Trautwein, Marion
Tierärztliche Hochschule Hannover
Institut für Pathologie
Bünteweg 17
D-30559 Hannover
Germany

Hörnlimann, Beat
Fachstelle für Prionen und Prionkrankheiten bei Mensch und Tier
BSE 71-92
Postfach 106
CH-6301 Zug, Switzerland

Hunter, Nora
Institute for Animal Health
BBSRC
Neuropathogenesis Unit
Ogston Building
West Mains Road
Edinburgh EH9 3JF, GB

Infanger, Paul
Kantonstierarzt
Murbacherstraße 23
CH-6002 Luzern
Switzerland

Ironside, James W.
National CJD-Surveillance Unit
Western General Hospital
Department of Clinical Neurosciences
Crewe Road
Edinburgh EH4 2XU, GB

Kirkwood, James K.
Universities Federation for Animal Welfare
The Old School
Brewhouse Hill
Wheathampstead
Hertfordshire AL4 8AN
GB

Kretzschmar, Hans
Universität München
Institut für Neuropathologie
Marchioninistraße 17
D-81377 München
Germany

Kuczius, Thorsten
Bundesforschungsanstalt für Viruskrankheiten der Tiere
Institut für Impfstoffe
Postfach 1149
D-72001 Tübingen
Germany

Leutwiler, Albert
Chemiker
Riederberg
CH-3178 Bösingen
Switzerland

Löwer, Johannes
Paul-Ehrlich-Institut
Paul-Ehrlich-Straße 51–59
D-63225 Langen
Germany

Moser, Markus
Prionics AG
Universität Zürich 44J30
Winterthurstraße 190
CH-8057 Zürich
Switzerland

Oberthür, Radulf C.
Labor Dr. Oberthür GmbH
Bruchweg 10
D-49844 Bawinkel
Germany

Oesch, Bruno
Prionics AG
Universität Zürich, 44J30
Winterthurstraße 190
CH-8057 Zürich
Switzerland

Pauli, Georg
Robert-Koch-Institut
Forschungskoordination
Nordufer 20
D-13353 Berlin, Germany

Pohlenz, Joachim
Tierärztliche Hochschule Hannover
Institut für Pathologie
Bünteweg 17
D-30559 Hannover
Germany

Poser, Sigrid
Georg-August-Universität
Neurologische Klinik
Epidemiologie und Frühdiagnostik
Prionforschungsgruppe
Robert-Koch-Straße 40
D-37075 Göttingen
Germany

Prusiner, Stanley B.
University of California
Institute for Neuro-degenerative Diseases
HSE 774
San Francisco
CA 94143–0518, USA

Raeber, Alex J.
Universitätsspital Zürich
Institut für Neuropathologie
Schmelzbergstraße 12
CH-8091 Zürich
Switzerland

Riesner, Detlev
Heinrich-Heine-Universität
Institut für Physikalische Biologie
Universitätsstraße 1
D-40225 Düsseldorf
Germany

Ruffing, Michael
Interkantonale Kontrollstelle für Heilmittel (IKS)
Erlachstraße 8
Postfach
CH-3000 Bern, Switzerland

Safar, Jiri G.
University of California
Institute for Neuro-degenerative Diseases
HSE 774
San Francisco
CA 94143–0518, USA

Schätzl, Hermann
Universität München
Genzentrum
Max von Pettenkofer
Institut für Virologie
Feodor-Lynen-Straße 25
D-81377 München
Germany

Schicker, Ernst
Tierarzt
Manzenweg 14
CH-8559 Fruthwilen
Switzerland

Schreuder, Bram E.
ID-DLO, Institute of Animal Science and Health
PO Box 65
NL-8200 AB Lelystad
The Netherlands

Schulz-Schaeffer, Walter J.
Georg-August-Universität
Institut für
Neuropathologie
Robert-Koch-Straße 40
D-37075 Göttingen
Germany

Simon, Dietrich
Robert-Koch-Institut
PG 31
Nordufer 20
D-13353 Berlin, Germany

Sturzenegger, Matthias
Universität Bern
Inselspital
Neurologische Klinik
CH-3010 Bern, Switzerland

Thorud, Kristin
Norwegian Animal Health
Authority
Central Unit
P.O. BOX 8147, Dep.
N-0033 Oslo, Norway

Ulvund, Martha J.
Norwegian College of
Veterinary Medicine
Department of Sheep and
Goat Research
Kirkjevegen 332/334
N-4300 Sandnes, Norway

Weissmann, Charles
Imperial College
School of Medicine
at St. Mary's Norfolk Place
MRC Prion Unit
London W2 1 PG, GB

Widmer, Hans-Rudolf
Universität Bern
Inselspital, Apotheke
CH-3010 Bern
Switzerland

Wilesmith, John W.
Central Veterinary
Laboratory (CVL)
Department of
Epidemiology
New Haw, Addlestone
Surrey KT 15 3NB, GB

Will, Robert G.
National CJD-Surveillance
Unit
Western General Hospital
Department of Clinical
Neurosciences
Crewe Road
Edinburgh EH4 2XU, GB

Williams, Elizabeth
State University
of Wyoming
Veterinary Laboratory
1174 Snowy Range Road
Laramie WY 82070, USA

Windemann, Helena
Interkantonale Kontroll-
stelle für Heilmittel (IKS)
Erlachstraße 8
Postfach
CH-3000 Bern, Switzerland

Windl, Otto
Universität München
Institut für
Neuropathologie
Marchioninistraße 17
D-81377 München
Germany

Wüthrich, Kurt
Eidgenössische Technische
Hochschule (ETH)
Institut für Molekular-
biologie und Biophysik
Hönggerberg
CH-8093 Zürich
Switzerland

Zerr, Inga
Georg-August-Universität
Neurologische Klinik
Epidemiologie und
Frühdiagnostik
Prionforschungsgruppe
Robert-Koch-Straße 40
D-37075 Göttingen
Germany

Lebenslauf der Herausgeber

Dr. Beat Hörnlimann, MPH, geb. 1958, studierte *Veterinärmedizin* an den Universitäten Basel, Bern und Zürich und erlangte dort später ein universitäres Zusatzdiplom in *Öffentlicher Gesundheit (Master of Public Health)*. Nach der Promotion erwarb er als Assistent am WHO-Referenzlabor für Tollwut in Bern erste Grundkenntnisse in Seuchenbekämpfung. Danach arbeitete er im Institut für Tierpathologie, Universität Bern. Seit 1990 beschäftigt er sich mit Prionkrankheiten. Er prägte am BVET in Bern das BSE- und Scrapie-Bekämpfungskonzept maßgeblich mit und leitete die Schweizer BSE-Arbeitsgruppe bis 1996. Am Institut für Viruskrankheiten und Immunprophylaxe, Mittelhäusern, führte er zwischen 1994 und 1998 epidemiologische Forschungsprojekte auf dem Gebiet der TSE durch, ab 1996 nur noch in Teilzeit. Parallel dazu wirkte er seit 1996 an der internationalen Harmonisierung der Schweizer CJD-Überwachung mit und beschäftigte sich am Bundesamt für Gesundheit in Bern mit der Vorbeugung iatrogener CJD-Übertragungen sowie speziell mit der chemischen Desinfektion und Inaktivierung von Prionen. Die Zuger Regierung ernannte ihn 1999 zum Leiter des Veterinäramtes (Kantonstierarzt), wo er u.a. für den Vollzug der BSE- und Scrapie-Maßnahmen zuständig ist. Sein besonderes Interesse gilt der Prävention von Prionkrankheiten und der Geschichte der TSE-Forschung. Er führt in Teilzeit eine *Fachstelle für Prionen und Prionkrankheiten bei Mensch und Tier* und stellt seine Expertise allen Interessierten, Firmen, Gesundheitsbehörden, Forschungsinstituten und internationalen Organisationen zur Verfügung.

Prof. Dr. Detlev Riesner, geb. 1941, studierte *Physik und Biophysik* an der Technischen Hochschule Hannover und promovierte 1970 bei M. Eigen an der Technischen Universität Braunschweig über Thermodynamik von Ribonucleinsäuren. Nach Assistentenjahren an der Gesellschaft für Biotechnologische Forschung in Braunschweig und an der Princeton University, USA, habilitierte er sich 1975 im Fach *Biophysikalische Chemie und Molekularbiologie* an der Medizinischen Hochschule Hannover. Von 1977–1980 hatte er eine C3-Professur für Physikalische Biochemie am Institut für Organische Chemie und Biochemie der Technischen Hochschule Darmstadt inne. Seit 1980 ist er C4-Professor für Physikalische Biologie und Leiter des gleichnamigen Instituts der Heinrich-Heine-Universität Düsseldorf. Dort wirkte er auch als Dekan und Prorektor für Forschung. Neben der Prionforschung gilt sein spezielles Interesse den Viroiden. Er ist Mitbegründer einer erfolgreichen Gentech-Firma und ist beratend für mehrere Biotechnologiegründungen sowie für internationale Organisationen tätig. Seit 1985 besteht eine enge Zusammenarbeit in der Prionforschung mit Stanley B. Prusiner, mit dem er 1992 den Max-Planck-Forschungspreis für internationale Zusammenarbeit erhalten hat.

Prof. Dr. Hans Kretzschmar, geb. 1953, studierte *Humanmedizin* an der Universität München. Er erhielt eine Ausbildung in Pathologie in München und arbeitete von 1983 bis 1986 in der Neuropathologie der University of California in San Francisco. Seither besteht eine Zusammenarbeit mit Stanley B. Prusiner in der Molekularbiologie und Genetik der Prionkrankheiten. Nach einjähriger Forschungstätigkeit bei C. Weissmann am Institut für Molekularbiologie der Universität Zürich habilitierte er sich für das Fach *Neuropathologie* in München. Sein Hauptinteresse gilt der Molekularbiologie und Pathologie der neurodegenerativen Krankheiten. Von 1992 bis 2000 war er Lehrstuhlinhaber für Neuropathologie an der Georg-August-Universität Göttingen und seit 1993 leitete er das Deutsche Referenzzentrum für Prionkrankheiten. Daneben berät er seither die für Prionkrankheiten zuständigen Stellen der EU und der WHO. Seit 2000 ist er Inhaber eines Lehrstuhls für Neuropathologie an der Universität München, wo er das Deutsche Referenzzentrum für Erkrankungen des ZNS aufbaut und leitet. 1999 erhielt er den Ernst-Jung-Preis für seine Arbeiten zur Molekularbiologie des Prion-Proteins.

Register

www.ingramcontent.com/pod-product-compliance
Lightning Source LLC
LaVergne TN
LVHW070905300926
849162LV00012B/1861